Grundrisse
der
Rechtswissenschaft

unter Mitarbeit von

Prof. Dr. Ernst v. Beling-München, Prof. Dr. G. J. Ebers-Köln a. Rh., Dr. Alexander Elster-Berlin, Prof. Dr. Friedrich Endemann-Heidelberg, Prof. Dr. Hans Fehr-Bern, Prof. Dr. Heinrich Gerland-Jena, Prof. Dr. Julius v. Gierke-Göttingen, Prof. Dr. Justus Wilh. Hedemann-Jena, Prof. Dr. Herbert Kraus-Königsberg i. Pr., Prof. Dr. Heinrich Lehmann-Köln a. Rh., Prof. Dr. Claudius Freih. v. Schwerin-Freiburg i. B., Prof. Dr. Fritz Stier-Somlo-Köln a. Rh.

herausgegeben von den

Professoren Dr. Hans Fehr-Bern, Dr. Heinrich Gerland-Jena, Dr. Justus Wilh. Hedemann-Jena, Dr. Heinrich Lehmann-Köln a. Rh.

und dem redaktionellen Leiter
Professor Dr. Fritz Stier-Somlo-Köln a. Rh.

Neunter Band

Zweite, erweiterte und umgestaltete Auflage

Berlin und Leipzig 1927

Walter de Gruyter & Co.

vormals G. J. Göschen'sche Verlagshandlung - J. Guttentag, Verlagsbuchhandlung - Georg Reimer - Karl J. Trübner - Veit & Comp

Druck von Metzger & Wittig in Leipzig

Einführung in die Rechtswissenschaft

von

Dr. Justus Wilhelm Hedemann
ordentlichem Professor des bürgerlichen Rechts
in Jena

Zweite, erweiterte und umgestaltete Auflage

Berlin und Leipzig 1927
Walter de Gruyter & Co.
vormals G. J. Göschen'sche Verlagshandlung - J. Guttentag, Verlagsbuchhandlung - Georg Reimer - Karl J. Trübner - Veit & Comp.

Meinem Bruder

dem Amtsgerichtsrat

Waldemar Hedemann

gewidmet

Vorwort zur zweiten Auflage.

In welchem Geist vor sieben Jahren die erste Auflage geschrieben worden ist, zeigt deren Vorwort, dessen Hauptteil auf der folgenden Seite wiederholt wird. Seit über zwei Jahren ist diese erste Auflage vergriffen. Aber nicht erst seit zwei Jahren, sondern die ganzen sieben Jahre hindurch bin ich unablässig bemüht gewesen, an dem Stoffe der „Einführung" weiterzuarbeiten. Der verdoppelte Umfang des jetzt vorliegenden Buches mag als äußerliches Zeichen dafür gelten. Doch hoffe ich, daß auch das innere Wachstum erkannt werden wird.

Verstärkt ist, wenn auch mit bewußter Zurückhaltung, der philosophische Ton, der sich namentlich in dem Eingehen auf das Naturrechtsproblem, die große ewige Frage, äußern dürfte. Verstärkt ist auch das soziologische Element, ganz im Stillen an den verschiedensten Stellen, deutlicher wahrnehmbar da, wo von der Entstehung des Rechts, seinem Emporsteigen aus dunklen, noch ungefaßten Quellen gesprochen wird. Sodann sind die historischen Bilder des zweiten Teiles wesentlich bereichert, die dogmatischen des dritten erheblich ausgebaut und den vielfach geänderten Verhältnissen angepaßt worden; ganz neu hinzugefügt ist neben vielem anderen der Abriß über das Steuerrecht und die vielleicht sogar etwas zu lang geratene Darstellung des Arbeitsrechtes. Nicht mindere Sorgfalt, bisweilen in mühseliger Kleinarbeit, ist auf die Berufslehre des Juristen, den vierten Teil, verwendet worden, zumal gerade dieses Stück in dem sonstigen Schrifttum arg vernachlässigt erscheint. Aber all das ist ganz und gar unter ein gemeinsames Ziel und Zeichen gestellt: den jungen Leser für das „Recht" zu g e w i n n e n. Darum ist oft genug die leicht zu erreichende Gelehrsamkeit vor der schwerer zu erzielenden a n r e g e n d e n K r a f t zurückgestellt. So möge man auch die neue Auflage durchaus als ein Lehrbuch, ein pädagogisches Buch zur Hand nehmen; und zwar ein Lehrbuch im höchsten Sinne des Wortes, das den Lernenden e m p o r h e b e n will über den Stoff, bis aus dem Studenten der tüchtige Praktiker, aus dem Fremdling ein F r e u n d der Rechtswissenschaft geworden ist. —

Sittlicher Ernst und Pflichtgefühl sprechen gewiß aus dem kleinen Bande. Um so lieber lege ich ihn, auch in der neuen Gestalt, in die Hand meines Bruders, dem schon die erste Auflage gewidmet war. Haben wir doch gemeinsam diese Tugenden im unvergessenen Elternhause kennen und achten gelernt.

W e i h n a c h t e n 1926.

Justus Wilhelm Hedemann.

Vorwort zur ersten Auflage.

(Spätherbst 1919.)

Dieses kleine Buch ist unter außergewöhnlichen Schwierigkeiten entstanden. Der erste Teil wurde in Polen, der dritte in Estland entworfen, mitten im Treiben des Krieges. Der zweite und vierte sind dann nach der Rückkehr geschrieben worden; aber die Fülle der Aufgaben, die uns Hochschullehrern im ersten Jahr nach dem furchtbaren Kriege entgegentraten, und insbesondere bei mir die Belastung mit der schweren Bürde des Rektorats, ließen es auch hierbei durchaus an wirklicher Gelehrtenmuße fehlen.

Aber trotz allem, trotzdem uns deutsche Männer immer wieder das grausame Schicksal niederzwingen möchte, ist dieses Buch in aufrechtem Geiste und mit wahrer Herzensfreude geschrieben. Das ganze Maß an Freude, das der Lehrende am Lehrberuf empfinden kann, das ganze Maß an Vertrauen auf langsame Gesundung unseres Volkes ist in die folgenden Seiten hineingeströmt. In Tournai, beim Hochschulkursus der dort kämpfenden Armee, haben wir seinerzeit den Plan zu unseren Grundrissen gefaßt. Wir wollten, wie es in unserem gemeinsamen Geleitwort heißt, den jungen Kommilitonen eine Brücke in das spröde Reich der Rechtswissenschaft bauen. Aber darüber hinaus wollen wir sie in den späteren Lebensberuf begleiten. Dies mußte in besonderem Maße zur Aufgabe einer „Einführung in die Rechtswissenschaft" werden. Darum eben ist dieser kleine Band durchaus nach vorwärts gerichtet. Darum wird er so ganz von einer idealistischen Lebensanschauung getragen. Er will nicht nur eine erzieherische Wirkung für die eilenden Jahre des Studiums ausüben. Vielmehr soll er das heranwachsende Juristengeschlecht zu der Erkenntnis leiten, daß es auch seinerseits im späteren Leben die verantwortungsschwere Rolle eines Erziehers wird übernehmen müssen, weil alle Rechtspflege ihr höchstes Ziel nicht in der Entscheidung bloßer Gegenwartsfälle, sondern in der ständig fortschreitenden Verbesserung und Veredlung unserer Lebensverhältnisse erblicken muß.

In solchem Sinne folgt Jahr für Jahr die Hoffnung des Lehrers seinen scheidenden Schülern ins Leben hinaus. In solchem Geist reicht der Gelehrte dem Juristen der Praxis die Hand hinüber. In solchem Glauben ist die Widmung des Buches an meinen Bruder vollzogen worden, zugleich ein Dankesgruß des Heimgekehrten an die Männer, die Jahre hindurch als echte Hüter altpreußischer Beamtentreue und darum als leuchtende Vorbilder der Jugend die schwere Last des heimatlichen Ausharrens getragen haben.

Inhaltsverzeichnis.

Einleitung.

I. Teil. **Allgemeine Rechtslehre.**

Kapitel 1: **Wesen der Rechtsordnung.**

Kapitel 2: **Entstehung der Rechtsordnung.**

II. Teil. Überblick über die geschichtliche Entwicklung des Rechts.

III. Teil. **Überblick über die einzelnen Gebiete des heutigen Rechts.**

Kapitel 1: **Das Recht der privaten Interessen.**

IV. Teil. Überblick über den praktischen Rechtsbetrieb.

Nachträge

zu dem Text zu geben, auf Grund neuer, während des Druckes etwa hervorgetretener Erscheinungen, habe ich mich nicht entschließen können. Gewiß bringt jetzt wieder jeder Monat neue wertvolle Schriften hervor, und auch die Gesetzgebung steht wahrlich nicht still; ist doch z. B. soeben das (S. 273 angekündigte) Arbeitsgerichtsgesetz im Reichstag angenommen worden. Aber gerade wegen dieser munter sprudelnden Fülle wäre es zwecklos, rasch noch mit ein paar Nachtragsnotizen aufzuwarten. Statt dessen möge der junge Leser sich selber schulen in der Beobachtung des ewigen Flusses und in dem Aufmerken auf die jeweiligen neuen Einzelerscheinungen. Hinweise darauf findet er durch das ganze Buch verstreut, wo immer sich Neuerungen erwarten ließen.

J. W. H.

Einleitung.

Wesen der Rechtswissenschaft. § 1.

I. Die Rechtswissenschaft ist eine Spezialwissenschaft, die Wissenschaft eines bestimmten Faches. Äußerlich kommt dies darin zum Ausdruck, daß eine eigene Fakultät ihre Pflege übernommen hat.

Die Einrichtung eigener juristischer Fakultäten an den Hochschulen ist schon sehr alt; sie geht ungefähr bis in die Entstehungszeit der Universitäten überhaupt zurück (vgl. § 20 II u. III). Das wäre nicht denkbar, wenn nicht Anforderungen des Lebens dahinter stünden. In der Tat bedarf das menschliche Leben, wie es heute zusammengesetzt ist, einer bedeutenden Anzahl von „Juristen", Männern also, die in den juristischen Dingen nicht bloß eine Abwechslung für Mußestunden erblicken, sondern ihren **Lebensberuf** darin finden. So erklärt es sich, daß für die Ausbildung dieser Juristenschaft an den staatlichen (oder in anderen Ländern auch nichtstaatlichen) Hochschulen eigene Fakultäten gehalten werden, und daß sich das Studium und die geistigen Erlebnisse der juristischen Welt zu einer eigenen Wissenschaft verdichtet haben.

II. Nicht immer hat die Menschheit den **Juristen** als einen fest umrissenen Typus gekannt. Auf breiten Flächen der Menschheitsgeschichte gab es keinen juristischen Lebensberuf.

Dies gilt in hohem Maße von der Welt des Altertums. Dem Griechen waren Juristen unbekannt; und darum gab es auch für ihn keine Rechtswissenschaft im Sinne eines abgeschlossenen Gedankenkreises, eine Rechtswissenschaft, die das Leben auch nur eines einzelnen Denkers, geschweige denn einer größeren Schülerzahl hätte ausfüllen können.

Wer in Athen sich mit rechtlichen Fragen befaßte, dem war diese Tätigkeit nicht Selbstzweck, sondern nur Begleiterscheinung, höchstens aber ein Teilstück dessen, was ihn innerlich bewegte. Entweder zielte er auf politischen Erfolg und nutzte die juristischen Gedankengänge, um sich hervorzutun. Oder er kam als einer der Denker seiner Zeit bei der Betrachtung aller Lebensverhältnisse auch zu dem Phänomen des Rechts und der Gerechtigkeit und unterzog von der Basis seiner allgemeinen Weltanschauung auch dieses Einzelphänomen einer Einzeluntersuchung. Daß dabei in dem Hirn jener Großen des Geistes, eines Plato, eines Aristoteles, mancher bedeutende Gedanke aufgestiegen ist, der seinem Gehalt nach in das Reich der Jurisprudenz gehört, ist nicht zu bezweifeln. Aber es blieb, am heutigen Maßstab gemessen, Stückwerk.

Ebensowenig haben unsere Vorfahren, die alten Deutschen, einen juristischen Stand mit zünftiger wissenschaftlicher Vorbildung entwickelt. Wohl aber begegnen beachtenswerte Ansätze dazu bei den **Römern**. Schon an dieser Stelle ist der Blick darauf zu lenken, daß die Römer vermutlich das juristisch begabteste Volk der Erde gewesen sind. Deshalb haben wir noch in unserem heutigen Rechtsleben ihrer geistigen Vorarbeit vieles zu danken, und deshalb ist es auch erklärlich, daß sich bei ihnen die ersten Anfänge eines Ausbaues der rechtlichen Erkenntnisse zu einer Spezialwissenschaft gezeigt haben.

Sie hatten bereits wirkliche juristische „Schulen" und zogen Männer heran, deren Tätigkeit nach Art eines Berufs fast ganz in den juristischen Dingen aufging. Immerhin war die Abgeschlossenheit bei weitem nicht so ausgeprägt wie in heutigen Zeiten und vornehmlich bei uns in Deutschland. Es ist sehr eindrucksvoll, daß die markantesten Vertreter der römischen Rechtswissenschaft, gerade im Sinne eines geschulten Faches, daß Papinian, Paulus, Ulpian (3. Jahrhundert n. Chr.) in erster Linie Staatsmänner, oberste Regierungsbeamte, und erst in zweiter Linie Rechtsbeflissene oder Rechtsgelehrte waren. Von einem klaren Bewußtsein, daß es sich bei den juristischen Dingen um einen eigenen Geisteskreis handle, kann genau genommen erst in den Zeiten des Niederganges der Römerherrlichkeit gesprochen werden, und damals fehlte bereits die Kraft zu einer durchgreifenden Betätigung dieser Erkenntnis.

Nach mehreren Jahrhunderten des Stillstandes und Rückganges hat dann das Mittelalter die eigentliche Begründung von Fachwissenschaften vollzogen. Der scholastische Geist war der Setzung gedanklicher Grenzen, der Zerlegung in Fächer günstig. So entstand an den damals aufkommenden Hohen Schulen, obgleich sie als „universitas litterarum" gedacht waren, ziemlich von Anfang an der Brauch, nach den verschiedenen Wissenszweigen „Fakultäten" einzurichten. Dieser Brauch ist nie wieder verloren gegangen, er hat sich vielmehr im Laufe der Zeit nur noch verschärft. Anfänglich war die Absonderung nicht gar so groß. Die Schüler hörten oft gleichzeitig oder hintereinander in verschiedenen Fakultäten, und auch, daß der Dozent wechselte, etwa vom Juristen zum Theologen wurde oder vom Mediziner zum Juristen, war keineswegs eine Seltenheit. Heute ist auch das, wie man weiß, längst überwunden. Und so ragen denn in ziemlicher Abgeschlossenheit aus dem Schoße der Jahrhunderte zu uns herauf die bekannten **vier Ur-Fakultäten** der Gottesgelahrtheit, Rechtswissenschaft, Heilkunde und Philosophie.

III. Diese ehrwürdige, altüberkommene Vierteilung ist jedoch nicht zwingend. Und gerade in neuerer Zeit wird lebhaft an ihr gerüttelt.

Nur eine Eigenart religiös gespaltener Länder ist es, daß bei ihnen die Universitäten oder wenigstens einige ihrer Universitäten zwei theologische Fakultäten, eine evangelische und eine katholische, aufweisen, wodurch die Gesamtzahl auf fünf erhöht wird (z. B. in Breslau, Tübingen). Dagegen kommt von innen heraus der bedeutende Riß, der die philosophische Fakultät in zwei, vielleicht sogar in mehr Teile zu zerlegen im Begriffe steht.

Diese Fakultät ist nach und nach zu einem Sammelbecken für alle diejenigen Fächer geworden, die man sonst nicht unterbringen konnte. Der so geschaffene, ständig gewachsene Inhalt will die Form zersprengen. Eine ganze Reihe von Universitäten, z. B. Heidelberg, Tübingen, Frankfurt, Jena ist denn auch bereits dazu übergegangen, zwei „philosophische" Fakultäten selbständig nebeneinanderzustellen, nämlich eine mathematisch-naturwissenschaftliche und eine philosophisch-historische. Vermutlich wird diese Bewegung sich ständig verstärken, wobei noch keineswegs gesagt ist, daß man bei der Aufteilung in zwei Stücke stehen bleibt und nicht noch mehr selbständige Teilstücke bildet. Wesentlich gefördert wird die Bewegung durch das Erstarken der „technischen" Wissenschaften, die sich unter den Schutz besonderer Hochschulen begeben haben, mehr und mehr auf volle Gleichberechtigung mit den „Ur-Fakultäten" hinstreben und ganz von selbst gewisse Unterfächer der alten Philosophenfakultät von deren Mutterkörper ablocken.

Die **Rechtswissenschaft** hat demgegenüber in der Hauptsache ihre Abgeschlossenheit bewahrt. Dies ist begreiflich. Es liegt im Wesen der verschiedenen Fakultäten und ihrer Unterfächer, daß sie zum Teil mehr, zum Teil weniger zu einer Grenzverwischung neigen. Z. B. ist die Grenze zwischen Medizin und Botanik in gewissem Grade flüssig. Die Rechtswissenschaft dagegen zeichnet sich durch eine gewisse Sprödigkeit aus, und deshalb steht sie ziemlich isoliert.

Es muß aber sofort festgestellt werden, daß diese Isolierung übertrieben werden kann und übertrieben worden ist. Der Geist, der die Rechtswissenschaft des 19. Jahrhunderts beherrschte, und über den noch in anderem Zusammenhange zu handeln sein wird (§ 20 IX), war besonders stark nach innen gekehrt. Er hatte etwas ausgesprochen „Zünftiges" an sich. Derartiges schafft Stärke, wie jede Einseitigkeit, ist aber nach gewisser Zeit dem Verfall ausgesetzt.

In der Tat wächst mit beachtenswerter Macht die Erkenntnis, daß die Jurisprudenz aus ihrer ausgeprägten Sonderstellung hinaus muß. Je mehr die **Politik** zu einer eigenen und echten „Wissenschaft" ausgebaut wird, desto mehr wird die Rechtswissenschaft Fühlung mit ihr nehmen müssen. Besonders nachdrücklich wird heute aber eine Annäherung an die **Wirtschaftslehre,** und zwar sowohl an die Volks- wie an die Privatwirtschaftslehre, vollzogen. Theoretisch ist das Verlangen nach einer solchen Annäherung schon viele Jahrzehnte alt. Praktisch ist indessen lange Zeit nur wenig geschehen. Erst neuerdings ist man dem Gedanken tatkräftiger zu Leibe gegangen. Mehr und mehr werden die juristischen Fakultäten mit dem Fach der Nationalökonomie (Volkswirtschaftslehre, Wirtschaftswissenschaft), das bisher meist ein Unterfach der philosophischen Fakultät, vereinzelt auch als eine selbständige Fakultät ausgebaut war, zu einer gemeinsamen „rechts- und wirtschaftswissenschaftlichen" Fakultät verschmolzen. Doch ist die innere Durchdringung erst in den Anfängen begriffen, und dies zwingt jeden Rechtsbeflissenen, an der weiteren Durchdringung nach besten Kräften mitzuarbeiten.

IV. Einer allzu großen Spezialisierung wird schließlich dadurch entgegengewirkt, daß alle einzelnen Wissenszweige, auch die abgeschlossensten, von der jeweils geltenden **Weltanschauung** abhängig sind. Diese Tatsache wird viel zu wenig beachtet. Man erkennt sie am besten an geschichtlichen Beispielen, da die Gegenwart den Lebenden zu nahe ist, um voll erfaßt zu werden.

Als beispielsweise im Mittelalter eine Zeitlang die Menschheit von einem uns heute schwer verständlichen Autoritätsglauben befallen war, ihr Denken gleichsam einschwor auf bestimmte Texte und bestimmte Männer, an deren Autorität man in keinem Punkte rütteln ließ, nahm an dieser allgemeinen Geistesrichtung jede der vier Fakultäten teil. So wie die Theologen an dem Wortlaut der Bibel hingen, schätzten die Juristen ihr Corpus iuris (unten § 19 III) wie eine juristische Bibel ein, und wie die Philosophen auf Aristoteles oder Thomas von Aquino eingeschworen waren, so schworen die Mediziner auf die Schriften des Galenus. Über den Gehalt einzelner Worte stritt man wohl, disputierte sogar sehr eifrig darüber, aber an den Texten selbst durfte nicht gerüttelt werden; oder vielmehr: man kam gar nicht auf den Gedanken, daß daran gerüttelt werden könnte. Es leuchtet ohne weiteres ein, daß jede der mehreren Fachwissenschaften, auch die Rechtskunde, durch diese oberste Gedankenrichtung stark beeinflußt wurde. Ähnliche Beobachtungen kann man mit jeder historisch vorübergezogenen Weltanschauung machen, wenn man sie zu den einzelnen Spezialwissenschaften in Beziehung setzt (Humanismus, Aufklärung, Entwicklungsidee usw.).

Übrigens ist es Aufgabe der **Philosophie** (im engeren Sinne), gerade die gemeinsamen, übergeordneten Geistesströmungen aufzudecken, und wenn nicht alles täuscht, ist der Sinn für philosophische Betrachtungen, bei vielen wenigstens eine unbestimmte Sehnsucht nach einem „Weltbild", nach einer zusammenfassenden Schau gerade jetzt wieder im Wachsen begriffen. Es wäre daher nicht überraschend, wenn eine künftige „Orientierung" der Jurisprudenz sich nicht so sehr nach der wirtschaftlichen, als vielmehr nach der philosophischen Seite wenden würde.

Über die heutige Weltanschauung etwas Sicheres zu sagen, ist aus dem schon genannten Grunde, daß man den Dingen noch zu nahe steht, sehr schwierig (über die sog. Soziologie vgl. unten § 3 III). Daß der heutige Zeitgeist ein ganz besonders eigentümliches Gepräge hat, dürfte außer Zweifel sein. Vermutlich leben wir in einem Stadium des Überganges. Denn die ungeheuren Neuerscheinungen, die das 19. Jahrhundert gezeitigt hat, die vollständige Umwälzung auf technischem Gebiet (Dampf, Gas, Elektrizität), die jähe Entwicklung der Großstädte, das Auftauchen eines weitverzweigten Weltverkehrs und einer wirklichen Weltwirtschaft, die Entstehung und staunenswerte Vermehrung des sog. vierten Standes der freien Lohnarbeiter, die gänzliche Umgestaltung des Denkapparates durch das Zeitungswesen, und nicht zuletzt der erschütternde Riesenkrieg mit seinen revolutionären Folgen, sind durchaus noch nicht geistig so verarbeitet, daß daraus bereits eine klar erkennbare Weltanschauung entsprungen wäre. Es muß aber aus solchen bedeutenden Umwälzungen aller menschlichen Lebensbeziehungen allmählich eine eigene, neue Weltanschauung herauswachsen.

Unter dieser Unbestimmtheit, diesem Mangel an Ausreifung leidet auch die heutige Rechtswissenschaft. Auch sie hat noch nicht annähernd die mächtigen Errungenschaften der letzten hundert Jahre in sich aufgenommen, verarbeitet, in juristische Werte umgesetzt. Und deshalb entbehrt sie einer sicheren obersten Orientierung. Jeder Rechtsbeflissene aber, vor dem noch eine Zukunft liegt, wird sein Auge schärfen müssen, um die sicher kommenden allgemeinen Erkenntnisse beizeiten innerhalb seiner Fachwissenschaft lebendig zu machen.

V. Wie die Weltanschauungen wechseln, auf deren Untergrund die Wissenschaften stehen, so ist auch die Wertung der Wissenschaften durch die Zeitgenossen in den einzelnen Zeitaltern recht verschieden. Dazu treten die Unterschiede der einzelnen Völker. Mitunter ist es auch eine einzelne überragende Persönlichkeit, die in weitem Umkreis den Sinn für die Wissenschaften hebt oder niederdrückt.

Im allgemeinen wird man sagen können, daß **unsere heutige Zeit** den Wissenschaften günstig gesinnt ist. Daß dabei Deutschland vielfach eine führende Rolle einnimmt, wird selbst von ehrlichen Feinden nicht bezweifelt.

Es tritt jedoch eine wichtige Unterscheidung merklich hervor; nicht alle Wissenschaften werden gleich gewertet. Hinter dem Auseinanderfall der alten Philosophenfakultät in ein mathematisch-naturwissenschaftliches und ein historisch-philosophisches Sammelgebiet (S. 3 III) birgt sich ein größerer, übergeordneter Gegensatz. Das ist der **Gegensatz zwischen den Naturwissenschaften und den sog. reinen Geisteswissenschaften.** Und es ist nun in den letzten Jahrzehnten der Löwenanteil der allgemeinen Zuneigung den Naturwissenschaften und insbesondere den „technischen" Wissenschaften zugefallen.

Dies erklärt sich einmal aus dem einzigartigen Aufschwung, den gerade diese Wissenschaften im jüngsten Zeitalter genommen haben. Gewiß haben auch die Geisteswissenschaften bedeutende Fortschritte zu verzeichnen, aber das kann mit dem, was die Naturwissenschaften an innerer Erneuerung und äußeren Erfolgen buchen durften, nicht verglichen werden. Zum zweiten war der Zeitgeist den Naturwissenschaften günstig, wobei eine gewisse Wechselwirkung unverkennbar ist. Denn aus dem blendenden Licht der neuen Erkenntnisse über Naturgewalt und natürliches Schicksal wuchs eine Zeitströmung heraus, die man mit einem vielleicht nicht glücklichen Namen als **Materialismus** bezeichnet hat. Dieser Materialismus stand den reinen Geisteswissenschaften kühl, ja feindlich gegenüber.

Aber gerade weil der Materialismus bereits in seinem Kern überwunden ist, darf gehofft werden, daß auch den Geisteswissenschaften wieder eine glücklichere Stunde schlägt. Voraussichtlich zieht eine **ideologische** Weltanschauung herauf, deren Ziel es sein wird, die ungeheuren Umwälzungen unserer Lebensverhältnisse (von denen soeben gesprochen wurde) nicht nur zu verarbeiten, sondern geistig und seelisch zu erklären. Der **Krieg** und die **Revolution** dürften diese Wandlung, auch wenn das heute noch nicht deutlich wahrnehmbar sein mag, eher gefördert als gelähmt haben. Zurzeit allerdings legt sich noch durchaus die wirtschaftliche Nachwirkung der Kriegs- und Revolutionserscheinungen als Schwergewicht auf die Gemüter. Aber dazwischen steigt eine deutliche Sehnsucht nach reinen Geisteswerten gerade aus der Nüchternheit der Alltagssorgen empor.

VI. Die **Rechtswissenschaft** steht auf der Seite der reinen Geisteswissenschaften. Ihr Arbeitsgerät ist fast ausschließlich das denkende Hirn. Ihr Arbeitsergebnis bleibt stets ein Gedankending, das sich mit Händen nicht greifen läßt. Darum nimmt die Rechtswissenschaft an den allgemeinen Schicksalen der Geisteswissenschaften teil.

Das Interesse breiterer Kreise an ihr ist erstaunlich gering. Doch ist eine allmähliche Belebung des Interesses nicht ausgeschlossen. Bestrebungen, die man unter dem Gesichtspunkt der „Bürgerkunde" oder des „Staatsbürgerlichen Unterrichts" zusammenzufassen pflegt, wollen den Sinn für die rechtlichen, zumal die staats- und verwaltungsrechtlichen Erscheinungen, aus dem Rahmen der juristischen Fakultäten hinaus in die Schulen tragen und wollen ein gewisses Maß juristischer Kenntnisse oder doch Vorstellungen zum Gegenstand „allgemeiner Bildung" machen. Auch manche der sog. Volkshochschulen haben die Pflege der Rechtskunde mit in ihr Programm aufgenommen. Vgl. auch Reichsverfassung Art. 148 III. In der Tat leidet der Rechtsunterricht auf den Universitäten empfindlich darunter, daß ihm — im Gegensatz zu fast allen anderen Unterrichtsfächern — so gut wie ganz der Unterbau in den Schule fehlt (vgl. unten § 39 I). Gerade das ist vielleicht mit an der besonderen „Abgeschlossenheit" des juristischen Wissens schuld, von der weiter oben gesprochen wurde.

Auf der anderen Seite verleiht diese besondere Stellung der Rechtswissenschaft erhöhte Würde. Sie ist im reinsten Sinne des Wortes eine akademische Wissenschaft, abseits gelegen vom Geschwätz der Straße und ziemlich entfernt von den Gefahren des Journalismus. Und in entsprechendem Maße steigert sich der Reiz, in das Gebiet dieser hohen Wissenschaft einzudringen. Viele Unberufene sagen ihr Trockenheit nach. In Wahrheit ist sie voll glühenden Lebens. Es verlangt nur ernstlichen Willen und freilich eine gewisse Schulung, um sich den etwas spröden Stoff lebendig zu machen. Dem Strebenden auf diesem Wege behilflich zu sein, ist die vornehmste Aufgabe einer „Einführung in die Rechtswissenschaft".

Gliederung der Rechtswissenschaft. § 2.

I. Ein so bedeutendes und umfangreiches Stoffgebiet wie das der Rechtswissenschaft kann nicht ohne Gliederungen auskommen. Es würde sonst die Übersichtlichkeit verloren gehen. So haben sich im Laufe der Zeit eine ganze Reihe von Einzelmaterien (Fächer, Disziplinen) gebildet, bürgerliches Recht, Staatsrecht, Kirchenrecht usw., von denen jede ihre eigenen Wege geht. Jede hat im Lehrplan ihre eigenen Vorlesungen, eigene Lehrbücher werden über sie geschrieben, eigene Lehrstühle für sie eingerichtet. Und selbst in die richterliche Praxis, in die Lebenslaufbahn des Juristen wirkt diese Stoffzerlegung hinein, indem es neben Richtern Verwaltungs-

Anlage zu § 2 Ziffer II.

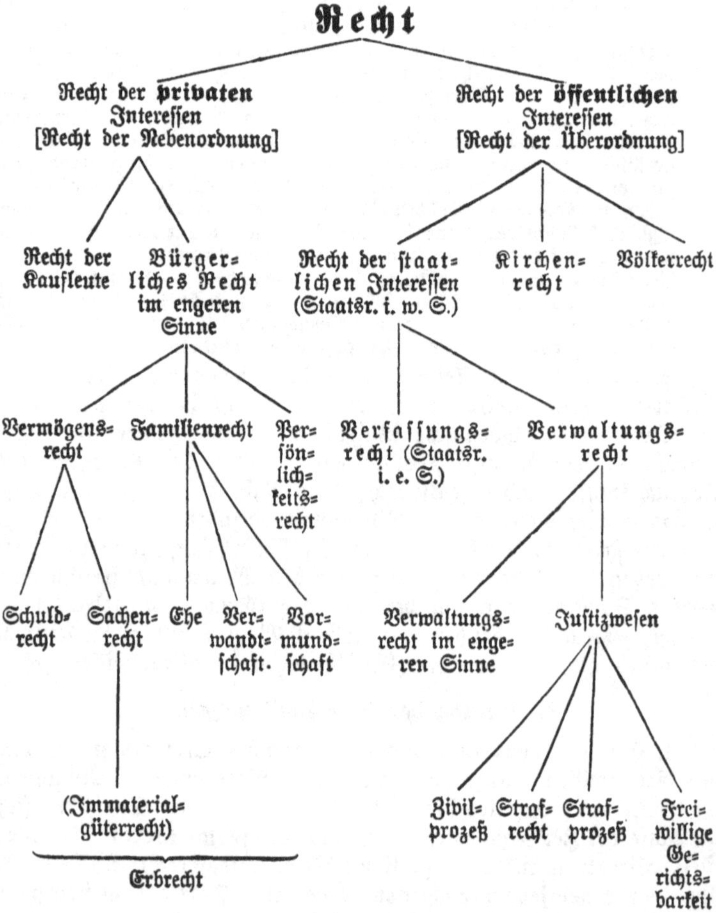

Näheres über die einzelnen Gebiete im III. Teil.

juristen, neben Zivilrichtern Strafrichter, neben Strafkammern Ehescheidungskammern gibt usw.

II. Die heutige Einteilung ergibt sich in ihren Grundzügen aus dem Schema, das auf der vorhergehenden Seite abgebildet ist. Zwingend ist eine solche Einteilung nicht, man wird immer einzelne Glieder vertauschen, zusammenziehen oder umgekehrt durch begriffliche Spaltungen neue Glieder bilden können. Das ist Sache des Zeitgeschmacks und der fortschreitenden begrifflichen Erkenntnis (wobei aber auch falsche Erkenntnisse unterlaufen können); vgl. auch nachfolgend Ziffer IV und V. Was den Unterschied zwischen den einzelnen, heute gebildeten Fächern ausmacht, ergibt sich des näheren aus dem Teil III des Buches, woselbst die einzelnen Gebiete in ihren hauptsächlichen Wesenszügen umrissen werden. An dieser Stelle genügt eine Erläuterung durch einige Beispiele.

III. **Beispiele:**

a) Folgende zwei Tatbestände sind gegenüberzuhalten: Bei einer Parlamentswahl ist ein Stimmzettel gefälscht worden, — ein junger Herr bestellt bei einem Schneider einen Anzug, ohne daß über den Preis gesprochen wird. Beide Vorgänge haben rein menschliche, sittliche, wirtschaftliche, daneben aber auch eine juristische Seite. Der Fälscher tritt in den Bannkreis des Strafrechts, der junge Herr ist von Rechts wegen gehalten, zu bezahlen. Aber der Unterschied zwischen beiden Tatbeständen springt sofort in die Augen. An der Wahl, an der rechtlichen Reinerhaltung der Wahl und an der Ahndung eines Verstoßes gegen sie, hat die **Öffentlichkeit** ein Interesse. Ob aber der Schneider zu seinem Gelde kommt, das kann billigerweise der privaten Sphäre überlassen bleiben, und die Öffentlichkeit interessiert es z. B. ganz und gar nicht, wenn der Schneider dem Schuldner die Schuld erläßt oder herabsetzt, oder wenn er zu gleichgültig oder zu höflich ist, sich darum zu kümmern. Darum gehört der erste Tatbestand in den Bereich des **öffentlichen Rechts**, der zweite in den Bereich des **privaten (oder bürgerlichen) Rechts.**

Der Unterschied ist nicht bloß ein äußerlicher, sondern innerlich tief begründet. Die durch Fälschung verletzte Öffentlichkeit wird durch den Staat verkörpert, und es leuchtet ohne weiteres ein, daß man den Staat nicht mit dem Untertan auf gleiche Stufe stellen kann, daß vielmehr von vornherein bei der Abwicklung dieses öffentlichrechtlichen Falles ein Zug der Überlegenheit, der Höherordnung des einen Teils (Staat) über den anderen Teil (Untertan) wahrgenommen, und zwar von Rechts wegen wahrgenommen, werden muß. Innerhalb der privaten Rechtsordnung hat sich dagegen, zumal nach den Stürmen der französischen Revolution und im Zuge des 19. Jahrhunderts, in aller Klarheit der Grundsatz festgesetzt — und über seine Wahrung wird ängstlich gewacht —, daß alle Beteiligten gleich gewertet werden, daß vor dem Richterstuhl der arme Schneider durchaus ebenbürtig neben den wohlangesehenen Kavalier zu stehen kommt. Man kann daher den obersten Gegensatz in der Materienbildung auch dahin geben, daß auf der einen Seite das Recht der Überordnung, auf der anderen das Recht der Nebenordnung liegt. Näheres darüber unten § 22 II.

b) Was kann der Schneider von dem Herrn verlangen, der einen Anzug von ihm bezogen hat? Und was kann der verlangen, dessen Hut bei einem Festessen versehentlich von einem anderen Gaste mitgenommen worden ist? Der Schneider hat ein Recht auf das Geld, der Gast ein Recht auf den Hut. Scheinbar macht das keinen Unterschied, denn Geld und Hut sind beides Vermögenswerte. In der Tat gehören auch beide Fälle in dasselbe Untergebiet, ins **„Vermögensrecht"**. Aber innerhalb dieses Gebiets kommt es zu einer weiteren Scheidung. Zwischen dem Schneider und dem Vermögensobjekt, das er beansprucht, besteht nämlich noch keine Beziehung; er kann nicht sagen, daß er ein Recht auf die und die ganz bestimmten Geldscheine oder Geldstücke habe, die in der Börse oder im Schubfach seines Schuldners liegen. Deshalb besteht hier überhaupt keine rechtliche Verknüpfung zwischen einer Person (dem Schneider) und einer Sache (dem Geld). Sondern vom Rechtsstandpunkt ist dem Schneider nur ein anderer Mensch verbunden, der demnächst ganz beliebige Sachen (Geldstücke) an ihn abführen soll; also nur von Person zu Person läuft ein Band, und weil dabei die eine Person Schuldner der anderen ist, spricht man von **„Schuldrecht"**. Ganz anders in dem Fall mit dem Hut. Allerdings ist hier auch ein Verhältnis zwischen zwei Personen gegeben, aber das tritt dahinter zurück, daß die eine zu dem Streitgegenstand (dem Hut), also einer Sache, bereits vorher und noch jetzt in Beziehung steht: der erste Gast ist Eigentümer des Hutes, zwischen Person und Sache läuft ein rechtliches Band, und weil die Sache dabei das bestimmunggebende ist, spricht man von **„Sachenrecht"**.

Auch dieser Gegensatz ist keine bloße Gedankenspielerei, sondern hat bedeutende praktische Folgen, z. B. im Konkurse des Herausgabepflichtigen (vgl. S. 234 Va).

c) Der Schneider verklagt seinen Schuldner auf Bezahlung der hundert Mark. Damit rückt der Fall aus dem Privatrecht ins öffentliche Recht hinüber. Der Schneider flüchtet sich gleichsam in die Öffentlichkeit, er ruft die öffentliche Hilfe an. Diese öffentliche Hilfe ist ein ganzer großer Zweig der staatlichen Betätigung geworden: das **Justizwesen** (unten § 21 IV b und § 32ff.). Daneben mag folgender Fall gestellt werden. Beim Kreisausschuß bewirbt sich ein Dörfler um eine Schankkonzession; er will also ein kleines Wirtshaus auftun und möchte bis 12 Uhr nachts Ausschankerlaubnis für Bier und Branntwein haben. Hier wird ebenfalls ein staatlich eingesetztes Organ angegangen. Aber in das Justizwesen gehört dieser zweite Vorgang nicht, sondern in das **Verwaltungsrecht** (§ 27).

Wir haben also eine Unterteilung im Bereich des öffentlichen Rechts vor uns. Auch sie wieder wurzelt in wichtigen inneren Gegensätzen und führt zu wichtigen praktischen Unterschieden.

Das angerufene Gericht darf die moralischen Qualitäten des Schneiders nicht veranschlagen; auch wenn der Kläger der größte Lump ist, muß es ihm zu seinem **Recht** verhelfen. Und zwar auf Heller und Pfennig; es kann nicht etwa sagen: hundert Mark sind zu viel für dich, ich will dir jedoch fünfzig bewilligen. Der Kreisausschuß dagegen hat nicht nur die Befugnis, sondern sogar die Pflicht, den Bewerber auf seine Tauglichkeit und Würdigkeit zu prüfen. Daneben muß er noch anderes veranschlagen, z. B. die Bedürfnisfrage. Und schließlich entscheidet er nach seinem **Ermessen**. Er kann also das Gesuch ganz ablehnen oder teilweise, indem er z. B. die Polizeistunde auf 10 Uhr ansetzt statt auf 12, oder nur für Bier die Konzession erteilt, nicht aber auch für Branntwein. Doch ist auch die verwaltungsrechtliche Tätigkeit, gerade weil sie zum „Recht" gehört, an Normen gebunden, deren Verletzung einen Rechtsbruch darstellt und rechtliche Ahndungen zur Folge haben kann. Darüber, daß sogar eine eigene sog. Verwaltungsgerichtsbarkeit geschaffen worden ist, vgl. unten § 36.

In der Verwaltung herrscht also die größere Beweglichkeit, der Verwaltungsbeamte ist mehr Herr des Stoffes, während der Richter von dieser Seite aus als Diener des Gesetzstoffes erscheint. Doch hat das Verhältnis noch eine umgekehrte Seite. Gerade weil der Richter in so ausgeprägter Weise unter dem Gesetze steht, ist er um so unabhängiger gegenüber anderen Gewalten. Insbesondere kann ihm kein Vorgesetzter oder politischer Machthaber in seine Richtersprüche dreinreden oder etwas daran ändern. Diese Dinge wurzeln tief im Rechtsempfinden des Volkes, sie bilden geradezu ein Stück der Volksverfassung, und darum ist denn in dem sog. Gerichtsverfassungsgesetz (unten § 32 Ziff. IV a) als erster Paragraph ausdrücklich der Satz an die Spitze gestellt: „Die richterliche Gewalt wird durch unabhängige, nur dem Gesetze unterworfene Gerichte ausgeübt."

IV. Mischungen. Es ist das ewige Schicksal aller Einteilungen innerhalb der Geisteswelt, vielleicht von mathematischen Kategorien abgesehen, daß sie nie in den Erscheinungen des Lebens glatt aufgehen. Immer wieder finden sich Zwischengebilde, die zur Hälfte der einen, zur Hälfte der anderen Gruppe angehören. So auch bei der Materienbildung innerhalb der Rechtswissenschaft.

Allerdings muß zwischen echter Mischung und bloß scheinbarer Grenzverwischung geschieden werden. Wenn z. B. der Staat, den man dabei Fiskus zu nennen pflegt, über die Grenzen eines ihm gehörigen Grundstücks mit einem benachbarten Bauern streitet, so wäre es falsch, diesen Vorgang auch nur teilweise in das öffentliche Recht hinüberzuziehen. Der Staat ist hierbei nicht übergeordnet. Vielmehr muß er sich in das Gefüge des Privatrechts eingliedern, wie wenn er selbst nur ein einfacher Bürger wäre. Sein Eigentum an dem Grundstück ist in keiner Weise anders beschaffen wie das eines Bauern. Darum handelt es sich um einen reinen Ausschnitt aus dem Recht der Nebenordnung.

Wohl aber sitzt ein beträchtlicher Einschlag von öffentlichem Interesse und öffentlichem Recht in der Ordnung der Familienverhältnisse, die an sich, wie das Schema auf S. 8 zeigt, auf der Seite des bürgerlichen Rechts zu finden sind. Denn wenn es z. B. im Bürgerlichen Gesetzbuch § 1309 heißt: „Niemand darf eine Ehe eingehen, bevor seine frühere Ehe aufgelöst ist", so ist durchaus nicht etwa Fürsorge für den betrogenen Gatten der ersten Ehe die Hauptsache (denn möglicherweise ist er durchaus einverstanden), sondern die Öffentlichkeit wird durch eine Doppelehe aufs tiefste verletzt, und darum ist das Verbot erlassen. Nicht anders ist es, wenn für den Vertrag auf Annahme an Kindesstatt (Adoption) gerichtliche Bestätigung vorgeschrieben (§ 1741 BGB.), oder wenn das ganze Vormundschaftsrecht (§ 1773ff.) mit einer Fülle von fürsorglichen, in die Hände der Beamtenschaft gelegten Maßregeln durchsetzt ist.—Nur, weil man solche gemischte Gebiete nicht auseinanderreißen kann oder will, gruppiert man sie wohl oder übel dahin ein, wo sie den meisten Zusammenhang haben.

V. Kritik. Die Zerlegung in Fächer und der Gegensatz zwischen ihnen kann stärker oder schwächer betont werden. Der Sinn für solche „Systematik" hat im Laufe der Zeiten gewechselt.

Z. B. bringen das Preußische Allgemeine Landrecht von 1794, eine von Friedrich dem Großen ins Leben gerufene, geistvolle Schöpfung (S. 212b), und auch der französische Code civil von 1804, der Napoleon seine Entstehung verdankt (S. 213d), den Fächergegensatz lange nicht so scharf zum Ausdruck wie das heute in Deutschland geltende Bürgerliche Gesetzbuch, das rund hundert Jahre später ausgearbeitet worden ist. Umgekehrt wurde der Gegensatz zwischen Justizwesen und Verwaltung (S. 10c) in früheren Jahrzehnten viel lebhafter betont, als man heute für nötig hält; vgl. unten S. 292c.

Im allgemeinen muß man sich aber darüber klar sein, daß unser heutiger Zeitgeist dem Spezialistentum günstig ist. Darum wird die Fächereinteilung in der Gegenwart übertrieben. Das wurde bereits im früheren Zusammenhang für die Rechtswissenschaft als Ganzes behauptet (S. 4). Es gilt aber ebenso für die Gliederung innerhalb der Rechtswissenschaft. Die einzelnen Materien stehen sich zu fremd gegenüber. Das Verwaltungsrecht weiß viel zu wenig von dem, was drüben im bürgerlichen Recht vorgeht, und umgekehrt. Und innerhalb des geschichtlichen Unterbaues, der ebenfalls wieder in Fächer zerfällt, stehen sich „Romanisten" (Römische Rechtsgeschichte, römisches Privatrecht, römischer Zivilprozeß) und „Germanisten" (Deutsche Rechtsgeschichte, deutsches Privatrecht) in bemerkenswerter Abgeschiedenheit gegenüber (§ 17 VI). In der Praxis freilich treten die Scheidungen mehr zurück, weil sich das Leben nicht um sie kümmert. Aber die Rechtswissenschaft lebt sehr stark in Spezialisierungen.

Dem entgegenzutreten, den Zusammenhang zu wahren, die übergeordneten allgemeinen Gedanken ans Licht zu bringen, ist die zweite wichtige Aufgabe einer „Einführung in die Rechtswissenschaft".

Einführung in die Rechtswissenschaft. § 3.

I. Ziele. Die beiden Hauptaufgaben einer Einführung in die juristische Wissenschaft wurden bereits im vorhergehenden gestreift.

Zum ersten handelt es sich darum, die Sprödigkeit des juristischen Stoffes zu überwinden, Interesse und Freude an diesem Stoff zu wecken und das selbsttätige Denken anzuregen. Eindringen in den Stoff ist hier das Ziel. Ohne Bereitwilligkeit des Lernenden ist es nicht zu erreichen. Ist aber Bereitwilligkeit da, so bietet sich des Reizvollen genug. Eine Fülle von lockenden Fragen springen dem Denkenden entgegen. Manche sind unlösbar und werden ewige Rätsel bleiben, weil dem Menschengeist von Gott und der Natur Schranken gesetzt sind. Aber unauslöschbar brennt doch die Forschersehnsucht in der Seele weiter, darum werden die Menschen nie aufhören, auch dem Unlösbaren nachzutrachten.

Zum zweiten handelt es sich darum, die Zersplitterung des juristischen Stoffes zu meistern und den Stolz zu pflegen, den solches Meistern mit sich bringt. Mit dem Eindringen in den Stoff ist also nicht genug getan. Es gilt auch, über den Stoff hinauszuwachsen und ihn zu beherrschen. Diese Kunst will freilich gelernt sein. Auch die Begabung spielt eine große Rolle, denn es gibt geborene Gelehrte und geborene Juristen. Wenn aber richtig ist, was weiter oben behauptet wurde, daß wir einer siegreichen idealistischen Weltanschauung entgegengehen, so wird der Sinn für die großen Zusammenhänge, für die übergeordneten Fragen mächtig gestärkt werden. Dann braucht sich der Jurist des kommenden Zeitalters nur tragen zu lassen von der Welle des Tages, um auf die Höhen zu gelangen, von denen sich ein beherrschender Überblick bietet. **„Enzyklopädie"** nannte man einst das führende Stück der Einführung in die Rechtswissenschaft. Das bedeutet ein Schauen im Kreise, wie es der Stand auf dem Gipfel ermöglicht, und bedeutet weiter ein Sichselbsterziehen (*ἐγκυκλία παιδεία*, der Bildungskreis den der griechische Jüngling überblicken und beherrschen mußte, ehe er an Sonderstudien herantrat). Das ist das Ziel auch heute noch (vgl. § 20 X).

II. **Rechtsphilosophie.** In diesen Zielen berührt sich eine Einführung in die Rechtswissenschaft mit einer Philosophie des Rechts. „Rechtsphilosophie" ist wiederum ein selbständiges Fach, auch wenn es nicht an allen Universitäten gelehrt wird.

Der Unterschied von der Einführung ist mit einem kurzen Schlagwort schwer wiederzugeben. Die Rechtsphilosophie führt aus dem Rechtsganzen hinaus und in das Feld einer anderen Fakultät hinüber, während die Einführung grundsätzlich im Rahmen der Jurisprudenz verbleiben soll. Indessen ist dieser Gegensatz kaum eine wirkliche Wesensverschiedenheit. Es handelt sich mehr nur um einen Unterschied in der Tönung. Die Rechtphilosophie ist stärker von Spekulation durchtränkt und rechnet in größerem Maß mit bloßen Möglichkeiten und Gedankengebilden. Die Einführung bleibt mehr auf dem Boden der Wirklichkeit und läßt die juristische Praxis nicht aus dem Auge.

Die erstere versenkt sich um einige Grade tiefer in Fragen wie die folgenden: Warum hat die Menschheit überhaupt eine Rechtsordnung? Welches sind die „Elemente", die Urkräfte des Rechts? Gibt es eine ewige Gerechtigkeit, an der man das jeweils in einem bestimmten Staate geltende Recht messen könnte (s. sogleich im folgenden)? Die Einführung rückt dafür Fragen nach Art der folgenden etwas schärfer heraus: Wie gliedert sich die Rechtsordnung in das leibhaftige Leben der Menschen ein? Was haben die Menschen früher an Gesetzen hervorgebracht und wie haben diese älteren Gesetze funktioniert? Und wie steht es heute damit? Wie wird ein an sich doch toter Gesetzesparagraph zur wirklichen Anwendung gebracht? Usw.

Die Rechtsphilosophie unterliegt heute einer Krise, die sich in mehrfacher Hinsicht äußert. Einmal hat es an genügendem Zusammenarbeiten der Philosophen und Juristen gefehlt. Die Philosophen machten sich ihre eigene Rechtsphilosophie zurecht und ebenso die (wenigen) Juristen, die sich rechtsphilosophischen Studien zuwandten. Zum anderen ist innerhalb der juristischen Kreise keine ganz klare und übereinstimmende Meinung darüber gewonnen worden, ob die Rechtsphilosophie sich auf das „Recht, das ist" zu beschränken oder statt dessen das „Recht, das sein soll" als ihren Zentralpunkt zu behandeln habe. Mit diesem Gegensatz hängt die weitere Frage eng zusammen, ob es überhaupt ein über dem „geltenden" (jeweils geltenden) Recht stehendes seinsollendes Recht, ein **„Naturrecht"** geben könne, und, wenn ja, ob dieses seinsollende Recht auch wieder nur zeitlich und gesellschaftlich bedingt sei oder aber Ewigkeitswert besitze. Es ist das ungefähr dasselbe wie die Frage nach dem **Verhältnis von Recht und Gerechtigkeit.** Diese Frage wird vielleicht in der nächsten Zeit die beherrschende Frage der Rechtsphilosophie werden, nachdem sie es schon in früheren Zeiten mehrfach gewesen ist. Vgl. darüber unten § 8 (S. 47ff.).

Aus dem Schrifttum: Max Ernst Mayer (Prof. in Frankfurt), Rechtsphilosophie, 1922 (Heft 1 der Kohlrausch-Kaskelschen Enzyklopädie), Gustav Radbruch (Prof. in Kiel), Grundzüge der Rechtsphilosophie, 1914. Ernst Beling (Prof. in München), Rechtswissenschaft und Rechtsphilosophie, 1923. — Neben diesen einführenden Darstellungen kommen die großen Systeme von Rudolf Stammler (Prof. in Berlin), Lehrbuch der Rechtsphilosophie, 2. Aufl., 1922; J. Binder (Prof. in Göttingen), Philosophie des Rechts, 1925, in Frage. — Schwierig und problemreich, zum Teil monographischen Charakters: C. A. Emge (Prof. in Jena), Vorschule der Rechtsphilosophie, 1925. — Viel Material, nicht gleich im Wert, in dem seit 1907 erscheinenden, z. Z. auf 19 Bände gewachsenen Archiv für Rechts- und Wirtschaftsphilosophie.

III. **Rechtssoziologie.** Mit wachsendem Nachdruck wird seit wenigen Jahren die Anerkennung der „Rechtssoziologie" als eines selbständigen juristischen Faches verlangt. Die Erscheinung ist nur zu verstehen als ein Teil der „Soziologie" schlechthin. Darum ist auf diese jüngste und noch sehr ungeklärte Wissenschaft, die sich zu einer allesumfassenden Universalwissenschaft zu erheben trachtet und streckenweise andere Wissenschaften wie Nationalökonomie und Philosophie geradezu verdrängen zu können glaubt, näher einzugehen.

1. Die Soziologie (Gesellschaftslehre) ist eine langsam erwachsene, überall hervortretende und insofern internationale Erscheinung. Breiteren wissenschaftlichen Kreisen ist sie allerdings erst in den letzten Jahren zum Bewußtsein gekommen. Sie tritt mit der Behauptung auf, eine Grundwissenschaft erster Ordnung zu sein. Denn sie will **das gesellschaftliche Zusammenleben der Menschen in allen seinen Beziehungen** durchdenken und wissenschaftlich darstellen. Zusammenfassung und Ordnung der vielen, anscheinend unübersehbaren Lebenserscheinungen (soweit sie „gesellschaftlicher" Struktur sind, z. B. des staatlichen Lebens, der Vereinsbildungen, des Familiendaseins, der künstlerischen Beziehungen, der religiösen Verknüpfungen usw.), ist also ihr letztes Ziel.

Wie weit damit die Gedanken fliegen, veranschaulicht z. B. der Artikel „Soziologie" von Othma-Spana (Wien) im Handwörterbuch der Staatswissenschaften, oder Leopold v. Wieses (Köln) Werk: Allgemeine Soziologie als Lehre von den Beziehungen und Beziehungsgebilden der Menschen I, 1924.

2. Mehrere geistige Veranlassungen haben dieses neueste Gestirn am Himmel der Wissenschaften hervorgezaubert. Die früheste Triebkraft dürfte in dem Verlorengehen des Glaubens an die Absolutheit des Staats und der Rechtsordnung liegen. Bis ins 19. Jahrhundert hinein lebten die breiten Massen der Menschen in der (als Selbstverständlichkeit von den voraufgegangenen Geschlechtern übernommenen) Vorstellung, der Staat, die sinnfälligste Form menschlichen Zusammenlebens, sei eine ohne weiteres gegebene, gleichsam übermenschliche Größe.

Dabei macht es keinen Unterschied, ob die staatliche Form des Zusammenlebens als eine Einrichtung von Gott hingenommen wurde, dies die ältere, theokratische Denkweise, oder ob man sich Staat und Recht als Offenbarungen einer ewigen Vernunft dachte, dies die jüngere, „naturrechtliche", der „Aufklärung" entsprechende Denkweise (vgl. über Naturrecht unten § 8, über die sog. Staatstheorien unten § 26). Denn hier wie dort erschien das Zusammenleben als eine absolute, einzigartige, aus dem natürlichen Dasein herausgehobene, von oben her gekommene und deshalb über- oder außermenschliche Ordnung.

Daran wird nun zunächst von einzelnen Denkern des 18. Jahrhunderts gerüttelt. Der Staat erscheint ihnen nur als eine von vielen menschlichen, allzumenschlichen Assoziationsformen, andere mannigfaltige Formen tauchen neben oder hinter ihm auf. Der wachsende Kritizismus, das allgemeine Abnehmen des Autoritätsglaubens im 19. Jahrhundert befördert diese geistige Bewegung. Man stützt sich auf das, was man erlebt, was sich entwickelt, auf das „empirisch" Gewordene, auf die Erfahrung, weshalb die Soziologen gern betonen, daß ihre Wissenschaft eine Erfahrungswissenschaft sei. Auch das Aufkommen und Aufblühen der Statistik (vgl. unten § 38) kommt den soziologischen Gedankengängen zustatten. In besonderer Weise hat sodann das Erwachen des Klassenbewußtseins, wie es von den Sozialisten geweckt und genährt wurde, zur Belebung des „gesellschaftlichen" Denkens beigetragen; denn es wurde von dieser Seite her ebenfalls und sehr eindrucksvoll die Absolutheit des Staates in Zweifel gestellt und die sozialen Schichtungen als mindestens ebenbürtig, wenn nicht weit einflußreicher und jedenfalls als höchstwichtig im praktischen Daseinskampf hingestellt. Schließlich hat auch neuestens die Überspannung des Individualismus, die sich auf breiten Flächen des geistigen 19. Jahrhunderts gezeigt hatte, in ihrer Art der Soziologie in die Hände gearbeitet, die dabei wie eine Reaktion des Gesellschaftsgeistes gegen den übertriebenen Individualismus erscheint.

Aus den verschiedensten Wissensgebieten strömten der neuen Betrachtungsweise Kräfte zu. Die Psychologie wandte sich von der Einzelpsychologie der Massenpsychologie zu, und manche wollen als eigenen Forschungszweig eine „Sozialpsychologie" entwickeln. Nicht minder hat sich die Anthropologie und Biologie über die Betrachtung des einzelnen Lebewesens hinaus auf die „gesellschaftlichen" Erscheinungen, z. B. die Rassenbildung, die Artauslese erstreckt, so daß man bereits die Fachbezeichnungen „Sozialanthropologie", „Sozialbiologie" (vgl. A. Elster, Sozialbiologie, 1923) geprägt und wissenschaftlich ausgebaut hat. Die Wirtschaftswissenschaft ist ebenfalls der neuen Bewegung sehr entgegengekommen, unter den „Soziologen" stammt die überwiegende Zahl aus dem volkswirtschaftlichen Lager; auch hier ein besonders eindrucksvoller Zug: man wollte los vom Staat als dem einzigen Brennpunkt der Wirtschaft, darum stellen viele pointiert neben die alte Nationalökonomie (Staatswissenschaft) eine sog. Sozialökonomik. Nicht minder haben manche Historiker dem Zuge dieser geistigen Bewegung starke Zugeständnisse gemacht, indem sie ihre frühere, überwiegend auf die politischen Begebenheiten beschränkte Betrachtungsweise zugunsten der Erforschung aller „gesellschaftlichen" Erscheinungen erweitert haben. Die so geschaffene „Geschichtsphilosophie" fließt in den Augen einiger geradezu zusammen mit der „Soziologie".

So bietet die Soziologie in ihrem derzeitigen Bestande ein überaus buntes, vielseitiges und deshalb gefährliches Bild. Die „Gesellschaft" droht in den Köpfen mancher alles zu verschlingen. Unzureichende wissenschaftliche Schärfe, arger Dilettantismus, unklare Schwärmerei verbergen sich mit Vorliebe hinter „soziologischen“ Gesten. Darauf hat namentlich der Jugendliche, der als Neuling in das Reich der Wissenschaft eintritt, zu achten. Übrigens sind aber andererseits sehr ernste Bestrebungen im Gange, die „Soziologie“ ihrer Problematik zu entreißen und ihr Gebiet fester zu begrenzen. Insbesondere will man ihr einen festen Kern geben, indem man die „Formen“ und „Gesetze“ des menschlichen Zusammenlebens zu einem begrifflichen System aneinanderfügt und auf diese Weise eine „reine“ oder „theoretische“ Soziologie gewinnt. Freilich erhebt sich auch hier wieder sogleich ein Zweifel, ob nämlich überhaupt im geschichtlichen Ablauf der gesellschaftlichen Verhältnisse „Gesetze“ walten, oder nicht vielmehr „alles immer neu“ ist. Als ein Hauptbeispiel für die Bejahung der Gesetzmäßigkeit des geschichtlichen Geschehens kann die von Karl Marx vertretene (von den Epigonen ins mechanisch-kausale verflachte, übrigens in ihren dominierenden Zügen schon bei Engländern des 18. Jahrhunderts nachweisbare) „materialistische Geschichtsauffassung“ gelten, wonach gesetzmäßig (in groben Zügen) der gesamte „gesellschaftliche“ Zustand einer bestimmten Periode jeweils von den wirtschaftlichen Verhältnissen, und diese wieder jeweils von der Produktionsmethode abhängen.

3. Es leuchtet ohne weiteres ein, daß **das Recht** in diesen Strudel mit hineingezogen wird.

Zunächst einmal ist das „Recht“ sicher eine von den vielen „gesellschaftlichen Lebenserscheinungen“; es wohnt ihm ein ausgeprägter gesellschaftlicher Charakter inne (Näheres § 6ff.). Sodann aber kann es im Gesamtgefüge der Soziologie einen besonders hervortretenden Platz beanspruchen. Denn es ist, mag man ihm auch daneben noch andere Seiten zusprechen, jedenfalls nach einer Seite hin Macht (unten § 9 II), und das bedeutet, daß es gewisse Lebensverhältnisse zu meistern sucht, sich über sie schwingt, sie gleichsam in Bann legt. Darum kann keiner, der das Leben im ganzen beschauen und erkennen will, am Recht als einem der wichtigsten Punkte vorüber, und in der Tat widmet ihm das soziologische System einen immer breiteren Raum.

Vgl. z. B. Max Weber, Wirtschaft und Gesellschaft (III. Abt. des Grundrisses der Sozialökonomik), 1922, II. Teil, Kap. VII: „Rechtssoziologie“. Hermann Kantorowicz, Der Aufbau der Soziologie, in der „Erinnerungsgabe für Max Weber“, 1923.

4. Nicht minder nimmt **die Rechtswissenschaft** an dieser geistigen Strömung teil. Sie wird zwar nie von der „unersättlichen“ Soziologie aufgesogen werden, sondern immer eine selbständige, ihres Eigenwertes sich bewußte Wissenschaft bleiben. Aber eine starke, oft freilich unbewußte Beeinflussung des heutigen juristischen Denkens und Forschens durch die zunehmende „soziologische“ Strömung ist unverkennbar. Sie läßt sich nur ermessen im geschichtlichen Vergleich, indem man das Früher dem Heute entgegenhält. Dabei aber ergeben sich viele Beispiele.

So hat sich z. B. die strafrechtliche Grundanschauung unter dem Druck soziologischer Gedankengänge wesentlich gewandelt, indem man die „Bedingtheit" des menschlichen Handelns durch die „Umwelt", also durch die gesellschaftlichen Zusammenhänge (das „Milieu") erkannt, die isoliert-subjektive Behandlung des Täters nach einer, gleichsam verschlossen in ihm sitzenden „Schuld" aufgegeben und die neuen Themata der „Sicherung der Gesellschaft" gegen das Verbrechertum (Franz v. Liszt) sowie der „Kriminalistik" (auch Kriminalsoziologie) aufgenommen hat. Vgl. unten S. 336.

Ganz neue Gesichtspunkte haben sich ferner für die rechtliche Behandlung der industriellen (und anderen) Betriebe ergeben. In der alten Zivilrechtsdogmatik fanden sie keinen rechten Platz. Seit man auch innerhalb des Privatrechts die gesellschaftlichen Zusammenhänge als entscheidend oder mitentscheidend bewertet, sieht man viel klarer. So beginnt sich u. a. das Rätsel der Tarifverträge, d. h. der Massenverträge, die für tausende von Arbeitsverhältnissen schematisch abgeschlossen werden (vgl. unten § 13 II Ziff. 3 und § 25 IV b), zu lösen; sie sind eine spezifisch „soziologische" Erscheinung. Auch die Haftpflicht der Fabriken für Unfälle, die aus ihrem Betrieb erwachsen, tritt in ein ganz anderes Licht, wenn man sie als soziale Gebilde, nicht bloß als Eigentum eines einzelnen Individuums bewertet. Übrigens ist ganz allgemein die Umwertung des Eigentums zu einer „sozialen Funktion" durch die neue Denkweise erschlossen.

Über solche Einzelanwendungen hinweg hat sich seit einiger Zeit geradezu eine **soziologische Rechtsschule** gebildet (Vorkämpfer der frühere Czernowitzer Professor Eugen Ehrlich, der Karlsruher Anwalt Ernst Fuchs), die die Rechtswissenschaft von Grund aus nach der Richtung hin umgestalten möchte, daß ihr ganzes Denken auf die sozialen Tatsachen (sog. Tatsachenjurisprudenz) zugeschnitten werde. Doch ist diese Richtung in der allgemeinen Reformströmung („freie Rechtsfindung", unten § 20, Ziff. X 2) aufgegangen. — 1912 empfahl der 31. Deutsche Juristentag (Tagung in Wien) die Aufnahme der Soziologie in den Lehrplan des juristischen Studiums. — Eine wissenschaftliche Grundlegung versucht das Werk von Franz W. Jerusalem (Professor in Jena), Soziologie des Rechts, Teil I: Gesetzmäßigkeit u. Kollektivität, 1925.

IV. **Vergleichende Rechtswissenschaft.** So wie die Rechtsphilosophie und die Rechtssoziologie als etwas immerhin Verwandtes neben einer „Einführung in die Rechtswissenschaft" stehen, steht auch die sog. Vergleichende Rechtswissenschaft der Einführung nicht fern. Ihr Ziel ist es, die Rechtsordnungen verschiedener Staaten oder auch verschiedener Zeitalter in Vergleich zueinander zu setzen. Das weitet den Blick. Es ergeben sich Parallelen und andererseits Gegensätze. So können allgemeine Begriffe gewonnen werden, die ein tieferes Eindringen in das Rechtsganze erschließen.

Programmatische Bedeutung hat die Schrift von Ernst Rabel (Prof. in München, jetzt in Berlin): Aufgabe und Notwendigkeit der Rechtsvergleichung, Münchener Juristische Vorträge, Heft 1, 1925.

Mit der Soziologie stehen diese Bestrebungen in einem gewissen, doch nicht erschöpfenden Zusammenhang. Geleitet von dem Bestreben, die „gesellschaftlichen Beziehungen" in ihren ersten (primitiven) Anfängen zu ergründen, haben sich etliche Soziologen, auch einige Juristen, namentlich den **Urvölkern** zugewandt und deren Rechtsbräuche zu ermitteln gesucht. (Vgl. als Beispiel: Bachofen, Mutterrecht, 2. Aufl. 1897. Viel Material auch in der Zeitschrift für vergleichende Rechtswissenschaft.)

Noch von ganz anderer Seite her, nämlich aus dem Gesichtskreis der Regierungspolitik sind die rechtsvergleichenden Studien gefördert worden, um mit Nachbarstaaten gute Beziehungen zu pflegen, um in der Kolonialpolitik bestehen zu können, um überhaupt auch auf dieser schmalen Brücke zur Weltgeltung zu gelangen. Neuerdings tritt namentlich das Problem einer **Rechtsannäherung der europäischen Staaten** hervor. In Deutschland fällt, soweit die Universitäten in Frage kommen, diese Erscheinung in den weiteren Rahmen des sog. Auslandsstudiums.

Manche Universitäten lassen sich es in der Tat angelegen sein, ein bestimmtes, ihnen naheliegendes ausländisches Recht zu pflegen, z. B. Bonn das französische, Königsberg das russische Recht. In München besteht seit 1916 ein eigenes „Institut für Rechtsvergleichung" an der dortigen Universität, in Berlin ein vom Reichsverband der deutschen Industrie eingerichtetes Institut für ausländisches Recht, das eine wertvolle Zeitschrift „Auslandsrecht" unter Leitung mehrerer Berliner Professoren herausgibt. Usw. — Als Beispiel eines Einzelwerks aus diesem Rahmen vgl. etwa J. W. Hedemann, Fortschritte des Zivilrechts im XIX. Jahrhundert, ein Überblick über die Rechtsentwicklung in Deutschland, Österreich, Frankreich und der Schweiz, I. Band 1910.

Die allgemeine (d. h. von Sonderzwecken absehende) Vergleichende Rechtswissenschaft hat es jedoch bisher zu einer höheren Blüte nicht gebracht. Im Lehrplan der Universitäten fehlt sie (abgesehen von der Betätigung der genannten Institute) fast ganz. Auch der literarisch-wissenschaftliche Apparat ist überwiegend bei einer ziemlich äußerlichen Gegenüberstellung der verschiedenen Rechte stehen geblieben. Das verführt zu nutzloser Materialanhäufung. Wirklich Großes kann nur geleistet werden, wenn auch hier nach möglichster Herrschaft über den Stoff, nach der Aufdeckung der obersten Zusammenhänge oder tiefsten Gemeinsamkeiten gestrebt wird. Dann allerdings könnte die vergleichende Rechtswissenschaft zu einer führenden Rolle berufen sein. Denn die Berührung der Völker und Erdteile ist in der jüngsten Zeit so wesentlich gesteigert worden, daß auch die verschiedenen Rechtswelten sich immer näher kommen müssen. Und innerhalb des Völkerganzen treten bestimmte mächtige Wirtschaftsblocks immer deutlicher in die Erscheinung (das britische Imperium, Amerika, das japanisch orientierte Asien, vielleicht auch das kontinentale Europa), die nach einer inneren Kräftigung auch durch gemeinsame juristische Elemente verlangen.

Deutschland vor allem hat Grund, sich nicht zu stark isolieren zu lassen. Die großen Kodifikationen, die in der zweiten Hälfte des 19. Jahrhunderts entstanden (unten § 21 IV), haben zwar zur Einigung Deutschlands in sich selbst Bedeutendes beigetragen, aber gleichzeitig haben sie den Zusammenhang mit der allgemeineuropäischen Grundlage des Pandektenrechts (unten § 19 V) wesentlich gelockert und damit das deutsche Recht einer gewissen Vereinzelung entgegengeführt. Das hat z. B. vor den „Gemischten Schiedsgerichtshöfen", die der Friedensvertrag von Versailles ins Leben rief, zu manchem harten Nachteil geführt. In Zukunft darf daher die Beobachtung der ausländischen Rechte nicht vernachlässigt werden.

Eine Einführung in die Rechtswissenschaft kann an solchen Bestrebungen nicht ganz vorübergehen, wird sich vielmehr durch gelegentliche Seitenblicke nach fremden, insbesondere benachbarten Rechtsgebieten bereichern. Doch muß das in diesem Buche zugunsten anderer Ziele stark zurücktreten.

§ 4. Die vier Teile der Einführung.

Von vier Seiten her soll im folgenden das Einführen in die juristische Geisteswelt in Angriff genommen werden.

I. Es sollen zunächst die obersten, alle Teile des Rechts belebenden Werte herausgehoben werden; dies geschieht in einer **„Allgemeinen Rechtslehre"**, früher auch Enzyklopädie genannt. Eine solche Allgemeinlehre ist nicht nur möglich, sondern auch förderlich. Die allgemeinen Werte werden gefunden, indem man von den Einzelerscheinungen zu immer höheren Gemeinsamkeiten hinaufsteigt. Tausende von Urteilen werden z. B. von den Gerichten erlassen. Man wirft nun die Frage auf: worauf stützen sie sich? Das führt an bestimmte festgefügte Wortlaute, Texte heran. Man fragt weiter: warum sind die Texte maßgebend? Weil sie ein Stück des Gesetzes ausmachen. Und warum wieder sind die Gesetze bindend? Weil sie die berufenste Offenbarung der Rechtsordnung sind. Damit ist man dann beim „Recht" als oberstem Wert allen juristischen Denkens angelangt. Bei solchem Denken stößt man aber keineswegs nur auf Selbstverständlichkeiten, sondern oft genug tauchen, manchmal ganz überraschend, Probleme auf, deren Durchdenkung bedeutende Anregung (aber auch gründliche Schwierigkeiten) bringt und das juristische Wissen mächtig befruchtet.

Man beobachtet etwa, wie überall die Rechtsvorschriften vom Zwange begleitet sind, z. B. die Vorschrift, daß der Schuldner seinen Schneider bezahlen soll (Bürgerliches Recht), daß man fremdes Gut nicht stehlen darf (Strafrecht), daß man bestimmte Vorräte anmelden muß (Verwaltungsrecht), daß der Zeuge dem Richter Auskunft zu geben hat (Prozeßrecht), usw. Dann aber kommt man plötzlich an die Verträge, die die Kulturstaaten untereinander geschlossen haben, an die „internationalen" Abmachungen, z. B. über Konterbande, also ins Völkerrecht, und sieht nun, wie schwach es hier mit Zwang und Richtergewalt bestellt, oder wie eigenartig zum mindesten der Zwang gestaltet ist. Und damit steht man nun vor der großen Frage, ob zum allgemeinen Begriff des „Rechts" die Erzwingbarkeit gehört oder nicht (vgl. dazu später S. 63 b).

Man erkennt sofort, wie nahe man hiermit an das Philosophische herangekommen ist. Je höher man von den Einzelerscheinungen emporsteigt, desto blasser und spröder werden freilich die Gedankenreihen, aber um so mehr verfeinert sich auch das Denken. In der Tat ist in dem Programm der Einführung die „Allgemeine Rechtslehre" dasjenige Stück, das mit der Rechtsphilosophie (S. 13 II) am stärksten in Berührung steht.

II. In zweiter Linie soll die Aufgabe des Einführens von der historischen Seite her in Angriff genommen werden. Dies geschieht in einem „Überblick über **die geschichtliche Entwicklung** des deutschen Rechts" (§ 17ff.). Dort wird im Eingang Einiges über den Wert des geschichtlichen Denkens für den Juristen gesagt werden. Hier genügt es, darauf hinzuweisen, wie sehr historische Studien die allgemeine Bildung heben.

Wir wissen, wie hoch ein Bismarck geschichtliche Kenntnisse eingeschätzt und wie nachdrücklich er sie verwertet hat. Und in dem großen Krieg und seinen bedrückenden Nachwirkungen wird jeder gespürt haben, wie es die Seele stärkt und im Unglück den Glauben kräftigt, wenn man das Ringen des Vaterlandes aus der historischen Entwicklung zu verstehen weiß.

Dies sind Beispiele aus der gehobensten Sphäre, aber auch in dem bescheidenen Leben des Durchschnittsbürgers und in den ruhigeren Zeiten des Friedens hebt die historische Betrachtung die Dinge auf einen höheren Stand. Sie adelt gleichsam das Denken und gibt im Wechsel des Alltags der Seele ein größeres Gleichgewicht. Die morgenländische Erkenntnis, daß „alles schon dagewesen ist", und die germanische, oft träumerische Sehnsucht nach neuen geistigen Erlebnissen stehen dabei im ständigen Wechselspiel. Vergangenheit und Zukunft reichen sich die Hand. Ewiges kann mit Vergänglichem verglichen werden. So rührt man wiederum, wenn das Gesagte auf das juristische Denken übertragen wird, an den Bereich der Rechtsphilosophie. Doch mehr noch steht dieser zweite Teil der Einführung mit der vergleichenden Rechtswissenschaft in Fühlung.

III. Die dritte Richtung führt unmittelbar in das Lernen hinein. Sie schlägt sich in einem „Überblick über **die einzelnen Gebiete** des heutigen deutschen Rechts" nieder (§ 22ff.). Von den ersten beiden Stücken könnte man fast ebensogut sagen, daß sie die Aufgabe haben, auszuführen nämlich hinauszugeleiten über die Enge der Einzelerscheinungen; man könnte sie mit gutem Nutzen auch an das Ende des juristischen Lehrgangs stellen, wie es in der Tat mit der nahe verwandten Rechtsphilosophie zumeist geschieht. Dieses dritte Ziel aber, auf die einzelnen Teilgebiete der Rechtswissenschaft vorzubereiten, ist so recht ein Stück „Einführung". Es soll eine Unterstufe für das Eindringen in das bürgerliche Recht, das Handelsrecht, das Völkerrecht usw. geschaffen werden.

Dabei wird eine alte pädagogische Erfahrung verwertet, daß es sich nämlich empfiehlt, zunächst dem Lernenden nur einen kleinen Kreis von einfacheren Gedanken vorzuzeigen und erst später die feinere Ausgestaltung vor ihm zu enthüllen. Wenn es also gelingt, im Bereiche der Einführung bereits den Sinn für die einzelnen Fächer zu wecken und ein geringes Maß von Kenntnissen aus ihrem Rahmen zu beschaffen, so handelt es sich später beim eigentlichen Studium jedes einzelnen Faches zunächst um eine Wiederholung (repetitio est mater studiorum), freilich mit dem sofortigen Zusatz, daß über das Erlernte noch wesentlich weiter gebaut werden soll.

Es kommt damit in das ganze Gefüge des Rechtsstudiums eine sichtbare Planmäßigkeit, und wie von selber tut sich die große Frage auf, ob die juristischen Dinge erlernbar sind. Bekanntlich hat die Köpfe der griechischen Philosophen recht gründlich die Frage nach der Erlernbarkeit der Tugend beschäftigt. Wer nun die Rechtspflege nicht als ein bloßes Handwerk einschätzt, sondern als eine Lebensaufgabe, die den ganzen Mann erfordert, aber auch den ganzen Mann ergreift, für den ist die Frage, ob juristische Tüchtigkeit erlernbar sei, nicht allzu weit entfernt von jenen griechischen Gedankengängen. In diesem kleinen Buche wird diese große Frage voll bejaht, das ganze Buch ist getragen von solchem Glauben. Während aber in der ersten Partie hauptsächlich das freie Denken angeregt, in der zweiten der Blick geweitet werden soll, soll in der dritten die Saite des ernsten Lernens im engeren Sinne des Wortes angeschlagen werden.

IV. Dem reiht sich nun als Viertes ein Versuch an, aus der Welt der Wissenschaft in die **Praxis** hinüberzugeleiten (§ 37ff.). Der Gegensatz zwischen Wissenschaft und Leben, zwischen Theorie und Praxis kann verschieden stark betont werden. Im juristischen Lehrgang kommt er äußerlich sehr scharf zum Ausdruck.

Die Ausbildung des jungen Juristen zerfällt in zwei vollständig getrennte Hälften. Die erste bringt er auf den Universitäten zu; sie soll der Wissenschaft gewidmet sein. Die zweite führt ihn als Referendar (Rechtspraktikant) fort von der Hohen Schule, in die Gerichtsstuben, Kreisämter, Anwaltsbureaus hinein, und soll ihm die „Praxis" erschließen. In späterem Zusammenhange wird darüber berichtet werden, daß gewisse Reformbestrebungen diese scharfe Sonderung abzuschwächen versucht haben, aber ziemlich erfolglos geblieben sind. An dieser Stelle wird auf die Gestaltung des Lehrganges nur als Symptom für eine allgemeinere Erscheinung hingewiesen.

Es ist nämlich heute ganz allgemein die Fühlung zwischen Wissenschaft und Praxis recht gering. In der Hauptsache liegt das an der Raschlebigkeit unserer Zeit, die glaubt, für wissenschaftliches Überlegen keine Muße zu haben, die überhaupt, wie wir sahen (S. 6), die reinen Geisteswissenschaften nicht eben pfleglich behandelt. Aber auch die Wissenschaft ist nicht ohne Schuld. Sie hat den brausenden, vorwärts drängenden Zug der Zeit nicht ganz verstanden und hat sich zu sehr in sich selbst zurückgezogen. Es muß versucht werden, das Versäumte einzuholen und an den Brücken mitzubauen, die von der Theorie zur Praxis überführen. Und dazu beizutragen, ist eine schöne, letzte Einführungsaufgabe.

V. Es kann nicht angenommen werden, daß die vier Richtungen alle Gemüter in gleicher Weise ergreifen. Den einen beherrscht mehr philosophische Neigung, im anderen regt sich ein angeborener historischer Sinn. Den wieder treibt ausgesprochene Lernbegierigkeit, während sein Gefährte sich ganz auf die praktischen Aussichten seines künftigen Berufes einstellen möchte. Trumpf unserer Tage ist unzweifelhaft die letztere Regung. Aber es ist ein gefährlicher Trumpf, sofern er einseitig bleibt. Über die erste eigene Neigung hinweg wird man sich zwingen müssen, auch an den Born jener anderen Kräfte heranzutreten und reichlich aus ihm zu schöpfen. Selbstzucht steht an der Schwelle allen Studiums. Selbsteinführung muß daher sich der Einführung durch die Lehrerschaft hinzugesellen.

Schrifttum. § 5.

I. Wert der Bücher. Wir haben die Rechtswissenschaft als eine Geisteswissenschaft kennengelernt, haben uns zum Bewußtsein gebracht, daß ihr Arbeitsgerät fast ausschließlich in dem denkenden Hirn besteht (S. 7 VI). Es wäre jedoch eine sehr falsche Vorstellung, daß jeder Juristenkopf in sämtlichen Fragen das Denken ganz von neuem beginnen müsse. In Wahrheit kann und muß er ungezählte Werte aus dem Denkschatz anderer entlehnen. Je näher man zusieht, desto klarer erkennt man, wie bedeutend diese Entlehnung selbst bei den führendsten Persönlichkeiten, den großen Bahnbrechern im Reiche der Geister ist.

Das hervorstechendste Mittel solcher Fortpflanzung der Ideen und Kenntnisse ist das Schrifttum. Daneben kommt die mündliche Überlieferung und die Vererbung (die auch Geistesschätze unsichtbar weiterreicht) in Frage. Lebhafte Gespräche holen oft aus der Tiefe des Innern ungeahnte Schätze hervor. Kollegiale Beratung, wie sie für die Gerichtshöfe und Verwaltungskörper vielfach vorgeschrieben ist, läßt nicht selten längst vergessene Kenntnisse wieder wach werden. Aber die Literatur überbietet doch diese Verknüpfungsmittel, nun gar in unserem Zeitalter ständig gesteigerter Druckleistung.

Das juristische Schrifttum Deutschlands steht in unseren Tagen entschieden auf einer beachtenswerten Höhe. Es ist erstaunlich, welche Riesenzahl von juristischen Schrif-ten in jedem einzelnen Jahre erscheint. Darunter ist viel Spreu, die ebenso rasch verweht wie sie gekommen ist. Aber es bleibt ein beträchtliches Quantum vollwertiger Werke übrig. Sie aus der Masse herauszufinden, ist nicht leicht. Auch dazu gehört ein Eingeführtwerden und gehört Schulung, weil eben ein wirkliches Eindringen in die Rechtswissenschaft ohne Zuhilfenahme von Büchern nicht möglich ist.

Einen allgemeinen Überblick versucht zu geben: Dr. Wilhelm Fuchs (Bibliotheksrat in Münster i. W.), Juristischer Literaturführer und Bibliographische Technik für Juristen, 2. Aufl. 1925; eine etwas bunte, an einigen Stellen lückenhafte, aber anregende Zusammenstellung.

II. Innerhalb der großen Masse literarischer Erscheinungen heben sich verschiedene Sorten von Schriften heraus.

Manche Typen früherer Zeiten sind heute verschwunden. Z. B. beherrschte mehrere Jahrhunderte hindurch die Form der Glosse fast den gesamten gelehrten Apparat, und man nennt danach die Juristen dieser Zeit geradezu Glossatoren (vgl. S. 181 IV). Davon ist jetzt höchstens eine leise Erinnerung in unseren Kommentaren zu finden. Ebenso ist die den Römern eine Zeitlang geläufige Form der Epistulae und Quaestiones verschwunden.

Heute treten folgende vier Grundformen hervor: die Lehrbücher, die Kommentare, die Einzelschriften und die Zeitschriften. Jede der vier Formen hat ihren besonderen Wert.

Die **Lehrbücher** (Systeme) zeichnen sich durch die selbständige Gruppierung des Stoffes und durch die Herausholung der übergeordneten Gedanken aus; sie liegen der Methode einer „Einführung" am nächsten und sind das gegebene Hilfsmittel des Studierenden. Die **Kommentare** (Handausgaben) begleiten den Text eines bestimmten Gesetzes, also eine gegebene Größe, Paragraph für Paragraph mit erläuternden Zusätzen. Die geistige Verarbeitung des Stoffes ist geringer als bei dem Lehrbuch, dafür besitzt der Kommentar die größere Schlagkraft und die leichtere Handlichkeit. Im Herzen der Praktiker hat der Kommentar das Lehrbuch fast ganz verdrängt. Daß das nicht ungefährlich ist, wird anderwärts (§ 42 Ic) zu betonen sein. Die **Einzelschriften** (Monographien) haben von vornherein, wie schon ihr Name erraten läßt, einen engeren Rahmen. Sie widmen sich nur einer Einzelfrage, z. B. über die Rechtsnatur des Verlöbnisses oder über den Begriff der Kontrebande oder über die Diktatur des Reichspräsidenten, müssen dafür aber, wenn ihr Dasein gerechtfertigt sein soll, diese Einzelfrage einigermaßen erschöpfend behandeln. Sie kommen vielfach als Unterbau für die Lehrbücher und Kommentare in Frage, insofern die in gründlicher ausführlicher Einzeluntersuchung gefundenen Ergebnisse dann in die allgemeinen Werke hinüberwandern. Eine besondere Stellung nehmen die Doktorschriften (Dissertationen) ein, von denen wiederum noch in anderem Zusammenhange (§ 39 II f) zu handeln ist. Die **Zeitschriften** (Periodika) endlich treten mit dem Gedanken auf, fortlaufend, in Wochen-, Monats-, Jahresheften, über bestimmte Erscheinungen der Rechtswelt zu unterrichten. Unter diesem Zeichen findet sich verschiedenerlei zusammen. Es gibt eine ganze Reihe von Zeitschriften, die in bunter Zusammenstellung über alles berichten wollen, was die juristische Welt bewegt, über Tagesfragen, über Standessorgen, neue wissenschaftliche Probleme, neue wichtige Richtersprüche und über Erscheinungen des Büchermarkts. Das sind die Zeitschriften im eigentlichen Sinne des Worts (einige Titel, auch für die folgenden Sorten, in Ziff. IV). Daneben gibt es sehr bedeutsame, der Praxis unentbehrliche Sammlungen bloßer Judikate (richterlicher Entscheidungen). Dann wieder Sammlungen mit mehr wissenschaftlichem Charakter, die Aufsätze von nahezu monographischer Gestalt in sich aufnehmen. Schließlich gehören auch die periodisch erscheinenden Gesetzsammlungen in diesen Zusammenhang.

Innerhalb der geschilderten vier Kategorien begegnen begreiflicherweise bedeutende Abstufungen. Der Lehrbuchgedanke sinkt vom tiefgründigen Gelehrtenwerk bis zum bloßen dürftigen Paukbuch hinunter. Der kommentatorische Typus steigt von der kleinen winzigen „Taschenausgabe mit Anmerkungen" bis zum großen mehrbändigen, an seiner Fülle fast berstenden Kommentar empor. Flüchtige Broschüren stehen im monographischen Bereich neben Werken von Jahrhundertwert. Und die Zeitschriften wandeln nicht selten ihr Angesicht je nach dem Bedürfnis der Zeitströmungen. Im ganzen ist es ein überaus reiches, kaum übersehbares Feld, das dem Rechtsbeflissenen entgegenblüht.

III. **Einführungsliteratur.** Die Idee einer „Einführung" in die Rechtswelt ist bereits in einer ganzen Reihe von Schriften, fast ausnahmslos von Universitätsprofessoren verfaßt, verkörpert worden. Es treten sich dabei große, mächtige Sammelwerke und kleinere Bücher gegenüber. Aber alle gehören gleichmäßig zum Lehrbuchtypus.

Die kleineren Bücher verfolgen bisweilen einen doppelten Zweck. Sie wollen nicht bloß der cupida legum iuventus, dem jungen Studierenden, an die Hand gehen, sondern gleichzeitig dem breiteren bildungsbedürftigen Publikum die Welt des Rechts erschließen, also „Bürgerkunde" treiben.

Es ist bezeichnend, daß zwei dieser Schriften (Radbruch, Sternberg) sich bekannten, breit angelegten Sammlungen kleiner Bändchen aus allen Bereichen menschlichen Wissens einfügen und damit der Rechtswissenschaft innerhalb dieser für unsere Zeit typisch gewordenen Literaturform einen Platz sichern wollen.

Folgende Schriften sind zu nennen:

Adolf Merkel (zuletzt Professor in Straßburg), Juristische Enzyklopädie. 6. Aufl., 1920, herausgegeben von Rudolf Merkel (Professor in Freiburg). — Scharfgeschliffene Lehrsätze, in ruhigem, würdigen Stil vorgetragen, Musterbild des „enzyklopädischen" Typus der älteren Richtung, stark dogmatisch, gründliches Denken erfordernd, aber auch zum Denken anregend.

Richard Schmidt (Professor in Leipzig), Einführung in die Rechtswissenschaft, 2. Aufl., 1923. Vorwiegend staatsrechtlich und staatspolitisch orientiert. Stoffreich und anregend. Überall auch die neueste Entwicklung geistreich in das alte Material eingliedernd. Rechtsphilosophische Einleitung.

Josef Kohler (zuletzt Professor in Berlin), Einführung in die Rechtswissenschaft. 5. Aufl., 1919. Typus einer geistvollen, leichtflüssigen, souveränen, stark persönlich gefärbten, deshalb aber nicht von Willkür freien Einführung.

Karl Gareis (zuletzt Professor in München), Enzyklopädie und Methodologie der Rechtswissenschaft. 5. Aufl., mit Zusätzen von Leopold Wenger (Professor in München), 1921. In der ursprünglichen Anlage Merkel nahestehend, aber über die Dogmen breit hinausgehend. Überall erläuternde Seitenblicke. Soziologisches Material. Reicher Stoff in den Anmerkungen.

Otto Fischer (Professor in Breslau), Einführung in die Wissenschaft von Recht und Staat. Für Gebildete aller Berufe. 1920. Hauptinhalt: ein klarer, leichtfaßlicher, Abschweifungen vermeidender, schulgemäßer Überblick über die einzelnen Fächer der Rechtswissenschaft. Im Schlußabschnitt Studien- und Berufsanleitung.

Gustav Radbruch (Professor in Kiel, Reichsjustizminister a. D.), Einführung in die Rechtswissenschaft. 5./6. Aufl., 1925, Nr. 79 der Sammlung „Wissenschaft und Bildung" (Verlag von Quelle & Meyer). Ausdrücklich darauf gerichtet, die Kenntnis vom Recht in den Bereich der allgemeinen Bildung zu verpflanzen. Darum ständiges Fühlunghalten mit den allgemeinen menschlichen Erkenntnissen, insbesondere dem, was man als Weltanschauungen zu bezeichnen pflegt, und ferner mit den politischen Vorstellungen unserer Tage und früherer Zeiten. Manche sehr interessante Gedankenreihe aus dieser Berührung ableitend. Auch für die studierende Jugend recht ersprießlich.

Theodor Sternberg, Einführung in die Rechtswissenschaft (1. Teil, Methoden- und Quellenlehre, 2. Aufl. 1912, 2. Teil, 1. Hälfte: Grundbegriffe und Privatrecht), Nr. 169/170 der Sammlung Göschen. Originell, aber etwas willkürlich in der Anlage. Stark von philosophischen Tönen durchzogen. Breite geschichtliche Darstellung mit manchem interessanten Einzelgedanken bildet das Mittelstück. Im letzten Drittel viel Kritik und Streben nach Reform, aus den neuesten Strömungen innerhalb der Rechtswissenschaft hervorgegangen, aber noch nicht zur Beherrschung dieses unruhigen („modernen") Stoffes durchdringend.

Paul Krückmann (Professor in Münster), Einführung in das Recht. 1912. Wie schon der Titel zeigt, nicht als Einführung in die Wissenschaft vom Recht, sondern in das Recht selbst gedacht. Danach ganz eigenartig in der Anlage. Von konkreten Lebensbildern, insbesondere verwickelten Urteilen höherer Gerichte, ausgehend und daran die Schilderung dessen anschließend, was als „Recht" im Volke umgeht. Doch nicht im Plauderton gehalten, sondern streng wissenschaftlich und an das eigene Nachdenken hohe Anforderungen stellend.

B. Erwin Grueber (Professor in München), Einführung in die Rechtswissenschaft mit Einschluß der Grundzüge des bürgerlichen Rechts. 6. Aufl., 1922. Glatt, ebenmäßig, übersichtlich, ein einfaches Lernbüchlein. In den letzten Kapiteln Winke für die Gestaltung des Studiums.

Wolfgang Mittermaier (Professor in Gießen). Wie studiert man Rechtswissenschaft? 2. Aufl., 1921. Nicht so sehr auf das Recht, als vielmehr auf den „Juristen" zugeschnitten. Namentlich als Ergänzung des nachfolgenden IV. Teils (§§ 37 ff.) empfehlenswert.

Die großen Enzyklopädien überragen die vorbesprochenen kleineren Schriften in weitem Abstand. Hier hat nicht Geist und Hand eines einzelnen Gelehrten gewirkt, sondern eine ganze Reihe führender Köpfe haben sich zusammengeschlossen, jeder das Teilgebiet bearbeitend, das zu erforschen seine Lieblingsbeschäftigung oder sein Lebensziel geworden ist. So bilden diese Werke eine Sammlung ausgezeichneter, lose aneinandergereihter Leitbücher für die einzelnen Materien, mit ausgesprochen systematischem Charakter.

Holtzendorff-Kohlersche Enzyklopädie der Rechtswissenschaft, 5 Bände, 7. Aufl., 1913/15. Eine nationale Tat, ein Musterbild deutscher Geistesarbeit. Monumental in der Anlage, tiefgründig in der Ausführung, ein heller Spiegel dessen, was die deutsche Rechtswissenschaft in den letzten Jahrzehnten geleistet hat. Jetzt freilich in manchen Einzelheiten durch die vielen Wandlungen des letzten Jahrzehnts überholt.

Grundrisse der Rechtswissenschaft, herausgegeben von Fehr, Gerland, Hedemann, Lehmann und Stier-Somlo. Ein

Sammelwerk (dessen 9. Band diese Einführung bildet), durchaus auf das Studium zugeschnitten, deshalb im Lehrbuchcharakter gehalten, aber doch alle neuen Strömungen berücksichtigend. Noch nicht abgeschlossen. Bisher 14 Bände.

Enzyklopädie der Rechts- und Staatswissenschaften, herausgegeben von Kohlrausch und Kaskel. Wie das vorstehende Unternehmen ein Sammelwerk, zerlegt in knappe, aber scharf gearbeitete und inhaltreiche Einzeldarstellungen, ebenfalls in erster Linie für die Studierenden bestimmt. Neben den juristischen Fächern auch die Fächer der Wirtschaftswissenschaft erfassend. Noch nicht abgeschlossen.

Systematische Rechtswissenschaft. 2. Aufl., 1913. Eine Sammlung geistvoller Aufsätze führender Gelehrter über Grundfragen und besonders wichtige Teilgebiete des Rechts. Eingegliedert in das große, durch Hinneberg herausgegebene Werk „Kultur der Gegenwart" (Abt. VIII), also wiederum auf einen breiteren Leserkreis als nur den juristischen gestimmt.

Der auf allen Wissensgebieten vordringende lexikalische Geist hat auch auf rechtswissenschaftlichem Gebiet bereits Boden gefaßt.

Im Erscheinen begriffen: Handwörterbuch der Rechtswissenschaft, herausgegeben von Stier-Somlo (Professor in Köln) und Dr. Alexander Elster (Berlin). In Stichworten alphabetisch geordnet tritt hier der mächtige Gesamtstoff des heutigen deutschen Rechts dem Leser faßlich, dabei streng wissenschaftlich durchgearbeitet entgegen; die einzelnen Artikel sind auf einen großen Stab von Mitarbeitern, ersten Kennern der betreffenden Materien, verteilt worden; Literaturangaben ermöglichen ein Weiterdringen.

IV. Andere Einzelheiten. a) Unter den **Zeitschriften** im eigentlichen Sinne (vgl. S. 25) stehen an der Spitze:

Deutsche Juristen-Zeitung, mit besonders reichhaltigem Inhalt. Neben leitenden Abhandlungen ein Sprechsaal, eine juristische Rundschau, ständige Mitteilungen aus dem Bereich der Justizstatistik, Übersicht über neue Gesetze und Verordnungen, wertvolle Spruch- und Literaturbeilagen und seit 1925 eine besondere Beilage „Der junge Jurist".

Leipziger Zeitschrift für deutsches Recht, ursprünglich nur für Handels-, Konkurs- und Versicherungsrecht bestimmt, dann (seit 1914) auf das gesamte Rechtsgebiet erweitert, in der Darstellungstechnik der DJZ. nahe verwandt, aber wissenschaftlicher gehalten, Personal- und Standesfragen ausscheidend.

Juristische Wochenschrift, herausgegeben vom deutschen Anwaltsverein, deshalb in erster Linie auf die Bedürfnisse der Anwaltspraxis zugeschnitten, aber darüber hinaus in Juristenkreisen weit und breit bekannt. Überaus gehaltvoll. Spezifisches Organ der Praktiker, deshalb für den studierenden Anfänger als ständige Lektüre weniger geeignet.

Juristische Rundschau, ähnlich orientiert, doch nicht so umfangreich wie die Jurist. Wochenschrift.

b) Die in größeren Zeitabständen erscheinenden, etwa nur jährlich in einem geschlossenen Bande oder mehreren Heften hervortretenden Periodika wissenschaftlichen Charakters sind sämtlich bestimmten Gebietskreisen gewidmet. Es können nur **Beispiele** angeführt werden. So dienen z. B. dem bürgerlichen Recht:

Iherings Jahrbücher für die Dogmatik des bürgerlichen Rechts, zurzeit herausgegeben von den Leipziger Professoren Ehrenberg und Silber;

Archiv für die civilistische Praxis, von den Tübinger Professoren von Blume, Heck, Rümelin und A. Schmidt herausgegeben; in dieser Zeitschrift ist aufgegangen das seinerzeit sehr wertvolle „Archiv für bürgerliches Recht" (bis 1919 waren 43 Bände erschienen);

dem Strafrecht:

Zeitschrift für die gesamte Strafrechtswissenschaft, von einer größeren Zahl Professoren in Verbindung mit Praktikern bearbeitet;

Archiv für Strafrecht und Strafprozeß (begründet von Goltdammer);

dem Zivilprozeß:

Zeitschrift für deutschen Zivilprozeß und das Verfahren in Angelegenheiten der freiwilligen Gerichtsbarkeit, zurzeit herausgegeben von Schultzenstein;

Rheinische Zeitschrift für Zivil- und Prozeßrecht des In- und Auslandes (Organ der Vereinigung deutscher Zivilprozeßrechtslehrer);

dem Staats- und Verwaltungsrecht:

Archiv für öffentliches Recht, von Professoren verschiedener Universitäten herausgegeben;

Zeitschrift für öffentliches Recht, in Verbindung mit anderen Professoren herausgegeben von Professor Kelsen-Wien.

dem Völkerrecht:

Zeitschrift für internationales Recht, von Niemeyer herausgegeben;

der Rechtsgeschichte:

Zeitschrift der Savignystiftung für Rechtsgeschichte, ein vielseitiges, wissenschaftlich auf höchster Höhe stehendes Unternehmen, mit drei selbständigen Abteilungen, einer romanistischen, einer germanistischen und (seit 1911) einer kanonistischen.

Es gibt auch eine eigene Einführungszeitschrift:

Der junge Rechtsgelehrte, Zeitschrift für Studium, Ausbildung und Prüfung des Juristen; darin u. a. Examens- (Klausur-) Aufgaben, deren „Lösung" und Besprechung jeweils in dem nächsten Heft gegeben wird.

c) Unter den Sammlungen der Richtersprüche hat durchaus den größten Wert die halbamtliche Sammlung der **Entscheidungen des Reichsgerichts in Zivilsachen** (eine zweite Sammlung für Strafsachen); jährlich erscheinen drei Bände, von Zeit zu Zeit werden wertvolle Registerbände mit alphabetischen und anderen Verzeichnissen eingeschoben.

Daneben kommen, in den letzten Jahrzehnten vor dem Kriege bedenklich sich vermehrend, nach dem Kriege etwas abnehmend, eine ganze Reihe von anderen Judikatensammlungen heraus. Daß sich die Masse dieses zum Teil nicht vollwertigen Stoffes lähmend auf die Geister legt, einen handwerksmäßigen und unedlen Zug in die Rechtspraxis hineinzutragen droht, wird im § 42 Ic zu betonen sein. Die schon vor dem Kriege erhobene Forderung nach Vereinfachung und Zusammenziehung, dann aber auch Veredelung dieser Judikatenpublikationen hat keinen Erfolg gehabt.

d) **Gesetzessammlungen** geben seit langen Jahren alle Bundesstaaten heraus. Die Preußische Gesetzsammlung hat beispielsweise im Jahre 1810 begonnen, läuft also schon seit über hundert Jahren. Auch das Deutsche Reich besitzt von den Tagen seiner Gründung an, ja bereits aus der Zeit des Norddeutschen Bundes, eine solche, sehr fruchtbare, allerdings auch mit manchem Ballast weniger wichtiger Gesetze behaftete Sammlung, und diesem „Reichs-Gesetz-Blatt" kommt natürlich die erste Stelle zu.

Von diesen amtlichen Sammlungen sind mehrere literarische Sammelunternehmungen zu unterscheiden, die in gefälligen handlichen Ausgaben serienweise einzelne Gesetze oder Gruppen zusammengehöriger Gesetze, bisweilen mit kommentatorischen Zusätzen herausbringen und nach der betreffenden Verlagsbuchhandlung benannt werden: Sammlung Guttentag (grün), Sammlung Bensheimer (blau), Sammlung Beck (rot).

Das postalische Abonnement des Reichsgesetzblattes ist sehr billig und bereits dem Studierenden zu empfehlen. Notfalls genügt für seine Zwecke Mithalten des I. Teils. Der II. Teil enthält Material, das während des Studiums seltener in Frage kommt.

e) Folgende Schriften haben monographischen Charakter, behandeln aber **Fragen allgemeinerer Natur** und können daher ebenfalls zur ersten Einführung in das rechtliche Denken benutzt werden. Nur muß sich der Leser dabei gegenwärtig halten, daß es sich hierbei um bunt zusammengestellte Beispiele handelt, die vielfach auch ziemlich einseitig das Glaubensbekenntnis eines bestimmten einzelnen Kopfes widerspiegeln und zum Teil zeitlich schon etwas zurückliegen.

Rudolf von Jhering (zuletzt Professor in Göttingen), Der Kampf ums Recht. 18. Aufl., 1913. Die geistvolle Schrift hat seinerzeit großes Aufsehen erregt, ist sehr weit verbreitet und in viele fremde Sprachen übersetzt worden.

August Thon (zuletzt Professor in Jena), Rechtsnorm und subjektives Recht, 1878. Feingeschliffen, wohldurchdacht, im Gepräge der Merkelschen Enzyklopädie nahestehend, ein Musterbeispiel der enzyklopädischen (noch ganz „unsoziologischen") Denkweise des ausgehenden 19. Jahrhunderts.

Rudolf Stammler (Professor in Berlin), Die Lehre vom richtigen Recht, 1905. Groß angelegt, weitblickend, zu manchem Widerspruch reizend, aber nach vielen Richtungen hin einflußreich; die Lektüre erfordert ein schon einigermaßen gereiftes Denken.

Josef Kohler (zuletzt Professor in Berlin), Das Recht als Kulturerscheinung 1885. Geistvoll und anregend, gleichzeitig ein Programm der „Vergleichenden Rechtswissenschaft", das Recht in das Kulturleben der einzelnen Völker einbettend.

Erich Danz (zuletzt Professor in Jena), Einführung in die Rechtsprechung, Anleitung für junge Juristen, 1912. Frisch geschrieben, aus warmen Herzen heraus. Leicht faßlich und sehr ansprechend. Viele lebendige Beispiele.

Ernst Zitelmann (zuletzt Professor in Bonn), Lücken im Recht. Rektoratsrede 1902. Eine Teilfrage der allgemeinen Rechtslehre geistvoll behandelnd, übrigens eine Frage, die gerade in der jüngsten Entwicklungsperiode besonders brennend geworden ist und zu vielen bedeutenden Untersuchungen allgemeinster Natur (Tragweite der Gesetze, Macht des Richters) Anlaß gegeben hat. Vgl. im § 40 unter III c.

Justus Wilhelm Hedemann, Werden und Wachsen im bürgerlichen Recht, 1913 (Schriften des Vereins Recht und Wirtschaft III, 2). Wird von dem Gedanken getragen, daß das Recht nie stillsteht, sondern sich unablässig und in überraschender Vielseitigkeit weiterbewegt, und sucht diesen Gedanken durch Beispiele aus der heutigen Praxis lebendig zu machen. — Von demselben: Bunte Bilder aus der Rechtswelt, ein Lesebuch für die jungen Juristen im Felde, 1917.

Hans Reichel (Professor in Hamburg), Gesetz und Richterspruch, 1915. In lebendiger Weise und auf dem Hintergrunde der jüngsten Geistesgeschichte wird dargestellt, wie das Recht sich in den Händen des Richters formt, wie „Gesetzestreue" zwar an sich geboten ist, aber bei übertriebenem Druck des Gesetzesstoffes zur Seelenlosigkeit führt.

Richard Schmidt (Professor in Leipzig), Urkunden aus allen Gebieten des Rechtslebens, 2. Aufl., 1914. Eine knappe, bunte Zusammenstellung von wirklichen Urkunden des alltäglichen Rechtsverkehrs, Testamenten, Strafbefehlen usw.; also ein hübsches Anschauungsmittel für den Anfänger.

Paul Krückmann (Professor in Münster), Rechtsatlas. 4. Aufl., 1910. Ähnlich dem vorigen, aber reichhaltiger und vor allem durch photographisch hergestellte Wiedergaben von Wechseln, Wertpapieren usw. wirkend.

Hans Fehr (Professor in Bern), Das Recht im Bilde, mit 222 Abbildungen, 1923. Eine schöne, künstlerisch empfundene, die Phantasie, doch auch das Denken anregende Sammlung von bildlichen Darstellungen rechtlicher Vorgänge aus einer Reihe von Jahrhunderten, mit erläuternden, rechtshistorischen Texten.

I. Teil.

Allgemeine Rechtslehre.

Kapitel 1.

Wesen der Rechtsordnung.

§ 6. Das Menschliche im Recht.

I. **Die Rechtsordnung wurzelt im Menschen.** Tritt ein naiver Naturmensch zum erstenmal an die Frage heran, was die Rechtsordnung sei, so wird er geneigt sein, die Rechtsordnung mit dem Gesetzestext für eins zu halten. Die alten zwölf Tafeln der Römer und das Bürgerliche Gesetzbuch unserer Tage sind ihm das Recht; er sieht es, er glaubt es greifen zu können.

Aber diese Vorstellung ist falsch vom Grunde aus. Unendlich vieles Recht lebt außerhalb der steinernen und papierenen Texte. Und auch, was in den Texten seinen Niederschlag fand, ist unabhängig von der greifbaren Materie. Denn ob die Tafeln zerspringen, die Bücher im Feuer vergehen, das Recht lebt weiter, unsichtbar, ungreifbar, unendlich.

Und was vom Ganzen gilt, gilt auch vom Teil. Mag immer der Schuldner dem Gläubiger einen Schuldschein schreiben, dies ist nur ein Nebenher. Denn Tausende von Schuldverhältnissen stehen und fallen ohne Schein, und wenn der Schein zerrissen wird oder im Winde verfliegt, das Recht des Gläubigers auf Zahlung überdauert den Untergang der Materie.

Darum ruht alles Recht nur in der Vorstellung. Und gäbe es kein Gedächtnis in unserem Hirn, so wäre eine Rechtsordnung nicht möglich, allen Gesetzestafeln und Schuldnerscheinen zum Trotz. Solche Vorstellungskraft, solche Gedächtnisgewalt aber eignet allein dem Menschen unter allen Lebewesen. Deshalb erhebt sich vor uns als erstes grundlegendes Dogma der Satz: die Rechtsordnung wurzelt im Menschen.

II. Doch nicht der einzelne Mensch wäre fähig und gehalten, eine Rechtsordnung für sich aufzubauen. Ein Robinson auf meerumschlossener Insel bedarf einer Rechtsordnung nicht. Aber sogleich in dem Augenblick, da sich ein zweites Menschenkind ihm zugesellt, springen die Keime einer rechtlichen Ordnung hervor. Denn der schwarze Diener ist dem Herrn der Insel zunächst allerdings nur untertan, weil Gewalt über ihm steht und Furcht ihn beherrscht. Aber als die Furcht sich gelegt, die Gewalt sich geglättet hat, wird Übung, was vorher Zufall war, und aus dem Brauch wird das Recht, und die *Sklavenstellung* des Dieners zeigt sich als *eine der ältesten Rechtseinrichtungen.*

In der Tat hat diese Rechtseinrichtung jahrhundertelang die Köpfe beherrscht. Wer das mächtige Corpus iuris der Römer (unten § 19 III) aufschlägt, wer die griechischen Philosophen liest, findet hunderte wohldurchdachter Regeln über die Befugnis des Sklaven ein Weib zu nehmen, über das Eigentum an den Waren, die der Sklave mit dem Gelde seines Herren gekauft hat, über die Füglichkeit, einen Sklaven im Testament als Erben einzusetzen und alle die vielen Paragraphen dieser Art waren als *wirkliche Rechtssätze* gedacht, und nicht bloß gedacht, sie *waren* Recht.

So springt das Recht aus der Berührung der Menschen untereinander, aus dem **Verkehr** hervor. Im Verkehr der Menschen stößt der **Egoismus** des einen mit dem Egoismus des anderen zusammen. Eine Zeitlang herrscht nackte Gewalt. Aber schon dann, wenn nicht einer so überlegen ist, daß er alles erraffen, den anderen ins Nichts hinunterstoßen kann, wenn er nur etwas nehmen, dem Gegner, dem Nachbar, dem Bruder auch etwas lassen muß, wird ein Frieden zwischen den beiden geschlossen, und dieser *Friede* ist wiederum ein uraltes Stück aus der Rüstkammer der Rechtsordnung. Noch glüht der Egoismus weiter in den Seelen, aber es ist ein gebändigter, in Selbstüberlegung gemäßigter, es ist ein „raffinierter" Egoismus (Gareis); und, was ihn verfeinert und was ihn bindet, ist das unsichtbare und doch so mächtige Recht.

Noch bleibt die Philosophenfrage, die oft behandelt und durchsonnen worden ist, obwohl sie uns Menschen der großen Städte und des großen Krieges blaß und seltsam erscheint: *warum die Menschen sich nicht aus dem Wege gehen,* warum sie die Kollisionen nicht meiden, die der Wechselverkehr zur Folge hat. Aber hier sind wir Knechte höherer Gewalten. Schon aus dem Altertum ragt zu uns herüber das Griechenwort: ἄνθρωπος ζῷον πολιτικόν (Aristoteles), *der Mensch von Natur ein geselliges Wesen,* und immer wieder steigt die gleiche Erkenntnis im Laufe der Jahrhunderte empor, bei den Kirchenvätern und Scholastikern (hier als

Teil ihrer Naturrechtslehre) wie bei den Aufklärern (Hugo Grotius: „appetitus societatis“) und den späteren Romantikern und Soziologen. Wer will, mag das als lastenden Druck empfinden. Dann ist das Recht aus natürlicher Notwendigkeit geboren, dann hat die „Not auch das Recht gelehrt“ (Krückmann). Doch auch eine freundlichere Betrachtung ist möglich. Denn dieser Gemeinschaftstrieb hat Hohes und Herrliches geleistet. Wo wären die prächtigen Dome ohne ihn, wo wären die Heimatlieder und die Schlachtengesänge, wo wäre die Schule mit ihrem Füllhorn geistiger Gaben und die Technik mit ihren elementebezwingenden Wunderwerken? Die Kultur ist das Enkelkind jenes natürlichen Triebes zur Geselligkeit. Und, wenn wir bedenken, daß über alle diese Dinge das Recht schützend die Schwingen breitet, den Schänder der Tempel straft, den Dichter unserer Lieder schützt, die Schule weise regiert und dem Techniker im Patent eine Waffe von gewaltiger Stärke bietet, so ist das Recht nicht mehr ein dumpfes Gefängnis, sondern leuchtet vor uns als Begleiterin, als Teilstück unserer Kultur.

III. **Verhältnis zur Tierwelt.** Den Trieb zur Geselligkeit und den Trieb zur Ordnung teilt der Mensch mit den Tieren. Vornehmlich sind es gewisse Kategorien des Tierreichs, die uns durch die Ordnung ihrer kleinen Welt immer aufs neue in Staunen setzen.

Wie ein Heerschwarm in guter Disziplin wandern die Zugvögel von Norden nach Süden. Planmäßig rollt das Leben im Stock der Bienen dahin, und mehr noch sehen wir die Ordnung, die Gesetzmäßigkeit im Reiche der Ameisen walten. Jeder an seinem Platze, Arbeiter und Soldaten, eine Königin und ihre Untertanen, so sehr geschult, so selbstsicher in ihrer Tätigkeit, daß wir uns nicht scheuen, von einem Staate der Ameisen zu reden.

Aber eine klare Stimme sagt uns doch, daß ein weiter Abstand ist vom Ameisenstaat zum Staate der Menschen. Nie wird es gelingen, diesen Abstand auf eine letzte Formel der Erkenntnis zu bringen. Gerade aus der juristischen Gedankensphäre jedoch kommt ein wertvoller Beitrag, der uns um einiges dem Erkennen näher bringt. Was die Millionenschar der Käfer im Walde schafft, was die Bienen in ihrem Gehäuse wirken, ein Rechtsstaat ist es nicht. Denn sie folgen zwingendem Naturgesetz, nicht einem aus Überlegung entsprungenen Entschluß. Der beste Beweis und die anschaulichste Verdeutlichung dessen liegt darin, daß sie nicht wählen können zwischen verschiedenen Staatsformen, und gerade da erst, wo das freie Wählen kommt, setzt die Welt des Rechtes ein. Der Mensch aber, wenngleich auch er von natürlichen Trieben beherrscht wird, hat diese Freiheit der Wahl zwischen verschiedenen rechtlichen

Möglichkeiten und übt sie aus, tagtäglich sowohl wie im Zuge von Jahrhunderten.

Später wird z. B. davon zu sprechen sein, daß die Menschen, in Völker und Städte gesondert, viel des Rechts voneinander entlehnen. Das geht so weit, daß ganze umfangreiche Gesetze von einem Volk an das andere abgegeben werden (Rezeption, Bewidmung; § 11 II S. 72).

Vom Augenblicksdasein losgelöst steht hierbei die Rechtsordnung vor Geist und Seele des Menschen als ein selbständiges Betrachtungsobjekt. Das eben ist es, was weiter oben mit dem Satze gemeint war, daß alles Recht nur wurzle in der Vorstellungskraft des Menschen (S. 32). Nie könnte derlei im Reiche der Tiere Ereignis werden.

IV. **Die verschiedenen Seelenkräfte des Menschen.** Man hat diese Überlegenheit der menschlichen Veranlagung oft auf die Worte gestellt, dem Menschen eigne **Verstand**, das Tier aber werde vom bloßen Instinkt beherrscht.

Wie dem auch sei, um das Wesen des Rechts zu erfassen, genügt eine Abstellung auf den Verstand durchaus nicht. Denn es eignen dem Menschen daneben noch andere Seelenkräfte, und sie alle tragen, wenn auch in verschiedenem Maße, zum Bau der Rechtsordnung mit bei.

Im 19. Jahrhundert freilich hat man das Verstandesmäßige im Recht allzu stark betont. Man glaubte, jede Entscheidung mit Hilfe der reinen Logik finden, jede Lücke mit Hilfe des bloßen Denkens füllen zu können. In den letzten Jahrzehnten ist jedoch diese Einseitigkeit mehr und mehr verlassen worden; vgl. § 20 X und § 43.

Neuere Erkenntnis hat uns gezeigt, daß der Richter in tausend Stunden seines Wirkens vor Fragen steht, die er nur unter Beihilfe von Gefühlswerten lösen kann. Dann wieder kommen Lagen, wo auch das nicht zureicht, wo nur ein mutiger Schnitt, zumal von seiten des Gesetzgebers, die Lösung bringt, wo an den Willen appelliert, wo der Beschluß auf den Entschluß aufgebaut werden muß, wo die „Willensentscheidungen“ neben die „Werturteile“ treten (Rumpf, Gesetz und Richter, 1906; über die sog. Willensfreiheit vgl. Ziff. VII). Ja selbst die Phantasie ist als Schöpferkraft der Rechtswelt nicht ganz ferngeblieben; freilich in unsere nüchterne und willensbeflissene Zeit paßt sie nur wenig hinein.

Wenn der Richter auf Grund des § 1354 BGB. entscheiden soll, ob sich ein bestimmtes Verlangen eines Ehemannes seiner Frau gegenüber „als Mißbrauch darstellt“, wenn der Gesetzgeber im langen Hin und Her der politischen Meinungen schließlich die Entscheidung treffen muß, ob das Reich auch die direkten Steuern an sich ziehen oder diese Finanzquelle ausschließlich den Ländern oder Provinzen überlassen soll, und wenn in früheren Jahrhunderten die alten germanischen Volksgenossen eine ganze Reihe von Rechtsbräuchen durch Symbole erklärten und verklärten (§ 18 IV), so läßt sich das alles nicht auf die nackte Verstandsformel bringen, sondern Gefühl, Wille und Phantasie stehen hierbei Pate.

Gibt es ein eigenes Rechtsgefühl im Menschen? Eine tiefgehende, gerade in jüngster Zeit wieder viel erörterte Frage. Vgl. Erwin Riegler (Prof. in Erlangen), Das Rechtsgefühl, 1921; Max Rümelin (Prof. in Tübingen), Rechtsgefühl u. Rechtsbewußtsein, 1925.

Das Ineinandergreifen dieser verschiedenen Seelenkräfte hat schließlich noch eine weitere Folge. Es wird dadurch der Egoismus merklich abgeschwächt. Der Mensch gewinnt, indem er sich untereinander nicht nur nach rohen Körperkräften vergleicht, die Fähigkeit altruistisch zu denken, d. h. auch die Rücksichtnahme auf den Nachbarn und Stammesgenossen in seinen Gedankenbereich einzustellen. Auch das darf als ein Stück Menschentum, im Gegensatz zur Tierwelt, angesprochen werden.

In dieser Lehre von den Kräften, die den Menschen zum „Recht" treiben, zeigt sich wiederum viel Zusammenhang mit der Soziologie (oben S. 15). Denn bei den Soziologen ist es ein besonders beliebtes Thema, den „Trieben" nachzugehen, die den Menschen zur „Assoziation" oder „Kollektivität" veranlassen. Neben dem Machttrieb und dem „Charisma" glauben dabei manche einen reinen Organisationstrieb, eine Art Begabung für das Ordnen des Zusammenlebens anerkennen zu müssen. Das käme dann dem „Recht" sehr nahe, zumal jener Seite des Rechts, die man als die normativ-bureaukratische bezeichnen kann. Übrigens hat sich natürlich auch die Philosophie längst mit ähnlichen Dingen befaßt.

V. **Anpassung an die menschlichen Verhältnisse.** Weil das Recht seine Wurzel in Leben und Wesen der Menschen hat, ist es auch in seinen Einzelheiten ausschließlich den Verhältnissen der Menschen angepaßt. Es gibt kein Recht der Tiere und leblosen Gegenstände. Wenn wir die Tiere durch Strafgesetz gegen Quälerei und Ausrottung schützen, so geschieht es, weil das sittliche Empfinden der übrigen Menschen durch die Tat eines Rohlings verletzt wird, und um den Nachwuchs des Wildstandes für uns sicherzustellen.

§ 360 Ziff. 13 Strafgesetzbuchs: „Mit Geldstrafe bis zu eintausendfünfhundert Mark oder mit Haft wird bestraft, wer öffentlich oder in Ärgernis erregender Weise Tiere boshaft quält oder roh mißhandelt", § 368 Ziff. 11: „Mit Geldstrafe bis zu sechshundert Mark oder mit Haft bis zu vierzehn Tagen wird bestraft, wer unbefugt Eier oder Junge von jagdbarem Federwild oder von Singvögeln ausnimmt". Usw.

Früher hat man lange Zeit anders gedacht. Man wollte auch den Tieren einen gewissen, wenn auch spärlichen Platz in der Rechtsordnung einräumen. Man glaubte der Natur das schuldig zu sein, weil man sah, daß gewisse Verrichtungen und Bräuche, die in der Rechtsordnung abgestempelt werden müssen, auch von den Tieren gepflegt werden.

So schied man ein ius civile et gentium, das allein für die Menschen gilt, und ein Recht der Natur. „Ius naturale est, quod natura omnia animalia docuit. Nam ius istud non humani generis proprium est, sed omnium animalium, quae in coelo, quae in terra, quae in mari nascuntur. Hinc descendit maris atque feminae coniugatio, quam nos matrimonium appellamus, hinc liberorum procreatio et educatio; videmus et enim cetera quoque animalia istius iuris (!) peritia censeri." So ließ sich der Römer Ulpian im 3. Jahrhundert n. Chr. vernehmen, und noch im 6. Jahrhundert ging derselbe Satz in das Lehrbuch über, das der Kaiser Justinian für die Studenten verfassen ließ und seinem Corpus iuris eingliederte (vgl. S. 169 a. E.). In viel naiverer Prägung treten uns dann die Tiere im deutschen Rechtsleben des Mittelalters entgegen. Sie werden namentlich von den Strafgerichten ins Auge gefaßt, und wegen gewisser Schandtaten, deren sie bezichtigt sind, macht man ihnen regelrecht den Prozeß, legt dicke Aktenbündel an, bestellt ihnen einen Advokaten zur Verteidigung, läßt möglicherweise den Prozeß noch eine zweite Instanz beim Obergericht durchlaufen, dann aber gehen die Verurteilten, Schwein oder Rind oder Raupengesindel, in aller Form ihrer Hinrichtung durch Galgen oder Wasser oder Feuertod entgegen.

Umgekehrt hat das Tier, wenn es zu Unrecht erschlagen wird, ein Wergeld, genau so wie der erschlagene Mann. Der berühmte Sachsenspiegel (S. 146) stellt z. B. in III 45 die Wergeldsätze für die verschiedenen Menschengruppen auf: „Nû vernemet umbe aller lûte weregelt und bûze. Vürsten, vrje herren, schephenbâre lûte, die sint glich in bûze und in wergelde usw." Dann folgen in Art. 51 die Wergeldsätze für die (Haus-) Tiere: „Nû vernemet umme vogele unde tiere weregelt. Daz hûn glidet man mit eime halben phenninge; die ant also; die gans mit eime phenninge usw."

Indessen, wenn man das Ganze der damaligen Rechtswelt überblickt, so blieben derartige Anschauungen doch eben nur verschwindende Ausnahmen. Der Scholastizismus in seiner Sucht, Kategorien zu schaffen, verlangte nach einer Kategorie des über den Menschenstamm hinausgreifenden ius naturale. Der Mystizismus ließ auch im Tierleib einen Geist, allerdings einen bösen, heimisch sein. Übrigens wertvolle Belege für das, was weiter oben über den Einfluß der Weltanschauung auf das rechtliche Denken und Glauben gesagt war (S. 4 IV). Im letzten Ende hat jedoch zu allen Zeiten ein gesunder Instinkt Volk und Juristen von allzu breiter Anwendung solcher Irrtümer ferngehalten. Aus dem Lehrsatz des Ulpian sind praktische Folgerungen kaum gezogen worden, und die Prozesse gegen die tierischen Störenfriede sind vorübergerauscht wie der Flagellantenwahn und die Hexenverbrennungen.

VI. **Abstellung auf die Eigenschaften des Menschen.** Wenn wir uns nunmehr der Kehrseite, dem positiven Teil unseres Gedankens, zuwenden, nämlich dem Hinzielen allen rechtlichen Ordnens auf die Menschenverhältnisse, so sehen wir in der Tat, wie jeder einzelne Rechtssatz irgendwie auf die leiblichen oder seelischen Eigenschaften der Menschen zugeschnitten ist.

Auf Schritt und Tritt begegnet eine Rücksichtnahme auf die Altersstufen, die der Mensch zu durchlaufen hat, ob nun seine Bestrafung wegfällt, weil er noch zu jugendlich ist, oder ob ihm das Wahlrecht erst nach Erreichung eines bestimmten Alters zugesprochen wird. Daneben hat zu allen Zeiten der Geschlechtsunterschied eine bedeutende Rolle gespielt, im Privatrecht, das den Mann als Haupt der Familie in rechtlich gehobener Stellung erscheinen läßt, im Verwaltungsrecht, das die Ämterfähigkeit bis vor kurzem noch fast ausschließlich auf das männliche Geschlecht beschränkt, im Strafrecht, das die weibliche Ehre besonders schützt, und selbst im Kirchenrecht, das den sprichwörtlich gewordenen, aber ursprünglich auch juristisch gemeinten Satz hervorgebracht hat: mulier taceat in ecclesia.

Dazu das Abstellen auf die Seelenkräfte des Menschen, die oben schon (Ziff. IV) als Triebkräfte und nunmehr als Objekt und Maßstab der rechtlichen Regelung erscheinen: Der Verstand, der seine Grenzen hat, den Menschen immer wieder irren, Worte verwechseln, sich versprechen und sich verschreiben läßt, und dadurch die Rechtsordnung zu einer ganzen großen Lehre über die Irrtümer (z. B. darüber, ob der Käufer, der etwas anderes haben wollte, als er im Laden gewählt hat, hinterher von dem unangenehmen Geschäfte sich wieder lossagen kann) veranlaßt hat. Die Gefühlswerte, die man veranschlagt, wenn sich Ehegatten scheiden lassen wollen, wenn die Menschen oder auch die Völker („nationale Ehre") sich beleidigen, wenn es gilt, Kunstschätze durch Verwaltungsmaßregeln vor dem Abwandern ins Ausland zu schützen, und in ungezählten anderen Lagen. Und nicht zuletzt die Willenskraft, die wir bei der juristischen Behandlung der Millionen von Verträgen, die unter den Bürgern und Staaten geschlossen, der Tausende von Testamenten, die gemacht, der Hunderte von Kündigungen, die ausgesprochen werden, nachdrücklichst veranschlagen, weil wir in jahrhundertelanger Schulung gelernt haben, hinter den gesprochenen und geschriebenen Worten (der „Erklärung") den Willen zu suchen und zu erforschen; die Willensmacht, die wir zu brechen suchen, wenn sie schlimme Bahnen wandelt (Strafrecht), und die wir feierlich gewährleisten, wenn es die politische Betätigung des Bürgers gilt (staatsrechtliche „Garantien").

Vgl. z. B. Art. V der französischen Menschenrechte von 1789: „Alles, was das Gesetz nicht verbietet, kann nicht verhindert werden, und niemand kann gezwungen werden, etwas zu tun, was das Gesetz nicht befiehlt." (Über dieses Manifest von 1789 weiteres unten § 26 IV d, S. 295.)

VII. **Willensfreiheit.** Der letzte Punkt bedarf freilich noch einer Ergänzung, die ins Bereich der Weltanschauung hinüberführt, aber auch für die Spezialwissenschaft des Juristen von allergrößter Bedeutung ist. Gibt es wirklich eine Freiheit des Willens? Es leuchtet ein, daß ganz große Partien der Rechtsordnung, vor allem das Strafrecht, durch das Aufwerfen der Frage und mehr noch durch ihre Verneinung erschüttert werden.

Um die Frage geht ein jahrhundertelanger Streit. Alle vier Fakultäten haben in vielen ihrer besten Vertreter das Wort dazu ergriffen. Aber geschlossen ist der Streit (trotz starker gegenseitiger Annäherung) noch nicht. Noch immer stehen sich „Deterministen" und „Indeterministen" gegenüber; die einen der Überzeugung lebend, daß alles im Leben jedes einzelnen Menschen durch Naturgesetze vorher bestimmt (determiniert) sei, und daß niemals ein Punkt komme, an dem aus dem Nichts heraus die freie Wahl des Menschen aufstände; die anderen in dem Glauben lebend, daß auch dem einfältigsten der Menschenkinder ein Spielraum zwischen den Naturgesetzen bleibe, wo es entgegen der Vorbestimmung, entgegen seiner Charakteranlage seinen Willen gerade auch nach der entgegengesetzten Seite bewegen könne.

Die letztere Ansicht verdient den Vorzug. Sie hebt unser Empfinden auf eine höhere Warte, und gerade auch der Jurist sollte sich den stolzen Glauben nicht nehmen lassen, daß der Mensch allen „Kausalitätsgesetzen" und aller „Lehre von der Konstanz der Energie" zum Trotz in freiem Entschluß seine Tat zum Guten oder Bösen zu lenken vermag. Nur so offenbart das Strafrecht seine volle Würde. Nur so wird der Vormundschaftsrichter vor einer „Mechanisierung" seiner Aufgaben bewahrt. Nur so erscheint das freie politische Wahlrecht des Staatsbürgers juristischer Garantien wert. Und wer vollends über den Teilgebieten den allgemeinen Gedanken schweben läßt, daß der Jurist berufen ist, als Erzieher seines Volkes mitzuwirken, der kann kaum auskommen ohne Bejahung der Willensfreiheit. Die Idee, durch gute Gesetze und wackere Richter die Bevölkerung zum Richtigen zu lenken, ist so erhaben, daß sie um einiger philosophischer Zweifel willen nicht preisgegeben werden darf.

Die verschiedenen Regeln, die das Leben der Menschen beherrschen. § 7

I. **Das Gebiet des Unbewußten.** Nach dem, was im Vorangegangenen über Bewußtsein und Willensfreiheit des Menschen gesagt worden ist, sollte man annehmen, daß der Mensch jede einzelne Handlung, die er vornimmt, jede Betätigung seines Körpers und seines Geistes, vorher durchdacht hat und nunmehr genau nach der vollzogenen Überlegung einrichtet. Doch dies ist ein großer Irrtum. Vielmehr tut der Mensch, selbst der hoch entwickelte Kulturmensch, unendlich viel ohne konkretes Bewußtsein.

Unser ganzer Tageslauf ist ein ununterbrochenes Zeugnis dafür. Wenn wir die Kleidung nach ganz bestimmter Reihenfolge um unseren Körper legen, wenn wir das Antlitz waschen und die Zähne reinigen, wenn wir Bekannte auf der Straße grüßen oder vor Heiligtümern unsere Mütze lüften, wenn wir die Zigarren zahlen, die wir im Laden vom Tische nehmen, und wenn wir die Brötchen auf dem Teller des Nachbarn liegen lassen, obwohl uns der Hunger bedrängt, so geschieht das alles nicht mit jedesmal neu gefaßtem Entschluß, sondern ohne daß es eines besonderen Anstoßes bedürfte, wie von selbst.

Doch aber könnten wir auch den Gruß unterlassen und die Kleider ganz anders ordnen und nach dem Brote greifen, das einem anderen gehört. So erkennen wir also ein ewiges seltsames Widerspiel zwischen der Fähigkeit zu freier Entschließung und dem Verzicht, die Fähigkeit restlos zu nutzen.

Mancherlei Betrachtungen lassen sich an diese Erscheinung anknüpfen. Man kann sie religiös bewerten und etwa die Armseligkeit allen menschlichen Wesens daran erläutern. Man kann sie philosophisch vertiefen, indem man ein „Unterbewußtsein" konstruiert, das in uns schlummert und uns lenkt, auch wo es zu einem konkreten (jedesmaligen) Nachdenken nicht kommt. Man kann sie aber vor allem auch als Hebel benutzen, um in die Riesenmasse der menschlichen Handlungen eine gewisse Übersicht und Ordnung zu bringen.

Denn aus dem bunten Vielerlei unserer Betätigungen hebt sich als beruhigendes und meisterndes Element die **Gewohnheit** heraus. Sie verdichtet sich bei festerer Gestaltung zur Regel, und dieser **Begriff der „Regel"** schwingt sich zum Beherrscher breitester Teile unseres Lebens auf. Gleichzeitig enthüllt er sich als ein großartiges Mittel der geistigen Ökonomie (Sparsamkeit). Denn die Regel, aus hundert Einzelheiten erwachsen, erspart, wenn dieselbe Einzelheit später von neuem auftaucht, das nochmalige Denken. Welche geistige Kraft würde verschwendet werden, wollten wir jeden Morgen aufs neue uns Rechenschaft über die hygienischen und ästhetischen Gründe der Zahnpflege ablegen. Und wenn der Richter in tausend Fällen immer wieder denselben Zinssatz von 4 Prozent zuspricht und dabei fast ins Mechanische fällt, so spart er ebenfalls geistige Kraft für die Ausnahmefälle, wo es gilt, aus dem Bannkreis der Regel hinauszutreten und wieder in die Sphäre bewußter Prüfung einzulenken.

II. **Die verschiedenen Gruppen von Regeln.** Ein beträchtlicher Teil der Regeln, denen wir uns unterwerfen, geht ursprünglich allein aus dem freien Entschluß jedes einzelnen hervor. Hierher gehört es z. B., wenn wir dem blinden Bettler im Park bei jedem Spaziergang eine Münze schenken oder wenn wir jeden Morgen unsere Zähne säubern. Aber dieselbe Betätigung kann auch durch übergeordnete Gewalten anbefohlen werden, so, wenn die Kirche ein bestimmtes Maß von Almosen vorschreibt, oder wenn im militärischen Dienst der unerzogene Rekrut zur regelmäßigen Zahnpflege angehalten wird.

Die philosophische Lehre steigert das zu dem Gegensatz zwischen **„autonomen"** und **„heteronomen"** Normen. Auch in der Rechtsphilosophie wird neuerdings dieser Gegensatz viel verwertet. Und zwar kann man äußersten Extremen im neueren Schrifttum begegnen: es behaupten einige, das Wesen gerade der Rechtsordnung beruhe in ausschließlicher Heteronomie, während andere umgekehrt, alles „Recht" in den Willen (oder die Seele) des einzelnen verlegen, also alles „Recht" als ausschließlich autonom gedacht wissen wollen. Von der letzteren Denkweise zweigt sich eine anscheinend an Boden gewinnende Lehre ab, die „Recht" und „Gesetz" unterscheidet: das Recht ist autonom, das Gesetz ist heteronom. Zwingt ein Gesetz einen Widerstrebenden, so ist damit keineswegs gesagt, daß dieser im „Unrecht" sei. Vielmehr kann auch das Gesetz fehlgegriffen, d. h. gegen das „Recht" verstoßen haben. mit anderen Worten: es kann ungerecht gewesen sein. In diesem Gedankengange geht das „Recht" in die „Sitte" (s. im folgenden) über und verflüchtigt sich zur „Gerechtigkeit" und zum „Naturrecht", worüber im § 8 (S. 47 ff.) zu handeln sein wird.

Danach sind die selbstgewählten Regeln von denen zu unterscheiden, die gleichsam von außen her, im Gewande von „Vorschriften" an den Menschen herantreten. Diese letzteren wollen befolgt sein, auch wenn der Sinn des Betroffenen im einzelnen Augenblick nach anderer Richtung steht. Es gehören hierher die Regeln des Rechts, der Moral, der Religion und des gesellschaftlichen Brauchs. Sie unterscheiden sich voneinander, und dem soll nachgegangen werden, weil dann das Wesen der Rechtsregeln, vom Gegensatz zu den anderen Gruppen gehoben, um so anschaulicher hervortreten wird. Doch mögen vorerst Beispiele einen ersten Eindruck geben.

Eine Rechtsregel ist der Satz: „Der Verein muß einen Vorstand haben" (§ 26 BGB.). Eine Regel der Moral (oder, wie manche sagen, der Sittlichkeit) ist es, daß ein Gewerbetreibender seinen Konkurrenten nicht ruinieren darf, und zwar auch dann nicht, wenn ihm die Rechtsordnung ein solches Vorgehen gerade noch gestattet. Eine Regel der Religion ist es, nicht andere Götter neben dem Einen Gott zu haben, auch wenn die nebenher laufenden moralischen Vorschriften das sehr wohl zulassen würden. Eine Regel des gesellschaftlichen Brauchs ist die Übung, Bekannte auf der Straße zu grüßen, während dem das Recht und die Religion und die Sittlichkeit vollkommen gleichgültig gegenüberstehen.

III. **Ausgangspunkt.** Das Recht ist eine äußerlich verkörperte Macht. Am sinnfälligsten ist dabei die Macht des Staates, der die Gesetze setzt und die Richter mit ihrer Durchführung beauftragt. Aber es kommen daneben noch andere Gewalten in Frage. So die Kirche (vgl. § 30) und beim Völkerrecht die Völkergemeinschaft. An der Macht der letzteren sind immer wieder Zweifel aufgestiegen, nicht zuletzt unter dem Druck der Kriegsverhältnisse. Bis zu einem gewissen Grade ist das Glaubenssache. Keinesfalls aber darf die rechtsetzende Bedeutung der Völkergemeinschaft deshalb geleugnet werden, weil diese Gemeinschaft einer festgefügten, allumfassenden Organisation nach Art des Staates entbehrt. Denn auch im Staat geht unendlich viel Recht um, das nicht aus festformulierten Texten entspringt, sondern nur im Leben der Volksgenossen wurzelt (sog. Gewohnheitsrecht, vgl. darüber § 10 III und § 12). Dann steht allein das Gefühl für die Gemeinschaft, in der man lebt, im Hintergrunde, und der Glaube an ihre Daseinsberechtigung und an die Richtigkeit dessen, was sie uns auferlegt. Nicht anders ist es bei der Gemeinschaft der Völker, und es bleibt immer noch, zum mindesten in der Vorstellung, ein genügendes Maß von äußerlicher Verkörperung. (Das Nähere über das Völkerrecht im § 31, vgl. insbesondere Ziff. III c.)

Die Moral wurzelt im Gegensatz hierzu im Gewissen des Menschen, fließt also von einer Macht her, die nicht als allgemein und allen einzelnen Menschen übergeordnet, sondern als Bestandteil des eigenen Ichs gedacht ist. Immerhin wird diese Macht als selbständige Größe empfunden, so daß die von ihr gesetzten Regeln nicht als „selbstgewählte" im früher erörterten Sinne (Ziff. II) erscheinen, sondern als wirkliche Vorschriften, die an den einzelnen mit dem Postulat befolgt zu werden herantreten.

Die Religion wiederum ist nicht auf das einzelne Ich gelegt, sondern kann nur vom Standpunkte einer außerhalb des Menschen stehenden, in diesem Sinne übergeordneten und alle gleichmäßig treffenden Macht begriffen werden. Diese Macht ist hier jedoch keine weltliche wie beim Recht, sondern ein höchstes, als außerirdisch gedachtes Wesen.

Am schwersten ist der Ausgangspunkt des gesellschaftlichen Brauchs zu bestimmen. Die Schwierigkeit liegt aber schon in der Vorfrage, was unter solchem Brauch zu verstehen ist. Von den vier Gebieten, die wir prüfen, ist dieses jedenfalls das am wenigsten scharf umrissene. Von vornherein ist zu betonen, daß nicht etwa nur die „Gesellschaft" der Vergnügungen und Bekanntschaften gemeint ist, sondern die Gesellschaft der Menschen in ihrem ureigensten Sinne, die societas humana, von der wir das Wort sozial abgeleitet haben. Darum sprechen auch manche lieber von „Sitte" als von gesellschaftlichem Brauch. Die Wurzel dessen ist nun schwer zu fassen. Sie liegt sehr nahe dem, was oben über das Gewohnheitsrecht gesagt worden ist. Und in der Tat wird, wenn man das Recht in seine ältesten Keime verfolgt, immer ein Punkt erreicht, wo es mit dem bloßen gesellschaftlichen Brauch zusammenfließt. Ein Unterschied wird also nur dadurch gewonnen, daß das Recht sich im weiteren Zuge der Entwicklung löst und mit jener „äußerlich verkörperten" Macht verbindet. Der gesellschaftliche Brauch bleibt dann zurück, ausschließlich auf das Gemeinschaftsgefühl als Stütze angewiesen.

So kann es z. B. der gesellschaftlichen Sitte entsprechen, der heiratenden Tochter eine Ausstattung mitzugeben, ohne daß daraus eine Rechtseinrichtung geworden wäre. Tatsächlich hat im heutigen deutschen Recht die Tochter (im Gegensatz zum Sohne) einen klagbaren, also unzweifelhaften rechtlichen Anspruch auf eine Aussteuer. (BGB. § 1620: „Der Vater ist verpflichtet, einer Tochter im Falle ihrer Verheiratung zur Einrichtung eines Haushalts eine angemessene Aussteuer zu gewähren, soweit er bei Berücksichtigung seiner sonstigen Verpflichtungen ohne Gefährdung seines standesmäßigen Unterhalts dazu imstande ist und nicht die Tochter ein zur Beschaffung der Aussteuer ausreichendes Vermögen hat.") Der „bloße" Brauch ist also zum Rechtsbrauch geworden. Aber man kann sich auch das Gegenteil recht gut vorstellen und hat dann einen Eindruck von der Verschiedenheit des Ausgangspunkts; hier nur das reine, man könnte sagen zufällige Zusammenleben von Menschen, dort eine nach bestimmten Grundsätzen organisierte, mit Rechtspflege und Gesetzesmacht ausgestattete, also eben verkörperte Gemeinschaft. — Das Wesen des „Staates" und sein Verhältnis zum „Recht" ist allerdings auch wieder Gegenstand schweren wissenschaftlichen Streits. Einiges darüber unten im § 26, vor allem S. 287 Ziff. 3.

IV. Das **Endziel**, dem die vier Mächte mit dem Gesamtgehalt ihrer Vorschriften zustreben, läßt sich bei ihnen allen nur durch eine allgemeine Formel ausdrücken. Man kommt der Erkenntnis am nächsten, wenn man sich zunächst klar macht, daß es etwas anderes ist, das äußere Zusammenleben der Menschen zu regeln und ihre innere Läuterung herbeizuführen. Unzweifelhaft ist das Recht nach der ersteren, die Moral nach der letzteren Richtung hin gelagert. Wenn das Recht vorschreibt, daß die Schulden bezahlt werden müssen, so geht es bei diesem Ausspruch an der inneren

Gesinnung der Beteiligten durchaus vorbei; es ist ihm gleichgültig, ob der Schuldner das gerne tut oder ob mit Fluchen, wenn nur die äußere Ordnung aufrechterhalten bleibt. „Das weltliche Regiment hat Gesetze, die sich nicht weiter strecken, denn über Leib und Gut und was äußerlich ist auf Erden. Denn über die Seele kann und will Gott niemand lassen regieren denn sich selbst alleine," sagt Luther; und in manchem Sprichwort aus Volksmund lebt das gleiche Empfinden („Gedanken sind zollfrei". „Ums Denken tut man keinen henken"). Ganz anders die Moral. Sie will, daß der Schuldner aus innerster Bereitwilligkeit seiner Pflicht nachkommt, also auch dann, wenn der Gläubiger auf die Schuld vergessen hat, so daß der Schuldner ihm ohne Störung der äußeren Ordnung entschlüpfen könnte. Sie will aber auch umgekehrt die Schicht der Gläubiger zu größerer innerer Vollkommenheit führen, indem sie ihnen Milde vorschreibt und möglicherweise einen vollen Verzicht auf ihren (rechtlich gewährleisteten) Anspruch nahelegt.

Aber das ist nur das oberste, letzte Ziel. Auf der Bahn dahin müssen beide, Recht wie Moral, auch die Ziele des Nachbargebiets berühren. Denn es kann gar nicht ausbleiben, daß die Umgestaltung der Gesinnungen durch die Moral mittelbar auch das äußere Zusammenleben beeinflußt. Die Erziehung der Schuldner zur Bereitwilligkeit und der Gläubiger zur Güte bringt ganz von selbst eine glattere Abwicklung auch der äußeren Verhältnisse mit sich. Und umgekehrt trifft die straffe Zucht des Rechts auch in das Innere des Menschen hinein und zwingt ihn, mit sich selber zu Rate zu gehen. Wer vollends an den hohen Beruf des Juristen als Erzieher glaubt, wird nie ganz auf die Beeinflussung auch der Gesinnungen verzichten können.

Die Berührung der beiden Zielpunkte tritt noch deutlicher bei der Religion hervor. „Regiment über die Seele", sagt Luther. Aber die Ziele der Religion reichen weit darüber hinaus. „Du sollst nicht töten, du sollst dem Nächsten nicht sein Vieh abspannen", das ragt auch tief in die äußere Ordnung der Lebensverhältnisse hinein. Vielleicht wird überhaupt das Wesen der Religion am besten dadurch erfaßt, daß man ihr ein übergeordnetes Ziel noch über der Ordnung der äußeren Gemeinschaft und über der Läuterung des inneren Ichs zuspricht, nämlich durch die Beeinflussung beider Gebiete den Menschen zu jenem höchsten, außerirdischen Wesen in Beziehung zu setzen; welcher Art diese Beziehung ist, das wäre dann bei den verschiedenen Religionen verschieden zu bestimmen, von sklavischer Unterwerfung bis zu dem kühnsten Ziel einer möglichsten Annäherung an die Gottheit.

Der gesellschaftliche Brauch ist auch in den Fragen des Ziels am unbestimmtesten. Da, wo er zur bloßen Mode wird, hat er geradezu etwas Launenhaftes an sich. Und darin sitzt dann ein beachtenswerter Unterschied vom Recht. Denn dieses tritt normalerweise mit der Behauptung auf vernünftig zu sein, während die Sitte auch eine Unsitte sein und an den Anforderungen der Vernünftigkeit gleichgültig vorübergehen kann.

Im übrigen muß aber festgestellt werden, daß Brauch und Recht sich wiederum sehr nahe kommen, wie schon das Beispiel von der heiratenden Tochter (S. 43) gezeigt hat. Auch für den gesellschaftlichen Brauch ist die Ordnung der äußeren Lebensverhältnisse das große, leitende Ziel, während der Druck auf die innere Gesinnung stark zurücktritt.

Nur rafft der gesellschaftliche Brauch alle äußeren Lebensverhältnisse, die überhaupt in einer ständigen Berührung der Menschen wurzeln, an sich, während die Rechtsordnung nur diejenigen Lebensverhältnisse heraushebt und an sich zieht, die eben der besonderen Regelung durch Rechtsvorschriften würdig und bedürftig erscheinen, und die man, um ein Kennwort zu haben, etwa als „geschäftliche" Lebensverhältnisse bezeichnen kann.

V. Die **Wirkungsstärke** der mehreren Vorschriftengruppen erkennt man am besten, wenn man sich die Frage stellt: Was geschieht, falls die betreffenden Vorschriften nicht beachtet werden?

Den stärksten Nachdruck, mindestens aber den sinnfälligsten vermag das Recht hinter seine Vorschriften zu setzen. Das hängt mit seinem Ausgangspunkt (äußerlich verkörperte Macht) und seinem Endziel (Ordnung der geschäftlichen äußeren Lebensverhältnisse) zusammen. Denn das Ziel wäre nicht zu erreichen, wenn nicht ein sichtbarer Druck dahinter stände, und jene (vor allem im Staate) verkörperte Macht ist berufen und geeignet, den Druck auszuüben. Das Recht tritt denn auch mit der Behauptung der Erzwingbarkeit auf und hat auch regelmäßig ausreichende äußere Zwangsmittel zur Verfügung (Näheres im § 9 Ziff. Vb, S. 63).

Gerade das ist der Punkt, wo die Abscheidung des Rechts vom gesellschaftlichen Brauch am plastischsten zu erkennen ist. Wer die Bekannten auf der Straße nicht grüßt, hat keine gerichtliche Zwangsvollstreckung zu gewärtigen. Und wenn die Tochter nur der Sitte gemäß eine Ausstattung aus Vatershand zu erwarten hätte, so würde ihr eben mit der gerichtlichen Klage ein freilich sehr nüchternes, aber doch eben das stärkste Druckmittel fehlen. Damit soll nicht gesagt sein, daß dem gesellschaftlichen Brauch jede Zwangsmacht fehlte. Aber sie ist höchst unbestimmt, nicht auf die vielen einzelnen Lagen zugeschnitten und jedenfalls ganz anders geartet wie die juristische Zwangsgewalt. Denn sie besteht eigentlich nur in dem einzigen unbestimmten Mittel gesellschaftlicher Achtung.

Moral und Religion rücken bei der Prüfung ihrer Wirkungsstärke nahe aneinander heran und entfernen sich dabei ganz bedeutend vom Recht. Denn während das Recht seine Zwangsgewalt gerade in sehr ausgeprägter Weise auf Sinnfälligkeit zugeschnitten hat, führen Moral und Religion in das Reich des Übersinnlichen hinüber. Sie stellen Reue im Diesseits, Strafen im Jenseits in Aussicht. Beides aber ist ungreifbar und ganz abseits gelegen von der Hilfe des Gerichtsvollziehers und von der Vollstreckung einer Gefängnisstrafe.

VI. **Mischungen und Kollisionen.** Der Gegensatz zwischen den vier Gebieten ist kein absoluter. Manche Vorschrift ist ihnen allen gemeinsam, z. B. das Verbot des Betruges. Oft findet auch eine bewußte Anlehnung untereinander statt. Denn, wenn die Religion den Satz aufstellt: „Seid untertan der Obrigkeit", so breitet sie damit zugleich ihren Fittich über das gesamte Gebiet der obrigkeitlichen Rechtsordnung. Und wenn umgekehrt die Rechtsordnung den Gotteslästerer straft, die Geistlichen in den staatlichen Beamtenkörper eingliedert und die kirchliche Eheschließung zwar nicht vorschreibt, aber empfiehlt, so fügt sie sich Stücke der religiösen Ordnung ein (vgl. § 30 III). Dem heutigen Zeitgeist scheint sogar eine solche Wechselwirkung besonders gemäß zu sein, allerdings nicht so sehr nach der Seite der Religion, wohl aber nach der Seite der Sittlichkeit und des gesellschaftlichen Brauchs („Treu und Glauben", „gute Sitten"). Darüber wird sogleich noch näher zu handeln sein (§ 8).

Auf der anderen Seite muß immer wieder mit Kollisionen gerechnet werden. Dem Menoniten verbietet seine Religion den Waffendienst, aber die staatliche Rechtsordnung zwingt ihn möglicherweise dazu. Vom gesellschaftlichen Brauch (mag er auch den meisten als „Unsitte" erscheinen) wird der Zweikampf in gewissen, freilich sich dauernd verengenden Grenzen vorgeschrieben, aber das Recht untersagt ihn und stellt ihn unter Strafe.

Darum wird der Versuch, mehrere Kategorien von Vorschriften zu schaffen und begriffliche Grenzen zwischen ihnen zu gewinnen, immer wieder gemacht werden müssen. Je nach den Zeitläuften wird er verschieden ausfallen. Denn das muß zum Schlusse gesagt werden: zwingend ist die oben zugrunde gelegte Vierteilung nicht. Sie fehlte dem Altertum durchaus, wo man Religiöses und Weltliches, Juristisches und Moralisches ungetrennt im „Gesetz" nebeneinanderstellte. Sie erfreut sich auch in der Gegenwart keineswegs allgemeiner Anerkennung; es ziehen z. B. manche eine bloße Zweiteilung vor, indem sie Religion und Moral als Hüter der „inneren" Verfassung des Menschen und Recht und Sitte als Ordner der äußeren Lebensverhältnisse aneinanderfügen. Auch neue Kategorien können sich möglicherweise im Laufe der Zukunft einstellen, wie etwa eine Kategorie der „bürgerlichen Tüchtigkeit", wenn die Demokratisierung der Völker weitere Fortschritte macht.

Immer wieder versucht der Jurist dem wahren „Wesen" des von von ihm bearbeiteten Gebietes, also des „Rechts" nahe zu kommen. Es ist das das Kernstück der Rechtsphilosophie (oben S. 13 II). Gerade heute wird vielfach der Ruf nach einer **„reinen Rechtslehre"** erhoben, vor allem von der sog. jungösterreichischen Schule, unter Führung Kelsens (Prof. in Wien). Diese Schule will die Rechtswissenschaft von allen unjuristischen, „metajuristischen" Bestandteilen, von den geschichtlichen, sozialen, politischen Beimischungen, ja ganz generell von allen Zweckgedanken reinigen. Die Rechtswissenschaft soll reines formales Denken werden, vergleichbar der Mathematik, die auch nicht nach Zweckmäßigkeit und Brauchbarkeit fragt. Es werden lediglich Sätze des Sollens aufgestellt, das Sein hat ganz aus der Betrachtung auszuscheiden. Deutlicher wird diese Lehre noch durch die gleichzeitig von ihr versuchte Aufklärung über das Wesen des Staates. Auch der Staat erscheint dabei lediglich als ein Bündel formaler Normen, als eine Erscheinung im Bereiche des Sollens statt des Seins. Darüber unten im § 26 (namentlich S. 285 f.).

Eine solche Betrachtung ist möglich und deshalb auch nicht „falsch". Als Mittel der Selbstbesinnung und der Schärfung des Geistes hat sie sogar einen gewissen Wert. Aber sie ist willkürlich und endet, gemessen an den praktischen Aufgaben, die der Jurisprudenz gestellt werden, in Gedankenspielerei.

So zwingt auch hier wieder eine wirklich philosophische Erkenntnis zur Bescheidenheit. Alle solche Gruppenbildungen bleiben immer nur ein Versuch des Menschengeistes, Herr des Lebens zu werden. Eine völlig befriedigende Lösung wird niemals gefunden werden.

Recht und Gerechtigkeit (Lehre vom Naturrecht). § 8.

I. Im bisherigen ist vom Recht und der Rechtsordnung in einem spezifischen, abgestempelten (und zwar in Richtung einer Einengung abgestempelten) Sinne gesprochen worden. Es hat dabei vorgeschwebt eine ganz bestimmte, aus einer bestimmten Zahl von Sätzen (Normen, Paragraphen) zusammengesetzte, von einem konkret gedachten Staat, also etwa dem heutigen Deutschland, formulierte und bekanntgegebene Rechtsordnung. Nun aber fragt es sich, ob darüber **eine andere höhere Rechtsordnung** denkbar ist, höher sowohl in ihrem Wert wie in ihrer funktionellen Stärke. In ihrem Wert, insofern daran die Güte der konkreten einzelnen Rechtsordnung gemessen werden könnte (sie entspreche jener höheren Rechtsordnung und sei deshalb gut, richtig; oder aber, sie entspreche ihr nicht und sei deshalb schlecht, mißglückt, verbesserungsbedürftig). Und in ihrer funktionellen Stärke, insofern sie überstaatlich, überräumlich und vielleicht auch überzeitlich, damit ewig sei (sie bleibe also unabhängig vom Untergang eines konkreten Staates, und es könne sogleich wieder die konkrete Rechtsordnung des nachfolgenden Staates an ihr gemessen werden).

II. **Diese Frage** ist die gewaltigste, die je das Denken der Juristen beschäftigt hat. Das Interesse für sie kann zeitweise nachlassen, aber ganz zur Ruhe kommen wird sie nie. Heute ist ihr aus Gründen, die im folgenden genannt werden, ein besonderes Wiederaufleben beschieden.

Bei der Suche nach einem sprachlichen Ausdruck für die übergeordnete Größe hat sich als volkstümliche Formulierung die der „Gerechtigkeit" ergeben, so daß also gefragt wird, ob ein bestimmtes „Recht" (oder ein einzelner Satz daraus) mit der „Gerechtigkeit" im Einklang steht. Die Wissenschaft bevorzugt, in Anlehnung an ältere Vorgänge, namentlich eine im 18. Jahrhundert herrschende Schule (unten § 20 VIII), den Ausdruck „Naturrecht". In diesem Sinne wird gerade heute wieder die Frage viel erörtert: Gibt es ein solches ewiges, eine höhere Ordnung darstellendes Naturrecht?

Immer wieder, bei den griechischen Philosophen wie bei den Kirchenvätern, bei den Scholastikern wie bei den Aufklärern, wird diese höhere Ordnung irgendwie mit der „Natur" verknüpft, sei es, daß Gott als oberster Lenker der Welt den Sinn für jene „Gerechtigkeit" in die Natur des Menschen hineingelegt hat, sei es, daß die Natur ohne Gott gedacht wird und als selbständige Urmutter der ewigen Prinzipien erscheint, sei es, daß der Mensch in den Mittelpunkt der Betrachtung gerückt und das „seiner Natur Angemessene" das Bestimmende ist. Man kann daher getrost auch heute noch diese mächtige Idee, die mehr als einmal in der Menschheitsgeschichte ein epochemachendes Ereignis war, mit der Bezeichnung **„Naturrecht"** belegen, wenngleich die Philosophen und auch die meisten Juristen heute von ihr abgerückt sind. Nur darf man dann das Wort Natur nicht in dem engen Sinne der Naturwissenschaften, sondern etwa im Sinne ewiger Urkraft nehmen. So würde es sich also um solche Rechtssätze handeln, die aus einer Urkraft emporsteigen und von dem Kommen und Vergehen eines einzelnen konkreten Rechts unabhängig sind. Übrigens hat sich auch für dieses einzelne konkrete Recht eine begriffliche Bezeichnung eingebürgert. Man nennt es **positives Recht**, weil es auf einer bestimmten positiven Satzung beruht, während das Naturrecht von selbst da ist und einer „Satzung" nicht bedarf. Gerade die Gegenüberstellung dieser beiden scharf geschliffenen termini technici, das ius naturale und das ius positivum, hat den Eindruck verschärft, daß hier zwei Rechtsordnungen nebeneinanderlaufen. Man hat das als **Dualismus** bezeichnet, und der Kampf für und wider das Naturrecht ist vielfach unter diesem Zeichen geführt worden.

Daß eine solche höhere Rechtsordnung gedacht werden kann, ist außer Zweifel. Jedem einzelnen Denker bleibt es unbenommen, sich in seiner Gedankenwelt eine Rechtsordnung zu konstruieren, an der er die ihn umgebende konkrete Rechtsordnung seines Staates oder auch die eines beliebigen anderen Staates mißt. Manche bezeichnen es geradezu als Aufgabe des Rechtsphilosophen (oben S. 14), ein derartiges Idealbild des „gerechten" Rechts zu entwerfen. Aber es soll doch noch mehr erreicht werden als ein rein subjektives, mit dem einzelnen Menschen vergehendes und schon vorher seiner denkerischen Laune ausgesetztes Gedankending. Man meint bei der obigen Fragestellung eine Gerechtigkeit, die erhaben ist über den einzelnen Denkprozeß, ein Naturrecht, das als Macht über das Einzelhirn gesetzt ist. Gibt es eine solche Macht?

III. **Treibende Kräfte.** Zwei sehr verschiedene Triebe drängen den Menschen immer wieder zur Aufstellung eines Gerechtigkeitsideals. Sie wirken natürlich bald stärker, bald schwächer, je nach den Zeitverhältnissen.

1. Einmal ist es eine **praktische Erkenntnis**, wobei es gleichgültig ist, ob sie wirklich klar ins Bewußtsein tritt oder nur instinktiv empfunden wird. Es ist die Erkenntnis von dem Unvermögen der einzelnen bestimmten Rechtsordnung, allen Lagen des Lebens gerecht zu werden. Die einzelne Rechtsordnung mag in Tausenden von Fällen ohne Schwierigkeit ein Ergebnis herbeiführen, das befriedigt. Dann aber kommt immer wieder ein Fall, den sie zwar entscheiden, aber nicht befriedigend entscheiden kann. Ein Fall also, wo sich Widerspruch gegen die Entscheidung regt. Die Rechtsordnung ist dann gleichsam zu Ende mit ihrem Können. Es wird nach einer anderen, besseren, höheren, nach einer „gerechten" Ordnung gesucht.

Gerade die jüngste Zeit bietet eindrucksvolle, freilich sehr nüchterne Zeichen. Nachdem bereits die sog. Freirechtsbewegung (unten § 20 X 2) das Vertrauen in die positive Rechtsordnung mächtig gelockert und sich bemüht hatte, in kühnem Schwunge zu einer höheren Ordnung zu gelangen, hat die Zerrüttung der Kriegs- und Nachkriegszeit vollends Zweifel an dem alleinigen Zureichen der positiven Gesetzgebung wachgerufen.

Das beste **Beispiel** dafür (vgl. ferner den auf ganz anderem Gebiete liegenden, gegen die Übermacht der Verbände angehenden Fall, S. 103 a. E.), das uns freilich in diesem Augenblick noch fast peinlich nahe liegt, aber allmählich in den Bereich der Historie einrücken, also zu einem geschichtlichen Beispiel werden wird, bieten die durch die **Geldentwertung** geschaffenen Verhältnisse. Da die Währungsgesetze staatlich nicht geändert wurden, hielt man jahrelang hindurch an der Formel fest: Mark gleich Mark. Danach konnte „von Rechts wegen" ein Schuldner seine nach Goldmark begründete Schuld von 1000 M. später in 1000 Papiermark zurückzahlen, obwohl die Papiermark nicht annähernd den gleichen inneren Wert (die gleiche Kaufkraft) besaß wie die Goldmark, die ihm seinerzeit vom Gläubiger ausgehändigt oder nach der sonstwie beim Geschäftsschluß gerechnet worden war. Folgende drei Haupttatbestände traten in immer grellerer Beleuchtung hervor:

a) Lieferungsgeschäfte. Es wurde etwa 1918 bei einer Automobilfabrik ein Kraftwagen bestellt und ein Preis von 20000 M. vereinbart. Die Herstellung und Lieferung zog sich hinaus, der Wagen konnte erst im April 1919 angeboten werden. Inzwischen war der Wert der Mark auf ein Drittel gesunken. Trotzdem bezahlte der Besteller nur 20000 M., während er — um dem Lieferanten ein gleiches Quantum Kaufkraft wie vereinbart darzureichen — 600000 Papiermark hätte bezahlen müssen.

b) Pachtinventarverrechnungen. Vor dem Kriege hatte z. B. die Witwe A dem Landwirt B ihr ererbtes Landgut mit Inventar auf 9 Jahre verpachtet. Bezüglich des Inventars wurde Verrechnung nach Schätzungswert verabredet. Diese früher sehr beliebte und bei ruhigem Geldstande ungefährliche Methode will besagen, daß beim Antritt der Pacht das Inventar geschätzt und beim Ende der Pacht wieder geschätzt und die dabei gefundene Differenz nach oben oder unten vom Verpächter an den Pächter, bzw. vom Pächter an den Verpächter herausbezahlt wird. Wenn nun im obigen Fall das Inventar vor dem Kriege auf 1200 M. geschätzt war, mußte sich später bei der Geldentwertung eine ungleich höhere Summe, etwa im Oktober 1922 das 800fache ergeben. In der Tat stellten sich die Pächter auf den Standpunkt, daß sie diese „Riesensumme" abzüglich der winzigen 1200 M. (in Papier!) verlangen dürften, während die Verpächter eine ganz andere Rechnung, entweder beide Posten nach Goldmark oder beide Posten nach Papiermark, beanspruchten. Es ist darüber zu einem leidenschaftlichen, auch die breitere Öffentlichkeit erfassenden Kampf gekommen.

c) Hypothekengelder. Wenn z. B. X dem Y im Jahre 1912 eine Hypothek von 10000 M. gegeben, also 10000 M. gegen hypothekarische Sicherstellung geborgt hatte und im Jahre 1923 der Y diese Schuldsumme zurückzahlen wollte, ergab sich ein ähnlicher Gegensatz. Y nämlich wollte in Papier zahlen, obwohl im August 1923 die Papiermark nur noch den millionsten, im Dezember den billionsten Teil der Goldmark wert war. X weigerte sich natürlich für sein seinerzeit hingegebenes „gutes" Goldgeld das völlig wertlos gewordene Papiergeld anzunehmen. Auch daraus erwuchs ein Kampf auf breitester Grundlage (sog. **Aufwertungsfrage**).

In allen diesen (und vielen verwandten) Fällen konzentrierte sich das letzte Denken oder Empfinden auf seiten der Betroffenen stets in der Formel: **das kann nicht gerecht sein.** Der Verpächter hielt es für schlechthin „rechtswidrig", daß er Millionen an den abziehenden Pächter herauszahlen sollte. Ebenso war der Hypothekengläubiger nicht davon zu überzeugen, daß die Rückzahlung von 10000 M. in entwertetem Papiergeld „Recht" sei. Immer breitere Kreise der öffentlichen Meinung schlossen sich dem an, es wurde nahezu einstimmige Meinung, daß der Grundsatz „Mark = Mark" zu bitterem „Unrecht" führe. Das eben ist der Schrei nach dem **anderen**, höheren, dem „gerechten" Recht. Denn unerschüttert stand in allen diesen Kämpfen das staatliche Währungsgesetz auf seinem Platze: danach mußte die Papiermark statt der Goldmark genommen werden. Der Gegensatz ist offenbar: eine konkrete, positive Rechtsordnung, die, an das Ende ihres Könnens gelangt, einer über ihr stehenden anderen Rechtsordnung, einem „Naturrecht" weichen muß.

Wie haben sich die Gerichtshöfe zu dem Problem gestellt? Sie befanden sich in einer verzweifelten Lage. Das staatliche Gesetz band sie. Durften sie es um der höheren Gerechtigkeit willen (oder negativ ausgedrückt: um das vom höheren Standpunkt aus sich ergebende Unrecht zu vermeiden) zerbrechen? Sie haben es getan. Man hat allerlei dialektische Verkleidungen dafür gesucht. Von „Naturrecht" zu sprechen, wagte man nicht. Man griff jene, in Gesetzestexten niedergelegte Formel von „Treu und Glauben" auf (vgl. S. 46), um den Zusammenhalt mit der positiven staatlichen Satzung zu retten und sich derart eben doch als „gesetzestreu" zu erweisen. Aber das war Scheinwerk und erschöpft den historischen Vorgang nicht. Dieser ist in seiner Tiefe ein außergewöhnlich starkes Beispiel für den Zusammenprall der „positiven" mit der „natürlichen" Rechtsordnung und für den Sieg der letzteren über die erste.

Selbstverständlich ist eine **Rückkehr zur positiven Satzung** möglich. Ein neues Staatsgesetz kann sich die in der öffentlichen Meinung laut gewordene Erkenntnis von der „Ungerechtigkeit" des alten Staatsgesetzes zunutze machen und sich mit neuem, „gerechtem" Inhalt an die Stelle des alten setzen. So ist es auch in dem Aufwertungsfall geschehen. Man hat eine eigene sog. Aufwertungsgesetzgebung ins Leben gerufen (Aufwertungsgesetz v. 16. Juli 1925, RGBl. I, S. 117). Das ist ein achtbarer Versuch der konkreten (positiven) Rechtsordnung, den verlorenen Boden wiederzugewinnen. Aber der Forscher darf darüber nicht den historischen Ablauf vergessen: der Augenblick war einmal da, wo aus der positiven Rechtsordnung herausgegangen und an eine höhere Rechtsordnung appelliert wurde!

2. Neben die praktische Erkenntnis vom Unvermögen der positiven Rechtsordnung tritt als zweite treibende Kraft, viel geschmäht, aber unausrottbar, die im Menschen liegende, ins Religiöse sich steigernde **Sehnsucht nach einer höher gelagerten Rechtsordnung.** Eine innere Stimme ruft dem Menschen zu, daß es neben dem irdischen Recht ein „Recht über den Sternen" geben müsse. Diese Stimme ist immer da. Sie verstummt vielleicht vorübergehend oder wird nur von Dichtern und Träumern gehört. Dann aber erhebt sie sich immer wieder, wie die Menschheitsgeschichte zeigt, zu

dröhnender Verlautbarung. Namentlich (doch nicht allein) sind es die Zeiten sozialer Spannungen, wo von den „natürlichen" Rechten der Unterdrückten gesprochen, ein Wunderland der Befreiung ausgerufen und dieses Land als ein Land der „Gerechtigkeit" gepriesen wird. Die **Revolution** erscheint damit als eigentümlich verschwistert mit dem „Naturrecht". Auch das bestätigt den Ewigkeitsgehalt der Naturrechtsidee. Denn immer wird es in dem historischen Geschehen unter den Menschen dieses Dreigestirn geben: Sehnsucht, höhere Gerechtigkeit, revolutionärer Ausbruch.

Goethe hat in dem Gespräch des Mephistopheles mit dem Schüler den Gegensatz zwischen dem krankhaft gewordenen positiven und dem „angeborenen" Urrecht mit folgenden, oft beigezogenen (doch auch in ihrem tieferen Sinn umstrittenen) Worten gekennzeichnet: „Es erben sich Gesetz' und Rechte wie eine ew'ge Krankheit fort, sie schleppen von Geschlecht sich zu Geschlechte und rücken sacht von Ort zu Ort. Vernunft wird Unsinn, Wohltat Plage. Weh' dir, daß du ein Enkel bist! Vom Rechte, das mit uns geboren ist, von dem ist leider! nie die Frage." Sein Zeitgenosse Schiller läßt in der Rütliszene Stauffacher den bekannten, ebenfalls überall gehörten Spruch tun: „Nein, eine Grenze hat Tyrannenmacht: Wenn der Gedrückte nirgends Recht kann finden, wenn unerträglich wird die Last — greift er hinauf getrosten Mutes in den Himmel und holt herunter seine ew'gen Rechte, die droben hangen unveräußerlich und unzerbrechlich, wie die Sterne selbst — der alte Urstand der Natur kehrt wieder, wo Mensch dem Menschen gegenübersteht, usw."

Beide waren aus der Aufklärungs- und Naturrechtszeit herausgewachsen, beide hatten die politische (in Frankreich sich abspielende) und die mit ihr Hand in Hand gehende geistige Revolution erlebt. Beide gedenken in ihrer Dichtung jener **allgemeinen Menschenrechte** (vgl. S. 38 a. E.), die damals die Köpfe und Gemüter so außerordentlich bewegten und nicht bloß von philosophischen Konstrukteuren, sondern von der ganzen Bevölkerung gläubig als eine ewige, von der Natur verliehene, über dem positiven Einzelgesetz stehende Rechtsmacht angesehen wurden. Daß man diese „Grundrechte" in den Verfassungsurkunden niederlegte und an diesem Brauch bis in die jüngste deutsche Reichsverfassung von 1919 festgehalten hat (unten § 26 IV d), ist bereits etwas von jener oben erwähnten Rückkehr zur positiven Satzung.

Auch die deutsche Revolution von 1918 hat sich von der Zauberformel der ewigen Rechte nicht ferngehalten. Freilich hat sie, dem nüchterneren Zeitgeist entsprechend, ihr Sehnen nicht in so schwungvolle Worte zu kleiden gewußt. Aber das „Recht auf Arbeit", das „Mitbestimmungsrecht", die „Sozialisierung" und nicht zuletzt die vielen Formeln für die „Volkssouveränität" lassen sich mit dem Kanon der Menschenrechte von 1789 durchaus in Parallele stellen. Die sehr rasch einsetzende Sucht nach „Verankerung" in der Verfassung ist wiederum ein Stück Rückkehr zum „positiven" Gesetz.

Schließlich sucht, wie die Erfahrung lehrt, jede Revolution im ganzen, nicht bloß für einzelne Rechtssätze, nach einer Legitimation. Denn sie beginnt mit einem Rechtsbruch. Wie will sie selbst Recht setzen können? Gelten ihre Gesetze? Die Menschheit fügt sich, wie die Geschichte zeigt. Man versucht das auf eine Formel zu bringen. So hat das deutsche Reichsgericht in einer berühmten Entscheidung vom 8. Juli 1920 folgende Sätze aufgestellt: „Der durch die Umwälzung geschaffenen neuen Staatsgewalt kann die staatsrechtliche Anerkennung nicht versagt werden. Die Rechtswidrigkeit ihrer Begründung steht dem nicht entgegen, weil die Rechtmäßigkeit der Begründung kein wesentliches Merkmal der Staatsgewalt ist. Der Staat kann ohne Staatsgewalt nicht bestehen. Mit der Beseitigung der alten Gewalt tritt die sich durchsetzende neue Gewalt an deren Stelle." Juristisch am wichtigsten ist dabei die Negative: Rechtmäßigkeit ist nicht nötig für Neubegründung einer Staatsgewalt. Ist also wirklich nur die Macht entscheidend? Oder steht dahinter doch wieder etwas von einer höheren, durch das Dulden der Mitmenschen anerkannten Rechtsordnung, und wenn sie auch nur auf das Urrecht des Stärkeren oder auf „naturnotwendige Entwicklungsgänge" (materialistische Geschichtsauffassung) hinausliefe? Die Revolutionäre selbst werden jedenfalls nie darauf verzichten, sich als im höheren Recht befindlich zu bezeichnen, soweit ihr Zeitalter überhaupt Sinn für „Recht" hat. Über die Erklärung (und Rechtfertigung) des Staats aus der Eroberung der Macht vgl. unten § 26 III 3, S. 287.

IV. **Bestimmende Macht.** Mit dem bloßen Dasein eines Naturrechts begnügt sich der kritisch geschärfte Menschengeist nicht. Er dringt weiter und will den Urgrund wissen, aus dem das Naturrecht stammt, er will wissen, welche letzte Macht den materiellen Inhalt des Naturrechts bestimmt. Freilich nimmt schon das bloße Aufwerfen dieser nackten, verstandesmäßigen Frage dem Ganzen viel von seiner Heiligkeit. Aber es ist wohl so, daß wir schicksalsmäßig in diese Fragestellung hineingetrieben worden sind.

a) Blicken wir nun zunächst rückwärts, so finden wir in der hinter uns liegenden Geschichte klar abgeschlossen zwei solcher bestimmenden Mächte anerkannt. Einmal **Gott**, der nach der theokratischen Idee des Mittelalters das ewige Recht in den Händen hält, es aber den Menschen in dem auf Erden eingerichteten Gottesstaat zugänglich macht. Sodann, als man im Zuge der „Aufklärung" diese Bahnen verließ, die **Vernunft**, die man sich als eine ewige, die Welt überragende, von Natur gegebene Größe dachte, woraus die besondere Naturrechtsschule des 17. und 18. Jahrhunderts erwachsen ist (unten § 20 VIII).

Die beiden Phänomene liegen nicht so weit auseinander, als es scheinen möchte und als es zeitweise dargestellt worden ist. Durch die ganze Menschheitsgeschichte zieht sich die Sehnsucht, dem letzten Grunde der „Gerechtigkeit" auf die Spur zu kommen. Dabei erscheinen Gott, Natur, Vernunft (ratio) in mannigfaltigen Verflechtungen.

Am großartigsten ist das Bild, das die **katholische Kirche** vom „Naturrecht" in einem Zeitraum von anderthalb Jahrtausenden (Höhepunkt die Scholastik des Mittelalters) gezeichnet und im wesentlichen bis heute festgehalten hat. In der Frühzeit ist sie dabei von dem weltlichen Sprachgebrauch der römischen Juristen, die auch bereits ein ius naturale hatten und ihrerseits aus den griechischen Philosophen schöpften, beeinflußt worden, während umgekehrt kirchlich gesinnte Herrscher, wie z. B. Justinian (unten § 19 II d, S. 165) es nicht unterlassen konnten, die Naturrechtslehre ihrer Gesetzbücher mit der göttlichen Vorsehung in Verbindung zu bringen (vgl. ein Beispiel im Grundriß Sachenrecht § 2 IV a 3).

Die Naturrechtslehre der katholischen Kirche läßt sich auf folgende Hauptsätze zusammenziehen. Gott hat die ganze Welt nach einem weisen Plan (einer Ordnung) eingerichtet; das ist die lex aeterna. Jedem Ding hat er seine Bestimmung mitgegeben. So auch dem Menschen (der im Gegensatz zu einigen Stellen der römischen Juristentexte von den Scholastikern immer deutlicher über die sonstige animalische Welt emporgehoben wird). Die Bestimmung des Menschen ist in dem „natürlichen Sittengesetz" niedergelegt und dieses — die lex naturalis — ist in die Seele des Menschen unveränderlich eingesenkt (Augustin: „quasi transcripta est lex naturae in animas nostras"). Zugleich hat der Mensch die Fähigkeit (habitus) mitbekommen, die regulae naturales zu erkennen, ihr „Offenzutageliegen" (das „Einleuchten von selbst") ist sogar ihr besonders oft hervorgehobenes Kennzeichen. Wenn nun der Staat oder sonst ein weltlicher Gesetzgeber von sich aus Recht erzeugt — lex temporanea sive positiva —, so hat er sich dabei nach der lex naturalis zu richten, Verstöße gegen sie machen das positive Gesetz im Gewissen unverbindlich: „Quod autem constitutio (die weltliche Satzung der Kaiser) naturali juri cedat", sagt Gratian (unten S. 172), „multiplici auctoritate probatur". Doch wird gern betont, daß Konflikte selten vorkommen. Dies hängt namentlich damit zusammen, daß sich das Naturrecht der katholischen Kirche auf einige ganz wenige und sehr allgemeine oberste Richtlinien beschränkt (Hauptformel seit über tausend Jahren: Was du nicht willst, daß dir geschehe, das tue keinem anderen; daneben wird immer wiederkehrend der Dekalog als Hauptinhalt der lex naturae verwendet). Dafür haben diese Richtlinien ewige Geltung, gerade dies zum Unterschied von der „variablen" (und auch tatsächlich sich unablässig ändernden) positiven Staatsgesetzgebung. Nur insofern kommt ein Bruch in die Vorstellung von der ewigen Geltung, als das Naturrecht vor dem Sündenfall (im Stande der paradiesischen Unschuld) und nach dem Sündenfall unterschieden wird. Letzteres muß mit der Sündhaftigkeit und ihren Folgeeigenschaften, wie Habgier, Neid usw. rechnen. Der Unterschied tritt z. B. bei der Rechtfertigung des Privateigentums hervor: Dem „primären" Naturrecht entspricht allerdings der Kommunismus; nachdem aber mit der Sünde die Habsucht erwacht ist, muß das „sekundäre" Naturrecht ein die Habsucht eindämmendes Privateigentum anerkennen.

Diese Lehren, wie sie von den Scholastikern entwickelt waren, bilden den unmittelbaren Ausgangspunkt auch für **die späteren Naturrechtstheorien.** Wodurch sich die spätere Naturrechtsschule des Grotius und seiner Nachfolger von dem Vorbild des katholischen Kirchenrechts unterscheidet, wird in anderem Zusammenhang (§ 20 VIII) dargestellt werden. Hier genügt der Hauptpunkt: Lösung des Naturrechts von seinem theologischen Mutterboden, die „Vernunft" nicht eine von Gott mitgegebene Richtschnur, sondern eine selbständige Größe.

b) Die einfachen, in ihrer Einfachheit großartigen Vorstellungen Gott und Vernunft genügen unserer heutigen, zerrissenen Zeit nicht. Man weiß, wie stark das Gottesbewußtsein in breiten Massen der Menschheit erschüttert ist. Ebenso ist die „Vernunft", namentlich durch Kant und das ihm folgende Jahrhundert, einer zersetzenden Kritik unterworfen worden. So ist für viele auch das „Naturrecht" endgültig als Trugschluß erwiesen.

Man kann das fast als herrschende Meinung der heutigen Juristen bezeichnen, wenigstens, soweit man die literarischen Auslassungen allein veranschlagt. Die Hauptsätze dieser Meinung gehen dahin:

1. Alles Recht ist geschichtlich bedingt, es entsteht und vergeht.

2. Danach kann es kein „ewiges" Recht geben, vielmehr gibt es nur ein positives Recht, und umgekehrt ist alles positive Recht Recht.

3. Die „natürlichen Bedürfnisse" (die im 17. und 18. Jahrhundert stark betont wurden) oder die „Grundsätze der Vernunft und Sittlichkeit" (wie sie sich bei den Scholastikern zeigen) können zwar Motive oder **Erklärungsgründe** für irgendwelche zu erlassenden oder schon vorhandenen Rechtssätze sein, aber der Begriff und Name des Rechts kann auf diese „ethischen Voraussetzungen" nicht angewandt werden.

4. Es ist niemand benommen, sich in ein „ewig wahres Naturrecht" einzuleben, doch ist das dann immer nur ein Postulat (Richtschnur) innerhalb der religiösen Gläubigkeit; mit der Rechtswelt hat es nichts zu tun.

c) Aber es bleibt eben doch jenes doppelte Triebwerk, die Erkenntnis der Unzulänglichkeit der lex positiva und die Sehnsucht nach Höherem. Darum wollen auch heute nicht die Stimmen verstummen, die, sei es auch **unter Verzicht auf letzte Erklärbarkeit,** eine übergeordnete „Gerechtigkeit" erheischen.

Der Gesamteindruck dieser neueren Strömungen ist überaus unsicher und mannigfaltig. Das getrennte Arbeiten der „Philosophen" und „Juristen" (S. 14) macht sich bei dieser Kardinalfrage besonders bemerkbar. Dazu kommt das Abseitsstehen der Theologie, namentlich der katholischen.

Aus dem Bereiche der philosophischen Forschung kommt vor allem die neuere **Werte-Lehre** in Frage. Danach werden über den Menschen „Werte" gestellt. Vorsichtig hat man begonnen, sie zu klassifizieren, man spricht etwa vom sittlichen Wert, vom Wahrheitswert, vom religiösen Wert, vom ästhetischen Wert. In dieses System wäre dann auch der Rechtswert, wenn man so sagen darf, einzustellen, sei es als ein Zweig des sittlichen Wertes, sei es in alle Werte hineinragend (Bruno Bauch: Der Rechtswert ist die Wertzentralisation, die Wertfügung im Gefüge der Werte), sei es ein selbständiges Wertgebiet bildend. Diese ganze Auffassung will deutlich auf etwas Metaphysisches hinaus. Ihre „Werte" sind „nicht werdende, sondern zeitlos geltende Werte", also genau so wie die Werte des alten Naturrechts. Sie rücken damit in das Reich der „Ideen" (mit ihnen die „Gerechtigkeit"), und das wird dann gleichzeitig dazu benützt, um sie für nie restlos darstellbar zu erklären, dem Menschen aber die Fähigkeit zuzusprechen, sich ihrer Darstellung wenigstens anzunähern.

Aber auch unter den Juristen scheint die Erkenntnis zu wachsen, daß die Jurisprudenz wieder eine „Weltanschauung" als Unterlage erstreben müsse, und daß diese Weltanschauung nur „metaphysisch-religiös" sein könne. Damit eröffnet sich ebenfalls der Weg zur überpositiven „Vernunftordnung" als einem Teil des juristischen Wesens. Hieran ändert es auch nichts, wenn man sich in das Gewand des Kritizismus hüllt, die „Rechtsidee" mit aller Energie als „inhaltslos", als rein formal bezeichnet, um schließlich doch diese Idee wie eine höhere, ja eine so hohe Macht hinzustellen, daß sie niemals „irdische Gestalt" annehmen könne. Auch das heißt Hingabe an die unfaßbaren obersten Gewalten.

Daneben begegnen allerdings nach wie vor Versuche, auf der Erde zu bleiben und etwas „Festeres" zu erzielen. Z. B. die „Gerechtigkeit" auf Durchschnittsmeinungen aufzubauen, etwa das als gerecht zu bezeichnen, was die „Mehrzahl der anständig denkenden Mitmenschen" gutheißen würde, oder das, was sich als mittlere Linie ergibt, wenn man die voneinander abweichenden „Beurteilungsmaßstäbe der an der betreffenden rechtlichen Frage interessierten Bevölkerungsschichten" gegeneinander abwägt (Richard Schmidt). Das sind Verlegenheitsversuche, die weder den nüchternen, alleserklärenwollenden Verstand noch die Anerkennung von etwas „Höherem" preisgeben wollen.

Man wird so zu einer Entscheidung gedrängt, ob man auf das restlose Erklärenwollen verzichten und sich bei einem für das menschliche Fassungsvermögen immer nur annähernd erreichbaren Gerechtigkeitsideal bescheiden, oder aber jede „Gläubigkeit" ausschalten, dann aber auch Naturrecht und Gerechtigkeit als bloße Selbsttäuschung fallen lassen will. Diese Entscheidung ist jedem einzelnen anheimgegeben.

Wer sich der ersteren Meinung hingibt, gelangt damit gleichzeitig erneut an die **Grenze von Recht und Sittlichkeit** (vgl. oben § 7 VI). Es ist wiederum ein Problem, das die Menschheit schon seit zwei Jahrtausenden beschäftigt, ob jene „Gerechtigkeit", nach der man sucht, mit der Sittlichkeit (Moral) zusammenfällt, oder ein Stück Rechtsordnung bildet. Angeblich hat sich schon Augustin bemüht, Recht und Moral scharf zu trennen (in ähnlichem Sinn wie oben S. 43 IV) und dabei jene lex naturae dem Recht zugeschlagen. Jedenfalls aber haben manche der späteren Naturrechtslehrer sich auf diesen Standpunkt gestellt. Heute flüchten sich umgekehrt viele, die ein „Naturrecht" nicht offen zugeben wollen, dahinter, daß jene ergänzenden Gerechtigkeitsvorstellungen („Treu und Glauben" usw.) ins Bereich der Sittlichkeit hinüberleiteten und deshalb (dort, aber nicht im eigentlichen „Recht") geduldet werden könnten. Offenbar reicht die Fassungskraft des Menschengeistes zur restlosen Lösung auch dieser Frage (die doch wohl mehr als eine bloße Frage der Terminologie ist) nicht aus.

V. **Gefährlichkeit naturrechtlicher Spekulationen.** Die positive Rechtsordnung eines Kulturstaats der heutigen Zeit pflegt äußerst verwickelt zu sein. Ihre Anwendung in der Praxis macht selbst dem geschulten Juristen oft große Schwierigkeiten. Namentlich werden an die Denkkraft sehr große Anforderungen gestellt. Es liegt nahe, diesen Schwierigkeiten mit einem raschen Appell an die „Gerechtigkeit" auszuweichen. Durch die schon mehrfach erwähnten, den Gesetzestexten selbst einverleibten Formeln von „Treu und Glauben", „guten Sitten", „angemessenen Preisen" usw. wird eine solche Lockung wesentlich verstärkt und das Ausweichen erleichtert. Darin liegt die **Gefahr einer Verweichlichung der Rechtspflege.** Diese Gefahr ist in der jüngsten Zeit (Geldentwertung, vgl. im vorhergehenden) greifbar nahe gerückt. Auf die Dauer ist es nicht erträglich, die wichtigsten Fragen des geschäftlichen Lebens nach einem unbestimmten, bei der Realisierung von Fall zu Fall wechselnden Maßstab entschieden zu sehen. Dazu tritt eine zweite Gefahr, daß nämlich die „Gerechtigkeit" oder das „Naturrecht" oder ein einzelner angeblich urrechtlicher Satz als Deckmantel benützt wird, um sehr konkrete **eigennützige Zwecke dahinter zu verbergen.** Das wird besonders deutlich, wenn bei einem Rechtsstreit *beide* Teile das Naturrecht (oder die „Gerechtigkeit" oder „Treu und Glauben") anrufen und jeder für sich versuchen, den ihnen günstigen Standpunkt daraus abzuleiten. Es ist fast eine psychologische und geschichtliche Notwendigkeit, daß, je mehr in der Gerichtspraxis oder in der politischen Arena dem Zuge nach einer Begründung aus der „Gerechtigkeit" nachgegeben wird, sich desto mehr die Fälle häufen, wo auch die beiden Prozeßparteien ihren entgegengesetzten Standpunkt hüben wie drüben gerade auf Gerechtigkeitsargumente stützen. Dadurch wird die Gerechtigkeitsidee profaniert, abgenützt, in Mißkredit gebracht. Es liegt hierin gleichzeitig die *Schwäche jeden Naturrechts* begründet.

Ein Beispiel von größtem Ausmaß, das über einen einzelnen Prozeß weit hinausgreift, bietet der *Kampf um das Eigentumsproblem*, wie er sich im 19. Jahrhundert bis in unsere Tage hinein dargestellt hat. Sowohl die Verteidiger des Privateigentums wie seine Angreifer haben sich nämlich dabei auf geistige Ausgangspunkte gestützt, denen sie absoluten, ewig-gerechten, insoweit naturrechtlichen Wert zusprachen.

Die Vertreter des unverkürzbaren („freien") Privateigentums an allen Gütern, einschließlich des Grund und Bodens und der sonstigen Produktionsmittel, konnten u. a. von einer spezifisch naturrechtlichen Idee ausgehen, nämlich von der *Vertragsfreiheit*. Sie war für das spezifische Naturrecht des 17./18. Jahrhunderts geradezu die Grundidee gewesen. Wenn nun die von Natur freien Menschen frei in der Wahl und Ausgestaltung ihrer Verträge sind, so können sie auch mittels Vertragsschlusses Privateigentum erwerben, soviel ihnen gut dünkt, und ebenso können sie Bodenschätze, die noch niemand gehört haben, kraft ihrer natürlichen Freiheit des Handelns an sich ziehen. So glaubte man das Privateigentum aus ewigen Wahrheiten heraus rechtfertigen zu können.

Dem wurde nun aber von sozialistischen Köpfen die These gegenübergestellt: nach uranfänglicher Gerechtigkeit seie „legitim" allein der Erwerb durch eigene Arbeit. Damit wurde nicht nur das Erbrecht und manche andere „positive" Rechtseinrichtung geleugnet, sondern u. a. auch der Grund und Boden als überhaupt nicht eigentumsfähig dogmatisiert, weil niemand ihn durch Arbeit geschaffen hat. — Vgl. auch oben S. 54 über die Stellung des katholischen Naturrechts zum Privateigentum.

So führt die praktische Ausnützung des Gerechtigkeitsideals (Naturrechts) immer stärker in bloße gedankliche Spekulationen hinein. Demgegenüber wird sich, wiederum mit Notwendigkeit, das Verlangen nach festen Texten, d. h. nach positiver Satzung regen. Es wäre demnach ein großer Irrtum, als könne die positive Satzung entbehrt werden. Vielmehr ergibt sich abschließend folgende dreistufige Erkenntnis:

1. Begonnen wird mit positivem Recht (konkreter Rechtsordnung, Satzung).

2. An gewissen Stellen und in gewissen Zeitpunkten versagt dieses positive Recht, und es wird an ein höher gelegenes, als Ideal nicht restlos greifbares Gerechtigkeitsrecht appelliert.

3. Sodann aber kehrt Wunsch und Gestaltung wieder zum positiven Recht zurück, das mehr oder minder glücklich und vollständig die auf der Stufe 2 gewonnenen Eindrücke in sich aufnimmt.

Im folgenden bleibt das Gerechtigkeitsideal beiseite. Die Darstellung hat sich im weiteren Fortgang auf das Recht als konkrete, historische, positive Erscheinung zu beschränken.

§ 9. Von der rechtlichen Ordnung der Lebensverhältnisse im besonderen.

I. Die **Lebensverhältnisse,** die in den Bereich der (positiven) Rechtsordnung fallen, beruhen auf einer Auswahl. Aus der Riesenmasse der Vorgänge, die von der bloßen Sitte erfaßt werden, zieht das Recht einen gewissen Bruchteil heraus, den es rechtlicher Ordnung bedürftig und wert erachtet (S. 45). Der Bruchteil ist nicht eben groß. Bei weitem das meiste der menschlichen Lebensbetätigungen bleibt außerhalb der juristischen Regelung, und diese Erkenntnis ist immerhin bedeutsam, weil sie den Juristen vor Selbstüberhebung, den Staatsmann vor übertriebener Reglementiersucht bewahrt.

Nach welchen Grundsätzen die Auswahl erfolgt, ist unmöglich begrifflich zu bestimmen. Launen des Gesetzgebers und Zeitgeschmack, plötzliches Bedürfnis und politische Zugeständnisse sind neben gesetzgeberischer Weisheit und planmäßiger Überlegung entscheidend.

So gab es früher vielfach Kleiderordnungen, die bis ins einzelne vorschrieben, welche Gewandung der Adlige, welche der Bürgersmann (und vor allem die Bürgersfrau), und welche der Bauer anlegen dürfe, ein Stück Rechtsordnung, das zweifellos aus dem damaligen Zeitgeist geboren war, während es der heutigen Zeit befremdlich erscheint. Umgekehrt ist der „soziale" Zug unserer heutigen Legislative ein echtes Kind der Gegenwart. — Justinian, der byzantinische Kaiser warf ziemlich willkürlich den überlieferten Stoff in seinem Corpus juris zusammen, nicht ohne einige persönliche Lieblingsideen besonders stark zu betonen. Dagegen ist das Preußische Allgemeine Landrecht (S. 212) nach einem klaren und geistvollen, wenn auch nicht sehr praktischen Plane angelegt. Zu solcher gesetzgeberischer Betätigung tritt dann noch das viele ungeschriebene, unmittelbar aus dem Volksleben emporblühende und deshalb in der Auswahl des zu regelnden Stoffes besonders krause Recht (Gewohnheitsrecht S. 83 ff., Autonomie S. 99, Verkehrssitten S. 104 usw.).

Um deswillen ist es auch nicht möglich, die Summe der von einer bestimmten Rechtsordnung (z. B. der heutigen deutschen) erfaßten Lebensverhältnisse in einem geschlossenen Gesamtbild einzufangen. Man kann nicht eine erschöpfende Aufzählung dahin geben: dies und dies und dies ist rechtlich erfaßt; und auch wenn man sich nach der negativen Seite wendet und aufzuzählen beginnt, was außerhalb der rechtlichen Ordnung geblieben ist, wird man nie zu Ende kommen. Der „Stoff", an dem die (positive) Rechtsordnung arbeitet, kann also allenfalls durch Kennworte angedeutet werden („geschäftliche" Lebensverhältnisse, S. 45), spottet jedoch einer wirklichen begrifflichen Umklammerung.

Zu beachten ist auch, daß die Rechtsordnung manche Lebensverhältnisse nur anschneidet, d. h. nicht erschöpfend, sondern nur halb oder andeutungsweise regelt. Das gilt z. B. vom Eheverhältnis. Die Rechtsordnung hat ihm gegenüber eine begreifliche Scheu, die Einzelheiten zu bestimmen. So hat z. B. das heutige Bürgerliche Gesetzbuch zwar die vermögensrechtlichen Beziehungen der Ehegatten sehr ausführlich, die persönlichen dagegen nur andeutungsweise geregelt (§ 1353 ff.). Daß jedoch auch in dieser Hinsicht die Zeitanschauungen wechseln können, beweist das Preußische Landrecht aus dem ausgehenden 18. Jahrhundert, wo man z. B. Sätze wie den folgenden lesen kann: „Eine gesunde Mutter ist ihr Kind selbst zu säugen verpflichtet. Wie lange sie aber dem Kinde die Brust reichen solle, hängt von der Bestimmung des Vaters ab" (ALR. II 2 § 67, 68).

II. Diesen vielgestaltigen Lebensverhältnissen tritt die **Rechtsordnung als Kraft** gegenüber. Sie hat also ein treibendes Moment in sich. Und dieses treibende Moment löst sich aus in Gestalt von **Befehlen.** Deshalb sind die entscheidenden Rechtssätze in die Form von Geboten oder Verboten gekleidet (z. B. § 556 BGB.: „Der

Vermieter ist verpflichtet, die gemietete Sache nach der Beendigung des Mietsverhältnisses zurückzugeben." § X eines beliebigen Polizeireglements: „Es ist verboten, an den Nachmittagen Teppiche zu klopfen"), oder lassen sich wenigstens unschwer auf die ihnen zugrunde liegende „Norm" zurückführen (z. B. § 211 des Strafgesetzbuchs: „Wer vorsätzlich einen Menschen tötet, wird, wenn er die Tötung mit Überlegung ausgeführt hat, wegen Mordes mit dem Tode bestraft"; Norm: Du sollst nicht töten). Daß daneben auch Rechtssätze vorkommen, die nur Bekenntnisse, Feststellungen oder ähnliches enthalten (z. B. § 1 BGB.: „Die Rechtsfähigkeit des Menschen beginnt mit der Geburt"), ändert nichts daran, daß die Rechtsordnung als Ganzes einen befehlenden Charakter hat.

Das ist am stärksten formuliert in der sog. „Imperativentheorie" und der ihr verwandten „Normentheorie". Vgl. das S. 30 genannte Werk Thons, und Binding, Die Normen und ihre Übertretung, 1. Aufl. 1872 und 1877, 2. u. 3. Aufl. 1914 bis 1919. — Über die neue Kelsensche Normentheorie, die aber von ganz anderer Seite her an das Problem herantritt, s. unten S. 285.

III. Bei der **Ausnutzung ihrer Kraft** ist die Rechtsordnung — theoretisch betrachtet — unbeschränkt. Die Rechtsordnung ist souverän. Sie kann uns sogar Sinnwidrigkeiten zumuten.

So, als die römischen Kaiser dazu übergingen, durch Gesetze ihre Göttlichkeit festlegen zu lassen, oder wie der Landvogt in Schillers Wilhelm Tell durch ein Verwaltungsreglement die Begrüßung seines Hutes vorschrieb. Im heutigen Rechtsbestande wird sich, wegen der starken Kontrolle der Rechtserzeugung im konstitutionellen oder demokratischen Staat, vielleicht auch nur, weil wir den Verhältnissen zu nahe stehen, eine unmittelbare Sinnwidrigkeit schwer nachweisen lassen. Immerhin grenzt manches daran, z. B. daß nach geltendem Recht ein Gefangener, der nach zweijähriger Abwesenheit seine Frau mit einem eben geborenen Kinde antrifft, die Frau wegen Ehebruchs ins Gefängnis bringen und seine Ehe scheiden lassen, doch aber das Kind gegen den Willen der Mutter und gegen das Verlangen des natürlichen Erzeugers und gegen die Meinung der ganzen Welt mit allen rechtlichen Einzelheiten (z. B. gegenseitigem Erbrecht) als das seinige in Anspruch nehmen darf (folgt aus § 1593 BGB.).

In der Praxis des Lebens sind jedoch solche Übertreibungen verschwindende Ausnahme. Die Rechtsordnung hütet sich, den Bogen ihrer Macht allzu stark anzuspannen, und, wenn sie auch bis zum Gipfel unumschränktester Willkür aufsteigen wollte, so würde sie doch immer wieder den Druck höherer Gewalten verspüren.

Hier ist die Stelle, wo sich die bloße Willkürordnung von der Rechtsordnung scheidet (Beispiele namentlich in revolutionären Zeiten; vgl. S. 52), freilich ohne daß eine begriffliche Grenze findbar wäre, an der das eine aufhört und das andere anfängt. Hier ist auch die Stelle, wo die **Politik** entscheidend in die Gestaltung der Rechtsverhältnisse eingreift, denn es leuchtet ein, daß im absoluten Staat der Gesetzgeber seinen Untertanen viel mehr zumuten, seine Macht also stärker anspannen kann (L'état c'est moi) als im konstitutionellen Staat oder einer sog. sozialen Volksrepublik. Hier ist ferner die Stelle, wo sich die Rechtsordnung selbst wieder unter eine höhere Ordnung beugt, sich an ihr orientiert, vor ihr zurückweicht, mag man nun diese höhere Ordnung Sittlichkeit oder Ethik oder Gerechtigkeit oder sonstwie nennen (vorstehend § 8), — eine Folge davon, daß die Rechtsordnung nur ein Teilstück unserer Kultur (S. 34), nur ein Zweiggebiet unserer Weltanschauung ist (S. 4). Hier ist schließlich der Punkt, wo das Allgemeinmenschliche sich in der Rechtsordnung offenbart; denn auch die (positive) Rechtsordnung ist nur Menschenwerk, vom Zeitgeist abhängig und allen menschlichen Schwächen untertan.

IV. Aus diesen Abhängigkeiten erklärt es sich, daß die Rechtsordnung, bewußt oder unbewußt, bald mehr, bald minder, zur Selbstbescheidung und **Anpassung** zurückkehrt und ihre Kraft in gemäßigten Grenzen hält. Im einzelnen sind dabei folgende Grundzüge erkennbar.

a) Schon bei der Auswahl der Lebensverhältnisse, die sie ihrem Regiment unterwerfen will, bescheidet sie sich (vgl. Ziff. I). Sie wird z. B. je nach den Zeitverhältnissen sehr vorsichtig sein, wieweit sie das Vereinsrecht regeln, oder wieweit sie ins Gebiet der religiösen Dinge übergreifen soll.

b) Bei der Tönung der einzelnen Rechtsgebiete (z. B. Völkerrecht) oder der einzelnen Rechtssätze (z. B. Bestrafung des Wuchers) wird der jeweils geltenden Weltanschauung (Kosmopolitismus im Gegensatz zum Nationalismus, Liberalismus im Gegensatz zum Sozialismus) Rechnung getragen.

c) Wie an die geistigen Werte, die sie rings umgeben, lehnt sich die Rechtsordnung auch an den Gesamtbestand der Wirtschaftswerte ihrer Zeit an. So wenig man im Rom der Punischen Kriege auf den Gedanken gekommen wäre, die Sklavenwirtschaft (damals Rechtsinstitut; vgl. S. 33) zu beseitigen, so wenig wird heute die Rechtsordnung gesonnen sein, die Banken oder Fabriken zu beseitigen.

d) Innerhalb des Stoffgebiets, das die Rechtsordnung zu regeln entschlossen ist, drängt sich ihr mit elementarer Gewalt der ewige Gegensatz zwischen Gesamtheit und Individuum auf. Damit muß sie sich an allen Ecken und Enden immer wieder auseinandersetzen (Beispiele: fast das ganze Strafrecht, breiteste Teile des Polizeirechts, der Kern des modernen Sozialrechts usw.). Krieg, Sozialismus und Revolution haben dabei noch in neuester Zeit mancherlei Umwertungen hervorgerufen. Ohne einen wesentlichen Rest von Schonung des Individuums wird aber niemals auszukommen sein.

Das ist z. B. gerade jetzt, wo sich die deutsche Gesetzgebung anschickt, das Arbeitsrecht zu einem eigenen Fach zu erheben und in eigenen Gesetzen zu kodifizieren (unten § 25), besonders kritisch. Hier muß Sorge getragen werden, daß nicht das Individuum ganz von den sozialen Gestaltungen (Gewerkschaften, Tarifverträge, Fürsorgeeinrichtungen, Betriebsräteorganisation) aufgesogen wird.

Im übrigen vgl. über die gegenwärtige „soziale Welle" unten § 20 X Ziff. 3.

e) Als letztes Grundelement treten der Rechtsordnung die nackten Naturgewalten entgegen. Sie muß der Wandlung aller Dinge, der „Entwicklung" opfern, denn die einzelnen Individuen, die einzelnen Güter und die beides verbindenden Verkehrsverhältnisse sind ständigem Wechsel unterworfen (Altersstufen der Menschen, S. 38; Aufzehrung der Rohstoffe während des Krieges; Entwertung des Geldes in der sog. Inflationszeit, vgl. S. 50; Einführung der Eisenbahnen und der Elektrizität, vgl. S. 5). Sie muß ferner mit der Macht des Zufalls rechnen, die in alle menschlichen Berechnungen mitten hineinbricht, wie der Todesfall (das gesamte Erbrecht entspringt daraus) oder der Kriegsausbruch (Militärrecht, Völkerrecht). Um dieser erwarteten oder unerwarteten Mächte willen sind viele Rechtsvorschriften beweglich gestellt, worüber Weiteres unter VI 1 und 2 zu vergleichen ist.

V. Die Befehle der Rechtsordnung, ob nun dabei die „Souveränität" aufs äußerste angespannt oder in gemäßigten Grenzen gehalten wird, bedürfen der **Festigung.**

a) Diese Festigung kann einmal auf die innere Überzeugung gegründet werden. Hierher gehört mancherlei.

1. Als urwüchsigstes Element zeigt sich der Glaube an die Autorität des Gesetzgebers. Dabei braucht nicht notwendig an eine Einzelperson, etwa den Monarchen, gedacht zu werden. Auch die Vorstellung von der Souveränität des Volkes kann faszinierende Kraft ausüben, die der vom Volke getragenen Rechtsordnung zugute kommt. Eine Steigerung erfährt solcher Autoritätsglaube, wenn er sich mit religiösen Ideen mischt, wenn etwa die Gottheit selbst als Verleiher der Gesetzestafeln oder der Monarch

als Stellvertreter Gottes gedacht wird (Moses auf dem Sinai, Hammurabi von Babylon empfängt das Gesetz vom Sonnengott; Papsttum; Gottesgnadentum; Ahnenkult).

Die heutigen Verhältnisse sind ein besonders interessantes Beobachtungsfeld. Die offizielle Gesetzgebung wird zumeist von sog. Parlamenten ausgeübt. (Näheres unten im § 26, insbesondere Ziff. VI c.) Mit diesen Parlamenten sind breite Teile der Bevölkerung nicht zufrieden, der Parlamentsapparat steht im Lichte grellster Kritik. Trotzdem werden die aus dieser Quelle entspringenden Gesetze, von Ausnahmen abgesehen, anstandslos hingenommen. Das hängt mit der Unfähigkeit der Masse zusammen, über ein bloßes wörtliches Tadeln hinauszugedeihen. Der Abstand zu dem „Apparat" ist so groß, seine inneren Regeln entziehen sich so sehr dem Verständnis des Durchschnittseinzelnen, daß er sich doch eben „beugt". Jedenfalls kann man daran die Macht, die in der bloßen formalen Ausübung der Gesetzgebung liegt, deutlich erkennen. Freilich birgt sich in dem Verstummen auch ein gut Stück Gewohnheit und Angeborensein (nachfolgend Ziff. 3).

2. Nüchterner und vernunftgemäßer ist die Vorstellung von den Vorteilen geordneten Rechtslebens. Auch sie ist urwüchsig (Einigkeit macht stark; römische Fabel von den Pfeilen, die einzeln zerbrechlich, als geschlossenes Bündel unüberwindlich sind). Eine geistvolle Verklärung hat sie in der Lehre vom Staatsvertrag gefunden, den die Menschen schließen, um aus dem Chaos des Egoismus, des bellum omnium contra omnes, herauszukommen (Rousseau, Du contrat social ou principes du droit politique, 1762). Im letzten Ende wurzelt sie in dem naturgegebenen Geselligkeitstrieb der Menschen (S. 33), und sie läuft hinaus auf einen Glauben an das Gute oder Nützliche im Recht (Berührung mit Ziff. 1).

3. Dazu tritt die Wucht des Beispiels und das Beharrungsvermögen. Was sich immer wiederholt, wird für gut gehalten und nach und nach fast mechanisch befolgt. Man fühlt sich beobachtet und bloßgestellt, wenn man abweicht (Druck der „Konvention"). Und selbst, wenn der Einzelne sich auflehnt und dann unterjocht wird, so wirkt das psychologisch auf die übrigen wiederum im Sinne einer inneren Festigung.

Über das Verhältnis der „Geltung" eines Rechtssatzes zu dem Widerstand, der ihm geleistet wird, vgl. § 11 VI, S. 80.

b) Wichtiger aber als die innere Festigung ist die äußere **Erzwingbarkeit**. Wenn der Schuldner nicht zahlt, kommt der Gerichtsvollzieher und pfändet.

Daran knüpft sich eine berühmte Streitfrage, ob nämlich zum „Begriff" des Rechts die Erzwingbarkeit gehört. Die Mehrzahl der Forscher verneint. Doch aber empfiehlt sich die Bejahung. Nur muß zwischen den einzelnen Rechtsfiguren und der Rechtsordnung als Ganzes unterschieden werden. Unter den einzelnen Rechtsfiguren und Rechtslagen gibt es allerdings manche, die des Zwanges ermangeln (Unklagbarkeit des Verlöbnisses, sog. naturales obligationes, praktisches Versagen der Pfändung im Leben der Bürger, praktisches Fehlen eines ausreichenden Vollstreckungsapparats in den Beziehungen der Völker). Nimmt man jedoch die Rechtsordnung als Ganzes, so tritt sie mindestens mit der Behauptung auf, erzwingbar zu sein, und ist der Idee nach auch wirklich erzwingbar. Das Versagen in Einzelfällen erklärt sich aus Selbstbeschränkung (S. 61 Ziff. IV) oder aus der allgemeinen menschlichen Unvollkommenheit (S. 61 Ziff. III a. E.). Nur eine Überspannung der Logik führt dazu, um deswillen das Zwangsmoment aus dem Begriff des Rechts zu streichen.

Interessant ist die Naturrechtslehre der katholischen Kirche. Danach war vor Eintritt der Sünde in die Welt (primäres Naturrecht; s. S. 54) kein Zwang erforderlich, nach dem Sündenfall dagegen mußte, um die bösen Begierden einzuschränken, der Zwang zum Recht hinzutreten. —

Unter Zwang ist nicht bloß die physische Gewalt zu verstehen. Es können auch seelische Druckmittel eine große Rolle spielen (öffent. Bloßstellung als Rechtsbrecher, Nachteile auf anderen Gebieten, z. B. Entziehung der Ämterfähigkeit). Wichtig für die Erfassung des Strafrechts.

Die Richtung des Zwanges geht auf Befolgung der Rechtsvorschrift. Oft aber ist es dazu zu spät. Dann richtet sich der Zwang auf Genugtuung (Strafe, unten § 29) und Entschädigung (unten S. 236 d: „unerlaubte Handlungen").

VI. **Zwingendes, nachgiebiges, bewegliches Recht.** Aus dem Bestreben der Rechtsordnung, sich anzupassen (vorstehend Ziff. IV), und insbesondere aus der Notwendigkeit, den einzelnen Individuen einen gewissen Spielraum zu lassen (ebd. d) und den natürlichen Gewalten mit ihrem bunten Wechselspiel Rechnung zu tragen (ebd. e), folgt, daß die Rechtsordnung nicht alle ihre Regeln als schlechthin unabänderlich bezeichnet. Vielmehr begegnet in weitestem Ausmaß nachgiebiges oder bewegliches Recht.

1. Das nachgiebige Recht (ius dispositivum im Gegensatz zum ius cogens) enthält eine Art Vorschlag. Der Fürsorgecharakter der Rechtsordnung steht hinter ihm. Es wird eine Vorschrift für den betreffenden Tatbestand bereitgehalten. Wenn aber die Beteiligten den Tatbestand lieber anders geregelt wissen wollen, so steht dem nichts im Wege. Die Rechtsordnung weicht dann mit ihrem Vorschlag zurück.

Diese Methode wird begreiflicherweise hauptsächlich da zur Anwendung gebracht, wo es sich um private Belange handelt, also im Privatrecht (S. 9 III). Hier ist sogar die durchaus überwiegende Mehrzahl der Vorschriften nur „dispositiv". Wenn z. B. § 276 BGB. ausspricht: „Der Schuldner hat, sofern nicht ein anderes bestimmt ist, Vorsatz und Fahrlässigkeit zu vertreten", so können die Vertragschließenden auch etwas anderes gültig vereinbaren, daß nämlich der Schuldner „ohne Gewähr" liefert und dann von der Haftung frei ist.

Viel seltener sind die nachgiebigen Regeln im öffentlichen Recht. Doch bietet sich auch hier vielfach Gelegenheit, den Beteiligten mit ihren Wünschen entgegenzukommen und eine zunächst gegebene Regel — etwa im Stile der Bewilligung einer Ausnahme — zurückzustellen. Außerdem wirken im Bereich des öffentlichen Rechts sehr stark die „beweglichen" Regeln.

2. Das „bewegliche" Recht wendet sich nicht an die beteiligten Privatpersonen, sondern an diejenige staatliche Instanz, die mit der Pflege des Rechts betraut ist, also vornehmlich an den Richter. Ihm wird bei der Anwendung des einzelnen Rechtssatzes ein Spielraum gelassen.

Dies Methode ist vorzugsweise im öffentlichen Recht zu Hause, und hier wieder namentlich im Strafrecht (Strafrahmen, unten § 29 III b 3) und im Verwaltungsrecht (Verwaltungsermessen, unten § 27 III). Aber auch das Bürgerliche Recht hat viele dehnbare Begriffe, die den „beweglichen" Rechtsvorschriften sehr nahe kommen. Daß je nach stärkerer oder schwächerer Betonung dieser Bewegungsmöglichkeit auch die Stellung des Richters in verschiedenem Lichte erscheint, liegt nahe. Vgl. dazu § 43.

Mitunter schwankt die Rechtsordnung, ob sie eine festbegrenzte oder eine bewegliche Regel geben soll. So z. B. bei der Bestimmung des Wuchers, dem man entweder mit festen Zinsmaxima (so die ältere Gesetzgebung) oder mit einer beweglichen Formel („Ausbeutung der Notlage, des Leichtsinns oder der Unerfahrenheit", so heute § 138 BGB. und § 302 a StrGB.) beikommen kann.

3. Das zwingende Recht (ius cogens) bildet den Gegensatz zum dispositiven Recht. Dabei hat „Zwang" eine andere Bedeutung wie vorstehend unter V. Es ist nicht an den allgemeinen Zwang gedacht, der hinter der ganzen Rechtsordnung steht und der bei der Vollstreckung endet, sondern nur daran, ob die Parteien (die Privatpersonen) unter sich einen Fall anders regeln können, als der Gesetzgeber vorgeschlagen hat. Und gerade das wird nun beim ius cogens (im Gegensatz zu 1) verneint.

Der oben unter 1 zitierte § 276 BGB. beginnt, wie gezeigt, mit einer dispositiven Vorschrift. Wenn er dann jedoch fortfährt: „Die Haftung wegen Vorsatzes kann dem Schuldner nicht im voraus erlassen werden", so ist das ein Stück zwingenden Rechts, d. h. eine dem entgegenstehende Partei-Disposition würde schlechthin ungültig sein: trotz befreiender Klausel bleibt der Schuldner für Vorsatz haftbar. —

Im Privatrecht bildet das zwingende Recht die seltene Ausnahme (weiteres berühmtes Beispiel die sozialen Schutzbestimmungen der §§ 617 und 618 BGB.; ihr zwingender Charakter ergibt sich aus § 619). Im öffentlichen Recht ist dagegen das ius cogens eher die Regel, namentlich im Verfassungsrecht.

Kapitel 2.

Entstehung der Rechtsordnung.

§ 10. Überblick.

I. Von den inneren Wurzeln des Rechts ist schon im Vorangegangenen gesprochen worden. Wir sahen dort, wie aus dem Geselligkeitsbetrieb der Menschen, aus ihrem Ordnungssinn, aus bewußter Tat und anderen Seelenkräften die Rechtsordnung emporsteigt. Sie erschien uns da als ein geschlossenes Ganzes, und bisweilen war es, als wehe ein Hauch von Persönlichkeit und Eigenleben durch ihr Gefüge.

Es gilt nunmehr, in wesentlich nüchternerer Form der Frage auf den Leib zu rücken, wie eine bestimmte Rechtsordnung zustande kommt. Die äußeren Gewalten und die Arbeitsmethode, der praktische Wert der Arbeit und die Beständigkeit des einmal Geschaffenen sollen hier untersucht werden.

Bei solcher Betrachtungsweise erlebt man sogleich eine wesentliche Überraschung. Die Personifikation muß fallen, überhaupt kann nicht mehr mit der Rechtsordnung als einem fertigen, geschlossenen Ganzen operiert werden. Vielmehr muß, wer der Entstehung der Rechtsordnung in dieser mehr praktischen Richtung nachgehen will, die Entstehung der einzelnen Sätze beobachten.

Freilich entspricht es einer naiven Vorstellung mehr, die Rechtsordnung sich als ein einmaliges Geschenk der Götter oder des Königs oder der Revolution oder sonstiger Gewalten zu denken (vgl. bereits S. 62 V a 1). Und in der Geschichte ist das weidlich ausgenutzt worden. Immer wieder bemächtigte sich die Legende dieses Stoffes und stellte es den Nachfahren so hin, als sei in einem einzigen denkwürdigen Augenblick das ganze Gesetz geschaffen worden. Das meistbesprochene Beispiel ist die Entstehung der römischen Zwölftafeln; ihre Geschichte ist mit allerlei Sagenstoff umkleidet worden, der aber neuerer kritischer Forschung deutscher, französischer, italienischer Gelehrter nicht standgehalten hat. (Näheres S. 158 Ziff. 2.) Allerdings kann hier und da einmal ein besonders tatkräftiger Kopf durch persönliches Eingreifen die Rechtsordnung um einen mächtigen Ruck vorwärts schieben (Friedrich Wilhelm I. von Preußen diktiert im Jagdschloß Schönebeck, Ende 1722, sein grundlegendes Verwaltungsreglement). Aber das sind Ausnahmen, und wenn man näher zusieht, schöpft auch ein solcher Geist das meiste von den Einzelheiten aus der schon vorhandenen Rechtswelt.

Legt man derartig das (zurzeit gerade geltende) Rechtsganze auseinander und verfolgt die einzelnen Regeln in ihr Werden hinein, so erlebt man eine zweite Überraschung, daß nämlich diese einzelnen Sätze eine ganz verschiedene Geschichte haben. Die einen sind uralt, die anderen noch recht jung, die einen verdanken einer Laune, einem Willkürakt, einer „Willensentscheidung" (vgl. S. 35) ihr Dasein, die anderen haben sich organisch, wie die Blüte aus dem Stengel, von den Volkssitten abgelöst. Zunächst erweckt das Staunen über die unsägliche, von Jahrhunderten getragene Kleinarbeit, die nötig war, um eine bestimmte, abgerundete Rechtsordnung wie etwa das heutige deutsche Bürgerliche Gesetzbuch oder die heutige deutsche Reichsverfassung zusammenzubringen. Dann aber dringt der Geist weiter und will wissen, wer wieder diese Kleinarbeit geleistet hat?

II. Wer war, wer ist berufen, die Bausteine zu dem Riesenbau einer Rechtsordnung zusammenzutragen? Das ganze Volk? Auch die Weiber, auch die Kinder? Sogleich enthüllt sich vor dem Auge des Forschers die Erkenntnis von der verschiedenen Begabung für die juristischen Dinge. Schon die Völker weichen darin voneinander ab (vgl. S. 2 über die Römer). Mehr noch tritt innerhalb der Bevölkerungsmasse der Unterschied hervor. Einzelne Köpfe heben sich heraus, gleichsam als Verweser der Rechtsordnung (S. 13). Ein Schritt weiter, und man stellt sie eigens an für diese Zwecke. Richter, Verwaltungsbeamte, Könige, Parlamentarier sind berufen, der Rechtserzeugung viel näher zu treten als der Durchschnittsbürger.

Das lehrt uns, daß jedenfalls keine Gleichheit in dem Mitarbeiten herrscht (Max Weber spricht von Rechtspropheten und Rechtshonoratioren), und es tritt uns damit zum erstenmal ein politisches Moment entgegen. Der Majoritätsgedanke wird wach; ob man ihn nun quantitativ nach der Kopfzahl oder qualitativ nach der stärkeren Neigung und größeren Begabung ausfüllt, jedenfalls zeigt sich ein Überlegensein der einen über die anderen.

Daraus entwickelt sich, in Verbindung mit dem Ordnungstrieb (vgl. S. 34, Ziff. III), das Bedürfnis, den rechtlichen Dingen eine **Verfassung** unterzulegen, d. h. eine Satzung, die diejenigen Kräfte eigens namhaft macht, die bei der Entstehung und Weiterbildung des Rechts eine entscheidende Rolle spielen sollen. So entstehen dann Sätze wie der folgende: „Die Gesetzesvorlagen werden von der Reichsregierung oder aus der Mitte des Reichstags eingebracht. Die Reichsgesetze werden vom Reichstag beschlossen"

(Art. 68 der heutigen deutschen Verfassung). In der Tat ruht jede einzelne der Tausende fest formulierter Rechtsregeln irgendwie auf einer solchen Verfassungsbasis.

Näheres über die „Verfassung" als Grundlage des Lebens im Staate und damit als Basis für die geordnete Rechtserzeugung (Gesetzgebung) unten § 26 IV d, S. 294.

Aber, fragen wir unwillkürlich weiter, wer hat wiederum die Verfassung gemacht? Diese ist selbst wieder ein Stück Rechtsordnung, und wer berufen war, sie ins Leben zu setzen, müßte doch auch wieder durch eine Verfassung dazu berufen sein. Das ist auch richtig. Aber je weiter man den Gedanken in die Geschichte hinein verfolgt, desto mehr verliert er an Klarheit und Greifbarkeit. Immer, bei welchem Volk, bei welchem einzelnen Rechtssatz es auch sei, gelangt man an einen Punkt, wo kein festgeformter Text mehr da ist, sondern nur ein Stück „ungeschriebener" Verfassung. Und an der gleichen Stelle und im gleichen Augenblick tritt der „berufene" Einzelgesetzgeber wieder hinter der breiten Masse des ganzen Volkes zurück.

III. Dies aber ist nur ein Beispiel, freilich das tiefste, für einen allgemeinen bedeutenden Gegensatz zwischen dem formulierten und dem ungeschriebenen, dem **Gesetzesrecht** (§ 11) und dem **Gewohnheitsrecht** (§ 12). Diese beiden Arten sind nicht etwa ausschließlich als Entwicklungsstufen zu denken, so daß zuerst das ungeschriebene Gewohnheitsrecht käme, dann vom Gesetzesrecht abgelöst würde und im gleichen Augenblick verschwände. Das trifft bei der großen Masse der „gesetzten" Regeln zu, sie sind aus älterem Gewohnheitsrecht herausgewachsen. Aber außerdem geht ständig bei allen Völkern und zu allen Zeiten neben den Gesetzen ein erstaunlich großer Vorrat solcher Rechtsregeln einher, die eben der Einkleidung in das gesetzliche Gewand entbehren, trotzdem aber genau so lebendig sind und ebenso sorgfältig beachtet werden wie das gesetzte Recht. Z. B. ist heute der geradezu elementare Satz, daß der, dessen Recht verletzt worden ist, vor den Gerichten klagen könne, nirgends in den Gesetzen ausgesprochen. Kein Mensch aber zweifelt an seiner Gültigkeit.

IV. Scheinbar stehen sich die beiden Gebilde unvereinbar gegenüber. In Wahrheit besteht eine bedeutende **Wechselwirkung.**

So ist es in der Geschichte mehrfach vorgekommen, daß die Aufzeichnungen eines Privatmannes von den Gerichten zunächst nur hilfsweise benutzt wurden, dann immer mehr Autorität bekamen und schließlich durch Gewohnheit auf die Stufe von Gesetzen gerückt sind. Das berühmteste Beispiel ist der deutsche Sachsenspiegel aus der ersten Hälfte des 13. Jahrhunderts (§ 18 III a, S. 146). Aber auch von den römischen XII Tafeln wird ähnliches behauptet (S. 158 Ziff. 2), und in gewisser Weise trifft es auch auf den Koran zu, der in seinen ursprünglichen Bestandteilen auf (Privat-?) Aufzeichnungen Mohammeds zurückgeht. Andererseits ist es auch, vorgekommen, daß schon eine fertige Gesetzessammlung, also keine Privatstudie, am Anfang steht, die dann nach und nach in einem anderen Lande bekannt, geschätzt und befolgt wird, bis sie dort gewohnheitsrechtlich wirkliche Geltungskraft erlangt. Das gewaltigste Beispiel dieser Art ist die gewohnheitsrechtliche Einbürgerung des römischen corpus iuris in Deutschland (§ 19 V, S. 174). Hier also trägt das Gewohnheitsrecht ein schon vorher vorhandenes Gesetzesrecht auf seinen Schultern weiter.

Es findet aber noch eine ganz andere, viel bedeutsamere Berührung statt, die wieder auf die Einzelregeln zurückführt. Es verflüchtigen sich nämlich beide Gebilde, das Gesetzesrecht wie das Gewohnheitsrecht, sobald man ihre Grenzen begrifflich festzulegen trachtet. Das Gesetz sinkt, wenn wir es von den obersten, unzweifelhaft zur Gesetzgebung berufenen Faktoren (etwa im alten Reich dem Bundesrat, dem Reichstag, dem Kaiser) bis zu den Verordnungen eines Landrats, einer städtischen Polizeibehörde, eines Gemeindevorstandes verfolgen, zur bloßen Verwaltungsmaßregel herab (vgl. auch unten S. 107 Ziff. 1: Gerichtsgebrauch). Ebenso verflüchtigt sich das Gewohnheitsrecht in den Bereich der bloßen Verkehrssitte (unten S. 104 Ziff. 5). Beide münden also bei der **Praxis** ein, bei der Praxis der Landräte und Richter, der Kaufmänner und Bürgersleute, der Wirtschaftsverbände und der Diplomaten. Aus dieser Praxis heraus füllen sich erst die Begriffe des Gesetzes- wie des Gewohnheitsrechts, und es ist bei der einzelnen Erscheinung solcher Praxis keineswegs von vornherein sicher, ob sie einmal zum Gesetzesrecht oder zum Gewohnheitsrecht werden wird. Darüber wird näheres im § 13 zu sagen sein.

V. Dieses Ursprüngliche haftet dann auch den fertigen Gebilden noch an, insbesondere auch dem formulierten, dem „gesetzten" Recht. Denn die Gesetze wimmeln von dehnbaren Worten, halb durchgedachten und deshalb nur unbestimmt ausgesprochenen Gedanken, von bewußten oder unbewußten **Lücken**. Dann immer muß auf die Praxis, auf die Gewohnheit, auf die Verkehrssitten zurückgegriffen werden, und es wird kein Sterblicher mit zwingender Sicherheit sagen können, wo der geistige Eigengehalt des Gesetzes zu Ende ist und wo das Gewohnheitliche als Lückenbüßer einsetzt.

Man wird daher, wenn man die große Masse der einzelnen Rechtsregeln, wie sie im Leben gehandhabt werden, auf ihren Werdegang prüft, zu einer Dreiteilung geführt: die einen sind bis zu einer wörtlichen Formulierung im Gesetzestext vorgedrungen, die anderen leben als gefestigtes Gewohnheitsrecht und die letzten führen das unbestimmteste Dasein, indem sie zwar von der Praxis gehandhabt, aber in ihrer rechtlichen Allgemeingültigkeit doch möglicherweise noch angezweifelt werden.

§ 11. Gesetzesrecht.

Vorbemerkung: Die juristische Terminologie unterscheidet heute **„Gesetz im materiellen Sinne" und „Gesetz im formellen Sinne"**. In den vorhergehenden Abschnitten dieses Buches ist „Gesetz" und „Recht" gelegentlich gleichgesetzt worden; das will besagen, daß alles, was überhaupt Rechtscharakter hat, z. B. auch eine Regel des Gewohnheitsrechts (nachfolgend § 12) oder der anerkannten Praxis (§ 13), unter das Wort „Gesetz" gestellt wird. Dem entspricht es auch, wenn z. B. in der allgemeinen Verkehrssprache gesagt wird, ein Fürst habe sich zeitlebens an die Gesetze gehalten, Gesetzmäßigkeit sei unerläßlich für ein geordnetes staatliches Leben, dieser oder jener Verbrecher verhöhne die Gesetze. Hier wird überall an den Stoff, die Materie gedacht, und darum nennt man das „Gesetz im materiellen Sinne". — Nun gibt es aber genügenden Anlaß, das Wort auch in einem formalen Sinne zu gebrauchen. Dann meint man mit „Gesetz" nur das, was in den Bahnen der verfassungsmäßig vorgeschriebenen Gesetzgebung, also unter Benutzung des parlamentarischen Apparats usw. zustande gekommen ist, so daß z. B. die gewohnheitsrechtlich eingebürgerten Rechtssätze ausscheiden. Umgekehrt kommt es bei diesem Gesetz im „formellen" Sinne auf den behandelten Stoff nicht mehr an, so daß z. B. auch die Bewilligung des Etats (die stofflich mit Rechtsetzung nichts zu tun hat) als Gesetz in diesem Sinne gilt, weil für sie in den Verfassungen der formale Apparat der Parlamentsmethode vorgeschrieben ist; z. B. Art. 85 Abs. II der Reichsverfassung: „Der Haushaltsplan wird vor Beginn des Rechnungsjahrs durch ein Gesetz festgestellt". — Im folgenden, wo gerade der Gegensatz zum Gewohnheitsrecht eine Rolle spielt, tritt die letztere Bedeutung (Gesetz im formellen Sinne) in den Vordergrund.

I. **Wesen und Wert.** Das Gesetzesrecht entspringt dem Bedürfnis, an Stelle bloßer unkontrollierbarer Bräuche und Gewohnheiten einen festen Text zu setzen. Dieses Bedürfnis hat urwüchsigen Charakter. Schon bei den Schulknaben können wir die Neigung beobachten, gewisse Verabredungen schriftlich aufzusetzen und vielleicht gar in Paragraphenform zu ordnen. Noch viel lebendiger zeigt sich das bei den tausenderlei Vereinsgründungen, die meistens mit bloßer Üblichkeit („Usus") beginnen, dann aber sich mehr und mehr einer „gesetzten" Ordnung (Statuten) zukehren. Seinen Höhepunkt aber erreicht das Streben nach textlicher Festlegung da, wo die politischen Gegensätze, einschließlich der wirtschaftlichen, aufeinanderstoßen. Hier geht es hart auf hart. Ein einziges Wort kann entscheidend sein. Darum eben will man Worte, Texte, die man sehen und gegen den Widersacher ausspielen kann. Der bloße Brauch ist zu verschwommen und wird nur zu leicht von dem Stärkeren beiseite geschoben oder umgedeutet.

Die Geschichte bietet mancherlei Beispiele. So viel neuerdings die Überlieferung von den römischen XII Tafeln angezweifelt worden ist, das eine scheint jedenfalls sicher, daß sie aus einem ständischen Kampf der Unterschicht gegen die Oberschicht (Plebejer gegen Patrizier) hervorgegangen sind, und daß dabei das Verlangen, überhaupt einen festen, öffentlich anerkannten Text zu haben, mindestens ebenso wichtig war wie der Gehalt der einzelnen Textstücke (unten S. 158). Auch jener schon mehrfach erwähnten (vgl. auch die folgende Ziffer) Rezeption der römischen Rechtsbücher in Deutschland während des Mittelalters kam das Bedürfnis, feste Texte zu haben, mächtig zustatten, weil in den deutschen Landen selbst solche Texte fehlten. Vor allem aber spricht die Geschichte aller Kriege, dieser furchtbarsten aller menschlichen Auseinandersetzungen, eine eherne Sprache. Denn immer wieder, und gerade auch heute, steigt aus dem Urgrund der Menschenseelen das Verlangen auf, den Gegensatz schließlich durch einen festtextierten Friedensvertrag zu bannen. — Bei allen diesen Bestrebungen aber, bei der Vereinsgründung wie beim Friedenspakt, spielt von vornherein ein starkes juristisches Empfinden mit. Man will nicht bloß Worte wechseln und Dokumente austauschen, sondern will unter Rechtsdruck treten (vgl. S. 33). Das eben führt zum Gesetz und deckt auf, daß der Trieb zur Gesetzgebung wirklich elementar ist.

Stabilität bildet demnach das entscheidende Charakteristikum des Gesetzesrechts. Diese Stabilität hat Vorzüge. Sie gibt Klarheit, man weiß, womit man zu rechnen hat. Sie bindet alle Unterworfenen, auch wenn sie an sich mächtiger sind. Sie bindet auch den Richter und schafft damit ein Bollwerk gegen richterliche Willkür. Darum kann unter dem Schutz der Gesetze der Staatsbürger sein Haupt ruhiger niederlegen, als wenn die Gesetze fehlten. Aber die Stabilität hat auch ihre Nachteile. Sie macht unbeweglich, führt zur Erstarrung, und dann gilt in ganz besonderem Sinne (vgl. S. 52) das Goethewort: Es erben sich Gesetz und Rechte wie eine ewige Krankheit fort. Gesetze sind daher, zumal sie in der Hauptsache nach der Vergangenheit orientiert sind (Ziff. II), immer rückständig. Zwar gibt es Mittel, dem Wandel der Zeiten durch elastische Bestimmungen Rechnung zu tragen (S. 64 Ziff. VI), aber im gleichen Maße verliert dann das Gesetz seine Stabilität und damit sein entscheidendes Charakteristikum.

II. **Entnahme des Stoffes.** Ihren Stoff schöpft die Gesetzgebung vorzugsweise aus den bereits herausgebildeten Gewohnheiten

(Beispiel: das deutsche Verlagsgesetz vom 19. Juni 1901, das sehr stark auf der Praxis beruht, die sich allmählich im Verkehr zwischen Schriftstellern und Verlagsbuchhändlern herausgebildet hatte). Weiter kommen als Vorbilder frühere Gesetze und Entwürfe in Frage. Auch wissenschaftliche Arbeiten, berühmte Lehrbücher oder dergleichen, sind schon mehrfach als Unterlage benutzt worden. Und hinter dem allen steht, unsichtbar und doch von urwüchsiger Bedeutung, die rechtsgestaltende Kraft der beteiligten Bevölkerungskreise (unten § 13 II) und jenes unbestimmte Gerechtigkeitsideal, das namentlich dann ins Gewicht fällt, wenn ein schlechtes altes Gesetz durch ein besseres ersetzt werden soll (vgl. S. 58 Ziff. 1—3).

Die sog. Vorkommission, die 1874 eingesetzt wurde, um über Plan und Methode des zu schaffenden deutschen Bürgerlichen Gesetzbuchs zu beraten, gab ihr Gutachten dahin ab, es solle das Werk „unter Berücksichtigung der geltenden Gesetzbücher und der von den Einzelstaaten, sowie im Auftrage des ehemaligen deutschen Bundes über einzelne Rechtsteile ausgearbeiteten Gesetzentwürfe das den Gesamtzuständen des deutschen Reichs entsprechende bürgerliche Recht kodifizierend zusammenfassen."

Berühmte Lehrbücher, die auf Kodifikationen ausgeprägten Einfluß gehabt haben: Windscheids Pandekten beim deutschen, Lauterbachs Collegium theoretico-practicum beim österreichischen bürgerlichen Gesetzbuch, die Institutionen des Gaius beim Corpus iuris. Ablehnung der Lehrbuchunterlage, statt dessen das Naturrecht als Richtschnur z. B. in dem berühmten Handschreiben Maria Theresias vom 4. August 1772, worin sie die Umgestaltung des ihr vorgelegten ersten Entwurfs des Codex Theresianus (S. 213 c) nach folgenden Grundsätzen anbefahl: „1. Solle das Gesetz und Lehrbuch nicht miteinander vermenget, mithin alles Jenes, was nicht in den Mund des Gesetzgebers, sondern ad cathedram gehöret, als Definitionen, Divisionen und dergleichen aus dem Codice ausgelassen werden . . . 4. In den Gesetzen selbst solle sich nicht an die römischen Rechte gebunden, sondern überall die natürliche Billigkeit zum Grunde gelegt werden."

Mitunter übernimmt auch ein Gemeinwesen kurzerhand die Gesetze eines anderen Gemeinwesens (**Rezeption**, Bewidmung).

Von der Aufnahme der römischen Gesetze in Deutschland wurde schon gesprochen. Gleichzeitig kam übrigens auch das Corpus iuris canonici der Päpste über die Alpen (§ 19 IV). Ungefähr in derselben Zeit gaben umgekehrt deutsche Landschaften und Städte ihr Recht nach benachbarten Landstrichen, bis nach Ungarn und Polen hinein, ab (vgl. S. 147). Später hat namentlich der Code civil Napoleons (S. 213) bedeutende Erfolge in dieser Richtung gehabt. In jüngster Zeit hat die Türkei das schweizerische Zivilgesetzbuch von 1907 übernommen. In kleinerem Umfang erfolgen solche Rezeptionen sogar unablässig (z. B. landesrechtliche Ausführungsgesetze, kommunale Bauordnungen, Tarifverträge).

Gegenüber solchen Erscheinungen ist die *eigene Neuschöpfung* durch den Gesetzgeber verhältnismäßig gering (Beispiele: einzelne neue Deliktstatbestände in den Strafgesetzbüchern, manche Stücke der Organisation des Reiches in der deutschen Reichsverfassung, viele Figuren der deutschen Sozialversicherung). In der Hauptsache also beschränkt sich die Tätigkeit des Gesetzgebers auf die Auswahl des zu Regelnden (S. 58 I) und auf die Veredelung des vorgefundenen Rohstoffes (Fortsetzung unten § 21 I).

III. An diesem Punkte setzt dann die **Gesetzgebungspolitik** ein. Sie ist zurzeit in Deutschland vollkommen vernachlässigt. Insbesondere fehlt es fast ganz an ihrer wissenschaftlichen Erfassung. Man treibt Gelegenheitswerk, ohne sich über die allgemeinen Züge der Gesetzgebungskunst Rechenschaft abzulegen. Gewiß wird auch hier die „Intuition", d. h. die geniale Begabung einzelner Gesetzgeber das Höchste darstellen; es ist eine eindrucksvolle Tatsache, daß mehr als einmal in der Weltgeschichte die großen Eroberer und Staatenlenker zugleich auch die Gesetzgebung mächtig beflügelt haben (Hammurabi, Augustus, Napoleon); hier ist es, wo der Staatsmann und der Gesetzgeber zusammenfallen. Aber zur Ergänzung und zur Aushilfe in Zeiten, wo es an Staatsmännern gebricht, könnte eine planmäßig geschulte Gesetzgebungspolitik gute Dienste leisten. Es wären dabei etwa folgende Fragen zu beachten:

1. Für wen geben wir die Gesetze oder ein bestimmtes einzelnes Gesetz? Zuschnitt auf bestimmte Normaltypen der Bevölkerung (auf den freien Vollbürger in Rom, auf die drei Stände im Preußischen Landrecht von 1794, angeblich auf die „besitzenden Volksklassen" im deutschen BGB., umgekehrt auf die „werktätige Bevölkerung" in Sowjet-Rußland). Gefahr der Tendenzgesetze (Jesuitengesetz, Sozialistengesetz). Verbot der „Ausnahmegesetze" in den Verfassungsurkunden.

2. Welcher sachliche Zweck soll mit dem Gesetz erreicht werden? Festigung des Vorhandenen (konservativer Zug sehr ausgeprägt) oder Eröffnung freier Bahn für neue Bestrebungen (Liberalismus, zeitweise bedeutsam, im allgemeinen aber Ausnahme) usw.

3. Welche Wirkung verspricht man sich von dem geplanten Gesetz? Psychologie der Gesetzgebung. Erzieherische Aufgabe des Gesetzgebers. Wieviel darf dem Untertan zugemutet werden, sowohl in intellektueller Beziehung (Verständlichkeit des Gesetzes), wie in politischer Beziehung (Auferlegung von Lasten, „Entrechtung", umgekehrt Gewährung neuer Rechte an daran noch nicht Gewöhnte usw. Berührung mit 2)? Weise Abwägung zwischen zwingendem und nachgiebigem Recht (S. 64 VI).

4. Wie wird die Verwirklichung gesichert? Ausnützung aller (S. 62 Ziffer V) erwähnten Mittel der Festigung in vorsichtiger Abstufung. Vermeidung von Extremen (Politik der „mittleren Linie", meist unvermeidbar). Sorge für Ausführungsorgane, insbesondere Pflege des Richterstandes. Über Nachprüfung der Gültigkeit eines Gesetzes durch den Richter unten S. 82 Ziff. 4.

5. Rücksichtnahme auf konkurrierende Gewalten. Fast immer muß der Gesetzgeber damit rechnen, daß andere Gesetzgeber neben ihm

stehen, sei es jenseits der politischen Grenzen (Nachbarstaaten), sei es innerhalb der eigenen Grenzen (z. B. Gegensatz zwischen Reichsgesetzgebung und Landesgesetzgebung, ein für Deutschland besonders wichtiges und ergiebiges Kapitel, wozu unten § 26 VI b S. 303 verglichen werden kann), sei es die Grenzen überschneidend (Gegensatz zwischen staatlicher und kirchlicher Gesetzgebung, § 30 III). Hier hat sich stellenweise eine durchgedachte Systematik ausgebildet, namentlich in dem sog. Internationalen Privatrecht (vgl. unten § 22 Ziff. XI, S. 248). Doch fehlt es auch hier an zusammenfassender Betrachtung.

6. Sparsame Handhabung der gesetzlichen Möglichkeit. Die Lockung, eine einmal geschaffene Gesetzgebungsmaschinerie schrankenlos laufen zu lassen, ist groß. Der weise Gesetzgeber beschränkt sich. Doch steht jeder Gesetzgeber unter dem Zeitgeist, der gesetzesabgeneigt oder gesetzeshungrig oder gesetzesgleichgültig sein kann. Augenblicklich bei uns in Deutschland ausgeprägte und viel getadelte „Gesetzmacherei". Doch ist gerade in jüngster Zeit (Winter 1923/24) durch kraftvolles Zugreifen im Zuge der Ermächtigungsgesetzgebung Hervorragendes geleistet worden vgl. unten § 21 V a, S. 223). — Wichtig auch als Erscheinung der Gesetzgebungspolitik die sog. Delegation (Weitergabe der Gesetzgebungsmacht an untergeordnete Stellen; vgl. nachfolgend IV 6).

IV. Die **Gesetzgebungstechnik** ist mit der Gesetzgebungspolitik nahe verwandt. Sie trifft die formale Seite, die sprachlich-technische Formung des Gesetzes. Gleich der Gesetzgebungspolitik ist sie wissenschaftlich nur wenig behandelt. Sie hat sich hauptsächlich mit folgenden Problemen zu befassen:

1. Abgrenzung des Arbeitsfeldes.

Die Gesetzgebung kann bei der heutigen Vielseitigkeit und Zerrissenheit des Stoffes nicht das „Recht" schlechthin mit einem einzigen Griff erfassen. Sie muß sich auf stückweises Arbeiten beschränken (vgl. unten § 21 II a). Dabei ist es schwierig und wichtig, die richtigen Grenzen zu finden. Beispiel aus unserer Gegenwart: Erfassung und Abgrenzung des „Arbeitsrechts" als selbständiges Stück der Gesetzgebung (unten § 25).

2. Stoffsammlung.

Über die materielle Seite der Stoffgewinnung ist bereits gesprochen (S. 71 II). Für eine, nur die vorhandenen Zustände sammelnde und ordnende Tätigkeit, wie sie z. B. von der erwähnten Vorkommission des Bürgerlichen Gesetzbuchs in Aussicht genommen war, hat sich der Fachausdruck Kodifikation (codicem facere, nämlich aus dem vorgefundenen Rechtsstoff) eingebürgert. Eine sehr wichtige Frage ist die der Veränderung (Anpassung, Verbesserung) des in das Gesetzbuch aufzunehmenden Stoffes und der Kenntlichmachung solcher Veränderungen. Unterbleibt solche Kenntlichmachung (wie bei den sog. Interpolationen im Corpus iuris Justinians, unten 170), so kann das vom Standpunkt strengen historischen Forschens wie eine Fälschung wirken. Heute pflegen die „Motive" (nachfolgend Ziff. 6) über die Stoffentnahme Auskunft zu geben.

3. Stoffdurcharbeitung.

Sie wird in den verschiedenen Zeitaltern sehr verschieden gehandhabt. Heute durchaus vorherrschend das System der Entwürfe:

man macht gleichsam Querschnitte durch die Arbeit, stellt zunächst einen Entwurf heraus, um einen (ersten) Gesamteindruck zu bekommen, pflanzt einen zweiten, nötigenfalls dritten festformulierten Entwurf darüber, läßt in einem geeigneten Stadium die „öffentliche Kritik" zu und kommt so endlich zur letzten Fassung. Das erfordert Zeit; in der Tat ist heute die Zeitdauer, die ein größeres Gesetz bis zum endgültigen Zustandekommen braucht, erstaunlich, oft mehrere Jahrzehnte. — Sehr wichtig natürlich die Frage der „Mitarbeiter" (darüber unten Ziff. V 4, S. 78). Eine große Rolle spielt heute ferner die Methode der „Kommissionen" (Ausschüsse). In ihrer Vielköpfigkeit und Anonymität drückt sie dem Gesetz einen nüchternen, abgeschliffenen, „sachlichen" Charakter auf (vgl. unten S. 217, 219).

4. Darstellungsweise.

Bedeutung der Sprache (vgl. unten § 42 Ia). Grundfrage: Soll es ein Gesetzbuch für den Fachmann (Juristen) oder für die Bevölkerung (Publikum) werden? Absolute „Gemeinverständlichkeit" (Volkstümlichkeit) läßt sich beim heutigen Stande des Rechtsstoffes nicht erzielen. — Gegensatz der abstrakten und der kasuistischen Methode (Beispiel für erstere das Bürgerliche Gesetzbuch, unten § 22 IV S. 233; letztere von den klassischen römischen Juristen, unten S. 162, gepflegt, in England hoch entwickelt, gesetzgeberisch angewandt im Preußischen Landrecht, unten S. 212). Im Zunehmen begriffen sind die sog. Legaldefinitionen, die meist am Anfang eines Gesetzes oder eines Abschnitts stehen (z. B. „Arbeitnehmer im Sinne dieses Gesetzes ist, wer . . ."). — Wichtig auch der Aufbau des Gesetzes, die Harmonie des Ganzen; ein charakteristischer, sehr unglücklicher Zug der heutigen deutschen Gesetzgebung die Verweisungstechnik, d. h. das den Blick verwirrende, freilich einem scharfen Denken entsprungene Verweisen von einem Paragraph zum anderen. So lautet z. B. § 639 BGB: „Auf die Verjährung der im § 638 bezeichneten Ansprüche . . . finden die für die Verjährung der Ansprüche des Käufers geltenden Vorschriften des § 477 Abs. 2. 3 und der §§ 478, 479 entsprechende Anwendung"; das ist für sich allein ein Rätsel mit Siegeln, man kann es nur lösen, wenn man der Verweisung folgt und zu den zitierten anderen Paragraphen wandert, nicht selten dort eine abermalige Verweisung antreffend.

5. Sicherung des Vollzuges (Sanktion).

Dies ist in erster Linie ein materielles Problem (vorstehend unter III 4 und sogleich unter V), aber es berührt auch die formale Seite. Ein technisch gut gearbeitetes Gesetz bedarf weniger der künstlichen Sicherungsmittel als ein schlechtes.

6. Vorsorge für den Ausführungsapparat.

Bei der technischen Kompliziertheit des heutigen Rechtsstoffes kann in den seltensten Fällen der in Angriff genommene Stoff gleich in dem Hauptgesetz bis in alle Einzelheiten hinein restlos geregelt werden. Es bleibt eine „Ausführung" durch ergänzende Gesetze vorbehalten. Diese Methode hat sich heute in erschreckendem Umfang festgesetzt. Bisweilen werden diese Ausführungsgesetze oder -Verordnungen einer untergeordneten Stelle der Landesgesetzgebung, einem Minister oder dgl., überlassen (Delegation, oben III 6). Dann ist es eine wichtige Kunst, für das Zusammenstimmen von Hauptgesetz und Ausführungsgesetzen zu sorgen.

7. Beigabe von Erläuterungsschriften.

Heute fest eingebürgter Stil. Kein irgendwie beachtliches Gesetz ergeht ohne gleichzeitige oder rasch nachfolgende Erläuterung. Den Parlamenten und Kommissionen werden die Entwürfe mit einem „Bericht", einer „Begründung", einer „Denkschrift" vorgelegt, die dann auch durch den Druck der Allgemeinheit zugänglich gemacht werden. Bei größeren Gesetzgebungswerken werden auch die „Protokolle" der Vorberatung veröffentlicht oder die Gedankengänge, die dabei bestimmend waren, in „Motiven" zusammengefaßt. — Der funktionellen Bedeutung nach ist dieses ganze Beigabematerial vom Gesetze selbst scharf zu trennen. Es ist nicht mit „Gesetz" geworden, kann daher auch an der formell-verbindlichen Kraft des Gesetzes nicht teilnehmen; doch ist mittelbarer Einfluß als Auslegungsmittel, trotz immer wieder einsetzender Warnungen, heute sehr bedeutend. — Die sog. Einführungsgesetze, die ein neues Gesetz begleiten und ihm den Weg in die bisher bestehenden Rechtsverhältnisse hinein ebnen sollen, sind dagegen echte, verbindliche Gesetze.

8. Ausreichende Bekanntgabe (Publikation).

Sie ist nötig, da sonst die Forderung, daß das Gesetz befolgt werden soll, auf schwachen Füßen steht. Die Methoden haben im Laufe der Zeit gewechselt. Von primitiven Mitteln, wie öffentlichem Ausruf (Verlesung von der Kanzel und Maueranschlag, heute noch in Kriegszeiten) hat man sich ganz und gar der Verwendung des Druckes zugewandt. Eigene Gesetzblätter (S. 30d). Das formelle „Inkrafttreten" der Gesetze (Zeitpunkt kann in Streitfällen sehr wichtig sein) wird meist irgendwie mit dem Erscheinen (der „Ausgabe") der betr. Nummer des Gesetzblattes verknüpft. — Diese ganze Methode beruht auf einer gewissen Illusion. Nur die Fachleute, und auch von ihnen nur ein Bruchteil liest das Gesetzblatt. Freilich pflegt die Tagespresse Auszüge breiteren Kreisen zugänglich zu machen, aber die Auswahl ist willkürlich, das Lesen auch an dieser Stelle Zufall. Darum bleibt es eben doch ein **bedeutendes Problem**, inwieweit einem Staatsbürger aus der Nichtkenntnis des „gehörig publizierten" Gesetzes ein Vorwurf gemacht werden kann. Mit diesem Problem beschäftigt man sich schon seit Jahrhunderten. Es weitet sich aus, da mit dem Lesen des Gesetzes noch lange nicht das Verstehen verbürgt ist (vgl. Ziff. 4). Man stellt in der Dogmatik, namentlich des Strafrechts, Tatsachenirrtum (error facti) und den in unseren Zusammenhang gehörigen Rechtsirrtum (error iuris) gegenüber und hat nun vielfach das Dogma daran geknüpft: error iuris nocet, läßt also, z. B. bei der Bestrafung, das Nichtkennen des betreffenden Gesetzes nicht als Entschuldigung gelten. Das beruht auf der Fiktion, daß das „Recht", will sagen: das Gesetz, sowohl textlich wie seinem Geiste nach, jedem einzelnen Staatsbürger wirklich bekannt geworden sei, mindestens aber beruht es auf dem (gesetzespolitisch verfehlten) Postulat, daß es ihm hätte bekannt sein müssen. — Diese ganze Lehre bedarf einer gründlichen Revision und ist auch z. Z. stark umstritten. Eine charakteristische Durchbrechung des oben wiedergegebenen Dogmas haben wir z. B. in der Kriegszeit erlebt, wo sich die Wirtschaftsreglements in unerträglicher Weise gehäuft hatten; hier erging am 18. Jan. 1917 eine Verordnung, wonach bei Übertretung solcher Reglements von Strafe freibleiben sollte, wer „in unverschuldetem Irrtum über das Bestehen oder die Anwendbarkeit der übertretenen Vorschriften die Tat für erlaubt gehalten hat". Fortwirkung dessen im Entwurf zu einem neuen StrafGB., unten S. 338.

V. **Die Gesetzgebungsgewalt.**

1. Gesetze erlassen kann nur, wer dazu durch die geschriebene oder ungeschriebene **Verfassung** des betroffenen Gemeinwesens berufen ist (S. 67 f.). Gerade diese Verbriefung der Gesetzgebungsgewalt hat zur Entwicklung des Begriffs der Gesetzgebung „im formellen Sinne" geführt (S. 70, Vorbemerkung zu § 11). Darum suchen auch in der ganzen Weltgeschichte die **Usurpatoren** der öffentlichen Gewalt, die sich allmählich oder durch offene Revolution der Gewalt bemächtigen, neben einer Ableitung aus der „höheren Gerechtigkeit" (S. 52 a. E) eine solche Verbriefung zu erlangen. Sie stempeln sich selbst zum echten Gesetzgeber, denn sie wissen, was diese Macht bedeutet.

Weltberühmt die geschickte, „indirekte" Taktik des Augustus, der sich alle einzelnen Ämter in formaler Bahn (durch Wahl) übertragen ließ und auf diese Weise die effektive Gesetzgebungsmacht in die Hand gespielt bekam, gleichzeitig ein Beispiel für die ungeheure Macht juristischer Formen. Als „Magistrat" hatte er die „Initiative" wenn es galt, den Apparat der alten Volksgesetzgebung (die Comitien) in Bewegung zu setzen. Als „Tribun" konnte er, abgesehen von dem „Vetorecht", die Legislative in Form des Plebiszits ausbauen. Im Senat, in den er als immer wieder abtretender und neugewählter Beamter ständig gehörte, konnte er stets als „Antragsteller" (oratio principis) auftreten und bestimmenden Einfluß ausüben. Bis dann, unter seinen Nachfolgern, die formale Einkleidung immer bedeutungsloser wurde und die aus eigener Machtvollkommenheit ergehende Gesetzgebung des Kaisers (sog. lex data) immer mehr in den Vordergrund trat.

Charakteristisch auch der Stil im jüngst vergangenen Kriege. Die Generalgouverneure begannen in den besetzten Gebieten ihre Tätigkeit mit einem Verfassungspatent, dem sie eine Präambel (die für solche Zwecke besonders geeignete, meist sehr hoch stilisierte Eingangsformel) etwa folgender Fassung vorausschickten: „Seine Majestät der Deutsche Kaiser haben geruht, mich nach Okkupierung belgischen Gebiets zum Generalgouverneur in Belgien zu ernennen".

Die Präambel der neuen, auf eine revolutionäre Umwandlung gestützten Reichsverfassung von 1919 lautet: „Das deutsche Volk, einig in seinen Stämmen und von dem Willen beseelt, sein Reich in Freiheit und Gerechtigkeit zu erneuen und zu festigen, dem inneren und dem äußeren Frieden zu dienen und den gesellschaftlichen Fortschritt zu fördern, hat sich diese Verfassung gegeben", und in der Verfassung ist, dann, wie sich von selbst versteht, der neuen Gewalt (in ihrer repräsentativen Vertretung, Text S. 67 a. E.) auch die Gesetzgebungsmacht zugesprochen.

2. **Autonomie.** Der ordentliche Gesetzgeber kann ausdrücklich zulassen oder stillschweigend dulden, daß untergeordnete Ge-

walten in beschränktem Maß sich selbst Gesetze geben. Dies gilt aber nur für die eigenen Angelegenheiten des betreffenden Kreises, z. B. der Gemeinden. Es entsteht dann die sog. Selbstgesetzgebung oder Autonomie. Sie wird weiter unten in anderem Zusammenhange behandelt werden (§ 13 II 4).

Die Autonomie kann politisch eine hervorragende Rolle spielen. Sie hebt nicht nur die unmittelbare soziale Kraft des bedachten Kreises, sondern auch das Selbstgefühl. Mit der allgemeinen staatsrechtlichen Lage hängt sie aufs engste zusammen. Sie ist schon oft Gegenstand leidenschaftlicher Kämpfe gewesen und wird es auch in Zukunft sein. Beispiele: Das Reichsfreiwerden der Städte in der früheren deutschen Geschichte; die Idee der „autonomen Fabrik" in der jüngsten Revolution, in sehr geringem Maße verwirklicht in der Betriebsräteverfassung (unten § 25 II d 2 und II f 5 und IV c, S. 269 ff.). Auch das Beispiel aus dem Bereiche der Vereinsautonomie S. 102f., namentlich die Wendung in der neuesten Judikatur des Reichsgerichts, beleuchtet diese Seite des Problems.

3. **Welche Gewalten objektiv am besten geeignet sind,** die Gesetzgebung zu übernehmen, ist eine seit Jahrtausenden erwogene, im Zug der Zeitströmungen sehr verschieden beantwortete Frage, die aufs engste mit der Frage nach der besten Staatsform zusammenhängt.

Aristoteles: Die besten Gesetzgeber sind aus dem Mittelstande hervorgegangen. Marsilius von Padua (14. Jahrhundert): Weder einem einzelnen noch auch mehreren darf die Gesetzgebung anvertraut werden, sondern nur dem ganzen Volk oder doch der Majorität. Usw.

Das Naturrecht der katholischen Kirche: Unterordnung ist (im sekundären Naturrecht) notwendig, und zwar unter die geistig Überlegenen; das bedeutet, daß die Gesetzgebung keinesfalls bei der Masse sein kann. Auch Luther hat den Obrigkeitsgedanken stark betont. Poetische Verklärung des Einzelherrschertums bei Homer: *Οὐκ ἀγαθὸν πολυκοιρανίη εἷς κοίρανος ἔστω* (Ilias II 204). Im Aufklärungszeitalter vielerlei Versuche, den „aufgeklärten Despotismus" als das beste zu begründen. Im 19. Jahrhundert der Parlamentarismus als das die Gesetzgebung ergreifende Stück der „konstitutionellen" Verfassungen viel gepriesen und wie eine letzte Lösung betrachtet. Neuerdings gerade er stark angezweifelt in seiner Güte. Eindrucksvoller, nach der Diktatur schlagender Bruch in der sog. Ermächtigungsgesetzgebung (namentlich 1923/24; S. 74 Ziff. 6). Neuestes Projekt: berufsständische Verfassung, wobei gerade auch an Auslieferung der Gesetzgebung an die (parlamentsähnlich geordneten) „Stände" gedacht wird.

4. Von den formal legitimierten „Gewalten" sind **die sonstigen Mitarbeiter,** die eigentlichen „Arbeitskräfte" zu unterscheiden. Es wurde schon darauf verwiesen, wie falsch die Vorstellung sei, als schriebe ein personifizierter Gesetzgeber das ganze Gesetz von sich aus schöpferisch nieder (S. 66 a. E.). Das ist selbst im Staat mit absolutem Monarchen nicht der Fall. Vielmehr beruft der Fürst seine Räte zur gesetz-

geberischen Arbeit und gibt ihnen höchstens allgemeine Richtlinien mit auf den Weg (vgl. das Beispiel Maria Theresias S. 72, ähnlich Justinian und viele andere) oder läßt sich die Entwürfe zur Kontrolle, Verbesserung und letzten Entscheidung vorlegen (berühmte Randbemerkung Friedrichs des Großen zu dem Ersten Entwurf des Preußischen Landrechts: „Es ist aber Sehr Dicke und gesetze müssen kurtz und nicht Weitläuftig seindt"). Vollends die heutige Gesetzgebung ist so mühsam und verwickelt, daß sie ein einzelner unmöglich bewältigen kann, und daß auch die an sich schon sehr komplizierte Regierungs- und Parlamentsmaschinerie bei weitem nicht alle geistige Arbeit beisteuert, die schließlich in dem Gesetz niedergelegt erscheint. Auch sie bedarf der Mitarbeit außenstehender Kräfte, und es bilden sich auf diese Weise Gegensätze, über die viel gesprochen wird, so der Gegensatz zwischen dem Fachmann und dem Laien, zwischen dem Beamten und dem freien Sachverständigen, zwischen der mehrköpfigen Kommission und dem ganz anders arbeitenden Einzelkopf.

Heute wogt bei jedem größeren Gesetzgebungswerk — wie etwa bei dem Bürgerlichen Gesetzbuch, an dem man von 1873 bis 1896 gearbeitet hat (S. 230), oder bei der Strafrechtsreform, mit der man seit 1906 bis heute ernsthaft befaßt ist (S. 344), oder bei der Kodifikation des Arbeitsrechts, die man nach dem Kriege in Angriff genommen hat (S. 271), oder auch bei notwendigerweise schneller erledigten Werken, wie der Reichsverfassung von 1919 (S. 301) — das Heer der Mitarbeiter bunt durcheinander. „Referenten" des zuständigen Ministeriums wechseln mit zwanglos zusammengesetzten Kommissionen, die die Regierung einberuft. Der Kreis erweitert sich, indem man gelegentlich eine Anzahl von „Sachverständigen" (Experten) hört. Immer beliebter wird es, ihnen die im Hauptamt tätigen Vertreter der großen Wirtschaftsorganisationen, die Vorsitzenden, Sekretäre, Syndici der allerlei „Verbände" beizugesellen. In schwer meßbarem Umfang greift auch die Tagespresse ein, ihre oft nicht mit Namen genannten Mitarbeiter setzen ihre Kritik und ihre Verbesserungsvorschläge an die veröffentlichten Entwürfe an. Mancherlei Dunkelmänner klopfen mit ihren Ideen und Wünschen an die Türen der letzten Endes entscheidenden Parlamentarier. Oder man geht umgekehrt in die Öffentlichkeit, beruft Protestversammlungen, führt deren Beschlüsse herbei, legt Denkschriften auf den Tisch der Regierung und der Parlamente.

Die Erfahrung lehrt allerdings, daß das meiste dieser vielseitigen Bekundungen rasch verhallt und ohne Einfluß bleibt. Aber dieser oder jener Gedanke, vielleicht zugleich an mehreren Stellen ausgesprochen, beeinflußt doch die „Gewaltträger", die das letzte Wort zu sprechen haben, und dringt so, oft schwer erkennbar, bisweilen verstümmelt, in den Körper des werdenden Gesetzbuchs ein. Wer will das wägen oder auch nur historisch sicher feststellen? Geistige Mitarbeit aber bleibt es, und so ist es heute nur mit großer Zurückhaltung möglich zu sagen, wer der „Vater" eines bestimmten Gesetzes oder seiner einzelnen Teilstücke sei.

VI. Wirkungsstärke.

1. Das fertige Gesetz wirkt zunächst schon durch sein bloßes Dasein, man rechnet mit ihm als einer gegebenen Größe. Einmal gegeben, sitzt es fest. Das Trägheitsmoment, das Beharrungsvermögen kommen ihm zugute (vgl. S. 63 Ziff. 3). Auch das überraschend stark verbreitete Wandern der Rechtsregeln und die Übernahme ganzer Gesetzbücher (S. 72) erklärt sich so.

Der Widerstand eines einzelnen oder auch vieler einzelner gegen ein Gesetz oder einen Satz des Gesetzes hebt die **„Geltung"** keineswegs auf. Vielmehr wird mit solchen Widerständen von vornherein gerechnet. Die Gesetze umgeben sich dieserhalb mit sog. Sanktionen; insbesondere hat das ganze Strafrecht keinen Selbstzweck, sondern soll nur den (vorausgesehenen) Widerstand gegen die hinter den Strafrechtsparagraphen stehenden Normen (vgl. S. 59 II) brechen. Mehrt sich freilich der Widerstand, so droht doch dem betreffenden Gesetz der Untergang, entweder durch ein das Gesetz überwältigendes Gewohnheitsrecht (S. 89) oder durch eine vollzogene und „staatsrechtlich anerkannte" Revolution (vgl. S. 52). —

Die Soziologen (S. 15) verstehen etwas ganz anderes unter der „Geltung" eines Gesetzes: nicht den formal bindenden, von der Befolgung unabhängigen, in der geistigen Vorstellung bestehenden Zustand, sondern gerade das tatsächliche Befolgtwerden oder doch die tatsächlich vorhandene Neigung und Bereitwilligkeit zur Befolgung. In diesem Sinne sind manche Rechtsvorschriften, deren formal-juristische Geltung außer Zweifel steht, nicht mehr oder doch zurzeit nicht „in Geltung", weil sie nicht angewendet werden. Vor allem aber kann man auf solchem Boden der Betrachtung von stärkerer oder geringerer Geltung reden, während im formal juristischen Sinne solche Abstufungen ausgeschlossen, die Rechtsvorschriften entweder in Geltung oder nicht in Geltung sind.

Übrigens kann das Gesetz selbst seine Geltung näher begrenzen (Befristung, Übergangsbestimmungen usw.).

2. Das fertige Gesetz ist aber auch insofern eine „gegebene Größe", als es sich von seiner Entstehungsgeschichte, insbesondere von dem viel berufenen **„Willen des Gesetzgebers"** löst und ein selbständiges Dasein führt. Das bedeutet, daß Ereignisse aus seiner Vorgeschichte, Meinungen, die damals umgingen, nur dann verbindlich sind, wenn sie im Text zu unzweideutigem Ausdruck gelangt sind. Im übrigen haben sie nur illustrativen Wert, aber keinen zwingenden Charakter. Diese Erkenntnis wird jedoch in der Praxis nie ganz rein befolgt.

Es gilt hier ähnliches wie von den beigegebenen Erläuterungsschriften (S. 76 Ziff. 7). Die beste Kritik an dem „Willen des Gesetzgebers" ergibt sich aus dem Dasein der unverantwortlichen, in ihrem Einfluß (und ihren Beweggründen) gar nicht schätzbaren „Mitarbeiter" (S. 78 Ziff. 4). Trotzdem wird dieser Rückgriff auf den Willen des Gesetzgebers oder, wie man metaphysischer auch sagt, den Willen des Gesetzes nie ganz verschwinden. In den Händen skrupelloser Fachmänner kann er zur mächtigen Waffe gegenüber der nicht geschulten Bevölkerung werden. In den Händen gewissenhafter Ausleger kann er dagegen als Hilfsvorstellung wertvolle Dienste leisten (darüber § 13 IV 3).

Dogmatisch zugespitzt erscheint die Frage in der Antithese: „Wille des Gesetzgebers" oder „Wille des Gesetzes"? Die Vertreter der ersteren Formulierung (die meisten Pandektenlehrbücher des 19. Jahrhunderts und heute z. B. Enneccerus, Lehrbuch des Bürgerlichen Rechts Bd. I § 49) glauben daran, daß der in dem Akt der Gesetzgebung sich bekundende Wille der Gesamtheit das fertige Gesetz dauernd begleite. Die Vertreter der anderen Formulierung (z. B. Kohler im Lehrbuch des Bürgerl. Rechts Bd. I) glauben an eine Lösung des Gesetzes von seiner Entstehungsgeschichte, an ein Selbständigwerden des fertigen Produkts und sind nun, soweit sie bei der „Auslegung" (unten § 13 IV) auf einen „Willen" glauben zurückgreifen zu müssen, genötigt, einen „Willen des Gesetzes" zu konstruieren.

3. **Formell gebunden** an das Gesetz sind jedenfalls die Angehörigen desjenigen Rechtskreises, für den das Gesetz ordnungsgemäß erlassen ist, also bei dem Normalfall staatlicher Gesetzgebung die sog. Untertanen. Sie können sich nach der herrschenden Dogmatik von der verbindlichen Kraft der Gesetze auch dadurch nicht befreien, daß sie behaupten, sie hätten das Gesetz nicht gekannt (S. 76 Ziff. 8). Eine andere Frage ist, ob sie an die heimatlichen Gesetze auch noch gebunden sind, wenn sie sich im Ausland aufhalten oder gar endgültig auswandern. Und umgekehrt erhebt sich ganz von selbst die Frage, ob der Ausländer, solange er sich im Inland aufhält, den inländischen Gesetzen unterworfen ist. Diese beiden Fragen lassen sich schwer durch ein allgemeines Prinzip entscheiden. Die Stellungnahme hat im Laufe der Zeiten und für die einzelnen Rechtsgebiete (Strafrecht usw.) gewechselt.

Am schärfsten tritt das Problem im Strafrecht hervor (vgl. Gerland, Grundriß des Strafrechts, § 21). Folgende zwei Hauptprinzipien beherrschen die wissenschaftliche Aussprache:

a) Das Territorialitätsprinzip. Es läßt sich von der Vorstellung leiten, daß der Staat ein bestimmtes, örtlich abgegrenztes Gebiet sein nennt, und daß deshalb alles, was innerhalb der Grenzen dieses Gebiets geschieht, unter die Gesetze eben dieses Staates fällt. Danach wird auch der Ausländer nach deutschem Gesetz bestraft, wenn er auf deutschem Boden eine Untat begangen hat. So in der Tat der dominierende Gedanke des heutigen deutschen Strafgesetzbuchs. Bedeutsam aber auch auf anderen als strafrechtlichen Gebieten; viel zitierte Formel: „Locus regit actum".

b) Das Personalitätsprinzip. Es legt umgekehrt das Schwergewicht in die Person der Beteiligten und läßt deren heimisches Recht entscheidend sein, wo auch immer in der Welt sie sich aufhalten möge. Danach richtet sich z. B. das Eheleben deutscher Ehegatten nach deutschem

Recht, auch wenn sie nach Amerika verzogen sind. In der sprichwörtlichen Prägung „Jura ossibus inhaerent" hat dieses Prinzip im Römerreich und in den germanischen Stammesreichen eine große Rolle gespielt (unten S. 144c). Berufung des Apostels Paulus auf sein römisches Bürgerrecht.

4. In besonderem Maße ist der **Richter an das Gesetz gebunden.** Seiner im übrigen stark ausgeprägten Unabhängigkeit entspricht eine besonders ernst zu nehmende Bindung an das Gesetz (vgl. bereits S. 11). Doch ist das Problem des Verhältnisses von Richter und Gesetz gerade in der jüngsten rechtswissenschaftlichen Entwicklungsperiode stark in Fluß gekommen. Man hat es bis zu der Formel „Der Richter selber Gesetzgeber" emporgesteigert. Die Schwierigkeit liegt vor allem darin, daß jedes Gesetz unvollkommen ist, **Lücken** aufweist und der **Auslegung** bedarf. In diesem Rahmen kommt dem Richter mindestens eine ergänzende Rolle neben dem Gesetzgeber zu. Darüber folgt das Nähere in anderem Zusammenhange (§ 13 III 1 und IV und § 43).

Eine in letzter Zeit viel erörterte Frage ist ferner, inwieweit dem Richter eine **Nachprüfung der Gültigkeit eines Gesetzes** zusteht. Daß er grundsätzlich ein solches Nachprüfungsrecht haben muß, leuchtet ein. Denn ein nichtgültiges Gesetz ist überhaupt kein Gesetz und bindet ihn deshalb auch nicht. Aber auf der anderen Seite ist der heutige Gesetzgebungsapparat stark mit Formalien umkleidet, und es fragt sich, ob dem Richter nicht genügen muß, wenn diese Formalien in Ordnung sind, d. h. ob nicht wenigstens ein „formell richtig zustandegekommenes Gesetz" ihn schlechthin bindet. Das würde bedeuten, daß der Richter etwa nur zu prüfen hat, ob das betreffende Gesetz formgerecht den Reichstag durchlaufen hat, oder ob z. B. ein Landesgesetz sich in den Grenzen hält, die der Landesgesetzgebung gesteckt sind. Läßt man den Richter darüber hinausgehen, gestattet man ihm beispielsweise die Nachprüfung des materiellen Inhalts von Gesetzen am Maßstabe einer angeblichen „höheren Gerechtigkeit" (vgl. § 8, insbes. S. 50, 51), so schwingt sich der Richter ganz von selbst zum Herrn oberhalb der Gesetzgebung, zum „Kontrolleur des Parlaments" auf. Es stoßen hier nicht bloß praktisch-politische Gegensätze aufeinander, sondern es werden Grundfragen des Staatsrechts, z. B. die Lehre von der Teilung der Gewalten (unten § 26 IV c, S. 292), berührt.

Einen besonders wichtigen Ausschnitt aus dem Problem stellt die Frage der Prüfung der „Verfassungsmäßigkeit" bestimmter einzelner Gesetze dar. In den letzten Jahren sind immer wieder zum Teil sehr wichtige Gesetze als verfassungswidrig angesprochen worden. Meist handelte es sich um die Behauptung, daß der Inhalt eines neu erlassenen Gesetzes mit irgend einem Satz (oder „Gedanken") der Reichsverfassung nicht vereinbar sei, z. B. gegen eines der von der Verfassung gewährleisteten „Grundrechte", etwa die Garantie des Eigentums, verstoße. (Vgl. unten im Staatsrecht § 26 I V d, S. 295.) Da nun (nach heutigem deutschen Rechtsstande) eine Verfassungsänderung nur mit Zweidrittelmehrheit im Reichstag beschlossen werden kann (RV. Art. 76), hat sich die Frage noch weiter dahin zugespitzt, ob der Richter die von einer Prozeßpartei aufgestellte Behauptung nachprüfen darf, ein mit einfacher Mehrheit beschlossenes Gesetz sei mit Verfassungsbestimmungen unverträglich. Da das gleichzeitig bedeutet, das Parlament habe einen Fehler gemacht, würde in der Tat dem Richter eine gewisse Prüfung über das parlamentarische Gebaren eingeräumt. — Die Frage ist Gegenstand lebhaften Streits. Sie ist auch sehr schwer zu entscheiden. Unten im IV. Teil wird sie als Beispiel für offengelassene Fragen und für die dann einsetzende Tätigkeit des Richters verwendet (vgl. § 43).

5. Über den eben besprochenen Konfliktsfall hinaus können **mehrere Gesetze miteinander in Kollision** geraten. Die Lösung ist dann schwierig. Wenn allerdings ein jüngeres Gesetz ausdrücklich ein älteres aufhebt, dann ist es klar, daß nur das jüngere gilt. Denn eine alte, noch heute anerkannte Regel sagt: Lex posterior derogat legi priori. Genau genommen liegt dann gar keine Kollision mehrerer Gesetze vor, denn es ist nur noch ein Gesetz da, das jüngere.

Dabei ist vorausgesetzt, daß diejenige Stelle, die jenes jüngere Gesetz erlassen hat, in diesem Augenblick wirklich die echte gesetzgebende Gewalt (oben S. 77 V) besessen hat. Bloße vorübergehende Usurpatoren können die älteren Gesetze nicht außer Kraft setzen. Auch dann ist keine „Kollision" gegeben; denn es ist wiederum nur ein Gesetz da, diesmal das ältere.

Bisweilen sollen gewisse, besonders wichtige, besonders mühsam errungene Gesetze gegen allzu rasches Ändern gesichert werden. Sie werden dann mit einer besonderen Garantie umgeben, z. B. in der eben am Schlusse von Ziff. 4 geschilderten Weise: Änderungen des Verfassungsgesetzes durch eine „lex posterior" sind nur mit Zweidrittelmehrheit (s. oben) nicht mit einfacher Mehrheit durchzuführen.

Viel schwieriger ist die Lage, wenn zwei Gesetze an sich gültig nebeneinanderstehen, aber inhaltlich nicht miteinander vereinbar sind. Solche Fälle sind häufiger als man denkt. Namentlich in den Zeiten einer unruhigen eiligen Gesetzgebung (wie heute) kommt es gar nicht so selten vor, daß beide Gesetze zu einer Frage Stellung genommen haben, jedoch in verschiedenem Sinne. Der Satz, daß das jüngere dem älteren Gesetz vorgehe, hilft dann nur, wenn es klar ist, daß das jüngere Gesetz sich vollständig an die Stelle des älteren hat setzen wollen. Gerade an dieser Klarheit fehlt es aber gerade meistens. Dann muß in jedem einzelnen Fall abgewogen (notfalls durch „Auslegung" ermittelt) werden, ob und bis zu welcher Grenze hinter dem jüngeren Gesetz ein wirklicher Aufhebungswille (der Wille zur derogatio) gestanden hat.

Gewohnheitsrecht. § 12.

I. **Wesen und Wert.** Das Leben ist so vielgestaltig, daß es durch festgefügte Gesetzesregeln allein nicht bezwungen werden kann; davon wurde schon im Vorangegangenen mehrfach gesprochen (insbes. S. 68). Es bilden sich deshalb gleichsam unsichtbar neben den Gesetzesregeln immer wieder andere Regeln aus, die von den Richtern und dem Publikum so hingenommen werden, als wären sie Gesetz, eine der wunderbarsten Erscheinungen des Menschenlebens.

Die Wissenschaft hat dafür lange Zeit nur die eine Kategorie des Gewohnheitsrechts zur Verfügung gehalten. Neuerdings aber sind mehr und mehr die „bloßen" Verkehrssitten und die Richterpraxis an die geheiligte Sphäre der sog. Rechtsquellen herangerückt; darüber im folgenden Paragraphen. Das eigentliche Gewohnheitsrecht hat dagegen, namentlich im Vergleich zum Gesetzesrecht, an praktischer Bedeutung wesentlich verloren.

Es ist geradezu schwer, Beispiele für einzelne, scharf umrissene Rechtssätze zu finden, die auf Gewohnheitsrecht beruhen.

Ein sehr illustrativer Fall ist die Anerkennung der sog. Sicherungsübereignung: Ein Kaufmann möchte, da er seiner Bank andere Sicherheiten nicht mehr zu bieten vermag, doch aber noch weiteren Kredit braucht, sein Ladeninventar verpfänden. Natürlich kann er dabei das Ladeninventar nicht aus den Händen geben, sonst müßte er ja seinen Betrieb ganz einstellen. Gerade das aber versperrt ihm (und seiner Gläubigerin) den Weg zu einem echten „Pfandrecht". Mit starrer Klarheit verlangt das BGB. (§ 1205), daß das Pfand dem Gläubiger ausgehändigt werden muß. Da hat nun der Geschäftsververkehr einen Ausweg gefunden: Der Kaufmann überträgt der Bank nicht nur ein Pfandrecht, sondern gleich das Eigentum (als sog. Sicherungseigentum). Die Eigentumsübertragung ist nämlich — im Gegensatz zur Pfandbestellung — in der Weise möglich, daß der Kaufmann das Ladeninventar bei sich behalten kann (wenn auch von jetzt ab als „fremdes"; BGB. § 930). Diese ganze Manipulation ist eine offenbare Umgehung des Gesetzes (der Bestimmungen über das Pfandrecht). Trotzdem hat sich die Anerkennung der Sicherungsübereignung durchgesetzt, und führende Dogmatiker (z. B. Enneccerus in seinem Lehrbuch) setzen hinzu: ihre Gültigkeit ist gewohnheitsrechtlich anerkannt!

Solche konkreten Fälle sind jedoch, wie gesagt, selten.

In der Hauptsache sind es große allgemeine Regeln (wie die grundsätzliche Klagbarkeit, S. 68) oder ganze Rechtsgebiete, die mangels ihrer gesetzlichen Erfassung ganz oder bruchstückweise vom Gewohnheitsrecht beherrscht werden. Ein deutliches Beispiel gibt etwa die Regelung der Beweislast. Die sog. Verteilung der Beweislast ist praktisch von großer Bedeutung (vgl. unten § 43 II unter b). Trotzdem wird sie in den Gesetzbüchern nicht oder doch nur für einige einzelne Tatbestände geregelt. Was „gilt" nun in den anderen Fällen? Wenn man sich nicht entschließt, hier reine richterliche Rechtsgestaltung anzunehmen (was unter § 13 III 1 gehören würde), vielmehr auf eine über den Richterkreis hinausgewachsene Übung abstellt, hat man Gewohnheitsrecht vor sich. Ganz ähnlich steht es mit dem sog. Internationalen Privatrecht, (unten § 22 XI), das nur zu einem geringen Bruchteil im Gesetzestext geregelt ist: da, wo das Gesetz nichts sagt, haben sich gewisse, ständig befolgte Regeln herausgebildet, die man auch als Gewohnheitsrecht ansprechen darf.

Weit fruchtbarer wird jedoch die Betrachtung, wenn man in der Geschichte zurückblickt und die Stellen aufsucht, wo es an Gesetzestexten fehlte oder wo man die Gesetzestexte nicht beachtete. Das waren keineswegs schlechthin „rechtlose" Zeiten. Nur galt eben (überwiegend) ungeschriebenes, nur im Volke lebendes, tatsächlich bei den Verkäufen, Eheschließungen, Bestrafungen, Vererbungen usw. angewandtes Recht. Das bei weitem bedeutendste Beispiel dafür ist das deutsche Mittelalter, wo ein überaus reiches Gewohnheitsrecht in den Sprüchen der Schöffen an die Oberfläche trat. Ein sehr gutes Beobachtungsfeld bietet auch das Völkerrecht, das historisch ganz auf Gewohnheitsrecht aufgebaut ist und dessen allmählichen Übergang zu formulierten Texten wir im 20. Jahrhundert miterleben (§ 31). Eine besondere Rolle spielt schließlich das Verwaltungsrecht, das von sog. Observanzen stark durchsetzt ist. Doch ist es sehr bestritten, ob echtes Gewohnheitsrecht hinter diesen „Verwaltungsbräuchen" steht.

Sehr rege ist das wissenschaftliche Interesse, welches das Gewohnheitsrecht gefunden hat. Es war im 19. Jahrhundert jahrzehntelang der Tummelplatz lebhafter Streitigkeiten und tiefgründiger Untersuchungen. (Vgl. auch unten S. 193: Streit Savignys mit Thibaut). Insbesondere ist man den beiden Fragen nachgegangen, worauf die verpflichtende Kraft des Gewohnheitsrechts beruhe, und ob es den Vorrang vor dem gesetzten Recht beanspruchen dürfe oder umgekehrt. Ein kurzes Wort dazu unter III.

Der Wert des Gewohnheitsrechts wird einerseits dadurch erkannt, daß man es als Gegenpol zum Gesetzesrecht betrachtet; er hängt andererseits (§ 13) davon ab, wieviel vom Bereich der Verkehrssitten (und ebenso der Observanzen) man noch zum Gewohnheitsrecht im schulmäßigen Sinne schlagen will. Gegenüber dem Gesetz zeichnet sich das Gewohnheitsrecht durch seine Ehrwürdigkeit aus; denn es ist das ältere der beiden Geschwister. Weiter durch Beweglichkeit; vor allem, je mehr man es mit den Verkehrssitten und der Richterpraxis verschmilzt. Seine Schwäche liegt dagegen in der Unsicherheit; äußerlich tritt das ganz grell darin zutage, daß ihm die Sprache mit all ihrem Reichtum (freilich auch mit ihren Verdrehungskünsten) abgeht. In unserer heutigen nüchternen und kritischen Zeit hat diese Schwäche dem Gewohnheitsrecht besonders starken Abbruch getan.

Politisch springt am Gewohnheitsrecht vornehmlich der demokratische Zug, freilich in romantischer Aufmachung („Volksseele"), in die Augen. Inhaltlich ist es aber weit mehr konservativ als fortschrittlich; je mehr man es allerdings mit den Verkehrssitten mischt, desto mehr wandelt sich dieser Zug wiederum ins gerade Gegenteil.

II. **Begriffliche Voraussetzungen.** Zuerst bildet sich eine bloße Gewohnheit. Sie prägt sich aus in einer Regel (§ 7, S. 40). Nicht jede solche Gewohnheitsregel ist schon eine Rechtsregel (beliebtes Beispiel: das Trinkgeldgeben). Was nun solche Gewohnheiten zu Rechtsregeln macht (gewisse Sorten von Trinkgeldverpflichtungen), ist schwer zu fassen. Eine äußere Abstempelung fehlt; denn sonst wäre gleich Gesetzesrecht da. Vielmehr wandelt ein inneres Moment, nämlich die Überzeugung, daß man unter Rechtsdruck stehe (sog. opinio necessitatis; Berührung mit dem Urgrund des Gesetzesrechts, vgl. S. 71), den bloßen Brauch in einen Rechtsbrauch um. Hinterher ist dann ein erkennbares Zeichen dadurch gegeben, daß die Richterschaft den betreffenden Brauch wie einen formulierten Satz ihren Richtersprüchen zugrunde legt.

Man muß sich also vorstellen, daß die einzelne Gewohnheit (Brauch) eine gewisse Richtung oder Tendenz oder „Strebigkeit" in sich trägt. Sie kann entweder dahin streben, ein sittliches Gebot zu werden oder ein ästhetisches Gebot oder eben ein Rechtsgebot. Jene neuere philosophische Lehre von den „Werten" (S. 55) kann zur Verdeutlichung dienen: ebensogut wie wir Juristen von einem Gewohnheitsrecht reden, müßte man auch von einer Gewohnheitssittlichkeit, einer Gewohnheitsästhetik, vielleicht sogar von einer Gewohnheitswahrheit reden können. Das Gemeinsame aller dieser Vorstellungen wäre dann, daß der Mensch **Ruhepunkte** braucht. Er legt gewisse, genügend erprobte Eindrücke der sittlichen, ästhetischen, erkenntnistheoretischen und eben auch der rechtlichen Betrachtung in Gewohnheiten nieder, die er dann als bindend, als „Gesetze" (in dem weiteren Sinne bloßer Regelhaftigkeit) einschätzt.

Die gemeinrechtliche Jurisprudenz des 19. Jahrhunderts war eifrig bemüht, die „begrifflichen" Voraussetzungen des Gewohnheitsrechts zu dogmatisieren. Beliebt war es namentlich folgende drei „Erfordernisse" festzulegen: 1. Gleichförmigkeit der Übung, 2. Langjährigkeit der Übung, 3. Übung als Rechtsregel. Alle diese Erfordernisse bleiben relativ. Die Gleichförmigkeit ist nur eine relative, da Widerstand einzelner keineswegs das Entstehen von Gewohnheitsrecht hindert (s. im folgenden). Die Langjährigkeit ist relativ, da sich in erregten Zeiten Gewohnheitsrecht auch sehr schnell (Hans Reichel: sogar „blitzartig") bilden kann. Auch jene Tendenz, Rechtsregel zu sein, ist wenigstens insoweit relativ, als eben der Sinn für Rechtliches und Nichtrechtliches schwanken kann (vgl. im folgenden über Rechtsbewußtsein und Rechtsgefühl). 4. Neuerdings vertreten manche die Meinung, es müsse noch gerichtliche Anerkennung hinzutreten (Max Ernst Mayer: Ohne Gerichtsgebrauch kommt kein Gewohnheitsrecht zustande). Das ist willkürlich. Erkennt man es an, so reduziert sich das Gewohnheitsrecht auf die (unten § 13 III 1) besprochene Richterpraxis.

III. **Herkunft.** Im vorhergehenden war das Gewohnheitsrecht mit einer gewissen Überzeugung verknüpft worden. Es fragt sich, wer der Träger dieser Überzeugung sein muß, damit man von einem Gewohnheitsrecht reden kann. Die beliebteste Antwort ist: Das ganze **Volk**.

Diese Antwort ist haltbar, wenn man sich das ganze Volk als wirklich von einer einheitlichen Überzeugung durchzogen zu denken vermag. Das entsprach durchaus der Romantik in der ersten Hälfte des 19. Jahrhunderts. Hier gab man sich ganz dem Glauben an einen „Volksgeist", eine „Volksseele" hin, die sich dann eben auch unter anderem in Rechtsüberzeugungen offenbaren konnte. Man hat das sogar noch weiter entfaltet, indem man das Rechtsgefühl des Volkes zur Urquelle allen Rechts, auch des Gesetzesrechts, stempelte. Danach erscheint das Gesetzesrecht gleichsam nur wie ein Abguß aus dem ursprünglicheren, der Quelle näheren Gewohnheitsrecht. Da sich unzweifelhaft sehr viel Gesetzesrecht in solcher Weise entwickelt hat (vgl. § 11 II, S. 71), so hat diese Theorie ein historisches Gepräge. Sie ist denn auch aus dem Schoße der sog. Historischen Schule (§ 20 IX) herausgewachsen.

Mehr staatspolitisch gewendet, zugleich dialektischer erscheint der Gedanke bereits bei römischen Juristen. Man liest da, noch in der Zeit des absolutistischen Kaisertums, Rückführungen allen Rechtes auf den Volkswillen: Nam quid interest, suffragio (das ist die Gesetzgebung, ausgeübt durch öffentliche Abstimmung) populus voluntatem suam declaret an rebus ipsis et factis (das ist das Gewohnheitsrecht, das sich in unmittelbarer Betätigung ausdrückt).

Wer jedoch an einen einheitlichen Volksgeist nicht glaubt, wird genötigt, das Phänomen des Gewohnheitsrechts in lauter Einzelfälle der Willensbildung und Willensbetätigung aufzulösen. Die Vorstellung des Gewohnheitsrechts wird dadurch erschwert. Ein inneres Mitempfinden ist kaum möglich, es bleibt höchstens eine verstandesmäßige Betrachtung, die sich mit einer Art von Majoritätsprinzip verbindet: wenn eine genügend große Zahl von Leuten sich in einer bestimmten Richtung betätigt haben, so „gilt" das von jetzt ab und bindet damit auch alle übrigen, die bisher der betreffenden Frage vielleicht ganz fern gestanden haben, denn es ist natürlich bei einem Millionenvolk unmöglich, zu warten, bis alle einzelnen einmal Gelegenheit gehabt haben, zu der Frage Stellung zu nehmen.

Dieser Auffassung ist jedenfalls so viel zuzugeben, daß die Rechtsbräuche derart heranwachsen. Weiter oben ist als Beispiel einer gewohnheitsrechtlichen Bildung aus neuerer Zeit die Sicherungsübereignung erwähnt (S. 84). Es leuchtet nun ohne weiteres ein, daß nicht alle Volksgenossen, sondern nur sehr wenige in die Lage kommen, an Geschäfte wie die sog. Sicherungsübereignung überhaupt nur zu denken. So sind also die wenigen die eigentlichen Erzeuger der neuen Rechtsfigur. Trotzdem wird damit die Vorstellung nicht ausgeschlossen, daß diese Vereinzelten eine tiefer liegende, in ihren Handlungen nur ans Licht tretende, allgemeine Volksüberzeugung vertreten, von dieser Volksüberzeugung getragen werden. Vgl. im übrigen über solche, aus Einzelfällen erwachsende Rechtsbildung den nächsten Paragraphen (§ 13 II).

Beide Annahmen, sowohl die eines einheitlichen Volksgeistes, wie die einer Zerlegung in Einzelvorgänge, sind, um beim „Recht" zu münden (vorstehend II), genötigt, von dem Dasein eines „Rechtsgefühls" oder „Rechtsbewußtseins" auszugehen. Vgl. bereits S. 56. In der Tat kann ohne die Anerkennung einer solchen seelischen Kraft Gewohnheitsrecht nicht gedacht werden. Allerdings kommt man dabei an den dunkelsten Bronnen aller Rechtserkenntnis.

Heller wird das Bild, wenn man sich schon vorher in den Glauben an ein a priori vorhandenes Idealrecht (Naturrecht, Gerechtigkeit, oben § 8 S. 47 ff.) hineingelebt hat. Das Rechtsgefühl erscheint dann als die Hinneigung zu diesem gegebenen Ideal. Vermag man dem nicht zu folgen, bleibt nur die Annahme einer bestimmten Sorte von Begabung (**sensus iuridicus**): so wie der Mensch Kunstgefühl, Taktgefühl, ethisches Gefühl hat, hat er auch ein spezifisches Rechtsgefühl. Freilich würde man dann sofort auch die Unterschiedlichkeit des Rechtsgefühls bei den einzelnen Menschen zugestehen müssen, so wie ja auch das Kunstgefühl verschieden ausgeprägt ist.

Nicht bloß bei der Erzeugung von Gewohnheitsrecht, sondern auch bei der planmäßigen Gesetzgebung und vor allem bei der richterlichen Rechtsprechung trifft man auf das Problem des Rechtsgefühls. Darum eben jene Theorie: Das Rechtsgefühl (= Volksgeist?) sei die Quelle allen Rechts. Immerhin wird bei der Gesetzgebung und der Rechtsprechung, wenigstens wie sie heute betrieben werden, das aus Urtiefen emporsteigende Gefühl durch den geschulten (fachmäßig geschulten) und politisch infizierten Intellekt scharf kontrolliert und nur mit Mißtrauen, gleichsam nur in der Not angewandt. Beim Gewohnheitsrecht, das sich abseits von rationalem Denken und Rechnen entwickelt, bildet dagegen das Rechtsgefühl, wenn nicht die einzige, so doch die hauptsächlichste Quelle. Darum fehlt es auch bei ihm an Erscheinungen, die etwa der Gesetzgebungspolitik (S. 73 III) und der Gesetzgebungstechnik (S. IV 74) parallel liefen.

IV. **Wirkungsstärke.** Das Gewohnheitsrecht wirkt durch die Wucht seines Daseins. Das tritt noch viel plastischer hervor als beim Gesetz. Auch das Gesetz wirkt als gegebene Größe (S. 80 VI). Aber ihm kommt außerdem der ausgesprochene Staatsbefehl zugute, der beim Gewohnheitsrecht fehlt.

Um deswillen hat eine der mehreren Theorien über das Gewohnheitsrecht ihm überhaupt jede verbindliche Kraft absprechen wollen. Eine andere Theorie hat ihm die Staatsautorität auf einem Umweg zuzuteilen versucht, indem sie das Dogma aufstellte: der (staatliche) Gesetzgeber dulde und billige stillschweigend das Heranwachsen der gewohnheitlichen Rechtssätze (vgl. dazu S. 42 III). Eine davon abgezweigte, schon oben erwähnte Theorie hielt es für angezeigt, auf den Volkswillen als gemeinsame Wurzel von Gesetz und Gewohnheitsrecht zurückzugehen, wodurch die Rolle des die Gesetze begleitenden Staatsbefehls abgeschwächt und das Dasein des Gewohnheitsrechts gleichsam entschuldigt wird. Diese Theorie kommt dann der hier vertretenen, daß die Wucht der Tatsachen entscheidend sei, sehr nahe.

Der Meinungsstreit setzt sich fort und verschärft sich bei der Vorrangfrage. Daß Kollisionen zwischen einm Gesetzestext und einem Gewohnheitsrecht, namentlich einem noch in der Entwicklung begriffenen Gewohnheitsrecht vorkommen können, ist sicher. Dann wird die Frage brennend, was vorgehen soll. Scheinbar ist an der Überlegenheit des Gesetzgebers kein Zweifel, denn er führt das Wort, das Gewohnheitsrecht dagegen ist stumm, darum kann er das Aufkommen und Gelten von Gewohnheitssätzen kurzerhand verbieten.

Vgl. § 28 des Sächsischen BGB. von 1863: „Durch Gewohnheiten können weder Gesetze aufgehoben oder abgeändert, noch neue Vorschriften mit Gesetzeskraft eingeführt werden usw." Vereinzelt hat sich sogar die Feindseligkeit der Gesetzgeber gegen Gewohnheitsrecht (und verwandte Erscheinungen, namentlich die Auslegung) bis zum Größenwahn der eigenen absoluten Unfehlbarkeit gesteigert. — Über das Strafrecht vgl. unten § 29 III b 2.

Aber das kann den Anmarsch eines von wirklich dringenden Bedürfnissen getragenen Gewohnheitsrechts wohl verlangsamen, nie aber ganz verhindern. So wie sich die Sprache mit elementarer Gewalt durchsetzt und allen „Gesetzen" zum Trotz neue Bahnen einschlägt, so auch die Bräuche des Volkes und der sie begleitende Drang nach gewohnheitsrechtlicher Festigung.

Offene Konflikte sind selten. Einerseis merkt der Gesetzgeber die drohende Übermacht einer seinen Aussprüchen entgegengesetzten Gewohnheit und ändert (oft in letzter Stunde) seine Texte. Andererseits zeigt das Gewohnheitsrecht Neigung zur Schonung des Gesetzes, indem es sich „anpaßt", den Bruch verschleiert. Die Ausbildung berufsgeschulter Juristen erleichtert diese Verschleierung. Sie erfinden gern dialektische Mittel, um einen wahren Bruch mit dem Gesetz doch noch als mit dem Gesetz vereinbar hinzustellen. Das gilt vor allem von manchen Auslegungskünsten (s. später). Ein gutes Beispiel aus neuerer Zeit bietet die (schon vorstehend erwähnte) Sicherungsübereignung. Sie ist in Wahrheit ein Bruch mit dem Gedankengang des Bürgerlichen Gesetzbuchs. Trotzdem hat sie sich, gewohnheitsrechtlich (und vorbereitend im Gerichtsgebrauch, S. 107 Ziff. 1), durchgesetzt (oben S. 84), von den Theoretikern mittels allerlei Theorien verteidigt (darüber Grundriß Sachenrecht §23 III b). Auch die Ausschaltung des Währungsgesetzes bei den Tatbeständen der Geldentwertung (oben S. 51) ist ein solcher verschleierter Vorgang; ob es sich dabei um Gewohnheitsrecht oder nur um „Praxis" (nachfolgend § 13) gehandelt hat, kann zweifelhaft sein.

Bisweilen kommt ein Gesetzessatz allmählich in Vergessenheit, weil er zu neuen Zeitverhältnissen nicht mehr paßt und deshalb — ohne offenen Konflikt — eben nicht mehr angewandt wird. Es liegt dann ein negativ wirkendes Gewohnheitsrecht, desuetudo genannt, vor. Historisches Beispiel: Die Carolina (S. 207) setzte auf Pferdediebstahl die Todesstrafe. Trotzdem sie in Teilen Deutschlands bis 1879 gegolten hat, war schon seit langem von der Verhängung der Todesstrafe bei Pferdediebstählen abgegangen worden, offenbar eine Gesetzesänderung per desuetudinem.

Im übrigen ist die Wirkungsstärke des Gewohnheitsrechts der des Gesetzesrechtes (vgl. S. 80 VI) gleichzuachten. Insbesondere kann nicht der einzelne durch seinen Widerstand ein Gewohnheitsrecht entkräften. Und der Richter ist dem Gewohnheitsrecht ebenso untertan wie dem Gesetz.

§ 13. Untergeordnete Rechtsbildung (Praxis).

I. **Notwendigkeit weiterer Rechtsquellen.** Wer die Urteile unserer Gerichte, insbesondere die Zivilurteile liest, muß staunen, wie wenig darin auf bestimmte Gesetzesstellen gestützt wird. Erwähnung von Paragraphen pflegt zwar den Text der Urteile zu durchsetzen. Sehr oft ist das aber nicht viel mehr als eine bloße Ausschmückung, eine Zutat. Vom Gewohnheitsrecht ist vollends so gut wie nie die Rede.

Auch die Gesetzgeber, soweit sie nicht in Extremen befangen waren, haben stets zugeben müssen, daß in ihren Gesetzen (und dem ergänzenden Gewohnheitsrecht) nicht alles zu finden sein würde, und haben sich mehrfach darüber geäußert, was dann den Richter leiten solle. Auf „natürliche Rechtsgrundsätze" verweist ihn z. B. das österreichische BGB. von 1811. Der „Geist" des Gesetzes solle in solchen Lagen ermittelt und auf die neuen Verhältnisse überpflanzt werden, so etwa dachten es sich die Männer, die am ersten Entwurf des deutschen BGB. in den achtziger Jahren des vorigen Jahrhunderts arbeiteten. Auf eine ganz besondere Höhe aber hat sich das schweizerische Zivilgesetzbuch von 1907 geschwungen, das den Richter geradezu ermächtigt, selber die Rolle des Gesetzgebers zu übernehmen.

Der berühmte, in allen europäischen Juristenkreisen vielbesprochene Art. 1 des **schweizerischen Zivilgesetzbuchs** lautet:

„Das Gesetz findet auf alle Rechtsfragen Anwendung, für die es nach Wortlaut oder Auslegung eine Bestimmung enthält. Kann dem Gesetze keine Vorschrift entnommen werden, so soll der Richter nach Gewohnheitsrecht und, wo auch ein solches fehlt, nach der Regel entscheiden, die er als Gesetzgeber aufstellen würde. Er folgt dabei bewährter Lehre und Überlieferung".

Hier sind in Stichworten die verschiedenen Kräfte aufgezählt, die an der Gestaltung des Rechts mitarbeiten: der Gesetzeswortlaut, der durch Auslegung (nachfolgend IV, S. 110) zu ermittelnde Sinn des Gesetzes, der zur Rechtsgewohnheit gewordene Brauch der Bevölkerung, damit nahe zusammenhängend die (im katholischen Kirchenrecht stark betonte) Tradition, die von den Fachleuten, namentlich den Männern der Wissenschaft aufgestellte Dogmatik. Das ganze System ist allerdings etwas einseitig auf die Spruchtätigkeit des Richters zugeschnitten, und darum erscheint als oberster Gipfel der „Richter wie ein Gesetzgeber". Es wird zu untersuchen sein, ob der Richter in der Lage ist, jenen ihm an die Hand gegebenen Kräften notfalls aus der eigenen Brust (pectus facit iuris-consultum, sagt ein oft zitiertes Sprichwort) schöpferische Kraft beizugesellen (Ziff. III, S. 106ff.).

Ähnlich, jedoch mit naturrechtlichem Ausklang, wie es dem damaligen Zeitgeist entsprach (vgl. Ziff. 4 des S. 72 zitierten Reglements der Kaiserin Maria Theresia) das **österreichische Allgemeine bürgerliche Gesetzbuch** von 1811 § 7:

„Läßt sich ein Rechtsfall weder aus den Worten, noch aus dem natürlichen Sinne eines Gesetzes entscheiden, so muß auf ähnliche, in den Gesetzen bestimmt entschiedene Fälle, und auf die Gründe anderer damit verwandten Gesetze Rücksicht genommen werden. Bleibt der Rechtsfall noch zweifelhaft, so muß solcher mit Hinsicht auf die sorgfältig gesammelten und reiflich erwogenen Umstände nach den natürlichen Rechtsgrundsätzen entschieden werden."

Als jüngstes Beispiel kann die Stellungnahme des neuen **Codex iuris canonici** (unten S. 173) angeführt werden:

Canon 20: „Si certa de re desit expressum praescriptum legis sive generalis sive particularis, norma sumenda est ... a legibus latis in similibus; a generalibus iuris principiis cum aequitate canonica servatis; a stylo et praxi Curiae Romanae; a communi constantique sententia doctorum".

Damit ist offen zugegeben, was gerade in den letzten Jahrzehnten zum Angelpunkt einer bedeutenden Bewegung geworden ist, daß dem Gesetz (und dem Gewohnheitsrecht), d. h. den „klassischen" Rechtsquellen, mitunter keine Vorschrift entnommen werden kann. Nur über den Umfang dieses Versagens gehen die Meinungen auseinander: die Juristen der älteren Schulung hielten es für eine ganz seltene, als Nebensächlichkeit zu behandelnde Ausnahme, daß das Gesetz selbst keine Auskunft gäbe; während die neuere Richtung glaubt, auf Schritt und Tritt derartige ungeregelte (oder nur halb geregelte) Lagen anzutreffen. An der Tatsache selbst aber wird heute kaum noch gezweifelt. Will man also nicht einen leeren, rechtlosen Raum annehmen, muß man sich nach ergänzenden Kräften umsehen.

II. **Das Emporwachsen des Rechts aus seinen sozialen Unterlagen.** Neuerdings beschäftigen sich Kulturphilosophen und Soziologen (S. 15 III) in wachsendem Maße mit der Herkunft des Rechts. Sie gehen den Lebenserscheinungen nach, die beim Recht einmünden. Ihnen ist das Einmünden selbst das Nebensächliche, der Ursprung die Hauptsache. Gerade umgekehrt ist es beim Juristen. Ihm ist das Einmünden, noch genauer: die vollzogene Einmündung, also das Rechtgewordensein das Entscheidende. So wenigstens beim Dogmatiker. Näher kommt schon der Rechtshistoriker an die tieferen Gründe heran, und am meisten der Rechtsphilosoph. In jedem

Fall ist es ein Verdienst der (wissenschaftlichen) Soziologie, den Blick auf die lebhaft sprudelnden Gewässer gelenkt zu haben, noch bevor die Frage gestellt wird, ob das alles wirklich „Recht" im strengen Sinne des Wortes werden wird.

Man muß also, wenn man sich mit der Soziologie und den ihr verwandten Betrachtungen verständigen will, einen **doppelten Quellenbegriff** zugrunde legen. Der soziologische ist der weitere, die Gewässer in allen Tiefen und in den kleinsten Seitenadern erfassende. Der juristische ist der engere: nur, was eine Art Abstempelung erfahren hat, was gleichsam „aufgenommen", fertig geworden ist, ist „Rechtsquelle": den Juristen interessiert nur die Quelle, die ihre „Fassung" gefunden hat. Und es wird nun im folgenden zu untersuchen sein, ob das formale „Gesetzesrecht" und das klassisch dogmatisierte „Gewohnheitsrecht" die einzigen solchen Fassungen darstellen.

Wie steigt also das Recht aus den Urtiefen empor? Es sind dieselben Kräfte, die in letzter Vollendung und Formgebung beim Gesetzesrecht und Gewohnheitsrecht münden und von denen in dieser Hinsicht bereits gesprochen worden ist (S. 71 II, S. 86 III). Ihnen ist nun auf den unteren Stufen der Entwicklung nachzugehen, und es erschließen sich dabei Bilder von überraschender Mannigfaltigkeit. Ihnen gemeinsam ist zweierlei: Einmal das Suchen jener Kräfte nach einem Ausdruck und sodann das Hängenbleiben auf einem niederen Grad der Ausprägung und juristischen Vervollkommnung, was sich meist auch darin ausdrückt, daß das so entstandene Recht auf einen kleineren Kreis von Rechtsgenossen beschränkt bleibt.

1. **Die sog. lex contractus.** Wir müssen weit ausholen, um ein erschöpfendes Bild zu bekommen. Wenn heute zwei Personen einen Kaufvertrag schließen, so wird der Vorgang ohne weiteres durch eine echte Gesetzesbestimmung gedeckt, denn der Kauf ist im Bürgerlichen Gesetzbuch ausführlich geregelt (BGB. § 433 ff.). Unter den Parteien entsteht dabei allerdings „Recht", das man auch in Parallele zum Gesetz lex contractus genannt hat. Aber die wissenschaftliche Erkenntnis macht hier einen großen Schnitt. Solches Recht, das nur für einzelne Personen (Subjekte) gilt, scheidet sie scharf als **„Recht im subjektiven Sinne"** vom Gesetz, Gewohnheitsrecht und den nachfolgend entwickelten Rechtsquellen, die zusammen das „Recht im objektiven Sinne" darstellen. Und von dem ersteren, dem Recht im subjektivem Sinne, ist erst im folgenden Kapitel (S. 117 ff.) zu reden.

Nun bleibt jedoch noch eine andere Betrachtung, die, wenn nicht ein einziges solches Parteigeschäft, so mindestens eine größere Zahl von ihnen als jenen Mutterboden für das Heranwachsen wirklichen objektiven Rechts betrachtet. Diese Vorstellung ist keineswegs schwierig. Denn wie kommt es zu einer Gewohnheit? Eben doch aus dem einzelnen heraus. Die einzelnen Fälle verdichten sich, die Gewohnheit entsteht, sie bekommt die entscheidende Wendung zum Rechtlichen, das Gewohnheitsrecht ist da, ein Gesetzestext nimmt es in sich auf. So die einfachste Darstellung des Werdeganges. Es haben dann, im soziologischen Sinne, alle die einzelnen Vertragschließenden an dem Entstehen des Rechtssatzes mitgewirkt!

Daran schließen sich sogleich weitere Vorstellungsreihen. Man wird nämlich hier, wie auf allen anderen Gebieten menschlicher Betätigung besonders eifrige Elemente von den gleichgültigeren Durchschnittsnaturen unterscheiden müssen. Danach ist doch der Anteil der einzelnen an der Rechtserzeugung ungleich. Ja, man braucht nicht davor zurückzuschrecken, geradezu an Erfinder, Vorposten, geniale Konstrukteure im Bereich des Verträgeschließens zu denken. Ihr Beispiel kann so einflußreich sein, daß sich sofort alle anderen Rechtsgenossen anschließen. Sie schaffen einen **Typus**, und da es von hier nicht mehr weit zum richtigen Gewohnheitsrecht und Gesetzesrecht ist, kann man sie als Bahnbrecher auch in der Richtung auf Recht im objektiven Sinne bewerten.

a) Gelegentlich wird ausdrücklich ein ganz bestimmter Jurist als „Vater", also Erfinder eines genau bezeichneten Rechtssatzes oder Rechtsgedankens gefeiert. So ist z. B. die kunstvolle Figur des sog. constitutum possessorium, die sich bis in unser heutiges Bürgerliches Gesetzbuch erhalten hat (vgl. im Grundriß Sachenrecht § 12 III b), von dem römischen Juristen Juventius Celsus zu Anfang des 2. Jahrhunderts n. Chr. „erfunden" worden (Dig. 41, 2, 18 pr.). Aus der heutigen Zeit kann als Beispiel genannt werden der Berliner Anwalt und Kommentator Hermann Staub, der „Erfinder" der sog. positiven Vertragsverletzungen. (Näheres im Grundriß Schuldrecht § 41 V). Allerdings handelt es sich hier schon um Fachjuristen (unten III, S. 106), nicht eigentlich Männer aus dem Volke, die selbst am konkreten Geschäftsschluß beteiligt sind. Deren Namen werden der Nachwelt fast nie überliefert. Aber auch wenn ein bestimmter Name fehlt, irgendwer muß doch als erster den Griff getan haben (z. B. die S. 84 erwähnte Sicherungsübereignung versucht haben), und wenn er nur dabei genügend weit ins Neuland gegriffen hat, mag man den Namenlosen getrost einen Erfinder nennen.

b) Eine interessante, freilich etwas weit abführende Frage geht dahin, inwieweit solche, unmittelbar aus dem Volke kommenden Rechtsschöpfer bei ihren geschäftlichen Betätigungen einen **Rechtswillen** gehabt, d. h. bewußt auf eine Rechtswirkung hinaus gewollt haben. Ein Minimum solcher Gedankenrichtung wird man voraussetzen müssen, wenn man bedenkt, daß später zu der abschließenden Stufe des vollkommenen Gewohnheitsrechts jene „opinio necessitatis" (S. 86, aber auch S. 87) gehört. Dieses Minimum wird sich am besten durch das

Wort Bannlegung bezeichnen lassen: der Partner am Geschäft soll gebunden, festgelegt sein. Wodurch man ihn für gebunden hält, das tritt vorerst zurück. Noch heute, in einer Zeit, die „juristisch" reichlich durchtränkt ist, lehrt die Erfahrung, daß Vertragsschließende oft genug das Anstandsgefühl des Partners für ausreichend halten oder davon ausgehen, daß der Partner schon deshalb das Versprochene halten wird, weil er sich durch einen Bruch des Versprechens schwer schädigen, etwa seine Geschäftsbeziehungen einbüßen würde. Aber es setzt sich dann doch verhältnismäßig rasch der Nebengedanke an, daß die staatlichen Gerichte im Hintergrunde stehen und notfalls der Abrede den nötigen Nachdruck verleihen werden. Das ist dann schon offenbarer „Rechtswille", der als Unterstufe für sich entwickelndes Recht im objektiven Sinne ausreicht.

c) Wie aber, wenn den Parteibestrebungen, die sich in den einzelnen Geschäftsabschlüssen bekunden, ein bisher anerkannter, etwa in einem Gesetzestext oder gewohnheitsrechtlich niedergelegter Rechtssatz ausdrücklich entgegensteht? Zumeist werden dann die Leute abgeschreckt. Aber die Geschichte zeigt viele Fälle, wo sie es, zunächst auf die Klagbarkeit verzichtend, doch immer wieder versuchen, bis sie schließlich durchdringen und ein Wandlung des objektiven Rechts herbeiführen. Das berühmteste historische Beispiel ist die in zähem Ringen herbeigeführte Beseitigung des Unterschieds, den das römische Recht zwischen den Contractus und den pacta gesetzt hatte. Erstere waren ganz bestimmte, entweder an eine steife Form gebundene oder inhaltlich genau abgestempelte Vertragsarten. Sie allein waren klagbar. Es entwickelten sich jedoch neben dieser geschlossenen Reihe klagbarer Geschäftstypen noch viele andere. Wer entwickelte sie? Die Bevölkerung, einzelne Begabte beginnend, andere folgend. Klagbar waren diese „nuda pacta" nicht, dem stand der mit Zähigkeit festgehaltene ungeschriebene (gewohnheitsrechtliche!) Satz entgegen, daß nur jene eigens anerkannten „contractus" Rechtshilfe haben sollten. Aber den Leuten, die die anderen, nicht patentierten Geschäfte abschlossen, schwebte eben doch trotzdem der Gedanke vor, daß sie sich mit ihrem Geschäftsschluß in die Rechtswelt hineinbegeben hätten. Und es ist nun äußerst lehrreich und interessant zu beobachten, wie sich dieser Eindruck der Geschäftschließer, also der einzelnen Menschen schrittweise durchgesetzt hat. Nachdem noch die sog. Zivilisten des Mittelalters behaupteten, die nuda pacta seien nun einmal klaglos, gingen die Kanonisten (unten S. 171 IV, S. 180) doch dazu über, auch diesen Verträgen, überhaupt allen auf rechtliche Bindung abzielenden Verträgen die Klagbarkeit zuzusprechen. Seitdem gilt sprichwortartig der Satz: Pacta sunt servanda, — das Ganze ein fruchtbares Beobachtungsfeld für das Herauswachsen des Rechts aus der Welt der privaten Geschäftsschlüsse.

d) Ein Kapitel für sich, das in diesem Zusammenhange behandelt zu werden verdient, bilden ferner die **Umgehungsgeschäfte.** Das sind künstlich gebildete Rechtsformen, die einer bestimmten, schon bestehenden Rechtsnorm (meist einer Gesetzesbestimmung) ausweichen wollen. Die Rechtsgeschichte ist erfüllt von Beispielen. Um das Zinsverbot der Päpste zu umgehen, wurden im Mittelalter und später die verschiedensten Mittelchen, alle juristisch aufs feinste zugespitzt, erfunden (vgl. Grundriß Schuldrecht § 15 I). Ein Beispiel aus der heutigen Zeit bietet die 1912 in München geschaffene, in der Zeit der Geldentwertung (1919 ff.) stark verbreitete, dann wieder rasch abnehmende sog. „**G.m.b.H. und Co.**", eine äußerst fein ausgeklügelte Gesellschaftsform, die ausgesprochenermaßen einer gesetzlich eingeführten „Doppelbesteuerung" entgegenwirken wollte (vgl. Reichsgerichtsurteil v. 4. Juli 1922, Band 105 S. 101 ff.). Auf solchem Boden kann der Erfindergeist geradezu Triumphe feiern. Und da die Gesetze sich gegen solche, sie ausschaltende oder doch abschwächende „Neuschöpfung von Recht" zu wehren suchen, neuerdings sogar mit sog. Generalklauseln (z. B. § 5 der Reichsabgabenordnung vom 13. Dezember 1919: „Durch Mißbrauch von Formen und Gestaltungsmöglichkeiten des bürgerlichen Rechts kann die Steuerpflicht nicht umgangen oder gemindert werden"), so hat man das Schauspiel eines gespannten Ringens zwischen dem Gesetz, der schon fertigen und „geltenden" Rechtsquelle, und den irgendwo aus dem Kreise der Bevölkerung aufsteigenden, meist namenlos bleibenden „Neuschöpfern", die auf ein anderes, ihnen günstigeres Recht hinauswollen.

e) Über den sog. öffentlichrechtlichen Vertrag („Vereinbarung" genannt) als Quelle des Rechts unten S. 101 Ziff. 2, auch in § 31 unter II b 1.

2. **Massenverträge.** Die Richtung auf objektives Recht verstärkt sich, wenn die Verwendung einer Rechtsfigur ins Massenhafte wächst. Schon im vorhergehenden war davon die Rede, daß die Wiederholung den Typus, der Typus die Gewohnheit, die Gewohnheit das Gesetz erschafft. Immerhin erschien es in den bisherigen Beispielen so, als wenn die beteiligten Einzelnen in jedem Falle von neuem ihre Entschlüsse fassen. Das spezifisch Massenhafte besteht nun darin, daß der einzelne keine Lust oder Kraft oder Zeit mehr hat zu wählen: das Massenhafte legt sich als Druck auf ihn. So wie die Politiker, die Psychologen und manche andere Kategorie von Denkern das Phänomen der „Masse" erst in neuerer Zeit ernstlich zu studieren begonnen haben, so auch die Juristen. Es gibt auch im Bereich des Rechts eine ansteckende Gewalt, der gegenüber das Wollen des einzelnen zurücktritt.

Das ist nicht so zu denken, als ob nicht doch einzelne Einzelne gelegentlich abspringen, also dem Drucke sich entgegenstemmen könnten. Überhaupt muß man sich hüten, diese Erscheinungen zu sehr unter dem Gesichtspunkt der „Suggestion" oder gar krankhafter Einwirkungen zu betrachten. Es spielen meist sehr nüchterne Dinge mit, die den einzelnen in die „Schablone" hineinziehen, vor allem Zeitmangel oder mangelnde Erfahrung in der technisch-juristischen Ausdrucksweise. Bisweilen auch politische Momente: seine Genossen nehmen es ihm übel, wenn er sich nicht ihrem „Rezept" anschließt, stoßen ihn vielleicht sogar dieserhalb aus ihrer Gemeinschaft aus; über das hierher gehörige, sehr wichtige Beispiel der Tarifverträge vgl. unten Ziff. 3, S. 97.

Unsere heutige Zeit (vgl. S. 5) ist einer derartigen Entwicklung besonders günstig. Die Lebensverhältnisse sind so vielseitig, das Tempo unseres geschäftlichen Lebens ist so schnell geworden, daß in tausenden von Fällen, man kann sagen: in der Mehrzahl der Fälle der einzelne gar nicht in der Lage ist, zusammen mit seinem Partner das geplante Geschäft ganz neu und selbständig zu formulieren. Vielmehr muß man sich, schon um vorwärts zu kommen, gewissen Normalregeln, Musterschemata, Mustersatzungen anschließen. **Das Formular beherrscht das Feld.** In seiner, meist paragraphierten Form erscheint es wie ein „Gesetz" für die Vertragsschlüsse, wie eine lex contractus in einem anderen, dem einzelnen Geschäfte übergeordneten Sinne. Gewiß ist der Druck, den es ausübt, sehr verschieden stark, aufsteigend von bloßer verlockender Bequemlichkeit bis zur annähernder Unentrinnbarkeit. Jedenfalls aber mündet er auf der höchsten Spitze im Gewohnheitsrecht mit der Anwartschaft, schließlich sogar in einem Gesetzestext seinen Niederschlag zu finden.

α) Es ist eine klar zutage liegende Tatsache, daß sich unser aller „Rechtsleben" auf breitesten Flächen viel mehr nach den Paragraphen solcher Formulare als nach unmittelbaren Gesetzesparagraphen richtet. Unser Mietsverhältnis wird in erster Linie von den Mietsformularen und der textierten Hausordnung bestimmt. Die Abwicklung der Lieferungsgeschäfte des Großhandels spielt sich durchaus überwiegend auf der Unterlage von „Konditionen" ab, die in einem Formular niedergelegt sind. Vereinsgründungen erfolgen nicht selten unter Benutzung eines, etwa von einem übergeordneten Verbande zur Verfügung gestellten oder gar vorgeschriebenen Normalstatus. Und welche große Bedeutung der formulierte Massenabschluß für die Welt des Fabrikarbeiters bekommen hat, wird noch unter Ziff. 3 auszuführen sein.

Die einzelnen Rechtsgebiete nehmen an dieser Art des Heranwachsens von Recht in verschiedenem Maße teil. Am wenigsten das Strafrecht, am meisten das Handelsrecht und die dem Handelsrecht nahestehenden Teile des bürgerlichen Rechts (vgl. Grundriß Schuldrecht § 1 unter Ic). Sehr stark auch das Verwaltungsrecht (nur, daß hier nicht so sehr das Schema eines Vertrages als vielmehr das der einseitigen Verwaltungsmaßregel die Bahn hergibt, auf der neues objektives Recht emporsteigt).

β) Ein historisch abgeschlossenes, durch neuere Untersuchungen besonders eindrucksvoll gestaltetes Beispiel, wie aus Klauseln, die sich die Parteien zurecht machten und allmählich stereotyp zur Anwendung brachten, objektives Recht entsteht, bietet die römischrechtliche Eviktionshaftung des Verkäufers. Der Fall liegt in einfachster Prägung so: A hat dem B formlos ein Roß verkauft; später tritt C auf, behauptet, das Roß sei sein Eigentum, und droht dem B die Wegnahme (Eviktion) an. Es fragt sich, inwieweit B sich an A halten und von ihm Verteidigung gegenüber dem C verlangen kann, der berühmte „Zug auf den Gewähren" (Vormann). In der ganzen antiken Kulturwelt waren nun Klauseln üblich, namentlich folgende 2 Zusicherungen:

1. Das Versprechen, daß der Verkäufer selbst und seine Erben (oder sonstigen Rechtsnachfolger) eine Störung des Käufers unterlassen würden,

2. das Versprechen, rechtliche Angriffe Dritter, z. B. sog. Beispruchsrechte (Vorkaufsrechte) der Sippengenossen oder eben den Eigentumsvorstoß des C im obigen Beispiel abzuwehren.

Es ist schon sehr wahrscheinlich, daß die 1. der beiden Klauseln dem späteren objektiven Recht stark vorgearbeitet hat (Rabel: Vorstufe des späteren „absoluten" Eigentumsbegriffes), wenngleich hier vieles dunkel bleibt und verschiedene gelehrte Theorien einander gegenüberstehen. Jedenfalls aber liegt die entwicklungsgeschichtliche Rolle der 2. Klausel offen zutage. Das objektive Recht des alten Rom kannte eine Haftung des C im Sinne dieser 2. Klausel nicht (beim formlosen Kauf). Darum eben half man sich mit dem subjektiven Recht des Einzelfalls durch Einstellung der Klausel. Nun aber ereignete sich eine überaus interessante **Zwischenstufe.** Die Klausel hatte sich so sehr eingebürgert, daß, wenn sie einmal weggelassen war, zunächst die Ädilen für den Fall des Sklavenverkaufs und ihnen folgend der Prätor für andere Käufe die nachträgliche Einfügung der Klausel erzwangen: es konnte vor dem Forum des Prätors auf Abgabe einer der obigen 2. Klausel entsprechenden Zusage geklagt werden! Hier sieht man zunächst einmal das, was das Spezifikum des „Massenhaften" ausmacht: der einzelne kann sich dem Druck gar nicht mehr entziehen, die Obrigkeit leiht sogar ihren Arm dazu (Übergang zur nächsten Entwicklungsstufe, nachfolgend Ziff. 3). Aber noch ein zweites tritt deutlich hervor, eben der Übergang ins objektive Recht: Natürlich schwebte jenen mit der Rechtspflege betrauten römischen Beamten bereits der abschließende Gedanke vor, daß unmittelbar aus dem objektiven Recht heraus der Käufer einen Rückgriff auf den Verkäufer haben müsse, wenn ein Dritter dem Käufer die Sache abjagt (evinziert). Aber man war noch so sehr in der Vorstufe vertragsmäßig vereinbarten (subjektiven) Rechts, in dem gedanklichen Netz der Formulare und Klauseln befangen, daß man, um zum Ziele zu kommen, künstlich eine Haftung in den Einzelvertrag hineinzwang. Das spätere römische Recht hat dann diesen Umweg fallen lassen, und das ist auch der Standpunkt des heutigen deutschen Rechts (vgl. Grundriß Schuldrecht § 7 II b und III a): Unmittelbar aus dem Gesetz heraus haftet der Käufer für die sog. Eviktion; was ursprünglich Vertragsklausel des Einzelgeschäfts war, ist auf dem Wege einer behördlich anerkannten und mit Zwang ausgestatteten Massenhaftigkeit zum klaren objektiven Rechtssatz geworden.

3. **Massenverträge mit Zwangscharakter.** Von dem psychologischen Zwang und dem wirtschaftlichen Zwang, der sich auf den einzelnen legen und ihn nötigen kann, wie alle anderen rechts und links, so auch seinerseits ein geplantes Geschäft nach dem üblichen Formular abzuschließen, ist bereits unter 2 gesprochen. Eine weitere Stufe der Entwicklung offenbart nun aber sogar einen rechtlichen Zwang, der mit der Erscheinung gewisser Massenverträge unmittelbar verknüpft ist. Das bedeutendste, gerade erst in den letzten Jahren zur wissenschaftlichen Klarheit aufgestiegene Beispiel sind die sog. **Tarifverträge** (kollektiven Arbeitsverträge), die heute über die wirtschaftliche Stellung und damit die ganze ökonomische Existenz des überwiegenden Teils der deutschen Bevölkerung entscheiden.

Der Tatbestand ist folgender. Die große Mehrzahl der Industriearbeiter (z. B. der Metallarbeiter, Holzarbeiter, Textilarbeiter usw.), aber auch der kaufmännischen Angestellten, der technischen Angestellten, die meisten Landarbeiter usw. sind heute nach Berufszweigen (Branchen) und örtlich abgegrenzten Bezirken (von verschiedener und wechselnder Größe) zusammengeschlossen. Die Gewerkschaft ist der (übrigens ebenfalls allmählich aus dem Volke heraus erwachsene) Typus dafür. Der leitende Gedanke war der, daß man dem „Gegner" nicht mehr einzeln, sondern als stoßkräftige Masse gegenübertreten wollte. Der Gegner (manchmal kommen jedoch auch andere Frontstellungen vor, z. B. gegen den Staat) ist der Arbeitgeber, der aber ebenfalls seine Vereinzelung fast ganz aufgegeben und sich mit seinesgleichen zu großen Verbänden zusammengetan hat. Es werden nun die Bedingungen des Arbeitsverhältnisses, vor allem die Lohnhöhe (der „Tarif"), nicht mehr mit jedem Einzelarbeiter besonders vereinbart, sondern das machen die beiderseitigen Verbände unter sich, z. B. für die Metallindustrie des Ruhrbezirks oder für die Flascheninindustrie des Reichsgebiets usw. Was auf diese Weise „oben" ausbedungen worden ist, gilt dann „unten" ohne weiteres für die Tausende von Arbeitern, die den beteiligten Verbänden angehören, vielleicht sogar auch für solche, die außerhalb des Verbandes geblieben sind. Gilt es wirklich?

Ein großes Maß von Scharfsinn haben die Juristen der Vorkriegszeit angewandt, um eine „Bindung" (eine rechtliche Bindung) der einzelnen an diese, gar nicht von ihnen selbst gestalteten und abgeschlossenen Verträge zu konstruieren (vgl. zur Ergänzung Grundriß Schuldrecht § 22 III f.). Das war vergebliches Bemühen, solange man an dem reinen Bild des „Vertrages" und damit des bloßen Rechts im subjektiven Sinne festhielt. Neuerdings ist nun aber, vor allem durch die neue, der Revolution entsprungene Gesetzgebung (s. im folgenden) die Bahn für eine ganz andere Betrachtung frei geworden.

Solche Tarifverträge sind zunächst gewöhnliche Massenverträge mit psychologischem und wirtschaftlich-politischem Druck. Bliebe es dabei, so könnte innerhalb der Rechtswelt, also z. B. bei einer Auseinandersetzung vor Gericht, eben doch ein einzelner erklären, es gebe für ihn keine Bindung an den Vertrag, denn der Tarifvertrag sei kein Gesetz (objektives Recht), als Vertrag aber (subjektives Recht) gehe er ihn nichts an, da er seinerseits den Vertrag nicht selbst geschlossen hätte. Die Bedürfnisse der jüngsten technischen Entwicklung, vor allem der allgemeine Zug ins Massenhafte, drängten jedoch dazu, dem einzelnen ein solches Abspringen zu unterbinden; denn nur so schien die nötige Gleichmäßigkeit und Stabilität der Arbeitsverhältnisse gewährleistet. Erreichen ließ sich das aber eben nur, wenn man dazu überging, jeden einzelnen auch rechtlich an die Abmachungen zu binden, gleichgültig, ob er am Abschluß persönlich beteiligt war oder nicht, gleichgültig auch, ob er von dem Inhalt des Vertrages Kenntnis genommen hat oder nicht. Und diesen entscheidenden Schritt hat nun wirklich die jüngste Rechtsentwicklung vollzogen.

Es sind damit durchaus die gleichen Kennzeichen verwirklicht wie beim Gesetz: Verbindlichkeit ohne weiteres, Unterworfenheit, auch wenn man sich um den Inhalt nicht gekümmert hat. Deshalb ist man sich auch nach einigem Schwanken in der wissenschaftlichen Welt ziemlich einig darüber geworden, daß (ordnungsgemäß zustande gekommene) Tarifverträge wirkliches objektives Recht zu setzen vermögen, also nicht bloß im soziologischen, sondern im vollen juristischen Sinne (vgl. S. 92) als **„Rechtsquelle"** anzusprechen sind.

Freilich geht diese Legitimation auf einen besonderen Akt des Gesetzgebers zurück. Eine in den ersten Monaten der Revolution erlassene Verordnung vom 23. Dezember 1918 (die demnächst durch ein gründlicher durchgearbeitetes Gesetz ersetzt werden soll) hat nämlich die unmittelbar verbindende Kraft bestimmter Sorten von Tarifverträgen (es sind fast alle, die in der Praxis vorkommen) ausdrücklich statuiert. Sie hat sich dabei einer verschrobenen, halb als Negative, halb als Fiktion gefaßten Ausdrucksweise bedient, indem sie nämlich zuerst alle Einzelabmachungen, die nicht genau dem Tarifvertrag entsprechen, für „unwirksam" erklärt und dann fortfährt: „An die Stelle unwirksamer Vereinbarungen treten die entsprechenden Bestimmungen des Tarifvertrages".

Auch hier kann man übrigens, ähnlich wie in dem römischen Beispiel der Eviktionshaftung des Verkäufers (S. 97), eine eindrucksvolle Zwischenstufe beobachten. Diese, den einzelnen auferlegte, ohne weiteres einsetzende Verbindlichkeit des Tarifvertrages gilt nämlich zunächst nur für die Mitglieder der vertragschließenden Vereinigungen. Es wird also an dem subjektiven Moment noch einigermaßen festgehalten, die Vertragssphäre, aus der das Ganze herausgewachsen ist, ist noch deutlich spürbar. Denn, wer sich nicht den betreffenden Gewerkschaften oder ähnlichen Verbänden angeschlossen hat, tritt demnach auch nicht unter den bindenden Druck des Tarifvertrages. Nun hat man sich aber doch noch von dieser Stufe zu einer weiteren Stufe emporgeschwungen. Es kann nämlich eine Behörde (der Reichsarbeitsminister) nach seinem Ermessen Tarifverträge auch für „allgemeinverbindlich" erklären, und dann gelten sie (innerhalb der Branche und des Bezirks) auch für alle den Verbänden nicht Angeschlossenen. Hier ist das Bild eines von oben kommenden objektiven Rechts vollkommen: es wird ein Vertrag geschlossen, aber er wächst sich unter behördlicher Mitwirkung zu einer gesetzesähnlichen Wirkung aus: er hat Zwangscharakter wie ein Gesetz.

4. **Autonomie.** Im vorhergehenden hat sich gezeigt, daß der Staat, als oberster Verwalter des Rechts gedacht, Bestrebungen, die von unten aufsteigen und auf die Schaffung von Recht hinstreben, unterstützen kann. Vor allem in der Weise, daß er seine Behörden und insbesondere gegenüber solchen, die sich nicht fügen wollen, seinen Gerichtsapparat zur Verfügung stellt. Von hier aus ist es nur noch ein Schritt zur sog. Autonomie (Selbstgesetzgebung).

Der Unterschied zum Vorangegangenen liegt in der **korporativen Zutat.** Es handelt sich nicht mehr um einen unbestimmten Kreis von Handelsleuten oder Arbeitern, die ihre Bräuche und Verabredungen sanktioniert sehen wollen, sondern um einen Kreis, der einigermaßen fest gefügt und abgeschlossen erscheint, um „Körperschaften". Die bedeutendsten Beispiele der Jetztzeit sind die **Gemeinden** und die (genügend fest formierten) **Vereine,** die in der Tat eine eigene, ihr Innenleben bestimmende Gesetzgebung haben.

Die Grenze ist natürlich flüssig. Viele bezeichnen z. B. schon die unter 3 geschilderte Wirkung der Tarifverträge als „Autonomie". Auch sie werden aber dabei von dem Körperschaftsgedanken geleitet. Es schwebt ihnen vor, daß Arbeitgeber und Arbeitnehmer einer bestimmten Branche einen solchen, nach außen einigermaßen abgeschlossenen Kreis bilden, gewissermaßen einen Staat im Staate, in dem sie sich nun gesetzgeberisch auszuwirken haben. Man braucht sich nur an die Zünfte des Mittelalters, die wirklich stark abgeschlossen waren, zu erinnern, um diese Auffassung verständlich zu finden, gleichzeitig aber doch Zweifel zu verspüren, ob die heutigen Zusammenschlüsse wirklich schon fest genug gefügt sind, um als Träger echter „Autonomie" zu erscheinen (Zwischenstufen?).

Die Autonomie ist anerkannte, echte Gesetzgebung. Ihr Charakter als Schöpferin objektiven Rechts, also als „Rechtsquelle", wird wissenschaftlich kaum bestritten. Immerhin handelt es sich um eine abgeschwächte Form der Gesetzgebung, gekennzeichnet durch Unterordnung. Denn so, wie die Autonomie in unserem Zusammenhange verstanden wird, erhält sie ihr volles begriffliches Gepräge erst durch den Gegensatz zum Staat als einer übergeordneten Gewalt: Die Autonomie beruht auf staatlicher Verleihung oder Duldung, sie lebt von Staates Gnaden (in diesem Sinne wurde sie bereits S. 77 Ziff. 2 behandelt).

1. So wenigstens nach der juristisch-dogmatischen Anschauung. Das schließt nicht aus, daß bei einer soziologischen (kulturgeschichtlichen) Betrachtung oder im politischen Rahmen die autonomen Gewalten mit der These auftreten, sie hätten ihre Autonomie „kraft eigenen Rechts" und brauchten keine „Delegation" von seiten des Staates. Es begreift sich leicht, daß diese These desto deutlicher vorgetragen wird, je schwächer die Staatsgewalt ist. Je mehr im alten Reich des Mittelalters die Kaisergewalt erschüttert wurde, desto zahlreicher erhoben Territorialherren, freie Städte und andere „autonome" Gewalten ihr Haupt, und desto kräftiger lebten sie sich in die Überzeugung hinein, die Befugnis zur Selbstsatzung kraft eigenen Rechts auszuüben. Heute ist der Staat mächtig genug, um die Autonomie der Gemeinden, der Vereine, der Universitäten, der neugeschaffenen „Wirtschaftskörper" (über diesen unten § 27 IV b 3) usw. als eine abgeleitete Macht erscheinen zu lassen, und das hat die wichtige Folge, daß der Staat die Grenzen der autonomen Betätigung jener Körperschaften bestimmen und ihnen sogar

ihre Selbstherrlichkeit ganz entziehen kann (im Wege ordentlicher Gesetzgebung, nicht etwa durch Verwaltungswillkür einzelner Beamten).

Sprachlich schließt das Wort Autonomie dieses Moment der Ableitung und Unterordnung nicht in sich. In der Tat wird es auch in einem weiteren Sinne gebraucht, so daß auch der Staat selbst, und er in erster Linie als Träger der Autonomie erscheint. So spricht man im Bereiche des Völkerrechts von „autonomen" Staaten (Eingriffe in Deutschlands „Autonomie" durch den Friedensvertrag von Versailles, durch die rechtswidrige Ruhrbesetzung usw.). Doch mischt sich gerade bei der völkerrechtlichen Betrachtung sogleich wieder ein Beigeschmack von Unterordnung ein. Kann die Autonomie eines Staates oder, denkbarerweise sogar die Autonomie aller Staaten auf völkerrechtlicher Verleihung beruhen? Vgl. dazu unten S. 290 Ziff. 2 und im § 31 (Völkerrecht).

2. Aber dazu tritt noch eine ganz andere Denkweise, die überhaupt die Vorstellung des Verleihens fallen lassen will. Sie will nichts wissen von dieser Duplizität, daß einmal eine Macht da sein muß, die verleiht, und sodann, begrifflich ganz von ihr geschieden, eine untergeordnete Stelle, die das „Recht" von dieser Macht empfängt. Sie glaubt vielmehr an die Möglichkeit einer Selbsterzeugung des Rechts durch den, der es braucht. Das wäre also wiederum eine Art von Gewohnheitsrecht, das das Volk für sich hervorbringt. Aber dabei bleibt diese Meinung nicht stehen. Vielmehr interessiert sie hauptsächlich die Figur, bei der zwei Gleichmächtige aufeinander zutreten und durch Absprache unter sich „Recht" machen. Damit ist wieder die Form des Vertrages erreicht. Um jedoch die besondere Natur eines solchen Rechtssetzungsvertrages herauszustellen, hat man noch eine besondere Wortform geprägt: die **Vereinbarung**, oder, wie meistens beigefügt wird, die öffentlichrechtliche Vereinbarung. Gerade das aber eröffnet wiederum die Perspektive auf den Staat selbst. Wie, wenn der „Staat" seinerseits aus einer „Vereinbarung" der Beteiligten hervorgegangen wäre? In der Tat ist das zum Gegenstand einer bedeutenden wissenschaftlichen Spekulation, nämlich zum Kernstück der Lehre vom Contrat social (vgl. S. 63) gemacht worden. Hier nun fließt das Vertragselement unmittelbar mit der Staatsmacht, der „Autonomie" des Staates zusammen.

Schreitet man ins Völkerrecht hinüber, so erscheint eine solche Vorstellung sogar noch viel gangbarer. Denn hier ist jene Duplizität — verleihende Macht, empfangende Stelle — fast schwerer zu begreifen, als die Einheitsformel: Die Völker schaffen sich untereinander durch Vereinbarungen „Recht", sie sind gleichzeitig die verleihende Macht und die Empfänger. Darüber Näheres unten im § 31.

Man sieht, wie solche Betrachtungen bis zu den obersten Spitzen der Rechtserzeugung hinaufführen. Wiederum sind es die soziologischen Vorstellungen, die die Bahn dafür frei gemacht haben. Vgl. als literarisches Beispiel: Theodor Buddeberg, Rechtssoziologie des öffentlichrechtlichen Vertrages, im Archiv des öffentl. Rechts N. F. 8 S. 85 ff.

3. Probleme eigener Art, die zeitweise viel von sich reden gemacht haben und noch machen, sind das **Verhältnis von Staat und Kirche** und das durch die neue (vielleicht demnächst zu reformierende) Reichsverfassung gerade wieder ins Rollen gekommene **Verhältnis von Reich und Ländern.** Der Staat beläßt den von ihm anerkannten Kirchen in ziemlich weitem Ausmaß die Regelung ihrer Angelegenheiten durch eine

eigene Rechtssetzung („Kirchenrecht"). Ebenso haben auch noch nach der neuen Verfassung, trotz deren „unifizierenden Tendenz", (unten § 26 IV b) die Länder auf beachtlichen Flächen die Gesetzgebungsgewalt (Landesrecht). Ist das Autonomie in jenem weiteren, den Staat selbst umfassenden Sinn der obigen Ziff. 2? Dann würde die Kirche als gleichgeordnete Macht neben dem Staat (vgl. § 30 III), die Länder als gleichgeordnete Macht neben dem Reich erscheinen. Oder ist es eine Autonomie in dem engeren Sinne der Ziff. 1: von unten aufsteigende Kräfte, die korporativ gesammelt erscheinen, erhalten vom Staate durch besonderen Ausspruch oder stillschweigende Duldung von oben her ein Feld der Selbstbetätigung zugewiesen?

Inhaltlich erfährt der Begriff der Autonomie (im spezifischen Sinne) wiederum sein Kennzeichen durch die Verquickung mit dem körperschaftlichen Gedanken. Das Leben in der Korporation, bisher ein bloßes gesellschaftliches Beieinander, soll auf einen Rechtsboden gehoben werden. Das bedeutet einerseits Ausweitung, andrerseits Beschränkung. Beschränkung insofern, als die Korporation nicht über ihren eigenen Lebenskreis hinausgreifen darf. Gerade darüber pflegt der Staat eifersüchtig zu wachen, wenn er die Kirche bei ihrem rechtsgestaltenden Gebaren beobachtet, oder wenn er diejenigen Vereine, die politische Bestrebungen verfolgen, unter besondere Kontrolle nimmt. Auf der anderen Seite Ausweitung: es handelt sich nicht bloß um das Setzen von Normen, sondern auch um ihre Anwendung und gerichtliche Durchführung. Darum geht, wenn man die sog. Dreiteilung der Gewalten (unten § 26 IV c) zugrunde legt, regelmäßig neben dem Streben jener Korporationen (Gemeinden, Vereine, Kirchen usw.) nach Selbstgesetzgebung auch das Streben nach Selbstverwaltung und Selbstgerichtsbarkeit. Im engsten Sinne wird das Wort Autonomie jedoch nur für die Selbstgesetzgebung gebraucht.

Beides, Beschränkung wie Ausweitung, wird durch eine Streitfrage aus dem Bereich der Vereinsautonomie gut illustriert. Es handelt sich um die Ausstoßung einzelner Mitglieder aus dem Verein. Eine solche Ausstoßung wird oft von dem Betroffenen nicht stillschweigend hingenommen. Er wendet sich an die staatlichen Gerichte und erwartet von diesen eine Nachprüfung des Ausstoßungsbeschlusses. Hier spielt alles hinein: das Gesetzgebungsrecht des Vereins, der in seinen Statuten die Gründe der Ausschließung eines Mitglieds aufzählt oder auch einem Organ des Vereins (etwa der Generalversammlung) das Recht der Ausstoßung ohne Angabe besonderer Gründe verleiht; die Verwaltungsmacht des Vereins, der eben durch Ausscheidung ungeeigneter Elemente das Leben im Verein „sanieren" will; schließlich die Gerichtsbarkeit des Vereins, die nicht selten sehr genau geregelt ist. Für das alles kann man volles Verständnis haben. Aber auf der anderen Seite taucht der Gedanke auf an eine Beschränkung, denn der Fall solcher Ausscheidung liegt offensichtlich an der Grenze des eigenen Innenlebens der Korporation und einer nach außen wirkenden Betätigung. So liegt es nahe, gerade hier eine Einflußnahme des übergeordneten Staats in Erwägung zu ziehen.

Es ist nun sehr interessant zu beobachten, wie die Stellung der staatlichen Gesetzgebung und Judikatur im Laufe der Zeiten gewechselt hat. Ein Beispiel unbedingter staatlicher Kontrolle bietet das Preußische Landrecht von 1794 (unten S. 212b). Hier hieß es: „Die Corporation ist berechtigt, Mitglieder, welche dem gemeinschaftlichen Zwecke vorsätzlich oder sonst beharrlich zuwiderhandeln, auszustoßen. Sie kann aber diese Befugnis nur unter Aufsicht des Staates und nach den von ihm vorgeschriebenen Gesetzen ausüben." Im 19. Jahrhundert ließ diese Auffassung nach, vermutlich unter der Einwirkung des „wirtschaftlichen Liberalismus", der ganz allgemein mit der Forderung auftrat, der Staat solle sich zurückhalten und dem „freien Spiel der Kräfte" nicht in den Weg treten. Als man dann an die Schaffung des Bürgerlichen Gesetzbuchs herantrat, stand man gerade der Behandlung der Vereine mit ziemlicher Verlegenheit gegenüber. Deshalb hat das Gesetz auch zu der Sonderfrage der Ausstoßung von Vereinsmitgliedern gar nicht Stellung genommen. Dabei überwog die Meinung, man solle es den Vereinen überlassen, selbst darüber zu befinden. Also klare „Autonomie". Das hat später die Judikatur unter Führung des Reichsgerichts auch ausdrücklich anerkannt. Allerdings mit einer merkwürdigen Spaltung. Das Reichsgericht unterscheidet nämlich: 1. Nachprüfung der materiellen Richtigkeit des Ausstoßungsbeschlusses, 2. Nachprüfung der formellen Richtigkeit des angewandten Verfahrens. Nur zu 2 soll den staatlichen Gerichten wirklich eine Nachprüfung gestattet sein, dagegen wird eine Nachprüfung zu 1, als gegen das „Selbstbestimmungsrecht" der Korporation verstoßend, abgelehnt. Danach kann also beispielsweise ein Ausgestoßener sich an die staatlichen Gerichte mit der Behauptung wenden, das Ehrengericht des Vereins sei nicht vorschriftsmäßig besetzt gewesen, und das staatliche Gericht tritt in die Prüfung ein und spricht gegebenenfalls die Ungültigkeit des Ausstoßungsbeschlusses aus. Wenn aber der Ausgewiesene mit der Behauptung auftritt, es habe kein „Grund" vorgelegen, ihn zu verstoßen, die ihm vorgeworfene (z. B. „ehrenrührige") Handlung habe er gar nicht begangen, so erklärt das staatliche Gericht: das seien „Interna" des Vereins, die seiner eigenen Entscheidung überlassen blieben. Man sieht, wie hier wieder der Begriff Autonomie auseinander gelegt wird: die Schaffung der Satzung (Gesetzgebung), die materielle Handhabung (Verwaltung) bleiben ein Reservat der autonomen Körperschaft, dagegen ihre Prozedur (Gerichtsverfahren) wird aus dem Schleier des Internums herausgeholt und in das Licht der übergeordneten Staatsmacht gestellt.

Übrigens hat, auch das eine eindrucksvolle Tatsache, das Reichsgericht unlängst seinen Standpunkt teilweise geändert. Es läßt jetzt in gewissen Grenzen auch eine Nachprüfung der materiellen Seite (der sachlichen Gründe) zu. Und zwar dann, wenn es sich um Verbände handelt, denen sich der einzelne Berufsgenosse wohl oder übel anschließen muß, wenn er nicht brotlos oder in anderer Beziehung hilflos werden will. „In Fällen wie hier", sagt das Reichsgericht (Urteil vom 20. Dez. 1923, Band 107 S. 388), „wo die Zugehörigkeit zum Verein geradezu eine Lebensfrage für die Mitglieder bildet, muß dem Gericht eine sachliche Nachprüfung des Ausschließungsbeschlusses nach der Richtung gestattet sein, ob nicht in dem Vorgehen des Vereins gegen das Mitglied eine offenbare Unbilligkeit zu finden ist." — Das lenkt den Blick auf große Zusammenhänge. Einmal: die Verbände übermächtig geworden, der Stoß von „unten" wird zu stark, die von bisher duldend verliehene Rechtsmacht wird bedenklich, der Staat greift „oben" ein und beschränkt die Autonomie. Und zweitens: was bedeutet der Appell an die „offenbare" Unbilligkeit? Naturrecht? Vgl. § 8, S. 50 oben.

5. **Verkehrssitten.** Die bisher besprochenen Erscheinungen haben gemeinsam den Drang nach einem formulierten Text. Darauf wollen jene lex contractus, mehr noch die Massenverträge und jedenfalls die Autonomie im engeren Sinne hinaus, die gleichbedeutend ist mit der Setzung eines Statuts. Die Erfahrung lehrt nun aber, daß die Rechtsbildung nicht immer zu solchen festgeprägten Texten durchdringt, sondern entweder noch nicht weit genug fortgeschritten ist, also gleichsam auf halbem Wege stehen bleibt, oder aber sich eines Stoffes bemächtigt, der seiner Wesensart nach nicht für eine textliche Prägung geeignet ist. Oben, auf der Stufe der Vollendung, entspricht dem ungefähr der Gegensatz von Gesetzesrecht (§ 11) und Gewohnheitsrecht (§ 12). So wie es nun ein abgeschwächtes, untergeordnetes Gesetzesrecht gibt, am besten dargestellt durch die vorstehend behandelte Autonomie, gibt es auch eine untere Stufe des Gewohnheitsrechts. Man nennt sie „Verkehrssitte".

Doch ist diese Bezeichnung lange noch nicht so scharf und bestimmt wie das Wort Autonomie. Sprachlich hat Verkehrssitte zunächst mit „Recht" überhaupt nichts zu tun. Aber es versteht sich von selbst, daß hier nur diejenige Gruppe von Verkehrssitten gemeint ist, die jene Tendenz auf Recht, jene „Strebigkeit", rechtlich ausgedeutet und bewertet zu werden in sich tragen, wie wir sie schon beim Gewohnheitsrecht kennen gelernt haben (S. 86).

Die Grenze zwischen „bloßer" Verkehrssitte und „vollem" Gewohnheitsrecht läßt sich nicht absolut bestimmen, so wie auch, vom enzyklopädischen Standpunkt aus, die Grenze zwischen bloßer Autonomie und voller Gesetzgebung nicht absolut bestimmt werden kann. Es ist vielmehr eine Frage der Stärke, des Macht- und Reifegrades, ob beispielsweise die normenaufstellende Tätigkeit einer Kirche als vollendete Gesetzgebung oder nur als eine, doch eben von einer höher gelagerten Macht abhängige „Autonomie" anzusprechen ist (S. 102 oben). Und ganz ebenso erhebt sich eine bloße Verkehrssitte zum höchstgelagerten Gewohnheitsrecht, wenn sie nur die genügende Stärke aufweist, um „erstrangig" zu erscheinen. Daraus folgt umgekehrt, daß das, was „Verkehrssitte" geblieben ist, eine untere Stufe bedeutet und sich eine gewisse Beschränkung von oben her gefallen lassen muß. Als solche obere Macht kommt dabei weniger das dunkle und seltene Gewohnheitsrecht als vielmehr das Gesetzesrecht in Frage.

In der Tat besteht auch die Verkehrssitte als eine das Rechtsleben beeinflussende Macht nur von Gesetzes Gnaden (oder von Gnaden des Gewohnheitsrechts), ganz ebenso wie die Autonomie (S. 100). In dieser abhängigen Funktion spielt sie aber **eine ganz bedeutende Rolle.** Namentlich in dem Jahrzehnt der siegreich vordringenden Freirechtsschule (unmittelbar vor dem Kriege, unten § 20 X 2) hat sie in manchen literarischen Auslassungen und streckenweise auch in der Praxis geradezu Triumphe gefeiert. Sie erschien in dem gleichen Maße, wie man den Glauben an die alles deckende Vollständigkeit des Gesetzes verlor (vgl. auch unten § 43), als Ersatz und damit als Retterin. Man wollte damit keineswegs die Überordnung des Gesetzes leugnen, sondern meinte nur: Das Gesetz läßt vieles ungeregelt, dann greift die Verkehrssitte ergänzend ein.

Diese ganze Vorstellung wird durch einige berühmt gewordene Gesetzesstellen stark gestützt. Vor allem § 242 des Bürgerlichen Gesetzbuchs: „Der Schuldner ist verpflichtet, die Leistung so zu bewirken, wie Treu und Glauben mit Rücksicht auf die Verkehrssitte es erfordern". Man muß bedenken, daß dieser Satz an der Spitze des gesamten Schuldrechts steht (vgl. Grundriß Schuldrecht § 39 I), überdies von der Praxis sogar weit über die Grenzen des Schuldrechts hinaus verwendet worden ist. Allerdings hat sich mehr und mehr und vor allem in jüngster Zeit die daneben stehende andere Richtschnur „Treu und Glauben" mit ihrer „naturrechtlichen" Tendenz (vgl. S. 51) in den Vordergrund geschoben, aber trotzdem spielt auch die Verkehrssitte auf der Basis des § 242 nach wie vor eine große Rolle in der Praxis. Übrigens mag gerade in diesem Zusammenhange darauf hingewiesen werden, daß das übermäßige Verwerten angeblicher Verkehrssitten dieselbe Gefährlichkeit mit sich bringt wie ein überschneller Rückzug auf „Treu und Glauben" oder sonst eine „naturrechtliche" Formel (vgl. S. 56 V).

Viel zitiert wird auch der Art. 1 des alten Handelsgesetzbuchs von 1861: „In Handelssachen kommen, insoweit dieses Gesetzbuch keine Bestimmung enthält, die Handelsgebräuche und in deren Ermangelung das allgemeine bürgerliche Recht zur Anwendung". Doch wollte die herrschende Dogmatik unter den hier herangezogenen Handelsgebräuchen nur volles „Gewohnheitsrecht", nicht auch die minderen Verkehrssitten (Usancen; vgl. im folgenden) verstanden wissen. Dafür hat dann die Praxis zum Gewohnheitsrecht gestempelt, was vielleicht anderen nur als Verkehrssitte erschienen wäre.

Literarischer Vorkämpfer für die hohe Bedeutung der Verkehrssitte war der temperamentvolle Erich Danz (Prof. in Jena); vgl. sein Buch: Auslegung, 3. Aufl. 1911. Abgeklärter, mit der alten Dogmatik Fühlung haltend: Oertmann, (Prof. in Göttingen), Rechtsordnung und Verkehrssitte, 1914.

Wie ist nun die **Wirkungsstärke** einer zur Gesetzesergänzung berufenen Verkehrssitte einzuschätzen? Die Verkehrssitte bindet. Sie bindet auch den, der ihren Inhalt nicht kennt. Sie bindet auch den, dem ihr Inhalt nicht genehm ist, der sich ihr entziehen möchte. Wiederum sind damit die Kennzeichen objektiven Rechts erfüllt. Die Verkehrssitte darf als wirkliche „Rechtsquelle" angesprochen werden.

Die Bindung ist aber nicht als „zwingendes Recht" im Sinne des früher erörterten Gegensatzes zum nachgiebigen Recht zu verstehen (S. 84 VI). Vielmehr entspricht die Verkehrssitte regelmäßig dem „dispositiven" Gesetzessatz, d. h. sie weicht vor entgegenstehenden Parteivereinbarungen zurück.

Fraglich ist, ob man sich die Verkehrssitte, wie etwa die Autonomie (S. 102), als auf einen bestimmten Personenkreis beschränkt denken soll, etwa auf die „jeweils Beteiligten". Keinesfalls läßt sich dieser Personenkreis so scharf abgrenzen wie bei der Autonomie mit ihrer korporativen Zutat. Übrigens kommen für enger begrenzte Verkehrssitten auch besondere Benennungen vor. Man spricht etwa von **Usancen**, um die spezifischen Verkehrssitten der kaufmännischen Kreise zu bezeichnen. Doch bestreitet gerade diesen „Usancen" die überwiegende Lehrmeinung den Charakter als objektive Rechtsquelle und will sie nur als Willensauslegungsmittel (darüber unten S. 110 ff.) gelten lassen. Eine Verkehrssitte, die sich in einem mit Autonomie ausgestatteten Rechtskreise bildet, z. B. den Gemeinden, und sich von der autonomen Satzung eben nur dadurch unterscheidet, daß sie nicht zu einem festen Text durchdringt, wird als **Observanz** bezeichnet; doch ist die Terminologie auch hierbei schwankend.

Im Gesamtgefüge der Rechtsquellen kommt der Verkehrssitte die besondere Rolle der **Fortschrittlichkeit** zu. Sie ist beweglich, anpassungsfähig, sie kann sich rascher und leichter ändern als das „klassische", steife Gewohnheitsrecht. Doch muß nochmals daran erinnert werden, daß die Grenze zwischen den beiden Gebilden flüssig ist: je mehr man die begrifflichen Anforderungen an das Gewohnheitsrecht lockert (S. 85 II), desto mehr schlingt es von den „bloßen" Verkehrssitten in sich hinein, um sich schließlich ganz mit ihnen zu verschmelzen.

III. **Rechtsbildung durch Fachleute (Juristen).**

Am Eingang unserer Betrachtungen (S. 1 II) ist darauf hingewiesen worden, daß ein besonderer Juristenstand keine Notwendigkeit sei. Aber schon die verschiedene Begabung im rechtlichen Wollen und Denken (S. 88, 93) legt es nahe, daß sich allmählich Fachleute ausbilden. Diesen kommt dann begreiflicherweise auch bei der Rechtsbildung ein gesteigerter Einfluß zu. Immer aber geht, das darf nicht vergessen werden, ein Strom von Wechselwirkungen zwischen dem Fachmann und den übrigen Volksgenossen hin und her, und insbesondere jene „Erfinder" (S. 93) sind keineswegs nur im Kreise geschulter Juristen zu suchen.

Eine Mittlerrolle, gerade auch im Bereiche der Rechtsbildung, kommt dem Typus des **Advokaten** zu. (Über den heutigen Stand der Rechtsanwälte unten § 41). Denn einerseits berät er die Bevölkerung, und zwar besonders da, wo sie (meist unbewußt) auf Erzeugung objektiven Rechts zustrebt, so bei der dahin tendierenden „lex contractus" (S. 92) einschließlich der „Massenverträge" (S. 95). Und andererseits steht er dem Richter im Prozeß gegenüber und befruchtet dessen Rechtsschöpfung (nachfolgend unter 1) durch antithetisches Denken und Gestalten.

Ein beachtlicher Einfluß, namentlich auf die Ausbildung von öffentlichem Recht, kommt ferner dem Stande der **Verwaltungsbeamten** zu. Sie haben den Formalapparat in der Hand, sind schon dadurch dem gewöhnlichen Mann aus dem Volke überlegen und verstehen es, nach und nach eine immer fester werdende und immer selbstverständlicher hingenommene Verwaltungspraxis zu entwickeln, die nahezu den Charakter einer Rechtsquelle annimmt (Über die Stellung der heutigen Verwaltungsbeamten unten § 40 III b; über die höchst eigenartige Stellung der römischen Prätoren, namentlich über ihre Edikte unten S. 161). Eine verwandte Erscheinung bilden die gerade heute auffallend stark entwickelten Bescheide der Minister. Wie sie geradezu zum objektiven Recht werden, „ins Recht eingehen", schildert Dr. Else Buddeberg, Die Bescheide des Reichsarbeitsministers unter dem Gesichtspunkte der Fortentwicklung des Rechts, 1925 (Schriften des Jenaer Instituts f. Wirtschaftsrecht, Heft 4). Wenn solche Bescheide unmittelbar in schwebende Prozesse eingreifen — bedeutendes historisches Beispiel die Reskripte im späteren römischen Recht (unten S. 166) — wirken sie mit an dem, was nunmehr im folgenden darzustellen ist, dem Gerichtsgebrauch.

1. **Der Gerichtsgebrauch als Rechtsquelle.** Vor Gericht spitzt sich das Recht zu. Es bekommt pointierte Formulierungen. Was bisher in dunklem Gefühl schlummerte, tritt in grelles Tageslicht. Und nun denke man, daß über dem Wechselspiel der Meinungen und Gegenmeinungen, über dem Fragen und Antworten der **Richter** thront, der schließlich die rechtlichen Erwägungen zusammenrafft und eine bindende Entscheidung fällt. Danach hat man eine Vorstellung davon, daß in dem langsamen Heranwachsen von objektivem Recht die Sprüche der Richter wie Gipfelpunkte erscheinen. Verdichten sie sich vollends, indem dieselbe Frage immer erneut im gleichen Sinne entschieden wird, zum sog. „Gerichtsgebrauch", so fühlt sich der einfältige, durchschnittliche Rechtsgenosse nahezu dem gleichen Druck gegenüber wie bei einem Gesetz.

Namentlich in der Frühzeit der Völker spielt dieses Wirken der „Rechtsprecher" eine große Rolle. Sie sind so recht der Mund für das, was an Rechtsvorstellungen empor will, noch mit dem übrigen Volk innig verwachsen, Umwandler ungeschriebenen Rechts (Gewohnheitsrechts) in formulierte Sprüche und dadurch Vorbereiter des späteren Gesetzestextes. — Soziologische Forscher wollen auch heute noch die vorgehend besprochenen Verkehrssitten (S. 104 Ziff. 5) nur dann als „Recht" gelten lassen, wenn sie sich zu „Entscheidungsnormen" (Eugen Ehrlich) verdichtet haben. Und ähnlich stellen manche Rechtsphilosophen (Max Ernst Mayer) als Begriffserfordernis des Gewohnheitsrechts die vollzogene gerichtliche Anerkennung auf, so daß das ganze Gewohnheitsrecht im Gerichtsgebrauch untergeht.

Hat nun ein solcher Gerichtsgebrauch wirklich **bindende Kraft**? Man muß mit dem einzelnen Richterspruch beginnen. Schon er in seiner Isoliertheit ist ein Faktor, mit dem man rechnen muß. Er pflegt in heutiger Zeit zu Papier gebracht, wenn er besonders wichtig ist, sogar gedruckt zu werden. Er steht da. Ganz von selbst lenken sich die Blicke des Richters auf ihn zurück, wenn die gleiche Frage noch einmal auftaucht, das Judiz wird zum **Präjudiz**, das lockende Kraft besitzt, es ihm gleich zu tun. Demgegenüber muß aber mit Nachdruck festgestellt werden, daß wenigstens nach der heutigen deutschen Anschauung der einzelne Richterspruch nur den einzelnen Fall erledigt und für den nächsten Fall, möge er auch noch so gleich liegen, nicht bindend ist. Eine sehr einfache Erwägung macht das verständlich: Es soll nicht der eine Richter dem anderen vorgreifen, und es soll vor allem der Richter nicht dem Gesetzgeber vorgreifen. Das letztere wäre der Fall, wenn der Richterspruch ohne weiteres allgemeinverbindliche Kraft hätte. Erst wenn, oft unbewußt, jene Verdichtung zur festen **„Praxis"**, zum Gerichtsgebrauch eingetreten ist, nimmt man an, daß dann in ähnlicher Weise wie beim Gewohnheitsrecht wirkliches objektives Recht entstanden sei.

Doch behält auch ein solcher, in langer gleichmäßiger Übung entstandener Gerichtsgebrauch (Beispiele aus dem Bereich des Zivilrechts: Anerkennung der Sicherungsübereignung, oben S. 84, der positiven Vertragsverletzungen, S. 93, der allgemeinen Unterlassungsklage, unten S. 115, Aufstellung von Grenzen für die Nachprüfung der Vereinsautonomie, oben S. 103) eine gewisse Schmiegsamkeit. Z. B. wird es sehr schwer sein, einen Richter, der später doch wieder von dem angeblich zur objektiven Norm gewordenen Brauch abbiegt, eines Rechtsbruchs zu bezichtigen. Namentlich ist bemerkenswert, daß unser höchster Gerichtshof, das Reichsgericht, seinen Standpunkt in einigen Fragen nach langer, zäh festgehaltener „Praxis" später doch geändert hat. Ein berühmtes Beispiel ist die „Konstruktion" der Stellung des Gerichtsvollziehers. Sie war schon im vorigen Jahrhundert heiß umstritten. In einer Plenarentscheidung des Jahres 1886 legte das Reichsgericht fest, daß der Gerichtsvollzieher als Beauftragter der Gläubiger, seine Stellung also als eine privatrechtliche aufzufassen sei. Diese Konstruktion hat, wie das Reichsgericht selber sagen konnte, fast drei Jahrzehnte lang die Rechtsprechung „beherrscht". Dann aber kam es in einer neuen Plenarentscheidung des Jahres 1913 zur Änderung. Statt der vorstehend gekennzeichneten „Mandatstheorie" wurde die „Amtstheorie" angenommen, nach der der Gerichtsvollzieher ein öffentlichrechtlich zu beurteilendes Amt ausübt, nicht einen privaten Auftrag (Entschd. Bd. 82 S. 86). Hier offenbart sich also die Wandlungsfähigkeit der richterlichen Rechtsprechung.

Größer ist die umgekehrte Gefahr, daß nämlich der Richterstand jener Lockung, das Präjudiz des einen Falles ungeprüft auf den nächsten Fall zu übertragen, zu sehr nachgibt. Man spricht dann von **Präjudizienkult.** Er ist meistens ein Zeichen des Niederganges, kann aber auch politisch wertvoll sein, indem er dem Konservativismus dient und gleichzeitig ein Gegengewicht gegen zu viele Gesetzesmacherei bildet. Diese Vorzüge sind namentlich in der englischen, zeitweise auch in der römischen Rechtsentwicklung zutage getreten.

Eine schwierige soziologisch-psychologische Frage ist es, inwieweit der Richter bei solchem Wirken aus eigenem schöpft. Zumeist wird auch er durchaus in seinem Volke (mindestens einer bestimmten Schicht) wurzeln und nur der Vorposten von Wünschen sein, die dorther aufsteigen. Doch stehen sich nicht selten widersprechende Wünsche gegenüber. Dann kommt dem Richter die bedeutende, aber auch verantwortungsvolle Aufgabe zu, eine Auslese zu treffen, werdende Verkehrssitten, werdendes Gewohnheitsrecht zu prüfen und zu klassifizieren.

Eine besondere Note kommt in dieses Problem dadurch hinein, daß bisweilen einzelne Volkskreise **Sondergerichte** für sich beanspruchen, damit der Richter ihren Anschauungen näher stünde. Eine Steigerung liegt in der Forderung der Zuziehung von Laien, die geradezu zu der merkwürdigen Gegenüberstellung von zwei Sorten von „Fachleuten" führen kann: Die einen Fachleute im Volkstümlichen, die andern Fachleute im Juristischen. Über heutige Strömungen § 32 IV, insbesondere über die Gewerbe- und Kaufmannsgerichte § 38 VI, über die Forderung selbständiger Arbeitsgerichte § 25 II f. Daß Eigengerichtsbarkeit mit der „Autonomie" eines abgeschlossenen Kreises nicht selten Hand in Hand geht, wurde schon erwähnt (S. 102).

2. **Die Lehrmeinung als Rechtsquelle.** Daß die „communis sententia doctorum" bei der Handhabung des Rechts eine Rolle spielen kann, zeigt u. a. der ausdrückliche Hinweis in dem neuen Codex iuris canonici (S. 91). Doch muß man gerade bei diesem Beispiel veranschlagen, daß hier noch von den Zeiten der Scholastik her die reine Gelehrsamkeit eine besondere Beachtung genießt. Im weltlichen Recht ist heute der Gelehrte in der Hauptsache auf eine mittelbare Wirksamkeit angewiesen. Keinesfalls kann eine, inhaltlich neue, also rechtsbildende These eines einzelnen Gelehrten beanspruchen, bereits objektiv gültig, also Rechtsquelle zu sein. Vielmehr wird man auch hier, ähnlich wie bei den Richtersprüchen, eine ausreichende Verdichtung verlangen müssen, eine „communis sententia" oder, wie das schweizerische Zivilgesetzbuch (S. 90) sagt, eine „bewährte" Lehre.

Die Wechselwirkung zwischen Gelehrtenmeinung und Richterspruch oder, wie man allgemeiner sagen kann, zwischen Theorie und Praxis ist unübersehbar mannigfaltig. Das weitaus bedeutendste, aber auch einzigartige historische Beispiel ist der Einfluß der sog. responsa prudentium im Zeitalter des Augustus (unten S. 164 Ziff. 2). Heute gibt es dergleichen nicht mehr. Immerhin vermag auf Umwegen auch heute noch die Lehrmeinung viel. Insbesondere ist festzustellen, daß die meisten Fälle eines sich bildenden Gerichtsgebrauchs, so die sämtlichen oben (S. 108) erwähnten Beispiele, durch Gelehrtenmeinung, oft durch ein bestimmtes einzelnes Buch veranlaßt und vorbereitet worden sind. Vor allem aber darf nicht vergessen werden, daß dem Rechtsgelehrten die Schulung der jungen Juristen und damit der späteren Präjudizienschöpfer anvertraut ist. Schließlich sind oft auch Richter gleichzeitig gelehrte Naturen, so daß beides ineinander übergeht.

Auch zwischen der Gesetzgebung und der Lehrmeinung besteht naturgemäß eine starke Beeinflussung. Daß ganze Lehrbücher kurzerhand zum Ausgangspunkt einer Kodifikation genommen werden, ist allerdings selten (Beispiele S. 72). Dafür ist der mittelbare Einfluß, sowohl in Einzelfragen, wie in der geistigen Grundstimmung bedeutend.

Doch kann es auch eine Überschätzung der Lehrmeinung geben, namentlich wenn man, was allerdings schief ist, literarische Betätigung einfach damit gleichsetzt. Ein „Zitat" in einem Lehrbuch oder Kommentar übt auf schwächere Elemente leicht eine ähnliche Lockung aus, nämlich ohne Prüfung nachzufolgen, wie ein Präjudiz und, wie man von einem Präjudizienkult spricht, kann man auch von einem Kommentarkult reden. Über seine Gefährlichkeit vgl. § 42 Ic.

IV. Das Problem der Auslegung.

1. **Notwendigkeit der Auslegung.** Worte haben fast immer einen mehrfachen und dehnbaren Sinn. Welcher Sinn dann wirklich zu gelten hat, das zu ermitteln ist die Aufgabe der Auslegung oder, wie sie fachwissenschaftlich auch genannt wird, der Interpretation (Exegese). Mit solcher Auslegung haben es die Menschen im Alltagsverkehr unausgesetzt zu tun, ohne sich freilich dessen bewußt zu werden. Aber auch die Wissenschaften können gar nicht ohne beständige Interpretation auskommen, der Philologe, der die Texte kritisch untersucht, der Historiker, der Urkunden entziffert, der Naturwissenschaftler, der Meinungsaustausch mit seinen Fachgenossen pflegt.

Innerhalb der Rechtswissenschaft ist die Auslegung zu einer besonderen Kunst entfaltet. Wie sie in der Praxis gehandhabt wird, das soll erst im IV. Teil dargestellt werden (§§ 42, 43). Hier haben wir nur die Frage zu würdigen, **inwieweit durch solche Auslegung Recht entsteht** („neues Recht"), ob also die Auslegung als „Rechtsquelle" angesprochen werden darf.

Es kommen dafür alle Arten von Texten in Betracht, die überhaupt in die Rechtswelt eintreten. Dabei ist aber sogleich eine Abscheidung zu vollziehen, die an früher Besprochenes anknüpft. Es wurde von der „lex contractus", d. h. von den Willenserklärungen gesprochen, die die Parteien abgeben, um ihre Verträge zu schließen (S. 92). Auch solche Parteiwillenserklärungen — und zwar nicht bloß „Verträge", sondern auch einseitige, wie z. B. ein Testament, ein Kündigungsbrief, und nicht bloß solche von Privatpersonen, sondern auch die Verträge der Staaten untereinander, der einseitige Bescheid eines Beamten auf eine Anfrage, die Mahnung einer Steuerbehörde usw. — bedürfen der Auslegung (vgl. dazu Ziff. 3 a. E.). Aber das ist etwas anderes wie die Auslegung einer objektiven Rechtsnorm, so daß also hier eine ähnliche Trennung einsetzt wie die an der oben erwähnten Stelle (S. 92) zwischen Recht im objektiven Sinne und Recht im subjektiven Sinne vollzogene. Nur mit dem ersteren, also allein mit der Auslegung der „Rechtsquellen" haben wir es im folgenden zu tun. Dabei können die weniger wichtigen, wie autonome Statuten, verbindliche Tarifverträge oder zum Gerichtsgebrauch erstarrte Präjudizien beiseite bleiben. Die oberste aller textierten Rechtsquellen, das vollendete Gesetz, steht durchaus im Vordergrund.

2. **Die Tragweite des Gesetzes.** Wenn das Bürgerliche Gesetzbuch vom „Tierhalter" (BGB. § 833), das Strafgesetzbuch von „Beleidigung" (StGB. § 185), die Reichsverfassung von „Gefährdung der öffentlichen Sicherheit und Ordnung" (RV. Art. 48), die Zivilprozeßordnung von „unabwendbaren Zufällen" (ZPO. § 233) redet, so bedürfen alle diese Worte der Auslegung: Ist der Pächter oder der Verpächter eines Bauerngutes „Halter" der Tiere, ist der Zuruf „Jude" beleidigend oder nicht, ist die Spekulation mit Devisen eine Gefährdung der öffentlichen Sicherheit, ist religiöse Gewissensnot ein unabwendbarer Zufall? Von der Antwort kann sehr viel abhängen. Ist der Verpächter der „Tierhalter", so muß er für den Schaden, den eines der Tiere angerichtet hat, eine vielleicht recht hohe Ersatzsumme zahlen; ist jener Zuruf beleidigend, so kommt der Rufende möglicherweise ins Gefängnis; von der Auslegung der Worte „Gefährdung der öffentlichen Sicherheit usw." hängt das Ausmaß der vielbesprochenen Diktatur des Reichspräsidenten (unten § 26 VI d) ab, von der Auslegung des „unabwendbaren Zufalls" die Wahrung der Fristen und damit Prozeßgewinn oder Prozeßverlust. Es hat sich nun an diese Gesetzesstellen und an unzählige andere ein beträchtliches Maß von Gedankenarbeit angesetzt. Sie schlägt sich nieder in Erscheinungen, die wir schon kennen. Es ergehen etwa Präjudizien darüber, ob der Verpächter oder nicht vielmehr der Pächter der „Tierhalter" sei. Es kann etwa eine Verkehrssitte nachgewiesen werden, die diesen oder jenen Zuruf zwar in Norddeutschland, nicht aber in Süddeutschland, zwar in dieser Umgebung, aber nicht in jener als beleidigend gelten läßt. Es setzt sich etwa eine Lehrmeinung

durch, die das „Gefährden der öffentlichen Sicherheit“ auf eine schärfere, sei es weite, sei es enge, Formel bringt. Es wird etwa für den Bereich eines Tarifvertrages der „unabwendbare Zufall“ durch ganz bestimmte Beispiele illustriert und damit ausgedeutet.

Man hat das klare Gefühl, daß hier eine Fortsetzung der Gedankenarbeit über den Text des Gesetzes hinaus geleistet wird, daß aber andrerseits doch eben das Gesetz den Ausgangspunkt bildet und den Rahmen für die weitere Gedankenarbeit abgibt. Und nun tut sich die umstrittene und niemals ganz zu lösende Frage auf: Hat das alles, was die Richter und Laien, die Gelehrten und Verbandssekretäre aus dem Gesetze „ableiten“, schon im Gesetz gestanden, wenn auch unentwickelt und unaufgedeckt, **oder ist es Neuschöpfung**?

Die große Bedeutung der Frage leuchtet ein. Sie wächst ins Metaphysische. Denn das Gesetz erscheint dabei als eine geistige Macht, nahezu personifiziert (vgl. nachfolgend Ziff. 3), und es gilt die Tragweite des Gedankenfluges dieser Macht zu verfolgen. Und je weiter man ihre Grenzen setzt, desto mehr wird die Bedeutung jener anderen „untergeordneten“ Quellen, z. B. der Rechtsschöpfung durch den Richter, gemindert, während umgekehrt jede Verengerung der Selbstwirksamkeit des Gesetzes der Wirksamkeit des Richters, der Verkehrssitte usw. gesteigerte Bedeutung verleiht.

Die Ansichten über dieses Problem gehen weit auseinander. Es hat nicht am Glauben gefehlt, daß schlechthin alle Auslegung (das Wort im weitesten Sinne verstanden) nur Enthüllung dessen sei, was so wie so schon im Gesetze gestanden hat; dann sinken der Gerichtsgebrauch, die Verkehrssitte fast in ein Nichts zusammen, und das Gesetz wäre die einzige wahre Rechtsquelle. Aber es haben sich andere Stimmen dagegen erhoben, die behaupten, das „Herausholen“ sei ein Trugschluß, die auszulegenden Texte hätten nun und nimmer aus sich heraus die Kraft, jene Zutaten, Erweiterungen, Auslegungen zu tragen; vielmehr würde der neue Gehalt erst durch den Auslegenden selbst hineingetragen, so daß die Arbeit von ihm geleistet werde, dafür aber auch Anerkennung und Verantwortung ihm zuzusprechen seien.

Offenbar handelt es sich um ein **Grenzproblem.** Irgendwo muß das Eigenwirken des Gesetzes aufhören, irgendwo die Zutat und Neuschöpfung anfangen. Wo nun die Grenze anzusetzen sei, das wird von der persönlichen Veranlagung des einzelnen und von dem jeweiligen Zeitgeist abhängen. Der angeborene Glaube nicht nur an die Existenz, sondern auch an die Notwendigkeit und

Richtigkeit der Gesetze (vgl. S. 62 Va 1) stattet den Juristen mit einer gewissen Scheu aus, ohne das Gesetz zu entscheiden. So wird er leicht in die Versuchung geführt, mehr aus dem Gesetz herauszulesen, als wirklich darin gestanden hat. Aber das Maß solchen Glaubens, der Grad solcher Scheu wandelt sich im Laufe der Zeiten, steigt und fällt und läßt damit auch Gewicht und Umfang der „Zutat" sinken oder anschwellen. Man wird also abschließend sagen dürfen, daß die „Auslegung" von einem bestimmten, nicht näher formulierbaren Grade ab in „Neuschöpfung" übergeht, und daß dann Verkehrssitte, Gerichtsgebrauch, Usance usw. selber als Rechtsquelle erscheinen.

Eine gute Veranschaulichung bietet der S. 90 zitierte Art. 1 des schweizerischen Zivilgesetzbuchs. Die „Auslegung" schlägt er noch zum Gesetze selbst, sie ist die Schwester des „Wortlauts". Aber dann kommt eben die Grenze, wo die anderen „Quellen" einsetzen, die Lehrmeinung, die Verkehrssitten, welche die Überlieferung in sich birgt, und die schöpferische Gestaltung durch den Richter.

Bemerkenswert ist übrigens, daß diese Anerkennung des schöpferischen Elements bereits von dem einzelnen Richterspruch gilt, auch wenn er in seiner Vereinzelung, wie wir sahen (S. 108), noch kein „objektives", allgemeingültiges Recht („Rechtsquelle") zuwege bringt, sondern nur den konkreten Fall erledigt.

3. Es ist notwendig, in diesem Zusammenhang nochmals auf den „**Willen des Gesetzes**" zurückzukommen. An früherem Platz (S. 80 Ziff. 2) wurde darauf hingewiesen, daß das Gesetz sich von seiner Entstehungsgeschichte, insbesondere von dem Willen des Gesetzgebers löse. Aber an der gleichen Stelle wurde schon gesagt, daß dieser „Wille des Gesetzgebers" oder des „Gesetzes" eine wichtige Hilfsvorstellung bei der Auslegung sei. Das eben ist das Metaphysische: wir kommen bei der Interpretation nicht los von der Vorstellung, daß ein Individuum hinter dem Gesetze steht, und diese Personifizierung zwingt zu der weiteren Annahme eines „Willens", wobei Wille im weitesten Sinne zu nehmen ist, Verstand, Gefühl, Phantasie mitumfassend (vgl. S. 35). Nichts anderes will es besagen, wenn bei der Auslegung vom „Geist" oder „Sinn" des Gesetzes ausgegangen wird. Und selbst der Versuch, eine bessere Neutralisierung dadurch zu erreichen, daß man den „Zweck" des Gesetzes als Richtlinie für die Auslegung aufstellt, löst uns nicht von der Personifizierung und dem Willensmoment. Denn Zwecke setzen kann doch eben nur ein Lebewesen, das mit Willen begabt ist und den Willen dabei spielen läßt.

Doch bleibt auch bei dieser Hilfsvorstellung die Frage nach der Tragweite des Gesetzes genau so offen, wie es im vorhergehenden

(Ziff. 2) geschildert worden ist. Allerdings hat es etwas Verlockendes, durch immer weitere Steigerung des Metaphysischen den Willen des Gesetzes sich so weit erstrecken zu lassen, daß eigentlich alles, was noch kommen könnte, von vornherein in ihm begriffen ist. Dann bleibt für Neuschöpfung durch den Richter, für schöpferische Ergänzung durch die Verkehrssitten, sogar für die Autonomie überhaupt nichts mehr übrig.

Dieser Vorstellung neigte die Schule des 19. Jahrhunderts zu (vgl. § 20 IX). Wenn z. B. bei der Ausfüllung allgemeingehaltener Begriffe, wie „Treu und Glauben", „gute Sitten", „öffentliche Sicherheit und Ordnung" im Laufe der Zeit eine Fülle neuer Vorstellungen gewonnen werden, die sich sogar in Lehrsätzen dogmatisieren, in ganzen Reihen von Paragraphen formulieren ließen, so war das eben alles nach jener Schulmeinung von dem damaligen Gesetzgeber im Voraus gewollt, er hat eine, doch eben in seinem Willen hangende „Blankovollmacht" gegeben.

Aber diese Auffassung ist entschieden verstiegen. Auch bei der Willenshypothese muß eine Grenze irgendwo gedacht werden, bei der der alte „Wille" der Gesetzgebung zu Ende ist und die untergeordneten Quellen ihren neuen „Willen" wirken lassen.

Übrigens steigt hier nochmals das Gebiet des Rechts im subjektiven Sinne als Parallelerscheinung auf (vgl. S. 92, 110) a. E. Hier kommt es nämlich zu einer ganz ähnlichen Hilfsvorstellung vom „Willen", nur daß es sich hier nicht um den Willen des Gesetzgebers — als eines Erzeugers von objektivem Recht —, sondern um den Willen der Parteien, die den Vertrag geschlossen haben — als Erzeuger von subjektivem Recht — handelt. „Auslegen" ist bei dem, was die „Parteien" gesagt haben, fast noch nötiger als bei dem viel sorgfältiger erwogenen Gesetzestext. Und auch hier hat nun die Doktrin des 19. Jahrhunderts übermäßig viel in den „Willen" hineingeheimnißt. Die „Usancen" wurden nur unter dem Gesichtspunkt der Ausfüllung des Parteiwillens betrachtet (S. 106), nicht minder die allgemeinen Verkehrssitten, und vor allem hat man die Tarifverträge (vor der neuen Gesetzgebung, S. 97 Ziff. 3) dadurch zu halten gesucht, daß man jedem einzelnen Arbeiter den „Willen" andichtete, das im Tarifvertrage Niedergelegte auch seinerseits zu wollen. Das ist die gleiche Übersteigerung der Individualisierung, Personifizierung, Willensausdeutung wie bei der Annahme, der Gesetzgeber habe alles im voraus gewußt und gewollt.

4. **Die Analogie.** Unabänderlich ruht im Menschen die Fähigkeit und der Trieb, von etwas Gegebenem auf Ähnliches zu schließen. Das wird auch unablässig zur Anwendung gebracht, wenn man sich mit der Ausdeutung des Willens einer Person beschäftigt: hat er dieses gewollt, so wird er auch jenes wollen, weil es dem ersteren ähnlich ist. So liegt es nahe, auch bei der Gesetzesauslegung ein solches Verfahren zur Anwendung zu bringen. Sagt doch jener § 7 des österreichischen Gesetzbuches, daß bei Versagen

der gewöhnlichen Auslegung aus den „Worten" und aus dem „Sinn" „auf ähnliche Fälle Rücksicht genommen werden muß", und ähnlich heißt es im Codex iuris canonici: „norma sumenda est a legibus latis in similibus" (vollständiger Text S. 91). Es handelt sich also um ein logisches Schlußverfahren nach folgendem Schema: Der Tatbestand a ist in einem Gesetzessatz geregelt und zwar, indem daran die Rechtsfolge x geknüpft ist; nun taucht ein „ähnlicher" (analoger) Tatbestand b auf, für den eine ausdrückliche Gesetzesregel fehlt; im Wege einer gedanklichen Übertragung wird dann die Rechtsfolge x auch an den Tatbestand b angeschlossen, und zwar wegen der Ähnlichkeit. Man nennt dieses Verfahren in der Wissenschaft Analogie.

Ein Beispiel: Das Bürgerliche Gesetzbuch hat in drei klaren Einzelfällen eine sog. Unterlassungsklage gewährt. Die Eigentümlichkeit dieser Klage beruht in ihrem vorbeugenden Charakter: der Berechtigte braucht nicht erst abzuwarten, bis sein Gegner die geplante Verletzung vollzogen hat, also bereits ein Schaden eingetreten ist (Schadensersatzklage), sondern er kann schon bei einer bloß drohenden Störung, gleichsam sicherheitshalber, auf künftige Unterlassung klagen. Das gilt zum Schutze des Namens (§ 12), des Besitzes (§ 862) und des Eigentums (§ 1004). Wie nun, wenn einem anderen Rechtsgut, z. B. dem Urheberrecht eines Künstlers, eine Verletzung droht? Soll dann, weil das Gesetz schweigt, keine Unterlassungsklage, sondern nur (nach vollzogener Schädigung) eine Schadensersatzklage zugebilligt werden? Hier bietet sich Gelegenheit zu dem Schluß aus der Ähnlichkeit: Die in § 12, 862 und 1004 niedergelegte Unterlassungsklage wird „analog" auf die Bedrohung des Urheberrechts des Künstlers übertragen.

Es bietet sich dabei noch Gelegenheit zu einer geistigen Verfeinerung, die gerade bei diesem Beispiel des Weiterpflanzens der Unterlassungsklage nahezu allgemeine Billigung gefunden und zu einem gesicherten Gerichtsgebrauch (vgl. bereits S. 108) oder Gewohnheitsrecht geführt hat. Man kann nämlich über den Einzelfällen einen allgemeinen Rechtssatz aufstellen (bei drohender Verletzung irgendeines Rechtsgutes kann der Gefährdete auf Unterlassung klagen) und dann wieder von dem allgemeinen Satz den Schutz im Einzelfall (Urheberrecht) „ableiten". Die Begründung eines solchen Verfahrens kommt dann wieder sehr nahe an den „Willen" oder „Geist" des Gesetzes heran; man imputiert dem Gesetzgeber das allgemeine Prinzip: er habe in den drei Fällen den allgemeinen Gedanken zum Ausdruck gebracht, deshalb sei ohne weiteres auch der 4. oder 5. Fall ganz ebenso zu entscheiden, das „stehe im Gesetz".

Bei letzterer Argumentation geht gleichzeitig die „Analogie" ganz auf in der „Auslegung". Doch fehlt es auch nicht an beachtlichen dogmatischen Versuchen, **Auslegung und Analogie zu unterscheiden.** Und zwar wird dabei gerade der Wille des Gesetzgebers als Trennungsmoment gesetzt: Auslegung sei Entfaltung des nicht offen zutage liegenden Willens des Gesetzgebers, bei der Analogie dagegen werde über den Willen des Gesetzgebers hinausgegangen, seine Gedanken selbständig weitergedacht.

Man wird gut tun, die Analogie als **Neuschöpfung von Recht** zu behandeln. Dazu führt vor allem folgende Erwägung. Wäre die Übertragung des betreffenden Rechtseffekts auf den Nachbartatbestand wirklich schon im Gesetze selbst inbegriffen, so müßte der Analogieschluß zwingend sein, seine Nichtanwendung wäre Gesetzesverletzung. Demgegenüber lehrt die Erfahrung, daß bei einer sehr großen Zahl von Fällen die Meinungen geteilt sind und geteilt sein können: Die einen sind für Analogie, die anderen dagegen, weil „Gründe" sowohl für wie gegen angeführt werden können.

Eine wesentliche Verschärfung erfährt diese Möglichkeit, entgegengesetzter Ansicht zu sein, dadurch, daß auch der entgegengesetzte (die Analogie ablehnende) Schluß sich in eine wissenschaftliche Kunstfigur zu kleiden vermag, nämlich in das sog. **Argumentum e contrario.** Darunter ist ein Gedankengang nach folgendem Schema zu verstehen: Wenn der Gesetzgeber den Tatbestand a mit der Rechtsfolge **x** ausgestattet und dies bei dem Tatbestande b unterlassen hat, so folgt daraus nach dem „Prinzip des Gegensatzes", daß bei b eben gerade nicht **x** gelten solle.

Ein Beispiel: Das BGB. kennt zwei Typen von Fürsorgern für den Nachlaß eines Verstorbenen, den Nachlaßverwalter und den Nachlaßpfleger. Beiden stehen die sog. Nachlaßgläubiger gegenüber, d. h. die Personen, die Forderungen an den Nachlaß zu stellen haben. Haften den Nachlaßgläubigern jene beiden Fürsorger aus ihrer Amtsführung, so daß sie also unmittelbar von den Nachlaßgläubigern auf Schadensersatz verklagt werden können, wenn die Amtsführung nicht in Ordnung war? Da ist nun für den einen der beiden Typen eine ausdrückliche Gesetzesregel da, für den andern nicht. § 1985 II besagt: „Der Nachlaßverwalter ist für die Verwaltung des Nachlasses auch den Nachlaßgläubigern (also nicht bloß den Erben) verantwortlich." Darf das auf den Fall des Nachlaßpflegers übertragen werden? Man sagt: Nein, denn ein Argumentum e contrario führt dazu, daß der Nachlaßpfleger eben nicht den Nachlaßgläubigern, sondern nur den Erben verantwortlich sein soll.

Diese Möglichkeit, bei formal gleicher Voraussetzung (a geregelt, b offen gelassen) genau den entgegengesetzten Weg, entweder den der Analogie oder den des Argumentum e contrario, zu gehen (Beispiel S. 196 Ziff. 5), deckt die ganze Problematik solcher Schlußfolgerungen auf. Wie sich der Richter in der lebendigen Praxis zu stellen hat, wird später zu behandeln sein (im § 43). Dort wird sich zeigen, daß dem Text des Gesetzes selbst keine sichere Entscheidung entnommen werden kann, ob der eine Weg oder der andere zu beschreiten ist. Gerade diese wahrhaft entscheidende Frage ist eben unbeantwortet geblieben.

Und um deswillen herrscht denn auch beständiger Streit bei den sehr zahlreichen Lagen solcher Art. Wie, wenn nun in dem Beispiel der Unterlassungsklage (S. 115) jemand auftritt (wie es tatsächlich, wenn auch nur vereinzelt geschehen ist) und jenen drei „ausdrücklich geregelten" Tatbeständen der § 12, 862, 1004 keine Analogie, sondern ein „Argumentum e contrario" entnimmt? Oder wenn umgekehrt in dem Beispiel der Haftung gegenüber den Nachlaßgläubigern jemand für „Analogie" eintritt, also doch die beiden Tatbestände gleichsetzen will? Kann man sie widerlegen? Gewiß (soweit bei solchen geistigen Kämpfen überhaupt Widerlegung möglich ist). Aber nicht aus dem Wortlaut des Gesetzes heraus! — Ein weiteres anschauliches Beispiel vgl. unten S. 196 Ziff. 5 und Ziff. 7.

So springt auch hier wieder die Zutat, die **eigene geistige Fortarbeit** des Interpreten deutlich hervor, er ist an der Schöpfung von Recht beteiligt. Freilich deckt gerade dieses Arbeiten mit Analogien oder Argumenten aus dem Gegenteil die innere **Zusammengehörigkeit der verschiedenen Kräfte** auf, die an der Bildung und Fortbildung des Rechts mitarbeiten. Man darf sie nicht gewaltsam auseinanderzerren: Das Gesetz gibt mancherlei Stoff, das Ingenium des Richters arbeitet ihn weiter aus, Volksmeinung läßt sich vernehmen, es bilden sich Verkehrssitten und Gerichtsgebräuche, zum vollendeten Gewohnheitsrecht erstarrend, und der Theoretiker faßt das Ganze, selbst gleichfalls vom Willen der Fortbewegung beseelt, in weiterbildenden Lehrsätzen zusammen.

Kapitel 3.

Die Umsetzung objektiven Rechts in subjektive Rechtsbeziehungen.

Grundbegriffe. § 14.

I. **Verhältnis des subjektiven zum objektiven Recht.** Im vorhergehenden war in der Hauptsache die Rede vom „Recht im objektiven Sinne". Wenn man vom Recht im objektiven Sinne spricht, will man die Allgemeingültigkeit des betreffenden Satzes betonen, will also etwas sagen, das gilt ohne Rücksicht auf einzelne bestimmte Personen; und man denkt dabei sofort wieder (S. 42 III) an jene Autorität, jene „äußerlich verkörperte Macht," die über den einzelnen Personen thront und von der alles Recht (das objektive) herströmt. Wenn z. B. die Rechtsordnung den Satz aufstellt: „Wer stiehlt, wird mit Gefängnis bestraft," so ist das objektives Recht, denn es wird dabei noch nicht an den einzelnen Dieb, den einzelnen „Fall", das einzelne Gefängnis, den einzelnen Strafrichter gedacht.

Ganz vereinzelt kommt es vor und ist fast als Kuriosität zu vermerken, daß ein Gesetz nur einen einzigen konkreten Fall regeln will. Beispiel: Reichsgesetz vom 10. März 1925 über die Stellvertretung des Reichspräsidenten (RGBl. I S. 17). Hier wurde nicht etwa allgemein („generell") bestimmt, wer den Reichspräsidenten bei Verhinderung zu vertreten hat. Vielmehr handelte es sich um den einzigen Fall, daß durch Ableben des Präsidenten Ebert der Reichspräsidentenstuhl verwaist war und nun eine ganz bestimmte Person — man nahm den Präsidenten des Reichsgerichts in Leipzig Simons — mit der Vertretung bis zur Wahl eines neuen Reichspräsidenten (Hindenburg) betraut wurde.

Daneben steht das **„Recht im subjektiven Sinne"**. Hier ist der betreffende Rechtssatz bereits auf ein bestimmtes Einzelverhältnis umgeprägt, und es tritt sofort die Vorstellung des „Habens" hinzu. Während beim objektiven Recht der Grundton auf die Formel: so ist es, gestimmt ist, heißt es hier: er hat das Recht, er hat die Macht. Solches Recht im subjektiven Sinne meinen wir z. B., wenn wir sagen: „Frau Müller hat das Recht, von dem Studenten Schulze 30 Mark rückständigen Mietzins zu verlangen."

Unzweifelhaft macht das subjektive Recht einen lebendigeren Eindruck; das objektive liegt wie tot da und harrt seiner Erweckung in Gestalt solcher subjektiven Beziehungen. Dafür hat das objektive Recht die größere Würde und die ins Ungemessene gesteigerte Bedeutung, weil auf einen einzigen objektiven Rechtssatz im Laufe der Zeit Millionen subjektiver Berechtigungen aufgebaut werden können.

II. **Das Recht (im subjektiven Sinne) ist ein selbständiger Wert.** Es darf nicht als bloßes Spiegelbild der objektiven Rechtsordnung betrachtet werden. Allerdings leitet sich der Satz: „Der Dienstknecht Rütger kann von dem Rittergutsbesitzer Doll wegen eines ausgeschlagenen Zahnes 50 Mark Schadensersatz verlangen" von dem § 823 BGB. her: „Wer vorsätzlich den Körper eines anderen widerrechtlich verletzt, ist dem anderen zum Ersatze des daraus entstehenden Schadens verpflichtet." Aber das einmal entstandene subjektive Recht löst sich von der objektiven Unterlage und stellt so einen selbständigen Wert, der eigene Schicksale hat (Näheres im § 16), dar.

Man hat mehrfach versucht, den Gehalt dieses selbständigen Werts rechtsphilosophisch zu erfassen. Im 19. Jahrhundert standen sich zwei Hauptmeinungen gegenüber. Die einen stellten auf den Inhaber, den Träger des Rechts ab (den Dienstknecht, die Zimmervermieterin); ihm wollten sie ein möglichstes Maß von Freiheit sichern, sein Verlangen nach Befriedigung, sein „Wille" sollte das entscheidende Kennzeichen bilden, und die rechtliche Zutat sollte nur darin liegen, daß diesem Willen des Rechtsherrn gewisse Grenzen gezogen würden. So kamen sie etwa zu der Formel: „Das subjektive Recht ist eine von der Rechtsordnung verliehene Willensmacht" (Windscheid). Die anderen legten den Ton auf das Stoffliche, auf den Inhalt der verliehenen Macht, während ihnen das Wollen und Wünschen der beteiligten Individuen weniger Bedeutung zu haben schien. Für sie lag der entscheidende rechtliche Faktor in der Verteilung der Lebensgüter und im Schutz der vollzogenen Verteilung; deshalb stellten sie den Leitsatz auf: „Das subjektive Recht ist rechtlich geschütztes Interesse" (Jhering, unten S. 199).

Es leuchtet ein, daß die Stellungnahme des einzelnen Denkers zu diesen beiden Theorien wiederum von Stimmungsgehalt und Weltanschauung abhängt. Doch kann als sicher gelten, daß dem heutigen Zeitgeist die zweite Meinung besser entspricht als die erste.

III. **Hilfsfiguren.** Mit der Figur des subjektiven „Rechts" allein kommt man nicht aus, um die ungezählte Masse der auf einzelne Individuen gelegten (also subjektiven) Rechtsbeziehungen zu meistern.

a) Als erstes springt in die Augen, daß dem „Recht" die **Pflicht** gegenübersteht. Dem Recht der Frau Müller (Ziffer I) entspricht die Pflicht des Studenten, mit der Pflicht des Gutsbesitzers Doll (Ziffer II) korrespondiert das Recht des Dienstknechts Rütger. Mitunter steht nun der Pflichtgedanke sogar durchaus im Vordergrunde. Das zeigen schon die verallgemeinernden Regeln des objektiven Rechts, die sehr oft auf die Formel „ist verpflichtet" und nicht auf die Formel „ist berechtigt" abgestellt sind (vgl. z. B. den oben angezogenen Text des § 823 BGB.). Vor allem aber gibt es ganze große Rechtsgebiete, in denen durchgängig der Gedanke an die Pflichtseite weit geläufiger ist als die Vorstellung von der Rechtsseite. Das gilt namentlich vom Strafrecht, dessen Pflichtcharakter dem einfältigsten Geiste verständlich ist, während sich das „Recht" des Staates (oder des Verletzten?) auf Bestrafung nicht leicht erfassen läßt, von einigen wohl ganz geleugnet wird.

Die „Korrespondenz zwischen „Recht" und „Pflicht" läßt sich nicht restlos und schematisch durchführen.

1. Eine vergeistigte, aber den praktischen Notwendigkeiten nicht entsprechende, rechtsphilosophische Theorie geht davon aus, daß die Rechtsvorschriften (Gebote) sich überhaupt nicht an die beteiligten Privatpersonen, sondern ausschließlich an die Gerichte (und die Vollstreckungsbehörden) wenden, und muß folgerichtig dazu gelangen, eine Rechtsverpflichtung des einzelnen gänzlich zu leugnen. Binder, Rechtsnorm und Rechtspflicht, 1912.

2. Aus gewissen öffentlichrechtlichen Verpflichtungen, die den Staat (oder Gemeinden usw.) belasten, folgt zwar die Verpflichtung, aber ein korrespondierendes Recht des einzelnen Untertanen soll damit nicht aufgestellt werden. So die Pflicht des Staates, den Untertan dem Ausland gegenüber zu schützen; so viele Fürsorgepflichten.

3. Umgekehrt gibt es Rechte, denen gegenüber eine unmittelbar korrespondierende Pflicht nicht zu konstruieren ist. So das öffentlich-rechtliche Wahlrecht. Im privatrechtlichen Rahmen gehört hierher die ganze Gruppe der sog. Gestaltungsrechte (Zitelmann: „Rechte des rechtlichen Könnens"), z. B. ein Kündigungsrecht (etwa bei der Miete) oder ein Anfechtungsrecht (etwa wegen Irrtums nach § 119 BGB.). Hier kann man höchstens indirekt davon sprechen, daß der „Partner" „verpflichtet" sei, sich die Ausübung eines solchen Rechtes gefallen zu lassen.

b) Die heutige juristische Denk- und Sprachweise unterscheidet ferner vom subjektiven Recht den sog. **Anspruch.** Hier ist das Verhältnis kein gegensätzliches, wie bei Pflicht und Recht, sondern ein abgeleitetes: der Anspruch entspringt aus dem subjektiven Recht, ist eine Abzweigung von ihm; insofern also ist er etwas Minderes, doch aber geht er nach Lösung von der Unterlage selbständige Wege (ganz ähnlich wie das subjektive Recht auch seinerseits, nachdem es sich vom objektiven Recht gelöst hat; Ziff. II). Aus dem Eigentumsrechte an einem Garten gehen z. B. einzelne Ansprüche gegen jeden Störenfried, Dieb, feindlichen Nachbarn hervor, und es kann sich nun sehr leicht ereignen, daß der einzelne Anspruch längst untergegangen ist (z. B. durch Verjährung), während das ihm unterliegende subjektive Recht weiterbesteht. (Näheres in dem Grundriß über den Allgemeinen Teil des BGB. S. 41 ff.) Im ganzen handelt es sich um eine zugespitzte Konstruktion, die voraussichtlich später wieder an Bedeutung verlieren oder ganz abgestoßen werden wird.

Historisch erscheint der „Anspruch" mit der römischen Aktionenlehre verknüpft. Die Römer entwickelten neben jedem, ihnen beachtlich erscheinenden subjektiven Recht eine zu seinem Schutz bestimmte Klageformel (actio). Daraus ging im gemeinen Recht (unten § 175) die Anschauung hervor, von dem „Recht" sei begrifflich als etwas Besonderes und Selbständiges die Klagbarkeit zu scheiden. Das ist allerdings im späteren gemeinen Recht abgelehnt worden (Windscheid, Die Aktio des römischen Zivilrechts vom Standpunkt des heutigen Rechts, 1856). Aber es hat sich nun der „Anspruch" als etwas immerhin Verwandtes an die Stelle gesetzt. Dogmatisch ist diese Denkfigur vor allem durch das Bürgerliche Gesetzbuch in Lauf gebracht worden. Definition im § 194 BGB.: Anspruch: „Recht, von einem anderen ein Tun oder ein Unterlassen zu verlangen". Das Verlangendürfen ist also der Kern. Aus dem reichhaltigen Schrifttum: Hellwig (szt. Prof. in Berlin), Anspruch und Klagrecht, 1900; Langheineken (Prof. in Halle), Anspruch und Einrede, 1904; ferner die Lehrbücher zum BGB.

c) Schließlich kennt der juristische Sprachschatz auch eine Erweiterung über das einzelne subjektive Recht hinaus in dem Begriff des **Rechtsverhältnisses.** Beispiele: Ehe, Mietsverhältnis, Kirchenpatronat, Regentschaft. Solche Rechtsverhältnisse sind meist Sammelbecken für eine große Zahl einzelner subjektiver Rechte und Pflichten; aus dem Rechtsverhältnis der Ehe können z. B. ununterbrochen neue Berechtigungen, oft sehr verschiedenen Inhalts, entspringen. Nennenswerte praktische Bedeutung kommt dem Begriff nicht zu.

Die Methode der Umsetzung. § 15.

I. Im modernen Staat ist das objektive Recht der **Ausgangspunkt.** Ohne objektiven Rechtssatz, der es trägt, kann kein subjektives Rechtsverhältnis anerkannt werden. Am schärfsten tritt das im Strafrecht zutage: nulla poena sine lege poenali, keine Bestrafung (= Strafanspruch des Staates) ohne einen deckenden Gesetzestatbestand, sagt ein Sprichwort, das neuerdings sogar in die Reichsverfassung aufgenommen worden ist. (Näheres unten § 29 III b 2). Darum kann, wenn ganz neue Verbrechensarten auf tauchen, an die der frühere Gesetzgeber nicht gedacht hat (z. B. Entwendung elektrischer Kraft, gewisse im Kriege hervorgetretene Unlauterkeiten) der Täter grundsätzlich nicht bestraft werden, ein befremdendes Ergebnis. Aber auch auf den anderen Rechtsgebieten kann es vorkommen, daß sehr dringende Bedürfnisse nicht beachtet werden können, weil die Unterlage in der objektiven Rechtsordnung fehlt.

Gerade hier liegt wieder eine verantwortungsvolle Aufgabe der „Praxis“ (§ 13), durch Auslegung oder Weiterbau die objektive Unterlage, wenn irgend angängig, zu beschaffen; insbesondere werden genügend gekräftigte und als rechtlich bedeutsam empfundene Verkehrssitten oft Hilfe bringen können, zum mindesten im Bereich des bürgerlichen Rechts. — Darf auch im öffentlichen Recht, insbesondere im Strafrecht mit Analogien (oben S. 114 f.) gearbeitet werden? Einzelne (Rumpf Prof. in Mannheim) vertreten das. Aber die herrschende Lehre des Strafrechts verwirft es.

Umgekehrt kann es vorkommen, daß ein objektiver Rechtssatz da ist, der niemals subjektive Verwertung findet. Es kann etwa durch eine Polizeiverordnung den Bürgern irgendeine Ermächtigung erteilt werden, aber die beigegebenen Bedingungen sind so belastend oder der Wert ist von vornherein so fragwürdig, daß niemand davon Gebrauch macht. Dann bleibt die objektive Regel leblos liegen. Sie hat dann aber auch ihren Zweck verfehlt. Denn der Zweck jedes Teilstückchens der objektiven Rechtsordnung ist: Umsetzung in subjektive Werte.

II. Welche **Kräfte** sind es nun, die das subjektive Recht des Einzelfalls lebendig werden lassen? In der Hauptsache ist es das Tätigwerden der Menschen. Aber es kommen auch ganz andere Kräfte hinzu.

a) Der Gutsherr versetzt dem Knecht einen Schlag ins Gesicht, durch den ein Zahn ausbricht. Vorher war gar nichts da (denn der laufende Dienstvertrag hat mit dem Vorgang juristisch nichts zu tun). Nunmehr springt auf einmal eine subjektive Rechtsbeziehung hervor; wenn man neben dem Schadensersatz die strafrechtliche Seite gleich mit veranschlagt, sogar noch eine zweite. Der Schlag hat sie lebendig gemacht und den schon tausendmal angewandten objektiven Rechtssatz zum tausendeinsten Male ins Subjektive umgesetzt.

b) Wenn der Student Müller bei einer bestimmten Witwe ein Zimmer mietet, so ist es ebenfalls menschliche Betätigung, die das subjektive Rechtsverhältnis und die einzelnen „Rechte“ und „Ansprüche“ entstehen läßt. Immerhin liegt ein bedeutender Unterschied von dem vorigen Fall vor, und das gibt zu der Bemerkung Anlaß, daß es eine wichtige (hauptsächlich im Privatrecht gepflegte) Lehre von den Arten der menschlichen Handlungen gibt. Jener Schlag wird von der Rechtsordnung mißbilligt, er fällt unter die „unerlaubten Handlungen“, unter die Delikte (vgl. im BGB. §§ 823 ff. und unten S. 236). Dagegen ist die sog. „Abgabe von Willenserklärungen“, wie in dem Mietsfall, der Rechtsordnung genehm und wird von ihr wie alle „Rechtsgeschäfte“ geschützt oder gar gefördert (vgl. im BGB. §§ 104 ff.).

c) Wenn der Bauer Schlägel dem Städter Schlunk sein Bauernhäuschen verkauft, so hat das, solange die beiden für sich allein verhandeln, keine Gültigkeit. Es ist noch kein subjektives Recht entstanden. Das hängt damit zusammen, daß für solche Geschäfte, um Übereilung, Übertölpelung, Güterschlächterei zu verhindern, gerichtliche (oder notarielle) Beurkundung vorgeschrieben ist (BGB. § 313). Erst wenn der Richter oder Notar sich betätigt hat, wird der Vertrag wirksam und die beiderseitigen subjektiven Rechte springen ins Leben hinaus. Dabei tritt der Richter nicht als gewöhnlicher Mensch, sondern als Vertreter des Staates auf. Staatsmitwirkung erscheint also hier im Kreise der treibenden Kräfte.

d) Wenn mich der Hund des Nachbars beißt, setzt sich im gleichen Augenblick der § 833 BGB.:

> „Wird durch ein Tier ein Mensch getötet oder der Körper oder die Gesundheit eines Menschen verletzt, ... so ist derjenige, welcher das Tier hält, verpflichtet, dem Verletzten den daraus entstehenden Schaden zu ersetzen.“

in eine subjektive Rechtsbeziehung um. Hier ist es nicht mehr eine menschliche Handlung, sondern die Betätigung eines Tieres, die das Umsetzen bewirkt.

e) Aber es braucht überhaupt nicht einmal ein Lebewesen hineinzuspielen, sondern eine bloße Naturkraft kann die Wandlung hervorrufen. Wenn beispielsweise der Wind die nebeneinander liegenden Getreidehaufen zweier Bauern untereinander schüttelt, so entsteht eine ganz neue subjektive Rechtsbeziehung, das Miteigentum (BGB. § 948).

f) Ja, das bloße Dasein einer Eigenschaft (z. B. eines Fehlers in der Kaufsache) oder der Ablauf der Zeit (bei befristeten Verhältnissen) oder der Eintritt des Todes (Erbrecht!) und viele andere Umstände, die eher wie ein Zustand denn wie eine Bewegung anmuten, vermögen solche Umsetzungen in subjektive Rechte zu zeitigen.

III. Die kurze Kette von Beispielen eröffnet bereits einen Einblick in die überwältigende Fülle der subjektiven Rechtsverhältnisse. Keines Menschen Hirn kann diese Fülle restlos fassen, immerhin bringen allgemeine, übergeordnete Gesichtspunkte eine gewisse **Ordnung** in das Chaos. Im Laufe der Zeiten haben diese Gesichtspunkte freilich gewechselt.

a) Nicht jedes beliebige Lebewesen wird zum Erwerb von subjektiven Rechten zugelassen. Der Sklave des Altertums konnte weder Eigentum, noch Wahlrecht, noch eine Schadensersatzforderung haben. Der Klostergeistliche des Mittelalters verfiel dem sog. bürgerlichen Tod und war der Möglichkeit, subjektive Rechte (z. B. auch Erbrecht) geltend zu machen, entkleidet. Heute ist zwar grundsätzlich jeder Mensch zur Privatrechtsordnung zugelassen, ist in der Juristensprache „Person", hat „Persönlichkeit". Aber es gibt Einschränkungen, z. B. für Ausländer, für das Kind im Mutterleib. Und im Bereich des öffentlichen Rechts hängt die Zulassung zu den einzelnen Berechtigungen von sehr verschiedenen Voraussetzungen ab, beim staatsrechtlichen Wahlrecht von der Staatsangehörigkeit und vom Alter, bei der verwaltungsrechtlichen Betätigung vielfach noch vom männlichen Geschlecht, bei kirchenrechtlichen Befugnissen vom Glaubensbekenntnis.

Dazu kommt umgekehrt, daß man bei der Zuteilung der subjektiven „Rechtsfähigkeit" nicht bei den Menschen stehen geblieben ist, sondern den Kreis der Zugelassenen durch Einreihung von bestimmten Organisationen, vor allem des Staats und gewisser Vereine erweitert hat (sog. Juristische Personen). Deshalb kann neben Müller und Schulze auch das Deutsche Reich, die Gemeinde Dinkelsbühl, der

Kunstverein Jena Eigentum, Gläubigerbefugnisse, Wahl- oder Stimmrechte haben. Im ganzen erwächst aus diesem Problem der Zulassung eine sehr interessante und viel umstrittene **Lehre von der Persönlichkeit.**

Besonders die Erklärung der **juristischen Personen** wird ewig umstritten bleiben. Eine überaus reiche Literatur, an der sich die besten Köpfe beteiligt haben, bietet dem Studierenden Gelegenheit, sich in eines der bedeutendsten Grundprobleme der Rechtswissenschaft zu vertiefen. Aus der Fülle der Schriften sind herauszuheben: 1. Die Pandektenlehrbücher von Windscheid (bearbeitet von Kipp, Prof. in Berlin, 9. Aufl.) und Dernburg (8. Aufl.), vor ihnen Savigny, System II §§ 85 ff. Sie geben die Dogmatik des gemeinen Rechts mit ihren Meinungen und Gegenmeinungen wieder. 2. Die Lehrbücher des heutigen bürgerlichen Rechts stellen nur eine Fortsetzung dessen dar. Vgl. etwa Enneccerus (Prof. in Marburg) I § 96; Grundriß Allgemeiner Teil, von Heinrich Lehmann (Prof. in Köln) § 58. 3. In monumentaler Weise hat eine eigene lebensvolle Theorie (unten β) ausgebaut Otto Gierke (zuletzt Prof. in Berlin) in dem dreibändigen Werk: Deutsches Genossenschaftsrecht, 1868—1881. Faßlicher die Darstellung in seinem Deutschen Privatrecht I (1895) §§ 58 ff. 4. Eigenen Charakter weisen ferner auf: Hölder (zuletzt Prof. in Leipzig), Natürliche und juristische Personen, 1905; Binder (Prof. in Göttingen), Das Problem der jurist. Persönlichkeit, 1907; G. Schwarz (Prof. in Budapest) in Aufsätzen im Archiv f. Bürgl. Recht, Bd. 32 und Bd. 35; H. A. Fischer (Prof. in Jena), Subjekt und Vermögen in Rosenthal-Festschrift 1923.

Aus der Fülle der Meinungen treten folgende Haupttheorien hervor:

α) Die Fiktionstheorie (u. a. Savigny, Windscheid). Ausgangspunkt: Person kann nur der Mensch sein. Aber die Rechtsordnung überträgt mittels einer Fiktion den am Menschen entwickelten Persönlichkeitsbegriff auf die ihr dazu geeignet erscheinenden Personenvereinigungen (Staat usw.) und Vermögenskonzentrationen (Stiftungen). — Dieser Theorie wird sich anschließen, wer in besonders lebendiger Weise davon überzeugt ist, daß alles Recht grundsätzlich nur für den Menschen da ist (vgl. oben § 6), aber auf der anderen Seite sich ein Gefühl dafür bewahrt hat, daß die „souveräne" Rechtsordnung (vgl. S. 60 III) in der Lage ist, andere Lebenserscheinungen so zu behandeln (Fiktion), als seien sie Menschen.

β) Die organische Theorie oder, wie sie auch nach den Worten ihres Hauptvertreters Gierke genannt wird, die Theorie der realen Verbandspersönlichkeit. Sie stellt das Dogma auf, daß keineswegs nur der Mensch als Lebewesen zu bewerten sei, daß vielmehr der Staat, die Kirche, auch genügend gekräftigte private Korporationen (insbesondere Genossenschaften) und ähnliche Gebilde wirkliche („reale") Lebenserscheinungen, Organismen, und deshalb nicht erst auf eine Verleihung der Persönlichkeit im Wege einer Fiktion angewiesen seien, sondern den Titel (Anspruch) auf Anerkennung als rechtliche Person in sich selbst trügen. — Dieser Theorie wird sich anschließen, wer das alte germanische Recht so lebendig in sich gemacht hat, wie das in Gierkes Schriften vollzogen ist. Ferner der, der als Soziologe, vor allem als „Kollektivist" an die Betrachtung des Rechts herantritt. Denn ihm mu die individualistische Beschränkung des ganzen Rechts auf den Einzelmenschen als eine Vergewaltigung des Lebens erscheinen.

γ) Die Auflösungstheorien. Sie (mehrere Spielarten) wollen überhaupt nichts von den juristischen Personen wissen, wollen sie auch nicht als „fingierte" Gebilde anerkennen. Vielmehr sind sie von dem Streben beseelt, durchzugreifen bis zu den Stellen, wo praktisch-wirtschaftlich die zugesprochene Rechtsmacht endet. Das hat z. B. Rudolf v. Jhering (zuletzt Prof. in Göttingen) zu seiner Genießertheorie geführt: Durch die Korporation greift er hindurch zu den Mitgliedern, weil bei ihnen (ihrer Gesamtheit) der Genuß der Vereinsrechte sitzt; und durch die Stiftung hindurch greift er zu denen, für die die Stiftung im wirtschaftlichen Endergebnis bestimmt ist (die sog. Destinatäre). In besonders seltsamer Weise hat Hölder die Auflösung vollzogen. Er sucht überall hinter den sog. juristischen Personen diejenigen Stellen, die amtsartig die Verwaltung führen (sog. Amtstheorie), löst also z. B. den Staat ganz in ein Heer von einzelnen Amtsträgern auf. — Einer solchen Auflösungsmethode wird sich anschließen, wer zu einer kritisch-philosophisch-logischen Betrachtungsweise neigt, wer im Wege zersetzender Begriffsbildung das Leben zu meistern sucht und allen „Fiktionen" und „Bildern" und „Phantasien" abhold ist. —

Gibt es auch subjektlose Rechte? Dies ist eine abgeleitete, ebenfalls in der Pandektendoktrin des 19. Jahrhunderts und nachwirkend noch heute vornehmlich bei den Zivilisten lebhaft umstrittene Frage. Hauptbeispiel die sog. ruhende Erbschaft (hereditas iacens), d. h. der Nachlaß eines Verstorbenen in der Zeit, bis der Erbe ermittelt worden ist und die Erbschaft angetreten hat. Ferner das sog. Sammelvermögen (BGB. § 1914). Die Entscheidung hängt auch hier von der Gesamteinstellung zum Begriff des Rechts ab. Wer stark betont, daß alles Recht nur für den Menschen da ist, muß wiederum die Möglichkeit eines subjektlosen Rechts leugnen. Übrigens ist die Rechtsordnung an manchen Stellen bemüht, solche zweifelerregende Zwischenzustände von vornherein abzuschneiden. So ist z. B. im Staatsrecht der sprichwörtliche französische Satz geprägt worden: Le roi est mort, vive le roi. Er will besagen, daß beim Ableben des alten Königs sofort der Nachfolger König ist. Gerade dadurch soll vermieden werden, daß auch nur einen einzigen Augenblick das Land verwaist ist (keinen „Herren", kein „Subjekt" der Herrschaftsberechtigung hat). Das läßt sich in das private Erbrecht übertragen. Gerade, um den Streit über die hereditas iacens abzuschneiden, hat das deutsche BGB. im § 1922 den Satz aufgestellt: „Mit dem Tode einer Person (also sofort, selbst wenn der Erbe gar nichts davon weiß) geht deren Vermögen als Ganzes auf eine oder mehrere andere Personen (Erben) über." Dasselbe wollte schon das alte lateinisch-germanische Sprichwort „mortuus saisit vivum" besagen: der vivus ist sofort als Subjekt des nachgelassenen Vermögens da.

b) Ein zweiter ordnender Gedanke setzt bei der Frage ein, gegen wen sich die subjektiven Rechte kehren, führt also zur Pflichtenseite hinüber. Es ergibt sich dabei vor allem ein **Hauptunterschied zwischen „absoluten" und „relativen" Rechten.** Die ersteren sind gelöst (absolvere) von der Beziehung zu einem bestimmten Verpflichteten; jeder muß sie respektieren; das schärfste Beispiel ist das Eigentum. Die letzteren dagegen saugen ihr Lebensblut gerade aus einer bestimmten Beziehung (Relation), wie das Schadensersatzrecht des Dienstknechts, das sich einzig und allein gegen den Rittergutsbesitzer kehrt (S. 122 a) und niemanden sonst etwas angeht. Diese Zweiteilung ist je doch nicht die einzige, und so erwächst eine gerade in den letzten Jahrzehnten bedeutend verfeinerte **Lehre von den Arten der subjektiven Rechte.**

c) Schließlich drängt sich sehr rasch eine dritte Frage auf, was nämlich geschieht, wenn der dem Recht Unterworfene sich nicht fügt, der Schuldner nicht zahlt, der Störenfried jenseits des Zaunes immer von neuem meinen Garten verschmutzt, der Beamte meinen öffentlichrechtlichen Befugnissen nicht freie Bahn läßt. Hier setzt die **Lehre vom Schutz der subjektiven Rechte** ein, worüber im nächsten Paragraph zu handeln ist.

§ 16. Das einzelne subjektive Recht als selbständiger Wert.

I. **Seine Schicksale.** Jedes subjektive Recht ist der Entstehung (§ 14), der Veränderung, der Aufhebung unterworfen. Das unübersehbare Feld des subjektiven Rechtslebens (S. 123 Ziff. III) wird dadurch noch unfaßbarer, denn die gewaltigen Massen stehen in ständigem Fluß, lösen sich in Millionen Tropfen, die auf und ab steigen, ihre Farbe wechseln und schließlich vergehen.

Die Person kann wechseln. Der Gläubiger tritt seine Forderung an einen Geschäftsfreund ab. Durch Erbgang wechseln in jeder Minute subjektive Rechte von irgendeinem Sterbenden auf seine Erben hinüber. Der Herrscher entsagt dem Thron zugunsten seines Sohnes. Neuwahl läßt in einem Verwaltungskörper neue Rechtsinhaber an die Stelle der bisherigen treten.

Und ebenso auf der Pflichtenseite. Für den Schuldner springt ein Bürge ein. Für den Sträfling nimmt ein Gefährte die Strafleistung auf sich. Der Erbgang setzt ein, ganz ebenso wie auf der Aktivseite, und schiebt Tausende subjektiver Pflichten auf ganz neue Personen hinüber (die „Schulden" gehen mit auf den Erben über). Eine Eisenbahn wird verstaatlicht, und der übernehmende Staat übernimmt auch die angesponnenen Verpflichtungen. Ein Reich zerfällt, und die Staatsschulden werden auf die neugebildeten Teilreiche umgelegt.

Oder der Inhalt verschiebt sich, Zinsen laufen auf, Vertragsstrafen verfallen, das subjektive Recht wächst. Der Schuldner macht Teilzahlungen, der Gläubiger erläßt ihm eine Rate, das Recht schwindet. Man altert, die Militärpflicht verschiebt sich, von der Landwehr geht man zum Landsturm über, um schließlich überhaupt aus dem militärischen Pflichtenkreis auszuscheiden. Man hat sein Wahlrecht und viele andere öffentliche Befugnisse, aber mit der Aberkennung der „bürgerlichen Ehrenrechte" durch den Strafrichter geht man eines Teiles verlustig. Man mahnt den Schuldner, man kündigt Verträge des Völkerrechts, Fehler heilen, neue Fehler tauchen auf, und das alles bringt unzählige Wandlungsmöglichkeiten in den Bereich der subjektiven Rechte hinein.

Wiederum sorgen Regeln des objektiven Rechts für Ordnung. Nichts geschieht willkürlich, so wenigstens ist es gedacht. Darum ist der Personenwechsel genauen Kontrollvorschriften unterworfen. Der König darf seine Krone nicht aus Laune einem Bettler, der Ehemann seine ehelichen Rechte nicht einem anderen abtreten, und der Schuldner kann sich nur unter ganz bestimmten Voraussetzungen durch Bürgenstellung, der Sträfling nur in sehr beschränktem Umfang durch einen Ersatzmann von der eigenen Haftung befreien. Ebenso folgen die inhaltlichen Änderungen ganz bestimmten Gesetzen. Kündigungen sind nicht beliebig zulässig, überhohes Zinsennehmen wird unterbunden, die Altersstufen, die eine Ab- oder Zunahme von Befugnissen bringen, sind im Gesetze festgelegt, ganze Komplexe von Paragraphen regulieren das Erbrecht und die Lage beim Auftauchen von Fehlern einer Kauf- oder Miets- oder Arbeitssache. Trotzdem bleibt ein bedeutender Spielraum für die freie Betätigung der einzelnen Menschen und das Wirken anderer lebendiger Gewalten.

II. **Wer bestimmt** das Schicksal des einzelnen subjektiven Rechts?

Dieselben Kräfte, die wir schon bei dem Lebendigwerden der subjektiven Rechte kennengelernt haben (S. 122 Ziff. II), beeinflussen auch ihre weiteren Schicksale. Menschliche Betätigung, erwünschte wie unerwünschte, Einwirkung der Obrigkeit, Lauf der Zeit und Spiel der Naturkräfte finden sich in buntem Wechsel zusammen, um die subjektiven Rechte im Fluß zu halten und bis zum schließlichen Untergang weiterzuschieben.

Es hebt sich jedoch aus der Vielheit eine Figur heraus, der ein durchaus überwiegender Einfluß zukommt. Das ist der Herr des betreffenden Rechts, der **Rechtsinhaber.** Grundsätzlich bestimmt er allein über Wachsen und Vergehen seiner Berechtigung. Er kann sein Recht ruhen lassen, also auf seine Ausübung verzichten, oder es gar ganz ertöten. Er kann ihm durch Mahnung des Schuldners eine andere Färbung, durch Kündigung eine andere Richtung geben. Er kann es auf den Bahnen gerichtlichen Schutzes (Ziff. III) bis zum höchsten Machtgipfel hinauftreiben. — Dagegen treten die anderen Gewalten bedeutend zurück.

Freilich gebietet die Wucht der Tatsachen wichtige Einschränkungen. Mancher hat so viele subjektiven Rechte, daß er die Arbeit ihrer Verwaltung nicht allein durchführen kann. Oder es fehlt ihm die nötige Reife (Kinder, Geisteskranke). Oder er muß sich um politischer, sozialer oder sonstiger Gründe willen einer öffentlichen Kontrolle unterwerfen (Minister beim parlamentarischen System). Oder er bedarf, weil selbst nicht Mensch (Staat, Verein), gewisser Menschen als „Organe". So ist eine verwickelte Lehre von der **Stellvertretung** entstanden, deren Grundlinien im bürgerlichen Recht entwickelt, dann aber auch in allen anderen Rechtsgebieten verwertet worden sind.

III. **Der Kampf ums Recht.** Die Handhabung der subjektiven Rechte vollzieht sich bei weitem überwiegend in friedlichen Bahnen. Die große Masse aller Schuldner zahlt pünktlich und richtig, wenn auch vielleicht mit Widerwillen. Dies ist das Ergebnis jahrhundertelanger Erziehung und Gewöhnung und hängt mit der Pietät vor der Rechtsordnung zusammen (vgl. S. 62 Ziff. V).

Ausnahmsweise aber muß das subjektive Recht im Wege des Kampfes durchgesetzt werden.

Dabei braucht der Berechtigte sich von keinen Sentimentalitäten bestimmen zu lassen. Auch wenn die Durchsetzung seines Rechts für einen anderen sehr schmerzlich ist, dem anderen harte wirtschaftliche Nachteile bringt, hindert den Berechtigten nichts, sein Recht bis zur äußersten Folgerichtigkeit auszunützen: Qui iure suo utitur, neminem laedit (vgl. Digesten 50, 17, 55). In diesem schon vor vielen Jahrhunderten von dem römischen Juristen Gaius geprägten Satze sind die beiden letzten Worte besonders kennzeichnend. Es ist gemeint: von Rechts wegen liegt keine „Verletzung" des anderen vor; ob er wirtschaftlich (oder gar nur seelisch) verletzt worden ist, ist gleichgültig. Gerade hier zeigt sich wiederum elementar der Gegensatz zwischen Recht und Moral (vgl. oben § 7 IV und VI). Gelegentlich schlägt freilich die Rechtsordnung ins Moralische hinüber; sie macht gleichsam eine Anleihe bei der Sittlichkeit. So ist im deutschen BGB. (ähnlich schon in älteren Rechtsquellen, ähnlich auch in ausländischen Rechten) eine Rechtsausübung dann verboten, wenn der Berechtigte selbst gar keinen Nutzen davon hat, sondern es nur tut, um den anderen zu kränken und zu schädigen (sog. Schikaneverbot, BGB. § 226). Berühmtes Beispiel der Neidbau: es baut jemand eine Mauer, die ihm nicht den geringsten Vorteil bringt, nur um dem Nachbarn, mit dem er verfeindet ist, die Sonne wegzufangen. Sehr anschaulich auch der Fall in RG. Bd. 72 S. 231 ff. (Zutritt zum Grabe der Mutter). — Gilt das auch im öffentlichen, z. B. im Völkerrecht? Ist auch hier die „Schikane" verboten? Vom Standpunkt höherer Gerechtigkeit aus (oben § 8, S. 47 ff.) gewiß. Aber es fehlt an „positiver" Anerkennung.

a) Die Urform für den Kampf ums Recht ist die **Selbsthilfe.** Sie spielt noch heute im Völkerrecht eine wichtige Rolle; der Krieg erscheint so als eine Rechtseinrichtung, um subjektiven Rechten zur Wirksamkeit zu verhelfen, freilich heute in seiner Unerläßlichkeit anzezweifelt (unten § 31 III d).

In früheren Jahrhunderten kam auch bei der Auseinandersetzung über private Berechtigungen der Selbsthilfe bedeutender Einfluß zu, zuletzt im (rechtlich geregelten!) Fehdewesen der Ritterschaft. Heute dagegen ist im bürgerlichen Recht die Selbsthilfe auf ein Minimum hinuntergedrückt.

Ich brauche mich zwar nicht wehrlos berauben zu lassen, kann auch den Schuldner, der gerade das Schiff nach Amerika auf Nimmerwiedersehen besteigen will, gewaltsam festhalten, bis die Polizei herbeigerufen ist, — aber das sind Ausnahmen (vgl. im BGB. § 227 ff.).

b) Die starke Einschnürung des Sichselberhelfenkönnens hat den Ausbau einer ganz anderen Kampfesart, der **Gerichtshilfe**, zur notwendigen Folge gehabt. Notwendig war diese Ergänzung zwar nicht im logischen, wohl aber im praktischen Sinne. Bindet der Staat, oder wer sonst die Rechtsautorität inne hat, dem Untertanen den Arm, so muß er ihm seinen eigenen Arm schutzbereit darleihen. Gerade darin sitzt die größte Schwierigkeit des Völkerrechts, das jedenfalls zurzeit noch von keiner genügenden, den einzelnen Rechtsinhaber restlos deckenden Autorität begleitet wird und deshalb den Verletzten mindestens stellenweise auf den urwüchsigen Weg der Selbsthilfe verweisen muß (§ 31 III d). Auch im Verwaltungsrecht und Staatsrecht ist der Schutzapparat noch nicht restlos durchentwickelt. An Stelle der Gerichtsbarkeit wird hier zumeist mit dem Typus der Beschwerde operiert, die z. B. einen einzelnen Staatsbürger gegen den Fehlgriff eines Beamten sicherstellen soll. Die Idealfigur für den Schutz des verletzten oder bedrohten subjektiven Rechts aber bleibt der Richter.

Schon in anderem Zusammenhange wurde des Richters als Mitarbeiter am subjektiven Recht gedacht (S. 122c). Aber dort handelte es sich nur um seine Mitwirkung bei der Erzeugung eines subjektiven Rechts. Und solche, sog. **konstitutive Tätigkeit** der Gerichte ist nicht groß; sie kommt vor allem im Bereich der Freiwilligen Gerichtsbarkeit (unten § 35) vor. Hier dagegen handelt es sich darum, daß der Richter über bereits vorhandenes Recht spricht, daß er erklärt, was rechtens sei (sog. **deklarative Tätigkeit**), und dieser Zweig seines Wirkens ist viel bedeutender. Vor allem ist hier wieder die „Auslegung" heimisch, deren große Rolle schon anderwärts (§ 13 IV, S. 110) erwähnt wurde.

Der geistige Vorgang, der sich abspielt, wenn ein Richter das Gesetz auf den ihm vorgetragenen Streitfall anwendet, wird erst im IV. Teil (unten § 43) dargestellt.

c) Die Gerichtshilfe spielt sich zumeist in den Bahnen eines geordneten Verfahrens ab, das nach seiner schrittweisen Abwicklung (procedere) den Namen **Prozeß** bekommen hat. Die Rechtsregeln, die dieses Verfahren bestimmen, sind für die einzelnen Rechtsgebiete verschieden ausgebaut (Zivilprozeß, Strafprozeß usw.; unten § 32 ff.). Endziel ist zunächst ein Spruch, ein Urteil. Aber möglicherweise ist noch eine Vollstreckung nötig, wenn der Betroffene sich dem

Urteile nicht freiwillig unterwirft. Dann steigt das subjektive Recht, das aus dem toten objektiven Recht entspringt, selbst auch zunächst nur ein totes Gedankending ist und sogar noch im Urteil bloß auf dem Papier steht, zu realer Zwangsverwirklichung empor. In der Vollstreckung des Todesurteils an einem Mörder erleben wir den höchsten Akt subjektiven Rechtsgebarens.

IV. **Kollision von Rechten.** Mißgriffe der Gesetzgebung, vor allem aber die Vielgestaltigkeit des Lebens bringen es nicht selten mit sich, daß zwei Personen, jeder für sich, ein „Recht" haben, daß aber diese beiden Rechte nicht miteinander vereinbar sind, so daß also einer von beiden dem anderen vorgehen muß. Für solche Fälle fehlt es an einem klaren System in den heutigen Gesetzen. Man behilft sich in der Doktrin und Praxis mit einigen großen allgemeinen Gesichtspunkten.

a) Entweder läßt man das Entstehungsdatum entscheiden; das ist in den Satz geprägt worden: **prior tempore potior iure.**

Danach ist z. B. der „Rang" mehrerer an einem Grundstück gleichzeitig bestehender Hypothekenrechte geregelt. Kommt es zur Zwangsversteigerung des Grundstücks und reicht der Erlös nicht aus, um alle Hypothekengläubiger zu befriedigen, so wird zuerst der älteste, nach ihm der zweitälteste Gläubiger usw. ausbezahlt (Näheres im Grundriß Sachenrecht § 30 II). Bei gewöhnlichen Gläubigern (im Gegensatz zu den Hypothekengläubigern) ist es anders. S. sogleich unter b.

b) Oder man gibt, einem urwüchsigen Empfinden folgend, dem den Vorzug, der zuerst zugegriffen hat; sog. **Prävention.**

Das gilt, wenn ein Schuldner mehrere (gewöhnliche) Gläubiger hat. Hat dann der eine im Wege der Zwangsvollstreckung früher zugegriffen und „sein Schäfchen ins Trockne gebracht", während der andere, als er sich ebenfalls zum Vollstreckungszugriff aufrafft, nichts Pfändbares mehr vorfindet, so kann der zweite nicht hinterher von dem zuerst Zugreifenden Teilung verlangen (vgl. ZPO. § 804 III). Ein altes Rechtssprichwort stützt diesen Gedanken: Wer zuerst kommt, mahlt zuerst. Auch das lateinische „**Beati possidentes**" will ähnliches besagen. Gegen unlautere Begünstigung eines Gläubigers auf Kosten der anderen durch den Schuldner (Abschiebung der letzten Vermögensstücke an ihn) hat allerdings die Rechtsordnung in besonderen Gesetzestexten (Anfechtungsgesetz v. 20. Mai 1898; Konkursordnung vom 10. Februar 1877 § 30 ff.) Vorkehr getroffen.

Solche „Prävention" kann auch schon bei der Begründung von Rechten eine Rolle spielen, wenn nämlich das betreffende Recht seinem Wesen nach nur einem zustehen kann. So ist es im Patentrecht. Eine bestimmte Erfindung kann nicht zweimal hintereinander patentiert werden. Wenn nun zwei Personen dieselbe Erfindung unabhängig voneinander gemacht haben, bekommt der das Patent, der es zuerst beim Patentamt angemeldet hat. Der andere, der vielleicht die Erfindung selbst schon zwei Monate vor dem Anmelden gemacht hat, aber sie noch etwas besser ausprobieren wollte, geht leer aus (Patentgesetz v. 7. Dez. 1923 § 3, Abschwächung zugunsten des sog. „Vorbenutzers" in § 5).

II. Teil.

Überblick über die geschichtliche Entwicklung des Rechts.

Grundlagen. § 17.

I. Eine der Grundformen des Denkens, die der große Königsberger Immanuel Kant aufgestellt hat, geht dahin, daß alle Dinge sich nach ihrem Sein und ihrem Werden betrachten lassen.

Es gilt das von allen Dingen im Raum. Was wir auch in den Händen halten mögen, unsere Bücher, unsere Kleider, unser Arbeitsgerät, sie alle lassen sich daraufhin besprechen, wie sie sind, ob schön oder abstoßend, ob nützlich oder wertlos, oder aber daraufhin, wie sie sich entwickelt haben, vom natürlichen Keim bis zur Abrundung und Vollendung, vom Rohstoff angefangen über die Verarbeitung hinweg bis zum Vertrieb im Handel und dem Verbrauch beim sog. Konsumenten. Aber es gilt auch das gleiche von den Ideen. Selbst der mathematische Lehrsatz, der scheinbar ganz auf das So-ist-es abgestellt ist, hat seine Geschichte; denn man kann über ihn aussagen, daß ihn dieser oder jener Gelehrte vor hundert oder tausend Jahren als erster aufgestellt hat, daß er dabei auf gewissen Untersuchungen seiner Vorgänger fußte, daß der Satz dann etwa längere Zeit in Vergessenheit geriet, bis ihn ein anderer Gelehrter wieder ans Tageslicht zog. Das eben ist (vorbehaltlich eines „ewigen" Naturrechts, § 8) das Schicksal aller **Dogmen**, daß sie alle trotz herrischen Auftretens dem Zuge der Zeit unterworfen sind. Und was von der einzelnen Idee, dem einzelnen Lehrsatz gilt, gilt schließlich auch von ganzen Geistesgebieten. Die unvergleichliche Kunst der Griechen können wir in der einen Stunde nach dem Stande einer einzelnen gefestigten Periode, gleichsam im Querschnitt, betrachten, während wir in der anderen Stunde einen Tiefenschnitt bilden und ihre Herkunft, ihre allmähliche Entfaltung, ihr Werden würdigen. Auch das Recht steht unter diesem ewigen Denkgesetz. Eine geschichtliche Betrachtung des Rechts ist danach möglich.

Sie ist aber nicht allein möglich, sondern auch von hohem Wert.

Denn die geschichtliche Betrachtung sprengt die Enge unseres Daseins. Jedes Dogma knechtet mit seinem harten unverrückbaren: So ist es. Dem stellt sich der Kampfruf der Historie gegenüber. Die Historie ruft auf zur Prüfung des „Gegebenen", sie weckt die Kritik, weitet den Blick und hebt das Selbstgefühl (vgl. S. 21).

Freilich tritt gleich eine mächtige Einschränkung hinzu. Kritik kann zur Zweifelsucht werden. Das Selbstgefühl kann in sein Gegenteil umschlagen, wenn der prüfende Geist im Fernblick alles wieder versinken sieht, was fest und heilig schien, wenn uns die bange Frage bedrängt: wozu noch schaffen, wenn alles, was entsteht, doch nur den Wert hat zugrunde zu gehen?

Dann gilt es im Mittleren festen Boden zu gewinnen. Dann muß das geschichtliche Denken dahin geleitet werden, daß es freiere Persönlichkeiten bildet, aber auf der anderen Seite ihr Verantwortungsgefühl steigert.

II. Das **Recht** scheint allerdings im allgemeinen der Historie weniger zugänglich zu sein als manche anderen Geistesgebiete. Denn es ist unverkennbar stark auf Dogmatik zugeschnitten. Sein nächster Zielpunkt ist Nützlichkeit. Es soll die Lebensverhältnisse der Menschen ordnen (S. 58 § 9) und zwar gerade die äußeren, die „geschäftlichen" (S. 45). Das legt ihm eine gewisse Nüchternheit auf.

In besonderem Maße gilt das von der Gesetzgebung. Sie zwingt geradezu zur Gegenwartsbetrachtung. Sie erscheint als die Quintessenz aller Dogmatik. Sie tritt mit der ausgesprochenen Forderung auf, daß ihre Sätze bindend seien (S. 59 II), und versteht es auch, hinter die meisten greifbaren Zwang zu setzen (S. 63 b). Gerade die Gesetzgebung schiebt sich aber im Rechtsleben stark in den Vordergrund.

Trotzdem, ja um so dringender ist das Bedürfnis, den rechtlichen Dingen mit geschichtlichem Geist auf den Leib zu rücken. Denn die Gefahr eines starren Dogmatismus ist eben um dieses besonderen Charakters des Rechtsstoffes willen noch größer als anderwärts. Starre Dogmatik muß aber notwendigerweise zu geistiger Öde führen.

Gewiß kann sich der Jünger der Rechtswissenschaft damit begnügen, die einzelnen Voraussetzungen eines gültigen Eheschlusses vor dem Standesbeamten an der Hand der §§ 1303 ff. des geltenden Bürgerlichen Gesetzbuchs zu erlernen. Aber dieses Wissen bleibt ziemlich trocken und unerfreulich. Wie ganz anders gestaltet sich der Stoff, wenn man das Werden dieser heutigen Ehesatzung untersucht und zu den geltenden Paragraphen den Kampf hinzunimmt, der um die sog. „Zivilehe" jahrzehntelang geführt worden ist. Dann erst werden jene Sätze lebendig. Leben bringt die Historie in die Regeln der Gegenwart hinein.

Darüber hinaus ist die Schulung in rechtsgeschichtlichem Denken dazu berufen, den Juristen für die Zukunft zu wappnen. In anderem Zusammenhang (S. 73) ist darauf hingewiesen worden, wie stark die Gesetzgebungspolitik von wissenschaftlicher Seite aus vernachlässigt worden ist. Gelingt es, sie zu beleben, so wird der Rechtshistorie im gleichen Augenblick eine neue, bedeutende Aufgabe zufallen. Sie wird dann als der wichtigste Wertmesser zu betrachten sein; denn nichts schult so sehr für die Zukunftsarbeit als ein Vergleich zwischen dem Gegenwärtigen (das man verbessern will) und dem Vergangenen.

Die Rechtshistorie geht dabei Hand in Hand mit der Rechtsvergleichung (vgl. S. 18 IV). Bedeutendes wird in Deutschland bei der Vorarbeit zu größeren Gesetzgebungswerken geleistet. In den "Materialien" zum BGB., namentlich in der gedruckten, jedoch im Buchhandel nicht eingeführten sog. „Begründung" zu den Teilentwürfen von 1881, aber auch in den „Motiven" zum sog. I. Entwurf ist eine erstaunliche Masse geschichtlichen Stoffes zusammengetragen, um darauf den gewaltigen Neubau der Reichskodifikation zu errichten. Noch größer angelegt, doch weniger auf das reingeschichtliche gerichtet sind die Vorarbeiten für ein neues Strafgesetzbuch, die in einem sechzehnbändigen Werk unter dem Titel „Vergleichende Darstellung des deutschen und außerdeutschen Strafrechts" in den Jahren 1903 bis 1909 herausgegeben worden sind.

Wenn derart die Geschichte die gesetzgeberische Arbeit zu beflügeln vermag, ist sie auf der anderen Seite geeignet, einer Ausartung des Besserungswillens in überspannte Zukunftsträume entgegenzuwirken. Sie lenkt den Blick immer wieder in die gemessenen Bahnen des Erreichbaren zurück.

Früher hat man sich viel mit der Zeichnung von Idealbildern des Staates beschäftigt, von der Lehre Platos angefangen über die „Utopien" an der Wende des Mittelalters zur Neuzeit (insbesondere Thomas Morus) bis zu den heute viel erörterten Ideen eines sozialen Zukunftsstaats. Hier liegt die Gefahr, daß der Jurist sich in unerreichbare Fernen verliert. Der geschichtliche Sinn aber ruft ihn zurück und verhindert dadurch eine nutzlose Kraftverschwendung.

So also stellt sich die Geschichte als ein wertvolles Korrektiv für die Gegenwart wie für die Zukunft dar.

III. Der Wert der Historie ist nicht immer gewürdigt worden. Dies ruht wiederum auf breiter Unterlage, nämlich auf dem **allgemeinen Zeitgeist.** Es hat geschichtliche und ungeschichtliche Zeitalter gegeben, Zeitspannen also — meist handelt es sich dabei um viele Jahrzehnte, wenn nicht Jahrhunderte —, die gar keinen Sinn für historische Erfassung der Dinge hatten, und solche, denen das historische Betrachten und Erforschen gleichsam in Fleisch und Blut übergegangen war. Die Erklärung dieser eigentümlichen Erscheinung ist schwierig; sie geht, wie schon angedeutet, auf die den betreffenden Zeitraum beherrschende Weltanschauung zurück.

Zwei Beispiele: Der rätselhafte römische Jurist Gaius schrieb im 2. Jahrhundert n. Chr. sein Institutionenlehrbuch. Damals hatte man noch Sinn für historische Betrachtung. Deshalb stellte Gaius auch ältere Rechtseinrichtungen, z. B. den Legis-Aktionen-Prozeß mit dar. Als dann im 6. Jahrhundert der Kaiser Justinian bei der Ausarbeitung seiner Institutionen, die das erste Stück des Corpus iuris werden sollten und geworden sind (unten S. 169 Ziff. III), die Institutionen des Gaius zugrunde legen ließ, strich man die historischen Partien ohne jedes Bedenken fort: man hatte keine Interesse mehr dafür, der Sinn dieses byzantinisch-höfischen und niedergehenden Zeitalters war ausschließlich auf das Gegenwärtige und unmittelbar Geltende gerichtet. Eine Folgeerscheinung war die, daß man später jahrhundertelang von dem älteren römischen Prozeßwesen äußerst wenig wußte. Erst als 1816 Niebuhr in Verona die bis dahin verschollene Handschrift des Gaius entdeckte, wurde es nach deren mühseliger Entzifferung möglich, die Lücken einigermaßen zu füllen. Dies hat dann die gesamte Erkenntnis des römischen Rechtsgeistes bedeutend gefördert.

In Deutschland ist besonders anschaulich der Gegensatz zwischen dem ausgehenden Mittelalter mit seiner mehr und mehr erstarrenden Textgläubigkeit und dem plötzlich aufblühenden Humanismus, der an die Texte kritisch herantrat, ihre Herkunft untersuchte und in einzelnen Köpfen geradezu einen Heißhunger nach historischer Erkenntnis wachrief. Darüber noch unten § 20 Ziff. VI (S. 183).

Der heutige Zeitgeist hat freilich stärkeren historischen Sinn als etwa das Mittelalter. Jedoch liegt das Schwergewicht der juristischen Betrachtung ausgesprochenermaßen auf den Gegenwartswerten, also im Bereich der Dogmatik. Es hängt das mit unserer ganzen geistigen Lage zusammen. Die letzten Jahrzehnte haben uns eine unerhörte Masse von neuem Lebensstoff vorgeworfen. Diesen Stoff haben wir geistig noch nicht hinter uns gebracht. Wir ringen noch mit ihm. Und solches Ringen läßt nur ein mäßiges Quantum geistiger Kraft für die historischen Dinge frei.

Dazu kommt eine nicht zu leugnende Schwäche der heutigen Rechtshistorie. Sie hat es nicht vermocht, von den älteren Zeiten bis zur Gegenwart eine gleichmäßig fortlaufende Pflege des geschichtlichen Stoffes anzusetzen. Bei weitem das meiste der Forscherkraft bleibt im Altertum und im Mittelalter hängen; die neueren Jahrhunderte werden bedenklich vernachlässigt. Das bringt die ständig wachsende Gefahr, daß der lebendige Zusammenhang verloren geht und der Wert der historischen Forschung steigendem Zweifel ausgesetzt wird. Hier Wandel zu schaffen, ist eine sehr wichtige, aber auch sehr schwierige Zukunftsaufgabe.

IV. Grundlegend für jedes geschichtliche Forschen sind die **Quellen**, aus denen man zu schöpfen gedenkt. Das Wort Quellen wird dabei in einem ganz bestimmten Sinn, nicht als ein bloßes

Bild, gebraucht. Für den Rechtshistoriker kommen fast ausschließlich papierne Quellen in Frage, nämlich die Aufzeichnungen, die die Zeitgenossen der zu untersuchenden Periode über die von ihnen anerkannten und gehandhabten Rechtsverhältnisse gemacht haben. Man muß sich das von Anfang an gegenwärtig halten. Papier ist geduldig, es nimmt die verschiedensten Dinge auf, wohldurchdachte Pläne wie rasche Gelegenheitsskizzen, abgeschlossene Gesetze und bloße Entwürfe, Wahrheit und Fälschung. Dazu kommt, daß der Sinn für das, was aufzeichnungswürdig ist, sehr verschieden ausgeprägt war. Oft wird gerade das Wichtigste, weil es als selbstverständlich erscheint, weggelassen; allerlei Gedankenschnörkel, pompöse Einleitungen und kleine Spitzfindigkeiten treten an seine Stelle. In älteren Zeiten kann die große Unbeholfenheit im Schreibwesen hinzu, Bilder werden gebraucht, weil man den wahren Kern der Dinge nicht erfaßt hat oder nicht in Worte zu prägen weiß. Darum wird, wenn nicht die geniale Intuition eines Meisters über diese Schwächen hinweghilft, jede rechtshistorische Forschung ein gewisses Maß von (ungewollter) Selbsttäuschung in sich tragen. Sie möchte sich das Leben einer vergangenen Zeit aus den papierenen „Quellen" erschließen, aber diese Quellen geben immer nur ein schiefes, immer nur ein Teilbild von dem, was wahrhaft lebendig war. (Vgl. über den doppelten Quellenbegriff, der die Juristen von den Soziologen trennt, oben S. 92, 99.)

In den ältesten Zeiten stand nicht einmal das so aufnahmefähige Papier zur Verfügung. Stein und Holz, Metall und Wachs bildeten die spröden Unterlagen. Unendlich viel ist verloren gegangen. Über einem einzigen Fundstück, einer Tonscherbe, dem Stück einer Stadtmauer, einer vereinzelten Bronzetafel mühen sich dann ganze Gelehrtengenerationen, um aus dem einen armseligen Stück — armselig im Vergleich zu dem Verlorengegangenen und zu dem vollen verschollenen Leben — den damaligen Zeitgeist, den damaligen Rechtsbrauch zu entziffern. Hierbei gelangt man rasch genug ins Reich der bloßen Hypothesen; Meinung wird gegen Meinung gestellt, um ein Wörtchen, einen Buchstaben wird gestritten, ohne daß es oft gelingt, eine allgemein anerkannte Lösung zu finden.

Was im einzelnen als (ernst zu nehmende) Quelle für ein bestimmtes Kapitel der Rechtsgeschichte in Frage kommt, ist nach den einzelnen Zeit- und Völkerverhältnissen verschieden zu beurteilen. Es gibt für die größeren Rechtsgebiete eine eigene Quellenlehre. (Vgl. z. B. Theodor Kipp, Geschichte der Quellen des römischen Rechts, 4. Aufl. 1919.) Keineswegs stehen immer sogleich Gesetzestexte zur Verfügung. Auch wissenschaftliche Schriften der Zeitgenossen kommen nur in geringem Maß und nur für die späteren Zeiten, wo der Sinn für eine wissenschaftliche Behandlung des Rechtsstoffes schon da ist, in Frage. Oft muß man sich daher mit geringerem Material begnügen. Dabei spielen Urkunden, und zwar Urkunden über einzelne rechtliche Vorgänge, einen Kaufabschluß, eine Lehnsbestellung oder dgl., die wichtigste Rolle. Hier muß also aus dem subjektiven Recht des Einzelfalles (vgl. S. 117ff.) auf den objektiven Rechtszustand zurückgeschlossen werden. Dabei flutet dann die ganze Masse der subjektiven Parteiwillkür (gedämpft durch das langsame Erstarren zur Formel, wie es sich in den Formelsammlungen niedergeschlagen hat) in das überlieferte Bild hinein.

Sehr lehrreich das kleine Büchlein von Hermann Kantorowicz, Einführung in die Textkritik, Grundsätze für Philologen und Juristen, 1921.

Aus solchem, bis zu einem gewissen Grade immer gefährlichen Zustand des Quellenmaterials ergeben sich für den, der rechtshistorische Studien treiben will, einige allgemeine Lehren.

1. Es genügt nicht einfach Stoff zu sammeln. Vielmehr muß der Stoff geistig verarbeitet werden, und da er immer lückenhaft und einseitig bleiben wird, ist ohne eine gewisse Kombinationsgabe, ohne eigene Schöpferkraft nicht auszukommen.

2. Solche gestaltende Tätigkeit muß von kritischem Sinn und weitem Blick begleitet sein. Man darf nicht alles glauben, was die „Quellen" zu offenbaren scheinen; man muß sich beständig vor Augen halten, daß diese Quellen für ganz andere Menschen und ganz andere Zwecke geschaffen worden sind, als um einem Rechtshistoriker des 20. Jahrhunderts zur Unterlage seines Forschens zu dienen. Darum ist auch die bloße philologische Textkritik, auf die bisweilen ein Übermaß von geistiger Kraft verwendet wird, nicht zureichend; vielmehr muß der Blick vom Text zu dem (vermutlichen) liebhaftigen Leben der damaligen Rechtsgenossen gekehrt werden.

3. Daraus ergibt sich bereits, daß es ein Unding ist, beim rechtshistorischen Forschen den Geist ausschließlich und einseitig auf das Juristische einzustellen. Vielmehr muß man sich den zu ergründenden Rechtsstoff in die Gesamtkultur der betreffenden Zeit eingegliedert denken. Das erfordert beständige Fühlungnahme mit benachbarten Wissenszweigen, mit der allgemeinen Geschichtskunde und der Wirtschaftsgeschichte im besonderen, mit der Literaturgeschichte wie mit der Sprach- und Schriftzeichenkunde.

V. Es leuchtet ein, daß die einzelnen Völker sich vorzugsweise nur um das geschichtliche Heranreifen ihres eigenen, allenfalls noch des benachbarten Rechts bekümmern. Das wird auch künftig so bleiben. Immerhin verdienen Versuche Beachtung, die in den letzten Jahrzehnten gemacht worden sind, um eine über den einzelnen Rechtsgeschichten stehende **Universalrechtsgeschichte** zu schaffen. Das letzte Ziel dieses neuen Wissenszweiges müßte es sein, die Urelemente aller Rechtsentwicklung aufzudecken, und insofern grenzt sie nahe an die Rechtsphilosophie (S. 13 II). Zurzeit aber ist ihre Hauptttätigkeit durchaus der Materialbeschaffung gewidmet. Sie studiert namentlich das Recht der Naturvölker, um dadurch Vorarbeit für eine Gesamtgeschichte des Rechts der Kulturvölker zu leisten. Hierbei geht sie in die bereits früher (S. 18 IV) erwähnte vergleichende Rechtswissenschaft über. Eine breitere Anerkennung ist der Universalrechtsgeschichte bisher versagt geblieben.

Besondere Verdienste um ihren Aufbau hat sich in Deutschland Josef Kohler (zuletzt Prof. in Berlin) erworben. Vgl. seine kleine S. 31 erwähnte Programmschrift. Ferner seinen Aufsatz im ersten Bande der S. 27 genannten Holtzendorff-Kohlerschen Enzyklopädie. Seit 1878 gibt es eine eigene „Zeitschrift für vergleichende Rechtswissenschaft".

VI. Die **Geschichte des deutschen Rechts** wird herkömmlicherweise in zwei getrennte Zweige zerlegt, die Geschichte des einheimisch-deutschen Rechtsstoffs (kurz „Deutsche Rechtsgeschichte" genannt) und die Geschichte des römisch-gemeinen Rechtsstoffes („Römische Rechtsgeschichte"). Die Betrachtung des letzteren Stoffes ist dadurch nötig geworden, daß das römische Recht im Zug der Jahrhunderte in Deutschland eingedrungen ist (sog. „Rezeption"; unten S. 174 V) und sich durch allerlei Anpassungen und gewisse Modernisierungen zum „gemeinen" Recht (Pandektenrecht) gestaltet hat.

Diese Zerlegung der Rechtsgeschichte ist mit großer Schärfe durchgeführt worden. Getrenntes Gelehrtentum und getrennter Unterricht werden seit etwa hundert Jahren wie eine Selbstverständlichkeit hingenommen. Romanisten und Germanisten stehen sich in erstaunlicher Fremdheit gegenüber. Es ist zu wünschen, daß dieser Zustand allmählich überwunden wird. Namentlich tritt die Dogmatik (die Lehre vom geltenden Recht) immer deutlicher mit dem Anspruch hervor, daß die Rechtshistorie ihr nicht zwei unverarbeitete, gänzlich getrennte Unterlagen überreiche, sondern ein gemeinsames, verarbeitetes Ergebnis.

Die Trennung ist keine Selbstverständlichkeit. Im 18. Jahrhundert wurden viele literarische Untersuchungen zugleich auf die römische und die deutsche Rechtsgeschichte gestellt. Auch an den Universitäten wurden häufig beide Fächer zusammen gelehrt. Soweit freilich die Historie in den ältesten Zeiten hängen bleibt, ist kein Grund zur Verschmelzung gegeben (es kommt dann höchstens eine Rechtsvergleichung in Frage). Je mehr man sich aber der neueren und neuesten Rechtsgeschichte nähert, desto bedenklicher und undurchführbarer wird die getrennte Behandlung. — Für die Verbindung der römischen und deutschen Rechtsgeschichte zu einer gemeinsamen, selbständigen Wissenschaft ist namentlich Ernst v. Moeller in seiner Schrift „Die Trennung der deutschen und der römischen Rechtsgeschichte" (1905) eingetreten. Der Widerhall ist indessen vorerst gering geblieben.

Eine tiefere Erklärung der heute herrschenden Zweiteilung ruht in der einseitigen Betonung des Zivilrechts. Im Zivilrecht läßt sich in der Tat der Gegensatz der beiden Rechtswelten, der germanischen und der römischen, bis in die jüngste Zeit, bis in das BGB. hinein verfolgen. Aber bei den anderen Rechtsmaterien ist das nicht oder nur in ganz geringem Maße der Fall. Und auch für das Zivilrecht ist jener Gegensatz nicht die einzige treibende Kraft gewesen, vielmehr sind in seinen Bereich im Lauf der Zeit, namentlich seit der französischen Revolution eine Fülle von Gedanken hineingeströmt, die weder „germanistisch" noch „romanistisch", sondern eben als Kinder einer neuen Zeit anzusprechen sind.

Deshalb ist auch die römische nicht die einzige Beeinflussung der deutschen Rechtsentwicklung von auswärts gewesen. Auch andere Rechtsschichten haben stark eingewirkt, so namentlich das kanonische Recht (unten S. 171 IV) und das neuzeitliche französische Recht.

Beispiele. a) In verschiedenen Rechtslagen spielt der gute Glaube (bona fides) eine entscheidende Rolle, namentlich beim Eigentumserwerb an einer fremden Sache durch Zeitablauf (sog. Ersitzung). Nach römischem Recht genügte es nun, wenn der Erwerber im ersten Augenblick gutgläubig war, d. h. sich für den wahren Berechtigten hielt; wurde er später davon unterrichtet, daß die Sache ihm gar nicht zustehe, sondern eine fremde sei, so schadete dies seiner Ersitzung nicht, die Ersitzungszeit lief ungestört bis zu ihrem Schlußpunkt weiter (mala fides superveniens non nocet). Dem wurde von Innozenz III. auf dem allgemeinen Konzil von 1216 die These gegenübergestellt: „Unde oportet, ut qui praescribit (der ersitzen will), in nulla temporis parte rei habeat conscientiam alienae." Dieser Satz ging in das Corpus iuris canonici über (cap. 20 X de praescriptionibus 2,26), kam auf diese Weise nach Deutschland (S. 174 V), verdrängte die römisch-rechtliche Vorstellung und lebt jetzt im BGB. in den Worten: „Die Ersitzung ist ausgeschlossen, wenn der Erwerber bei dem Erwerbe nicht im guten Glauben ist oder wenn er später erfährt, daß ihm das Eigentum nicht zusteht" (§ 937 II). Im neuen Codex iur. can. (can. f. 1525

b) Der französische Code civil von 1804 (unten S. 213 d) hatte neben dem „öffentlichen" Testament vor Notaren und Zeugen ein privatschriftliches, das sog. holographische Testament aufgenommen; art. 970: „Le testament olographe ne sera point valable, s'il n'est écrit en entier daté et signé de la main du testateur; il n'est assujetti à aucune autre forme". Das drang in die westlichen Teile Deutschlands, d. h. in die linksrheinischen Gebiete und in Baden ein. Als das BGB. geschaffen wurde, kam es zu sehr lebhaften Kämpfen um dieses Institut. Alle drei Entwürfe lehnten es ab; man befürchtete schwere Gefährdung der Rechtssicherheit, Testamentsunterschiebungen und allerlei Beeinflussungen Sterbender, und bezeichnete die Aufnahme dieses Gebildes geradezu als ein „nationales Unglück". Die Badenser dagegen verteidigten ihr „eigenhändiges" Testament mit Zähigkeit, stellten es als ein „wertvolles persönliches Freiheitsrecht" hin und warfen den Gegnern Sucht nach „Bevormundung" vor. Im Reichstag siegte die Badenser Meinung, und so ist das französische holographische Testament jetzt fester (übrigens bewährter) Bestand des deutschen Reichsrechtes geworden (BGB. § 2231, Ziff. 2).

c) Besonders sinnfällig war die französische Einwirkung auch auf den Gebieten des Prozeßrechts und des Strafrechts. Der heutige Charakter der „Revision" gegen die Urteile unterer Instanzen, die heutige Grundauffassung des sog. „Versäumnisverfahrens", viele wichtige Züge des Geschworenenverfahrens, so beispielsweise die Zwölfzahl der Geschworenen, die Einteilung der Straftaten in drei Kategorien (Verbrechen, Vergehen, Übertretung; crime, délit, contravention), die begriffliche Erfassung des „Versuchs" und der „mildernden Umstände" und manches andere sind französischen Ursprungs. Augenblicklich untersteht allerdings unser Strafrecht und Strafprozeßrecht einer gründlichen Umarbeitung, (§ 29 V) und dabei werden vielleicht einzelne dieser aus Frankreich gekommenen Vorstellungen verbesserter neuer Erkenntnis weichen müssen.

d) Ebenso ist das neue deutsche Verfassungsrecht, das natürlich mit römischem Recht gar nichts mehr zu tun hat, nicht unwesentlich von ausländischen Vorbildern („westliche Demokratie") beeinflußt. Doch herrscht Streit über das Maß dieser Beeinflussung; sie hat sich weniger in der Herübernahme ganz bestimmter Einzelsätze als in der Anpassung an den Geist der Vorbilder geäußert. Vgl. S. 226.

Im folgenden wird die überlieferte Zweiteilung zum Ausgang, aber gelegentlich auf die notwendige Annäherung Rücksicht genommen.

Das ältere einheimische Recht. § 18.

Bedeutendstes Werk: Heinrich Brunner (zuletzt Prof. in Berlin), Deutsche Rechtsgeschichte, 2 Bände, 1887 (2. Aufl. 1906) und 1892. Von demselben das verbreitetste Studienbuch: Grundzüge der deutschen Rechtsgeschichte, 7. Aufl., 1925 (besorgt von Heymann). — Innerhalb der Grundrisse: Fehr (Prof. in Bern), Grundzüge der deutschen Rechtsgeschichte, 2. Aufl. 1925.

Den materiellen Stoff des deutschen Rechts, wie er sich bis in die Gegenwart dogmatisch entwickelt hat, bringen die Darstellungen des sog. Deutschen Privatrechts zur Anschauung. Am bedeutendsten: Otto v. Gierke, Deutsches Privatrecht, Bd. I 1895, Bd. II 1905, Bd. III 1917. Ferner Rudolf Hübner (Prof. in Jena), Deutsches Privatrecht, 4. Aufl., 1922. Innerhalb der Grundrisse: v. Schwerin (Prof. in Freiburg), Grundzüge des deutschen Privatrechts, 1919.

I. Über das älteste Recht der Germanen sind wir nur wenig unterrichtet. Schriftliche Aufzeichnungen gab es nicht. So ist der Historiker auf allerlei Rückschlüsse und auf die Schilderungen von Männern fremden Stammes, nämlich der römischen Schriftsteller (vor allem des Tacitus) angewiesen.

a) Alles Recht war ungeschrieben. Es war einfach und volkstümlich gestaltet und konnte so als Gewohnheitsrecht im Leben des Volkes bestehen und sich fortpflanzen. Sinnfälligkeit, in teilweise sehr schönen Symbolen ausgedrückt, und Öffentlichkeit der Rechtsvorgänge erleichterten solche Fortpflanzung. Namentlich die Öffentlichkeit war ein Grundzug dieses ältesten Rechtslebens.

Der wichtigste Akt aus dem Bereich der Güterverteilung, nämlich die Zuweisung der Bodenherrschaft, erfolgte nicht durch privaten Vertrag, den etwa ein bestimmter Käufer mit seinem Verkäufer abgeschlossen hätte, sondern öffentlich vor der Vollversammlung aller Volksgenossen. Und ebenso war der Rechtsgang, d. h. das Gerichtsverfahren, ein Stück Volksversammlung: jeder Gemeindegenosse mußte zur Gerichtssitzung (dem „Ding") erscheinen, und das Urteil wurde keineswegs von dem Richter (der vielmehr nur „Frager des Rechts" war) gefällt, sondern eben von dem „Umstand", d. h. der Versammlung der Gemeindegenossen. Gerade das trug wiederum zur Volkstümlichkeit und gewohnheitlichen Kraft des Rechtes bei.

b) **Die rechtliche Gliederung des Volkes** war mehrgestaltig.

1. Bei der historischen Rückschau erscheint als oberstes Einteilungsprinzip der Zerfall in Stämme (Völkerschaften, civitates z. B. Cherusker, Chatten, Frisen). Das war nicht nur für die politische Geschichte von grundlegender Bedeutung, glaubt man doch hierin die ältesten Wurzeln des sog. Partikularismus zu erblicken, sondern auch für die Rechtsentwicklung: es hat am Anfang des deutschen Werdens kein einheitliches deutsches Recht, sondern verschiedene (allerdings verwandte) Stammesrechte gegeben.

Deshalb erfolgte auch die im folgenden besprochene erste Aufzeichnung deutschen Volksrechts nach Stämmen getrennt.

2. Innerhalb des Stammes fand sich eine ständische Schichtung. Das Kernstück bildeten die freien Hofbesitzer. Darüber standen, für die älteste Zeit nur undeutlich erkennbar, die Adligen. Darunter standen die Knechte (Sklaven), zwischen diesen und den Freien eine Schicht von Halbfreien (sog. Liten oder Laten).

In der späteren Entwicklung erfolgt die interessanteste Umgestaltung in der Weise, daß nach und nach eine immer größere Zahl verarmter Freier sich in den Dienst begüterter Herren begibt. Es entsteht so eine neue Schicht von Halbfreien, die Ministerialen oder Dienstmannen. Sie wurden Träger wichtiger Bewegungen und vor allem auch einer ganz neuen Rechtsbildung. Denn ihr Verhältnis zu dem Dienstherrn bekam ein immer festeres Gepräge, aus dem Brauch wurde Rechtsbrauch, aus der Gewohnheit schließlich sogar fest gefügtes, textlich aufgezeichnetes Gesetzesrecht. So ist als Abzweigung aus dem Ministerialenverhältnis das Lehnrecht erwachsen (s. im folgenden).

3. Für das alltägliche Leben, aber auch für breite Teile des öffentlichen Daseins stand jedoch eine dritte Gliederung im Vordergrund, der Sippenverband, ein besonders eindrucksvolles Spiegelbild des frühen deutschen Volkslebens.

Er vor allem offenbart das lebendige Gemeinschaftsgefühl, das unsere Vorfahren beseelte. Sie gingen auf in der Sippe. Eine besonders sinnfällige Verkörperung fand das beim Eidschwur im Prozeß: nicht der einzelne schwor (der Beklagte oder Kläger), sondern es traten ihm die Sippengenossen als Eideshelfer an die Seite. Auch die Bewirtschaftung des Bodens war ursprünglich ganz auf Gemeinschaft abgestellt (s. im folgenden). — Dieser „soziale“ Zug des ältesten deutschen Rechts ist allerdings später in übertrieben scharfer Weise dogmatisiert und fast zum Schlagwort erniedrigt worden (S. 152).

c) **Das Bodeneigentum**, für das damalige, siedlerische Leben von entscheidender Bedeutung, bildet die Kernfigur des Privatrechts. Es war „unaufgeteilt“, d. h. nicht der einzelne Volksgenosse hatte ein bestimmtes Stück Land, sondern die Verteilung erfolgte nach Sippen. Die Sippe war gleichsam die kleinste Einheit, mit der gerechnet wurde.

Mit der „Verteilung“ ist nicht die einmalige, ursprüngliche Verteilung gemeint. Vielmehr handelte es sich darum, daß jede sog. Markgenossenschaft in regelmäßig wiederkehrenden Zeitabschnitten den Boden immer wieder von neuem unter die Sippenverbände aufteilte. Dies geschah aus einem gewissen Gerechtigkeitsideal heraus: es sollte keiner (keine Sippe) dauernd im Besitz einer besonders guten Bodenfläche bleiben, eine eigentümliche Form von Gemeinschaftswirtschaft (Bodenkommunismus). Gewisse Bodenflächen, insbesondere Weide und Wald, blieben überhaupt ganz unaufgeteilt, der gemeinsamen Nutzung überlassen, so daß jeder sein Vieh auftreiben, jeder das ihm nötige Holz sammeln oder schlagen konnte; dieses ungeteilte Land hieß Allmende oder gemeine Mark. — Ein Zeugnis dafür, wie fest agrarwirtschaftliche Bräuche sitzen, ist der Umstand, daß diese altgermanischen Einrichtungen sich in letzten (freilich ganz geringen) Ausläufern bis in unsre Tage erhalten haben. Das 19. Jahrhundert ist ihnen zwar sehr nachdrücklich und planmäßig zu Leibe gegangen, aber noch heute ist in einigen Gegenden Deutschlands die sog. Flurbereinigung (Beseitigung der „Gemengelage“) und die Aufteilung der Allmende nicht vollständig durchgeführt (vgl. Grundriß, Sachenrecht § 24 IV b).

d) Auch im **Strafrecht** hat der Gemeinschaftsgedanke eine entscheidende Rolle gespielt. Es ist ursprünglich ganz auf den Gedanken gestimmt, daß an sich eine Friedensordnung unter den Stammesgenossen besteht und daß der, der eine Untat begeht, als Friedensbrecher zu betrachten und als außerhalb der Gemeinschaft stehend zu behandeln sei.

So verfiel er, rechtlos geworden, der Verfolgung, sei es nur seitens der verletzten Sippe (Fehde, Blutrache), sei es seitens der ganzen Gemeinschaft (Friedlosigkeit i. e. S.). Leichtere Frevel wurden durch Wergeld abgegolten, aber wiederum wurde das Wergeld ursprünglich nicht an den einzelnen, sondern an den Sippenverband entrichtet. Die feinere Abstempelung des Strafrechts unter dem Zeichen der (subjektiven) Schuld, wie sie heute bei uns Brauch ist § 29, fehlte noch dieser urwüchsigen Zeit.

Es wurde in der Hauptsache nach dem äußeren Unheil, das angerichtet war, also dem objektiven Ergebnis gestraft (Erfolgshaftung).

II. Das erste reichere Quellenmaterial stammt aus dem **fränkischen Zeitalter.**

a) Hier setzt eine rege Aufzeichnung ein. Sie nimmt zum Teil den Charakter wirklicher **großer Volksgesetze** an; nach und nach werden solche für die meisten Stämme geschaffen. Dieser überraschend einsetzende Drang nach gesetzlicher Fassung und Niederschrift ist durch die Berührung mit der römisch-christlichen Kultur wachgerufen worden. Das tritt sinnfällig dadurch in Erscheinung, daß man sich der lateinischen, nicht der Stammessprache bedient; die Stammessprache war offenbar noch nicht reif genug, um Rechtssätze mit der erforderlichen technischen Schärfe zu formulieren. Wie sehr der Drang nach „Kodifikation" dem Zeitgeist entsprach, beweist der Umstand, daß damals in dem fernen Byzanz ebenfalls ein bedeutendes kodifikatorisches Werk zustande kam, nämlich das weltberühmte Corpus iuris civilis (s. sogleich im folgenden). In den germanischen Stammesreichen hat dieser Drang nach geschriebenen Texten etwa drei Jahrhunderte angehalten. Dann verliert er sich.

An der Spitze steht das Gesetz der salischen Franken, die berühmte **Lex Salica** (Entstehungszeit bestritten; frühestens 5., wahrscheinlich Anfang des 6. Jahrhunderts unter Chlodowech). Als Beispiel der textlichen Fassung und der weitreichenden Wirkung vgl. die berühmte Stelle 59,5: „De terra vero nulla in muliere hereditas non pertinebit, sed ad virilem sexum qui fratres fuerint tota terra pertineat." Der hier zunächst nur für die private Wirtschafts- und Erbfolgeordnung aufgestellte Grundsatz des Ausschlusses der Weiber von der Erbfolge in Grundbesitz ist dann später in hochpolitischer Weise bei Thronfolgestreitigkeiten als „Salisches Gesetz" (Loi Salique), z. B. im Kriege zwischen Philipp VI. von Frankreich gegen Eduard III. von England (14. Jahrhdt.) ausgenützt, aber auch anderwärts bei der Gestaltung des Thronfolgesystems verwertet worden. — An einer Reihe von Stellen sind in den lateinischen Text Worte der fränkischen Sprache eingeschoben, besonders wichtige, den lateinischen Text übersetzende oder erläuternde termini technici aus der fränkischen Gerichtssprache. Weil diese Schlagworte bei Gericht (in mallobergo) eine besondere Rolle spielten, pflegt man die Einschiebungen als malbergische Glosse zu bezeichnen.

Andere solche Volksrechte: Lex Ribuaria der ribuarischen Franken, lex Alamannorum, lex Bajuwarorum, lex Saxonum, lex Frisonum usw., zum Teil einander beeinflussend (eine Art von Rezeption, vgl. S. 72), oft nicht in der ältesten Fassung, sondern in späteren Überarbeitungen überliefert. Zugänglich sind die Texte in dem gewaltigen Sammelwerk der Monumenta Germaniae historica, das seit 1819 in Angriff genommen ist und unablässig weitergefördert wird. Von den wichtigeren Gesetzen gibt es auch textkritisch sehr sorgfältig durchgearbeitete Sonderausgaben, z. B. Heinrich Geffcken, Lex Salica.

Besonders belebend, aber auch erschwerend wirkte bei dieser gesetzgeberischen Tätigkeit die **Doppelstämmigkeit.** Es lebten in manchen, und zwar den blühendsten Stammesreichen neben den germanischen Eroberern die alten romanischen Siedler. Zum Teil hat man es mit einer gemeinsamen Gesetzgebung versucht; so ist namentlich das Edictum Theodorīci (um 500) im Ostgotenreiche gedacht gewesen. Zum anderen Teil aber, und das war die vorherrschende Gedankenrichtung, hielt man eine Trennung für angezeigt. So wurde z. B. im Burgunderreiche neben der sog. Lex Gundobada, die um 500 für die burgundischen Stammesgenossen erlassen wurde, als Seitenstück eine „Lex Romana Burgundionum" für die römischen Provinzialen des burgundischen Territoriums aufgestellt.

Diese für die Römer geschaffenen Kodifikationen sind vor allem deshalb interessant, weil sie, freilich in einem viel ungeklärteren Empfinden, dieselben Ziele verfolgten wie wenige Jahrzehnte später in Byzanz der Kaiser Justinian mit seiner weltberühmten Rechtssammlung (S. 165 ff.). In dieser Hinsicht ist namentlich beachtenswert die für die Römer des Westgotenreichs im Jahre 506 von Alarich II. erlassene Lex Romana Visigothorum, auch Breviarium Alaricianum genannt. Dieses Werk, aus Konstitutionen des Codex Theodosianus, des Codex Gregorianus und Hermogenianus (S. 165) und einigen Stücken römischer Juristenschriften (vor allem den Sententiae des Paulus) zusammengestellt, hat einen nicht unbedeutenden Einfluß auf die Rechtsentwicklung und Rechtskenntnis in Spanien, Südfrankreich, auch in Teilen Süddeutschlands ausgeübt. In den deutschen Klosterschulen (St. Gallen, Reichenau) wurde es etwa im 11. Jahrhundert viel als Unterlage für den Unterricht im Lateinischen und in rechtlichen Dingen benutzt. Erst die Bologneser Schule (S. 180 III) mit ihrer einseitigen Betonung der justinianischen Bücher hat ihm die Lebenskraft entzogen.

Neben diesen aus dem Volksleben geschöpften Rechtsbüchern trat mehr und mehr die Satzungs- oder Verordnungsgewalt des Königs hervor. In sog. Kapitularien gab er seinem gesetzgeberischen Willen Ausdruck. Daneben wuchs, je mehr der Staat erstarkte und durch einen gut gefügten Beamtenkörper geleitet wurde, eine gewisse Verwaltungspraxis heran (ein erstes geschichtliches Beispiel in Deutschland für das Herauswachsen von „Recht" aus dem Gebaren der Beamten; vgl. oben S. 107). Auch die einzelnen Rechtsakte, z. B. Grundstücksvergabungen, wurden immer häufiger in Urkunden niedergelegt, und Formelsammlungen sollten das Auffinden und den Gebrauch der geeigneten juristischen Wendungen erleichtern. Im ganzen also bieten die „Quellen" dieses Zeitabschnitts ein farbiges und rundes Bild.

b) Das Rechtsbild der fränkischen Zeit trägt den **Stempel einer gehobenen Kultur,** die durch das Christentum und die Berührung mit den Römern ausgelöst worden war. Über den Einzelzügen steht allerwärts die erstarkende Staatsgewalt. Der Sippengedanke tritt immer mehr in den Hintergrund. Der König und seine Beamten schieben sich mehr und mehr in den Vordergrund. Dadurch wird die Trennung von Privatrecht und öffentlichem Recht vorbereitet, und ganz neue Rechtsgebiete erschließen sich. Jetzt erst kommt ein eigentliches Staats- und Verwaltungsrecht auf. Das Steuerwesen z. B. tritt aus dem Rahmen einer bloßen tatsächlichen Einwirkung mehr und mehr ins Gebiet einer rechtlichen Betätigung über. Auch Ansätze zu einem selbständigen Kirchenrecht sind bemerkbar, so sehr sich der Staat bemüht, das kirchliche Wesen in seiner Dienstbarkeit zu halten. Die ständische Gliederung, die in der ältesten Zeit auf der sehr einfachen Formel des Gegensatzes zwischen Adligen und Gemeinfreien beruhte, bekommt jetzt durch die Ausbildung des Lehnwesens ein viel verwickelteres juristisches Gepräge; wiederum erwächst daraus allmählich ein ganz neues Rechtsgebiet, das **Lehnrecht.**

Im Strafrecht muß der Fehdegedanke (Selbsthilfe) der staatlichen Strafgewalt immer mehr weichen. Im Prozeß fällt gleichfalls die Herrschaft der Partei über den Rechtsgang und die entscheidende Mitwirkung der Gesamtgemeinde zugunsten eines nüchterneren, vom Richter stärker beeinflußten Verfahrens fort.

Das eigentliche Privatrecht bekommt langsam ein individualistischeres Gepräge. Das Sippeneigentum verschwindet, der Ackerboden wird aufgeteilt. Das Aufkommen des gemünzten Geldes hebt den Verkehr bedeutend und trägt damit stark zur „Individualisierung" bei. Doch erreicht das Verkehrsrecht dieser Zeiten bei weitem nicht die verfeinerte Höhe des römischen Obligationenrechts.

c) Ein sehr eindrucksvoller Zug ist die **Geltung der sog. lex originis.** Darunter wird verstanden, daß jeder grundsätzlich nach dem Recht seines Stammes lebt, also verlangen kann, als Burgunder nach burgundischem, als Römer nach römischem Recht behandelt zu werden. Bei der häufigen und innigen Berührung von Angehörigen verschiedener Stämme konnten Verwicklungen nicht ausbleiben. Aber andererseits hat diese Wechselwirkung das Rechtsleben merkbar befruchtet.

Eine merkwürdige, aber begreifliche Folge war es, daß häufig in den **Urkunden** eine sog. professio an die Spitze gestellt wurde: Die Vertragsparteien erklärten, welchen Stammes sie waren, um von vornherein klarzustellen, nach welchem Rechte sie lebten.

Aus der Verknüpfung des Rechts mit der Stammeszugehörigkeit, also einer bestimmten Eigenschaft der Person hat sich der wissenschaftliche Begriff des sog. **Personalitätsprinzips** entwickelt. Seinen Gegensatz bildet das **Territorialitätsprinzip**, wonach das Recht des Territoriums anzuwenden ist, auf dem (in dessen Grenzen) der betreffende Vorgang spielt. Beide Prinzipien werden durch sehr alte Sprichwörter veranschaulicht. Das erstere durch den drastischen Satz: iura ossibus inhaerent, das Recht hängt an den Knochen der beteiligten Personen: sie tragen es mit sich herum. Das zweite durch den Satz: Quidquid est in territorio, est etiam de territorio.

Es leuchtet ein, daß hinter den beiden Sätzen und „Prinzipien" die Frage der Staatsgewalt (und ihrer Grenzen) steht. Beim Personalitätsprinzip verfolgt der Staat seine Untertanen bis in fernste Lande, denn sein Recht begleitet sie. Beim Territorialitätsprinzip wählt der Staat eine ganz andere geistige Einstellung; er beschränkt sich auf seine territorialen Grenzen, dafür aber zwingt er alles, was sich auf seinem Boden bewegt (auch Ausländer), in den Bann seiner Rechts- und Gerichtsgewalt. Begreiflicherweise spielen die beiden Prinzipien namentlich auf den Rechtsgebieten eine Rolle, wo die Staaten aufeinanderstoßen, also im Völkerrecht § 31 und im besonderen im Internationalen Privatrecht (vgl. unten § 22 XI).

Eine eigentümliche Abwandlung erfuhr das Personalitätsprinzip bei den Klerikern. Es konnten sich im Stande der Kleriker natürlich dicht nebeneinander alte römische Siedler und etwa Franken oder Goten zusammenfinden. Da schien eine Zersplitterung nicht angebracht. So bildete sich die Praxis und nach ihr der Spruchsatz Ecclesia vivit lege Romana, d. h. Kleriker trugen unterschiedslos das römische, nicht irgendein germanisches Stammesrecht am Leibe. Diese Idee ist dann wieder überraschend bedeutsam geworden in der Geschichte der Rezeption des römischen Rechts in Deutschland (Näheres darüber unten S. 176). Denn daß die einflußreiche, schriftgelehrte, geistig führende Schicht der Kleriker für das römische Recht eintrat, nach dem sie lebte und auf dessen Boden sie sich ihre eigenen Rechtssatzungen aufgebaut hatte, hat die Aufnahme des fremden Rechts in Deutschland mächtig gefördert. Der Lernende kann an diesem historischen Beispiel gut beobachten, welche gewaltige Tragweite, ungeahnt und ungewollt, eine „Idee", ein „Prinzip" für die rechtlichen Geschicke eines Volkes haben kann. Doch wird sich zeigen, daß bei der sog. Rezeption noch andere Ideen mitgewirkt haben.

III. Zweite Hälfte des Mittelalters.

a) Zunächst geht wieder der Sinn für geschriebenes Recht in überraschender Weise verloren. Die aufgezeichneten Volksrechte und die Kapitularien geraten in Vergessenheit. Allenfalls wird noch in der Urkundenpraxis der Faden der Schriftlichkeit weitergesponnen. Im übrigen lebt man nach der mündlichen Tradition, nach dem Brauch der Väter, nach dem, „was immer gewesen ist". **Schöffensprüche und sog. Weistümer,** die von besonders erfahrenen Männern in zweifelhaften Fällen oder unabhängig vom Einzelfall und gewohnheitsmäßig auf eigens dafür einberufenen Tagungen Jahr für Jahr eingeholt wurden, gaben der Fortpflanzung des

Überkommenen etwas festere Gestalt, bahnten wohl auch den unvermeidlichen Neuerungen und Anpassungen an die veränderten Lebensverhältnisse den Weg.

Diese ganze Art der Rechtspflege ist für uns Heutige eine schwierige Vorstellung, weil wir selbst inmitten einer fast unübersehbaren Masse von „geschriebenem" Recht leben und gewohnt sind, jede rechtliche Aussage mit irgendeiner Textstelle zu verknüpfen. Aber gerade jener Zeitabschnitt der fränkischen Kaiser und der ersten Hohenstaufen, des ersten Aufblühens der deutschen Städte und der Vorschiebung deutscher Kultur nach dem Osten hin beweist, daß die Menschheit auch ohne feste Texte auskommen kann. — Im ganzen könnte man versucht sein, an eine Wellenbewegung zu glauben. Es beginnt mit der ältesten Periode des ungeschriebenen Rechts. Dann kommt die fränkische Periode mit ihrer starken Neigung zur Niederschrift. Dann folgen die eben erwähnten Jahrhunderte, in denen die Texte wieder versinken. Aber etwa vom 13. Jahrhundert ab wird, wie gleich zu zeigen ist, der Geist der Gesetzesbücher von neuem lebendig. Und ein ähnliches Wechselspiel kann man auch noch in der letzten Periode der bisherigen Menschheitsgeschichte beobachten (vgl. § 21, S. 206).

Die Weistümer sind später, um das ständige mündliche Wiederholen zu ersparen, an sehr vielen Orten (sie galten meist nur für einzelne Ortschaften oder Höfe) aufgezeichnet worden. Sie bilden eine Fundgrube für das Volks- und Rechtsleben dieser Zeiten und sind noch viel zu wenig (für Volkskunde und Rechtswissenschaft) beachtet worden. Die bedeutendste Sammlung in 6 Bänden (und einem Registerband) ist von J. v. Grimm und von Schröder herausgegeben worden. Einblicknahme ist für den jungen Rechtshistoriker sehr förderlich. Andere Sammlungen weisen die Fachbücher der Deutschen Rechtsgeschichte nach.

Etwa an der Wende des 12. zum 13. Jahrhundert tritt eine neue Neigung zu schriftlicher Festlegung der Rechtsregeln hervor. Sie äußert sich, soweit sie unmittelbar auf dem deutschen Boden erwachsen ist, sehr eigentümlich. Es setzt sich keine Staatsgewalt, kein Minister, keine Versammlung der „Landstände" in Bewegung, sondern es erheben sich unmittelbar aus dem Volke heraus an verschiedenen Stellen einzelne begabte Männer, deren Name meistens verschollen ist, und bringen zu Papier, was in ihrer Landschaft, in ihrem Stadtbezirk rechtens ist. Privatarbeiten sind es also, die dieser merkwürdigen Entwicklungsstufe das Gepräge geben, zugleich ein bedeutendes und schönes Beispiel dafür, daß (auf gewissen geschichtlichen Entwicklungsstufen) das Volk selbst die Kraft besitzt und die Neigung haben kann, sein Recht zu fassen und zu verwalten. Allerdings sind einige dieser sog. **Rechtsbücher** nach und nach in so hohes Ansehen gekommen, daß man sie wie staatlich erlassene Gesetzbücher behandelte oder gar damit verwechselte.

Durchaus das berühmteste Buch dieser Art ist der **Sachsenspiegel** (vgl. schon S. 68), a. E. um 1230 von dem Schöffen Eike von Repkow (im

Gebiete von Anhalt) verfaßt, zunächst in lateinischer, danach auf Anraten des Grafen Hoyer von Falkenstein in deutscher Sprache. Es gibt in seiner reichen, gemütvollen Ausdrucksweise, mit seinen mehrfachen, dichterisch empfundenen Vorreden, seinem leisen politischen Klang, seinem kernigen Gedankengehalt ein Stück der deutschen Volksseele wieder. Mit Recht vergleicht ihn daher die eine der Vorreden, die sog. praefatio rhythmica, einem klaren Spiegel, in dem holde Frauen ihr Antlitz beschauen können:

„Spiegel der Sachsen
sal diz bûch sîn genant,
Wen Sachsen recht ist hie an bekant,
als in eyme spîgele die vrowen
sich beginnen schowen."

Der Erfolg des Werkes war beispiellos und ging weit über das hinaus, was sein bescheidener Verfasser erträumt hatte. Das Buch wurde rasch in andere Sprachen, u. a. ins Polnische übersetzt, drang tief in das Rechtsleben weiter Landstriche, auch fernab vom sächsischen Mutterboden, ein, wurde bald von Legenden umwoben (sein erster Teil, das Landrechtsbuch, wurde Karl dem Großen, das zweite Stück, das Lehnrechtsbuch, Friedrich Barbarossa zugeschrieben), erhielt die verschiedensten Bearbeitungen und Glossierungen, wurde in prächtigen, naiv-künstlerischen Bilderhandschriften zum Schatz berühmter Büchereien; noch in den 90er Jahren des 19. Jahrhunderts sah sich das Reichsgericht gelegentlich (z. B. Bd. 29 S. 135) veranlaßt, auf diese Schöpfung Eikes von Repkow zurückzugreifen.

Aus dem Sachsenspiegel ging durch Umarbeitung (Anpassung an süddeutsche Verhältnisse) um die Mitte des 13. Jahrhunderts hervor der sog. Spiegel deutscher Leute. Wieder kurze Zeit später (um 1275) entstand in Süddeutschland (wahrscheinlich Augsburg) der Schwabenspiegel (der Name stammt erst aus dem 17. Jahrhundert; Verfasser unbekannt). Aus der ersten Hälfte des 14. Jahrhunderts stammt das Kleine Kaiserrecht. Im ganzen eine überaus eindrucksvolle, einzigartige Bewegung.

Über die (schriftlich aufgezeichneten) Weistümer, von denen eben die Rede war, reichten diese sog. Rechtsbücher weit hinaus, sowohl äußerlich, denn sie wollten für eine ganze Landschaft, einen ganzen Volksstamm gelten, als auch innerlich, denn sie waren tief empfundene, nach hohen Gedanken geordnete Systeme, nicht bloß Aneinanderreihung von „Fällen" und Einzelsprüchen. Besondere Beachtung verdient die dabei vollzogene, klare Sonderung des Lehnrechts vom allgemeinen Recht; letzteres bekam in dieser Gegenüberstellung den Namen „Landrecht" S. 148, und so zerfällt z. B. der Sachsenspiegel ausdrücklich in die zwei Teile Landrecht und Lehnrecht.

Die Rechtsbücher sind nicht in einer gemeinsamen Sammlung herausgebracht wie die Leges in den Monumenta (S. 142), sondern nur in Sonderausgaben, z. B. Sachsenspiegel Landrecht, herausgegeben von Weiske, 8. Aufl., 1905. Besonders beachtenswert die von Amira 1902 herausgegebene Dresdner Bilderhandschrift des Sachsenspiegels.

Nun aber hat es ein eigentümliches Schicksal gewollt, daß ungefähr gleichzeitig mit diesem heimischen Drang nach Rechtsbüchern,

das fremde Recht über die Alpen kam, und zwar mit der überlegenen Kraft einer technisch weit stärker durchgebildeten, kulturell schon vorgerückteren Stoffmasse. Das Corpus iuris canonici, das Corpus iuris civilis und die sog. Libri feudorum faßten in einem später (S. 174 V) zu schildernden Vorgang Fuß in Deutschland. So beginnt bereits in dieser Periode jene große Zwiespältigkeit der deutschen Rechtsentwicklung (vgl. S. 137, Ziff. VI), die sich bis in unsere Tage fortgesetzt hat.

b) **Die Grundzüge des Rechtslebens dieses Zeitabschnitts** lassen sich nicht leicht erfassen. Es sind bunte Zeiten. Soweit das unmittelbare Leben des Volkes in Frage kommt, erschließen uns die Weistümer (S. 145) und die Rechtsbücher (S. 146f.) einen Einblick. Dazu trat mehr und mehr in Gegensatz das gelehrte Recht, das Recht der immer deutlicher hervortretenden „Juristen". In ihren Köpfen herrscht ein ausgesprochener Dogmatismus. Man schwört auf die Aussprüche einzelner „Autoritäten", man hängt mit Starrheit an ihren Texten, vor allem an den Sätzen der römischen Rechtsbücher (vgl. schon S. 4 IV). Nur in der Form bloßer Zusätze (Randbemerkungen, Glossen, daher die Schule der „Glossatoren", S. 181) war ein Weiterdenken zugelassen, an den geheiligten Texten selbst durfte nicht gerüttelt werden.

Der Gegensatz zwischen Volk und Juristen bedeutete bereits Zersplitterung. Aber viel bedeutsamer noch war der territoriale Partikularismus, eine Zersetzungserscheinung, aus dem politischen Verfall (Interregnum) geboren, aber auch das Rechtsleben bis in die stillsten Winkel ergreifend. Es setzt sich der Gedanke fest und wird zum Rechtssatz von sprichwörtlicher Kraft: Stadtrecht bricht Landrecht, Landrecht bricht gemeines Recht.

Das bedeutete also, daß das Recht des kleinsten dem des kleinen, das Recht des kleinen dem des großen Kreises vorging.

Auf diese Weise ist **das Recht der Städte** zu einem besonderen Kapitel der deutschen Rechtsgeschichte geworden. Besonderen Ruhm genoß das Recht von Magdeburg und das Recht von Lübeck. Bald kam es auf, daß eine Stadt, die noch kein eigenes „Recht" besaß, sich an eine andere, die ein anerkanntes Recht hatte, wandte und sich mit deren Recht „bewidmen ließ. So kann man von Mutter- und Tochterrechten, und da bisweilen die Tochter das empfangene Recht ihrerseits wieder weitergab, von ganzen Stadtrechtsfamilien reden.

Die Landschaften (Länder, Einzelstaaten) mußten mit ihrem Recht gegenüber solchen Stadtrechten zurücktreten. Andererseits brauchten sie sich, wenn sie eigenes Recht produzieren wollten, nicht um das Reich mit seinem Recht zu kümmern. Das bedeutete gleichzeitig eine Abschwächung der Rezeption des römischen Rechts, da dieses vom Reiche vertreten war und nun eben jedem Stadt- oder Landrecht weichen mußte („subsidiäre Geltung", unten S. 175). Noch deutlicher aber trat die Unabhängigkeit (Selbstherrlichkeit) des Landesrechts gegenüber dem Reichsrecht erst im 18. Jahrhundert in Erscheinung, als die Periode der großen landesrechtlichen Kodifikationen begann (unten § 21 III). Das berühmte Preußische Landrecht von 1794 (S. 212) konnte nur auf der Basis ins Leben treten, daß auf die gesetzgeberische Unfruchtbarkeit des „Reiches" keine Rücksicht genommen zu werden brauchte. So lange also hat die Formel gewirkt, daß das Landesrecht das Reichsrecht brechen dürfe. Erst das neue deutsche Reich von 1871 und schärfer noch die Reichsverfassung von 1919 haben das Bild umgekehrt; ausdrücklich verkündet die letztere (Art. 13): „Reichsrecht bricht Landrecht", eine mächtige historische Wandlung.

Zu der geographischen Zerlegung trat die ständische. Jede Zunft lebte sich in den Gedanken ein, ihr eigenes Zunftrecht besitzen zu wollen. Vor allem aber zerschnitt das bedeutend angewachsene **Lehnswesen**, das Kreuzzüge und Italienfahrten, Ritterschaftsgeist und Siedlungspolitik zu einem entscheidenden Stück Zeitgeist gestempelt hatten, ganze Schichten des Rechtsstoffes in zwei getrennte Hälften. Denn es wurden nun für den Lehnsbereich in immer festerer Prägung eigene Rechtsregeln aufgestellt, bis das Lehnrecht dem Landrecht geradezu als selbständige Schicht gegenübertrat.

Eine Kodifikation des Lehnrechts, die in Oberitalien verfaßt wurde, die sog. libri feudorum, erlangte zusammen mit dem Corpus iuris Gesetzeskraft (S. 174 V). Über die Zwiespältigkeit zwischen Landrecht und Lehnrecht vgl. bereits im vorhergehenden: der Sachsenspiegel war in Landrecht und Lehnrecht zerlegt. Danach konnte z. B. der Erbgang ganz anders ausfallen, je nachdem der Verstorbene nach Landrecht oder nach Lehnrecht beerbt wurde, was wieder von seiner persönlichen Stellung im öffentlichen Leben abhing. Ging es nach Lehnrecht, so kam etwa der Erstgeborene allein an das Erbe heran (Primogenitur), während nach Landrecht vielleicht alle Geschwister zu gleichen Teilen erbten. Es war auch sehr wohl möglich (und häufig), daß der Verstorbene zwei Gütermassen hinterließ, Lehnsvermögen und Nichtlehnsvermögen (das sog. Allod), und daß nun zwei Erbgänge, getrennt voneinander, in die beiden Vermögenshälften erschlossen wurden.

Vor allem aber war das Lehnsverhältnis von grundlegender Bedeutung für den Aufbau des Staates, namentlich der Heeresverfassung. Die Ritterheere haben mehreren Jahrhunderten das Gepräge gegeben. Der Ritter aber war Lehnsmann, „Vasall". Sein persönliches Rechtsverhältnis zum Lehnsherrn war von einer Pflicht zur Treue beherrscht, ein besonders eindrucksvoller Fall der Vermischung des Rechts mit der Moral (S. 46), und gern als spezifisch germanisch hervorgehoben (doch wohnte dem römischen Klientenverhältnis wahrscheinlich auch etwas von einem solchen Treuverhältnis inne). Das güterrechtliche Verhältnis zwischen Vasall und Lehnsherrn hat zu einer interessanten Rechtsfigur geführt, nämlich dem geteilten Eigentum: Beide sind Eigentümer am Lehnsgut, der Lehnsherr hat das sog. dominium directum, der Vasall das sog. dominium utile. Jahrhunderte lang hat sich diese Idee gehalten. Erst im 19. Jahrhundert wurde die konstruktive Möglichkeit eines solchen Eigentums Zweier nebeneinander bestritten. Heute lehren in der Tat fast alle Zivilisten, daß es ein „geteiltes Eigentum" nicht geben könne. Und doch will die Gegenmeinung nicht verstummen (vgl. Grundriß Sachenrecht § 6 IV a), wiederum ein lehrreiches Beispiel für die Geschichte einer Idee.

Das Lehnrecht selbst ist inzwischen ausgestorben. Der Ritterglanz mit seiner eigenen Poesie, seinen eigenen Bräuchen („feudales Gepräge") und seinem eigenen Recht verblaßte, als die Landsknechtheere aufkamen. In immer kleiner werdenden Kreisen lebte jedoch zunächst das Lehnrecht weiter, es hatte auch einige seiner Sätze an das Thronfolgerrecht der Staaten abgegeben. Als man gegen Ausgang des 19. Jahrhunderts das Bürgerliche Gesetzbuch schuf (unten § 21 IV c), hielt man es doch noch für nötig, die landesgesetzlichen Sondervorschriften für Lehen (und Fideikommisse) aufrecht zu erhalten; EG. zum BGB. Art. 59. Mit der Bodenpolitik, die den revolutionären Gewalten des Jahres 1918 vorschwebte, war das nicht mehr vereinbar, so daß heute von einem Erloschensein des Lehnrechts gesprochen werden kann (vgl. RV. von 1919 Art. 155 Abs. 2 Satz 2).

Auf solcher bunten Unterlage bildeten sich in allen Gebieten ganz neue Rechtsfiguren. **Das Kaisertum** versuchte eine interessante juristische Verknüpfung mit den alten römischen und byzantinischen Herrschern, um deren juristisch formulierte Vorrechte sich selber dienstbar zu machen („Heiliges römisches Reich teutscher Nation", Idee vom Imperium translatum). Dazu traten die auf deutschem Boden gewachsenen Rechtsbegriffe, die das deutsche Kaisertum in eine gefestigte Rechtseinrichtung verwandeln oder es mit rechtlichen Schutzwällen umgeben sollten (Wahl, Kurfürsten, Erzämtertheorie usw.). Dem tritt nun der Widerstand der Stammesherzöge und kleineren Territorialherren gegenüber. Auch ihr Ringen verdichtet sich in bedeutenden, weittragenden Rechtsfiguren. Der Begriff der „Landeshoheit" entsteht. Umformung einer ganzen Reihe anderer Rechtseinrichtungen ist die Folge; so werden die „Ämter" langsam zu „nutzbaren Rechten", öffentliches Recht bröckelt ab und nimmt eine privatrechtliche Tönung an. In wichtigen Urkunden, wie etwa dem Statutum in favorem principum von 1231 wird eine Art von Kodifikation der Fürstenrechte versucht. Inzwischen war auch die Geistlichkeit zu immer größerer Machtentfaltung gelangt, und wiederum kristallisiert sich das Politische in Rechtsformeln und Urkunden. Der Investiturstreit und das Wormser Konkordat von 1122 sind juristische Begleiterscheinungen zu dem gewaltigen Ringen zwischen Kaiser und Papst und zu dem großen Trauerspiel der Hohenstaufen. Und dicht neben dem weltlichen Corpus iuris civilis, zeitweise dieses stark überflügelnd, erwächst im Corpus iuris canonici das eigene Gesetzbuch der Päpste (vgl. unten 171).

Der einzelne Durchschnittsbürger war bei solchem Ringen der oberen Gewalten vielfach nur Spielball und Objekt der Beherrschung. Doch aber lebte auch er sein eigenes Rechtsleben. Das Bodenrecht berührt in seinem weitgeführten Ausbau beinahe jeden aus der Bevölkerung, sei es auch nur in der negativen Art, daß er mangels eigenen Grundbesitzes als minderen Standes und minderen Rechts eingeschätzt wird, oder in der drückenden Form, daß er sich nicht frei bewegen darf, sondern von Rechts wegen schollengebunden, glebae adscriptus ist. Ganz neue Züge bringt dann das **Aufblühen der Städte** und ihre wachsende Freude am eigenen, das Landrecht brechenden Stadtrecht (s. oben) in das Rechtsleben der Bevölkerung hinein. Ein Marktrecht entsteht, das frische Luft in das Privatrecht trägt und manchen germanistischen Rechtsgedanken gegen das andringende römische Recht sichert. Das Zunftwesen blüht und belebt das Genossenschaftsrecht. Freilich mit der Gerichtshilfe in allen diesen Dingen war es nicht gut bestellt, denn der Prozeßbetrieb kommt in immer formalistischere Bahnen und öffnet Advokatenkniffen und engherzigem Wortkult die Türen. Über dem ganzen aber erwächst allmählich, den Herrn wie den Mann aus dem Volke berührend, die gewaltige **Idee des Landfriedens**, eine der bedeutsamsten Erscheinungen aus der Rechtsgeschichte überhaupt, weil sie den Sieg der Rechtsordnung über ein Stück Gewaltordnung erstrebt und langsam auch erreicht hat.

Darin liegt eine, wissenschaftlich noch nicht genügend fruchtbar gemachte Parallele zu den Völkerfriedensbestrebungen unserer Zeit § 31 III c. Den ganz im Ideenkreise des „Fehdewesens" lebenden Rittern des 12. bis 15. Jahrhunderts erschien es undenkbar und lächerlich, die Selbsthilfelust mit juristischen Sprüchlein, mit „Paragraphen" bannen zu wollen. Und es ist doch gelungen. Zuerst wandte man sonderbare Mittel an. Z. B. wurde die Fehde nur an bestimmten Wochentagen verboten (sog. Gottesfriede, treuga Dei) oder an Zeremonien gebunden. Dann wurde zum Kernstück der Satz: Nur, wenn vorher der Rechtsweg vor den ordentlichen Gerichten vergeblich versucht worden ist, darf das Fechten auf eigene Faust einsetzen. Schließlich, durch den sog. Ewigen Landfrieden von 1495 wurde das Fehderecht gänzlich aufgehoben. Die ganze Entwicklung hat rund vier Jahrhunderte in Anspruch genommen, von 1100 bis 1500. Der wichtigste historische Querschnitt wird durch den berühmten Mainzer Landfrieden von 1235 (Constitutio Moguntina) dargestellt.

IV. Rückblick. Es empfiehlt sich, ehe der Blick auf das fremde römische Recht gerichtet wird, auf einige Züge hinzuweisen, die allen drei vorangegangenen Zeitabschnitten eigentümlich sind, in denen man also wohl die **Kennzeichen des bodenständigen deutschen Rechtsgeistes** wird erblicken dürfen.

Es gehört hierher das Zurücktreten des logischen Moments zugunsten eines bunteren, bilderreichen, vielgestaltigen Rechts.

Das hat seine Schwächen. Es fehlen die scharfen Grundbegriffe, so wie im Gedankenkreis eines Kindes das Bunte fester sitzt als das Nüchtern-Verstandesmäßige. Wo dann beides im Kampf aufeinander trifft, siegt leicht die schärfere Logik, und das eben hat dem römischen Recht seinen Siegeszug so sehr erleichtert. Aber man darf darüber nicht die Vorteile vergessen. Von der Schönheit der germanischen Symbole ist schon im vorübergehen gesprochen worden (S. 36), ebenso von den köstlichen Bilderhandschriften des Sachsenspiegels (S. 147). Humor mischt sich mit sinnfälliger Derbheit. Und eine Fülle von Rechtsregeln werden in die Form von Sprichwörtern geprägt und leben so im Munde des Volkes („Stadtrecht bricht Landrecht, Landrecht bricht gemeines Recht", S. 148; „Trittst du mein Huhn, wirst du mein Hahn"; „Ist das Bett beschritten, ist das Recht erstritten"; „Wo du deinen Glauben gelassen hast, da mußt du ihn suchen"; „Es ist besser ein magerer Vergleich, denn ein feistes Urteil" usw.). All das ist vollkommen unrömisch; höchstens in den Urzeiten des Römerrechts hat es Ansätze zu ähnlichem gegeben. — Vgl. das S. 31 genannte Werk von Hans Fehr und ein kleines, von demselben herausgegebenes Quellenbüchlein: Aus deutschen Rechtsbüchern (Untertitel: Wie das deutsche Volk mit seinem Rechte lebte). Die alten deutschen Rechtssprichwörter sind mehrfach gesammelt, z. B. Eisenhart, Grundsätze der deutschen Rechte in Sprichwörtern, 1759; Graf und Dietherr, Deutsche Rechtssprichwörter, 1864.

Mit dieser Freude am Ungefaßten und Wechselvollen hängt dann jenes zweite große Kennzeichen, die Zersplitterung, zusammen.

Partikularismus das Erbübel der Deutschen. Darum die „Landeshoheit" als Gegenstoß gegen die imperialistischen Tendenzen der Kaiser (S. 148). Darum die lex originis (S. 144). Darum das Brechen des Landrechts durch das Stadtrecht (S. 148) und das Sprichwort: Ein jeder Herr ist ein König auf seinem Miste. Darum weit über 100 verschiedene eheliche Güterrechte bis in die Werdezeit des BGB. hinein, darum an 17 verschiedene Gesindeordnungen allein in Preußen bis zu ihrer Aufhebung durch die Revolution von 1918.

Besonders schwer fällt schließlich gerade heute das dritte Kennzeichen ins Gewicht: der stark ausgeprägte soziale Geist des bodenständigen deutschen Rechts.

Wiederum tritt er hell in Erscheinung beim Vergleich mit dem Römerrecht. Im germanischen Rechtsleben (wobei vorzugsweise an das Privatrecht gedacht ist) wird durchgehend der einzelne weit mehr den Interessen der Allgemeinheit untergeordnet als in Rom. Der Sippen- und später der Genossenschaftsgedanke beherrscht breite Flächen des deutschen Rechtslebens, während der Römer unbewußt sein Privatrecht fast ausschließlich auf die „Freiheit" des Individuums zugeschnitten hat. So ist auch das Eigentum der deutschen Rechtsentwicklung viel stärker an das allgemeine Volksleben gekettet (vgl. schon S. 141 c), mit Rücksichten auf die societas belastet, und gerade darum war für den späteren modernen kapitalistischen Geist allein das romanistische Individualeigentum zu gebrauchen. Ebenso ist das Verkehrsleben weit mehr unter das Zeichen der Allgemeingültigkeit gestellt, und bei dem sog. Gutglaubensschutz (der im Römerrecht keinerlei Boden fand) wird der Gutgläubige nicht um seiner selbst willen, als ein Individuum, geschützt, sondern weil man in ihm den Vertreter des allgemeinen Verkehrslebens erblickt.

Das römische Recht und seine Rezeption. § 19.

Vorbemerkung: Die Römer selbst haben eine Geschichte ihres Rechts nicht zustande gebracht. Nur kurze Abrisse, für die älteren Zeiten legendär durchsetzt und auch sonst unzuverlässig, sind auf uns gekommen. So die berühmte knappe Darstellung, die angeblich der Jurist Pomponius (zur Zeit Hadrians) in einem von ihm verfaßten Handbüchlein über das Recht (enchiridion) vorangestellt hat, die aber wahrscheinlich erst viel später entstanden und noch später, gekürzt und interpoliert, in das Corpus iuris (D 1, 2, 2) aufgenommen worden ist.

Um so erstaunlicher ist die Arbeitsleistung der späteren Forschung, namentlich im 16. und dann wieder im 19. Jahrhundert bis ins 20. hinübergreifend, die mit Zähigkeit aus allerlei Trümmern das Bild vom Werdegange des römischen Rechts zu rekonstruieren bemüht gewesen ist.

Die lebendigste Darstellung findet der Studierende in Rudolf Sohm (zuletzt Prof. in Leipzig), Institutionen, 17. Aufl., hersgb. von Wenger (Prof. in Wien) 1924. Doch handelt es sich dabei nur um eine geniale Skizze. Gründlicher Bruns-Lenel in Holtzendorff-Kohlers Enzyklopädie der Rechtswissenschaft, 7. Aufl., Bd. I, 1915, S. 303 ff. Knapp, dabei stoffreich und für den Studierenden als Leitfaden besonders geeignet Heinrich Siber (Prof. in Leipzig), Römisches Recht in Grundzügen für die Vorlesung, I. Römische Rechtsgeschichte, 1925. Viel breiter angelegt, aber schwunglos: Karlowa, Römische Rechtsgeschichte, I. Bd. 1885, II. Bd. 1901. Eigenartig und auf der Höhe neuster Forschung stehend: Mitteis (zuletzt Prof. in Leipzig), Römisches Privatrecht I 1908. Den allgemeinen historischen Hintergrund gibt am besten in großartiger Anschaulichkeit Theodor Mommsen (zuletzt Prof. in Berlin), Römische Geschichte, Bd. I 9. Aufl. 1903, Bd. II 9. Aufl. 1903, Bd. III 9. Aufl. 1904, Bd. V 5. Aufl. 1904 (Bd. IV nicht erschienen).

Zu den Gesamtdarstellungen treten Werke über einzelne Rechtsgebiete. Z. B. Mommsen, Römisches Staatsrecht, 3 Bände; L. Wenger (Prof. in München), Institutionen des römischen Zivilprozeßrechts, 1925. Mommsen, Römisches Strafrecht, 1899. Nur das Quellenmaterial stellt zusammen Kipp (Prof. in Berlin), Geschichte der Quellen des römischen Rechts, 4. Aufl., 1919.

Das römische Privatrecht in seinem materiellen Gehalt, so wie es bis in unsere Zeiten gediehen ist, stellen in breiter Ausführlichkeit die Pandektenlehrbücher des 19. Jahrhunderts dar. In Deutschland haben den Abschluß gebildet die beiden Werke: Windscheid, Pandekten, 9. Aufl. (besorgt von Kipp), 1906, Dernburg, Pandekten, 8. Aufl. (besorgt von Sokolowski), 1911 ff.; über beide vgl. unten S. 194. In gedrängterer Form tritt in der Sammlung der Grundrisse hinzu: Friedrich Endemann (Prof. in Heidelberg), Römisches Privatrecht; ein ansprechendes Quellenbüchlein ist beigegeben.

Eine eigene Zeitschrift ist der historisen Forschung schon seit über hundert Jahren beschieden gewesen. Zur Zeit führt sie den Titel Savigny-

Zeitschrift für Rechtsgeschichte, in 3 Abteilungen: Romanistische, germanistische, kanonistische Abteilung. Hier wird jahraus jahrein von ersten Forschern ein überaus reiches Material ausgebreitet.

Der Studierende muß sich bemühen, in den alten Texten etwas heimisch zu werden. Vgl. das ansprechende kleine Büchlein von Fritz Schulz (Prof. in Bonn), Texte zu Übungen im römischen Privatrechte. Über den Wert der „Quellen" im allgemeinen oben S. 134 ff.

Ein wirkliches tiefes Forschertum kann auf dem Gebiete der Geschichte des römischen Rechts nicht ohne Berücksichtigung des sehr regen ausländischen Schrifttums auskommen. Über die Papyrusforschung vgl. im folgenden S. 168.

I. **Allgemeiner Charakter des römischen Rechts.** Es ist schwer, das älteste römische Recht fest zu erfassen. Denn es fehlt fast ganz an gesichertem Urkundenmaterial. Bis zu den seltsamsten Hypothesen haben sich einzelne Gelehrte verstiegen, um über diese grundlegende Schwäche des „Stoffes" hinwegzukommen.

Ein besonders abenteuerliches Beispiel ist der von dem Breslauer Professor Huschke in seinem 1838 erschienenen Werk über die „Verfassung des Königs Servius Tullius" erfundene „bovigus". Huschke will diese (höchst sagenhafte) Verfassung als ein Naturgebilde im Gegensatz zu einer „bewußt ausgedachten" Menschensatzung erweisen. U. a. sucht er dazu die angebliche Einteilung der Bevölkerung in fünf Klassen, die als ein Kernpunkt jener sog. Servianischen Verfassung gilt, mit der Lebensweise und Gruppierung der Tierwelt (!) in Parallele zu bringen. Nach Lage des Quellenstoffes kommen für eine solche Parallele nur die „res mancipi", zu denen die großen Haustiere gehörten, in Betracht. Deren aber gibt es beim besten Willen nur vier (bos, equus, mulus, asinus). Um hier zu helfen, konstruierte Huschke — und das sollte eine ganz ernsthafte, wissenschaftliche Tat sein — noch ein fünftes Tier zwischen Stier und Pferd hinein und nannte es bovigus. Das Nichtmehrvorhandensein dieses Fabelwesens bringt er mit der bekannten biblischen (s. 1. Mose 3) Verfluchung der „Schlange" (bovigus mit boa zusammenhängend) in Verbindung, indem er vorträgt, die Schlange sei eben ursprünglich ein sehr hochstehendes, vierfüßiges, wohl auch reitbares Tier gewesen, das, neben den Stier gespannt, dem Menschen das Lenken des Pfluges und das Antreiben des Stieres (bovem agere = bovigus) mittels eines Rüssels, etwaiger Stoßzähne und eines arm- und handartig arbeitenden starken Schwanzes abgenommen habe! — Übrigens hat sich die gesamte übrige Gelehrtenwelt gegen diese absonderliche Art geschichtlicher „Forschung" ablehnend verhalten.

Dazu kam, daß das spätere römische Recht einen die Welt überstrahlenden Glanz von sich gegeben hat. Auch das trug begreiflicherweise dazu bei, die Aufmerksamkeit von den älteren Schichten abzuziehen. Man muß sich das gegenwärtig halten, wenn man dem „römischen" Recht kurzerhand das „germanische" (deutsche) gegenüberstellt. Denn der Vergleich ist eben um deswillen von vornherein kein ebenbürtiger, weil die beiden Rechte auf ganz anderen Kulturstufen, in ganz anderen Entwicklungsgraden, mittels ganz anders gelegter Querschnitte verglichen werden. So kommt der — allerdings vorhandene Unterschied — viel schärfer heraus, wie er vielleicht bei ebenmäßiger Vergleichung ausfallen würde.

Die Wissenschaft liebt es ganz allgemein, die Gegensätze stärker zu betonen, weil dadurch das Erkennen erleichtert wird. Auch im vorhergehenden und hier und da im folgenden ist das Abweichen des deutschen und des römischen Rechtsgeistes mit Nachdruck wiedergegeben. Wer dann diese Unterschiede in sich aufgenommen hat, der darf rückschauend wieder zu größerer Milde und Menschlichkeit der Beurteilung zurückkehren. Dann ist es auch an der Zeit sich damit zu beschäftigen, wie in dem ältesten römischen Recht gar manches in deutlicher Parallele zum altgermanischen Recht gestanden haben mag. Auch dort spielte der Sippenverband eine bedeutende Rolle, auch dort war Sinn für symbolische Handlungen, für sprichwortliche Prägungen zu finden, usw.

Ein grundlegender Unterschied, auch schon im äußerlichen Werdegang, ist der, daß das römische Recht jahrhundertelang sich ausschließlich in einer einzigen Stadt entwickelte. Es ist **nationales Stadtrecht,** das sich erst sehr allmählich zu einem völkerumspannenden Weltrecht entfaltet hat. Diesem Ursprung verdankt das römische Recht jedenfalls das eine, seine große Straffheit.

Im übrigen steht es außer Zweifel, daß die Römer juristisch außergewöhnlich begabt gewesen sind (vgl. bereits S. 2). Allerdings lag ihre Begabung ziemlich einseitig in der Richtung des Logischen. So erklärt sich die große Folgerichtigkeit, die überraschende Begriffssicherheit, aber auch die arme Nüchternheit des römischen Rechts. So erklärt es sich auch, daß das römische Recht seine Haupterfolge in der Welt gerade immer in den Jahrhunderten errungen hat, wo die Logik die Geister beherrschte (wie ziemlich stark im 19. Jahrhundert), und daß seine Sterne sanken, sobald Schwarmgeist und „Aufklärung" über die Menschheit kam (wie etwa im 18. Jahrhundert).

Unvergleichliches haben die Römer dank ihrem Scharfsinn in der **Systematik,** geleistet. Ihre Zerschneidung des gesamten Zivilrechtsstoffes in einzelne typische Figuren, die Einkleidung dieser in scharfgeschliffene „Aktionen", d. h. Klageformeln (actiones in personam, actiones in rem usw.), war bestimmend für den Ausbau des Zivilrechts fast aller Kulturvölker.

Als ein Beispiel dafür, wie stark zeitweise die Ablehnung des römischen Rechts, wenigstens in seinem späteren (byzantinischen) Zustand war, kann manches in den Schriften des geistvollen und eigenwilligen Hallenser Christian Thomasius (über ihn vgl. S. 191) dienen. In einer Schrift „Von denen Mängeln derer heutigen Akademien, absonderlich aber der Jurisprudenz", die zuerst 1688 erschien, rückt er in seiner unnachahmlich derben Sprachweise den vielerlei angeblichen Fehlgriffen der römischen Rechtsgeschichte zuleibe: „Ich getraue mir ein grosses Buch davon zu schreiben, ohne daß ich viele Bücher dabey zu Rathe ziehen dörfte, und will jetzo nur einen indicem der Mängel, so mir ex tempore einfallen, hersetzen." U. a. zählt er dann auf: „Daß bey Häuffung derer Secten unter denen Juristen die Kayser nicht bey Zeiten bedacht gewesen, den vielfältigen Zwiespalt, so unter ihnen entstanden, durch geschickte Mittel zu heben, sondern vielmehr durch viel widerwärtige Constitutiones derer Kayser selbst dieser Zwiespalt vielmehr gemehret worden," und ferner bei Besprechung des Corpus iuris, an dessen Abfassung der Minister Tribonian wesentlich beteiligt war: „Daß das Unglück gleich zu denen zeiten, da es mit der Gelehrsamkeit und Jurisprudenz eben fast auf die Neige gekommen, eben den Tribonianum, der sich besser aufs Fuchsschwäntzen, als auf die Gelehrsamkeit verstanden, drüber führen müssen, daß er sich unterstanden, dieses schwere und wichtige Werck auf seine (oder geschickter nach der Wahrscheinlichkeit der historie, auf seines Herrn Schwagers des Justiniani) Hörner zu nehmen." Und in einer ähnlichen Flugschrift, die 1694 herauskam, urteilt er über die berühmten Institutionen (unten S. 169), „daß ein Candidatus Juris repulsam kriegen würde, wenn er heute zu Tage ein so elendes Buch aus andern zusammenschriebe, als die Institutiones sind".

Bei weitem am meisten haben die Römer im Bereich des **Zivilrechts** geleistet. Es hat jahrhundertelang im Vordergrund ihres Schaffens, wenigstens des wissenschaftlichen Schaffens gestanden. Und wiederum zeigt sich eine interessante Folgeerscheinung darin, daß immer dann, wenn das römische Recht besonders gepflegt wurde, wie eben zuletzt im 19. Jahrhundert, das Zivilrecht den Vorrang vor allen anderen Fächern in Anspruch nahm.

Auf öffentlich-rechtlichem Gebiet ist die Arbeit der Römer geringer, streckenweise sogar armselig. Immerhin fehlt es auch da nicht am römischen Erbteil. So ist mancher Zug des heutigen Verwaltungs-, insbesondere Beamtenrechts noch immer durch, wenn auch nur dünne Fäden mit dem römisch-byzantinischen Apparat verknüpft. Ferner sind manche Figuren des Staatsrechts durch die Römer in solch meisterhafter Klarheit entfaltet und so sicher dogmatisiert worden, daß alle Völker des Erdballes diese Figuren als Maßstäbe für ihre geistigen Konstruktionen verwenden. Wer z. B. heute von Diktatur redet, kann, wenn er sich nicht in bloßen Redensarten bewegen will, gar nicht vorbei an dem Diktatorentypus, den die Römer als juristisches (!) Gebilde herausgearbeitet haben. Ebenso steht es mit der römischen Konsulatsverfassung, die im Laufe der Jahrhunderte immer wieder vorbildlich gewirkt hat. Gewiß kann man die „Konsuln" italienischer Städte des Mittelalters oder gar Napoleon I. als „Konsul" nicht einfach mit den Konsuln des alten Roms gleichsetzen, aber die grundlegende Idee stammt von dort.

Innerhalb des Zivilrechts hat wiederum das **Obligationenrecht** (unten S. 234 Ziffer V) durchaus den ersten Rang eingenommen. Erbrecht und Sachenrecht wurden auch mit gewissen Denkformen von Ewigkeitswert versehen. Dagegen ist vom römischen Familienrecht nicht viel mehr übrig geblieben.

II. **Entwicklungsstufen.** Das Recht eines jeden Volkes macht im Laufe der Zeit Entwicklungsstufen durch. Aufgabe des Historikers ist es, sie zu erkennen und richtig gegeneinander abzugliedern. Freilich, ein gewisses Maß von Gelehrtenwillkür wird dabei immer bleiben. — Die Stufen, die das römische Recht durchlaufen hat, sind ziemlich klar erkennbar, und es herrscht kaum Streit über ihre Abgrenzung. Daß Recht und Politik Hand in Hand gehen, tritt dabei lebendig in Erscheinung; das Recht im letzten, byzantinischen Stadium schaute ganz anders aus wie das des augusteischen Zeitalters oder der punischen Kriege.

a) Auf der ersten Entwicklungsstufe ist das römische Recht überwiegend **Volksrecht.** Die Rechtssätze ruhen im Glauben des Volkes und werden durch Beschlüsse des Volkes weitergebildet. Das meiste ist Gewohnheitsrecht. Aber einmal, vermutlich im 5. Jahrhundert v. Chr., erhebt sich die Entwicklung auf einen sichtbaren Höhepunkt, und aus dem Ringen einer unteren mit einer oberen Volksschicht (Patrizier und Plebejer) geht eine festgefügte Aufzeichnung, die berühmte **Lex XII tabularum** hervor. Lange Zeit hindurch wird dann an dem Buchstaben dieser zwölf Tafeln mit einer fast abergläubischen Starrheit festgehalten. Überhaupt ist Konservativismus ein Grundzug dieser ersten Periode. Dazu tritt Ernst und Feierlichkeit, im Strafrecht grausame Strenge, im Prozeßrecht starrer Formensinn, im Staats- und Verwaltungsrecht durchgreifende Disziplin.

1. Das Rechtsbild dieser ältesten Zeit führt uns ein wehrhaftes, hinter Stadtmauern zusammengezogenes, aber noch stark vom Bauerngeist beseeltes Volk vor Augen. Wie heute noch beim Bauern ist ein gesunder Eigentums- und Erwerbssinn zu erkennen, der sich vor allem auf die landwirtschaftlich nutzbaren Objekte konzentriert: Ackerboden, Vieh, Wegegerechtigkeiten usw. Das verbindet sich mit einem immer markanter hervortretenden Bürgerstolz. Jeder einzelne fühlt sich an der Spitze seines Hauses, das ihm von rechts wegen straff untertan ist (Ausbildung der patria potestas mit ius vitae ac necis) wie ein kleiner König. Hier sitzen die Wurzeln des ausgeprägten Individualismus, der das spätere römische Recht kennzeichnet und gern dem „sozialen“ Zug des älteren germanischen Rechts gegenübergestellt wird (vgl. S. 152). Daraus lassen sich vielleicht eine ganze Reihe weiterer Einzelerscheinungen ableiten, die nach Herrentum und individualistischer Denkweise schmecken. So das verhältnismäßig sehr frühe und mit einer gewissen ideellen Wucht ausgestattete Aufkommen des Testaments, der an sich gewiß eigenartigen Verfügungsfreiheit des Staatsbürgers über sein Hab und Gut noch über den Tod hinaus. Das war dem germanischen Recht durchaus unbekannt; mit einem gewissen Staunen notiert der Römer Tacitus in seiner „Germania“: nulla apud eos testamenta.

Bei alledem aber mußte sich der einzelne doch als diszipliniertes Glied in den Gesamtkörper des öffentlichen Lebens einfügen, ja manche

Rechtsakte, die wir heute dem öffentlichen Anblick entziehen, wie z. B. gerade die Errichtung eines Testaments, ähnlich die Annahme an Kindesstatt, mußten im ältesten Rom öffentlich vor der Volksversammlung vollzogen werden. Aber man kann darin wohl weniger eine gemütvolle Hingabe an die Volksgenossen als ein fast trotziges und darum öffentliches Sichbekennen zu den eigenen Entschlüssen erblicken.

Das öffentliche Leben war im übrigen erfüllt von unausgesetzten Kämpfen, unter denen der gewaltige Ständekampf der Patrizier und Plebejer (beide Bezeichnungen in den verschiedensten Abwandlungen zum Gemeingut aller Kulturvölker geworden) hervorragt. Aus diesem Kampf ist jene, in den Einzelheiten immer noch dunkle Zwölftafelgesetzgebung hervorgegangen, ein festgefügter Pakt der streitenden Parteien, eines der großartigsten Beispiele für das Gesetz als bindende, festlegende Macht (vgl. S. 71).

2. Die Genesis der Lex duodecim tabularum ist von Sagen umwoben. Die Erkenntnis dessen hat zu übertriebener Skepsis geführt. Das bietet gute Gelegenheit, das Bild eines internationalen Gelehrtenstreits zu entfalten. In der Tat nehmen, wie an der ganzen römischen Rechtsgeschichte, so auch an der Forschung über dieses merkwürdige uralte Gesetz Gelehrte aller Kulturnationen teil. Die ohne ernste Zweifel hingenommene Überlieferung ging jahrhundertelang dahin, daß die zwölf Tafeln im Jahre 451 v. Chr. entstanden seien. Daran hat zuerst nachdrücklich Kritik geübt der italienische Geschichtsforscher Pais. Er bestreitet zwar nicht, daß in dem, was man später Zwölf Tafeln genannt hat, Stücke sehr alten Rechts, bis hinauf in die Mitte des 5. vorchristlichen Jahrhunderts, enthalten seien, hält aber die Zwölf Tafeln selbst in ihrer „Schlußredaktion" für ein Werk erst aus der Zeit kurz vor dem Jahre 300. Noch tiefer setzt der französische Jurist Lambert das Alter der Zwölftafeln an, nämlich etwa auf 200 v. Chr. Ja, er bestreitet ihnen sogar den Charakter eines echten Gesetzes, sieht vielmehr in ihnen eine Privatarbeit, eine wahrscheinlich von Sextus Aelius Paetus Catus verfertigte Sammlung alter, sprichwortartiger Rechtsregeln. Unmöglich wäre das nicht; man braucht sich nur daran zu erinnern, wie in Deutschland der Sachsenspiegel lange Zeit hindurch gläubig als Kaisergesetz hingenommen und wesentlich zurückdatiert worden ist (S. 147). Indessen halten die deutschen Gelehrten, vornehmlich Lenel (Prof. in Freiburg), daran fest, daß der Grundstock der Zwölftafeln der alten Überlieferung entsprechend, bereits um die Mitte des 5. Jahrhunderts und zwar als Volksgesetz zustande gekommen ist.

Den Text der Zwölftafeln besitzen wir nur in Bruchstücken, von denen überdies nur wenige den alten Urtext enthalten. Doch hat man in unsäglichem Gelehrtenfleiß sich bemüht, aus den vielen Erwähnungen von Zwölftafelsätzen bei späteren römischen Schriftstellern (Juristen und Nichtjuristen) ein ungefähres Bild dieses mächtigen antiken Gesetzes zu rekonstruierren. Am leichtesten zugänglich in Bruns, Fontes iuris Romani antiqui (7. Aufl., herausgegeben v. Gradenwitz, 1909) Bd. I. Als Beispiel des lapidaren Stils möge die Formel dienen, die darstellt, wie der Kläger den Beklagten vor Gericht zieht: „Si in ius vocat ito. Ni it antestamino: igitur em capito. Si calvitur pedemve struit, manum endo iacito." Besonders eindrucksvoll der Subjektwechsel; Übersetzung: Wenn er (der Kläger) vor Gericht ruft, so soll er (der Beklagte) gehen. Wenn er nicht geht, soll er (der Kläger) feierlich Zeugen aufrufen: danach soll er ihn (den Beklagten) greifen. Wenn er (der Beklagte) sich sträubt und mit dem Fuße stemmt, dann soll er (der Kläger) den feierlichen Akt der manus iniectio vollziehen.

b) Auf der zweiten Entwicklungsstufe nimmt einer der obersten Beamten im Staat, der **Prätor** (seit 367 v. Chr.), die Führung in die Hand. Alle Rechtspflege läuft bei ihm zusammen. Er verschafft sich in dem alljährlich wechselnden Edikt und in der Prozeß-Formula technische Mittel, um trotz des noch fortwirkenden konservativen Geistes eine Fülle von Neuerungen in das alte ius civile einzuschieben (iuris civilis adjuvandi, supplendi, corrigendi gratia). Diesen beständigen Kampf einer vorwärtsgerichteten, von Einzelpersönlichkeiten getragenen Rechtsauffassung mit einem harten Festhalten an den alten, beschworenen, als Palladium der Volkssicherheit gewerteten Texten zu beobachten, ist eines der packendsten Bilder, die sich dem Rechtshistoriker bieten. Man sieht, wie sich die starren Züge des alten Rechts in der geschickten Hand der Prätoren verlieren, wie die vielen neu aufgeworfenen Einzelheiten unter übergeordnete, geistreiche und bewegliche Ideen (wie die der bona fides) gebracht werden. Freilich setzt jetzt auch schon die langsam heraufsteigende Sittenfäulnis ein und beginnt das alte, lautere, heilige Recht zu schwächen (z. B. im Bereich der Familienordnung).

1. Die Weiterbildung des Rechts nach der in den XII Tafeln vollzogenen Kodifikation stieß zunächst insofern auf Schwierigkeiten, als die damaligen Römer mit Zähigkeit an dem einmal gewonnenen Wortlaut festhielten. Aber es begann nun eine überaus geschickte Fortbildung durch die sog. **Interpretatio,** gleichzeitig eines der lebendigsten geschichtlichen Beispiele für das, was die Auslegung der Gesetze (Enzyklopädie oben § 13 IV, S. 110) im Laufe der Zeit zu bewirken vermag: zuletzt ist es nur noch ein formaler Schein, wenn man am Gesetzestext festhält; in Wahrheit, d. h. der materiellen Rechtsgestaltung nach, hat man sich längst von ihm entfernt. Ein sehr frühes (übrigens oft zitiertes) Beispiel, wie man in Rom verfuhr, bildet der Satz der XII Tafeln, der auf das Abhacken von Bäumen eines anderen eine Strafe legte. „Arbores succisae" hieß es in dem alten geheiligten Text. Wie, wenn nun der Nachbar dem Nachbarn Weinreben weggeschnitten hatte? Weinreben sind keine Bäume nach natürlichem Sprachgebrauch. So stand man vor der Wahl: 1. Entweder klagte der Geschädigte wegen „vites succisae"; aber dann wurde er abgewiesen, denn davon stand nichts im Gesetze, und das Gesetz mußte Wort für Wort passen und Wort für Wort in die Klage übernommen werden. 2. Oder aber man ließ den Bauern wegen „arbores succisae" klagen und legte das Textwort Baum „extensiv" aus, so daß es auch Weinreben mit umfaßte. Und eben diesen Weg ging die römische Praxis.

2. Mehr und mehr nahm der **Prätor** (die Prätur ist 367 v. Chr. gestiftet worden) diese Interpretatio in die Hand. Damit bekam das Ganze ein spezifisch prozessuales Gepräge; denn der Prätor war

der Herr der Prozeßgewalt. Es bildet sich eine ganz eigentümliche Gestaltung des Prozesses heraus. In einem ersten Prozeßabschnitt (Verfahren in iure) brachte der Prätor den Streitstoff, und zwar in Vereinbarung mit den Parteien, in allerknappste Form, so daß der Richter, der als Geschworener (Laienrichter) über das zweite Prozeßstadium (Verfahren in iudicio) waltete, förmlich in eine bloße Alternative gedrängt wurde, die sich in dem klassisch gewordenen Schema ausdrückte: Si paret ..... condemna, si non paret absolve. Der Studierende kann an dieser Methode lernen, welche Gewalt eine geschickte, souveräne Beherrschung des Prozesses verleihen kann. Denn in der Tat begann mittels dieser Methode der Prätor auch das materielle Recht zu meistern. Er konnte z. B. bisher nicht anerkannte Ansprüche dadurch zum „Recht" erheben, daß er eine entsprechend stilisierte Formel gab: dann blieb dem Richter nichts anderes übrig, als zum condemnare zu schreiten, d. h. den Beklagten zu verurteilen und so auf dem prozessualen Umweg das bisher nicht anerkannte Recht des Klägers als Recht anzuerkennen.

3. Diese **Formulae** des Prätors sind aber auch noch in anderer Beziehung für das rechtliche Denken aller Zeiten bedeutsam geworden. Sie zwangen nämlich zu einer Gedankenkonzentration äußerster Art. Das ganze Prozeßbild mußte in dem einzigen Doppelsatz „si paret ..., si non paret" untergebracht werden. Da blieb keine Möglichkeit zu schmückenden oder umschreibenden oder verflachenden Beisätzen. Da ging es hart auf hart. Und so wurden die einzelnen Rechtstatbestände in unvergleichlicher Weise ausgeschliffen, und ihre Gegensätzlichkeit trat mit einer unvergleichlichen Schärfe hervor. Wenn z. B. das heutige Zivilrecht in breitesten Teilen vollständig auf dem Gegensatz zwischen Sachenrecht und Schuldrecht aufgebaut ist (vgl. schon S. 10 und unten § 22 Ziff. V und VI), so ist dieser Gegensatz in das Denken der juristischen Welt nur durch die scharfe gegensätzliche Prägung der prätorischen Prozeßformeln eingeführt worden. Es standen sich gegenüber:

a) Die Formel für den Eigentumsprozeß, also für den Prozeß um das wichtigste Sachenrecht: „Si paret, mensam argenteam, qua de agitur (um den prozessiert wird), ex iure Quiritium Auli Agerii esse, quanti ea res erit (den Wert), Nerum Negidium Aulo Agerio condemna, si non paret, absolve."

b) Die Formel für den Darlehnsprozeß, d. h. für den Prozeß aus einem Schuldverhältnis: „Si paret Nerum Negidium Aulo Agerio X (die geschuldete Summe: zehn) dare oportere, X condemna, si non paret, absolve."

Betrachtet man zunächst die 2. Formel, so sieht man zwei Personen, den Gläubiger Aulus Agerius und den Schuldner Nerus Negidius (typisierte Decknamen: Agerius von agere = klagen, Negidius von negare = bestreiten). Gerade damit ist das Wesen des Schuldrechts, das bloße Gebundensein zweier Personen aneinander, scharf enthüllt. Betrachtet man dann die 1. Formel, so sieht man — in dem allein in Frage kommenden Vordersatz — nur eine Person, den Eigentümer A. Agerius; dafür aber tritt hier eine Sache hinzu (das Geld in der 2. Formel ist keine Sache, sondern ein Leistenmüssen des Schuldners), nämlich der silberne Tisch. Und wiederum ist damit das Wesen des Sachenrechts eindrucksvoll herausgebracht: Herrschaft einer Person über die Sache.

4. Bei dem starren, rechtlichen Sinn der Römer gerade auch für die Abgrenzung der Amtsbefugnisse war es klar, daß der Prätor nicht nach blanker Willkür schalten, etwa dem einen Bürger die siegreiche Formel gewähren, dem anderen verweigern konnte. Vielmehr war von Anfang an die Tätigkeit des Prätors darauf angelegt, feste Richtlinien zu gewinnen. Dazu diente die aus seinem „imperium" herfließende (auch anderen Hoheitsbeamten zustehende) Befugnis, in **Edikten** die allgemeinen Grundsätze bekanntzugeben, nach denen er sein Amt zu führen gesonnen war. In der Tat wurde es bald Brauch, daß der Prätor beim Amtsantritt ein solches Edikt von sich gab. Dann war er auch während seiner ganzen Amtszeit daran gebunden. War das bereits „Recht" im objektiven Sinne? War also das Edizieren des Prätors bei Amtsantritt ein Akt der Gesetzgebung? Vorerst war das zu verneinen. Die gesetzgebende Gewalt lag ausschließlich beim Volk, kein Beamter konnte von sich aus „Gesetze" (leges) erlassen. Aber die prätorischen Edikte sind von Anfang an eine Vorstufe objektiver Rechtssetzung gewesen, zum mindesten in jenem früher entwickelten soziologischen Sinne (S. 91 II). Und nun kann der Studierende an einem klassischen geschichtlichen Beispiel beobachten, wie allmählich, schrittweise, im Ablauf mehrerer Jahrhunderte aus der Vorstufe ein Endprodukt, aus dem bloßen Verwaltungsreglement (S. 107) wirkliches objektives Recht, das mit „Gesetz" gleichzusetzen ist, werden kann. Das vollzog sich folgendermaßen.

Im enzyklopädischen Teil ist darauf hingewiesen worden, daß der Nachteil der Gesetze im Erstarrtsein liegt (S. 71). Gerade das wollte das prätorische Edikt in der ersten Periode seiner Entwicklung noch vermeiden. Dem kam zu statten die sog. Annuität der Ämter: jedes Amt, auch das des Prätors war nach einem Jahr zu Ende. Was daher der eine Prätor als Richtlinie aufgestellt (ediziert) hatte, band zwar ihn selbst, aber der Nachfolger hatte die Hände wieder frei: Er konnte fallen lassen, was ihm nicht gutdünkte, er konnte übernehmen, was sich bewährt hatte. Gerade das letztere war bestimmend für die Weiterentwicklung. Es bildete sich allmählich ein Kanon von Regeln, aus den Einjahresexperimenten erwachsen, aber von Jahr zu Jahr weitergepflanzt, wörtlich von einem Edikt in das nächste abgeschrieben. Das sog. edictum tralaticium war da, der Erstarrungsprozeß begann. War das nun bereits objektives „Recht"? Man ist versucht, die Figuren des Gewohnheitsrechts (oben S. 83 ff.) oder des Gerichtsgebrauchs (S. 107 Ziff. 1) zur Anwendung zu bringen; doch wollen sie nicht ganz auf diese einzigartig-römischen Verhältnisse passen. Jedenfalls hat der letzte Entwicklungsabschnitt dem prätorischen Recht die volle Qualität objektiven Rechts eingetragen: Immer mehr verloren sich die „Neuerungen", die etwa ein neuer Prätor bei Amtsantritt „seinem" Edikt hätte zufügen wollen. Das war auch nach dem großen Umschwung unter Augustus mit der mehr und mehr erstarkenden Kaisergewalt nicht recht vereinbar. So setzte denn der Kaiser Hadrian um 130 n. Chr. den Schlußstrich unter die Entwicklung, indem er die im „Edikt" angesammelte Stoffmasse noch einmal von dem berühmten Juristen Salvius Julianus durchprüfen („redigieren") und dann durch einen Senatsbeschluß für unabänderlich erklären ließ.

Ungefähr ein halbes Jahrtausend hat dieser großartige Entwicklungsprozeß gedauert, ein einzigartiges Beispiel, wie „Beweglichkeit" mit „Festigkeit" ausbalanziert werden kann: Änderung des Nichtbewährten, Festhalten am Bewährten. Immer wieder, zuletzt in den Freirechtsdebatten zu Anfang unseres Jahrhunderts (unten S. 200), hat man auf diese „königliche" und rechtsfortbildende Tätigkeit der römischen Prätoren hingewiesen und die Frage aufgeworfen, ob sich nicht Ähnliches für den „Richter" unserer Zeit in Anspruch nehmen lasse. Doch es ist dem Menschen nicht beschieden, Prozesse, die im Lauf der Geschichte abgerollt sind, künstlich noch einmal auf die Bühne des Lebens zu bringen.

5. Wiederum ist uns der Text des Edikts nicht überliefert. Wiederum aber, und diesmal auf sichererem Material fußend als bei den XII Tafeln (S. 158), hat musterhafte Gelehrtenarbeit, und zwar vorwiegend die Arbeit deutscher Gelehrter, ein ungefähres Bild des Edikts (in seiner Julianischen Schlußredaktion) rekonstruiert. Vgl. Lenel (Prof. in Freiburg), Edictum perpetuum, 2. Aufl., 1907.

c) Auf der dritten Entwicklungsstufe verliert sich die Bedeutung des Prätors. Er büßt seine königliche Stellung im Reiche der Geister ein und versinkt im Getriebe des immer bureaukratischer werdenden Beamtenstaats. Dafür tritt jetzt die **klassische Rechtswissenschaft** auf den Plan. Der Rechtskundige beherrscht das juristische Feld. Aber es verdient Betonung, daß die meisten dieser iuris consulti keine Stubengelehrten waren, sondern Weltmänner, nicht selten gleichzeitig oberste Regierungsbeamte oder gar militärische Kommandanten (Bruns-Lenel: „Die Großen unter ihnen waren keine Theoretiker, sondern geniale Praktiker"). Jene Treffsicherheit in der Entscheidung praktischer Fälle steigt hier (vor allem im 2. Jahrhundert n. Chr.) auf ihren Höhepunkt. Man schafft dem Inhalt nach nicht mehr viel Neues. Die Schätze der Väter liegen ausgebreitet; es gilt nur, sie zu ordnen und ihren Einzelwert im Meinungsstreit zu klären. Das aber geschah mit meisterhaftem Geschick. Man hält sich ans Leben, man füllt die Begriffe mit der reichen Fülle von Beispielen und Prozeßfällen. Eine blühende „Kasuistik" entsteht, wird aber immer wieder mit fester Hand gepackt und in die begrifflichen Denkformen eingespannt. Nur ganz leise machen sich die Spuren einer Übertreibung im Begriffsbilden, einer Wortspalterei bemerkbar, für die der Begriff nicht dienstbares Mittel, sondern Selbstzweck, das Arbeiten mit den Begriffen nicht ernste Pflicht, sondern Gedankeneitelkeit und Spielen ist. Vom 3. Jahrhundert an nimmt das dann freilich zu. Der Schulgeist übertönt den Geist des Lebens. Große Persönlichkeiten steigen nicht mehr empor, und mit wachsender Schnelle geht nunmehr die römische Rechtswissenschaft dem Verfall entgegen.

1. Die dominierende Stellung der Rechtswissenschaft hat sich auf einen Zeitraum von rund drei Jahrhunderten erstreckt. Um 50 v. Chr. beginnt der Rechtskenner im öffentlichen Leben eine hervortretende

Rolle zu spielen. Um 250 n. Chr. ist der Glanz zu Ende. Eine Reihe bedeutender Namen klingt aus dieser Zeit zu uns herüber, der eine oder andere popularisiert bis in die Kommerslieder der Studentenschaft hinein. Einige der berühmtesten Köpfe mögen hier zur Belebung des historischen Bildes genannt werden. 1. Das erste grundlegende juristische Werk schrieb im Zeitalter des Tiberius (also im 1. Drittel des 1. Jahrhunderts n. Chr.) Masurius Sabinus; das Werk hieß „Libri tres iuris civilis", es ist bis zur Abfassung des Corpus iuris („Sabinusmasse", unten S. 170), also fünf Jahrhunderte lang, bestimmend für die Systematik des Rechtsstoffs geblieben. Nach Sabinus wird auch eine ganze Rechtsschule, die der „Sabinianer", genannt. 2. Um das Jahr 100 n. Chr. wirkte Juventius Celsus, den wir bereits als „Erfinder" der Rechtsfigur des constitutum possessorium kennengelernt haben (oben S. 93). Sprichwörtlich geworden ist auch das in den Pandekten 28, 1, 27 überlieferte responsum Celsinum auf eine besonders törichte Anfrage eines gewissen Domitius. Seit dem Mittelalter nennt man danach eine alberne Frage schlechthin „quaestio Domitiana" und eine entsprechend scharfe Antwort „responsum Celsinum". 3. Unter Kaiser Hadrian (Mitte des 2. Jahrhunderts n. Chr.) trat dominierend hervor Salvius Julianus, der „Redaktor" des Prätorischen Edikts (oben S. 161). 4. Sextus Pomponius (etwas später) ist uns bereits als Verfasser eines kurzen Abrisses der römischen Rechtsgeschichte bekannt geworden (S. 153). Eine zweite Rechtsschule, zu den „Sabinianern" (oben 1) mehrfach in betonten Gegensatz tretend, empfing nach ihm den Namen: Schule der „Prokulianer". 5. Durchaus eigenartig erscheint Gajus (um 170 n. Chr.), als Jurist nicht bedeutend, aber ein schriftstellerisch-pädagogisches Genie. Sein weltberühmtes Lehrbuch, „Institutiones" geheißen, hat sich bis in unsere Tage als eine Haupterkenntnisquelle der römischen Rechtsgeschichte gehalten. Es liest sich überraschend leicht, fast angenehm. Lange war es verschollen. Seine Wiederfindung im Anfang des 19. Jahrhunderts (oben S. 135) hat die wissenschaftliche Welt so erregt und befruchtet wie kaum je ein Handschriftenfund. Die Handschrift ist 1909 in Italien phototypisch reproduziert, auf den größeren deutschen Bibliotheken erhältlich (Titel: Gai codex rescriptus etc. phototypice expressus) und für den juristischen Forscher ein vorzügliches Anschauungsmittel. Außerdem verschiedene Ausgaben in gewöhnlichem (heutigem) Druck, so von Seckel-Kübler. 6. Als Abschluß pflegt man das Dreigestirn Aemilius Papinianus, Domitius Ulpianus und Julius Paulus (Anfang des 3. Jahrhunderts n. Chr.) zu nennen. Papinian gilt als Gipfel der Gelehrsamkeit, in Studentenkreisen schon in früheren Jahrhunderten gern wie ein Schreckgespenst der Kandidaten dargestellt. Im Leben war er nichts weniger als ein Stubengelehrter. Er zog als praefectus praetorio (eines der höchsten Staatsämter) mit in den Feldzug nach Britannien. Der Kaiser Septimius Severus bestellte ihn zum Vormund seiner Söhne Caracalla und Geta. Als dann Caracalla den jüngeren Bruder Geta ermordet hatte, soll er nach der Überlieferung von Papinian eine juristische Rechtfertigung dieser Tat verlangt und die Weigerung Papinians dadurch vergolten haben, daß er ihn gleichfalls ermorden ließ. Ulpian war ebenfalls in der politischen Karriere bis zur obersten Spitze emporgestiegen und wurde ebenfalls, und zwar von den berüchtigten Prätorianern, ermordet. Er war kein Römer alter Herkunft, sondern stammte aus Syrien. Man darf behaupten, daß daher seine glatte, sehr kluge und klare, vielschreiberische Art stammt. Zusammen mit **Paulus** hat er am meisten zur Ausfüllung des berühmten II. Teils des Corpus iuris, der „Pandekten" (unten S. 170) beigetragen.

2. Die Tätigkeit dieser „klassischen" römischen Juristen war keineswegs auf Schriftstellerei beschränkt. Noch bedeutender war die Tätigkeit des Respondierens. Darunter ist die Erteilung eines Gutachtens (einer in meisterhafter Kürze, bisweilen ohne jede Begründung erteilten Antwort) zu einem praktischen Fall, und zwar fast immer einem wirklich schwebenden Prozeßfall, zu verstehen. Wiederum bietet sich hierbei für uns Rückblickende die Gelegenheit, das Werden des Rechts zu studieren. Wenn etwa Celsus in einem Prozeß zu einer streitigen Frage sein Urteil in bestimmtem Sinne abgegeben hatte, so ist das zunächst nichts anderes, als wenn heute ein Universitätsprofessor oder Ministerialrat in einer Prozeßsache ein schriftliches Gutachten abgibt. D. h. „Recht" entsteht dadurch an sich nicht (vgl. oben S. 109 Ziff. 2), nicht einmal Recht im subjektiven, geschweige im objektiven Sinne. Aber im Rom des Augustus trat eine eigentümliche Erscheinung hinzu. Augustus ging dazu über, einige besonders hervorragende Rechtskenner (und natürlich solche, die ihm auch politisch oder freundschaftlich nahe standen) mit einem besonderen **ius respondendi** auszustatten. Die Sprüche dieser „Patentierten" ergingen „ex auctoritate principis" und bekamen dadurch zunächst ein wesentlich gehobenes tatsächliches Ansehen. Aber war das auch rechtlich bedeutsam? Anfänglich vielleicht noch nicht, aber sehr bald setzte es sich fest (gewohnheitsrechtlich?), daß der Richter an ein solches (patentiertes) responsum gebunden war. Immerhin: objektives „Recht" war damit immer noch nicht erzielt. Denn der Spruch galt nur für den einzelnen Prozeßfall. Das sicherte Beweglichkeit und ist für den klugen Sinn der Römer genau so kennzeichnend wie die anfängliche Behandlung des prätorischen Edikts: es bindet, aber vorerst nur im beschränkten Rahmen, der Zukunft bleibt überlassen, ob man auf die Dauer danach leben wird (vgl. S. 161). Doch, wie das Edikt allmählich erstarrte, so wuchs auch die Dauerhaftigkeit jener responsa. Es konnte nicht ausbleiben, daß man sie auch in dem nächsten Prozeß über eine verwandte Frage ohne weiteres zugrunde legte (etwas Ähnliches, aber nicht genau dasselbe wieder sog. Präjudizienkult, oben S. 108). Mehr noch: die besondere Autorität dieser vom Kaiser ausgezeichneten Juristen wurde auch auf ihre Schriften übertragen, so daß also schlechthin band, was dieser oder jener von den „Großen" als seine Lehrmeinung irgendwie niedergelegt hatte. Damit war — historisch ein unvergleichlicher Vorgang — **die wissenschaftliche Lehrmeinung mit gesetzesartiger Kraft ausgestattet.**

3. Diese Gestaltung der Dinge hat jedoch noch ein Nachspiel gehabt, das die Vergänglichkeit aller irdischen Größe offenbart und den Niedergang der Juristenherrlichkeit veranschaulicht. Man begann im Übermaß der „Meinungen", vor allem in ihrer Gegensätzlichkeit (den „Kontroversen") zu ersticken. Was sollte gelten, wenn die Meinung eines „Großen" gegen die eines anderen stand? Hier blieb nichts anderes übrig, als daß die Kaiser reglementierend eingriffen. Sie haben das in sog. Zitiergesetzen getan. Das berühmteste stammt von Theo-

dosius II. und Valentinian III. aus dem Jahre 426. Danach wurde gleichsam eine nochmalige Abstempelung vollzogen: es wurde bestimmt, welche Juristen aus der in fünf Jahrhunderten reichlich angeschwollenen Schar „zitiert", d. h. eben als bindende Autorität ausgespielt werden durften. Das Gesetz von 426 griff fünf heraus (Gaius, Papinian, Ulpian, Paulus, Modestinus). Und weiter: Wenn diese fünf verschiedener Meinung waren, entschied das plumpe Mittel der Majorität; bei etwaiger Stimmengleichheit sollte Papinian den Ausschlag geben.

4. Über Leben und Bedeutung der einzelnen Juristen unterrichtet den Studierenden am besten die S. 153 genannte Quellengeschichte von Kipp. — Von ihren Werken ist das meiste verschollen. Auf uns gekommen sind einmal diejenigen Bruchstücke (Auszüge), die Justinian für seine Pandekten (unten S. 170) verwendet hat. Und, wenn auch Justinian in ganz willkürlicher Weise den Text auf die Bedürfnisse seiner Zeit zuschneiden ließ (sog. Interpolationen, S. 170), also den Urtext an vielen Stellen verstümmelt hat, so gewährt doch als Ganzes genommen die Lektüre der Pandekten einen tiefen Einblick in das Wirken und Wesen dieser römischen Geistesheroen. Zum anderen sind besondere Sammlungen der vorjustinianischen Bruchstücke veranstaltet worden, so Seckel-Kübler, Jurisprudentiae anteiustinianae reliquiae, 1908; ferner: Collectio librorum iuris Anteiustiniani, herausgegeben von Krüger, Mommsen, Studemund, 3 Bände (der 1. in 6. Aufl. 1912). Sehr bedeutend auch Otto Lenel, Palingenesia iuris civilis, 2 Bände, 1889.

d) Noch aber bleibt eine vierte Entwicklungsstufe. Man kann nicht an ihr vorübergehen, weil sie jene mächtige Sammlung des Römerrechts hervorgebracht hat, durch die allein eine Ausbeute in späteren Jahrhunderten möglich geworden ist. Die eigene geistige Zutat dieses letzten Zeitabschnitts ist freilich gering. Das Schwergewicht fällt ganz an diejenigen Rechtsmaterien, für die die Römer keine besondere Begabung besaßen, vor allem an das Verwaltungsrecht. Es sind die absoluten Kaiser des 4. bis 6. Jahrhunderts, die sich in solcher Richtung betätigen. Die nationale Färbung, der ernste Geist, die gediegene Sicherheit gehen in diesem nivellierenden Zeitalter des „Völkerchaos" endgültig verloren. Immerhin behält man noch die Kraft, die Trümmer vergangener Herrlichkeit zu sammeln. So entstehen, etwa vom 3. Jahrhundert an, größere Rechtsbücher, die kaiserliche Konstitutionen und allerlei Ausschnitte aus Juristenschriften aneinanderreihen (so der Codex Gregorianus und Hermogenianus um 300 und der Codex Theodosianus von 438). Dieses epigonenhafte, sammlerische Bestreben krönt dann im 6. Jahrhundert, als Italien und viele andere Teile des Reichs längst verloren gegangen waren, der byzantinische Kaiser **Justinian** durch ein groß angelegtes Werk, das später den Namen **Corpus iuris** erhalten hat. So ist die Geschichte des römischen Rechts nicht klanglos niedergegangen, vielmehr steht gerade noch an ihrem Schlußpunkt eine gewaltige Erscheinung, die den ganzen Reichtum der vergangenen tausend Jahre eingefangen und der Nachwelt übermittelt hat.

1. Das Rechtsbild dieser letzten Periode wird vor allem gekennzeichnet durch das Berufsbeamtentum. Es überzieht, netzartig, wohlgeordnet nach Rangstufen, Titeln, Instanzen und Kompetenzen, das gesamte Reichsgebiet, immer mehr von den Vorgesetzten, dem Kaiser an der Spitze, innerlich und äußerlich abhängend, diejenige Lebens- und Denkweise schaffend, die man noch heute als „byzantinisch" zu bezeichnen pflegt. — Vor allem dringt dieses abhängige Staatsdienertum auch in die Gerichtsbarkeit ein. Das freie, ehrenamtliche Laienrichtertum verschwindet, der auf Gehalt und Karriere dienende Berufsrichter tritt an die Stelle. Er blickt nach dem Thron, wenn er nicht weiter weiß: er fragt beim kaiserlichen Hofe an, wenn er eine schwierige Rechtsfrage selbst zu lösen sich nicht zutraut. So entsteht, schon in der vorigen Periode begonnen, ein überaus interessantes **Reskriptenwesen.** Der Kaiser antwortet gern auf die Rechtsfragen, die aus allen Provinzen an sein Kabinett gebracht werden; drückt sich doch darin aus, daß alle Rechtskunde und alle Weisheit bei ihm beschlossen liegt. Und wiederum, zum dritten Male, bietet sich ein eindrucksvolles Bild, wie aus Erstarrung „Recht" entsteht. So wie das Prätorische Edikt (S. 161) und das Responsum eines Juris consultus (S. 164) zunächst nur für ein Amtsjahr oder für den einzelnen Prozeßfall bestimmt war, so sollte auch das kaiserliche Reskript zunächst nur zur Entscheidung des konkreten Einzelfalles beitragen. Aber es konnte nicht ausbleiben, daß man auch im nächsten Prozeß darauf zurückgriff, und daß schließlich die kaiserlichen Reskripte einfach als kaiserliche Erlasse mit Gesetzeskraft bewertet wurden. Den Abschluß bildet hier die Einstellung ganzer Reihen von Reskripten in die späteren großen Sammelwerke (s. oben), vor allem in den „Codex", das dritte Stück des Corpus iuris. Dieser Codex ist derart die beste Quelle (das beste Anschauungsmittel) für das römisch-byzantinische Reskriptenwesen. Daß heute Spuren einer ähnlichen Rechtsgestaltung in den „Bescheiden" unserer Reichsminister zu erblicken sind, ist schon im enzyklopädischen Teil erwähnt worden (S. 107). Aber noch eine andere, sehr allgemeine Betrachtung springt dabei heraus. Im dogmatischen Teil wird zu zeigen sein, wie nach der Staatsphilosophie der Aufklärungszeit und auch nach der heute politisch durchaus vorherrschenden Meinung Verwaltung und Gerichtsbarkeit streng getrennt zu halten sind (unten 292). Gerade diese Trennung war im römisch-byzantinischen Staatswesen verloren gegangen, nachdem schon der Prätor seine Verwaltungsmacht mehr und mehr in die Gerichtsbarkeit hineingetrieben hatte. Hier bietet sich also reiches historisches Studienmaterial für das große Problem von der „Teilung der Gewalten".

2. Der Übergang zum zentralistischen Beamtenstaat hatte eine weitere Wirkung. Die in Kultur, Wirtschaftsweise und vielen anderen Dingen so sehr verschiedenen, von den Römern eroberten Länder erschienen vom zentralistischen Standpunkt aus als bloße, gleichzusetzende Verwaltungsbezirke. Sie sanken auf das Niveau von „Provinzen" herab. Das mußte auch das Rechtsleben in ganz neue Bahnen drängen. —

Bisher hatte man das Personalitätsprinzip (vgl. bereits S. 145) gelten lassen: der Römer lebte nach römischem Recht, der Grieche (auch nachdem er unterworfen war) nach griechischem, usw. Die Reinheit dieses Prinzips wurde zunächst schon dadurch verwischt, daß in immer breiterem Umfang einzelnen verdienten Stadtgemeinden, später sogar ganzen Landschaften das „römische Bürgerrecht" schenkweise verliehen wurde. Dadurch wurde zugleich auch das römische Recht im einzelnen an diese auswärtigen Gegenden übertragen. (Ein weltberühmtes Beispiel dafür bietet die Geschichte des Apostel Paulus, der, als er gestäupt werden sollte, sich zum Schutze darauf berief, daß er dank seiner Geburt in Tarsus die Qualität eines civis Romanus besitze und als solcher einer derartigen Leibesstrafe nicht unterworfen werden dürfe). Damit war die Wendung zum Territorialitätsprinzip vollzogen. Und es war nur ein Abschluß, als Kaiser Caracalla (212 bis 217) allen freien Reichsangehörigen ein gemeinsames „Indigenat" verlieh, d. h. mit einem Federstrich sie alle für „römische Bürger" erklärte.

3. Für den rechtshistorischen Beobachter und Forscher entsteht aber jetzt erst das eigentliche Problem: inwieweit das ursprüngliche römische Recht **durch das Provinzialrecht beeinflußt** worden ist. Denn es ist ohne weiteres verständlich, daß es keinesfalls gelingen konnte, auch nicht bei zunehmender Beamtenzentralisation, das inzwischen überaus fein verzweigte stadtrömische Recht Satz für Satz in das Leben der so sehr verschiedenen Provinzen zu übertragen. Im Gegenteil spricht von vornherein eine gewisse Wahrscheinlichkeit dafür, daß nun umgekehrt das „römische" Recht mindestens da, wo es noch im Flusse, d. h. einer Wandlung zugänglich war, von dem in den Provinzen geltenden Recht abgefärbt hat. Es kamen dafür vor allem die Ostprovinzen bis weit nach Asien hinein in Frage. Waren doch dort große Kulturen und recht fortgeschrittene Rechtsentwicklungen vorangegangen. (Berühmt das schon im 3. Jahrtausend vor Christi erlassene Gesetzbuch des babylonischen Königs Chammurabi, der sog. Codex Hammurabi, der, auf einen mächtigen Steinblock eingemeißelt, vor nicht langer Zeit entdeckt worden ist und im Louvre zu Paris aufbewahrt wird; mehrfach übersetzt, Druckausgaben). Es hat sich daraus ein eigener, international gepflegter Forschungszweig entwickelt. Vgl. vor allem Mitteis (zuletzt Prof. in Leipzig), Reichsrecht und Volksrecht in den östlichen Provinzen des römischen Kaiserreichs, 1891. Schon der geschickt gewählte Titel dieses Werkes läßt erkennen, um welches gewaltige enzyklopädische Problem es sich dabei handelt: Volksrecht, von unten gewachsen, mit dem Volksleben innig verflochten, tritt dem herandringenden, fremden, von Beamten vertretenen, vom politischen Gewalthaber sanktionierten Recht entgegen; ein Vorgang, den man durchaus mit der viel späteren, im einzelnen freilich anders gelagerten Rezeption des römischen Rechts im Abendland, insbesondere in Deutschland in Parallele stellen kann. Doch ist die Forschung auf diesem Gebiete noch in den Anfängen begriffen und wird wohl auch künftig die Schleier nur mäßig zu lüften vermögen. Ein Beispiel monographischer Bearbeitung dieser Art aus jüngster Zeit bietet Levy (Prof. in Freiburg), Der Hergang der römischen Ehescheidung, 1925.

4. Als ein Ausschnitt aus diesem Rahmen, und zwar ein Ausschnitt von besonderer Bedeutung, erscheint die Erforschung der römischen

Provinz Ägypten. Nicht nur, weil dieses Land von altersher reich an Kulturschöpfungen eigenster Art gewesen ist, sondern vor allem, weil uns hier die **Papyrusfunde** ein Quellenmaterial von einzigartiger Reichhaltigkeit und Lebendigkeit verschafft haben. (Ähnliches gilt von Babylonien. Man liest hier im Originaltext, oft freilich auf arg beschädigten und verblaßten Papyrusfetzen, kaiserliche Erlasse und richterliche Urteile, Kaufbriefe und Testamente Freilassungsurkunden und Zahlungsanweisungen an Bankhäuser. Nirgends im gesamten Territorium des Römerreiches findet sich auch nur annähernd etwas Gleiches. Mancherlei Sätze des Corpus iuris, die man bis dahin nur theoretisch, als tote Formeln kannte, treten hier auf einer Papyrusurkunde als ein lebendiges (lebendig gewesenes) konkretes Rechtsgeschäft mit Namen und Geldziffern, Siegeln und Unterschriften wirklicher (einst lebender) Menschen vor unser Angesicht. Und gerade dabei hat es sich nun in deutlicher Weise offenbart, daß neben dem fremden Römerrecht die alten einheimischen Rechtsbräuche Ägyptens noch lange weiter bestanden haben (wie z. B. im Eherecht), oder daß sogar das ägyptische Recht siegreich die eine oder andere Rechtsfigur in das römische Recht hinübergetragen hat (wie z. B. im Bürgschaftsrecht). Daraus hat sich innerhalb der romanistischen Geschichtsforschung seit etwa drei Jahrzehnten eine besondere, in Deutschland von Mitteis (zuletzt Prof. in Leipzig) und Partsch (zuletzt Prof. in Berlin) geführte, sehr fruchtbare Schule der Papyrologen entwickelt. Grundlegend Mitteis-Wilcken, Grundzüge der Papyruskunde mit Chrestomathie, ein vierbändiges, materialreiches (keineswegs auf juristische Gesichtspunkte beschränktes) Werk. Bedeutsam ferner: Gradenwitz (Prof. in Heidelberg), Einführung in die Papyruskunde, 1. Heft, 1900, das Archiv für Papyrusforschung. Wertvolle Monographien bringen fortlaufend die „Münchner Beiträge zur Papyrusforschung usw.", herausggb. v. Wegner und Otto. Von 1901 bis 1913 (6 Bände) erschienen.

III. Das **Corpus iuris civilis** darf als ein Stück Weltliteratur bezeichnet werden. Neuere Forschungen haben zwar ergeben, daß das geistige Verdienst Justinians und seiner Männer dank vieler ähnlicher, kleinerer Vorarbeiten nicht zu hoch veranschlagt werden darf. Doch aber bleibt dieser Spiegel eines tausendjährigen Rechtslebens des juristisch begabtesten Volkes der Erde eine historische Tat erster Ordnung. Kaum hatte Justinian den Thron bestiegen (527), so begann er, durch eigene juristische Studien früherer Jahre vorbereitet, von tüchtigen Fachmännern unterstützt (vor allem von seinem Justizminister Tribonian), geleitet nicht nur durch den Ordnungswillen des Monarchen, sondern auch durch gesetzgeberische Eitelkeit, das große Werk der Sichtung und Sammlung des in alten Volksgesetzen (leges; ius civile), in Senatuskonsulten, in gelehrten Schriften und Responsen, im prätorischen Edikt und unzähligen kaiserlichen Erlassen und Reskripten aufgehäuften Rechtsstoffes. Als erste Schicht griff er, 528 eine Kommission dafür einsetzend, den ihm am nächsten liegenden Stoff heraus: die kaiserlichen Erlasse und Reskripte seiner Vorgänger, die er selbst noch zwischendurch beträchtlich vermehrte.

Daraus ist der Codex (erste Fassung 529, endgültige Fassung 534) hervorgegangen. Ende 530 schritt dann eine neue Kommission zur Sammlung des Juristenrechts. Daraus wurden die sog. Pandekten (fertig 533). Kurz vor ihrer Fertigstellung brachte man noch ein kleines Lehrbuch heraus, die sog. Institutionen, das aber nicht bloß als Lehrbuch gedacht war, sondern gleichzeitig als Teil des Gesetzeswerkes gelten sollte. Eigentlich wäre damit die Kodifikation beschlossen gewesen. Aber das Nachspiel, das jetzt folgte, hellt noch einmal blitzartig auf, daß dies alles im Zeitalter des Epigonentums geschah. Die Kraft, ein fest gefügtes, abgerundetes, in sich geschlossenes Werk zu schaffen, fehlte eben doch dem Justinianischen Kreise. Sofort, schon im nächsten Jahr wurden Nachtragsgesetze nötig, zum Teil von recht einschneidender Bedeutung. Und so ist es weiter gegangen, die ganze lange Regierungszeit Justinians hindurch (er starb 565). Diese Nachträge, Novellen genannt, sind wiederum gesammelt und dem dreigliedrigen Gesetzgebungswerk von 534 als Anhang zugeschlagen. So besteht das Corpus iuris aus vier Teilstücken: den Institutionen, die als einführendes Lehrbuch an die Spitze gehören, den Pandekten, die sich als die Sammlung des wissenschaftlichen Stoffes daran anschließen, dem Kodex als der Wiedergabe der Kaisergesetzgebung und den diese fortführenden Novellen. Es ist aber zu bemerken, daß man jahrhundertelang sich der Zusammengehörigkeit dieser 4 Teilstücke nicht so bewußt war, wie wir heute beim geklärten Rückblick. Erst die Humanisten am Anfang des 16. Jahrhunderts (unten S. 183f.) sahen mit ihrem geistigen Auge die Teile in ein lebendiges Ganze zusammen, und denkwürdigerweise hat sich auch der einheitliche Name „Corpus iuris civilis“ (der nicht von Justinian selbst stammt, sondern erstmalig vereinzelt im 12. Jahrhundert auftaucht) erst im Zeitalter der Humanisten eingebürgert.

Die **Institutionen** sind ein Leitfaden von mäßigem Umfang, der die damalige studierende Jugend in leicht faßlicher, fließender Form in die juristische Gedankenwelt einführen sollte, in der Vorrede ausdrücklich der „cupida legum iuventus“ gewidmet; „summa itaque ope“, heißt es am Schluß dieser Vorrede, „et alacri studio has leges nostras accipite, et vosmet ipsos sic eruditos ostendite, ut spes vos pulcherrima foveat, toto legitimo opere perfecto, posse etiam nostram rempublicam in partibus eius vobis credendis gubernare“; man sieht, wie hier der noch heute (unten § 39 Ziff. II f 1) mitwirkende Gedanke über dem juristischen Studium steht, dem Staat seine Beamten heranzuziehen. Übrigens waren diese Institutionen kein Originalwerk, vielmehr lag ihnen ein gleichnamiges Werk des Juristen Gaius zugrunde (vgl. darüber bereits S. 134).

Die weltberühmten **Pandekten**, auch Digesten genannt (πάνδέχομαι = alles enthalten, digerere = sammeln), sind bei weitem der wertvollste Teil des Corpus iuris. Hier sind Ausschnitte aus den Werken der großen Klassiker aufgespeichert, allein fast 600 Stellen aus den Schriften des Papinian, über 2000 von Paulus und fast 2500 von Ulpian. Sehr viele Stellen sind jedoch, den Weisungen Justinians folgend, überarbeitet, d. h. den inzwischen geänderten Sprach- und Rechtsverhältnissen angepaßt, so daß keineswegs jedes Wort, wie es uns heute im Corpus iuris entgegentritt, dem Originaltext des Ulpian oder des Scävola usw. entspricht. Man nennt diese Überarbeitungen Interpolationen. Ein eigener, in den letzten Jahrzehnten besonders geförderter Forschungszweig sucht diesen Interpolationen systematisch auf die Spur zu kommen; vgl. z. B. Paul Jörs (zuletzt Prof. in Wien), Artikel „Digesta" IV in Pauly-Wissowas Realenzyklopädie. — Die Riesenmasse der Stellen ist in 50 Bücher geordnet, die wieder in Titel zerfallen; im Mittelalter hat man dann noch eine Paragraphenzählung eingefügt. Der Stoff gehört durchaus überwiegend dem Privatrecht an. (Die Bücher 47 und 48, die sog. libri terribiles, enthalten das Strafrecht.) Deutlich spiegelt die Gruppierung innerhalb der einzelnen „Titel" die drei großen Stoffmassen wieder, aus denen das Privatrecht herausgewachsen war, das alte ius civile der Volksgesetze, für dessen Verarbeitung die ganzen Jahrhunderte hindurch die Autorität des Sabinus entscheidend geblieben war (vgl. S. 163), das Ediktalrecht des Prätors und das um die Autorität Papinians kreisende Responsenrecht. Es unterscheidet danach die gelehrte Forschung die sog. Sabinusmasse, Ediktsmasse, Papiniansmasse und eine vierte, die Nachträge sammelnde Postpapinians- oder Appendixmasse. — Weltberühmt ist die sog. Florentina, eine vom Ende des 6. oder Anfang des 7. Jahrhunderts stammende, seit Jahrhunderten als kostbarer Schatz zu Florenz aufbewahrte Handschrift der Pandekten.

Das dritte Stück bildet der **Kodex.** Er enthält das Kaiserrecht, aber wiederum nicht in einer systematischen Verarbeitung, sondern in Form der bloßen Sammlung und Aneinanderreihung. Oft sind es nur ganz singuläre Aussprüche eines Kaisers, ergangen auf eine Anfrage über einen bestimmten Prozeßfall, viel seltener Sätze im Stile wirklicher Gesetzgebung. Im ganzen sind über 4600 solche kaiserlichen „Konstitutionen" in den Justinianischen Codex vom Jahre 534 übernommen und dort in 12 Büchern und in Titeln geordnet worden.

Das letzte Stück bilden jene Nachtragsgesetze, **Novellen** genannt, oft im schwatzhaft-byzantinischen Stile, an 200. Einige brachten grundlegende Änderungen in den Rechtszustand hinein, z. B. die Novellen 18 und 115, die das Erbrecht stark umgestalteten. Der Stoff gehört jedoch nur ausnahmsweise dem Privatrecht an. Überwiegend handelt es sich um Verwaltungsreglements, die die Behördenorganisation, die Kirchenverfassung und ähnliches betreffen. Charakteristischerweise überwiegt ihr auch die griechische Sprache, während die anderen drei Stücke fast ausnahmslos in lateinischer Sprache abgefaßt sind. Eine amtliche Sammlung wurde nicht mehr veranstaltet; de Novellen sind nur in Gestalt von Privatsammlungen auf uns gekommen, wurden aber, wie erwähnt, später mit dem Ganzen des Corpus iuris als viert Stück fest verschmolzen.

Das Corpus iuris ist im Laufe der Jahrhunderte zu vielen Malen gedruckt worden, oft auch mit dem ganzen Glossenapparat (unten S. 181). Berühmt und noch heute brauchbar die Ausgabe des Dionysius Gothofredus von 1583. Zurzeit am gebrauchtesten die Ausgabe von Mommsen-

Krüger-Schöll. Ein eigenes Wörterbuch: Heumanns Handlexikon zu den Quellen des römischen Rechts, 9. Aufl., 1907.

Das Corpus iuris — oder, wie man es wegen des Gegensatzes zu dem päpstlichen Rechtsbuch (sogleich Ziff. IV) genauer nennen muß, das Corpus iuris civilis — ist vom technischen Standpunkte sehr geringwertig, weil eben das Material nicht gründlich ineinander gearbeitet ist. Nur die Institutionen sind technisch brauchbar. Auch inhaltlich ist vieles seicht und für unser heutiges Empfinden unerträglich, namentlich in den Novellen. Aber selbst wenn man diese Schwächen offen zugibt (was nicht immer der Fall war), ist der geistige Gehalt des Werkes, insbesondere der Pandekten, noch immer so groß, daß das Corpus iuris über das Interesse der Fachgenossen hinaus zur Weltliteratur zu zählen ist. Ohne dieses Werk wäre es voraussichtlich zur Rezeption des römischen Rechts in Deutschland (Ziff. V) und anderen Teilen Europas überhaupt nicht, oder doch in viel geringerem Umfang gekommen.

IV. Das **Corpus iuris canonici** ist in technischer Beziehung dem C. j. civilis nicht unähnlich; ebenfalls ein Sammelwerk, ebenfalls aus mehreren Teilstücken zusammengesetzt, die recht verschieden sind und ursprünglich auch jedes für sich wie ein selbständiges Werk empfunden wurden. Aber diese zweite große, weltbewegende Sammlung ist doch auf ganz anderem Boden gewachsen.

Sie verdankt ihr Entstehen dem machtvollen Aufstieg der Päpste. Immer deutlicher hatte sich das Papsttum aus dem Patrimonium der Kaiser gelöst, um sich schließlich seinerseits über das Kaisertum emporzuschwingen. Das ging nicht an ohne ein bedeutendes Maß juristischer Gedankenarbeit. Denn die damalige Welt begann wieder nach festen Texten zu rufen, und darum war die Aufzeichnung solcher Texte unentbehrlich für die innere wie äußere Kräftigung der Kirche. Auch hier wieder, wie so oft in der Geschichte, hat es sich gezeigt, daß die Handhabung der Rechtsgewalt eine nicht zu unterschätzende politische Waffe ist. Waren doch überdies eine Reihe von Männern auf dem Stuhle Petri selbst juristisch geschult und juristisch hochbegabt (Alexander III., Innozenz III., Innozenz IV.). So erging in ununterbrochener, jahrzehnte-, jahrhundertelanger Kette eine Fülle von päpstlichen Constitutiones, rescripta, decreta, edicta, statuta, bald in das Gewand der feierlichen bullae gekleidet, bald einfacher gehalten als brevia oder schlichte literae apostolicae. Dazu traten die Konzilienbeschlüsse und andere Manifestationen des kirchenorganisatorischen Geistes. Dieser reichhaltige Stoff verlangte nach Sammlung und Ordnung, genau so wie es mit dem weltlichen Recht etwa acht Jahrhunderte früher gegangen war. Private Hand begann damit. Dann wurde die Sammeltätigkeit „offiziell" gestaltet. Und so entstand während des 12. bis 14. Jahrhunderts das sog. Corpus iuris canonici.

Das erste Stück ist das **Decretum Gratiani**, die (um 1140 verfaßte) Privatarbeit eines Mönchs, von dem es seinen Namen hat. Gratian war übrigens auch Rechtslehrer, er stellte neben der sonstigen Theologie das „kanonische Recht" als ein selbständiges Lehrfach auf und beeinflußte gerade dadurch stark die Nachwelt. Es bildete sich um ihn und nach ihm eine Schule des kanonischen Rechts, die nachdrücklich für die Sammlung des einschlägigen Rechtsstoffs eintrat. Trotzdem ist diese Gratianische Sammlung als Ganzes nie mit Gesetzeskraft ausgestattet worden. Eine von Gratian aufgenommene Quellenstelle, wozu neben päpstlichen Erlassen und Beschlüssen der Synoden auch Bibelzitate und Sätze aus Schriftstellern gehörten, hatte also nur die Kraft, die ihr ohnedies innewohnt, ein päpstliches decretum unmittelbar verbindliche Kraft, ein Schriftstellerzitat dagegen nur die Kraft geistiger Überzeugung des Lesers. Auch Gratians eigene Zusätze (die sog. dicta Gratiani) sind zwar besonders interessante, der damaligen Scholastik entsprechende Zeitbelege, aber Gesetzeskraft haben sie nie bekommen. — Das **älteste Quellenmaterial** findet man zusammengestellt in H. Theod. Brans, Canones Aportolorum et Concitorium saecularum IV. V. VI. VII., 1839. Für den weiteren Fortgang: Friedr. von Schulte (Prof. in Bonn), die Geschichte der Quellen u. Literatur des Canonischen Rechts, 3 Bände, 1875 ff.

Das zweite Stück ist viel bedeutender, nicht so umfangreich wie das Decretum, aber fester gefügt, besser gesichtet, von einem starken Grundgedanken getragen (Herausstellung des päpstlichen Rechts in seinem Gegensatz einmal zum weltlichen und dann zum lokalkirchlichen Recht) und vor allem amtlich gehalten. Gregor IX. beauftragte den Dominikaner Raimund von Peñaforte, seinen Beichtiger, den Vater der (päpstlichen) Inquisition, mit einer Sammlung der außerhalb des Decretums umlaufenden Dekretalen. Von dieser Richtungslinie stammt dann auch der spätere Name der Gregorianischen Sammlung; es sollten die decreta, qui extra decretum Gratiani vagabantur, zusammengebracht werden, und das führte zu der Bezeichnung **Liber Extra.** Dieser Liber Extra ist ein echtes Gesetzbuch, war also in toto rechtsverbindlich. Die Gruppierung des Stoffes nach fünf Schichten (Hexameter-Merkvers: Iudex, iudicium, clerus, connubia, crimen) hat Raimund einer früheren Sammlung, dem Breviarium des Propstes Bernhard von Pavia entlehnt, der seinerseits wieder in der äußeren Anordnung (Zerlegung des Stoffes in Bücher, Titel usw.) am Corpus iuris civilis Anlehnung gesucht hatte. Das fertige Werk wurde im Jahre 1234, wiederum eine interessante Zeiterscheinung, in der Weise publiziert, daß es der Papst den beiden Universitäten Bologna und Paris übersandte.

Das dritte Stück stammt vom Papst Bonifaz VIII., einem der ausgeprägtesten Vertreter des Dogmas von der „Universalmonarchie" der Päpste, dem großen Gegner Philipps IV., des Schönen, von Frankreich. (Erste Verbrennung einer Bulle, der weltberühmten Bulle „Unam sanctam", in der die sog. Zweischwerterlehre, unten § 30 III a, gewaltsam im Sinne absoluter päpstlicher Macht gedeutet wurde und die mit den Worten schließt: „Subesse Romano Pontifici omni humanae creaturae declaramus, dicimus, definimus et pronuntiamus omnino esse de necessitate salutis“). Es ist wiederum ein bloßes Sammelwerk, das vor allem deshalb nötig wurde, weil Gregor nach Fertigstellung seines Liber Extra (ähnlich wie Kaiser Justinian) jede spätere private Sammlung verboten hatte. Man dachte sich das neue Werk wie eine Art Anhang zur Gregorianischen Sammlung, und da diese fünf Bücher führte, wurde die Sammlung Bonifaz VIII. offiziell **Liber Sextus** benannt. Auch dieses Werk wurde (1298) durch Erlaß einer Bulle und Verschickung an die Universitäten publiziert. Es ist juristisch das beste Stück des Corpus iuris canonici.

Das vierte Stück folgte sehr rasch (1317) dem vorangegangenen. Clemens V., der Mann der „babylonischen Gefangenschaft“ in Avignon, gab es in Auftrag. Es hat auch von ihm, trotzdem es erst nach seinem Tode fertig wurde, den Namen bekommen, unter dem es fortlebt: **Clementinae**, während es ursprünglich Liber Septimus heißen sollte. Die Clementinae sind das dünnste Stück. Ihr viertes Buch (auch die Clementinae zerfallen in die üblichen fünf Bücher) besteht z. B. aus einer einzigen kurzen Auslassung vom Konzil von Vienne, und alle fünf Bücher zusammen haben nur etwa ein Fünfzehntel von dem Umfang des Decretum Gratiani.

Diese vier Stücke bilden das sog. Corpus iuris canonici clausum. Später (seit 1500) wurden noch zwei weitere kleine Sammlungen, die man als C. j. can. nonclausum zu bezeichnen pflegt, angereiht, nämlich die Extravagantes Johannis XXII. und die Extravagantes communes (in welch letzteren die Allmacht des Papsttums ihren höchsten Punkt erreicht; u. a. ist hier jene Bulle „Unam sanctam“ veröffentlicht). Die Erfassung der sechs verschiedenen Sammlungen als ein bibliographisch geschlossenes Ganze und der (nicht amtlich aufgestellte) Namen Corpus iuris canonici datiert dann erst vom Jahre 1671.

Der Stoff, der in diesen wiederholten Sammlungen untergebracht ist, gehört, wie sich von selbst versteht, durchaus überwiegend dem „Kirchenrecht“ an. Aber dessen Grenzen sind in den verschiedenen Zeitaltern sehr verschieden aufgefaßt worden. So konnte es nicht ausbleiben, daß einzelne Sätze oder ganze geistige Gefüge des Corpus iuris canonici in das benachbarte ius civile und damit in das heute als „weltlich“ angesprochene Recht hinübergewandert sind, wie z. B. die Lehre von der Klagbarkeit der nuda pacta (oben S. 94) oder der Satz von der Anrechnung der mala fides superveniens zu Lasten des Ersitzenden (S. 138 a).

Das ganze gewaltige Werk gehört nunmehr, seit wenigen Jahren erst, der Geschichte an. Seit 1918 ist es durch eine neue große Kodifikation, den **Codex iuris canonici** Benedikts XV. abgelöst. Diese neue amtliche Sammlung ist aus der jüngsten Periode der Kirchenrechtsgeschichte, die etwa mit der französischen Revolution anhebt (und von Ulrich Stutz als die des „vatikanischen Kirchenrechts“ bezeichnet worden ist), herausgewachsen. Dem entspricht ihr Gepräge. Sie ist stark „nach innen“ orientiert, d. h. ihr Schwergewicht liegt in der inneren Kräftigung des kirchlichen Lebens und der kirchlichen Verwaltungsmacht. Zentralisierende Tendenz, Vergeistigung der kirchenrechtlichen Institutionen und klare Herausstellung der Primatialgewalt des Papstes sind die geistigen Kennzeichen. — Den Anstoß zum neuen Codex i. can. gab Pius X.; Einsetzung einer Kardinalskommission 1904; Hauptverdienst an der Durchführung hat der Kardinalstaatssekretär und frühere Professor des kanonischen Rechts Gasparri. Der Stoff besteht aus 2414 Canones; oberste Einteilung in fünf Bücher (normae generales, de personis, de rebus, de processibus, de delictis et poenis), doch ist diese Fünfteilung auf anderen Gedanken aufgebaut wie die mittelalterliche. Amtliche Veröffentlichung am 28. Juni 1917; in Kraft getreten zu Pfingsten (19. Mai) 1918.

V. Die beiden großen Corpora iuris (und mit ihnen eine zweibüchrige Sammlung lehenrechtlichen Materials, die im 12. Jahrhundert entstandenen, durch spätere Anhänge erweiterten Libri feudorum; vgl. S. 194) wurden in Deutschland als Grundlagen des „gemeinen" Rechtslebens aufgenommen. Und dies bildet das Kernstück der sog. **Rezeption** (vgl. S. 72, 148).

Es wäre aber eine falsche Vorstellung, als habe irgendein Herrscher oder eine ständische Versammlung, etwa der Reichstag, in einem einmaligen Akt die Aufnahme jener Rechtsbücher vorgeschrieben. Vielmehr handelt es sich um einen viel tiefer liegenden, im Laufe von Jahrhunderten sich allmählich abspielenden Vorgang. Eine erste Berührung mit dem Römerrecht hatte bereits in den germanischen Stammesreichen stattgefunden (S. 143). Im späteren Mittelalter dringen dann einzelne römische Gedanken, einzelne Quellenzitate in die Urkundenpraxis ein. Zunächst mag das mehr nur nach Art eines gelehrten Beiwerks gemeint gewesen sein, aber es bahnte dem sachlichen Eroberungszug des römischen Rechts den Weg. Es konnten dann schon die Rechtsbücher (S. 146 f.) sich dem Druck des fremden Rechts nicht ganz entziehen, sondern mußten sich mit ihm auseinandersetzen. Und mehr und mehr wird der Glaube verbreitet, das alleinige Heil könne eben wirklich nur von jenen großen lateinischen Textwerken kommen, bis diese schließlich „in complexu", d. h. als geschlossenes Ganzes und als unmittelbar geltendes Recht übernommen werden.

Unter den gelehrten Juristen hat bis in die jüngste Zeit hinein ein Streit darüber bestanden, ob das fremde Recht „in complexu" übernommen sei, oder ob sich nicht die Rezeption auf die einzelnen Sätze, und zwar die für die deutschen Verhältnisse „passenden" Sätze, beschränkt habe. Ohne weiters ist klar, daß in der Praxis keineswegs alles römische Recht übernommen worden ist. Im Gegenteil: Vom öffentlichen Recht blieb bei weitem das meiste unrezipiert; auch das Prozeßrecht konnte nur einzelne Ideen an den deutschen Prozeß weitergeben, und das römische Strafrecht wurde schon dadurch vollkommen abgedrängt, daß 1532 ein bedeutendes eigenes Strafgesetzbuch für Deutschland erging, die berühmte Carolina (unten S. 207). Darum konnte sich die Frage nach der Rezeption in complexu eigentlich von vornherein nur auf das Privatrecht beziehen. Indessen mußten auch von diesem ganze breite Teile a limine ausscheiden, z. B. das gesamte, in den Pandekten und dem Codex in hunderten von Stellen ausgiebigst behandelte Sklavenrecht. Trotzdem hielt die herrschende Lehre bis zuletzt an dem Dogma fest: es seie in complexu rezipiert; allerdings mit der wesentlichen Einschränkung, daß dies nur besagen solle: im Zweifel sei alles übernommen, so daß dem, der von einer Regel das Gegenteil behauptet, gleichsam der Beweis der Nichtrezeption aufgebürdet sein sollte.

Eine weitere wesentliche Abschwächung der Rezeption liegt darin, daß man von Anfang an dem römischen Recht nur **subsidiäre Geltung** zusprach. Jedes, auch das kleinste Stadt- oder Landrecht, das auf dem heimischen deutschen Territorium erwachsen war, ging dem rezipierten römischen Recht vor (vgl. bereits S. 148f). In diesem Rahmen hat sich namentlich das deutsche Eherecht und ihm folgend auch viel deutsches Erbrecht standhaft gegen den Anprall des fremden Rechts gehalten. Andrerseits hat gerade diese „subsidiäre", gleichsam heimlich in alle offen gelassenen Fragen eindringende Kraft des Römerrechts etwas Unheimliches und darum doppelt Mächtiges an sich gehabt. Und jedenfalls ist die Wissenschaft ganze Jahrhunderte hindurch fast vollständig in den Bann des römischen Rechts geraten.

Wie erklärt sich dieser eigentümliche Vorgang? Auf eine einheitliche Formel läßt er sich nicht bringen. Vielmehr haben mehrere sehr verschiedene Gründe zusammengewirkt, um dem römischen Recht in Deutschland eine Stätte zu bereiten.

Einmal war es schon die in der Scholastik wurzelnde Hochachtung vor dem geschriebenen Wort (vgl. S. 148 b); wurde doch das Corpus iuris civilis geradezu als die Bibel des Rechts, als die „geschriebene Vernunft" (ratio scripta) bezeichnet. Freilich hatte die deutsche Bevölkerung versucht, sich in den Rechtsbüchern (S. 146) eigene Texte zu schaffen. Aber sie waren gegenüber dem technisch weit durchgebildeteren, logisch viel fortgeschritteneren römischen Recht nicht kräftig genug.

Dazu kam die arge Zersplitterung, der Partikularismus, der auch vom Sachsenspiegel, dem Schwabenspiegel und den anderen Rechtsbüchern nicht überwunden werden konnte. Zumal die Schöffen, die als Träger und Fortpflanzer des einheimischen Rechts hauptsächlich in Frage kamen, blieben im Brauch ihrer eigenen engeren Landschaft befangen, während andererseits der aufstrebende Handelsverkehr und auch die Politik nach einem **„allgemeinen" Recht** verlangten.

Als vollends das gelehrte Wesen immer mehr überhand nahm und die Scholastik von dem latein- und griechenfreundlichen Humanismus abgelöst wurde, waren die schlichten ungeschulten Schöffen einem mit dem ganzen gelehrten Apparat der Klöster und Universitäten anrückenden römischen Recht nicht gewachsen. In der

Tat hat der Universitätsunterricht (vgl. S. 179), der ganz und gar auf die römischen Texte eingestellt war, stark zu der Rezeption beigetragen, denn er entsandte ein immer stärkeres Heer von „gelehrten Richtern" (Max Weber: „eine neuartige Schicht von Rechtshonoratioren") in die Verwaltungsstuben und Gerichtshöfe, die sich nun rasch genug als den ungeschulten Schöffen überlegen erwiesen und mit gewissem Dünkel auf die „Ungebildeten" herabblickten. Auch die einflußreiche Schicht der Kleriker, aufgewachsen in der dogmatischen Formel, daß für die Kirche allein die lex Romana bestimmend sei (vgl. S. 145), arbeitete, vielleicht ungewollt, der Rezeption des gelehrten Rechts in die Hände. Aber auch daran hat es nicht gefehlt, daß man durch „Popularisierung" dem Volksverständnis entgegenzukommen suchte. Es entstand, vornehmlich während des 15. und 16. Jahrhunderts, eine überaus mannigfaltige populäre Literatur über römisches Recht, zum Teil unter Einarbeitung einheimischer Rechtsinstitute, die das Fremdartige verwischte und derart ebenfalls den Glauben stärkte, daß das römische Recht durchaus für das Leben im heiligen römischen Reich deutscher Nation bestimmt sei.

Dabei wählte man oft die Form von Wörterbüchern. So der berühmte, immer von neuem gedruckte Vocabularius iuris utriusque von Jodocus (1452). — Vgl. Roderich Stintzing, Geschichte der populären Literatur des römisch-kanonischen Rechts in Deutschland am Ende des 15. und am Anfang des 16. Jahrhunderts, 1867.

Aber auch die Politik hat ein gewichtiges Wort mitgesprochen. Es standen dort, im Gesetzbuch des byzantinischen Kaisers Justinian, Sätze, die den deutschen Kaisern recht verlockend erscheinen mußten (Quod principi placuit, legis habet vigorem. Omnia iura habet Princeps in pectore suo usw.). Vor allem aber war überhaupt in diesem Corpus iuris der Gedanke eines völkerumspannenden Weltrechts niedergeschlagen, und das mußte der universalistischen Politik der Staufer, zugleich als Ausgleich gegen den leidigen Partikularismus der Heimat, sehr zu statten kommen. So wurde von den Kaisern und ihren juristischen Ratgebern (die damit auch ihr eigenes Wohl förderten) der Glaube gepflegt und genährt, daß das neue teutsche Reich nichts anderes wie eine Fortsetzung des Imperium Romanuum, und daß die Übernahme der alten justinianischen Bücher eigentlich gar nichts befremdliches sei. Wurden doch sogar lange Zeit hindurch ganze Reihen von Gesetzen, die Friedrich I. und Friedrich II. im 12. und 13. Jahrhundert erlassen hatten (die sog. Authenticae Fridericianae), kurzerhand dem Codex Justinianus hinzugeschlagen, weil man eben diese Gesetzgebung der beiden Friedriche als eine bloße Fortsetzung der justinianischen betrachtete (Lehre vom Imperium translatum). Bei den Päpsten spielten ganz ähnliche Gedanken mit; auch sie wollten ja auf eine Universalmonarchie hinaus. Und wer von den großen Lehnsherren etwas Vorteilhaftes in den libri feudorum durch seine Räte hatte aufspüren lassen, mag nicht minder für die Rezeption solcher vortrefflicher Schriftwerke eingetreten sein.

Die reizvolle Geschichte der Rezeption haben erste Gelehrte immer wieder zum Gegenstand ihrer Studien gemacht. Hervorzuheben sind folgende Darstellungen: Stintzing, Geschichte der deutschen Rechtswissenschaft, Bd. I; Stobbe, Geschichte der deutschen Rechtsquellen, Bd. I und II; v. Below, Ursachen der Rezeption des römischen Rechts in Deutschland (1905). Stölzel, Die Entwicklung des gelehrten Richtertums in den deutschen Territorien (1872). Muther, Zur Geschichte der deutschen Rechtswissenschaft und der Universitäten in Deutschland (1876).

Etwa um 1500 ist die Rezeption des römischen Rechts vollendet. Wenigstens in dem Sinne, daß man seine grundsätzliche Geltung in den deutschen Landen nicht mehr bestritt: Im einzelnen rang noch immer der einheimische sächsische oder fränkische oder pommersche Rechtsbrauch gegen das „fremde“ Recht. Aber dieses erfreute sich unausgesetzt einer mächtigen Stütze: der Wissenschaft. Lange Zeit hindurch, bis ins 19. Jahrhundert hinein, wenn auch mit einigen Unterbrechungen, ist die große Masse wissenschaftlicher Kraft dem römischen Recht, nicht dem einheimischen gewidmet worden. Das sicherte dem Römerrecht sein Übergewicht und ist als ein historisches Faktum hinzunehmen, selbst wenn man es bedauert.

Erst in der neuesten Zeit hat das römische Recht seine Überlegenheit eingebüßt. Die große gesetzgeberische Welle der letzten Jahrzehnte, die im Bürgerlichen Gesetzbuch ihren Höhepunkt erreicht hat (S. 218), nahm dem Corpus iuris civilis den Rest seiner Geltungskraft. Das Corpus iuris canonici ist ebenfalls durch ein neuzeitliches päpstliches Gesetzbuch ersetzt worden (S. 173 a. E.), auch war schon vorher durch die Staatsgesetzgebung sein Anwendungsgebiet immer strenger auf das rein kirchliche Gebiet beschränkt worden. Die Libri feudorum waren ohnedies mit dem Verfall des Lehnrechts ganz von selbst in Vergessenheit geraten. Auch die wissenschaftliche Beschäftigung mit diesen ehrwürdigen Schriftwerken früherer Jahrhunderte mußte naturgemäß schwächer werden, da das neue Recht den durchaus überwiegenden Teil der gelehrten Köpfe für sich in Anspruch nahm. So ist das Römerrecht dahingesunken, nachdem es seine bedeutende geschichtliche Aufgabe erfüllt hatte: dem Recht der Kulturvölker einen festen Rahmen und die Möglichkeit methodischer, schulmäßiger Erfassung zu geben.

Ob freilich letzten Endes das Herüberkommen des römischen Rechts über die Alpen ein Glück für unser deutsches Volk gewesen ist, das wird für alle Zeiten ein Gegenstand des Zweifels bleiben. An bitteren Anklagen fehlt es nicht. Gerade in unseren Tagen haben sich wiederum erregte Stimmen erhoben, die den Einfluß des „undeutschen" römischen Rechts als ein schweres nationales Unglück bezeichnen und geneigt sind, vieles vom Unglück der Gegenwart, so vor allem den nackten Egoismus und die Auswüchse eines einseitigen Kapitalismus, dem „Geist" des Römerrechts in die Schuhe zu schieben. — Gewiß hat die Frage packende Gewalt: Wie wäre es mit dem deutschen Rechts- und Volksleben geworden, wenn die Rezeption unterblieben wäre? Aber noch bedeutender ist und noch tiefer greift die andere Frage: Lag es nicht im Charakter des deutschen Volkes beschlossen, war es uns nicht in den Sternen vorgeschrieben, unseren Weg durch das Erlebnis der Rezeption hindurch zu nehmen?

§ 20. Geschichte der wissenschaftlichen und wirtschaftlichen Strömungen.

Schrifttum: Stintzing-Landsberg, Die Geschichte der deutschen Rechtswissenschaft, 3 Bände (Bd. 1 1880, Bd. 2 1884, Bd. 3 Halbbd. 1 1898, Halbbd. 2 1910). Savigny, Geschichte des römischen Rechts im Mittelalter, 2. Aufl., 7 Bände (1834 bis 1851). — Daneben sind als kleine, leichte, geistvolle Einführungen zu lesen: R. v. Stintzing, Wendungen und Wandlungen der Deutschen Rechtswissenschaft, 1879, und: Hermann Kantorowicz, Die Epochen der Rechtswissenschaft, in der Zeitschrift „Tat", Jahrg. 1914/15, S. 345 ff. — Zur Geschichte der Universitäten (außer Savigny, Band 3): F. Paulsen, Das deutsche Bildungswesen in seiner geschichtlichen Entwickelung (Teubnersche Sammlung „Aus Natur und Geisteswelt", Band 100); ferner: Theodor Muther, Zur Geschichte der Rechtswissenschaft und der Universitäten in Deutschland, 1876. Die ältesten Keime stellt dar Fitting, Die Anfänge der Rechtsschule von Bologna, 1888.

Kurze Abrisse auch in manchen Lehrbüchern, z. B. in Dernburgs Pandekten Bd. I § 16 ff., in Enneccerus, Lehrbuch des Bürgerlichen Rechts, Bd. I § 15 ff.

I. Überblick. Auf den Zusammenhang des Rechtslebens mit der allgemeinen Weltanschauung wurde bereits am Eingang dieses Buches hingewiesen (S. 4 IV). Ebenso ist der ewige Zusammenhang des Rechts mit den „Lebensverhältnissen" bereits aufgedeckt worden (S. 36 V). Daraus ergibt sich die grundlegende Bedeutung der wissenschaftlichen und wirtschaftlichen Strömungen für den Werdegang des Rechts. Jedoch ist sogleich ein Unterschied in der Stärke anzumerken. Die allgemeine Weltanschauung ist viel früher zum Gegenstand der Spekulation gemacht worden als das Wirtschaftsleben. Wissenschaftliche Weltbetrachtungen hatten längst in der Theologie und der Philosophie wohlausgebaute Heimstätten gefunden, ehe man an die Begründung einer Wirtschaftswissenschaft heranging. Darum ist bei der Beeinflussung des Rechtslebens und insbesondere der Wissenschaft vom Recht der Löwenanteil durchaus den spekulativen, philosophisch-wissenschaftlichen, nicht den wirtschaftlichen Strömungen zugefallen.

Im übrigen aber kann man, wie wohl überall im Reiche der Geister, eine gewisse Wellenbewegung beobachten. Mag man auch im Gesamtergebnis an einen allmählichen ewigen Fortschritt der menschlichen Kultur und so auch des Rechts glauben, die historische Kurve ist niemals eine glatte, sondern sie bewegt sich in den Formen des Aufstiegs und des Abstiegs, des Tiefstands und der Höhe. So kommt es, daß von Zeit zu Zeit immer wieder Strömungen kommen, die ihrem Wesen nach schon früher dagewesen sind. Über dem besonderen „Kolorit" des einzelnen Zeitabschnitts sollte das nicht vergessen werden. Innerhalb der Geschichte der Rechtswissenschaft kann man insbesondere ein ewiges Wechselspiel zwischen einer freieren und einer gebundeneren Richtung beobachten. Das dürfte mit der Grundnatur der juristischen Wissenschaft zusammenhängen. Sie ist einerseits an das feste Wort (Gesetz, Schrift, Text) gebunden, will auf der anderen Seite aber die gefundenen Erkenntnisse ins freie Leben übertragen. Je nachdem mehr das eine, mehr das andere betont wird, nimmt die Rechtswissenschaft eines bestimmten Zeitabschnitts eine engere, strengere, philologischere, oder eine lockerere, geistvollere, philosophischere Tönung an. Beides hat seine Vorteile, beides seine Gefahren.

II. Durch den Niederschlag in „Schulen" haben alle diese Strömungen eine noch schärfere Prägung erfahren. Es wird über die hauptsächlichsten solcher Schulen sogleich zu berichten sein. Ihr festes Haus, den Boden für das „Disputieren", die Kanzeln für ihre Lehre fanden sie vorzugsweise in den **Universitäten.**

Seit dem 12. Jahrhundert entwickeln sich diese Hohen Schulen in Italien und Frankreich. Bologna und namentlich Paris gaben auf lange Zeit das Musterbild für die späteren, auch die deutschen Gründungen. Die erste Universität auf dem Boden des alten deutschen Reichs war Prag (1348). Bald folgt Heidelberg (1385) und manche andere. Das Patrimonium über diese innungsartig gestalteten Korporationen von Lehrern und Schülern (der korporative Zusammenschluß ist vorzugsweise mit dem Wort Universität gemeint) übten zuerst die Päpste aus. Schon aus finanziellen Gründen war das nötig; die Professuren wurden oft mit einer Pfründe, etwa einem Kanonikat verbunden und nur dadurch sichergestellt. Aber allmählich traten die Universitäten doch mehr und mehr unter die Obhut der staatlichen Gewalten. Der Kaiser gibt Schutzbriefe, zunächst nur für das Wandern der Scholaren durch die deutschen Gaue; dann aber schwingt er sich vom bloßen Polizeischutz zum Freund und Förderer der Wissenschaften auf und nimmt insbesondere auch für sich das Recht in Anspruch, die akademischen Grade zu verleihen, bzw. den Fakultäten die Befugnis solcher Verleihung zu übertragen. Die Landesherren machen das später nach. Wittenberg kennzeichnet etwa den Übergang, insofern es zunächst (1502) auf ein kaiserliches Privilegium gegründet, hinterher aber (1507) sicherheitshalber noch päpstliche Bestätigung eingeholt wird.

III. Das **Rechtsstudium** wurde vor allem in Bologna gepflegt. Dort kamen die verschollenen römischen Texte wieder ans Tageslicht. Bald übten sie eine magische Anziehungskraft. Zu Hunderten zogen im Laufe der Jahre junge und ältere deutsche Männer über die Alpen, um dort an der Quelle des „reinen" Rechts zu schöpfen. Allmählich bildeten sich eigene Rechtsschulen in der Heimat. Köln, Erfurt, Leipzig waren die ältesten solcher Pflanzstätten. Immer aber bleibt, vom Latein als allgemeiner Gelehrtensprache getragen, ein Zug von Internationalismus, wie wir heutigen Rechtsgelehrten ihn kaum noch begreifen können. Studiengegenstand war zunächst überwiegend das kanonische Recht. Und mit Eifersucht wurde sein Vorrang vom Klerus bewacht. Allmählich aber erhebt sich das rein-römische Recht vom Stande einer bloßen Hilfswissenschaft zur vollen Ebenbürtigkeit neben dem kanonischen, um schließlich umgekehrt dieses in den Hintergrund zu drängen. Ganz abseits blieb dagegen das einheimische deutsche Recht, das, der gelehrten Einkleidung ganz entbehrend, an diesen Stätten ausgesprochener Gelehrsamkeit keinen Unterschlupf finden konnte. Der Gang des Studiums, das vielfach schon in sehr jungen (etwa mit vierzehn) Jahren begonnen wurde und nicht selten ein Jahrzehnt in Anspruch nahm, war gestaffelt. Man begann mit Grundelementen wie Philologie und Philosophie, Dialektik und Rethorik (Studium „in artibus"). Erst nach deren Abschluß trat man in die juristische Fakultät, um über das Baccalaureat möglichst bis zur Würde eines doctor iuris utriusque (darunter ist das ius civile und das ius canonicum zu verstehen) emporzusteigen, die aber nur von einem kleinen Teil der „Studenten" wirklich erreicht wurde. Immer stärker wird das Ansehen der Doktorwürde. Berühmte Doctores werden von Fürsten und freien Städten förmlich umworben. Dünkel stellt sich ein, aber auch langsam Haß der ungelehrten, gering geachteten Bevölkerung. Abschaffung der gelehrten doctores iuris war einer der Punkte im Manifest der Bauern des Bauernkriegs (unten S. 184).

IV. Als erste Schule der Jurisprudenz gilt die der **Glossatoren** (12. und 13. Jahrhundert). Das waren in der Hauptsache die Lehrer der Universität Bologna. Sie gingen vom Text der Quellenstellen aus, umgaben ihn aber mit einem immer stärker anschwellenden Apparatus. Dabei lassen sich verschiedene Sorten von Arbeiten unterscheiden. Historisch standen wohl an der Spitze die Sammlungen von „Varianten" (abweichende Lesarten) und von Parallelstellen, die namentlich deshalb nötig waren, weil damals das Corpus iuris noch nicht als Einheit behandelt wurde, sondern in Stücke zerlegt war. Daneben traten dann „Summae" (Überblicke über den Inhalt eines größeren Stückes eines Rechtsbuches) und „Casus" (Rechtsfälle, die eine einzelne Quellenstelle erläutern sollten). Der stärkste Ton fiel aber auf die „glossae", und davon hat dann die Schule ihren Namen bekommen. Die Glossen waren anfänglich ganz kurze, zwischen die Zeilen geschriebene Erklärungen der schwierigsten Worte des Texts. Bald wurden sie umfangreicher und mußten an den Rand geschrieben werden. Schließlich wurde daraus ein ganzer, fortlaufender Kommentar, der dann auch Elemente der anderen Betätigungsarten, also Parallelstellennachweise, Casus usw. in sich aufnahm. Ursprünglich gab es natürlich eine ganze Reihe solcher Werke. Das belebte. Die verschiedenen Lehrer konnten eine (freilich nur kleine) Dosis Persönlichkeit in „ihren" Apparat hineinlegen. Aber es wird zu viel des Stoffs. Man wird es müde, immer neue Glossen aufzuhäufen. So erstarrt die Masse. Accursius stellt eine über alle Teile des Corpus iuris sich erstreckende Sammlung her, und diese wird allgemein anerkannt, wird zur „glossa ordinaria" und zum Schlußstein der Entwicklung.

Beispiel einer Glosse. Im Kodex behandelt der 16. Titel des 9. Buches die lex Cornelia de sicariis (ein Gesetz gegen den Meuchelmord). Die erste Kodexstelle dieses Titels ist ein Reskript des Kaisers Antonius an einen Soldaten in Sachen dessen Bruders: „Frater vester rectius fecerit, si se praesidi provinciae obtulerit. Qui si probaverit non occidendi animo hominem a se percussum esse, remissa homicidii poena, secundum disciplinam militarem sententiam proferet etc." Dazu setzt die Glosse 8 Randbemerkungen. Zuerst der Casus: „Miles fortuito casu quendam interfecit. Praeses pro eo misit, nec venit. Frater suus consuluit principem: An expediret, ut se praesentaret. Respon., quod sic (Antwort: ja), quia non punitur de homicidio, si probet se casualiter interfecisse, quia sine voluntate non contrahitur crimen. Vivianus." Das letzte Wort der Name des Autors, von dem dieser Casus stammt, des Vivianus Tuscus (um 1250). Dann folgen die Einzelglossen zu den kritischen Textworten der Kodexstelle. Z. B. zu den Worten „non occidendi animo" folgende Glosse: „Sed quomodo probatur negativa?

vi. s. (= vide supra) de proba. l. actor (dies Verweisung auf eine Parallelstelle, nämlich die lex, die mit dem Wort „actor" beginnt, in dem Kodextitel „de probationibus"; daß der Leser die Titel kennt, wird vorausgesetzt, darum keine Zahlenzitate; gemeint ist die lex 23 im Titel 19 des vierten Buchs des Kodex). „Responsum: Per praesumptiones, probando amicitiam, et affinitatem et qualitatem occidentis, et etiam per iuramentum purgationis." Es wird also ausgeführt: man könne durch Vermutungen, etwa daß man mit dem Getöteten gut Freund gewesen sei, den Beweis führen, und daran schließen sich dann noch mehrere Parallelstellenzitate.

Wenn man die Lebensarbeit dieser Männer würdigen will, so erweckt das größte Staunen ihr Fleiß. Es ist bewundernswert, was sie alles in ihren Glossen zusammengetragen haben. Insofern darf man ihnen eine hohe Produktivität nicht absprechen. Namentlich der älteste Vertreter, vielleicht Begründer, jedenfalls Bahnbrecher der Schule, Irnerius, hat Erstaunliches geleistet. Aber doch war dieses ganze Wissen reines Bücherwissen. Es war (buchstäblich) aus der Philologie, der Worterklärung geboren. Daß sehr vieles der tausend Jahre alten Quellenstellen auf das Leben des 13. Jahrhunderts unmöglich passen konnte, sah man nicht. Mit kindlicher Naivität und einer an sich gewinnenden Frische deutete man, abseits von der Welt, an den alten Texten herum und schwor auf sie als ewige Wahrheiten. Das ließ sich auf die Dauer nicht halten, die Schule wurde überreif und von einer anderen abgelöst.

V. Diese nächste Schule (13. bis 15. Jahrhundert) pflegt man farblos die Schule der **Postglossatoren** zu nennen. Sie sprang aus den Büchern heraus und ins praktische Leben hinein. Die Erteilung von Konsilien (Gutachten) wird für manchen Postglossator zur Haupttätigkeit. Das zwingt diese Männer auf die praktischen Bedürfnisse ihrer Umwelt zu achten. Sie können nicht mehr beliebige, spitzfindige, philologische Thesen in ihren Büchern zusammenschreiben, sondern müssen Entscheidungen geben, die wirklich brauchbar sind. So ist ein frischer Wind in die aufgespeicherte Stoffmasse gekommen. Mit dem Wirtschaftsleben stand man dabei in gutem Zusammenhang. Denn es war die Zeit der aufblühenden Städte, eines bedeutenden Handels über die Alpen hinweg, es waren die Tage regen, wenn auch streitbaren und gildenmäßig gefaßten Bürgersinns neben einer hochgetriebenen Diplomatenpolitik. Überall brauchte man die Juristen, die Doctores, für die Schlichtung der vielen Händel, für die Abfassung der vielen Urkunden, für den Ausbau der mancherlei Statuten.

Das Schwergewicht bleibt noch in Italien. Doch hat Bologna nicht mehr seine souveräne Stellung, und vor allem tritt Frankreich in beachtenswerten Wettbewerb. Französischer „bon sens“ weht nach Italien hinüber und stärkt jene praktische, lebensfrische Strömung. Italien selbst steht unter dem Zeichen wilder Kämpfe. Die Geister der Gibellinen und Welfen gehen um. Das Ringen zwischen Papst und Kaiser, zwischen kanonischer Satzung und weltlichem Recht lebt immer wieder auf. Die führenden Juristen sind vielfach in diese Streitigkeiten hineingerissen worden und mögen manches dabei gelernt haben. — Führende Köpfe waren: Cinus von Pistoja (gestorben 1335), der Dichterjurist, der idealerfüllte Lyriker, der Freund Dantes und Petrarcas, namentlich in Spanien so verehrt, daß seine „Meinungen“ lange Zeit hindurch (ähnlich den Responsen der altrömischen Autoritäten, S. 164 Ziff. 2) geradezu Gesetzeskraft besaßen. Bartolus von Sassoferrato (gest. 1357), ein hochbedeutender Mann, vielleicht der einflußreichste Jurist, der je gelebt hat, eine „Autorität“ κατ' ἐξοχήν, neben der Rechtsgelehrsamkeit auch mit Geometrie und hebräischer Sprache beschäftigt, von Karl IV., den er mehrfach beriet (angeblich auch bei der Abfassung der „Goldenen Bulle“), geehrt und mit Privilegien ausgestattet, in Spanien z. B. so stark anerkannt, daß lange Zeit hindurch seine Meinungen durch Gesetz für bindend erklärt waren. Baldus (gest. 1400), ein Schüler des Bartolus, ebenfalls in hohem Ansehen bei den Zeitgenossen, politisch als Gutachter tätig im Schisma der Päpste und dadurch wieder mit dem Hof zu Paris in Verbindung. Durantis (gest. 1296), Franzose, in Bologna ausgebildet, Berater mehrerer Päpste, später Bischof und Erzbischof, Verfasser eines berühmten „speculum judiciale“, das ausgesprochenermaßen für die Praxis bestimmt war und großen Ruhm Jahrhunderte hindurch genoß.

In der ganzen Zeit herrschen noch Scholastik und Dialektik. Der Gehalt der abgegebenen Sprüche ist im Durchschnitt lebenswahr, jedenfalls viel weltmännischer als bei den Glossatoren und ein erstes Beispiel freiheitlicher, nach dem gesunden Ergebnis orientierter „Auslegung“ der Texte. Aber die Einkleidung erfolgt auch jetzt noch, ja mehr noch als früher in einem endlosen Ballast von „Belegstellen“, „Distinctiones“ und „Meinungen“ der Autoritäten. Von den eigentlichen Quellenstellen entfernt man sich dabei mehr und mehr. „Nicht mehr bewegt sich die Erörterung auf dem ursprünglichen Boden der Gesetzesworte; sondern die zahllosen Meinungen über sie, die Gründe für und gegen, die Urteile über die Meinungen fesseln und absorbieren das Interesse“ (Stintzing). Als eine neue Zeitströmung einsetzt, fällt auch der Baum der Postglossatoren, da er innerlich immer hohler geworden war.

VI. Was das 15. und 16. Jahrhundert gebracht haben, ist ein buntes Gemisch verschiedener geistiger Bestrebungen, die alle nur das eine gemeinsam hatten: die Absage an den Autoritätenkult und an den Wust von übertriebenen Spitzfindigkeiten. Die Führung hat dabei die glänzende, reiche, die Länder überfliegende Geistesregung übernommen, die man als **Humanismus** zu bezeichnen pflegt. Und man pflegt deshalb auch innerhalb der Rechtsgeschichte für diese Periode von einer Schule der Humanisten zu reden. Aber dies ist, wie gesagt, etwas einseitig.

Eine breite Unterlage fand der Umschwung in der wachsenden Mißstimmung des Volkes gegen die „Rabulisten", die Wortverdreher, die dem Rechtsuchenden statt einer derben, ehrlichen Antwort irgendein Pro und Contra gelehrter Autoritäten auftischten. „Alle Doctores der Rechte, sie seindt geistlich oder weltlich, sollen an keinem Gericht bei keinen Rechten, auch in keins Fürsten oder andern Räthen mehr gelitten, sondern ganz abgethan werden," hieß es im Manifest der Bauern. Die immer stärker in Flor kommende Buchdruckerei verschlimmerte eher das Übel, obwohl sie keineswegs bloß schwergewichtige Gelehrtenwerke, sondern eine Unzahl „populärer" Schriften zum römisch-kanonischen Recht auf den Markt brachte (vgl. oben S. 176). Denn gerade die so gezüchtete Halbbildung mit ihren vielen Ungeschicklichkeiten und ihrer Neigung, die ganz von der Bildung Abgeschnittenen auszubeuten (Auswüchse der sog. „Kautelarjurisprudenz"), trug stark zur Erregung des Volkes bei.

Eine ganz andere, aber doch auch in gewisser Weise volkstümliche Strömung kam von der Seite des religiösen Umschwungs her. Die Reformatoren, Luther an der Spitze, konnten ebenfalls an der verknöcherten Bücherweisheit der „Juristen" nicht vorübergehen. In dem neu gegründeten Wittenberg (vgl. S. 180) kam es zu schroffen Gegensätzen zwischen den „Theologen" und den „Juristen". Aber der Kampf richtete sich in der Hauptsache nicht gegen das römische Recht und die Glossatorenweisheit als solche, sondern gegen das kanonische Recht als die angebliche Ausgeburt päpstlicher Willkür. Nur die kanonischen Rechtsbücher hat Luther verbrannt, und nur um die Geltung des kanonischen Rechts in Deutschland kam es zu einem heißen theoretischen Kampf; der übrigens den Angreifern keinen Sieg eingetragen hat.

Mit diesen beiden aus dem Volksleben erwachsenden oder doch mit ihm zusammenhängenden Strömungen verband sich nun die ganz neue Orientierung der Gebildeten, oder vielleicht besser: des höheren Bildungswesens, also ein geistig-aristokratischer Zug, der eben im sog. Humanismus sein Gepräge erhielt.

Der Humanismus hat im Bereich der Rechtswissenschaft (neben der Negative einer Überwindung des Autoritätenkults) in zwei Richtungen gewirkt. Einmal wurde der historische Sinn wachgerufen und mächtig entfaltet. Und zum zweiten fing man an, sich in frei geschaffener Systematik über den Stoff zu erheben. In beiden Richtungen haben französische Gelehrte die Führung gehabt; doch hat auch Deutschland zu der Entfaltung seinen Teil beigetragen.

Systematische Neigung verkörperte sich namentlich in dem feinsinnigen Franzosen Donellus (1527 bis 1591), der Rettung aus dem Labyrinth der Einzelheiten in der Synthese, in der Bildung und besonnenen Gruppierung von übergeordneten Begriffen sucht, als Hugenotte vertrieben, zuletzt an der deutschen Universität Altdorf wirkend. Hauptwerk: Commentarii iuris civilis; viele Ausgaben im Laufe der Zeit, letzte in 16 Bänden 1801 ff.

Der historische Sinn drängte wie den Philosophen und Philologen so auch den Juristen zu den reinen Quellen zurück. Mit einer fast kindlichen Freude entdeckt man verschwundene Handschriften und gibt die sorgsam entzifferten Texte heraus (vgl. schon S. 134). Justinian und sein Corpus iuris sind keineswegs mehr der alleinige Betrachtungsgegenstand. Man greift mit ebensolchem, ja mit größerem Eifer nach den Bruchstücken vorjustinianischer Quellen, wie etwa den Sententiae des Paulus, oder nach dem späteren byzantinischen Recht, wie etwa den sog. Basiliken.

Der Franzose Jakobus Cujacius (1522 bis 1590) ist die hervortretendste Persönlichkeit. Mit Lebhaftigkeit zieht er gegen die „Bartolisten" zu Felde und predigt die Rückkehr zum unverbauten Sinn der reinen Quellen. Seine an Einzelinterpretationen überaus reichen, auf erstaunlichem Fleiß und großer Gedankenschärfe beruhenden Werke sind mehrfach in vielbändigen Gesamtausgaben herausgebracht worden; die Benutzung einiger dieser Ausgaben wird wesentlich erleichtert durch ein mit äußerster Sorgfalt im 18. Jahrh. ausgearbeitetes Nachschlagewerk: Dominici Albanensis Promtuarium universorum operum Jacobi Cujacii. In Deutschland ist es namentlich der jugendliche Haloander aus Zwickau (1501 bis 1531), der auf einer Italienfahrt Erstaunliches im Aufspüren von Quellen leistet und nach seiner Rückkehr, gutachtlich empfohlen von Männern wie Pirkheimer und Melanchthon und tatkräftig unterstützt vom Rat der Stadt Nürnberg, eine aufsehenerregende Druckausgabe der vier Teile des Corpus iuris veranstaltet. Nächst ihm ist Ulrich Zasius (1461 bis 1535) zu nennen, der seine Laufbahn als rühriger, rastloser Stadt- und Gerichtsschreiber in Freiburg i. B. begann und ebendort als glänzender Lehrer, gelehrter Professor und europäische Berühmtheit beschloß (vgl. unten S. 207). Ihm ist als erstem in deutschen Landen der Sinn dafür aufgegangen, daß das Recht nicht eine unwandelbare und unbewegliche Größe, sondern ein Gegenstand historischer Entwicklung sei; wagte er es doch sogar, im Anschluß an jenen verstümmelten, in den Pandekten von ihm entdeckten Abriß der römischen Rechtsgeschichte, den Pomponius im 2. Jahrhundert verfaßt hatte (S. 153), eine eigene römische Staats- und Rechtsgeschichte zu entwerfen.

VII. Es folgt nun die schwere Zeit der allgemeinen Zerrüttung (17. Jahrhundert). Die Zersetzung, welche die religiösen Wirren, die Verrohung, welche der dreißigjährige Krieg, die Zersplitterung, welche der Zerfall der alten Reichsmacht, die ungeheuerliche Verarmung, welche die Ausplünderung durch fremde Gewalten über Deutschland gebracht hatten, warfen nicht nur das Wirtschafts-, sondern auch das Geistesleben in eine über hundert Jahre währende Krisis. Rechtsgelehrte, die ausschließlich ihrer wissenschaftlichen Muße hätten leben können, gab es nicht mehr. Sie waren alle, schon um der Notdurft des Lebens willen, mit Nebenämtern überhäuft. Der gequälte Geist wendet sich von den Schönheiten des klassischen Altertums ab, die höchstens noch in barocker Verschnörkelung zum Aufputz verwendet werden.

Für einen freifliegenden historischen Sinn war in solcher Welt kein Platz mehr. Man beginnt das Übermaß an neu entdeckten lateinischen und griechischen Quellen zu fürchten. Man verlangt wieder nach Ruhe, nach einer „lectio vulgata“, die gesichert ist vor dem ewigen Nachprüfen eifriger Italienwanderer. So setzt sich eine übrigens vorzüglich gearbeitete, mit fortlaufenden, reichhaltigen Anmerkungen versehene Gesamtausgabe des Corpus iuris civilis von Dionysius Gothofredus (1549 in Paris geboren) binnen wenigen Jahren so fest, daß nichts anderes mehr gegen sie aufkommen kann. Sie genießt ein fast „kanonisches“ Ansehen, an zwei Jahrhunderte lang, und jeder neu auftauchenden Quellenstelle, jedem neuen Zitat hält man die sprichwörtliche Formel entgegen: Quidquid non agnoscit glossa, nec agnoscit curia.

So war die Rechtswissenschaft auf eine gewisse Kurzatmigkeit, auf ein Leben von der Hand in den Mund angewiesen. Man hat keine Zeit mehr für weitschauende theoretische Spekulationen und greift mit gesundem Sinn nach dem knapperen, derberen Stoff der Praxis. Es entsteht, im geistigen Gepräge mit den Postglossatoren verwandt, eine **Schule der deutschen Praktiker.** Ihren festen Kern, nach dem man in dem allgemeinen Zerfall fast instinktmäßig suchen mußte, fand sie zunächst in dem neu eingerichteten Reichskammergericht (seit 1530 ständig in Speyer), dessen Sprüche gesammelt und bearbeitet werden und einen ganz neuen Literatur- und Lehrzweig, die sog. **„Kameralistik“**, hervorbringen (16. Jahrhundert). Später fällt das Schwergewicht an die Praktiker Kursachsens. Ihnen stand neben dem römischen Recht immer wieder ihr alter Sachsenspiegel (S. 146 f.) vor Augen. So mußten sie den praktischen Einklang zwischen beiden Rechtswelten in ihren Gutachten, Consilien, Schöffensprüchen zu finden suchen, und das vornehmlich hat den sog. **Usus modernus Pandectarum** zuwege gebracht.

Die Kameralisten waren zumeist hochgebildete Männer, von bedeutenden Humanisten erzogen, oft gleichzeitig oder in anderen Lebensabschnitten Professoren, nicht selten auch diplomatisch verwendet, dann aber eben als Beisitzer am Reichskammergericht in unmittelbarster Beziehung zur Praxis. Die beiden Bahnbrecher waren Joachim Mynsinger (1514 bis 1588), aus altem schweizerischen Adelsgeschlecht, und Andreas Gail (1526 bis 1587), aus einer Kölner Patrizierfamilie. Beide schrieben „Observationes“ zu den gesammelten, vor der Camera imperialis aufgerollten Streitfragen und hatten mit diesen Werken bedeutenden Erfolg. Später bürgert sich für diese, massenhaft anschwellende Literatur die Bezeichnung „Consilien“ ein. Immer neue Konsiliensammlungen kommen auf den Markt, bis die Bewegung (s. im folgenden) an ihrer Überfülle erstickt.

Unter den sächsischen Praktikern ragt vor allem Benedikt Carpzov hervor (1595 bis 1666). Die Jahreszahlen zeigen, daß er den ganzen großen Krieg erlebt hat. Es fehlt deshalb seinem Wirken wie dem seiner Zeitgenossen der sonnige Glanz, der noch in dem Schaffen der Kameralisten zu spüren ist. Finsterer Aberglaube ging damals um. Mit bitterer Strenge soll Carpzov als Schöffenrichter in Leipzig Recht gesprochen, hunderte von Todesurteilen gegen Hexen unterzeichnet haben. Auch wissenschaftlich war er streng, zäh, klar, folgerichtig, mit fester Hand durch massenhafte Zitate hindurch den entscheidenden Rechtssatz, die „Definition" herausstellend. Sein Ruhm war ohnegleichen, höchstens Bartolus (S. 183) kann ihm, was Klang des Namens über Geschlechter hin anbelangt, zur Seite gestellt werden.

Spruchsammlungen bringen immer — auch heute erleben wir das — die Gefahr einer Überfüllung, einer Übersättigung. Zuerst regiert noch der geistvolle Kopf. Dann wird er vom geistlosen Sammler, vom „Routinier" langsam verdrängt. In den Gerichtssälen prunkt man mit allerlei Zitaten. Die berüchtigten „Kontroversen" werden dadurch nicht totgemacht, sondern eher gezüchtet. So ist es auch dieser Schule des 17. Jahrhunderts ergangen. Mehr und mehr sinkt ihr Niveau, dank der allgemeinen geistigen Hemmung. Ein Wust von totem Material wird mitgeschleppt, die Schule wird überreif, ganz ähnlich wie seinerzeit die Schule der Postglossatoren (vgl. S. 183).

Noch einer beachtenswerten Leistung ist jedoch zu gedenken, die in eben diesem Zeitalter eingesetzt hat, das ist der wissenschaftliche Ausbau der anderen Disziplinen neben dem Zivilrecht. Bisher hatte das Zivilrecht durchaus dominiert, so wie es im Corpus iuris, wenigstens in den Pandekten, den Vordergrund einnahm. Nun entwickelt sich Hand in Hand mit der Kameralistik zunächst der Gegensatz zwischen dem „kanonischen" Prozeß der Kirche und dem „Bologneser" oder „italienischen" Prozeß, bis schließlich der „sächsische" Prozeß die Oberhand gewinnt und langsam zum „gemeinen deutschen Prozeß" wird. Aus diesem Entwicklungsgang geht eine langsam erstarkende Prozeßwissenschaft als selbständiges Fach hervor. Benedikt Carpzov ist einer ihrer ausgeprägten Vertreter. Unter dem Griff desselben Mannes rückt auch das Strafrecht (und der Strafprozeß) mehr und mehr zu einem eigenen Wissensgebiet auf. Auch das Kirchenrecht erstarkt (Justus Henning Böhmer, 1674 bis 1749). Und in Jena blüht unter Arumäus (1579 bis 1637) eine sammelfrohe Schule des öffentlichen Rechts. Schließlich erhält auch in diesen Zeitläuften bereits das Völkerrecht durch den weltberühmten Hugo Grotius (sogleich unter VIII) den ersten wahrhaft wissenschaftlichen Unterbau. Immerhin ist aber bei dieser ganzen Entfaltung selbständiger Fächer zu bemerken, daß sie ihre Durchgeistigung erst durch die nächste Schule erfahren haben.

VIII. Die „Praktiker" hatten den Weg aus dem allgemeinen sittlichen und geistigen Zusammenbruch nicht gefunden. Es war mehr nur eine Art von Betäubung oder eine Ohnmacht, in der sie sich den Einzelfällen des Lebens zuwandten. Um sie herum wankten nach wie vor alle Wände, und die strenge Zuchtrute eines Carpzov war nicht viel anderes als ein letzter vergeblicher Versuch, mit den Waffen einer am Einzelfall operierenden Praxis der Zerrüttung Herr zu werden. Nun aber stieg langsam, gerade aus solchem Chaos geboren, der Gedanke auf, ob es nicht über den Irrnissen und Wirrnissen der Menschen, über dem Wanken und Schwanken der Zeiten doch ein ewiges, unwandelbares Gesetz gäbe, erhaben über den Einzelfall, den einzelnen Menschen, das einzelne Volk und das einzelne Zeitalter. So kam das **Naturrecht** über die juristische Welt, und eine neue, strahlende, fast berückende Schule erstand.

Freilich, immer hat der Mensch das Gefühl für eine höhere Macht gehabt, die über dem schwachen Einzelwerk diesen oder jenen „positiven" Gesetzes thront, und immer wieder hat er sich versucht gefühlt, auch diese höhere Macht als „Recht" anzusprechen. Das finden wir bei Aristoteles wie bei Thomas von Aquino, in den Institutionen des Gajus wie in den Dicta Gratiani. Insofern ist das „Naturrecht" ein enzyklopädisches Problem, und als solches ist es bereits ausführlich behandelt worden (S. 47 ff.). Aber dieses Mal, in der geistigen Bewegung des ausgehenden 17. und des 18. Jahrhunderts, wird es zur „Schule", zum alles beherrschenden Prinzip. Und das wieder erklärt sich als eine bloße Teilerscheinung des allgemeinen Zeitgeistes: Das ganze Leben glaubt man auf die Allmutter Natur zurückführen zu können. Es wird nicht nur ein Naturrecht gepredigt, sondern ebenso eine Naturphilosophie, es ist die Geburtsstunde der „Naturwissenschaften" gekommen, es wird zur Freude an der Natur, zur Erkenntnis der Natur, zum Leben in der Natur aufgerufen.

Damit läßt sich höchstens jenes Zeitalter der Scholastik vergleichen, das die Naturrechtslehre der katholischen Kirche stabilisiert hat (vgl. S. 53 f.). Hier war auch der Natur ganz allgemein ein dominierender Ton gegeben. Aber gerade von diesem Naturrecht der Scholastik hat sich die Naturrechtsschule des 18. Jahrhunderts mit zunehmender Betonung gelöst, bis sie ihr in klarer Antithese gegenüberstand: Nicht mehr ein in Gott ruhendes, sondern ein in der Vernunft wurzelndes Naturrecht.

Das bedeutete die Lösung des Naturrechts aus dem theologischen Gefüge. Das Naturrecht war selbständig, selbständig-juristisch geworden. Es wurde jetzt ausschließlich auf den Menschen projiziert, und es bekam damit eine utilitaristische, statt der moralisierenden Tendenz.

Die Lösung hat sich sehr langsam vollzogen. Die großen Männer, die der Naturrechtsschule die Bahn gewiesen haben, waren nichts weniger als Gottesleugner. Leibnitz (s. im folgenden) hielt durchaus an Gottes Weisheit als der Grundlage auch des Naturrechts fest. Hugo Grotius blieb bis zuletzt ein treuer Sohn der Kirche. Aber es waren verfängliche Thesen, die sich in den Schriften dieser Männer fanden, und die Nachfahren kamen dadurch ins Gleiten und glitten aus dem Bannkreis der Theologie hinaus. Berühmt vor allen anderen ist der Satz: Auch wenn es Gott nicht gäbe, wäre das Naturrecht da. Denn es sollte damit nach des Grotius Meinung nur das Fehlen Gottes „gesetzt", aber durchaus nicht etwa behauptet werden: es war nur als eine gedankliche Spekulation, als eine nur für die Denkvorstellung gewählte Hypothese gedacht, beileibe nicht als eine der Kirche ins Gesicht geschleuderte Wahrheit. Und weiter die zweite These, die nur wie eine Ableitung aus dem ersten Satz erscheint: Auch wenn Gott sich um die Menschen nicht kümmerte, würden die Menschen das Naturrecht haben. Und schließlich ein dritter gewaltiger Satz: Gott selbst kann das Naturrecht nicht ändern.

Gewiß lassen sich die Keime aller dieser Sätze schon bei den Scholastikern oder gar bei den Kirchenvätern nachweisen. Die „Unveränderlichkeit" des Naturrechts von seiten Gottes selbst war auch ihnen bereits ein thema disputandi. Aber das aufkommende Naturrecht der neuen Zeit hat das alles viel schärfer und nackter und verstandesmäßiger herausgerückt.

Vor allem aber wurde die Kluft dadurch erweitert, daß man es nicht bei der Lösung vom göttlichen Ursprung bewenden ließ, sondern nach einem Gegenpol zu Gott als der wirklichen Wurzel des Naturrechts suchte. Damit eben war die Vernunft, die menschliche Vernunft, auf den Thron gehoben, statt Gottes auf den Thron gehoben (vgl. bereits S. 53). Das eben war das Werk der neu aufgekommenen Naturwissenschaft. Lehrten doch manche Neuerer (Hobbes), daß alles Leben und auch das Recht mit der mathematischen Methode ergründet werden müsse. Was blieb da für die dialektische Beweisführung und Lehrmethode der Theologen übrig?

Die utilitaristische Tendenz mußte rasch genug dazu führen, das Naturrecht praktisch verwertbar zu machen. Schon bei Grotius können wir das beobachten. Es beginnt mit gelehrter Spekulation, aber die dabei gefundenen Sätze sollen ins Leben eingeführt, sollen den Staaten, Fürsten, Bürgern als Richtschnur dienen. Das führt zur Kontrastierung des ius naturae mit dem ius positivum (vgl. S. 49): nur das erstere hat bleibende Bedeutung, das letztere ist vergänglich, Gelegenheitswerk, minderen Wertes. Darum interessiert auch nur das erstere den wahren Philosophen und Staatsmann, auf das letztere blickt er mit Verachtung herab.

Gerade die Verachtung des gewordenen, geschichtlich erwachsenen Rechts auf Kosten des spekulativ gefundenen, zeitlosen (niemals „gewordenen", sondern immer „seienden") Rechts ist der Punkt, an dem später die Historische Schule als Gegnerin des Naturrechts siegreich einsetzt.

Diese Aufstellung des natürlichen Rechts als oberste Richtschnur, drängte nun immer stärker dazu, ganz bestimmte Postulate zu formulieren, die man den Leitern des Staates als vorbildlich vor das Angesicht hielt, und deren Übertragung in das positive Staatsgesetz zunächst empfohlen, dann mit wachsender Leidenschaft verlangt und in der politischen Arena geltend gemacht wurde. Alle die vielen „Forderungen", die uns heute beim Rückblick als Kinder der „Aufklärung" erscheinen, und die sich zum Teil in den Stürmen der französischen Revolution durchgesetzt haben, wurden damals wissenschaftlich und politisch auf das Naturrecht gegründet. Aus dem Naturrecht leitete man das Wesen des Staates ab, deshalb glaubte man auch aus dem Naturrecht heraus dem Staate Vorschriften machen zu können. Damit hatte die Geburtsstunde jener „allgemeinen Menschenrechte" geschlagen, die sich dann in den Verfassungsurkunden der Staaten bis in unsere Tage erhalten haben (S. 52, 295). Damit war der Kampf eröffnet gegen den Hexenwahn und die Leibeigenschaft, gegen die Unterwürfigkeit der Frauen und die Abhängigkeit der Haussöhne, gegen die Folter und die Todesstrafe, gegen den Absolutismus der Fürsten und den Bureaukratismus der Beamten, — das alles glaubte man damit abtun zu können, daß es der Vernunft, dem natürlichen Recht und der Bestimmung des Menschen widerspräche.

Es ist überaus interessant, den Weg von den spekulativen, gelehrten Systemen der Anfangszeit bis zu den Programmschriften der Revolutionäre (über den Zusammenhang des Naturrechts mit dem Geist der Revolutionen, vgl. S. 52) zu verfolgen. Dazwischen liegen gesetzgeberische Versuche mancher Art. Denn sowohl das Preußische Landrecht von 1794 (unten S. 212b) wie das österreichische Allgemeine Bürgerliche Gesetzbuch von 1811 (unten S. 213c) sind aus den Wogen des Naturrechts emporgestiegen. Vgl. Ernst Swoboda (Prof. in Graz), Das Allg. Bürgerl. Gesetzbuch im Lichte der Lehren Kants, 1926. „In den Gesetzen solle sich nicht an die römischen Rechte gebunden, sondern überall die natürliche Billigkeit zum Grunde gelegt werden", hatte Maria Theresia verfügt (S. 72), und die Früchte dieser Weisung trägt, obwohl der Rausch inzwischen nachgelassen hatte, das öst. a. BGB. in seinen §§ 7 und 16 zur Schau (Text unten S. 213). Ähnliche Weisungen waren auch der preußischen Kodifikation voraufgegangen, und ebenfalls ist in dem fertigen Werk der Geist des Naturrechts deutlich zu erkennen.

Die wissenschaftliche Behandlung des Naturrechts geht auf den Holländer Hugo Grotius, den „Vater des Naturrechts" (und auch

„Vater des Völkerrechts") zurück. Sein Werk „De iure belli ac pacis", das 1625 erschien (1925 wurde die dreihundertjährige Wiederkehr unter Teilnahme von Gelehrten aus aller Welt in Holland festlich begangen), gründete alles Recht auf die Urnatur des Menschen, auf seinen „appetitus societatis", auf die angeborene Freiheit und auf die Welt der Verträge. —

Ein großer Bahnbrecher der Aufklärung war namentlich Christian Thomasius (1655 bis 1728), Dozent in Leipzig, bald aber durch sein kampffrohes Auftreten dort unmöglich geworden, Professor in Halle, von außerordentlicher Begabung, kein groß angelegter Schriftsteller, aber ein glänzender Lehrer, voll Hohn und Schärfe, aber ein derber warmer Freund und Warner der Studentenschaft, leidenschaftlicher Vorkämpfer gegen die Hexenprozesse und die Folter, spottvoller Gegner der justinianischen Spitzfindigkeiten (darüber oben S. 155 a. E.), der erste juristische Professor, der in deutscher Sprache (sehr zum Verdruß der gelehrten Kollegen) Kolleg gelesen hat. — Nächst ihm sind etwa besonders herauszuheben der berühmte Philosoph Leibniz, ferner der von ihm stark angegriffene, enzyklopädisch und systematisch begabte Staatsrechtslehrer Samuel Pufendorf (1632 bis 1694), und im 18. Jahrhundert der tatkräftige preußische Justizchef Samuel von Cocceji, der als Naturrechtler allerdings schon die Spuren des Niederganges an sich trägt, während andererseits sein Name unzertrennlich mit der Geschichte der preußischen Gesetzgebung verknüpft ist (S. 210 a. E.).

Literatur: Stintzing-Landsberg (wie S. 178) Bd. 3 S. 1 ff., 435 ff. Otto Gierke, Naturrecht und deutsches Recht, 1883. Pfaff-Hofmann, Kommentar z. öst. a. BGB. Bd. I S. 194 ff. Dogmatische Kampfschrift gegen das Naturrecht: Bergbohm, Jurisprudenz und Rechtsphilosophie Bd. I, 1892. Viele Beiträge auch im Archiv f. Recht- u. Wirtsch. Philosophie.

Mit dem Übergang zur Aufstellung ganz bestimmter Postulate, namentlich revolutionären Charakters, geriet das Naturrecht notwendigerweise auf eine abschüssige Bahn. Die eine Gefahr, die ihm drohte, in idealistischer Schwärmerei zu versinken, hatte es dank dem Zeitgeist vermieden. Man war trotz aller berauschenden Formeln zu nüchtern. Der Rationalismus verhinderte es, daß die Rechtswissenschaft zum zweitenmal in die Hände von „Poeten" kam. Aber die andere Gefahr, in einen verblendeten Subjektivismus zu geraten, während man gerade ein oberstes allgemeingültiges, denkbar objektivstes Vernunftrecht predigte, ist der Naturrechtsschule zum Fallstrick geworden. Mehr und mehr füllte man — und man konnte nicht anders — die Formel vom ewig-natürlichen Recht mit konkretem Inhalt aus, verfiel damit doch wieder einer „positiven" Satzung, und mußte in immer stärkerem Maß, wenn auch unbewußt, das eigene Rechtsgefühl für jene übergeordnete Vernunft, für das raum- und zeitlose „Naturrecht" ausgeben (vgl. auch S. 57).

Trotzdem ist die Bedeutung des Naturrechts für den Entwicklungsgang der Rechtswissenschaft sehr hoch einzuschätzen. Es hat nicht nur die letzten Reste mittelalterlicher Dunkelheiten hinweggeblasen, sondern es hat die Systematik stark fortgebildet, eine Fülle von Einzelheiten in ganz neues Licht getaucht, für eine große legislatorische Welle (unten S. 208) die Bahn freigemacht und dabei wirklich eine ganze Reihe jener freiheitlichen „Forderungen" durchgesetzt, sondern es hat vor allem zum erstenmal das Recht einer Betrachtung von einem außerhalb seiner selbst gelegenen Standpunkt unterzogen. Heute, wo wir in immerhin ähnlichen Bahnen treiben (S. 55 und nachfolgend S. 205 f.), verdient die befreiende, wenn auch gefährliche Atmosphäre dieser Naturrechtszeit besondere Neigung und Achtung.

IX. Das 19. Jahrhundert hat dann die historische Schule oder, wie man sie richtiger nennen sollte, **die historisch-philologische Schule** hervorgebracht.

Die ersten Wurzeln reichen in das 18. Jahrhundert hinein. Montesquieus Lehre vom wahren Geist der Gesetze hatte die Bedingtheit aller gesetzgeberischen Betätigung, ihre Abhängigkeit von Land, Rasse, Klima usw. dargetan. Damit war der Glaube an ein zeitlos über den Menschen schwebendes Naturrecht endgültig zerschmettert. Man sah auf einmal das Recht wieder werden, nicht bloß als ein schon gewordenes oder gar bloß Gedachtes. Und daraus entwickelte sich, freilich als eine starke Einseitigkeit, der historische Gedanke. Der vor allem von Lessing in das allgemeine Schrifttum hineingetragene historisch-kritische Zug wirkte gleichfalls langsam auf die juristische Gedankenwelt ein. Als erster tritt der Göttinger Professor Hugo (1764 bis 1844) bereits in den 80er Jahren des 18. Jahrhunderts für schärfere Erfassung der römischen Quellen und für Abkehr von der geschichtslosen Denkweise der rings ihn umstehenden Kollegen ein. Aber der entscheidende Siegesruf ging erst von Karl Friedrich Savigny (1779 bis 1861; s. im folgenden) aus, dessen Buch über den Besitz — ein 24jähriger hat es geschrieben! — 1803 erschien und in dem sicheren Griff nach den römischen Quellen und deren klarer kritischer Doppelwürdigung (einmal als eine Äußerung der viel früher lebenden Klassiker und dann als ein zwangsweise einverleibtes Teilstück der Justinianischen Sammlung) an einem Musterbeispiel das praktisch verwirklichte, was Hugo nur programmatisch gefordert hatte.

1. Ihre eigentliche geistige Schwungkraft hat diese historische Schule jedoch nicht aus sich selbst gezogen. Vielmehr wurde sie durch eine ganz andere Idee in Schwung gebracht. Das war die Idee vom einheitlichen deutschen Vaterlande. Als die Napoleonische Fremdherrschaft gebrochen war und eine Welle nationaler Begeisterung durch Deutschland zog, griff einer der geistvollsten Männer jener Tage, der Heidelberger Professor Justus **Thibaut** den Gedanken auf: **Deutschland müsse ein einheitliches**

neues Zivilgesetzbuch erhalten. Ob dieser Gedanke schon in jener Zeit verwirklichungsfähig war, kann man bezweifeln. Noch heute wird darüber gestritten. Jedenfalls rief er den großen, damals schon als Autorität geltenden Savigny auf den Plan. Er sprach sich gegen den Gedanken aus, er glaubte seiner Zeit entschieden den Beruf zur Gesetzgebung absprechen zu müssen, und erst diese literarische Fehde dürfte ihm die letzte Klarheit für sein Programm, für die Aufstellung einer neuen, einer historischen Schule gebracht haben.

Thibaut (1772 bis 1840), eine geniale Natur, positiv gerichtet und lebenbejahend, zugleich ein großer Musikfreund und warmblütiger Jurist, ein geistiger Vorfahr Jherings (S. 199) und in manchen Zügen mit dem vor einigen Jahren verstorbenen Berliner Gelehrten Josef Kohler verwandt. Seine Schrift „Über die Notwendigkeit eines allgemeinen bürgerlichen Rechts für Deutschland" erschien 1814. Daraus als Beispiel folgende Sätze: „Die Deutschen sind in dem letzten Jahre aus einem langen Schlummer erwacht. Alle Stände haben der guten Sache mit einer Kraft und Ehrfurcht gedient, welche fast beispiellos genannt werden kann, und unsere Fürsten haben ein Übermaß von Gründen erhalten, um sich zu überzeugen, daß die Deutschen ein edles, kräftiges, hochherziges Volk sind, welches nicht bloß auf die Gerechtigkeit, sondern auch auf die Dankbarkeit seiner Regierungen lauten Anspruch machen darf, also auch darauf, daß man diesen herrlichen Augenblick benutze, um endlich alte Mißbräuche zu zerstören, und durch neue weise bürgerliche Einrichtungen das Glück des Einzelnen fest zu begründen." Und daraufhin forderte er das einheitliche deutsche Gesetz und begründet seinen Wert: „Schon die bloße Einheit wäre unschätzbar. Wenn auch eine politische Trennung Statt finden muß und soll, so sind doch die Deutschen hoch dabey interessiert, daß ein brüderlicher gleicher Sinn sie verbinde, und daß nie wieder eine fremde Macht den einen Theil Deutschlands gegen den andern mißbrauche. Gleiche Gesetze erzeugen aber gleiche Sitten und Gewohnheiten, und diese Gleichheit hat immer zauberischen Einfluß auf Völkerliebe und Völkertreue gehabt."

Gerade die ersten Worte dieses letzten Satzes nagelte nun **Savigny** in seiner berühmten, sofort herausgegebenen **Gegenschrift „Vom Beruf unserer Zeit für Gesetzgebung und Rechtswissenschaft"** als einen bedeutenden Irrtum fest. Daß „im normalen Zustand alles Recht aus Gesetzen entstehe", sei einer der großen Fehler der bisherigen Schule. Statt dessen müsse man bei den Römern lernen, wie fast alles, wie gerade ihr vortreffliches Recht aus den Volksgewohnheiten herausgewachsen sei, wie es sich nach und nach schrittweise entwickelt habe, und wie der spätere Gedanke an umfängliche Gesetzbücher „augenscheinlich nur durch den äußersten Verfall des Rechts herbeigeführt" worden sei. Daraus entwickelt sich dann der allgemeine hohe philosophische Gedanke: „Das Recht hat kein Dasein für sich, sein Wesen vielmehr ist das Leben der Menschen selbst von einer besonderen Seite angesehen."

Savigny (1779—1861), Sohn einer alten Adelsfamilie, nicht unbeeinflußt von den Romantikern, doch aber durch eine gewisse Nüchternheit in Gegensätze zu ihnen gedrängt, nimmt seit 1810 als Professor des römischen Rechts an der neuen Berliner Universität teil am Wiedererwachen des deutschen Geisteslebens, erreicht hier seine höchste Lebensstufe, während sein späteres (ab 1842) Wirken als preußischer Justizminister mit dem besonderen Auftrag einer Revision der gesamten Gesetzgebung erstaunlich unfruchtbar geblieben ist. Daß er aber keineswegs ausschließlicher „Romanist", sondern universalbegabt war, beweist sein heute noch deutlich spürbarer Einfluß auf die Lehre des Internationalen Privatrechts (vgl. unten S. 248) und seine in der Inflationszeit (1919 bis 1923) wieder viel zitierte Geldtheorie. — Dagegen erscheint der „Romanismus" bereits recht einseitig verkörpert in seinem Schüler Georg Friedrich Puchta (1798 bis 1846). Am konzentriertesten gibt dann abschließend den Pandektenstoff wieder das dreibändige „Lehrbuch der Pandekten" von Bernhard Windscheid (1817 bis 1892). Es ist, zuletzt unter sorglicher Pflege durch Theodor Kipp (Prof. in Berlin), bis zur 9. Auflage, 1906, emporgestiegen. Noch heute kann der Studierende aus diesem „klassischen" Werk, das starken Einfluß auf die Spruchpraxis des Reichsgerichts und auf das werdende Bürgerliche Gesetzbuch ausgeübt hat, lernen, was Disziplin der Gedanken ist. Kein heutiges Lehrbuch tut es darin dem Windscheid gleich. Aber auf der anderen Seite zeigt sich hier schon die Überfeinerung der Begriffe, die den Ausgang der historischen Schule kennzeichnet. Dadurch unterscheiden sich die W.schen Pandekten von den gleichzeitigen und ebenfalls sehr verbreiteten Pandekten Heinrich Dernburgs (1829 bis 1907). Dernburg stellt bereits den Übergang zu der heutigen Denkweise dar (S. 199 a. E.). Der spätere Geschichtsforscher wird also gerade durch den Vergleich der beiden Werke einen lebhaften Eindruck des sich anbahnenden Wandels empfangen. (Dernburgs Pandekten gediehen bis zur 8., im Jahre 1910 beginnenden Auflage.)

Seite an Seite mit der Schule der „Romanisten", zeitweise mit ihr in eifersüchtiger Fehde liegend, entwickelt sich ein anderer Zweig der historischen Schule, die Schule der **Germanisten**, die im wesentlichen demselben Zeitgeist folgen, auch dieselbe („historische") Methode anwenden, aber statt des römischen, den einheimisch-deutschen Stoff bearbeiten und so die Disziplin des „Deutschen Privatrechts" schaffen. (Vgl. S. 12, 137). Begründer Karl Friedrich Eichhorn (1781 bis 1854). Spätere Vertreter, deren Wirken bis in unsere Zeit hineinragt, s. S. 139, am Eingang zu § 18.

2. Die junge historische Schule erinnert in manchem, in ihrem frohen Schaffen, in ihrem begeisterten Eintreten für das „reine" römische Recht, in dem eifrigen Entdecken neuer Quellen (so der Gaiushandschrift, oben S. 134) und in der regen Veranstaltung neuer Ausgaben der alten Texte, an den Humanismus (S. 183 f.). Man kann ihr eine gewisse Schönheit der Grundauffassung, die alles Recht in der Volksseele oder dem Volksgeist finden möchte und dadurch eigentlich zu einem wahrhaft volkstümlichen Recht gelangen müßte, nicht absprechen. Sie hat auch **bedeutende, unvergessene und unvergeßliche Werte** geschaffen. Und zwar begann sie, wie fast alle neuen Schulen, mit einer Negative, nämlich der Überwindung ihrer Vorgängerin, des in platten Rationalismus und arge Geschmacklosigkeit gesunkenen Naturrechts. An Stelle des

„Antiquarischen", der unkritischen, kleingeistigen Aufhäufung von allerlei altertümlichen Einzelheiten hat sie frischen, wahrhaft historischen, das Ganze überblickenden Sinn gesetzt. Und überhaupt hat sie, neben einer gelegentlichen, nicht unbedeutenden philosophischen Ausweitung, all den geistigen Reichtum entfesselt, den historisches Denken zu verleihen vermag (S. 132).

3. Aber sie verband sich sehr bald mit ausgesprochenem Philologengeist. Man begann immer mehr um den Wortlaut und Wortsinn einzelner Wörter zu feilschen. Dadurch kam man in eine immer engere Gedankenwelt hinein und entfernte sich gleichzeitig immer weiter von der Praxis des Lebens. Es begann die Zeit der sog. **„Begriffsjurisprudenz"**, deren Nachwirkungen noch heute vereinzelt zu spüren sind. Nur Erkennen ist das Ziel, nicht Schaffen. Noch dazu ein scholastisches, und nunmehr ganz unhistorisches angebliches Erkennen eines Sinnes hinter Texten die viel zu eng sind, um den gewünschten Sinn hergeben zu können (sog. Kryptosoziologie).

A. Berühmt ist die schwülstige Definition der Eisenbahn, die im ersten Bande der Entscheidungen des Reichsgerichts (1879) untergebracht ist und „im Sinne" und „im Geiste" des einige Jahre zuvor in Kraft getretenen Reichshaftpflichtgesetzes das Eisenbahnunternehmen folgendermaßen juristisch bestimmt: „Ein Unternehmen, gerichtet auf wiederholte Fortbewegung von Personen und Sachen über nicht ganz unbedeutende Raumstrecken auf metallener Grundlage, welche durch ihre Konsistenz, Konstruktion und Glätte den Transport großer Gewichtmassen, bzw. die Erzielung einer verhältnismäßig bedeutenden Schnelligkeit der Transportbewegung zu ermöglichen bestimmt ist, und durch diese Eigenart in Verbindung mit den außerdem zur Erzeugung der Transportbewegung benutzten Naturkräften (Dampf, Elektrizität, tierischer oder menschlicher Muskeltätigkeit, bei geneigter Ebene der Bahn auch schon der eigenen Schwere der Transportgefäße und deren Ladung usw.) bei dem Betriebe des Unternehmens auf derselben eine verhältnismäßig gewaltige (je nach den Umständen nur in bezweckter Weise nützliche, oder auch Menschenleben vernichtende und die menschliche Gesundheit verletzende) Wirkung zu erzeugen fähig ist."

B. Ein **Beispiel**, das die Überschattung des eigentlichen (soziologischen) Gedankens durch konstruktiv-begriffliche Elemente veranschaulicht, bildet das Reichsgerichtsurteil vom 24. Okt. 1908 (Bd. 69 S. 363 ff.): Ein „Agent" war von einer Spitzenfabrik auf die Dauer von 5 Jahren engagiert, um ihre Fabrikate für ihre Rechnung, aber im eigenen Namen zu verkaufen. Er wurde nun vor Ablauf der 5 Jahre von der Spitzenfabrik fristlos entlassen und wollte sich das nicht gefallen lassen.

1. Hier mußte zunächst geprüft werden, ob der Engagierte ein „Handlungsagent" oder ein „Kommissionär" im Sinne des Handelsgesetzbuchs sei, also eine Begriffsuntersuchung. Sie war nötig, weil das Kündigungsrecht für die beiden Typen des Engagements verschieden geregelt ist:

α) Für den „Handlungsagenten" bestimmt § 92 HGB., daß er nur mit sechswöchiger Frist und nur auf den Schluß eines Kalendervierteljahres gekündigt, also nicht „sofort" entlassen werden darf.

β) Für den „Kommissionär" fehlt es an einer ausdrücklichen Bestimmung im Handelsgesetzbuch. Und damit setzt die „Auslegung" (oben S. 110 IV) ein. Das Reichsgericht hat zunächst die Entstehungsgeschichte (S. 113 Ziff. 3) des Abschnitts über den Kommissionsvertrag geprüft und dabei festgestellt, daß nach der „Denkschrift" zum HGB. auf den Kommissionsvertrag der § 627 des Bürgerlichen Gesetzbuchs Anwendung finde. Im § 627 BGB. ist nun keine Sechswochenfrist vorgesehen, vielmehr wird bei den von ihm behandelten sog. „Vertrauensverhältnissen" Kündigung „ohne Einhaltung einer Kündigungsfrist", d. h. sofortige Entlassung für zulässig erklärt.

2. Das Reichsgericht entschied zunächst, daß der Engagierte der Spitzenfabrik „Kommissionär" sei, weil die Definition des Kommissionärs im HGB. (§ 383: „im eigenen Namen") auf ihn passe, und hätte nun entsprechend β) die sofortige Entlassung als rechtmäßig anerkennen müssen!

3. Doch setzt im gleichen Augenblick das soziologische (natürliche, Gerechtigkeits-) Empfinden ein. Das RG. sagt: „Für die Handlungsagenten (also α) hat das Gesetz aus Gründen sozialer Fürsorge die Vorschrift getroffen, daß sie .... mit sechswöchiger Frist zu kündigen sind. Es wäre nicht zu verstehen, wenn die Kommissionsagenten nur deshalb, weil sie Dritten gegenüber im eigenen Namen auftreten, jederzeit entlassen werden könnten." — Vielleicht hätte das RG. damit (und mit dem Endergebnis eines Urteils zugunsten des Engagierten) abbrechen können; jedenfalls ist diese Meinung von den „Freirechtlern" (nachfolgend Ziff. 8) vertreten worden.

4. Aber das konstruktive Verlangen war zu mächtig. Und so begab sich das RG. in eine weitere begriffliche Spaltung hinein. Es zerlegt nämlich das Verhältnis des Engagierten in das Außen- und das Innenverhältnis und erklärt nun, daß (im vorliegenden Falle) „das interne Verhältnis" des Engagierten zu der Spitzenfabrik wie das eines Handlungsagenten" (also α) anzusehen sei, und fährt fort: „Für die Frage der Kündigung kommt das Verhältnis nach außen (also β) nicht in Betracht". — Auch hier könnte man sich einen Schlußpunkt denken.

5. Doch das RG. arbeitet nun noch die konstruktive Denkfigur der Analogie (S. 114 Ziff. 4) hinein, indem es den Satz einflicht: „Daher erscheint es geboten, den § 92 (oben α) analog auf den Kommissionsagenten anzuwenden." Demgegenüber darf nicht vergessen werden, daß — vom reinen konstruktiven Gedankenstandpunkt aus — ebensogut die entgegengesetzte Figur des Argumentum e contrario (S. 116) sich vertreten ließe: Weil für den Handlungsagenten eigens eine Sechswochenfrist für angezeigt gehalten worden ist, während beim Kommissionär eine solche nicht in den Gesetzestext eingestellt worden ist, ergibt sich, daß eben beim Kommissionär das Gegenteil zu gelten hat. Die reine Technik des Gesetzes (sein nun einmal scharf herausgebrachter Gegensatz zwischen dem Typus „Handlungsagent" und dem Typus „Kommissionär") und die Entstehungsgeschichte (β) sprechen jedenfalls eher für das arg. e. contr. wie für die Analogie. — Entscheidend für das RG. ist daher offenbar doch der soziologische Gedanke (oben 3) gewesen. Nur zur „Deckung", um das soziologische Moment nicht offen

und allein zur Schau zu stellen („Kryptosoziologie"), wird die Konstruktion darüber gestülpt.

6. Ja, das RG. läßt es mit der einen Konstruktion nicht genug sein, fährt vielmehr fort: „Der vorliegende Fall bietet noch einen anderen Weg, dasselbe Ergebnis zu gewinnen." Dieser andere Weg ist wieder „Auslegung", diesmal aber nicht Auslegung des Gesetzestextes, sondern Auslegung der Parteiwillenserklärung (vgl. S. 110 a. E.): „Indem die Parteien eine fünfjährige Dauer des Vertrages verabredeten, brachten sie zum Ausdrucke, daß der Rechtssatz des § 627 BGB. (also oben β) für ihr Verhältnis nicht gelten solle." Dieses Argument ist mindestens ungeschickt formuliert; denn es darf als sicher angenommen werden, daß die Spitzenfabrik und der Engagierte den § 627 BGB. überhaupt nicht gekannt haben, daß sie also auch nichts über den „Rechtssatz des § 627" zum Ausdruck bringen konnten. Vielmehr ist es der Richter, der den unbestimmten Vorstellungen der Parteien nachträglich zu einer juristischen Formulierung verhilft. Übrigens hat auch dieses Argument wieder noch eine konstruktive Fortsetzung.

7. Es war nämlich damals (im Jahre 1908, auch heute noch vereinzelt) von angesehenen Kommentatoren die Meinung vertreten, daß der § 627 zwingenden Rechts sei, also durch Parteivereinbarung gar nicht wegbedungen werden könne. Das hätte also doch wieder bedeutet: die sofortige Entlassung des Engagierten besteht zu Recht. Demgegenüber holt nun das RG. plötzlich (und gerade umgekehrt wie oben 5) ein argumentum e contrario herbei. Es blickt nach dem vorangehenden § 626, betont in mehreren Sätzen, daß diese Vorschrift allerdings „immer bestehen" müsse, daß sie allerdings „absolut", also zwingenden Rechtes sei, und macht nun den jähen Gedankensprung: „Gerade darum ist aber für § 627 die gleiche Unverzichtbarkeit nicht anzunehmen."

8. Man sieht: es wird eine ganze Skala von Argumenten begrifflicher und konstruktiver Natur entfaltet. Mitten dazwischen eingesprengt das einzige soziologische Moment: „Es wäre nicht zu verstehen, usw." (oben 3). In der ihm eigenen kämpferischen Stilart hat der Hauptgegner der „Begriffsjurisprudenz", der Erfinder des Wortes von der „Kryptosoziologie", Ernst Fuchs (s. im folgenden S. 200 und 205), diesen Fall der Spitzenfabrik und ihres Kommissionsagenten mit folgender Kritik bedacht: „Das Urteil des RG. (d. h. die Entscheidung zugunsten des entlassenen Agenten) entspricht einfach der Gerechtigkeit und dem Verkehrsbedürfnis. Die Gründe hätten uns in einem oder zwei kurzen Sätzen die Interessenabwägung anzugeben, d. h. zu sagen, warum das gefundene Ergebnis gerecht und praktisch ist. Alles andere samt der zweigleisigen (oben 1 bis 5 und 6 bis 7), feinen Konstruktion und dem Ähnlichkeits- und später dem Umkehrschluß (oben 5 und 7) ist fauler Zauber und hat nur den einen Vorteil, daß die streitenden Kaufleute dieses gelehrte Gebräu nicht genießen können."

9. Diese Kritik übertreibt. Konstruktion ist unentbehrlich, nur darf sie nicht zur blindmachenden Herrin erhoben werden. Sie muß ein Werkzeug in der Hand des verantwortlichen Juristen bleiben. Als solches aber ist sie unentbehrlich. Darüber im IV. Teil, § 43.

So ist auch die historische Schule an ihren Übertreibungen zugrunde gegangen, nachdem sie ihre Mission, eine bedeutende

Verschärfung des juristischen Denkens und die Erziehung zu straffer Systematik, erfüllt hatte.

X. **Die heutige Lage.** Wir stehen heute mitten in der Entwicklung einer neuen Schule. Zwar sträubt sich das Gefühl des in der Zeit Lebenden, und nicht zuletzt gerade das Gefühl der geistig Höchststehenden, schon jetzt von einer „Schule" zu sprechen. Es klingt nach Knechtssinn, nach Tötung des freien Gedankenfluges. Nimmt man aber das Wort Schule als die Emanation des allgemeinen Zeitgeistes, dem die Kinder der Zeit in dem Auf und Ab der Jahrhunderte folgen, folgen müssen (S. 4 IV, S. 61 IVb, S. 179 II), so wird es auch unserem Lebensabschnitt nicht erspart bleiben, daß die Späteren ihm rückschauend den Stempel einer Schule aufdrücken.

Es ist begreiflicherweise sehr schwer, den Geist dieser werdenden Schule des 20. Jahrhunderts heute schon zu bestimmen. Eine klare Erkenntnis werden erst unsere Enkel besitzen, nachdem sie den nötigen historischen Abstand gewonnen haben. Einige Andeutungen sollen jedoch versucht werden (vgl. auch viele Stellen im IV. Teil, namentlich im § 43).

1. Man wird weit ausholen müssen, man wird nicht stehen bleiben dürfen bei den engen Symptomen einer einzelnen Fachwissenschaft, man wird vielmehr die ungeheure **Umgestaltung unserer ganzen Lebensverhältnisse** zu veranschlagen haben, um dann erst ihr Echo an der Wand der Fachwissenschaft zu überprüfen. Man geht vielleicht nicht zu weit, wenn man behauptet, daß die Wende um 1900 jener großen Wende um 1500 gleichzusetzen ist, daß also wiederum eine „Neuzeit" beginnt, und wiederum ein „Mittelalter" im Versinken begriffen ist. Hat sich nicht in jäher Wendung unser ganzes Dasein gewandelt? Sind nicht die überraschenden Fortschritte der Technik, der in ein jagendes Tempo gebrachte Verkehr, die Vergewaltigung des Geisteslebens durch die Presse, deren rascher Entfaltung die Masse der Zeitgenossen nicht gewachsen ist, die bedeutende Anhäufung von Kapital und ebenso die Zusammenballung der Menschenmassen in Großstädten, politischen Parteien und ungezählten anderen Organisationen, und der krampfhafte Versuch, in der Form von Parlamenten dem Massenwillen Ausdruck zu verleihen, sodann der Krieg und das revolutionäre Gebaren, die Enthüllung ungeahnter Weltzusammenhänge mit Weltparlamenten, Weltwirtschaft, Weltverkehr — sind das nicht, zusammengenommen, Wahrzeichen einer wahrhaft „neuen Zeit"?

An alledem ist der „Jurist" der alten Schule fast blind vorübergegangen. Kennzeichnend dafür sind die Verhandlungen der ersten Kommission zum Bürgerlichen Gesetzbuch, die in den Jahren 1874 bis 1888 stattfanden. Hier ahnte man nichts von der Welt der Kartelle und Gewerkschaften, hier wollte man nichts wissen von dem überragenden Einfluß der Formulare und Tarife auf den Vertragsschluß, hier sah man noch den einzelnen Bürger, isoliert, seine kleine Welt um sich aufbauend, nicht hineingestellt in das brausende Leben der großen Städte und der Verbände, die den einzelnen verschlucken und in der Massenbewegung, den Massenverträgen untergehen lassen. Überheblichkeit wäre es, den Männern jener Jahre einen Vorwurf machen zu wollen. Sie haben ihre Pflicht getan. Aber man kann auch nicht bei ihnen stehen bleiben. Die Zeit drängte über sie hinaus.

2. Es begann auch hier mit der Negative, mit der Abkehr vom Wesen der vorangehenden Schule. Man war der vielen Folgerichtigkeit, der Begriffszuspitzungen und Gedankenkonstruktionen, der oft nur durch gewaltsame Umdeutung haltbaren „Quellenmäßigkeit" überdrüssig. Statt dessen begann man nach dem Ergebnis, und zwar dem praktischen Ergebnis zu fragen. **Der Zweck wurde an die Stelle logischer Folgerichtigkeit gesetzt.** Man wollte weniger „richtige" und „quellenmäßige" als „gute" und „praktisch brauchbare" Urteile haben. Und da zunächst noch der ausgeprägte Individualismus des 19. Jahrhunderts weiterwirkte, so gipfelte die Bewegung in der utilitaristischen Frage: Was nützt mir das Recht? Wir sind in das **Zeitalter der Interessenjurisprudenz** eingetreten.

Fast visionär sah in den 70er Jahren des vorigen Jahrhunderts Rudolf von Jhering die neue Zeitstimmung heraufziehen. Von Hause aus reiner Romanist und reich im Nachempfinden und Weiterdenken römischer Gedankenblitze, wächst er sich immer stärker ins Enzyklopädische aus. Das Formale, Nurbegriffliche kämpft er langsam in sich nieder. Immer leuchtender wird sein Ringen nach materiellem Gehalt der Rechtsfiguren. Das „Interesse" wird ihm zum Kern des subjektiven Rechts (oben S. 119), der „Zweck" zum Leitstern des objektiven. Damit ist er der Bahnbrecher der neuen Richtung geworden. Hauptwerk (für diesen Zusammenhang): Zweck im Recht, I. Band 1877, II. Band 1884 (später Neuauflagen). Beachtenswert auch: „Scherz und Ernst in der Jurisprudenz", 1885 (viele Neuauflagen), mit der berühmten Darstellung des „juristischen Begriffshimmels". — In lebensfrischer, fast heiter-praktischer Art und ohne große Betonung setzt dann Heinrich Dernburg in seinem Pandektenlehrbuch (vgl. bereits S. 194) und in seinen Lehrbüchern des Preußischen Privatrechts (7. Aufl., 1896) und des Bürgerlichen Rechts (3. Aufl., 1906) diese zweckgerichtete Lebensbejahung in juristische Scheidemünze um. Sätze, wie etwa die folgenden: „Nicht selten kommen bei Versteigerungen sog. Winkelverträge vor, mittels deren Aufkäufer Bietungslustige gegen ein Abstandsgeld oder gegen andere Vorteile vom Mitbieten abhalten. Sie vereiteln damit den Zweck, durch Eröffnung einer Konkurrenz annähernd sachgemäße Preise zu erzielen. Bei Zwangsversteigerungen, bei welchen der Zuschlag erfolgen muß, sind sie besonders gefährlich", pflegen die einzelnen Abschnitte einzuleiten; dann erst folgt die Untersuchung der juristischen Figuren auf ihre Brauchbarkeit und Tragweite.

Aber es bedurfte erst der Stürmer und Dränger, um breitere Kreise in die Bewegung hineinzuziehen und um das „Gänzlich-Neue" der bisher in gelehrtenhafter Stille vorbereiteten Wandlung darzutun. Im Jahre 1906 schrieb Hermann Kantorowicz (Prof. in Freiburg) unter dem Decknamen Gnaeus Flavius eine kleine Schrift: Der Kampf um die Rechtswissenschaft. Sie erregte bedeutendes Aufsehen, wenn auch zunächst nur im Kreise der Professorenschaft. Dann aber trat der Karlsruher Anwalt Ernst Fuchs auf den Plan. Schon die Titel seiner Schriften: Die Gemeinschädlichkeit der konstruktiven Jurisprudenz (1909), Juristischer Kulturkampf (1912), Schreibjustiz und Richterkönigtum (1907) usw., waren aufreizend. Mehr noch der Inhalt. Dieser Mann wollte aufreizen, wachrütteln. Darum schwang er die Geißel bittersten Spottes, darum übertrieb er, wurde einseitig, verletzte erste Autoritäten (vgl. z. B. oben S. 197 Ziff. 8). Aber der Erfolg war unzweifelhaft stark. Aller Augen, die der Theoretiker wie der Praktiker, die der Juristen wie der interessierten Laien, die der Parlamentarier wie die der Journalisten, lenkten sich auf diese Schriften. Eine Reihe ernster Gegenschriften erschienen. Man befürchtete das Reißen aller Dämme, wenn das Recht künftig so „gefunden" werden sollte, wie Fuchs es verlangte. Ein Name entstand für die neue Bewegung, um den die Polemik anderthalb Jahrzehnte gekreist hat: **Freie Rechtsfindung.** Und rasch war man auch mit der Bezeichnung als Schule zur Hand: Schule der Freirechtswissenschaft.

Die Bewegung kam dann in gemäßigtere Bahnen. Aber das war nur ein Zeichen des Sieges der neuen Richtung. Gemäßigte, würdige Gelehrte, ernste, führende Praktiker gingen zu ihr über, die Übertreibungen und Einseitigkeiten beiseite lassend. Als Musterbeispiel kann der Kreis von Männern dienen, die im Jahre 1910 an die Gründung des Vereins „Recht und Wirtschaft" herantraten. Darüber sogleich unter 3. Heute ist der (gesunde) Grundzug der Freirechtsschule zum Gemeingut der Theorie und Praxis geworden.

3. Gewiß ist mit der Abstellung auf Zweck und Nützlichkeit ein sehr egoistischer Zug in das Rechtsleben hineingekommen. Aber gerade das stimmte ja zu den allgemeinen Zeichen der Zeit, zu dem nackten Kritizismus, zu der Abnahme der Gläubigkeit auf allen Gebieten, zu dem, was man mit dem Kennwort Materialismus zu bezeichnen pflegt, und was sogar mit dem Königsmantel einer „Wissenschaft" in Gestalt der sog. materialistischen Geschichtsauffassung drapiert worden ist. Die „Materie" sollte entscheiden. In nüchternere Form gepreßt, hieß das, **die Wirtschaft auf den Thron erheben.**

So sind wir in ein Zeitalter hineingeraten, das schon in seinem Sprachgebrauch fast alles, und vornehmlich die neuesten Erscheinungen, mit dem Worte Wirtschaft verbindet. Wir haben eigene Wirtschaftsministerien bekommen und eigene Wirtschaftsparlamente (den Reichswirtschaftsrat u. a.). Wir erfreuen uns eines wirtschaftlichen Teiles in den Zeitungen und einer ungeheuer angeschwollenen Wirtschaftsliteratur. Wir haben aus der alten Kameralwissenschaft und Nationalökonomie eine Wirtschaftswissenschaft gemacht und sprechen daneben von einer Wirtschaftsphilosophie, einer Wirtschaftsgeschichte, einer Wirtschaftsgeographie. Es ist nur ein Teilstück des Zeitbildes, wenn wir auch ein wirtschaftlich eingestelltes, **ein Wirtschaftsrecht** bekommen haben.

a) Den historischen Ausgangspunkt mindestens, das erste in der Öffentlichkeit wahrnehmbare Symptom, stellt die Gründung des Vereins „Recht und Wirtschaft" dar, die im Jahre 1911 zu Leipzig erfolgte. Ihr war ein Jenaer Aufruf vorangegangen als dessen geistige Väter der (verstorbene) Jenaer Oberlandesgerichtspräsident Viktor Börngen und sein Mitarbeiter Senatspräsident Richard Deinhardt anzusprechen sinz. Zu dem engeren Kreise dieser „reformbereiten" Männer gehörten ferner: der Reichsgerichtsrat Düringer (später badischer Justizminister, Parlamentarier, deutschnationaler Führer, Mitarbeiter an der Reichsverfassung von 1919), der bekannte Berliner Zivilprozessualist Konrad Hellwig, der Jenenser Professor und Meister der Auslegungskunst Erich Danz (vgl. S. 31), der Leipziger Anwalt Wildhagen. (Auch der Verfasser dieses Grundrisses gehörte den Gründern an). Usw. Anfangs gedachte man den Verein „Vereinigung für zeitgemäße Rechtspflege und Verwaltung" zu nennen. Später trat die Verschwisterung des Rechts mit der Wirtschaft in den Vordergrund, seit 1912 kam die Zeitschrift „Recht und Wirtschaft" (Herausgeber anfänglich: der Jenenser Professor Hans Reichel, jetzt in Hamburg, der oldenburgische Landrichter Max Rumpf, jetzt Professor in Mannheim, der bayrische Oberamtsrichter Riß; später der Berliner Regierungsrat Fritz Rathenau) heraus. Aber das wurde nicht engherzig ausgelegt. Den ganzen neuen Zeitgeist suchte man in diesem Kreise einzufangen.

Hier also wollte man „Tatsachenjurisprudenz" treiben, hier wollte man mit dem pulsierenden Leben in Fühlung bleiben, hier wollte man keine Kryptosoziologie treiben, sondern die „soziologischen" Belange offen herausstellen und sie nicht unter künstlichen Konstruktionsfiguren und toten Begriffen verstecken, und erst auf dieser breitesten Grundlage sollte die Verbrüderung des alten soliden „Rechts" mit der Großmacht unserer Zeit, mit der „Wirtschaft" erzielt werden. Im Jahre 1923 hat dieser Verein sich aufgelöst (und das Erscheinen der Zeitschrift eingestellt). Sein Ziel war erreicht: Heute ist die Forderung, daß das Recht auf die Notwendigkeiten der Wirtschaft Rücksicht nehmen müsse, in aller Munde. — Über die Gründungsvorgänge vgl. u. a. die Berichte in der Deutschen Juristen-Zeitung 1911 S. 178ff. und 327f.

b) So haben wir also ein **Wirtschaftsrecht**. Es bleibt nur die Frage, ob man es zu einem besonderen Fache (im Sinne von § 2 I) erheben soll. Manche vertreten diesen Gedanken. Sie wollen daraus ein erweitertes „Handelsrecht" oder ein Parallelfach neben dem „Handelsrecht" und neben dem „Arbeitsrecht" machen (vgl. dazu auch unten § 24 VI, S. 258f.) Aber das ist ein Irrweg. Aus allem Vorhergehenden ergibt sich zur Genüge, daß es sich nicht um ein einzelnes Stoffgebiet, um ein Stoffquantum handelt, sondern um den bestimmenden Zug dieser Jahrzehnte, um eine Eigenschaft des heutigen rechtlichen Denkens, die, wenn überhaupt, dann notwendigerweise alle Teile des Rechts — den einen mehr, den anderen weniger — ergreifen muß, so wie das „Naturrecht" seinerzeit das Rechtsganze mit seiner Empfindung und Denkweise durchtränkt hat. Vgl. dazu J. W. Hedemann, Grundzüge des Wirtschaftsrechts, 1922. In Jena besteht seit 1918 ein Institut für Wirtschaftsrecht, das bestimmungsgemäß Einzelfragen behandelt, aber darüber hinaus in dem eben geschilderten enzyklopädischen Sinne geleitet wird.

c) Ganz eigene Bahnen verfolgt seit etwa zwei Jahrzehnten, von einem nacheifernden Schülerkreis umgeben, der Rechtsphilosoph Rudolf Stammler (Prof. in Berlin), der sich bemüht den Wirtschaftsgeist unserer Zeit philosophisch einzufangen und mit formalen Kategorien zu meistern. Sein Einlenken zu einem neuen Naturrecht „mit wandelbarem Inhalt" kündigt vielleicht schon eine weitere, kommende Größe an. Darüber s. im folgenden Ziff. 6. Hauptwerk: Wirtschaft und Recht nach der materialistischen Geschichtsauffassung, 5. Aufl. 1924.

4. Man wird dem Worte Wirtschaft noch einen Beisatz geben müssen. Jener individualistische Boden des 19. Jahrhunderts ist verlassen worden, auch dies eine zeitbestimmende Wandlung. Man kann nicht mehr mit dem kleinen Einzelindividuum rechnen, nicht in der Politik, nicht in der Wirtschaft, und auch nicht in manchen Partien des Rechts. Wie schon erwähnt, beherrschen die Parteien und Verbände breiteste Felder des öffentlichen Lebens. **Der überindividualistische, soziale Geist** hat in entsprechendem Maß das individualistische Denken eingeengt (Enzyklopädie S. 61 d). Darum ist auch die Aufnahme der „wirtschaftlichen" Gesichtspunkte in die heutige Rechtswissenschaft, notwendigerweise begleitet vom Druck dieser sozialen Erscheinungen: nicht Wirtschaft schlechthin, sondern organisierte Wirtschaft scheint der bestimmende Faktor zu sein.

Es eröffnet sich damit zugleich ein weiteres neues Problem erster Ordnung: wer nämlich, und zwar von rechtswegen die Macht über die Wirtschaftsorganisation in die Hand bekommen soll. Es liegt nahe, in erster Linie an den Staat zu denken, und so ist in der Tat eine geistige Richtung, eine Methode entstanden, die zunächst unter dem Namen „Staatssozialismus" theoretisiert und sodann in der Kriegszeit in nie geahntem Ausmaß praktiziert worden ist (vgl. dazu auch im folgenden S. 221 Va). Eine Fülle neuer juristischer Figuren, z. B. die sog. Kriegsgesellschaften, sind daraus hervorgegangen, allerdings bald nach dem Kriege („Übergangszeit", „Abbau der Kriegswirtschaft") zum größten Teil wieder verschwunden. Aber neben dem Staat, zum Teil sogar in offener Frontstellung gegen ihn, haben sich die proletarischen Massen erhoben mit dem Anspruch, daß die Macht über die Wirtschaft ihnen gebühre, daß aber mindestens ihnen ein „Mitbestimmungsrecht" eingeräumt werden müsse. Wiederum hat sich dieses Verlangen in einem theoretisierenden Kennwort niedergeschlagen: Rätesystem. Die praktische Verwirklichung (in Rußland stark) ist in Deutschland allerdings in den Anfängen hängen geblieben (Näheres unten § 27 IV b 3). Aber es ist gar kein Zweifel, daß das juristische Denken, und zwar gerade auch das rechtswissenschaftliche Denken stark dadurch befruchtet worden ist, was allerdings erst in einigen Jahrzehnten deutlicher hervortreten wird. Soweit nun dieses Rätesystem sich nicht darauf beschränkt, die Macht den „arbeitenden Klassen" zu reservieren, sondern alle „Stände" daran teilnehmen zu lassen, taucht neben dem Staat und den proletarischen Massen eine dritte Formation auf, die auf der Kombination aller lebendigen Volkskräfte beruht und etwa nach einer Organisation strebt, in der, nach den Worten des berühmten Art. 165 der neuen Reichsverfassung, „alle wichtigen Berufsgruppen entsprechend ihrer wirtschaftlichen und sozialen Bedeutung vertreten sind". Obwohl sich an diesen Programmsatz viel Kritik und mancher Spott angesetzt hat, kann nicht verkannt werden, daß unser öffentliches Leben — vor allem, wo es um wirtschaftliche Belange kreist — ganz durchsetzt ist von derartigen aus „Interessenvertretern" der verschiedenen Gruppen zusammengesetzten Selbstverwaltungskörpern. (Auch darüber das Nähere a. a. O.). In ihnen vornehmlich drückt sich das „soziale" Verlangen der Zeit aus. Und, wenn auch die Lehrbuchdogmatik noch weit von der Verarbeitung dieses neuen Stoffes entfernt ist, so prägt er doch bereits, ungeschrieben, dem heutigen rechtlichen Wesen seinen Stempel auf.

Man kann, wenn man an Namengebung denkt, in der Tat schwanken, ob man unser Zeitalter das „soziale" oder das „wirtschaftliche" (materialistische) nennen soll. Entschieden wird diese Frage erst von der Zukunft; oft spricht dabei der Zufall das letzte Wort.

Jedenfalls ist das spezifisch „Soziale" oder „Kollektivistische" auch in manchen Teilen des heutigen Rechtslebens der dominierende Zug. So wie wir eine Sozialwissenschaft, eine Sozialpolitik bekommen haben, wird auch bereits von „**Sozialrecht**" gesprochen. Allerdings schwebt dabei den meisten wohl ein bestimmtes, einigermaßen sicher abgrenzbares Fach vor, nämlich der juristische Abklatsch dessen, was man in der öffentlichen Diskussion als „Sozialpolitik" bezeichnet (vgl. unten S. 220). In ganz anderem und viel weiterem Sinn will das Wort Jung (Prof. in Marburg) verwendet wissen, indem er es zum Sammelbegriff aller derjenigen Misch- und Zwischengebilde macht, die weder im reinen „Privatrecht", noch im reinen „öffentlichen Recht" unterzubringen sind (vgl. unten S. 230 unter Ziff. 2). Doch bedeutet auch das letzten Endes einen Versuch, das „Soziale" im Bereich eines Faches oder mindestens einer fachartigen Kategorie unterzubringen. Demgegenüber dürfte es doch wohl das Richtigste sein, auch hier einen allgemeinen Zug der Zeit neben dem Wirtschaftsgeist (oder mit ihm verschwistert) anzunehmen. Vgl. z. B. auch nachfolgend S. 215 über die allmähliche Wandlung der Gewerbeordnung, S. 250 Ziff. 2 über eine Änderung des Patentgesetzes, S. 245 (§ 22 VIII) über Spuren sozialer Gestaltung im BGB. Daß dann ein enger Zusammenhang mit der sog. Soziologie hergestellt sein würde, ist unverkennbar (vgl. dazu oben S. 15). — Das beste literarische Symptom für das Hereinwirken der neuen sozialistischen Vorstellungen in den Bereich des Rechtslebens und der Rechtswissenschaft stellt das Buch von Anton Menger, Das bürgerliche Recht und die besitzlosen Volksklassen, dar, das in erster Aufl. 1890, in 4. 1908 erschien. Auch Otto Gierkes Schrift, Die soziale Aufgabe des deutschen Privatrechts, 1890, ist, freilich ganz anderen Gesichtspunkten entsprungen, ein Erkenntnismittel der neuen Denkweise.

5. Aus der allgemeinen geistigen Umstellung hat sich schließlich noch ein juristisches Spezifikum herausgelöst. Das ist die grundlegende Verschiebung in dem **Verhältnis zwischen Richter und Gesetz.** Die ins Philologisch-Begriffliche ausgeartete Denkweise des ausgehenden 19. Jahrhunderts hatte sich in den Glauben einer absoluten Vollständigkeit des Gesetzes hineingelebt. Nach ihr war (grundsätzlich) jede Frage bereits im Text des Gesetzes enthalten. Man holte die Antwort durch entsprechendes Zerren oder Zusammenpressen der Begriffe heraus, und glaubte nun, es habe wirklich das Gesetz selbst, oder jener vielerörterte „Wille des Gesetzgebers" gesprochen (vgl. dazu S. 113 Ziff. 3). Dem stellte sich mit lärmendem Protest die Freirechtsschule (S. 200) entgegen. Sie konnte nicht genug diesen Glauben an das „alles" enthaltende Gesetz verspotten und suchte an immer neu ausgeschütteten Beispielen darzutun, daß das Gesetz mit seinen unzählbaren Unklarheiten und dehnbaren Begriffen von „Lücken" förmlich strotze, und daß die Überwindung dieser Unvollkommenheiten ausschließlich auf dem schöpferischen Tun des Richters beruhe; daß der Gesetzestext sich nicht selber zerre oder zusammenpresse, sondern daß der Richter dieses Geschäft in freiem Entschluß besorge; daß die sog. „Auslegung" (Enzyklopädie der Auslegung oben S. 110 IV) nicht von selbst aus den Texten herauswachse, sondern als hohe und verantwortungsvolle Aufgabe dem Richter zu freiem Ermessen anvertraut sei. Gerade um solcher Freierklärung des Richters willen hat die neue Schule den Namen des Freirechts bekommen; gerade in solchem Zusammenhang wurde auch auf den freischöpferischen Prätor als Vorbild hingewiesen (vgl. S. 159).

Man darf sagen, daß auch in dieser Beziehung, wenn man die Einseitigkeiten und Übertreibungen beiseite läßt, die neue Richtung einen klaren Sieg errungen hat. Die Juristen der Gegenwart sehen das Gesetz mit ganz anderen Augen an als die Pandektisten um die Mitte des 19. Jahrhunderts, ohne daß man behaupten könnte, sie hätten an Gesetzestreue (unten § 43) eingebüßt. Eine wesentliche Befruchtung der Praxis ist die Folge gewesen. Die Entscheidungen des Reichsgerichts aus dem letzten Jahrzehnt tragen die Wandlung offen zur Schau; die „kryptosoziologische" Methode (S. 195) wird zwar nie ganz zu überwinden sein, aber sie hat gründlich an Boden verloren.

Am anschaulichsten ist das Problem dargestellt in der bereits S. 31 erwähnten Schrift von Hans Reichel (Prof. in Hamburg), Gesetz und Richterspruch, 1915. Die drastischsten Beispiele in den genannten (S. 200) Kampfschriften von Fuchs. Viel Material auch in den Schriften von Erich Danz (Prof. in Jena), so in der S. 31 zitierten Einführung, und in dem Hauptwerk: Die Auslegung der Rechtsgeschäfte, 3. Aufl., 1911. Vorsichtig und abgeklärt z. B. Oertmann, Rechtsordnung und Verkehrssitte, zugleich ein Beitrag zu den Lehren von der Auslegung der Rechtsgeschäfte und von der Revision, 1914.

Beispiele aus der Praxis des Reichsgerichts: Urteil v. 6. Febr. 1923 (Bd. 106 S. 272 ff.): „Man darf aber, um zu einer befriedigenden Lösung des Streites zu gelangen, überhaupt nicht von den Vorschriften des Bürgerlichen Gesetzbuchs ausgehen, muß vielmehr die sozialen Verhältnisse ins Auge fassen, wie sie sich seitdem entwickelt haben, usw."; Urteil v. 20. Dezember 1923 (Bd. 107 S. 388): „In Fällen wie hier, wo die Zugehörigkeit zum Verein geradezu eine Lebensfrage für die Mitglieder bildet, muß dem Gericht eine sachliche Nachprüfung des Ausschließungsbeschlusses nach der Richtung gestattet sein, ob nicht in dem Vorgehen des Vereins gegen das Mitglied eine offenbare Unbilligkeit zu finden ist."

Im Zusammenhang mit dem Bruch des Gesetzesbannes steht die starke Betonung und ganz andere Bewertung der Verkehrssitte. Vgl. S. 104 f.

6. Es hat nicht an Versuchen gefehlt, sogar das oberste Gerechtigkeitsideal aus den „materialistischen" Elementen unserer Zeit zu kombinieren. Aus dem Querschnitt zwischen den allerlei „Interessen", aus den Abstimmungsergebnissen der „Parteien", aus der Vermittlung zwischen den begehrlichen Wünschen der Wirtschaftsgrößen, nämlich der Stände und Verbände, glaubt man eine oberste Direktive, sogar im ethischen Sinne, gewinnen zu können. Vom enzyklopädischen Standpunkt aus ist bereits gezeigt worden, daß dies ein Verlegenheitsunternehmen ist (S. 56). Aber wie steht es damit in der Gegenwart? Soll dieses Zeitalter der Zweckmäßigkeit, der Wirtschaft und der Massenassoziation ganz auf ein oberstes Gerechtigkeitsideal verzichten?

Der Flug der Gedanken bewegt sich bereits aus der Gegenwartssphäre hinaus. Von der Sehnsucht nach Weltanschauung, die auch in der Brust mancher Juristen lebendig ist, von dem Gedanken eines neuen „Naturrechts" (S. 55 f.), von der Erstarkung der rechtsphilosophischen Neigungen (S. 13 II) ist schon in anderen Zusammenhängen gesprochen worden. Daß die Schule der freien Rechtsfindung große Gefahren birgt, daß man die strenge Gedankenzucht der „Begriffe" wieder stärker pflegen müsse, daß der nackte Zweck doch nicht das Letzte und Höchste sei, auch nicht im Bereiche der Rechtswissenschaft, das hört man heute aus dem Munde der Besten. Niemand kann mit Sicherheit künden, ob dies die Vorboten einer weiteren, neuen „Schule" sind, in die unsere Söhne hineinwachsen werden.

§ 21. Geschichte der Legislative.

I. Der Sinn für Legislative, d. h. für Erfassung des rechtlichen Lebens mittels Gesetzen, ist in den verschiedenen Zeitaltern verschieden ausgeprägt. Es geht wie eine Wellenbewegung durch die deutsche Rechtsgeschichte: bald kann man sich nicht genug tun an Entwürfen, Veröffentlichungen, Verbesserungen von Gesetzen, bald läßt man die Hände müde ruhen und treibt im Strome der gewohnheitsrechtlichen Bildung (vgl. S. 145 III, 68 III und IV). Aber ganz hat die gesetzgeberische Betätigung nie geruht, und namentlich seit dem gesteigerten Verkehr, der Vervielfältigung der menschlichen Lebensverhältnisse und dem Aufkommen des Buchdrucks reihen sich im Laufe der Zeiten unfaßbare Massen von Gesetzen, Statuten, Verordnungen aneinander. Überblickt man rückschauend das Ganze, so kann man sich nicht einer gewissen Wehmut verschließen, daß eine solche gewaltige Menge geistigen Schaffens verhältnismäßig so geringen Einfluß auf das Kulturleben der Menschen ausgeübt hat. Das rückt die Erkenntnis näher, daß die Gesetze im großen und ganzen nicht viel Neues erzeugen, sondern im wesentlichen nur ein Niederschlag schon entstandener Kulturanschauungen sind (vgl. S. 71 II), so daß sich also der unleugbare bedeutende Einfluß des juristischen Wesens auf die Gesamtkultur zumeist unsichtbar und vor der gesetzlichen Fassung abspielt.

In Deutschland hat die Bewegung in großen Zügen etwa folgenden Verlauf genommen. Im 15. und 16. Jahrhundert ist die Gesetzgebung noch äußerst rege. Sie sichert sich namentlich ein gewisses Maß von Beweglichkeit; die städtischen und landschaftlichen Gesetzgebungen werden verhältnismäßig rasch, manchmal schon nach wenigen Jahren, neu aufgelegt und „reformiert". Dabei herrscht lebhafte Wechselwirkung. Man macht gern bei einem benachbarten Gemeinwesen eine Anleihe, läßt sich deren neuestes Gesetzeswerk kommen, um es, freilich meist nach etlicher Umgestaltung, zu rezipieren. Die Wissenschaft (die „doctores“, S. 180) hat nicht unbedeutenden Einfluß. Man kann deutlich an den verschiedensten Stellen den Einschlag der zeitgenössischen Rechtsgelehrsamkeit erkennen. Deshalb ist auch die Sprache (obwohl deutsch und volkstümlich) meist in lehrhaftem Ton gehalten und jedenfalls ganz anders als die abstrakte Sprachweise der heutigen Legislative.

Wichtige hierhergehörige Gesetzeswerke: Die Nürnberger und Wormser Reformation (um 1500), aus dem starken Bürgersinn und der Handelsblüte dieser Städte geboren, erstere in einer späteren Ausgabe z. B. mit einem Holzschnitt von Dürer geschmückt; sie behandeln den Prozeß ausführlich, daneben spielen die „Contracte“ und die Testamente eine große Rolle; beachtenswert namentlich die Verarbeitung des römischen Rechts in der Nürnberger Reformation. Das Freiburger Stadtrecht (1520), von Ulrich Zasius (vgl. S. 185) entworfen, später Hauptunterlage des Württembergischen Landrechts von 1555, das eigentlich eine bloße Sammlung der schriftlich fixierten Landesbräuche werden sollte, aber doch stark in die Bahnen der römisch unterbauten Wissenschaft einmündete. Die Frankfurter Reformation, das umfassendste Stadtgesetz, 1578 von Johann Fichard neu revidiert, bis zum Inkrafttreten des BGB. die Hauptquelle des in Frankfurt geltenden Privatrechts. — Ganz anderer Art sind die Sächsischen Konstitutionen von 1572. Sie entsprangen nicht so sehr dem Kodifikationsbedürfnis (man hatte ja den vortrefflichen Sachsenspiegel; S. 146 f.), als vielmehr dem Verlangen, aus den vielen „Kontroversen“ der Spruchpraxis herauszukommen. Deshalb begann man die Arbeit mit der Einholung von Gutachten und Kontroversenzusammenstellungen der Wittenberger und Leipziger Fakultät. Daran schlossen sich dann Tagungen in Leipzig und Meißen unter Zuziehung der kurfürstlichen Hofräte.

Durchaus eine Sonderstellung dürfen die Bamberger Halsgerichtsordnung (1507) und die ihr nachgebildete „Peinliche Halsgerichtsordnung“ Kaiser Karls V., die berühmte **Carolina** (1532) beanspruchen. Es sind Strafgesetze, überwiegend dem Strafprozeß gewidmet. Geistiger Vater der Freiherr Johann von Schwarzenberg, ein vielseitiger Mann, in der Jugend reichlich lebenslustig, später kriegserprobt, dann ein geistiger Führer seiner Zeit, von Luther geschätzt, auch mit sittlich tief empfundenen Gedichten und mit Flugblättern gegen das Papsttum hervorgetreten. Als Vorzüge der Carolina rühmt man ihr Eintreten für die Rechte der Verteidigung, die Anerkennung von Garantien für den Angeklagten; ihre fast sprichwörtliche „eiserne Strenge“ verwandelt sich beim Vergleich mit anderen zeitgenössischen Werken eher in Milde.

Allmählich nimmt dann die gesetzgeberische Energie ab. Freilich werden noch durch das ganze 17. Jahrhundert hindurch massenhaft Reglements erlassen. Aber sie tragen einen ausgesprochen polizeilichen Geist zur Schau, verlieren sich in das Kleine und Kleinste und können als Gesetzgebung im hohen Sinne des Worts kaum angesprochen werden. Die allgemeine Stagnation der Geister (S. 185 VII) hat auch die Gesetzgebung befallen.

Daß zwischendurch immer wieder einzelne große Geister nach einem umfassenden, den trüben Zustand des Rechts- und vor allem Gerichtslebens überwindenden Gesetzgebungswerk rufen, wie etwa Leibniz (vgl. S. 191) oder der Polyhistor Hermann Conring (1606 bis 1681, Professor der Philosophie, der Medizin und auch der Jurisprudenz in Helmstedt, wegen seiner Beziehungen zu Frankreich viel gescholten, im Gebiete der Rechtsgeschichte vornehmlich dadurch berühmt geworden, daß er in seiner Schrift „De origine iuris Germanici" an der Geltungskraft des römischen Rechts rüttelte), läßt die Unfähigkeit der Zeit nur noch greller hervortreten.

Erst in der zweiten Hälfte des 18. Jahrhunderts erwacht die Legislative, unter Preußens Führung, befruchtet von den Ideen des Naturrechts (S. 188), zu neuem überraschendem Leben. Es beginnt eine **Periode reger Kodifikation**, der sich Savigny vergeblich in den Weg zu stellen sucht (oben S. 193). Sie zerfällt in zwei große historische Schichten, die der Partikulargesetzgebung und die der neuen Reichsgesetzgebung. Vor der Einzelschilderung dieser beiden Schichten sind zwei Grundzüge zu besprechen, die für den Entwicklungsgang der ganzen Neuzeit Bedeutung haben.

II. Wenn man die Schicksale des gesetzgeberischen Gedankens in den letzten fünf Jahrhunderten überblickt, so treten zwei allgemeine Züge hervor, einmal das Vordringen der Spezialgesetzgebung und ferner das Übergewicht der Landesgesetzgebung, bis (in den letzten Jahrzehnten) das neue Reich das Bild zur Wende bringt.

a) **Spezialgesetze**, die nur einzelne Teile des Rechtsganzen aufgreifen, wie etwa das Strafrecht oder das Erbrecht, sind erst möglich, nachdem ein geistiges Erfassen der einzelnen Materien (vgl. § 2, S. 7 ff.) vorangegangen ist. In der Richtung hat die begriffsgeschulte Scholastik des ausgehenden Mittelalters bedeutendes geleistet. Das öffentliche Recht scheidet sich immer klarer vom privaten. Ebenso erkennt man langsam, daß vom materiellen Zivilrecht (ich habe ein Recht) das formelle Recht der Verwirklichungsmethode, nämlich der Zivilprozeß (ich klage, beweise, vollstrecke mein Recht) abgeschieden werden müsse. Auch das Staatsrecht und das Kirchenrecht werden schärfer auseinandergedacht. Und das alles findet seinen sinnfälligen Ausdruck in der Gesetzgebung. Man gewöhnt sich mehr und mehr daran, nicht mehr den ganzen Rechtsstoff en bloc erfassen zu wollen, vielmehr immer nur eine (höchstens einige) der mehreren Materien in einem Gesetz zu behandeln.

Doch geht diese Entwicklung sehr allmählich vor sich. Die Stadt-Reformationen (s. oben) und Landrechte des 16. Jahrhunderts sondern zwar die Materien schon ziemlich scharf, führen sie aber doch noch in größerer Anzahl in ein und demselben Gesetzgebungswerk zusammen. Z. B. hat die Wormser Reformation von 1498 ihre ersten drei Bücher dem Prozeßrecht, das vierte und fünfte dem Privatrecht (starker römischer Einschlag) und das sechste dem Strafrecht gewidmet. — Eine gewisse Sonderstellung nimmt die preußische Legislative des 18. Jahrhunderts ein, die in genialem Wurf wieder eine großartige Zusammenziehung versucht (s. unten); die Zerlegung in materielles Recht und formelles (Prozeß-) Recht liegt allerdings auch ihr zugrunde.

b) Daß die **Reichsgesetzgebung** immer schwächer wird, hängt natürlich mit den allgemeinen politischen Verhältnissen zusammen. An Versuchen einer „Reform" der Reichsverfassung hat es zwar unter Kaiser Max und späteren Kaisern nicht gefehlt. Man teilte das Reich in Verwaltungsbezirke („Kreise") und versuchte darauf eine Reichsorganisation nach den drei Seiten des Heer-, Finanz- und Gerichtswesens aufzubauen. Aber das meiste blieb auf dem Papier stehen. Um so energischer ziehen die erstarkenden Territorien immer mehr Stoffe in den Bereich ihrer Sonderregelung. Namentlich wird das im Laufe des 16. Jahrhunderts stark hervortretende Bedürfnis, eine Abstimmung zwischen den einheimischen Rechtsinstituten, z. B. den sehr lebendigen Erscheinungen des Ehegüterrechts, und dem römischen Fremdrecht herbeizuführen, fast ausschließlich von der partikulären und lokalen Gesetzgebung wahrgenommen. Der Titulus dafür lag in dem mindestens für das Privatrecht anerkannten Spruchsatz: „Stadtrecht bricht Landrecht, Landrecht bricht gemeines Recht" (vgl. S. 148). Doch war dieser Titulus nicht unbestritten, und es ist auch nicht ohne Kampf abgegangen; z. B. wurde bei der Carolina (S. 207) der Kaiser eigens gezwungen, zugunsten der fürstlichen und ständischen Privilegien die sog. salvatorische Klausel aufzunehmen.

Die Reichsgesetzgebung nimmt in der Hauptsache die Form der „Reichsabschiede" an. Die Gesamtheit der auf einem Reichstag gefaßten (von „Kaiser und Reich" ausgehenden) Beschlüsse werden in dem „Recessus imperii" zusammengefaßt, bis dann der Reichstag (seit 1663) ein ständiges Kollegium wird; der letzte, sog. „jüngste" Reichsabschied (Rec. imp. novissimus) ist der von 1654 gewesen. Daneben kommen die Wahlkapitulationen und politischen Verträge (z. B. das berühmte Instrumentum Pacis Osnabrucensis), einschließlich der Religionsverträge, als Zeichen reichsgesetzgeberischer Betätigung in Frage. Der von der Reichsgesetzgebung betroffene Stoff war meist öffentlichrechtlich. Privatrecht wurde nur anfangs noch in einigen ganz singulären Fragen ergriffen. Z. B. haben gewisse Punkte des Erbfolgesystems mehrere Jahrzehnte lang die Reichstage beschäftigt. Der Freiburger Reichsabschied von 1498 sah das sog. „Repräsentationsrecht" (Einrücken in die Plätze vorverstorbener Zwischenglieder) zunächst in der geraden Linie,

d. h. für die Enkel vor. Dann setzte der Wormser Reichstag von 1521 fest, daß auch in der Seitenverwandtschaft die noch lebenden Geschwister nicht mehr die Kinder anderer vorverstorbener Geschwister ausschließen sollten. Inzwischen ging aber die alte Glossatoren- und Postglossatorenstreitfrage weiter, ob die mehreren Geschwisterkinder aus den verschiedenen Stämmen unter sich nach Köpfen (so Azo) oder nach Stämmen (so Accursius und die modernen Gesetze, z. B. das BGB.) erben sollten. Dazu nahm der Speierer Reichsabschied von 1529 Stellung, und zwar im Sinne der Kopfteilung. — Eine überragende Sonderstellung, als einziges epochemachendes Reichsgesetz nimmt die bereits erwähnte Carolina von 1532 ein.

III. Die neue große Schicht der **Partikulargesetzgebung**, die etwa den Raum von hundert Jahren einnimmt, beginnend um die Mitte des 18. Jahrhunderts, trägt deutlich die Zeichen der Zeit zur Schau. Es besteht noch am Anfang der absolute Staat. Darum ist eine persönliche Anteilnahme der Fürsten an den Gesetzgebungswerken deutlich spürbar.

Als 1784 der erste Entwurf des Preußischen Landrechts veröffentlich wurde, erschienen sogar Medaillen auf Friedrich den Großen mit der Umschrift: „Fridericus legislator solvit aenigma." Auch Napoleon saß bei der Beratung des Code civil mehrfach der Kommission vor und griff tatkräftig in die Debatte ein. Dabei leitete die Fürsten vereinzelt die Besorgnis vor einer Verkürzung ihrer eigenen Macht. So griff in Preußen Friedrich Wilhelm II. in das nahezu fertige Landrecht u. a. deshalb hemmend ein, weil er darauf ausging, die alten „Machtsprüche" wieder einzuführen. So trat Napoleon sehr lebhaft für die Anerkennung der Fideikommisse ein, weil er in ihnen ein Stärkungsmittel der Throne sah. Indessen war es durchaus überwiegend der fürsorglich-landesväterliche Gedanke, der die Herrscher bei ihrer Anteilnahme leitete.

Aber auch sonst war der Zug der damaligen Zeit der Entfaltung einzelner Persönlichkeiten günstig. Und so sehen wir denn, ganz im Gegensatz zu der heutigen Legislative, bei der gesetzgeberischen Tätigkeit vor und auch noch kurze Zeit nach 1800 neben den Fürsten, ihren „Herren", einzelne begabte Männer in einflußreicher Weise hervortreten. Das hat die Gesetze von damals vor der nivellierenden, bureaukratischen Note bewahrt, mit der wir Heutigen uns abfinden müssen (vgl. S. 79).

So ist die bayrische Kodifikationsarbeit der fünfziger Jahre (s. im folgenden) fast ausschließlich die Arbeit von Wigulaeus Xaver Aloysius Kreittmayr, der nach dem Abschluß überdies in umfänglichen Kommentaren als Interpret des Werkes hervortrat. Auch das zu Anfang des nächsten Jahrhunderts (1813) geschaffene bayrische Strafgesetzbuch, das auf mehrere Jahrzehnte hinaus in ganz Deutschland vorbildlich blieb, ist im wesentlichen die Tat eines einzigen, hochbegabten Mannes, Anselm v. Feuerbachs (1775 bis 1833). — In Preußen wirkte zunächst sehr tatkräftig der „Minister chef de justice" Samuel von Cocceji, der Sohn und geistige Erbe eines anerkannten Naturrechtslehrers, ein Mann von fast unglaublicher Arbeitskraft und Rührigkeit, von Friedrich dem Großen sehr geschätzt. Er schafft vor allem einen Unterbau für das Kommende durch eine gründliche Aufbesserung der Justiz, durch Beseitigung der seit Jahrhunderten gebräuchlichen Versendung der Akten an die juristischen Fakultäten, durch Vereinigung und Hebung der Gerichte; dann aber geht er in rascher Folge zu gesetzgeberischen Versuchen über (1748 „Projekt des Codicis Fridericiani Marchici", daran anschließend Teile einer Kodifikation des materiellen Privatrechts), ohne daß ihm — abgesehen von der Grundidee (s. unten) — dauernder Erfolg auf diesem Gebiet beschieden gewesen wäre. Andere traten an seine Stelle, der Großkanzler Johann Heinrich Kasimir Graf von Carmer, ein wohlwollender Mann, Pfälzer von Geburt, namentlich in Schlesien geschult, ruhig und besonnen sein Ziel verfolgend, und vor allem der Schlesier Karl Gottlieb Svarez, keine leuchtende, aber eine selten angenehme Persönlichkeit, keine eigentliche Kampfnatur, aber mannhaft entschlossen in der Verteidigung der viel angefeindeten kodifikatorischen Arbeit, juristisch sehr begabt, namentlich in der Erfassung dessen, was erreichbar ist, heiter vorwärts gerichtet, zugleich das Musterbild eines treuen und gewissenhaften Beamten des damaligen Preußentums. Diesen beiden glückt das große, unten besprochene Gesetzgebungswerk — In Österreich herrscht zunächst der Geist der Kommissionen. Später treten aber auch hier Persönlichkeiten auf, Karl Anton Freiherr von Martini, ein Mann der Aufklärung und des gemäßigten Naturrechts, der die österreichische Gesetzgebungsarbeit mit dem gleichzeitig entstandenen preußischen Landrecht in Fühlung bringt, und vor allem Martinis Schüler und Nachfolger Franz Aloys von Zeiller, ein sehr gebildeter Mann, führender Vertreter des Naturrechts und Verwerter der Kantschen Philosophie. — In Frankreich war es namentlich der Präsident des Kassationshofes Tronchet, von Bonaparte an die Spitze der Gesetzeskommission gestellt, der mit sicherer Gestaltungskraft das Werk seiner Vollendung zuführte.

Die Führung bei dieser großen gesetzgeberischen Welle hat, innerhalb Deutschlands, zumeist in den Händen Preußens gelegen, und das ist bis in die neuere Zeit hinein, wenn auch mit Unterbrechungen und Abschwächungen, so geblieben. Hier in Preußen wurde von Cocceji zuerst der befreiende Gedanke erfaßt, daß man überhaupt statt der ewigen Kontroversensammlungen und Operationen am römischen Corpus iuris ein eigenes, voll ausgebautes neues Gesetzbuch machen müssen. Das eben war **die kodifikatorische Idee**, die dann über den gelehrten Widerstand Savignys hinweg dem ganzen Zeitalter das Gepräge gibt. Die einzelnen deutschen Staaten geben sich ihr nach und nach fast alle hin, mit zuletzt noch z. B. Sachsen um die Mitte des 19. Jahrhunderts. Zum Teil bleiben die Versuche allerdings im Stadium der Entwürfe hängen und werden dann von dem jungen Reichsrecht überholt oder aufgesogen, aber sie sind doch eben auch Kinder und Zeugen der großen Bewegung.

Die **Stoffzerlegung** ist jetzt schon ziemlich rein durchgeführt, so daß meistens nach und nach eine kleine Reihe von Gesetzbüchern, etwa ein Privatrecht, ein Strafrecht, ein Handelsgesetzbuch, eine Gerichtsordnung herauskommen. Dabei bildet das **Privat- oder Zivilrecht den Kern**. Ihm wird das meiste Interesse entgegengebracht und das meiste der Arbeit gewidmet. Doch hat auch die **Prozeßreform** und die **Modernisierung des Kriminalrechts** starke Töne empfangen.

Einzeldaten: a) **Bayern**. Ist zuerst fertig. Dafür weniger auf Reform als auf einfache Festlegung des zerflatterten Rechtsstoffes gerichtet. Codex Maximilianeus Bavaricus civilis von 1756, Codex iuris Bavarici judicialis von 1753, Codex iuris criminalis Bavarici von 1751; letzteres Werk noch stark durchtränkt vom mittelalterlichen Geiste, bäuerlich zäh am Teufels- und Hexenglauben festhaltend, gedacht als Stütze der wankenden Carolina.

b) **Preußen**: Bahnbrechende Hypothekenordnung von 1783. Allgemeine Gerichtsordnung von 1793. Vor allem das **Allgemeine Preußische Landrecht** von 1794, von Aufklärungsgeist und naturrechtlichem Schwung getragen, aber noch ohne Verwertung der Ideen der französischen Revolution und darum vom Code Napolion rasch in den Schatten gestellt; geistvoller Aufbau in zwei Teilen, von denen der erste den Menschen als Einzelpersönlichkeit, vor allem als Herrn der Sachgüterwelt (Gruppierung um die Figur des Eigentums), der zweite als Sozialwesen erfaßt, und zwar aufsteigend von dem engsten Verband der Familie, dem sich das Gesindeverhältnis anreiht, über das Vereinsrecht hinweg zur ständischen Gliederung (Bauer, Bürger, Adel) und dann zu den großen allgemeinen Verbänden: Kirche, Schule, Staat, wobei das Strafrecht als wuchtiges Finale an den Schluß gestellt ist; also eine stoffliche Ausdehnung weit über den Rahmen des Privatrechts hinaus. Das letztere ist einer der beiden Gründe für den außergewöhnlichen Umfang der Kodifikation (über siebzehntausend Paragraphen; vgl. die S. 79 zitierte Bemerkung Friedrichs des Großen). Der andere Grund lag in der kasuistischen Methode, die hier in einzigartiger, übertriebener, aber menschlich doch gewinnender Weise verwirklicht wurde (S. 75 Ziff. 4). Eine bedeutende Leistung war die Ausdrucksweise. Sie war nicht nur volkstümlich, sondern auch juristisch wertvoll; Svarez hatte damit der heutigen deutschen Rechtsprache in ähnlicher Weise vorgearbeitet wie Lessing dem literarischen Deutsch. — Beispiel der volkstümlichen Sprache, zugleich der gesunden, natürlichen (am Naturrecht orientierten) Denkweise des Gesetzes (§§ 67 ff. II 2): „Eine gesunde Mutter ist ihr Kind selbst zu säugen verpflichtet. Wie lange sie aber dem Kinde die Brust reichen solle, hängt von der Bestimmung des Vaters ab. Doch muß dieser, wenn die Gesundheit der Mutter oder des Kindes unter seiner Bestimmung leiden würde, dem Gutachten der Sachverständigen sich unterwerfen." — Das ALR. hat bis zum 1. Januar 1900 gegolten. Dann hob das Bürgerliche Gesetzbuch das gesamte im Landrecht enthaltene Zivilrecht mit wenig Ausnahmen auf (das Strafrecht und andere Teilstücke waren schon vorher weggefallen). Doch haben noch **heute** einzelne öffentlichrechtliche Stücke Geltung, so z. B. der berühmte, dem Geist des fürsorglichen Patriarchal- und Polizeistaats entsprungene § 10 II 17: „Die nöthigen Anstalten zur Erhaltung der öffentlichen Ruhe, Sicherheit und Ordnung, und zur

Abwendung der dem Publiko oder einzelnen Mitgliedern desselben bevorstehenden Gefahr zu treffen, ist das Amt der Polizei."

c) Österreich. Reiche Strafgesetzgebung, beginnend mit der Constitutio criminalis Theresina von 1768, einem finsteren und harten Gesetz, das die Folter eigens beibehält und in einem Anhang besonders erläutert, übrigens Prozeß und materielles Strafrecht noch nicht scheidet; abgelöst durch das Josefinische „Allgemeine Gesetz über Verbrechen und derselben Bestrafung" von 1787, das, im Geiste der Aufklärung gehalten, die Todesstrafe ganz beseitigt und die richterliche Ermessensfreiheit einschränkt, das Prozeßrecht abscheidet und einer eigenen, im nächsten Jahr erscheinenden Kriminalgerichtsordnung überläßt; 1803 durch ein Strafgesetz überholt, das zwar an der (1795 wieder eingeführten) Todesstrafe festhält, aber die Freiheitsstrafen wesentlich mildert. Für das Privatrecht ergeht nach jahrzehntelangen Vorbereitungen das „Allgemeine bürgerliche Gesetzbuch" von 1811, das sich bald Beliebtheit verschafft, noch heute von den Deutsch-Österreichern geschätzt wird, aber unlängst durch eine Novellengesetzgebung nicht unerheblich umgestaltet („modernisiert") worden ist, wobei das inzwischen erlassene reichsdeutsche BGB. nicht ohne Einfluß war. Berühmte Sätze daraus: § 7: „Läßt sich ein Rechtsfall weder aus den Worten noch aus dem natürlichen Sinne eines Gesetzes entscheiden, so muß auf ähnliche, in den Gesetzen bestimmt entschiedenen Fälle... Rücksicht genommen werden; bleibt der Rechtsfall noch zweifelhaft so muß solcher... nach den natürlichen Rechtsgrundsätzen entschieden werden"; § 16: „Jeder Mensch hat angeborne, schon durch die Vernunft einleuchtende Rechte, und ist daher als eine Person zu betrachten"; vgl. oben S. 190.

d) In Frankreich mühte man sich schon während der Revolution um größere kodifikatorische Taten. Aber erst unter Napoleons Regiment kommt die erforderliche Disziplin in die gesetzgeberische Arbeit. Weltberühmt ist der **Code civil** (auch Code Napoléon genannt) von 1804, der sich die geistige Wandlung der Revolutionszeit bereits zunutze machen konnte und dadurch äußerst erfolgreich gewesen ist. Eine ganze Familie von nachgebildeten Zivilgesetzbüchern in romanischen und südamerikanischen Staaten heftet sich an seine Fersen. Auch in Teilen Deutschlands (am Rhein entlang) hat er sich festgesetzt und hat z. B. in Baden mit wenigen Veränderungen und in deutscher Übersetzung bis 1900 gegolten. — Berühmte Sätze aus dem Code: Art. 4: „Le juge qui refusera de juger, sous prétexte du silence, de l'obscurité ou de l'insuffisance de la loi pourra être poursuivi comme coupable de déni de justice" (gegen Justizverweigerung durch den Richter); Art. 2279: „En fait de meubles, la possession vaut titre" (eine rätselhaft klingende, aber sprichwörtlich einprägsame Anerkennung des aus dem älteren deutschen Recht, oben S. 152, stammenden und auch im deutschen Bürgerlichen Gesetzbuch, unten S. 240, anerkannten Gutglaubensschutzes); Art. 340: „La recherche de la paternité est interdite" (die berüchtigte Abschneidung eines Unterhaltsanspruchs des unehelichen Kindes gegen seinen Erzeuger).

Neben dem Code civil ergingen ein Code de procédure civile (Zivil-Prozeßordnung) von 1806, ein Code de commerce (Handelsgesetzbuch) von 1807 (ebenfalls recht beachtenswert), ein Code d'instruction criminelle (Strafprozeßordnung) von 1808 und ein Code pénal (Strafgesetzbuch) von 1810. (Vgl. über französischen Einfluß oben S. 138b).

IV. Langsam schiebt sich neben die partikuläre wieder eine einheitlich deutsche, eine **Reichsgesetzgebung**. Wie erwähnt (S. 193) war ein literarischer Streit um ihre innere Berechtigung entbrannt. Gerade an den damals neu erschienenen Zivilgesetzbüchern der Einzelstaaten, dem Preußischen Landrecht, dem Code civil und dem österreichischen Allgemeinen Bürgerlichen Gesetzbuch, glaubte Savigny den mangelnden Beruf seiner Zeit für die Legislative erweisen zu können. Aber es war wohl weniger dieser literarisch-gelehrtenhafte Widerstand, als die allgemeine Erschöpfung, die ein sofortiges Einsetzen der Bundesgesetzgebung im 1815 lose geeinten Deutschland hintanhielt. Man hatte schon so viele Neuwerte, gerade auch juristische Neuwerte, in sich aufnehmen müssen, voran das Gebilde des „Bundes" selbst, dann die Bauernbefreiung, den Selbstverwaltungsgedanken, die Säkularisation, daß man nicht mehr genügende Tatkraft besaß um dem Schwunge auserlesener, ideal gerichteter Geister zu folgen. Auch die politische Reaktion, die Rührigkeit partikularistischer Kreise mögen das ihrige dazu beigetragen haben, daß zwei, drei Jahrzehnte lang den gesetzgeberischen Drang eine Art von Lähmung überkam. Dann aber wacht der Drang wieder auf; und, während nebenan die partikuläre Betätigung noch weiterläuft (auf dem Gebiet des bürgerlichen Rechts ist z. B. Hessen in den vierziger Jahren, Bayern in den sechziger Jahren mit Teilentwürfen, Sachsen sogar 1863 mit einem fertigen BGB. hervorgetreten), greift nunmehr auch, zuerst schüchtern, dann immer weiter ausholend, der Bund der deutschen Stämme zu, um sich seinerseits ebenfalls legislatorisch zu betätigen.

a) Kennzeichend ist dabei, daß die ersten Werke durchaus ins Gebiet des Verkehrslebens fallen. Man steht jetzt unter dem Zeichen einer dem „Verkehr" zugewandten Wirtschafts- und Weltanschauung. Der sog. wirtschaftliche Liberalismus vertrat zwar an sich das Dogma, es solle möglichst wenig mit staatlichen Maßregeln in das „freie Spiel der Kräfte" eingegriffen werden, war also insoweit gesetzesfeindlich. Indessen mußten auf der anderen Seite alte gesetzliche Schranken beseitigt werden, und das ging eben nicht an ohne eine „Kontregesetzgebung". Und überdies bedürfen gerade auch die neuen Figuren, die solches freies Kräftespiel hervortreibt, z. B. die neuen Formen der Gesellschaften und Genossenschaften, irgendwie einer juristischen Fassung. So treibt die erste Welle der Einheitsgesetzgebung neben kleineren Erscheinungen einige Werke hervor, die ein erfreuliches Zeichen schöpferischen Wollens sind und, auf dem Boden einer Weltanschauung erwachsen, entschieden Charakter besitzen: die **Wechselordnung** von 1848, das **Handelsgesetzbuch** von 1861, die **Gewerbeordnung** von 1869.

Die einheitliche **Wechselordnung** entsprach einem dringenden Bedürfnis. 57 verschiedene Wechselordnungen bestanden damals auf dem deutschen Territorium, davon gingen über 30 in das 18. und 9 sogar in das 17. Jahrhundert zurück. Unmittelbaren Druck übte auch die Gründung des deutschen Zollvereins aus. Man trat 1847 in Leipzig zusammen. In wenigen Monaten war man fertig (konnte sich allerdings auf mehrere vorangegangene Entwürfe, namentlich einen preußischen, stützen). Die Frankfurter Nationalversammlung griff im folgenden Jahr rasch nach dieser Gelegenheit, dem deutschen Volke ein Stück Einheitsgesetz zu geben, und ließ durch den Reichsverweser die Wechselordnung als „Reichsgesetz" publizieren. Da dies aber staatsrechtlich nicht haltbar war (vgl. S. 290, 303), publizierten die Einzelstaaten allmählich dieses erste Werk der Einheitslegislative noch einmal ein jeder für sich. Die Wechselordnung ist ein knappes, frisches, gesundes Gesetz, in seinen Grundzügen noch heute erhalten.

Ein viel größeres, ebenfalls wohlgelungenes Unternehmen war das **Handelsgesetzbuch** von 1861. Der politische Keim dazu lag schon in der Wechselordnung. „Durch die gemeinsame Wechselordnung", schrieb 1856 der zweite Präsident des Preußischen Obertribunals und frühere Justizminister Wilhelm Bornemann, „ist nicht nur für einen in den Verkehr tief eingreifenden Teil des Rechts das sichtbare gemeinsame Band wieder gewonnen, sondern auch zu einer weiteren Einigung die Brücke geschlagen worden. Denn das Fortbestehen einer gemeinsamen Wechselordnung ohne ein gemeinsames Handelsrecht ist kaum denkbar." Freilich, für ein solches gemeinsames HGB. war längere Vorarbeit, mehrere Jahre, nötig. Man trat zunächst in Nürnberg zusammen. In die Kommission wurden neben den Juristen auch Kaufleute aufgenommen, und auch darin kam die „neue Zeit" der Laienbeteiligung zum Ausdruck, daß sich im Mai 1861 der erste allgemeine deutsche Handelstag in Heidelberg für die sofortige Einführung des eben abschließend in Hamburg beratenen Entwurfs aussprach. Das HGB. hat in manchen Einzelfragen bahnbrechend gewirkt. Als das BGB. kam, konnte es an dieses eine Reihe wertvoller Ideen abgeben, ist ihm also als geistiger Herold voraufgezogen. Inzwischen hat es sich, namentlich wegen der notwendigen Anpassung an das BGB., manche Änderung, einmal sogar (1897) eine gänzliche Umformung, gefallen lassen müssen. Aber, wenn wir jetzt ein HGB. von 1897 haben, so darf darüber seine unmittelbare Unterlage von 1861 nicht vergessen werden.

Die **Gewerbeordnung** von 1869 ist besonders deutlich dem „liberalen" Geist entsprungen. Deshalb veranschaulicht aber gerade sie und ihr späteres Schicksal den Wandel der Zeiten. Sie ging von dem klaren Grundsatz der Gewerbe- und Vertragsfreiheit, insbesondere auch der freien Gestaltung des Arbeitsverhältnisses, aus. Inzwischen ist ununterbrochen an ihrer Fortbildung gearbeitet worden. An 20 Novellen sind zu ihr ergangen; nimmt man die Beeinflussung durch ergänzende Gesetze hinzu, so sind ihr mindestens 50 Wandlungen widerfahren (bis 1919). Dabei ist der wichtigste, durchlaufende Zug ein Abbau von Vertragsfreiheit und eine wachsende Beeinflussung des gewerblichen Lebens durch Außenkontrolle, staatlichen Zwang, soziale Ideen (vgl. dazu oben S. 202 Ziff. 4). Die GewO. ist also von den drei Grundgesetzen der ersten Schicht am meisten in seinem Wesen verändert worden.

b) Die zweite große Welle, die in den siebziger Jahren ihren Höhepunkt erreicht, war auf eine **einheitliche Justizorganisation** gerichtet, d. h. man wollte den gerichtlichen Apparat sowohl nach seiner Verfassung (Art und Aufbau der Gerichte usw.) wie nach dem anzuwendenden Verfahren (processus) sicherstellen. Vorher aber schob sich noch ein anderes Stück Bundes- und Reichsgesetzgebung ein, das der materiellen Sphäre angehört, aber doch einen Stoff behandelt, der mit dem Prozeß seit einigen Jahrzehnten zusammen genannt zu werden pflegte, nämlich das Strafrecht: am 31. Mai 1870 wurde ein deutsches **Strafgesetzbuch** (StrGB.) herausgebracht und unter dem 15. Mai 1871 für das ganze Reichsgebiet in Geltung gesetzt.

Schon die Grundrechte von 1848 nannten nebeneinander Strafrecht und Prozeß als Gegenstände einer einheitlichen Gesetzgebung. Ebenso die Verfassung des Norddeutschen Bundes, als sie an die Abgrenzung der Kompetenz zwischen Bund und Einzelstaaten ging und u. a. eben jene beiden Gebiete (im Gegensatz z. B. zum bürgerlichen Recht) dem Bunde zuschlug. Doch ging die Herstellung eines Strafgesetzbuches viel glatter vonstatten als die der Prozeßordnungen (s. unten). In knapp zwei Jahren war es fertig, beflügelt hauptsächlich durch den politischen Gedanken, den Bund dadurch zu festigen. Es hat deshalb auch ein leidlich frisches und noch einigermaßen persönliches Gepräge bekommen (Verdienste Heinrich Friedbergs, des späteren Staatssekretärs im Reichsjustizamt und preußischen Justizministers). Übrigens fehlte es nicht an dramatischen Höhepunkten während der verhältnismäßig kurzen Arbeitszeit. Namentlich die Frage der Todesstrafe führte fast zum Konflikt. Der Reichstag hatte sie in zweiter Lesung mit 118 gegen 81 Stimmen verworfen. Der Bundesrat erklärte den Entwurf ohne Todesstrafe für unannehmbar. (Berühmte Rede Bismarcks: „Ich möchte also an die Herren Juristen die Aufforderung richten: schrecken sie angesichts der hohen Aufgabe, die ihnen von der Vorsehung auferlegt ist, nicht vor Erfüllung derselben in ihrem höchsten Stadium zurück und werfen sie das Richtschwert nicht von sich, sie können sich dazu nur gedrungen fühlen, wenn sie ihrem Arm in seiner Handhabung lediglich menschliche Kraft zutrauen. Eine menschliche Kraft, die keine Rechtfertigung von oben in sich spürt, ist allerdings zur Führung des Richtschwertes nicht stark genug.") Schließlich in dritter Lesung Beibehaltung der Todesstrafe mit 127 gegen 119 Stimmen.

Reformbedürftigkeit des Strafgesetzbuches schon längere Zeit vor dem Kriege erkannt. Bedeutende Vorarbeiten (vgl. das S. 133 erwähnte sechzehnbändige Werk). Störender Einfluß des Schulstreits zwischen „klassischer" und „moderner" Schule. Näheres im § 29 Ziff. V.

Das Streben nach einer einheitlichen Justizorganisation hat sich von Anfang an in vier Teilstücke zerlegt: **Gerichtsverfassung, Zivilprozeß, Strafprozeß, Konkurs.** Dabei hat der Zivilprozeß im Vordergrund gestanden, eine reiche Partikulargesetzgebung mühte sich schon seit längerem um ihn, die Grundrechte von 1848 stellten einige oberste Prinzipien (Öffentlichkeit und Mündlichkeit) für ihn auf, schließlich ist auch in der Reichsgesetzgebung die Zivilprozeßordnung (ZPO.) bei weitem das umfangreichste der vier Gesetze geworden.

Die Fertigstellung des großen Werks der Justizorganisation stieß auf manche Hemmnisse und zog sich sehr lange hin. Es beginnt jetzt die Ära des „Kommissionsgeistes", die Persönlichkeit schwindet mehr und mehr, die Gesetze verlieren an Charakter und werden zur Bureaukratenarbeit, was durch den Parlamentarismus eher gesteigert als gemindert wird. Entwürfe reihen sich an Entwürfe, Kommissionen lassen Sitzungen auf Sitzungen folgen. Das Kompromiß drückt dem werdenden Werk an mehr als einer Stelle den Stempel auf. Immerhin stellen die vier Gesetze zusammen mit ihrem umfänglichen Begleitapparat (z. B. erging gleichzeitig eine eigene Rechtsanwaltsordnung, usw.) ein großes Werk deutschen Fleißes, deutscher Gründlichkeit und nationaler Entschlußkraft dar.

Der Kompromißcharakter ist namentlich bei der ZPO. in Erscheinung getreten. Hier rangen in der Partikulargesetzgebung schon seit einiger Zeit zwei Typen miteinander, der rheinisch-französische und der gemeinrechtliche Prozeß. Später, in der Bundeslegislative der sechziger Jahre, geht dieser Gegensatz in den Gegensatz zwischen einem preußischen (im wesentlich französisch orientierten) und einem hannöverschen (auf Verschmelzung mit gemeinrechtlichen Institutionen beruhenden) Entwurf über. Das schleppt sich ein Jahrzehnt hindurch. Ein Mischgebilde ist das Ergebnis. Hemmend auf das Gesamtwerk wirkte ferner der beharrliche Widerstand des Bundesrats gegen die Ausdehnung der Reichsgesetzgebung auch auf die Gerichtsverfassung, der erst nach längerer Zeit gebrochen werden konnte. Politische Momente spielten an mehreren Stellen hinein, so im Zivilprozeß bei den Fragen des sog. Kompetenzkonflikts und im Strafrecht bei dem Problem der Schwurgerichte. Auch hierbei war die Debatte nicht sehr großzügig. Endlich, Anfang 1877, ist man fertig und kann das ganze Werk am 1. Oktober 1879 — ein Tag an den sich die Ältesten aus dem Kreise der heute lebenden Juristen noch immer als großes Ereignis ihrer Jugendzeit erinnern — in Kraft setzen.

Einzeldaten: Gerichtsverfassungsgesetz (GVG.) vom 27. 1. 77, Zivilprozeßordnung (ZPO.) vom 30. 1. 77, Strafprozeßordnung (StrPO.) vom 1. 2. 77, Konkursordnung (KO.) vom 10. 2. 77, und viele Begleitgesetze. Inzwischen mancherlei „Novellen". Die „große Reform" steht noch aus. Näheres unten § 32 ff.

c) Die dritte große Welle erfaßt nun das bürgerliche Recht. Man ist derart in Deutschland gerade umgekehrt verfahren wie in der Schweiz, wo man zuerst das (materielle) Zivilrecht von bundeswegen kodifizierte und erst an zweiter Stelle an die Vereinheitlichung der Gerichtsverfassung und des Prozeßwesens heranging. Doch liefen auch in Deutschland beide Bestrebungen eine Zeitlang nebeneinander her. Die Fertigstellung des **Bürgerlichen Gesetzbuchs** (BGB.) hat nämlich fast ein Menschenalter gedauert, von 1873 bis 1896, und fällt im Anfangsstadium noch mit den letzten Jahren der Arbeit am Gerichts- und Prozeßwesen zusammen.

Ähnlich wie bei der Vereinheitlichung der Gerichtsverfassung ging ein mehrjähriger Kampf um die Zuständigkeit voraus. Gleich bei der Begründung des Norddeutschen Bundes im Jahre 1867, beim Beraten der Verfassung, brachte der bekannte nationalliberale Politiker und spätere Neuordner des preußischen Finanzwesens Miquel einen Antrag ein, daß auch das bürgerliche Recht mit unter die Legislative des Bundes gestellt werden müsse. Aber manchen schien das damals noch ganz unmöglich. In den nächsten Jahren nahm sich namentlich der nationalliberale Abgeordnete Lasker des Gedankens an. Jahr für Jahr wurde der Antrag von neuem eingebracht, im Parlament fand er immer stärkere Majoritäten, die Regierungen folgten zögernd, bis am 20. Dezember 1873 der Sieg gewonnen war und die Zuständigkeit des Reichs durch entsprechende Verfassungsänderung festgelegt wurde (sog. Lex Lasker).

Über die Einsetzung einer Vorkommission vgl. bereits S. 72. Über die Aufnahme der eigentlichen Arbeit und den stufenweisen Fortgang vgl. Lehmann, Grundriß des Allgemeinen Teils S. 5 ff.; ferner Vierhaus, Die Entstehungsgeschichte des Entwurfs eines BGB. (in Verbindung mit einer Übersicht der privatrechtlichen Kodifikationsbestrebungen in Deutschland), 1888. Ein bibliographisches Bild von dem bedeutenden Aufwand an geistiger Kraft, der dem Entwurf gewidmet worden ist, geben: Maas, Bibliographie der amtlichen Materialien zum BGB., 1897, und Mühlbrecht, Die Literatur des Entwurfs eines BGB., 1892.

Die Anteilnahme der Öffentlichkeit war im ganzen genommen recht gering. Einig Einzelfragen wie die, ob „Kauf Pacht und Miete brechen solle", erregten wohl die Gemüter und beschäftigten auch eine Zeitlang die Tagespresse. Aber an tieferem Verständnis der Bevölkerung hat es gefehlt. Auch die politisch-parlamentarische Behandlung stand nicht auf der Höhe. Der partikuläre Geist warf wohl ein paar Wellen (z. B. in der Frage des eigenhändigen Testaments, das die Süddeutschen dringend verlangten, S. 138b), der kirchliche Sinn brachte Zusammenstöße (vor allem in der Frage der Ehescheidung), das erwachende soziale Gefühl, hauptsächlich von der sozialdemokratischen Partei vertreten, brachte im Zuge der Arbeit manche als Einzelheit wertvolle Änderung in die Entwürfe hinein, aber das Ganze blieb ein Juristenwerk, dem auch der Reichstag, bisweilen in kleinsten Zank verfallend (so in der berühmten Hasenfrage, die bei dem Paragraphen 835 über den Wildschaden in Fluß kam), ziemlich fremd gegenüberstand.

Um das BGB. zu schaffen, ist ein riesiger Apparat in Bewegung gesetzt worden. Die Vorarbeiten und Kritiken füllen hunderte von Bänden. Alles ist von einer mustergültigen Gewissenhaftigkeit getragen. Aber es fehlt, gerade wohl wegen der Massenhaftigkeit des Materials, der höhere Flug. Die Gelehrsamkeit herrscht vor, die Volkstümlichkeit tritt ganz zurück. Der Kommissionsgeist (vgl. S. 217) ist hier zu höchster Blüte entfaltet, dafür entbehrt das Gesetz in besonders peinlicher Weise des Adels der Persönlichkeit.

Eine fast unüberschbare Masse von **Begleitgesetzen** zog neben dem Gesetzbuch einher und trat gleichzeitig oder dicht dahinter in Kraft. Nicht nur mußten eine Reihe schon bestehender Reichsgesetze dem neuen Geschwisterwerk „angepaßt" und deshalb, teilweise bedeutend, umgestaltet werden (darunter das HGB. und die ZPO.). Sondern es wurde auch eine große Zahl neuer Reichsgesetze und -verordnungen nötig, die gleichsam als Trabanten das Hauptwerk begleiteten, darunter vor allem die Reichsgrundbuchordnung (vgl. S. 240) und das Reichsgesetz über die freiwillige Gerichtsbarkeit (§ 35 II). Aber dazu kam dann noch der Ausführungsapparat der Landesgesetzgebung, viele Hunderte von Gesetzen, Verordnungen, Reglements, die nötig waren, um den weit ausgreifenden neuen Rechtsstoff in das teilweise doch recht verschiedene Rechtsleben der einzelnen Bundesstaaten einzubetten. Im ganzen war es eine gewaltige Flut von Paragraphen, die damals, am 1. Januar 1900, in Kraft und Leben trat. (Vgl. weiteres unten im § 22). Man war in diesem Augenblick des Stolzes voll und empfand deutlich, daß diese Paragraphenflut eine hohe Wende im deutschen Rechtsleben darstellte.

Begrüßte doch sogar der Dichtermund Ernst von Wildenbruchs das neue Werk mit folgenden Strophen:

„Da war's, als wenn der Star vom Auge fiel,
Vor allen Augen plötzlich stand das Ziel.
Sehnsucht, die in Vereinzelten gebrannt,
Als Sehnsucht aller wurde sie erkannt;
Es heischte neu geborenes Geschlecht
Mit ihm gebor'nes ein'ges Recht.
Vollendet ward es, und das Werk ist da.
Beglückte Stunde, die es werden sah!
Nun wandelt durch das deutsche Vaterland
Gerechtigkeit im heimischen Gewand.
Sie spricht, und jedem Ohre klingt's vertraut,
Denn in der Muttersprache tönt ihr Laut.
Aus ihres Volkes tiefstem Seelenschatz
Schöpft sie ihr Wort, Wahrspruch und Rechtes Satz."

Es fehlt aber auch nicht an sehr herben historischen Einschätzungen, die das BGB. als ein Machwerk der „Wilhelminischen Ära" darstellen wollen. — Vgl. J. W. Hedemann, Das BGB. nach fünfundzwanzig Jahren, in Deutsche Juristen-Zeitg. 1925 S. 3ff.; A. B. Schmidt, Das BGB. als Erzieher unseres Volkes, Festrede, 1901; A. v. Thur, Grundlagen und Ausbau des BGB., Rektoratsrede, 1918.

d) Inzwischen hatte sich, aus ganz anderen Tiefen stammend, durchaus neu in ihrer Wesensart und Zusammensetzung, als eine vierte mächtige Welle der Reichsgesetzgebung **die soziale Versicherung** erhoben. Hier fehlte jedes Vorbild. Aus den neuen Zeitverhältnissen heraus mußte etwas Eigenartiges geschaffen werden, das weder im römischen noch im germanischen Altertum, weder in irgendeinem Usus modernus pandectarum noch in der reichen Partikulargesetzgebung des 18. oder 19. Jahrhunderts einen Anhalt fand. Und was Deutschland dabei erreicht hat, ist bahnbrechend für die ganze Kulturwelt geworden und wird, wie auch immer die Zukunft sich gestalten mag, ein historisches Ereignis bleiben.

Das Ziel war, unter Bismarcks tatkräftiger Mitwirkung, in einer Kaiserlichen Botschaft vom 17. November 1881 (Wilhelm I) niedergelegt. „Wir halten es für Unsere Kaiserliche Pflicht", heißt es darin, „dem Reichstag die Förderung des Wohles der Arbeiter von neuem ans Herz zu legen, und würden Wir mit um so größerer Befriedigung auf alle Erfolge, mit denen Gott Unsere Regierung sichtlich gesegnet hat, zurückblicken, wenn es Uns gelänge, dereinst das Bewußtsein mitzunehmen, dem Vaterlande neue und dauernde Bürgschaften seines inneren Friedens und den Hilfsbedürftigen größere Sicherheit und Ergiebigkeit des Beistandes, auf den sie Anspruch haben, zu hinterlassen. . . . Für diese Fürsorge die rechten Mittel und Wege zu finden, ist eine schwierige, aber auch eine der höchsten Aufgaben jeden Gemeinwesens, welches auf den sittlichen Fundamenten des christlichen Volkslebens steht. Der engere Anschluß an die realen Kräfte dieses Volkslebens und das Zusammenfassen der letzteren in der Form korporativer Genossenschaften unter staatlichem Schutz und staatlicher Förderung werden, wie Wir hoffen, die Lösung auch von Aufgaben möglich machen, denen die Staatsgewalt allein in gleichem Umfange nicht gewachsen sein würde."

Unter solchen Zeichen ging man daran, eine in Geldunterstützungen (zum Teil auch in Sachleistungen) sich ausdrückende Versicherung der werktätigen Bevölkerung gegen das Leid des Lebens in seinen drei Haupterscheinungen, Krankheit, Unfall, Invalidität, gesetzgeberisch in die Wege zu leiten. Die Arbeit mußte stückweise geleistet werden, es ergingen zunächst drei große Einzelgesetze, danach (teilweise schon zwischendurch) kam es zu allerlei Erweiterungen durch Novellen und Anschlußgesetze. Insbesondere wurde der Kreis der versicherten Personen immer weiter gespannt, bis er sich auf viele Millionen Menschen erstreckte. Schließlich faßte man die drei Versicherungszweige unter Beigabe von vielen allgemeinen Vorschriften in der Reichsversicherungsordnung von 1911 (RVO.) zusammen, die nunmehr mit ihren 1805 Paragraphen die größte Kodifikation neben dem BGB. darstellt.

1883 erging als erster Schritt auf der neuen Bahn das Krankenversicherungsgesetz, 1884 folgte das Unfallversicherungsgesetz, 1889 das Invaliditäts- und Altersversicherungsgesetz. Die Zusammenfassung von 1911 (Ges. v. 19. Juli 1911) beruht weniger auf einer organischen Verschmelzung des gesamten Stoffes, als auf einer losen Nebeneinanderfügung mit einem dünnen gemeinsamen Mantel; sachlich neu schuf das Gesetz von 1911 die Hinterbliebenenversicherung, die den Witwen (auch Witwern) und Waisen zugute kommt. Heute (1926) fallen von einer Bevölkerung von über 60 Millionen Menschen rund 24 Mill. unter die Unfall-, 18 Mill. unter die Kranken-, 16 Mill. unter die Invalidenversicherung. Rechnet man die Familien der Betroffenen hinzu, so kann man sagen, daß mindestens $^4/_5$ der Bevölkerung an diesem großartigen Versicherungswerk beteiligt sind. Die jährlichen Aufwendungen, die die so ausgebaute Sozialversicherung nötig macht, betragen heute mindestens zwei Milliarden. Eine Angestelltenversicherung ist in einem besonderen, gleich nach der RVO. erlassenen Gesetz vom 20. Dez. 1911 untergebracht.

Die Bahn dieser legislatorischen Schicht ist, namentlich in der späteren Zeit, von starken Kämpfen begleitet. Aber hier sind es nicht die Wissenschaftler und Juristen, sondern die Interessengruppen und politischen Parteien, die den Ton angeben. Nicht nur um Einzelheiten (wie etwa die Herabsetzung der Altersgrenze von 70 auf 65 Jahre, oder die Beziehungen zwischen der Ärzteschaft und den Krankenkassen, oder die Verteilung des Einflusses in den Kassen zwischen Arbeiterschaft und Unternehmertum) wird heiß gerungen, sondern das ganze Glaubensbekenntnis der politischen Parteien konnte sich hier offenbaren. So ist z. B. noch die ganze RVO. von der Sozialdemokratie im Reichstag einstimmig abgelehnt worden, weil sie diesen Kreisen zu sehr auf „Bevormundung" und „staatlichen Fürsorgeapparat" aufgebaut erschien.

V. Durch **das große Ereignis des Krieges** ist der legislatorische Strom keineswegs verschüttet, wohl aber in ganz andere Bahnen geleitet worden. Das deutsche Reich sah sich gewaltsam nach außen gedrängt. Es mußte sich, zumal nach dem unglücklichen Ausgang des Krieges und dem Ausbruch der revolutionären Unruhen, ganz neu in der Welt orientieren. Da war für gesetzgeberische Arbeit an solchen friedlichen Stoffen, wie wir sie im vorhergehenden kennen gelernt haben, zunächst kein Raum. Statt dessen galt es, sich in das europäische Völkergemenge nach ganz neuen Zwangsregeln einzubetten und dann im Innern ein neues Verfassungsfundament zu entwerfen. Das ist alles auch in den Bahnen der Gesetzgebung vollzogen worden. Aber es war eine Gesetzgebung ganz anderer Art.

a) Schon die sog. **Kriegsgesetzgebung** zeigt ein neues Gepräge. Sie war von Anfang an auf einen diktatorischen Ton gestimmt. Zunächst hat man das nicht voll erkannt. Man glaubte, es handle sich um den alten, gewohnten Gesetzgebungsapparat des konstitutionell-parlamentarischen Staates. In Wahrheit war auf breitesten Flächen der Reichstag so gut wie ganz ausgeschaltet. Der Bundesrat oder kraft seines Auftrags die einzelnen Minister und Reichskommissare handelten nahezu selbständig, und zwar nicht bloß im Punkte Verwaltung, sondern gerade auch als Gesetzgeber. Damit hat die Ära der Ermächtigungslegislative begonnen, deren historische Bedeutung sicher sehr hoch zu veranschlagen ist, wenn auch wir Zeitgenossen sie nicht mit voller Sicherheit abschätzen können. Die Riesenflut der Gesetze, die auf Grund des ersten Ermächtigungsgesetzes vom 4. August 1914 (Ges. über die Ermächtigung des Bundesrats zu wirtschaftlichen Maßregeln usw., s. im folgenden) ergingen, war in der Hauptsache der **Zwangsregelung der Wirtschaft** gewidmet. Darum hat auch das sog. „Wirtschaftsrecht" (S. 261 und unten § 24 VI) gerade hier seinen Hauptnährboden gefunden. Und da der Zwang gleichbedeutend mit Zentralisation und Schutz der Allgemeinheit war, so ist hier gleichzeitig der historische Höhepunkt des Staatssozialismus (S. 202, 306 ff.) zu finden. Mit dem Kriege war diese Bewegung keineswegs zu Ende. Die Machthaber der Revolution fuhren zunächst im selben Gleise weiter. An die „Kriegswirtschaft" schloß sich die „Übergangswirtschaft". Die sog. Demobilmachungskommissare waren z. B. nur umgetönte Abbilder der vielerlei Kriegskommissare. Allmählich wurde allerdings die staatssozialistische Zwangsbewirtschaftung mehr und mehr „abgebaut"; heute kann man sogar sagen, daß diese ganze große Stoffschicht der Beschlagnahmungen und Kriegsgesellschaften, der Zentralisation aller Lebensmittel und Rohstoffe, der Wiederverteilung an die Millionen Staatsbürger mittels Bezugsscheinen, Brotkarten und ähnlichen juristischen Ausweismitteln, der allerlei Anmeldestellen und Kommissariate, der unübersehbar vielen Strafbestimmungen und des einzigartigen Hilfsdienstgesetzes vom Jahre 1916, als ein abgeschlossenes Ganzes hinter uns liegt.

Doch aber ist eines geblieben, was gerade für unsere Betrachtung des gesetzgeberischen Geschehens so bedeutsam ist, nämlich die **Technik jener Ermächtigungslegislative.** Sie hat sich bis in die jüngste Zeit fortgesetzt, hat im Winter 1923/1924 einen, vom historischen Standpunkt großartigen Höhepunkt erreicht und wird vielleicht, obwohl viel angefeindet, noch eine bedeutende Zukunft haben.

1. Kriegswirtschaftsgesetzgebung. Die einzelnen Kriegswirtschaftsgesetze aufzuzählen, ist nicht möglich. Die Jahrgänge 1914 bis 1918 des Reichsgesetzblattes, der Landesgesetzblätter, des Reichsanzeigers sind erfüllt davon. Hervorhebung verdient, weil vorbildlich für viele andere, das erste Getreidegesetz vom 28. Juni 1915 (RGBl.

S. 363) und das Hilfsdienstgesetz vom 15. Dezember 1916 (RGBl. S. 1333) mit dem markanten Generalsatz: „Jeder männliche Deutsche vom vollendeten siebzehnten bis zum vollendeten sechzigsten Lebensjahr ist, soweit er nicht zum Dienste in der bewaffneten Macht einberufen ist, zum vaterländischen Hilfsdienst während des Krieges verpflichtet."

Eine zusammenfassende literarische Bearbeitung des mächtigen und juristisch überaus ergiebigen Stoffes fehlt noch. Skizzenhaft kommt einer solchen Bearbeitung nahe das verdienstvolle Buch von Arthur Nußbaum (Prof. in Berlin), Das neue deutsche Wirtschaftsrecht, 2. Aufl. 1922. Teilstücke des Stoffes stellen u. a. dar: Heinrich Lehmann (jetzt Prof. in Köln), Die Kriegsbeschlagnahme 1916; Waldecker (jetzt Prof. in Königsberg), Die Kriegsenteignung, 1919; Richard Kahn (Rechtsanwalt in Ludwigshafen), Rechtsbegriffe der Kriegswirtschaft, 1918; Herbert Schmeißer (Referendar aus Eisenberg), Der Einfluß des Krieges auf die Hauptverträge des BGB., 1915; Ernst Heymann (Prof. in Berlin), Die Rechtsformen der militärischen Kriegswirtschaft, 1921. Zu vergleichen ist auch, obwohl aus dem spezifischen Kriegsstoff hinausstrebend, Hans Goldschmidt (Prof. in Köln), Reichswirtschaftsrecht, 1923. Das gesetzgeberische Material ist angehäuft in dem vielbändigen „Kriegsbuch" von Güthe-Schlegelberger (Untertitel: Die Kriegsgesetze mit der amtlichen Begründung und der gesamten Rechtsprechung und Rechtslehre), 8 Bände und daran anschließend 2 Bände „Deutsches Übergangsrecht" (Untertitel: Die Gesetzgebung des Reichs und Preußens nach der Beendigung des Krieges vom Umsturz bis zur neuen Reichsverfassung, 1920).

2. **Ermächtigungslegislative.** Grundlegend ein einziger Paragraph des erwähnten Gesetzes vom 4. August 1914. Man kann hier das Werden großer Gestaltungen beobachten. Die „Ermächtigung" ist nicht Gegenstand eines ihr eigens gewidmeten Sondergesetzes, vielmehr findet sie sich versteckt, mitten zwischen anderen, ihr gegenüber nichtssagenden und heute längstvergessenen Paragraphen, nämlich im § 3 des Gesetzes, und zwar mit folgenden Sätzen: „Der Bundesrat wird ermächtigt, während der Zeit des Krieges diejenigen gesetzlichen Maßnahmen anzuordnen, welche sich zur Abhilfe wirtschaftlicher Schädigungen als notwendig erweisen. Diese Maßnahmen sind dem Reichstag bei seinem nächsten Zusammentritt zur Kenntnis zu bringen und auf sein Verlangen aufzuheben." Damit ist der Typus mit seiner charakteristischen Dreigliederung geschaffen: Zielformel, die Ermächtigung selbst und eine salvatorische Klausel zugunsten des alten, ausgeschalteten Gesetzgebungsfaktors, des Parlaments. Dieser Typus kehrt dann in der Revolutionszeit mehrfach wieder, namentlich in folgenden vier Gesetzen: 1. Ges. über eine vereinfachte Form der Gesetzgebung f. die Zwecke der Übergangswirtschaft v. 17. April 1919 (RGBl. S. 394; Fortführung im Ges. v. 3. August 1920, S. 1493). — 2. Das sog. Notgesetz v. 24. Febr. 1923 (I S. 147). — 3. Das Ermächtigungsgesetz v. 13. Oktober 1923 (I S. 943) mit eigentümlicher Geltungsklausel. — 4. Das Ermächtigungsgesetz v. 8. Dez. 1923 (I S. 1179). Da hier nicht ein alteingesessenes Institut des Staatsrechts, wie es der Bundesrat von 1914 war, sondern ein Regierungskollegium mit den außerordentlichen Vollmachten ausgestattet wurde, so geht diese spätere Ermächtigungslegislative geradezu in **Diktatur** über. Dadurch ist sie

in eine ganz eigentümliche Parallele zu der Diktatur des Reichspräsidenten auf Grund des Art. 48 der Reichsverfassung (S. 307) geraten. Es ist überaus interessant, das Nebeneinanderhergehen dieser beiden irregulären Gewalten zu beobachten. Die staatsrechtliche Wissenschaft hat sich jedoch bisher fast ausschließlich mit dem Art. 48 befaßt. Vgl. Veröffentlichungen der Vereinigung der deutschen Staatsrechtslehrer, Heft 1: Die Diktatur des Reichspräsidenten, 1924. Auf breiter historischer Basis Carl Schmitt-Dorotic (Prof. in Bonn), Die Diktatur, 1921. Ferner Richard Grau, Die Diktaturgewalt, 1922. Doch ist jene Ermächtigungslegislative sowohl politisch wie juristisch weit ergiebiger.

3. **Die Leistung des Regierungskollegiums im Winter 1923/24** stellt eine historische Großtat dar. Sie hat mit ihren Verordnungen 1. die Stabilisierung der Währung, 2. die Einrenkung der kaufmännischen Bilanzen, 3. die Lösung des sehr schwierigen Aufwertungsproblems (vgl. S. 51), 4. die Wiederherstellung der Steuerkraft des Reiches (unten S. 323), 5. die Anbahnung dringend notwendiger Reformen des Prozeßrechts, 6. einen ersten staatlichen Vorstoß gegen die Übermacht der Kartelle erzielt. Dabei sind ihr Fehlgriffe untergelaufen, wie es gar nicht anders sein konnte. Das sind, vom historischen Standpunkt aus, Kleinigkeiten. Im ganzen ist hier eine gesetzgeberische Leistung vollbracht worden, die sich weit über die Flickarbeit und Stagnation der vorangegangenen Jahre erhebt.

b) Ganz anderen Charakters ist das Diktat der Sieger, das sich im **Versailler Vertrag** von 1919 niedergeschlagen hat. Zweifellos als eine Rechtssatzung gemeint und als solche nach den Vorbildern früherer Friedensschlüsse stilisiert. In erster Linie ein völker- und staatsrechtliches Dokument. Aber durch Einstellung in das Reichsgesetzblatt zum innerdeutschen Gesetz gemacht und über die staatsrechtlichen Wirkungen weit hinaus fast alle anderen Rechtsgebiete beeinflussend. Dabei verdient besonders hervorgehoben zu werden, daß auch hier wieder die Wirtschaft, das Zeichen der Zeit (S. 200 f.), in erstaunlicher Weise ihr Haupt erhebt (vgl. z. B. unten im Steuerrecht, § 28 II b 2), und daß dem Arbeitsrecht, diesem neuen „Fach" (nachfolgend § 25, S. 260 ff.), ausdrücklich ein eigener Platz, nach der internationalen Seite orientiert, eingeräumt worden ist.

Das Dokument ist mit seinem dreisprachigen Text zugänglich im Reichsgesetzblatt von 1919 Seite 687 bis 1349. Es wird, auch wenn ihm eine Umgestaltung widerfahren sollte, auf lange hinaus das deutsche Rechtsleben beeinflussen. Die historische Bedeutung anderer Friedensschlüsse ist bekannt. Das Instrumentum Pacis Osnabrucense von 1648 wird z. B. noch heute unter den wichtigsten „Rechtsquellen" der damaligen Zeit aufgezählt. Das Instrument von Versailles dürfte ihm in dieser Hinsicht mindestens ebenbürtig sein.

Die wirtschaftlichen Zwangsregeln sind niedergelegt im Teil VIII „Wiedergutmachungen" und Teil X „Wirtschaftliche Bestimmungen". Hauptpunkte: Deutschlands (erzwungenes) Bekenntnis zu seiner „Schuld am Kriege" und daraus abgeleitet seine „Verantwortlichkeit für alle

Schäden und Verluste" (Art. 231). Weitere Ableitung: Deutschlands „wirtschaftliche Hilfsmittel" haften für die „Wiedergutmachung" (Art. 236). Pflicht Deutschlands zur Rückgabe aller im Kriege „weggeführten, beschlagnahmten oder sequestrierten Güter" (Art. 238). Umgekehrt: Festhaltung des beschlagnahmten deutschen Vermögens (Art. 297). Besonders eindrucksvoll Art. 248, wonach „der gesamte Besitz und alle Einnahmequellen des deutschen Reichs und der deutschen Staaten an erster Stelle für die Bezahlung der Kosten der Wiedergutmachung haften."

Man erkennt an dieser Probe, wie stark hier mit spezifisch-juristischen Figuren gearbeitet wird, und zwar Figuren, die der privatrechtlichen Lehre von Gläubiger und Schuldner entlehnt sind.

Die „Organisation der Arbeit" ist niedergelegt im XIII. Titel. In keinem anderen Friedensinstrument der nächsten oder der ferneren Vergangenheit findet sich etwas Ähnliches. Es handelt sich um ein Zugeständnis an den trotzigen Geist der Massen, also wiederum eine echte Zeiterscheinung (S. 202 a. E.). Die Heere aller Völker hatten überwiegend aus „Arbeitern", zu beträchtlichen Teilen aus organisierten Arbeitern bestanden. Nahezu naturnotwendig mußte ihnen, die die Waffen eben erst weggelegt hatten, etwas geboten werden. Die Genesis jenes Titels XIII zeigt deutlich diesen Druck. Berühmte Arbeiterführer, so der Franzose Jouhaux und der Amerikaner Gompers, saßen in der vorbereitenden Kommission. Ein kunstvoll gefügter Bau kam zustande, praktisch bisher (1926) noch wesentlich geschwächt durch das Abseitsstehen von Nordamerika und Rußland, theoretisch aber in seinem ständigen Arbeitsamt in Genf und auf seinen internationalen Konferenzen (bisher sieben: die 1. in Washington, die 2. in Genua, die folgenden in Genf) beachtliches Material schaffend, das in mäßigen Grenzen auch das innere deutsche Recht zu beeinflussen vermag. Vgl. Ritzmann, Internationale Sozialpolitik, ihre geschichtliche Entwicklung und ihr gegenwärtiger Stand, 1925.

Über den „Völkerbund" als Teilstück des Friedensvertrages unten § 31 III b.

c) Den Abschluß und das Kernstück dieser letzten legislatorischen Ära, die wir erreicht haben, bildet die neue **Reichsverfassung von 1919.** Sie ist hier nicht in ihrem dogmatischen Inhalt (darüber unten § 26 Ziff. VI), sondern als historisches Werk der Gesetzgebung zu würdigen. Doch verdient folgender dogmatischer Gedanke angemerkt zu werden: Die Verfassungsurkunde ist zwar auch ein „Gesetz", aber ein Gesetz, das alle anderen, z. B. ein Strafgesetzbuch oder eine Prozeßordnung oder ein Handelsgesetzbuch, nicht bloß nach seiner politischen, sondern auch nach seiner juristischen Bedeutung übertrifft. Denn alle anderen Gesetze beruhen auf ihm. Ein gewöhnliches Gesetz sagt aus, was „Recht" sein soll. Die Verfassung aber bestimmt, wer die Macht hat, das Recht zu setzen. Man pflegt daher in der staatsrechtlichen Literatur die Verfassung gern als „Grundgesetz" anzusprechen.

Enzyklopädie: S. 77 Ziff. V. — Aus der Sonderstellung des Verfassungsgesetzes entspringt eine auch praktisch sehr wichtige, im einzelnen freilich verschieden beantwortete und umstrittene Frage inwieweit nämlich ein gewöhnliches Gesetz sich inhaltlich von den Grunddogmen des „Grundgesetzes" entfernen darf. An sich kann jedes spätere Gesetz, wenn nur formell richtig erlassen, ein früheres aufheben. Wäre die Verfassung ein Gesetz wie jedes andere, so könnte ein beliebiges späteres Gesetz von ihr abweichen. Verdient demgegenüber die Verfassung als „Grundgesetz" nicht besonderen Schutz? In der Tat wird nicht selten, so z. B. in der deutschen RV. (Art. 76), eine „qualifizierte Mehrheit" oder sonst eine Erschwernis für „verfassungsändernde Gesetze" vorgeschrieben. Es hängt damit noch eine weitere wichtige Frage nahe zusammen, ob nämlich der Richter eigenmächtig die „Verfassungsmäßigkeit" der gewöhnlichen Gesetze nachprüfen dürfe. Es ist schon in anderem Zusammenhange darauf hingewiesen worden, daß gerade diese Frage in der neuen deutschen Reichsverfassung offen gelassen worden ist (S. 82).

Wie ist nun das neue deutsche Grundgesetz als gesetzgeberische Leistung einzuschätzen? Man darf sagen, daß seine Anerkennung allmählich gewachsen ist. Anfänglich wurde es in sehr lebhafter Kritik als „Flickwerk", als eine mißglückte Nachbildung teils englischer, teils französischer, teils amerikanischer Schemata angesprochen. Diese Kritik ist noch nicht verstummt. Aber sie war sehr übertrieben. Daß man auswärtige Vorbilder heranzog, lag nahe. Vor allem aber ist genügend deutscher Eigengeist am Werke gewesen, um die fertige Leistung doch als eine spezifisch deutsche erscheinen zu lassen. Überdies war die Aufgabe, an die zum mindesten ein Teil der Mitarbeiter mit echtem Idealismus herantrat, schwierig. Es galt eine juristisch gesicherte Abstimmung sehr verschiedener Kräfte gegeneinander zu finden, des Einheitsgedankens gegen den Partikularismus (Näheres unten § 26 VI b), des Massenelementes gegen die notwendige Führerschaft einzelner Amtsträger, der verschiedenen „Stände" untereinander. Darüber hinaus streckte man in dem zweiten Hauptteil (Grundrechte und Grundpflichten der Deutschen) geradezu einen Kanon der politischen Ethik an, und es sind dabei etliche beachtliche neue Richtungslinien gewonnen worden. Gewiß hätte die Meisterhand eines großen Einzelnen, wie es Bismarck war, mehr erreicht. Die neue Verfassung ist durchaus Kommissionsarbeit, aber gerade darum aus der Gegenwart geboren (vgl. S. 217). In jedem Fall muß sie als gesetzgeberischer Querschnitt durch die Geschichte Deutschlands hingenommen und geachtet werden gleich der „Rechtssatzung" von Versailles. Daß sie keinen ewigen Bestand haben wird, teilt sie mit aller anderen Legislative.

VI. Damit ist dargetan, daß Krieg und Revolution den Drang nach gesetzgeberischer Betätigung keineswegs eingedämmt haben.

Langsam beginnt in den öffentlichrechtlichen Verhältnissen wieder Ruhe einzukehren. Hier kann der „Gesetzgeber" allmählich die Feder rasten lassen oder gar beiseite legen. Aber sofort tauchen die inzwischen brachgelegten anderen Rechtsgebiete wieder auf und lassen den Gesetzgeber keinen Atem schöpfen. Es zieht die seit langem vorbereitete Reform des Straf- und Prozeßrechts herauf. Auch dem Bürgerlichen Gesetzbuch will man revidierend auf den Leib rücken (Besserstellung der unehelichen Kinder, Änderung des Ehegüterrechts zugunsten der Frau usw.). Dazu tritt das ganze neue Gebiet des Arbeitsrechts, das deutlich nach kodifikatorischer Erfassung verlangt. Über all das werden noch im III. Teil Andeutungen zu geben sein.

So sehen wir gewiß nicht eine Knappheit der gesetzgeberischen Aufgaben vor uns. Im Gegenteil sind wir gehalten, eine Warnung an den Schluß zu stellen. Schon vor dem Umschwung prägte einer der besten Kenner dieser Dinge von der Legislative der Gegenwart das Wort: „Es ist der Geist der technisch und naturrechtlich unbegrenzten Möglichkeiten, der heute unsere Gesetzgebung beherrscht" (Ernst Landsberg in Bonn). Jetzt ist noch, wie wir gesehen haben, der bittere Druck der Kriegsverwickelungen und der Impetus der Revolution hinzugetreten. Einer Hochflut gleicht, was an gesetztem Recht über uns hereingebrochen ist, und ein Ende ist noch nicht abzusehen.

Dieser Erscheinung steht der Rechtsphilosoph und der Volksfreund nicht ohne ernste Besorgnis gegenüber. Zumal, wenn er gewisse Erscheinungen des Schrifttums, das Anschwellen der Kommentare und Spruchsammlungen noch hinzunimmt. Dann nämlich wird er an frühere Zeiten erinnert, wo eine Übermasse von Material die Schwungkraft der Geister lähmte, wo die Persönlichkeit ganz überwuchert wurde von Gesetzen ohne Charakter und Schriften ohne Charakter. Darum muß an den Schluß unseres Überblicks über die wissenschaftlichen Strömungen (§ 20) wie an den vorläufigen Endpunkt der Gesetzgebungsgeschichte (§ 21) der Satz gestellt werden: Überfülle ist keine Kraft, Einrichtungen sind kein Geist, und ohne Kraft und ohne Geist und ohne Persönlichkeit muß das Rechtsleben in die Tiefe sinken.

III. Teil.

Überblick über die einzelnen Gebiete des heutigen Rechts.

Kapitel 1.

Das Recht der privaten Interessen.

§ 22. Das bürgerliche Recht.

I. **Grundgedanke.** Das bürgerliche Recht richtet seinen Blick auf die einzelnen Rechtsgenossen, bewertet sie unter dem Gesichtspunkt grundsätzlicher Gleichberechtigung und bemüht sich, ihre Interessen gegeneinander abzuschichten.

Beispiel § 535 BGB.: „Durch den Mietsvertrag wird der Vermieter verpflichtet, dem Mieter den Gebrauch der vermieteten Sache während der Mietzeit zu gewähren. Der Mieter ist verpflichtet, dem Vermieter den vereinbarten Mietzins zu entrichten." — Gewiß ist das Mietswesen auch eine öffentliche Angelegenheit. Während des Krieges ist das in aller Deutlichkeit in Erscheinung getreten, nach dem Kriege hat es sich noch weit schärfer bemerkbar gemacht. Wenn z. B. den kinderreichen Familien das Unterkommen dank einer egoistischen und unsozialen Gesinnung der Vermieterschaft unerträglich erschwert wird, so werden Polizeiverordnungen oder gar Gesetze zur Abhilfe nötig sein. Aber mit dem bürgerlichen Recht hat das dann genau genommen nichts zu tun. Jener Paragraph des BGB. denkt nicht an die Allgemeinheit, nicht an die „Mieterschaft" oder die kinderreichen Familien als ein Stück des Volkskörpers, sondern nur an den Mieter und den Vermieter, also an die einzelnen, jeweils beteiligten Individuen.

In voller Reinheit läßt sich jedoch dieser Grundgedanke nicht durchführen. Zunächst einmal erscheinen als Rechtsgenossen wie überhaupt so auch im Getriebe des bürgerlichen Rechts nicht bloß die einzelnen Menschen, sondern auch gewisse Menschheitsverbände, z. B. die Vereine (vgl. schon S. 124). Aber auch abgesehen davon drängt sich an die verschiedensten Stellen neben den Privatinteressen das eine oder andere öffentliche Interesse in die Gedankengänge des bürgerlichen Rechts hinein.

Wenn beispielsweise im § 656 dem Ehevermittler ein klagbarer Anspruch auf den versprochenen Mäklerlohn verweigert wird, so läßt sich das vom Standpunkt bloßer Bewertung der beiderseitigen Individualinteressen nicht erklären. Vielmehr hat der soziale Gedanke, daß das Ehemäklergeschäft zu mißbilligen, jedenfalls nicht zu schützen sei, den Ausschlag gegeben.

Auch die Gleichbewertung der Beteiligten (vgl. S. 9 III) hat sich bei manchen Figuren eine merkliche Abschwächung gefallen lassen müssen. Insbesondere läßt sich das Familienrecht nicht ohne ein gewisses Maß von Überordnung des einen über den anderen regeln.

II. Neuerdings saugen ganze große Gebiete so viel fremde Bestandteile, öffentlich-rechtliche Vorkehrungen, Züge der Über- und Unterordnung in sich hinein, daß sie kaum noch im Rahmen des bürgerlichen Rechts festzuhalten sind. Das gilt in hervorragendem Maße vom Arbeitsrecht (unten § 25), aber auch von anderen Materien. Ja, diese **Mischung des Privatrechts mit öffentlich-rechtlichen Bestandteilen** (diese „Publizierung" des bürgerlichen Rechts) hat in jüngster Zeit so sehr zugenommen, daß bereits Zweifel an dem Wert der ganzen grundlegenden Zweiteilung in öffentliches Recht und Privatrecht aufgetaucht sind. Immerhin muß mindestens für Lehrzwecke daran festgehalten werden.

1. Ein Beispiel für ein umstrittenes Einzelinstitut bildet die vor einiger Zeit in Deutschland praktisch angewandte Zwangsanleihe (Reichsgesetz vom 20. Juli 1922, RGBl. I S. 601; später mehrfach geändert). Vieles an ihr scheint Steuercharakter zu haben und weist damit ins öffentliche Recht; so die Form, nach der die Anleihe zustande kommt. Aber die weitere Abwicklung, der „Lauf" der einmal zustande gekommenen Zwangsanleihe trägt durchaus den Charakter eines Darlehns und weist so ins Privatrecht; daß dabei der Staat Schuldner ist, ändert nichts, denn das ist er auch bei jeder sonstigen, privatrechtlich durchzuführenden Staatsanleihe.

2. Beispiel eines ganzen Stoffgebietes mit Mischcharakter ist, wie erwähnt, das in jüngster Zeit entwickelte Arbeitsrecht. Betrachtet man z. B. das Wirken der Betriebsräte in den modernen Fabriken (unten 25 IV c, S. 283), so erscheinen sie einmal als bloße Sprecher für ihre Kameraden, als Vertreter im Sinne des bürgerlichen Rechts, und auch das Ziel, das sie verfolgen, indem sie mit dem Fabrikherrn (Arbeitgeber) verhandeln, liegt oft durchaus in der privaten Sphäre: ein Arbeitskollege soll nicht entlassen, die Zeiteinteilung im Laufe des Arbeitstages, Mittagspause usw., soll verschoben werden. Aber auf der anderen Seite ist ihre Stellung von der Gesetzgebung als ein „Amt" gedacht, es wird ihnen ausdrücklich aufgegeben, an das übergeordnete Wohl des ganzen Betriebes, darüber hinaus das Gemeinwohl, zu denken, und bei der Durchführung solcher Ziele können sie rasch genug in einen Gegensatz zu ihren Kameraden geraten; dann tritt das Moment der Überordnung plötzlich hervor. So herrscht denn Streit in der gelehrten

Welt, ob man die Betriebsräte und die Pakte, die sie mit dem Arbeitgeber schließen (sog. Betriebsvereinbarungen), zum Privatrecht oder zum öffentlichen Recht schlagen soll. Der letzteren Ansicht dürfte der Vorzug zu geben sein. Die Betriebsvereinbarungen kommen übrigens den Tarifverträgen sehr nahe, über deren Problematik (sind sie „Rechtsquelle"?) bereits S. 97 Ziff. 3 gehandelt worden ist.

3. Neuerdings wird von der neu-österreichischen Rechtsschule (Kelsen, Prof. in Wien) jeder Unterschied zwischen privatem und öffentlichem Recht geleugnet, richtiger: als gar nicht möglich verworfen. Das hängt mit dem restlos durchgeführten Formalismus dieser Schule zusammen. Sie lehrt, Recht sei ausschließlich formale Ordnung; der angebliche Gegensatz zwischen Privatrecht und öffentlichem Recht stütze sich bereits auf ein inhaltliches, materielles, stoffliches Moment, und damit sei man auf einem Abweg. Doch ist das Umgekehrte richtig: Jene einseitige Auffassung des Rechts als Form ist abzulehnen. Sie ist nicht gerade falsch, denn es ist niemandem benommen, sich ein solches Denkgebäude zurechtzumachen. Aber sie geht an dem vorbei, was im gesunden Leben als „Recht" betrachtet wird. Vgl. über diese Kelsensche Richtung auch unten 285.

Was ist nun das **entscheidende Kennzeichen des Privatrechts im Gegensatz zum öffentlichen Recht?** Darauf liefen schon frühere Ausführungen (S. 9 unter IIIa) hinaus. Sie sind hier schärfer zu fassen. Zwei Theorien (mit vielen Spielarten) stehen sich gegenüber:

1. Die Imperiumtheorie. Sie verlegt das Schwergewicht in das Befehlselement, in das entscheidende Mitwirken eines Überordnungsverhältnisses. Ist ein solches gegeben, so liegt öffentliches, fehlt es, so liegt privates Recht vor.

2. Die Interessentheorie. Sie geht von dem Ziel aus, das mit einer bestimmten Rechtsregel oder Rechtseinrichtung verfolgt wird. Will man damit private Interessen meistern, so liegt ein Stück Privatrecht vor. Will man dagegen öffentliche Interessen fördern, so bewegt man sich im Bereich des öffentlichen Rechts.

Darum eben gehört der Rechtssatz, der dem Dieb befiehlt, die weggenommene Sache zurückzugeben, in das Privatrecht; denn hiermit soll nur der geschädigten Privatperson gedient werden. Dagegen gehört der Rechtssatz, der die Bestrafung des Diebes anordnet, ins öffentliche Recht; denn hier soll im Wege der Sühne (Ahndung) dem verletzten öffentlichen Interesse Rechnung getragen werden.

Um jene Mischgebilde unterzubringen, die sich sowohl bei Annahme der Imperium- wie der Interessentheorie ergeben, hat man (Jung, Prof. in Marburg) neuerdings vorgeschlagen, unter der Bezeichnung „Sozialrecht" ein drittes, mittleres Gebiet neben dem Privatrecht und dem öffentlichen Recht zu begründen (vgl. darüber bereits S. 203).

III. Die gesetzliche Unterlage des heutigen bürgerlichen Rechts, und zwar noch ohne nennenswerte Einmischungen öffentlichrechtlicher Bestandteile, bildet in der Hauptsache **das Bürgerliche Gesetzbuch**

vom 18. August 1896 (BGB.), dem ein Einführungsgesetz (EG.) vom gleichen Tage zur Seite steht. Es ist ein Wahrzeichen deutscher Einheit. Schon nach den Napoleonischen Kriegen verlangten einzelne Patrioten ein solches Gesetz (S. 193). Aber erst das neue Reich schuf ihm die verfassungsmäßige Unterlage. Fast 25 Jahre hat man daran gearbeitet (S. 218c). Die ganze Summe deutscher Rechtsgelehrsamkeit ist darin niedergelegt. So steht es mit seinen 2385 Paragraphen als eine gesetzgeberische Großtat und gleichzeitig als ein echtes Produkt des 19. Jahrhunderts vor uns.

Volkstümlich ist es nicht geworden. Das wurde vor allem durch seine verschrobene Sprachweise und die sehr hoch gesteigerte Abstraktion der Gedanken verhindert (vgl. S. 233). Auch sein Zukunftswert ist beschränkt. Es ist besonders stark nach der Vergangenheit orientiert, der „konservative Zug" (S. 71) tritt stärker, als nötig war, hervor (vgl. S. 244 VIII). Trotzdem aber genießt es beim Volke im ganzen Vertrauen. Denn es hat sich als fester, grundehrlicher, politischem Gezänk ziemlich entzogener Bau erwiesen.

Durchaus nicht aller Privatrechtsstoff ist vom BGB. eingefangen worden. Das gesamte Stoffquantum aufzunehmen, mag das ursprüngliche Ziel gewesen sein. Aber es blieb ein Traum. Beachtenswerte Teilstücke, namentlich aus dem Bereich der landwirtschaftlichen Verhältnisse, sind der **Landesgesetzgebung** vorbehalten worden. Hier herrscht also nach wie vor die Möglichkeit der Zersplitterung; und man hat die Artikelreihe des EG., die diese Vorbehalte aufzählt (Art. 55 ff.), als die „Verlustliste der deutschen Rechtseinheit" bezeichnet. Zum anderen sind manche Stoffteile durch kleinere oder größere *Reichsgesetze* reguliert (vgl. bereits S. 219), die also neben dem BGB. selbständig einhergehen (Art. 32 EG.). Zumeist handelt es sich dabei um solche Gebiete oder Einzelfragen, die nicht rein bürgerlichrechtlich sind, sondern einen öffentlich-rechtlichen Einschlag besitzen, wie z. B. die Aufteilung des Vermögens eines Schuldners, der in Konkurs geraten ist (das ist in der Konkursordnung geregelt; unten § 33 VI). Es haben sich aber auch zwei große Stoffteile, deren Gesamtgehalt durchaus privatrechtlich ist, abseits vom BGB. als selbständige Materien erhalten, nämlich das *Handelsrecht* (§ 24) und das *Immaterialgüterrecht* (§ 23). Das hängt mit ihrer geschichtlichen Entwicklung zusammen (vgl. S. 8, 214 f.). Das *Arbeitsrecht* steht im Begriff, den gleichen Weg einzuschlagen (§ 25).

Innerhalb des BGB. ist der Stoff in *fünf Bücher* gegliedert: Allgemeiner Teil, Recht der Schuldverhältnisse, Sachenrecht, Familienrecht, Erbrecht. Diese Fünfteilung ist aus den Pandektenlehrbüchern übernommen und auch ihrerseits ein echtes Ergebnis des 19. Jahrhunderts. Ihr Wert läßt sich bezweifeln. Jedenfalls besitzt sie keinen zwingenden Charakter, und es ist nicht ausgeschlossen, daß sie im Laufe der Zeiten durch andere Systeme überholt werden wird. Zur Charakteristik der einzelnen Teile mögen die folgenden Abschnitte dienen.

Das **Schrifttum zum BGB.** hat sich in kaum zu bewältigender Massenhaftigkeit im Anschluß an die Pandektenlehrbücher (vgl. Vorbemerkung zu § 18, S. 153, 194) entwickelt. Ihnen am nächsten steht das fünfbändige „Lehrbuch des Bürgerlichen Rechts" von Enneccerus (Prof. in Marburg), Kipp und Wolff (Professoren in Berlin), das in vielen Auflagen verbreitet ist und in mustergültiger Vollständigkeit die Dogmatik des heutigen bürgerlichen Rechts wiedergibt. Studienzwecken dienen in erster Linie die Grundrisse der Sammlung, zu der auch die vorliegende „Einführung" gehört: Der Allgemeine Teil von Heinrich Lehmann Prof. in Köln), Schuldrecht und Sachenrecht, mit starker Berücksichtigung auch der wirtschaftlichen Zusammenhänge, von Hedemann (Prof. in Jena), Familienrecht von Heinrich Lehmann, Erbrecht von Endemann (Prof. in Heidelberg). Ähnlich, doch knapper, in scharfer Dogmatik gehalten, die Darstellungen der 5 Teile von v. Thur (zuletzt Prof. in Zürich), Titze (Prof. in Berlin), Julius v. Gierke (Prof. in Göttingen), Mitteis (Prof. in Heidelberg), Binder (Prof. in Göttingen), die der S. 28 erwähnten Kohlrausch-Kaskelschen Enzyklopädie einverleibt sind.

Von der durch die Pandektisten hoch entwickelten systematischen Basis biegt nun aber ein anderer Literaturzweig ab, nämlich die Kommentare (vgl. S. 24). Gerade an den Körper des neu entstandenen BGB. hat sich diese Literaturgattung mit besonderer Wucht und Vielgestaltigkeit angesetzt. Hervorzuheben sind die beiden großen Werke, die heute noch unter dem Namen ihrer ersten, inzwischen verstorbenen Herausgeber stehen: Staudinger (z. B. 9. Auflage) und Planck (z. B. 4. Auflage), das erstere mehr kasuistisch-praktisch, das andere mehr dogmatisch-theoretisch, beide in ihrer Art hervorragend. Sehr verbreitet in den Händen der Praxis ist auch der „Kommentar von Reichsgerichtsräten", z. B. 5. Auflage, vielleicht für unser Zeitalter am symptomatischsten. Daneben noch viele andere bedeutende Werke.

Damit ist das literarische Material bei weitem nicht erschöpft. Wörterbücher und allerlei anderes Hilfsmaterial tritt hinzu. Eine Schicht für sich bildet das Material der Entstehungszeit: die mehreren Entwürfe, die „Motive" zum 1., die „Protokolle" zum 2., die „Denkschrift" zum 3. Entwurf usw. Über den Wert solcher „Materialien" im allgemeinen (vgl. bereits S. 76 Ziff. 7).

IVa) Der **Allgemeine Teil** hat in sich eine Reihe von Grundbegriffen aufgenommen, die als den folgenden Teilen übergeordnet gedacht sind. Z. B. wird hier gesagt, was sich der Gesetzgeber unter „Personen" denkt (vgl. S. 124), und das ist dann von grundlegender Bedeutung für alle folgenden Bücher, deren Stoff eben auch nur den „Personen" dienstbar sein soll: Zum Mietsrecht des zweiten Buchs, zum Erbrecht des fünften Buchs usw. wird ohne weitere Bestimmung nur der zugelassen, dem im ersten Buch der Stempel der Persönlichkeit aufgedrückt worden ist.

Die sog. **abstrakte Methode** (vgl. S. 75 Ziff. 4) ist dabei zur höchsten Vollkommenheit geführt, wenn nicht übertrieben worden. Das Gesetz redet und denkt, dem Scharfsinn der Gelehrten folgend, in Begriffen, die vom konkreten Leben, von den Bildern des Verkehrs gänzlich abgezogen sind. Über den Kauf, die Miete, die Pacht, das Verlöbnis usw., die in den folgenden Büchern geregelt sind, erhebt sich der allgemeinere aber immerhin volkstümliche Begriff des Vertrages. Dann ist durch Einbeziehung solcher rechtlichen Vorgänge, bei denen sich nicht zwei Vertragsparteien in Rede und Gegenrede zusammenfinden, sondern nur ein einzelner sich äußert, wie z. B. der Kündigung und des Testaments, der noch höhere, aber schon merklich verblaßte Begriff des Rechtsgeschäfts gewonnen worden. Da aber beim „Rechtsgeschäft" möglicherweise noch manche Zutaten dabei sind, wie etwa die Form (schriftliche Form, notarielle Beurkundung oder dgl.), so hat auch dieser Begriff noch nicht dem Drange nach abstrakter Reinheit genügt. Vielmehr ist aus dem Rechtsgeschäft wieder die nackte Willenserklärung herausgeschält worden, und jetzt erst werden an dieses Produkt der Abstraktion eine Kette hochbedeutender Rechtsregeln, über den Einfluß des Irrtums, über die Simulation, über den Betrug, über den „Adressaten" einer Willenserklärung usw. angeschlossen, die dann erst in der Übertragung auf die vielen einzelnen Willenserklärungen der Käufer und Verkäufer, Ehelustigen und Testatoren wirkliches Leben gewinnen.

b) Die Grundbegriffe des Allgemeinen Teils sind fast sämtlich keine Neuwerte. Sie sind vielmehr das Ergebnis jahrhundertelanger Gelehrtenarbeit und hatten ihre entscheidende Fassung bereits in den Pandektenlehrbüchern der zweiten Hälfte des 19. Jahrhunderts erhalten. Andererseits sind diese privatrechtlichen Grundbegriffe gerade wegen ihrer jahrhundertelangen Durchprüfung vielfach weit über den Rahmen des Privatrechts hinaus vorbildlich geworden, so daß das erste Buch des BGB. fast als ein Stück „Allgemeiner Rechtslehre" (oben S. 32 ff.) angesprochen werden darf (wie schon das Beispiel von den „Personen" zeigt). — Beachtung verdient, daß die ausländischen Kodifikationen keinen, oder doch einen viel dürftigeren „Allgemeinen Teil" besitzen. Sie wirken dadurch frischer, entbehren aber in gleichem Maße der logischen Festigkeit.

c) Der Aufbau des ersten Buches spiegelt noch die alte römische Dreiteilung in ein ius quod pertinet ad personas, ein ius quod pertinet ad res und ein ius quod pertinet ad actiones wieder. Diese Gliederung hat vom gedanklichen Standpunkt aus etwas Gewinnendes, fast Zwingendes an sich: Rechtssubjekte, Rechtsobjekte, Verknüpfung beider. Indessen verliert sich die Bedeutung beim praktischen Ausbau. Die drei Teile machen einen recht verschiedenen Eindruck. Der erste wirkt ziemlich konkret und steht deshalb den anderen vier Büchern im Geschmack einigermaßen nahe (z. B. Vereinsrecht des ersten, Gesellschaftsrecht des zweiten Buchs). Der Teil von den Sachen (res) ist sehr dürftig; allerdings ist hier gerade ein wichtiges Stoffstück, nämlich die „Immaterialgüter", abgeschieden und der Sondergesetzgebung überlassen worden (§ 23). Das dritte Stück ist das umfangreichste und geistig durchaus das mächtigste. Hier kommt die abstrakte Methode am reinsten zur Geltung. Darum ist das Eindringen in diesen Teil am schwierigsten, sichert dafür aber dem Kenner eine bedeutende Überlegenheit über den Uneingeweihten. Philosophische Köpfe finden wie überhaupt in dem ersten Buch, so namentlich in seinem dritten Stück reiche Befriedigung, während der Volkswirt und der Politiker an dieser Stelle im unmittelbaren Gesetzestext nur sehr wenige greifbare Einsatzpunkte finden werden.

Die durchgreifendste Bearbeitung hat der Allgemeine Teil mit seiner ausgeschliffenen Begriffswelt in dem dreibändigen Werk von v. Thur, Der Allg. Teil des dt. BGB., I 1910, II 1 1914, II 2 1918 gefunden.

Va) Das **Schuldrecht** (Obligationenrecht) ist so gedacht, daß es Bindungen zwischen zwei Personen hervorruft, während das Verhältnis der beiden Personen zu den beteiligten Gütern vorläufig außer Ansatz bleibt, wenigstens in rechtlicher Beziehung. Wenn z. B. der A. vom B. ein Schmuckstück kauft, so spielt allerdings eine Sache (das Schmuckstück) hinein, aber in das Schuldrecht gehört nur der Gedanke, daß der Mensch A. dem Menschen B. verpflichtet (gebunden) wird, den Kaufpreis zu zahlen, und daß umgekehrt der B. dem A. verpflichtet wird, das Schmuckstück zu liefern. Dagegen gehört die Frage nach dem rechtlichen Verhältnis zwischen Mensch und Schmuck, die Frage des Eigentums, in das Sachenrecht, also in den Bereich des dritten Buchs (vgl. bereits S. 10b).

Diese Abscheidung ist im deutschen Recht mit größerer Schärfe durchgeführt als im bürgerlichen Recht des Auslands. Im Leben geht auch beides, Schuldrecht und Sachenrecht, ziemlich ineinander über, schon deshalb, weil der Zweck des Schuldrechts oft genug unmittelbar auf Verschaffung von Sachenrecht gerichtet ist; der Käufer kauft nicht, um sich bloß eine Person zu verpflichten, sondern er will letzten Endes auf das Eigentum an dem Schmuck hinaus. Immerhin hängen von der begrifflichen Scheidung auch bedeutende praktische Werte ab. Wenn z. B. der, der zwei Schmuckstücke hinter sich hat, in Konkurs gerät, so steht der X, der ihm das eine Schmuckstück abgekauft und schon bezahlt hatte, viel ungünstiger da als der Y, der ihm den andern Schmuck geliehen hatte. Denn X kann sich nur auf eine „bloße" schuldrechtliche (obligatorische) Position stützen (auf das Verlangendürfen) und bekommt daher nur die sog. Konkursdividende, d. h. einen nach der vorhandenen, unzureichenden Vermögensmasse berechneten Bruchteil seiner Forderung. Y dagegen kann sich (außer auf die schuldrechtliche Position des Verleihers) auf sein Eigentum stützen und bekommt den Schmuck unverkürzt, bzw. seinen vollen Wert heraus.

b) Wegen seiner Abstellung auf den Verkehr von Mensch zu Mensch ist das Schuldrecht in gewisser Weise der Spiegel einiger sozialer Grundanschauungen. Da das heutige Schuldrecht mitsamt dem ganzen BGB. aus dem Geist des 19. Jahrhunderts herausgewachsen ist, kann es nicht wundernehmen, daß wir in ihm den Geist des wirtschaftlichen Liberalismus ziemlich stark verkörpert finden und damit zugleich die nivellierende, aus der Parole der „Gleichheit" abgeleitete Tendenz. Deshalb ist das Schuldrecht durchaus auf das einzelne Individuum zugeschnitten. Der Industriearbeiter erscheint nicht als Gewerkschaftsmitglied, als Mitglied einer Wirtschaftspartei, sondern tritt auf als ganz isoliert gedachte Einzelperson, die nun mit ihrem ebenso isoliert gedachten Partner, dem Arbeitgeber, in „Freiheit" und „Gleichheit" einen Arbeitsvertrag abschließt. Und ebenso ist es beim Kauf, der Miete und allen anderen „Obligationen".

Dazu ist dann die sog. Kriegswirtschaft mit ihrem ausgeprägten Staatssozialismus (S. 222) in schroffen Gegensatz getreten. Und das hat tatsächlich dazu geführt, daß breiteste Teile des Schuldrechts, z. B. das „freie" Kaufen, das „freie" Mieten, jahrelang fast ganz ausgeschaltet waren. Mit dem „Abbau" der Zwangswirtschaft sind diese Teile wieder in ihren alten Platz eingerückt. Übergangsstadium noch heute bei der Miete; darüber Grundriß Schuldrecht § 10 Id.

c) Das Schuldrecht beginnt wiederum mit „allgemeinen Lehren", die fast 200 Paragraphen füllen und wie eine unmittelbare Fortsetzung des ersten Buchs anmuten. Dann aber folgen in langer Reihe **die einzelnen Typen der Schuldverhältnisse.** Sie erst geben dem Schuldrecht seinen ausgeprägten Charakter und stempeln es zum „geschäftlichsten" Teil des Privatrechts. Hier finden sich die vielen Verkehrsgeschäfte des Alltags (Kauf, Miete, Schenkung, Darlehn, Arbeitsvertrag usw.). Dabei sind die vom BGB. geregelten Typen durchaus nicht erschöpfend. Das Leben bringt vielmehr ununterbrochen neue Figuren von „Schuldverhältnissen" hervor (z. B. Kartellverträge) oder mischt die gesetzlichen Typen bunt durcheinander (z. B. Verkauf unter Verwandten zu einem ungewöhnlich niedrigen Preise, der nur zur Hälfte als Kauf gedacht, im übrigen als Schenkung empfunden wird). Überdies ist jeder einzelne vom BGB. erfaßte Typus im Gesetz nur nach seinen obersten Grundzügen, nur dem Rahmen nach geregelt, während das meiste der Ausfüllung durch die Parteien und die Verkehrssitten überlassen bleibt. In der Tat ist hier so recht das Wirkungsfeld für die **Verkehrssitten** einschließlich jener heute so bedeutungsvollen Normativregeln und für die ergänzende und fortbildende Tätigkeit des Richters (S. 104, 95 Ziff. 2).

d) Am Schluß folgt dann noch als ein Kapitel für sich, ganz anders geartet wie jene Verkehrsgeschäfte, das Recht der **unerlaubten Handlungen.** Es springt aus verbotener Willensbetätigung (vgl. S. 122b) oder sonstwie mißbilligten Tatbeständen hervor, aus Körperverletzung durch Mensch (S. 122a) oder Tier (S. 122d), aus Verleumdung eines geschäftlichen Nebenbuhlers, aus Angriffen auf die Ehre der Frauen usw. Dadurch kommt es dem Strafrecht nahe (Fall a S. 122) und ist weit mehr dem öffentlichen Interesse (vgl. S. 9 IIIa) unterworfen als das „reine" Privatrecht der Verkehrsgeschäfte.

Bezeichnenderweise hat sich auch die erste nennenswerte Änderung des BGB. im Bereich dieses Abschnitts der Kodifikation abgespielt, nämlich bei der Haftung des Tierhalters. Sie war im § 833 viel zu scharf angespannt. Man versuchte zunächst, durch die verschiedensten Auslegungsvorschläge die gesetzliche Härte zu beseitigen. Aber das Reichsgericht hielt es nicht für zulässig, so weit im „Auslegen" zu gehen. Da erhob sich die öffentliche Meinung gegen diesen § 833, und er wurde durch eine Novelle vom 30. Mai 1908 beträchtlich gemildert.

Hinter diesem Einzelfall steht übrigens das große Ringen um das grundlegende Prinzip, nach dem die Haftung für schadenstiftende Handlungen eingerichtet werden soll, ein Problem, das weit über das „Juristische" hinausträgt und allgemein-kulturelle Bedeutung beanspruchen darf. Das BGB. ist, der romanistischen Doktrin folgend, vom Verschuldungsprinzip beherrscht: Nur wer die Schuld trägt (d. h. vorsätzlich oder fahrlässig gehandelt hat), soll haften, der Schuldlose also nicht. Den Gegensatz bildet das Veranlassungsprinzip (auch Verursachungs- oder Kausalitätsprinzip genannt), wonach der Täter um der bloßen Tat willen zahlen muß, auch wenn von Schuld keine Rede bei ihm sein kann, wie z. B. bei einem Geisteskranken. Neuerdings ist nun ein drittes, vermittelndes (doch der Veranlassung näher stehendes) Prinzip, das der Gefährdungshaftung, von der Wissenschaft entwickelt worden. Danach haftet, wer irgendeine gefährdende Sachlage geschaffen hat, schon um deswillen, auch wenn ihn beim später eintretenden einzelnen Schadensfall keinerlei Verschulden trifft. Dieses dritte Prinzip ist bei weitem das interessanteste. Es sitzen hier weite Entwicklungsmöglichkeiten nach der sozialen Seite hin: Wer die Allgemeinheit gefährdet, insbesondere einen gefährlichen Betrieb einrichtet, muß das Risiko für etwa daraus entspringende Schadensfälle tragen. Danach ist bereits in einem Spezialgesetz (ReichshaftpflichtG. v. 7. Juni 1871) die Haftpflicht der Eisenbahn, durch ein weiteres Spezialgesetz (Kraftfahrzeuggesetz v. 3. Mai 1909) die Automobilhaftpflicht geregelt usw. Die Fabrikhaftpflicht (das bedeutendste Kapitel) ist allerdings aus der bürgerlichen Rechtsordnung ganz herausgenommen und zur öffentlichrechtlichen Sozialversicherung (oben S. 220d) umgestaltet worden.

Das Recht der unerlaubten Handlungen ist also eine der kritischsten Materien des BGB. Aber es ist auch eine der interessantesten Partien. Tagtäglich hat der Richter damit zu tun. Eine bedeutende Macht ist damit in seine Hand gelegt; vor allen in dem Augenblick, wo er den berühmten § 826 heranzieht, der ihm gestattet, schon deshalb zu Schadensersatz zu verurteilen, weil er das Verhalten des Beklagten „als gegen die guten Sitten verstoßend" betrachtet. Und nicht nur hinter diesem „königlichen" § 826, sondern hinter der ganzen Materie der unerlaubten Handlungen schlummern noch ungeahnte Zukunftsmöglichkeiten.

VI. Das konstruktive Wesen des **Sachenrechts** wird am leichtesten im Gegensatz zum Schuldrecht erfaßt. Dort Bindung von Person zu Person, hier Bindung von Person zur Sache.

a) Weit wichtiger aber als diese juristische Konstruktion ist die kulturelle und wirtschaftliche Ausmündung des Sachenrechts. Denn seine Kernfigur, der Hauptfall solcher „Beziehung zwischen Person und Sache" ist das Eigentum und zwar, wie man sogleich zur Verdeutlichung hinzusetzen muß, das **Privateigentum.** Darin liegt beschlossen die Güterverteilung unter den Menschen und, da diese Güterverteilung keine gleiche ist, der Gegensatz zwischen Reich und Arm. Nie hat es im Verlauf der Menschheitsgeschichte an Angriffen auf das Privateigentum gefehlt, aber nie ist seine Beseitigung (von vorübergehenden Episoden abgesehen) gelungen. Im Gegenteil hat es sich seit der französischen Revolution eingebürgert, in den Verfassungsurkunden der Staaten das Privateigentum ausdrücklich unter Schutz zu stellen. So heißt es auch noch in der neuen deutschen Reichsverfassung: „Das Eigentum wird von der Verfassung gewährleistet" (Art. 153). Allerdings setzen sich an solche Zusicherung sogleich Einschränkungen allerlei Art an, die den Eigentümer zwingen, dem Staate zu geben, was des Staates ist, oder allgemeiner ausgedrückt: die ihm zeigen, daß er in einer Gemeinschaft (einer societas) lebt und auf sie Rücksicht zu nehmen hat. Das ist die nicht wegdenkbare „soziale Seite" des Eigentums. Steigert man sie, so entsteht eine ausgesprochene Sozialisierungstendenz, läßt man sie sich so auswachsen, daß das Privateigentum des einzelnen ganz von ihr verschlungen wird, so ist das extreme Ideal des Sozialismus oder Kommunismus verwirklicht. — Es ist bekannt, wie die Revolution von 1918 in Deutschland, russischem

Vorbild folgend, gerade die Sozialisierungsparole besonders laut verkündet hat. Der Erfolg war gering, immerhin spürbar. Auch ist die Entwicklung z. B. noch nicht abgeschlossen. Jedenfalls aber ist das Privateigentum, so wie es im III. Buch des BGB. niedergelegt ist, in seiner Grundidee unerschüttert geblieben.

1. Es ist im Jahre 1919 eigens ein Sozialisierungsgesetz vom 23. März 1919 (RGBl. S. 341) erlassen worden. Doch handelt es sich lediglich um ein sog. Rahmengesetz, das nicht unmittelbar gestaltend in die Eigentumsverhältnisse eingreift, sondern nur die Richtungslinien für solche Eingriffe vorzeichnet. In Ausführung des Programms hat man dann u. a. versucht, die Kohle, das Kali, die Elektrizität mittels Spezialgesetzen (Kohlenwirtschaftsgesetz v. 23. März 1919 nebst A.B. vom 21. August 1919 Kaliwirtschaftsgesetz vom 24. April 1919 nebst D.B. vom 18. Juli 1919, Elektrizitätswirtschaftsgesetz vom 31. Dezember 1919) zu „sozialisieren". Aber auch diese gesetzgeberischen Versuche haben nur eine Art von Kontrolle über die betroffenen Betriebe, keineswegs etwa eine Vernichtung des Privateigentums zuwege gebracht. Näheres vgl. im Grundriß Sachenrecht § 3 und § 5 IIc (s. auch Hedemann, Das bürgerliche Recht und die neue Zeit, Rektoratsrede 1919). Der entscheidende Grund für das Versagen der Sozialisierungstendenz ist darin zu sehen, daß es nicht gelingen will, einen geeigneten Träger der Sozialisierung zu finden. Man glaubte anfangs unter dem Stichwort „Verstaatlichung der Bergwerke usw.", kurzerhand den Staat als Eigentümer an die Stelle der privaten Einzelpersonen setzen zu können. Aber einmal hatte jener „Staatssozialismus" der Kriegszeit (S. 202, 222) ganz bedeutende Schattenseiten bloßgelegt, und vor allem mußten die treibenden Kräfte der Revolution sehen, daß ihnen nicht die erwartete parlamentarische Majorität (und damit die Macht im Staate und über das zu schaffende staatssozialistische Eigentum) zufiel. So fiel der Staat als „Träger" aus. Es fand sich nichts, was man an seine Stelle setzen konnte. Das eben stellt das Privateigentum auch für die fernere Zeit sicher.

2. Wohl aber hat es eine sog. indirekte Sozialisierung gegeben. Sie ist durch die Geldentwertung der Jahre 1919 bis 1923 (die sog. Inflation) herbeigeführt worden. Denn dadurch haben viele Tausende ihr Vermögen eingebüßt, und auch die mit Leidenschaft betriebene Aufwertungsbewegung (oben S. 50) konnte ihnen nur einen Bruchteil des Verlorenen zurückbringen. — Daneben kommen noch ähnliche Erscheinungen vor, die man, in freier Wortbildung, als indirekte Sozialisierungen bezeichnen kann. Vor allem die Steuern. Denn sie führen im Ergebnis auch auf eine Verkürzung des einzelnen Privatvermögens und können, wie die Erfahrung der letzten Jahre zeigt (1924/25), sehr stark angespannt werden (vgl. unten § 28 IIa, S. 325). — Aber mit der Idee des Privateigentums hat das alles nichts zu tun; sie bleibt im Grunde davon unberührt.

3. Die unter Ziff. 2 geschilderten Vorgänge decken noch einen weiteren wichtigen Punkt auf, der gleichzeitig zu unserem engeren Stoff, dem Sachenrecht des BGB., zurückleitet. Denn dieses Sachenrecht hat es nur mit dem Sacheigentum zu tun. Der Begriff des Vermögens aber trägt viel weiter. Zum Vermögen gehören z. B.

in größtem Ausmaß Wertpapiere, Aktien, Industrieobligationen, Staatsanleihen. Und bei alledem ist nun die juristische Figur des Eigentums (im Gegensatz zum allgemeinen und nationalökonomischen Sprachgebrauch) nicht verwendbar. Vielmehr gehören alle diese Erscheinungen ins Schuldrecht hinein! Der Aktionär, der Obligationär, der Inhaber der Staatspapiere haben Forderungs- (oder Mitgliedschafts-), aber keine Sachenrechte. Es steht ihnen als Gläubigern ein Schuldner gegenüber, nicht aber treten sie als „Eigentümer" eines Sachkörpers in Erscheinung (das allerdings gegebene „Eigentum" an der Urkunde, also einem Stück Papier, ist nur nebensächliche Begleiterscheinung). — Damit geht Hand in Hand eine Verschiebung des Kapitalbegriffs. In älterer Zeit war Kapitalist nahezu gleichbedeutend mit Eigentümer, der Hauptrepräsentant war der Grundbesitzer: er hatte (und hat) echtes, im Sachenrecht des BGB. niedergelegtes „Eigentum". Aber in neuerer Zeit hat sich immer deutlicher das Geldkapital in den Vordergrund geschoben. Und darunter ist nicht etwa das (echte) Eigentum an den Talerstücken oder Hundertmarkscheinen, sondern durchaus in erster Linie jenes in allerlei obligatorischen Forderungen verbriefte Kapital zu verstehen (vgl. dazu auch S. 258 Ziff. 3). Ein eigentümliches Mischgebilde stellen die gleich im folgenden zu erwähnenden Hypotheken dar; hier tritt zur schuldrechtlichen Forderung eine sachenrechtliche (pfandartige) Deckung hinzu. — Diese neuere Entwicklung ist, wie leicht zu erkennen, wirtschaftlich (und auch kulturell) von größter Bedeutung. Juristisch steht aber auch demgegenüber das Privateigentum als Kernfigur von Hab und Gut des Menschen unerschüttert auf seinem alten Platze. — Zur Ergänzung ist auch hier zu vergleichen Grundriß Sachenrecht, § 1.

b) Das Eigentum ist nicht die einzige Figur des Sachenrechts. Daneben gibt es etliche andere, z. B. das Pfandrecht, den Nießbrauch, die Hypothek. Aber sie alle erscheinen nur wie Nachbildungen der Eigentumsidee. Die meiste Beachtung verdient das Hypothekenrecht. Es ist für unseres heutiges Wirtschaftsleben von größter Bedeutung. Der Verkehr richtet zwar sein Augenmerk zunächst immer auf das Schuldverhältnis, das neben der Hypothek einhergeht und durch die Hypothek gesichert werden soll, z. B. das geborgte Geld (Darlehn). Aber juristisch und auch im wirtschaftlichen Endeffekt liegt das Schwergewicht bei der sachenrechtlichen Seite des Verhältnisses.

Vor dem Kriege waren rund 60 Milliarden Volksvermögen in Hypotheken angelegt. Was das bedeutet, ergibt sich, wenn man dieser Zahl gegenüberhält, daß das gesamte Volksvermögen damals auf etwa 350 Milliarden geschätzt wurde. Sehr viele Hypotheken sind in der Kriegs- und Nachkriegszeit abgestoßen (zurückgezahlt) worden. Die Neuaufnahme stockte lange Zeit. Neuerdings (1926) kommt das Hypothekengeschäft wieder langsam in Aufnahme.

c) Die Beziehung der beherrschenden Person (des Eigentümers, Nießbrauchers, Hypothekengläubigers) zur Sache ist nicht als ein

Internum gedacht. Sie ist vielmehr für die Außenwelt bestimmt und auf diese zugeschnitten. Denn das Sachenrecht stellt die Figuren, nach denen sich die Güter unter die Rechtsgenossen verteilen, und eine solche Verteilung hat nur Wert, wenn sie sich an alle wendet und sich die Beachtung aller erzwingt. Darum eben kann das Sachenrecht Quelle immer neuer Ansprüche sein, weil gegen jeden neuen Störenfried sofort ein Abwehranspruch hervorspringt (S. 120b).

Wenn aber alle Außenstehenden die Sachenrechte, z. B. das Eigentum, beachten sollen, müssen die Sachenrecht auch erkennbar sein (sog. **Publizität** der Sachenrechte). Dafür ist in der Tat mit äußerster Peinlichkeit gesorgt worden. Es ist nicht möglich, Eigentum oder ein Pfandrecht heimlich zu erwerben, etwa durch bloßen Briefwechsel oder durch ein Augenzwinkern. Sondern es müssen ganz bestimmte, äußerlich wahrnehmbare Tatumstände erfüllt sein; bis dahin mag eine schuldrechtliche (obligatorische) Bindung unter den beiden Briefschreibern vorliegen, aber alle die anderen Rechtsgenossen, die Außenwelt geht das noch nichts an, und das Sachenrecht ist vorläufig noch geblieben, wo es war.

Am deutlichsten wird das durch die sog. **Grundbücher** veranschaulicht. In ihnen werden alle sachlichen Rechte an Grundstücken eingetragen, ein bewundernswerter, vom Ausland vielfach mit Neid betrachteter, durch ein eigenes Gesetz geregelter Apparat. Ohne solche Eintragung kann nun kein Recht erworben werden. Darum braucht man bloß das betreffende Buch aufzuschlagen, um genau zu wissen, wer Eigentümer wer Nießbraucher, wer Hypothekengläubiger ist, welchen Rang die mehreren Hypotheken untereinander haben, und bis zu welcher Summe ihnen das Grundstück haftet. Ein großartiger Spiegel des gesamten deutschen Bodenrechts, zugleich eine treffliche Verwirklichung der Erkennbarkeitsidee.

d) Mit diesem Gedanken der Kenntlichmachung (Publizität) hängt ein weiterer charakteristischer Zug des deutschen Sachenrechts zusammen, der sog. **Schutz des guten Glaubens.** Die Tatbestände, an die die sachenrechtlichen Vorgänge angeschlossen sind (wie z. B. der Eintrag im Grundbuch, wenn es sich um Grundstücke, der körperliche Besitz, wenn es sich um bewegliche Sachen handelt), sind mit legitimierender Kraft ausgestattet: wer den betreffenden Tatbeständen traut, wird geschützt, auch wenn sich hinterher herausstellen sollte, daß der Tatbestand ausnahmsweise einmal falsch war.

Ist beispielsweise der A als Eigentümer gebucht und gibt er nun das Eigentum weiter an B, der das Buch eingesehen hat, so wird B als Eigentümer anerkannt, auch wenn sich später herausstellt, daß der A zu Unrecht eingetragen war (infolge Verwechslung, Fälschung oder dgl.)

und an seiner Stelle der C hätte im Buche stehen müssen. C hat hier sein Eigentum verloren. Er wird geopfert, aber nicht weil der B dem Gesetzgeber lieber wäre, sondern weil der gutgläubige B den Verkehr repräsentiert, und weil im Sachenrecht die Verkehrssicherheit als wichtiger erscheint wie das Einzelinteresse. Übrigens behält natürlich der C seine (obligatorischen) Ersatzansprüche gegen den A. —

Im Sachenrecht machen sich die landesrechtlichen Vorbehalte besonders unangenehm fühlbar. Ganze breite Partien (Agrarrecht, Bergrecht, Wasserrecht, Jagdrecht) sind von der reichsrechtlichen Regelung ausgeschlossen worden.

VII. **Das Familienrecht.**

a) Es ist der rechtlichen Regelung viel weniger zugänglich als die anderen Teile des Privatrechts. Deshalb hat sich auch der Gesetzgeber ziemlich in der Reserve gehalten und an manchen Stellen die hauptsächliche Regelung der Sittenordnung und anderen Gewalten überlassen. Auch im Prozeßrecht hat man übrigens dem eigentümlichen Charakter des Familienrechts Rechnung getragen, indem für die Entscheidung der wichtigsten Familienstreitigkeiten (Ehescheidung, Streit um die Ehelichkeit eines Kindes usw.) ein besonderes Verfahren geschaffen worden ist.

Das Familienrecht zerfällt in drei Stücke: Eherecht, Verwandtschaftsrecht, Vormundschaftsrecht. Alle drei Begriffe sind der Volkssprache geläufig und dem Volksempfinden vertraut. Aber unter der Oberfläche sitzt der juristische Ausbau, der teilweise sehr fein, fast spitzfindig durchgeführt ist (vgl. das Bild aus dem Verwandtschaftsrecht S. 60 III). Dabei versagen an den wichtigsten Stellen die Konstruktionsfiguren des Schuldrechts und des Sachenrechts. Weder mit der Vorstellung einer Bindung von Person zu Person im schuldrechtlichen Sinne noch mit der sachenrechtlichen Herrschaft einer Person über die Sache lassen sich alle Vorgänge des Familienrechts bemeistern. Namentlich reicht die schuldrechtliche Personenverknüpfung deshalb nicht zu, weil sie von dem klar durchgedachten Dogma der Gleichberechtigung beider Verbundenen ausgeht. Im Familienrecht dagegen muß in gewissen Grenzen mit **Überordnung** gerechnet werden (vgl. bereits S. 229), was z. B. für das Eltern- und Kindesverhältnis ohne weiteres einleuchtet.

Darum heißt es also an solchen Stellen des vierten Buches nicht (gleichberechtigte) Bindung von Person zu Person und nicht Herrschaft von Person über Sachen, sondern Herrschaft von Person über Person. Am schärfsten tritt das in Erscheinung, wenn Vater und Mutter (oder auch, z. B. bei Entführung, der Vater und ein Fremder) um das Kind prozessieren (§ 1632), denn in diesem Prozeß ist das Kind geradezu

Objekt des Streits. Und, wenn im § 1617 bestimmt ist: „Das Kind ist, so lange es dem elterlichen Hausstand angehört und von den Eltern erzogen oder unterhalten wird, verpflichtet, in einer seinen Kräften und seiner Lebensstellung entsprechenden Weise den Eltern in ihrem Hauswesen und Geschäft Dienste zu leisten," so beruht diese Dienstpflicht nicht auf einem durch grundsätzlich gleichwertige Parteien geschlossenen Vertrage, sondern auf einem Abhängigkeitsverhältnis. Aber auch da, wo scheinbar ein reiner Vertrag zweier gleichberechtigter Personen getätigt wird, wie bei der Eheschließung, trägt der Gesetzgeber der besonderen Natur des Familienrechts Rechnung. Er hat die Voraussetzungen des Eheschlusses ganz anders geregelt wie den gewöhnlichen Vertragsschluß des Schuldrechts. Noch deutlicher aber offenbart sich die eigenartige, aus dem Privatrecht hinauswachsende Natur dieses „Ehevertrages" in seiner Wirkung: es tritt eine dem Schuldrecht ganz fremde Verfangenheit ein, die Wiederauflösung ist nur mit staatlichem Zutun in einem streng geregelten Ehescheidungsverfahren möglich.

b) Dieser eigene Zug des Familienrechts geht aber keineswegs durch alle seine Schichten hindurch. Man muß nämlich in jedem der drei oben erwähnten Teilstücke die persönlichen und die güterrechtlichen Beziehungen scheiden; die Macht des Mannes, über die ganze Art des Lebenszuschnitts, über die Wahl der Wohnung usw. zu entscheiden, ist etwas ganz anderes als die Frage, wer die Zinsen von dem Vermögen bekommt, das die Frau in die Ehe mitgebracht hat. Nur bei der ersten Sorte von Beziehungen kommt der eigenartige Charakter des Familienrechts, die Zurückhaltung des Gesetzgebers, die Überordnung eines Gliedes der Gemeinschaft über die anderen zur vollen Geltung. Dagegen kann das Familiengüterrecht schon unter Ausnutzung der schuld- und sachenrechtlichen Figuren einigermaßen erklärt werden, und der Gesetzgeber hat hier auch durchaus keine Zurückhaltung geübt, sondern hat sich dieser Schicht mit dem vollen Druck seiner juristischen Hilfsmittel zugekehrt.

VIII. Das **Erbrecht** erscheint als ein Anhang zum Familienrecht.

a) Denn die sog. gesetzliche Erbfolgeordnung ist auf dem Gefüge der Familienbeziehungen aufgebaut. Die Verwandten sind nach der Nähe der Verwandtschaft gruppiert. Neben ihnen steht der Ehegatte als Mitbewerber, wobei wiederum die größere Nähe oder Entfernung der konkurrierenden Verwandtschaft das Erbrecht des Ehegatten verkürzt oder erweitert. Diese Verknüpfung von Erbgang und Familienordnung ist besonders stark in den bäuerlichen Verhältnissen durchgeführt, ferner bei den sog. Familienfideikommissen (die nach der neuen Reichsverfassung aufgehoben werden sollen). Aber gerade diese beiden Seitenzweige sind von der Reichsgesetzgebung nicht erfaßt, sondern der landesrechtlichen Regelung überlassen.

Im Erbrecht erblickt man die Familie in ihrer Totalität vor sich, zwar nach Graden und Gruppen abgestuft, aber doch der Idee nach (und manchmal auch in der Praxis) bis zu dem allerentferntesten Vettersvettern führend. Nur im Erbrecht erscheint in der heutigen Rechtsordnung der Begriff der Familie so weit gespannt. Im Familienrecht selbst beschränkt man sich auf die allerengsten Kreise. Auch darin ist man versucht, ein Zeitsymptom zu erblicken: Der persönliche Zusammenhalt unter den entfernteren Verwandten ist fast ganz verloren gegangen, wenn es aber ans Erben geht, also an die Vermögensverteilung, dürfen sich noch die allerentferntesten melden (Materialismus?). Übrigens ist gerade in diesem Punkte eine Reform in der Richtung zu erwarten, daß die entfernteren Verwandten vom Erbrecht ausgeschlossen werden und der Staat (Fiskus) an ihre Stelle tritt. Vorbereitend wirkt schon heute das Steuerrecht, das, je entfernter die erbenden Verwandten sind, um so größere Bruchteile abzieht (vgl. im folgenden).

b) Im weiteren Zuge biegt dann das Erbrecht von der Familienordnung ab. In Gestalt der **Testamente** (und anderer „Verfügungen von Todes wegen") ist schon seit alten Zeiten ein Mittel gefunden worden, um über das eigene Leben hinaus dem Vermögen seine Wege zu weisen. Und dabei ist mindestens theoretisch eine vollkommene Ausschaltung aller Familienzugehörigen möglich. Praktisch freilich hat der Staat ein starkes Interesse, daß der Erblasser sich nicht gänzlich über den Familiensinn hinwegsetzt. So kommt es zu einem Abwägen zwischen der Testierfreiheit und den Banden der Familie. Dabei tritt ein neuer grundlegender Begriff des Erbrechts in Erscheinung, nämlich der Pflichtteil. Dieser Pflichtteil stellt das Mindestmaß dar, das bestimmten, besonders nahestehenden Personen (Vater und Mutter, Ehegatte, Kinder) vom Erblasser unbedingt gelassen werden muß.

c) Weitere besonders wichtige Probleme des Erbrechts sind die **Schuldenhaftung** (denn der Erblasser hinterläßt nicht immer bloß Aktiva), die sehr verwickelt geregelt und deshalb eine der schwierigsten Partien des Gesetzbuchs ist, und die Auseinandersetzung unter mehreren Erben, für die ein besonderes Verfahren unter richterlicher Beihilfe in den Gesetzen über freiwillige Gerichtsbarkeit vorgesehen ist.

Bei allen diesen Problemen spielen (so wie im Familiengüterrecht) sachen- und schuldrechtliche Ideen eine große Rolle. Z. B. wird der Übergang des Vermögens auf den Erben in der Hauptsache mit der Figur des Wechsels im Eigentum bewerkstelligt, während dem Pflichtteilsberechtigten (und ebenso dem Vermächtnisnehmer) nicht sogleich Eigentum, sondern nur ein schuldrechtlicher Anspruch gegen den Erben auf Lieferung eingeräumt wird.

d) Neben die privatrechtliche Verteilung der Hinterlassenschaft eines Verstorbenen stellt sich der **Anspruch des Staates auf Teilnahme an der Erbschaft.** Dieser Anspruch kann auch seinerseits privatrechtlich geformt sein, dann tritt der Staat als sog. Fiskus kurzerhand in die Reihe der Erben ein. Daneben aber hat sich seit alter Zeit ein öffentlich-rechtlicher Eingriff in Gestalt der Besteuerung herausgebildet, und diese Form der Anteilnahme ist in jüngster Zeit ganz bedeutend erweitert worden; schließlich kann dieser steuerliche Zugriff so stark gestaffelt werden, daß er die gesamte Erbschaft ergreift; dann würde (was freilich in solchem Ausmaß nie praktisch werden wird) das ganze fünfte Buch des BGB. ausgeschaltet und überflüssig.

IX. **Gesamtbewertung.** Das heutige Privatrecht leidet darunter, daß seine Kodifikation, das BGB., um eine Zeitstufe zu früh gekommen ist. Denn gerade, als man die Arbeit an diesem großen Werke antrat, begann eine Zeit bedeutendster Wandlungen im Bereich der allgemeinen Wirtschaftsverhältnisse (S. 5, 198 Ziff. 1), aber auch in der Weltstellung Deutschlands und in manchen geistigen Grundfragen. Ein genialer Einzelkopf hätte das Kommende vielleicht ahnen und wenigstens andeutungsweise in dem Gesetz verwerten können. Aber die schwerfällige Kommissionsarbeit und der „historische" Zug, der das 19. Jahrhundert beherrschte, brachten eine ausgeprägte Orientierung nach der Vergangenheit, allenfalls nach der Gegenwart, aber ganz und gar nicht nach der Zukunft. Deshalb mutet heute das BGB. in manchen Partien, z. B. im Arbeitsrecht, entschieden rückständig an. Wäre das Werk erst zwei oder drei Jahrzehnte später in Angriff genommen worden, so hätte man die Gefahr vermutlich vermieden.

Folgender Zug ist besonders anschaulich. Trotzdem es ein eigenes Handelsgesetzbuch für die Kaufleute gibt, ist auch das Schuldrecht des BGB. ziemlich stark auf das kaufmännische Element zugeschnitten. Aber es ist nun überall ein Maßstab des Kleinen oder Mittleren zugrunde gelegt. Die Entwicklung ins Breite und Große, wie sie die letzten Jahrzehnte gebracht haben, fällt aus dem Rahmen der Kodifikation heraus oder hängt nur mit sehr dünnen Fäden an ihr. Weder die großen Lieferungsgeschäfte (Sukzessivlieferungsverträge), noch die großen Unternehmungen (Kriegsindustrie), noch das Großkapital (einschließlich der Großhypotheken), noch die Großorganisationen (Kartelle, Trusts, Interessengemeinschaften, gemischt-wirtschaftliche Verbände) finden im BGB. einen ausreichenden Unterbau, weil man eben vor 30 oder 40 Jahren an dergleichen noch nicht dachte.

In einem wichtigen Punkte kann man allerdings schon den neuen Zeitgeist im BGB. leise verspüren. Es hat nämlich, teilweise erst unter dem Druck der Kritik, die sich gegen den ersten Entwurf vom Jahre 1888 erhob, an mehreren stark hervortretenden Stellen **eine „soziale“ Wendung** vollzogen. So in einigen, viel zitierten Sätzen des Dienstvertragsrechts (Arbeitsrechts); auch das Recht der unehelichen Kinder ist im Vergleich zu manchem Partikularrecht immerhin sozial verbessert, und neuerdings hat das Jugendwohlfahrtsgesetz von 1922 diese Richtung tatkräftig (doch ohne die Bewegung abzuschließen) gefördert. Es tritt an solchen Stellen die Fürsorglichkeit des Gesetzgebers deutlich zutage. Aber es ist eine etwas sentimentale, man könnte sagen mütterliche Fürsorglichkeit. Es fehlt am klaren, kernigen Zugreifen.

Die erwähnten Stellen des Arbeitsrechts finden sich in den §§ 617 ff.; sie werden gern als „soziale Schutzbestimmungen“ bezeichnet. Ihre Aufnahme im Gesetz ist unmittelbar auf die Kritik Anton Mengers (oben S. 204 vor Ziff. 5) zurückzuführen.

Trotz dieser Schwäche in der Grundanlage hat das BGB., wenn man die Anforderungen der jüngsten Zeit zunächst beiseite läßt, im ganzen seinen Platz gut ausgefüllt. Dieses merkwürdige Ergebnis ist nahezu ausschließlich dem **beweglichen Faktor** zu verdanken, der gerade an den entscheidenden Stellen einsetzt. Es ist nämlich eine der interessantesten Erscheinungen aus der Gesetzgebungslehre, daß einige wenige Paragraphen sich aus der Masse der übrigen herausheben und wegen ihrer ganze Gebiete überspannenden Tragweite in Wahrheit den Charakter des Gesetzes bestimmen. Diese „königlichen Paragraphen“ sind nun im BGB. überraschend dehnbar gestaltet, und das hat es möglich gemacht, dem Fortschritt Rechnung zu tragen und die rückwärtige Orientierung der ursprünglichen Anlage zu überwinden.

Es gehören hierher vor allem **die §§ 242 und 826.** Der erste steht an der Schwelle des zweiten Buchs und beherrscht mit dem Satze: „Der Schuldner ist verpflichtet, die Leistung so zu bewirken, wie Treu und Glauben mit Rücksicht auf die Verkehrssitte es erfordern“, das gesamte „geschäftliche“ Recht des BGB. Der zweite (vgl. schon S. 237) ist ins Recht der unerlaubten Handlungen eingestellt und ist mit dem Gedanken, daß bereits jeder vorsätzliche Verstoß „gegen die guten Sitten“ eine Schadensersatzpflicht auslöst, zu einem Korrektiv des gesamten Privatrechts geworden. Man braucht nur die Kommentare zu diesen beiden Gesetzesstellen aufzuschlagen, um eine Vorstellung von der bedeutenden Fortbewegung und der achtunggebietenden Leistung unserer Richterschaft zu bekommen.

In wissenschaftlicher Beziehung steht das heutige Privatrecht durchaus auf der Höhe. Es ist das am meisten durchgeknetete und pädagogisch am meisten ausgenutzte Gebiet. So erklärt es sich, daß das Privatrecht noch heute als Unterbau des juristischen Studiums hervorragende Dienste leistet. Doch wird sich das vielleicht im Laufe des 20. Jahrhundert ändern.

In politischer Beziehung ist das heutige Privatrecht wenig ausgeprägt. Bei der Abfassung des BGB. war man von einer fast übertriebenen Sachlichkeit und vermied ängstlich die politischen Reibungsflächen. Doch versteht es sich von selbst, daß der Bau der Privatrechtsordnung auf gewissen politischen Grundüberzeugungen ruht, die im letzten Drittel des vorigen Jahrhunderts die Geister beherrschten und zum größten Teil noch heute vollen Wert besitzen. Im Schuldrecht ist deutlich der liberale Geist der Manchesterschule zu verspüren, wenngleich durch die rückläufige Bewegung der achtziger Jahre bereits abgeschwächt (und vorübergehend durch die Kriegswirtschaft fast ganz zu Boden gedrückt, S. 235b). Im Sachenrecht erhebt sich über alles andere das Individualeigentum als festgewollter Gegenpol gegen kommunistische Programme, doch aber von sozialen Zügen begleitet, die ihm seine äußerste Schärfe genommen haben (S. 237a). Damit geht das straff durchgeführte Individualerbrecht Hand in Hand. Konservativer Geist hat sein Hauptwirkungsfeld im Familienrecht gefunden. Trotz scheinbarer Kühle gegen die kirchliche Regelung dieses Gebiets bekennt sich doch in dieser Materie das heutige Privatrecht deutlich zum „christlichen Staat" mit seiner streng disziplinierten Einehe und seiner sorgfältigen Hütung der Familienmoral.

X. **Die Zukunft des Bürgerlichen Gesetzbuches** ist schwer vorauszusagen.

a) **Reformen** sind in Vorbereitung und von mehreren Reichsjustizministern angekündigt. Sie betreffen vorerst fast alle das Familien- und in seinem Gefolge das Erbrecht. Zum Teil sind sie schon im vorangehenden angedeutet. Man will vor allem die Rechtsstellung der unehelichen Kinder entscheidend bessern. Es gilt dabei ein Versprechen der Reichsverfassung einzulösen. Sie verkündete im Jahre 1919: „Den unehelichen Kindern sind durch die Gesetzgebung die gleichen Bedingungen für ihre leibliche, seelische und gesellschaftliche Entwicklung zu schaffen wie den ehelichen Kindern". Ganz wird sich das nie verwirklichen lassen, schon weil bei manchen unehelichen Kindern der Vater nicht ermittelt werden kann. Mit Bestimmtheit aber läßt sich erwarten, daß die berüchtigte exceptio plurium, (wonach, wenn zwei Männer der Mutter beigewohnt haben, keiner Unterhaltsgeld für das Kind zu zahlen braucht) beseitigt oder wesentlich umgestaltet werden wird. — Ferner ist eine

Umgestaltung des Ehegüterrechts in Aussicht, und zwar in der Richtung einer Besserstellung der Frau. Namentlich wird das Problem zur Diskussion gestellt werden, inwieweit die Ehefrau am Ende der Ehe an dem gemeinsamen „Lebensgewinn" zu beteiligen ist, der nach der derzeitigen tatsächlichen Gestaltung und dem ihr entsprechenden geltenden Recht regelmäßig unverkürzt in die Tasche des Mannes gleitet. Wahrscheinlich wird in diesem Zusammenhange versucht werden, auch die persönliche Stellung der Frau zu verbessern, also auch im persönlichen Verhältnis der Ehegatten zueinander, das gegenwärtig unverkennbare rechtliche Übergewicht des Mannes zu mindern. Doch sind die Aussichten einer solchen Bestrebung, obwohl die Frauen inzwischen in die Parlamente (also an die Quelle der Gesetzgebung) eingerückt sind, unsicher. — Ein drittes Kapitel, das ziemlich sicher einer Umgestaltung entgegengeht, ist, wie erwähnt, das Erbrecht der entfernteren Verwandten. Wenn erst einmal die Überarbeitung des BGB. in Lauf kommt, wird es sich nicht länger halten können. Freilich, wo die Grenze zwischen erbberechtigten „nahen" und vom Erbrecht auszuschließenden „entfernten" Familiengliedern anzusetzen ist, darüber wird es voraussichtlich zu hartem Kampfe kommen.

b) Das sind Reformen, die unmittelbar am Körper des BGB. vollzogen werden sollen. Wichtiger vielleicht sind Reformen, die nebenher gehen, die sich in **Spezialgesetzen** niederschlagen und auf diese Weise scheinbar das BGB. unberührt lassen. Sie ändern seinen Text nicht, sondern sie graben ihm gleichsam Boden ab, sie entziehen seinem Text einen Teil des Anwendungsgebietes. Das wird vor allem gelten, wenn mit dem Arbeitsvertragsgesetz (unten § 25 II f 1) wirklich Ernst gemacht wird. Es ist dann keineswegs nötig, den Abschnitt des BGB. über den „Dienstvertrag" (§§ 611 ff.) schlechthin zu kassieren. Er kann stehen bleiben, vielleicht mit kleinen Einzeländerungen, aber sein Anwendungsgebiet würde auf einen sehr geringen Rest von Fällen beschränkt werden, weil die große Masse der Fälle unter das neue Sondergesetz gehören würde. In diesem Zusammenhange ist auch jener enzyklopädischen Erscheinung der Formular- und Massenverträge zu gedenken, deren rechtsgestaltende, einer Gesetzgebung nahekommende Kraft wir kennen gelernt haben (S. 95 f.). Sie sind ebenfalls ganz dazu angetan, viel (dispositive, S. 64 VI 1) Bestimmungen des Gesetzes um ihre praktische Wirksamkeit zu bringen. Auch hier bleibt der Text des Gesetzes unangetastet, doch das Formular der Verbände setzt sich praktisch an seine Stelle. Dieser Prozeß ist offenbar im gegenwärtigen Augenblick noch nicht abgeschlossen.

Trotz allem aber ist die Zukunft der großen Kodifikation von 1900 als Ganzes nicht ernstlich gefährdet. Sie hat die Stürme der Revolution von 1918 vollständig überstanden. Insbesondere ist daran zu erinnern, daß die Sozialisierungsbestrebungen ihr keinerlei grundsätzliche Änderung aufzudrängen vermocht haben (S. 237a). So wird das Bürgerliche Gesetzbuch voraussichtlich als ein historischer Block noch auf lange hinaus am Schicksalswege des deutschen Volkes liegen bleiben.

XI. Zu einer selbständigen Materie hat sich das sogenannte **Internationale Privatrecht** entfaltet. Genau genommen ist es gar kein Privatrecht, sondern ein Stück des öffentlichen Rechts (bestritten). Denn es beschäftigt sich in letzter Linie mit der Rechtsherrlichkeit der Staaten untereinander und entscheidet über gewisse Grenzen dieser Rechtsherrlichkeit.

Die Grundfrage des Internationalen Privatrechts lautet nämlich: nach welcher der mehreren, nebeneinanderstehenden Rechtsordnungen (der deutschen, schweizerischen, italienischen, nordamerikanischen usw.) soll ein bestimmter Einzelfall entschieden werden?

Ließen sich sämtliche Rechtsverhältnisse stofflich und persönlich genau auf den Bereich eines einzigen Staates festlegen, so gäbe es diese Frage überhaupt nicht, und die ganze Materie des Internationalen Privatrechts käme in Wegfall. Aber so ist das Leben nicht. Deutsche heiraten Schweizerinnen. Franzosen schließen Geschäfte mit Norwegern, vielleicht noch dazu auf deutschem Boden gelegentlich einer Reise oder bei einer Weltausstellung usw. Hier muß die Frage beantwortet werden, nach welchem Recht solche gemischten Tatbestände zu beurteilen sind.

Das einfachste wäre, daß die Gerichte jedes Staates eben nur ihr eigenes Recht zur Anwendung brächten. Doch dieser plumpe Grundsatz widerspricht durchaus dem Rechtsinstinkt und würde zu Willkürlichkeiten und unerträglichen Reibungen führen. Darum hat sich bei allen Kulturstaaten ein kompliziertes System von Regeln (Rechtsregeln) herausgebildet, zum großen Teil noch unkodifiziert (vgl. S. 84 a. E.), die die Frage nach dem anzuwendenden Recht in geordnete Bahnen bringen sollen. Diese Regeln sagen also noch nichts über die subjektiven Rechte und Pflichten der beteiligten Eheleute, Geschäftsmänner, Eigentümer usw. aus, sondern sie beantworten nur die **Vorfrage,** wo man sich die Entscheidung zu holen hat, ob im deutschen oder ungarischen oder welchem Recht sonst.

Damit ist dann gleichzeitig die Abgrenzung der mehreren Rechtsordnungen vollzogen. Man weiß nunmehr auf Grund der Sätze des Internationalen Privatrechts, was alles unter deutsche

Rechtsmacht gezogen wird und was unter ausländischem Recht (trotz Beteiligung deutscher Interessen) verbleibt. Also eine Gedankenrichtung, die völkerrechtlichen Charakter trägt. In der Tat ist die völkerrechtliche Fundierbarkeit des Internationalen Privatrechts durch mehrere Haager Abkommen außer Zweifel gestellt worden.

Daß das Problem des Internationalen Privatrechts ewig ist, zeigt die Geschichte. Vgl. S. 145 über den alten Gegensatz zwischen Territorialitäts- und Personalitätsprinzip. Wissenschaftlich hat es bereits der große Bartolus (S. 183) im 14. Jahrhundert in Angriff genommen. Noch heute aber ist es in seinen prinzipiellen Grundfragen umstritten.

Innerstaatliche deutsche (sehr lückenhafte) Regelung im Einführungsgesetz z. BGB. Art. 7 bis 31. Die Lückenhaftigkeit geht auf Fürst Bismarck zurück, der von einer allzu intensiven Regelung außenpolitische Reibungen befürchtete. Völkerrechtliche Abkommen über Einzelmaterien (Eherecht, Vormundschaftsrecht) wurden im Haag am 12. Juni 1902 und am 17. Juli 1905 geschlossen, veröffentlicht im Reichsgesetzblatt. Die durch den Krieg unterbrochene Gemeinschaftsarbeit ist im Jahre 1925 (Oktober) durch eine neue Haager Konferenz wieder aufgenommen worden, wobei man sich namentlich auch Erbrechts- und Konkursfragen zugewandt hat. — Das bedeutendste auch im Ausland viel beachtete, aber in seinen Thesen nicht unbestrittene deutsche Gelehrtenwerk: Ernst Zitelmann, (weiland Prof. in Bonn), Internationales Privatrecht, Bd. I 1897, Bd. II 1912.

Das Recht an geistigen Gütern (Immaterialgüterrecht). § 23.

I. Grundgedanke: Nicht bloß die materiellen Güter, sondern auch die geistigen Werte, die schriftstellerischen und künstlerischen Leistungen, die gewerblichen Erfindungen und ähnliches, verdienen Rechtsschutz. Und zwar vor allem nach der negativen Seite hin, daß kein anderer in diese Sphären eigennützig eingreifen darf. So wird der Schriftsteller gegen unbefugten Nachdruck, der Erfinder gegen heimliche oder offene Nachbildung seines Patents gesichert. Erst wenn diese negative Seite außer Zweifel gestellt ist, tritt die positive hervor, nämlich das eigene Ausnutzendürfen, und dann mag die positive Sache hinterher als die Hauptsache erscheinen. Sie bekommt übrigens einen deutlichen materiellen Beigeschmack. Denn sie bringt Einkünfte, jede neue Auflage eines gangbaren Buches steigert den Vermögensabwurf, und an Patenten können bekanntlich Millionen verdient werden. Aber dies ist nur der wirtschaftliche Endeffekt (Ziff. III), die juristische Wurzel ist der **Schutz der Idee**: Auch der Künstler wird geschützt, der sein Kunstwerk nur für sich haben will und auf gewerbliche Massenausnützung verzichtet; auch da wird Patentschutz erteilt, wo das finanzielle Ergebnis für den Erfinder gleich Null bleibt.

II. Die Erkenntnis der geistigen Güter und ihrer Schutzbedürftigkeit ging dem älteren Recht, namentlich dem römischen, ab. Darum war auch in den Pandektensystemen ein entsprechendes Kapitel nicht zu finden. Heute, wo sich der Gedanke bereits vollkommen eingebürgert und namentlich das Patentrecht eine gewaltige Bedeutung und damit volkstümlichen Charakter bekommen hat, erscheint das fast unbegreiflich. Es handelt sich um eine der eindrucksvollsten Neuerungen des 19. Jahrhunderts, an deren Gangbarmachung u. a. auch Amerika stark beteiligt war.

In Deutschland wurde der neue Stoff, da das Pandektensystem versagte, von vornherein auf die Bahn der Sondergesetzgebung gewiesen. Sie war zuerst partikularistisch; namentlich ein preußisches Gesetz über das geistige Eigentum vom 11. Juni 1837 hat epochemachend gewirkt. Die Reichsgesetzgebung hat sich vornehmlich in zwei Perioden abgewickelt. Die erste fiel in die siebziger Jahre des vergangenen, die zweite in das erste Jahrzehnt des jetzigen Jahrhunderts. Dabei ist es aber nicht zu solcher Geschlossenheit gekommen wie etwa im Handelsrecht (nachfolgend § 24). Vielmehr zerfiel die Materie von Anfang an in Teilstücke, die jedes in gesonderten Gesetzen behandelt wurden; und so ist es bis heute geblieben. Die wichtigsten dieser Teilstücke sind das **„Urheberrecht“ (Autorrecht)**, das die literarischen und künstlerischen Werte erfaßt, und das **„Patentrecht“**, sowie das „Musterrecht“ und das „Zeichenrecht“.

1. Das Autorrecht fand erstmalig seinen reichsrechtlichen Niederschlag in dem Urheberrechtsgesetz von 1870. An dessen Stelle trat das RG. betr. das Urheberrecht an Werken der Literatur und der Tonkunst v. 19. Juni 1901, das eine Neufassung unter dem 22. Mai 1910 (RGBl. S. 793) erfahren hat. Daneben steht das RG. betr. d. Urheberrecht der bildenden Künste und der Photographie („Kunstschutzgesetz“) v. 9. Jan. 1907 (RGBl. S. 7) und das RG. betr. den Schutz von Gebrauchsmustern v. 1. Juni 1891 (RGBl. S. 290). Das letztere steht bereits dem Patentrecht nahe.

2. Das Patentrecht wurde erstmalig von Reichs wegen durch ein Gesetz von 1877 erfaßt. An dessen Stelle ist das Patentgesetz vom 7. April 1891 getreten (RGBl. S. 79), inzwischen durch Nachträge geändert, namentlich durch die Novelle vom 6. Juli 1911 (RGBl. S. 243), die — dem inzwischen wachgewordenen Sozialgeist (oben S. 202 ff.) folgend — den sog. Ausführungszwang einfügte: danach darf der Patentinhaber nicht aus individualistisch-egoistischem Interesse auf dem Patent „untätig sitzen bleiben“, sondern er ist gehalten, die Erfindung der Allgemeinheit zugänglich zu machen. Eine **Reform** des Patentrechts ist seit langem geplant. Ein Entwurf, den die Regierung vor dem Kriege ausgearbeitet hatte, ist infolge des Krieges liegen geblieben. Wiederaufnahme ist zu erwarten.

3. Über internationale Abmachungen siehe im folgenden.

III. Die **wirtschaftliche Kraft**, die sich in einem derartigen Immaterialgüterrecht, vor allem einem Patentrecht aufspeichert, kann ungeheure Maße annehmen. Denn, wenn ein allgemeines Bedürfnis nach dem betreffenden Gebrauchsgegenstand verlangt, wächst die Nachfrage ins Ungemessene; tausende wollen in den Besitz des Gegenstandes gelangen und bieten immer höhere Preise; aber immer bleibt die gesamte Gewalt über die zeugende Idee und ihre Verwertung in der Hand eines einzigen. Dieser eine ist der Herr, alle anderen rings um sich hält er in Bann.

Lange Zeit hat der doktrinäre Liberalismus in Deutschland sich um dieser Banngewalt willen gegen den Patentschutz gesträubt. Man dachte an die alten Zwangs- und Bannrechte des Mittelalters, die man eben glücklich überwunden hatte. Es mag auch sein, daß die Zukunft wieder an einen gewissen Abbau des allzu stark individualistischen Gepräges dieser Rechtstypen wird denken müssen. Aber im ganzen darf das Immaterialgüterrecht, wiederum an erster Stelle das Patentrecht, den Ruhm beanspruchen, mit am meisten für die großen Kulturfortschritte unseres Zeitalters geleistet zu haben. Es hat die geistigen Kräfte in ungeahnter Weise beflügelt und einen beispiellosen Aufstieg der Technik, aber auch des Schrifttums und der Künste, namentlich der technischen Künste, gewährleistet.

Damit steht die **internationale Bedeutung** dieser Materie im engsten Zusammenhang. Es macht etwas aus, ob man gegen Nachdruck und Nachbildung bloß in den deutschen Grenzen oder weit hinaus durch die ganze Welt geschützt wird. Erst wenn auch in fremden Ländern Herstellung und Vertrieb allein dem geistigen Vater vorbehalten bleiben, wächst seine wirtschaftliche Macht ins Ungemessene. Dahinter aber steht ein nationales Moment. Denn der Fonds an Patenten (und verwandten Schutzrechten), den die einzelnen Völker in Gestalt ihrer berechtigten Volksgenossen hinter sich haben, stellt geradezu ein Stück Weltverteilung dar. Deutschland hatte in der Richtung gewaltige Fortschritte gemacht.

Gerade das aber hat sofort im Kriege zu einer Art von Beschlagnahme geführt. Vor dem Kriege war durch mehrere internationale Abkommen (grundlegend die Berner Konvention vom 9. September 1886) und viele Sonderverträge Deutschlands mit anderen Einzelstaaten eine starke wechselseitige Gewähr für den Schutz der Immaterialgüterrechte geschaffen worden. Durch Kriegsgesetze wurde, unter Englands Führung, diese Gewähr eingerissen oder doch tödlich geschwächt. Es ist das einer der stärksten Eingriffe in die Privatrechtsordnung, die der Krieg hervorgebracht hat. Natürlich sind inzwischen die zerrissenen Fäden wieder angesponnen worden, und auch für die ferner gelegene Zukunft muß mit großen internationalen Abmachungen über Patentschutz und Urheberschutz gerechnet werden.

IV. Die wissenschaftliche Durchdringung des jungen Rechtsstoffes ist mit Eifer in Angriff genommen worden, aber noch keineswegs abgeschlossen. Grundlegende Fragen sind zurzeit noch weit von der Klärung entfernt. So gleich die Hauptfrage, welchen Charakter man dem Recht am geistigen Gut zusprechen soll. Manche wollen es dem Eigentum an Sachgütern an die Seite stellen, andere halten das für nicht „konstruierbar". Dieser theoretischen Unsicherheit reihen sich dann praktische Zweifel an. Vor allem ist es bei praktischem Nachdenken sofort klar, daß nicht jeder beliebige Geistesblitz, jedes schwungvolle Wort, jeder phantastische Traum sofort unter Rechtsschutz gestellt werden kann. Aber, wo die Grenze zwischen dem Geschützten und dem Ungeschützten angesetzt, welche Anforderungen z. B. an die „Neuheit" der Idee gestellt werden sollen, ist eine schwierige Frage. Daran reiht sich sofort die weitere bedeutende Frage, ob wirklich der ursprüngliche geistige Vater auf ewig allein berechtigt sein, oder ob nicht doch die **Allgemeinheit** in gewissen Grenzen an dem schlummernden Wert beteiligt werden (Einzelanwendung vorstehend unter II 2) oder mindestens nach Ablauf einer Schutzfrist in den unverkürzten Genuß des geistigen Gutes einrücken soll (Parsivalfall). Schließlich ergeben sich auch noch Verwicklungen dadurch, daß bis jetzt keine klare Grenze zu einigen benachbarten Gebieten, z. B. dem Firmenschutz, den sog. Persönlichkeitsrechten usw. gewonnen worden ist.

Besonders umstritten ist der Briefschutz. Hier begegnen sich drei Vorstellungen, die rein sachenrechtliche des Eigentums am Briefkörper, die urheberrechtliche des Schutzes am geistigen Wert und die personenrechtliche des Schutzes der sog. Geheimsphäre.

Die starke Unsicherheit in grundlegenden Fragen und die damit gegebene Möglichkeit tatkräftiger Weiterbildung machen indessen dieses Gebiet der Immaterialgüterrechte gerade besonders reizvoll.

Beispiel aus dem reichhaltigen Schrifttum: Eine Darstellung mit Lehrbuchcharakter: Erwin Riezler (Prof. in Erlangen), Deutsches Urheber- und Erfinderrecht, 1. Abteilung (Allgemeine Lehren und Urheberrecht umfassend), 1909. Lebendig und eigenartig: Josef Kohler (zuletzt Prof. in Berlin), Lehrbuch des Patentrechts, 1908, beginnend mit dem Satze: „Die Begründung der Patentrechtswissenschaft kann sicherlich Deutschland in Anspruch nehmen . . ." Im klassischen Stil gehalten: W. Kisch (Prof. in München), Handbuch des deutschen Patentrechts, 1923. In den Grundrissen als VIII. Band: Dr. Alexander Elster (Berlin), Gewerblicher Rechtsschutz, Urheberrecht, Patentrecht, Wettbewerb, 1921. Monographischem Charakter nähert sich: Hans O. de Boor

(Professor in Frankfurt), Urheberrecht und Verlagsrecht, ein Beitrag zur Theorie der ausschließlichen Rechte, 1917. Viele Kommentare und Handausgaben zu den einzelnen Gesetzen. Sammlung der Gesetzestexte vom Verlag Bensheimer (Nr. 75 der Sammlung). Als Beispiel der Reformliteratur: Zur Reform des Patentrechts, Ergebnisse einer Umfrage des Vereins Recht und Wirtschaft, 1914.

Das Handelsrecht. § 24.

I. Grundgedanke. Das Handelsrecht hebt sich als eine **selbständige Schicht** aus der übrigen Stoffmasse des bürgerlichen Rechts heraus. Logisch zwingend ist diese Heraushebung nicht. Sie hat deshalb auch in gewissen Zeitaltern (so vor allem innerhalb des römischen Rechts) gefehlt. Ihre Rechtfertigung liegt darin, daß für die Handelsverhältnisse vielfach eine andere rechtliche Regelung empfehlenswert ist als für die sonstigen bürgerlichen Verhältnisse; dies um so mehr, als das allgemeine Privatrecht ziemlich stark nach der Richtung des Kleinbürgertums orientiert (S. 244) und stellenweise vom Geiste einer etwas weichen Fürsorglichkeit durchweht ist. Für die kaufmännischen Verhältnisse paßt dergleichen nicht. Hier muß schärfer zugegriffen werden. Wenn Kaufleute sich zu gemeinsamen Operationen zusammenschließen wollen, genügt nicht die bürgerlichrechtliche Form des „Vereins" mit seinem primitiven, auf Kameradschaft gestellten Aufbau (BGB. §§ 21 ff.) oder die bürgerlichrechtliche „Gesellschaft" mit ihrem Zuschnitt auf engste man könnte fast sagen: intime Verhältnisse (BGB. § 705 ff.). Vielmehr hat sich der Stand der Kaufleute in jahrhundertelanger Entwicklung ganz eigene, viel weitergreifende, einerseits strengere, andrerseits beweglichere Assoziationsformen geschaffen (nachfolgend Ziff. IV). Aber auch an gelegentlichen Einzelpunkten zeigt es sich immer wieder, daß an einen mitten im Handel stehenden Kaufmann z. B. hinsichtlich der Aufmerksamkeit, der Vertragstreue usw. ganz andere Anforderungen gestellt werden können als an einen geschäftsunkundigen Bürgersmann.

Besonders plastisch kommt das darin zum Ausdruck, daß gewisse, milde Maßnahmen des bürgerlichen Rechts für den Bereich des kaufmännischen Verkehrs ausdrücklich weggestrichen werden. So kann z. B. der, der im Bereich des bürgerlichen Rechts eine unverhältnismäßig hohe Vertragsstrafe versprochen hat, hinterher beim Richter ihre Herabsetzung auf ein milderes Maß verlangen (§ 343 BGB.). Ausdrücklich erklärt dann das Handelsgesetzbuch, daß sich der Kaufmann auf diese Schutzvorschrift nicht berufen dürfe (§ 348 HGB.).

Noch unlängst ist diese strengere Behandlung des Kaufmanns gelegentlich der Aufwertungsgesetzgebung (S. 50) in drastischer Weise zum Ausdruck gekommen. Ehe die Gesetzgebung das Aufwertungsproblem in Angriff nahm, hatten vielfach der Gläubiger und der Schuldner einen **Vergleich** etwa dahin geschlossen, daß der Schuldner zwar mehr in Papiermark zahlte als dem Nominalbetrag seiner Schuld entsprach, daß aber andrerseits der Gläubiger auf jede weitere „Aufwertung" auch für den Fall, daß eine solche von der Gesetzgebung demnächst anerkannt werden sollte, **verzichtete**. Wie es nun wirklich zur Gesetzgebung kam, wurde von Gläubigerseite stürmisch verlangt, solche übereilten und aufgedrungenen Vergleiche für ungültig zu erklären, also trotz des darin ausgesprochenen Verzichts die nachträgliche (volle) Aufwertung zuzulassen. Dem ist für das allgemeine bürgerliche Recht wirklich (im Rahmen der sog. Rückwirkungszeit) Rechnung getragen worden. **Nicht aber für Kaufleute!** Sie bleiben also an ihren früheren Vergleich und Verzicht gebunden (AufwertungsG. v. 16. Juli 1925, § 67 II).

II. Der selbständige Charakter des Handelsrechts wird äußerlich dadurch verkörpert, daß dem Handelsrecht **eigene Gesetze** zur Verfügung gestellt werden. Diese Taktik geht schon auf die Zeit des Deutschen Bundes zurück (S. 214 f.). Damals wurde ein deutsches Handelsgesetzbuch geschaffen (1861), das die einzelnen Staaten des Bundes bei sich einführten, obwohl sie staatsrechtlich nicht dazu verpflichtet waren. Auch Österreich, damals Bundesglied, nahm es auf und hat es bis auf den heutigen Tag behalten, so daß also auf diesem Gebiet noch ein Stück ursprünglicher Rechtseinheit mit Österreich besteht.

Freilich hat sich seitdem manches verschoben. Das deutsche Reich sah sich im Anschluß an die große Kodifikation des allgemeinen bürgerlichen Rechts (BGB.) genötigt, auch das damals über vierzig Jahre alte Handelsgesetzbuch einer Durcharbeitung zu unterziehen. Die Arbeit wuchs sich aus, so daß man es schließlich vorzog, nicht bloß an einzelnen Paragraphen zu bessern, sondern das Ganze neu zu fassen. So fiel das alte Handelsgesetzbuch, und es trat an seine Stelle **das neue Handelsgesetzbuch von 1897** (HGB.), das am gleichen Tage wie das BGB., nämlich am 1. Januar 1900, in Kraft getreten ist. Immerhin ist seine ursprüngliche Unterlage, das alte, in Österreich fortgeltende Gesetz, noch deutlich erkennbar.

Mit der gesonderten gesetzlichen Erfassung der handelsrechtlichen Materie ist, wie das nicht anders sein konnte, zumal in einem zum Spezialistentum neigenden Zeitalter, die besondere **wissenschaftliche** Behandlung Hand in Hand gegangen. Wir haben deshalb ein eigenes, übrigens sehr kraftvolles handelsrechtliches **Schrifttum** und im Universitätsunterricht eigene Vorlesungen über Handelsrecht. Sogar in der **gerichtlichen Praxis** hat man dem besonderen Geist dieser Materie durch Einrichtung von „Kammern für Handelssachen" Rechnung getragen.

Neben dem HGB. steht eine Fülle von handelsrechtlichen Nebengesetzen. Die wichtigsten betreffen wiederum einzelne Assoziationsformen, so das Ges. v. 20. April 1892 über die Gesellschaften mit beschränkter Haftpflicht, das Ges. von 1896 betr. die Erwerbs- und Wirtschaftsgenossenschaften usw. Für das Studium unentbehrlich sind Sammlungen dieser handelsrechtlichen Sondergesetze, wie sie von dem Verlag Bensheimer in Mannheim und dem Verlag Beck in München herausgebracht worden sind.

Überaus vielseitig und umfangreich ist, wie beim BGB., das Schrifttum zum HGB. Historisches Ansehen genießt z. B. der Staubsche Kommentar; Hermann Staub (Rechtsanwalt in Berlin, gestorben 1904) hat mit diesem berühmten Werk wesentlich zur Schaffung des modernen Kommentartypus beigetragen. Monumental angelegt und ein Wahrzeichen deutschen Gelehrtenfleißes das in vielen Bänden erscheinende, aus Beiträgen verschiedener Mitarbeiter zusammengesetzte Ehrenbergsche Handbuch des gesamten Handelsrechts, seit 1913. In diesen Grundrissen ist als Bd. 6 das Handelsrecht von Julius v. Gierke (jetzt Prof. in Göttingen) bearbeitet worden.

III. Der Schnitt zwischen dem Handelsrecht und dem sonstigen bürgerlichen Recht ist aber keineswegs ein glatter. Die Grundstimmung, die gesetzliche Technik, die Ergänzung aus dem Schatz der Verkehrssitten, der Druck des Normativgeistes und auch die Einwirkung des Krieges und der Revolution sind auf beiden Gebieten im wesentlichen gleich.

Dazu kommen **starke Wechselwirkungen** in der täglichen Anwendung. Sie sind überwiegend so gestaltet, daß das bürgerliche Recht das Handelsrecht ergänzt. Das Handelsrecht ist nämlich nicht zu einem geschlossenem System ausgebaut. Vielmehr hat man sich mit der Regelung von Einzelgebieten und Einzelfragen begnügt, und nun tritt das allgemeine bürgerliche Recht überall da auf den Plan, wo eine handelsrechtliche Sonderregelung unterblieben ist.

Wenn z. B. zwei Kaufleute einen Kaufvertrag abschließen, so ist sogar bei weitem das Meiste über diesen Kaufvertrag aus dem BGB. herzuholen, aus dem HGB. nur einige allerdings bedeutsame Zutaten. Darum wenden auch jene Kammern für Handelssachen (s. oben) keineswegs reines Handelsrecht an, sondern mindestens im gleichen Maße bürgerliches Recht. Und auch von den ergänzenden Verkehrssitten und Normalregeln dienen viele gleichzeitig beiden Gebieten. Daß die wissenschaftliche Forschung oft genug Handelsrecht und bürgerliches Recht gleichzeitig erfaßt, versteht sich danach von selbst; immerhin könnte in dieser Hinsicht noch manche Schranke fallen.

Reines bürgerliches Recht kommt da zur Anwendung, wo der Kaufmann überhaupt nicht als Kaufmann, sondern, dieser Qualität entkleidet, als gewöhnlicher Bürgersmann auftritt. Das gilt vor allem vom Familienrecht. Die Ehe des Kaufmanns, das Verhältnis zu seinen Kindern, ja sogar der ganze Erbgang, wenn er stirbt, steht unter keinem Sonderrecht, sondern durchaus unter den Regeln des BGB.

Mitunter gestaltet sich jedoch die Wechselwirkung auch so, daß das Handelsrecht der gebende Teil ist. Das hat sich namentlich historisch gezeigt, indem mancher Fortschritt zunächst im Handelsrecht erprobt worden und dann erst in das allgemeine bürgerliche Recht hinübergewandert ist (z. B. der heutige Gutglaubensschutz, vgl. S. 240 d). Ganze Gedankenzüge im zweiten Buch des BGB. sind aus dem alten HGB. von 1861 geschöpft worden (und konnten deshalb im neuen HGB. weggelassen werden, weil sie eben kraft der ergänzenden Natur des allgemeinen bürgerlichen Rechts sowieso auch mit für die Kaufleute galten). — Aus diesem geschichtlich klarliegenden Einfluß des Handelsrechts auf das langsamer nachfolgende bürgerliche Recht ergibt sich für den Forscher und Richter die Lehre, auch das gegenwärtige Handelsrecht unablässig darauf zu beobachten, was es wohl an neuen Ideen für die allgemeine Privatrechtsordnung abgeben könnte.

Bei einer ganzen Reihe von Rechtsinstituten, die sich zunächst, oft schon vor langer Zeit, im Handelsrecht entwickelt hatten und anfänglich, sei es nach der Praxis des Lebens, sei es nach Zunftsatzung oder Gesetzesvorschrift, auf Kaufleute beschränkt waren, ist die spätere Entwicklung dahin gegangen, daß diese Institute zwar ihren ausgesprochenen Sondercharakter bewahrt haben, aber auch Nichtkaufleuten zugänglich gemacht worden sind. So ist es mit gewissen Verpflichtungsurkunden, z. B. dem Wechsel (s. im folgenden) gegangen: heute, im Gegensatz zu früheren Zeiten, kann jeder beliebige Bürgersmann einen Wechsel ausstellen, aber das wird dann nicht nach dem BGB. beurteilt, sondern der Bürgersmann tritt unter das Regiment der Wechselordnung genau wie der Kaufmann. Ebenso kann jeder beliebige Bürger sich an einer Aktiengesellschaft beteiligen, obwohl das den ältesten Anfängen des Aktienrechts nicht entspricht. Auch das Konkursverfahren ist, obwohl man sich etwas anders denken könnte, gleichzeitig für Kaufleute und Nichtkaufleute geregelt. Kritisch ist die Anteilnahme am Börsenrecht, namentlich an den gefährlichen Börsentermingeschäften. Soll man jeden unerfahrenen Bürgersmann solche Geschäfte gültig (also ihn bindend) abschließen lassen oder soll hier wieder die „Fürsorglichkeit" dazwischen treten und den Nichtkaufmann von der Gefahrenzone fernhalten? Die Stellung des Gesetzgebers hat geschwankt. Heute § 53 BörsenG v. 27. Mai 1908 (RGBl. S. 215): „Das Geschäft ist verbindlich, wenn auf beiden Seiten als Vertragschließende Kaufleute, die in das Handelsregister eingetragen sind, . . . beteiligt sind."

IV. Eine handelsrechtliche Erscheinung von ganz besonderer Art bildet die großartige Mannigfaltigkeit der **Handelsgesellschaften.** Die verschiedenen Formen kaufmännischen Zusammenschlusses, jene tausende von Aktiengesellschaften, Kommanditgesellschaften, Offenen Handelsgesellschaften, Gesellschaften mit beschränkter Haftung usw. blicken zum Teil auf eine jahrhundertealte

Vergangenheit zurück. Aber gerade die neuere Zeit hat erst ihre volle Entfaltung gebracht, und die Entwicklung ist sicherlich noch nicht abgeschlossen.

Jener Wirtschaftsgeist unserer Zeit (S. 200f.), jener „materialistische Zug", der aus dem 19. ins 20. Jahrhundert hinübergedrungen ist, spiegelt sich besonders an dieser Stelle der Rechtsordnung wieder. Dabei ist der Drang nach immer weiterer Steigerung der Assoziationen so stark gewesen, daß die Gesetzgebung nicht hat folgen können. Weder die vor dem Kriege immer markanter hervortretenden Kartelle, noch die seltsamen, inzwischen verschwundenen Kriegsgesellschaften (vgl. S. 222 Ziff. 1), noch die vielerlei Interessengemeinschaften und Vertrustungen der letzten Jahre sind von der Gesetzgebung ausreichend erfaßt worden. Die alten, überkommenen Formen der Gesellschaft des bürgerlichen Rechts oder der Gesellschaft mit beschränkter Haftpflicht oder der Aktiengesellschaft, deren man sich als Notbehelf bedient, vermögen das Wesen dieser neuen Gebilde keineswegs voll zu decken. Ob es in absehbarer Zeit gelingen wird, geeignete neue Gesetze zu schaffen, ist sehr fraglich.

1. Ein eindrucksvolles Zeitzeichen stellt die Kartellverordnung vom 2. November 1923 dar. Der fruchtbaren Ermächtigungslegislative des Winters 1923/24 (S. 224 Ziff. 3) entsprungen, kann sie allerdings als ein erster Versuch betrachtet werden, der nicht ungefährlichen Übermacht der Kartelle und ähnlicher Organisationen entgegenzutreten. So erklärt sich auch ihr Titel: „Verordnung gegen Mißbrauch wirtschaftlicher Machtstellung". Unmittelbare praktische Anwendung hat die Verordnung zunächst in überraschend geringem Maße gefunden. Doch hat ihr bloßes Dasein (die Möglichkeit der Anwendung) mittelbar nicht unbeträchtlich gewirkt. Im Herbst 1925 hat die Reichsregierung die inzwischen schon fast vergessene Verordnung wieder hervorgeholt, um ihrer „Preisabbauaktion" Nachdruck zu verleihen. In dem ganzen Vorgang spielt sich auch wieder ein Stück des Kampfes zwischen dem Staat und der organisierten Wirtschaft, des Kampfes zwischen „sozialen" Postulaten und zusammengeballter Individualmacht ab (vgl. S. 202 Ziff. 4). — Von einer das Ganze des Kartellwesens erfassenden Regelung ist jedoch diese Verordnung weit entfernt, namentlich die privatrechtliche (handelsrechtliche) Seite wird nur in einem einzigen Punkt, nämlich in der Gewährung einer außerordentlichen Kündigungsmöglichkeit an jedes einzelne Kartellmitglied gestreift.

2. Ein Kapitel für sich, ebenfalls durchaus „Zeiterscheinung", bilden die in den letzten Jahren immer wiederkehrenden Versuche, durch geschickte Auswahl und Gestaltung der Assoziationsformen Steuererleichterungen oder Steuerumgehungen zu erzielen. So wurde z. B. in den Jahren 1920 ff. eigens eine ganz neue Gesellschaftsform, die „G.m.b.H. & Co." erfunden, um damit Steuervorteile zu erzielen. Während die Steuerbehörden diese Konstruktion bekämpften, hat sie das Reichsgericht in einer viel beachteten Entscheidung (vom 4. Juli 1922, Bd. 105 S. 101 ff.) für zulässig erklärt.

3. Ein drittes eindrucksvolles Kapitel stellen die in der Zeit der Geldentwertung (Inflation) erfundenen, neuen oder doch umgeformten Spielarten des Aktienrechts dar, vor allem die im Übermaß hervorgebrachten Vorzugs- und Mehrstimmrechtsaktien. In ihnen tritt wiederum ein Stück Zeitgeist lebendig in Erscheinung. Jene Verschiebung des Kapitalbegriffs (S. 239), die an die Stelle des alten Sacheigentums ein besonders ausgebautes Forderungsrecht, eine juristisch verbrämte und juristisch gestützte Verwaltungsmacht setzt, findet in den Mehrstimmrechtsaktien eine geradezu verblüffende Verkörperung. Da dieser Prozeß vielfach zu rücksichtsloser Zurückdrängung anderer Interessenten (der gewöhnlichen Aktionäre) geführt hat, hat sich bereits auch hier wieder der Ruf nach staatlicher Abhilfe erhoben. Zurzeit (1925/26) wird von der Reichsregierung die Einbringung eines Sondergesetzes erwogen, das dann eine deutliche Parallelerscheinung zu der unter 1 besprochenen Kartellverordnung darstellen würde. Doch ist es sehr zweifelhaft, ob dem Plan die Verwirklichung folgen wird.

V. Besonderer Erwähnung bedarf es schließlich, daß im Kaufmannsrecht die eigentliche Heimat des **Wertpapiers** zu suchen ist. Es ist zwar inzwischen aus dem engeren Rahmen der Handelswelt hinausgedrungen, jeder einfache Bürgersmann kann tagtäglich mit ihm in Berührung kommen. Aber noch heute dient es, dank seiner erstaunlichen Beweglichkeit, die doch mit Straffheit verbunden ist, durchaus in erster Linie dem rasch dahin eilenden, doch aber auf höchstmögliche Sicherheit eingestellten kaufmännischen Verkehr. Insbesondere der Wechsel und der Scheck tragen, obwohl nicht auf Kaufleute beschränkt, ein kaufmännisches Gepräge.

Die Gesetzgebung über Wertpapiere ist nicht zentralisiert, sondern sehr zersplittert. Einiges findet sich im BGB., z. B. die grundlegende Dogmatik für die Inhaberpapiere (BGB. §§ 793 ff., Grundriß Schuldrecht § 18). Anderes im HGB., namentlich die Regelung gewisser wichtiger Transportpapiere, wie z. B. der sog. Konnossemente. Wieder anderes ist in Spezialgesetzen untergebracht, von denen hervorzuheben sind: die Wechselordnung vom 3. Juni 1908 (Vorläufer die WO. von 1848, S. 215) und das Scheckgesetz vom 11. März 1908.

Im Lehrbetrieb der Universitäten pflegt dagegen der Stoff in besonderen Vorlesungen über das „Recht der Wertpapiere" zusammengefaßt zu werden. Vgl. im Rahmen der Grundrisse: Bd. VII, v. Schwerin (Prof. in Freiburg), Recht der Wertpapiere, 1924. Ferner Ernst Jacobi (Prof. in Münster), Grundriß des Rechts der Wertpapiere im allgemeinen, 2. Aufl., 1925.

Eine Bewegung, durch Angleichung der Wechselgesetze aller Kulturländer ein Weltwechselrecht zu schaffen, ist seit längerem im Gange, Verwirklichung erscheint nicht ausgeschlossen.

VI. **Wirtschaftsrecht.** Gewiß ist der Kaufmann der erste Repräsentant des Wirtschaftslebens, und wenn es ein „Wirtschaftsrecht" gibt, so müßte das Handelsrecht in erster Linie als dessen Inhalt oder Teil erscheinen. Aber das ganze Zeitalter ist, wie wir gesehen haben, (S. 201) vom Wirtschaftsgedanken befallen. Wir alle werden in diesen Gedankenkreis hineingerissen. So erklärt es sich, daß zwar eine ganze Reihe von Versuchen unternommen worden sind, dem sog. „Wirtschaftsrecht" einen Rahmen zu geben, daß aber keiner es mit dem Handelsrecht gleichsetzen will. Alle greifen vielmehr weiter.

1. Am nächsten liegt eine Meinung, die Wirtschaftsrecht mit Recht der industriellen Unternehmungen gleichsetzen möchte. Schon vor dem Kriege stand man im Begriff, ein eigenes „Industrierecht" zu entfalten, das sich freilich seine Grenzen sehr weit steckte. Neuerdings hat diese Denkrichtung sich dadurch in einen engeren Rahmen drängen lassen, daß sie das „Arbeitsrecht" als Recht der Arbeitnehmer klassifiziert und nun als Gegenstück ein Sonderrecht der Arbeitgeber (oder unpersönlicher: der Unternehmungen) konstruieren und mit dem Namen „Wirtschaftsrecht" belegen möchte.

Beachtung als historischer Auftakt verdient die Studie von Heinrich Lehmann (Prof. in Köln), Grundlinien des deutschen Industrierechts, in der Zitelmannfestschrift von 1913. Vgl. für heute: Dochow (Prof. in Heidelberg), Vorwort zu der von ihm herausggb. Sammlung „Wirtschaftsrecht", 1920. Ähnlich auch Kaskel (Prof. in Berlin), in Zeitschr. „Recht und Wirtschaft", 10. Jg. S. 211 ff.

2. Eine zweite Meinung denkt sich das Wirtschaftsrecht wie eine Art Sammelgebiet für alle diejenigen, neuartigen wirtschaftsdurchtränkten Erscheinungen, die in den alten Kategorien nicht unterzubringen sind, die insbesondere zu dem alten, schulmäßig zugeschnittenen Gegensatz von öffentlichem und Privatrecht nicht passen wollen. Vielerlei strömt dabei zusammen: das Kartellrecht, das Arbeitsrecht, das neue Siedlungsrecht, die Kriegsbeschlagnahmemaßregeln, die wirtschaftliche Räteverfassung, das Zwangsmietrecht und dergleichen mehr.

Im Sinne einer solchen Sammelkategorie dürfte das Wort zuerst verwendet worden sein. Repräsentiert wird diese zweite Meinung am besten durch das S. 223 erwähnte Buch von Nußbaum, etwas weniger schon durch das ebendort genannte Buch von Goldschmidt. Vgl. auch die programmartige Erklärung im 1. Heft der Mitteilungen des Jenaer Instituts für Wirtschaftsrecht; doch hat gerade dieses Institut später die 3. Meinung entscheidend herausgestellt.

3. Die beiden geschilderten Versuche sind verfehlt. Wirtschaftsrecht wird sich nie als ein abgeschlossenes Fachgebiet fassen lassen. Vielmehr ist, wie schon in anderem Zusammenhange dargetan, darin der bloße Abglanz einer allgemeinen Zeitströmung innerhalb der Rechtswelt zu verstehen. Darum ist das Wirtschaftsrecht allerdings in all den vielen Einzelerscheinungen, die die zweite

Meinung sammeln möchte, lebendig. Aber weder füllt es diese Erscheinungen vollständig aus (sondern gibt ihnen nur eine besondere Tönung), noch bleibt es auf diese „heimatlosen" Erscheinungen beschränkt (vielmehr durchtränkt es, wenn auch weniger ausgeprägt, auch die alten, fest eingesessenen Rechtserscheinungen).

Das Nähere über die Einfügung des „Wirtschaftsrechts" in den Strom der Zeit ist bereits S. 201 Ziff. 3 dargelegt. — Verwandt mit der hier vertretenen Meinung die von Georg Lucas (Präsident des Reichswirtschaftsgerichts), der im „Wirtschaftsrecht" nur eine besondere Methode der Rechtshandhabung erblickt, nämlich eine Methode, die sich, vom „formalen", Buchstabe für Buchstabe im Gesetzestext niedergelegten Recht abbiegend, von den besonderen wirtschaftlichen Gesichtspunkten leiten läßt; vgl. Zeitschr. f. d. gesamte Staatswissenschaft, 80. Jg., S. 387ff.

Eine eigentümliche Wendung hat die Frage dadurch bekommen, daß neuerdings die Prüfungsordnungen einiger Länder (Preußen, Thüringen) ausdrücklich „Wirtschaftsrecht" zum Prüfungsfach erhoben haben. Das ist ein Verlegenheitsergebnis, in eine Linie mit der 2. Meinung zu stellen: es sollen derart diejenigen Erscheinungen, die in den alten Lehrfächern keine gesicherte Stätte haben, untergebracht werden, damit sie — zumal bei ihrer Wichtigkeit — nicht etwa in den Prüfungen ausfallen.

§ 25. Das Arbeitsrecht.

I. **Geschichtliche Entwicklung.** Arbeitsverhältnisse sind in verschiedenster rechtlicher Gestalt über die Menschheit in ihrem geschichtlichen Werden dahingegangen. Man entsinne sich, daß das ganze Altertum die meisten „Arbeiten" durch Sklaven erledigen ließ. Das war kein „Vertrag", den der Sklave mit seinem Arbeitgeber abschloß. Er zählte überhaupt nicht als Rechtsperson, er hatte kein „Antlitz" im Rechtssinne (daher die gelegentliche griechische Bezeichnung ἀπρόσωπος für Sklave), er war Objekt. Wenn man daher überhaupt die Kategorien des heutigen bürgerlichen Rechts auf das Verhältnis zwischen Sklaven und Herrn anwenden will, so liegt kein Schuldverhältnis (S. 234 V), sondern ein sachenrechtliches Verhältnis vor: der Herr hatte Eigentum am Sklaven (S. 237 VI).

Wie ganz anders das deutsche Mittelalter. „Hörige" Verhältnisse klangen auch hier noch leise mit, später verschärften sie sich sogar unter dem Zeichen der „Leibeigenschaft". Aber es war von vornherein die öffentlichrechtliche Tönung dieser Zustände, die eine so nackte Herrenmoral und eine so rücksichtslose juristische Auswertung als „Eigentum", wie sie das römische Recht aufwies, verhinderten. Überall bei den mannigfaltigen Arbeitsverhältnissen des Gesindes, der Gesellen, der Dienstmannen, der Vasallen, der

Leibeigenen ist dieser öffentlichrechtliche Einschlag zu erkennen. Das sollte noch heute zu denken geben: Arbeitsrecht nicht nur eine private, sondern eine öffentliche Angelegenheit.

Heute sind die vielen Spielarten des Dienst- und Treueverhältnisses fast vergessen. Der dialektische Individualismus, die logisch-konstruktive Schulung der Juristen, vor allem aber das Emporsteigen des sogenannten „Vierten Standes" der freien Lohnarbeiter haben im 19. Jahrhundert zusammengewirkt, um die Vorstellung eines einheitlichen, gleichmäßigen Arbeitsverhältnisses zu begründen. „Frei" waren diese hunderttausende von Industriearbeitern, die das 19. Jahrhundert geboren hatte, frei nach der manchesterlichen Doktrin, frei nach den stilisierten Parolen der Verfassungsurkunden, frei auch nach der juristischen Konstruktion. Da war nun ein klarer Vertrag gegeben, ein Vertrag des Obligationenrechts, ein „Schuldverhältnis", — individualistisch aufgebaut: zwei Individuen einander gegenüberstehend, der Arbeitgeber und der Arbeitnehmer, beide durchaus „Rechtspersonen", völlig gleichwertig „von Rechts wegen". Hat doch sogar das Bürgerliche Gesetzbuch, das den Höhe- und Schlußpunkt dieser gedanklichen Entwicklung darstellt, es ängstlich vermieden, vom „Dienstherrn" zu sprechen, um jede Abhängigkeitsformel zu vermeiden. Es redet in seiner steifen, auf formale Richtigkeit des Denkens abgestellten Sprachweise von dem „Dienstberechtigten" und dem „zur Dienstleistung Verpflichteten" (§ 612 ff.), so wie beim Kauf sich ein „Berechtigter" und ein „Verpflichteter" ohne Wertunterschied gegenüberstehen.

Starr hat die zivilrechtliche Gelehrsamkeit bis über die Jahrhundertwende hinaus an dieser rein schuldrechtlichen Konstruktion, dieser Eingliederung des „Dienstvertrages" in die lange Reihe der bürgerlichen Schuldverhältnisse festgehalten. Aber daneben wuchs eine zweite, ganz andere Welt des Arbeitsrechts heran. Sie setzte sich an den Körper der Gewerbeordnung an. Allerdings jene ursprüngliche Gewerbeordnung von 1869 (S. 214) hatte sich nicht viel mit den „Gewerbegehülfen" befaßt. Auch ihr wohnte der Geist des wirtschaftlichen Liberalismus inne, und der konzentrierte durchaus das Hauptaugenmerk auf das Unternehmertum. Dessen freies Kräftespiel, die „Gewerbefreiheit", war der dominierende Zug in der kleinen Kodifikation von 1869. Allmählich aber zogen die „Gehülfen" dieser gewerblichen Unternehmungen, die Gesellen, die Fabrikarbeiter immer mehr von der gesetzgeberischen Aufmerksamkeit an sich. Von Novelle zu Novelle (S. 215 a. E.) wuchs ihr Anteil an dem immer von neuem revidierten Gesetz, wuchs auch die Umtönung des Arbeitsverhältnisses von der individualistischen nach der gesellschaftlichen Seite, wuchs in den neu eingeschobenen Paragraphen der soziale Schutz, der „Arbeiterschutz“, wie er in der öffentlichen Diskussion von damals genannt wurde. Erging doch im Jahre 1891 nach dem Sturze Bismarcks, dem „neuen Kurs“ des jungen Kaisers Wilhelm II. entsprechend, eine Novelle zur Gewerbeordnung, die man noch heute schlechthin als das Arbeiterschutzgesetz vom 1. Juli 1891 zu bezeichnen pflegt (RGBl. S. 261). Eine systematische Inspektion der Gewerbebetriebe durch staatliche Aufsichtsbeamte wurde eingeführt. Der Zusammenschluß der Arbeiter in sog. Arbeiterausschüssen wurde angebahnt (der historische Auftakt zu der heutigen Betriebsräteorganisation). Die „Arbeitsordnung“ wurde erfunden als ein kleines Gesetz für den einzelnen Betrieb, Mindestgarantien für den Arbeiter enthaltend, öffentlich anzuschlagen, damit es jeder lesen und jeder sich darauf berufen könne (der erste Anfang autonomer Rechtssatzung durch die am Arbeitsverhältnis Beteiligten). Sodann wandte man sich den besonders Schutzbedürftigen zu, den arbeitenden Kindern und den arbeitenden Frauen. Ein eigenes Kinderschutzgesetz wurde erlassen (Ges. vom 30. März 1903), und für die Frauenarbeit wurde zum erstenmal eine Höchstarbeitszeit eingeführt, an heutigen Maßstäben gemessen allerdings noch in erstaunlicher Höhe: elf Stunden nach jenem Arbeiterschutzgesetz von 1891, zehn Stunden nach einer Novelle von 1908. Und um diese einzelnen großen Fakta herum entstand ein immer verwickelterer, immer sorgfältiger spezialisierter Ausführungsapparat der Polizeiverordnungen und ähnlicher Erlasse. Nimmt man noch das große Werk der Sozialversicherung hinzu, das schon in anderem Zusammenhange gekennzeichnet worden ist (S. 220d), so hat man ein Bild von jener anderen Welt, die, von den Zivilisten nahezu unbeachtet, neben dem BGB. mit seinem armseligen zwanzig Paragraphen „Dienstvertrag“ erwachsen war.

Nun rückte auch die Stunde heran, um die beiden getrennten Hälften, die bürgerlichrechtliche und die öffentlichrechtliche, miteinander zu verschmelzen. Zuerst in einzelnen weitblickenden oder besinnlichen Köpfen, in Deutschland z. B. bei Potthoff oder Sinzheimer, tauchte die Vorstellung auf: Arbeitsverhältnis ist nicht ein gewöhnliches Schuldverhältnis neben vielen anderen, Arbeitsverhältnis ist auch nicht ein mehr oder minder wichtiges Teilstück der Gewerbeordnung und ihrer Anhänge, sondern Arbeitsverhältnis ist eine selbständige Größe, eine Rechtserscheinung für sich, so wie das Handelsrecht oder das Kirchenrecht oder das Verwaltungsrecht. In der gleichen Stunde war das Arbeitsrecht als ein selbständiges juristisches Fach geboren.

Heute ist das in aller Munde. Die Revolution von 1918 (vgl. im folgenden) ist nicht die Schöpferin dieser Vorstellung vom Arbeitsrecht als einer geschlossenen Materie, aber sie hat die Erkenntnis mächtig beflügelt und hat aus ihr eine erfolgreiche politische Forderung gemacht. Dabei ist die Bewegung nicht etwa auf Deutschland beschränkt gewesen. Sie war von Anfang an international, sie war aus dem Zeitgeist, aus der Lage aller Industrieländer geboren. Darum ist heute das „Arbeitsrecht" nicht in Deutschland allein, sondern ähnlich auch bei den anderen wirtschaftlich hochgetriebenen Staaten Europas, ein eigenes Fach, mit eigener, fast übervoll blühender Literatur, mit eigener Gesetzgebung, mit eigenen Lehrstühlen auf den Universitäten, mit eigenem Platz in den staatlichen Prüfungsordnungen.

1. Die Genesis des modernen Arbeitsrechts ist reich an politischen, ethischen, rein menschlichen Höhepunkten.

Über den staatlichen Bestrebungen in Deutschland hat eine gewisse Tragik gelegen. Der ideologische Sinn der Deutschen führte überall zu dogmatischen Überspitzungen und damit zu übermäßigen Feindseligkeiten. Es ist nicht wahr, daß der Staat nur notgedrungen und widerwillig an ein „Arbeitsrecht" herangegangen sei. Er hat sogar mehrfach versucht, die Initiative zu ergreifen. Freilich war er dabei von einem bevormundend-fürsorglichen Geiste geleitet. So erklärt es sich, daß an der Spitze der staatlichen Betätigung, eingeleitet von eindrucksvollen und unzweifelhaft ehrlich gemeinten Worten des alten Kaisers (S. 220), die soziale Versicherungsgesetzgebung gestanden hat, die, von Deutschland zuerst unternommen, in der ganzen Kulturwelt vorbildlich geworden ist. Als man dann darüber hinausgreifen wollte, setzte der tragische Konflikt zwischen dem jungen Kaiser und Bismarck ein; gerade die auseinandergehenden Meinungen des Kanzlers und des Herrschers über die Arbeiterpolitik haben zu des ersteren Sturz im Jahre 1890 wesentlich beigetragen. Es schien damit, da Bismarck der retardierende Teil gewesen war, die Bahn für ein „Weitertreiben" des sozialen Arbeitsrechts freigeworden. In der Tat erging jenes vorstehend erwähnte Arbeiterschutzgesetz von 1891. Auch war kurz zuvor im Anschluß an die Gewerbeordnung eine Sondergerichtsbarkeit für die Ansprüche der gewerblichen Arbeiter durch ein eigenes Gewerbegerichtsgesetz (vom 29. Juli 1890) geschaffen worden. Aber, trotzdem sich hervorragende Staatsmänner wie von Bötticher und der Freiherr von Berlepsch tatkräftig für weitere Förderung des begonnenen Werkes einsetzten, brach in tragischer Kurve die Bewegung nach unten ab. Außenpolitische Themata, Flotten- und Militärvorlagen, koloniale Geltung nahmen die geistige Kraft der an der Gesetzgebung stehenden Parlamentarier und Regierungspolitiker überwuchernd in Anspruch. Später kam es allerdings unter Führung des Grafen von Posadowsky zu einem Wiederaufleben der erweiterten „Sozialpolitik": Das erwähnte Kinderschutzgesetz von 1903 erging, die Handlungsgehilfen erhielten gesteigerten Schutz und (durch das Kaufmannsgerichtsgesetz vom 6. Juli 1904) ebenfalls eine Sondergerichtsbarkeit, sogar die am schwersten zu erfassenden Heimarbeiter erhielten ihre kleine, auf sozialen Schutz gestimmte Kodifikation in Gestalt des Hausarbeitsgesetzes vom 20. Dezember 1911 (jetzt Neufassung vom 27. Juni 1923). Aber wichtige Ideen und Postulate blieben auch jetzt noch unerledigt, vor allem eine Forderung, die zunächst nach bloßer juristischer Konstruktion aussieht, hinter der aber ein hoher ethischer Wert sitzt, und die deshalb mit Leidenschaft von der einen Seite, mit dumpfer Zurückhaltung von der anderen Seite umkämpft worden ist: die Anerkennung der Rechtsfähigkeit der Gewerkschaften (oder „Berufsvereine", wie man sie anfänglich nannte). Erst der Ausbruch der Revolution hat diese Forderung verwirklicht.

Die ganze Zeit über sind aber neben den staatlich-gesetzgeberischen Triebkräften (und stärker als diese) Selbstbetätigungen der betroffenen Volkskreise einhergegangen. Das große Wort von der Koalitionsfreiheit steht hier am Anfang der Entwicklung. Ohne diese „Freiheit" keine mächtigen Verbände, ohne die Verbände kein Einfluß in der Öffentlichkeit. Zwei ganz verschiedene Zusammenschlüsse bildeten sich, ein parteipolitischer, indem die Sozialdemokratie als spezifische Arbeiterpartei auftrat, und ein berufsorganisatorischer, indem sich, englischem Vorbild folgend (Trade-Unions), die Gewerkschaften kristallisierten und immer mächtiger entfalteten, — beide zeitweise vom Staate verfolgt und eingeengt. Aus dem Dasein der Gewerkschaften stiegen sodann die Tarifverträge empor, anfänglich in schüchterner Einzelanwendung versucht (berühmt der 1. Buchdruckertarif von 1896), dann sich verbreitend, schließlich mit Windeseile fast das gesamte Arbeitsrecht überschattend. Ratlos stand die Zivilrechtsdogmatik diesem Gebilde gegenüber. Jetzt besitzt es bereits, freilich noch immer umstritten, ein gefestigtes juristisches Ansehen (vgl. schon S. 98, und nachfolgend S. 281 f.), das anschaulichste Beispiel für den geistig-konstruktiven Fortschritt in weniger als einem Menschenalter.

Übrigens hatte sich auch in der Wissenschaft und in der öffentlichen Diskussion anderer Bevölkerungskreise ein immer stärkeres Interesse für „Sozialpolitik" bemerkbar gemacht. Man sprach von „Kathedersozialisten", um Gelehrte zu bezeichnen, die aus der Sozialpolitik ein besonderes Studium gemacht hatten und (meist in sehr gemäßigten Grenzen) für die Forderungen der arbeitenden Klasse eintraten. Bereits 1872 ist der historisch sehr bedeutsame Verein für Sozialpolitik gegründet worden, 1901 die Gesellschaft für soziale Reform. Die Beratungen beider (gedruckt vorliegend) bieten ein reiches zeitgeschichtliches Material.

2. Das Schrifttum zum Arbeitsrecht ist, namentlich wenn man den internationalen Bücher- und Zeitschriftenmarkt mit einbezieht, fast schon unübersehbar geworden. Aus der Fülle mögen folgende Beispiele herausgestellt werden:

Eine frühe Programmschrift: Heinz Potthoff (Schriftsteller in München), Probleme des Arbeitsrechts, 1912. Großen Einfluß, obwohl von der reinen Zivilrechtsbasis ausgehend (aber gerade deshalb), hat ausgeübt das zweibändige Werk des schweizerischen Professor Lotmar, Der Arbeitsvertrag, Bd. I 1902, Bd. II 1908. Aus den Erkenntnissen der Revolutionszeit herausgewachsen, aber durchaus wissenschaftlich empfunden: Sinzheimer (Rechtsanwalt und Professor in Frankfurt), Grundzüge des Arbeitsrechts, 1922, auch als Artikel im Handwörterbuch der Staatswissenschaften zu finden.

Den heutigen Stand des deutschen Arbeitsrechts stellt in mustergültiger Vollständigkeit klar, sachlich, auch von praktischer Erfahrung getragen, dabei ohne zerkleinernde Kasuistik, Walter Kaskel (Professor in Berlin) in seinem „Arbeitsrecht", 1925, dar (Teil der S. 28 genannten Kohlrausch-Kaskelschen Enzyklopädie). Nur den zivilistischen Ausschnitt, freilich mit bedeutenden Erweiterungen, hat in vorzüglicher Dogmatik bearbeitet Paul Oertmann (Prof. in Göttingen), Deutsches Arbeitsvertragsrecht, 1923. Umgekehrt kommt von der sozialpolitischen Seite her: Herkner (Prof. in Berlin), Die Arbeiterfrage, 8. Aufl. 1923.

Die Texte der Gesetze, ohne die es weder für den Studierenden noch für den Praktiker ein Auskommen gibt, sind mehrfach gesammelt: Hoeniger-Wehrle, Arbeitsrecht (Sammlung Bensheimer), Feig-Sitzler, Arbeitsrechtliche Gesetze und Verordnungen (Verlag Vahlen). Zwei Jahrbücher tragen mit kasuistischer Vollständigkeit Jahr für Jahr den neuen Stoff der Literatur und Judikatur zusammen: Hoeniger-Schultz-Wehrle und Karger-Erdmann. Ein Blick in einige Jahrgänge dieser Kompilationen zeigt das ungeheure Anschwellen und die bunte Vielseitigkeit des „arbeitsrechtlichen" Stoffes. Auch mehrere Zeitschriften bestehen bereits, die älteste „Arbeitsrecht" von Potthoff herausgegeben, sodann „Neue Zeitschrift für Arbeitsrecht" von Kaskel u. a. herausgegeben. Dazu die aus der Praxis erwachsenen Organe: „Das Schlichtungswesen" und „Gewerbe- und Kaufmannsgericht". Sogar eine lebhaft sprudelnde Kartothek des Arbeitsrechts gibt es bereits. Keinem anderen „Fach" ist ein solcher Überfluß an Literatur (binnen wenigen Jahren!) angefallen.

II. **Programmatik und Legislative der jüngsten Zeit.** Die Fortbewegung des Arbeitsrechts ist getragen von einer lebendigen Programmatik, die sich stückweise, oft ruckartig in einzelne Gesetze umsetzt. Dieser Umsetzungsprozeß ist heute noch nicht abgeschlossen. Um so interessanter und lehrreicher, gerade für den Juristen, ist das Wechselspiel zwischen Programm und Gesetz; es ist in seiner Art ein wertvoller Beitrag zu der soziologischen Seite der Gesetzgebung (oben S. 91 II). Hier müssen skizzenhafte Andeutungen genügen.

a) An der Spitze steht **das politische Programm der sozialdemokratischen Partei,** das 1891 seine Fassung in Erfurt erhielt; mit der berühmt gewordenen Eingangsformel: „Die ökonomische Entwicklung der bürgerlichen Gesellschaft führt mit Naturnotwendigkeit zum Untergang des Kleinbetriebes, dessen Grundlage das Privateigentum des Arbeiters an seinen Produktionsmitteln bildet. Sie trennt den Arbeiter von seinen Produktionsmitteln und verwandelt ihn in einen besitzlosen Proletarier, indes die Produktionsmittel das Monopol einer verhältnismäßig kleinen Zahl von Kapitalisten und Großgrundbesitzern werden."

Die das eigentliche „Arbeitsrecht" betreffenden Sätze sind, nach Art eines Anhangs, an den Schluß gestellt. Sie bewegen sich durchaus in den Bahnen der damaligen „sozialpolitischen" Denkweise. Ihr Wortlaut:

„Zum Schutze der Arbeiterklasse fordert die Sozialdemokratische Partei Deutschland zunächst:

1. Eine wirksame nationale und internationale Arbeiterschutzgesetzgebung auf folgender Grundlage:
   a) Festsetzung eines höchstens acht Stunden betragenden Normal-Arbeitstages.
   b) Verbot der Erwerbsarbeit für Kinder unter 14 Jahren.
   c) Verbot der Nachtarbeit, außer für solche Industriezweige, die ihrer Natur nach, aus technischen Gründen oder aus Gründen der öffentlichen Wohlfahrt Nachtarbeit erheischen.
   d) Eine ununterbrochene Ruhepause von mindestens 36 Stunden in jeder Woche für jeden Arbeiter.
   e) Verbot des Trucksystems.
2. Überwachung aller gewerblichen Betriebe, Erforschung und Regelung der Arbeitsverhältnisse in Stadt und Land durch ein Reichsarbeitsamt, Bezirksarbeitsämter und Arbeitskammern. Durchgreifende gewerbliche Hygiene.
3. Rechtliche Gleichstellung der landwirtschaftlichen Arbeiter und Dienstboten mit den gewerblichen Arbeitern; Beseitigung der Gesindeordnungen.
4. Sicherstellung des Koalitionsrechts.
5. Übernahme der gesamten Arbeiterversicherung durch das Reich mit maßgebender Mitwirkung der Arbeiter an der Verwaltung."

Dieses „klassische" Erfurter Programm ist inzwischen durch das Görlitzer Programm von 1921 mit „modernisierten" und verallgemeinerten Einzelforderungen abgelöst worden. Der betreffende Abschnitt („Sozialpolitik") beginnt: „Einheitliches Arbeitsrecht. Sicherung des Koalitionsrechts. Wirksamer Arbeiterschutz. Gesetzliche Festlegung eines Arbeitstages von höchstens acht Stunden usw."

b) Der nächste Schritt wird durch eine **wissenschaftliche Konstruktion** gekennzeichnet. Im wesentlichen aus dem Kreise der bürgerlichen Sozialpolitiker erwachsen (etwa um 1900), glaubte sie das Werdende allein durch eine staatsrechtliche Parallele klarstellen zu können. Sie setzt das alte Regiment im industriellen Betrieb gleich mit der absoluten Monarchie: Der Unternehmer erscheint als der unumschränkte „Herr im Hause". Dem tritt nun die neue Lebensform gegenüber: Die Arbeiterschaft wird an dem Leben im Betrieb beteiligt, und diese Beteiligung wird juristisch in einer Art Verfassungsurkunde (so dachte man sich die S. 262 erwähnte

„Arbeitsordnung") niedergelegt. Damit war die Figur der „**konstitutionellen Fabrik**" entstanden. Sie ist heute fast schon vergessen, weil eben das Arbeitsrecht ein großes eigenlebiges Fach geworden ist und der Anlehnung an die staatsrechtlichen Schemata spottet.

Doch darf, vom historischen Standpunkt, nicht verkannt werden, daß wichtige Grundgedanken des heutigen (und künftigen) Arbeitsrechts gerade in diesem geistigen Zusammenhang zum erstenmal wissenschaftlich konzipiert worden sind, vor allem das später so lebhaft erörterte und in mäßigen Grenzen zur Tat gewordene „**Mitbestimmungsrecht**" des Betriebsvolkes (-Staatsvolk).

Als Beispiel dieser geistigen Entwicklungsstufe vgl. etwa Paul **Oertmann** (Prof. in Erlangen, jetzt in Göttingen), Die rechtliche Natur der Arbeitsordnung, Sonderabdr. aus der Hübler-Festgabe, 1905.

c) Die dritte Stufe wird durch die **Kriegszeit** eingerahmt. Auch hier blitzt überall die Programmatik auf. Eine „Regelung des Arbeitsrechts", das damit deutlich als selbständiges Fach erscheint, stellte z. B. der Kanzler (Bethmann-Hollweg) bereits in einer wichtigen Rede vom 14. März 1917 in Aussicht. Wichtiger aber sind hier die unmittelbaren **Gesetzgebungsakte**. Sie erscheinen zunächst wie vorübergehende Kriegsereignisse, bloße „Aktualitäten", am Schluß sogar fast als Verlegenheitsentschließungen. Wiederum aber sieht der geschärfte rückschauende Blick den Zeitgeist am Werke und erkennt die geschichtlichen Zusammenhänge. Das Kernstück bildet das **Hilfsdienstgesetz** von 1916 (vgl. S. 223 oben). Am Schlusse des Krieges und beträchtlich über das Kriegsende hinauswirkend tritt die sog. **Demobilmachungsgesetzgebung** hinzu.

Im Hilfsdienstgesetz waren namentlich folgende fortwirkende Gedanken niedergelegt: 1. die „**Ausschüsse der Arbeiter**", bisher fakultativ (nach dem S. 262 erwähnten Arbeiterschutzgesetz), werden jetzt obligatorisch gemacht; das geht in die berühmte Tarifverordnung vom 23. Dezember 1918 (unten S. 268f.), sodann als Teilstück in das Räteprogramm der Reichsverfassung von 1919 (unten S. 271) und abschließend in das Betriebsrätegesetz vom 4. Februar 1920 (unten S. 283) über. — 2. Aus dem Verfahren der Gewerbe- und Kaufmannsgerichte (S. 263, 264) wurde übernommen, verallgemeinert und auf festere Basis gestellt das **Schlichtungswesen**, d. h. eine unter behördlicher Obhut, auf paritätischer Grundlage (Arbeitgeber und Arbeitnehmer in gleicher Zahl als Beisitzer) entfaltete Methode, **vorbeugend** Streiks oder sonstige Arbeitsstreitigkeiten zu verhindern und namentlich eine geordnete Fortführung (oder Umgestaltung) abgelaufener Tarifverträge zu gewährleisten. Vom Hilfsdienstgesetz wanderte das System, wiederum fortgebildet, in die eben genannte Tarifverordnung vom Dezember 1918 und von dieser in die (der Ermächtigungslegislative entsprungene, S. 223f. Ziff. 2 und 3) Schlichtungsverordnung vom 30. Okt. 1923 (nebst wichtiger AV. vom 29. Dez. 1923) hinüber; damit ist jedoch nur ein vorläufiger Abschluß erreicht: eine erschöpfende, auf dem Boden der ordentlichen parlamentarischen Gesetzgebung herzustellende Schlichtungsordnung ist geplant. — 3. Die lange umstrittene (vgl. S. 264) Anerkennung der Gewerkschaften ist im Hilfsdienstgesetz implicite enthalten, auch wenn sie hier noch keine formaljuristische Ausprägung erfahren hat. Fortgesetzt wird diese Erscheinung u. a. in der Arbeitsgemeinschaft vom November 1918 (s. im folgenden S. 270 Ziff. 3), in der Reichsverfassung Art. 165 Abs. I S. 2 und in einer ebenfalls durch die Reichsverfassung (Art. 124) inaugurierten Änderung des Vereinsrechts des Bürgerlichen Gesetzbuchs (nämlich der Schlußworte im § 61).

Die Demobilmachungsgesetzgebung kann hier nicht im einzelnen aufgezählt werden. Aus dem Gesamteindruck der vielen zersplitterten Gesetze und Verordnungen lösen sich folgende zwei überragende Vor-Vorstellungen ab: 1. Das Recht auf den Arbeitsplatz (unten S. 277 b), das dadurch elementar zum Ausdruck kam, daß jedem einzelnen der Millionen heimkehrender Krieger eine Arbeitsstätte gesichert werden sollte; das ist auch im wesentlichen gelungen, eine organisatorische Großtat, die nur möglich gewesen ist unter scharfer Einpressung in juristische Formeln. — 2. Die diktatorische Amtsgewalt der sog. Demobilmachungskommissare, staatsrechtlich jener Ermächtigungslegislative (S. 223 Ziff. 2) nahe gelegen, inzwischen bis auf geringe Reste abgebaut, aber vielleicht in einer ferneren Zukunft als vorbildlicher Typus für andere Lagen verwendbar, und jedenfalls staatsrechtlich eine sehr interessante historische Figur.

d) **Die Revolution von 1918** hat, wie es im Wesen einer solchen Bewegung liegt, mit einer klangvollen Programmatik eingesetzt, aber doch auch ziemlich rasch einzelne gesetzgeberische Akte gezeitigt. An der Programmatik beteiligten sich die verschiedensten Kräfte und Zusammenschlüsse. Drei verdienen festgehalten zu werden, weil sie nicht nur politisch im Vordergrunde standen, sondern auch juristisch am ergiebigsten waren.

1. Im Vordergrund stand, als Sprachorgan der Revolutionsmehrheit, der sog. **Rat der Volksbeauftragten.** Ruckartig stieß er (neben den großen politischen Themata) auch einzelne das Arbeitsrecht betreffende Postulate hervor: Programm ging dabei in unmittelbaren gesetzgeberischen Akt über. Auftakt und Kernstück bildete der Aufruf vom 12. November 1918. Es wurden darin, in deutlicher Anlehnung an das sozialistische Erfurter Programm, folgende Marksteine für den Aufstieg des Arbeitsrechts gesetzt: Verheißung des allgemeinen Achtstundentages, Aufhebung der Gesindeordnungen, Aufhebung der „Ausnahmegesetze“ gegen die Landarbeiter, Verbürgung der Koalitionsfreiheit und ihre Ausdehnung auf Beamte und Staatsarbeiter, Inangriffnahme einer „Erwerbslosenunterstützung“.

Von dieser Programmbasis strahlen dann eine Reihe von weiteren Einzelgesetzen aus, vor allem die schon mehrfach erwähnte **Tarifvertrags-**

verordnung vom 23. Dez. 1918. Sie schweißte mit raschem Griff in drei Abschnitten zusammen: Arbeiterausschüsse (oben S. 267 Ziff. 1), Schlichtungswesen (ebd. Ziff. 2) und Tarifverträge. Die beiden ersten Abschnitte sind inzwischen überholt, der dritte (bei weitem wichtigste und juristisch ergiebigste) ist noch heute (1926) geltendes Recht (über den Inhalt unten S. 282), soll allerdings ebenfalls durch ein voll ausgebautes Tarifgesetz ersetzt werden (S. 273). — Symptomatisch ferner die Vorläufige Landarbeitsordnung vom 24. Januar 1919, symptomatisch einmal wegen ihres Zustandekommens (sie ging aus Beratungen des rasch zusammengetretenen, inzwischen längst verschwundenen „Reichsbauern- und Landarbeiterrats" hervor), sodann wegen der in ihr offenbarten Problematik der großen Idee, alle Arbeiter einheitlich unter einer einzigen gesetzgeberischen Formel zusammenzuführen. Dem Aufruf vom 12. November lag wohl noch diese Idee zugrunde: Gesinde, Landarbeiter, alle, die abseits standen, mit der führenden Masse der Industriearbeiter zu einem geschlossenen (rechtlich geschlossenen) Heer der „Werktätigen" zusammenzuführen. Daß nun doch eine selbständige Landarbeitsordnung erlassen wurde, bekundet bereits das Schwinden des Vertrauens in die restlose Durchführbarkeit der Idee (weiteres darüber unten S. 272γ). — Schließlich gehört in diesen Zusammenhang die in der Kriegszeit bereits vorbereitete, von der neuen Regierung übernommene und tatkräftig ausgebaute Demobilmachungsgesetzgebung (s. vorstehend S. 267, 268).

2. Neben der neuen „Regierung" erhob Anspruch auf die entscheidende Gestaltung der Dinge der **Rätekongreß**. Er sah bald nur eine Minderheit hinter sich. Und das bedeutete eine Spaltung im System. Es traten sich immer schroffer das politische und das wirtschaftliche Rätesystem gegenüber. Ersteres wollte, nach russischem Vorbild, die gesamte politische Macht in die Hand der Räteorganisation bringen und damit die politische Formel von der „Diktatur des Proletariats" rechtlich verankern. Letzteres begnügte sich, der zu schaffenden Räteorganisation die Mitwirkung an den wirtschaftlichen Fragen einzuräumen. Damit ist auch sogleich die Stellung des Arbeitsrechts in den beiden Systemen gekennzeichnet. In dem ersteren ist das neue Arbeitsrecht ein Nebenpunkt, nicht vielmehr wie eine Ausführungsfrage, nach manchen Formulierungen sogar nur eine sich von selbst ergebende Folgeerscheinung. In dem ersteren ist das Arbeitsrecht ein Hauptstück, ja, wie die Folgezeit bewiesen hat, das einzige Stück, das seine Formung in nennenswertem Grade dem Mitwirken der Räteidee zu danken hat.

Der erste (allein in Frage kommendc) Rätekongreß fand am 16. Dezember 1918 in Berlin statt, der zweite kurze Zeit später gleichfalls in Berlin. Die Protokolle sind im Druck veröffentlicht worden. — Gesiegt hat in Deutschland das wirtschaftliche Rätesystem. Das Ergebnis ist programmatisch niedergelegt in der Reichsverfassung (s. im folgenden). Die Verwirklichung des Programms steht in größerem Umfang noch aus (ebd.).

3. Als dritte, das Arbeitsrecht fördernde Kraft der ersten Revolutionszeit erscheint die sog. **Arbeitsgemeinschaft vom 15. November 1918.** Obwohl inzwischen stark zurückgetreten, kann sie aus dem Werden des Arbeitsrechts nicht weggedacht werden. Es ist auch keineswegs ausgeschlossen, daß sie in künftigen Zeiten wieder stärker hervortritt. In ihrem Namen ist juristisch der wichtigere Teil die „Gemeinschaft“. Es hatten sich nämlich in dieser Organisation die Spitzenverbände der Arbeitgeber und Arbeitnehmer zusammengefunden, um gemeinsam über die durch das Kriegsende aufgeworfenen Fragen, vor allem über die Demobilmachung zu beraten. So war eine Art von Parlament, wenn auch im kleinen Kreise und mit beruflich abgegrenztem Rahmen und ohne unmittelbare gesetzgebende Gewalt entstanden. Der Stoff, dem es sich zuwandte, war im ausgeprägtesten Sinne „Arbeitsrecht“, wenngleich nur programmatisches Arbeitsrecht.

Die Sätze, zu denen man sich beiderseits bekannte, wurden in der „Vereinbarung“ vom 15. November niedergelegt. In Fortführung dessen wurde am 4. Dezember eine „Satzung“ geschaffen. — Als bleibende Ergebnisse, wenigstens im Sinne einer historischen Entwicklungsstufe, sind zu buchen: 1. die nahezu formal-juristische Anerkennung der Gewerkschaften und gleichzeitig des Grundsatzes der Parität, 2. das überzeugte Bekenntnis zum Tarifvertrag als rechtsgestaltendem Element, 3. die Wahl des Achtstundentages als, wenigstens vorläufige, Basis.

e) Das Jahr 1919 brachte zunächst, während der Märzunruhen, das Versprechen der Reichsregierung, **ein Gesetzbuch der Arbeit** herauszubringen. Geistig war dies ein besonderer Höhepunkt. Das „Arbeitsrecht“ war hier nicht nur als eine mögliche Vorstellung, als ein Fach der Gedankenwelt anerkannt, sondern es wurde seine sinnfällige Verkörperung in einem einzigen, groß angelegten Kodex proklamiert. Vorarbeiten wurden auch bald in Angriff genommen, doch ist der augenblickliche Stand der Gesetzgebung (nachfolgend unter f) noch weit von der Verwirklichung der großen Idee entfernt.

Es setzte ferner in dieser Zeit **der internationale Zugriff auf das Arbeitsrecht** ein, wie ihn das Instrument von Versailles verkörpert (vgl. S. 225).

Vor allem aber kam es zu einem letzten bedeutenden Programm in der **Reichsverfassung vom 11. August 1919.** Mit aller Betonung zieht sie das „Arbeitsrecht“, das damit abschließend in seiner Selbständigkeit anerkannt ist, in die gesetzgeberische Kompetenz des Reiches (Art. 7 Ziff. 9). Und dann, im II. Hauptteil, unter den „Grundrechten und Grundpflichten der Deutschen“, läßt sich das Verfassungsdokument ausführlich über die Grundelemente des Arbeitsrechts der Zukunft vernehmen. Von der „Arbeitskraft“ des einzelnen, die unter den besonderen Schutz des Reiches gestellt wird, steigen die Bekenntnissätze über die endgültig gewährleistete und bedeutend erweiterte (auf die Beamten erstreckte) Koalitionsfreiheit bis zu der Vision einer den Erdball überspannenden Gewährung sozialer Mindestrechte an „die gesamte arbeitende Klasse der Menschheit“ empor. Die programmatische Zeichnung des Grundrisses für eine wirtschaftliche Räteorganisation bildet, bereits aus dem Arbeitsrecht hinausragend, den eindrucksvollen Abschluß.

Vgl. Art. 157 bis 165 der RV. Hervorzuheben ist das sittliche Postulat, daß „jeder Deutsche“ nicht nur einen Arbeitsplatz („die Möglichkeit, durch wirtschaftliche Arbeit seinen Unterhalt zu erwerben“) zugesichert bekommt, sondern dafür auch die Pflicht zur Arbeit („die sittliche Pflicht, seine geistigen und körperlichen Kräfte so zu betätigen, wie es das Wohl der Gesamtheit erfordert“) auf sich nehmen soll. Damit sind wir auch an dieser Stelle an die Grenzen des Naturrechts, der „höheren“, nicht immer in der lex lata zu verwirklichenden Gerechtigkeit (oben § 8, S. 47 ff.) gerückt.

Ein Kapitel für sich bildet die **Räteorganisation**, wie sie der Art. 165 vorgezeichnet hat. Es sollen danach zwei parallele Stränge nebeneinander laufen, einmal, derb bildlich gesprochen, der Wirtschaftsstrang und daneben der Strang der Arbeiterorganisation. Im Wirtschaftsstrang sollen alle „Stände“ vertreten sein, Arbeitgeber, Arbeitnehmer, aber auch alle sonstigen „wichtigen Berufsgruppen“. Von der dreistufig (lokal, zwischenstufig, für das ganze Reich) zu denkenden Organisation dieses Wirtschaftsstranges ist gegenwärtig nur die oberste Stufe in dem sog. Vorläufigen Reichswirtschaftsrat (gestiftet durch V. vom 20. Juli 1920) verwirklicht; Umbildung in einen (verkleinerten) Endgültigen RWRat steht bevor. Die Arbeitnehmer sollen nun (außer ihrer „paritätischen“ Beteiligung im Wirtschaftsstrang) noch eine eigene, ebenfalls dreistufig emporsteigende Organisation bekommen. Davon ist umgekehrt bisher nur die unterste Stufe in den Betriebsräten (Ges. v. 4. Febr. 1920, mit mancherlei Ergänzungen) verwirklicht. Dagegen fehlt die Mittelstufe, die „Arbeiterkammern“, obwohl schon vor dem Kriege Entwürfe zu ihrer Schaffung da waren, und die Spitze, der „Reichsarbeiterrat“. Ob letzterer jemals Gestalt annehmen wird, kann fraglich erscheinen.

f) **Heutiger Stand der Gesetzgebung.** Der gegenwärtige Stand der Gesetzgebung (Herbst 1926) ist zerfahren, doch aber ein guter Spiegel für die Gliederung des arbeitsrechtlichen Stoffes und damit für diesen Stoff selbst. Die Gliederung hat sich ganz von selbst herausgestellt. Immer noch ist der alte Gegensatz zwischen Privatrecht und öffentlichem Recht erkennbar (s. namentlich nachfolgend Ziff. 1). Wohin nun aber das Arbeitsrecht im ganzen systematisch zu stellen ist, darüber gehen die Meinungen auseinander. Weil letzten Endes trotz aller Massenwirkung (unten IV) doch der einzelne Vertrag des einzelnen Arbeitnehmers (unten III) der Ausgangspunkt aller juristischen Konstruktion bleiben wird, ist in unserer Darstellung das Arbeitsrecht an den Schluß des Privatrechts gestellt worden.

Gleich in einem Anlauf den abgerundeten und alles umfassenden „Kodex des Arbeitsrechts" zu schaffen (S. 270e), dazu hat, trotz des Schwunges revolutionärer Hoffnungen, die gesetzgeberische Kraft nicht ausgelangt. So ist man in die Bahn der Teilstücke hineingeraten, hat über die nachfolgend genannten Einzelthemata getrennte Entwürfe herausgebracht und bald mit diesem, bald mit jenem Entwurf sein Heil bei der gesetzgebenden Körperschaft versucht, die Sorge für etwaige Zusammenfassung der Teilstücke künftigen Zeiten überlassend.

1. Ein **Arbeitsvertragsgesetz** soll den Einzelvertrag zwischen Arbeitgeber und Arbeitnehmer regeln. Hier würde die alte Figur des Schuldverhältnisses zu Hause sein, wenn auch vielfach nach der „sozialen Seite" umgewandelt. Genau genommen handelt es sich also nur um Herausnahme der großen Masse der „Beteiligten" aus dem bisherigen „Dienstvertrag" des Bürgerlichen Gesetzbuchs (vgl. S. 247b), und insoweit würde das kodifizierte Arbeitsrecht ganz ähnlich neben dem BGB. stehen wie das Handelsgesetzbuch (oben § 24, S. 253).

α) In überaus sorgfältiger Arbeit hat ein im Reichsarbeitsministerium gebildeter Ausschuß („Arbeitsrechtsausschuß") einen Entwurf zum Arbeitsvertragsgesetz hergestellt. Er ist als Sonderheft 28 zum Reichsarbeitsblatt im Spätsommer 1923 veröffentlicht worden. Dem Parlament hat er noch nicht vorgelegen; über einzelne besonders bestrittene Fragen aus seinem Inhalt nachfolgend unter III c (S. 277). Kritische Besprechungen sind mehrfach erfolgt; vgl. namentlich Molitor, Hueck und Riezler, Der Arbeitsvertrag und der Entwurf eines Allgemeinen Arbeitsvertragsgesetzes.

β) Abgezweigt ist die bedeutendste aller Fragen, nämlich die der Arbeitszeit. Sie soll in einem eigenen Arbeitszeitgesetz endgültig geregelt werden. Gegenwärtig gilt das (aus der Ermächtigungslegislative, S. 223 f.) hervorgegangene Provisorium der V. über die Arbeitszeit vom 21. Dezember 1923, worin das Dogma des Achtstundentages (proklamiert durch den Novemberaufruf der Volksbeauftragten, S. 268 Ziff. 1, verwirklicht für die Arbeiter durch DemobilmachungsV. vom 23. November 1918, für die Angestellten durch V. v. 18. März 1919) zwar festgehalten, aber durch beträchtliche Ausnahmen geschwächt worden ist.

γ) Ob für einzelne Gruppen von Arbeitnehmern Sondergesetze eingeführt (oder aufrechterhalten) werden sollen, ist noch nicht endgültig geklärt. Der ursprünglichen, „reinen" Idee (oben S. 269 unter

Ziff. 1) würde es widersprechen. Doch sind Sondergesetze für Bergarbeiter, Hausgehilfen, Heimarbeiter in Aussicht genommen; für die Landarbeiter gilt z. B. die Vorläufige LandArbO., für die kaufmännischen Angestellten das HGB., usw.

2. Ein **Tarifvertragsgesetz** soll die durch die V. v. 23. Dezember 1918 geschaffene fragmentarische Regelung ablösen, d. h. durch ein ordentliches, das Parlament passierendes Gesetz ersetzen.

Im Jahre 1921 ist ein Entwurf (von Sinzheimer ausgearbeitet) im Reichsarbeitsblatt S. 491 ff. veröffentlicht worden. Er paßt zu der heutigen Erkenntnis nur noch bedingt. Hauptprobleme: Die „halbe" Persönlichkeit der Tarifparteien, ihre Haftung bei Bruch des Tarifvertrages, Ausschluß der „wirtschaftsfriedlichen" Arbeitervereinigungen, usw.

Über das geltende Tarifrecht unten S. 282.

3. Ein **Arbeitsgerichtsgesetz** zu schaffen, ist wiederholt versucht worden. Eine ganze Reihe von Entwürfen sind herausgebracht worden, keiner hatte bisher Erfolg. Doch ist Verabschiedung des jüngsten in nächster Zeit zu erwarten. — Der Grundgedanke, für das große neue Gebiet des Arbeitsrechts auch eine eigene Gerichtsbarkeit zu schaffen, so etwa, wie für das Handelsrecht eigene „Kammern für Handelssachen" bestehen (S. 255), leuchtet ein. Aber der Gedanke ist aus der Sphäre ruhiger Erwägung in den politischen Kampf hineingezogen worden. Dadurch hat er empfindlich gelitten.

Die Hauptstreitfrage ist die der „Selbständigkeit" der Arbeitsgerichte. Vom Mißtrauen gegen die sog. „Klassenjustiz" beseelt, setzt sich die Sozialdemokratische Partei mit allem Nachdruck dafür ein, daß die Arbeitsgerichte von der ordentlichen Gerichtsbarkeit völlig getrennt gehalten werden sollen. Dagegen sprechen wichtige Gründe, vor allem, daß die Einheitlichkeit der Justiz zerrissen werden würde. So läuft die jetzige Entwicklungslinie in der Richtung eines Kompromisses: Angliederung statt Eingliederung. Ein starkes Wort, sehr lehrreich für den Gesetzgebungspolitiker, sprechen auch die Finanzen mit; ein ganz selbständiger neuer Apparat neben den ordentlichen Gerichten wäre viel zu kostspielig.

Eine weitere Frage hängt mit den geschichtlichen Vorläufern einer Arbeitsgerichtsbarkeit, den Gewerbe- und Kaufmannsgerichten (S. 263, 264) zusammen. Diese waren Einrichtungen der Gemeinden. Statt dessen wird die (die Gewerbe- und Kaufmannsgerichte aufsaugende) Arbeitsgerichtsbarkeit eine staatliche sein müssen.

Sehr umstritten ist ferner die Frage der Zulassung der Rechtsanwälte zu den Arbeitsgerichten.

Statistisches im IV. Teil § 38 VI.

4. Eine **Schlichtungsordnung** soll neben das Arbeitsgerichtsgesetz treten. Letzteres hat es mit den Einzelstreitigkeiten, erstere mit den „Gesamtstreitigkeiten" zu tun. Auch darin spiegelt sich die grundlegende Zwiespältigkeit des modernen Arbeitsrechts wieder: Einzelvertrag einerseits, andrerseits die Abmachungen der beiderseitigen

Verbände, vor allem die Tarifverträge. Diesen Verbandsabmachungen ist nicht mit echter Gerichtsbarkeit beizukommen, hier kommt es vielmehr auf ein Ausgleichen der Gegensätze, auf ein geschicktes Verhandeln an, hier soll nicht „gerichtet", sondern „geschlichtet" werden.

Das Schlichtungsverfahren, wiederum an die Praxis der Gewerbe- und Kaufmannsgerichte anknüpfend, hat bereits eine reiche Entwicklung hinter sich. Die Eigentümlichkeit des Arbeitsrechts spiegelt sich deutlich in ihm wieder. Viel Material schon in den älteren Tarifverträgen. Gesetzgeberische Förderung im Hilfsdienstgesetz (S. 267 Ziff. 2), sodann in der Tarifvertragsverordnung v. 23. Dez. 1918 (S. 269). Vorläufiger Abschluß: V. vom 30. Okt. 1923. Sie soll nun durch ein ordentliches Gesetz abgelöst werden. — Statistik im IV. Teil § 38 VI.

Der wichtigste juristische Punkt ist die Möglichkeit der Verbindlicherklärung von Schiedssprüchen der Schlichtungsinstanzen. Anfämglich hatte der Schiedsspruch nur die Bedeutung eines Vorschlags. Weder die Arbeitgeber-, noch die Arbeitnehmerpartei brauchte ihn anzunehmen. Seit der Demobilmachung hat sich dagegen eingebürgert (und ist durch die V. v. 30. 10. 1923 sanktioniert worden), daß eine Behörde, an der Spitze der Reichsarbeitsminister, den Schiedsspruch für verbindlich erklären kann. Es entsteht dann ein sog. Zwangstarif. Doch ist die Maßregel als Ausnahme gedacht.

Schwierig wird das künftige gesetzgeberische Problem durch Einbeziehung der Streikfrage werden. Sie spitzt sich etwa wie folgt zu: Soll jeder Streik (und jede Aussperrung) so lange zurückgestellt werden, bis ein Schlichtungsversuch gemacht worden ist? Daß eine solche Zwischenzeit beruhigend wirkt, ist sicher. Andrerseits geht inzwischen leicht die Stoßkraft der kämpfenden Partei verloren. Der vor einigen Jahren von der Regierung eingebrachte Entwurf ist gerade an dieser Frage gescheitert.

5. Bei allen vorgenannten Stoffen, sogar bei der Gestaltung des Einzelarbeitsvertrages, spielen die Organisationen der Arbeitnehmer (und entsprechend der Arbeitgeber) hinein. Ein bedeutendes gesetzgeberisches Problem geht nun dahin, inwieweit diese Organisationen sich selbst (der zivilistische Dogmatiker sagt: „der freien Körperschaftsbildung") überlassen, oder durch die staatliche Gesetzgebung geregelt werden sollen. Die Wissenschaft hat aus dieser Frage ein weiteres, großes Kapitel des Arbeitsrechts gemacht und mit dem Namen **„Arbeitsverfassung"** belegt. Im allgemeinen herrscht z. B. die freie Körperschaftsbildung. Aber das Betriebsrätegesetz als Teilstück der Räteverfassung beweist, daß auch eine gesetzliche Erfassung möglich ist.

Die auf der Berufsbasis (unten IV b) stehenden Organisationen müssen mindestens an einzelnen Stellen der Gesetzgebung angepackt werden, so in der Tarifgesetzgebung, wo ihre „Tariffähigkeit" und damit (halbe) „Rechtsfähigkeit" in Frage steht, auch in der Arbeitsgerichtsgesetzgebung, wo ihr Recht zum Auftreten vor Gericht zu regeln ist, und in der Schlichtungsgesetzgebung, zumal wenn ihnen ein entscheidender, gesetzlich sanktionierter Einfluß bei der Streikverhütung („organisierter" im Gegensatz zum „wilden" Streik) eingeräumt werden soll.

Die auf der Betriebsbasis (unten IV c) entwickelte Organisation hat, wie gesagt, bereits eine klare gesetzliche Fassung gefunden. Aber das gilt es nun in die höheren Stufen des Rätesystems hinauf zu verfolgen. Darüber bereits S. 271.

6. Als letztes Gebiet bleibt das der **sozialen Fürsorge.** Eine breite doppelgestaltige Gesetzesbasis ist hier seit langem vorhanden. Und zwar einmal in der Gesetzgebung über die soziale Versicherung, sie ist bereits „historisch" im Vergleich zu den anderen Teilstücken des Arbeitsrechts (S. 220d); doch ist auch sie noch ganz erfüllt von „Problemen" und Streitfragen, so daß an gesetzgeberischen Stillstand nicht zu denken ist. Sodann in der äußerst zersplitterten Arbeiterschutzgesetzgebung, die sich z. B. mit der möglichsten Gefahrlosigkeit des maschinellen Apparats, vor allem aber mit der Regulierung der Arbeitszeit (Achtstundentag usw.) befaßt. Hier ist Zusammenfassung zu einem einheitlichen **„Arbeitsschutzgesetz"** geplant.

I) Zu dem alten Stamm des sozialen Versicherungsrechts sind zwei neue Kapitel hinzugetreten.

α) Einmal das Arbeitsnachweiswesen. Es hat inzwischen bereits seine gesetzliche Regelung in dem Arbeitsnachweisgesetz vom 22. Juli 1922 gefunden. Dahinter steht, wenn man Jahrzehnte zurückgreift, wiederum der Kampf zwischen der individualistisch-liberalistischen Denkweise des 19. Jahrhunderts und der ins Soziale hinübergehenden Denkweise der neuern Zeit. Die Gewerbeordnung von 1869 (S. 215) kannte nur die freie, gewerbliche Stellenvermittlung. Als später die beiderseitigen „Organisationen" den Arbeitsnachweis in ihren Betätigungskreis einbezogen, wurde das von der Gesetzgebung ignoriert. Wohl aber brachten Novellen zur Gewerbeordnung den Kontrollgedanken und sogar (Stellenvermittlungsgesetz vom 2. Juni 1910) die Konzessionspflicht an das früher „freie" Gewerbe heran. Noch viel weiter geht das oben erwähnte Arbeitsnachweisgesetz, das die private Stellenvermittlung ganz beseitigen und den gesamten Arbeitsnachweis zur öffentlichen Aufgabe stempeln will.

β) Die Erwerbslosenfürsorge, ein wirtschaftspolitisch besonders schwieriges Kapitel, hat zu mehreren, einander ablösenden gesetzgeberischen Versuchen geführt. Von einer abschließenden gesetzlichen Regelung kann gegenwärtig noch nicht gesprochen werden. Doch steht die Umwandlung in ein System der Arbeitslosenversicherung bevor. Ein dahingehender Entwurf ist im September 1925 von der Regierung veröffentlicht worden (RArbBlatt 1925, Amtl. Teil S. 423 ff.)

II) Der Arbeiterschutz (vgl. bereits S. 262) hat sich anfänglich (vor dem Kriege) mit Einzelgruppen beschäftigt: Frauen, Jugendliche, Schwerarbeiter. Allmählich gewann die im Erfurter Programm (S. 265 f.)

niedergelegte Forderung nach dem **allgemeinen Achtstundentag** immer mehr an Boden. Die Volksbeauftragten verkündeten am 12. Nov. 1918 sein nahes Bevorstehen (S. 268), die Arbeitsgemeinschaft vom 15. Nov. 1918 (S. 270) bekannte sich gleichfalls zu ihm. Durch Demobilmachungsverordnungen v. 23. Nov. 1918 und vom 18. März 1919 wurde er für Arbeiter und Angestellte zum Gesetz erhoben, durch V. vom 21. Dezember 1923 wieder abgeschwächt. Nun soll er zusammen mit dem besonderen Frauen- und Jugendlichenschutz, den Bestimmungen über Ladenschluß und Sonntagsruhe und ähnlichen zerstreuten Vorschriften und unter Fühlungnahme mit internationalen Abmachungen (Washingtoner Abkommen von 1919) in einem „Arbeiterschutzgesetz" niedergelegt werden.

III. Das individuelle Moment.

a) Der enzyklopädische Ausgangspunkt für alles Arbeitsrecht wird immer **die Arbeitskraft des einzelnen Menschen** bilden. Es ist nicht leicht, sie juristisch zu qualifizieren. Ihre Anerkennung als „Rechtsgut", wie sie in der Reichsverfassung vollzogen worden ist (S. 270f.), reicht nicht aus. Man will sie fester in das rechtliche System eingliedern.

Verdunkelnd hat die Klassifizierung als „Ware" gewirkt, wie sie lange Zeit in der nationalökonomischen Doktrin und in der politischen Diskussion üblich war. Damit wird der unentziehbare persönliche Einschlag geleugnet, d. h. dialektisch weggedeutet. Richtig ist es allein, die Arbeitskraft als ein Stück der allgemeinen Persönlichkeit des Menschen zu bewerten. Gerade das hat hauptsächlich dazu beigetragen, den Arbeitsvertrag aus der sonstigen Reihe der Schuldverhältnisse herauswachsen zu lassen.

Schon verhältnismäßig früh ist die Frage an Hand eines echt zivilistischen Auslegungsproblems in helles Licht getreten. Das BGB. schützt durch Aufstellung einer Schadensersatzpflicht die Verletzung „des Lebens, des Körpers, der Gesundheit, der Freiheit, des Eigentums oder eines sonstigen Rechts" (§ 823 I). Auch im übrigen ist die Auslegung der Worte „sonstiges Recht" bestritten. Gehört nun aber die „Arbeitskraft" darunter, so daß, wer immer einen anderen in seiner Arbeitskraft irgendwie verletzt, allen daraus entstandenen Schaden zu ersetzen hat? Die herrschende Lehre antwortet: Sie ist kein „Recht", sondern ein Stück der Persönlichkeit; sie gehört danach neben Leben, körperliche Integrität, Freiheit, nicht aber neben das Eigentum; und da diejenigen persönlichen Qualitäten, die ohne weiteres dem Schutz des § 823 I unterstehen, dort erschöpfend aufgezählt sind, so steht die Arbeitskraft — ebenso wie die Ehre — nicht unter diesem Schutz. Das wäre unerträglich, wenn nicht auf anderer Bahn für den Schutz der Arbeitskraft gesorgt würde. Dies aber ist, wie schon bei der Reichstagsberatung des BGB. dem sozialdemokratischen Abgeordneten Stadthagen entgegengehalten wurde, in durchaus ausreichender Weise geschehen; nämlich auf dem Wege des II. Absatzes zu § 823, der die Übertretung eines Schutzgesetzes, damit jeden Verstoß gegen die überaus zahlreichen (z. B. gewerbepolizeilichen) Gesetze und Verordnungen, die dem Schutze der Arbeitskraft dienen, auch an der Sanktion mittels Schadensersatzpflicht teilnehmen läßt. Jedenfalls tritt hierbei das persönliche Wesen der Arbeitskraft deutlich in Erscheinung.

b) Die Arbeitskraft nützt dem Menschen nichts, wenn er sie nicht (der heutigen kapitalistischen Wirtschaftsweise entsprechend) verwenden kann. So ist eine zweite ideologische Figur entstanden: das sog. **Recht auf Arbeit.** Von der Reichsverfassung konnte es programmatisch, d. h. als reine Idee aufgestellt werden. Die praktische Verwirklichung zersetzt die Idee in eine Reihe von Einzelerscheinungen. Die wichtigsten sind: 1. der Nachweis eines Arbeitsplatzes (vgl. S. 275 unter α); 2. die Sicherung des Arbeitsplatzes (s. im folgenden); 3. die Fürsorge, falls sich kein Platz finden läßt (S. 275 unter β).

Juristisch besonders schwierig zu meistern ist Punkt 2, die „Sicherung" des Platzes. Auch hier Auflösung in Einzelerscheinungen. Hervorzuheben das (inzwischen abgeschlossene) Kapitel der Demobilmachung (S. 268) und der vorläufig im Betriebsrätegesetz (§§ 84 ff.) niedergelegte, später in das Arbeitsvertragsgesetz (S. 272) zu übernehmende, durch die Revolution geschaffene Entlassungsschutz, eine juristische Merkwürdigkeit: Die an sich gültige (also rechtlich bindende) Kündigung unterliegt einer zweiten (nicht rechtlichen, sondern sozialen) Nachprüfung und wird gegebenenfalls für unwirksam erklärt. — Aus der Literatur vgl. neuestens: Wehrle (Privatdozent in Heidelberg), Der Warencharakter der Arbeit und das heutige Recht, 1925.

Nicht zu verwechseln mit dem „Recht auf Arbeit" ist das sog. „Recht auf Beschäftigung". Es will besagen, daß der Arbeitnehmer nicht nur den Lohn, sondern auch wirkliche Arbeitsmöglichkeit verlangen darf, um nicht zu erschlaffen, um nicht aus der Übung zu kommen (Schauspieler, Feinmechaniker usw.), um den „Adel der Arbeit" im Gegensatz zum Trägliegen zu verspüren. Die gesetzliche (oder auch nur vertragliche) Fassung dieses Phänomens ist sehr schwierig.

c) Auf der Basis richtiger Einschätzung seiner Arbeitskraft und des verfassungsmäßig verbrieften Rechts auf Arbeit tritt nun der einzelne in den **Arbeitsvertrag** ein. Dessen innere Ausgestaltung bisher im Dienstvertragsrecht des BGB. und zahlreichen Neben- und Ausführungsverordnungen geregelt, soll, wie gezeigt (S. 272 Ziff. 1), in einem umfassenden Arbeitsvertragsgesetz vollzogen werden. Aus der Fülle der Einzelheiten, die hierher gehören, mögen diejenigen angemerkt werden, um die heute vorzugsweise der wissenschaftliche Gedankenflug und der gesetzespolitische Parteistreit kreist.

1. Offenes Problem ist die Angleichung zwischen Arbeiterrecht und Beamtenrecht. Daß eine völlige Identifizierung nicht zu erfolgen habe, dürfte allerdings grundsätzlich entschieden sein. Daß aber im einzelnen Annäherungen von beiden Seiten her im Gange sind, ist nicht zu verkennen.

Beispiele auf Arbeiterseite: α) Das Recht auf Urlaub, früher unbekannt, dagegen im Beamtenrecht geläufig, hat sich auf der Bahn der Tarifverträge auch im Arbeitsrecht (in mäßigen Grenzen) ziemlich eingebürgert und soll künftig gesetzlich festgelegt werden. β) Der Entlassungsschutz (vorstehend unter b) nähert das Arbeitsverhältnis in etwas der gefestigteren Beamtenstellung. γ) Für die Pension des Beamten kann als (bescheidener) Ersatz die soziale Versicherung betrachtet werden.

Auf der Beamtenseite ist durchaus die wichtigste Annäherung an das Arbeitsverhältnis die von der Reichsverfassung auch den Beamten gewährte Koalitionsfreiheit (S. 271). Allerdings springt bei der weiteren Fortführung dieser Idee sofort wieder ein elementarer Gegensatz heraus. Als wichtigste Waffe der gewährleisteten Koalitionen erscheint nämlich der Streik (in der politischen Diskussion zu einem „Recht auf Streik" gesteigert). Gerade dieser aber ist den Beamten nach dem geltenden Beamtenrecht verboten; zur Illustration vgl. die berühmte diktatorische Verordnung des Reichspräsidenten vom 1. Februar 1922 (RGBl. S. 187) während des Lokomotivführerstreiks. — Übrigens ist eine, die veralteten Gesetze ersetzende Kodifikation des Beamtenrechts in Vorbereitung.

2. Einen zentralen Punkt, der namentlich auch der wissenschaftlichen Erfassung Schwierigkeiten macht, bildet das sog. Direktionsrecht des Arbeitgebers. An sich ist mit der Einstellung des „Dienstvertrages" in die privaten Schuldverhältnisse (S. 261) die rechtliche Gleichheit beider Teile von selbst gegeben. Das wird auch in dem künftigen „Arbeitsvertrag" so bleiben müssen. Indessen ist ohne eine gewisse Überordnung des Betriebsleiters, zumal bei größeren Betrieben, nicht auszukommen. Man sucht nun in dem neutralen (weder rein privatrechtlichen noch rein öffentlichrechtlichen) Begriff des „Direktionsrechts" eine Lösung.

Eine soziale Umbiegung erfährt diese Überordnung des Arbeitgebers durch das Postulat eines Mitbestimmungsrechts der Arbeitnehmervertretung. Es ist in gewissen Grenzen durch das Betriebsrätegesetz verwirklicht. Vgl. z. B. § 80 Absatz II des BRäteGes., wonach die Arbeitervertretung bei der „Festsetzung von Strafen" mitzuwirken hat. Daran knüpft eine bezeichnende Kontroverse, ob nämlich der Betriebsrat (Arbeiterrat, Angestelltenrat) nur generell, d. h. bei der Aufstellung der Strafverordnung, oder im konkreten Einzelfall bei der Festsetzung jeder einzelnen Strafe mitzuwirken habe.

Die „übergeordnete" Stellung des Arbeitgebers ist auch die tiefere Wurzel des mit Leidenschaft geführten Streits, ob die Lehrlinge mit unter den allgemeinen Arbeitsvertrag kommen sollen, oder ob nicht der Lehrvertrag als „negotium sui generis" zu konstruieren sei.

3. Eine sehr konkrete Frage, die aber bei der Ausarbeitung des Entwurfs zu einem Arbeitsvertragsgesetz (S. 272) die allerumstrittenste war, ist die nach der Lohnzahlung bei Arbeitshindernissen. Von vornherein ist dabei nur an die Fälle gedacht, wo weder den Arbeitnehmer (einfaches Wegbleiben von der Arbeit usw.) noch den

Arbeitgeber (willkürliche Schließung des Betriebes usw.) ein Verschulden trifft, wo vielmehr die Stockung im Arbeitsprozeß auf unverschuldeten, objektiven Ursachen, wie z. B. Wettereinbruch im Bergwerk, Feuerbrand, Versagen von Maschinen, Ausbleiben von Rohstoffen oder dgl. beruht. Soll hier der Lohn weiterbezahlt werden oder hat der Arbeitnehmer das „Risiko" derartiger Ereignisse selbst zu tragen?

Im geltenden Gesetz (BGB.) ist die Frage nicht, jedenfalls nicht mit überzeugender Deutlichkeit entschieden. Darum herrscht lebhafter Streit. Beachtenswertes Material in den Tarifverträgen der meisten Berufszweige. Vgl. J. W. Hedemann, Lohnzahlung bei Arbeitsverhinderung, 1923. — Besonders kritisch ist die Teilfrage, wie der Streik den Lohnanspruch der Arbeitswilligen beeinflußt. Hierzu erging eine weittragende Reichsgerichtsentscheidung vom 6. Febr. 1923 (Bd. 106 S. 272). Vgl. auch dazu Hedemann a. a. O.

4. In einen noch engeren Rahmen führt die Frage nach dem Recht der Angestellten an Erfindungen. Auch hier stoßen große Gegensätze aufeinander. Es handelt sich darum, inwieweit der einzelne Angestellte eine im Betrieb gemachte Erfindung für sich in Anspruch nehmen darf. Dabei erscheint eigenartigerweise der Arbeitnehmer in der Rolle des Verteidigers individueller Interessen, während der Arbeitgeber als Repräsentant des Betriebes eher den sozialen Faktor zu verkörpern scheint.

Doch gilt letzteres natürlich nur soweit, als der Betrieb mit „Allgemeinheit" gleichzusetzen ist, und nicht, soweit der Betrieb als kapitalistisches Unternehmen auch seinerseits beim Einzelindividuum und seiner Vermögenssphäre einmündet.

Ein gesetzgeberischer Versuch zur Regelung der Frage ist in dem Entwurf zu einem neuen Patentgesetz von 1913 (S. 250 Ziff. 2 a. E.) unternommen worden, aber liegen geblieben. Neuerdings wird die Frage als Teilstück des Arbeitsrechts angesprochen; man will sie daher statt im Patentgesetz im Arbeitsvertragsgesetz zum Austrag bringen. Bis dahin tarifvertragliche Regelung; beachtlich namentlich der Chemikertarif.

IV. **Das kollektive Moment.**

a) Die enzyklopädische Basis für das andere große Grundelement des Arbeitsrechts, den Kollektivismus, das Massenhafte, bildet die **Erfassung der Arbeiterschaft als Stand.** In der politischen Theorie liegt diese Erfassung schon weit zurück. Sie setzte ein, als man der Dreiständelehre des 18. Jahrhunderts die Klasse der freien Lohnarbeiter als „vierten Stand" gegenüberzustellen begann (S. 261). Juristisch (und damit praktisch, politisch) würde sie in voller Reinheit nur zu verwirklichen sein, wenn wir den sog. ständischen Staat bekämen. Daß das ständische Moment in der letzten Zeit an Gewicht gewonnen hat, ist nicht zu verkennen. Der (vorläufige) Reichswirtschaftsrat (S. 271, 317) gibt in seiner ausgeklügelten und buntscheckigen Zusammensetzung ein immerhin sehr eindrucksvolles Tableau der Stände im heutigen Deutschland. Daß aber der Staat ganz und gar auf solcher Gliederung in Stände (oder gar Kasten) aufgebaut wäre, davon sind wir weit entfernt. Darum kann auch das Auftreten der „Arbeiterschaft“ als geschlossener Stand nur sehr begrenzten Anspruch auf praktische Anerkennung erheben.

In der parteipolitischen Auseinandersetzung ist immer wieder versucht worden, eine einzige Partei als Vertreterin der „Arbeiterschaft“ schlechthin erscheinen zu lassen. In der russischen Revolution griff man noch weiter und wollte Arbeiter, Bauern und Soldaten zu einem Block zusammenschweißen und der „Bourgeoisie“ gegenüberstellen. In Deutschland ist das ideologisch ebenfalls im Anfang der Revolution vertreten worden (z. B. wurde zeitwilig ernsthaft versucht, auch den „Vertrag“ des Reichswehrsoldaten juristisch als „Arbeitsvertrag“ zu konstruieren). Heute hat sich das Interesse wieder nahezu ausschließlich auf die „Arbeiterschaft“ konzentriert. doch ist es auch da nicht gelungen, alle (oder annähernd alle) Arbeiter unter die Obhut einer einzigen politischen Partei, der Sozialdemokratie, zu bringen. Die meisten anderen Parteien betonen, daß auch sie sich berufen fühlen, die Interessen der Arbeiterschaft zu vertreten, zum Teil mit starkem Erfolg (Zentrum, „christliche Gewerkschaften“). Dazu kommt der bekannte Zerfall der ursprünglichen sozialdemokratischen Partei in getrennte Parteien (Unabhängige und Mehrheitssozialisten, später Sozialisten und Kommunisten).

Ebenfalls nicht geglückt ist die Verschmelzung der drei großen Gruppen: Arbeiter, Angestellte, Beamte. Daß die Beamten trotz gewisser Annäherungserscheinungen in der letzten rechtlichen Gestaltung abseits bleiben, ist bereits erwähnt (S. 277 Ziff. 1). Aber auch die an sich leichtere Verschmelzung der „Angestellten“ mit der „Arbeiterschaft“ ist nicht gelungen. Eine erste große Probe ist schon gemacht worden, als die Angestellten der sozialen Versicherung zugeführt werden sollten. Man hätte sie damals mit in die schon bestehende Gesetzgebung für die Arbeiterschaft aufnehmen können. Statt dessen wurde ihnen im Jahre 1913 ein eigenes Versicherungsgesetz zur Verfügung gestellt. Auch beim Ausbruch der Revolution fielen die beiden Schichten immer wieder auseinander. Sowohl die Arbeitszeitfrage (Achtstundentag) wie die Demobilmachung wurden für Arbeiter und Angestellte in getrennten Verordnungen behandelt. Zu scharfem Kampf kam es dann bei der Schaffung des Betriebsrätegesetzes v. 4. Febr. 1920 (nachfolgend unter c). Der Kampf endete mit einem Kompromiß: Zwar getrennter Arbeiter- und Angestelltenrat, aber doch darüber gestülpt und als oberes Organ gedacht der gemeinsame Betriebsrat. Das geplante Arbeitsvertragsgesetz (S. 272 Ziff. 1) will allerdings für seinen Bereich versuchen, Arbeiter und Angestellte gemeinsam zu behandeln, wird aber auch nicht ohne die eine oder andere Sonderbestimmung „nur für die Angestellten“ auskommen.

Über das berufsständische Problem im allgemeinen vgl. z. B. Tatarin-Tarnheyden, Die Berufsstände und die deutsche Wirtschaftsverfassung, 1922.

b) **Die Organisation auf beruflicher Grundlage.** Wenn es derart auch nicht gelungen ist, die „Arbeiterschaft" als Ganzes zu einem gefestigten juristischen Gebilde zu machen, so sind doch aus ihrem Schoß Teilorganisationen von bedeutender öffentlicher Wirksamkeit hervorgegangen, die sich einer juristischen Erfassung nicht entziehen. Allerdings macht die juristische Erfassung immer noch gewisse Schwierigkeiten, zumal wenn man zu stark in der überkommenen zivilistischen Dogmatik hängen bleibt.

Es ist zu unterscheiden die Organisation auf beruflicher und die Organisation auf betrieblicher Grundlage (vgl. S. 274 a. E.).

Die erstere wird im wesentlichen vertreten durch die sog. **Gewerkschaften** (vgl. S. 98). Von ihrem allmählich siegreichen Kampf um „Anerkennung" ist bereits mehrfach gesprochen worden (S. 264, 268 Ziff. 3: Hilfsdienstgesetz, S. 270 Ziff. 1: Arbeitsgemeinschaft), zuletzt ist sie in der Reichsverfassung mit den Worten niedergelegt: „Die beiderseitigen Organisationen und ihre Vereinbarungen werden anerkannt" (Art. 165).

Die Geschichte der Gewerkschaften ist überaus vielseitig und hat reichliche Literatur hervorgebracht. Vgl. das Sammelwerk von Kaskel, Koalitionen und Koalitionskampfmittel, 1925. Die größte Gruppe bilden die „Freien Gewerkschaften" (sozialdemokratisch orientiert, 1922 etwa 7¾ Millionen Mitglieder), demnächst die „Christlichen Gewerkschaften" (nach der Seite des Zentrums orientiert, über 1 Million), ferner die „Hirsch-Dunckerschen Gewerkschaften" (liberal-demokratisch orientiert, etwa ¼ Million). Am umstrittensten die „gelben" oder „wirtschaftsfriedlichen" Organisationen (numerisch nicht stark), die nicht als Gegenpartei zu den Arbeitgeberverbänden gedacht, sondern von den Arbeitgebern selbst ins Leben gerufen oder doch auf Zusammengehen mit den Arbeitgebern eingestellt sind. Ihre „Anerkennung", vor allem beim Abschluß von Tarifverträgen (s. im folgenden) wird von den anderen („echten", „reinen") Gewerkschaften lebhaft bekämpft.

Politisch war lange Zeit die wichtigste Frage die nach der Erlaubtheit von Arbeiterbündnissen. Sie wurde unter das Kennwort der Koalitionsfreiheit gebracht und unter diesem Kennwort dogmatisiert. Vgl. Wilhelm Groh (Professor in Gießen), Koalitionsrecht, 1923. Über einzelne historische Querschnitte vgl. S. 266 (Erfurter Programm), 268 (Aufruf der Volksbeauftragten).

Juristisch-konstruktiv ist die interessanteste Frage die nach der „Rechtspersönlichkeit" der Gewerkschaften. Zwängen sie sich in das Gewand einer geläufigen „juristischen Person", etwa eines „Vereins" im Sinne des BGB. oder einer „Aktiengesellschaft" im Sinne des HGB., so entstehen keine Schwierigkeiten. Aber die Entwicklung an Hand des Tarifvertrags-, Arbeitsgerichts- und Schlichtungswesens geht nun dahin, ihnen unabhängig von solcher Einkleidung mindestens für den Bereich des Arbeitsrechts eine (beschränkte) „Persönlichkeit" zuzusprechen. Vgl. bereits S. 274 a. E. Dann bleiben aber gerade wegen dieser Halbheit immer noch bedeutende juristische Verwickelungen, vor allem in der Richtung der Haftbarkeit, die ohne allgemeine (zivilrechtliche) Vermögensfähigkeit schwer zu begründen ist.

Die entscheidende Betätigungsform der Gewerkschaften sind (außer dem organisierten Kampf mittels Streik) die **Tarifverträge.** Über ihr juristisches Wesen ist bereits im enzyklopädischen Teil ausführlich gesprochen worden (S. 97 ff.). Dort sind auch die beiden wichtigsten dogmatischen Punkte bereits umrissen worden, nämlich:

1. Die unmittelbare Verbindlichkeit des Tarifvertrags für alle Organisationsangehörigen. Das will besagen, daß jedes Mitglied derjenigen Gewerkschaft, die den betreffenden Tarifvertrag abgeschlossen hat, ohne weiters den Inhalt des Tarifvertrages auch für seinen Einzelvertrag (S. 277 c) gelten lassen muß. Während die alte Zivilrechtsdoktrin eine solche Einwirkung auf den Einzelvertrag nur zulassen konnte, wenn der einzelne Arbeiter eigens dem verhandelnden Gewerkschaftsführer Vollmacht erteilt hatte, und höchstens mit der unwahren Konstruktion einer „vermuteten" Vollmacht über die Unhaltbarkeit einer solchen Lage hinwegkam, ist nun durch die neue, soziologische, kollektivistische Betrachtungsweise der Tarifvertrag auch ohne, sogar gegen den Willen des einzelnen Verbandsangehörigen für diesen bindend. Gerade dadurch erscheint der Tarifvertrag als objektive Norm, d. h. als Rechtsquelle.

2. Die „Allgemeinverbindlichkeit", die kraft eines besonderen behördlichen (Reichsarbeitsminister) Ausspruchs die Wirkung des Tarifvertrages sogar über die Angehörigen der abschließenden Gewerkschaft hinaus auf die Nichtorganisierten und die Angehörigen anderer (am Abschluß nicht beteiligter) Gewerkschaften „erstreckt". Hier ist vollends die Basis des aus dem „Willen" der einzelnen erwachsenden Einzelvertrages verlassen.

Aber nur, was die inhaltliche Ausgestaltung anbelangt. Dem privaten Willen des einzelnen bleibt nach wie vor überlassen, ob er überhaupt einen Arbeitsvertrag mit dem betreffenden Arbeitgeber abschließen, und auch ob er den abgeschlossenen Vertrag (durch Kündigung) wieder lösen will.

Über die gesetzliche Basis des heutigen Tarifvertragsrechts und die Zukunftspläne s. bereits S. 267, 273 Ziff. 2. — Aus dem Schrifttum vgl. z. B. Hueck (Prof. in Jena), Handbuch des Arbeitsrechts Bd. III, Nipperdey (Prof. in Köln), Beiträge zum Tarifrecht, 1924. Übersteigene Konstruktion ins Staatsrechtliche hinein bei Dechant (Privatdozent in Wien), Der Kollektivvertrag nach österreichischem und deutschem Recht, 1923.

„Allgemein"-verbindliche Tarife gab es in Deutschland im Sommer 1925 rund 1300, davon rund 70 für das ganze Reichsgebiet, 890 für „Bezirke", 340 waren Ortstarife.

Die gewöhnlichen Tarifverträge sind viel zahlreicher. Schon Ende 1920 überstieg ihre Zahl 12000, und mindestens 10 Millionen Menschen wurden davon betroffen.

c) **Die Organisation auf betrieblicher Grundlage** liegt an sich der Natur des Menschen näher. Er „lebt" weit mehr in seinem Betriebe (seiner Fabrik usw.), in dem er tagtäglich ein- und ausgeht, am Wochenende seinen Lohn empfängt und seine Arbeitskollegen kennt, als in dem Berufsverbande (der Gewerkschaft). Die parteipolitischen und wirtschaftspolitischen Zuspitzungen haben es jedoch mit sich gebracht, daß in der öffentlichen Diskussion die betriebliche Organisation durch die berufliche in den Schatten gestellt wird. Juristisch ergeben sich bei beiden Organisationsformen zum Teil ganz gleiche Probleme. Denn auch der Betrieb zeitigt Gebilde, deren „Rechtspersönlichkeit" der juristischen Konstruktion Schwierigkeiten macht und notfalls auf den Ausweg einer halben oder beschränkten Persönlichkeit verwiesen werden muß. Auch im Betrieb ergeht, aus „Vereinbarung" entspringend, ein kleines autonomes Gesetz in Gestalt von „Arbeitsordnungen" (vgl. S. 267 oben) oder ähnlichen Reglements. Auch im Betrieb kann eine solche „Satzung" gegebenenfalls „von oben her" (durch den Schlichtungsausschuß) mit verbindlicher Kraft erlassen werden. Jedenfalls darf der Ausbau und die juristische Durchdenkung der Betriebsorganisation nicht über den Problemen der Berufsorganisation aus dem Auge gelassen werden.

Gesetzliche Unterlage z. B. das Betriebsrätegesetz vom 4. Februar 1920. Der darin enthaltene „Entlassungsschutz" (S. 277) soll später herausgenommen und in das Arbeitsvertragsgesetz übertragen werden. Schrifttum: Eine große Zahl von kleinen Kommentaren zum BRG., meist bereits in mehrere Auflagen emporgestiegen; hervorzuheben: Dersch, Feig-Sitzler, Flatow. Dazu viele populäre Literatur. Auch sind aus dem Schoße der Organisation mehrere Betriebsräte-Zeitschriften hervorgegangen.

Von den juristisch-wissenschaftlichen Problemen verdienen besondere Beachtung: 1. Die Doppelstellung der „Funktionäre" (vgl. bereits S. 229 Ziff. 2), ein Problem, das sich ausweitet zu der allgemeinen Frage, wie die vielerlei „Interessenvertreter", die in der heutigen Wirtschaftsgesetzgebung aufgestellt worden sind, zu konstruieren seien; Teilfragen aus diesem Zusammenhang: Ist der Interessenvertreter an „Weisungen" gebunden oder nur seinem „Amt" und seinem „Gewissen" verantwortlich? Ist er beliebig und durch wen „abrufbar"? Vgl. dazu unten § 27 IV b 3, S. 316 — 2. Die „Belegschaft", d. h. die Gesamtheit der Betriebsangehörigen, erscheint ebenfalls als ein juristisches Etwas, das nach konstruktiver Erfassung verlangt. Vgl. Roland Freisler (Rechtsanwalt in Kassel), Grundsätzliches über die Betriebsorganisation, 1922 (Schriften des Jenaer Instituts für Wirtschaftsrecht, Heft 3). — 3. Nur noch entwicklungsgeschichtlichen Wert haben die Theorien der Vorkriegszeit über die autonome oder konstitutionelle Fabrik, vgl. S. 78 und S. 267 oben.

Kapitel 2.

Das Recht der öffentlichen Interessen.

§ 26. Das Staatsrecht.

I. **Allgemeines Staatsrecht und Einzelstaatsrecht.** Die Wissenschaft vom Staatsrecht und der Lehrunterricht im Staatsrecht unterscheiden die Betrachtung eines ganz bestimmten einzelnen Staates, wobei für uns naturgemäß der jetzige deutsche Staat zuerst in Frage kommt (darüber unten Ziff. VI, S. 300ff.), und eine Betrachtung, die sich den „Staat" als eine allgemeine, über den einzelnen historischen Verkörperungen stehende Erscheinung denkt, wobei man dann sehr nahe an die Bereiche der philosophischen Wissenschaft herankommt. Von diesem sog. Allgemeinen Staatsrecht soll im folgenden zunächst ausgegangen werden.

Aus dem Schrifttum: Die herrschende Dogmatik repräsentiert am besten: Georg Jellinek (1851 bis 1911; Prof. in Heidelberg), Allgemeine Staatslehre, 4. Aufl. 1922. Dem tritt gegenüber der neue Aufbau in: Hans Kelsen, Allgemeine Staatslehre, 1925 (Band 23 der Kohlrausch-Kaskelschen Enzyklopädie). — Gemeinverständlich, mit reichem Material aus allen Teilen der Weltgeschichte: Richard Schmidt (Prof. in Leipzig), Wesen und Entwicklung des Staates, 1924, I. Band 1. Heft der im Teubnerschen Verlag erschienenen Staatskunde. In sehr eigenartiger Weise tritt an das Problem des Staates von der soziologischen Seite her heran: Max Weber (zuletzt Prof. in München), Wirtschaft und Gesellschaft, 1922; III. Abteilung des Grundrisses der Sozialökonomik.

II. **Die Elemente des Staats.** Zum obersten Hüter der öffentlichen Interessen hat sich im Laufe der Menschheitsgeschichte ein organisiertes Gebilde aufgeschwungen, das wir als Staat zu bezeichnen pflegen. Wir legen diesem Gebilde Persönlichkeit bei und stellen ihm (innerhalb eines geographisch abgegrenzten Gebiets) die oberste Machtvollkommenheit zur Verfügung.

Daraus ergibt sich das, was die gelehrte Meinung als **Elemente** des Staates bezeichnet. Drei solche Elemente machen in ihrer Zusammensetzung den Staat aus: 1. die in ihm beschlossene Menschenmasse, das Staatsvolk, 2. die territoriale Grundlage, d. h. der vom Staat innegehabte Boden, das Staatsgebiet, 3. die das Ganze zusammenhaltende und krönende oberste Gewalt, die sog. Souveränität („Macht schafft aus Land und Leuten den Staat"). Keines der drei Erfordernisse darf fehlen. Darum ist ein Volk auf Wanderung kein Staat, weil ihm die „territoriale Grundlage" fehlt; es muß seßhaft sein, um zum Staat zu werden. Darum ist ein (bezirksweise abgegrenzter und zusammenlebender) Verband von Menschen, mag er auch noch so ausgedehnt sein, wie beispielsweise eine Provinz, kein Staat, soweit er nicht „souverän" ist: die Provinz steht unter dem Staate. (Näheres über den grundlegenden Begriff der Souveränität unter IV.)

Da das Menschenmaterial, und zwar sowohl die „Beherrschten" wie die „Herrscher", im Zeitenlauf rasch wechseln, ist es nötig, den so gebildeten Staat über diesen Wechsel hinaus zu heben und ihm **Dauer zuzusprechen.** Gerade das hat hauptsächlich die Vorstellung unterstützt, im Staate eine eigene, selbständige Person (eine „juristische Person", vgl. oben S. 124) zu sehen, diese Person mit einem eigenen, selbständigen Willen auszustatten und für ihr Handeln sog. Organe (unten S. 297 f.) bereitzustellen.

Seit Jahrtausenden bewegt den Menschen die Frage, wie der Staat zu erklären sei. Die überaus verschiedenen, von Zeitgeist, Volkscharakter und individueller Veranlagung beeinflußten Antworten haben sich in der gelehrten Welt zu allerlei Theorien, den sog. **Staatstheorien** verdichtet. Gerade heute ist das Interesse daran wieder sehr lebhaft. Kurze, ansprechende Übersichten: Rudolf Stammler (Prof. in Berlin), Rechts- und Staatstheorien der Neuzeit, Leitsätze zu Vorlesungen, 2. Aufl. 1925; Adolf Caspary, Geschichte der Staatstheorien im Grundriß, 1924.

Diese Staatstheorien können sehr verschiedene Zielsetzungen haben. Die einen wollen den Staat „rechtfertigen" (darüber nachfolgend Ziff. III). Andere nehmen ihn als gegebene Größe hin, aber halten es für nötig, seine „Souveränität" zu erklären (darüber Ziff. IV). Wieder andere wollen ihn, sei es bildhaft, sei es erkenntnistheoretisch, konstruieren. Hierher gehört die Organismustheorie und ihr äußerster Gegensatz, die Normentheorie.

Die **Organismustheorie,** deren Hauptvertreter Otto von Gierke war (zuletzt Prof. in Berlin), sieht in den menschlichen Verbänden schlechthin, vor allem aber im Staat als dem höchsten Verband, nicht bloß Gedankengebilde, nicht bloß etwas Vorgestelltes, im menschlichen Gehirn Schwebendes, sondern „reale" Erscheinungen, wirkliche Lebensgebilde, mit Willen ausgestattete, durch Organe handelnde Organismen. Dagegen verweist die **Normentheorie,** die in jüngster Zeit mit außerordentlicher Folgerichtigkeit von Hans Kelsen (Prof. in Wien) entwickelt worden ist, den Staat ausschließlich in den Bereich der geistigen Werte; nach ihr ist der Staat keine „kausalgesetzlich determinierte Realität", sondern eine „ideelle Ordnung", ein „System von Normen".

Der Gegensatz tritt noch deutlicher hervor, wenn man sich die doppelte Möglichkeit vor Augen hält, den Staat entweder als eine Erscheinung des Seins oder als eine Erscheinung des Sollens aufzufassen. In der Tat ist beides möglich. Man kann sehr wohl (auch ohne die äußerste „Organismustheorie" Gierkes anzunehmen) zunächst einmal sich den Staat als ein Stück des Seins vorstellen, man beschreibt ihn, wie er ist (oder wie er früher war), wer ihn gemacht hat, mit wem er Bündnisse schließt, wie er im gesellschaftlichen Leben „funktioniert" usw. Diese erste Betrachtungsweise ist die einfachere. Sie hält Seitenfühlung mit der Soziologie, nutzt wie diese die Erfahrung aus und stellt das empirisch Gefundene fest; auch mit der historischen Wissenschaft und mit naturwissenschaftlichen Kausalitätsvorstellungen steht diese (vorherrschende) Betrachtungsweise in Verbindung. Aber es ist auch möglich, den Staat in die Ebene des Sollens zu versetzen. Dabei ist „Staat" nur eine Sammelbezeichnung für ein Heer von Vorschriften, von Normen, nämlich die Rechtsvorschriften (vgl. nachfolgend S. 287 Ziff. 3). Diese Rechtsvorschriften denkt man sich als Einheit, man macht ein System aus ihnen und nennt das System „Staat". Allerdings kann auch diese Betrachtung sich nicht völlig vom Sein des Menschen loslösen, aber sie betont (in Fühlung mit der heute verbreiteten philosophischen Wert-Lehre, oben S. 55) das Zwei- bzw. Mehr-Weltenhafte: „Man kann die in der Sphäre kausalgesetzlich bestimmten Geschehens liegenden Bedingungen für die Entstehung bestimmter Normvorstellungen im Sinne realpsychischer Akte als den „realen Unterbau" bezeichnen, auf dem sich die Normen und Normensysteme als spezifisch geistige Gehalte, als der Naturgesetzlichkeit des Unterbaus gegenüber durchaus eigengesetzliche ‚Ideologien' wie ein Oberbau erheben; doch ist dies nur ein Bild für das Verhältnis, in dem das System der Natur zu dem des Geistes und sohin das System der ‚Wirklichkeit' zu dem des Wertes vorzustellen ist" (Kelsen). — Eine solche Heraushebung des Staates aus seinem „realen Unterbau", ist gedanklich möglich, im Bereich der Philosophie vielleicht sogar notwendig, aber sie führt letzten Endes zu einer rein formalen Gedankenmathematik. Damit ist für den praktischen Rechtsunterricht nicht auszukommen.

III. **Rechtfertigungstheorien.** Unabhängig von dem Streit um die begriffliche Konstruktion des Staates erhebt sich durch alle Zeiten hindurch die Frage nach seiner „Legitimität". Woher nimmt er seine Macht? Das ist wiederum sehr verschieden beantwortet worden. Die hauptsächlichsten „Theorien" sind folgende:

1. **Gott hat den Staat gesetzt.** Diese Theorie hat begreiflicherweise eine besonders große Rolle im kirchlichen Mittelalter gespielt. Aber sie klingt schon viel früher an, wie beispielsweise in den alten symbolischen Erzählungen und Abbildungen, welche den Herrscher die Gesetzestafeln unmittelbar aus den Händen eines Gottes empfangen lassen. Und sie ist auch heute keineswegs ganz entschwunden und wird immer wiederkehren (vgl. auch oben § 8 IV, S. 53, 63).

Besonders eigenartige Prägungen: 1. Augustins Lehre vom Gottesstaat (civitas Dei), entstanden um 420, aufgebaut auf der Vorstellung eines doppelten Staats, des irdischen und des himmlischen, die keineswegs völlig abseits voneinander liegen, sondern während unseres irdischen Lebenswandels mannigfaltig ineinander geflochten erscheinen („. . . duarum civitatum, terrenae scilicet et caelestis, quas in hoc interim saeculo perplexas quodam modo diximus invicemque permixtas"), so daß der Fromme zugleich Bürger des weltlichen und des Gottesstaates sein kann, bis am Weltenende nur der

Gottesstaat übrigbleibt. — 2. Die mittelalterliche Zweischwerterlehre, die dem großen historischen Kampf zwischen Kaiser und Papst symbolischen Ausdruck geben, jedenfalls alle irdisch-staatliche Gewalt auf göttliche Verleihung zurückführen sollte (vgl. unten § 30 III a 2). — 3. Das Gottesgnadentum der Fürsten, als politische Formel bis in die jüngste Zeit hineinragend, den Staat mit seinem Organ (Herrscher, Fürst) gleichsetzend, aber der Idee nach nicht auf den Fürsten beschränkt, da z. B. auch das Volk mit der These auftreten kann, es seie von Gott auserwählt und mit der Staatsmacht beschenkt worden.

2. **Die Menschen haben sich den Staat geschaffen.** Das war der Ausgangspunkt des Naturrechts (oben § 20 VIII). Der Mensch ist von Natur ein Staatenbildner. Und zum natürlichen Trieb gesellt sich der Verstand: um dem „bellum omnium contra omnes" zu entgehen, gründet der Mensch im **„contrat social"** (oben S. 63) den beruhigenden und ordnenden Staat. Mehr und mehr aber spitzte sich gleichzeitig die Betrachtung des Menschentums auf das Individuum zu, und so erwuchs das ebenfalls nie ganz auszuschaltende **Problem des Verhältnisses zwischen Staat und Individuum,** oder allgemeiner, zwischen Gesellschaft und Einzelnem.

Scharf zugeschnitten kann man es dahin formulieren: Ist der Staat dazu da, dem einzelnen zu dienen, oder ist der einzelne dazu da, dem Staate zu dienen? Bejahung des ersteren kann, sich selbst überstürzend, in gänzliche Verdammung des Staates übergehen (Anarchismus, nachfolgend 4). Bejahung des letzteren führt ideologisch zum restlosen „Kollektivismus", praktisch-politisch zum Staatssozialismus (vgl. oben S. 202, 222). Übrigens ist noch eine dritte Fragestellung möglich, ob nämlich nicht beide gemeinsam, Staat und Individuum, einer dritten, beiden übergeordneten Idee dienen sollen; dazu sogleich unter 3. — Ein Kapitel für sich: Sicherung des Individuums im Rahmen des Verwaltungsrechts; darüber unten S. 311 III.

3. **Der Staat besitzt seine Macht aus eigener, ursprünglicher Machtvollkommenheit.** Allerdings nimmt diese Theorie ihren Ausgangspunkt ebenfalls beim Menschen: Der Stärkere siegt, und weil er der Stärkere ist, hat er recht, und weil er im Recht ist, ist die von ihm gesetzte Ordnung ein „Staat". Das erfährt dann die verschiedensten Um- und Ausdeutungen, wird in der politischen Diskussion oft zum Zerrbild und zum Deckmantel der Vergewaltigung, ist aber z. B. u. a. der Schlüssel, um das Wesen der Revolutionen zu verstehen (vgl. schon S. 52, 57).

α) An keiner Stelle rückt die Frage nach dem **Verhältnis zwischen Staat und Recht** so nahe wie hier. Abzuscheiden ist von vornherein jene Normentheorie (oben S. 285), sie läßt ihren, den „Realitäten" entrückten Staat schlechthin mit der Rechtsordnung identisch sein, so daß für sie, gewissermaßen umgekehrt, das („reale") Machtmoment gar nicht in Frage kommt. Wer indessen den Staat als im Leben (Sein) stehend und deshalb in dessen Machtkämpfe verwickelt denkt, muß sich die Frage vorlegen, ob wirklich der Staat nur auf Macht beruht, oder ob er statt dessen und daneben das „Recht" als Fundament braucht, schärfer zugeschnitten: ob er auch seinerseits an das Recht gebunden ist, sich also seinen Untertanen gegenüber über das Recht nicht hinwegsetzen darf.

Sicher ist, daß der Staat sich des Rechtes bedient, daß er es handhabt, daß er insbesondere Gesetze in der Meinung gibt, damit Recht zu setzen. Insoweit erscheint er wie der Herr, das Recht wie ein Mittel der Herrschaftsausübung. Die Erfahrung lehrt jedoch, daß unausgesetzt die Staaten sich auch selbst an das Recht gebunden halten oder dies mindestens erklären. Insoweit erscheint das Recht als die obere Macht, der Staat als ihr unterworfen.

Zwei Erklärungen dieses Zwiespalts sind möglich. Die eine hält am Primat des Staates fest und konstruiert seine Bindung an das von ihm selbst gesetzte Recht daraus, daß er sich im Augenblick der Gesetzgebung selber (freiwillig) dem Recht unterstellt. Die andere dagegen bekennt sich wirklich zum Primat des Rechts (so namentlich Rudolf Stammler). Sie zieht besondere Kraft aus dem Hinweis auf die eben doch begrenzte Dauer des (einzelnen) Staats und braucht jetzt nur, um eindrucksvoll zu wirken, dem „Rechte" ewige Dauer zuzusprechen. Dann mündet der Gedankengang bei jenem überzeitlichen Naturrecht oder, weniger plastisch und angreifbar gesprochen, bei einer, doch eben noch über dem Staate und seiner „Macht" stehenden Idee der Gerechtigkeit ein (vgl. oben § 8). Rückkehr von hier zur göttlichen Autorität (vorstehend Ziff. 1) liegt nicht fern. Ebenso ein Flüchten zur „Kultur" oder ähnlichen vorgestellten Werten, die als „höchste" noch über Staat (und Individuum) stehen (so Gustav Radbruch).

β) In der politischen Aussprache begegnet seit etwa hundert Jahren gleichsam als eine anzustrebende Musterform des Staates die Formel vom **Rechtsstaat.** Darunter werden im Lauf der Zeit mannigfaltige Einzelforderungen verstanden, die der „Allmacht" des Staates (richtiger gewisser Staatsorgane) entgegenwirken sollen, so die Unabhängigkeit der Gerichte, die Einführung besonderer Verwaltungsgerichtshöfe, die Schaffung von Garantien gegen zu große Machtentfaltung der politischen Parteien und der von ihnen getragenen Minister usw. Erhebt man diese politischen Postulate in den Bereich der allgemeinen Staatslehre, so bedeutet das nicht ohne weiteres ein Bekenntnis zum Primat des Rechts über den Staat. Denn ebensogut lassen sich diese praktischen Forderungen (die sich doch an die Adresse des Staates wenden) auf die Formel bringen, der Staat solle seine Macht an einer Stelle schärfer anspannen (z. B. in der Gerichtsbarkeit), um dadurch Mißbräuche an einer anderen Stelle (z. B. im Parlament) zu bekämpfen. Für die Allgemeine Rechtslehre kann es daher nur entweder immer oder nie einen „Rechtsstaat" geben.

γ) Eine Frage ganz anderer Art ist es, ob nur der Staat die Befugnis hat, „Recht" zu schaffen, ob also allein die Normen, die unmittelbar vom Staate selbst ausgehen, „Recht" sind. Oder ob noch andere Gewalten innerhalb des Staates echtes Recht (wenn auch vielleicht nur für ihren eigenen, also engeren Kreis) schaffen können. Davon ist bereits im § 13 ausführlich gesprochen worden (vgl. insbesondere S. 99 Ziff. 4: Autonomie).

Es leuchtet ein, daß, je mehr man anderen Gewalten neben dem Staate die Befugnis zur Rechtschöpfung zuspricht, desto mehr die (praktische wie konstruktive) Machtbasis des Staates ins Wanken kommt und seine „Rechtfertigung" aus bloßer Macht heraus erschüttert wird.

4. Der Staat ist zu verwerfen. Das ist das Dogma des sog. **Anarchismus,** für den sich Vorbilder bereits im Altertum nachweisen lassen (Zeno, Begründer der stoischen Schule, 342 bis 270 v. Chr.), der uns aber näher erst im 19. Jahrhundert berührt hat, um neuerdings wieder mehr zurückzutreten. Er nimmt von der Glückseligkeit des einzelnen seinen Ausgang und sieht in dem Staat nicht nur eine Einengung, sondern ein unbedingt zu beseitigendes Hindernis für die Entfaltung des Ichs. Die im Menschen nun einmal sitzende (und vom Anarchismus keineswegs geleugnete) gesellige Veranlagung (vgl. oben S. 33) stellt diese Lehre jedoch vor unlösbare Fragen. Sie will „lockere" Gemeinschaften statt des zu strammen und zu strengen Staates. Aber diese „Gemeinschaften" würden rasch genug wieder zu Staaten werden, oder es bliebe nur eine Verschiedenheit der Benennung.

Literarisch ist den anarchistischen Gedankengängen in Deutschland am meisten die Bahn geöffnet worden durch das vielgenannte Werk von Stirner (Deckname für Kaspar Schmidt, 1806 bis 1856) „Der Einzige und sein Eigentum". Besondere Prägung in Rußland. Hier vor allem Weiterentwicklung nach der kollektivistisch-kommunistischen Seite (Bakunin, 1814 bis 1876, Hauptschrift „Dieu et l'Etat"). Als Ideal wird aufgestellt: „Die Organisation der Gesellschaft von unten nach oben durch die Stimme der freien Vereinigung, nicht von oben nach unten vermittelst irgendwelcher Autorität."

IV. **Die Lehre von der Souveränität.** Die Äußerungen eines obrigkeitlichen Willens innerhalb der staatlichen Gemeinschaft sind so bunt und mannigfaltig, daß sich ganz von selbst das Verlangen nach einer Zusammenfassung und Überordnung einstellt. Schließlich gipfelt alles in der Vorstellung, daß eine oberste Machtspitze da sein müsse, über die es kein Hinaus mehr gibt. So ist der Begriff der „Souveränität" entstanden.

Als Denkwert hat ihn zuerst entwickelt der Franzose Jean Bodin (1530 bis 1596). Anfänglich wurden die lateinischen Bezeichnungen summum imperium, summa potestas als gleichwertig gebraucht. Allmählich setzte sich die französische Bezeichnung allein fest. — Das Wort wird in verschiedenem Sinne gebraucht (u. a. auch: der „Souverän"). Im politischen Kampf erscheint es oft verzerrt, im Alltagssprachgebrauch verallgemeinert („mein souveränes Ich" usw.). In der staatsrechtlichen Doktrin sucht man es fest zu packen, doch herrscht auch auf wissenschaftlichem Felde mancher Streit.

a) **Der Begriff.** Man ist sich einig darüber, daß „Souveränität" höchste Staatsgewalt bedeutet. Daraus folgert man: 1. Sie ist nicht teilbar, weshalb es im Staat immer nur eine, nicht mehrere Souveränitäten nebeneinander geben kann. 2. Sie ist von keiner höheren Macht abgeleitet; gerade dadurch unterscheidet sich (und zwar qualitativ, nicht nur quantitativ) der souveräne Staat von den anderen, unter ihm stehenden Gebietskörperschaften, z. B. den Provinzen. 3. Sie gibt inhaltlich unbegrenzte Machtvollkommenheit, so weit nicht angenommen wird, daß doch wieder dem Staat durch andere, in anderer Ebene liegende Mächte (Gott, Sittlichkeit, „Recht") Grenzen gesetzt sind.

Über das Verhältnis zum Recht vgl. bereits S. 287 Ziff. 3, auch schon Ziff. 2. Übrigens kehrt bei dem Recht selbst auch der Gedanke wieder, daß es grundsätzlich „souverän" sei; vgl. S. 60 III.

Probleme: 1. **Gibt es Staaten ohne Souveränität?** Dies ist nach obigem grundsätzlich zu verneinen, Staat und Souveränität gehören zueinander. In dieses Dogma ist aber durch die neuere Erscheinung der sog. Bundesstaaten eine Erschütterung hineingetragen worden. Als das deutsche Reich von 1871 gegründet wurde, ging die Souveränität (die „höchste" Machtvollkommenheit) auf das Reich über. Hätte man mit der Gleichstellung von Staat und Souveränität wirklich Ernst gemacht, so wäre nur die Alternative übriggeblieben: Entweder den einzelnen Bundesgliedern (Preußen, Bayern usw.) mit der Souveränität auch den Charakter als „Staaten" abzusprechen und sie zu bloßen Verwaltungsbezirken zu degradieren; oder aber dem „Reich" wieder die Souveränität zu entziehen und damit auf den erträumten „Bundesstaat" zugunsten eines bloßen „Staatenbundes" (wie es der deutsche Bund von 1815 war) zu verzichten. Man trieb den dogmatischen Streit jedoch nicht auf die Spitze, ließ es bei der Souveränität des Reiches, aber sprach andrerseits den Bundesmitgliedern den Staatencharakter nicht ab. So also gelangte man doch zum souveränitätslosen Staat, einer letzten Endes unbefriedigenden Denkform. Vgl. weiteres über den „Bundesstaat" unten S. 303 b, auch S. 101 Ziff. 3: Länder-„Autonomie".

2. Neuerdings hat sich nun dieser Streit noch eine Stufe höher gehoben. Man fragt: **Kann gegenüber dem Völkerrecht noch an der Souveränität des Staates festgehalten werden?** Die Frage wird besonders deutlich, wenn man nur die staatliche Funktion der Rechtssetzung ins Auge faßt (oder „Staat" geradezu gleichsetzt mit „Rechtsordnung", S. 287 a. E.). In der Tat ergeben sich dann konstruktive Schwierigkeiten, wenn Souveränität wirklich die „höchste" (von nichts höherem ableitbare) Rechtssetzungsmacht bedeuten sollte. Wiederum gelangt man zu einer Alternative: Entweder gibt es Völkerrecht, das aus sich heraus die Staaten bindet, dann ist das die „höchste" Macht, der letzte Ursprungspunkt des Rechts, und die Staaten sind nicht mehr souverän; oder die Staaten sind souverän, dann haben sie die „höchste", nicht mehr ableitbare Macht, und dann kann ein für sie verbindliches Völkerrecht nicht gedacht werden, soweit sie sich nicht freiwillig ihm unterwerfen. Bereits sind Stimmen laut geworden, die die erste Seite der Alternative für richtig, mindestens vertretbar halten. Hauptwerk: Verdroß, Die Einheitlichkeit des rechtlichen Weltbildes auf der Grund-

lage der Völkerrechtsverfassung, 1923. Aber man muß sich klar werden, daß es sich hierbei um eine Wanderung in die Höhenlagen reiner Logik und Gedankenkonstruktion handelt („Für einen logischen Kopf bleibt nur die strenge Wahl zwischen Rechtsuniversalismus und Rechtsnihilismus"; Richard Thoma, Heidelberg), und daß eine solche Wanderung zur Verstiegenheit führen kann, daß dann ein „unsicherer Scheingewinn an Wissenschaftlichkeit" durch eine entsprechende Einbuße an „Kunst" erkauft werden müßte (Wittmayer, Wien). Darum dürfte es richtiger sein, nach wie vor den Staat und nicht den sog. Völkerbund als ursprüngliche Quelle des Rechts und als ungebrochenen Träger der Souveränität anzusprechen. Daß trotzdem auch das Völkerrecht wirklich „Recht" ist, wird später (§ 31 II b) auszuführen sein.

b) **Trägerschaft.** Die Souveränität ist unmittelbar dem Staate als solchen zuzusprechen. Er hat die Souveränität. Aber für die praktische Gestaltung braucht man festere Anhaltspunkte. Man sucht im Staate nach einem „Träger" der Souveränität, einem Element, das, vor allen anderen ausgezeichnet, zur Ausübung der Souveränität des Staates berufen ist. Dabei ist die hauptsächlichste Wahl die, ob die Souveränität bei einem Fürsten oder beim Volke ruhen solle. Zwischenformen hat die Geschichte in verschiedensten Spielarten hervorgebracht, vor allem auch in der Richtung, daß nicht der einzelne Fürst, aber auch nicht das ganze Volk, sondern eine ausgewählte Gruppe, die (angeblich oder mutmaßlich) besten, die *ἄριστοι*, die höchste Macht besaßen.

Darauf beruht der **Unterschied der Staatsformen.** Entsprechend den vorstehend herausgehobenen Möglichkeiten unterscheidet man seit den Tagen der griechischen Philosophen drei Grundformen: Monarchie (der Einzelherrscher), Demokratie (Herrschaft des Volks als Ganzes), Aristokratie (Herrschaft einer Auswahl).

So einfach liegen jedoch die Dinge im Leben meistens nicht, daß in ungebrochener Reinheit eines dieser drei „Systeme" verwirklicht werden könnte. Vollends heute ist Verwicklung das Kennzeichen der Zeit. So wird allerdings gern der Idee nach (und um des „Prestige" willen) daran festgehalten, daß die „Souveränität" bei einem, ganz bestimmten und klar faßbaren Faktor ruhe, wie etwa die jetzige deutsche Reichsverfassung sagt, daß die Staatsgewalt (womit die einzige und höchste gemeint ist) „vom Volke ausgeht". Aber in der Praxis des Lebens pflegen sich die Dinge sehr zu verschieben. So hat die Monarchie bekanntlich während des 19. Jahrhunderts (in England schon viel früher) ihren Charakter als „absolute" abgestreift und ist zur „konstitutionellen" geworden, was gleichbedeutend mit einer Beteiligung des Volkes an der Ausübung der Staatsgewalt war. Und umgekehrt weist die heutige Demokratie in ihrer Begünstigung der Parteiherrschaft und ihrer mehrfach faktisch vollzogenen Anerkennung diktatorischer Erscheinungen (unten S. 306 d) Züge auf, die von der „Volkssouveränität" weit abführen und nach Gruppenherrschaft, ja nach Einzelherrschaft gerichtet sind.

Vgl. Stier-Somlo (Grundrisse Bd. XVIII) § 12: Die Staatsformen. — Paul Rühlmann, Staatsanschauungen, Quellenstücke zur Geschichte des Staatsgedankens von der Antike bis zur Gegenwart (eine Art gemeinverständliches Lesebuch mit Auszügen aus Plato, Aristoteles, Cicero, Machiavelli, Grotius, Rousseau, Kant, Lassalle usw.). — Otto Koellreuter (Prof. in Jena), Die politischen Parteien im modernen Staate, 1926.

Die durch die Jahrtausende hin immer wieder erörterte Frage nach der besten Staatsform wird stellenweise mit der Frage nach dem besten Gesetzgeber gleichgesetzt. Das kündet wiederum jenen Zusammenhang zwischen Staat und Recht (oben S. 287 f.; vgl. auch schon § 11 V 3, S. 78).

Politische Spekulation und gelehrte Dialektik werden immer dazu beitragen, die einfachen Grundformen durch „Konstruktionen" zu verfeinern, aber auch zu verwirren. Die bekannteste Figur dieser Art geht dahin, daß auch die Monarchie auf Volkssouveränität zurückzuführen sei, weil der König als bloßer „Vertreter des Volkes" konstruiert werden könne. — Auf der anderen Seite lockt die Phantasie immer wieder zur Zeichnung von Idealbildern, sog. Utopien oder „Zukunftsstaaten"; vgl. bereits S. 133.

c) **Die Lehre von der Teilung der Gewalten.** Die im vorhergehenden erwähnte Verwicklung der tatsächlichen Verhältnisse und gleichzeitig die Neigung, unser Denken immer feiner zuzuspitzen, hat dazu geführt, die staatliche Macht (und die staatlichen Aufgaben) in drei große Hauptgebiete zu zerlegen: 1. die **Gesetzgebung,** 2. die **Verwaltung,** 3. die **Rechtsprechung,** oder, wie man im Anschluß an die grundlegende französische Theorie oft noch sagt: pouvoir législatif, pouvoir exécutif, pouvoir iudiciaire. Es hat sich für diesen Vorgang das durch die ganze Welt gewanderte politische Kernwort von der „Teilung der Gewalten" eingebürgert (vgl. bereits S. 102 und S. 166).

Darunter ist weit mehr zu verstehen als eine bloße Verteilung von Geschäften, wie sie sich etwa in der Einrichtung verschiedener Ministerien ausdrücken würde. Zunächst mag allerdings diese dreifache Betätigung — Aufstellen allgemeiner Normen (gesetzgebende Gewalt), Übertragen dieser Normen auf die einzelnen Fälle (richterliche Gewalt) und freies Regieren ohne durchlaufend festgelegte Normen (regierende Gewalt) — nur als eine Frage der Systematik, der Methodik erscheinen. So aber haben es die begeisterten Vorkämpfer, die sich in der französischen Revolution und später auch in den anderen Kulturstaaten für die Parole von der „Teilung der Gewalten" einsetzten, nicht gemeint. So hat es auch nicht das Heer der Schriftsteller gemeint, die schon im Altertum und dann, für uns bestimmend, in den letzten anderthalb Jahrhunderten über dieses Dogma geschrieben haben. Sie wollten den Gedanken politisch aufgefaßt wissen, und insbesondere sollte in den Bahnen der Dreiteilung der **Anteil des Volkes** festgelegt werden.

1. Darum wollte man nicht eine Gesetzgebung schlechthin, sondern eine, „an der das Volk beteiligt wäre"; und darauf fußt der heutige Parlamentarismus.

2. Darum wollte man auch keine Rechtsprechung schlechthin, sondern eine von der Regierung „unabhängige", von „Garantien" umgebene (vgl. S. 11 und unten § 32 IV b); der Kampf gegen die sog. Kabinettsjustiz stand also hier im Hintergrund, und als Wahrzeichen des Volkseinflusses wurden die Geschworenengerichte verlangt und mit Zähigkeit festgehalten.

3. Darum wollte man schließlich auch eine Verwaltung (Regierung), die zwar den notwendigen Spielraum behielt, also nicht auf Schritt und Tritt durch im voraus bereitgehaltene Rechtsregeln gefesselt, doch aber über die bloße „Willkür" und „Gnade" hinausgehoben wäre; in der dogmatischen Formel von der „Gesetzmäßigkeit der Verwaltung" wurde das niedergelegt (unten § 27 III b), und in der sog. Selbstverwaltung (unten ebd. IV) suchte man wiederum den „Bürgern" einen Anteil am Regiment zu sichern.

Diese ganze Lehre hat sich über hundert Jahre lang eines fast kanonischen Ansehens erfreut. Auch heute noch wird ihr Gehalt, zu Schlagwörtern erstarrt, in den innerpolitischen Auseinandersetzungen immer wieder verwertet. Doch ist kein Zweifel, daß vom Standpunkt wissenschaftlicher Erkenntnis aus die Dreigliederung in absoluter Reinheit nicht mehr aufrechterhalten werden kann. Die Grenzen verschwimmen. Man hat erkannt, daß die richterliche Tätigkeit gesetzgeberähnliche Funktionen übernehmen kann (oben S. 107 Ziff. 1, auch schon S. 82), und daß sie an manchen wichtigen Stellen, vor allem in der sog. Freiwilligen Gerichtsbarkeit (nachfolgend § 35) nahezu in „Verwaltung" übergeht. Umgekehrt hat sich die Verwaltung nach und nach ihre eigene „Gerichtsbarkeit" geschaffen, die zwar aus der alten klassischen Gerichtsbarkeit vieles entlehnt hat, namentlich manche „Garantien", aber doch auf dem Verwaltungsboden stehen geblieben ist. Und schließlich hat die Gesetzgebung vielerorts einen solchen Grad der Zersplitterung und eine solche

Auflockerung in rasch wechselnde „Verordnungen" erlebt, daß man deutlich an die „verwaltende" Tätigkeit erinnert wird, wozu sich auch gelegentlich ein richterliches Gebaren der Parlamente (politische Untersuchungsausschüsse und dgl.) gesellt.

Wie ist die „Teilung" mit der grundsätzlich „unteilbaren" (S. 289 a 1) Souveränität zu vereinigen? Diese Frage ist gegenstandslos, wo eine „absolute" Staatsform herrscht; denn dann sind eben die Teile doch in einer Hand zusammengefaßt. Der deutlichste Fall ist der der absoluten Monarchie, denn hier hat der Fürst sowohl die Gesetzgebung („quod principi placuit, legis habet vigorem"; vgl. S. 176) wie die Gerichtsbarkeit (Kabinettsjustiz; selbst oberster Gerichtsherr, letzte Appellations- und Gnadeninstanz) wie die Exekutive (gipfelnd im sog. „Polizeistaat", der aber zugleich „Wohlfahrtsstaat" sein will; auf die Bepflegung der Wirtschaft geprägt: „Merkantilismus"). Doch kann man sich ebensogut eine solche Konzentration aller drei Gewalten in der Hand des absoluten Volkes denken. Darauf will in ihrer Reinheit die demokratische Theorie hinaus. Nur ist eine praktische Verwirklichung höchstens bei ganz kleinen, Kopf für Kopf übersehbaren Gemeinwesen möglich. Hier kann allerdings die Volksversammlung (Dingversammlung) unmittelbar Gesetze beschließen, Gerichtsurteile fällen und entscheidende Verwaltungsakte vollziehen.

In der Praxis des heutigen Lebens ist für solche absolute Staatsformen kein Platz mehr, weder nach der monarchischen, noch nach der demokratischen Seite hin. Gerade dadurch wird erst die Frage nach der Vereinbarkeit von Souveränität und Gewaltenteilung lebendig. Man hilft sich auf zweierlei Art. Entweder zieht man sich mit dem Souveränitätsbegriff auf den ideologischen „Staat" zurück und lehrt: Die Souveränität hat (ungeteilt) der Staat, die Teilung der Gewalten erfolgt erst auf einer (gedanklich) niederen Stufe unter die Staatsorgane, das Parlament, die Behörden usw. Oder man verknüpft zwar die Souveränität nicht mit dem ideologischen Begriff „Staat", sondern spricht sie sogleich einem realen Gebilde, z. B. dem Volke zu, muß dann aber den „Anteil" anderer Gewalten, z. B. des konstitutionellen Monarchen, der Behörden, insbesondere auch der Richter als nur „abgeleitet" konstruieren (vgl. bereits S. 292 vor c).

d) **Die „Verfassung" (Verfassungsurkunde).** Immer dann, wenn neue politische Rechte errungen sind, vor allem aber, wenn es zu einer „Teilung" der Gewalten gekommen ist, regt sich das Verlangen nach Festlegung des Errungenen („Verankerung"). Oft kommt das neue Ergebnis erst durch langwierige Verhandlungen der ringenden Parteien zustande, es wird dann aufgezeichnet, meist beschworen und für grundsätzlich unabänderlich erklärt. So entsteht die „Verfassung" oder, wie man es während des 19. Jahrhunderts bezeichnete, die „Konstitution" (daher auch „konstitutionelle Monarchie").

Vorgänge solcher Art begegnen durch die ganze Menschheitsgeschichte hindurch. Der heutige Stil führt auf die französische Revolution zurück. So erklärt es sich auch, daß dabei die **„all-**

gemeinen Menschenrechte", die damals die Gemüter so sehr bewegten, eine große Rolle spielen (vgl. bereits S. 52). In klingenden Sätzen werden hier in festgefügter Reihe die **„Grundrechte"** des Menschen (und Staatsbürgers) aufgezählt, und das soll dann als oberster Kanon entscheidend für alle staatliche Betätigung, sowohl für die Gesetzgebung wie für die Verwaltung wie für die Gerichtsbarkeit sein; für die Gerichtsbarkeit vielleicht noch in dem besonderem Sinne, daß sie die „Verfassungsmäßigkeit" anderer Gesetze an dem Kanon dieser Grundrechte nachzuprüfen hat (vgl. oben S. 82).

Beispiel aus dem Altertum: Die römischen Zwölftafeln (S. 157), aus dem Kampf zweier Volksschichten erwachsen, auf lange Zeit das römische „Staatsgrundgesetz", öffentlich aufgestellt, damit jeder Staatsbürger sich darauf berufen könnte: „tabulas pro rostris (vor der Rednerbühne) composuerunt, ut possint leges apertius percipi".

Beispiel aus dem Mittelalter: Die englische Magna charta libertatum von 1215, genau fixierte Zugeständnisse des Königs (Johann ohne Land) an die Großen des Landes, wodurch die königliche Willkür in Bann gelegt werden sollte. Die (im übrigen ungeschriebene) englische Verfassung wird noch heute gern auf dieses historische Dokument zurückgeleitet. Der Ausdruck „magna charta" ist sprichwörtlich für solche politischen Freiheitsbriefe geworden. Übertragung ins Strafrecht s. S. 338b.

Die weltberühmte französische „Déclaration des droits de l'homme et du citoyen" vom 26. August 1789 hat noch heute historisch-faszinierende Kraft. Vorläufer und Parallelen in einzelnen amerikanischen Staaten, namentlich Erklärung der Menschenrechte vom 12. Juni 1776 in Virginia. Der Zusammenhang der Vorstellungen „Menschenrechte", „Teilung der Gewalten", „Verfassung" tritt in dem (französischen) Art. 16 zutage: „Toute société dans laquelle la garantie des droits n'est pas assurée, ni la séparation des pouvoirs déterminée, n'a pas de constitution". Später traten die Menschenrechte mehr zurück, die nüchterne Festlegung und Abgrenzung der Gewalten wurde zur Hauptsache. Doch hat nach einigem Schwanken noch die jüngste deutsche Reichsverfassung (unten S. 301 ff.) zwei Teile gebildet: 1. Hauptteil, Aufbau und Aufgaben des Reichs, 2. Hauptteil, Grundrechte und Grundpflichten der Deutschen. Selbst die (inhaltlich vom europäisch-amerikanischen Typus stark abweichende) russische Sowjetverfassung vom 10. Juli 1918 hat sich dieser Darstellungstechnik nicht entziehen können. Sie beginnt im Abschnitt I mit einer „Erklärung der Rechte des werktätigen und ausgebeuteten Volkes" (also nicht mehr des einzelnen Individuums) und bringt dann als zweiten Teil in fünf weiteren Abschnitten den Aufbau der Republik, die Zuständigkeiten, das Wahlrecht usw.

Vgl. Georg Jellinek (weil. Prof. in Heidelberg), Die Erklärung der Menschen- und Bürgerrechte, 3. von Walter Jellinek (Prof. in Kiel) neubearbeitete Auflage, 1919. Adalbert Wahl (Prof. in Tübingen), Skizze einer Nachgeschichte der Erklärungen der Menschenrechte, in Festgabe für Karl Müller S. 267 ff., 1922. — Populäre Textzusammenstellung: Karl Zuchardt, Moderne Staatsverfassungen, ihr Wortlaut und ihr Wesen, 1919.

V. **Die Staatsaufgaben und ihre Verwirklichung.**

a) **Der Wirkungskreis.** Vermöge seiner „Souveränität“ (S. 289a) ist es dem Staate gegeben, sich seinen Wirkungskreis nach Belieben abzustecken. Doch aber ergeben sich dabei ganz von selbst Schranken. Sie liegen einmal in dem Dasein konkurrierender Mächte, zum anderen in einer notwendigen Selbstbescheidung des Staates.

1. Als konkurrierende Gewalten kommen in erster Linie die anderen Staaten, sei es einzeln, sei es zusammengeschlossen in einem Völkerbunde, in Betracht. Es ist bereits gezeigt worden, daß das Dasein eines (etwa als übergeordnet zu denkenden) Völkerrechts geradezu zu einer Anzweiflung der Souveränität der Staaten geführt hat (S. 290 Ziff. 2). Aber abgesehen davon zwingt die Macht des Lebens dazu, daß jeder Staat bei der Abgrenzung seines Wirkungskreises auf die Koexistenz anderer Staaten Rücksicht nimmt. Er kann nicht „alles“ an sich ziehen, sondern muß einen Teil des zu regelnden Stoffes jeweils dem Nachbarstaat überlassen.

Das wird sofort deutlich, wenn wir uns an den früher bereits erörterten Gegensatz zwischen Territorialitäts- und Personalitätsprinzip erinnern (vgl. S. 81 u. S. 145). Entweder proklamiert ein Staat, z. B. für die Verfolgung und Bestrafung von Verbrechen, das Territorialitätsprinzip, so heißt das zwar positiv, daß er alle auf seinem Territorium verübten Verbrechen vor sein Forum ziehen werde, aber gleichzeitig bedeutet es negativ, daß er die auf fremdem Territorium verübten Verbrechen nicht vor sein Forum ziehen, sondern dem Forum des Nachbarstaates überlassen werde. Oder der Staat bekennt sich zum Personalitätsprinzip, so liegt darin zwar Unterwerfung aller eigenen Landeskinder unter die eigene Rechtsgewalt, aber gleichzeitig Zuweisung der Nichtlandeskinder an die ausländische (andersstaatliche) Rechtsgewalt. Natürlich sind die verschiedensten Abwandlungen und Kombinationen der beiden Prinzipien und deshalb ein Mehr und ein Minder von Machterstreckung seitens eines bestimmten einzelnen Staates möglich, aber immer muß er irgendwo sich im Hinblick auf die anderen Staaten seine Grenze setzen. Soweit es sich um den privatrechtlichen Stoff handelt, entsteht aus solcher Grenzziehung die Materie des Internationalen Privatrechts (oben S. 248 XI). — Über Verträge der Staaten untereinander s. im Völkerrecht (nachfolgend § 31 III b).

Als konkurrierende Macht neben dem Staat kommt ferner die Kirche in Frage (vgl. bereits S. 101 Ziff. 3 und nachfolgend § 30). Neuerdings tritt auch die Wirtschaft, eine freilich sehr unbestimmte Größe, bisweilen dem Staate so gegenüber, als hätte über gewisse Kapitel des Gemeinschaftslebens im Staate sie und nicht der Staat zu bestimmen. Es ist das mehr als der alte „wirtschaftliche Liberalismus“. Dieser wollte nur den Staat „fernhalten“. Heute handelt es sich um positivgestaltende Macht über die betreffenden Lebenskomplexe, wobei die „Wirtschaft“ sich als geschlossener, zur Normensetzung berufener

Stand dünkt. Vgl. dazu S. 258 Ziff. VI. Mag diese Vorstellung auch, vom theoretischen Standpunkt aus, eine Verstiegenheit sein, in der Praxis stößt sich der Staat doch eben nicht selten an solchem Widerstande, weicht also zurück und verengert seinen Wirkungskreis. Die Erscheinung geht dann über in die anschließende Ziffer 2.

2. Zur Selbstbescheidung wird der Staat (als eine menschliche Einrichtung) dadurch geleitet, daß er die allgemeine menschliche Unvollkommenheit einsieht. Selbst da, wo er den Druck konkurrierender Gewalten nicht zu befürchten hätte, wäre es für ihn unmöglich, wirklich alle öffentlichen Interessen erschöpfend und gleichmäßig seiner Regelung zu unterwerfen (vgl. S. 61 Ziff. IVa). Zeitgeist und Volkscharakter, selten nur der Machtwille des einzelnen Herrschers, setzen dabei das Maß. Denn bald herrscht ein ausgeprägter Sinn für den Staat (und damit Bereitschaft, sehr viel seiner Regelung zu überlassen), bald aber auch Gleichgültigkeit gegen den Staat oder gar anarchistische Neigungen. Je nachdem wird instinktiv oder unter dem Druck politischer Kämpfe der Wirkungskreis des Staates enger oder weiter, einseitig oder vielseitig abgesteckt. Wer die Geschichte überfliegt, erkennt sofort, wie verschieden das Maß an Aufmerksamkeit und Können ist, das der Staat im Zuge der Zeiten den einzelnen religiösen, sozialen, wirtschaftlichen, juristischen, militärischen, künstlerischen, erzieherischen Fragen zugewandt hat.

b) **Organe und Behörden.** In jedem Falle sind die Staatsaufgaben überaus vielseitig. Das hat die wissenschaftliche Erkenntnis gerade dazu gedrängt, nach einem Sammelpunkt, einem alles zusammenfassenden Begriff zu suchen, der dann in der Souveränität gefunden worden ist. In der Praxis des Lebens aber müssen wir wieder zur Dezentralisation zurückkehren. Hier werden die verschiedensten Arten von Hilfskräften gebildet, deren sich der Staat zur Abwicklung seiner Aufgaben bedient.

Die Dogmatik unterscheidet dabei zunächst „Organe" und „Behörden". Organe des Staats sind nur die obersten Faktoren, in denen der Staat seine „Souveränität" zur Schau trägt. Wir haben gesehen, daß gerade um diese oberste Stellung im Staat unausgesetzt gekämpft wird (S. 291 b). Dagegen nimmt die „Behörde" und der einzelne ihr eingegliederte Beamte an der Ausübung der Souveränität nicht teil, sie sind Hilfskraft im engeren Sinne des Wortes.

Doch aber hebt sich der Beamte aus der Masse der übrigen Staatsbürger heraus, mit Sonderrechten ausgestattet, aber auch mit Pflichten in besonderem Maße belastet. Die heutige deutsche Reichsverfassung hat ihm eigens eine Reihe von Artikeln (128 ff.) gewidmet. Ein eindrucksvolles Kapitel: Die Haftung des Staats für Schäden, die seine Beamten in Ausübung ihres Amtes anderen Staatsbürgern zugefügt haben (dazu Art. 131 RV.).

Außer den Beamten stehen dem Staate auch, namentlich für wirtschaftliche Zwecke, gewöhnliche Arbeitskräfte zur Verfügung. Über das Verhältnis von Beamtenrecht und allgemeinem Arbeitsrecht vgl. oben S. 277 Ziff. 1. — Auch die vielerlei Selbstverwaltungskörper (unten S. 313 ff.) dienen mittelbar zur Erledigung von Staatsaufgaben, mindestens in der Art, daß der Staat durch Zuweisung bestimmter Aufgaben an diese Körper sich selbst entlastet.

Die Verteilung der verschiedenen Aufgaben an die verschiedenen Hilfskräfte und die Erledigung der so verteilten Geschäfte könnte als ein rein tatsächlicher Vorgang betrachtet werden. Aber es haben sich dafür wiederum in großer Zahl Rechtsregeln gebildet, die also an die Stelle des Zufalls und der Willkür die rechtlich bindende Ordnung setzen. Ein Zentralbegriff dafür ist z. B. die „Zuständigkeit"; sie wendet sich vor allem nach der negativen Seite, daß eine unzuständige Dienststelle das betreffende Geschäft nicht erledigen darf. Nun ist aber aus diesen vielgestaltigen Regeln, die die Erledigung der Staatsaufgaben im einzelnen betreffen, wiederum eine eigene Rechtsschicht gebildet worden, die man unter dem Namen **Verwaltungsrecht** aus dem eigentlichen „Staatsrecht" abgeschieden hat.

Darüber der folgende § 27 (S. 308). Doch ist mit dieser einmaligen Abspaltung nicht genug geschehen. Aus der Gruppierung, Absonderung und Abrundung einzelner Staatsaufgaben haben sich noch andere selbständige „Fächer" gebildet. Ein tief ausgebautes Strafrecht bildet die Basis für die dem Staate obliegende Bekämpfung des Verbrechertums (§ 29). Ein weitverzweigtes Justizwesen regelt, im Anschluß an das Dogma von der „Teilung der Gewalten" (S. 292c), den besonderen Zweig der staatlichen Gerichtsbarkeit (§ 32 ff.). Für die militärischen Fragen hat sich ein eigenes (wissenschaftlich wenig entwickeltes) Militärrecht gebildet. Die Finanzierung der Staaten findet ihren rechtlich geregelten Boden in der jungen Materie des Steuerrechts (§ 28). Als ein Gebiet für sich erscheint vielen auch die Sozialpolitik mit dem für sie geschaffenen großen Komplex von Rechtsvorschriften. — Demgegenüber erscheint das „Verwaltungsrecht" gleichsam wie ein Sammelbecken für alle die Stoffe, die sich nicht auf den Boden eines eigenen „Faches" erhoben haben.

c) **Das Staatsvermögen.** Daß der Staat ohne eine gewisse Vermögensbasis nicht auskommen kann, versteht sich von selbst. Aber juristisch sind drei verschiedene Vorstellungen zu unterscheiden.

1. Der Staat kann sich neben die Privatpersonen stellen und, ohne sich rechtlich von ihnen unterscheiden zu wollen, Vermögen erwerben, Geld ausleihen, umgekehrt Schulden machen. Wir geben dem Staat bei solcher Lage die besondere Bezeichnung

Fiskus, und gliedern diesen Fiskus ohne jedes Vorzugsrecht in das Privatrecht ein (vgl. bereits S. 11 Ziff. IV).

2. Davon zu unterscheiden ist das eigentliche Staatsvermögen, das dem Staat in seiner Rolle als Hoheitssubjekt zugesprochen wird, und das mit dem Privatvermögen der gewöhnlichen Staatsbürger (oder des „Fiskus") nicht auf eine Stufe gestellt werden darf.

Die Grenze zu 1 ist flüssig. In der Dogmatik spricht man von „öffentlichem Eigentum" und bezeichnet als dessen Hauptkennzeichen die Gebundenheit: Dieses öffentliche Eigentum darf seinen staatlichen (öffentlichrechtlichen) Zwecken nicht entzogen, vor allem nicht beliebig in den Handel gebracht werden. Vgl. Grundriß Sachenrecht § 4 IIb Ziff. 3. Beispiele, meist ein jedes mit ausgeprägtem Sondercharakter: Die öffentlichen Wege, die Wasserstraßen, die sog. Domänen, die staatlichen Forsten, dazu monopolistisch wirkende Berechtigungen: Die Münzhoheit, die Steuerhoheit usw.

3. Schließlich ist es möglich, sich das gesamte, innerhalb eines Staates überhaupt vorhandene Vermögen, mag es den einzelnen Staatsbürgern, mag es dem Staate selbst gehören, als ein Ganzes zusammenzudenken und daraus den Begriff des Nationalvermögens zu bilden. Das gewinnt dann vor allem Wert im Verkehr der Staaten untereinander. Wenn man von reichen oder verarmten, ja „bankerotten" Staaten redet, so ist das zunächst nur eine sehr unbestimmte, unjuristische Bezeichnung. Aber es steht nichts im Wege, daraus einen Rechtsbegriff zu formen. Das würde dazu führen, daß das sog. Nationalvermögen entweder geradezu in den Begriff des Staates einbezogen oder aber als ein selbständiges Objekt der Pflege des Staates unterstellt wird. Die erste Betrachtungsweise würde in die Lehre von den „Elementen" des Staates (oben S. 284f.) eine Änderung hineinbringen, indem etwa statt des engen Begriffes „Territorium" das Nationalvermögen eingesetzt und gesagt wird, daß der Staat aus einer Verschmelzung einer Menschenmenge und einer Vermögensmasse unter dem übergeordneten Zeichen der Souveränität entsteht. Die zweite Betrachtungsweise würde dazu führen, daß der Staat nach außen (also anderen Staaten gegenüber) für seine etwaigen Schulden, z. B. Kriegsschulden, nicht bloß mit dem „fiskalischen Vermögen" und dem „öffentlichen Eigentum", sondern mit allem, was an Vermögenswerten unter seiner Obhut steht, d. h. eben jenem „Nationalvermögen", zu haften hätte.

α) Dieser letzte Punkt zeigt am deutlichsten die praktische Tragweite, beleuchtet jedoch gleichzeitig die (praktisch-politischen) Gefahren einer solche Konstruktion. Gerade er hat nach dem verlorenen Kriege in dem Verhältnis Deutschlands zu der siegreichen Entente eine wichtige Rolle gespielt. Es wurde, namentlich von französischer Seite, ernsthaft die These vertreten, daß für die Kriegsschulden, insbesondere die sog. Reparationsschuld, alles, was in Deutschland vorhanden sei, auch das private Vermögen zu „haften" habe. Der Friedensvertrag von Versailles bestimmt jedoch nur (Art. 248), daß „der gesamte Besitz und alle Einnahmequellen des deutschen Reichs und der deutschen Staaten an erster Stelle für die Bezahlung der Kosten der Wiedergutmachung usw." haften solle, und es ist das dahin auszulegen, daß das Privatvermögen der einzelnen deutschen Staatsbürger nicht mit verfangen ist. Immerhin bietet die Haftung der „Einnahmequellen" eine Brücke, um mittelbar an das Privatvermögen, an „alles" heranzukommen. Und der weitere historische Fortgang, die von der Entente in einschneidendster Weise geübte Kontrolle über gewisse Einnahmequellen des deutschen Reiches, erweckt doch immer wieder die Vorstellung, daß hinter dem Staat das von ihm irgendwie repräsentierte Nationalvermögen steht.

β) Wissenschaftlich spitzt sich die Frage darauf zu, ob gewisse symptomatische Erscheinungen, die eine Beziehung des Staates zum Gesamtvermögen der Nation aufweisen, ausreichend sind, um ein solches Gesamtvermögen als Rechtsbegriff aufzustellen. Es kommen folgende Erscheinungen in Frage:

1. Der Staat kann der Idee nach das gesamte Vermögen oder einzelne Posten statistisch erfassen; (die „Bestandsaufnahme" ist im Rahmen der Kriegsgesetzgebung zum echten Rechtsbegriff geworden).

2. Der Staat kann der Idee nach das gesamte Vermögen oder einzelne Posten beschlagnahmen; (wiederum ist im Zuge der Kriegsgesetzgebung die „Beschlagnahme" zum festen Rechtsbegriff geworden.)

3. Der Staat kann in Verfolg etwaiger Sozialisierungstendenzen der Idee nach das gesamte Vermögen oder einzelne Posten zu „Staatseigentum" machen oder wenigstens unter seinen beaufsichtigenden Einfluß stellen.

4. Der Staat kann der Idee nach durch Ausfuhrverbote bezüglich des gesamten Vermögens oder einzelner Posten die Abwanderung ins Ausland verhindern.

5. Der Staat kann mittels Steuern das gesamte Vermögen oder einzelne Posten sich dauernd und der Idee nach unbegrenzt dienstbar halten.

6. Als Kehrseite zu diesen Berechtigungen bietet sich die Idee an, daß der Staat verpflichtet ist, dem gesamten Vermögen oder mindestens einzelnen Posten nach außen wie nach innen Schutz zu verleihen.

Es kann nicht verkannt werden, daß diese Ideenreihe den Eindruck vom Vorhandensein eines „Nationalvermögens", das irgendwie mit dem Staate begrifflich verknüpft erscheint, stärkt. Trotzdem ist die Frage noch nicht genügend ausgereift, so daß man vorerst das Nationalvermögen zwar als eine soziologische, nicht aber als eine juristische Erscheinung wird ansprechen müssen.

VI. **Das heutige deutsche Staatsrecht.** Wie eingangs bemerkt (S. 284) ist von dem Allgemeinen Staatsrecht das Einzelstaatsrecht zu unterscheiden. Als solches kommt für uns das deutsche Staatsrecht in Frage; doch können Vergleiche mit dem Staatsrecht ausländischer

Staaten wissenschaftlich sehr förderlich sein. Das heutige deutsche Staatsrecht, auf der **Reichsverfassung vom 11. August 1919** (vgl. bereits oben § 21 Vc, S. 225) beruhend, doch anknüpfend an die ältere Verfassung von 1871, erfreut sich bereits einer sehr eifrigen und hochstehenden Wissenschaft.

Schrifttum: 1. Zum früheren Reichsstaatsrecht: Grundlegend Paul Laband (zuletzt Prof. in Straßburg), Das Staatsrecht des deutschen Reiches, 4 Bände, 5. Aufl. 1911 ff. Außerdem schrieb Laband ein „Reichsstaatsrecht" in einem Bande, 7. Aufl., besorgt von Otto Mayer (zuletzt Prof. in Leipzig), 1919.

2. Zum heutigen Reichsstaatsrecht: Fritz Stier-Somlo (Prof. in Köln), Reichs- und Landesstaatsrecht I, 1924 (Grundrisse Bd. XVIII). Julius Hatschek (weiland Prof. in Göttingen), Reichs- und preußisches Staatsrecht, 2 Bände, 1922 f. Gerhard Anschütz (Prof. in Heidelberg), Die Verfassung des deutschen Reichs, Kommentar für Wissenschaft und Praxis, 3. u. 4. Aufl., 1926. Aus der großen Reihe kurzer kritischer Studien hervorzuheben: Otto Lenel (Prof. in Freiburg), Über die Reichsverfassung, Rede, 1920.

3. Sonstiges Studienmaterial: Textausgabe „Verfassungsrechtliche Reichsgesetze" von Freih. Marschall v. Bieberstein (Prof. in Freiburg), sehr sorgfältige, außer der RV. eine große Zahl mit ihr zusammenhängender Gesetze wiedergebende Sammlung. Heinrich Triepel (Prof. in Berlin), Quellensammlung zum deutschen Reichsstaatsrecht, 4. Aufl. 1926, als Anschauungsmittel für den historischen Unterbau unentbehrlich. — Zeitschrift: Jahrbuch des öffentlichen Rechts der Gegenwart, hersgb. von Piloty (weil. Prof. in Würzburg) und Otto Koellreutter (Prof. in Jena), bis 1925 13 Bände.

4. Ausländisches Staatsrecht: Leo Wittmayer (Prof. in Wien), Österreichisches Verfassungsrecht; Hans Gmelin (Prof. in Gießen) und Otto Koellreutter (Prof. in Jena), Ausländisches Staatsrecht, — Teilstücke der Kaskel-Kohlrauschechen Enzyklopädie.

5. Die „Vereinigung der deutschen Staatsrechtslehrer" tritt alljährlich zu Tagungen zusammen und gibt die Referate in einer wertvollen Schriftenreihe (seit 1924) heraus.

a) **Die Grundlage** für den heutigen Rechtszustand bildet ein schöpferischer Akt. In dem Vorspruch zur neuen Verfassung ist er mit den Worten dargestellt: „Das deutsche Volk einig in seinen Stämmen und von den Willen beseelt, sein Reich in Freiheit und Gerechtigkeit zu erneuen und zu festigen, dem inneren und dem äußeren Frieden zu dienen und den gesellschaftlichen Fortschritt zu fördern, hat sich diese Verfassung gegeben." Es tritt darin, wie es bei einer revolutionären Änderung nicht anders sein kann, der rechtzeugende Machtgesichtspunkt in Erscheinung (S. 287 Ziff. 3).

Wissenschaftlich wichtiger noch ist die Frage, ob hiermit ein neues Reich, also ein neuer „Staat" geschaffen worden ist, oder ob es sich noch um das alte Reich von 1871 nur mit geänderter Verfassung handelt. Die Antwort ist im letzteren Sinne zu geben. Das ist rechtlich von großer Bedeutung, weil sich daraus der Grundsatz ergibt, daß alle vor der Revolution getätigten Staatsakte, insbesondere die gesamte frühere Gesetzgebung (z. B. das Bürgerliche Gesetzbuch, die Reichsversicherungsordnung usw.), nach wie vor Geltung haben, soweit sie nicht durch die neue Verfassung (oder andere spätere Gesetze) aufgehoben worden sind.

Ein Beispiel für das Hineinwirken der RV. in das Bürgerliche Gesetzbuch findet sich im Vereinsrecht. Der § 61 Abs. II BGB. bestimmte nämlich: „Die Verwaltungsbehörde kann gegen die Eintragung (eines Vereins und damit die Erlangung der sog. Rechtsfähigkeit) Einspruch erheben, wenn der Verein . . . einen politischen, sozialpolitischen oder religiösen Zweck verfolgt." Eine solche Kontrolle paßte nicht zu den freiheitlichen Tendenzen der neuen Reichsverfassung. Sie bestimmt daher (Art. 124 II): „Der Erwerb der Rechtsfähigkeit . . . darf einem Verein nicht aus dem Grunde versagt werden, daß er einen politischen, sozialpolitischen oder religiösen Zweck verfolgt." Damit ist die entgegenstehende Bestimmung des BGB. aufgehoben. Aber das ganze übrige BGB. ist eben bestehen geblieben.

Im einzelnen können sich natürlich leicht Streitigkeiten ergeben, wenn die „Aufhebung" nicht wie im vorhergehenden Beispiel ausdrücklich erfolgt ist, wenn man sich also auf die Formel zurückziehen muß, daß diese oder jene ältere Bestimmung „mit dem Geiste der neuen Verfassung nicht vereinbar sei." Ein eindrucksvolles Beispiel dieser Art bietet die Stellungnahme des Reichsgerichts zum Problem der Koalitionsfreiheit. In dem berühmten § 152 Abs. I der Gewerbeordnung (S. 214, 281) war den gewerblichen Arbeitern zwar die Koalitionsfreiheit zugestanden, und damit waren die „Verbände" mächtig gestärkt worden; das letztere wurde aber durch Abs. II merklich abgeschwächt: „Jedem Teilnehmer steht der Rücktritt von solchen Vereinigungen und Verabredungen frei, und es findet aus letzteren weder Klage noch Einrede statt." Denn das bedeutete, daß ein „Organisierter" beliebig und entgegen seinen Zusagen in jedem Augenblick aus seinem Verbande wieder ausscheiden durfte, ein dafür etwa ausgesetztes Strafgeld nicht zu bezahlen brauchte, auch mit einer Schadenersatzklage in keiner Weise belangt werden konnte. Nun hat die neue Reichsverfassung (Art. 159) auch ihrerseits die Koalitionsfreiheit anerkannt und die Anerkennung der Arbeitgeber- und Arbeitnehmerverbände noch besonders unterstrichen (Art. 165 I 2). Jener Abs. I ist also übernommen (und in persönlicher Hinsicht erweitert) worden. Aber über den Gedanken jenes Abs. II der Gewerbeordnung schweigt die Reichsverfassung. Ist nun Abs. II aufgehoben? Da es an einer klaren Textbestimmung (wie sie in dem obigen Beispiel zu § 61 BGB. vorliegt) fehlt, möchte man verneinen. Trotzdem bildete sich rasch im Schrifttum eine Meinung, daß die Unklagbarkeit der Strafgelder bei willkürlichem Austritt usw. mit der Koalitionsfreiheit, so wie die Reichsverfassung sie „auffasse", nicht mehr „vereinbar" sei. Das Reichsgericht hat sich zunächst ablehnend gegen diese Argumentation verhalten, weil die Verfassung „an keiner Stelle auch nur andeutungsweise" sich dahin ausgesprochen habe, daß ihrem Geist ein „Zwang zum Anschluß" entspräche (Urt. v. 6. April 1922, Bd. 104 S. 327 ff.). Aber später ist das Reichsgericht zur entgegengesetzten Meinung übergegangen. Nach seiner geänderten Auffassung „lassen die Verhandlungen der verfassunggebenden Nationalversammlung erkennen", daß eben doch das Klageverbot aus Abs. II der Gewerbeordnung der neuen Vorstellung der Reichsverfassung von der „Koalitionsfreiheit" zum Opfer fallen müsse; § 152 Abs. II GewO. sei also als aufgehoben zu betrachten (Urt. v. 2. Juli 1925, Bd. 111 S. 199 ff.).

b) **Reich und Länder.** Das Reich nach der Verfassung von 1871 war ein **Bundesstaat.** In mühsamem Denken und unter Heranziehung ausländischer Parallelen (Schweiz, Nordamerika) hatte man diese Konstruktion gefunden. Der „Bundesstaat" steht zwischen dem Einheitsstaat und dem bloßen Staatenbund. Wäre das Bismarckische Deutschland ein „Einheitsstaat" geworden, so hätten die bisherigen Einzelstaaten, Preußen, Bayern usw., ihre staatliche Selbständigkeit verloren, sie wären in dem Reiche aufgegangen und hätten sich mit dem tiefstehenden Range bloßer Provinzen begnügen müssen. Wäre das Bismarckische Deutschland umgekehrt ein bloßer „Staatenbund" geworden, so hätten zwar die Einzelglieder des Bundes ihren Staatscharakter (einschließlich der Souveränität) behalten, aber das Reich wäre seinerseits kein Staat, sondern eben ein bloßer loser Bund, ein Bündel von Staaten geworden. Beides wollte man nicht, und so erwuchs die Konstruktion des „Bundesstaates" als eines Mittelgebildes: das Reich souveräner Staat, aber die zusammengeschlossenen Länder bleiben auch Staaten; daß sie dabei allerdings die „Souveränität" eingebüßt haben, ist bereits in anderem Zusammenhange gezeigt worden (S. 290 Ziff. 1).

Es fragt sich, ob in dieser Grundanlage durch die neue Verfassung von 1919 eine Änderung eingetreten ist. Manche behaupten es, es ist auch sicher, daß die Vorarbeiten des damaligen Ministers Preuß auf einen Einheitsstaat und damit auf eine Deklassierung der einzelnen Länder zu bloßen „Selbstverwaltungskörpern" hinauswollten. Aber nach der herrschenden (und richtigen) Lehre haben auch jetzt noch die Länder Staatencharakter, und dann bleibt nichts anderes übrig, als das Reich nach wie vor als Bundesstaat zu konstruieren.

Bis zur Revolution war der deutsche Bundesstaat aus 20 konstitutionellen Monarchien, 2 Staaten mit Resten ständischer Verfassung, 3 Stadtrepubliken und einem sog. Reichsland zusammengesetzt. Heute sind es nur noch 18 „Länder" (Verschmelzung der thüringischen Kleinstaaten zu einem Land Thüringen), das Reichsland Elsaß-Lothringen ist verloren gegangen. Die Verfassung der 18 Länder ist im Grundzug gleich, weil das in der neuen Reichsverfassung ausdrücklich vorgeschrieben ist (s. im folgenden). Im einzelnen ist aber doch genügender Spielraum für Verschiedenheiten geblieben. Darum hat jedes Land wieder sein eigenes „Staatsrecht". — Überblick bei O. Meißner, Das Staatsrecht des Reiches und seiner Länder, 2. Aufl. 1923.

Solche Konstruktionen sagen indessen für die praktische Lebensgestaltung nicht das letzte Wort. Vielmehr kann unter dem konstruktiven Zeichen des Einheitsstaates den territorialen Untergebilden ein sehr wirksames Maß von Selbstherrlichkeit gegeben sein, und es kann unter dem konstruktiven Zeichen des (bloßen) Bundesstaates eine so starke Zentralisation der Kräfte bei den Bundesorganen erfolgen, daß die Einzelstaaten nur ein Schattendasein führen. So stehen neben den zwei konstruktiven Formen des Einheitsstaates und Bundesstaates zwei lebendige Tendenzen, zwei „Prinzipien", für die sich die Bezeichnungen **Unitarismus** und **Föderalismus** eingebürgert haben.

Vergleicht man unter dem Zeichen solcher lebendiger Gestaltungsprinzipien das Bild des Reiches von 1919 mit dem des Reiches von 1871, so kann an dem bedeutenden Vordringen des Unitarismus, also der Zentralisation beim Reiche auf Kosten der Selbständigkeit der einzelnen Länder kein Zweifel sein. Ist auch das Reich noch nicht zum Einheitsstaat gediehen, so hat doch im Rahmen der „bundesstaatlichen" Konstruktion das unitaristische Moment wesentlich zugenommen.

Drei wichtige (nicht erschöpfende) Momente veranschaulichen das: 1. Nach der Reichsverfassung von 1871 war die Frage nach der eigenen inneren Verfassung der Einzelstaaten ganz offen gelassen; sie konnten Monarchien oder Republiken sein, konnten eine parlamentarische oder ständische (so beide Mecklenburg) oder auch absolute Verfassung haben. Heute ist ihnen dieses wichtigste Recht der Selbstwahl ihrer Verfassung genommen; das Reich hat ihnen diktatorisch und für alle Zukunft vorgeschrieben, daß sie (wie es selbst) eine demokratisch-parlamentarische Verfassung haben müssen (Art. 17). — 2. Nach der Reichsverfassung von 1871 gab es keine restlos durchgeführte Zentralisation des Heeres, die großen Bundesstaaten unterhielten, freilich stark gebunden, ihre eigenen „Kontingente". Heute gibt es nur eine einheitliche Reichs-Truppenmacht (Reichswehr). — 3. Nach der Reichsverfassung von 1871 waren den Einzelstaaten bedeutende eigene Steuerquellen verblieben. Heute ist die Steuermacht fast ganz in der Hand des Reiches zentralisiert; die Länder sind nach einem politischen Schlagwort zu „Kostgängern des Reiches" herabgedrückt worden. Vgl. unten § 28 II b 1.

Auf anderen Gebieten herrscht eine verwickelte Machtverteilung, so namentlich im Punkte der Gesetzgebung. Ein in 20 Ziffern gegliederter Katalog zählt auf, was das Reich sich vorbehält (Art. 7; vgl. Art. 8). Alles übrige ist zwar an sich der Landesgesetzgebung überlassen, aber doch wieder ist auf Teilgebieten dem Reich die Befugnis eingeräumt, wenigstens „Grundsätze" und „einheitliche Vorschriften" aufzustellen, die dann doch für die Länder bindend sind (Art. 9 ff.).

Nach alledem handelt es sich bei der Abschichtung von Reichsmacht und Ländermacht keineswegs um ein schlechthin zwingendes, sondern um ein gekünsteltes, aus Kompromissen erwachsenes System. Man kann von einem **„Spannungsverhältnis zwischen Föderalismus und Unitarismus"** reden, und das schließt sogleich den Gedanken ein, daß dieses Spannungsverhältnis sich ändern könnte. In der Tat liegen die beiden Tendenzen des Föderalismus und Unitarismus nach wie vor gegeneinander im Felde. Eine von der bayerischen Regierung 1924 vorgelegte Denkschrift „Zur Revision der Weimarer Verfassung" strebt, ohne die Weimarer Verfassung in ihrer Grundstruktur beseitigen zu wollen, doch eine Stärkung des föderalistischen Moments an. Andere Stimmen verlangen umgekehrt weiteren Ausbau der unitaristischen Elemente. Neben diesem politischen Material ist bereits ein beachtliches wissenschaftliches Material erwachsen. Vgl. als Beispiel die Referate von Anschütz und Bilfinger auf der Tagung der deutschen Staatsrechtslehrer in Jena (Veröffentlichungen der Vereinigung Heft 1, 1924).

c) **Republik, Demokratie, Parlamentarismus** sind die drei Kennzeichen der „Staatsform", die dem heutigen Deutschen Reich, wenn wir es nunmehr für sich allein und ohne Seitenblick auf die Gliederung in Länder betrachten, durch die Verfassung von 1919 zuteil geworden ist. Das erste Kennwort erhält seinen eigentlichen Gehalt durch den Gegensatz: keine Monarchie. Das zweite wendet sich nach der positiven Seite, indem es das „Volk" als Träger der Souveränität aufstellt (vgl. S. 291 b). Das dritte macht ein Zugeständnis an die „Praktikabilität", indem es von der Unmöglichkeit ausgeht, wirklich das Volk im ganzen an den eigentlichen Akten der Staatshoheit teilnehmen zu lassen, und deshalb an die Stelle des Volkes Volksvertreter treten läßt (sog. repräsentative im Gegensatz zur sog. unmittelbaren Demokratie).

Das Schwergewicht liegt bei der dritten Erscheinung, dem Parlamentarismus, der im **Reichstag** verkörpert erscheint. Der Reichstag ist rechtlich als der wahre Herrscher im heutigen Deutschland gedacht. Die Volkssouveränität kann zwar in einzelnen Akten elementar hervortreten und sich dann als stärker wie das Parlament erweisen, doch handelt es sich dabei um Einzelerscheinungen; in der Hauptsache verharrt die Volkssouveränität im Bereich der Ideologie.

1. Der sinnfälligste Vorgang einer Erhebung der Volksstimme über den Willen des Parlaments ist der sog. **Volksentscheid (Referendum).** Er stellt sich als eine Art von Appellationsinstanz dar: Gegen jedes vom Reichstag beschlossene Gesetz kann, wenn die in der RV. näher geregelten Voraussetzungen erfüllt werden (Art. 73), der Wille des ganzen Volkes angerufen, d. h. eine Volksabstimmung herbeigeführt werden. Auch kann unmittelbar aus dem Volke heraus das „Begehren" nach einem ganz neuen Gesetz erhoben werden (Art. 73 Abs. 3). Nachdem sieben Jahre lang diese Bestimmungen unangewendet geblieben waren, ist es im Jahre

1926 zum erstenmal, und zwar in der Frage der Fürstenabfindung, zum „Volksbegehren" und „Volksentscheid" gekommen.

2. Dagegen ist es schief, das Volk als Ganzes deshalb über den Reichstag zu stellen, weil der Reichstag vom Volke gewählt werde, also dem Volke sein Leben verdanke. Gerade das ist nur eine (ethisch allerdings hochzustellende) Ideologie. Das im Deutschen Reich bestehende **Wahlsystem** (allgemeine, gleiche, unmittelbare und geheime Wahl; Listensystem; Berechnung der Mandate nach dem System der Verhältniswahl) strebt zwar formal einer zur äußersten Reinheit entfalteten Demokratie zu, wirkt aber praktisch infolge des dabei entscheidenden Zahlenmechanismus der Aufstellung eines wahrhaft lebendigen Volkswillens entgegen. Zwischen das Volk und die oberste Regierungsgewalt schieben sich die Parteien ein, die nach dem deutschen Verfassungssystem ein einzigartiges Übergewicht erhalten haben. In den Verfassungen fast aller anderen Demokratien ist ein Gegengewicht gegen den „Parlamentsabsolutismus" und die „Parteioligarchie" vorgesehen, meist durch Schaffung eines zweiten, neben dem Volksparlament stehenden Körpers (Herrenhaus, Senat oder dgl.). In Deutschland fehlt das (vgl. jedoch nachfolgend d). Manche erhoffen die künftige Lösung von der **Einführung eines berufsständischen Parlaments** neben dem auf parteipolitischer Basis stehenden Reichstag. Sehr schwache Ansätze sind in dem sog. Reichswirtschaftsrat (vgl. unten S. 317) vorhanden. Aber auch in anderer Richtung sind Reformen, namentlich betr. das Wahlsystem, im Gange. Aus der wissenschaftlichen Literatur (die voraussichtlich in den nächsten Jahren sich reich entfalten wird) vgl. vorerst als Beispiele: Richard Thoma (Prof. in Heidelberg), Die Reform des Reichstags, Sonderabdruck aus der Zeitung „Germania", 1925; Edgar Tatarin-Tarnheyden (Prof. in Rostock), Kopfzahldemokratie, organische Demokratie und Oberhausproblem, Sonderabdruck aus der „Zeitschrift für Politik" Bd. 15. Weite Ausblicke in Stier-Somlo (Prof. in Köln), Politische Freiheit, insbesondere in der Demokratie, Rektoratsrede, 1926.

d) **Diktatorische Erscheinungen.** Die Geschichte zeigt, daß in Zeiten der Not oder einer politischen Verlegenheit auf dem Boden der Republik und der Demokratie immer wieder vorübergehend die Einzelherrschaft ihr Haupt erhebt. Dieses Bedürfnis ist sogar so stark, daß bisweilen nicht auf ein tatsächliches Hervorbrechen des „Diktators" gewartet, sondern bereits in der „Verfassung" selbst seiner in offener oder eingekleideter Form gedacht wird. Derart wird die Diktatur zu einer Rechtseinrichtung. Zum erstenmal vollzog sich das in der römischen Republik und war dort etwa drei Jahrhunderte lang (500 bis 200 v. Chr.) rechtens. Von daher hat die Erscheinung ihren Namen erhalten und hat ihn, obwohl ihm im Laufe der Zeiten ein sehr verschiedener Inhalt gegeben worden ist, bis auf den heutigen Tag bewahrt.

In überraschend starker Weise ist dieser Entwicklungszug auch bereits im Rahmen der neuen deutschen Reichsverfassung hervorgetreten. Er hat sich allerdings, wenn man von dem System der „Teilung der Gewalten" ausgeht (oben S. 292c), weniger auf dem Gebiete der Rechtsprechung, auch nicht (wenigstens grundsätzlich) auf dem Gebiete der Verwaltung betätigt, sondern ist im wesentlichen in die Bahn der Gesetzgebung eingemündet. Hier aber hat er — vorübergehend — die Macht des Parlaments merklich eingeschränkt. Zwei sehr verschiedene Erscheinungsformen sind dabei nebeneinander hergegangen.

1. **Die sog. Diktatur des Reichspräsidenten.** Diese Erscheinung ist in der Reichsverfassung unmittelbar vorgesehen. **Artikel 48** bestimmt: „Der Reichspräsident kann, wenn im Deutschen Reiche die öffentliche Sicherheit und Ordnung erheblich gestört oder gefährdet wird, die zur Wiederherstellung der öffentlichen Sicherheit und Ordnung nötigen Maßnahmen treffen, erforderlichenfalls mit Hilfe der bewaffneten Macht einschreiten usw." Dabei ist der Präsident nicht an die Zustimmung des Reichstags gebunden, er handelt auf eigene Faust und in eigener Verantwortung. Allerdings soll er „von allen getroffenen Maßnahmen unverzüglich dem Reichstag Kenntnis geben", und „auf Verlangen des Reichstags sind die Maßnahmen außer Kraft zu setzen". Aber die Erfahrung hat gezeigt, daß die einmal vollzogenen Maßnahmen so gut wie nie nachträglich vom Parlament aufgehoben oder geändert werden. Kaum irgendwo hat sich die Wucht der vollendeten Tatsachen so eindrucksvoll offenbart wie in diesem Zusammenhange.

Von dem Art. 48 ist in großem Umfange Gebrauch gemacht worden. An 100 Verordnungen sind (bisher) im Laufe der Jahre unter seinem Zeichen erlassen worden, alle freilich immer nur als vorübergehende Maßnahmen. Sie betrafen z. B. das Verbot militärischer Verbände, die Einsetzung außerordentlicher Gerichte, die Kontrolle der Presse, Maßregeln gegen Streiks in lebenswichtigen Betrieben, Währungsschutz, Preisgestaltung in der Kohlenwirtschaft, das staatliche Monopol des Funkverkehrs usw. Es konnte (zumal das nach Abs. 5 des Art. 48 vorgesehene Ausführungsgesetz bisher noch nicht ergangen ist) nicht ausbleiben, daß sich in dem einen oder anderen Falle Streit darüber erhoben hat, ob der Präsident seine Kompetenzen überschritten, also Diktatur geübt habe, wo sie ihm nach den Grenzen der Reichsverfassung nicht zusteht. Das ist der wissenschaftlichen Durchdenkung dieser Erscheinung zugute gekommen.

Aus dem Schrifttum: Weitausgreifend, mit reichem geschichtlichem Material: Carl Schmitt-Dorotic (Prof. in Bonn), Die Diktatur von den Anfängen des modernen Souveränitätsgedankens bis zum proletarischen Klassenkampf, 1921. Dogmatisch: Grau, Die Diktaturgewalt des Reichspräsidenten und der Landesregierungen, 1922. Referate von Carl Schmitt und Erwin Jacobi auf der Jenaer Tagung der Vereinigung der deutschen Staatsrechtslehrer (Veröffentlichungen der Vereinigung Heft 1, 1924).

2. **Die sog. Ermächtigungsgesetzgebung.** Diese Erscheinung findet keinen unmittelbaren Anhalt im Text der Reichsverfassung. Sie beruht darauf, daß der Reichstag sich selbst seiner Gesetzgebungsmacht entkleidet und einem Regierungskollegium (der „Reichsregierung", künftig vielleicht auch einer anderen Stelle) Vollmacht für alle „notwendigen Maßregeln" in mehr oder minder weit abgesteckten Grenzen erteilt. Auch das ist in erstaunlichem Umfang zur Tat geworden.

Die hauptsächlichsten Daten sind bereits S. 222f. wiedergegeben. Die stets beigefügte Klausel der Benachrichtigung des Reichstages und der Wiederaufhebung auf dessen Verlangen ist hier ebenso praktisch gegenstandslos geblieben wie bei Art. 48.

Gemessen an der „Verfassung" liegt der Gedanke nicht fern, daß diese ganze Methode dem Geist der Verfassung zuwiderläuft. Andrerseits könnte man sagen, der von der Verfassung gewollte „Parlamentsabsolutismus" äußere sich gerade auch darin, daß das Parlament aus seinem freien Entschluß heraus ganz neue Wege der Gesetzgebung (und Verwaltung) erschließen könne, sei es auch unter Ausschaltung seiner selbst. Jedenfalls ruhen in diesem System bedeutende Möglichkeiten einer zukünftigen Weiterentfaltung.

§ 27. Das Verwaltungsrecht.

I. **Begriff und Rechtscharakter.** Eine scharfe theoretische Formel für die Abgrenzung des Verwaltungsrechts von dem Staatsrecht im engeren Sinne läßt sich nicht finden (vgl. S. 298). Selbst die bewährtesten Forscher haben es nicht vermocht, mehr als eine ungefähre Beschreibung zu geben. Am besten macht man sich den Gehalt des Verwaltungsrechts wie folgt klar: Aus dem Rahmen des Staatsrechts ist diejenige Stoffmasse, welche die Kleinarbeit, das Wirken im Alltag betrifft, nach und nach abgeschieden und zu einer selbständigen Materie gestaltet worden. Es handelt sich also um einen ähnlichen Absonderungsvorgang wie beim Handelsrecht, das ohne logische Notwendigkeit, nur aus praktischen Gründen und im Zuge geschichtlichen Werdens sich von dem bürgerlichen Recht allmählich gelöst hat (S. 253).

Nach und nach prägen sich dann solche abgezweigten Gebiete immer mehr aus. Z. B. dient der Gegensatz zwischen den Organen und den bloßen Behörden (S. 297b) gleichzeitig zur Veranschaulichung des Gegensatzes zwischen Staats- und Verwaltungsrecht. Von den Organen, dem König, dem Landtag, dem Senat der freien Städte, dem Rat der Volksbeauftragten, dem Reichstag, dem Reichspräsidenten usw. ist grundsätzlich im Staatsrecht die Rede; dagegen fällt die rechtliche Kennzeichnung des weitverzweigten Behördenapparates in der Hauptsache dem Verwaltungsrecht anheim.

Dabei handelt es sich um ein Gebiet des Rechts: das Verwaltungsrecht ist wohl zu scheiden von der Verwaltungspraxis. Auch die Verwaltungspraxis ruht auf Regeln, setzt sich aus einem ganzen Heer von Regeln zusammen. Aber diese Regeln haben keinen bindenden Charakter, sie können in jedem Augenblick von dem Ausüber der Verwaltung fallen gelassen werden: er kann seine „Praxis" ändern. Das Verwaltungsrecht dagegen wird von bindenden, rechtlich bindenden Regeln gebildet, sie kann der Ausüber der Verwaltung nicht beliebig abschütteln, im Gegenteil: er ist ihnen untertan.

Als solche bindenden Regeln kommen in erster Linie Gesetzesregeln in Frage. Wo Gesetzgebung und Verwaltung in einer Hand vereinigt liegen wie in der absoluten Monarchie, fehlt der eigentliche Boden für ein Verwaltungsrecht. Was hätte es für einen Sinn, den Ausüber der Verwaltung (den Monarchen) an Regeln zu binden, wenn er selbst in seiner Rolle als Gesetzgeber sofort wieder die Regeln aufheben könnte? So ist in der Tat für die Materie des Verwaltungsrechts erst in der konstitutionellen Monarchie der eigentliche Boden bereitet worden, also im wesentlichen erst im 19. Jahrhundert. Bis dahin gab es eine stellenweise hochentwickelte Verwaltungspraxis, eine systematisch ausgebaute Verwaltungsroutine, aber es fehlte an einem juristischen Fach „Verwaltungsrecht".

Ganz ebenso in der Wissenschaft. Im Bannkreis der absoluten Monarchie ließ es sich studieren, ließen sich Lehrsätze aufstellen, ließen sich Handbücher schreiben über eine gute, eine geschickte, eine nutzbringende Verwaltung. Und wirklich ist in diesem Sinne während des 18. Jahrhunderts eine ganze eigene Wissenschaft unter der Bezeichnung Kameralistik (wegen des geistigen und praktischen Zusammenhanges mit der „Kammer" des Fürsten) erwachsen, und der junge, angehende Politiker, der künftige Hofbeamte studierte auf den Universitäten „Kameralwissenschaften" und hörte hier vieles über die Technik der Verwaltung, über Zweck und Methoden der Polizei, über die Gestaltung der Finanzen des Staates und über die natürlichen Quellen der Wirtschaft, aber über Rechtsregeln, die der Verwaltung die Grenzen wiesen, vernahm er nichts. Erst das 19. Jahrhundert hat in allmählich reifender Erkenntnis von der Verwaltungslehre das Verwaltungsrecht wissenschaftlich abgelöst und zu einem wichtigen Fach innerhalb der Rechtswissenschaft ausgebaut.

Aus dem **Schrifttum** verdienen Hervorhebung: Otto Mayer (zuletzt Prof. in Leipzig), Deutsches Verwaltungsrecht, 2 Bände, 3. Aufl. 1924; Fritz Fleiner (Prof. in Zürich), Institutionen des deutschen Verwaltungsrechts, 6. u. 7. Aufl. 1922; Julius Hatschek (weiland Prof. in Göttingen), Lehrbuch des deutschen und preußischen Verwaltungsrechts, 3. u. 4. Aufl. 1924. — In der preußischen Praxis seit Jahrzehnten fest eingebürgert die reichhaltige Textsammlung: Brauchitsch, Die Preußischen Verwaltungsgesetze, 23. Aufl. (Bd. I 1925). — Für Bayern: R. Piloty (Prof. in Würzburg) und F. Schneider, Grundriß des Verwaltungsrechts in Bayern und dem Deutschen Reiche, 2. Aufl. 1922.

II. **Stoffkreis und Behördengliederung.** Auf dem Hintergrund der „Allgemeinen Staatslehre" hebt sich, dank dem Dogma von der Teilung der Gewalten, die „Verwaltung" deutlich ab von der „Rechtsprechung" und von der „Gesetzgebung" (S. 292c). Danach liegt ihr das unübersehbar mannigfaltige Gebiet der tagtäglichen Regierung ob. Eine Folge davon ist die außerordentliche **Zersplitterung des Verwaltungsrechts**, wodurch es sich wiederum von dem Staatsrecht mit seinem auf große Hauptpunkte beschränkten, viel klareren und festeren Gepräge unterscheidet. Es gibt kein Rechtsgebiet, das eine solche Fülle von Einzelheiten in sich aufnehmen muß wie das Verwaltungsrecht. Jede Behörde bis zu den kleinsten Selbstverwaltungskörpern hinunter lebt unter eigenen Rechtsregeln; man braucht sich bloß zu vergegenwärtigen, unter welchen grundverschiedenen Rechtsvorschriften ein Provinzialschulkollegium und der Finanzdirektor einer städtischen Gemeinde, der Intendanturrat der Militärverwaltung und der Standesbeamte arbeiten. Darum kann der hierher gehörige Gesetzesstoff selbst von dem besten Kenner und fleißigsten Arbeiter nicht annähernd vollständig übersehen werden, und wissenschaftlich ist das Verwaltungsrecht die unruhigste, am schwersten zu fassende Materie, die wir haben.

Allerdings sind längst größere **Teilgebiete** gebildet, so daß der Stoff nicht planlos durcheinander läuft. Die wichtigsten dieser „großen" Verwaltungszweige werden durch die bekannte Gliederung der Ministerien veranschaulicht: Auswärtige Angelegenheiten, Militärwesen, Rechtspflege, Finanzen, Innere Angelegenheiten usw. Dabei haben sich aber sowohl in der Praxis wie bei der wissenschaftlichen Verarbeitung die Inneren Angelegenheiten durchaus in den Vordergrund geschoben. Hierher gehören z. B. die ganzen weitreichenden Gebiete der **Sozialpolitik** (oben S. 220), der **Polizei** (unten V, S. 318), der staatlichen **Wirtschaftsorganisation** (unten S. 316 Ziff. 3) usw. Übrigens steht nichts im Wege, daß aus dem großen Fonds des allgemeinen Verwaltungsrechts wieder einzelne solcher Sondermaterien, z. B. das sozialpolitische Arbeiterversicherungsrecht, zu selbständiger wissenschaftlicher Erfassung herausgehoben, also zu einem neuen „Fach" gestaltet werden. Das dürfte sogar eine Forderung der Zukunft sein.

Eine geordnete Verwaltung ist nur durchführbar, wenn zu der Sichtung des Stoffs eine systematische **Organisation der Behörden** hinzutritt. Dabei ist ohne eine Staffelung, die auf Über- und Unterordnung beruht, nicht auszukommen. Allerdings kann an gewissen Stellen auch eine Neben- (also Gleich-) Ordnung am Platze sein. Und in der Tat werden bei jedem nur etwas ausgebauten Verwaltungsapparat stets Spuren beider Systeme, des sog. bureaukratischen (Staffelung) wie des sog. kollegialen (Nebenordnung) zu finden sein. Aber gewöhnlich überwiegt eines von beiden und gibt dann dem betreffenden Apparat und dem ganzen Staatswesen, dem der Apparat eingebaut ist, sein Gepräge.

Veranschaulicht wird das heute vorherrschende bureaukratische System z. B. in der Weise, daß an der Spitze ein Minister, darunter eine von ihm geleitete (und in sich überwiegend kollegiale) Zentralverwaltung, unter dieser eine Provinzialverwaltung, unter dieser eine Kreisverwaltung, unter dieser eine Gemeindeverwaltung usw. steht, und daß nun in jeder einzelnen Frage die letzte Entscheidung von den Weisungen der obersten Spitze abhängt. In Deutschland ist das bureaukratische System in mustergültiger Weise ausgebaut worden. Namentlich hat das Preußen des 18. Jahrhunderts (Friedrich Wilhelm I., Friedrich der Große) grundlegend gewirkt. Die Schärfen und Schattenseiten sind dann im Laufe des 19. Jahrhunderts durch die allmähliche Einführung der **Selbstverwaltung** überwunden worden (darüber unten S. 313 IV).

III. **Verwaltungsmacht und Einzelbürger.** Die Erscheinungen des Verwaltungsrechts berühren das einzelne Individuum in besonderem Grade. Von der Wiege bis zur Bahre begleitet uns sichtbar oder unsichtbar das ungezählte Heer der verwaltungsrechtlichen Paragraphen. Und dabei ist es überall die Hoheitsmacht des Staates (oder anderer öffentlicher Körperschaften), die uns entgegentritt. Das gilt sogar von den (unten zu besprechenden) Einrichtungen der sog. Selbstverwaltung. Mögen sie auch aus Wahlen des einzelnen Staatsbürgers hervorgegangen sein, einmal entstanden, stehen sie doch wieder über ihm, mit (übertragener) Herrschaftsgewalt ausgestattet. Soll der einzelne schutzlos dieser andringenden Verwaltungsmacht ausgeliefert sein? Dies ist das lebendigste innere Problem des Verwaltungsrechts.

a) Eine Art Vorfrage ist die nach dem **Wieviel an Verwaltung.** Je mehr nämlich der Staat verwaltend an sich zieht, desto weniger freier Bewegungsraum bleibt für den einzelnen übrig (vgl. auch S. 61 d).

Nie wird es gelingen, Übereinstimmung der Volksgenossen über das Maß des „Regierens“ zu erzielen. Dem einen wird immer zu viel, dem anderen zu wenig verwaltet. Die drei letzten großen geschichtlichen Beispiele sind der **Polizeistaat** des 18. Jahrhunderts, der **Liberalismus** des 19. Jahrhunderts und die **Kriegswirtschaft** des 20. Jahrhunderts. Der Polizeistaat war der Typus des Zuviel, der Liberalismus der Typus des Zuwenig, die Kriegswirtschaft wieder ein Zuviel.

1. Im Polizeistaat war alles, buchstäblich alles unter staatliche Bevormundung gestellt, wenigstens der Theorie nach. „Unsere fürstliche Hofkammer“, hieß es in einer badischen Hofkammerordnung von 1766 (entnommen aus Radbruch), „ist die natürliche Vormünderin unserer Untertanen. Ihr liegt es ob, dieselben vom Irrtum ab und auf die rechte

Bahn zu weisen, sie sofort, auch gegen ihren Willen, zu belehren, wie sie ihren eigenen Haushalt einrichten sollen." Man kann sich denken, welche Fülle verwaltungsrechtlicher Normen auf solchem Nährboden erzeugt werden kann.

2. Demgegenüber verkörperte der Liberalismus das andere Extrem: So wenig wie möglich von Staats wegen eingreifen; laisser faire, laisser aller. Aber das führte zu schweren Mißständen, vor allem im Arbeitsrecht (Frauen- und Kinderausnutzung usw.). Deshalb kam es in der zweiten Hälfte des 19. Jahrhunderts zu einer rückläufigen Bewegung, die auch auf anderen Rechtsgebieten (Wucherbekämpfung im Straf- und bürgerlichen Recht) tätig wurde, vor allem aber das Verwaltungsrecht (Arbeiterschutz usw.) in Bewegung setzte.

3. Die sog. Kriegswirtschaft, wie sie in Deutschland, aber auch bei den Feindstaaten und in den neutralen Ländern sich von 1914 an ausbildete und noch weit über den Friedensschluß nachwirkte, ist ein Beispiel fast völliger Aufsaugung des privaten Wirtschaftsverkehrs durch die staatliche Verwaltungsmaschinerie, wobei durchaus der Rechtscharakter gewahrt, d. h. die sich mehr und mehr überstürzenden Maßregeln sämtlich in den Bahnen der Gesetzgebung eingeleitet wurden (Kriegsgesetzgebung, insbes. Kriegsverordnungen, oben S. 222 Ziff. 1). Übrigens beschränkte sich diese Überwältigung der Einzelfreiheit durch den Staatsapparat nicht nur auf die wirtschaftlichen, sondern erstreckte sich auf alle sonstigen Dinge. Zusammengenommen erschien in dieser Zeit die Idee des sog. **Staatssozialismus** (oben S. 202, 222, 287 unter Ziff. 2) nahezu verwirklicht. Diese Idee führt in reinster Vergeistigung dazu, daß der einzelne überhaupt nicht mehr als freier Staatsbürger, sondern nur noch als Staatsfunktionär erscheint, daß also alles, was er tut, nicht mehr Betätigung seiner selbst, sondern Ausübung von Verwaltung im Dienste des Staates ist, daß es „Privatrecht" mit freien Verträgen usw. überhaupt nicht mehr gibt, sondern nur noch ein alles aufsaugendes Verwaltungsrecht.

b) Die Hauptfrage in dem Widerspiel zwischen „Regierung" und „Staatsbürger" betrifft nun aber den **Grad von Willkür**, dessen sich die Verwaltungsbehörde gegenüber dem „Untertan" bedienen darf. Ein gewisses freies Ermessen, das man geradezu Verwaltungsermessen nennt, ist unvermeidlich. Gerade dadurch unterscheidet sich die „Verwaltung" funktionell von der „Rechtsprechung". Letztere ist nur Anwendung von Recht, nur Übertragung des Rechts auf gegebene Tatbestände. Erstere dagegen gestaltet Tatbestände, und zwar immer von neuem, in jedem Einzelfall besonders, wie es eben die Lage des Falles erheischt (vgl. bereits das Beispiel auf S. 10 unter c). Dabei müssen ihr weitgehende Machtbefugnisse zugesprochen werden. Sie kann z. B. Menschen ihrer Freiheit berauben, indem sie sie in sog. Schutzhaft nimmt. Sie kann z. B. Menschen ihr Hab und Gut wegnehmen, indem sie eine sog. Enteignung einleitet. Aber sie darf doch auf keinem ihrer Pfade zur blanken Willkür ausarten. Auch sie soll an das Recht, an die Gesetze gebunden sein. Man nennt das den **Grundsatz von der Gesetzmäßigkeit der Verwaltung.**

Wie das Verwaltungsrecht überhaupt, so ist auch dieser Grundsatz erst während des 19. Jahrhunderts aufgekommen. Er wird in der wissenschaftlichen und der politischen Literatur gern mit anderen Erscheinungen und Formeln neuerer Zeit verbunden. So sagen manche, es entspräche dem modernen Rechtsstaat, daß auch die Verwaltung in Rechtsbahnen hineingezwungen werde (vgl. S. 288β). Andere heben besonders die sog. Grundrechte, wie sie in den Verfassungsurkunden niedergelegt zu werden pflegen (S. 295), heraus, um daran die „Grenzen" der Verwaltungsmacht darzustellen. In der Tat tritt hier die rechtliche Bändigung der „Verwaltungswillkür" sehr deutlich zutage; vgl. etwa Art. 114 der Reichsverfassung: „Die Freiheit der Person ist unverletzlich. Eine Beeinträchtigung oder Entziehung der persönlichen Freiheit durch die öffentliche Gewalt ist nur auf Grund von Gesetzen zulässig. Personen, denen die Freiheit entzogen wird, sind spätestens am folgenden Tage in Kenntnis zu setzen, von welcher Behörde und aus welchen Gründen die Entziehung der Freiheit angeordnet worden ist; unverzüglich soll ihnen Gelegenheit gegeben werden, Einwendungen gegen ihre Freiheitsentziehung vorzubringen."

Die bloße, theoretisch niedergelegte Bindung der Verwaltung an die Rechtsvorschriften genügt aber nicht. Es muß vor allem für eine unparteiische Nachprüfungsinstanz gesorgt werden. Zwar bietet der fein durchgearbeitete Verwaltungsapparat schon innerhalb seiner selbst fast überall einen „Instanzenzug", der von der untergeordneten Behörde zur höhergeordneten, zuletzt etwa bis zum Minister führt. Aber bei aller Hochachtung vor der normalerweise gegebenen „Objektivität" der Behörden, erscheinen sie doch während dieses ganzen Vorganges als die andere Partei. Denn, was das Individuum auf solchem Beschwerdewege anstrebt, ist ja gerade ein Ausgleich zwischen seiner Rechtsüberzeugung und dem behördlichen Standpunkt. Das hat dazu geführt, die Nachprüfung der Streitigkeiten zwischen Staatsbürger und Verwaltungsbehörde, soweit es sich dabei um den Rechtsstandpunkt handelt, unabhängigen, außerhalb der eigentlichen Verwaltungsorganisation stehenden Gerichten anzuvertrauen. An die Stelle der „Beschwerde" tritt die „Klage", und es ist auf diese Weise die sog. **Verwaltungsgerichtsbarkeit** entstanden, worüber das Weitere im § 36 zu vergleichen ist.

IV. **Die Selbstverwaltung.**

a) **Der ideelle Ausgangspunkt** der wichtigen, heute wieder besonders viel erörterten Erscheinung, die man Selbstverwaltung nennt, liegt in dem Gedanken, **den einzelnen Staatsbürger zu den Staatsgeschäften heranziehen.** Dafür war die Bahn geöffnet worden, als im Zuge der französischen Revolution eben dieser Staatsbürger sich für frei erklärt hatte, also zum Bewußtsein seiner selbst gekommen war. Nun wollte und sollte er in gewissen Grenzen sich selber regieren. So stellt sich in ihrem geschichtlichen Ausgangspunkt die Selbstverwaltung wie ein Stoß von unten nach oben dar.

Da es jedoch von vornherein klar war, daß nicht alle öffentlichen Angelegenheiten derart der Selbstverwaltung überlassen werden konnten, sondern immer nur ein gewisser, verhältnismäßig geringer Ausschnitt, so lief die Bewegung auf eine Verteilung der Geschäfte zwischen dem Staat und den Bürgern hinaus. Staatsverwaltung und Selbstverwaltung treten sich derart als Gegensätze gegenüber.

Auf der anderen Seite ist der Begriff der Selbstverwaltung einer wesentlichen Ausweitung zugänglich, wenn man sich an die sog. Teilung der Gewalten (S. 292 c) und daran erinnert, daß dabei durchgehend an den „Anteil des Volkes" gedacht worden ist. Danach kann neben der Selbstverwaltung auch eine Selbstgesetzgebung und eine Selbstgerichtsbarkeit gedacht und verwirklicht werden, was sich dann mit einer entsprechend erweiterten Auslegung des Begriffes „Autonomie" begegnet (S. 102). Auch dabei steht jedesmal der Staat mit „seiner" Gesetzgebung und „seiner" Gerichtsbarkeit gegenüber.

Die **Grenze** zwischen staatlichem Regiment und bürgerlicher Selbstverwaltung wird stets Schwankungen unterworfen sein. Sie an der richtigen Stelle anzusetzen, erfordert Meisterschaft in der Staatskunst. Vorbildlich im Zuge der Geschichte, gleichzeitig der historische Auftakt für ganz Deutschland, waren die weitblickenden Stein-Hardenbergschen Reformen im Preußen der Napoleonischen Zeit und der Befreiungskriege. Ihr Kernstück die Städteordnung von 1808, mit der klassischen, noch patriarchalisch-landesväterlichen Geist atmenden Eingangsformel: „Der besonders zu neuern Zeiten sichtbar gewordene Mangel an angemessenen Bestimmungen in Absicht des städtischen Gemeinwesens und der Vertretung der Stadt-Gemeine, das jetzt nach Klassen und Zünften sich teilende Interesse der Bürger und das dringende Bedürfnis einer Teilnahme der Bürgerschaft an der Verwaltung des Gemeinwesens überzeugen Uns von der Notwendigkeit, den Städten eine selbständigere und bessere Verfassung zu geben, in der Bürgergemeine einen Vereinigungspunkt gesetzlich zu bilden, ihnen eine thätige Einwirkung auf die Verwaltung des Gemeinwesens beizulegen, und durch diese Teilnahme Gemeinsinn zu erregen und zu erhalten."

Mutet eine derart verliehene Selbstverwaltung zunächst wie ein Geschenk an, das sich vom Staat als dem Schenker löst und nun in den Händen der Beschenkten ruht, so darf man sich doch diese Lösung nicht als eine vollständige denken. Vielmehr laufen zwischen der Staatsverwaltung und der Selbstverwaltung beständig die Fäden hin und her. Es ist schon darauf hingewiesen worden, daß von einem gewissen Betrachtungsstandpunkt aus die Selbstverwaltung geradezu wie ein Hilfsorgan des Staates erscheint, dessen er sich bedient, um gewisse Aufgaben außerhalb des eigentlichen Staatsapparates zu erledigen (S. 298 oben). Und gleichzeitig mit diesem Heranrücken der Selbstverwaltung an den Staat erhebt sie sich in entsprechendem Maße über den einzelnen Bürger und tritt ihm, obwohl sie ihm seinen Ursprung verdankt, doch jetzt als Hoheitsmacht gegenüber (S. 311 III). —

Das Wort Selbstverwaltung wird in der politischen und journalistischen Welt oft in einem ganz weiten und flachen Sinne gebraucht. Namentlich in der Revolutionszeit 1918/19 wurden unter seinem Zeichen alle möglichen Forderungen vorgetragen. Z. B. sollten die Schüler in den Schulen „Selbstverwaltung" bekommen. Eine eigenartige Wendung hat das Wort in der jüngsten Zeit genommen, indem man der juristischen und politischen noch eine wirtschaftliche Selbstverwaltung hinzugesellen will. Darüber im folgenden unter b 3.

b) **Die Konzentration der Selbstverwaltung auf öffentlich-rechtliche Körperschaften.** Es hat sich sehr rasch herausgestellt, daß die Verknüpfung der Selbstverwaltung mit dem einzelnen staatsbürgerlichen Individuum im wesentlichen ideologisch bleibt und für die praktische Gestaltung im Leben nicht zureicht. Hierfür ist es vielmehr erforderlich, die Bürger in zweckentsprechender Schichtung zu Gruppen zusammenzufassen und diese Gruppen zu den eigentlichen Trägern der Selbstverwaltung zu machen. So entsteht die (heute breite Flächen des Lebens beherrschende) Figur des **Selbstverwaltungskörpers.**

1. Die ausgesprochenste und älteste Erscheinungsform stellen die **Gemeinden** dar, oft auch gerade in diesem Zusammenhange Kommunen genannt. Schon das Beispiel jener altpreußischen Städteordnung von 1808 leitet sichtbar vom isolierten Einzelbürger zur „Bürgergemeine" über. Nur eine dogmatische Weiterführung ist es, wenn dann diese Stadtgemeinden und die verwandten Gebilde der Landgemeinden, der Kreise, der Provinzen, der Kommunalverbände mit juristischer Persönlichkeit ausgestattet und als „autonom" bezeichnet werden (dazu bereits S. 99 Ziff. 4). Nach und nach wächst der um die Gemeinden gruppierte Stoff sogar so stark an, daß sich von der allgemeinen Verwaltung die **Kommunalverwaltung** und von dem allgemeinen Verwaltungsrecht das kommunale Verwaltungsrecht wie eine selbständige Schicht abheben.

Das spiegelt das **Schrifttum** deutlich wieder. Groß angelegte Werke sind dieser Schicht gewidmet worden: Handbuch des kommunalen Verfassungs- und Verwaltungsrechts in Preußen, herausggb. von Stier-Somlo (Prof. in Köln), Bd. I: Das kommunale Verfassungsrecht, 1919, Bd. II 1. Abt.: Das kommunale Verwaltungsrecht in Preußen, 1916, Bd. II 2. Abt.: Das Recht der kommunalen Finanzverwaltung, 1917. Ferner: Handwörterbuch der Kommunalwissenschaften, 4 Bände, 1918 bis 1924 (über das Verwaltungsrecht weit hinausgreifend, die ganze kommunale Praxis erfassend). — Kurzer, anschaulicher Grundriß: Hans Helfritz (Prof. in Breslau), Grundriß des preußischen Kommunalrechts, 1922. —

Auch die Reichsverfassung hat eigens der Kommunen gedacht; Art. 127: „Gemeinden und Gemeindeverbände haben das Recht der Selbstverwaltung innerhalb der Schranken der Gesetze." Freilich ist dies nur ein Programmsatz ohne eigenen materiellen Gehalt.

2. **Andere Selbstverwaltungskörper.** Die Gemeinden, Kreise, Provinzen bilden Stücke des politischen Netzes, mit dem das Land überzogen ist. Aber auch außerhalb dieses Netzes gibt es eine große Zahl sehr verschieden geformter Selbstverwaltungskörper. Es gehören hierher z. B. die Krankenkassen und Berufsgenossenschaften, die den Apparat der Sozialversicherung handhaben, die mancherlei Innungen, die auf dem Boden der Gewerbeordnung erwachsen sind, die Landwirtschafts-, Handels- und Handwerkskammern, die Börsenvorstände und vieles andere. Überall erscheinen die an dem betreffenden Lebensgebiet Beteiligten zusammengeschlossen wie die Bürger einer Stadt, überall können sie das Leben in ihrer Gemeinschaft selber regeln, also sich selber verwalten, überall aber spricht sich der Staat ein oberstes Aufsichtsrecht zu und nutzt auch sonst diese Gebilde für seine Zwecke, z. B. als Auskunftsorgane aus. Schließlich ist sogar dem Verhältnis von Staat und Kirche mit der Formel der Selbstverwaltung begegnet worden (S. 352 Ziff. 3).

3. **Wirtschaftliche Selbstverwaltung.** Eine besondere Wendung hat der Selbstverwaltungsgedanke in der jüngsten Zeit dadurch bekommen, daß man die „Wirtschaft" als eine selbständige Größe zu sehen lernte (vgl. § 24 VI, S. 258). Vorübergehend konnte man daran denken, die neue Größe einfach mit dem Staate zu verschmelzen, also den „Staatssozialismus" (s. vorstehend S. 312 zu verwirklichen. Aber man kam sehr rasch davon ab, und nun lag es nahe, auch dieser neu entdeckten, zur Organisation drängenden „Wirtschaft" zuzurufen: Verwalte dich selbst!

In der Tat sahen wir seit dem Kriegsende, an gewisse Kriegsorganisationen anknüpfend, eine Fülle von wirtschaftlichen Zusammenschlüssen einsetzen, die unter freundwilliger Unterstützung durch den Staat korporativen (oder annähernd korporativen) Charakter annahmen und von der staatlichen Gesetzgebung mit weittragenden Verwaltungsaufgaben betraut wurden. Diese Bewegung hat die verschiedensten Gebiete ergriffen. Wir sehen den Reichskohlenrat, den Reichskalirat, den Eisenwirtschaftsbund entstehen. Wir sehen, wie in den Fabriken, Kontoren und Handelshäusern die berühmten Arbeiter-, Angestellten- und Betriebsräte ins Leben treten. Wir sehen, wie bald hier, bald dort „Ausschüsse“ hervorwachsen, die einer Meinungsäußerung und darüber hinaus einer Selbstverwaltung der betreffenden Volksgruppe dienen sollen, wie beispielsweise der Vertrauensausschuß im Tabaksgewerbe, oder der Reichsausschuß der Ärzte und Krankenkassen. Wir sehen, wie in ähnlicher Weise bei öffentlichen Betrieben „Beiräte“ aus Vertretern der beteiligten Wirtschaftsgruppen gebildet werden, wie etwa die Eisenbahnbeiräte und die Wasserstraßenbeiräte.

Das alles aber wird überragt durch den Gedanken einer systematischen Zusammenfassung aller Wirtschaftsstände in einem dreistufigen, organisch gefügten Aufbau. Dieser Gedanke hat in dem oft besprochenen **Art. 165 der Reichsverfassung** seinen Niederschlag gefunden. Danach sollen zunächst einmal die Unternehmer und die Arbeiter wie zwei „Stände“ erfaßt und ortsweise, darüber bezirksweise und zuoberst für das Gebiet des ganzen Reiches organisiert und so zum Bewußtsein ihrer selbst geführt werden. Aber es sollen sich ihnen in ähnlicher Organisation auch alle anderen wichtigen Berufsgruppen, soweit sie wirtschaftliche oder soziale Bedeutung haben, hinzugesellen. Und schließlich sollen sie alle, die verschiedenen Berufe oder Stände, in einem obersten Zentralorgan, einer Art Wirtschaftsparlament, dem sog. **Reichswirtschaftsrat** zusammengeführt werden.

Aus dem Rahmen der „Selbstverwaltung“ wächst ein solcher Aufbau möglicherweise hinaus, er geht aus Selbstverwaltung in Staatsverwaltung über. Insbesondere rückt der an der Spitze stehende Reichswirtschaftsrat seinem Wesen nach ziemlich nahe an den Reichstag (als dessen „schwächerer Bruder“) heran und wird damit aus einem Selbstverwaltungskörper zum Staatsorgan. Aber mehr noch: Aus der Heranziehung der „Stände“ für den Bau des Staates hat die Ideologie eine ganz neue Staatsform zeichnen zu können geglaubt, den **Ständestaat**, erinnernd an frühere „ständische“ Staatsbildungen, aber doch im wesentlichen als etwas Neues gedacht, das den angeblich überlebten Parlamentarismus auszuschalten, mindestens ihm das Gegengewicht zu bieten geeignet sei.

Praktisch verwirklicht ist von dem Programm des Art. 165 RV. nur Stückwerk. Man kann z. B. die aus der Vorkriegszeit stammenden Landwirtschafts-, Handels- und Handwerkskammern als ein Stück der untersten oder mittleren Wirtschaftsstufe betrachten. Man hat in den Betriebsräten den Unterbau für die Selbstverwaltung der Arbeitnehmerschaft gesetzt. Vor allem ist die große oberste Spitze, der

Reichswirtschaftsrat, wenigstens als „Vorläufiger“, durch eine Verordnung vom 4. Mai 1920 ins Leben gerufen worden, und man steht im Begriff, ihn in einen „Endgültigen“ umzuwandeln. In jedem Fall hat das Kapitel der „wirtschaftlichen Selbstverwaltung“ und sein Abglanz, die „berufsständische Gliederung“, noch eine mannigfaltige Zukunft zu erwarten.

Aus dem Schrifttum: 1. Zur wirtschaftlichen Selbstverwaltung i. e. S. vgl. Paul Gieseke (Prof. in Rostock), Die Rechtsverhältnisse der gemeinwirtschaftlichen Organisationen, Heft 2 der Schriften des Jenaer Instituts für Wirtschaftsrecht, 1922; Friedrich Glum (Privatdozent in Berlin), Selbstverwaltung der Wirtschaft, eine öffentlich-rechtliche Studie, 1924. — 2. Zum Problem der berufsständischen Gliederung: H. Herrfahrdt, Das Problem der berufsständischen Vertretung von der französischen Revolution bis zur Gegenwart, 1921; Edgar Tatarin-Tarnheyden (Prof. in Rostock), Die Berufsstände, ihre Stellung im Staatsrecht und die deutsche Wirtschaftsverfassung, 1922. Ideologisch: Othmar Spann (Prof. in Wien), Der wahre Staat, 1921.

V. **Die Polizei** ist ein Ausschnitt aus der Staatsverwaltung und zwar ein Ausschnitt von besonders ausgeprägter Eigenart.

a) **Entwicklung des Begriffs.** In einem jahrhundertelangen Entwicklungsprozeß hat sich der heutige Begriff der „Polizei“ im Wege fortschreitender Verengerung gebildet. Ursprünglich bezeichnete das griechische Politeia die gesamte Staatsverwaltung in allen ihren Betätigungen. Allmählich gliederte man Sondergebiete aus, so im Anschluß an die Reformation die Kirchen- und Schulverwaltung, im Anschluß an die neuere Gestaltung des Heerwesens die Militärverwaltung, im Anschluß an den Grundsatz von der Trennung der Gewalten die Justiz, im Anschluß an das Aufkommen geordneter Etats das Finanzwesen. Für die „Polizei“ blieb nur noch übrig, das, was im Schrifttum ständig wiederkehrend als die Sorge für Ruhe, Ordnung und Sicherheit bezeichnet wird.

Geschichtliche Bilder: 1. Im 16. Jahrhundert erließ das Reich wiederholt sog. Reichspolizey-Ordnungen. Ihr Inhalt ging weit über das hinaus, was wir heute zur Polizei zählen; es fanden sich darin z. B. Bestimmungen über die Höhe (oder das Verbot) der Zinsen, Regelung des Münzwesens, Vorschriften für das Konkursverfahren, Ordnung des Vormundschaftswesens usw. 2. Der sog. Polizeistaat des 18. Jahrhunderts (vgl. bereits S. 311 a. E.) hatte zwar für die Formel „Ruhe, Ordnung, Sicherheit“ Sinn bekommen, dehnte aber den Gehalt der Formel im Übermaße aus. Über die berühmte Formel des Allg. Preuß. Landrechts s. im folgenden S. 320. 3. Das 19. Jahrhundert brachte mit seiner Proklamation des „Rechtsstaats“ (S. 288) die Polizei endgültig aus dem Bereich gedanklicher Unbeschränktheit in die heutigen verengerten Grenzen und stellte, wie für die gesamte Verwaltung (darüber S. 312 a. E.), so auch für das Sondergebiet der Polizei den Grundsatz der

„Gesetzmäßigkeit" auf. 4. Schließlich wird neuerdings noch Sicherheitspolizei und Wohlfahrtspflege gegenübergestellt und nur das erstere als eigentliche „Polizei" gewertet, während die Wohlfahrtspflege als Teilstück der „inneren Verwaltung" untergebracht und deshalb auch nicht mehr wie früher als Wohlfahrtspolizei bezeichnet wird (Beispiel: Zur Polizei gehört die Überwachung des Bauwesens nach der Seite der Sicherheit; dagegen fällt die Förderung des Siedlungsbaus in die Innere Verwaltung).

b) **Folgerungen.** Aus der Einstellung der Polizei auf das Ordnungselement leiten sich folgende Züge ab:

1. Ständige Verbindung mit Zwangsgewalt; sonst wäre eben Ordnung und Sicherheit nicht zu erzielen.

Als technische Mittel unterscheidet man Polizeiverordnungen, die allgemein ergehen, d. h. für jedermann in dem betroffenen örtlichen Bezirk bestimmt und verbindlich und durch kriminelle Strafen sanktioniert sind, und Polizeiverfügungen, die einen Einzeltatbestand regeln, deshalb nur an eine Einzelperson gerichtet sind und in Polizeistrafen einmünden können.

2. Zurückweichen der sog. Grundrechte gegenüber den Anforderungen der „Polizeimäßigkeit". Man könnte in diesem Zusammenhange von einer Wellenbewegung reden: Im Polizeistaat der einzelne Staatsbürger ganz der Willkür von oben ausgesetzt; dann erfolgt die Freierklärung des Individuums in Gestalt sog. Grundrechte, Freiheit der Person und Freiheit des Eigentums (S. 295); und nun ist die wissenschaftliche Erkenntnis wieder zu einer gewissen Eindämmung der Freiheit, gleichzeitig aber zu einer Art von Synthese gelangt. Danach ist der Staatsbürger an sich frei in seiner persönlichen Bewegung und an sich frei in der Handhabung seines Eigentums, aber er hat für „Polizeimäßigkeit" sowohl seines Verhaltens wie seines Eigentums einzustehen. Oder negativ gewandt: Weder sein Verhalten, noch der Zustand seines Eigentums dürfen „polizeiwidrig" sein.

Dabei ist ein wichtiger dogmatischer Zusatz, daß es auf Verschulden nicht ankommt. Während die privatrechtliche und die strafrechtliche Haftung im Grundsatz auf die „Schuld" des Haftenden aufgebaut sind, müssen polizeiliche Anordnungen auch dann befolgt werden, wenn der Betroffene an dem zu beseitigenden Zustand, z. B. an einer gefahrdrohenden Baufälligkeit seines Hauses gar nicht schuld ist. Gegebenenfalls Selbstbeseitigungsrecht (und -pflicht) der Polizei.

3. Bindung der Polizei an das Ordnungsziel. Gerade jene allmähliche Zurückschraubung des Polizeigedankens auf die bloße Fürsorge für „Ruhe, Ordnung und Sicherheit" bringt in Umkehr das Gebundensein der Polizei an dieses Ziel. Sie darf das Ziel nicht überschreiten. Insbesondere reicht bloße „Zweckmäßigkeit",

z. B. die Verschönerung einer Stadtgemeinde, nicht aus, um — ohne weitere gesetzliche Unterlage — den einzelnen in seiner Bewegungsfreiheit einzudämmen.

Berühmt die schon S. 212 a. E. wörtlich zitierte Formel des Allgemeinen Preußischen Landrechts § 10 II 17, wonach nur die „nöthigen" Anstalten von der Polizei getroffen werden dürfen. Noch heute ist dieser Satz des 18. Jahrhunderts der geistige Anhaltspunkt (in Preußen) für die begreiflicherweise besonders häufigen Streitigkeiten, ob die Polizei in ihren Grenzen geblieben sei, oder ob ein „Übergriff" vorliege.

Bei der Auslegung wird den wechselnden Zeitanschauungen Rechnung getragen werden müssen. Was früher ordnungswidrig und nicht polizeigemäß erschien, kann heute ganz anders zu beurteilen sein, z. B. Massenmeetings, Boxkämpfe usw.

4. Bindung der Polizei an die Gesetze. Aus der gesamten Staatsorganisation, insbesondere wiederum der Gewaltenteilung, folgt, daß die Gesetzgebung der Verwaltung und damit der Polizei übergeordnet ist. Darum ist auch die Polizei unter das Zeichen der „Gesetzmäßigkeit" getreten.

c) **Arten der Polizei.** Trotz der starken historischen Einengung ist der Polizei noch immer ein überreiches Wirkungsfeld geblieben. Gewohnheitsmäßig hat sich eine mannigfaltige Gliederung herausgebildet. So spricht man von Bau-, Wege-, Straßen-, Feuer-, Hafen- und Wasserpolizei. Ferner von Versammlungs-, Theater-, Preß-Fremden- und Auswandererpolizei. Schließlich von Gewerbe-, Gesundheits-, Sitten-, Kriminal- und Sicherheitspolizei. Jeweils erscheint dabei mit der polizeilichen Betätigung die sonstige (allgemeine) Verwaltungstätigkeit eng verbunden. Gerade hierin aber erweist sich das besondere Wesen der Polizei: sie steht jeweils als zwingender Wächter vor den verschiedenen Verwaltungsgebieten.

VI. **Verwaltungsreform.** Ein mit dem unruhigen Alltag so eng verknüpftes Gebiet wie das Verwaltungsrecht wird fast unausgesetzt Reformwünschen unterliegen. Verhältnismäßig gering ist der unmittelbare Einfluß der Revolution auf das bestehende Verwaltungsrecht gewesen. Man hatte viel mehr erwartet.

Eine deutlich in die Augen springende Tatsache ist die Angleichung des kommunalen Wahlrechts an das Reichstagswahlrecht, also an das Rezept der parlamentarischen Demokratie. Durchgehend besteht jetzt auch in den Ländern für die kommunalen Verwaltungskörper das allgemeine, gleiche Wahlrecht, und wo dies schon vor dem Umsturz eingebürgert war (Süddeutschland), hat doch die Zulassung der Frauen und die Herabsetzung der Altersgrenze „modernisierend" gewirkt. — Besonders mühselig war die Schaffung der neuen Verwaltungsorganisation in dem neuen Lande Thüringen.

Zurzeit beschäftigt man sich in **Preußen** (aber auch anderwärts) mit Reformplänen größeren Stils. Dabei handelt es sich vornehmlich um folgende Zielpunkte:

1. Vereinfachung und größere Beweglichkeit des Verfahrens, also der nie verstummende Kampf gegen den „Bureaukratismus".

2. Beseitigung etwaiger „Überorganisation" durch Streichung ausschaltbarer Zwischenglieder, in Preußen zugespitzt auf die Forderung, die sog. „Regierungen" nebst dem „Regierungspräsidenten" aufzuheben und nur noch die Oberpräsidenten als Spitzen der Provinz bestehen zu lassen.

3. Schärfere Markierung der Grenze zur Selbstverwaltung, auch klarere Abschichtung der vielerlei Selbstverwaltungskörper gegeneinander, in der Praxis sofort begleitet von schwierigen Finanzverteilungsfragen (Steuerrecht der Selbstverwaltungskörper).

4. Reinlichere Abscheidung des Verwaltungsstreitverfahrens (Verwaltungsgerichtsbarkeit) vom Verwaltungsbeschlußverfahren, in Preußen namentlich dahin gewandt, daß dem sog. Bezirksausschuß die Streitsachen abgenommen und an selbständige Provinzialverwaltungsgerichte überwiesen werden sollen.

5. Angleichung der Verwaltungsorganisation durch das ganze Reich, ein Wunsch, der aber noch sehr weit von seiner Verwirklichung entfernt ist.

Das Steuerrecht. § 28.

I. **Entwicklung.** Das „Steuerrecht" war als selbständiges wissenschaftliches Fach vor dem Kriege nahezu unbekannt. In beispiellos schneller Entwicklung, das Arbeitsrecht (§ 25) darin noch übertreffend, hat es sich in den jüngsten Jahren die Anerkennung als ein solches selbständiges Fach erworben, hat eine hochstehende eigene Rechtsprechung hervorgerufen und hat insbesondere in ganz kurzer Zeit einen beachtenswerten wissenschaftlichen Unterbau bekommen.

Kennzeichnend für das letztere ist die Entwicklung des Schrifttums. Bis 1919 beherrschten die großen Einzelkommentare, d. h. die Kommentare zu diesem oder jenem einzelnen Steuergesetz, durchaus das Feld. Untereinander standen diese Kommentare in keinem oder nur ganz losem Zusammenhang. Eine systematische Darstellung des Steuerrechts als Ganzes, etwa ein Lehrbuch, fehlte bis dahin vollständig. Das änderte sich mit dem Jahre 1919. Die jetzt erlassene Reichsabgabenordnung (s. im folgenden) hatte mit anerkennenswerter geistiger Energie „allgemeine", über den Einzelgesetzen stehende Regeln herausgearbeitet und nach Art eines „Allgemeinen Teils" (vgl. für das Bürgerliche Gesetzbuch oben S. 232f) an die Spitze gestellt. Mit einem Schlage wurde dadurch auch ein fruchtbares wissenschaftlich-systematisches Schrifttum hervorgerufen. Waren an der Kommentarliteratur (die natürlich auch jetzt noch neben der systematischen in breitem Ausmaß weiterläuft) ausschließlich Praktiker („Steuerspezialisten") beteiligt, so greift nunmehr auch die jüngere Gelehrtenschaft in erfreulicher Weise nach dem neu erschlossenen Stoffkreis.

Als erster hat die Materie vom lehrbuchartigen Standpunkt angeschnitten Kurt Ball (Regierungsrat in der Reichsfinanzverwaltung), Einführung in das Steuerrecht, z. Z. 3. Aufl., 1925 (die 1. Aufl. erschien 1920). Eine prägnante systematische Darstellung brachte sodann Albert Hensel (Prof. in Bonn), Steuerrecht, 1924 (Stück XXVIII der Kohlrausch-Kaskelschen Enzyklopädie). Fast monographisch mutet an das anschauliche, gut durchgedachte Werk von Hermann Mirbt (Privatdozent in Göttingen), Grundriß des deutschen und preußischen Steuerrechts, 1926. Vgl. ferner Ludwig Waldecker (Prof. in Königsberg), Deutsches Steuerrecht, 1924. —

Die Fruchtbarkeit, man könnte fast sagen Redseligkeit, die auf dem Gebiete des Steuerrechts Platz gegriffen hat, wird durch die Gründung einer ganzen Reihe von Zeitschriften und die Herausgabe mehrerer Spruchsammlungen veranschaulicht. Hervorhebung verdient die vom Reichsfinanzhof herausgegebene Amtliche Sammlung: Sammlung der Entscheidungen und Gutachten des Reichsfinanzhofes. Der Reichsfinanzhof (s. im folgenden) hat in der Tat durch seine Spruchpraxis das neue Gebiet wesentlich gefördert, gerade auch nach der wissenschaftlichen Seite.

Die Gesetzestexte (die freilich beständigen Änderungen unterworfen sind), sind zusammnngestellt in der S. 301 unter Ziff. 3 genannten Marschallschen Sammlung.

Als Beispiel mustergültiger und weitgreifender Arbeit auf einem Einzelfeld vgl. Grabower (Ministerialrat), Die Geschichte der Umsatzsteuer und ihre gegenwärtige Gestaltung im Inland und im Ausland, 1925.

Diese jähe Entwicklung wäre nicht denkbar gewesen, wenn nicht sehr starke **politische und wirtschaftliche Bewegungen dahinter gestanden** hätten. Gewiß waren auch früher schon, ja durch die ganze Menschheitsgeschichte hindurch, die Steuergesetze ein Stück des politischen Kampfgebietes und ein Stück der großen wirtschaftlichen Auseinandersetzungen. Aber der Krieg, die Revolution und die Geldentwertung hatten die Steuergesetzgebung in ein so überstürztes Tempo und eine so chaotische Massenhaftigkeit hineingetrieben, daß gerade um deswillen ein elementares Verlangen nach Abzirkelung des Gebietes, nach Anerkennung als selbständige Materie einsetzen mußte.

Der **Krieg** ließ bereits erkennen, daß die bis dahin in Deutschland bestehende, aus der alten Verfassung des Reichs erklärliche Überlegenheit der Staaten über das Reich in der Steuerfrage nicht ein unüberwindliches Dogma sei. Denn, wenn auch der riesenhafte Geldbedarf der Kriegsjahre nicht im Wege der Steuern, sondern in dem (immer gefährlicher werdenden) Wege der Anleihen seine Deckung fand, war doch ganz allgemein die Zentralisation des Finanzwesens in den Händen des Reiches zur Tat geworden und damit die Vorstellung widerlegt, als ginge es nicht ohne die vorwiegende Steuerhoheit der Einzelländer. Bemerkenswerterweise schuf sich auch bereits gegen Ende des Krieges das Reich einen obersten Gerichtshof in Steuersachen in Gestalt des rasch zu hohem Ansehen emporsteigenden Reichsfinanzhofes in München (Ges. vom 26. Juli 1918, RGBl. S. 959).

Als die **Revolution** ausbrach und das Ringen zwischen Unitarismus und Föderalismus (S. 304) anhub, bildete begreiflicherweise die Steuerhoheit einen der wichtigsten Streitpunkte. Gerade hier hat das Reich auf der ganzen Linie gesiegt. In zwei starken gesetzgeberischen Wellen der Jahre 1919 und 1925 ist die Überlegenheit der Einzelstaaten (jetzt „Länder") hinweggeschwemmt und statt dessen eine absolute Überlegenheit des Reiches an die Stelle getreten. Durch die Schaffung eines eigenen großen Steuerapparates für das Reich und damit eines ganzen Heeres von Reichsfinanzbeamten ist die Wandlung auch äußerlich wahrnehmbar geworden.

Zwischendurch drohte die **Geldentwertung** das Errungene immer wieder zu vernichten. Aber gerade dieser verzweifelte Kampf der Jahre 1922/23 hat nicht nur ganz neue Steuerversuche und Steuerformen im einzelnen hervorgebracht (was allein schon genügt hätte, um die träge Materie der altüberkommenen Steuerformen ins Wallen zu bringen), sondern er hat vor allem nochmals offenbart, daß dem Reich die Führung gebühre. In der Tat ist man ja auch der Geldentwertung nur durch eine gesetzgeberische Methode Herr geworden, die geradezu eine Diktatur der Reichsregierung bedeutete, und innerhalb dieser „Ermächtigungsgesetzgebung" des Winters 1923/24 (S. 223 Ziff. 2) bildeten gerade drei „Steuernotverordnungen" (vom 7. und 19. Dezember 1923 und vom 14. Februar 1924) nicht das unwichtigste Stück. Hand in Hand mit der Schaffung einer neuen wertbeständigen Mark und mit dem allen Wirtschaftsbetrieben auferlegten Zwange zur Aufstellung von Goldbilanzen wurde dem Reich eine überaus tiefgreifende Steuermacht eingeräumt, und damit ist das Reich (und mit ihm die Länder) gerettet worden.

1. Vor dem Kriege galt als gefestigte Praxis, daß die sog. **direkten Steuern den Einzelstaaten** verblieben, während das **Reich auf die indirekten Steuern angewiesen** war (außer den Zöllen). Die direkten Steuern (vom Einkommen und vom Vermögen) waren ergiebig, Zölle und indirekte Steuern (auf Salz, Bier, Branntwein, Zucker, Tabak) waren schmal. So kam das Reich nicht aus und war auf Zuschüsse der Staaten, die sog. **Matrikularbeiträge**, angewiesen. Gerade das war beabsichtigt und lag auch im Sinne des damaligen Reichstags; der Reichstag nämlich hatte von Jahr zu Jahr die Höhe der Matrikularbeiträge zu bewilligen und hielt damit vom Finanzstandpunkte aus die Reichsregierung in seiner Hand. Hätte das Reich ausreichende eigene laufende Einnahmen gehabt, so hätte es der Matrikularbeiträge nicht bedurft, hätte damit nicht

nur aufgehört, „Kostgänger der Bundesstaaten" zu sein, sondern wäre von dem alljährlichen Bewilligungsrecht des Parlaments losgekommen. Das trat elementar in Erscheinung, als Bismarck im Jahre 1879 von der Freihandels- zur Schutzzollpolitik überging und nun auf einmal dem Reiche bedeutende Einnahmen aus den Zöllen winkten. Durch einen parlamentarischen Kunstgriff, die sog. Frankensteinsche Klausel, wurde es so eingerichtet, daß dem Reich nur ein fest begrenzter, nicht ausreichender Betrag (130 Millionen) von den Zolleinnahmen verblieb, während der Überschuß an die Länder ging, so daß das Reich doch wieder (gleichsam rückwärts) auf dem Wege über den Reichstag Matrikularzuschüsse von den Ländern einholen mußte. (In den letzten Jahren vor dem Kriege standen die Matrikularbeiträge im Haushaltplane des Reiches mit rund 250 Millionen zu Buche.)

2. Die große Wandlung nach dem Kriege wird am besten veranschaulicht durch Art. 8 der RV., wo es heißt: „Nimmt das Reich Abgaben oder sonstige Einnahmen in Anspruch, die bisher den Ländern zustanden, so hat es auf die Erhaltung der Lebensfähigkeit der Länder Rücksicht zu nehmen." Die Länder sind damit ganz aus dem Felde geschlagen, und gewissermaßen auf ein vom Reiche zu gewährendes Existenzminimum angewiesen.

Wirklich griff das Reich tatkräftig zu. Durch die sog. **Erzbergersche Steuerreform von 1919/20** wurden dem Reich die bedeutendsten Steuern zugeschlagen, eine eigene Steuerverwaltung des Reiches aufgebaut (G. über die Reichsfinanzverwaltung v. 10. Sept. 1919, später aufgegangen in den §§ 8 bis 50 der ReichsabgabenO.) und jene, einen „Allgemeinen Teil" bildende (S 321.) Reichsabgabenordnung vom 13. Dez. 1919 geschaffen. Nach Überwindung der Inflationszeit, für die besonders kennzeichnend das Geldentwertungsgesetz vom 20. März 1923 war, hat dann **das Jahr 1925 eine weitere Steuerreform** gebracht. Sie hat nicht nur die lange Reihe der Einzelsteuern (Einkommen-, Körperschafts-, Vermögens- und Erbschafts-, Umsatz-, Kapitalverkehrs-, Grunderwerbs-, Tabak-, Wein-, Zündwaren-, Spielkartensteuer usw.) noch einmal steuertechnisch durchgearbeitet und in Ansehung der Steuersätze vielfach geändert, sondern hat in Gestalt des Reichsbewertungsgesetzes vom 10. August 1925 wiederum einen geistigen Sammelpunkt geschaffen und so auch ihrerseits die „Allgemeine Dogmatik" des Steuerrechts gefördert. — Über die Stellung der Länder (den sog. „Finanzausgleich") vgl. unten III b 1.

II. **Dogmatik des Steuerrechts.** Es sind das materielle Steuerrecht und das formelle Steuerrecht (Verfahren in Steuersachen) zu unterscheiden; das Steuerstrafrecht gesellt sich anhangsweise hinzu. Im folgenden sollen die Grundzüge des materiellen Steuerrechts kurz umrissen werden.

a) **Begriff und Zweck der Steuer.** Die Steuer ist eine Abgabe, die ein Hoheitsverband kraft seiner Hoheit von den unterstellten Rechtspersonen einfordert, ohne ihnen dafür eine unmittelbare Gegenleistung zu bieten.

Als Hoheitsverband kommt für unsere Betrachtung der Staat in Frage. Aber auch die Kirche oder gewisse Selbstverwaltungskörper

(S. 315b) können als Steuermächte auftreten, vielleicht später einmal die Völkerrechtsgemeinschaft. — Über die Abschichtung innerhalb eines Bundesstaates unten S. 330 β.

Gleichgültig ist, welche Motive den Staat zur Erhebung der Steuer veranlassen. Es herrscht natürlich vor der unmittelbare Finanzzweck, Geld in die Hand zu bekommen. Dahinter kann, wie gerade jetzt in Deutschland, der Druck siegreicher Feinde stehen. Maßen diese sich selbst die Erhebung oder eine einschneidende Kontrolle der Steuern an, so rührt das an die „Souveränität" (S. 289IV) des derart bedrückten Staates (vgl. dazu unten S. 326 Ziff. 2). Mit dem Finanzzweck können sich als mittelbare Ziele andere Ideen verbinden: Sehr scharfe Besteuerung des Kapitals kann einer „Sozialisierung" (Vermögensumschichtung) gleichkommen und so gemeint sein; der Staat erspart sich dann das Odium einer unmittelbaren Kassation des Privatkapitals, er verkleidet sein Ziel in der Steuer. Am Anfang der Revolution verlangten z. B. viele in Verfolg ihres Sozialisierungsprogramms eine unmittelbare Aufhebung (oder wesentliche Einschränkung) des Erbrechts; das hat man nicht durchgesetzt, aber auf dem Umweg der Erbschaftssteuer ist wirtschaftlich immerhin Ähnliches erreicht worden. Auch sonst ist es möglich, mißliebige Einrichtungen durch Ansetzung der „Steuerschraube" verschwinden zu machen. Als in den Jahren 1922/23 die Vorzugsaktien (Mehrstimmrechtsaktien) in sehr ungesundem Maße überhand genommen und die zu Anfang des Jahres 1924 angeordnete Goldbilanzierung keine genügende „Bereinigung" von diesen Gebilden gebracht hatte, wurde im Jahre 1925 der Druck einer besonders hohen Steuer auf solche Aktien angesetzt, in der Erwartung, daß sie nun schleunigst aus dem Verkehr gezogen würden. Der Erfolg ist freilich auch bei dieser Maßregel nur ein Teilerfolg geblieben.

b) **Die Steuerhoheit,** d. h. das Recht, Steuern auszuschreiben und einzutreiben, liegt grundsätzlich in der Hand des Reiches. Wäre Steuerhoheit gleichbedeutend mit Souveränität, so wäre sie gleich dieser unteilbar (oben S. 289 a. E.), und es könnte nur ein Steuerhoheit des Reiches geben. Aber die Steuerhoheit ist zwar eine unerläßliche Zutat der Souveränität, sodaß es keine Souveränität ohne Steuerhoheit geben kann, nicht aber umgekehrt. Vielmehr können auch Machtzentren, die als Souveränitätsträger in dem betreffenden Gebiet nicht in Frage kommen, doch Steuerhoheit haben. Um deswillen erfährt der Grundsatz, daß nach heute geltendem Recht die Steuerhoheit beim Reiche liege, nach zwei Seiten hin eine Abschwächung.

1. **Reich und Länder.** Der geschichtliche Vorgang, der das Reich an die Spitze der Steuerhoheit gebracht hat, ist bereits dargestellt (S. 322 ff.). Aber sekundär besteht auch die Steuerhoheit der Länder und Gemeinden. Die schwierige Abstimmung gegeneinander ist in einem eigenen Gesetz, dem Finanzausgleichsgesetz, versucht worden.

Erste Fassung: Finanzausgleichsgesetz vom 23. Juni 1923 (RGBl. I 494 ff.). Zweite Fassung: Gesetz über Änderungen des Finanzausgleichs v. 10. August 1925. Daß damit bereits eine endgültige Basis gefunden sei, ist unwahrscheinlich. „Novellen" sind daher bestimmt zu erwarten.

Die sekundäre Rolle der länderlichen Steuerhoheit führen die §§ 1 bis 4 des FinAusglG. in elementarer Weise vor Augen: α) Danach kommen Länder und Gemeinden an bestimmte Steuern überhaupt nur heran, „soweit nicht die Reichsverfassung und die gemäß der Reichsverfassung erlassenen reichsrechtlichen Vorschriften entgegenstehen" (§ 1). β) Deutlicher noch: „Die Inanspruchnahme von Steuern für das Reich schließt die Erhebung gleichartiger Steuern durch die Länder und Gemeinden (Gemeindverbände) aus . . ." (§ 2). γ) Dazu noch eine Art Generalklausel für den Fall mittelbarer Kollisionen: „Landes- und Gemeindesteuern, die die Steuereinnahmen des Reichs zu schädigen geeignet sind, sollen nicht erhoben werden, wenn überwiegende Interessen der Reichsfinanzen entgegenstehen" (§ 3; Streitigkeiten entscheidet der Reichsfinanzhof, § 6).

Praktisch wäre diese Regelung, da das Reich so gut wie alle größeren Steuern an sich gezogen hatte, auf eine vollständige Aushungerung der Länder hinausgekommen. Das freilich wäre verfassungswidrig gewesen (vgl. bereits S. 324 Ziff. 2), denn es hätte auf einem Umweg den vollendetsten „Unitarismus" (S. 304) bewirkt. So hat sich in der Praxis eine sehr merkwürdige **Methode der Überweisungen** herausgebildet. Das Reich vereinnahmt zwar zunächst die Riesensummen der vielen, von ihm in Beschlag genommenen Steuern, gibt aber von einzelnen Steuern bedeutende Bruchteile an die Länder ab. Natürlich geschieht das nicht willkürlich nach der Laune des Reichs, sondern es ist genau im Gesetzestext festgelegt; das FinAusglG. hat dafür eigens einen II. Abschnitt mit der Überschrift „Beteiligung der Länder und Gemeinden am Ertrage von Reichssteuern" bekommen. Gerade in dem Punkte aber wird eben noch reichlich mit Änderungen (Novellen) gerechnet werden müssen.

Die beiden wichtigsten Einsatzstellen für diese Methode bilden zurzeit die Einkommen- und die Umsatzsteuer. Sie sind die bei weitem ergiebigsten Steuerquellen. Im Rechnungsjahr 1924/25 erbrachte die Einkommensteuer rund 2200 Millionen Mark. Davon entfielen (nach einer von der III. SteuernotVO. v. 14. Febr. 1924 beschlossenen Zwischenfassung des FinAusglG.) auf die Länder nicht weniger als 90 v. H., das Reich begnügte sich seinerseits mit rund 220 Millionen; inzwischen ist der Anteil der Länder an dieser Steuer wieder auf 75 v. H. herabgesetzt. Die Umsatzsteuer erbrachte im gleichen Jahr rund 1800 Millionen; davon entfielen nach jener Zwischenfassung auf die Länder (nebst Gemeinden) 20 v. H., also rund 360 Millionen, während das Reich hierbei rund 1440 Millionen für sich selber behielt; übrigens ist für diese Steuer gerade umgekehrt der Anteil der Länder inzwischen auf 35 v. H. erhöht worden.

2. **Reich und Siegerstaaten.** Bei dem schrankenlosen Verlangen der sog. Entente, aus dem besiegten Deutschland an Wirtschaftswerten so viel herauszuholen, als irgend erreichbar, kann es nicht wundernehmen, daß sich der Blick vor allem auf die Steuerquellen

des Reiches legte. Der gröbste Eingriff wäre natürlich der gewesen, daß die Entente selbst dazu übergegangen wäre, in eigener Regie Steuern in Deutschland beizutreiben. Aber abgesehen von den praktischen Schwierigkeiten hätte das eine Vernichtung der Souveränität Deutschlands bedeutet. Soweit wagte man nicht zu gehen. Immerhin kommen die **Kontrollmaßregeln**, die der Versailler Vertrag und später die sog. Londoner Konferenz vorgesehen haben, einer Souveränitätsverletzung nahe. Bisher allerdings ist, da Deutschland seine Verpflichtungen gewissenhaft erfüllt hat, die Anwendung schärferer Maßregeln in der Praxis unterblieben.

α) Der Friedensvertrag von Versailles vom 28. Juni 1919 (vgl. bereits S. 224 b) hat im Art. 233 zur Feststellung der „Wiedergutmachungssumme", die Deutschland für die angeblich von ihm hervorgerufenen Schäden zahlen sollte, den sog. Wiedergutmachungsausschuß (Reparationsausschuß) eingesetzt. In der Anlage II dazu (hinter Art. 244) werden Zusammensetzung und Machtbefugnisse des Ausschusses geregelt. Und dabei erfolgt nun der Überwachungszugriff auf das deutsche Steuersystem unter litt. b des § 12: „In regelmäßiger Wiederkehr schätzt der Ausschuß die Zahlungsfähigkeit Deutschlands ab und prüft das deutsche Steuersystem und zwar: 1. Damit alle Einkünfte Deutschlands (!) ... vorzugsweise zur Abtragung der Wiedergutmachungsschuld verwendet werden; 2. um die Gewißheit zu erlangen, daß das deutsche Steuersystem im allgemeinen im Verhältnis vollkommen ebenso schwer ist, als dasjenige irgendeiner der im Ausschuß vertretenen Mächte."

β) Die Londoner Konferenz hat dann, nachdem man über fünf Jahre ohne festes Ziel und ohne feste Methode von Deutschlands Wirtschaftskraft gezehrt hatte, indem sie das sog. Dawesgutachten zugrunde legte, eine Art von „Plan" für die Reparationsleistungen aufgestellt (Schlußprotokoll vom 16. August 1924, veröffentlicht im deutschen Gesetz über die Londoner Konferzen vom 30. August 1924, RGBl. II S. 291). In Unteranlage I dazu „verpfändet die deutsche Regierung die Erträge aus den Zöllen und den Abgaben auf Branntwein, Tabak, Bier und Zucker und unterwirft sie einer Aufsicht unter nachfolgenden Bedingungen" (Kapitel III Satz 1. a. a. O. S. 302). Die Bedingungen sehen einen Kommissar mit weitgehenden Vollmachten vor. Er kann z. B., um sich den nötigen Einblick zu verschaffen, auch die Dienststellen der Provinzial- und Lokalverwaltung, ja sogar die einzelnen, der Steueraufsicht unterliegenden Betriebe besuchen und sich bei den Dienststellen alle Bücher und Belege zur Einsicht vorlegen lassen. Ferner sind ihm alle Gesetzentwürfe, Verordnungen und Runderlasse, die sich auf die verpfändeten Steuern beziehen, vorzulegen (Satz 6 S. 304). Und wenn das finanzielle Ergebnis dieser „Quellen" hinter den festgelegten Summen in bestimmter Weise zurückbleibt, muß die Reichsregierung „vorübergehend andere indirekte Steuern verpfänden, die ausreichend sind ..." (Satz 8). Auch steigern sich dann die Machtbefugnisse des Kommissars beträchtlich. Im äußersten Falle — und dies wäre dann kaum noch mit dem Souveränitätsgedanken vereinbar — kann er sogar verlangen „daß eine oder mehrere Organisationen gebildet werden, die die Steuerzweige, durch deren Versagen der Fehlbetrag herbeigeführt ist, selbständig und unabhängig vom Staat verwalten" (Satz 10).

Als Anhalt dafür, welche Summen hinter den Pfandobjekten stehen, mögen die abgerundeten Roheinnahmeziffern des Rechnungsjahres 1924/25 dienen: Zölle 356, Branntwein 142, Tabak 513, Bier 196, Zucker 218, also insgesamt 1425 Millionen Mark.

c) **Die Steuerschuldnerschaft.** Trotzdem als Ausgangspunkt für die Steuereinschätzung bei vielen Steuerarten ein bestimmter Gegenstand dient (z. B. Grundstücke), ist letzten Endes doch jedes Steuerverhältnis auf die beteiligten Personen zurückzuführen. Der so entstehende Begriff der Steuerschuldnerschaft bildet das Gegenstück zum Begriff der Steuerhoheit (vorstehend b).

Es ergibt sich daraus, daß grundsätzlich jeder, der für die Steuerhoheit des Staates (oder sonstigen Steuerverbandes) rechtlich erreichbar ist, in den Bannkreis der Steuerschuldnerschaft eintritt. Wieweit er dann wirklich mit Steuern belegt wird, richtet sich nach den einzelnen, sehr mannigfaltigen Steuergesetzen. Doch lassen sich einige allgemeine Gesichtspunkte herausheben.

1. **Privilegien sind verboten.** Das ist in der Reichsverfassung niedergelegt.

RV. Art. 134: „Alle Staatsbürger ohne Unterschied tragen im Verhältnis ihrer Mittel zu allen öffentlichen Lasten nach Maßgabe der Gesetze bei." Der Gedanke darf jedoch nicht überspannt werden. Es ist ganz unmöglich, alle Steuern so einzurichten, daß „alle" daran beteiligt sind; an der Grundsteuer kann eben nur teilnehmen, wer Grundbesitz hat. Wohl aber dürfte nicht bei einer solchen Grundsteuer der Grundbesitz einzelner Klassen, etwa des Adels (wie vielfach in früheren Zeiten), von der Steuerpflicht ausgenommen werden, das wäre ein unerlaubtes Privileg. — In dem Kampf um die Aufwertung (S. 50c) ist von den Hypothekengläubigern behauptet worden, sie würden einer „Sondersteuer" unterworfen und deshalb sei das Aufwertungsgesetz (S. 51) verfassungswidrig und ungültig. Vom Reichsgericht (Bd. 107 S. 376 f.) mit Recht abgelehnt.

2. **Begünstigung öffentlichrechtlicher Körperschaften.** Nicht nur die natürlichen, sondern auch die juristischen Personen kommen als Steuerpflichtige in Betracht. Aber hier lockert sich der Grundsatz von der gleichmäßigen Heranziehung aller. Gewisse öffentliche Körperschaften stehen dem Träger der Steuerhoheit so nahe, daß an ihre Lösung aus der Steuerschuldnerschaft gedacht werden kann. Natürlich gilt das in erster Linie vom Staate (dem Reiche) selbst. Soll es sich selber besteuern? Gewiß liegt die volle Verneinung nahe. Aber es ergeben sich Verwicklungen, vor allem dann, wenn der Staat in die Niederungen der Privatwirtschaft hinabgestiegen

ist und nun mit den anderen Staatsbürgern im Wettbewerb steht (vgl. S. 298 a. E.). Darf er sich dann einen Vorzug sichern, indem er sich selbst von der Steuerlast befreit, den Konkurrenten dagegen mittels der Steuerlast hinter sich drängt? Hier wird man entschieden zu einer Bejahung der Steuerpflicht auch des Staatsbetriebes neigen.

α) Diese merkwürdige Erscheinung ist nichts wie eine Folge jener merkwürdigen Einmischung des Staates als persönlich beteiligtes Wirtschaftssubjekt in den Wirtschaftsprozeß. Das ergibt eine Zwiespältigkeit: Wo der Staat in der Hoheitssphäre bleibt, ist seine Steuerfreiheit verständlich, wo er hingegen zu Erwerbszwecken eigene Betriebe einrichtet (Bergwerke, Fabriken, landwirtschaftliche Güter) darf er keine Steuerfreiheit beanspruchen. Diesen Unterschied macht z. B. in aller Deutlichkeit das Körperschaftssteuergesetz vom 10. August 1925 § 2. Da übrigens das Hinabsteigen des Staates in die aktive Wirtschaftsbetätigung eine Ausnahme bildet, kann als Regel gelten, daß der Staat von seinen eigenen Steuern (den Reichssteuern) nicht ergriffen wird.

β) Dem Staate stehen nahe die Kirchen und die gemeinnützigen Anstalten. Darum genießen auch sie an vielen Punkten Steuerfreiheit, z. B. sind sie befreit von der Erbschafts- und Schenkungssteuer.

γ) Sehr verwickelt ist die Frage, inwieweit mehrere mit Steuerhoheit ausgestattete Verbände sich untereinander wechselseitig besteuern oder für steuerfrei erklären sollen. Für den Hauptfall ist ein besonderes Gesetz ergangen, das „Gesetz über die gegenseitigen Besteuerungsrechte des Reichs, der Länder und der Gemeinden" vom 10. August 1925. Als Beispiel seines ins einzelne gehenden Inhalts § 4: „Die Länder und die Gemeinden (Gemeindeverbände) können das Reich zu ihren Grund- und Gebäudesteuern heranziehen, sofern es sich nicht um Grundstücke handelt, die zu einem öffentlichen Dienste oder Gebrauche bestimmt sind."

3. **Vermeidung der Doppelbesteuerung.** Die Verwickelung der wirtschaftlichen Verhältnisse bringt immer wieder die Gefahr mit sich, daß ein Steuerpflichtiger ein und denselben Vorgang an zwei Stellen, also doppelt versteuern muß. Ein allgemeiner Rechtssatz, daß solche Doppelbesteuerung verboten sei, ist der deutschen Rechtsordnung unbekannt. Sie kennt sogar Tatbestände, wo ausdrücklich und gegen vielfache Widerstände an einer Doppelbesteuerung festgehalten worden ist (vgl. nachfolgend γ). Immerhin sind das Ausnahmen. Im allgemeinen geht die Richtung der modernen Steuergesetzgebung dahin, zwiefache Besteuerungen desselben Vorganges zu vermeiden.

Folgende drei Lagen sind auseinanderzuhalten.

α) Mehrere souveräne Staaten ergreifen denselben Vorgang, um ihn sich steuerlich dienstbar zu machen. Es wohnt beispielsweise ein Kunstmaler im Ausland; sowohl sein Heimatsstaat wie der Aufenthaltsstaat wollen ihn mit seinem gesamten „Einkommen" steuerpflichtig machen und stützen sich dabei auf ihre in der Tat den Fall treffenden Gesetzestexte. Hier können nur internationale Verträge von Staat zu Staat (wie sie mehrfach geschlossen worden sind) helfen.

β) Bei der Gliederung eines Bundesstaats in die Einzelstaaten und die unteren Verbände kann es kommen, daß mehrere Länder oder Gemeinden mit Steueransprüchen auf denselben Vorgang hervortreten. Hier ist es Sache der Reichsgesetzgebung (und sie ist dieser Aufgabe im wesentlichen gut nachgekommen), durch Regeln der örtlichen Abgrenzung Vorkehr gegen zwiefache Belastung zu treffen.

γ) Der interessanteste Fall ist der, daß innerhalb ein und desselben Steuersystems, also z. B. innerhalb der Steuergesetzgebung des deutschen Reiches ein Vorgang von zwei Seiten her gepackt wird. Hier ist zunächst durch scharfe Auslegung zu ermitteln, ob wirklich nach dem Willen des Gesetzes neben dem einen Steuerzugriff auch noch der andere platzgreifen soll. Wird dies bejaht, so liegt eben doch ausnahmsweise eine Doppelbesteuerung vor. Viel erörtertes Beispiel: Besteuerung des Gewinns der Aktiengesellschaften (und ähnlicher Gesellschaften). Hier wird zunächst einmal die A.G selbst als steuerpflichtige Person betrachtet und ihr „Einkommen" auf Grund des Körperschaftssteuergesetzes einer Steuer unterworfen. Soweit nun dieses Einkommen der Gesellschaft als „Gewinn" in Dividende umgewandelt und an die einzelnen Aktionäre ausgeschüttet wird, erscheint es ein zweites Mal bei diesen einzelnen Aktionären als deren Einkommen und wird nun nach dem Einkommensteuergesetz wiederum einer Steuer unterzogen. Ein anderes immer wieder umstrittenes Beispiel: die Besteuerung sog. Schachtelgesellschaften, bei denen sich die Möglichkeit eröffnet, zunächst einmal die Tochtergesellschaft und dann ein zweites Mal die darüber organisierte Muttergesellschaft zu besteuern.

d) **Konstruktion des Steuerverhältnisses.** In der jungen Wissenschaft des Steuerrechts herrscht Streit darüber, wie das steuerliche Verhältnis zwischen dem Staat (als Träger der Steuerhoheit) und dem Staatsbürger (als Träger der Steuerschuldnerschaft) zu konstruieren sei. Drei Meinungen stehen sich gegenüber.

1. Die eine konstruiert ein Steuer-Schuldverhältnis, hält dieses zwar auch im öffentlichen Rechte fest, arbeitet aber doch stark mit privatrechtlichen Parallelen, läßt z. B. den Staat als „Steuergläubiger", den Zahlungspflichtigen als „Steuerschuldner" erscheinen.

2. Die zweite stellt den Steueranspruch des Staates in den Mittelpunkt; das Steuerschuldverhältnis ist ihr nur eine Formgebung für das, was sich aus dem Steueranspruch entwickelt. Diese Meinung trägt der Herkunft des Steuerrechts aus dem Mutterboden des allgemeinen Staats- und Verwaltungsrechts am meisten Rechnung: so wie der Staat mit seiner Gesetzgebung, seiner Rechtsprechung, seiner Verwaltung auf den einzelnen Untertan zutritt und Gehorsam verlangt, so auch, wenn er ihm Steuern auferlegt.

3. Die dritte Meinung ist die freieste. Sie erhebt den sog. Steuertatbestand zum „Zentralbegriff" und läßt die Steuerschuld wie eine an den Tatbestand angeschlossene, von selbst eintretende Rechtsfolge erscheinen. Dabei wird eine Parallele zum Strafrecht mit seiner überaus fein durchgearbeiteten Tatbestandslehre gesetzt.

Die dritte Meinung birgt die größte Gewähr zugunsten des Steuerschuldners in sich. Man ist versucht, den berühmten Strafrechtssatz „nulla poena sine lege poenali" (unten S. 339) sofort hierher zu übertragen und auch sonst die „Garantien" gegenüber staatlicher Willkür zu betonen. Gerade das liegt im Zuge der Zeit. Darum empfiehlt es sich, der dritten Konstruktion den Vorzug vor den beiden anderen zu geben. Sie entspricht auch am besten dem sogleich zu behandelnden Grundsatz von der „Selbständigkeit" des Steuerrechts.

III. Eingliederung des Steuerrechts in das allgemeine Rechtssystem. Die junge Wissenschaft des Steuerrechts regt kräftig ihre Flügel und will ihr Stoffgebiet aus überkommenen Umklammerungen lösen.

a) So stellt sie mit Vorliebe die Forderung einer **„Verselbständigung" des Steuerrechts** auf. Das ist vor allem gegen die Verkoppelung mit dem Privatrecht gerichtet. Mit Recht hat man nachgewiesen, daß eine ganze Reihe von Begriffen des Privatrechts für das Steuerrecht nicht passen, daß also dieselben Worte (Bezeichnungen, Begriffe) im Steuerrecht eine ganz andere Bedeutung haben als in der alten Privatrechtsdoktrin. Nur wird man in dieser „Emanzipation" nicht zu weit gehen dürfen.

Hauptbeispiele: 1. Das Privatrecht erkennt als Personen (Subjekte) bekanntlich nur solche Vereinigungen an, die „Rechtsfähigkeit" erlangt haben, die nichtsrechtsfähigen betrachtet sie als ein Nichts: sie sieht sie gar nicht. Das Steuerrecht dagegen hat unbedenklich auch Personenvereinigungen, die „keine eigene Rechtspersönlichkeit besitzen", als steuerpflichtige Subjekte anerkannt (vgl. RAbgabenO. § 86). 2. Nach dem Privatrecht wird der Käufer eines Grundstücks erst dann „Eigentümer", wenn er im Grundbuch eingetragen worden ist; daß er das Grundstück vielleicht schon längere Zeit vorher in Besitz und Bewirtschaftung genommen hat, ist gleichgültig. Gerade umgekehrt im Steuerrecht: „Steuerrechtliches Eigentum" liegt vor, wenn der Kaufpreis bezahlt und die Bewirtschaftung durch den Käufer begonnen hat; wann er sich ins Grundbuch eintragen läßt, ist dagegen gleichgültig. 3. Nach dem Privatrecht ist ein unsittliches Geschäft „nichtig", d. h. es können keinerlei Rechtsfolgen daraus abgeleitet werden; z. B. das Vermieten von Zimmern an Dirnen (Bordell). Steuerrechtlich dagegen wird nicht danach gefragt, ob das Geschäft nach dem BGB. „gültig" sei oder nicht: „Das ist für die Beherbergungssteuer nicht entscheidend. Nach ihr kommt es darauf an, ob Beherbergung gewährt und Geld dafür vereinnahmt ist" (Reichsfinanzhof).

b) Eine Folgeerscheinung der geistigen Loslösung des Steuerrechts von den alten Stammgebieten ist die **Anerkennung neuer Richtungslinien für die allgemeine Handhabung des Rechts.** Allerdings muß man sofort hinzufügen, daß gerade in den alten Materien der Kampf um diese Richtungslinien begonnen hatte, daß sie auch dort schon einen ziemlichen Sieg errungen hatten, daß also das Steuerrecht gleichsam nur Erbe und Vollender geworden ist.

1. Es handelt sich vor allem um die **Auslegungsregel des § 4 RAbgabenO.:** „Bei Auslegung der Steuergesetze sind ihr Zweck, ihre wirtschaftliche Bedeutung und die Entwicklung der Verhältnisse zu berücksichtigen."

Die Verknüpfung der Rechtshandhabung mit den „wirtschaftlichen" Belangen ist noch nirgends so blank herausgestellt wie hier. Ebenso ist der Hinweis auf die „Entwicklung der Verhältnisse" (worauf die berühmte in der Inflationszeit so stark benutzte Clausula rebus sic stantibus offenbar nicht ohne Einfluß war) in solcher Offenheit noch nie ausgesprochen worden.

2. Beachtung verdient ferner die im § 5 ebd. niedergelegte **Generalklausel gegen Umgehungsversuche:** „Durch Mißbrauch von Formen und Gestaltungsmöglichkeiten des bürgerlichen Rechts kann die Steuerpflicht nicht umgangen oder gemindert werden."

Der Satz verdient noch weitere Verallgemeinerung: Auf allen Rechtsgebieten kann der vorgesehene Rechtserfolg durch Umgehungsversuche nicht ausgeschaltet werden. In dieser weiteren Fassung gehört er zur Enzyklopädie des Rechts. So hat das Steuerrecht dargetan, daß es bereit ist, sogar zur „Allgemeinen Rechtslehre" nach seinen Kräften beizusteuern.

§ 29. Das Strafrecht.

I. Grundgedanke. In früherem Zusammenhang ist dargestellt worden, wie das Recht das Ziel hat, ein gewisses Quantum menschlicher Lebensverhältnisse mit allgemeiner Verbindlichkeit zu ordnen, und wie zur Erreichung dieses Zieles eine genügende Festigung erforderlich ist (§ 7 und 9). Aber in unablässiger Reihenfolge erheben Störenfriede ihr Haupt und brechen verletzend in das Gefüge der Rechtsordnung ein. Hat die Rechtsordnung mit den Mitteln des bürgerlichen Rechts das Eigentum verteilt, so setzen sich Dieb und Räuber über diese rechtliche Regelung hinweg. Sind durch das Handelsrecht ganze Gruppen von Wertpapieren geschaffen worden, so erschüttert der Fälscher diese Partie der Rechtsordnung. Ist durch das Staatsrecht der Bestand des Reiches auf rechtlichen Boden gebracht, so wagt sich doch immer wieder der Hochverrat an das Geschaffene heran.

Dagegen muß angegangen werden. Es handelt sich um Sein oder Nichtsein der Rechtsordnung. Irgendwie muß sie Stellung nehmen zu den immer wiederkehrenden Erscheinungen des **Rechtsbruchs.** Dabei hat sie verschiedene Reaktionsmittel zur Verfügung. Aber das schärfste, freilich auch letzte Mittel, ist die Bestrafung des Rechtsfeindes.

Danach kommt dem Strafrecht nur eine mittelbare Bedeutung zu. Es baut nicht mit an der unmittelbaren Ordnung der Lebensverhältnisse, sondern sichert nur den vollzogenen Bau. Trotzdem ist die kulturelle und politische Rolle des Strafrechts bedeutend. Es steht in der christlichen Monarchie vor Thron und Altar, in der sozialen Republik vor den Grundrechten des Volkes, es lagert sich als Bollwerk vor das umfriedete Eigentum sowohl gegen Einzelfeinde wie gegen überstiegenen Kommunismus, es hat aber auch einen sozialistischen Gehalt von ungeheurer Tragweite, insofern es die Einzelwillkür und den Anarchismus niederhält. und durch das Ganze hindurch geht eine mächtige erzieherische Kraft.

Freilich sind das nur die allgemeinen Richtungslinien der Jetztzeit. Im Zuge der Geschichte war die Vorstellung von den Aufgaben des Strafrechts beständigem Wechsel unterworfen. Das „finstere" Strafrecht des Mittelalters, zum Teil noch wiedergespiegelt in der berühmten „Karolina" von 1532 (S. 207) oder dem bayrischen Kriminalkodex von 1751 (S. 212) oder der Constitutio Criminalis Theresina von 1768 (S. 213), wandelte ganz andere Bahnen als etwa das Strafrecht, das die „Aufklärung" des 18. Jahrhunderts postulierte und beispielsweise in der Josefinischen Gesetzgebung in Erscheinung treten ließ, oder als das heutige deutsche Strafrecht, dessen Fassung im Reichsstrafgesetzbuch vom 15. Mai 1871 (S. 216) auch schon vielen als „überholt" erscheint (s. im folgenden). — Besonderes „Militärstrafgesetzbuch" v. 16. 6. 1926 (RGBl. I S. 275).

Schrifttum. Wiederum ist die Literatur überaus reich und mannigfaltig. Hauptbeispiele: Größter Verbreitung erfreut sich das pädagogisch hervorragend gearbeitete „Lehrbuch des deutschen Strafrechts" von Liszt (zuletzt Prof. in Berlin), 24. Aufl. z. Z. in Vorbereitung. Ferner: Ph. Allfeld (Prof. in Erlangen), Lehrbuch des dt. Strafrechts 8. Aufl. 1922. Im Rahmen der Grundrisse: Heinrich B. Gerland (Prof. in Jena), Deutsches Reichsstrafrecht, 1922, scharf geschliffen, inhaltsreich und anschaulich. Unmittelbar aus dem akademischen Unterricht erwachsen und namentlich als erste Anleitung dienlich: Ernst Beling (Prof. in München), Grundzüge des Strafrechts, 8. u. 9. Aufl., 1925. — Ein breit angelegtes Gelehrtenwerk, mit dem materiellen Strafrecht den Strafprozeß, den Strafvollzug und die Kriminalpolitik verschmelzend: Robert v. Hippel (Prof. in Göttingen), Deutsches Strafrecht; bisher Bd. I, Allgemeine Grundlagen, 1925 (u. a. eine groß angelegte Darstellung der Geschichte des Strafrechts). — Unter den Kommentaren ragt hervor durch wissenschaftliche Tiefe und hohen Studienwert:

Reinhard Frank (Prof. in München), Das Strafgesetzbuch für das Deutsche Reich nebst dem Einführungsgesetz, 17. Aufl., 1926. Aus der Praxis erwachsen und ebenfalls hohes Ansehen genießend: der sog. Leipziger Kommentar, von Ludwig Ebermayer u. a., 3. Aufl., 1925. — Als Beispiel elementarer monographischer Inangriffnahme des Strafrechts: das berühmte Werk von Binding über die „Normen" (oben S. 60) — Über Zeitschriften vgl. oben S. 29, über Entscheidungen ebd. — Über den neuesten Entwurf und sein Schrifttum (Richard Schmidt) unten S. 345 Ziff. 4. — Auf dem Boden praktischer Kriminalistik ist das Hauptwerk: Hans Groß (zuletzt Prof. in Graz), Handbuch für Untersuchungsrichter als System der Kriminalistik, 2 Bände, 6. Aufl., 1914.

II. Die Rechtfertigung des Strafrechts.

a) Die Frage, wie sich das Strafrecht erklärt, hat zunächst eine hohe **ethische Bedeutung.** Jahraus, jahrein werden in allen geordneten Staatswesen Tausende von Menschen den Gefängnissen zugeführt, andere Tausende mit anderen Strafen belegt. Es ist ein elementares ethisches Gebot, sich zu fragen, wie das gerechtfertigt wird, woher also — konkreter gesprochen — der Staat das Recht nimmt, solcherart zu „strafen", Menschen einzusperren oder gar hinzurichten. Die (umstrittene und wechselnde) Stellungnahme zu dieser Frage hat aber des weiteren unmittelbaren **praktischen Wert;** denn je nach der Beantwortung nimmt das Strafrecht, wie sich zeigen wird, einen verschiedenen Verlauf.

Eine oberflächliche Betrachtung könnte sich damit begnügen, das Strafen gegenüber den Verbrechern als eine Selbstverständlichkeit zu bezeichnen. Es sitzt hinter solcher Betrachtung allerdings ein Urelement: Der Geschlagene schlägt wieder, Triebhandlung, Reflexhandlung. Aber gerade darum handelt es sich beim „Strafrecht" nicht. Zum ersten ist es gar nicht der Geschlagene, der im Strafrecht reagiert, sondern eine übergeordnete neutrale Macht. Zum zweiten handelt diese Macht nicht mehr triebartig, sondern nach vollzogener Erwägung, in Gestalt einer Zweckhandlung, nicht einer Triebhandlung. Zum dritten wird diese Zweckhandlung nicht als eine gewöhnliche staatliche Einrichtung empfunden und hingestellt, sondern als eine Rechtseinrichtung, die höchstens insoweit „selbstverständlich" ist, als das „Recht" überhaupt in der menschlichen Natur begründet liegt (Enzyklopädie oben § 6, S. 32 ff.). — Historisch wird sich die Frage, wann und wie aus dem bloßen Rache- und Verteidigungstrieb die Institution der „Strafe" geworden ist, nie klar lösen lassen. (Einen tiefgreifenden Versuch stellt dar: Heinrich Gerland, Die Entstehung der Strafe, Jenaer Rektoratsrede 1925). Deshalb hat sich das Bestreben nach der Seite einer gleichsam dogmatischen Rechtfertigung des Strafrechts gekehrt.

Schon seit Jahrtausenden bemüht sich der Menschengeist, eine Formel für die Erklärung des Strafrechts zu finden. Gerade im jüngsten Menschenalter ist jedoch diese Forschung besonders belebt worden. Lebhaftes Streiten setzte ein, es bildeten sich Schulen, eine lange Reihe von **Strafrechtstheorien** wurde entwickelt und systematisch geordnet. (Näheres im Grundriß Strafrecht § 5).

b) Dabei ragt als Hauptgegensatz aus der bunten Schar der Meinungen folgende Fragestellung heraus: Ist das Strafrecht reine **Vergeltung**, bloße Reaktion auf die in der Vergangenheit liegende Tat (punitur, quia peccatum est), oder ist es nach der Zukunft gerichtet, sucht es über die (nicht mehr zu beseitigende) Tat hinaus etwas zu erreichen, will es auf **Zweckmäßigkeit** hinaus (punitur, ne peccetur)? Schon der gedankliche Ausgangspunkt ist ein verschiedener. Die Vergeltung, so hat man es scharf formuliert, sieht die Tat an, die Zweckmäßigkeit dagegen den Täter. Die Vergeltung fragt: wie wird die Tat gesühnt? Die Zweckmäßigkeit fragt: Was fangen wir mit dem Täter an? Es leuchtet ein, daß bei solcher unterschiedlicher Auffassung im Ausgangspunkt auch der weitere Verlauf des Strafrechts sich verschieden gestaltet. Das wird am deutlichsten, wenn man prüft, wieweit die beiden Theorien die subjektiven Qualitäten des zu Strafenden berücksichtigen. Gewiß kann auch ein „vergeltendes" Strafrecht den besonderen Eigensinn des Täters, seine Roheit oder umgekehrt seine im Grunde nicht unedle Absicht mit veranschlagen, aber der Gedankengang kehrt doch immer letzten Endes zu dem objektiven Geschehnis, zur Tat zurück. Ja, die Geschichte zeigt, daß man in Zeiten, wo der reine Vergeltungsgedanke herrschte, sogar zur völligen Nichtbeachtung der subjektiven Elemente gelangt ist und auch den schuldlosen Täter genau so gestraft hat wie den schuldbeladenen (sog. Erfolgshaftung). Ganz anders, wenn mit der Strafe vorwärtsgerichtete „Zwecke" verfolgt werden. Hier liegt der Hauptton gerade auf der subjektiven Seite. Man will mit der Strafe Menschen beeinflussen. Wie wäre das möglich, ohne Berücksichtigung der subjektiven Eigenschaften?

Dies wird verdeutlicht, wenn man der Auflösung des Zweckgedankens in die einzelnen Zwecke nachgeht. Hier fällt zugleich die Zwecktheorie in eine Reihe von Spielarten auseinander. Vornehmlich beherrschen drei in sich verschiedene Zwecke das Feld: **Besserung, Abschreckung, Sicherung.** Am deutlichsten kommt das subjektive Element bei der Besserungstheorie zum Ausdruck: Der Täter hat gestohlen, aber die Strafe wird ihn zu einem anderen Menschen machen, so daß er nicht mehr stiehlt; darum muß aber auch die Strafe so eingerichtet sein, daß sie diesen Zweck erreicht, daß also der Täter nicht (zu harte Strafe) in den Abgrund der Verzweiflung und Entwürdigung gestoßen wird, andererseits nicht (zu milde Strafe) in seinem Leichtsinn beharrt und auf eine innere Wandlung verzichtet. Die Abschreckungstheorie nimmt ihren Ausgang von einem ähnlichen Gedankengange. Sie richtet die Strafe so ein, daß dem Täter die Lust an einer Wiederholung vergeht.

Sie erfährt aber eine sehr beachtliche Ausweitung. Sie ist nämlich nicht gehalten, bei dem Täter stehen zu bleiben (sog. Spezialprävention), sondern sie kann gleichzeitig (oder, wenn der Täter endgültig verloren erscheint, sogar nur) an die übrigen Rechtsgenossen denken: sie sehen die Strafe, die dem Übertreter der Gesetze widerfährt, und sie hüten sich nun, etwa auch ihrerseits die Bahn des Verbrechens zu beschreiten (sog. Generalprävention). Am lockersten ist der Zusammenhang mit der subjektiven Seite bei der Sicherungstheorie. Sie denkt in erster Linie an die menschliche Gesellschaft (und entspricht damit im besonderen der heutigen Zeitströmung; s. im folgenden): die „Gesellschaft" soll vor dem Verbrechertum gesichert, gegen das Verbrechertum verteidigt werden. Das führt zu dem radikalen Mittel der Unschädlichmachung der „gesellschaftsfeindlichen" Elemente, und gewiß lenkt sich der Blick hierbei zuerst auf objektive Methoden (z. B. lebenslängliche Einsperrung, Verschickung in Strafkolonien). Aber so ganz geht der Zusammenhang mit den subjektiven Werten doch nicht verloren. Man kann auch die Keime zum Verbrechen im Verbrecher „unschädlich machen", indem man ihn im Zuge des Strafens erzieht. Dann fließt die Sicherungstheorie wieder mit der Besserungs- und Abschreckungstheorie zusammen, so wie umgekehrt eine (erfolgreiche) Besserung oder Abschreckung ganz von selbst auch Sicherung der Gesellschaft zur Folge hat.

c) Man kann nicht sagen, daß **heute** eine bestimmte Theorie allseitige Anerkennung gefunden habe. Namentlich der Enzyklopädist sieht, wie die verschiedenen Gedankengänge durcheinander gehen. Immerhin läßt sich eine gewisse Richtung der Entwicklung deutlich erkennen. Der Vergeltungsgedanke hat Einbuße erfahren, der Sicherungsgedanke macht am meisten von sich reden. Das hängt mit der allgemeinen soziologischen Zeitströmung zusammen (vgl. bereits S. 18). Aber es steht auch etwas Verweichlichung des justiziellen Denkens dahinter. Zu viel Besserungstheorie mindert das Verantwortungsgefühl. Zu viele „Experimente" mit neuen Strafmethoden stören die große Linie, deren ein Staat gerade auf diesem Gebiete besonders bedarf.

Der Bahnbrecher der neuen, soziologischen Schule des Strafrechts war Franz v. Liszt (gest. 1919, zuletzt Prof. in Berlin). Von ihm vornehmlich stammt die Formel: Wir strafen den Täter, nicht die Tat. Von ihm stammt der Hinweis auf die sehr verschiedenen Sorten der Verbrecher, den Gewohnheitsverbrecher, den man unschädlich machen muß, den Verbrecher aus der Not des Augenblicks, der sich bessern läßt, den Jugendlichen, den man überhaupt nicht strafen, sondern erziehen soll. Liszt, ein Feuergeist, hat mit seinen Gedankengängen internationale Autorität erlangt und die jüngsten gesetzgeberischen Versuche bei uns in Deutschland (s. im folgenden) stark beeinflußt. Sein ebenbürtiger Gegner war Karl Binding (gest. 1920, zuletzt Prof. in Leipzig). Sprühend lebendig gleich Liszt, verfocht er seinerseits den Vergeltungsgedanken, wollte er seinerseits vor allem die Macht und Heiligkeit der Rechtsordnung gegenüber dem Verbrecher gewahrt wissen, sah er in der Strafe die „Bewährung" eben dieser Rechtsordnung.

Die Gegnerschaft der beiden bedeutenden Männer ist eines der schönsten und reizvollsten Beispiele des wissenschaftlichen Ringens unserer Tage. Beider Standpunkt hat Größe. Beider Standpunkt läßt sich aber in restloser Reinheit nicht durchführen. Restlose Abstellung auf den einzelnen Täter bringt das Strafgesetz zur Auflösung, restlose Abstellung auf Tat und Vergeltung führt zur Mechanisierung (vgl. dazu auch unten S. 340 Ziff. 3). So wird sich die Praxis immer mit einer gewissen Vermittlung bescheiden müssen. Übrigens fehlt es auch in der Wissenschaft nicht an sog. „synkretistischen" oder Vereinigungstheorien. Die klarste (H. Gerland) will zwar den Zweck der Strafe in der Abschreckung sehen, aber ihren Inhalt jeweils nach Vergeltung bemessen. — Vgl. übrigens unten S. 348 über den Standpunkt des neuen Codex iuris canonici.

III. **Grenzen des Strafrechts.** Das Strafrecht als Teil der Rechtsordnung schlechthin ist an keine Grenzen gebunden. Es kann als „souverän" gedacht werden. Aber wir sahen bereits in der Allgemeinen Rechtslehre (§ 9 III, S. 60), daß sich die Rechtsordnung selber Schranken auferlegt. Vom Strafrecht gilt das in besonderem Maße.

a) Gründe. Mehrere Vorstellungen mischen sich hier untereinander. Einmal die Erkenntnis, daß ein Allzuviel an Strafen nicht nur dem einzelnen Täter gegenüber, sondern im ganzen abstumpfend wirkt. Sodann die auch auf anderen Rechtsgebieten befolgte Lehre, daß man nicht jeder Kleinigkeit nachgehen dürfe (minima non curat praetor). Damit zusammenhängend auch der höchst nüchterne Gesichtspunkt der Praktikabilität, daß man ein viel zu großes Heer von Beamten der Strafjustiz brauchen würde, wenn man auf jede Verletzung der Rechtsordnung eine Strafe legen wollte. Vor allem aber ist das Strafrecht eine so furchtbare Waffe, daß man den, der sie handhabt, glaubt in feste Grenzen bannen zu müssen. Das hat zeitweise, vornehmlich im Zeitalter der Aufklärung und Feststellung der allgemeinen Menschenrechte (S. 190, 295), zu einer Gegenüberstellung von Staat und Staatsbürger, von Rechtssatzung und Individuum geführt: man wollte kein unbegrenztes Strafrecht, keine Allmacht zu strafen in den Händen des Staates (der Regierung, auch nicht eines an sich unabhängigen Richtertums) dulden. So entstand eine eigene Lehre von den **Garantien des Strafrechts,** verwandt mit der enzyklopädischen Erkenntnis, daß immer die Rechtsordnung dem Individuum einen gewissen Spielraum lassen muß (S. 61 d), verwandt mit dem Verlangen nach „Gesetzmäßigkeit der Verwaltung" (S. 312 a. E.), aber in der Deutlichkeit und Wucht der Ausprägung über beides hinausgehend.

Das „Zuviel an Strafen" ist namentlich in der Kriegs- und Nachkriegszeit in Erscheinung getreten. Vor allem überschüttete die immer weiter greifende Zwangswirtschaft (S. 222) die Bevölkerung nicht nur tagtäglich mit neuen Verhaltungsmaßregeln, sondern eben auch mit Strafvorschriften, die die Verhaltungsmaßregeln „sanktionieren" (S. 75 Ziff. 5) sollten. Das Übermaß hat schließlich dazu geführt, daß man einen alten, bis dahin (vom Reichsgericht) zäh festgehaltenen Grundsatz, nämlich den, daß „Rechtsirrtum nicht von der Strafbarkeit befreit", für den Rahmen jener Kriegswirtschaftsgesetzgebung ausdrücklich preisgegeben hat. Und nachdem derart einmal der Bann gebrochen war, hat man nun über die Zeit der Kriegswirtschaft hinaus an der neuen Auffassung („zur Strafbarkeit gehört Bewußtsein der Rechtswidrigkeit") festgehalten, ein Beispiel, an dem der junge Jurist lernen kann, wie Ideen langsam vorrücken und manchmal durch ein außergewöhnliches Ereignis ruckartig gefördert werden. Vgl. aus der Kriegszeit die Bekanntmachung „über die Verfolgung von Zuwiderhandlungen gegen Vorschriften über wirtschaftliche Maßnahmen" vom 18. Januar 1917 (RGBl. S. 58), wonach Straflosigkeit bewilligt werden konnte, „wenn der Beschuldigte in unverschuldetem Irrtum über das Bestehen oder die Anwendbarkeit der übertretenen Vorschrift die Tat für erlaubt gehalten hat". Kunstgerechter stilisiert hat den Gedanken nunmehr übernommen der augenblicklich schwebende (s. im folgenden) Entwurf zu einem neuen Strafgesetzbuch in seinem § 13: „Ein Irrtum, der den Täter das Unerlaubte seiner Tat nicht erkennen läßt, schließt die Bestrafung wegen vorsätzlicher Begehung aus. Beruht der Irrtum auf Fahrlässigkeit, so finden die Vorschriften über fahrlässige Handlungen Anwendung", — zweifellos ein Abbruch an Strenge, an einer harten Theorie der Verantwortlichkeit und Vergeltung, aber bei dem auch heute noch verwirrenden Übermaß von Strafsatzungen unerläßlich.

b) Durchführung. Auf drei Gedankenstufen wird die Eingrenzung des Strafrechts erreicht. Ihren Inhalt zusammenfassend, pflegt man wohl (einem Worte Franz v. Liszts folgend) von einer **Magna charta** des Strafrechts zu sprechen.

1. Es werden zunächst aus der Fülle der Rechtsvorschriften diejenigen herausgesucht, denen eigens ein strafrechtlicher Schutz zur Seite gestellt werden soll. Doch haben sich in jahrhundertelanger Denkentwicklung die so geschaffenen Strafsatzungen vielfach von den zu deckenden Rechtsvorschriften gelöst. Sie haben eine selbständige Formulierung gefunden: es sind die sog. **Deliktstatbestände** geschaffen worden. Und es wird nun im Kriminalprozeß nicht mehr auf die ursprüngliche (zu deckende) Rechtsvorschrift zurückgegriffen, sondern nur noch geprüft, ob der betreffende strafrechtliche „Tatbestand" erfüllt ist.

So ist z. B. die Unverletzlichkeit des Eigentums der ursprüngliche Rechtsgedanke. Man hätte sich nun mit dem reinen Begleitsatz begnügen können: Also wird bestraft, wer das Eigentum verletzt. Aber die Entwicklung ist andere Bahnen gewandelt. Es hat sich nach und nach der selbständige strafrechtliche Tatbestand des „Diebstahls" herausgebildet (§ 242 StrGB.). Und er umfaßt keineswegs jede Verletzung fremden Eigentums. Wer z. B. mein Fahrrad heimlich wegnimmt, nur um darauf eine Spazierfahrt zu machen und es dann wieder an Ort und Stelle zu bringen (sog. furtum usus), erfüllt den besonderen Tatbestand des Diebstahls nicht, wird also nicht bestraft. Höchstens könnte, wenn er das Fahrrad dabei beschädigt, ein zweiter selbständiger Strafrechtstatbestand, nämlich der der „Sachbeschädigung" (§ 303 StrGB.) erfüllt sein; da dieser indessen nach dem geltenden Strafgesetz an „Vorsatz" gebunden ist, wird auch er bei solcher Spazierfahrt nur selten (Eventualdolus?) Platz greifen.

Ein weiteres, besonders eindrucksvolles, tausendfältig vorkommendes Beispiel der Straflosigkeit von Rechtsverletzungen ist das Nichtbezahlen von Schulden. Höchstens, wenn der besondere Tatbestand des „Betrugs" (§ 263 StrGB.) nebenher erfüllt ist, was seltene Ausnahme bleibt, wandert der Schuldner nach heutiger Anschauung (Aufhebung der „Schuldhaft" im Laufe des 19. Jahrhunderts) ins Gefängnis; eine „Rechtsverletzung" ist aber natürlich immer gegeben, wenn man (fällige) Schulden nicht bezahlt, so daß der zivilrechtlichen Klage auf Bezahlung oder der zivilrechtlichen Klage auf Schadensersatz nichts im Wege steht; vgl. bereits S. 9 unter IIIa. Man kann daher zusammenfassend den Satz aufstellen: Es gibt zwar keine strafbare Handlung, die nicht rechtswidrig wäre, aber es gibt sehr viele rechtswidrige Handlungen, die nicht strafbar sind.

Bei der Prüfung der Strafbarkeit ist jedoch zu beachten, daß durchaus nicht etwa die „Tatbestände" in dem einen „Reichsstrafgesetzbuch" erschöpfend aufgezählt sind, sondern daß wir unter einer Fülle von strafrechtlichen Nebengesetzen leiden, von denen jedes wieder eine ganze Reihe neuer „Tatbestände" bringt. (Für den Studiengebrauch sind die wichtigsten zusammengestellt in der Bensheimerschen Sammlung, Bd. 90, 2. Aufl. 1926.) Das wird sich voraussichtlich auch in Zukunft nicht ändern.

2. An die Aufstellung der einzelnen Deliktstatbestände reiht sich nun als negative Folgerung der überaus wichtige, von den Politikern wie den Kriminalisten mit besonderer Zähigkeit verteidigte Satz: **Nulla poena sine lege poenali.** Er ist in der Tat die Umkehr des Systems der Deliktstatbestände; denn er besagt: Was unter keinen mit Strafe bedrohten gesetzlichen Tatbestand fällt (lex poenalis), darf auch im Einzelfall nicht mit Strafe belegt werden. Gerade dieser, wie ein Dogma proklamierte, eigens auch unter den Grundrechten der neuen Reichsverfassung aufgezählte Satz offenbart jenen Schutz- und Garantiegedanken: der Einzelne soll vor der Allgewalt des staatlichen Machthabers gesichert werden, er soll genau wissen, wofür er Strafe zu gewärtigen hat, und was umgekehrt in den straffreien Raum fällt. In der Praxis, vor allem auch in politischen Prozessen, spielt dieser fundamentale Satz „nulla poena sine lege" eine gewichtige Rolle.

In der Reichsverfassung Art. 116: „Eine Handlung kann nur dann mit Strafe belegt werden, wenn die Strafbarkeit gesetzlich bestimmt war, bevor die Handlung begangen wurde" (fast wörtlich ebenso StrGB. § 2 Abs. 1).

Eine besondere Weiterführung erfährt der Grundsatz, wenn man an die anderen Rechtsquellen neben dem „Gesetz" denkt (Enzyklopädie oben § 10). Ist nur das „Gesetz" fähig, eine Strafe vorzuschreiben, so dürfen aus den anderen Rechtsquellen keine Strafen hergeleitet werden. In der Tat folgert die Dogmatik aus jenem Satz der RV. (und des StrGB.), daß durch **Gewohnheitsrecht** (oben § 12) ein bisher straffreier Tatbestand nicht unter Strafe geraten kann (vgl. S. 89). Und ebenso leugnet die herrschende Lehre, wenigstens dem Grundsatz nach, daß im Strafrecht die **Analogie** (oben S. 114 Ziff. 4) verwendet, d. h. eine für einen bestimmten Tatbestand im Gesetze vorgesehene Strafe auf einen anderen, „ähnlichen" Tatbestand übertragen werden dürfe. Noch viel weniger ist man geneigt, auf dem Gebiete des Strafrechts (d. h. der Schaffung neuer zu strafender Tatbestände) so etwas wie **freie richterliche Rechtschöpfung** (oben S. 204 Ziff. 5) zuzulassen. Es soll eben einzig und allein das „Gesetz" Tatbestände zu strafbaren Tatbeständen stempeln dürfen.

Diese im Grunde weise und strenge Beschränkung kann gelegentlich zu befremdenden Ergebnissen führen. So, wenn sich die Volksmeinung von dem, was strafbar sei, gewandelt hat, die formale Gesetzgebung aber nicht rasch genug nachgekommen ist; insbesondere aber, wenn ganz neue Verbrechensarten auftauchen, an die früher niemand gedacht hatte und auch nicht denken konnte (Beispiel bereits im § 15 I, S. 121). Um dieser Nachteile willen hat es nicht an (vereinzelten) Stimmen gefehlt, die den Grundsatz „nulla poena etc." lockern, z. B. doch analoge Bestrafungen zulassen wollen, und der Grundsatz wird wirklich in der Praxis wesentlich dadurch abgeschwächt, daß auch im Strafrecht nicht ohne **Auslegung** auszukommen ist.

Wiederum sind es nämlich die vielen dehnbaren Begriffe, mit denen die strafrechtlichen Tatbestände durchsetzt sind, die einen großen Spielraum für die Anerkennung (auch wechselnder) Volksanschauungen ermöglichen. Es liegt dann nahe, das, was „Analogie" ist oder nach „Gewohnheitsrecht" schmeckt, unter dem harmloseren Zeichen der „Auslegung" in das „Gesetz" hineinzubringen und so die nötige lex poenalis zu konstruieren. So hat z. B. das Gesetz die „Beleidigung" unter Strafe gestellt (StrGB. § 185), aber es sagt nicht, was alles unter „Beleidigung" fallen soll; diese wichtige, wahrhaft entscheidende Frage bleibt vielmehr der Gestaltung durch die Praxis überlassen. — Berühmte Beispiele für eine sehr weitgehende Dehnung mittels Auslegung bieten das „gefährliche Werkzeug" bei der Körperverletzung (StrGB. § 223a), die „tödlichen Waffen" beim Zweikampf (§ 201 ff., wonach z. B. nach einer, gerade jetzt allerdings der Nachprüfung unterliegenden Plenarentscheidung des Reichsgerichts auch die studentische Schlägermensur strafbar sein soll), und insbesondere der berühmte „grobe Unfug", der fast wie eine Generalklausel für allerlei „leichte" Fälle gehandhabt wird (§ 360 Ziff. 11). Während des Krieges hat namentlich die Anwendung des Begriffs „Hehlerei" auf den, der Waren des Schleichhandels kaufte (für sich selber kaufte!), Aufsehen erregt.

3. Eine dritte, allerdings nicht restlos durchgeführte und nur beschränkt wirksame Begrenzung des Strafrechts liegt darin, daß bei jedem der ausgewählten, mit Strafe bedrohten Tatbestände **die**

Strafe selbst gleich vom Gesetzgeber beigegeben ist. Es ist nur eine Ableitung aus dem vorhergehend geschilderten Grundsatz, daß dann der Richter nicht eine andere Strafe aussprechen, nicht über das Strafmaß des Gesetzes hinausgehen darf. Auch hierin liegt eine bedeutende staatsbürgerliche Garantie.

Allerdings stößt sie hart aufeinander mit jener neuzeitlichen Forderung der „individuellen" Behandlung des Täters (oben S. 336 f.). Will man „bessern", „erziehen" und dgl., so muß die Strafe in jedem Falle erst besonders ausgesucht und errechnet werden. In der Tat geht die äußerste Forderung der soziologischen Strafrechtsschule geradezu auf das unbestimmte Strafgesetz hinaus: das Gesetz soll nur sagen, welche Tatbestände Strafe verdienen, aber welche Strafe nun wirklich verhängt und vor allem in welcher Höhe sie verhängt wird, das soll durchaus dem Richter überlassen bleiben. Ja, noch mehr: Manche wollen sogar auf das unbestimmte Strafurteil hinaus, d. h. auch der Richter soll nur sagen, daß der Betreffende zu bestrafen ist, während die Auswahl der Strafe, ihre etwaige „Abstufung" und namentlich (bei Freiheitsstrafen) ihr Ende von dem (eigens dafür zu schulenden) Strafvollzugsbeamten zu bestimmen sei.

Diese äußerste Forderung wird, von Teilerfolgen abgesehen (wie sie in der Behandlung der Jugendlichen, unten S. 345 oben bereits erreicht sind), schwerlich geltendes Recht werden. Aber auch das geltende Recht hat bei der großen Masse der Delikte nicht eine genau festgelegte Strafe ausgesetzt, sondern sich mit der Aufstellung eines **Strafrahmens** begnügt. Innerhalb dieser Rahmen bleibt nun doch dem Richter die freie Wahl der Strafart (wenn z. B. das Gesetz auf Geldstrafe oder Gefängnis lautet) und die freie (rechnerische) Bestimmung des Strafmaßes (wenn das Gesetz z. B. Gefängnis von ein bis fünf Jahren, Geldstrafe „bis 3000 Mark" vorschreibt) überlassen. Und es ist nicht zu verkennen, daß der Zug der Zeit auf immer weitere Dehnung dieser Rahmen geht, also den Grundsatz der „im Gesetz von vornherein festgelegten Strafe" zugunsten richterlicher Beurteilungsfreiheit doch mittelbar immer weiter abschwächt. Vgl. den Standpunkt des neuen Codex iuris canonici, unten S. 348.

IV. **Der Aufbau des Strafrechts.** Der wissenschaftliche Aufbau des Strafrechts zerfällt in die „Allgemeinen Lehren" und die Darstellung der „einzelnen Delikte" nebst ihren Strafen. Auch hier also hat der Drang nach Erkenntnis dazu geführt, über den einzelnen Tatbeständen des Lebens ein Gebäude abgeleiteter Begriffe von allgemeiner Bedeutung zu errichten (vgl. für das bürgerliche Recht S. 232 f., für das Staatsrecht S. 284), für das Steuerrecht S. 321.

a) Der **Allgemeine Teil** berücksichtigt zwar stark die subjektiven, im Täter sitzenden Elemente, baut aber überwiegend auf dem objektiven Element der Tat auf: seine Lehren kreisen um den Begriff des Verbrechens, der Verbrecher erscheint wie eingegliedert in diesen Begriff.

1. Der Ausgangspunkt wird freilich wie bei allem Recht vom Menschen genommen. Nur, was vom Menschen kommt, kann „Verbrechen" und darum strafbar sein (Gegensatz zum Mittelalter, S. 37). Sofort aber leitet sich von dieser Grundvorstellung eine Sonderlehre ab, nämlich die Lehre von der Zurechnungsfähigkeit; und von ihr wieder zweigt sich das besonders kritische und heute mit Nachdruck gepflegte Kapital der Jugendlichen ab (nachfolgend S. 345). Dahinter aber erhebt sich das gewaltige Problem der Willensfreiheit, das bereits im enzyklopädischen Teil behandelt worden ist (S. 39 VII).

2. Vom Menschen aus wird sodann der Begriff der Handlung gewonnen. Sie ist es, die den Kern der Tat, des Verbrechens ausmacht. Wegen seiner „Handlung" wird der Mensch bestraft, wobei wiederum eine Reihe von Nebenbegriffen, in schulmäßiger Pflege sorgfältig ausgeschliffen, hinzutreten. So der Begriff der „Unterlassung" als einer ins Negative gekehrten Handlung (die Fälle sind selten), so der Versuch als eine nicht zur Vollendung gelangte Handlung, so die Mehrtäterschaft mit ihren besonderen Erscheinungsformen der Mittäterschaft, der Anstiftung und der Beihilfe. Und auch hier wieder im Hintergrunde eine Frage von überragender, urmenschlicher Bedeutung: wie wird ursächlich der Täter mit der Tat verknüpft? — das berühmte Problem des Kausalzusammenhanges.

3. Sodann die Einfügung der „Handlung" in das allgemeine Rechtssystem. Hier erwächst der Grundbegriff der Rechtswidrigkeit, praktisch von elementarer Bedeutung. Denn nicht wegen seiner Handlung schlechthin wird der Mensch bestraft, sondern nur wegen seiner „rechtswidrigen" Handlung. Darum geht der, der einen anderen Menschen erschlug, straffrei aus, wenn er in Notwehr gehandelt hat; denn er hat in solcher Lage ein Recht, sich zu wehren.

4. Aber noch ein letzter, besonders schwieriger Grundbegriff muß hinzutreten, um die „Handlung" unter die Herrschaft der Strafe zu bringen, das ist der Begriff der Schuld. Von seltenen Ausnahmefällen abgesehen (Erfolgshaftung), wird nur die „schuldhafte" Handlung des Menschen gestraft. Nochmals taucht hier, ins juristisch-dogmatische umgeprägt, die Lehre von der Zurechnungsfähigkeit (Ziff. 1) auf. Es gesellt sich hinzu die Lehre von den Schuldgraden (Vorsatz und Fahrlässigkeit), und es wird in diesem Zusammenhang auch das Problem des Irrtums (oben S. 338) abgehandelt.

5. Schließlich erscheint, wie ein Anhang der Allgemeinen Lehren, als der korrespondierende Begriff zu der strafbaren Handlung die

Strafe selbst. Auch sie ist zum allgemeinen Begriff erhoben, über den konkreten Einzelfall hinaus dogmatisiert, zu einem „Strafensystem" entfaltet worden. Hier haben die Lehren von den Strafarten, vom Strafrahmen, von den Strafschärfungs- und Strafmilderungsgründen ihren Sitz. Hier auch haben sich die Reformbestrebungen (s. im folgenden) mit den Figuren der „unbestimmten" und der „bedingten" Strafe und manchen anderen, dogmenartig aufgestellten Forderungen lebhaft bemerkbar gemacht.

b) Der **Besondere Teil** des Strafrechts stellt nun, auf dem Untergrund der Allgemeinen Lehren, die lange Reihe der einzelnen Deliktstatbestände auf (vgl. S. 338 b 1) und versieht sie mit der jeweils als „passend" gedachten (vom Gesetzgeber so gedachten) Strafdrohung. Wegen des überaus starken Druckes, den der Satz „nulla poena sine lege" ausübt (S. 339 Ziff. 2), sind diese gesetzlichen Einzeltatbestände mit peinlicher Sorgfalt, meist im jahrzehntelanger, wissenschaftlicher Arbeit ausgeschliffen. Und auch in der Praxis wird ein unverhältnismäßig großer Teil der geistigen Arbeit des Strafrichters durch die Untersuchungen, in Anspruch genommen, ob die zu beurteilende Tat sich mit diesem oder jenem gesetzlichen Tatbestand vereinigen läßt, und wie die gesetzlichen Tatbestände sich voneinander abgrenzen.

Es ist unvermeidlich, daß die dabei erzielten Ergebnisse nicht selten befremdlich erscheinen. Zwei Beispiele mögen der Erläuterung dienen.

Ein Taschendieb entwendet einem Spaziergänger seine Uhr und läuft davon. Der Bestohlene verfolgt ihn, holt ihn ein und nimmt ihm die Uhr wieder ab. Aber der Dieb greift zum Messer und versetzt ihm aus bloßer Wut einen schweren Stich. Unbefangener Betrachtung will es scheinen, daß hier zwei Delikte gegeben sind, einmal der Diebstahl, und zweitens die Körperverletzung. Indessen kennt das StGB. einen besonderen „Tatbestand" des sog. „räuberischen Diebstahls" (§ 252: „Wer, bei einem Diebstahl auf frischer Tat betroffen, gegen eine Person Gewalt verübt ..., um sich im Besitze des gestohlenen Gutes zu erhalten, ist gleich einem Räuber zu bestrafen"). Und es steht nun der Kriminalist vor der im Einzelfall sehr schwierigen Aufgabe, klarzustellen, ob der Messerheld gestochen hat, „um sich im Besitze zu erhalten" (dann nur § 252), oder, um sich der Verhaftung zu entziehen, oder, um sich „zu rächen" (dann nur „einfacher", nicht „räuberischer" Diebstahl, dafür aber selbständig nebenhergehend die „Körperverletzung").

Es hat jemand ein Sparkassenbuch entwendet, natürlich, um das darin verzeichnete Geld abzuheben. Tut er das, so ist der Tatbestand des „Betruges" erfüllt (StGB. § 263). Die Strafe dafür ist verhältnismäßig leicht (Gefängnis). Nun sind aber die Sparkassen dazu übergegangen — und man sagt, sie hätten es eigens getan, um den „Täter" schärferer Strafe auszusetzen —, daß sie den Betrüger eine Urkunde mit dem Namen des echten Inhabers des Sparbuchs unterschreiben lassen. Tut er das, so ist sofort neben dem Betrug „Urkundenfälschung" gegeben, die mit Zuchthausstrafe bedroht ist (StrGB. § 268). Bei dem Täter ist die verbrecherische Neigung genau die gleiche geblieben: er will das fremde Geld haben. Auch der Ethiker wird nicht sonderlich geneigt sein, die beiden Fälle verschieden zu bewerten. Der an die „Tatbestände" gebundene Jurist muß dagegen einen grundlegenden, zu ganz anderen Ergebnissen führenden Unterschied setzen. —

Die Wissenschaft pflegt die einzelnen Tatbestände (Delikte) in Gruppen zu ordnen und dadurch ein System zu gewinnen. Die Hauptkategorien sind: 1. die Delikte gegen den Staat, z. B. der Hochverrat, 2. die Delikte gegen die Sittlichkeit, z. B. die Notzucht, 3. die Delikte gegen Leib und Leben, z. B. der Totschlag, 4. die Delikte gegen das Vermögen, z. B. der Diebstahl.

V. **Die Reform des Strafrechts.** Das Strafgesetzbuch vom 15. Mai 1871 (oben S. 216) steht zwar zurzeit noch (mit den im folgenden erwähnten Änderungen) in kraft, es gilt aber ganz allgemein als „veraltet". Seine Reform ist dementsprechend in vollem Gange.

a) **Äußerer Verlauf der Reformarbeit.** Kaum eine gesetzgeberische „Reform" ist so gründlich vorbereitet wie diese. Ein einzigartiger wissenschaftlicher Apparat ist ihr zu Diensten in einem mächtigen, sechzehnbändigen Werk geschaffen worden. Fünf Entwürfe sind bereits herausgebracht worden. Ein Schwarm von kritischer Literatur umgibt sie. In zwei besonders dringlichen Fragen, nämlich der Einschränkung der „kurzen" Freiheitsstrafen und der Sonderbehandlung der Jugendlichen ist die Reform sogar schon im Wege von Spezialgesetzen vollzogen worden.

1. Im Jahre 1902 wurde im Reichsjustizamt eine Kommission von Gelehrten gebildet, aus deren Schoß in mehrjähriger Arbeit die 16 Bände fassende „Vergleichende Darstellung des deutschen und ausländischen Strafrechts" hervorging. Rasch folgten festformulierte Entwürfe, der sog. Vorentwurf von 1909, der Gegenentwurf von 1911 (von namhaften Professoren verfaßt), der sog. Kommissionsentwurf von 1913, der sog. Neue Entwurf von 1919 und der nunmehr vorliegende Amtliche Entwurf von 1925 (dem eine inhalt- und lehrreiche, im Reichsjustizamt ausgearbeitete „Begründung" beigegeben ist). Bemerkenswert ist, daß dieser neueste Entwurf wörtlich gleichlautend auch in Österreich eingebracht worden ist; es steht zu hoffen, daß man an dieser Rechtsgemeinschaft der beiden Bruderstaaten im weiteren Fortgang festhalten, daß also Deutschland und Österreich demnächst ein einheitliches Strafgesetzbuch erlangen werden. —

2. Verringerung der „kurzen" Freiheitsstrafen ist eine der am frühesten erhobenen Reformforderungen (s. nachfolgend b). Man hat die Überzeugung gewonnen, daß diese kurzen Strafen von 3 Tagen oder 2 Wochen oder 1 Monat ihre Wirkung verfehlen, bisweilen sogar schädigend wirken. Dem konnte nur durch gleichzeitige Erweiterung der Geldstrafe Rechnung getragen werden. So erging bereits am 21. Dezember 1921 ein „Gesetz zur Erweiterung des Anwendungsgebiets

der Geldstrafe und zur Einschränkung der kurzen Freiheitsstrafen" (RGBl. S. 1604; jetzt Fassung vom 6. Februar 1924, RGBl. S. 44).

3. Viel weiter griff das **Jugendgerichtgesetz** vom 16. Febr. 1923 (RGBl. I S. 135). Es setzte die Grenze der absoluten Straffreiheit von 12 auf 14 Jahre hinauf (§ 1), ordnete an, daß auch bei den über 14 Jahre alten, sog. „Jugendlichen" von Strafe abzusehen ist, wenn das Gericht „Erziehungsmaßregeln" für ausreichend hält (§ 6), ferner, daß, nachdem auf eine wirkliche „Strafe" erkannt worden ist, doch in geeigneten Fällen die Vollstreckung ausgesetzt werden darf, „damit der Verurteilte sich durch gute Führung während einer Probezeit Straferlaß verdienen kann" (§ 10; sog. Bewährungsfrist), und schuf besonders zusammengesetzte Gerichtshöfe mit „Jugendrichtern" und „Jugendschöffen" (§ 19, 20); vgl. unten § 34 I. — Die mit der Aussetzung der Vollstreckung verwandte bedingte Begnadigung und bedingte Verurteilung hat sich übrigens auch für Erwachsene im Wege des landesrechtlichen Verordnungsrechts bereits stark durchgesetzt.

4. Aus dem zahlreichen Schrifttum vgl. außer den berühmten, die Basis bildenden Ausführungen von Liszt als Beispiel: Richard Schmidt (Professor in Leipzig), Grundriß des deutschen Strafrechts, zugleich als Einführung in das Studium der beiden Entwürfe eines neuen deutschen Strafgesetzbuchs von 1919 und 1925.

b) **Die leitenden Gedanken.** Die Reformbewegung hängt mit dem Kampf der „modernen" gegen die „klassische" Schule (S. 336f.) eng zusammen. Die Leitgedanken sind die folgenden:

1. Es soll dem Täter mehr Gerechtigkeit widerfahren; darum muß auf die verschiedenen Typen von Verbrechern Rücksicht genommen, namentlich der Gewohnheitsverbrecher vom Augenblicksverbrecher geschieden werden. Sonderbehandlung der Jugendlichen (s. bereits vorstehend Ziff. 3).

2. Die Prägung ins Subjektive muß weiter durchgeführt die sog. Erfolgshaftung ganz beseitigt, der Rechtsirrtum (S. 338) für beachtlich erklärt werden.

3. Das Strafensystem muß den neuen Erkenntnissen angepaßt, das „richterliche Ermessen" entsprechend gesteigert werden. Die „Strafrahmen" sind durchgehend zu erweitern, wenn man nicht geradezu zur „unbestimmten" Straffestsetzung übergehen will (vgl. S. 343). Kurze Freiheitsstrafen sind möglichst zu vermeiden (s. bereits im vorhergehenden). „Ehrenstrafen" sind ganz zu streichen. Von den „Strafen" zu trennen sind die bloßen **„sichernden Maßnahmen"**.

In letzterer Hinsicht ist der Entwurf 1925 besonders ausgeprägt. Er bringt am Schluß ein eigenes drittes Buch über „Gemeinschädliches Verhalten". Dort treffen wir die Liederlichen und Arbeitsscheuen, die Bettler und die Dirnen. Sie sollen nicht mehr mit „Gefängnis" für „bestimmte" Zeit „bestraft", sondern als asoziale Elemente entfernt, d. h. dem „Arbeitshaus" für „unbestimmte" Zeit (bis zur Besserung) „überwiesen" werden.

4. Das führt unmittelbar hinüber zum **Strafvollzug**, dessen Umgestaltung ein besonderes Kapitel der Reformbewegung ausmacht. Hauptpunkte sind hierbei: das Stufensystem (der Gefangene, der sich gut führt, kommt in eine höhere, von „Erleichterungen" begleitete Stufe, die ihn gleichzeitig auf die bevorstehende Freiheit vorbereiten soll), die „vorläufige Entlassung" (bereits geltendes Recht, § 23 StrGB.), die Abschwächung der Disziplinargewalt des Anstaltsleiters.

Ungefähr 100000 Menschen befinden sich jeweils in den Gefangenenanstalten, verteilt auf etwa 1400 Häuser. Nimmt man den Wechsel der Ausscheidenden und Neueingelieferten hinzu, so werden im Laufe eines Jahres 200000 Menschen, wenn nicht mehr, in den Gefängnissen sein. In Preußen allein kommt es im Jahre zu etwa 10000 Disziplinarfällen wegen Arbeitsweigerung, Fluchtversuch, Schlägereien, Homosexualität, verbotenen Rauchens, kleiner Diebereien usw. Nach altem System lag die absolute Disziplinargewalt in den Händen des Direktors; Verfahrensvorschriften gab es nicht. Auch demgegenüber sind beachtliche Reformversuche im Gange, die an einzelnen Stellen sogar zu einer Art Selbstverwaltung der Gefangenen geführt haben. —

Die Regelung des Strafvollzugs ist bisher Landessache. Doch haben sich die Landesregierungen bereits im Jahre 1923 auf gemeinsame „Grundsätze für den Vollzug von Freiheitsstrafen" (Grundsätze vom 7. Juni 1923, RGBl. II S. 263) geeinigt. Darüber hinaus ist es beschlossene Sache, zugleich mit dem neuen Reichsstrafgesetzbuch ein Reichsstrafvollzugsgesetz herauszubringen.

§ 30. Das Kirchenrecht.

Schrifttum (Beispiele): Quellenwerke bereits S. 172. — Das weitgreifendste Gelehrtenwerk: Paul Hinschius (Prof. in Berlin, gest. 1898), Das Kirchenrecht der Katholiken und Protestanten, 6 Bände, 1869 bis 1897. Hervorragende Historie und Dogmatik in: Ulrich Stutz (Prof. in Berlin), Kirchenrecht, in der Holtzendorff-Kohlerschen Enzyklopädie (oben S. 27) Bd. 5. Knappere, belehrende Darstellung bei: Erwin Ruck (Prof. in Basel), Kirchenrecht, 29. Heft der Kohlrausch-Kaskelschen Enzyklopädie (oben S. 28). Für Lernzwecke: E. Heilfron (Prof. a. d. Handelshochschule Berlin), Kirchenrecht, 9. Aufl. 1924. — Die Dogmatik des neuen katholischen Codex (oben S. 173) stellt dar: Eduard Eichmann (Prof. in der Theologischen Fakultät der Univ. München), Lehrbuch des Kirchenrechts auf Grund des Codex Iuris Canonici, 1923. — Seit 1902 erschienen in langer Reihe, von Ulrich Stutz herausgegeben, Kirchenrechtliche Abhandlungen. — Zeitschriften: Archiv für katholisches Kirchenrecht (seit 1857, über 100 Bände); Deutsche Zeitschrift für Kirchenrecht (seit 1861, über 50 Bände).

I. **Grundlage.** Die Gleichheit des religiösen Empfindens führt immer wieder größere Massen von Menschen zu einer organisierten Gemeinschaft zusammen. Solche Gemeinschaften pflegen sich dann zu selbständigen, vom einzelnen Individuum abgehobenen

Gebilden, sog. Kirchen, auszuwachsen, ganz ähnlich wie die Staaten. Die Beziehungen innerhalb einer derartigen kirchlichen Gemeinschaft nehmen zum Teil den Charakter von Rechtssätzen an, und so entsteht als Summe dieser Rechtssätze das Kirchenrecht.

Allerdings gibt es eine, namentlich vom evangelischen Glauben getragene Lehre, daß die wirklichen „kirchlichen" Dinge Ereignisse des Seelenlebens seien, daß der Zusammenhalt der Kirchengenossen nur in der Vorstellung, nämlich in der Glaubensgemeinschaft beruhe, und daß deshalb eine rechtliche Erfassung des Kirchenlebens unmöglich oder mindestens zu verwerfen sei (Rudolf Sohm: „Das geistliche Wesen der Kirche schließt jede kirchliche Rechtsordnung aus"). Aber auch diese Lehre kann der rechtlichen Hilfe nicht entbehren; schon die bloße Notwendigkeit des Schutzes gegen Störungen veranlaßt sie, in der Praxis besondere, ihr dienende Rechtsregeln anzuerkennen.

Eine gewisse Zwiespältigkeit ist allerdings unverkennbar. Sie tritt besonders deutlich hervor, wenn man an die Auflehnung gegen die „Gebote" der Kirche und die dann einsetzende kirchliche Bestrafung denkt. Denn hier stehen dicht nebeneinander der bloße Glaubensverstoß und der Rechtsbruch, die beide kirchlicher Nachprüfung unterliegen (s. im folgenden).

In jedem Falle ist eine dogmatische Sonderung unerläßlich. Man pflegt sie bereits bei dem „Begriff der Kirche" anzusetzen, indem man die Kirche im Lehrsinne von der Kirche im Rechtssinne unterscheidet. Nur von der Kirche im letzteren Sinne handelt das Folgende.

II. **Doppelregelung.** Das Kirchenrecht ist nicht eine durch Abscheidung innerhalb des vom Staate gesetzten Rechts gewonnene Materie (wie etwa das Handelsrecht oder das Verwaltungsrecht). Vielmehr tritt es zum staatlichen Recht in Gegensatz, oder, wenn man will, in Parallele. Das Bild ist also so, daß zwei Gewalten nebeneinander stehen, die, jede für sich, eine Rechtsordnung schaffen. Und wenn dann die beiden Gewalten gleichzeitig sich einer und derselben Einrichtung zwecks rechtlicher Regelung bemächtigen, wie es z. B. bei der Ehe geschehen ist, so ergibt sich in der Tat das seltsame Bild, daß dasselbe Lebensverhältnis einer doppelten (und verschiedenen!) rechtlichen Ordnung unterworfen ist.

Doch deckt diese Vorstellung nicht die ganze geschichtliche Entwicklung. In der protestantischen Kirche war eine Zeitlang die Wahrnehmung der kirchlichen Dinge (wenigstens ihrer rechtlichen Seite) ausschließlich eine Staatsaufgabe, also ein Stück Verwaltung. Bei solcher Auffassung konnte keine Doppelregelung entstehen. Vgl. im übrigen über die Machtabgrenzung zwischen Staat und Kirche nachfolgend Ziff. III.

Wenn so das Kirchenrecht gleichsam in **Parallele zum Staatsrecht** erwächst, kann es nicht wundernehmen, daß eine ganze Reihe von Ideen, die das Staatsrecht (und das staatliche Verwaltungs-, Steuer- und Strafrecht, vorstehend §§ 26 ff.) beherrschen, für das Kirchenrecht entsprechend angewandt werden können. Staat und

Kirche sind beide „juristische Personen". Mittels Organen (neben denen bloße Behörden stehen, S. 297) üben sie ihre Lebensfunktionen aus. Für die Auswahl und Formung dieser Organe stehen der Kirche die gleichen rechtlichen Figuren zur Verfügung wie dem Staat; auch der Kirche sind absolute Monarchie und demokratische Formation (S. 291), Parlament und Selbstverwaltung (S. 313 f.) keine fremden Dinge. Selbst die eigenartige Figur des Bundesstaats (S. 303) findet in dem neuerdings entstandenen „Evangelischen Kirchenbund" von 1922 ihre Parallele. Auch die Kirche ist ferner darauf angewiesen „die Gewalten zu teilen" und zwischen der Setzung von Normen, der richterlichen Anwendung der Normen und dem freien Regieren zu unterscheiden (S. 292). Selbst des Strafrechts als der härtesten Waffe gegen den Rechtsbruch kann die Kirche nicht entbehren.

Namentlich die katholische Kirche hat jahrhundertelang auch dem Strafrecht besondere Pflege zugewandt und ihm unlängst im V. Buch des Codex iuris canonici (S. 173) eine wissenschaftlich hochstehende Kodifikation von 220 canones gewidmet. Der Vergleich mit dem staatlichen Strafrecht und den hier herrschenden Reformbestrebungen ist interessant und fruchtbar. In kühnem Zuge vereinigt der Codex den Vergeltungsgedanken mit dem Ziele der Besserung und Abschreckung. Letztere beiden sind vorangestellt; in Anlehnung an das Tridentiner Konzil weist c. 2214 § 2 die kirchlichen Vorgesetzten an, sich als „pastores non percussores" zu fühlen und die Strafgewalt so zu handhaben, „ut sine asperitate disciplina . . . conservetur [Ordnungsprinzip] et qui correcti fuerint, emendentur [Besserung] aut, si resipiscere noluerint, ceteri, salubri in eos animadversionis exemplo, a vitiis deterreantur" [Abschreckung der anderen, Generalprävention, S. 336] Es treten aber neben die sog. poenae medicinales die poenae vindicativae, und hier tritt die Idee der Vergeltung ganz klar hervor; c. 2286: „Poenae vindicativae illae sunt, quae directe ad delicti expiationem [Sühne der Tat] tendunt ita ut earum remissio e cessatione contumaciae delinquentis [des Täters] non pendeat".

Dem Richter ist eine viel weitere Bewegungsfreiheit als im staatlichen Recht verliehen, weil sich eben mit dem Rechtsbruch der Glaubensverstoß vermischt, und weil dementsprechend nicht nur an die äußere Ausgleichung, sondern auch an das innere Seelenheil des zu Strafenden gedacht werden muß. Darum steht den Kirchenoberen nicht nur der Strafaufschub, sondern auch Strafmilderung und sogar Straferlaß bei schon eingetretener vollständiger Besserung zu (c. 2223 § 3), und in der Vollstreckungslehre ist auch der „moderne" Typus des bedingten Strafaufschubs (oben S. 345) vorgesehen (c. 2288). Aber umgekehrt darf der Kirchenobere (der legitimus Superior) bei „extraordinaria adjuncta aggravantia" von sich aus über das gesetzliche Strafmaß hinausgehen (c. 2223 § 1; vgl. S. 340 Ziff. 3), ja sogar da Strafen verhängen, wo es an einem Strafgesetz fehlt, so daß der Fundamentalsatz „nulla poena sine lege" (S. 339 Ziff. 2) ausgeschaltet erscheint (c. 2222 § 1).

III. **Die Machtabgrenzung** zwischen den beiden Gewalten, zwischen Staat und Kirche, ist die gewaltigste Machtverteilung, die die Erde kennt. Seit Jahrhunderten bewegt sie die Gemüter der Gläubigen und den Geist der Staatsmänner und Kirchenfürsten. Wenn man nicht des gefestigten Glaubens lebt, daß Gott selbst die Grenze gesetzt und damit zu ewiger und absoluter Richtigkeit erhoben hat, muß man zugestehen, daß das Finden der Grenze Sache der Politik, nicht der Logik ist; d. h., daß es von den jeweiligen Umständen abhängt, nicht von einer vorgefaßten Begriffsformel, wo die Grenze liegt. Dies wird durch die Mannigfaltigkeit der historischen Bilder bestätigt.

a) **Die hauptsächlichsten geschichtlichen Systeme** haben sich, soweit sie für uns in Frage kommen, faßt ausschließlich in dem Verhältnis der christlichen Kirche zu den jeweils bestehenden Staaten entwickelt. Doch steht bei einer enzyklopädischen Betrachtung nichts im Wege, auch gelegentlich auf vorchristliche Zustände zurückzugreifen.

1. **Das System des Staatskirchentums.** Hier saugt der Staat die Angelegenheiten der Kirche in sich ein. Der Boden für diese Behandlung der Dinge ist jeweils fruchtbar, wenn der Staat ganz allgemein sich „aller" Angelegenheiten seiner Untertanen glaubt annehmen zu müssen, sei es aus autokratischer Neigung, sei es aus väterlicher Fürsorge (Polizeistaat, Patriarchalstaat, vgl. S. 311). Die dogmatischen Grundlinien sind dann folgende: Die „Kirche" ist keine selbständige, außerhalb des Staates stehende Größe, sondern sie ist eine innerhalb des Staates errichtete, von ihm geduldete und bepflegte Anstalt. Die Gesetzgebung in allen kirchlichen Dingen (sogar in Fragen der Lehre, also des „richtigen" Glaubens) übt der Staat aus. Die Geistlichen sind Staatsbeamte Der einzelne Bürger gehört der Kirche an, weil er dem Staate angehört.

Historisch hängt dieses System meist zusammen mit der ausdrücklichen Erhebung einer bestimmten Religion zur Staatsreligion. Folge: eine andere Religion wird daneben im Staatsterritorium nicht geduldet („cuius regio, eius religio"), oder, wenn sie geduldet wird, so ist sie doch minderen Rechtes, an den „Privilegien" der Staatskirche nicht beteiligt.

So bereits das alte Rom der vorchristlichen Zeit. — Das Christentum beginnt bekanntlich sein Leben abseits vom Staat. Aber nach fast vier Jahrhunderten wird es seinerseits zur Staatsreligion erhoben; zuerst von Konstantin 324 n. Chr. und, nach einem Zwischenstadium des Rückfalls in das Heidentum unter Julianus Apostata, endgültig unter Theodosius im letzten Drittel des 4. Jahrhunderts. Hauptgesetz von

380, adressiert an den populus urbis Constantinopolitanus, in den Sätzen gipfelnd: „Cunctos populos, quos clementiae nostrae regit temperamentum, in tali volumus religione versari, quam divinum Petrum apostolum tradidisse Romanis religio usque ad nunc ab ipso insinuata declarat . . . . . . Hanc legem sequentes Christianorum catholicorum nomen iubemus amplecti, reliquos vero dementes vesanosque iudicantes haeretici dogmatis infamiam sustinere . . .„; später in den Codex Theodosianus (oben S. 165) eingestellt (Cod. Theod. lex 1 im Titel „De fide Catholica“ 16, 1) und noch später von Justinian sogar an die Spitze seines ganzen Codex (S. 170) gesetzt, als lex 1 in dem Titel „De summa Trinitate et de fide catholica et ut nemo de ea publice contendere audeat“ 1, 1. Die Folge dieser dogmatischen Formulierung innerhalb des staatlichen Gesetzes ist die uneingeschränkte Kirchengewalt des Kaisers, der nun in die gesamte Kirchenverwaltung befehlend eingreift, z. B. die Veräußerung von Kirchengut verbietet (Cod. Just. 1, 2, 14), die Konzilsbeschlüsse bestätigt, den Primat des Bischofs von Rom anerkennt, die Privilegien der Kirche erneuert oder umgestaltet usw. Vgl. z. B. das weitschweifige, Wahl und Rechtsstellung der Bischöfe, Diakone usw. regelnde Gesetz Justinians von 535, das als Novelle VI in den 4. Teil des Corpus iuris eingestellt worden ist. Dieses von Byzanz aus inaugurierte System wird auch als Cäsaropapismus oder Byzantinismus bezeichnet.

Im Westen nahm bei zunehmendem Verfall des römischen Reichs die Entwicklung einen ganz anderen Verlauf (nachfolgend Ziff. 2). Das System des Staatskirchentums lebt aber im ausgehenden Mittelalter doch wieder auf, wird durch das Erstarken der „Territorien“ und der Territorialherren gefördert und durch die Reformation zur Grundlage der evangelischen Kirchenverfassung. Doch auch in katholischen Ländern hat es in Gestalt des sog. Josefinismus (Josef II. stabilisierte es zunächst für Österreich) eine beachtliche wissenschaftliche Blüte gefunden, um im 19. Jahrhundert in das System der bloßen Kirchenhoheit überzugehen (unten Ziff. 3).

2. **Das System der päpstlichen Suprematie.** Es stellt sich dogmatisch als die Umkehr des Staatskirchentums dar (deshalb begegnet dafür im Schrifttum auch der Ausdruck: Kirchenstaatstum). Das Weltbild soll hier ebenfalls nicht in zwei getrennte Ordnungen auseinanderfallen, sondern sich irgendwie in einer höheren Einheit zusammen finden (argumentum unitatis). Nur, daß die Spitze, in der sich die Einigung vollzieht, nicht der Staat, sondern gerade umgekehrt die Kirche ist. Das konnte mit Aussicht auf Erfolg nur vertreten werden, wenn die Kirche über ein sichtbares, mit dem Anspruch der Weltherrschaft auftretendes Haupt verfügte. Darum ist für diese Lehre erst Raum, nachdem das Papsttum erstarkt und über das Kaisertum politisch hinausgewachsen war (späteres Mittelalter). — Die dogmatischen Grundlinien sind in beispielloser Klarheit herausgestellt worden: die Kirche steht über den Staaten, der Papst kann jeden Fürsten (auch den Kaiser) absetzen; er kann die

Untertanen vom Treueid entbinden, die Gesetze der weltlichen Machthaber für nichtig erklären und über ihre Territorien seinerseits nach Art eines obersten Lehnsherren verfügen.

Die Vorstufe dieses Systems ist die Erkenntnis von der Doppelregelung, d. h. von dem Dasein einer geistlichen und einer weltlichen Ordnung und damit einer geistlichen Macht (potestas spiritualis) und einer weltlichen Macht (potestas temporalis, terrena, materialis, saecularis). Diese Zweiteilung bildet z. B. bereits den Auftakt zu jener Novelle Justinians von 535, die mit den Worten beginnt: „Maxima inter homines dei dona a supera benignitate data sunt sacerdotium et imperium, quorum illud quidem rebus divinis inservit, hoc vero humanas res regit earumque curam gerit". Während aber Justinian sogleich im weiteren Fortgang beide Lebensgebiete seinem obersten Zepter unterstellt, wächst sich die päpstliche Lehre, geistig vorbereitet, durch das großartige Gemälde Augustins in seinem Werke vom Gottesstaat (De civitate Dei, entstanden in den Jahren 413 bis 426 n. Chr.), mehr und mehr nach der entgegengesetzten Seite aus: Der Papst als Stellvertreter Gottes auf Erden ist oberster Herr auf beiden Gebieten.

Seinen schönen symbolischen Ausdruck hat der Streit um dieses Dogma in der verschiedenen Darstellung der **Zweischwerterlehre** gefunden. „Zwei swert lîz got in ertrîche zu beschirmene die christenheit. Deme bâbste ist gesaczt daz geistliche, deme keisere daz werltliche", so hebt im 13. Jahrhundert der Sachsenspiegel an (S. 146 f.). Während er jedoch mit der einen, wenn man will: der kaiserlichen, Meinung ein gleichberechtigtes Nebeneinander vertritt, indem er in kindlicher Gläubigkeit davon ausgeht, daß beide, also auch der Kaiser, ihr Schwert unmittelbar von Gott empfangen hätten, vertreten die päpstlichen Autoren immer nachdrücklicher die (mit damaligen lehnsrechtlichen Vorstellungen verwobene) andere Meinung, daß Gott beide Schwerter zunächst in die Hände des Papstes gelegt, und daß dann erst der Papst von sich aus den Kaiser mit dem weltlichen Schwert beliehen habe. In mächtigem Stil ist diese Auffassung der Zweischwerterlehre in der Bulle Unam sanctam von 1302 (vgl. bereits S. 172 a. E.) niedergelegt: „Uterque ergo est in potestate ecclesiae, spiritualis scilicet gladius et materialis. Sed is quidem pro ecclesia, ille vero ab ecclesia exercendus. Ille sacerdotis, is manu regum et militum, sed ad nutum et patientiam sacerdotis. Oportet autem gladium esse sub gladio et temporalem auctoritatem spirituali subjici potestate". (Die Bulle wurde vorübergehend widerrufen durch Clemens V. im Jahre 1306; sowohl sie selbst wie der Widerruf aufgenommen in die Extravagantes Communes, erstere I, 8 cap. I, letzterer V, 7 cap. II).

Während also beim Staatskirchentum die Kirche als eine Anstalt innerhalb des Staates erscheint (S. 349), erscheint hier der Staat als Diener der Kirche, ihres Winks („ad nutum") gewärtig und gehalten, ihr seinen Arm (bracchium saeculare) zur Verfügung zu stellen.

3. **Das System der bloßen staatlichen Kirchenhoheit.** Hier wird auf die Idee einer letzten, ideellen Verschmelzung und Einheit verzichtet. Vielmehr ist das Nebeneinander von Staat und Kirche der geistige Ausgangspunkt. Weder ist die Kirche ein bloßes Ver-

waltungsgebiet des Staates, noch ist der Staat eine dienstbare Gewalt der Kirche. Sie stehen sich als selbständige Größen gegenüber. Immerhin ist das nicht (wie bei dem 4. System) mit aller Reinheit durchgeführt. Vielmehr glaubt man doch, einem der beiden Faktoren (dem Staat) eine Überlegenheit zusprechen zu müssen. Darum hat dieses System den Namen der „Kirchenhoheit" bekommen.

Die Dogmatik unterscheidet dabei die „iura in sacra" (iura collegia), die der Kirche verbleiben, und die „iura circa sacra" (iura majestica), die der Staat sich in Ansehung der kirchlichen Verhältnisse zuspricht. Letztere kreisen, im historischen Geschehen vielfach wechselnd, um die beiden Grundbegriffe eines Aufsichtsrechts und andererseits einer Schutzpflicht des Staates. Ausflüsse des ersteren sind z. B. die Rechtsfiguren des „Recursus ab abusu" (Beschwerde an den Staat wegen Mißbrauchs des geistlichen „Kirchenregiments") und das „Placet" (Staatliche Genehmigung für die Verkündung und Inkraftsetzung kirchlicher Akte); Ausfluß der letzteren z. B. die staatliche Bestrafung der Gotteslästerung und der Beschimpfung der staatlich anerkannten Religionsgesellschaften (heutiges RStrafGB. § 166) und die Sicherung des kirchlichen Steuerrechts mit staatlichen Mitteln.

Das System der staatlichen Kirchenhoheit ist ein Ergebnis des 19. Jahrhunderts: Einerseits Erstarken und Vielgeschäftigkeit der staatlichen Verwaltungsmacht, andererseits zunehmende Verwicklung der Verhältnisse und damit Preisgabe der großen geraden Linien zugunsten von Kompromissen und Halbheiten. So werden denn auch die in diesem Jahrhundert besonders in Lauf gekommenen Figuren der Selbstverwaltung (S. 315 b) und der Autonomie (S. 99 Ziff. 4, insbes. S. 101 unten Ziff. 3) gern verwandt, um dieses „moderne" Verhältnis der Kirche zum Staat zu veranschaulichen.

Während die evangelische Kirche sich in dieses System eingelebt hat und es auch formell anerkennt, verhält sich die katholische Kirche, an dem System ihrer Überlegenheit festhaltend, in thesi streng ablehnend. In praxi fügt sie sich jedoch in die nun einmal gegebenen Verhältnisse („temporum ratione habita"). Gerade das offenbart den politischen Gehalt der Machtabgrenzung (S. 349 Ziff. III). Das berühmteste Beispiel dieser merkwürdigen Lage ist die Regelung des Eherechts. Der heutige Staat hat sich hier durchaus die Vorhand gesichert: erst muß die zivile Eheschließung vor dem staatlichen Standesbeamten erfolgt sein, ehe der Geistliche zur kirchlichen Trauung schreiten darf; vollzieht er die Trauung, ehe der Staat durch seinen Beamten gesprochen hat, wird er mit Geld- oder Gefängnisstrafe belegt (§ 67 Personenstandesgesetzes). Die katholische Kirche fügt sich dem, erlaubt z. B. ihren Mitgliedern, die Zivilehe vor dem weltlichen Beamten (auch einem Nichtkatholiken!) zu schließen („coram ministro acatholico, officialis civilis tantum munere fungente", can. 1064 § 3), hält aber im übrigen an der Sakramentsnatur der Ehe und den daraus sich ergebenden, abseits von dem weltlichen Eherecht liegenden Folgerungen fest. —

Der grundsätzliche Widerstand der katholischen Kirche gegen ihre Unterordnung unter die staatliche Hoheit hat u. a. auch zu einer eigenartigen, schon Jahrhunderte alten Form von Vereinbarungen zwischen

Staat und Kirche geführt, den sog. **Konkordaten**. Sie erscheinen als eine besondere Vertragsfigur, so daß die Vorstellung zweier gleichberechtigter Partner gewahrt bleibt. Doch ist das nur der äußere Umriß, ihre rechtliche Konstruktion ist, wiederum je nach der machtpolitischen Grundauffassung, stark umstritten (Privilegientheorie, Vertragstheorie, Legaltheorie). Übrigens sind diese Konkordate die Stelle, wo das Kirchenrecht an das Völkerrecht (nachstehend § 31) nahe heranrückt (Verträge von Staaten untereinander). Ältestes Konkordat: Das Wormser Konkordat von 1122 (Beendigung des Investiturstreits). Beispiel aus jüngster Zeit: das bayrische Konkordat von 1924, das, unter Benutzung der geänderten politischen Verhältnisse und die Macht der Kirche verstärkend, an die Stelle des bisherigen bayrischen Konkordats von 1817 getreten ist.

4. **Das System der Trennung von Staat und Kirche.** Das „Nebeneinander" ist hier in voller Reinheit durchgeführt und so weit getrieben, daß sich beide Mächte gegenseitig ignorieren. Die Kirche lebt für sich und beachtet den Staat nicht anders wie eine tatsächliche Erscheinung, durch die sie an dieser oder jener Stelle gehindert, ein andermal vielleicht gefördert wird. Und umgekehrt: der Staat lebt für sich und betrachtet die Kirche zunächst nur als etwas Tatsächliches, zu dem er sich ganz ebenso stellt wie etwa zu einem Sportverband, einer literarischen Gesellschaft oder sonst einer, von seinen Untertanen begründeten Vereinigung.

Dieses System herrscht u. a. in Frankreich und in den nordamerikanischen Staaten. Die rechtlich sichtbarste Folgerung ist die, daß die Kirche im Staat nicht als „öffentlichrechtliche Körperschaft", sondern als „privater Verein" behandelt wird. Sie nimmt danach an der (weitgehenden) Autonomie der Vereine teil, ohne hierbei eine Verkürzung durch staatliche „Kirchenhoheit" zu gewärtigen. Aber andererseits stellt sich auch nicht der Staat mit „Privilegien" und besonderen Hilfeleistungen (etwa bei ihrer Finanzierung) zur Verfügung.

In Deutschland wurde bei Ausbruch der Revolution von 1918 von der revolutionären Partei die „Trennung" verlangt. Es sah auch zuerst so aus, als wenn es dazu kommen würde. Aber es ist, wie das folgende zeigt, anders gekommen.

b) **Die heutige Rechtslage** ist das Produkt der vorangegangenen Entwicklung. Das 19. Jahrhundert hatte an die Stelle eines rücksichtslos durchgeführten Staatskirchentums die bloße Kirchenhoheit gesetzt. Die Revolution von 1918 verlangte, an die Stelle der Kirchenhoheit die reine Trennung des Staates von der Kirche zu setzen. Das Ergebnis war: Festhalten an der Kirchenhoheit, aber beachtliche Lockerung in der Richtung der „Trennung".

Von der staatlichen Seite her bildet jetzt die Grundlage die **Reichsverfassung.** Das Bild, das sie, ein Kompromiß zwischen der Sozialdemokratie und der Zentrumspartei, darstellt, wird durch folgende entwicklungsgeschichtliche Züge gekennzeichnet.

1. Mehrung des Reichseinflusses auf Kosten der Macht der Länder.

Nach Art. 10 Ziff. 1 hat das Reich in Ansehung der „Rechte und Pflichten der Religionsgesellschaften" wenigstens die sog. Grundsatzgesetzgebung. Dazu treten die den Reichswillen bereits in den Grundzügen wiedergebenden Art. 135 ff. (3. Abschnitt der Grundrechte: „Religion und Religionsgesellschaften").

2. Grundsätzliche Ablehnung des Systems des Staatskirchentums.

Art. 137 Abs. 1: „Es besteht keine Staatskirche." In Verfolg dessen sind zwei wichtige Einzelanordnungen getroffen, d. h. vom Reiche programmatisch vorgeschrieben worden. Einmal die Ablösung der bisherigen Staatsleistungen an die Kirchen (Art. 138). Sodann die Beseitigung jeder staatlichen Mitwirkung bei der Besetzung der kirchlichen Ämter (Art. 137 Abs. 3 Satz 2). Namentlich die letztere Bestimmung macht den durch die Reichsverfassung eingeleiteten Umschwung deutlich. In Ausführung der reichsrechtlichen Regel verfügt z. B. das Preußische Gesetz betr. die Kirchenverfassung der evangelischen Landeskirchen v. 8. März 1924, daß aufgehoben sein sollen „alle bisherigen Rechte zur Ernennung, Anstellung, Berufung, Wahl oder Präsentation von Geistlichen usw".

3. Aber ebenso ist auch das System der Trennung grundsätzlich abgelehnt worden, so daß es eben bei einer (abgeschwächten) „Kirchenhoheit" des Staates verblieben ist.

Dogmatisch zeigt sich das Festhalten am System der Kirchenhoheit namentlich darin, daß die Kirchen ausdrücklich als „Körperschaften des öffentlichen Rechts" aufrechterhalten werden. Bestände das System der Trennung, so hätten sie darauf keinen Anspruch, sondern müßten sich bescheiden, als private Vereine zu leben. Nur eine Folge ihrer Anerkennung als öffentlichrechtliche Gebilde ist es, daß der Staat sie nach wie vor bei der Erhebung ihrer Steuern unterstützt (vgl. Art. 137 Abs. 6). Auch der besondere strafrechtliche Schutz ihrer Einrichtungen ist erhalten geblieben. Aber freilich wird man nicht umhin können, nun auch umgekehrt die besondere staatliche Kirchenaufsicht (neben der allgemeinen, alle „Vereine" treffenden Staatsaufsicht) als fortbestehend anzuerkennen. (Schoen: „Die über die allgemeine Vereinsaufsicht hinausgehende Kirchenhoheit ist ein notwendiges Korrelat der den Kirchen staatlicherseits gewährten öffentlichrechtlich gehobenen Stellung"; herrschende Lehre, vereinzelt bestritten; vgl. auch Urteil des Reichsgerichts vom 26. Okt. 1921, Bd. 103 S. 94).

4. Schwächung des Vorrechts der beiden christlichen Kirchen. Die RV. kennt keine bestimmten „Kirchen" mehr. Sie spricht lediglich und ganz allgemein von „Religionsgesellschaften", und gewährt insbesondere auch allen etwaigen neuen Religionsgesellschaften, z. B. einer Freidenkersekte, die Möglichkeit, vom privaten Verein zur öffentlichrechtlichen Körperschaft aufzusteigen.

Vgl. Art. 137 Abs. 5 Satz 2 und Abs. 7. Sie genießen dann auch die Steuerhilfe des Staates. Trotz dieser theoretischen Gleichstellung besteht aber im Rahmen der Landesgesetzgebung die praktische Möglichkeit, den christlichen Kirchen eine Vorzugsstellung in Einzelpunkten zu bewahren.

Von der kirchlichen Seite her hat sich auf Grund der neuen Reichsverfassung (und der landesrechtlichen Ausführungsgesetze) in der Auffassung des Verhältnisses zum Staat nichts geändert (vgl. S. 352): Die evangelische Kirche hat sich mit der Lage theoretisch wie praktisch abgefunden, die katholische Kirche beharrt auf ihrer von Grund aus anderen Lehrmeinung.

Quelle dafür einmal der berühmte Syllabus errorum vom 8. Dez. 1864, in dem die hauptsächlichsten „Irrtümer der Zeit" verdammt werden. So werden u. a. verworfen (müssen also in ihr Gegenteil umgewandelt werden) als Satz 20 „Ecclesiastica potestas suam auctoritatem exercere non debet absque civilis gubernii venia et assensu", als Satz 19: „Ecclesia non est vera perfectaque societas plane libera, nec pollet suis propriis juribus . . ., sed civilis potestatis est difinire, quae sint Ecclesiae jura ac limites, intra quas eadem jura exercere queat", als Satz 42: „In conflictu legum utriusque potestatis, jus civile praevalet", etc. — Dazu treten eine Reihe von Sätzen des neuen Codex iuris canonici, die entweder ihren unmittelbar göttlichen (also vom Staate gar nicht berührbaren) Ursprung betonen oder noch deutlicher eine Rechtseinrichtung der Kirche als „independens a qualibet humana auctoritate" bezeichnen. Mit letzterer Formel wird z. B. das gesamte Strafrecht der Kirche eingeleitet (can. 2214 § 1), ebenso das Recht der kirchlichen Vermögensverwaltung (can. 1495 § 1), ferner das Recht der Kirche, allen Völkern den rechten Glauben zu bringen (can. 1322 § 2). Die unmittelbare Ableitung von Gott wird z. B. für die „plena supremae iurisdictionis potestas" des Papstes (can. 219) und für die Rechtspersönlichkeit der katholischen Kirche sowie des Apostolischen Stuhles (can. 100) in Anspruch genommen.

IV. **Die beiden christlichen Kirchen** genossen in Deutschland bis zu der neuen Reichsverfassung eine rechtlich gewährleistete Sonderstellung. Die vornehmlich dem „Staatskirchentum" nahe liegende Auffassung, daß die christliche Religion die Staatsreligion sei (vgl. S. 349 Ziff. 1), spielte dabei stark mit. Sie wirkte auch noch nach im Zeitalter der „Kirchenhoheit"; denn dank solcher Hoheit war es dem Staate gegeben, unter den verschiedenen Religionsgesellschaften diejenige (oder die mehreren) auszusuchen, die er als „Kirche" in einem bestimmten engeren Sinne gelten lassen und demgemäß privilegieren wollte. Und diese Begünstigung ist eben regelmäßig einer oder beiden („Parität") christlichen Kirchen zugefallen.

Damit hat nun die Reichsverfassung im Prinzip gebrochen. Sie will neben die schon früher anerkannte Glaubensfreiheit die

Glaubensgleichheit gesetzt wissen. Doch ist schon erwähnt worden (S. 354 Ziff. 4), daß im Rahmen der Landesgesetzgebung noch immer (mindestens in einer Übergangszeit) Raum für eine besondere Stellung der christlichen Kirche gegeben ist.

Vor allem aber kann die Wissenschaft vom Kirchenrecht nicht darauf verzichten, sich im wesentlichen auf das Recht der christlichen Kirche zu stützen. Dabei stößt sie nun freilich auf jene, im vorhergehenden schon wiederholt erwähnte und allgemein bekannte Zwiespältigkeit. Seit der Reformation ist die christliche Kirche gespalten. Deshalb gibt es auch ein doppeltes Kirchenrecht, ein Kirchenrecht der Evangelischen und ein Kirchenrecht der Katholischen. Eine gewisse Masse rechtlicher Vorstellungen und Begriffe ist jedoch beiden gemeinsam. Deshalb bemüht sich auch die Wissenschaft, wie sie auf den Universitäten als staatlichen Anstalten gepflegt wird, das evangelische und das katholische Kirchenrecht möglichst unter einem Zeichen zusammenzuhalten.

Der Hauptunterschied ist der, daß das katholische Kirchenrecht als Weltrecht gedacht ist, während das evangelische wegen der Zerlegung in Einzelkirchen („Landeskirchen usw.") von vornherein eine mehr partikularistische Tönung aufweist. Eine Folge dieser Grundauffassung ist es, daß die katholische Kirche keine andere neben sich anerkennt (vgl. den S. 173 zitierten Schlußsatz der Bulle „Unam Sanctam") und höchstens in der (als vorübergehend gedachten) Praxis etliche Zugeständnisse macht. Das katholische Kirchenrecht ist ferner in seinen Hauptsätzen „iure divino", d. h. göttlichen Ursprungs, während die evangelische Lehre im „Recht" ausschließlich eine menschliche Institution erblickt. Auch die Auslegung des Rechts gerät in der katholischen Kirche in besondere Bahnen, indem eine besondere Kommission von Kardinälen zur „authentischen" Interpretation des Codex berufen ist.

Der verfassungsrechtlichen Struktur nach unterscheiden sich die beiden Kirchen ebenfalls sehr stark. In der katholischen ist das monarchische Prinzip im Laufe der Jahrhunderte immer stärker hervorgetreten (Vatikanisches Konzil 1869/70, Unfehlbarkeitsdogma), während die evangelische sich eher umgekehrt immer mehr nach der Seite der Selbstverwaltung durch das „Kirchenvolk" entwickelt hat. Im Codex i. can. vgl. über die Stellung des „Pontifex Romanus" can. 218 ff. Berühmte wissenschaftliche Streitfrage, ob der Papst „Souverän" im Sinne des Staats- und Völkerrechts ist.

§ 31. Das Völkerrecht.

Aus dem Schrifttum: Ein gründliches Fachstudium auf dem Gebiete des Völkerrechts ist nicht möglich ohne gleichzeitige Berücksichtigung der ausländischen Literatur. Als Beispiele dieser verdienen hervorgehoben zu werden: Englisch: Hall, A treatise on international law, 8. Aufl. hersggb. v. Pearce Higgins, 1924; Französisch: Fauchille Le droit international public, I (Paix) 1922/24, II (Guerre et neutralité)

1924, hervorgegangen aus dem älteren berühmten Werk von Bonfils, Manuel de droit public. — Dem internationalen wissenschaftlichen Meinungsaustausch dient das 1873 in Gent gegründete Institut de droit international mit einem viele Bände umfassenden Jahrbuch („Annuaire de l'Institut etc."). Im Haag besteht seit 1923, von der Carnegie-Stiftung unterstützt, eine Art freie Hochschule für Völkerrecht („Akademie für internationales Recht"; Sitz im Haager Friedenspalast; Unterrichtssprache bei den regelmäßig stattfindenden Ferienkursen ausschließlich Französisch).

Die deutsche Literatur zum Völkerrecht war bis zum Kriege nicht so reichhaltig wie etwa zum Staatsrecht. Neuerdings aber zeigt sich ein Aufschwung. Führendes Lehrbuch: Franz von Liszt (zuletzt Prof. in Berlin, der bekannte Kriminalist, oben S. 336), Das Völkerrecht, 12. Aufl. (wesentlich umgearbeitet durch Max Fleischmann, Prof. in Halle), 1925. Demnächst: Julius Hatschek (Prof. in Göttingen), Völkerrecht als System rechtlich bedeutsamer Staatsakte, 1923. Groß angelegt, aber noch unvollendet, Handbuch des Völkerrechts in 7 Bänden, hersggb. von Stier-Somlo (Prof. in Köln), seit 1912. Gemeinverständlich: Ernst Isay, Völkerrecht, 1924 (in „Jedermanns Bücherei"). — Als Beispiel einer klassischen Monographie: Heinrich Triepel (Prof. in Berlin), Völkerrecht und Landesrecht, 1899. Als Beispiel einer schmalen, aber feinsinnigen und lehrreichen Studie: Richard Thoma (Prof. in Heidelberg), Antwort auf eine vom Institut für internationales Recht an der Universität Kiel gestellte Frage, in Niemeyers Zeitschrift (siehe im folgenden) Bd. 34, 1925. — Neben dieser Einzelliteratur sind zu beachten zwei Zeitschriften: Niemeyers Zeitschrift für internat. Recht (seit 1891) und Zeitschrift für Völkerrecht (seit 1907), sowie zwei Wörterbücher großen Stils: „Wörterbuch des Völkerrechts und der Diplomatie" (im Erscheinen) und „Wörterbuch des deutschen Staats- und Verwaltungsrechts" (3 Bände, 1911 bis 1914).

Das zu größtem Ausmaß angeschwollene Urkundenmaterial ist in verschiedenen Sammlungen angehäuft. Hervorragend das seit 1791, also seit fast anderthalb Jahrhunderten bestehende, von einem Deutschen, dem Göttinger Professor Georg Friedrich Martens begründete, gegenwärtig von Heinrich Triepel geleitete „Recueil des traités" („Martens Recueil"). — Neuestens gewinnen auch völkerrechtliche Spruchsammlungen steigendes wissenschaftliches Ansehen. Sammlung des Vorkriegsmaterials in „Das Werk vom Haag", hersggb. von Walther Schücking (Prof. in Berlin, jetzt in Kiel), 2. Serie: „Die gerichtlichen Entscheidungen", 1. Band in 3 Teilen, 1914 ff., „Judikatur des Ständigen Schiedshofs" von 1899 bis 1913. Sammlung der Sprüche des neuen „Ständigen Internat. Gerichtshofs" (unten S. 367) hat bereits begonnen.

I. **Grundlage.** Um ein sinnfälliges Bild vom Wesen des Völkerrechts zu bekommen, muß man davon ausgehen, daß **die Staaten als Persönlichkeiten** vor uns hintreten (S. 284 II). Es ergibt sich von selbst, daß diese Persönlichkeiten auch untereinander in Berührung kommen; der Geselligkeitsdrang (S. 33 a. E.) wirkt hier nicht minder wie beim Einzelmenschen. Die so entstehenden Beziehungen bleiben freilich, genau wie bei den Einzelmenschen, in ihrer überwiegenden

Masse abseits von der Rechtswelt. Aber ein gewisser Bruchteil bekommt nach und nach dieselben Kennzeichen, an denen wir die Einzelmenschen-Rechtsordnung messen, und gewinnt auf diese Weise Rechtscharakter. Die Summe der so entstehenden Regeln bildet das Völkerrecht.

II. Gerade der **„Rechtscharakter" des Völkerrechts** ist aber in der gelehrten Welt seit langem lebhaft umstritten. Manche leugnen ihn ganz (s. im folgenden), und die, die ihn bejahen (die herrschende Lehre), streiten mit Eifer über seine „Begründung".

a) Um dem Rechtscharakter des Völkerrechts näher zu kommen, steht zunächst eine rein menschliche, wenn man will, **soziologische Betrachtung** zur Verfügung. Wir sehen nämlich vor uns eine große Masse von Stoff, der als „Völkerrecht" nicht nur politisch und journalistisch bezeichnet, sondern praktisch behandelt wird. Gerade die jüngste Zeit mit ihren gewaltsamen Erschütterungen hat das nicht nur nicht widerlegt, sondern stark bestätigt. Alle Mächte von kulturellem Wert, und gerade die im Kriege befangenen am meisten, bekennen sich zum Dasein eines Völkerrechts und erklären, einen etwaigen Krieg um seines Schutzes willen zu führen. Alle kriegführenden Mächte streben im letzten Ende einem Friedensvertrage zu und lassen an dem Gedanken, daß damit ein Rechtsboden gewonnen werde, nicht rütteln. Wurde doch eigens im Herbst 1925 nach London eine „Juristenkonferenz" einberufen, um einige zweifelhaft gewordene Fragen zu klären. Dazu tritt das gewaltige Heer der in der Vergangenheit abgeschlossenen Staatenverträge, die durch allgemeine (internationale) Abkommen im Haag (Konferenzen von 1899 und 1907) auf eine noch höhere Daseinsstufe gerückt sind. Aber nicht bloß objektive Satzungen, paragraphiert oder von der Gewohnheit getragen, sind voll anerkannt, sondern auch die darauf gestützten subjektiven Rechtsbeziehungen bilden unablässig den Gegenstand ernstester Betrachtung. Dauernd wird über dieses oder jenes Einzelrecht Schwedens, diese oder jene Einzelpflicht Deutschlands verhandelt. Gerichtshöfe stehen in gewissem Umfang zur Verfügung. Sollte das alles, eine ganze lebendige Welt, auf Selbsttäuschung beruhen, kein „Recht" sein, obwohl alle Beteiligten es so empfinden?

Wir empfinden das, was in diesen Satzungen und Verträgen, dieser praktischen Anwendung und gelegentlichen gerichtlichen Feststellung lebt, nicht als bloße Moralvorschrift, nicht als bloßen gesellschaftlichen Brauch (vgl. S. 42 III, 45 V, 85 II und dazu die mancherlei Ergänzungen im folgenden). Was soll es also anderes sein als Recht? — Eine Anschauung allerdings gibt es, die über alle diese Erscheinungen kurzerhand hinweggeht oder sie als „Lug und Trug" bezeichnet, das ist die im politischen Tageskampf nie ganz entschwindende Lehre, daß im Völkerleben **einzig und allein die tatsächliche Macht entscheidet.** Aber auch bei solchem Ausgangspunkt kann die Erscheinung nicht geleugnet werden, daß selbst der Übermächtige eine Zeitlang sich scheut, ehe er den Schwächeren vergewaltigt. In dieser Scheu liegt die Anerkennung des Gebundenseins. Zerreißt der Mächtige, nachdem er seine Scheu überwunden hat, das Gebundensein, so sagt das nichts darüber aus, ob das Gebundengewesensein eine Rechtserscheinung ist, sondern es offenbart höchstens, daß dieses Recht schwach war und (verhältnismäßig) leicht gebrochen werden konnte. Zudem muß, wer sich ganz in jene Machtvorstellung einlebt, zunächst einmal mit dem Staat beginnen. Er kann nämlich dann nicht umhin, auch den Staat ganz aus der bloßen „Macht" heraus zu erklären (vgl. S. 287 Ziff. 3), und steht nun vor der wissenschaftlich unausweichlichen Alternative, entweder auch den Staat als Rechtserscheinung — und damit überhaupt jedes Recht — zu leugnen, oder aber zuzugeben, daß sich aus dem Mutterboden der Macht sowohl ein Staats-Recht wie ein Völker-Recht entwickeln kann. Erst wenn man sich derart wieder in den Rahmen des Rechts zurückgefunden hat, kommt die freilich recht schwierige Frage, wie des Verhältnis zwischen dem Staatsrecht und dem Völkerrecht zu denken sei. Darüber sogleich das Folgende.

b) **Verhältnis zum Staatsrecht.** Wenn man sich daran erinnert, daß das „Recht" auf Überordnung beruht und mit Befehlsgewalt an die ihm Untergebenen herantritt (S. 41, 59 Ziff. II), so prallt das übergeordnete Völkerrecht mit der Souveränität der einzelnen Staaten zusammen. Denn wir haben diese „Souveränität" ihrem begrifflichen Wesen nach als eine „allumfassende, schrankenlose, nicht weiter ableitbare" Gewalt kennengelernt (S. 289 IV a). Also scheint sie mit einem über ihr thronenden Völkerrecht in der Tat nicht zu vereinigen (vgl. bereits S. 290 Ziff. 2). Gerade das hat die wissenschaftliche Diskussion über den **letzten Grund des Völkerrechts** so stark befruchtet. Es sind zwei Lösungen des Konflikts möglich, die sich übrigens miteinander verbinden lassen.

1. Nach der einen Lehre **schließen sich die Staaten selbst zur Völkerrechtsgemeinschaft zusammen,** schaffen also gerade aus ihrer Souveränität heraus die neue Welt des Völkerrechts. Diese Vorstellung hat etwas ganz Natürliches. So wie die Menschen aufeinander zukommen und in gegenseitiger Anpassung neben vielen anderen Kulturwerten das „Recht" erzeugen, so erwächst aus dem Aufeinanderzukommen der Staaten die besondere Art des Völkerrechts. Es ist damit das Erhaltenbleiben der „Souveränität" der einzelnen Staaten durchaus vereinbar, so wie auch der einzelne Mensch durch den Eintritt in ein rechtlich geordnetes Gemeinschaftsleben durchaus nicht seine „Persönlichkeit" (S. 123 III a) verliert. Im Gegenteil: Gerade durch das Dasein der Rechtsordnung wird erst dem Einzel-

menschen seine Persönlichkeit, ganz ebenso aber auch dem Staat seine Staatenpersönlichkeit mit dem Attribut der Souveränität gewährleistet.

Mit der bloßen Figur des Sichzusammenschließens hat jedoch der Forscherdrang mancher Gelehrten noch keine Ruhe gefunden, und es sind auf diese Weise mehrere besondere Völkerrechtstheorien entstanden. Man beliebt nämlich folgendermaßen zu argumentieren: Wenn das Völkerrecht nur auf dem (freiwilligen) Zusammenschluß der Staaten beruht, so kann jeder Staat auch gleichermaßen wieder (ganz oder teilweise) vom Völkerrecht zurücktreten; gerade das aber beweist, daß er gar nicht gebunden war, daß also das Völkerrecht in Wahrheit doch kein „Recht" ist. In zugespitzterer Konstruktion hat man das auch so ausgedrückt: Grund der Verpflichtung ist jeweils nur das eigene Gesetz des einzelnen Staates, das er nach vorangegangener Verabredung mit anderen Staaten, „bei sich zu Hause" erläßt, das er aber eben hinterher durch ein zweites eigenes Gesetz beliebig wieder aufheben kann, was mit einer **Leugnung des Völkerrechts** gleichbedeutend ist. — Diese Argumentation ist leicht zu entkräften. Einer Gebundenheit kann man sich sehr wohl in der Art unterwerfen, daß man endgültig gebunden sein will, daß also der einseitige Rücktritt als Rechtsbruch gelten soll. Und so eben ist der Zusammentritt der Staaten zur Völkerrechtsgemeinschaft zu denken, wiederum in Parallele zur Rechtserzeugung überhaupt: Steigen „Staat" und „Recht" aus den Urtiefen menschlichen Zueinanderwollens auf, so ist es eben bereits ein Wollen, das ein beliebiges Zurück nicht mehr duldet; genau so bei der Erzeugung von „Völkerrecht".

Um diesen Vorgang von der überscharfen Willens- und Vertragslehre des Zivilrechts (namentlich ihrer Ausprägung in der Pandektendoktrin des 19. Jahrhunderts) zu lösen, hat eine Völkerrechtstheorie (Hauptvertreter Heinrich Triepel, Prof. in Berlin) den besonderen Begriff der **Vereinbarung** verwertet. Danach entsteht durch den Zusammenschluß ein nicht mehr frei auflösbarer „Gemeinwillen", und dieser ist Erzeuger und Träger des Völkerrechts. Vgl. bereits S. 101 Ziff. 2.

Einer weiteren Theorie erscheint es nicht richtig, den „Willen" zum Ausgang zu nehmen. Sie hält die bloße Überzeugung, daß man zusammengehöre und dabei in einem Rechtszustande lebe, für die Quelle des Völkerrechts. Das führt auf den enzyklopädischen Gegensatz zwischen „gesetztem Recht" und „Gewohnheitsrecht" zurück (S. 68 III). In der Tat ist in der Völkerrechtswissenschaft sehr lebhaft, man darf sagen: im Übermaß, darüber gestritten worden, ob das Gewohnheitsrecht oder die (bewußte) Selbstverpflichtung der Urgrund des Völkerrechts sei. Für die Dogmatik (s. im folgenden III b) ist eine solche alternative Prägung nicht notwendig, sie kann sich damit bescheiden, daß beide Quellen nebeneinander in Frage kommen.

2. Eine zweite Lehre sucht der Figur der Über- und Unterordnung dadurch auszuweichen, daß sie **zwei verschiedene, selbständige Rechtskreise** annimmt, den des Staatsrechts (Eigenrechts, Innenrechts) und den des Völkerrechts. Auch diese Vorstellung ist möglich. Mit der vorangehenden (1) läßt sie sich vereinigen, indem

man es sich so denkt, daß die Staaten aus ihren Eigenkreisen heraustreten und durch Selbstverpflichtung den neuen Kreis des Völkerrechts schaffen. Es gibt bei solcher Auffassung Rechtsstoff, der ausschließlich im Kreise der Staaten liegt (wie z. B. ihr internes bürgerliches Recht), und Rechtsstoff, der ausschließlich im Kreise der Völkergemeinschaft liegt (wie z. B. die Rechtsregeln, die über ihre Organisation Bestimmung treffen, unten III), und schließlich Rechtsstoff, der beiden Kreisen angehört (wie z. B. die Festlegung der territorialen Grenzen). In letzterem Fall kehrt allerdings erneut die Frage wieder, was werden soll, wenn sich eine **Kollision** ergibt, wenn also innerhalb des einen Kreises genau das Gegenteil bestimmt ist wie innerhalb des anderen Kreises. Dann allerdings bleibt nur die dreigliedrige Alternative, sich entweder in das Bereich abstrakten logischen Denkens zu begeben (nochmals S. 290 Ziff. 2), oder aber diese Frage gar nicht mehr als eine Frage des Rechts, sondern als eine Frage der Politik zu behandeln (in diesem Falle wird mit der „Selbständigkeit" der beiden „Kreise" wirklich Ernst gemacht, nämlich behauptet, daß von Rechts wegen keiner von beiden vorgeht, sondern das jeweils wechselnde Stärkeverhältnis abgewartet werden muß), oder auf dem Wege der Selbstunterwerfung (Ziff. 1), aber auch nur in deren Rahmen, doch eben praktisch dem Völkerrecht den Vorrang vor dem Staatsrecht einzuräumen.

Die Parallele des Verhältnisses von Staat und Kirche (S. 349 III) liegt nahe. Auch dort zwei Rechtskreise, die sich schneiden. Auch dort die Kollisionsgefahr. Auch dort die Frage: was geht vor? Auch dort die Möglichkeit, die eine der beiden Mächte mit dem Reich des Übersinnlichen zu verknüpfen (was für das Völkerrecht sogleich unter c erwähnt werden soll). Immerhin ist der Unterschied zu beachten, daß es beim Völkerrecht die Staaten selbst sind, die zu dem neuen Kreise zusammentreten. Insofern ist beim Völkerrecht die Vorstellung der Stufenbildung (Über- und Unterordnung) näherliegend, während umgekehrt bei Staat und Kirche das Gegenüber schärfer hervortritt.

c) **Verhältnis zum Naturrecht.** Es ist möglich, das Völkerrecht (wie alles Recht) im Übersinnlichen zu verankern, so daß der Mensch und mit ihm der Staat es hinnehmen muß, ohne sich (mit Erfolg) dagegen auflehnen zu können. In der Historie der Völkerrechtswissenschaft hat das eine erhebliche Rolle gespielt. Hugo Grotius (1583 bis 1645) ist zugleich der „Vater des Naturrechts" und der „Vater des Völkerrechts" gewesen (bereits S. 190 a. E.). Er lehrte, daß es neben dem sekundären, positiven Völkerrecht, das von den Menschen (Staaten) gebildet werde, ein primäres, natürliches, durch Gott von Anbeginn der Menschennatur einverleibtes Völkerrecht gebe, und auf letzteres legte es das Hauptgewicht. Wir begegnen also hier auf dem Sondergebiet des Völkerrechts jenem Dualismus, den wir bereits als enzyklopädische Erscheinung kennengelernt haben (S. 49). Und auch der weitere historische Verlauf im völkerrechtlichen Bereich hält Schritt mit den allgemeinen Schicksalen, die das „Naturrecht" durchgemacht hat. Der Positivismus drängt es mehr und mehr in den Hintergrund; auf dem Gebiete des Völkerrechts sind es vornehmlich die Urkundensammlungen, die mit dem Ausgang des 18. Jahrhunderts aufkommen und den Blick ganz und gar auf das geschichtlich gewordene und vergängliche Material lenken, der „historischen Schule" (S. 192 IX) damit in die Hände arbeitend. Aber es ist nicht zu verkennen, daß heute wieder eine gewisse Neigung zur ethischen oder mindestens philosophischen Verwurzelung des Völkerrechts vorhanden ist. Die Frage: Gibt es im Völkerleben über die positiven Satzungen hinweg einen höheren Maßstab, eine oberste Gerechtigkeit? — hat uns erneut ihr Antlitz zugekehrt.

Im diplomatischen Verkehr und in der internationalen Presse hat jedenfalls die „Gerechtigkeit" rednerisch einen hohen Kurs. Hier mag vieles Scheinheiligkeit, ja grobe Täuschung sein. Aber andererseits ziemt es dem ernsten Forscher nicht, diesen starken Drang von der positiven Satzung hinauf zu höherer und höchster Wertung schlechthin als politisches Manöver abzutun. Es gilt hier dasselbe, was schon im enzyklopädischen Teil ausgeführt worden ist (vgl. namentlich S. 51 Ziff. 2, S. 55).

Die Fundierung des Völkerrechts auf Naturrecht hat übrigens auch wichtige konstruktive Folgerungen. In demselben Augenblick nämlich, wo man das Völkerrecht im ganzen oder bestimmte einzelne Sätze als schon in der ewigen Natur ruhend betrachtet, kommt die Konstruktion des Völkerrechts aus der Selbstverpflichtung der Staaten heraus (S. 359 Ziff. 1) nicht mehr in Frage. Und weiter: dann bindet das Völkerrecht (oder sein naturrechtlicher Teil) schlechthin alle Staaten, auch wenn sie der Völkergemeinschaft nicht „beigetreten sind", ja sogar die, die nichts von ihm wissen, die es ablehnen, die sich dagegen auflehnen. Das eben kann nur aus einer letzten übersinnlichen Quelle erklärt werden. Das positive Völkerrecht ist dagegen, wie sich sogleich zeigen wird, andere Wege gewandelt.

III. Dogmatik des Völkerrechts.

a) **Die Zugehörigkeit zur Völkerrechtsgemeinschaft** wird nach der herrschenden, positivistischen Dogmatik durch eine Art Beitritt erworben. Grundsätzlich sind nur Staaten dazu fähig, und dabei wird der Souveränitätsbegriff nochmals verwertet, um eben daran die Eignung eines bestimmten Gebildes zur Aufnahme in die Völkerrechtsgemeinschaft zu messen.

1. Bei solcher Vorstellungsweise kann in jedem historischen Augenblick genau die Zahl der zugehörigen Staaten angegeben werden; man

kann also etwa sagen: „Am 1. August 1914 setzte sich die Völkerrechtsgemeinschaften aus 43 Staaten zusammen". Dabei ist eine allmähliche geschichtliche Erweiterung des Kreises deutlich darstellbar. Erster geistiger Anhaltspunkt: die „christlichen" Staaten, zweiter: die „europäischen" Staaten (sog. Europäisches Konzert); heute ist dieser Rahmen längst gesprengt.

2. Konstruktive Weiterführung: Wer zur Völkerrechtsgemeinschaft gehört, ist „Subjekt" des Völkerrechts. — Spezialfrage: Ist der Papst, obwohl ohne völkerrechtlich gewährleistetes Territorium, ein solches „Subjekt" des Völkerrechts (vgl. schon S. 356)? Von der herrschenden Lehre verneint, doch unter mancherlei praktischen Zugeständnissen im einzelnen. — Weitere Spezialfrage: Gibt es eine **Rechtsnachfolge im Staatensystem**, so daß bei „Auflösung" eines Staats (z. B. Österreich-Ungarns nach dem Weltkrieg) ein anderer neuer Staat (oder mehrere) völkerrechtlich an seine Stelle treten? Die Frage steigt in höchste philosophische Bezirke auf, denn es handelt sich letzten Endes um die Grundbegriffe der „Persönlichkeit" (ist sie fortpflanzbar?) und der „Identität" (wann ist ein Staat „derselbe" geblieben?). Daß das deutsche Reich trotz seiner Verfassungsänderung dasselbe geblieben ist, ist schon im Staatsrecht dargestellt worden (S. 301 unter a). Aber auch völkerrechtlich ist die Möglichkeit einer Staatensukzession im Grunde zu bejahen. Über theoretische Konstruktion und praktische Einzelheiten herrscht viel literarischer Streit.

3. Sehr wichtige Folgerung aus der Konstruktion, daß die Staaten die Mitglieder (socii) der Völkerrechtsgemeinschaft sind: **nur die Staaten sind gebunden, nicht ihre einzelnen Untertanen.** Der „Staat" ist gleichsam die kleinste Einheit, mit der im Völkerrecht gerechnet wird. Werden Rechte vergeben, so sind Empfänger die Staaten, nicht die Bürger der Staaten; werden Pflichten auferlegt, sind ebenso die Staaten deren Adressaten, nicht die Bürger. Dies ist besonders von der deutschen Dogmatik mit aller Schärfe herausgearbeitet worden (abweichend die angloamerikanische Vorstellungsweise). Notwendige praktische Folge ist, daß die jeweils geschlossenen völkerrechtlichen Verträge von jedem der beteiligten Staaten immer noch durch ein eigenes Landesgesetz publiziert werden: dann gelten sie, aber eben auch nur mit der Tragweite eines solchen Landesgesetzes, für die Untertanen. — Abschwächung neuerdings durch Art. 4 der Reichsverfassung: „Die allgemein anerkannten Regeln des Völkerrechts gelten als bindende Bestandteile des deutschen Reichsrechts"; danach haben jene Regeln doch ohne weiteres gleich „innerstaatliche" Geltung. Wie aber, wenn nun das Reich ein (innerstaatliches) Gesetz gegen die Völkerrechtsregel erläßt? Dann ist der Untertan doch wieder nach der Formel „lex posterior derogat priori" (S. 83) von der Völkerrechtsregel frei; das Reich freilich hat sich eines Verstoßes gegen das Völkerrecht schuldig gemacht.

b) **Rechtssatzung in der Völkerrechtsgemeinschaft.** Es ist bereits erwähnt, daß sich, wenn man den gelehrten Streit um den letzten Ursprung beiseite läßt, Völkerrecht sowohl gewohnheitsrechtlich wie durch bewußte Vereinbarung bilden kann (S. 360). Diese Gegenüberstellung entspricht nicht vollständig dem Gegensatz zwischen

Gewohnheitsrecht und Gesetzesrecht, insofern die „Vereinbarung" nur eine eigenartige Sonderform des „gesetzten" Rechts darstellt. Neuerdings aber nimmt die Vereinbarung, je mehr sie in die Hände eines als übergeordnet empfundenen „Völkerbundes" (unten c) gerät, desto mehr den Charakter normaler, von oben kommender Gesetzgebung an.

Der berühmte Hallenser Philosoph Christian Wolff, auch einer der großen Meister des Völkerrechts (1677 bis 1754), unterschied innerhalb des (dem jus gentium naturale wie bei Grotius gegenübertretenden) ius gentium positivum drei Unterarten: pacticium, consuetudinarium, voluntarium. Während die ersteren beiden nur für einzelne Völker verbindlich waren, war das letzte für alle, nämlich für die „civitas maxima gentium" — ein Grundbegriff Wolffs und vielleicht ein gedanklicher Vorläufer der heutigen Völkerbundsideologie — bestimmt.

„Staatsverträge" zwischen einzelnen Staaten (z. B. Handelsverträge) sind jedenfalls von allgemeinen Völkerrechtsatzungen dogmatisch zu trennen.

c) **Der Völkerbundsgedanke** ist schwer zu greifen. Man faßt ihn am besten als eine Tendenz auf, nämlich als Tendenz zu einem engeren Aneinanderrücken. Bei der Völkerrechtsgemeinschaft (a) ist das Band noch zu locker, die Individualität der einzelnen Staaten zu betont, die Zentralgewalt (oder vorsichtiger ausgedrückt: das zentrale Leben) zu schwach. So soll also das Band fester geschlungen, aus dem bloßen Nebeneinander soll ein „Bund", ein „geheiligter Bund" werden, oder gar, wenn die Gedanken noch weiter schwingen und sich ins Utopische verlieren, ein einiger, die ganze Welt überdeckender Einheitsstaat.

Dieser Traumgedanke lebt immer wieder im Kreise der Menschheit auf, vom Imperium Romanum der Antike zum Weltstaatsgedanken der Hohenstaufen, von der alleinseligmachenden Kirche bis zu diesen neuen Völkerbundsüberstiegenheiten. — Weniger „unitaristisch", mehr „föderalistisch" (vgl. S. 304) die berühmte Heilige Allianz von 1815 und der heutige, den jüngsten Friedensverträgen einverleibte „Völkerbund".

Juristisch liegt der Völkerbundsgedanke in der Richtung, die „drei Gewalten", in die man staatliches Wesen zu zerlegen pflegt, Gesetzgebung, Rechtsprechung und Exekutive (S. 292 f.), allmählich, sei es auch nur in ersten schüchternen Ansätzen, zentralen Einrichtungen in die Hand zu spielen, mindestens aber die Staatsverträge zwischen bloß mehreren einzelnen Staaten möglichst durch gleichzeitig von allen geschlossene Verträge (Vereinbarungen) zu ersetzen.

Die verschiedensten menschlichen Motive wirken dabei durcheinander: Kriegsmüdigkeit und Menschenbeglückung, gegenseitiges Mißtrauen und Hoffnung auf Gewinn, Druck des Weltverkehrs und wirtschaftliche Abhängigkeiten, diplomatische Gestaltungssucht und religiöse Schwärmerei.

Auftakt die schon erwähnten (S. 358) Haager Friedenskonferenzen von 1899 und 1907. Im Weltkrieg vorübergehender Niederschlag in Wilsons 14 Punkten. Bei Kriegsende konnten bereits an 50 Entwürfe zu einer Völkerbundssatzung in der breiteren Öffentlichkeit gezählt werden, die meisten allerdings Privatarbeiten, aber etliche von Regierungen, kriegführenden wie neutralen, vorgelegt. Schließlich kommt eine **Völkerbundssatzung** (Pacte de la société des nations; The covenant of the league of nations) zusammen, die als Teil I den verschiedenen, in den Vororten von Paris geschlossenen Friedensverträgen, vor allem auch dem Vertrag von Versailles (abgedruckt RGBl. 1919 S. 717 ff.) einverleibt wird. Aus dem Schrifttum: B. W. v. Bülow, Der Versailler Völkerbund, 1923; Kommentar: Schücking-Wehberg, Die Satzung des Völkerbunds, 2. Aufl. 1924.

Die wissenschaftliche Konstruktion des Gebildes stößt zurzeit noch auf Schwierigkeiten. Vergleich mit einem „Staatenbund" (S. 303 unter b) wird von manchen vorsichtig vertreten; jedenfalls noch kein „Bundesstaat". Wissenschaftlich nicht unfruchtbar die Parallele zu den großen privaten Wirtschaftsbündnissen, den „Kartellen".

Die praktische Geltung ist z. B. (Sommer 1926) noch sehr beschränkt. Die Vereinigten Staaten und die russischen Sowjetrepubliken haben sich fern gehalten. Deutschlands Eintritt unlängst vollzogen. Besonders kritisch der Abrüstungsartikel (Art. 8) und die in Art. 16 vorgesehene Bundesexekutive gegen Friedensbrecher (über Bundesgerichtsbarkeit unten S. 367). Zu betrügerischen Verschleierungen muß notwendigerweise führen Art. 18, der jedes Bundesmitglied zur Offenlegung seiner künftig etwa abgeschlossenen Verträge verpflichtet. Enzyklopädisch interessant Art. 19, der eine Art von clausula rebus sic stantibus („von Zeit zu Zeit Nachprüfung der unanwendbar gewordenen Verträge") enthält. Praktisch heikel wiederum die Änderungsklausel des Art. 26. — Über die Organisation („Bundesversammlung", „Rat", „Ständiges Sekretariat") s. die Spezialliteratur. — Über das Sonderkapitel einer „internationalen Organisation der Arbeit" vgl. bereits S. 225. — Über die speziell gegen Deutschland gekehrten „wirtschaftlichen Maßregeln", einen mindestens in der formalen Ausprägung neuen Typus völkerrechtlicher „Exekution", S. 224 a. E.

d) **Rechtsbruch, Streitigkeiten, Krieg.** Seit alters hat sich die Erkenntnis, Beobachtung und wissenschaftliche Fassung des Völkerrechts in einem besonders gepflegten Kapitel mit dem Streit unter den Staaten beschäftigt. Gerade, um diesen Streit aus wüstem Chaos in eine geordnete Bahn zu bringen, ist das Völkerrecht entstanden. Man kann sagen, daß **der Krieg der Ausgangspunkt des Völkerrechts** gewesen ist.

So hat sich bereits Augustinus in seiner „Civitas Dei" (S. 351) ausführlich mit den Fragen der Erlaubtheit und der Schranken des Krieges auseinandergesetzt. Ihm folgten die Kanonisten mit gleichen

Untersuchungen. Grotius hat daran unmittelbar angeknüpft. Mehr als einmal sind die den Krieg beschließenden Friedensinstrumente zu lange hinaus wirkenden Quellen nicht nur des praktischen internationalen Lebens, sondern vor allem der Völkerrechtslehre geworden, so das Instrumentum Pacis Osnabrucensis (Westfälischer Friede) von 1648, so die Wiener Kongreßakte von 1815, so jetzt wieder die Pariser Vorortsverträge von 1919.

Das Ziel, Ordnung zu bringen, ließ sich zunächst nur erreichen, wenn man den Krieg selbst ohne weiteres hinnahm, aber seine Entstehung und Durchführung in Regeln bannte. Da diese Regeln als Rechtsregeln empfunden wurden, erschien der Krieg seinerseits geradezu als eine Rechtseinrichtung. Diese Vorstellung wirkt bei der ersteren Betrachtung anstößig. Aber in der gesamten Dogmatik des Völkerrechts ist trotzdem der Krieg wirklich als ein Rechtsgebilde anerkannt, genau so wie etwa im Privatrecht eine Kündigung oder im Staatsrecht das Parlament, oder im Kirchenrecht ein Konkordat.

Das hat auch seineren tieferen Grund. Ohne **Zwang**, mindestens der Idee nach, ist eine Rechtsordnung nicht denkbar (S. 63 unter b). Solange nun im Völkerrecht ein eigentlicher Zwang, der etwa von einem genügend gekräftigten Völkerbund ausginge, fehlt, muß dem Einzelnen (Staat) die Wahrnehmung seiner Rechte gegenüber dem, den er für einen Rechtsbrecher und in diesem Sinne für seinen Gegner hält, überlassen bleiben. So ersetzt der Krieg den obrigkeitlichen Zwang und trägt gerade dadurch zur Vervollkommnung des Völkerrechts, zu der begriffsnotwendigen „Festigung" (S. 62 Ziff. V) bei.

Aber es leuchtet ein, daß es sich dabei um einen „Ersatz" von ganz eigener Art handelt. Um deswillen wird auch **das Völkerrecht einen ausgeprägten Sondercharakter** behalten, sofern es nicht gelingt, an die Stelle der Selbsthilfe die geordnete Gerichtshilfe, an Stelle der individuellen Gewalt die öffentliche und gleichmäßige Exekution zu setzen. Gegenüber dem Streit der Privatrechtssubjekte ist das in langer, Jahrhunderte beanspruchender Entwicklung gelungen: Fehdewesen, Blutrache und alle ähnlichen Erscheinungen sind abgelöst von staatlicher Gerichtsbarkeit, Selbsthilfe und Notwehr sind in enge Grenzen gebannte Ausnahmeerscheinungen geworden. Gleiches auf den Streit der Völkerrechtssubjekte zu übertragen, ist leicht im Reiche freudiger Gedanken, — es in die Welt der Tatsachen einzuführen, restlos einzuführen, dürfte über unsere irdischen Kräfte hinausgehen.

Der Zug der Entwicklung geht dahin, wenigstens möglichst viel von den internationalen Streitigkeiten vor **Schiedsinstanzen** oder gar wirkliche **Gerichtshöfe** zu ziehen und so dem Krieg allmählich den Boden abzugraben. (Parallele: Einschränkung des Fehdewesens, S. 151). Programmatisch ist das im Art. 11 der **Völkerbundssatzung** ausgesprochen: „Ausdrücklich wird hiermit festgestellt, daß jeder Krieg und jede Bedrohung mit Krieg, mag davon unmittelbar ein Bundesmitglied betroffen werden oder nicht, eine Angelegenheit des ganzen Bundes ist, und daß dieser die zum wirksamen Schutz des Völkerfriedens geeigneten Maßnahmen zu ergreifen hat." Art. 12: Schiedsgerichtszwang für die Bundesmitglieder mit dreimonatiger Sperrfrist für etwaige Kriegseröffnung. Art. 13 Abs. 4: Verpflichtung zur Ausführung des Schiedsspruchs „nach Treu und Glauben" („de bonne foi", „in full good faith"), Art. 16: Bundesexekutive gegen Widerspenstige. — Von der Schiedsgerichtsbarkeit ist die wirkliche Gerichtsbarkeit zu trennen. Auch hier hat der Völkerbund erste Ansätze durch Errichtung des „Ständigen Internationalen Gerichtshofes" (Cour permanente de justice internationale; Permanent court of International Justice) im Februar 1922 geschaffen.

Kapitel 3.

Das Recht des gerichtlichen Verfahrens.

Überblick. § 32.

I. Grundgedanke. Die Rechtsordnung und ihre einzelnen Vorschriften werden in der Regel freiwillig befolgt. Mitunter aber stoßen sie auf Widerstand, oder sie sind so verwickelt, daß von vornherein die Beteiligten sachkundiger Hilfe bedürfen. Für diese Fälle ist **ein geordnetes Verfahren** bereitgestellt, das die Aufgabe hat, die Rechtssätze ihrer auf Hindernisse stoßenden Verwirklichung zuzuführen (vgl. schon S. 128 III, 122c).

a) Dabei muß von vornherein eine **doppelte Richtung** im Auge behalten werden. Die Unklarheiten, welche sich dem glatten Ablauf des Rechts hindernd in den Weg stellen, können auf tatsächlichem oder auf rechtlichem Boden liegen. Es kann zweifelhaft sein, ob beim Vertragsschluß diese oder jene Worte tatsächlich gesprochen worden sind, und es kann zweifelhaft sein, wie die (als Tatsache erwiesenen) Worte rechtlich einzuschätzen sind. Oder auf strafrechtlichem Gebiet: Es kann zweifelhaft sein, ob der Täter die Tat wirklich begangen hat, und es kann zweifelhaft sein, ob der (tatsächlich nicht zweifelhafte) Vorgang als ein „Delikt", oder als welches von mehreren Delikten im Sinne des Strafgesetzbuchs er aufzufassen ist. Danach sind die **Tatfrage** und die **Rechtsfrage** zu unterscheiden. Es liegt nahe, daß der zünftig geschulte Jurist seine Hauptaufmerksamkeit der rechtlichen Seite zukehrt. Wirklich ist auch die andere, die tatsächliche Seite zeitweise arg vernachlässigt worden (darüber noch unten im IV. Teil § 43 II). Das ist ein Fehlgriff. Unablässig hat sich der Jurist, namentlich draußen in der Praxis, auch nach der Seite der Tatsachenermittelung zu schulen. Wahrheitserforschung ist seine Aufgabe, aber die Wahrheit im Tatsachenbereich ist dabei ebenso wichtig wie die Wahrheit in der Rechtsanwendung. Das „geordnete Verfahren" ist jedenfalls für beide Ziele bestimmt und — bei richtiger Handhabung — geeignet.

b) Daß für das „Verfahren" **Regeln** ausgebildet sind, daß also nicht in jedem einzelnen Fall aufs neue nach einer Methode der Verwirklichung gesucht wird, erklärt sich wiederum aus dem allgemeinen Ordnungstrieb des Menschen (vgl. S. 40). Es ist nicht anders beim Mediziner, der auch bestimmte „Verfahren" erfunden hat und dann immer wieder zur Anwendung bringt, der auch auf seinen „Apparat" angewiesen ist und nach „Methoden" arbeitet. Indessen begegnet sogleich ein bedeutender Unterschied. Das Verfahren des Mediziners bleibt doch in letzter Linie von seiner freien Wahl abhängig. Der Jurist dagegen ist an seine Prozeßregeln gebunden, denn sie sind als Rechtsregeln gedacht und gewollt und binden daher genau so wie die Regeln des materiellen Rechts, deren Aufklärung und Sicherung sie dienen sollen.

Wenn z. B. in der materiellen Rechtsordnung bestimmt ist: „Ist eine Schuld nach Gesetz oder Rechtsgeschäft zu verzinsen, so sind vier vom Hundert für das Jahr zu entrichten ..." (§ 246 BGB.), so kann der Richter nicht von sich aus diese Bestimmung ändern und etwa fünf vom Hundert Zinsen oder gar keine Zinsen zusprechen. Aber genau ebenso bindet ihn das Prozeßgesetz. Wenn z. B. für die Einlegung der Berufung gegen ein Urteil erster Instanz vorgeschrieben ist: „Die Berufungsfrist beträgt einen Monat" (§ 516 ZPO.), so darf der Richter nicht aus Großmut oder Milde die Frist verlängern oder aus Strenge sie verkürzen oder gar die Berufung ganz versagen.

Allerdings gibt es auch im Prozeßgebahren viele „Regeln", die keine Rechtsregeln sind, z. B. über die richterliche Zeiteinteilung, über die Methode, nach der die Zeugen befragt werden, über den Stil, in dem man die Niederschriften und die Urteile abfaßt. Damit aber hat es unsere Darstellung nicht zu tun. Was in ihren Rahmen fällt, bleibt noch mannigfaltig genug. Der moderne Kulturstaat weist hunderte von Regeln über das gerichtliche Verfahren auf, die Rechtsregeln darstellen, fein verzweigte Vorschriften über die Zuständigkeit (darüber also, wer von den vielen Richtern einen bestimmten Fall zu erledigen hat), genaueste Einzelanweisungen über Art und Schärfe der Beweiserhebung, sorgfältig durchdachte Normen über die sog. Rechtsmittel, die eine nochmalige Nachprüfung eines Urteils in höherer Instanz ermöglichen sollen usw. Diese ganze Masse bildet wiederum einen Rechtsstoff für sich mit eigener wissenschaftlicher Pflege, eigenen Gesetzen und eigenen Universitätsvorlesungen.

Über die hervortretendsten literarischen Werke und die wichtigsten Gesetzesdaten s. die folgenden Paragraphen. — An den Universitäten erfreut sich das Prozeßrecht starker Pflege, obwohl seine Darstellung mangels praktischer Anschauung besonders schwierig ist. Einige Prüfungsordnungen (Preußen, Thüringen) haben neuerdings angeordnet, daß im Zivil- und Strafprozeßrecht nur „die Grundzüge" geprüft, die Ausbildung in den Einzelheiten also dem Referendariat überlassen werden solle. Doch ist eine Wandlung kaum spürbar geworden. Die Lehrer des Prozeßrechts haben jedenfalls fast einstimmig eine Verkürzung ihres Faches abgelehnt.

II. **Wert des Prozeßrechts.** Das Prozeßrecht hat, wie sich bereits aus dem Vorangegangenen ergibt, einen sekundären Charakter. Es besitzt keinen Selbstzweck. Vielmehr erschöpft es sich in der Aufgabe, dem „materiellen" Recht zu einem formalen Ausdruck und damit zur öffentlich gewährleisteten Anerkennung zu verhelfen. Gäbe es kein materielles Recht, so wäre auch ein Prozeßrecht nicht denkbar, es hätte seinen Sinn verloren. Erst muß der Schuldner materiellrechtlich schuldig sein, erst muß der Verbrecher seine Tat getan und derart materiellrechtlich eine Strafe verwirkt haben, ehe an einen „Prozeß" gedacht werden kann, in dem die Schuld und die Strafwürdigkeit festzustellen und (notfalls) in das Stadium der Vollstreckung überzuleiten sind. Aber trotz dieser nur sekundären Rolle stellt sich gerade der Prozeß sowohl in juristischer wie in wirtschaftlicher wie in politischer Beziehung als eine Gipfelerscheinung dar.

a) **In juristischer Hinsicht** bringt der Prozeß eine Zuschärfung des Materials: Es ist über eine Frage eine Krisis ausgebrochen. Der Prozeß soll die „Entscheidung" bringen. Deshalb wird das „Drum und Dran" abgestreift. Immer mehr spitzt sich im Kampf die eigentliche Frage zu, bis in scharfer Prägung der Urteilsspruch ergeht. So sehen wir im Prozeß das Recht aus seiner Umgebung herausgehoben und zugeschliffen gleich einem Kristall.

Meisterhaft waren in dieser Kunst vor allem die **Römer**. Ihr ganzes Privatrecht gipfelte in dem **Aktionensystem**. Sie sahen das einzelne Recht, z. B. das Eigentumsrecht oder das Forderungsrecht des Gläubigers, von Anfang an in der Zuspitzung auf den Prozeß: die actio (der klagbare Anspruch) überstrahlte geradezu das materielle Recht, aus dem sie entsprang und zu dessen Schutze sie da war. Darum hat sich auch die Fortbildung des Rechts zeitweise bei den Römern an den Begriff der actio und den verschwisterten Begriff der formula angeschlossen. Vgl. darüber bereits S. 159 Ziff. 2 und S. 160 Ziff. 3. Heute ist diese Anschauungsweise verloren gegangen. Aber immer noch kann das Prozeßrecht als ein vortreffliches Mittel der juristischen Denkschulung angesprochen werden.

b) Der **Wirtschaft** erscheint der Prozeß allerdings zunächst wie ein Schreckgespenst. Er kostet viel Geld, dauert lange Zeit und zögert so eine ohnedies schon störende Ungewißheit übermäßig hinaus. Darum meidet die Wirtschaft den Prozeß, wo sie irgend kann, oder schafft sich eine eigene, ganz anders geartete „Schiedsgerichtsbarkeit" (unten S. 387 VII). Wenn sie aber doch in den „ordentlichen", d. h. staatlichen Prozeß hinein muß, dann erweist sich eben auch ihr gegenüber der Prozeß als ein Gipfelpunkt. Denn von seinem Ausgang hängt der weitere Verlauf der Wirtschaftsführung in der betreffenden Frage ab. Wird beispielsweise ein Patent dem Kläger zugesprochen, so ist der Beklagte von seiner Benutzung ausgeschlossen und muß den damit zusammenhängenden Fabrikationszweig gänzlich stillegen. Oder wird im Prozeß der Beschluß einer Aktiengesellschaft von der Ationärminderheit mit Erfolg angefochten, so ist die ganze „Transaktion" verbaut, die durch den Beschluß in die Wege geleitet werden sollte. Am deutlichsten aber zeigt sich die wirtschaftliche Zuspitzung in dem besonderen Prozeßverfahren, das als Konkurs bezeichnet zu werden pflegt. Denn hier wird eine bisher wirtschaftlich freie Person ihrer wirtschaftlichen Selbständigkeit entkleidet: ihr Vermögen wird im ganzen mit Beschlag belegt und alle ihre geschäftlichen Handlungen werden einer amtlichen Kontrolle unterworfen (unten § 33 VI).

In neuerer Zeit haben sich sog. **Probeprozesse** eingebürgert. D. h., es wird in einer kritischen Frage, die Tausende interessiert, ein einzelner vorgeschickt. Meist steht dabei ein Verband der Interessenten dahinter, der auch die Kosten des Prozesses bestreitet, das Material sammelt, Gutachten von „Autoritäten" beizieht, Denkschriften ausarbeitet und die Rechtsanwälte für den Prozeß instruiert. So ist es z. B. bei dem Streit um die Berechnung des Pachtinventars (S. 50b) gegangen, so auch mehrfach in anderen Aufwertungsfragen. Da birgt sich dann eine ganze Wirtschaftswelt hinter dem einzigen Prozeß. Kläger und Beklagter sind, vom wirtschaftlichen Standpunkt aus, nicht die formell auftretenden Einzelpersonen, sondern hüben und drüben steht ein ganzer Wirtschaftsstand.

c) Was schließlich **die politische Bedeutung des Prozesses** anbelangt, so tritt auch sie zunächst in Gestalt einzelner, unmittelbar mit der Politik zusammenhängender „Fälle" in Erscheinung. Von alters her laufen die Geschichten über solche politischen Prozesse von Mund zu Mund, seit den Zeiten, da griechischen Feldherrn der Prozeß gemacht wurde oder Cicero seine Reden gegen Verres hielt, bis hinein in unsere jüngsten Tage. Überall handelt es sich dabei wiederum um Zuspitzungen. Nachdem der Streit auf der Agora oder im Parlament und in der Presse vorangegangen ist, wird die „Frage" in den Rahmen eines Gerichtsverfahrens hineingezwängt. Jetzt fließt sie nicht mehr in den breiten Gewässern des öffentlichen Gesprächs, sondern in den engen, formalen Kanälen der Justiz einher, um in dem steif stilisierten Urteilsspruch zu münden. Mag auch dieser Urteilsspruch in der Folgezeit noch Gegenstand einer weiteren Kritik und neuen Zankes sein, seiner Idee nach jedenfalls erscheint er als Schlußpunkt, als letzte Spitze einer hochgetriebenen Angelegenheit.

Doch die politische Bedeutung des Prozesses erschöpft sich durchaus nicht in solchen, aus besonderer Leidenschaft aufgestiegenen Einzelfällen. Vielmehr ruht seine Hauptbedeutung in seinem Dasein überhaupt, darin also, daß eine obere Macht gesetzt ist, an die man appellieren kann, wenn man auf friedlichem Wege nicht zu seinem „Recht" gelangt. Dieses Dasein einer sekundären Macht, die das primär gegebene materielle Recht zur Anerkennung bringt, ist ein Faktor erster Ordnung für das Gemeinschaftsleben der Menschen und damit auch eine politische Erscheinung erster Ordnung. Darüber Weiteres unten III b.

Die Ausnutzung des prozessualen Apparats **für politische Zwecke** kann unerwünschte Formen annehmen. Der Prozeß geht dann in den „Scheinprozeß" (nachfolgend e) über. Das ist eine häßliche Begleiterscheinung unseres Zeitalters geworden. Besonders häufig ist die Einzwängung einer weitgreifenden politischen Auseinandersetzung in den Rahmen eines Beleidigungsprozesses. Aber auch andere Formen kommen vor; es klagt etwa ein aus politischen Gründen gestürzter Beamter seinen Gehalt für die Folgezeit ein, um mit der These des Fortbestehens seiner Beamtenstellung den ganzen politischen Hintergrund seiner Entlassung aufrollen zu können. Diesem Treiben steht der Jurist ziemlich ohnmächtig gegenüber. Gelegentlich werden dann in politisch erregten Zeiten eigene **Sondergerichte für politische Auseinandersetzungen** eingeführt, die an die Stelle eines schiefen den geraden Weg setzen sollen. So der „Staatsgerichtshof zum Schutze der Republik", der in Deutschland im Jahre 1922 begründet (durch das Ges. z. Schutze der Republik vom 21. Juli 1922, RGBl. I S. 585ff.), aber im Jahre 1926 wieder beseitigt, d. h. durch die „ordentlichen Gerichte" ersetzt worden ist (Ges. vom 31. März 1926, RGBl. I S. 190). — Über „Sondergerichte" und „Ausnahmegerichte" vgl. im übrigen unten S. 376. Über das Thema „Klassenjustiz" unten S. 473f.

d) Aus dem Vorangehenden ergibt sich, daß das Prozeßrecht geradezu als ein **Zeit- und Kulturspiegel** betrachtet werden kann. Dies wird durch die Geschichte bestätigt. Zunächst einmal zeigt es sich, daß die Neigung zum Ausbau des Prozeßrechts bald steigt, bald fällt. Es gibt Zeiten, wo man sich nicht genug tun kann, das

Prozeßrecht immer weiter auszugestalten, immer von neuem zu „reformieren"; dann wieder Zeiten, wo die Gesetzgebung und die Wissenschaft das Interesse für den Prozeß verlieren und die prozessualen Dinge laufen lassen, wie sie laufen. Vor allem aber kann man den Hang zum Formalismus, die Neigung zur Mystik, das religiöse Empfinden, das Vorherrschen nüchtern-praktikabler Denkweise und manche andere grundlegende Eigenschaft eines Zeitalters deutlich an der Prozeßgestaltung dieses Zeitalters ablesen.

Der Volkscharakter spiegelt sich z. B. wider in der größeren oder geringeren Theatralik des Prozesses. Religiöser Aberglaube beeinflußt nicht nur (wie in den Hexenprozessen) das materielle Strafrecht, sondern auch das strafprozessuale Verfahren. Besonders anschaulich die merkwürdige, im 15. Jahrhundert beginnende Literatur der sog. **Satansprozesse**. Hier wird in mancherlei Variationen der Kampf des Teufels um die Menschheit im Gewande eines rite abgewickelten Prozesses dargestellt, und diese Darstellung sollte nicht etwa bloß unterhalten oder religiös erregen, sondern sie war als Lehrbuch des Prozeßrechts gedacht! Da erscheint etwa Gott als Inhaber des obersten Gerichts, der nun in einem formal stilisierten Reskript den weisen Salomo zum Richter ernennt. Satanas, der Kläger, schickt den „juris peritus" Belial als seinen Syndikus und Generalbevollmächtigten vor. Christus, der Beklagte, entsendet dagegen Moses (oder Maria) als seinen Rechtsbeistand. Beide Parteien reichen solenne Schriftsätze ein, durchsetzt mit der ganzen Rechtsgelehrsamkeit der Zeit. Zeugen werden beiderseits benannt, ihre Aussagen ausführlich protokolliert, usw. Noch 1597 bearbeitete der Nürnberger „beyder Rechten Doctor und Advocatus" Jakob Ayrer diesen Stoff in einem an 800 Druckseiten umfassenden Folianten, mit dem langgezogenen Titel: „Historischer Processus Juris, in welchem sich Lucifer ober Jesum, darumb daß er ihme die Hellen zerstört, eingenommen, die gefangene darauß erlößt, und hingegen ihnen Lucifern gefangen und gebunden habe, auff das aller hefftigest beklaget. Darinnen ein gantzer Ordentlicher Proceß von anfang der Citation biß auff das Endurtheil inclusive, in erster und anderer instantz einverleibt usw." — Vgl. Stintzing (oben S. 176) S. 259ff.

Daß der Sinn für den Prozeß als Schaustück auch heute noch weiterlebt, zeigen mancherlei Theaterstücke, Kinodarstellungen und Kriminalromane.

e) **Scheinprozeß.** Zu allen Zeiten ist es beliebt gewesen, den Prozeß als Einkleidung für ganz anders gerichtete Ziele zu benutzen. Man kann dann von „Scheinprozessen" reden. Es hängt das mit jener tief liegenden Achtung vor dem in formaler Prozeßbahn gefundenen Urteilsspruch zusammen. Man will auf ein solches Urteil hinaus, um eine wirksame Abstempelung für seine Wünsche zu haben. Unzweifelhaft handelt es sich hierbei um einen Mißbrauch der Prozeßformen. Trotzdem lehrt die Geschichte, daß ein solcher

Mißbrauch gelegentlich immer wieder ertragen, geduldet, ja sogar von den staatlichen Behörden gefördert wird. Immerhin bleibt die Erscheinung eine menschlich überaus interessante Ausnahme.

Beispiele ziehen sich durch die ganze Geschichte. Im alten Rom wurden lange Zeit hindurch die Freilassungen von Sklaven in Gestalt eines Scheinprozesses vollzogen: Der Herr ließ sich von einem Dritten (dem „adsertor libertatis") mit der Behauptung verklagen, daß der betreffende Sklave gar nicht Sklave sei. Der Herr gestand das zu. Auf Grund des Geständnisses gab der Richter seinen Urteilsspruch. Damit hatte der Sklave ein autoritatives Freiheitsdokument in der Hand. Alles war vorher verabredet, ein wirklicher Rechtsstreit lag gar nicht vor, der prozessuale Apparat wurde nur ausgenützt, um für das geplante Freilassungsgeschäft „Urteilswirkung" und damit Unangreifbarkeit zu erzielen. Auch die deutsche Rechtsgeschichte kennt ähnliche Erscheinungen. Z. B. wurde im Mittelalter der Scheinprozeß verwendet, um Eigentum an Liegenschaften in besonders sicherer Form zu übertragen. Bloßes, privates, unförmliches Überlassen des verkauften Grundstücks an den Käufer genügte nicht, um diesen wirklich zum anerkannten Eigentümer zu machen. Also verklagte der Käufer den Verkäufer vor dem Richter, indem er (ohne sich als bloßen „Käufer" darzustellen) behauptete, das Grundstück sei sein. Der Beklagte gab das zu (ohne sich als bloßen „Verkäufer" darzustellen). Demgemäß entschied der Richter für den Kläger (Käufer), der so den erwünschten öffentlichen und unangreifbaren Titel in die Hand bekam, verabredetermaßen und durchaus friedlich, ganz ebenso wie bei der römischen Sklavenfreilassung.

Heute kann als Beispiel der Prozeß auf Wiederherstellung der ehelichen Lebensgemeinschaft dienen. Er spielt, wie der Name besagt, zwischen Ehegatten. Der deutliche Fall ist der, daß etwa die Frau dem Manne weggelaufen ist. Ist das ernsthaft geschehen, so liegt natürlich kein „Scheinprozeß" vor, wenn der Mann unter obiger Formel (die dem Gesetzestext entspricht, § 1567 BGB.) auf Rückkehr der Frau klagt. Oft aber wird ein solches Fortgehen der Frau (oder des Mannes) mit anschließendem Prozeß auf „Wiederherstellung usw." zwischen den Ehegatten ausdrücklich verabredet. Sie sind sich beide klar, daß sie nicht wieder zusammen wollen, daß also nur zum Schein auf Rückkehr geklagt wird. Der Grund liegt in dem sehr erschwerten und an feste gesetzliche „Gründe" gebundenen Scheidungsrecht. Gerade auf Scheidung wollen die Gatten in solchen Fällen hinaus, und da nun im Gesetz beharrliches Fortbleiben „trotz rechtskräftiger Verurteilung zur Herstellung der häuslichen Gemeinschaft" als „Grund" aufgeführt ist, führen die Gatten den ersten Prozeß vereinbarungsgemäß als Scheinprozeß, um dann daran den wirklich von ihnen gewollten (und nunmehr wegen Daseins eines „Grundes" aussichtsreichen) Scheidungsprozeß anzuschließen. Die Gerichte dürften das genau genommen nicht zulassen, aber sie haben sich ziemlich an Duldung eines solchen prozessualen Umwegs gewöhnt.

Über die Ausnutzung des gerichtlichen Prozeßverfahrens zur Aufrollung politischer Tagesfragen s. bereits S. 371.

III. Der Prozeß als staatliche Angelegenheit (Lehre von der Gerichtsbarkeit).

a) Überall, wo Menschen zu einer Gemeinschaft zusammentreten und diese unter Rechtsregeln stellen, entsteht sehr bald ein Prozeßverfahren. Die Kirchen (vgl. z. B. Codex iur. can., liber IV: „De processibus", über 600 canones), die Vereine (vgl. S. 102f.), selbst die Völkergemeinschaft (diese freilich noch in ziemlich unentwickeltem Zustand, S. 367) können nicht auskommen ohne ein Verfahrensrecht, das die materielle Ordnung begleitet. Durchaus im Vordergrunde steht jedoch das gerichtliche Verfahren, dessen sich der **Staat** bedient. Davon allein handelt das Folgende. Doch mag bemerkt werden, daß die meisten Denkfiguren des staatlichen Gerichtsverfahrens Allgemeinwert besitzen und bei der wissenschaftlichen Erfassung anderer Verfahrensarten, z. B. der kirchlichen Gerichtsbarkeit, entsprechend verwendet werden können.

Die Erstarkung des modernen Staates hat es mit sich gebracht, daß neben seiner eigenen alle andere Gerichtsbarkeit gleichsam nur von seinen Gnaden besteht und in ihrer Wirksamkeit von staatlicher Begrenzung abhängt. Vgl. z. B. § 15 Abs. 3 GVG.: „Die Ausübung einer **geistlichen Gerichtsbarkeit** in weltlichen Angelegenheiten ist ohne bürgerliche Wirkung. Dies gilt insbesondere bei Ehe- und Verlöbnissachen." Doch ist die sehr vorsichtige, deutlich den Kompromiß verratende Formulierung zu beachten. Nur in „weltlichen" Angelegenheiten ist die geistliche Gerichtsbarkeit ausgeschaltet, und sie ist auch nicht schlechthin wirkungslos, sondern nur ohne „bürgerliche" Wirkung. Auf ihrem eigenen Felde behält sie also ihre vom Staate geduldete und damit anerkannte Wirksamkeit. Als Gegenstück kommt die Formulierung im neuen Codex iuris canonici in Frage. Ebenfalls vorsichtig, unterstellt er der kirchlichen Gerichtsbarkeit (iudicium ecclesiasticum) diejenigen Streitigkeiten, die eine „**res, de qua Ecclesia ius habet cognoscendi**" zum Gegenstande haben, um dann im nächsten canon mit starker Betonung diejenigen Stoffe aufzuzählen, in denen „ecclesia i u r e p r o p r i o e t e x c l u s i v o cognoscit" (can. 1552, 1553).

Eine aus dem Gedanken grundsätzlicher Überlegenheit des Staates abgeleitete besondere Frage ist die, i n w i e w e i t d e r S t a a t s i c h d i e N a c h p r ü f u n g a n d e r w ä r t s e r g e h e n d e r U r t e i l e v o r b e h ä l t. Gerade das hat, wie erwähnt (S. 102f.), den V e r e i n e n mit ihrer Vereinsgerichtsbarkeit gegenüber eine Rolle gespielt. Letzten Endes mündet auch diese Frage bei dem allgemeinen Problem der Autonomie (S. 77 Ziff. 2, S. 99 Ziff. 4).

b) Dem Gesamtleben des Staates fügt sich die „Gerichtsbarkeit" ein als ein **Ausfluß der staatlichen Macht** („pouvoir judiciaire"; vgl. S. 292 c). Der Staat ist Herr über die Gerichtsbarkeit. Darum erscheint der Prozeß nicht als eine bloße Ausstrahlung, Begleiterscheinung, Anhängsel des materiellen Zivilrechts (oder Strafrechts), sondern als eine Ausübung staatlicher Hoheitsbefugnisse und gehört deshalb seinem Wesen nach ins öffentliche Recht (vgl. die Zeichnung S. 8).

Aus technischen Gründen, denen aber auch tiefere Strömungen zugrunde liegen, haben sich im Laufe der Zeit verschiedene Prozeßarten ausgebildet. Sie unterscheiden sich nicht nur äußerlich durch die verschiedene Besetzung der Gerichte, sondern auch in der ganzen Handhabung des Verfahrens. Namentlich ist das Maß einer Einflußnahme der beteiligten Privatpersonen (unten S. 384 V) bei der einen Prozeßart größer, bei der anderen kleiner. Und umgekehrt ist die Anspannung der staatlichen Disziplin hier stärker, dort schwächer. Heute gibt es vier Hauptprozeßarten: **Zivilprozeß, Strafprozeß, Freiwillige Gerichtsbarkeit und Verwaltungsgerichtsbarkeit.** Ihrer Darstellung sind die nachfolgenden §§ 33 bis 36 gewidmet.

Das Fundament für den gesamten Aufbau bildet das **Gerichtsverfassungsgesetz** von 1877 (vgl. S. 216f.). Seitdem mehrfach durch kleinere oder größere Novellen überarbeitet. Zuletzt durch die einschneidende und sehr umstrittene VO. über Gerichtsverfassung und Strafrechtspflege v. 4. Januar 1924. Auf ihr beruht die heute maßgebende Textfassung vom 22. März 1924 (RGBl. I S. 322ff.). Über diese Reformbewegung vgl. auch, soweit der Zivilprozeß betroffen worden ist, S. 390 soweit der Strafprozeß, S. 403. Erneute Änderungen zu erwarten.

Auf allen Teilgebieten seiner Gerichtsbarkeit wäre nun der Staat der reinen Idee nach unbehindert, das Verfahren völlig schrankenlos, jeweils nach seinem Gutdünken, zumal seinem politischen Gutdünken zu gestalten, Günstlingen etwa gesteigerten, Mißliebigen geminderten oder gar keinen Rechtsschutz zu gewähren. Zeiten staatlicher Willkürherrschaft haben denn auch geschichtliche Beispiele für dergleichen erbracht. Dem modernen **„Rechtsstaat"** entspricht das nicht. Schon durch das bloße Dasein eines Prozeßrechts wird ein ideeller Riegel vorgeschoben. Denn das „Recht" bindet nach anerkannter Lehre nicht nur die Untertanen, sondern auch den Staat selbst, der es gesetzt hat (S. 288). So also kommt es nur noch darauf an, wieviel an Bindung in dem Prozeßrecht eines bestimmten Zeitalters enthalten ist. Und da sehen wir, daß gerade heute dem Prozeßrecht eine ganze Reihe von Gedanken einverleibt sind, die eine mittelbare oder unmittelbare Beeinflussung des „Urteilsspruchs" durch den Staat verhindern sollen. Der Anteil des Staates ist darauf beschränkt, daß er für das Dasein und den geordneten Lauf des prozessualen Apparates zu sorgen hat: er stellt den Apparat bereit, das weitere entzieht sich seiner Einflußnahme, die Gerichtsbarkeit geht in die Hände des Richters über.

Ein wissenschaftlich sehr hochstehendes Problem beschäftigt sich mit der Frage, wie die **Pflicht des Staates,** den geordneten Apparat zur Verfügung zu stellen, zu konstruieren sei. Zwei Auffassungen sind möglich. Entweder: man denkt dabei nur an den Staat selbst und stellt ihm niemanden gegenüber, der die Erfüllung dieser Pflicht von ihm verlangen könnte; oder: man konstruiert ein unmittelbares Verhältnis zwischen dem Staat und dem einzelnen rechtsuchenden (gerichtsuchenden) Staatsbürger, und zwar in dem Sinne, daß der einzelne Staatsbürger ein subjektives öffentliches Recht auf Rechtshilfe gegen den Staat bekommt. Die letztere Auffassung (**Lehre vom Rechtsschutzanspruch, Justizanspruch**) ist in den letzten zwei Jahrzehnten immer stärker, jedoch mit verschiedenen wissenschaftlichen Spielarten, hervorgetreten. Vgl. neuestens Wilhelm Groh (Prof. in Gießen), Der Anspruch auf Rechtspflege, in Zeitschr. f. dt. Zivilprozeß, 1926.

IV. **Die Stellung des Richters** im Rahmen der staatlichen Gerichtsbarkeit ist eine eigentümliche, gekennzeichnet zugleich durch höchste Freiheit und durch strengste Gebundenheit.

a) Durch ein eigenes **Gerichtsverfassungsgesetz** (neue Fassung des Textes vom 22. März 1924) ist Aufbau und Zusammensetzung der Gerichte einschließlich ihrer „Zuständigkeit" bis ins einzelne festgelegt. Jeder Prozeßfall hat also einen genau bestimmten Platz, wohin er gehört, hat von vornherein „seinen" Richter. Der Staat darf nicht etwa diesen oder jenen Fall an eine andere Stelle verweisen, wo er gefügigere Richter zu haben glaubt: „Niemand darf seinem gesetzlichen Richter entzogen werden." Noch viel weniger ist es gestattet, ganze neue Gerichtshöfe für Einzelfälle oder Gruppen von Fällen zusammenzusetzen: **„Ausnahmegerichte sind unstatthaft".**

Die beiden Sätze wurden dem 1877 zustande gekommenen (S. 216f.) Gerichtsverfassungsgesetz einverleibt (§ 16). Wörtlich hat sie die neue Reichsverfassung übernommen (Art. 105), wodurch sie den gesteigerten Schutz erhalten haben, daß sie nicht durch ein „einfaches", sondern nur durch ein „verfassungsänderndes", an die Zweidrittelmehrheit gebundenes (S. 82 a. E., 295) Reichsgesetz geändert werden könnten.

Die Dogmatik unterscheidet an Hand dieser Gesetzesstellen scharf zwischen „Ausnahmegerichten" und „Sondergerichten" Nur erstere sind verboten (bzw. bei gesetzlicher Einführung an die Zweidrittelmehrheit gebunden), letztere sind erlaubt und, leider, recht stark verbreitet (unten S. 382 g). Der Unterschied liegt darin, daß die vor ein Sondergericht verwiesenen Fälle durch generelle Merkmale bestimmt, deshalb auch der Zahl nach nicht übersehbar und unerschöpflich sind, während die vor ein Ausnahmegericht verwiesenen Fälle (soweit es sich nicht überhaupt nur um einen einzigen handelt) durch konkrete Merkmale, etwa einen einzelnen historischen Vorgang, z. B. einen bestimmten „Putsch", gekennzeichnet sind, also erschöpfend aufgezählt werden können.

Das Gerichtsverfassungsgesetz hat neben früheren kleineren Änderungen eine schärfere Umgestaltung (u. a. Verwandlung der Schwurgerichte in Große Schöffengerichte, S. 403 a. E.) durch die Teilreform vom Jahre 1924 erfahren; darüber schon S. 375.

b) Der Lösung des gerichtlichen Verfahrens aus dem Banne staatlicher Übermacht dient weiter der große Satz von der **Unabhängigkeit des Richters.** Keinerlei Weisung „von oben her" ist bindend für ihn. Kein Justizminister, kein Landesherr, kein Präsident der Republik kann ihm anbefehlen, in bestimmtem Sinne sein Urteil zu fällen oder etwa eine Berufung zuzulassen, obwohl die Berufungsfrist schon abgelaufen ist. Wenn man bedenkt, daß der Richter Beamter des Staates ist, vom Staate ausgebildet, angestellt und fortlaufend besoldet wird, so kann man sich der Großartigkeit einer solchen Unabhängigkeitserklärung nicht verschließen.

Der Gedanke entstammt der französischen Revolution (vgl. S. 293 Ziff. 2). Damals war er gegen die sog. Kabinettsjustiz gerichtet. Hatte doch noch Friedrich der Große gelegentlich Richter, deren Urteil er persönlich für ungerecht hielt, kurzerhand davongejagt. Heute ist der Satz von der Unabhängigkeit des Richters wiederum sowohl im GVG. (§ 1) wie in der RV. (Art. 102), übrigens auch (überflüssigerweise) in einigen Landesverfassungen, niedergelegt: „Die Richter sind unabhängig und nur dem Gesetz unterworfen." Danach ist insbesondere auch eine parlamentarische Kontrolle der richterlichen Tätigkeit (wie sie in der Nationalversammlung von den Linkssozialisten vorgeschlagen worden war) unstatthaft. Keine „Kontrolle" des gerichtlichen, sondern ein eigenes, selbständiges Verfahren stellt das Verfahren der (nach Art. 34 RV. statthaften) parlamentarischen Untersuchungsausschüsse dar, auch „Enqueterecht" des Parlaments genannt. Immerhin kann ein solches Enqueteverfahren, wenn es denselben Vorgang untersucht, der gleichzeitig oder vorher oder nachher den Gegenstand eines ordentlichen gerichtlichen Strafverfahrens bildet, zu einer das Ansehen der Gerichte schädigenden Nebeninstanz ausarten. Vgl. dazu die Verhandlungen des 34. Deutschen Juristentages in Köln (September 1926).

Auch auf mittelbarem Wege darf kein Druck auf den Richter ausgeübt werden. Alles wäre vergeblich, könnte der mißliebige Richter beliebig „entlassen" oder um seinen Gehalt gebracht werden. Weitere Sätze der RV. (Art. 104) bestimmen daher, daß der Richter sein Amt auf Lebenszeit erhält (vorbehaltlich von Altersgrenzen; unten S. 481 Ziff. 3), daß er auch gegen seinen Willen grundsätzlich nicht an eine andere Amtsstelle versetzt werden darf, und daß ihm jedenfalls sein volles Gehalt erhalten bleibt. Freilich untersteht der Rchter, wenn er sich in seiner Amtsführung wirklich etwas zuschulden kommen ließ, auch seinerseits wie die anderen Beamten einem Dienststrafverfahren, aber gerade für die Richterschaft ist (nach Landesrecht) auch das Dienststrafverfahren mit besonderen „Garantien" ausgestattet.

So bleibt dem Staat (der jeweils herrschenden Regierung) eine politische Beeinflussung des Richterstandes höchstens in der Weise möglich, daß er schon bei der ersten Anstellung und später bei der „Beförderung" die ihm politisch genehmen Bewerber aussucht und bevorzugt. Ansätze zu einer solchen bösen Taktik sind dem deutschen Volke in einigen Ländern (vor allem in den Jahren 1922/23) nicht erspart geblieben. Sie können nur aus dem Tiefstand, den die Staatsmoral in Zeiten der Unruhe stellenweise zu erreichen pflegt, erklärt werden und sind aufs schärfste zu bekämpfen.

c) Vervollkommnet wird die Unabhängigkeit des Richters durch die **Abtrennung der Gerichtsbarkeit von der Verwaltung** (vgl. S. 292 f.). Organisatorisch kommt sie darin zum Ausdruck, daß es ausdrücklich verboten ist, dem Richter gleichzeitig Verwaltungsgeschäfte (außer denen der Justizverwaltung) zu übertragen (§ 4 EGzGVG.). Innerlich ist sie dadurch gerechtfertigt, daß in der „Verwaltung" eben *nicht* die Unabhängigkeit von den Weisungen der Vorgesetzten besteht, diese Weisungen vielmehr befolgt werden müssen.

Der *Wesensunterschied* zwischen Rechtsprechung und Verwaltung ist schwer zu bestimmen. Zweifellos haben manche richterlichen Geschäfte nahezu verwaltenden Charakter. Das gilt vor allem, wie früher erwähnt (S. 293), von den meisten Zweigen der sog. *Freiwilligen Gerichtsbarkeit* (unten § 35). Danach kann es Zufall sein, ob ein bestimmtes Gebiet beamtlicher Fürsorgetätigkeit zur Gerichtsbarkeit mit ihren „Garantien" oder zur Verwaltung geschlagen wird.

Der Wesensunterschied wird am deutlichsten, wenn man sich als typische Offenbarung der Gerichtsbarkeit das *Urteil*, als typische Offenbarung der Verwaltung das *Reglement* vorstellt. Das Urteil ist auf einen konkreten *Einzelfall*, das Reglement auf *Massenhaftigkeit* eingestellt. Das Urteil ist ein Abzug des über ihm stehenden *Rechts*, das Reglement verfolgt Ziele der *Nützlichkeit*. Der Sprecher des Urteils dient dem Recht, der Erlasser des Reglements dient dem Staat. Vom Urteil kann auch der Sprecher nicht mehr zurück, das Reglement kann beliebig geändert werden.

d) „*Freiheit*" des Richters gegenüber staatlicher Willkür bedeutet nun aber keineswegs eigene Willkür. Für seine Freiheit im Urteil, für seine Herrenstellung im geistigen Bereich tauscht der Richter Gebundenheit nach einer anderen Seite ein. Auf Grund der gleichen Verfassungssätze, die ihn „unabhängig" sprechen, wird er als **„dem Gesetze unterworfen"** erklärt. Dabei ist Gesetz im weitesten, das ganze „Recht" umfassenden Sinne zu verstehen. Diesem Recht also ist der Richter verantwortlich. Seine Verantwortlichkeit wird wiederum durch besondere rechtliche Einrichtungen gewährleistet und kontrolliert. Aber wichtiger als diese äußeren Bindungen ist die *Verantwortung im Gewissen*, die der Richter als Diener des Gesetzes zu tragen hat.

1. Als Kontrollmaßregel erscheint vor allem die (grundsätzliche) **Öffentlichkeit der Gerichtsverhandlungen.** Sie soll der Bevölkerung

Einblick in das Gerichtswesen geben. In der Schweiz ist sie teilweise bis zur Öffentlichkeit der richterlichen Beratung und Abstimmung gesteigert, während hierfür nach deutschem Recht gerade Geheimhaltung vorgeschrieben ist (GVG. § 193). Manche Zweige der Gerichtsbarkeit, vornehmlich die, die an die „Verwaltung" grenzen, also die Freiwillige Gerichtsbarkeit (unten S. 408), sind ihrer ganzen Natur nach nicht für die Öffentlichkeit bestimmt, so daß bei ihnen nicht nur die Beschlußfassung des Richters, sondern der ganze Gang der Verhandlung regelmäßig nichtöffentlich erfolgt.

Eine Art von Kontrolle übt auch der **Instanzenzug** aus, wonach fast alle richterlichen Willensakte, die in „erster Instanz" ergangen sind, der nochmaligen Nachprüfung durch eine obere, zweite, möglicherweise noch durch eine oberste, dritte Instanz unterworfen sind. Der Kontrollgedanke steht jedoch hierbei im Hintergrunde. Der vorwiegende Gedanke ist der an ein möglichst gutes materielles Ergebnis, ausgehend von der Annahme, daß bei wiederholter Nachprüfung ein höherer Grad von „Richtigkeit" erreicht werden könne als bei nur einmaliger Bearbeitung des Falles. — Mit dem Instanzenzug hängt auf das engste zusammen die Staffelung der Gerichte in Amtsgerichte, Landgerichte, Oberlandesgerichte, Reichsgericht. (Vgl. im IV. Teil § 38 II.)

Die schärfste Gewährleistung für die Verantwortlichkeit des Richters liegt jedoch nicht in solchen Überprüfungsmaßregeln, sondern in der Androhung schwerer Strafen für Verbrechen und Vergehen im Amte. Wie jeder Beamte wird der bestechliche Richter dem Zuchthaus überantwortet (StrGB. §. 332); bei ihm, im Gegensatz zu der übrigen Beamtenschaft, tritt noch das besondere Delikt der „Rechtsbeugung" hinzu, gleichfalls mit Zuchthaus bestraft (§ 336). Fälle einer Bestrafung von Richtern wegen solcher Verletzungen ihres hohen Amts sind jedoch äußerst selten vorgekommen.

2. Die innere Verantwortlichkeit des Richters (vor seinem Gewissen) tritt kaum in Erscheinung, wenn er eine klare, eindeutige Gesetzesstelle vor sich hat, die es lediglich auf den vorliegenden Fall zu übertragen gilt. Wohl aber steigt seine schwere Verantwortlichkeit empor, wenn er vor einer ungeklärten Tatfrage (S. 367) steht, oder wenn eine Gesetzesstelle unklar ist oder überhaupt eine „passende" Gesetzesstelle fehlt. Dazu sind mehrere Stellen aus dem enzyklopädischen Teil (S. 65 Ziff. 2, S. 82 Ziff. 4, S. 90ff., S. 107 Ziff. 1) und mancherlei aus dem IV. Teil (insbesondere § 43 III c bis f und IV) zu vergleichen.

e) In Volkssagen und Märchen und in der philosophischen Ideologie erscheint der Richter stets als Einzelmann. Er ist der Richter, die einmalige und einzige Inkarnation des richterlichen Gedankens. Aber das entspricht nicht den realen Schwierigkeiten. Die Verwickelung des juristischen Stoffs, die Mannigfaltigkeit des tatsächlichen Materials, auch das immer wiederkehrende Mißtrauen des Volkes in das Einzelrichtertum leitet stets zu der alten, wenn auch plumpen Weisheit zurück, daß „zwei mehr sehen als einer". So hat es seit alten Zeiten neben dem Einzelrichter **Richterkollegien, Kollegialgerichte** gegeben, in denen die Meinungen ausgetauscht, gemeinsam eine abschließende Meinung gebildet, notfalls abgestimmt wird. Freilich, die Zeitanschauung über dieses System hat gewechselt, und auch der Nationalcharakter der verschiedenen Völker weist verschiedene Neigungen auf. In England ist man geneigt, dem Einzelrichter den Vorzug zu geben. Bei uns hatte das 18. Jahrhundert sich ganz in den Glauben eingelebt, daß alles Heil bei den mehrköpfigen Kollegien zu suchen sei. Das 19. Jahrhundert hat dann allerdings dem Einzelrichtertum beträchtliche Zugeständnisse gemacht, aber auf breiten Flächen haben wir es heute noch mit Kollegien zu tun.

Der Unterschied der mehreren Prozeßarten (S. 375) spielt dabei eine wichtige Rolle. Am ausgeprägtesten ist das Einzelrichtertum in der Freiwilligen Gerichtsbarkeit. Gerade hier ist der Umschwung vom 18. zum 19. Jahrhundert besonders eindrucksvoll. In ersterem wurde fast überall mit „Pupillenkollegien", „Nachlaßkollegien" usw. gearbeitet, seit dem 19. Jahrhundert herrscht in Vormundschafts-, Nachlaß- und ähnlichen Sachen durchaus der Einzelrichter vor. Dabei handelt es sich, was viel zu wenig beachtet wird, nicht selten um Entscheidungen von größter Tragweite. Werden z. B. Eltern ihre Kinder zwecks Unterbringung in der sog. Fürsorgeerziehung entzogen (Jugendwohlfahrtsgesetz vom 14. Februar 1924, RGBl. I S. 110, § 62ff.), so trägt der darüber allein entscheidende (wenn auch an vorherige Anhörung des „Jugendamts" gebundene) Amtsrichter ein viel größeres Maß von Verantwortung als etwa bei einem Darlehnsprozeß über tausend Mark die drei Richter der landgerichtlichen Kammer, die (nach Vorbereitung durch einen Einzelrichter, ZPO. §§ 348ff.) grundsätzlich zur Entscheidung über einen solchen, verhältnismäßig geringfügigen Geldprozeß berufen sind.

Im Zivilprozeß und ähnlich im Strafprozeß ist eine katalogartige Aufzählung erfolgt, was bei den Amtsgerichten (und damit grundsätzlich vor dem Einzelrichter) und was bei den Landgerichten (und damit grundsätzlich vor einem Kollegium) entschieden werden soll (GVG. §§ 23ff., 71ff., 80). In Zivilsachen besteht dabei, falls es sich um einfache Vermögensstreitigkeiten handelt, eine bloße Zahlengrenze: unter 500 M. Amtsgericht, über 500 M. Landgericht, wobei auf die größere oder geringere Schwierigkeit des einzelnen Falles in tatsächlicher oder rechtlicher Hinsicht gar keine Rücksicht genommen wird. In Strafsachen zweigt sich innerhalb des Amtsgerichts vom Einzelrichtertum das Schöffengericht ab, nach näherer Bestimmung des GVG. (§ 25, 28ff.). In der Verwaltungsgerichtsbarkeit ist das Kollegialsystem durchaus vorherrschend.

Die bisherigen Angaben beziehen sich auf die erste Instanz. In zweiter und dritter Instanz entscheiden fast ausnahmslos Kollegien.

Wie groß ist das „Kollegium"? Diese Frage hat in jüngster Zeit im Zusammenhang mit der Spartaktik des Staates („Beamtenabbau") eine große Rolle gespielt. Bis zum Kriegsende war die Normalbesetzung der landgerichtlichen „Kammer" 3, des oberlandesgerichtlichen „Senats" 5, des Senats am Reichsgericht 7. Jetzt ist zwar die Dreizahl bei der landgerichtlichen Kammer erhalten geblieben (GVG. §§ 75, 76). Aber bei den Oberlandesgerichten ist man von 5 auf 3 (§ 122), beim Reichsgericht von 7 auf 5 heruntergegangen (§ 139). Wahrscheinlich wird man aber schon in nächster Zeit wieder die alte Besetzung einführen.

f) In das berufsgeschulte und beamtete Richtertum hat sich im Laufe des 19. Jahrhunderts der **Laienrichter** eingeschoben. Er soll dem „Volke" einen unmittelbaren Anteil an der Gerichtsbarkeit verschaffen, er soll mit seiner Ursprünglichkeit das gelehrte Wesen ausgleichen, er soll mit seinem Aufstieg aus allen Klassen der Bevölkerung einer etwaigen Klasseneinseitigkeit des Akademikers entgegenwirken. In diesem Sinne ist er ein echtes Kind des 19. Jahrhunderts, dessen Züge das 20. Jahrhundert noch in manchem verschärft hat (vgl. unten S. 473 Ziff. 1).

Die „Schwurgerichte" haben allerdings schon eine viel ältere Vergangenheit. Aber das, was den heutigen Schwur- und Schöffengerichten ihren Wert verleiht und sie der Bevölkerung als Palladium erscheinen läßt, hat mit den weiter zurückliegenden Vorbildern keinen ursächlichen Zusammenhang. Vielmehr sind die heutigen Schwurgerichte aus den großen geistigen und politischen Bewegungen, die in der zweiten Hälfte des 18. Jahrhunderts auf dem europäischen Kontinent einsetzten, herausgewachsen; Einführung von Geschworenengerichten war ein Programmpunkt der Revolutionen von 1789 und von 1848, höchstens die englischen Gerichtseinrichtungen bilden die Brücke zur älteren Zeit.

Anschauliche Darstellung der Genesis: Erich Schwinge (Referendar in Jena), Der Kampf um die Schwurgerichte bis zur Frankfurter Nationalversammlung, Jen. Diss. 1926.

Über die neueste Umgestaltung, die einer Beseitigung der „Schwurgerichte" zugunsten des Typus „Schöffengericht" ziemlich gleichkommt unten im § 34 S. 403 Ziff. 3γ. — Volkstümliche Schrift: Schroeder (Landgerichtsdirektor), Der Volksrichter, eine Einführung in das Strafrecht für Schöffen und Geschworene.

Wiederum macht sich bei der Frage der Beteiligung von Laien der Unterschied der Teilgebiete des Gerichtswesens bemerkbar. Der Kern des Laienrichtertums sitzt durchaus im Strafprozeß (nachfolgend § 34, Statistische Bemerkungen im § 38 IV). Auch in der Verwaltungsgerichtsbarkeit ist die Zuziehung juristisch nicht geschulter Kräfte fast die Regel; doch wurzelt sie hier weniger in erregten, hochpolitischen Gedankengängen als vielmehr in der allmählich erwachsenen „Selbstverwaltung" (vgl. S. 313 IV). Dagegen tritt im Zivilprozeß das Laienelement sehr stark zurück. Nur auf einigen abgezweigten Gebieten, wie den „Kammern für Handelssachen" (GVG. §§ 93ff.) und den sogleich zu besprechenden Sondergerichten, hat es sich eine beachtenswerte Stätte erworben; da jedoch die Tendenz unserer Zeit dem immer weiteren Ausbau solcher Sondergerichtsbarkeit zugekehrt ist, muß auch mit wachsender Teilnahme des Laienelements im Bereiche des Zivilprozesses gerechnet werden. In der

Freiwilligen Gerichtsbarkeit spielt das Laienelement keine große Rolle, doch herrschen hier noch gewisse Unterschiede in den einzelnen Teilen Deutschlands.

g) Die unaufhörlich fortschreitende Spezialisierung aller Lebensverhältnisse hat dazu gedrängt, neben den sog. „ordentlichen" Gerichten in wachsendem Umfang **Sondergerichte** zuzugestehen. Dem reinen Staatsinteresse entspricht das nicht. Der Staat würde viel größer dastehen, wenn es nur einen einzigen, alles beherrschenden Typus des „Gerichts" gäbe. So handelt es sich um Zugeständnisse, teils an die technische Gliederung des Rechtsstoffes (die Sonderung in Fächer), teils an die berufsständische Schichtung des Volkes, die auch anderwärts immer deutlicher hervortritt (vgl. S. 317).

Nicht in diesen Zusammenhang gehören die von den (privaten) Parteien selbst eingerichteten Schiedsgerichte; über sie vgl. S. 387. An dieser Stelle handelt es sich vielmehr nur um solche besonderen Gerichte, die der Staat von sich aus bereit gestellt hat.

Erwähnt sind schon die besonderen „Kammern für Handelssachen", die dem Kaufmannsstande gerecht werden sollen, aber noch der „ordentlichen" Gerichtsbarkeit (den Landgerichten) eingegliedert sind. Außerhalb der ordentlichen staatlichen Gerichtsbarkeit stehen die von den größeren Stadtgemeinden eingerichteten Gewerbe- und Kaufmannsgerichte, die demnächst zu allgemeinen Arbeitsgerichten ausgebaut werden sollen (vgl. S. 273 Ziff. 3). Über die praktische Wirksamkeit der Gewerbe- und Kaufmannsgerichte im IV. Teil § 38 VI. Die Zwangsbewirtschaftung der Wohnungen und des Pachtlandes hat zu besonderen Mieterschutz- und Pachtschutzgerichten geführt, deren allmählicher Abbau jedoch zu erwarten ist. Ferner hat das ganz neue Gebiet des Steuerrechts (§ 28) sogleich auch sein Sondergepräge in Gestalt eines eigenen obersten Gerichtshofes, des Reichsfinanzhofes bekundet (S. 323 oben). Ebenso drückt das Reichswirtschaftsgericht auf prozessualem Gebiet die Sondernatur des sog. Wirtschaftsrechts aus (S. 258 VI). Letztere beiden Einrichtungen führen bereits aus dem Bereich der Zivilgerichtsbarkeit zur Verwaltungsgerichtsbarkeit hinüber. Übrigens könnte man versucht sein, die Verwaltungsgerichtsbarkeit im ganzen (§ 36) als ein Stück Sondergerichtsbarkeit aufzufassen; richtiger aber stellt man sie wohl nicht als eine bloße Abgliederung von der Zivilgerichtsbarkeit, sondern als ein originales, aus eigenem Mutterboden entsprungenes Gewächs dar. — Seltener ist Sondergerichtsbarkeit auf strafrechtlichem Gebiet anzutreffen; hier fühlt sich der Staat zu einer möglichst straffen Zusammenfassung gedrängt. Doch hat bis zur Revolution von 1918 die Militärgerichtsbarkeit eine beachtliche Rolle gespielt; durch die Reichsverfassung (Art. 106) ist sie auf „Kriegszeiten" und auf das sog. Bordverfahren der Kriegsschiffe beschränkt worden.

h) **Staatsanwaltschaft und Rechtsanwaltschaft.** Neben den Berufs- und Laienrichtern stehen als unentbehrliche Glieder des heutigen Prozeßwesens die Staatsanwälte und die Rechtsanwälte. Die Staatsanwälte verdanken ihr Dasein jener Heraushebung der Gerichtsbarkeit aus dem übrigen Tätigkeitsbereich des Staates (vorstehend S. 378c). Eine völlige Isolierung ist nämlich nicht zu erreichen. Zu sehr ist das Gerichtswesen mit dem öffentlichen Leben und deshalb auch mit den staatlichen Interessen verflochten. Darum sind besondere Beamte, Staatsbeamte erforderlich, die eigens dazu berufen sind, an dem Gerichtsverfahren an genau vorgeschriebenen Stellen (vor allem als „Anklagebehörde" im Strafprozeß) teilzunehmen und dabei das staatliche Interesse oder, breiter gefaßt, das Interesse der im Staate verkörperten Allgemeinheit wahrzunehmen. Diese Verbundenheit mit den Allgemeininteressen des Staates läßt ihre Stellung in anderem Lichte erscheinen als die des Richters. Der Staatsanwalt ist kein Richter, seine, durch Gesetz genau begrenzten Funktionen sind keine richterlichen Geschäfte. Darum nimmt auch der Staatsanwalt an den besonderen „Garantieen" des Richters, die diesem seine „Unabhängigkeit" sichern sollen (S. 377b), nicht teil. Er muß sich vielmehr dem allgemeinen Beamtentum mit dessen stärkerer Gebundenheit an den Staatswillen einfügen. (Näheres über die Amtsstellung des Staatsanwalts im IV. Teil § 40 IIIa). — Die Rechtsanwälte bilden in gewisser Weise den Gegenpol zur Staatsanwaltschaft. Stellt der Staatsanwalt gleichsam die Brücke zwischen dem Richter und der allgemeinen Staatsgewalt dar, so ist der Rechtsanwalt die Brücke zwischen dem Richter und der rechtsuchenden Bevölkerung (Publikum). Der Staatsanwalt kommt vom Staate, der Rechtsanwalt vom Volke her. Das bedeutet indessen nicht, daß der Rechtsanwalt wie ein „Volksvertreter" gedacht ist. Vielmehr verknüpft sich sein Bild in sehr betonter Weise mit dem individuellen Einzelfall. Diesen soll er an den Richter in wohl vorbereiteter Weise heranbringen. Er vertritt dabei nicht das Volk im ganzen, sondern den einzelnen Rechtsuchenden, die „Partei", er ist Parteivertreter. Zählt man jedoch die tausende von Einzelfällen zusammen, bewertet man also die Funktion des Anwalts (die wiederum gesetzlich genau festgelegt ist) vom soziologischen Standpunkt aus, so erscheint er allen doch wie eine Stimme, die berufen ist, die Volksmeinung von dem, was Recht ist, in dem Gerichtsverfahren zur Geltung zu bringen. (Näheres über die Bedeutung der Rechtsanwaltschaft unten § 41.)

Eine vollständige Korrespondenz zwischen Rechtsanwaltschaft auf der einen und Staatsanwaltschaft auf der anderen Seite besteht nicht. Das ergibt sich schon äußerlich, da keineswegs in allen Fällen, wo ein Staatsanwalt mitwirkt, notwendigerweise auch ein Rechtsanwalt auftritt und noch viel weniger in allen Fällen, wo Rechtsanwälte mitwirken, auch ein Staatsanwalt eingreift. Wohl aber können gelegentlich, namentlich in politischen Prozessen, Staatsanwalt und Rechtsanwalt als äußerste Exponenten zweier entgegengesetzter Anschauungen erscheinen. Es kommt dann bisweilen zu bösen Zuspitzungen. Gerade dabei steigt wiederum das Richteramt als unparteiische, zwischen den kämpfenden Parteien thronende Macht empor. Seine Aufgabe ist es, ohne daß es in schwache „Kompromisse" zu versinken braucht, einen Ausgleich der gegeneinander stürmenden Meinungen herbeizuführen.

Die Gefahr des Gegensatzes der verschiedenen, an der Abwicklung der Prozesse beteiligten Sachwalter (Richter, Staatsanwalt, Rechtsanwalt) wird dadurch wesentlich abgeschwächt, daß diese drei juristischen Stände alle die gleiche Vorbildung zu durchlaufen, insbesondere die gleichen Prüfungen (Examina) zu bestehen haben. Danach hat keiner von den dreien Anlaß, sich den anderen beiden geistig oder gesellschaftlich überlegen zu fühlen. Näheres über die juristische Ausbildung unten im IV. Teil.

V. **Der Anteil der Privatperson am gerichtlichen Wesen.** Die Gerichtsbarkeit als Ganzes ist uns im Zeichen einer staatlichen Aufgabe erschienen. Jeder einzelne Fall aber hat es mit dem (kleineren oder größeren) Schicksal eines einzelnen zu tun. Was spielt dieser Einzelne im gerichtlichen Verfahren für eine Rolle? Oder die mehreren, wenn mehrere zugleich von dem Prozeß betroffen werden? Der Idee nach wäre es möglich, die beteiligten Privatpersonen ganz auf den Objektsstandpunkt zu bringen. Sie prozessieren nicht, sondern es wird über sie prozessiert. Im Strafprozeß liegt diese Vorstellung gar nicht so fern, in gewissen Teilgebieten der Freiwilligen Gerichtsbarkeit ist sie sogar verwirklicht, z. B. wenn das Vormundschaftsgericht über die Unterbringung eines Mündels befindet. Aber im großen und ganzen wird auch im Rahmen des gerichtlichen Verfahrens die Privatperson auf dem Subjektsstandpunkt gesehen. Das bedeutet, daß sie auf den Gang des Prozesses unmittelbaren **Einfluß** zu nehmen vermag. Namentlich die Eröffnung des Verfahrens hängt in breitem Maße vom Wollen der „Beteiligten" ab. Wenn sie nicht klagen wollen, wenn sie ohne richterliche Beratung bei ihren Testamenten glauben auskommen zu können, so zwingt sie niemand dazu, die Bahn des gerichtlichen Verfahrens zu beschreiten. Selbst bei der Sühnung von Freveltaten kennt man ein solches Abstellen auf den Willen der Privatpersonen: es gibt gewisse Delikte, die sog. Antragsdelikte, bei denen der Apparat des Strafprozesses nur in Lauf gesetzt wird, wenn der Verletzte dies begehrt, z. B. bei Hausfriedensbruch, einfachen Körperverletzungen und Beleidigungen. Auch der weitere

Fortgang eines in Lauf gebrachten Verfahrens steht noch an manchen Stellen unter dem Zeichen der privaten Willkür, der sog. **Parteidisposition.** So können die Parteien z. B. einem in vollem Lauf befindlichen Zivilprozeß durch „Vergleich" oder durch „Klagerücknahme" ein Ende bereiten, oder sie können (in gewissen Grenzen) den ursprünglichen Streitstoff erweitern oder beschränken, eine neue „Frage" einbeziehen oder eine Teilfrage wieder ausschalten. Aber diese ganzen Einwirkungen der Privaten sind doch in verhältnismäßig enge gesetzlich geregelte Grenzen gebannt, wobei der Unterschied der mehreren Prozeßarten (S. 375) eine große Rolle spielt. In der Hauptsache bleibt also doch das gerichtliche Verfahren eine staatliche, vom staatlichen Richter wahrgenommene Tätigkeit.

VI. **Der Gang des Verfahrens** pflegt sich schrittweise abzuspielen. Es stammt daher die lateinische Bezeichnung processus (schon S. 129c). Namentlich in früheren Jahrhunderten wurde der Gedanke solcher stufenweisen Abwicklung mit formalistischer Genauigkeit durchgeführt und überspannt. Heute ergeben sich für alle Verfahrensarten aus der Natur der Sache drei Grundabschnitte, die Eröffnung des Verfahrens, das Stadium der Untersuchung und der Abschluß durch Richterspruch.

a) Bei der Eröffnung des Verfahrens treten zwei Grundelemente in Erscheinung, die **Zuständigkeit** und die Gruppierung der **Parteien.** Die „Zuständigkeit" will besagen, welchem der vielen Gerichte eine bestimmte einzelne Sache zusteht, und es verbindet sich damit sogleich der Gedanke, daß im Rechtsstaat (S. 375) die Zuständigkeit bindend geregelt ist, daß also „niemand seinem gesetzlichen Richter entzogen werden darf" (S. 376 IVa). Der Parteibegriff kommt am klarsten im Zivilprozeß zur Geltung, wo sich „Kläger" und „Beklagter" in aller begrifflichen Reinheit gegenüberstehen. Im Strafprozeß hat er deshalb ein eigenes Gepräge, weil auf der einen Seite nicht eine Privatperson, sondern der Staat als Verfolger der Übeltäter steht; der den Staat dabei vertretende Staatsanwalt (S. 382h) kann freilich stellenweise wie ein persönlicher Gegner des Angeklagten erscheinen, aber seine Aufgabe ist keineswegs einseitiger Sieg seiner „Partei", vielmehr nur Aufdeckung der Wahrheit, so daß er gegebenenfalls sogar selbst auf Freisprechung des Angeklagten (der „Gegenpartei") hinwirkt. In der Verwaltungsgerichtsbarkeit, die in dieser Hinsicht sehr vielseitig ist, können sich ähnliche Lagen, aber auch Lagen mit zugeschärfter Parteistellung nach Art des Zivilprozesses ergeben. In der freiwilligen Gerichtsbarkeit tritt der Parteibegriff stark zurück; er verschwindet z. B. bei der Testamentserrichtung fast ganz. — Eine wichtige Begleiterscheinung des Parteibegriffs ist die Möglichkeit, sich vertreten zu lassen. In gewissem Umfang wird aus der Möglichkeit eine Notwendigkeit, insofern die Parteien sich durch Anwälte vertreten lassen müssen (sog. Anwaltszwang; näheres im IV. Teil § 41 I).

b) Das Stadium der Untersuchung findet seinen Kern im **Beweisverfahren.** Auch hier hat das 19. Jahrhundert manche befreiende Wandlung gebracht. Insbesondere hat sich entgegen der aus dem Mittelalter stammenden sog. formalen Beweistheorie der Grundsatz der „freien Beweiswürdigung" durchgerungen. Danach ist die Bewertung der Beweise, also insbesondere die Entscheidung, ob den Zeugen zu glauben sei oder nicht, ausschließlich in das Gewissen des Richters gestellt.

Im Anschluß daran hat sich ein ganz neuer Wissenszweig, die sog. Psychologie der Aussage, entwickelt, der namentlich die große Unsicherheit der Zeugenaussagen an Hand von Experimenten dargetan hat (näheres unten § 43 II c). Überhaupt zeigt das Beweisverfahren, wie wichtig die Kunst der Menschenbeurteilung für ein ersprießliches Gerichtsverfahren ist. Übrigens hängen uns noch heute Reste der alten formalen Beweistheorie, namentlich in Gestalt des schwerfälligen und freier richterlicher Würdigung entzogenen Parteieides an, während z. B. in Österreich eine durchgreifende Prozeßreform vom Ausgang des 19. Jahrhunderts diese Reste abgestreift hat.

c) Der Abschluß des Verfahrens wird rein äußerlich durch einen Formalakt (**Urteil, Beschluß**) gekennzeichnet, der den Richter auf der Höhe seines Wirkens zeigt. Die Kunst, gute und klare Urteile zu entwerfen, ist von großer Bedeutung; im zweiten Abschnitt der juristischen Ausbildung (Referendariat, unten § 39 III) wird viel Sorgfalt auf die Schulung im Abfassen von Urteilen verwendet. Wichtiger aber als die äußere Formgebung ist der sachliche Gehalt. Seine Bedeutung wird dadurch in das hellste Licht gerückt, daß der Inhalt des einmal gefällten Urteils für die Parteien gesetzesähnliche Wirkung hat (res judicata jus facit inter partes), sog. **Rechtskraft** (näheres S. 397).

d) Möglicherweise genügt auch der rechtskräftig gewordene Richterspruch den praktischen Lebensbedürfnissen nicht. Mit der Feststellung, was rechtens sei, die im Urteil niedergelegt ist, ist der erklärte Rechtszustand noch nicht verwirklicht. Deshalb muß ein **Vollstreckungsverfahren** bereitgestellt werden, das sich dem Feststellungsverfahren anschließt (schon S. 129 c). Das wichtigste äußere Kennzeichen dieses „zweiten Aktes" ist, daß der Richter fast ganz zurücktritt und anderen Organen des Justizwesens (Gerichtsvollzieher, Staatsanwaltschaft) das weitere überläßt. Diese Änderung erklärt sich wiederum daraus, daß im Vollstreckungswesen das rein juristische Element fast ganz abfällt und technisch-verwaltungsmäßiges Gebahren an seine Stelle tritt.

VII. **Reformbestrebungen.** Daß das heutige Prozeßverfahren gegenüber früheren Prozeßmethoden, z. B. gegenüber dem gemeinrechtlich-kanonischen Prozeß, erhebliche Fortschritte aufweist, kann nicht bezweifelt werden. Trotzdem ist die Bevölkerung mit dem Gerichtsverfahren wenig zufrieden. Man wirft ihm vor allem „Formalismus" und Langsamkeit vor. Diese Vorwürfe sind übertrieben. Im Formalismus liegt gleichzeitig die Gewähr dafür, daß nicht willkürlich verfahren wird: die Form wehrt die Willkür ab. Und die Langsamkeit verbürgt als Gegenwert Genauigkeit. Immerhin ist zuzugeben, daß Genauigkeit und formaler Ausbau übertrieben werden können. Jedenfalls hat sich aus der Unzufriedenheit mit der ordentlichen staatlichen Gerichtsbarkeit schon seit längerem ein eigentümliches Abwandern zu Sondergerichten (S. 382g) und eine bedenkliche Vorliebe für selbstgeschaffene Schiedsgerichte entwickelt.

Das **Schiedsgerichtswesen** wird namentlich von der Großindustrie und dem organisierten Handel gepflegt. Hier ist die Neigung, alle Streitigkeiten „unter sich", d. h. vor selbstgewählten Schiedsrichtern, zu erledigen, sehr ausgeprägt. So hat sich neben der formgebundenen (bureaukratischen) staatlichen eine Art von zwangloser Nebengerichtsbarkeit ausgebildet. Sie ist bereits Gegenstand lebhafter literarisch-wissenschaftlicher Behandlung. Vgl. z. B. v. Staff (Kammergerichtspräsident i. R.), Das Schiedsgerichtsverfahren, ein Handbuch. Seit 1926 erscheint, von Nußbaum (Prof. in Berlin) herausgegeben, das „Internationale Jahrbuch für Schiedsgerichtswesen in Zivil- und Handelssachen". Der Staat steht diesem Treiben abwartend gegenüber (natürlich nicht in der Straf-, sondern nur in der Zivilgerichtsbarkeit). Er duldet dieses Abwandern in die Schiedsgerichtsbarkeit. In seiner Zivilprozeßordnung (10. Buch, § 1025ff.) hat er sogar einige veraltete Hilfsregeln für das schiedsrichterliche Verfahren bereitgestellt. In Zukunft wird er aber vielleicht schärfer zugreifen und ein Überwuchern der Schiedsgerichte unterbinden müssen. Es besteht sonst die Gefahr, daß Wirtschaft und staatliche Gerichtsbarkeit sich zunehmend entfremden. Vgl. die Verhdl. des 34. Deutschen Juristentages in Köln (1926). Wissenschaftlich, aber auch praktisch ist die schwerwiegendste, übrigens sehr umstrittene Frage, ob die Schiedsgerichte nur nach ihrem allgemeinen Billigkeitsgefühl zu entscheiden haben, oder ob sie auch ihrerseits an das materielle Recht, wie es z. B. im Bürgerlichen Gesetzbuch oder Handelsgesetzbuch niedergelegt ist, gebunden sein sollen. Bei dem Überhandnehmen der Schiedsgerichte muß gegen ein bloßes Abstellen auf Billigkeitsgefühl entschieden Front gemacht werden, da sonst der Rechtsboden zu sehr ins Wanken gerät.

Die Notwendigkeit einer Verbesserung des Prozeßwesens ist schon vor dem Kriege auch in Juristenkreisen anerkannt worden.

Man entschloß sich z. B. bereits im Jahre 1909, eine Novelle zur Zivilprozeßordnung zu erlassen, die durch Stärkung der Amtsgewalt gegenüber dem Verhalten der Parteien eine Beschleunigung wenigstens in das amtsgerichtliche Verfahren hineinbringen sollte. Nach dem Krieg stürzte vor allem der Währungsverfall nicht nur die Wirtschaft, sondern auch die ihr dienende Gerichtsbarkeit in eine schwere Krisis. So folgten weitere energische Vorstöße, die das Gerichtswesen wieder voll arbeitskräftig machen und bei dieser Gelegenheit auch manche, schon aus der Vorkriegszeit stammende Reformforderung verwirklichen sollten. Am 11. März 1921 erging ein „Gesetz zur Entlastung der Gerichte" (RGBl. S. 229). Ende 1923 und Anfang 1924 reihten sich mehrere Verordnungen von großer Tragweite an, die die Regierung im Rahmen der Ermächtigungsgesetzgebung (vgl. S. 224 Ziff. 3) erließ. Einzelnes von ihrem Inhalt wird in den folgenden Paragraphen zu erwähnen sein. Damit ist jedoch die Reformbewegung offenbar noch nicht abgeschlossen. Ob sie in absehbarer Zeit zu einer gänzlichen Neugestaltung des Prozeßrechts führen wird, ist fraglich.

§ 33. Der Zivilprozeß.

I. **Aufgabe des Zivilprozesses** ist es, das Recht der privaten Interessen (§ 22ff.), wenn darüber zwischen zwei Beteiligten ein Streit ausgebrochen ist, z. B. zwischen einem Käufer und seinem Verkäufer, einem Arbeitnehmer und seinem Arbeitgeber, klarzustellen und zu verwirklichen. Es ist schon erwähnt, daß in neuerer Zeit immer mehr Streitstoff an staatliche Sondergerichte abgegeben worden ist (S. 382g), und daß überdies die Parteien es in der Hand haben, sich durch Wahl von Schiedsrichtern der staatlichen Gerichtsbarkeit zu entziehen (Schluß des vorhergehenden Paragraphen). Trotzdem bleibt der „ordentliche" staatliche Zivilprozeß das Rückgrat der gesamten Zivilrechtspflege. Die hier vom Staate und seinen Richtern vollzogene Arbeitsleistung ist achtunggebietend (Statistik unten § 38 III). Immer wieder werden auch Sondergerichtsbarkeit und Schiedsgerichtsbarkeit Anlehnung an das festgefügte, in jahrhundertelangem Wachstum entstandene Gebäude des Zivilprozesses suchen müssen. Seine wissenschaftliche Fundierung ist weitreichend und gründlich. Von den Schwächen einer gewissen Steifheit und Schwerfälligkeit abgesehen (vgl. § 32 Ziff. VII), darf jedermann darauf vertrauen, daß ihm bei privatrechtlichen Streitigkeiten im Rahmen des Zivilprozesses sein Recht werden wird.

Aus dem Schrifttum seien folgende Beispiele hervorgehoben. Den Stil eines sehr groß angelegten, seinerzeit besonders stark beachteten Lehrbuchs stellt dar: Konrad Hellwig (weil. Prof. in Berlin), Lehrbuch des deutschen Zivilprozeßrechts, 3 Bände, 1900 bis 1909. Das Werk war auf 5 Bände berechnet. Noch vor seiner Vollendung entschloß sich der Verfasser, eine neue, kürzere, den Studierenden zugänglichere Darstellung zu entwerfen. Sie ist in 2 Bänden vollständig geworden, doch war nach dem Tode Hellwigs das Einspringen eines zweiten Gelehrten zur Fertigstellung erforderlich: Hellwig-Oertmann (Prof. in Göttingen), System des deutschen Zivilprozeßrechts, 1912 bis 1919. — Eine geistvolle, auch tief in die Geschichte hinabsteigende Behandlung hat der Stoff gefunden in dem Lehrbuch des deutschen Zivilprozeßrechts von Richard Schmidt (jetzt Prof. in Leipzig), 2. Aufl., 1906. Gute, klare Dogmatik bietet Georg Kleinfeller (Prof. in Kiel), Lehrbuch des deutschen Zivilprozeßrechts für das akademische Studium, 3. Aufl., 1925 (im Gegensatz zu den vorhergehenden, die Dogmatik der Vorkriegszeit widerspiegelnden Werken ist hier bereits der neue Stoff mit verarbeitet). Gefällig, anschaulich, klar: W. Kisch (Prof. in München), Zivilprozeßrecht, 3 Bändchen in der Göschen-Sammlung, 3. Aufl., 1923. — Über den Rahmen des Zivilprozesses weit hinausragend, ein Beispiel eines fast übertief greifenden Gelehrtenwerks: James Goldschmidt (Prof. in Berlin), Der Prozeß als Rechtslage, 1925. — Über Zeitschriften s. bereits S. 29.

Zu den systematischen treten die kommentatorischen Bearbeitungen. Wiederum können nur Beispiele von typischem Wert angeführt werden. Hervorragend der große, von Ludwig Gaupp (gest. zu Tübingen 1901) begründete, von Friedrich Stein (gest. zu Leipzig 1923) zur Höhe geführte, jetzt von Jonas (Ministerialrat im RJustizMinist.) fortgesetzte Kommentar zur ZPO., kurz Stein-Jonas genannt, in 2 Bänden, 12. u. 13. Aufl., 1925ff. Im Studium wie in der Praxis wird ferner viel benützt die ausgezeichnete und gehaltvolle Handausgabe von Sydow-Busch-Krantz, 19. Aufl., 1926. Gefällig und handlich die mit kurzen Anmerkungen versehene „Taschenausgabe" von Baumbach (Senatspräsident am Kammergericht). — Wertvolles Anschauungsmittel, auch für den Selbstunterricht sehr förderlich: Aktenstücke zur Einführung in das Prozeßrecht, Zivilprozeß, bearbeitet von Friedrich Stein (weil. Prof. in Leipzig).

Bedeutsam für die wissenschaftliche Weiterbildung des zivilprozessualen Rechtsstoffes ist die seit 1921 bestehende „Vereinigung deutscher Zivilprozeßlehrer", die in jährlichen Zusammenkünften jeweils einige besonders wichtige Prozeßrechtsfragen behandelt.

II. **Gesetzliche Unterlagen.** Der Kern des heutigen Zivilprozeßrechts ist in der Zivilprozeßordnung von 1877 gesetzlich erfaßt worden. Die damals erlassene ZPO. bildete einen Teil der sog. Reichsjustizgesetzgebung, die ihrerseits den jungen gesetzgeberischen Drang des wenige Jahre zuvor gegründeten Deutschen Reiches veranschaulicht (S. 216). Seitdem ist das Gesetz allerdings wiederholt überarbeitet worden. Die beiden bedeutendsten Änderungen hat es 1898 und 1924 erfahren. In dem ersteren Falle handelte es sich darum, die ZPO. an das eben fertig gewordene Bürgerliche Gesetzbuch anzupassen (S. 219). In dem zweiten Falle galt es, aus der Wirrnis des Währungsverfalls herauszukommen, die überlasteten Gerichte zu entlasten, dem Sparsamkeitsverlangen durch „Beamtenabbau" zu entsprechen und nebenbei einige der seit längerem umlaufenden sachlichen Reformwünsche zu verwirklichen. Das schließliche Ergebnis war eine Neufassung des Textes unter dem 13. Mai 1924 (RGBl. I S. 437). Nach diesem Text wird z. B. die ZPO. zitiert. Eine ganze Reihe von Nebengesetzen reihen sich dem Hauptgesetz an. Zersplitterung des Stoffes ist also auch hier das Zeichen der Zeit. Das tritt namentlich in der Praxis, weniger im Lehrunterricht in Erscheinung.

Textausgabe der ZPO. und ihrer Nebengesetze von Volkmar (Ministerialrat im Reichsjustizministerium), Bensheimersche Sammlung Nr. 68.

Die Reform von 1924 ruht auf dem Rücken der Ermächtigungsgesetzgebung (S. 223). Für die Umgestaltung des Zivilprozesses kamen vorzugsweise die VO. vom 22. Dez. 1923 „zur Beschleunigung des Verfahrens in bürgerlichen Rechtsstreitigkeiten" und die VO. vom 13. Febr. 1924 „über das Verfahren in bürgerlichen Rechtsstreitigkeiten" in Frage, denen sich dann die zusammenfassende Neuformung des Textes vom 13. Mai 1924 anschloß. Über den Wert der Neuerungen ist viel gestritten worden, möglicherweise wird auch die eine oder andere bei künftiger erneuter Reform (s. im folgenden) wieder beseitigt werden, jedenfalls aber verdienen sie als Zeiterscheinungen Beachtung; deshalb sollen ihre Grundzüge auch an dieser Stelle vermerkt werden.

1. Man hat, wie es überscharf ausgedrückt wird, „den Parteien die Herrschaft über den Fortgang des Prozesses entzogen." Es hatte sich nämlich, namentlich im Anwaltsprozeß, d. h. vor den Landgerichten und Oberlandesgerichten ein sog. Vertagungsunwesen eingebürgert. Überaus häufig erschienen beide Anwälte in den festgesetzten und vom Gerichte vorbereiteten Terminen nicht oder sie kamen zwar, verhandelten aber nicht, sondern beantragten kurzerhand Vertagung. Das führte zu nutzloser Vergeudung von Arbeitskraft und zu schlimmer Verzögerung der Prozesse. Nunmehr ist, nachdem schon eine Novelle von 1909 (S. 388) für das amtsgerichtliche Verfahren in diesem Sinne vorbereitend gewirkt hatte, der Grundsatz aufgestellt, daß ein einmal anberaumter Termin auch wirklich durchgeführt werden soll (Ausnahmen nur nach § 227). Dem Richter sind entsprechende Machtmittel in die Hand gegeben, insbesondere darf er (in den Grenzen des § 251a) bei Ausbleiben der Parteien von sich aus „nach Lage der Akten entscheiden" (vgl. auch § 331a).

2. Ferner ist ein starkes Schwergewicht in die Vorbereitung der mündlichen Verhandlung (der Termine) gelegt worden. Es soll möglichst alles so vorbereitet werden, daß „der Rechtsstreit in einer mündlichen Verhandlung erledigt wird" (§ 272b). Auch sonst wird auf

straffe Weiterführung des Prozesses hingewirkt. Dem dienen die Möglichkeit, „das persönliche Erscheinen" der Parteien (statt oder neben ihren Anwälten) anzuordnen (§ 141), die Befugnis des Richters, für die Erklärungen der Parteien und für das Beibringen der Beweismittel knappe Fristen zu setzen (§ 279a, 283 Abs. 2), ja sogar Angriffs- und Verteidigungsmittel wegen Säumigkeit zurückzuweisen (§ 279) oder der Partei, die zwar im Rechte ist und deshalb siegt, doch wegen solcher Säumigkeit die Kosten des Verfahrens aufzuerlegen (§ 278 Abs. 2). Um des gleichen Zieles willen ist durch die Novelle auch das Beweisverfahren beweglicher gestaltet worden, als es früher war.

3. In der gleichen Richtung liegt die Einführung eines „Verfahrens vor dem Einzelrichter" bei den sonst kollegial arbeitenden Landgerichten und Oberlandesgerichten (§ 348ff.). Auch dadurch soll eine Erleichterung in den schwerfälligen Prozeßgang hineingebracht werden. Dem Einzelrichter wird die Vorbereitung, z. B. die gesamte Beweiserhebung, anvertraut (vgl. § 272b, 349). Erst, wenn seines Erachtens der Fall zur Entscheidung reif ist, wird der Fall in die Sitzung des Kollegiums gebracht. In gewissen Fällen kann sogar der Einzelrichter allein das Urteil fällen, so daß das Kollegium überhaupt nicht in Tätigkeit tritt („im Einverständnis beider Parteien bei Streitigkeiten über vermögensrechtliche Ansprüche" vor den Landgerichten; § 349 Abs. 3).

4. Die „Senate" sind verkleinert worden. Während der Zivilsenat eines Oberlandesgerichts früher aus 5, der des Reichsgerichts aus 7 Köpfen bestand, bilden jetzt 3 (bzw. 5) Mitglieder je einen Senat (Wiederaufhebung dieser Neuerung ist bestimmt zu erwarten). Überdies sind die „Rechtsmittel" (s. im folgenden) beschränkt worden. Die ebenfalls neu eingeführte Sprungrevision, die eine Rechtsfrage unmittelbar vom Landgericht ans Reichsgericht bringen soll (unter Übergehung des Oberlandesgerichts als Zwischeninstanz) ist gleichfalls neu eingeführt worden (§ 566a), hat aber bisher überraschend wenig Anwendung gefunden.

Künftige weitere Reform des Zivilprozesses steht zu erwarten. Ob es gelingen wird, von Grund aus einen Neubau aufzuführen, ist fraglich. Eine generelle, gern gebrauchte Formel geht dahin, daß der alte Prozeß ganz auf den individualistischen Geist des 19. Jahrhunderts zugeschnitten gewesen sei und sich deshalb mit dem Prozeßkampf zwischen Kläger und Beklagten vor dem (im wesentlich passiv verbleibenden) Richter begnügt habe, daß stattdessen in Fortsetzung des bereits eingeschlagenen Weges noch mehr auf „Freimachung der brachliegenden richterlichen Energie" hingearbeitet und die soziale Funktion des Prozesses in den Vordergrund gestellt werden müsse. Teilstücke, deren Umgestaltung naheliegt, sind das Eheverfahren, namentlich das Scheidungsverfahren, das Vollstreckungsrecht und die Schaffung einer an den Konkurs angelehnten Vergleichsordnung (vgl. unten S. 399). — Im Reichsjustizministerium liegt gehäuftes Material über die Zivilprozeßreform; es in die Gestalt von „Entwürfen" zu bringen, daran wird bereits gearbeitet. Eindrucksvoll auch die Verhandlungen auf der Tagung der Zivilprozeßlehrer Oktober 1926.

III. **Gleichwertigkeit der Parteien.** So wie das materielle Zivilrecht auf die Gleichwertigkeit aller einzelnen, daran beteiligten Individuen abgestellt ist (S. 228), so nimmt auch der ihm dienende Zivilprozeß seinen Ausgang davon, daß der Kläger und der Beklagte als gleichwertig behandelt, keiner also von vornherein begünstigt werden soll. Das hat sich namentlich in der Art und Weise zu äußern, wie der Richter die Leitung und Gestaltung des Prozesses handhabt. Strengste Unparteilichkeit ist hier ganz ebenso seine Pflicht, wie bei der (materiellen) Urteilsfindung. Er darf keinem der beiden Teile einen methodischen Vorteil vor dem anderen einräumen, sondern hat grundsätzlich bis zum Schluß darauf zu achten, daß die Waffen auf beiden Seiten „gleich" sind.

Obwohl das meiste in der Richtung dem Takt und dem Gewissen des Richters überlassen bleibt, hat sich doch auch bereits der Gesetzgeber bemüht, die Gleichwertigkeit des Klägers und des Beklagten erkenntlich zu machen. Es ist durch ein sorgfältig geregeltes Zustellungswesen dafür gesorgt, daß die auszutauschenden Schriftstücke, insbesondere sogleich die Klage, sicher in die Hände des Gegners gelangen, damit er in jedem Abschnitt des Verfahrens klar im Bilde ist (§ 166ff. ZPO.). Bleibt ein Teil im Termin aus, so kann zwar auf Grund des einseitigen Vorbringens des erschienenen Teils ein sog. Versäumnisurteil erlassen werden (§ 330ff. ZPO.). Indessen, abgesehen davon, daß diese Befugnis, den Gegner in Abwesenheit verurteilen zu lassen, nicht etwa bloß dem Kläger, sondern beiden Teilen gleichmäßig zusteht, kann auch das Versäumnisurteil durch bloßen Einspruch unschwer wieder umgestoßen und der Weg zur „kontradiktorischen" Verhandlung (s. im folgenden) sofort wieder neu erschlossen werden. Weiter versteht es sich von selbst, daß beide Parteien gleichermaßen Anspruch darauf haben, daß ihre unter Beweis gestellten Tatsachen auch wirklich durch Beweiserhebung geklärt werden. Ebenso, daß beide gleichermaßen von den Rechtsmitteln (s. im folgenden) Gebrauch machen können, wenn sie mit dem ergangenen Spruch nicht zufrieden sind. In alldem drückt sich der Gedanke der Zweiseitigkeit und Unparteilichkeit des Verfahrens aus.

Natürlich läßt sich eine vollständige und schematische Gleichsetzung nicht durchführen. Der Kläger ist nun einmal der Angreifer, der Beklagte steht nun einmal in der Verteidigung: der eine fängt an, der andere setzt fort. Daraus ergeben sich von selbst Unterschiede. Aber es zeigt sich, daß der Gesetzgeber (und der Richter muß ihm darin folgen) bei allen Lagen bemüht gewesen ist, diese Unterschiedlichkeit durch ein Abwägen der beiderseitigen Interessen, durch ein Verteilen seiner Fürsorge nach beiden Seiten hin auszugleichen. So muß z. B. gleich bei Beginn des Prozesses auf der einen Seite dem Beklagten Zeit gelassen werden, sich auf die Klage genügend vorzubereiten. Auf der anderen Seite darf nicht der Fortgang des Prozesses darunter leiden, daß der Beklagte zu lange damit säumt. Zur Regulierung dient die gesetzlich vorgesehene, aber in gewissem Maße durch richterliche Verfügung änderliche Einlassungsfrist (§ 226, 262 ZPO.). Ein gutes Beispiel für solche Interessenabwägung bietet sich ferner im Vollstreckungsrecht. Hat der Kläger ein siegreiches Urteil erstritten, so kann der Beklagte ihn durch Einlegung der Berufung zunächst wieder lahmlegen. Aber der Kläger kann doch (trotzdem der Prozeß nun in zweiter Instanz weiterläuft) unter gewissen Voraussetzungen die sog. vorläufige Vollstreckbarkeit des Urteils erwirken (§ 708 ff. ZPO.). Damit ist jedoch das Hin und Her noch nicht zu Ende. Dem Beklagten bleibt die Möglichkeit, diese vorläufige Vollstreckung durch Sicherheitsleistung abzuwenden, was der Kläger wieder dadurch überwinden kann, daß er sich seinerseits zur Sicherheitsleistung erbietet.

IV. **Die Beibringung des Prozeßstoffes durch die Parteien.** Für den Ausgang eines Prozesses und auch bereits für den vorangehenden Verlauf des Verfahrens ist es von grundlegender Bedeutung, von wem und wie der maßgebliche Stoff in den Prozeß eingeführt wird. Schon der bloße Umstand, daß etwas vergessen oder absichtlich weggelassen werden kann, oder daß eine Tatsache zwar behauptet wird, aber sich nicht beweisen läßt, legt offen zutage, daß die Ausbreitung des Prozeßstoffes für alles weitere bestimmend ist. Insbesondere ist es klar, daß das Urteil nicht aus der Luft gegriffen werden kann, sondern sich auf diesen vor dem Richter ausgebreiteten Stoff aufbaut, also von ihm abhängig ist.

a) Bringt man nun die Lage, wie sie unserem heutigen Zivilprozeßrecht entspricht, auf die einfachste Formel, so ergibt sich folgendes Bild: Der Kläger bringt an Stoff bei, was ihm günstig erscheint, der Beklagte bringt den Gegenstoff, der ihm günstig ist, der Richter dagegen mischt sich in die Stoffbeschaffung nicht ein, er wartet ab, was die Parteien an Stoff vor ihm ausbreiten, und tritt dann erst, als „Richter", an die rechtliche Bewertung des Stoffes heran. Dieser Grundsatz wird im Hinblick darauf, daß die „Disposition" über den Rechtsstoff bei den Parteien bleibt, **Dispositionsprinzip** genannt oder auch im Hinblick darauf, daß die Parteien bestimmen, was „verhandelt" werden soll, **Verhandlungsmaxime.**

Man kann das auch dahin ausdrücken, daß die Parteien über den Streitstoff verfügen: ihnen bleibt es überlassen, wieviel sie von ihren Angelegenheiten in den Prozeß hineinziehen wollen, wieviel sie von den Behauptungen des Gegners zugestehen und anerkennen wollen, und ob sie es nicht schließlich vorziehen, statt des richterlichen Urteils mit oder ohne Beiziehung des Richters einen Vergleich zu schließen und auf diese Weise den Prozeß durch eigenes Disponieren über den Streitstoff aus der Welt zu schaffen.

1. Alte lateinische Sprüchwörter veranschaulichen dieses Prinzip. Deutlich wird jene abwartende Haltung des Richters durch den Satz markiert: Da mihi factum, dabo tibi ius, die Parteien bringen den tatsächlichen Stoff vor den Thron des Richters, er reicht ihnen dafür die zu diesem Stoff passende Rechtsentscheidung zurück. Ne eat judex ultra petita partium, will besagen, daß der Richter an die Anträge der Parteien gebunden ist. Will z. B. der Kläger (um Gerichts- und Anwaltskosten, die von der „Höhe des Objekts" abhängen, zu sparen, oder aus anderem Grunde) nur einen Teil seiner Forderung einklagen, so darf ihn der Richter nicht daran hindern und etwa von sich aus den Beklagten auf das Ganze der Forderung verurteilen.

2. Von der Verfügung über den Stoff des Prozesses ist begrifflich zu scheiden die Verfügung über den äußeren Verlauf des Verfahrens. Die alte ZPO. von 1877 trat mit dem Gedanken ins Leben, auch in dieser Hinsicht die Parteidisposition walten zu lassen. Die Parteien sollten selber wissen und sagen, in welchem Tempo der Prozeß zu laufen habe: Wenn sie beide nicht erscheinen, ruht der Prozeß, vielleicht monatelang. Und wenn sie bestimmte Behauptungen unterlassen oder Beweis dafür nicht antreten, obwohl dadurch der Streitfall viel gründlicher, schneller und wahrheitsgemäßer geklärt werden könnte, so tritt doch der Richter nicht aus seiner Reserve heraus, sondern wartet ab (sog. **Parteibetrieb im Gegensatz zur Offizialmaxime**).

Es ist schon hervorgehoben worden, daß sich neuerdings gegenüber dieser Verfügungsgewalt der Parteien eine rückläufige Bewegung eingestellt hat (S. 390 Ziff. 1). Sie will durch Hebung der richterlichen Disposition über den Prozeßverlauf, durch Erweiterung des Betriebes von Amts wegen einen glatteren und schnelleren Verlauf erzielen. Doch kann sich damit noch eine ganz andere, gewissermaßen soziale Tendenz verbinden, daß nämlich durch richterliche Unterstützung des ungewandteren und vielleicht wegen Geldmangels der anwaltlichen Hilfe entbehrenden Teiles wiederum ein gewisser Ausgleich zwischen den Parteien geschaffen wird.

3. Gewisse Rechtsstreitigkeiten ragen, auch wenn sie im Rahmen des Zivilprozesses festgehalten werden, aus dem Bereiche bloßer Privatinteressen heraus. Die Allgemeinheit ist an ihnen interessiert. Und das hat prozessual darin seinen Ausdruck gefunden, daß sowohl die Verfügung der Parteien über den Prozeßstoff wie über den äußeren Prozeßbetrieb zugunsten des amtswegigen Verfahrens (Offizialverfahrens) stark zurückgedrängt wird. Es sind das die Ehe- und Kindschaftssachen (vgl. S. 241 Ziff. VII). Für sie ist in der ZPO. (6. Buch, § 606ff.) ein eigenes Verfahren in dem angegebenen Sinne vorgeschrieben.

b) **In welcher Form** das „Material" dem Richter von den Parteien darzubringen ist, ist wiederum Gegenstand des Prinzipienstreits, wobei der Wechsel der „Prinzipien" bei den einzelnen Völkern und Zeitläuften eine Rolle spielt. Die ZPO. von 1877 trat unter den Zeichen der Öffentlichkeit, Unmittelbarkeit und Mündlichkeit ins Leben. Auf die einfachste Formel gebracht bedeutet das, daß die beiden Parteien unmittelbar vor dem Richter erscheinen und mündlich in Rede und Wechselrede ihr Anliegen vorbringen, während jedermann aus dem Volke Zutritt hat und sich von dem ordentlichen Verlauf des Prozeßwesens überzeugen kann. Ein Idealbild: die „kontradiktorische Verhandlung" des Klägers und des Beklagten, zweier Leute aus dem Volk, bildet den Mittelpunkt, das übrige Volk steht herum und hört zu, der Kampf Mann gegen Mann belebt und befruchtet, der Prozeß selbst wird zu einem lebendigen Stück des öffentlichen Daseins. In der Praxis sieht es anders aus, die „Prinzipien" erscheinen merklich abgeschächt, so daß der Prozeß in Wahrheit bisweilen ein sehr unlebendiges und papiernes Gepräge erhält. Auch die jüngsten Reformen haben wenig daran geändert. Zunächst ist es im Anwaltsprozeß nach wie vor durchaus üblich, daß im Termin nur die Anwälte erscheinen, nicht auch die Parteien selbst. Vor allem aber krankt der Beweisapparat daran, daß in großem Umfang die Beweiserhebung auswärts, vor einem „ersuchten" oder „beauftragten" Richter erfolgt. Dem erkennenden Gericht liegen dann nur die schriftlichen Protokolle vor, die kein volles Bild des wahren Lebens geben können und die etwaige besondere Schulung des Richters in der Psychologie der Aussage (unten § 43 II c) auf ihren halben Wert zurückschrauben. Der Zivilprozeß unterscheidet sich auch in dem Punkt merklich vom Strafprozeß, bei dem in viel stärkerem Ausmaß der gesamte Verhandlungsstoff in einem einzigen Termin unter persönlicher Anwesenheit aller Beteiligten, des Beschuldigten, des Anklägers, der Zeugen, der Sachverständigen, vor dem erkennenden Gericht unmittelbar aufgerollt wird.

V. **Die Bewertung des Prozeßstoffs durch den Richter.** Die Bewertung des Prozeßstoffs durch den Richter stellt den Höhepunkt des ganzen zivilprozessualen Verfahrens dar, äußerlich gipfelnd in dem Formalakt des Urteils. Der Weg dahin (und darüber hinaus) ist durch Rechtsregeln vorgezeichnet.

a) Zunächst ist die **Zuständigkeit** zu beobachten. Sie ist einmal örtlich gegliedert, sodann sachlich. In letzterer Hinsicht ist besonders bemerkenswert der Gegensatz zwischen den Amtsgerichten und den Landgerichten. Von jeder einzelnen Prozeßsache kann nach ihrer Art oder nach der Höhe des Streitwerts (näheres im § 23 des Gerichtsverfassungsgesetzes) gesagt werden, ob sie vor das Amtsgericht oder vor das Landgericht gehört.

Und, je nachdem, greift ein anderes Verfahren Platz. Das vor dem Amtsgericht ist in den §§ 495 ff. ZPO. geregelt. Hier gibt es nur den Einzelrichter. Es besteht kein Anwaltszwang, d. h. die Parteien können sich, brauchen sich aber nicht durch Anwälte vertreten zu lassen. Ein Güteversuch (nachfolgend b) muß dem eigentlichen Prozeßkampf vorausgeschickt werden. Das Verfahren selbst ist zwangloser als vor den Landgerichten. Das Verfahren vor dem Landgericht ist in den §§ 253 ff. geregelt. Es ist formaler behandelt. Die Entscheidung liegt grundsätzlich bei einem Dreimännerkollegium (der „Kammer"), wenngleich neuerdings auch hier der Einzelrichter eingeführt worden ist (oben S. 391 Ziff. 3). Es herrscht Anwaltszwang, d. h. die Parteien müssen sich durch einen Anwalt vertreten lassen (Unvermögenden wird er unentgeltlich zugeteilt; sog. Armenrecht, §§ 114 ff.). Wer ohne Anwalt erscheint, findet überhaupt kein Gehör, eine der seltsamsten, nur aus der Verwicklung und Schwierigkeit der heutigen Rechtsverhältnisse erklärbare Erscheinung (vgl. auch unten § 41). Übrigens ist auch der Instanzenzug (nachstehend d) ein anderer, je nachdem der Prozeß in erster Instanz beim Amtsgericht oder beim Landgericht anhängig war.

Entsprechend der grundsätzlichen Dispositionsmacht der Parteien (S. 393) ist es ihnen in gewissen Grenzen überlassen, sich statt des an sich zuständigen ein anderes Gericht auszuwählen (§ 38 ff. ZPO.), sog. Prorogation des Gerichts (forum prorogatum).

b) Ein in der jüngsten Zeit viel erörtertes Problem ist das **Güteverfahren.** Aus der Erkenntnis heraus, daß viele Prozesse nur einer gewissen Verbitterung (Prozeßwut) entspringen, und aus der weiteren Erkenntnis, daß oft die Entscheidung „auf des Messers Schneide liegt", daß es also auch für den geschultesten Richter schwierig ist zu sagen, ob das „Recht" wirklich auf seiten des Klägers oder auf seiten des Beklagten liegt, haben manche Neuerer ganz allgemein die Forderung aufgestellt, daß immer erst versucht werden soll, einen begonnenen Prozeß im Wege gütlichen Ausgleichs aus der Welt zu schaffen, daß also die strenge juristische Entscheidung nur gewählt werden soll, wenn der Güteversuch gescheitert ist. Dem hat die jüngste Umgestaltung der ZPO. von 1924 (S. 390) in gewissem Umfang Rechnung getragen.

Beim Amtsgericht muß mit einem Güteverfahren begonnen werden (§ 495a ff.). Beim Landgericht ist der Zwang nicht so ausgeprägt, doch hat auch hier der vorbereitende Einzelrichter „zunächst die gütliche Beilegung des Rechtsstreits zu versuchen" (§ 349). Der Gedanke fußt auf einer schönen Ideologie: die Menschen versöhnen, nicht durch einen schroffen Prozeß noch mehr verfeinden, mehr „schlichten" als „richten"!

c) Gelingt der Güteversuch nicht (wie in der großen Masse der Fälle), so muß der Richter zum **Urteil** schreiten. Hier ist er auf dem Gipfel seines Schaffens. Alles, was er an geistigem Gut in den

Jahren der Ausbildung und später erworben hat, vermag er hier am besten zu verwerten. Alles, was für die Unabhängigkeit des Richters geschehen ist (S. 377b), dient vorzugsweise dazu, ihm seine volle Selbständigkeit bei der Urteilsfindung zu gewährleisten. Dies ist um so bedeutsamer, weil die Parteien an den einmal ergangenen Spruch des Richters gebunden sind: das Urteil bekommt ihnen gegenüber die sog. **Rechtskraft.**

Der Rechtskraftbegriff ist einer der interessantesten, der ganzen Prozeßrechtslehre. Auch enzyklopädisch ist er von hohem Wert. **Res iudicata ius facit inter partes**, sagt ein (schon S. 386 zitiertes) Rechtssprichwort. Aber ist das nun wirklich „Recht", auch wenn der Richter, was natürlich bei der allgemeinen menschlichen Unvollkommenheit vorkommen kann, einen Fehlspruch getan hat? Die Parteien sind und bleiben gebunden. Sie können nicht noch einmal an den Richter herantreten und den Prozeß von neuem aufrollen. Mindestens also sieht es so aus, als sei jetzt das, was der Richter für sie festgelegt hat, schlechthin „Recht". Aber wächst das in das Privatrecht hinüber? Ist der zur Zahlung von 300 Mark verurteilte (rechtskräftig verurteilte) Beklagte jetzt wirklich auch „Schuldner" auf 300 Mark im Sinne des BGB.? Oder bleibt die Wirkung auf dem Boden des Prozeßrechts hängen? Ist also die Rechtskraft eine privatrechtliche oder eine prozeßrechtliche Erscheinung? Darüber herrscht gelehrter Streit, der nahezu in eine Glaubensfrage einmündet.

An der starren und starken Wirkung der Rechtskraft muß entschieden festgehalten werden. Die Ausschaltung weiteren Zanks nach einmal ergangenem Urteil dient dem höheren Rechtsfrieden der Allgemeinheit und der Sicherheit der Justiz. Dahinter muß das Einzelinteresse zurücktreten, mag das auch hart sein. Bedenklich war es daher und kann nur aus der Unregelmäßigkeit aller Verhältnisse in jener wirren Zeit gerechtfertigt werden, daß gelegentlich der Aufwertungsfrage (S. 50) auch rechtskräftige Urteile nachträglich wieder umgestoßen worden sind.

d) Die eben geschilderte, bedeutende Wirkung des richterlichen Urteils wäre nach unseren heutigen Anschauungen nicht erträglich, wenn nicht gleichzeitig durch einen sog. **Instanzenzug** die Möglichkeit einer mehrmaligen Nachprüfung eines Falles erschlossen würde (vgl. S. 379). Die so weittragende „Rechtskraft" setzt also nicht schon mit dem Spruch des ersten Richters ein. Vielmehr beginnt zunächst eine Frist zu laufen, binnen deren die Parteien (vor allem natürlich der unterlegene Teil) sich überlegen können, ob sie ein Rechtsmittel einlegen, d. h. die zweite (höhere) Instanz anrufen wollen. Und erst, wenn die Parteien entweder von den Rechtsmitteln keinen Gebrauch gemacht oder den Instanzenzug erschöpft haben, ist die „Rechtskraft" gegeben.

Die damit zusammenhängende Staffelung unserer Zivilgerichte in Amtsgerichte, Landgerichte, Oberlandesgerichte und Reichsgerichte (vgl. auch unten S. 431), läßt die hohe Stellung des Reichsgerichts als oberste Spitze der Rechtspflege deutlich hervortreten. Ihm vor allem liegt es ob, in seinen letztinstanzlichen Sprüchen das Recht in gesunde Bahnen zu leiten und schöpferisch weiterzubilden.

Im einzelnen ist das Rechtsmittelwesen in der ZPO. und dem GVG. sehr genau und streng formal geregelt.

e) Schon in früherem Zusammenhang ist darauf hingewiesen worden, daß mit dem Urteilsspruch sehr oft dem subjektiven Rechtsanspruch des Klägers noch nicht genüge geschieht, daß vielmehr im Anschluß an das sog. Feststellungsverfahren noch ein **Vollstreckungsverfahren** nötig wird (S. 129 a. E. und S. 386d). Auch hierbei ist die private Initiative entscheidend, d. h. es wird abgewartet, ob der Kläger die Vollstreckung wünscht und deshalb beantragt, oder ob er (aus Milde oder, um bei Aussichtslosigkeit einer Pfändung die Kosten zu sparen) darauf verzichtet.

Weil es im Vollstreckungsverfahren zum äußersten kommt, namentlich auf Rechnung des verurteilten Schuldners, ist dieses Verfahren mit allerlei formalen und materiellen Garantien umgeben. Der „soziale" Geist unserer Zeit wirkt sich, gemessen an früheren Zeitläuften, in einer gewissen Milde gegen den Schuldner aus. Er darf nicht „kahl gepfändet" werden. Vgl. Grundriß Schuldrecht § 1 IId. Die ZPO. hat der „Zwangsvollstreckung" ein ganzes Buch, das 8., gewidmet (§§ 704ff.). Dazu tritt manches ergänzende Material, vor allem ein eigenes Ges. über die Zwangsversteigerung und die Zwangsverwaltung vom 24. März 1897, das sich mit dem Zwangszugriff auf Grundstücke befaßt (Großer Kommentar von Fischer-Schaefer, 2. Aufl. 1910). — Statistisches unten § 38 IIIc.

VI. Vom Zivilprozeß hat sich seit längerem der **Konkurs** als eine Sondermaterie abgeschieden.

Eigenes Grundgesetz: Konkursordnung vom 10. Februar 1877, seitdem mehrfach durch (kleine) Novellen überarbeitet. Eigene wissenschaftliche Erforschung. Eigene, oft mit dem Zwangsvollstreckungsrecht des gewöhnlichen Zivilprozesses verbundene Vorlesungen. Aus dem Schrifttum: Großer Kommentar von Jäger (Prof. in Leipzig), 6. Aufl. 1926 im Erscheinen. Kommentar von Mentzel (Reichsgerichtsrat), 1. Aufl. 1926. Kleine Guttentagausgabe von Sydow-Busch-Krieg, 14. Aufl. 1926. Vorzügliche systematische Darstellung in dem schmalen Grundriß von Kisch (Prof. in München), 2. Aufl. 1924. Einblick in die Praxis des Konkurswesens bietet J. Senft (Oberlandesgerichtsrat), Die Verwaltung von Konkursen, 1925. — Statistik unten § 38 IIIc.

Die Eigentümlichkeit des Konkursverfahrens besteht darin, daß nicht bloß (wie im Zivilprozeß) ein einzelner Berechtigter gegen einen Verpflichteten ankämpft, sondern daß alle Gläubiger eines Schuldners in einem einheitlichen Verfahren zusammengerufen werden. Man nimmt dann dem Schuldner sein ganzes Vermögen auf einmal weg und händigt es auf dem Wege genauester Berechnung den Gläubigern zwecks gleichmäßiger (prozentualer) Befriedigung aus.

Dieses oberste Bild des Konkursverfahrens läßt sogleich zwei besonders charakteristische Züge hervortreten. Einmal mischen sich unmittelbar in das formale Verfahrensrecht materielle Gesichtspunkte (Vermögensverteilung; vgl. auch S. 234 a. E.) ein, so daß das Konkursrecht genau genommen nur zum Teil in das Recht des Verfahrens gehört. Zweitens begegnet hier, ähnlich wie im Vollstreckungsrecht (S. 386), wegen des Hineinspielens vieler technischer (wirtschaftlicher) Fragen ein Zurücktreten des Richters, der nur die oberste Überwachung in der Hand behält. Statt seiner übernimmt die technische Arbeit ein in jedem einzelnen Fall besonders eingesetzter, meist juristisch nicht geschulter, dafür kaufmännisch erfahrener Konkursverwalter. Neben ihm funktioniert als Organ des Verfahrens die Gläubigerversammlung, während der Schuldner, um dessen Zusammenbruch es sich handelt (Gemeinschuldner, Konkursitex), verhältnismäßig wenig in Erscheinung tritt. Der Parteibegriff erfährt also im Konkursverfahren beträchtliche Abwandlung. Nur, wenn sich Schuldner und Gläubigerschaft über einen Vergleich (Akkord) einigen, tritt das Gegenüber der Parteien wieder klarer hervor.

Eine abgeschwächte Form des Konkursverfahrens stellt die sog. **Geschäftsaufsicht** dar. Sie ist im Kriege durch eine Verordnung des Bundesrats vom 14. Dezember 1916 (erlassen auf Grund der vom Bundesrat erteilten „Ermächtigung" S. 223 Ziff. 2) eingeführt und bis heute beibehalten worden, doch steht ihre Wiederbeseitigung oder ihr Einbau (in revidierter Form) in die allgemeine Konkursordnung oder aber ihre Umwandlung in eine besondere **„Vergleichsordnung"** bevor; auch haben zwei spätere Verordnungen (vom 8. Februar und 14. Juni 1924) ihre Zulässigkeit und ihre Wirkung bereits eingeschränkt.

Der gedankliche Ausgangspunkt war der, daß man Schuldner, die „infolge des Krieges" oder, wie 1924 zugefügt wurde, „infolge der aus dem Kriege erwachsenen wirtschaftlichen Verhältnisse" in Bedrängnis geraten sind, nicht sogleich in den verhängnisvollen Konkurs stürzen, daß man ihnen vielmehr bei Aussicht auf Besserung ihrer Verhältnisse Zeit lassen und sie in der Zwischenzeit nur unter eine gewisse „Aufsicht" stellen solle. Diese Aufsicht hat eine doppelte Sperrwirkung. Einmal wird der Schuldner zugunsten seiner Gläubiger an der Verfügung (Abschiebung, Vergeudung) seiner noch vorhandenen Vermögenswerte in starkem Umfang verhindert. Auf der anderen Seite aber werden, solange die Geschäftsaufsicht besteht, Konkurs und Einzelvollstreckungsmaßregeln von dem Schuldner ferngehalten. Nur die Abwürfe von seinem Vermögen werden ordnungsgemäß und gleichmäßig unter die Gläubiger verteilt. Das Vermögen selbst bleibt erhalten. Gerade dadurch unterscheidet sich die Methode der Geschäftsaufsicht grundlegend vom echten Konkursverfahren.

Zeitgeschichtlich behält diese Einrichtung auch nach etwaiger Aufhebung ihren Wert. Sie legt das Pendeln zwischen zwei an sich gesunden Leitideen offen zutage: Unverschuldet in Not geratene Existenzen sollen nicht vorschnell geopfert werden (Schuldnerschutz), aber andererseits tut es der Gesamtwirtschaft nicht gut, schwache und untaugliche Existenzen auf Kosten der Gläubiger (Gläubigerschutz) allzulange über Wasser zu halten.

Kleine kommentierte Ausgabe der Verordnung von Ernst Jaeger (Prof. in Leipzig), 1917 mit Nachtrag von 1924. — Statistisches unten § 38 III c. — Das Problem einer neu zu schaffenden „Vergleichsordnung" wurde u. a. auf der Tagung der Zivilprozeßlehrer (S. 389) Oktober 1926 behandelt.

§ 34. Der Strafprozeß.

I. **Aufgabe des Strafprozesses.** Wie der Zivilprozeß dazu dient, das Recht der privaten Interessen im Wege der Gerichtsbarkeit zu verwirklichen, so dient der Strafprozeß dazu, das materielle Strafrecht (§ 29) in die Tat umzusetzen. Nur hat das Strafrecht die Begleitung durch ein gerichtliches Verfahren weit nötiger als das bürgerliche Recht. Denn im Bereich der bürgerlichen Interessen erfolgt die Befriedigung, also Verwirklichung bestehender Ansprüche in ungezählten Fällen auf freiwilliger Bahn, so daß ein Lebendigwerden der Gerichtsbarkeit nicht mehr erfoderlich ist. Das fehlt im Bereich des kriminellen Rechts; darum ist hier der Ausgangspunkt der, daß jeder Straftat grundsätzlich auch ein Strafprozeß folgen müßte, wenn es nämlich gelänge, allen Straftaten auf die Spur zu kommen.

Damit hängt es zusammen, daß die Strafgerichtsbarkeit in noch viel höherem Grade als **Staatsaufgabe** erscheint. Schiedsgerichte oder sonstige private Organisationen (wie etwa die mittelalterliche Vehme oder das amerikanische Lynchunwesen) können nicht geduldet werden. Auch staatliche Sondergerichte werden möglichst vermieden. (Statistik § 38 IV).

1. Die **Militärstrafgerichtsbarkeit** hat allerdings schon seit langem ihre besonderen Wege zugewiesen bekommen. Dies erklärt sich jedoch u. a. daraus, daß schon die materiellrechtliche Unterlage eine verschiedene ist, denn neben dem allgemeinen materiellen Strafrecht steht das materielle Militärstrafrecht (Militärstrafgesetzbuch vom 16. Juni 1926, RGBl. I S. 275). Zudem sind die Gegensätze zwischen diesem Sonderprozeß für Militärpersonen und dem ordentlichen Strafprozeß in neuerer Zeit wesentlich abgeblaßt. Insbesondere ist man darauf bedacht gewesen,

die „Garantien" des allgemeinen Prozeßrechts, so namentlich die Öffentlichkeit der Verhandlung, tunlichst auch dem Militärstrafprozeß einzuverleiben. Und neuerdings ist der Rahmen dieser besonderen Militärgerichtsbarkeit wesentlich eingeengt worden (vgl. S. 382 vor b). Das militärgerichtliche Verfahren ist nunmehr geregelt in dem Gesetz über Militärgerichte vom 22. Februar 1926 (RGBl. I S. 103); dabei ist u. a. aus der Neuregelung des allgemeinen Strafprozesses (s. im folgenden unter III b) die „Unbeachtlichkeit der geringen Verfehlungen" auch in das Militärverfahren übernommen worden.

2. Eine ganz neuartige Abzweigung vom ordentlichen Strafprozeß stellen die **Jugendgerichte** dar (vgl. bereits S. 345). Sie sind nicht eigentlich Sondergerichte, vielmehr bleiben sie der ordentlichen Gerichtsbarkeit eingegliedert. Ihr Werdegang ist bemerkenswert sowohl als typisches Beispiel heutiger gesetzgeberischer Arbeit wie als Zeichen des sozialen Strebens unserer Zeit. Die äußeren Daten mögen daher kurz umrissen werden.

Man begann mit Versuchen in der Praxis (im „Verwaltungswege"), indem man die vormundschaftsgerichtliche Fürsorge (ein Stück der „Freiwilligen Gerichtsbarkeit", § 35) und die Strafgerichtsbarkeit über Jugendliche ein und demselben Richter übertrug. Es wurden also etwa demjenigen Amtsrichter, der den Vorsitz im Schöffengericht führte und neben anderen Delinquenten die Jugendlichen zur Bestrafung vor sich sah, im Wege der Geschäftsverteilung auch die dieselben Jugendlichen betreffenden Vormundschaftssachen überwiesen, so daß er die Bestraften sogleich in weitere „Fürsorge" übernehmen konnte. Das ist zuerst (1908) in Frankfurt a. M. und Köln versucht worden und machte, durch allgemeine Anweisungen der Landesjustizverwaltungen unterstützt, bald Schule. 1912 wurden bereits über 500 solche durch Geschäftsverschmelzung gebildete „Jugendgerichte" bei den Amtsgerichten gezählt. Inzwischen hatte sich auch in der breiteren Öffentlichkeit eine „Jugendgerichtsbewegung" herausgebildet, es wurden eigene Zeitschriften dafür gegründet und Jugendgerichtstage abgehalten (der erste 1909 in Charlottenburg). Als die Regierung 1909 an die Reform der Strafprozeßordnung herantrat (s. im folgenden), hielt sie es bereits für angebracht, ihrem damaligen Entwurf einen besonderen Abschnitt „Verfahren gegen Jugendliche" einzugliedern. Später ging man dazu über, den Stoff aus der Strafprozeßordnung herauszunehmen, da er keineswegs bloß Verfahrensvorschriften, sondern auch materielles Strafrecht in sich barg. So kamen mehrere Entwürfe zu einem besonderen und selbständigen Jugendgerichtsgesetz zustande. Eine letzte Überarbeitung war erforderlich, als inzwischen das nahe verwandte, die Verwaltungsseite regelnde (Jugendämter der Gemeinden, Landesjugendämter, Schutz der Pflegekinder, gesetzliche Amtsvormundschaft über die unehelichen Kinder usw.) **Jugendwohlfahrtsgesetz** vom 9. Juli 1922 ergangen war (RGBl. I S. 633). In Anpassung an dieses ist dann schließlich das **Jugendgerichtsgesetz** vom 16. Februar 1923 erlassen worden (RGBl. I S. 135). Kommentierte Ausgabe mit guter historischer und dogmatischer Einleitung von Kiesow (Ministerialrat im Reichsjustizministerium) i. d. Sammlung Bensheimer Nr. 101. Dieser Werdegang zeigt übrigens, wie nahe sich hier die einzelnen Rechtsgebiete kommen. Wollte man ein „Jugendrecht" als besonderes Fach herausarbeiten, so würden sich darin zivilrechtliche, strafrechtliche, zivilprozessuale, strafprozessuale, verwaltungsrechtliche und vormundschaftsgerichtliche Bestandteile zusammenfinden.

In strafprozessualer Hinsicht gelten folgende Hauptzüge. Beim Amtsgericht wird ein bestimmter Richter zum „Jugendrichter" ernannt. „Jugendschöffen", die das Jugendamt vorschlägt, treten ihm an die Seite und bilden mit ihm das „Jugendgericht" (gewöhnlich 1 Richter, 2 Schöffen; bei schwereren Sachen 2 Richter, 3 Schöffen). Die Verhandlungen vor diesem Jugendgericht sollen von den Verhandlungen über erwachsene Angeklagte getrennt gehalten werden, damit der Jugendliche nicht mit ausgewachsenen Verbrechern in Berührung kommt. Die Öffentlichkeit ist im Gegensatz zum ordentlichen Strafprozeß ausgeschlossen, um den Jugendlichen nicht bloßzustellen und vor Heldenschauspielerei zu bewahren. Es soll möglichst sein ganzes Lebensbild (das „Milieu") klar gestellt und der Verhandlung zugrunde gelegt, die Eltern sollen gehört werden. Und nun kann auf diesem Hintergrund das Jugendgericht, wie früher erwähnt (S. 345), statt der Strafen bloße Erziehungsmaßregeln beschließen.

II. **Gesetzliche Unterlagen.** Die wichtigste gesetzliche Unterlage für das (allgemeine) Strafverfahren ist die **Strafprozeßordnung** (StrPO.), die in unmittelbarer Geschwisterschaft zur ZPO. und zum GVG. erstmalig am 1. Februar 1877 erging und gleichzeitig mit den beiden anderen Kodifikationen am 1. Oktober 1879 in Kraft trat (S. 216). Auch sie hat, nachdem mancherlei kleine Novellen vorangegangen waren, sich im Zuge der Ermächtigungsgesetzgebung des Winters 1923/24 eine Umgestaltung in einigen grundlegenden Fragen gefallen lassen müssen. Die jetzige Fassung datiert vom 22. März 1924 (RGBl. I 299). Mit weiteren künftigen Revisionen muß gerechnet werden.

1. Vorgeschichte. Der Strafprozeß, wie er sich in dem Gesetz von 1877 widerspiegelt, ist aus dem „gemeinen" Prozeß hervorgegangen, der seinerseits auf einer Verschmelzung germanischer, römischer und kanonischer Elemente beruhte. Dieser gemeine Prozeß, dessen Hauptunterlage die berühmte Carolina (S. 207) bildete, war hart und formenstreng. Die „Aufklärung" (S. 190) ging dagegen an, in Deutschland Thomasius (S. 191), in Frankreich Montesquieu, in Italien Beccaria. Namentlich französischer Einfluß wirkte stark. Er führte auch in Deutschland um die Mitte des 19. Jahrhunderts (1848!) den Übergang vom Inquisitionsprozeß, bei dem der Angeklagte einfaches Objekt der richterlich-polizeilichen Untersuchung war, zum sog. Akkusationsprozeß herbei: fortan ward der Angeklagte als Subjekt, gewissermaßen als „Partei" bewertet, dem der Staatsanwalt (S. 382h) als öffentlicher Ankläger gegenübertritt. Auch die besondere Institution der „Schwurgerichte" (heute beseitigt, s. im folgenden 3γ) ist französischer Herkunft. Unter Verarbeitung dieses reichen historischen Quellenstoffes und unter Überwindung des Partikularismus entstand schließlich der Strafprozeß von 1877.

2. Kleine Novellen: 1904 Entschädigung unschuldig Verurteilter und Verhafteter, 1902 Beseitigung des sog. „fliegenden" Gerichtsstandes der Presse. Letzteres hatte einen ausgesprochen politischen Hintergrund. Früher wurde im Anschluß an die Spruchpraxis des Reichsgerichts jedes Gericht für örtlich zuständig gehalten, in dessen Bezirk auch nur ein Stück der verfolgten Druckschrift verbreitet worden war. Das gab natürlich der Anklagebehörde (Staatsanwaltschaft) eine reiche Auswahl in die Hand, und es war möglich, einen besonders strengen Gerichtshof auszusuchen. Angeblich haben dabei auch Gegensätze zwischen dem freier denkenden Süddeutschland und dem strengeren Norden mitgespielt. Durch die Novelle von 1902 ist dann die Zuständigkeit grundsätzlich auf das Gericht des Ortes beschränkt worden, in dem die Schrift erschienen ist.

3. Die **große Änderung von 1924** beruht zwar wiederum auf der Ermächtigungsgesetzgebung (S. 223 Ziff. 2), konnte aber an frühere Reformversuche (es lagen Entwürfe aus den Jahren 1909, 1919, 1922 vor) anknüpfen. Sie hat mit kühnem Ruck, trotz mancher Widerstände, namentlich aus den Kreisen der Anwaltschaft und des Gelehrtentums, das langsam sich hinschleppende Reformwerk vorwärtsgeschoben und zu einem (vorläufigen) Abschluß gebracht (sog. Emmingersche Justizreform, nach dem damaligen Reichsjustizminister genannt). Der unmittelbare Anlaß und zugleich die öffentliche Rechtfertigung für die allerdings sehr weitgehende Ausnutzung der „Ermächtigung" lag in der Währungszerrüttung. Es drohte nach den Bekundungen der Regierungsvertreter geradezu ein „Zusammenbruch der Rechtspflege", weil die Länder die hohen Kosten nicht mehr aufzubringen vermochten. Unter solchem Druck wurden sogar vorübergehend (für ein knappes Vierteljahr, bis zum 1. April 1924) die Schwur- und Schöffengerichte, die so sehr in der politischen Meinung festgewurzelten Volksgerichte, gänzlich aufgehoben, rechtsgeschichtlich betrachtet ein sensationelles Ereignis. Hand in Hand damit ging aber eine auf die Dauer berechnete, im ganzen sehr geschickt angelegte Reform. Entscheidend war die Verordnung über Gerichtsverfassung und Strafrechtspflege vom 4. Januar 1924 (RGBl. I S. 15), auf Grund deren dann die schon erwähnte Neufassung der Texte sowohl des GVG. wie der StPO. unter dem 22. März 1924 erfolgte (RGBl. I S. 322). Die großen Hauptzüge, deren Bedeutung erst im Zusammenhang mit den späteren Ausführungen (Ziff. III) ganz verständlich wird, sind folgende:

α) Beträchtliche Erweiterung der Zuständigkeit des Einzelrichters (Amtsrichters), über bloße sog. „Bagatellsachen" hinaus, zum Teil nur im Zusammenwirken mit dem Staatsanwalt (wenn dieser es „beantragt"); § 25, 26 GVG.

β) Beseitigung der alten Strafkammer, die ohne jede Zuziehung von Laien arbeitete. An ihre Stelle sind die Schöffengerichte getreten, die schon früher da, aber auf einen kleinen Rahmen beschränkt waren und nun die früher den „Strafkammern" zufallenden Sachen an sich gezogen, also ihr Wirkungsfeld stark erweitert haben. Besetzung: 1 Richter, 2 Schöffen; bei bedeutenderen Sachen Zuziehung noch eines zweiten Richters. GVG. § 28, 29.

γ) **Beseitigung der alten Schwurgerichte** (d. h. ihre Umwandlung in den Typus der Schöffengerichte). Dies der wichtigste Punkt. Noch

26*

vor kurzem schien es unmöglich, diese aus dem politischen Ringen des 19. Jahrhunderts erwachsenen (S. 381), als „Palladium" gefeierten Volksgerichte zu beseitigen. Sie sind auch nicht schlechthin beseitigt, es ist ihnen der Charakter als Laiengericht geblieben, und auch den Namen hat man beibehalten, teils aus Pietät, teils um die Reform schmackhafter zu machen. Es gibt also noch heute „Schwurgerichte" (GVG. § 79ff.). Aber sie sind in Wahrheit „Schöffengerichte" (große Schöffengerichte) geworden. Der Unterschied beruht hauptsächlich darin, daß bei dem echten, alten, 1877 für das ganze Reich gestifteten „Schwurgericht" die Geschworenenbank (zwölf Männer) und das Richterkollegium (drei Richter) getrennt waren; die Schuldfrage blieb allein den Geschworenen vorbehalten, die zwar vom Vorsitzenden des Richterkollegiums vor ihrer Beratung eine „Rechtsbelehrung" erhielten, dann aber in strenger Klausur ohne Anwesenheit der Richter von sich aus die Schuldfrage bindend entschieden, so daß das Richterkollegium nur noch über das Strafmaß zu befinden hatte. Beim Schöffengericht dagegen bilden die Richter und die Schöffen von Anfang bis zu Ende ein gemeinsames Kollegium, beraten gemeinsam, entscheiden gemeinsam. Die Besorgnis, daß hierbei der Laie dem juristisch geschulten Richter unterlegen und einer unwillkürlichen Beeinflussung ausgesetzt sei, hatte seinerzeit den Hauptgrund für die Trennung abgegeben und zu den alten „Schwurgerichten" (für die großen Verbrechen) neben den „Schöffengerichten" (für kleinere Angelegenheiten) geführt. Jetzt also gibt es zwar dem Namen nach noch beides, aber der Sache nach nur noch Schöffengerichte. Denn auch beim „Schwurgericht" sind die 3 Richter und die 6 (früher 12) „Geschworenen" zu einem einheitlichen Kollegium verschmolzen.

δ) Wesentliche Erweiterung der „Berufung". Gegen die Urteile der alten Strafkammern gab es keine Berufung, sondern nur die weit enger begrenzte „Revision". Mit der Abgabe der strafkammerlichen erstinstanzlichen Funktionen an das Schöffengericht (β) ist nun auch die ganze Masse dieser „Fälle" der „Berufung" zugänglich gemacht worden. Übrigens ist auch die Berufungsinstanz aus Richtern und Schöffen gemeinsam gebildet.

4. Aus dem strafprozessualen **Schrifttum**: Führend in der Praxis der Löwesche Kommentar zur Str.PO., der 1878 in 1. Aufl. erschien, also nahezu fünfzig Jahre das Feld beherrscht (z. B. 16. Aufl. 1925, bearbeitet vom Reichsgerichtsrat Rosenberg; Löwe war Senatspräsident am Reichsgericht). Wertvoll der Handkommentar von Feisenberger (Reichsanwalt) „unter besonderer Berücksichtigung der Rechtsprechung", 1. Aufl. 1926. Sorgfältig durchgearbeitete Textausgabe mit gelegentlichen Anmerkungen von Kiesow in der Bensheimerschen Sammlung Nr. 64. Anschauliches Lehrbuch: Alexander Graf zu Dohna (jetzt Prof. in Bonn), Das Strafprozeßrecht, 2. Aufl. 1925. Im Rahmen der Sammlung Göschen: Ernst Heinrich Rosenfeld (Professor in Münster), Deutsches Strafprozeßrecht, Teil I: Gegenstand und Personen des Strafprozesses, Teil II: Der Strafprozeß als Handlungskomplex; 1926.

III. **Die Grundwerte** des Strafprozesses sind denen des Zivilprozesses verwandt. Er baut sich auf der gleichen Gerichtsverfassung auf, wie der Zivilprozeß (Amtsgerichte, Landgerichte, Oberlandesgerichte, Reichsgericht). Die Zuständigkeit wird mittels ganz ähnlicher Denkfiguren geregelt. Der Gang des Verfahrens zerlegt sich ebenfalls in die Stadien der Eröffnung, der Untersuchung, des Richterspruchs und der Vollstreckung. Und durch das Ganze zieht sich, wie im Zivilprozeß, die grundlegende Frage, wie das Verhältnis zwischen Richter und Partei auszugestalten ist.

Aber alle diese Grundwerte sind doch bei der Handhabung im einzelnen für den Strafprozeß wesentlich umgewandelt worden.

a) Allerdings werden für die kleineren Sachen die Amtsgerichte und für die größeren die Landgerichte tätig. Aber es sind an diesen Gerichten für die Strafsachen ganz besondere Formationen gebildet worden, nämlich bei den Amtsgerichten das sog. **Schöffengericht** und bei den Landgerichten das sog. **Schwurgericht**, (s. vorstehend S. 403 γ) beide im schroffen Gegensatz zum Zivilprozeß auf der Zuziehung von Laien fußend (vgl. schon S. 381).

Wie sich bereits aus dem Vorangehenden entnehmen läßt, werden die Straftaten nach ihrer Schwere in drei Gruppen zerlegt: die leichtesten Fälle erledigt der Amtsrichter als Einzelrichter, die mittlere Schicht kommt vor die Schöffengerichte (gegebenenfalls „erweitertes" Schöffengericht mit Zuziehung eines 2. Richters), die schwersten Fälle gelangen an das sog. Schwurgericht. Statistisches unten § 38 IV.

Schöffen und Geschworene sind dabei wirklich als „Richter" anzusehen. Eigentümliche Anerkennung dessen bei Berechnung ihrer Gebühren. In der Preuß. AV. vom 26. Mai 1925 über die Entschädigung der Schöffen und Geschworenen heißt es z. B.: „Bei der Prüfung der Angemessenheit ist auf ihre Zugehörigkeit zum Richterkollegium Rücksicht zu nehmen und daher insbesondere die Benutzung der II. Wagenklasse nicht zu beanstanden."

b) Auch der Verlauf des Verfahrens zeigt wesentliche Abweichungen vom Zivilprozeß.

1. Bei der Eröffnung spielt ein Prinzip hinein, das dem Zivilprozeß gänzlich unbekannt ist, das sog. **Legalitätsprinzip.** Danach muß die Staatsanwaltschaft, wenn sie von irgendeiner Straftat Kenntnis erlangt hat, diese Tat ans Licht ziehen und Anklage erheben, mögen auch noch so viele menschliche Gründe für ein Totschweigen sprechen.

Schon früher ist dieses starr durchgeführte Prinzip vielfach angegriffen worden. Im Zuge der jüngsten Reformbewegung (1924) hat es sich in der Tat eine merkliche Abschwächung im Sinne der Unbeachtlichkeit geringer Verfehlungen gefallen lassen müssen (StrPO. § 153, 154). Doch bleibt das Prinzip als solches bestehen und bleibt auch nach wie vor ein Kennzeichen des Strafprozesses.

In nahem geistigen Zusammenhange mit dem Legalitätsprinzip steht die Handhabung des **Strafregisters.** Sie ist ebenfalls bezeichnend für die Wandlung des Zeitgeists, in der wir stehen. Dieses Strafregister wird bei dem Gericht des Geburtsortes jedes einzelnen Verbrechers geführt. Jede Strafe wird dorthin gemeldet. Wird also irgendwer auf irgendeiner noch so leichten Übertretung des Strafgesetzes ertappt, so ist es ein Leichtes, durch formularmäßige Anfrage in seiner Heimatsstadt festzustellen, ob er bereits wegen irgendeiner anderen strafbaren Handlung „vorbestraft" sei, und dies nun bei seiner Beurteilung zu verwerten. Und die „Auszüge" aus dem Strafregister leben über dies in den Akten weiter, kommen allen zu Gesichte, durch deren Hände die Akten gehen. Während nun früher diese Methode, in jedem Falle mit als erstes einen Auszug aus dem Strafregister „beizuziehen", rücksichtslos und fast mechanisch gehandhabt wurde, trat neuerdings, in Ansätzen schon vor der Revolution von 1918, in verstärktem Maße nach ihrem Ausbruch, eine charakteristische Einschränkung ein. So erging z. B. in dieser Richtung eine preußische Allg. Verfüg. des damaligen Justizministers Rosenfeld vom 27. Dezember 1918, in der es u. a. hieß: „Dadurch können solche Personen nicht nur in ihrer Ehre, sondern auch in ihrer sozialen und wirtschaftlichen Stellung auf das schwerste beeinträchtigt werden". Dann folgte sogar ein Reichsgesetz vom 9. April 1920 (RGBl. S. 507), welches anordnete, daß nach Ablauf einer bestimmten Frist nur noch beschränkte Auskunft erteilt, nach Ablauf einer weiteren Frist der Vermerk im Strafregister überhaupt getilgt werden solle; und daran wurde die wichtige materiellrechtliche Bestimmung angeschlossen, daß ein solcher Täter auf Grund der getilgten Vorstrafen nicht mehr als „vorbestraft" behandelt und schwerer bestraft werden dürfe. Seitdem wird immer wieder die milde Handhabung von den Justizverwaltungen der Länder den Gerichten und Staatsanwaltschaften eingeschärft. Z. B. heißt es in einer neuen Preußischen AusführungsVO. vom 14. April 1926 (JMinBl. S. 138): „Besonders zu beachten ist, daß jede unnötige Ermittelung etwaiger Vorstrafen eines Beschuldigten für diesen und seine Familie eine Bloßstellung mit sich bringen kann, die tunlichst vermieden werden muß. Unnötig zu den Strafakten gelangte Strafregisterauszüge können dazu beitragen, daß in der Hauptverhandlung sachlich nicht notwendige Vorhaltungen aus diesen Auszügen gemacht werden und daß bei Einsichtnahme in solche Akten, namentlich auch in Fällen ihrer Versendung an andere Behörden (Prozeßgerichte, Verwaltungsbehörden usw.), der Inhalt der Auszüge weiteren Kreisen bekannt wird."

2. Im Stadium der Untersuchung steht zwar auch im Strafprozeß das Beweisen im Vordergrunde. Aber es wird ganz anders angepackt. Der Richter wartet nicht ab, bis die Parteien sich rühren, und es fehlt deshalb auch die ganze verwickelte Lehre von der „Verteilung der Beweislast" zwischen Kläger und Beklagtem, die im Zivilprozeß eine große Rolle spielt. Vielmehr greift der Richter selbst zu, soweit ihm nicht bereits durch andere Behörden (Staatsanwaltschaft, Polizei) das Material unterbreitet wird. Und es hat sich aus den Erfahrungen, die man im Kampf gegen

das Verbrechertum gemacht hat, eine eigene Sonderwissenschaft der Kriminalistik (Kunde von den Gebräuchen der verschiedenen Sorten Gauner, gerichtliche Chemie, Lehre von den Fingerabdrücken und der sog. Bertillonage, d. h. der Körpermessung, Lehre von den Methoden der Spurverwischung usw.) herausgebildet. Auch der Psychologie kommt für das strafprozessuale Untersuchungsverfahren noch eine wsentlich wichtigere Bedeutung zu als drüben im Zivilprozeß.

3. Beim Richterspruch nimmt ebenfalls der Strafprozeß eine ganz andere Wendung. Denn es verliert sich hierbei das Gegenüber zweier einander bekämpfender Parteien. Das Urteil dreht sich immer nur um eine Partei, den Beschuldigten. Es kann nicht die Rede davon sein, daß etwa der Staatsanwalt „mit seiner Klage abgewiesen würde", vielmehr gibt es nur einen Freispruch des Angeklagten.

Freilich, die Rechtsmittel können wieder von beiden Seiten her, also auch von seiten der Staatsanwaltschaft als Anklagebehörde eingelegt werden.

c) Aus dem Zuge des Vorangehenden ergibt sich bereits, daß auch das Verhältnis von Richter und Partei im Strafprozeß ganz anders ausgebaut ist wie im bürgerlichen Rechtsstreit. Nur die Frage ist die gleiche, die Antwort fällt ganz verschieden aus. Im Strafprozeß fehlt das Dispositionsprinzip (S. 393), statt dessen herrscht ausgesprochene **Offizialmaxime:** Eröffnung von Amtswegen (Ausnahme die Antragsdelikte; vgl. S. 384), Beweisführung von Amts wegen, Vollstreckung von Amts wegen. Dazu kommt der grundlegende Unterschied, daß die eine „Partei", die Staatsanwaltschaft, eine Staatsbehörde ist, als solche tätig wird, mit dem Gerichtshof in ständiger Fühlung steht, dadurch dem anderen Teil ohne weiteres überlegen ist, nun aber umgekehrt nicht als einseitige Kampfpartei, sondern als Mitarbeiterin an der objektiven Wahrheitsermittelung berufen ist (S. 382h).

Das Verfahren in Strafsachen ist ferner weit stärker auf Mündlichkeit und Unmittelbarkeit zugeschnitten (S. 395). Es läuft im allgemeinen schneller. Der Richter braucht weniger Gelehrsamkeit als praktische Gewandtheit. Die Garantien gegen Übergriffe der Staatsgewalt sind stärker betont. Genauere Vorschriften regeln z. B. die gefährliche Waffe der Verhaftung, das Recht auf Durchsuchung usw.

Andrerseits muß sich auch der betroffene Staatsbürger eine sehr straffe Behandlung gefallen lassen. Ein (viel gerügtes und vielleicht bei künftiger Revision zu änderndes) Beispiel dafür bietet die Bestimmung (StrPO. § 329), daß in der Berufungsinstanz die Berufung sofort verworfen wird, wenn der Angeklagte nicht pünktlich zur Stelle ist. Erscheint er auch nur wenige Minuten zu spät, hat er das wertvolle Rechtsmittel „verwirkt".

Kurzum, trotzdem sich der Strafprozeß aus denselben Grundwerten aufbaut, stellt er doch ein Gebäude ganz anderer Art dar wie der Zivilprozeß.

§ 35. Die freiwillige Gerichtsbarkeit.

I. **Begriff.** Die freiwillige Gerichtsbarkeit ist als ein selbständiges Gebiet wissenschaftlicher Betrachtung erst sehr spät anerkannt worden. Das hängt hauptsächlich damit zusammen, daß sie sich nicht auf eine so einfache Formel bringen läßt wie die beiden anderen vorangehend besprochenen Verfahrensarten. Dort konnte man kurzerhand sagen: der Zivilprozeß baut sich auf dem bürgerlichen Recht auf, indem er den Streit über Fragen des bürgerlichen Rechts zum Austrag bringt, und der Strafprozeß begleitet in ähnlicher Weise das materielle Strafrecht. So leicht läßt sich die freiwillige Gerichtsbarkeit nicht beschreiben.

Sie tut sich vielmehr auf als ein Sammelbecken für sehr verschiedene Angelegenheiten. Es gehören u. a. in ihren Bereich: das Vormundschaftswesen, die Nachlaßsachen, die Führung des Grundbuchs, die Führung einer ganzen Reihe von Registern, die Beurkundung von Rechtsgeschäften. Dafür einen gemeinsamen, logisch einwandfreien Oberbegriff zu gewinnen, der eine feste begriffliche Abgrenzung zur (streitigen) Zivilgerichtsbarkeit und zur Strafgerichtsbarkeit in sich schlösse, ist kaum möglich. Es kann aber bemerkt werden, daß die praktische Abgrenzung, von Ausnahmefällen abgesehen, keinerlei Schwierigkeiten macht. In der Praxis weiß man sofort, was zur freiwilligen Gerichtsbarkeit gehört, was nicht. (Statistik in § 38 V).

Aus dem Schrifttum: Neueste Darstellung in Lehrbuchform: Friedrich Lent (Prof. in Erlangen), Grundriß der Freiw. Gerichtsbarkeit zur systematischen Einführung von Anfängern, 1922. Bedeutender Kommentar zu dem (im folgenden erwähnten) Reichsgesetz über die Freiw. Gerichtsbarkeit von Fr. Schlegelberger, 1914. Kleine Guttentag-Ausgabe mit guten Anmerkungen von Jastrow-Günther (mehrfach Neuauflagen). Eigene Zeitschrift: Zentralblatt für Freiw. Gerichtsbarkeit und Notariat, seit 1901 22 Bände, Erscheinen 1922 (Inflation) eingestellt. Als Anschauungsmaterial auch schon dem Studierenden dienlich, wenngleich in erster Linie für die unmittelbare

Verwendung in der Praxis bestimmt: Zwei Formularbücher für freiw. Gerichtsbarkeit, das eine herausgegeben von Weißler (1925), das andere vom Berliner Anwaltsverein (1926). Über Schrifttum zur GrundbuchO. s. im folgenden, zum Notariat im IV. Teil.

II. Eine klare Abgrenzung wird schon durch die getrennte gesetzliche Unterlage veranlaßt. ZPO. und StrPO. bringen es mit sich, daß Zivilprozeß und Strafprozeß ihre eigenen Wege gehen. So hat auch das Verfahren „in Angelegenheiten der freiwilligen Gerichtsbarkeit" seinen selbständigen gesetzlichen Niederschlag gefunden und zwar in dem **Reichsgesetz über die Angelegenheiten der freiwilligen Gerichtsbarkeit vom 20. Mai 1898 (FGG.).**

Allerdings zeigt sich hierbei etwas Besonderes. Das Reich hat nämlich nur die gröbsten Umrisse vorgezeichnet. Sein Gesetz ist gleichsam nur ein Rahmengesetz. Die Ausfüllung der einzelnen Fächer bleibt der Landesgesetzgebung vorbehalten. Darum sind die **partikulären Unterschiede** auf diesem Gebiete weit größer als etwa im Zivilprozeß oder im Strafverfahren.

Kennzeichnend ist auch, daß die kleine Reichskodifikation über die freiwillige Gerichtsbarkeit nicht schon 1877/79 gelegentlich jener großen „Justizreorganisation", die ein ausgeprägtes Werk deutscher Einheit war, geschaffen worden ist, sondern erst gegen Ausgang des 19. Jahrhunderts. Veranlassung war die Fertigstellung des BGB. Sie machte ein gewisses Maß einheitlicher Ausführungsbestimmungen, z. B. zum Vormundschaftsrecht, zur Notwendigkeit (vgl. S. 219). Aber man ist ohne rechte Begeisterung ans Werk gegangen und hat sich auf das Mindestmaß reichsgesetzlicher Regelung beschränkt.

Besonders augenfällig ist die partikuläre Verschiedenheit schon bei der Behördenorganisation. Freilich nimmt das FGG. seinerseits den Ausgang von der allgemeinen Gerichtsverfassung, wie sie im GVG. (S. 375) niedergelegt ist, redet also vom „Amtsgericht" usw. Aber es ist doch in Ergänzungsbestimmungen dem Landesrecht nachgelassen, mit gewissen Zweigen der freiwilligen Gerichtsbarkeit ganz andere Behörden als die Gerichte zu betrauen. Darum begegnete man z. B. noch längere Zeit in das 20. Jahrhundert hinein der Überraschung, daß Nachlaßsachen in Württemberg dem Bezirksnotar und vier Waisenrichtern, Vormundschaftssachen in Mecklenburg den städtischen Magistraten und den ritterschaftlichen Gutsherrn (wenn auch nur in begrenztem Umfang) zugewiesen waren usw. Nach und nach gehen freilich, wie es scheint, die meisten dieser länderlichen Eigentümlichkeiten verloren. Z. B. ist, wie begreiflich, die vormundschaftsrichterliche Stellung des mecklenburgischen Rittergutsbesitzers im Verlauf der Revolution von 1918 beseitigt worden. Doch ist der Ausführungsapparat wohl für alle Zukunft in die Hände der Länder gelegt. Man muß nach alledem beachten (vor allem beim Zitieren), daß neben dem Reichsgesetz über die Freiw. Gerichtsbarkeit noch besondere Landesgesetze mit ganz ähnlichem Namen bestehen, z. B. ein „Preußisches G. über die freiw. Gerichtsbarkeit" vom 21. September 1899.

Etwas stärker ist die Vereinheitlichung für das Sondergebiet des Verfahrens in Grundbuchsachen durchgeführt, zu dessen Regelung die Reichsgrundbuchordnung vom 24. März 1897 (GBO.) ergangen ist. Immerhin hat man auch auf diesem Gebiet dem partikulären Geist manches Zugeständnis machen müssen.

Darum sind auch hier neben der Reichsgrundbuchordnung die Grundbuchordnungen oder -Gesetze der Länder zu beachten, z. B. das „Preußische Ausführungsgesetz zur GBO." vom 26. September 1899.

Aus dem sehr reichhaltigen Schrifttum (das oft stark in das materielle Grundstückrecht übergreift), vgl. als typische Beispiele den großen Kommentar zur ReichsGBO. von Güthe-Triebel (Reichsgerichtsräte), 4. Aufl. 1925, und die kleine Guttentag-Ausgabe von Otto Fischer (Prof. in Breslau), 8. Aufl. 1924; ferner Ricks, Grundbuchpraxis, 4. Aufl. 1920.

III. **Charakter des Verfahrens.** In allen den verschiedenen Angelegenheiten, die zur FG. zählen, ist das Verfahren viel zwangloser als im Zivil- und Strafprozeß. Es fehlt hier das Erbteil des formenbelasteten „gemeinen" Prozeßrechts. Statt dessen herrscht ein patriarchalischer Geist. Der Richter thront nicht so sehr über den Parteien, als daß er ihnen als Berater zur Seite tritt. Das wäre bei kollegialem Apparat nicht möglich. Darum liegt das Schwergewicht durchaus beim Einzelrichter (Amtsgericht oder ihm angegliederte Formationen, vgl. S. 380). Ferner ergibt sich als Folgerung aus dieser beratenden, mitarbeitenden Stellung ein viel größeres Maß an Bewegungsfreiheit für den Richter. Meist hat er die Wahl, ob er mündlich oder schriftlich mit den Parteien verhandeln will. Seine Sprüche ergehen nicht im Stile steifer Urteile, sondern sind fast immer formlos verkündete Beschlüsse. Welche Auskunftspersonen er anhören will, bleibt seiner freien Wahl überlassen. Die Parteien können sich zwar der Hilfe von Rechtsanwälten bedienen, aber das geschieht nur selten, und Anwaltszwang herrscht nirgends (von einem geringfügigen Ansatz in dritter Instanz abgesehen).

Gerade wegen dieser Bewegungsfreiheit erfordert das Verfahren in freiwilliger Gerichtsbarkeit besonderen Takt vom Richter. Wenn sich im Zivilprozeß am ehesten der Typus des gelehrten Richters verkörpert, im Strafprozeß am ehesten die staatsbeamtliche Seite des Richters hervortritt, muß er im Bereich der freiwilligen Gerichtsbarkeit am ehesten Volkstümlichkeit an den Tag legen.

Die Verwaltungsgerichtsbarkeit. § 36.

I. **Die Idee der Verwaltungsgerichtsbarkeit.** So sehr der moderne Kulturstaat auf dem Gedanken einer Trennung von Justiz und Verwaltung aufgebaut ist (S. 292), so falsch wäre die Vorstellung, daß nur die Justiz unter Rechtsregeln gestellt sei, während in der Verwaltung blanke Willkür der Regierung herrsche. Vielmehr hat sich von der „Aufklärung" des 18. Jahrhunderts an immer stärker die Erkenntnis festgesetzt, daß auch die Verwaltun; trotz ihrer unentbehrlichen Beweglichkeit grundsätzlich unter dem Zeichen der Gesetzmäßigkeit stehen müsse (S. 312).

So erschien das materielle Verwaltungsrecht (§ 27) als eine über den Parteien stehende, die Parteien schützende Macht. Und überhaupt rückte damit der Parteibegriff in den Bereich der Betrachtung hinein. Sobald das aber geschehen war, erschien es auf einmal bedenklich, der einen „Partei", nämlich der Obrigkeit (oder, wie man später zu sagen pflegte, dem Staat) in seinem Streit mit der anderen Partei (also normalerweise dem einzelnen Staatsbürger) selbst die letzte Entscheidung in die Hand zu geben; denn der alte Satz ,,nemo judex in propria causa" schien für den „Rechtsstaat" (S. 288 β) nach allen Richtungen hin unentbehrlich.

Das führte ganz von selbst auf die Bahn der Gerichtsbarkeit zurück: Ein „Gericht", ein unparteiisches Gericht muß da sein, wenn der einzelne Untertan sich durch eine Maßregel der Obrigkeit in seinen Rechten verletzt fühlt. Aber es erhob sich nun sogleich die Frage, ob man die Nachprüfung der Verwaltungsstreitigkeiten den schon vorhandenen (ordentlichen) Gerichten anvertrauen, also auf den bekannten Weg vom Amtsgericht bis hinauf zum Reichsgericht verweisen, oder ob man für die strittig gewordenen Fragen des Verwaltungsrechts **eigene Verwaltungsgerichte** ins Leben rufen sollte. Die Antwort ist für Deutschland grundsätzlich im letzteren Sinne gefallen. Doch war die Entwicklung keine geradlinige, das Ergebnis kein ganz reines.

Zuweisung an die ordentlichen Gerichte war das Ideal von 1848. Zunächst aus einem doktrinären Grunde: Der Staat sollte bei seinen Händeln nichts voraus, er sollte kein „Privilegium" haben, also sich auch den ordentlichen, landesüblichen Gerichten unterwerfen. Sodann aus dem nüchtern-praktischen Grunde, daß man sich wirkliche Sicherheit nur versprach, wenn der Streit ganz aus dem Bannkreis des Verwaltungsapparats hinausgezogen würde. Auch konnte man sich auf ausländische Vorbilder (England, Nordamerika) berufen. So ist es gekommen, daß anfänglich gewisse, dafür geeignet erscheinende verwaltungsrechtliche Angelegenheiten den gewöhnlichen Gerichten zugefallen sind, daß, wie es mit einer eingebürgerten Redewendung heißt, der (ordentliche) **„Rechtsweg"** für sie zugelassen worden ist. Hauptbeispiel und gleichzeitig ein historischer Querschnitt das Preußische Gesetz betr. die Erweiterung des Rechtsweges vom 24. Mai 1861. Gelegentlich, doch immer seltener wird davon noch in neuerer Zeit Gebrauch gemacht, namentlich, wenn es sich um Nachprüfung von Reichsgesetzen handelt. Vgl. z. B. den (inzwischen durch die jüngste Reichsfinanzgesetzgebung überholten und gegenstandslos gewordenen) § 94 des Reichsstempelgesetzes vom 15. Juli 1909 (§ 110 der Neufassung vom 3. Juli 1913): „In Beziehung auf die Verpflichtung zur Entrichtung der in diesem Gesetze festgestellten Abgaben ist der Rechtsweg zulässig. ... Zuständig sind ohne Rücksicht auf den Wert des Streitgegenstandes die Landgerichte."

In den letzten Jahrzehnten hat sich demgegenüber Neigung und Erkenntnis mehr und mehr den besonderen Verwaltungsgerichten zugekehrt. Zuerst setzte Baden 1863 dieses System in die Praxis um. Durch die neue Reichsverfassung kann die Entwicklung wohl nunmehr als abgeschlossen, der früher mit ziemlicher Leidenschaft geführte Streit als zugunsten der selbständigen Verwaltungsgerichte entschieden gelten. Denn die RV. hat sich in deutlichen Worten für die letztere Formation entschieden; Art. 107: „Im Reiche und in den Ländern müssen nach Maßgabe der Gesetze Verwaltungsgerichte zum Schutze der einzelnen gegen Anordnungen und Verfügungen der Verwaltungsbehörden bestehen." Neuerdings hat die Frage noch eine besondere Wendung dadurch bekommen, daß Preußen durch ein eigenes „Gesetz über die Vertretung vor den Verwaltungsgerichten" vom Jahre 1926 einen besonderen Anwaltsstand für die Verwaltungsgerichtsbarkeit mit der unklaren Titular „Verwaltungsrechtsrat" geschaffen hat, übrigens unter lebhaftem Protest der bisherigen Anwaltschaft. Vgl. § 41 I f 1.

Noch nicht abgeschlossen ist dagegen der wissenschaftliche Streit, ob diese besonderen Verwaltungsgerichte wirkliche „Gerichte" geworden, also aus dem Gebiet der Verwaltung in das der Gerichtsbarkeit abgewandert, oder ob sie Verwaltungsbehörden geblieben und nur in ein gerichtsähnliches Verfahren hineingezwängt worden sind. Sind sie, anders ausgedrückt, Gerichte mit einem besonderen Zuständigkeitskreis (Verwaltungsstreitsachen), oder sind sie Verwaltungsbehörden mit einem besonderen Verfahren (Gerichtsverfahren)? Mindestens für die künftige Weiterentwicklung ist die erstere Auffassung zu empfehlen.

II. **Einschränkungen.** Die Verwaltungsgerichtsbarkeit weist, weil sie noch durchaus in der Entwicklung begriffen ist, viele Eigentümlichkeiten auf.

a) Von einigen Einzelerscheinungen abgesehen (s. im folgenden), ist die Verwaltungsgerichtsbarkeit auf **landesrechtliche Regelung** angewiesen, wie ja auch der zu beurteilende materielle Rechtsstoff zu beträchtlichem Teil in der Landesgesetzgebung ruht. Die berufenen Landesbeörden sind nun in den unteren Instanzen keineswegs selbständig geformte Gerichte. Vielmehr hat man sich damit begnügt, den bestehenden Verwaltungskörpern, z. B. in Preußen dem Kreisausschuß und dem Bezirksausschuß, in Bayern dem Bezirksamt und der Kreisregierung, auch die Verwaltungsgerichtsbarkeit mit zu übertragen. Der Grundsatz „nemo judex in propria causa" erscheint damit wesentlich abgeschwächt. Doch bildet die oberste Instanz regelmäßig ein wirklicher, mit allen „Garantien richterlicher Unabhängigkeit" ausgestatteter Gerichtshof. Als solcher hat sich namentlich das Preußische Oberverwaltungsgericht in Berlin große Verdienste erworben.

1. An der **„Reform"** der landesrechtlichen Verwaltungsgerichte, namentlich gerade der unteren Instanzen, wird unablässig in der Wissenschaft und in den Ministerien gearbeitet. Der bunten Mannigfaltigkeit, die in Verwaltungsdingen herrscht, und den mannigfaltigen Wünschen, die man für eine Umgestaltung und Weiterbildung des Verwaltungsgerichtswesens vorbringt, voll gerecht zu werden, ist jedoch ein schwieriges Problem. Die tiefste Frage nimmt immer wieder die Prägung an: Sollen die Mitglieder der verwaltungsgerichtlichen Spruchkollegien „echte" Richter sein? Davon hängt nicht nur die Frage nach dem Grade der Laienbeteiligung ab (vgl. S. 381f), auch nicht nur die Frage der „richterlichen Garantien", also der grundsätzlichen Unabsetzbarkeit und Unversetzbarkeit (S. 377b) durch alle Instanzen hindurch, sondern vor allem die Hauptfrage, wie weit die richterliche Nachprüfung gegenüber den einzelnen Verwaltungsakten gehen soll. Als Grundsatz stellt zwar die Theorie ziemlich scharf heraus: Nur die Rechtmäßigkeit, nicht die Zweckmäßigkeit der angefochtenen Maßregeln ist nachzuprüfen, die Verwaltungsgerichte sollen dem „Recht" zur Anwendung verhelfen, aber keine „Ermessenskontrolle" üben. Indessen geht Rechtmäßigkeit und Zweckmäßigkeit leicht ineinander über, vor allem, wenn der Gesetzestext selbst auf Zweckmäßigkeit abstellt. Übrigens befürchten manche umgekehrt, daß ein zu strenges Festnageln auf die reine Rechtsfrage die unerläßliche Willensstärke der Verwaltungsgerichte zugunsten bloßer gedanklicher „Subsumptionstätigkeit" abschwächen könnte.

2. Ein zusammenfassendes, irgendwie über den landesrechtlichen Instanzen stehendes **Reichsverwaltungsgericht** darf mit großer Wahrscheinlichkeit schon in nächster Zeit erwartet werden. Für Teilgebiete ist eine oberste Reichsinstanz bereits früher verwirklicht worden, so vor allem in Gestalt des seit 1. Oktober 1918 bestehenden Reichsfinanzhofes in München (vgl. S. 323; über die Sammlung seiner Entscheidungen S. 322) und des Reichswirtschaftsgerichts in Berlin, das unter diesem Namen seit 1917 besteht und vorher, d. h. seit der Begründung im Jahre 1915 den Namen „Reichsschiedsgericht für Kriegsbedarf" führte; ihm ist angegliedert das Kartellgericht, das durch die berühmte VO. vom 2. November 1923 „gegen Mißbrauch wirtschaftlicher Machtstellungen" ins Leben gerufen worden ist; beider Entscheidungen erscheinen (seit 1923) in einer von den Mitgliedern des

Gerichtshofes herausgegebenen Sammlung. Als zentrale Reichsinstanzen mit verwaltungsgerichtlichen Funktionen können ferner angesprochen werden: das Bundesamt für das Heimatwesen, das Reichsversicherungsamt, das Reichsversorgungsgericht, das Reichspatentamt usw. Die große Zukunftsaufgabe ist nun aber die Schaffung eines zusammenfassenden „Reichsverwaltungsgerichts" in Durchführung des (bereits S. 412 zitierten) Art. 107 RV. Die Reichsregierung hat bereits (seit 1920) mehrere Entwürfe vorgelegt. Sie sind lebhaft umstritten worden. Ein Hauptgegensatz geht dahin: Selbständiges Reichsverwaltungsgericht mit dem Sitz in Berlin (nach früheren Vorschlägen in Stuttgart) oder nur Angliederung an das Reichsgericht in Leipzig durch Bildung eines oder mehrerer „verwaltungsgerichtlicher" Senate? Inwieweit die obenerwähnten, bereits bestehenden Teilgerichte in dem neuen zentralen Gericht aufgehen sollen, ist ebenfalls im einzelnen umstritten; der Reichsfinanzhof in München wird voraussichtlich nicht einbezogen werden, sondern selbständig bleiben.

b) Auch die **sachliche Zuständigkeit** ist bei der Verwaltungsgerichtsbarkeit eingeschränkt. Während für das bürgerliche Recht ohne weiteres feststeht, daß jeder hier entspringende Anspruch zur Zuständigkeit der Gerichte gehört, fehlt eine solche Generalklausel für die Streitigkeiten des Verwaltungsrechts. Vielmehr gehören zur Zuständigkeit der Verwaltungsgerichte nur diejenigen Angelegenheiten, die ihnen in den einzelnen Sondergesetzen (meist Landes-, ausnahmsweise Reichsgesetze) zugewiesen sind.

Danach ergibt sich also eine dreifache Möglichkeit: 1. Entweder fällt eine Verwaltungsmaßregel überhaupt nicht unter gerichtliche Nachprüfung, bleibt also ganz im Bereich der (reinen) Verwaltungsbehörden, wobei allerdings im Beschwerdezuge regelmäßig bis an die oberste Dienststelle (etwa das Ministerium) gegangen werden kann. 2. Oder die Maßregel unterliegt, weil der „Rechtsweg" für zulässig erklärt ist, den ordentlichen Zivilgerichten. 3. Oder sie fällt in den Bereich der eigentlichen Verwaltungsgerichtsbarkeit. Wegen dieser Dreiteilung, die überdies vielfach auf Zufälligkeiten, nicht auf logisch scharf zu fassenden Gesichtspunkten beruht, ergeben sich besonders häufige und schwierige „**Kompetenzkonflikte**". Die größeren Bundesstaaten haben zu deren Entscheidung (also zur Beurteilung einer bloßen Vorfrage über Zuständigkeit) einen eigenen Kompetenzgerichtshof geschaffen.

Politisch und entwicklungsgeschichtlich am interessantesten ist das erste Stück, wo es also überhaupt an einem Rechtsschutz (im Sinne „gerichtlicher" Nachprüfung) fehlt. Die Verwaltungsbureaukratie wird immer geneigt sein, die „rechtsschutzfreie Sphäre" möglichst weit auszudehnen. Ihr Hauptargument ist, daß ein zu weit gespannter „Justizdruck" Geist und Gang der Verwaltung lähmen, ihre „Initiative" schwächen würde. Eine mächtige Verstärkung hat diese Gedankenrichtung im Kriege erfahren; die damals überhandnehmende Zwangswirtschaft (vgl. S. 222) war fast ganz von richterlicher Kontrolle befreit. Auf einzelnen Gebieten, z. B. in der Wohnungswirtschaft, hat das noch lange nachgewirkt. Bei der Schaffung des Reichsverwaltungsgerichts wird demgegenüber nochmals erwogen werden müssen, ob nicht doch (entsprechend dem angelsächsischen Vorbild) zu einer Generalklausel, die grundsätzlich jede behördliche Anordnung einer Nachprüfung ihrer Rechtmäßigkeit unterstellt, übergegangen werden soll.

III. **Charakter des Verfahrens.** Das Verfahren der Verwaltungsgerichtsbarkeit ist noch nicht so fest ausgeprägt wie auf den viel älteren Gebieten des Zivilprozesses und Strafprozesses. Im allgemeinen hat, bewußt oder unbewußt, der moderne Zivilprozeß als Vorbild gedient.

Deshalb setzt das Verfahren regelmäßig mit Parteibetrieb ein. Aber bei der weiteren Durchführung ist es viel breiter ausgebaut. Beiladung von Drittinteressenten gibt die Möglichkeit, die strittige Frage aus dem engen Bereich des Einzelbetroffenen hinauszuführen und auch ihre Fernwirkungen mit Allgemeingültigkeit aufzuklären. Auch sonst überwiegt im Lauf des Verfahrens der Offizialcharakter. Insbesondere ist der Gerichtshof bei der Beweiserhebung nicht auf die Parteianträge beschränkt.

Überhaupt darf der „Parteibegriff" im Verwaltungsstreitverfahren nicht zu stark betont werden. Es handelt sich keineswegs immer um einen Kampf zwischen Regierung und Staatsbürger, wenn das auch geschichtlich der Ausgangspunkt war und auch jetzt noch die Regel bildet. Der einmal geschaffene Apparat dient vielmehr auch der Auseinandersetzung zwischen zwei Verwaltungsorganen untereinander. Z. B. kann der preußische Regierungspräsident, wenn er annimmt, der Kreisausschuß habe seine Befugnisse überschritten, gegen den Kreisausschuß Klage beim Oberverwaltungsgericht führen.

Man wird darum gut tun, festzuhalten, daß das oberste Ziel der Nachprüfung doch nicht die Wahrung des Einzelinteresses ist, sondern die unparteiische Sorge für ein richtiges Funktionieren der Behörden. Der Richter des Verwaltungsstreitverfahrens ist darum gehalten, jene drei Seiten richterlicher Ausprägung (S. 410), Gelehrtentum, Beamtengeist und Volkstümlichkeit, in seiner Person zu möglichster Harmonie zu führen.

Das **Schrifttum** über die Verwaltungsgerichtsbarkeit ist zerstreut. Kurze, anschauliche und gehaltvolle Notizen im Kommentar von Anschütz zur RV. (vgl. S. 301 unter Ziff. 2). Eindrucksvolle Studie von Drews (Staatsminister a. D., Präsident des Preuß. Oberverwaltungsgerichts), Vom Ausbau der preußischen Verwaltungsgerichtsbarkeit, in Zeitschr. f. d. gesamte Staatswissenschaft, 78. Jg. (1924) S. 586ff. Großes dogmatisches, etwas breites Werk von Karl Friedrichs (Rechtsanwalt am Oberlandesgericht), Verwaltungsrechtspflege, 3 Bände, 1920/21 (Preußisches Recht). Über den gegenwärtigen Meinungsstreit unterrichten die Referate und die Diskussion auf dem Leipziger Staatsrechtlertag 1925 (Veröffentlichungen der Vereinigung der deutschen Staatsrechtslehrer, Heft 2). Scharfe Leitsätze für die Schaffung des Reichsverwaltungsgerichts stellt z. B. Richard Thoma (Prof. in Heidelberg) in der Zeitschr. f. öffentl. Recht, Bd. 5 (1925) auf. Bedeutendes Material ruht auch in den Spruchsammlungen, vor allem in der langen Reihe von Bänden (1926 der 79. Band) der „Rechtsprechung des preußischen Oberverwaltungsgerichts". Als Beispiel einer wertvollen, in ganz eigener Weise an das Thema herankommenden Monographie: Gerhard Lassar (jetzt Prof. in Hamburg), Der Erstattungsanspruch im Verwaltungs- und Finanzrecht, 1921.

IV. Teil.

Überblick über den praktischen Rechtsbetrieb.

Der juristische Lebensberuf. § 37.

I. **Vorbemerkung.** Der Stoff, der in diesem vierten Teil behandelt werden soll, hat bisher an den Universitäten keine rechte Heimat gefunden. Einzelne Teilstücke werden allerdings in anderem Zusammenhang, gleichsam nebenher, vorgetragen. Manches z. B., was über die juristischen Berufe zu sagen ist, wird in der Vorlesung über die Gerichtsverfassung (und den Zivil- und Strafprozeß) auch wohl im Verwaltungsrecht gestreift. Und über die „Technik" und den „Geist" der juristischen Arbeitsweise finden sich vielfach Bemerkungen in dem Stoffkreis des Allgemeinen Teils des BGB. (vornehmlich da, wo von der „Auslegung" gehandelt wird). Aber eine zusammenfassende Betrachtung dieser Dinge fehlt.

Der Grund ist in der Zweiteilung der juristischen Ausbildung zu suchen. Davon ist bereits gesprochen worden (S. 23). Die Universitäten haben sich gleichsam auf sich selbst zurückgezogen. Sie sehen nur und wollen nur sehen, was zu ihrer Eigenheit, zu ihrem „eigentlichen" Wirkungskreis gehört: die „reine" Wissenschaft. Die Kühle unserer Zeit gegen alles, was zu dieser reinen, nicht sofort in Nutzwerte sich umsetzenden Wissenschaft gehört, hat offenbar die Zurückgezogenheit der Universitäten veranlaßt. Durch die Zerlegung der Ausbildung in zwei Hälften ist sie gesteigert worden. Denn es schiebt sich jetzt die zweite Hälfte, wo der junge Referendar durch seine dienstlichen Vorgesetzten, durch Richter und andere Praktiker weitergebildet wird, zwischen den Universitätsunterricht und den lebendigen praktischen Rechtsbetrieb wie eine Sperre ein. In Wahrheit gehört beides zusammen, Wissenschaft und Anwendung, Theorie und Praxis. Darum tut der Studierende gut daran, schon in den ersten Anfängen seiner Entwicklung unablässig an das zu denken, was nachher kommt, mag es auch „eigentlich" erst zur Praxis gehören. Will er doch nicht sein Leben lang „juristischer Student“ sein, sondern ein wirklicher, im Leben wirkender „Jurist“ werden.

II. **Der „Jurist“ als Erscheinung im Volksleben.** Daß es Zeiten ohne „Juristen“ gegeben hat, ist am Anfang dieses Buches (S. 1), daß es Zeiten mit sehr ausgeprägtem „Juristentum“ gegeben hat, in späterem Zusammenhang (S. 184) erwähnt worden. Die heutige Zeit neigt entschieden nach der letzteren Seite. Heute steht der „Jurist“ wie ein gefestigter Menschenschlag, wie ein Typus vor der Anschauung des Volkes. Namentlich, wo man ihn angreift, und das geschieht oft, tritt diese Bildhaftigkeit des Juristen in Erscheinung. Man verwünscht ihn gern, aber nirgends kann man ihn entbehren.

Dabei ist, sieht man näher zu, nicht so sehr der einzelne Mensch gemeint, auch nicht die Juristen wie ein nach außen abgeschlossener Stand (etwa in einem ständisch gegliederten Staat), als vielmehr ein bestimmtes Wesen, eine bestimmte Denkweise, eine besondere Art, sich zu den Lebenserscheinungen zu stellen. Man meint, daß der Jurist, der einflußreiche Jurist, die Lebensdinge anders sieht und vor allem anders behandelt wie der sonstige Erdenbürger. Und man glaubt hinzusetzen zu müssen, daß der Jurist sich heute in alles einzumischen bereit sei, daß man auf Schritt und Tritt, nicht bloß bei den kaufmännischen Geschäftsabschlüssen oder der Staatsverwaltung, sondern allerorten auf ihn und auf sein Wesen stoße. An alledem ist etwas Wahres. Namentlich ist nicht zu leugnen, daß der juristische Anteil an dem Gesamtleben der Bevölkerung in jüngster Zeit sehr stark geworden ist, daß an den verschiedensten Stellen, wo man früher sich selber half, heute nicht ohne juristische Zutat auszukommen ist. Aber gerade dabei erweist es sich, daß über den einzelnen Menschen hinausgegriffen wird, daß man weniger den „Juristen“ meint, als die juristische Methode. Denn diese Behandlung der Lebensvorgänge nach der juristischen Weise ist keineswegs den wirklichen Juristen vorbehalten, denen also, für die die Handhabung des Rechts den Lebensberuf ausmacht, sondern ist auch anderen zugänglich, die Begabung dafür haben oder sich unbewußt darin schulen. Trifft man doch im freien Leben bisweilen auf Naturen, die „juristischer“ sind, als ein Berufsjurist es jemals sein würde.

1. Ein Hauptbetätigungsfeld für dieses juristische Treiben ist das Vereins- oder, wie man in erweitertem Sinne sagen kann, das **Verbandswesen**, vor allem das wirtschaftliche Verbandswesen. Es ist bekannt, wie sehr es heute unser ganzes Leben beherrscht. Das könnte es nicht, wenn es nicht durch und durch „organisiert“ wäre, und diese Organisation ist nicht bloß in der ursprünglichen Verfassung, sondern auch in

der tagtäglichen Handhabung mit juristischen Zügen durchsetzt. Freilich ist hierbei in starkem Ausmaß der Berufsjurist beteiligt, der Notar etwa, der die ursprüngliche Satzung beurkundet (unten § 41 II f), oder der sog. Syndikus, der sie anwendet und durch die verschiedensten Ausführungsmaßregeln ergänzt (unten § 41 III). Aber von ihnen strahlt ein geistiges Etwas aus, das sich auch auf die anderen, die Kaufleute die Vereinsgenossen usw. überträgt und bei ihnen, bisweilen mißgestaltet, weiterwuchert.

2. Aber es gibt auf der anderen Seite auch reichlichen **Widerstand**, stumme oder offene Auflehnung gegen das übermächtige Walten des juristischen Wesens. Dafür ist ein besonders eindrucksvolles Beispiel unserer Zeit der geistige Kampf, den einige Führer der **Gewerkschaftsbewegung** gegen die „Juristen" führen (vgl. z. B. aus dem Geleitwort der Beilage „Arbeiterrecht" zur Gewerkschaftszeitung, Jg. 1925, Nr. 1 der Beilage: „Heute ist es noch so, daß eine Errungenschaft der Arbeiter auf dem Gebiete des Arbeitsrechts bei der Durchführung in die Hände der Juristen übergeht, welche in Judikatur und Literatur ihren juristischen Leisten anlegen, so daß von dem, was die Arbeiter erreichen wollten, selbst nach der Gesetzwerdung oft nicht mehr viel übrig bleibt."). Um ihn ganz zu verstehen, muß man sich klar machen, wie diese organisatorische Bewegung der Arbeiterschaft emporgestiegen ist, ganz aus sich selbst heraus, und wie sie auf ihrem mühseligen Wege auf vielerlei Hindernisse gestoßen ist, wie sie vor allem sehr lange auf ihre „Anerkennung" hat warten müssen (vgl. S. 281), und wie ihr nun sehr häufig dabei gerade juristische Argumente entgegengehalten worden sind. Zumeist geschah dies gar nicht von eigentlichen Juristen, sondern von der wirtschaftlichen Gegenseite, dem Unternehmertum, oder von Parteipolitikern oder der Regierung. Aber das so gezeugte Mißtrauen, die so geborene Feindschaft gegen die „juristischen" Formeln verlangte nach einer persönlichen Verkörperung, wie es nun einmal der Menschennatur entspricht. So erschien vor dem geistigen Auge einzelner Kämpfer immer deutlicher die Figur des „Juristen" als des eigentlichen Trägers des feindlichen Elements. Das setzte sich langsam fest, und so kann man noch heute in der Leidenschaft des politischen Ringens hören, wie der „Jurist" schlechthin als ein Schädling am Volkskörper dargestellt wird, so wie man früher etwa gegen den „Pfaffen" oder den „Zinswucherer" angegangen ist. (Über die Auswertung dieses Themas zum Vorwurf der „Klassenjustiz" unten S. 473.) Es mag aber sogleich hinzugesetzt werden, daß es sich hierbei nur um einzelne erregte Superlative handelt. Die Erfahrung zeigt, daß bei ruhiger Aussprache sehr wohl auch der Gewerkschaftsführer und ebenso die vielen anderen Kritiker der „Juristen" den Wert und vor allem die Unentbehrlichkeit des juristischen Elements erkennen und eben vielleicht sogar selbst es zu erlernen und zu verwerten trachten.

3. Innerhalb der Gewerkschaftsbewegung hat nun aber noch ein anderer Gesichtspunkt mitgespielt. Und dieser trifft unmittelbar den Berufsjuristen als solchen. Das ist der schon früher geschilderte Kampf um die künftige und endgültige Gestaltung der Arbeitsgerichte (vgl. S. 273), oder verbreitert der Gegensatz zwischen Volksrichtertum und Berufsrichtertum (S. 381). Ganz nahe verwandt damit ist die wachsende Ablehnung gegen das Mitwirken von Rechtsanwälten

bei bestimmten neueren Verfahrensarten, vor allem wiederum den Arbeitsgerichten. Zwar soll auch bei diesen Dingen das juristische „Wesen" mit getroffen werden, aber hier bedarf es nicht einer symbolisierenden Verkörperung, hier sind die Menschen wirklich da, gegen die man angehen zu müssen glaubt, hier erscheint der „Jurist" wirklich als ein Stand, ein lebendiger Berufstypus. Und davon soll nun im folgenden des näheren die Rede sein.

III. **Der Jurist im Beruf.** Für den Juristen, der sein Leben in der juristischen Sphäre zubringt, weil das Juristische sein Lebensberuf geworden ist, ist die Bahn erst frei, wenn eine genügende Schulung als Unterbau da ist. Wir haben das im Entwicklungsgange des römischen Staatslebens kennen gelernt. In derselben Zeit, wo sich die ersten „Schulen", etwa der Sabinianer und Prokulianer, bemerkbar machen (vgl. S. 163), finden wir auch die ersten Ansätze zu Berufsjuristen. Als dann im byzantinischen Staat, also vornehmlich in der östlichen Hälfte des Reiches, ein wirklich durchgebildetes juristisches Studium mit festgefügten Lehrgängen eingerichtet wird und manche Rechtsschule, wie die zu Beryt in Phönizien, geradezu Weltruhm erringt, bildet sich gleichzeitig ein geschlossener Stand, man könnte fast sagen eine Kaste von Juristen.

Nicht anders in Deutschland. Sobald die Universitäten aufkommen und das juristische Wesen in schulmäßige Pflege nehmen, ja sogar einer eigenen Fakultät anvertrauen (vgl. S. 179f.), tritt die Neigung der so geschulten Köpfe, sich gegen die ungeschulte „Laienwelt" abzuschließen und einen besonderen Stand zu bilden, immer deutlicher hervor. Wir Heutigen haben das von früheren Jahrhunderten überkommen und haben es weiter ausgebildet. Schulgeist, ständische Abgliederung sind unserer Zeit besonders geläufig. Und deshalb ist neben dem „Juristen" der Wesensart nach (wovon unter II die Rede war) der aus der systematischen, akademischen Schulung hervorgehende Berufsjurist eine selbstverständliche Erscheinung geworden.

Dieser Berufsjurist springt aber sogleich wieder in Einzelerscheinungen, den **Richter,** den **Notar,** den **Advokaten** usw., auseinander. Von diesen Einzelerscheinungen wird in den folgenden Abschnitten fast ausnahmslos die Rede sein. Immerhin gibt es auch Lagen, wo man diese Einzelerscheinungen zusammensieht und den Berufsjuristen gleichsam als einmaligen, geschlossenen Typus betrachtet. Das geschieht namentlich immer dann, wenn ein Gegensatz herausgebracht werden soll, wenn man z. B. beim Kampf um die Plätze im Leben meint, daß den „Juristen" ein Zuviel oder ein Zuwenig an solchen Plätzen zugefallen sei. Gelegentlich geschieht es dann wohl auch, daß sich die verschiedenen Sorten der Berufsjuristen äußerlich sichtbar, d. h. verbandsmäßig zusammenschließen, um Angriffe abzuwehren oder selbst einen Vorstoß zu unternehmen. Doch darf man sagen, daß solche organisatorische Zusammenschlüsse aller Berufsjuristen bisher immer in lockeren Anfängen hängengeblieben sind.

Sehr ausgeprägt ist stellenweise in der „Verwaltung" **der Gegensatz zwischen den sog. Technikern und den Juristen,** z. B. in der Eisenbahn- und in der Kommunalverwaltung. Da sind dann die „Juristen" im spezifischen Sinne ihrer akademischen Schulung und Laufbahn gemeint, also die Berufsjuristen. Auch in der freien „Wirtschaft" begegnet bisweilen ein ähnlicher Gegensatz, wenn es um Plätze und Stellungen geht, nämlich der Gegensatz zwischen dem Kaufmann und dem Juristen. Einige Einzelheiten hierzu werden später nachzutragen sein (S. 469 u. a.).

Zusammenschlüsse aller juristischen Einzelstände sind z. B. in den Jahren 1918 und 1924 versucht worden. In dem ersten Falle handelte es sich darum, in den Stürmen der Revolution Ansehen und Einfluß des Juristenstandes zu wahren und damit der Erhaltung Deutschlands als eines Rechtsstaates statt eines Gewaltstaates zu dienen (vgl. Deutsche Juristen-Zeitung, Jg. 1918, Sp. 713ff. und Jg. 1919, Sp. 1ff.). In diesem Gedanken wurde ein „Deutscher Juristenbund" gegründet (ebd. Sp. 445ff.). Der zweite Fall verdankt seine Entstehung der Ermächtigungslegislative des Winter 1923-24. Man glaubte damals gegen die Erschütterung des „Rechts" durch die eilfertigen Maßregeln der Regierungsdiktatoren Front machen zu müssen und gründete eine „Arbeitsgemeinschaft für Gesetzgebung", in der die einzelnen beruflichen „Spitzenverbände" Berlins, nämlich jener Deutsche Juristenbund, der Deutsche Juristentag, die Berliner Juristische Gesellschaft, der Preußische Richterverein, der Berliner Anwaltsverein, der Berliner Notarverein und die Juristische Fakultät Berlin vertreten sein sollten (ebd. Jg. 1924, Sp. 125 und 405ff.). Beide Gebilde sind jedoch Gelegenheitserscheinungen geblieben, können jedenfalls nicht in breiterem Maße als Repräsentanten des gesamten juristischen Berufslebens gelten.

Oft und gern wird der **Anteil der Juristen an den Parlamenten** besprochen. Hier läßt sich, seit wir einen Parlamentarismus haben, eine gewisse Abnahme feststellen. In den Anfangszeiten waren die Richter und Anwälte bruchteilsmäßig überaus stark vertreten. Dann hat sich das abgeschwächt. Immerhin ist noch heute die Anteilsziffer der Juristen an den Parlamentssitzen, wollte man rein nach „Ständen" rechnen, sehr hoch. In dem alten Reichstag vor dem Kriege saßen z. B. unter den rund 400 Mitgliedern etwa 70 Richter und Anwälte. In der Weimarer Nationalversammlung von 1919 sank dann die Zahl, weil die „bürgerlichen" Vertreter im ganzen stark abgenommen hatten. Es waren 61 Juristen in Weimar tätig (21 Rechtsanwälte, 6 Richter, 4 juristische Professoren, 5 Kommunalbeamte, 6 in sonstigen Lebensstellungen und 19 Regierungsbeamte, zum Teil Minister a. D., die in ihrem Lebensgange längere Zeit Anwälte oder Richter gewesen waren), aber es befanden sich bedeutende Köpfe darunter, wie z. B. der frühere Reichsgerichtsrat und badische Justizminister Düringer, und sie haben naturgemäß an vielen Punkten, namentlich bei der Ausarbeitung der Verfassungsurkunde (vgl. S. 301) stark mitgewirkt. Im derzeitigen Reichstag (1926) sind 67 Juristen, von denen aber etliche schon früh aus der eigentlichen juristischen Laufbahn ausgesprungen sind. „Volljuristen", die beide Examina abgelegt haben, werden 54 gezählt, darunter 23 Rechtsanwälte. Einige dieser juristischen Parlamentarier sind auf der parlamentarischen Leiter bis zum Posten des Reichsjustizministers emporgestiegen, so der Kieler (jetzt Heidelberger) Professor Radbruch (Mitglied der sozialdemokr. Partei), der Reichsgerichtsrat Heinze (Mitglied der Deutschen Volkspartei), der Staatsanwalt Emminger (Mitglied der Bayerischen Volkspartei). —

Abschließend sei an dieser Stelle der **im Kriege gefallenen Juristen** gedacht. Es liegen nur die Zahlen für Preußen vollständig vor. Aus dem Lande Preußen stammend sind gefallen über 400 höhere Justizbeamte (beinahe 6 v. H. des Bestandes), über 400 Rechtsanwälte (etwa $5^1/_2$ v. H.), 542 Gerichtsassessoren (fast 13 v. H.), 1337 Referendare (über 20 v. H.).

IV. Eignung zum Juristen. Es ist eine sehr bedauerliche, aber nicht weg zu leugnende Tatsache, daß sehr viele junge Leute in die juristische Laufbahn nur aus Verlegenheit einmünden. Sie kommen ohne tiefere Neigung und, ohne sich auf Eignung geprüft zu haben. Enttäuschungen können dann nicht ausbleiben. Immerhin läßt sich manches nachholen. Und jedenfalls sollte jeder, der mit dem Juristenberuf ohne Nachdenken begonnen hat, dieses Nachdenken so rasch wie möglich aufnehmen. Dabei lautet die erste, ganz allgemeine Frage: Wohin geht der Jurist? Und die zweite: Was braucht er da?

Nun haben wir bereits von dem Auseinandergehen der juristischen Einzelberufe gesprochen, und deshalb wird auch im folgenden bei der Darstellung der verschiedenen Laufbahnen gelegentlich noch ein Wort über die „Eignung" nachzuholen sein. Aber es gibt gemeinsame Kennzeichen, die den Juristen als solchen auszeichnen, und von diesen ist hier schon zu sprechen.

1. Das erste, was der Jurist braucht, ist eine genügende geistige Vorstellungskraft. Wer nur Sinn für das Körperhaft-Reale besitzt, ist zum Juristen wenig geeignet. Denn die Jurisprudenz ist nun einmal eine reine Geisteswissenschaft (vgl. S. 7). Man muß den Kauf, das Verbrechen, den Staat als abstrakte Gedankengebilde schauen, man muß Gesichte haben können.

2. Das Wort „Gesichte" klingt allerdings gefährlich. Hier ist es in einem überaus nüchternen Sinne zu begreifen: jene geistig geschauten Dinge sollen nicht etwa visionengleich umherflattern, sondern sie sollen ein klares, scharf geschliffenes Gepräge bekommen

und sollen so in das Reich der Ordnung eingehen. Wir gelangen damit zu der zweiten, unentbehrlichen Eigenschaft des brauchbaren Juristen: er muß eine ausgeprägte Fähigkeit zum logischen Einordnen, zur geistigen Systematik haben: es gilt die geistig erkannten Gebilde kühl und sachlich unter feste Kategorien zu bringen. Wer diese Fähigkeit besitzt, weil sie ihm angeboren ist (die Ausnahme), oder weil er sie mit Zähigkeit sich anerzogen hat (die Regel), der hat einen Vorsprung vor den meisten anderen Menschen. Gerade hierauf beruht es nicht selten, wenn der „Jurist“ an irgendeinem Platze einen Mitbewerber schlägt. Die heute so viel berufene „Wirtschaft“ ist z. B. ein sehr buntes und zerfahrenes Ding. Wer indessen die vielen Einzelerscheinungen fest in das Staats- und Gesetzesgefüge einzugliedern weiß, der hat einen, vielleicht einseitigen, doch aber gesicherten Überblick. Er darf sich um deswillen noch lange nicht ein Beherrscher der Wirtschaft dünken, aber er vermag ihr in nutzbringender Weise zu dienen.

3. Damit ist schon berührt, daß der Jurist nach außen gehen muß. Sein Beruf zwingt ihn, das innerlich Gefundene vor den Mitmenschen, dem rechtsuchenden Publikum, seinen Klienten auszubreiten. Dazu bedarf es einer dritten Eigenschaft, der Fähigkeit sicheren Auftretens. Auch dieses Wort ist freilich leicht dem Mißverständnis ausgesetzt. Nicht äußerer Schliff, nicht „Rechthaberei“, nicht Poltern oder gar Dünkelhaftigkeit ist gemeint. Sondern die Fähigkeit, die gedachten Dinge in klare Formen umzusetzen und, ungestört durch Querfragen, Ablenkungsversuche, Zwischenbemerkungen in würdiger und gewinnender Weise zum Vortrag zu bringen. Wollte man einen sehr hoch gelagerten Begriff verwenden, so könnte man schon an dieser Stelle sagen, der Jurist muß alles daran setzen, eine Persönlichkeit zu werden.

4. Damit ist allerdings schon die Wendung zu etwas ganz anderem vollzogen. Im bisherigen hat das rein Intellektuelle, die Verstandessicherheit im Vordergrunde gestanden. Das würde genügen, wäre der Jurist nur für sich selber da, käme es nur darauf an, ihm einen gefestigten Platz im Volksleben sicherzustellen. Der Jurist, der hierbei stehen bleibt, kann einflußreich, gefürchtet, selbstzufrieden werden, aber er schändet seinen Stand. Statt dessen muß er über sich hinaus, hinaus auch über den bloßen Intellektualismus. Damit stehen wir vor der wichtigsten Eigenschaft, deren der Jurist bedarf, der Fähigkeit, sich einzufühlen in das Leben seiner Mitmenschen. Dies ist die große Klippe, an der manch einer scheitert. Dies ist der Scheidepunkt, wo der wahre Jurist sich ab-

hebt vom verknöcherten Bureaukraten, vom rechthaberischen Aktenmenschen, von jener üblen Spielart des „Beamten“, der sein Amt nur nützt, um es unablässig gegen die Unerfahrenen auszuspielen, die gerade auf seine Hilfe angewiesen sind. Statt dessen lebt der wahre Jurist in dem Schicksal, das die Rechtsuchenden zu ihm geführt hat, mag es ein Kaufmann sein, der den Schuldner verklagt, oder ein Ehepaar, das geschieden werden will, oder ein Verbrecher, der abgeurteilt werden soll, oder ein Steuerpflichtiger, dem die Finanzbehörde unrecht getan hat. Darin eben liegt eine eigentümliche Wendung, ein Wiederzurückkehren aus der abstrakten Gedankenwelt in den lebendigen Einzelfall. Und das ist gleichzeitig diejenige Erscheinung, die kein anderer Beruf außer dem juristischen aufzuweisen hat, dieses Aufsteigen zu reinsten und allgemeinsten Gedankendingen und dieses Wiederhinabsteigen zu der lebendigen Fülle der einzelnen Fälle. Freilich werden die Ansprüche, die die Mitbürger an den Juristen stellen, oft genug zu hoch gespannt. Der Träger des Einzelfalles sieht nur diesen eigenen einzigen Fall, der Jurist soll hundert verschiedenen gerecht werden. Das kann er nicht sogleich. Darum eben ist gar oft ein allmähliches „Einfühlen“ nötig. Aber die Bereitwilligkeit dazu, die Bereitwilligkeit zur Lebenskunde und zur Menschenkenntnis auf allen Feldern, auf die er gerät, die freilich ist ein Haupterfordernis für die „Eignung“ zum Juristen.

5. Noch ein letztes bleibt: Strenge. Wiederum könnte man das als eine Wendung bezeichnen, eine Wendung vom allzu vielen Nachgeben, von der zu großen Bereitwilligkeit, nach einem festen obersten Prinzip. Dies wäre unerträglich, läge das oberste Prinzip in der Willkür des Juristen beschlossen. Aber es steht über ihm. Es ist nichts anderes als das Recht selbst, vornehmlich im „Gesetz“ verkörpert. Hier einigen sich in der Tat die vorhergehend geforderten Fähigkeiten. Das geistige Vorstellungsvermögen, der logische Ordnungssinn, die sichere Ausdrucksfähigkeit, das Mitfühlenkönnen mit den Nöten und Wünschen der Mitmenschen, sie alle finden ihre letzte Begrenzung und Richtungslinie in der Treue zum Gesetz. Auf den vier anderen Gebieten wird man dies oder jenes nachlassen können, es braucht nicht jeder im großen Heer der Juristen ein überragender Logiker, ein Meister der Menschenkenntnis, ein eleganter und sicherer Redner zu sein, — aber kein noch so winziger Abstrich darf an dem letzten Erfordernis gemacht werden, der Treue zum Recht. Auch hierbei kann man von Fähigkeiten, von Veranlagungen sprechen. Wer, angekränkelt vom materialistisch-geschäftsmäßigen

Geist der Zeit, nicht fähig ist, alles dem Rechtsgedanken zu unterstellen, selbst wenn er Angriffen ausgesetzt ist, sogar dann, wenn ihn das innere Mitgefühl, das Mitleid nach der entgegengesetzten Seite zieht, dem fehlt die Eignung für den Juristen.

Statistik der juristischen Arbeitsleistung. § 38.

I. Wert und Wesen der Statistik.

a) Im allgemeinen. Der allgemeine Wert der Statistik drückt sich dahin aus, daß sie ein Bildungselement geworden ist. Sie gewährt Überblick, Sachbeherrschung, Reife. Der Geograph, der Weltkaufmann, der Eisenbahner, der Bankier, sogar der Landwirt, der Hygieniker und viele andere, bedürfen, wollen sie nicht nur in den Tag hinein leben, gelegentlich der statistischen Hilfe. Ganz unentbehrlich aber ist sie dem Staatsmann geworden. Für ihn stellt sie eine Waffe dar, die, geschickt und nicht im Übermaß gehandhabt, seine Stellung merklich stärken kann. Freilich deckt gerade die Verwertung der Statistik im politischen Kampf auch ihre ganze Schwäche offen auf. Es ist bekannt, wie sehr Statistik trügen kann, wie sehr sie sich verfälschen läßt. Zahlen beweisen alles, sagt spöttisch der Volksmund und will damit den verbohrten Zahlengelehrten ganz ebenso treffen wie den rücksichtslosen Dialektiker und Politiker. Solcher Gefahr der Statistik muß mit ethischem Wahrheitswillen und kritischem Verstande begegnet werden. Der Lernende aber hat gerade auf diesem Felde gute Gelegenheit, seinen Verstand zu schärfen, und, derart geschult, aus toten Tabellen lebendige Bilder hervorzubringen.

Ihrem Wesen nach ist die Statistik in der Hauptsache eine praktische Methode. Darüber hinaus aber hat sie sich zu einem eigenen Wissenszweig entfaltet. In ihrer heutigen Gestalt ist sie dem Interesse des immer mehr erstarkenden und um sich greifenden neuzeitlichen Staats entsprungen. Dieser Staat mußte mehr und mehr zu einer geistigen Erfassung der staatswichtigen Fakta, der „wirklichen Staatsmerkwürdigkeiten" (Gottfried Achenwall, Mitte des 18. Jahrhunderts) gedrängt werden. So entstand eine Lehre von den erfaßbaren Grundelementen des Staatswesens, die in Deutschland etwa seit der Mitte des 17. Jahrhunderts (Hermann Conring in Helmstedt) an die Universitäten gezogen wurde. Bei ihrer Weiterentwicklung wandte sie sich mehr und mehr ins Zahlenmäßige und kam gerade dabei dem jüngsten, auf das Massenhafte abgestellten Zeitgeist zustatten. So hat sie gerade in den letzten Jahrzehnten einen außerordentlichen Aufschwung genommen. Alle Staaten, ja auch die größeren Gemeinden haben sich eigene „Statistische Ämter" (oder Abteilungen) eingerichtet, und an den Hochschulen ist die Statistik ein fester (der Wirtschaftswissenschaft eingegliederter) Lehrgegenstand und Prüfungsfach geworden.

Immer aber werden sie gewisse Schwächen begleiten. Sie muß ihrem ganzen Wesen nach, zumal ins Ziffernmäßige umgesetzt, mit der Behauptung zwingender Richtigkeit auftreten, leidet aber an einer ewigen Unlebendigkeit: Zahlen sind immer für sich sebst betrachtet tot; um sie lebendig zu machen, bedarf es der persönlichen Zutat, der Kombination, der Schlußfolgerung; gerade dadurch wird aber stets von neuem ein Moment der Unsicherheit und Subjektivität hereingebracht, das genau genommen dem Grundwesen der Statistik feindlich gegenübersteht.

Schrifttum. Über das allgemeine Wesen der Statistik, vor allem ihr Wesen als Wissenschaft unterrichtet am einfachsten der Aufsatz über „Statistik" (von Zahn und Morgenroth) im alphabetisch geordneten Handwörterbuch der Staatswissenschaften, 4. Aufl., Bd. 7, 1926. Über das für unser Justizwesen in Frage kommende Schrifttum s. im folgenden.

b) Eine eigentliche **Justizstatistik** setzt erst im neugegründeten Deutschen Reich ein. Bis dahin waren immer nur Teile aus ihrem Bereich in anderen Zusammenhängen erfaßt worden. Schon sehr frühzeitig (17. Jahrhundert) die Geburten-, Ehe- und Sterbeziffern, die man für die Bevölkerungspolitik brauchte, die aber nebenher auch für das Rechtsleben eine gewisse erläuternde Bedeutung haben. Weiter zog die zeitweise sehr beliebte „Moralstatistik", die den Menschen in seinen Betätigungen als bewußte, mit moralischer Verantwortlichkeit belastete Persönlichkeit erfassen möchte, Teile des Rechtslebens, namentlich die kriminalistischen Tatsachen an sich. Inzwischen hatte auch die Handelsstatistik an einzelnen Ecken ins juristische Gebiet hinübergegriffen. indem sie z. B. die Konkurse, juristisch besonders verwickelte (S. 398 VI), aber eben auch für den Stand des Handels sehr bezeichnende Vorgänge, zahlenmäßig erfaßte.

Seit 1883 gibt es nun, anknüpfend an junge einzelstaatliche Ansätze, eine deutsche Reichsjustizstatistik. Sie ist jedoch sehr einseitig in der Richtung nüchterner Verwaltungszwecke entfaltet worden. Die Fühlungnahme mit der eben erwähnten Moralstatistik fehlt fast ganz. Daher kommt es, daß das Material für die eigentliche Rechtswissenschaft, also z. B. für die Belebung des im Bürgerlichen Gesetzbuch niedergelegten Rechtsstoffs, nur sehr beschränkten Wert besitzt.

Daß statistische Eindrücke und Kenntnisse auch dem Juristen vortreffliche Dienste leisten können, ist nicht zu bezweifeln. Die vorangehend erwähnten Beispiele werden das bereits gezeigt haben. Das Problem der unehelichen Kinder behandelt schief, wer nicht ungefähr über die Zahl und den jährlichen Zuwachs solcher Kinder Bescheid weiß. Und wie will man das Verkehrsrecht beherrschen, wenn man nichts weiß von der Bewegung des Geldes und der Preise, wie sie sich in statistischen

Darstellungen widerspiegeln, oder das Handelsrecht, wenn man nichts weiß von der Zahl der Aktiengesellschaften und ihrem statistischen Verhältnis zu den anderen Gesellschaftsformen, oder das Arbeitsrecht, wenn man nicht gelegentlich eine Statistik der Löhne, des Arbeitsmarktes, der Erwerbslosigkeit zur Hand genommen hat? Vollends der Kriminalist geht leicht in der Irre, wenn er kein Bild von der Zahl der Verbrecher, der Vorbestraften, der Jugendlichen, von der Häufigkeit bestimmter einzelner Delikte usw. bei sich trägt. Der Verwaltungsjurist kommt dem Staatsmann und Politiker bereits so nahe, daß schon aus dem Vorangegangenen der Wert statistischer Kenntnisse für ihn einleuchtet.

Als statistisches Sammelbecken für die juristischen Fakta wurde im Jahre 1883 vom Reichsjustizministerium (früher Reichsjustizamt) eine fortlaufende Veröffentlichung unter dem Titel „Deutsche Justizstatistik" begründet; alle zwei Jahre erschien ein Band. Leider ist dieses Unternehmen 1920 mit dem 18. Jahrgang zum Stillstand gekommen. Seitdem ist die Hauptquelle das „Statistische Jahrbuch für das Deutsche Reich", herausgegeben vom Statistischen Reichsamt, mit einem selbständigen Abschnitt über „Justizwesen" (letzter, im folgenden benützter Jahrgang der 45. von 1926). Ergänzendes Material der einzelnen Länder, z. B. Preußens, in den Justiz-Ministerialblättern (oder entsprechenden Organen). Außerdem findet sich gelegentliches statistisches Material in den juristischen Zeitschriften, z. B. der Deutschen Juristen-Zeitung, für Teilgebiete in den entsprechenden Fachzeitschriften, z. B. für die Arbeitsgerichte im Reichsarbeitsblatt, für die Schlichtungsgerichtsbarkeit in der Gewerkschaftszeitung usw. Um ein möglichst abgerundetes Bild zu gewinnen, ist auch in literarischer Hinsicht ein gewisser Spürsinn unerläßlich.

c) In diesem Paragraphen soll nun ein besonderes Kapitel von der statistischen Seite her erfaßt werden, nämlich **die Arbeitsleistung, die der Stand der Juristen jahraus jahrein zuwege bringt.** Hier ist das Material verhältnismäßig reichhaltig. Aber auch hier klaffen bedeutende Lücken. Einmal macht sich die partikuläre Zersplitterung geltend; es kann nicht immer Material für das ganze Reich geboten werden. Ferner wird jahraus jahrein ein beträchtliches Maß juristischer Gedankenkraft in anderen Lebensgebieten, z. B., wie schon erwähnt (S. 421, 418 Ziff. 1), in der Politik und dem Verbandsleben, angesetzt, ohne daß irgendeine Erfassung dieser (für das Volksganze unzweifelhaft sehr wertvollen) Juristenarbeit möglich wäre. Sodann ist die Auswahl des Zeitpunktes, für den die statistischen Ziffern geboten werden, nicht immer ganz leicht. Das beste wäre natürlich, für alle überhaupt vorgeführten Fakta gleichmäßig denselben Zeitpunkt und zwar den allerneuesten zu wählen. Aber das läßt sich nicht restlos durchführen. Statistik ist kostspielig, die Aufarbeitung des eingegangenen Materials zeitraubend. So muß man sich stellenweise mit weiter zurückliegendem Material begnügen. Dazu kommt, daß der Krieg und die Störungen der Nachkriegszeit auch hier sich lähmend dazwischen gelegt haben. Noch heute ist manches „irregulär", so daß die jetzigen Zahlen trügen, in nächster Zeit schon sich wandeln können. Immerhin ist im großen und ganzen Beruhigung eingetreten, so daß das Gesamtbild eine ausreichende Zuverlässigkeit besitzt. Schließlich ist noch ein letzter Punkt bei der Betrachtung der nachfolgenden Zahlengruppen zu beachten. Grundsätzlich wird zwar von einer Statistik Genauigkeit verlangt. Für die hier verfolgten Zwecke ist das überflüssig, eher schädlich. Denn die genauen Zahlen ermüden den Geist und lenken ihn ab von den großen Zügen. Hier aber kommt es allein auf letztere an. Darum wird das Material grundsätzlich **in abgerundeten Zahlen** geboten.

II. **Die Personenkräfte der praktischen Rechtspflege.** Die erste interessante Frage ist die, wieviele Justizpersonen dem deutschen Volke mit seinen $62^1/_2$ Millionen Menschen zur Verfügung stehen. Wie sich aus dem Folgenden ergibt, sind das (Stand Anfang 1925) weniger als 10000 Richter und 13500 Rechtsanwälte, denen sich allerdings noch vielerlei Hilfskräfte beigesellen. Es kommen demnach auf je 6700 Einwohner 1 Richter, auf je 4600 Einwohner 1 Rechtsanwalt. Zieht man zur Erläuterung etwa die Ärzte heran (Jahr 1924-25), so trifft man auf 40000, so daß schon auf je 1540 Einwohner 1 Arzt zu finden ist. Lehrer und Lehrerinnen gibt es (Stand von Anfang 1922) noch viel mehr; allein an den Volksschulen fast 200000. Nunmehr mögen die Einzelheiten folgen:

a) **Das obere Justizpersonal,** d. h. die Justizpersonen mit akademischer Vorbildung, die „Berufsjuristen" in dem früher geschilderten Sinne (S. 420 III), jedoch nur diejenigen von ihnen, die sich der eigentlichen Gerichtsbarkeit gewidmet, nicht z. B. der Verwaltung zugewandt haben.

1. Die **Zahl der Richter** beträgt (Anfang 1925) rund 9500.

Zehn Jahre früher wurden 10500 gezählt. Also eine Abnahme um 1000. Sie dürfte in der Hauptsache durch die Verkleinerung des Reichsgebiets zu erklären sein. Etwas mag auch die Sparpolitik („Beamtenabbau") mitgespielt haben, die 1924 nach Stabilisierung der Währung einsetzte. Zurzeit ist die Richterzahl entschieden zu gering. Die Geschäfte können an einzelnen Stellen nicht mehr ordnungsgemäß erledigt werden. Die **Überlastung** ist namentlich an den Amtsgerichten auf ein früher nie gekanntes Maß angewachsen. Selbst stärkste Heranziehung der Hilfskräfte (s. im folgenden) und die sog. Entlastungsbewegung (unten b) haben nur wenig genützt. — Greift man um etwa 40 Jahre zurück, so war allerdings die Richterzahl noch geringer: etwa 7000. Aber, abgesehen davon, daß damals auch die Bevölkerungsziffer im gleichen

Prozentsatz geringer war, lagen damals alle Wirtschafts- und Rechtsverhältnisse wesentlich einfacher als heute.

2. Die Zahl der **Staatsanwälte** dürfte z. B. rund 1000 betragen.

Auch hier Überlastung unverkennbar.

3. Die Zahl der **Rechtsanwälte** ist stark gestiegen, vor allem noch in jüngster Zeit.

Vom Anfang der achtziger Jahre des vorigen Jahrhunderts bis zum Kriegsanfang hatte sich die Zahl der Rechtsanwälte fast verdreifacht. Im Jahre 1915 betrug sie rund 13000. Ein Rückschlag trat ein in der Zeit des Währungsverfalls, da hier die finanzielle Lage der Anwaltschaft aufs tiefste gesunken war, so daß der junge Nachwuchs sich fast vollständig von ihr ab- und dem Bank- und Industriewesen zuwandte. Anfang 1925 treffen wir aber wiederum auf 13500 Rechtsanwälte, ein Jahr später (Anfang 1926) sogar auf 14300. Danach ist es verständlich, wenn schon vor dem Kriege und jetzt von neuem von einer Überfüllung des Anwaltsstandes gesprochen wird. Dazu vgl. unten S. 465. Der Hauptanteil an diesem Wachstum entfällt auf die Großstädte.

4. **Gerichtsassessoren und Referendare** spielen als ergänzende Arbeitskräfte eine erhebliche Rolle. Die Assessoren nehmen im wesentlichen selbständig genau die gleichen Geschäfte wahr wie der Richter. Referendare (Näheres später § 39 III) kommen zwar hauptsächlich als Lernende und deshalb nur untergeordnete Hilfskräfte in Frage. Aber auch sie werden z. B. wegen der Überlastung der Richterschaft (Ziff. 1) in stärkerem Ausmaß zur Wahrnehmung einfacherer richterlicher Geschäfte herangezogen.

Preußische Ziffern: Die Zahl der Assessoren ist in Preußen eine Zeitlang sehr stark gewachsen. 1900 waren es knapp 1800, zu Kriegsanfang dagegen 4000, nach dem Krieg Sinken (1920 nur noch 3100, 1921 sogar unter 2000); dann wieder langsames Steigen, 1924 etwa 2500. — Referendare gab es in Preußen an der Jahrhundertwende 4600, bei Kriegsausbruch war die Zahl auf über 6600 gestiegen, 1919 wurden dagegen wieder nur rund 5000 gezählt und 1925 war ihre Zahl sogar auf 4420 hinuntergegangen (wobei aber im Vergleich zur Vorkriegszeit wiederum der Gebietsverlust zu veranschlagen ist); neuerdings wieder leichte Zunahme; am 1. August 1926: 4700. (In Württemberg z. B. ist die Zahl seit 1914 um 17. v. H. gestiegen; damals gab es dort 196, im Jahre 1924 dagegen 229 Referendare.) Über den studentischen Nachwuchs s. später S. 465.

b) **Entlastung durch das mittlere Beamtentum.** Schon seit etwa 20 Jahren beschäftigt man sich mit der Frage, inwieweit der Richter vom „Büromäßigen" entlastet, damit freier gestellt werden könne. Den Auftakt brachte die berühmte Rede des damaligen Frankfurter Oberbürgermeisters Adickes im Preußischen Herrenhaus am 30. März 1906. Er wies auf die sehr hohe Stellung, die fast „königliche" Stellung (allerdings auch die entsprechend kleine

Zahl) der englischen Richter hin. Dieses englische Vorbild paßt jedoch, wie es scheint, nicht zu dem deutschen Volkscharakter. Immerhin ist die Frage nach der Entlastung der Richter als der obersten Justizbeamten seitdem nicht mehr zur Ruhe gelangt. Sie begegnete sich, vor allem nach dem Kriege, mit einer anderen Strömung, nämlich dem Aufwärtsstreben der mittleren Beamtenschaft (in Preußen durch die Justizobersekretäre und -inspektoren verkörpert), die sich um der eigenen Weiterentwicklung willen zur Übernahme sehr großer Teile der bisher dem Richter vorbehaltenen Geschäfte erbot. Die beiden Strömungen zusammengenommen haben einen gewissen Erfolg gehabt, der als „kleine Justizreform“ bezeichnet wird.

Dabei ist zu beachten, daß die Bewegung sich noch weiter nach unten fortpflanzt: Gibt der Richter einen Teil seiner Geschäftslast an das Sekretariat ab, so dieses seinerseits einen Teil seiner früheren Betätigung an die Kanzlei. Es soll auf diese Weise eine „Verzahnung“ erreicht werden: besonders tüchtige Personen der Kanzlei greifen, im Aufstieg befindlich, in die Sekretariatstätigkeit über, besonders tüchtige Köpfe des Sekretariats werden zu richterlicher Funktion herangezogen Das Urteil über diese Reformbewegung ist z. Z. noch nicht abgeschlossen, auch die praktische Ausgestaltung ist noch im Fluß.

Die wichtigsten Daten der Entwicklung in Preußen

1. A. VO. vom 25. April 1906 (JustMinBl. S. 112): Heranziehung des Gerichtsschreibers (jetzt Sekretariats) zur Hilfeleistung in richterlichen Geschäften und Entlastung des Gerichtsschreibers durch die Kanzlei.

2. Einen wichtigen weiteren Schritt brachte ein Reichsgesetz, nämlich die Novelle zur ZPO. vom 9. Juni 1909. Zum erstenmal brachte sie dem Gerichtsschreiber die selbständige Wahrnehmung kleinerer, bisher richterlicher Aufgaben: Kostenfestsetzungsbeschlüsse, Vollstreckbarkeitserklärung von Zahlungsbefehlen und ähnliches.

3. Nach dem Kriege bedeutsam (vor allem für die Übertragung richterlicher Geschäfte in Grundbuchsachen) Preuß. Ges. vom 14. Dezember 1920.

4. Dann wieder ein vielbesprochenes Reichsgesetz „zur Entlastung der Gerichte“ vom 11. März 1921 (RGBl. S. 229). Zu seiner Ausführung Preußische „Entlastungsverfügung“ vom 28. Mai 1923 (JMBl. S. 401). Leitsatz im § 1: „Einfachere Geschäfte der Richter und Staatsanwälte können nach näherer Maßgabe dieser Verfügung durch Beamte des mittleren Dienstes als Rechtspfleger selbständig wahrgenommen werden.“ Wesentliche Einschränkung durch § 2, wonach solche Abgabe an Rechtspfleger nur insoweit erfolgen soll, „als für die betreffende Behörde eine Entlastung der Richter oder Staatsanwälte angeordnet ist“; die Entscheidung darüber liegt beim Landgerichtspräsidenten. Grundsätzlich hat also das Sekretariat kein Recht (im Sinne einer allgemeinen und dauernden Zuständigkeit) auf solche Übertragung richterlicher Amtsstellung. Verwandt die Frage, inwieweit der Richter aus dem Kreise der einmal „übertragenen“ Geschäfte einzelne sich vorbehalten oder zur eigenen Bearbeitung wieder an sich ziehen

darf. Die Entscheidung dieser Frage ist in den einzelnen Ländern und nach der Art der Geschäfte verschiedenen getroffen worden. Weitere Neuerungen stehen zu erwarten.

c) **Zahl und Besetzung der Gerichte.** Die Gerichte sind bekanntlich gestaffelt (vgl. S. 379). Eine solche Staffelung wird immer bleiben müssen. Daß dann in den oberen Staffeln nur wenige auserlesene Köpfe sitzen, während die große Masse der Justizpersonen in den unteren Staffeln beschäftigt werden, liegt in der Natur der Sache.

1. Das Reichsgericht in Leipzig, fast ausschließlich zuständig als „Revisionsgericht"; Revisionsgrenze seit Ges. vom 21. Dez. 192 4000 Mark; sog. Sprungrevision eingeführt durch die neuen § 566a ZPO. und § 335 StrafPO. (vgl. S. 391).

Lange Zeit 103 Richter, 1925 Herabsetzung auf 91; sie sind gegliedert in Senate (Zivil- und Strafsenate). An der Spitze der Reichsgerichtspräsident, meist aus Regierungskreisen, selten unmittelbar aus dem Richterstande entnommen.

2. 27 Oberlandesgerichte, ebenfalls durchaus überwiegend als Instanzgerichte (2. oder 3. Instanz) tätig; erstinstanzliche Strafsachen wurden z. B. in Preußen während des Jahres 1925 im ganzen nur in 65 Fällen bei den Oberlandesgerichten anhängig, sog. Stiftungssachen nur in 221 Fällen.

Gliederung und Richterzahl nach dem Stande des Jahres 1917: 859 Richter, gegliedert in etwa 140 Zivil- und 20 Strafsenate. Sehr ungleiche Größenverhältnisse der verschiedenen Oberlandesgerichte. Das größte Berlin (mit dem besonderen Titel „Kammergericht") hat etwa 7 Millionen der Bevölkerung zu versorgen und ist mit 169 Richtern besetzt; das kleinste Oldenburg sorgt nur für knapp 1/2 Million Menschen und ist mit nur 5 Richtern besetzt. — Die acht größten (in der Reihenfolge ihrer Größe: Berlin, Hamm, Köln, Dresden, Düsseldorf, Breslau, Naumburg, Celle) umfassen über die Hälfte des deutschen Volkes.

3. 159 Landgerichte. Bei ihnen liegt der Kern der Zivilrechtspflege, namentlich der Handels- und Industrieprozesse und der Familienstreitigkeiten (vgl. Ziff. III); dagegen sind sie fast gar nicht mit der freiwilligen Gerichtsbarkeit befaßt, und das Schwergewicht der Strafrechtspflege haben sie neuerdings an die den Amtsgerichten angegliederten Schöffengerichte abgeben müssen. Immerhin kommt auch heute noch den am Landgericht gebildeten „Schwurgerichten" eine hohe Bedeutung zu (vgl. S. 403).

Auch hier muß leider bis auf das Jahr 1917 zurückgegriffen werden: 3500 Richter (rund); in über 1200 „Kammern" gegliedert, von denen über 170 sog. „Kammern für Handelssachen" sind; in letzteren sitzen neben einem Berufsrichter 2 Laien, die in der Zahl 3500 nicht mitgerechnet sind. Wiederum sehr verschiedene Größenverhältnisse. Die

Stadt Berlin hat mehrere Landgerichte; das dortige Landgericht I ist das größte in Deutschland mit über 200 Richtern. Dem stehen als kleinste Bückeburg und Hechingen mit je 6 Richtern gegenüber.

4. 1750 Amtsgerichte. Bei ihnen liegt das Schwergewicht unmittelbarer Fühlungnahme mit der Bevölkerung. Von der Güte ihrer Betätigung hängt daher besonders viel ab. Namentlich sitzt hier fast die gesamte, auf freundwillige Beratung abgestellte freiwillige Gerichtbarkeit und neuerdings ein sehr bedeutendes Stück der Strafjustiz (s. oben unter 3).

Wiederum Stand von 1917: 6200 Richter. Daneben arbeiten vielfach Justizpersonen, die noch in der Ausbildung begriffen sind. Laien beteiligt bei den „Schöffengerichten", jedoch nur als Beisitzer; die ganze Arbeitslast der Vorbereitung, der schriftlichen Abfassung der Urteile und der Überleitung in die Vollstreckung fällt dem Amtsrichter selbst zu. — Etwa ein Drittel der Amtsgerichte sind nur mit 1 Richter, etwa ein zweites Drittel nur mit 2 Richtern, der Rest verschieden stark besetzt.

5. Über Sondergerichte einiges Material S. 441 VI.

III. **Arbeitsleistung in bürgerlichen Rechtsstreitigkeiten.** Über „bürgerliche Rechtsstreitigkeiten" im allgemeinen vgl. § 33 S. 388.

a) **Vermögensrechtliche Streitigkeiten.** Sie stehen durchaus im Vordergrunde. Zunächst ist nur die „erstinstanzliche" Arbeit zu betrachten (über den Lauf in die zweite Instanz unten d). Dafür kommen, von unbedeutenden Ausnahmen abgesehen, nur die Amts- und Landgerichte in Frage (über ihre Abgrenzung von einander S. 379).

Vor dem Kriege pflegte man Jahr für Jahr die schwebenden Prozesse zu zählen. Dabei ergaben sich im Jahre 1913 fast 6800000 Prozesse (mit einem Vermögensgesamtwert von etwa 200 Millionen Mark), wobei der Bezirk des Preußischen Kammergerichts am stärksten, mit fast 1 Million, das Oldenburger OLG. am wenigsten, nämlich nur mit knapp 40000 Prozessen, belastet war. Greift man um 30 Jahre zurück, so ergibt sich eine bedeutende **Zunahme.** Im Jahre 1883 waren nur $3^1/_4$ Million Prozesse anhängig. Inzwischen war also die Zahl auf über das Doppelte gestiegen. Man glaubte daraus eine verstärkte Neigung der Bevölkerung zum Prozessieren, also ein „Anwachsen der Prozeßwut" ableiten zu dürfen. In der Tat hatte die Prozeßzahl auch im Verhältnis zur Bevölkerungsziffer bedeutend zugenommen. Im Jahre 1881 kamen auf je 10000 Einwohner 232 Prozesse, in dem Jahrfünft 1906/10 dagegen entfielen auf die gleiche Kopfzahl durchschnittlich 391 Prozesse. Indessen war der tiefere Grund sicher nicht bloß ein psychologischer oder ein zunehmender Charakterfehler. Vielmehr hatte wohl hauptsächlich die wirtschaftliche Entfaltung zu den vermehrten Prozessen getrieben. Das jagende Tempo der deutschen Wirtschaftsentwicklung im jüngst vergangenen Menschenalter mußte ein übergroßes Maß von Reibungen, Reizungen und Klagebedürfnissen hervorrufen. Heute steht es damit nicht besser, eher schlechter.

Neuerdings geht die Statistik nicht mehr von den schwebenden, sondern von den im einzelnen Jahre neu *anhängig werdenden* Zivilsachen aus. Das Material dieser neueren Zeit ist etwas unsicher. *Reichszahlen* liegen nur bis 1924 einschließlich vor. Und man muß sich gegenwärtig halten, daß dies das Jahr der „Stabilisierung" nach vorangegangenem vollständigem Währungszerfall war. Diese Irregularität der Verhältnisse drückt sich deutlich in dem Auf- und Niedergehen der Zahlen aus. Im letzten Stadium des Währungsverfalls sank das Interesse an prozessualer Hilfe gegen die Schuldner ganz bedeutend, weil das schließliche Urteil auf Summen lautete, die gar keinen Wert mehr hatten. Erst nachher erwacht wieder das Vertrauen und das Interesse am Prozeß, und, durch die enormen Spannungen des Wirtschaftslebens mächtig gefördert, steigt die Zahl der Zivilprozesse zu nie gekannten Höhen.

1. Am schärfsten zeigt sich der Umschwung bei den *Wechselprozessen* (s. im folgenden). Hier wurden vor den Amts- und Landgerichten zusammen gezählt:

im Jahre	1921	rund	45000	neue Fälle
„ „	1922	„	24000	„ „
„ „	1923	„	12800	„ „
„ „	1924	über	176000	„ „

2. Auch bei den sog. *Mahnsachen* (s. im folgenden), die nur für die Amtsgerichte in Frage kommen, ergibt sich ein ähnliches Bild. Es wurden anhängig:

im Jahre	1922	rund	2	Millionen Mahnsachen
„ „	1923	nur über	3/4	„ „
„ „	1924	dagegen knapp	3 1/2	„ „

Im Jahre 1925 ist ein weiteres bedeutendes Anschwellen zu beobachten, obwohl Reichszahlen noch nicht vorliegen. In *Preußen* ergibt sich z. B.

für das Jahr 1924 eine Zahl von rund 2 Millionen Mahnsachen,
für das Jahr 1925 eine Zahl von über 4 Millionen Mahnsachen.

3. Was nun den Kern der ganzen Ziviljustiz, nämlich die *ordentlichen Zivilprozesse*, anbelangt, so ist das Auf und Ab hier zwar auch erkennbar, aber nicht so stark ausgeprägt. Neu anhängig gewordene Zivilprozesse wurden bei den Amts- und Landgerichten zusammen gezählt:

im Jahre	1921	rund	1510000	Prozesse
„ „	1922	„	1420000	„
„ „	1923	„	1260000	„
„ „	1924	„	1530000	„

Daß aber auch hier mit einem weiteren bedeutenden Anschwellen zu rechnen ist, zeigen die *Dezemberzahlen* für Preußen:

Dezember 1924 wurden 186000 Zivilprozesse anhängig,
Dezember 1925 wurden 285000 Zivilprozesse anhängig.

Was nun die *Arbeitsleistung* anbelangt, so muß man zwischen den verschiedenen Prozeßarten unterscheiden und auch den verschiedenen Verlauf der einzelnen Prozesse veranschlagen.

Von den insgesamt im Reiche 1924 anhängig gewordenen 5136000 Verfahren sind über 66 v. H. (nämlich 3430000) bloße Mahnsachen gewesen. Von den verbleibenden Fällen waren weitere 10 v. H. Wechselsachen. Nur der dann noch bleibende Rest sind Zivilprozesse im schulmäßigen Sinne des Wortes.

Mahnsachen werden in einem schleunigen und einfachen Verfahren, grundsätzlich ohne mündliche Verhandlung erledigt. Im Urkunden- und Wechselprozeß wird der Streitstoff ebenfalls beschränkt. Auch bei den eigentlichen Zivilprozessen wird weit über die Hälfte sehr rasch durch sog. Versäumnisurteil (einer der beiden Streiter erscheint gar nicht) oder durch sog. Anerkenntnisurteil (der Beklagte läßt sich nicht ein auf Streiten, sondern erkennt sofort den eingeklagten Anspruch an) erledigt. Andererseits nehmen die übrigen Prozesse, in denen es zur sog. „kontradiktorischen" Verhandlung kommt (d. h. zu wirklichem Streit mit Ausführungen und Gegenausführungen), mitunter ein sehr verwickeltes Gepräge an. Insbesondere werden diese Prozesse keineswegs immer in einer einzigen mündlichen Verhandlung erledigt, vielmehr kommt es oft zu Vertagungen, umständlichen Beweisaufnahmen und erneuter mündlicher Verhandlung, ehe das Urteil gesprochen werden kann. Zur Erläuterung dessen können einige preußische Zahlen aus dem Jahre 1925 dienen. Es haben bei den preußischen Amtsgerichten in diesem Jahre 2 Millionen mündlicher Verhandlungen stattgefunden, beinahe 900000 davon waren kontradiktorisch; an Endurteilen ergingen 1200000, wovon aber gut $^3/_4$ (nämlich über 900000) bloße Versäumnis- oder Anerkenntnisurteile waren. Bei den preußischen Landgerichten: 600000 Verhandlungen, davon 370000 kontradiktorisch; 280000 Urteile, wovon die gute Hälfte (150000) Versäumnis- oder Anerkenntnisurteile.

Gütesachen (oben S. 396 b) sind in den sieben Monaten ab 1. Juni bis Ende 1924 rund 875000 gezählt worden.

b) **Familiensachen.** Drei größere Stoffschichten kommen hierbei in Frage, die Ehesachen, die Kindschaftssachen und die Entmündigungssachen. Die ersteren beiden gehören vor die Landgerichte und werden bei größeren Landgerichten in einer besonderen Kammer (der „Ehescheidungskammer") abgemacht. Die Entmündigungssachen finden dagegen ihre Erledigung (wenigstens in erster Instanz) vor den Amtsgerichten. Zusammengenommen sind 1924 im ganzen Reich über 54000 solcher Familiensachen anhängig geworden. Das bedeutet eine wesentliche Vermehrung gegenüber der Vorkriegszeit.

1. Ehesachen. Sie beginnen regelmäßig kraft gesetzlicher Vorschrift mit einem Sühnetermin. Man kann etwa für das Jahr 50000 solcher Sühnetermine rechnen. Daraus entwickeln sich etwa 40000 Eheprozesse, von denen bei weitem die meisten (90 v. H.) Scheidungsprozesse sind. In über 70 v. H. dieser angestrengten Scheidungsklagen dürfte auf Scheidung erkannt werden.

2. Kindschaftssachen, bei denen es sich um die Feststellung des Rechtsverhältnisses zwischen Eltern und Kindern handelt, nicht etwa

um vermögensrechtliche Auseinandersetzungen, insbesondere also auch nicht um die Alimentenklagen der unehelichen Kinder, kommen sehr selten vor. Man kann etwa 1000 bis 1500 im Jahre rechnen.

3. Entmündigungen haben die Amtsgerichte während des (zuletzt errechneten) Jahres 1922 in 3170 Fällen ausgesprochen. Vor dem Krieg wurden zuletzt (1913) etwa 5300 Fälle im Sinne einer Entmündigung entschieden, 1918 waren es nur knapp 2000. Bei weitem der größte Teil der Fälle beruht auf Schwächung des Geistes (etwa 70 v. H.), dann kommen die Fälle der Trunksucht (etwa 23 v. H.), und in ganz geringer Zahl die Fälle der Verschwendung (etwa 7 v. H.). Doch stellt das nur einen Bruchteil der Arbeitsleistung, also nur ein Beispiel, dar. Die Wiederaufhebung einer früher ausgesprochenen Entmündigung, ferner die Anfechtungsklagen bei den Landgerichten und das viele sonstige Beiwerk des Entmündigungswesens sind nicht mit veranschlagt.

c) **Mitwirkung bei der Vollstreckungstätigkeit, insbesondere bei den Konkursen.** Die Abgabe eines Teiles der Tätigkeit nach unten hin (was bei der hauptsächlichen richterlichen Betätigung erst neuerdings in stärkerem Maß als sog. „Kleine Justizreform" in Angriff genommen worden ist; S. 429 b) ist im Vollstreckungswesen schon längst entfaltet. Hier ist die laufende beamtliche oder freiverwaltende Tätigkeit anderen Organen überlassen, nämlich den eigens dafür geschaffenen Gerichtsvollziehern und im Konkursverfahren (oben S. 398) den für jeden einzelnen Fall besonders ausgewählten Konkursverwaltern. Dem Richter selbst (im wesentlichen kommen die Amtsgerichte in Frage) liegt nur die Oberleitung und Überwachung ob. Immerhin ist auch diese richterliche Tätigkeit vielseitig, mühselig und zeitraubend.

1. Die Tätigkeit der Gerichtsvollzieher ist in den einzelnen Ländern mit nicht unerheblichen organisatorischen Unterschieden geregelt. Vgl. z. B. Preußische Geschäftsanweisung vom 24. März 1914 (Textausgabe mit Register von Schröder, Amtsrat im preuß. Justizministerium, 1926). Ein Bild davon, daß auch dieses Stück justizieller Tätigkeit reich an interessanten rechtlichen Streitfragen ist, gewährt das (allerdings schon 1912 erschienene) Werk von Franz Büdeker (Gerichtsvollzieherinspektor in Berlin), Entscheidungen über Gerichtsvollzieherdienst, systematische Zusammenstellung wichtiger Entscheidungen, insbesondere des Reichsgerichts und der Oberlandesgerichte.

2. Ein ganz besonderes Interesse kann die **Konkursstatistik** beanspruchen. Sie hat sich geradezu als ein Wirtschaftsbarometer erster Ordnung erwiesen, allerdings mehr nach der Vergangenheit hin als in die Zukunft hinein. Folgende verblüffende Zahlen mögen als Ausgangspunkt dienen:

1913 (vor dem Kriege) kam es zu etwa	10000	Konkursverfahren
1923 waren es nur gegen	500	„
1924 stieg die Zahl auf über	8000	„
1925 erhöhte sie sich weiter auf über	14500	„
1926 werden es, nach dem 1. Viertel geschätzt, gegen	28000	„ sein.

Wie erklärt sich dieser auffallende Gegensatz? Er erklärt sich aus dem Währungsverfall. Dieser gab dem Händlertum einen so enormen Spielraum und hielt die Warenmärkte in so außergewöhnlicher Weise flüssig, daß damals ein Konkurs geradezu zur Seltenheit wurde. Der Höhepunkt dieser Entwicklung ist 1923 im Jahr des vollendeten Währungsverfalles erreicht. Dann setzt die Befestigung der neuen Mark ein, und sogleich beginnt der Zusammenbruch der nicht genügend fundierten Unternehmungen, der „welken Inflationsblüten", wie man es damals in der Tagespresse nannte. Bestätigt wird dieser Eindruck durch eine weitere statistische Untersuchung. Man hat nämlich errechnet, daß von den Konkursen in einem Querschnitt Mai/August 1924 rund 90 v. H. auf solche Firmen kamen, die erst nach dem Kriege gegründet waren. Nur 10 v. H. entfielen auf ältere Unternehmungen.

Auch das Kapitel der Geschäftsaufsichten (s. oben S. 399) erfährt durch die Statistik seine besondere Beleuchtung. Während ihre Zahl in der Inflationszeit sehr gering blieb (z. B. 1922 nur 132, 1923 nur 163), schnellt die Ziffer im Jahre der großen Wendung 1924 auf über 7000 in die Höhe! Dann 1925 kommt die Besinnung, die Geschäftsaufsichten werden etwas eingedämmt und sinken unter 6000; heute (1926) wird weiter an ihrem Abbau gearbeitet. Eine wertvolle statistische Aufgabe wäre es, die „Streuung" dieser Geschäftsaufsichten zu untersuchen. Es wird behauptet, daß es „harte" und „weitherzige" Bezirke gegeben habe, daß also in dem einen Bezirke die Gerichte überaus zurückhaltend, in dem anderen dagegen sehr nachgiebig in der Gestattung solcher „Zuflucht" gewesen seien. Ja, es knüpft sich die weitere Behauptung daran, daß wankend gewordene Firmen bisweilen ihren „Sitz" eilends aus einem harten in einen milden Bezirk verlegt hätten, um derart dem vollen „Konkurse" zu entgehen.

Eine weitere Überraschung bietet die große Zahl der Konkurse, bei denen wegen „mangelnder Masse" nichts herauskommt, Fälle also, bei denen das Verfahren die Kosten gar nicht mehr lohnt und um deswillen überhaupt nicht erst eröffnet oder später amtlich geschlossen wird. Von den rund 8000 neuen Fällen des Jahres 1924 ist in über 1800 (23 v. H., also fast ein Viertel) durch das Amtsgericht gleich der Antrag auf Eröffnung des Verfahrens abgelehnt worden. Von den verbleibenden 6200 Fällen konnten während des Jahres 1924 nur 1400 zu Ende gearbeitet werden, und davon wurden 850 (also etwa 60 v. H.) geschlossen, weil keine die Kosten der Weiterführung lohnende „Masse" da war.

3. Neben den die ganze Vermögensstellung des Schuldners erfassenden Konkursen geht das große Gebiet der Einzelvollstreckungen einher. Neuere Zahlen fehlen. Man darf mit weit über 1 Million bei den Amtsgerichten jährlich einlaufenden, die Zwangsvollstreckung gegen Schuldner betreffenden Anträgen rechnen. Besonders verwickelt und verantwortungsvoll sind die Zwangsversteigerungen von Grundstücken, die oft eine mühsame und zeitraubende Vorbereitung beanspruchen. Die Zahl dieser Verfahren dürfte 50000 weit übersteigen.

d) **Der Tätigkeit in höherer Instanz** (in Zivilsachen) soll hier nur andeutungsweise nachgegangen werden. Die interessanteste Frage ist die Vorfrage, bei wieviel Entscheidungen erster Instanz sich die Bevölkerung zu beruhigen pflegt, und umgekehrt, welchen Bruchteil der Fälle sie durch Einlegung von Rechtsmitteln (vgl. S. 397) in die höhere Instanz und damit zu nochmaliger, im Durchschnitt noch gründlicherer richterlicher Bearbeitung zu bringen pflegt, übrigens auch das eine Erläuterung zu der Frage der Prozeßneigung (Prozeßwut, vgl. S. 432) der Bevölkerung.

Man darf rechnen, daß in Zivilsachen gegen mehr als 1/4 der amtsgerichtlichen Urteile erster Instanz und gegen fast 1/2 der landgerichtlichen Urteile erster Instanz „Berufung" eingelegt wird. So wenigstens die Zahlen aus der Vorkriegszeit und Kriegszeit. Dabei sind jedoch nur die Vollurteile (nicht Versäumnis- und Anerkenntnisurteile) in den eigentlichen Zivilprozessen (nicht Mahnsachen) zugrunde gelegt. Das deutet an, welche Arbeitsmasse dadurch den Landgerichten (als zweiter Instanz gegenüber den Amtsgerichten) und den Oberlandesgerichten (als zweiter Instanz gegenüber den Landgerichten) zugeschoben wird. Von den Entscheidungen der Oberlandesgerichte wird dann wieder noch knapp 1/8 durch „Revision" vor das Reichsgericht gezogen. Das hat z. B. 1924 zu 63000 neu anhängig werdenden Berufungsverfahren bei den Landgerichten, zu 54000 bei den Oberlandesgerichten und zu über 3000 beim Reichsgericht anhängig werdenden Revisionsverfahren geführt. In Preußen allein haben die Oberlandesgerichte während des Jahres 1925 50000 mündliche Verhandlungen abgehalten und 26000 Urteile (wovon nur 4000 Anerkenntnis oder Versäumnis) gefällt.

IV. **Arbeitsleistung in Strafsachen.** Für die Bearbeitung der Strafsachen kommen, wie sich aus früheren Erörterungen ergibt (S. 405 und über die Neugestaltung von 1924 S. 403 Ziff. 3), sehr verschiedene Spruchbehörden in Betracht, einmal der Amtsrichter allein, sodann das Schöffengericht, das den Amtsgerichten eingegliedert ist, ferner das Schwurgericht, das den Landgerichten eingegliedert ist. Abgezweigt sind außerdem die Jugendgerichte, die aber in der Statistik zum Teil mit den Amtsgerichten zusammengezogen werden. Dazu treten schließlich noch die zweiten Instanzen, vor allem die Kleine und die Große Strafkammer bei den Landgerichten. In sehr starkem Ausmaß wirken also Laien mit. Aber für die Einschätzung der Arbeitsleistung ist ihre Mitwirkung nur gering. Denn sie sind nur an dem Spruch selbst beteiligt. Die ganze mühselige Vorbereitung der Sitzungen und nach ihrem Abschluß die schriftliche Ausarbeitung der Urteile und ihre Weiterleitung zur Vollstreckung, sowie der ganze sonstige Ausführungsapparat ruht allein in den Händen der beruflichen Richter. Und dazu tritt noch die selbständige vorbereitende Arbeit der Staatsanwälte und der Polizeibehörden, so daß die Gesamtleistung der Beamtenschaft auch hier achtunggebietend dasteht.

Im folgenden wird teils Reichs-, teils Landesstatistik (und zwar von Preußen) geboten. Die Reichsstatistik begnügt sich im wesentlichen mit der Zählung der erhobenen Anklagen und der ergangenen Urteile, während die Landesstatistik auch das, was sich dazwischen einschiebt, nämlich die Verhandlungen (sog. Hauptverhandlungen) und Sitzungen aufzunehmen geneigt ist. Gerade das Bild der Arbeitsleistung wird derart durch die Landeszahlen bereichert.

a) **Im Reich** sind zuletzt die anhängig gewordenen Anklagen des Jahres 1924 gezählt worden. Dabei mußte man sich jedoch, da die sog. Emmingersche Justizreform (S. 403 Ziff. 3) vom 1. April ab eine wesentliche Verschiebung der Geschäftslast gebracht hatte, mit den letzten Dreivierteln des Jahres begnügen.

Im folgenden sind, wo ein Vergleich mit früheren Jahrgängen angebracht war, die Dreivierteljahresziffern in Ganzjahresziffern umgerechnet worden; dies ist jeweils kenntlich gemacht. — Anhängig wurden vom 1. April bis 31. Dezember 1924:

1. Verbrechen bei den Schwurgerichten	2000	Fälle,
2. „ „ „ Schöffengerichten	43000	„
3. Vergehen „ „ „	163000	„
4. Übertretungen bei den Schöffengerichten od. bei dem Amtsrichter	126000	„
5. Außerdem Privatklagesachen bei den Schöffengerichten	107000	„
in $^3/_4$ Jahren zusammen	441000	Fälle.

Rechnet man Ziff. 1 auf ein volles Jahr um, so ergeben sich knapp 2700 Fälle. Dem standen im Jahr vorher (1923) 4200, im Jahre 1921 sogar 5400 Fälle (also gerade das Doppelte) gegenüber. Gerade diese Abnahme der Schwurgerichtssachen ist das hervortretendste Kennzeichen der jüngsten Reform.

Es treten nun noch als ein sehr wichtiger Faktor die Strafbefehle hinzu. Verwandt den Mahnsachen des Zivilprozesses (oben S. 434) ergehen auch sie ohne einen eigentlichen „Spruch", d. h. ohne eine vorhergehende mündliche Verhandlung; also ein vereinfachtes, für leichtere Delikte bestimmtes Verfahren. Es sind nun in $^3/_4$ Jahren rund 700000 Strafbefehlssachen anhängig geworden, für ein volles Jahr 933000, während 1923 mehr, nämlich rund 1000000, dagegen 1922 weniger, nämlich 870000 gezählt wurden. Rechnet man die Strafbefehlssachen mit den eigentlichen (oben unter 1 bis 5 geführten) Spruchsachen auf ein ganzes Jahr zusammen, so ergeben sich als Jahresleistung über $1^1/_2$ Million neu anhängig gewordener Strafsachen erster Instanz.

Ein Blick über die ergangenen Urteile deckt in überraschender Weise die bedeutende Wirksamkeit des Amtsrichters als Einzelrichter auf. 362000 Urteile wurden von ihm allein gefällt (in $^3/_4$ Jahren), und dem stehen nur 75000 Urteile der Schöffengerichte (davon 28000 Jugendgerichtsurteile!) und gar nur 2000 Schwurgerichtsurteile gegenüber. Dem mag die Urteilszahl in der Berufungsinstanz mit 39500 (32000 von den Kleinen, 7500 von den Großen Schwurgerichten) und in der Revisionsinstanz mit rund 10000 (8200 bei den Oberlandesgerichten, 1800 beim Reichsgericht) angefügt werden.

b) **In Preußen** sind außer den ergangenen Urteilen, wie bereits erwähnt, auch die Sitzungen und Hauptverhandlungen gezählt worden (es liegen bereits die Zahlen für das Jahr 1925) vor.

1. Sitzungen vor dem Amtsrichter als Einzelrichter	57500
2. „ der Schöffengerichte	15600
3. Außerdem in Jugendgerichtssachen	6000
4. Sitzungen der Schwurgerichte	1900
Zusammen:	81000

Was das bedeutet, macht man sich klar, wenn man es auf die 365 Tage des Jahres verteilt; es kommen dann auf jeden einzelnen Tag über 220 Sitzungen. In fast allen diesen Sitzungen werden mehrere Fälle hintereinander verhandelt; danach sind die Zahlen der Hauptverhandlungen wesentlich höher, im ganzen 535000 rund, für jeden Tag annähernd 1500; es treten aber noch 48000 Hauptverhandlungen in der Berufungsinstanz vor den Kleinen und Großen Strafkammern hinzu.

Dem möge ein Blick auf das Verhältnis der Verurteilungen zu den Freisprechungen angeschlossen werden, wobei zu beachten ist, daß in einem Urteil nicht selten über mehrere Personen zugleich (Mittäter) Recht gesprochen wird. Im ganzen sind während des Jahres 1925 488000 Personen in Preußen zum strafgerichtlichen Spruch gekommen. Davon wurden 378000 (77 v. H.) verurteilt, 110000 (23 v. H.) freigesprochen.

V. **Arbeitsleistung auf dem Boden der freiwilligen Gerichtsbarkeit** (oben § 35). An einigen Stellen ist hier ein gewisser Rückgang der Geschäfte zu erkennen. Die freiwillige Gerichtsbarkeit ist viel mehr als die anderen Verfahrensarten auf Beratung und Hilfsleistung abgestimmt. Das Bedürfnis dafür tritt bei wachsender Verkehrstüchtigkeit der Bevölkerung zurück. In der Tat ist auf manchen Gebieten so etwas wie eine Emanzipation von richterlicher Mitwirkung zu spüren; das bedeutende Nachlassen der vor dem Richter gefertigten Testamente im Gegensatz zu den „eigenhändigen" ist das sinnfälligste Beispiel. Nahe verwandt mit diesem Zuge ist das Abwandern zu den Notaren (über diese S. 443a und § 41 II f). Vielfach ist nämlich eine „Doppelzuständigkeit" begründet, so daß der Rat- und Rechtsuchende wählen kann, ob er sich an den Richter oder an einen Notar wenden will. Die starke Überlastung gerade der mit der freiwilligen Gerichtsbarkeit befaßten Amtsgerichte (S. 428 unter a 1) hat die Wendung des Publikums zu den Notaren in jüngster Zeit noch merklich verstärkt. Innerhalb der Gerichte wachsende Abgabe seitens der Richter an mittlere Beamte („Rechtspfleger"; S. 429 b).

Eine Reichsstatistik kommt für den Bereich der freiwilligen Gerichtsbarkeit nicht in Frage. Es bestehen zu große einzelstaatliche Verschiedenheiten auf diesem Gebiete, z. B. gerade in der Verteilung der einzelnen Geschäftszweige auf die Richterschaft und das Notariat. Es wird deshalb in den folgenden Ziffern nur das **preußische** Material des Jahres 1925 geboten.

Für die wichtigsten Zweige der freiwilligen Gerichtsbarkeit ergibt sich dabei folgendes Bild richterlicher Betätigung:

a) Beurkundungswesen.

Besonders ausgesprochene Konkurrenz der Notare. — Im ganzen 195000 Akte vor den Gerichten. Schon vor dem Kriege mäßiger Rückgang, ebenso nach dem Kriege. Im Jahre 1913 wurden noch 230000 Akte gezählt.

b) Nachlaßsachen.

Nur 3364 Testamentserrichtungen, vor dem Kriege (1913) waren es noch über doppelt so viel, nämlich rund 7500. Dazu treten aber über 66000 (im Jahre 1913 über 70000) dem Gericht zur Verwahrung übergebene Testamente und über 50000 (im Jahre 1913 fast 60000) Testamentseröffnungen; der geringe Anteil der Gerichte an der eigentlichen Abfassung letztwilliger Verfügungen kommt in diesen Zahlen deutlich zum Ausdruck. — Verwickelter und arbeitreicher sind die gerichtlichen Vermittelungen der Auseinandersetzung zwischen einer Miterbengemeinschaft; deren gab es in Preußen vor dem Kriege noch über 8000; im Jahre 1925 ist die Zahl auf 3125 gesunken, wiederum hauptsächlich wegen des Abwanderns zum Notariat. — An Erbscheinen sind von den preußischen Amtsgerichten im Jahre 1925 über 76000 erteilt worden (Vorbereitung und damit Entlastung auch hierbei durch die Notare). „Sonstige Handlungen" der Nachlaßgerichte knapp 100000.

c) Grundbuchsachen.

Hier bildet den Kern die sog. materielle Eintragungsverfügung. Denn da durch sie die wirkliche Änderung der materiellen Rechtslage (z. B. der Eigentumserwerb) im Gegensatz zu bloßer nachträglicher Beurkundung hervorgerufen wird, steht jede solche Verfügung unter starker Verantwortung; die Prüfung erfolgt sehr sorgfältig; der Richter haftet für Fehlgriffe. — Im ganzen 3800000 solcher Eintragungsverfügungen einschließlich der Hypothekeneintragungen und „Löschungen". Eigentumsveränderungen wurden in 400000 Fällen gebucht; die für den Eigentumserwerb unter Lebenden besonders wichtige sog. Auflassungsverhandlung kam in 70000 Fällen vor. — Über sog. Aufwertungssachen (Hypotheken) nachfolgend f.

d) Vormundschaftssachen.

Es sind dabei die anhängigen (also nicht die während des Jahres neu eröffneten) Sachen gezählt. Diese „laufenden" Vormundschaften sind sehr verschieden in ihrem Anspruch auf richterliche Arbeitsleistung. Sehr viele ruhen monatelang, ja jahrelang, ehe wieder eine nennenswerte Verfügung nötig wird. Andere, namentlich die, die mit einer „Rechnungslegung" verbunden sind (das sind etwa 12 v. H. vom

Gesamtbestande), können das Gericht ununterbrochen in Tätigkeit halten. — Über 1 Million laufende *Vormundschaftssachen.* Dazu treten 230000 *Pflegschaften* und 36000 *Beistandschaften.* Ein heute besonders wichtiges, die Jugendpflege (vgl. S. 401 Ziff. 2 über *strafprozessuale* Behandlung der Jugendlichen) betreffendes Kapitel bildet die *Fürsorgeerziehung.* 1925 wurden in Preußen 12484 solche Sachen neu anhängig, in 8800 Fällen kam es zur Anordnnng der Fürsorgeerziehung, in über 6000 Fällen zu vorläufigen Maßregeln; eine *Ablehnung* des Fürsorgeeingriffs erfolgte in weniger als 800 Fällen.

e) *Registersachen.*

Hier ist nur der *Bestand* an Einzeleintragungen gezählt. Das gibt von der Arbeitsleistung natürlich nur ein beschränktes Bild. Die einzelnen Fälle liegen sehr verschieden. Manche im Register stehende Eintragung ist ohne große Mühe glatt vonstatten gegangen, andere machten eine zeitraubende Prüfung (Haftung des Richters!) nötig, anderen ist vielleicht sogar ein Kampf mit Widersprechenden oder ein Beschwerdezug an die höhere Instanz vorangegangen. Am Schlusse des Jahres 1925 *standen* eingetragen (wiederum nur in Preußen):

1. Im Vereinsregister rund 37000 Vereine.
2. Im Güterrechtsregister rund 350000 Ehepaare.
3. Im Handelsregister A fast 250000 Firmen.
4. Im Handelsregister B 13781 Aktiengesellschaften, über 62000 Gesellschaften mit beschränkter Haftpflicht und 400 Kommanditgesellschaften.
5. Im Genossenschaftsregister 32600 Genossenschaften.
6. In den Schiffsregistern 2500 See- und annähernd 18000 Binnenschiffe.
7. Im Musterregister (auf Grund des Mustergef. vom 11. Januar 1876) rund 80000 Muster.

Dies sind jedoch nur die Stammeintragungen. Bei einer solchen Stammeintragung werden dann auch spätere Änderungen (z. B. im Gefüge einer Aktiengesellschaft) nachgetragen, und auch jede solche Änderung hat Prüfung und damit Arbeitsleistung zur Voraussetzung.

f) *Aufwertungssachen* (vgl. S. 50).

Sie bilden ein Kapitel für sich, ihrem Wesen nach zur streitigen Gerichtsbarkeit gehörend, aber vom Gesetzgeber zwangsweise in die Freiwillige Gerichtsbarkeit hineingepreßt; soweit es sich um Hypotheken handelt, unmittelbar ins Grundbuchwesen übergreifend. Augenblicklich (1926) sind sie das Schmerzenskind der Rechtspflege. Grundbuchämter und die eigens geschaffenen Aufwertungsstellen sind vollständig überlastet. *In Preußen allein* wurden im Jahre 1925 rund 2400000 Aufwertungssachen gezählt. Schon das bloße geordnete Registrieren dieser Massen von Fällen ließ sich kaum bewerkstelligen.

VI. **Sondergerichtsbarkeit.** Daß neben der altüberkommenen ordentlichen Gerichtsbarkeit eine immer üppiger sich entfaltende Sondergerichtsbarkeit einhergeht, ist in anderem Zusammenhange dargestellt worden (S. 382 g). Es ist schwer, den *juristischen* Anteil an der Arbeitsleistung dieser Gerichte zu bestimmen. Denn der Stoff, den sie bearbeiten, führt vielfach aus dem eigentlichen juristischen Gedankenfelde heraus in das wirtschaftliche oder technische oder rein rechnerische Gebiet. Am reinsten tritt das juristische Element noch in der höheren Verwaltungsgerichtsbarkeit hervor. Ihre bedeutende, von Jahr zu Jahr wachsende Arbeitsleistung kann ohne Bedenken dem Juristenstande zugute gehalten werden. Ähnliches gilt auch von der Arbeit des Reichswirtschaftsgerichts (einschließlich des Kartellgerichts). Beim Reichsfinanzhof und dem Reichsversicherungsamt ist dagegen der Ausschnitt der als „gerichtlich" zu bezeichnenden Tätigkeit aus dem Gesamtarbeitsgebiet bereits wesentlich kleiner.

Eine ganz besondere Rolle spielen die vom heutigen Gesetzgeber (und auch von der Reichsstatistik) sehr gepflegten **Arbeitsgerichte** oder, wie sie jetzt noch überwiegend genannt werden, die Gewerbe- und Kaufmannsgerichte (vgl. S. 273 Ziff. 3). Lange Zeit hindurch hat man sie nur im Zeichen des Gegensatzes zu den ordentlichen Gerichten gesehen, hat ihr „Verfahren" als ein Verfahren ganz besonderer Art geschildert, das durch „Volkstümlichkeit", „Schleunigkeit" und „Häufigkeit der Vergleichsschlüsse" gekennzeichnet sei, und hat die von Grund aus andere Organisation (Gemeindegerichte, nicht Staatsgerichte) unterstrichen. Neuerdings aber rücken diese Arbeitsgerichte unverkennbar an die gewöhnliche staatliche Gerichtsbarkeit heran, während von der anderen Seite aus ebenso unverkennbar die ordentliche Zivilgerichtsbarkeit sich ihnen zu nähern bemüht ist, indem sie bewährte Züge der gewerblich-kaufmännischen Gerichtsbarkeit nachzubilden sucht. Es ist daher durchaus angebracht, in unserem Zusammenhange auch die Arbeitsleistung dieses Zweiges der Gerichtsbarkeit in einigen Daten zu erfassen.

1. Die Zahl der Gewerbe- und Kaufmannsgerichte und der sog. „Arbeitsgerichtlichen Kammern der Schlichtungsausschüsse" (die als Ersatz in den Bezirken gelten, die kein Gewerbe- oder Kaufmannsgericht haben) ist andauernd in langsamem Wachsen begriffen. Dies kann sich aber möglicherweise mit der in Aussicht stehenden Umwandlung in volle „Arbeitsgerichte" ändern. Im Jahre 1922 wurden 529, im Jahre 1923 556, im Jahre 1924 577 Gewerbegerichte und in den gleichen Jahren 292 bzw. 300 bzw. 327 Kaufmannsgerichte gezählt. Dazu traten im Laufe der Jahre 1924 und 1925 noch etwa 250 Arbeitsgerichtliche Kammern bei den Schlichtungsausschüssen. Das sind zusammen erheblich über 1000 „Arbeitsgerichte".

Nun ist aber ihr Beschäftigungsgrad sehr verschieden. Es gab z. B. im Jahre 1921 21 Gewerbegerichte und 16 Kaufmannsgerichte, die während des ganzen Jahres nicht einen einzigen Fall zu behandeln hatten, also vollständig brach lagen! Auch von den übrigen hat die große Mehrzahl nur sehr wenig Fälle gehabt, z. B. hatten im Jahre 1921 von den 297 damals bestehenden Kaufmannsgerichten 277 (das sind über 90 v. H.!) weniger als 200 Fälle im Jahr. Auch heute werden die Verhältnisse nicht wesentlich anders liegen. Nur eine ganz geringe Gruppe, natürlich in den Großstädten sitzend, ist stark belastet. So hatte z. B. das Gewerbegericht Berlin (im Jahre 1924) fast 45000 Prozesse, Hamburg 3300, München über 4800. Mit der verhältnismäßig sehr geringen Beschäftigung der meisten Gewerbe- und Kaufmannsgerichte hängt es zusammen, daß deren beamtete Vorsitzenden dieses Amt nur nebenamtlich versehen und im Hauptamt z. B. als höhere Kommunalbeamte tätig sind. Die Gesamtzahl der im Jahre 1924 bei den Gewerbe- und Kaufmannsgerichten schwebenden Prozesse betrug rund 165000.

Die vielgerühmten Vorzüge der „Schleunigkeit" und der „häufigen Vergleiche" sind in einem allmählichen Verblassen begriffen. Allerdings werden auch jetzt noch viele Sachen (schätzungsweise ein knappes Viertel) innerhalb einer Woche erledigt, aber der Hundertsatz dieser Kurzfälle scheint doch von Jahr zu Jahr zu sinken. Ebenso steht es mit den Vergleichen. Im Jahre 1911 wurden bei den Gewerbegerichten 41,5 v. H., im Jahre 1912 40,3 v. H., im Jahre 1913 39,6 v. H. der entschiedenen Fälle durch einen Vergleich aus der Welt geschafft. Heute (d. h. 1924) ist die Prozentziffer bereits auf 31,7 v. H. gesunken (bei den Kaufmannsgerichten 37 v. H.).

Die Gewerbe- und Kaufmannsgerichte haben sich übrigens, dem Zuge der Zeit folgend, schon sehr früh, nämlich seit 1893, zu einem Verbande (Verband deutscher Gewerbe- und Kaufmannsgerichte) zusammengeschlossen, der von Zeit zu Zeit große Tagungen abhält und eine gut geleitete Zeitschrift „Gewerbe- und Kaufmannsgericht" herausgibt.

2. In diesem Zusammenhang mögen auch einige Zahlen über das **Schlichtungswesen** angeführt werden, obwohl diese Tätigkeit schon wieder aus der eigentlichen juristischen Sphäre in das Gebiet sozialer Fürsorglichkeit hinübergleitet (vgl. S. 273 Ziff. 4). Im Jahre 1925 bestanden 119 Schlichtungsausschüsse mit 24 selbständigen Zweigkammern. Sie haben insgesamt 12400 Fälle erledigt, davon über 9600 auf Grund einer kontradiktorischen Verhandlung, von diesen wieder 1160 durch Herbeiführung einer „Einigung" und weit mehr, nämlich fast 7700, durch „Schiedsspruch". Besonders wichtig ist das weitere Schicksal dieser Schiedssprüche: fast 3200 wurden beiderseits angenommen, die größere Hälfte, nämlich über 4200 wurden dagegen (von einer oder gleich von beiden Parteien) abgelehnt. Nur in 600 dieser abgelehnten Fälle ist es zur „Verbindlichkeitserklärung" (s. S. 274) gekommen. — Zu diesem Wirken der Schlichtungsausschüsse tritt noch die Tätigkeit der „Schlichter" hinzu, die sich (1925) auf über 1000 Fälle mit 666 Schiedssprüchen erstreckt hat.

VII. **Außergerichtliche Hilfstätigkeit** begegnet in den mannigfaltigsten Formen. Durchaus im Vordergrund steht das beratende, prozeßvorbereitende Wirken des Anwalts. Leider fehlt es an jeder festen Unterlage, um ziffernmäßig die hier sich bergende, bedeutende Arbeitsleistung darzustellen.

a) Einen kleinen Ausschnitt der anwaltlichen Hilfstätigkeit bilden die **Notariatsgeschäfte**. Für diese liegen Zahlen vor, die als eine Art Beispiel verzeichnet werden mögen.

In Preußen gibt es (Stand vom Jahre 1924) rund 5000 Notare, davon entfallen 1625 (knapp 1/3) auf den Kammergerichtsbezirk, davon 1164 allein auf Berlin und davon wieder 738 auf den einzigen Landgerichtsbezirk I Berlin. Die große Masse der 5000 Notare ist zugleich Rechtsanwalt. Nur etwa 200 (fast alle in den Bezirken Köln und Düsseldorf) sind ausschließlich als Notare tätig. An Geschäften haben die 5000 Notare übr $1^1/_2$ Millionen (1923 über $1^3/_4$, 1922 über 2 Millionen) zu erledigen. Auf den Kopf des einzelnen Notars kommen danach jährlich etwa 300 Akte (1923 waren es etwa 400, 1922 etwa 480 Akte).

Als ein weiteres Beispiel der außergerichtlichen Hilfstätigkeit kann die der sog. **Schiedsmänner** dienen, die ehrenamtlich eingesetzt sind, um Streitigkeiten, z. B. Beleidigungssachen auszugleichen, ehe sie sich zu einem Prozeß auswachsen. In Preußen gibt es (Stand von 1925) etwa 16600 Schiedsmänner, von denen aber manch einer jahrelang überhaupt nicht in Funktion tritt. Besonders gering ist ihre Tätigkeit in bürgerlichen Rechtsstreitigkeiten: 10000 Fälle im ganzen Jahr 1925, wovon 2000 Fälle schon deshalb nicht weiterkamen, weil die streitenden Teile (einer oder gar beide) nicht erschienen. Von dem Rest (8000) sind dann allerdings über die Hälfte, nämlich 4600 (= 57 v. H.) durch Vergleich, also erfolgreich erledigt worden. Etwas umfangreicher ist der Wirkungskreis in Strafsachen: 200000 Sachen, in 160000 erschienen beide Teile; 78000 von diesen 160000 (= 40 v. H.) hatten Versöhnungserfolg.

b) Eine sehr eigenartige Erscheinung außergerichtlichen Gebarens bilden die verschiedenerlei **Rechtsauskunftsstellen**. Funktionell stehen sie der Freiwilligen Gerichtsbarkeit (oben § 35) nahe, insofern sie fürsorglich und beratend wirken. Stofflich aber handelt es sich meistens um zivilprozessuale Angelegenheiten, Streitigkeiten zwischen Gläubiger und Schuldner, Mann und Frau, Arbeiter und Fabrikherr usw. Diese Rechtsauskunftsstellen spiegeln in mehr als einer Beziehung die heutigen Zeitverhältnisse wieder. Einmal beweisen sie, wie aller staatlicher Behördenapparat nicht imstande ist, das Rechtsverlangen der Bevölkerung erschöpfend bei sich zu vereinigen, daß vielmehr ein unausweichliches Bedürfnis nach „Nebenstellen" vorliegt. Zum zweiten ist die Lagerung dieser Nebenstellen eindrucksvoll: Es sind nämlich einerseits die großen Stadtverwaltungen, andererseits die großen Vereinigungen der Arbeitnehmer, auf die durchaus der Löwenanteil solcher „Rechtsauskunftsstellen" fällt. Zum dritten offenbart diese Einrichtung wiederum den sozialen Zug unserer Zeit; denn die Rechtsauskunftsstellen sind in ihrer großen Masse „gemeinnützig", d. h. unentgeltlich. Jungen Juristen kann es nur gut tun, sich auch einmal in einer solchen Rechtsauskunftsstelle umzusehen.

Die Reichsstatistik von 1921 zählt 851 Rechtsauskunftsstellen, von denen allein 325 auf Arbeitnehmervereinigungen (Gewerkschaftssekretariate usw.) entfallen, während nur 17 von Arbeitgebervereinigungen eingerichtete Auskunftsstellen gezählt sind (freilich ist dabei die zwanglose, nicht zu einer besonderen „Stelle" ausgebaute Tätigkeit der Syndici nicht mit erfaßt). Groß ist auch der Anteil der katholischen Rechtsauskunftsstellen (über 80).

Diese 851 Stellen haben im Jahre 1921 über $1\frac{3}{4}$ Millionen Auskünfte erteilt und über $\frac{1}{2}$ Million Schriftsätze angefertigt, eine respektable Leistung. Über 14 v. H. der Fälle betrafen das Arbeitsverhältnis der Anfragenden, über 16 v. H. Fragen der Sozialversicherung, nur etwa 5 v. H. Strafrechtssachen.

Als Einzelbeispiel vgl. etwa den Bericht über die Rechtsauskunftsstelle in Hamburg in Dt. Jur. Ztg. 1924, S. 948ff.

VIII. Zum Schluß ein kurzes Wort über **die literarische und gesetzgeberische Arbeitsleistung der Juristenschaft.** Sie ist statistisch nicht oder doch nur mittelbar und beispielsweise zu fassen.

Das Quantum an Gesetzen, das in jedem Jahr hervorgebracht wird, ist über alle Erwartung groß (vgl. § 42 I b 1). Daran sind regelmäßig die Juristen stark beteiligt. Zunächst werden meistens die Entwürfe in den Ministerien von Juristen hergestellt. Vor allem aber zieht man sie auch in den Parlamenten begreiflicherweise besonders heran (vgl. oben S. 421); oft gibt es auch in den Parlamenten eigene „Rechtsausschüsse", in denen dann begreiflicherweise fast ausschließlich die Juristen das Wort führen. Daneben ist es nichts Seltenes, daß auch juristische Nichtparlamentarier als Sachverständige zur Mitarbeit herangezogen oder daß durch Umfragen bei den Gerichtshöfen Material gewonnen wird.

In den Ministerien ist zur festen Erscheinung geworden, als eine der Zwischenstufen, die von den ersten Anfängen zum fertigen Gesetz führen, der sog. Referentenentwurf. Seine Zwischennatur tritt fast drastisch in Erscheinung. Er kommt bereits aus dem Schoße des Ministeriums, denn er ist von dem betr. „Sachbearbeiter" im Ministerium ausgearbeitet. Insofern könnte er wie eine amtliche Bekundung wirken, wenn er, wie es meist geschieht, der Öffentlichkeit oder doch einer beschränkten Öffentlichkeit unterbreitet wird. Nun aber ist es geradezu Stil geworden, daß bei dieser Veröffentlichung ausdrücklich erklärt wird, daß es eben nur die Arbeit eines einzelnen untergeordneten Mitglieds des Ministeriums sei, und daß damit die Meinung des übergeordneten Ministers selbst oder der ganzen Reichsregierung keineswegs endgültig festgelegt sein solle. Man behält sich also die Stellungnahme noch vor, will nur eine „Diskussionsgrundlage" schaffen, um dann auf Grund der öffentlichen Diskussion und etwaiger weiterer interner Arbeit im Ministerium dem (bloßen) Referentenentwurf den (eigentlichen) Regierungsentwurf folgen zu lassen.

Ein freigebildeter Ausschuß von Nichtparlamentariern hat z. B. seinerzeit den I. Entwurf zum Bürgerlichen Gesetzbuch (vgl. S. 218) hergestellt. Ebenso in neuerer Zeit den I. Entwurf zu einem Arbeitsvertragsgesetz (vgl. S. 272). Solche Arbeiten haben natürlich für das Ministerium noch weniger verbindliche Wirkung wie die Referentenentwürfe. Aber als historische Arbeitsleistung der juristischen Welt haben sie beachtliches Gewicht.

Noch viel größer und vielseitiger ist die schriftstellerische Arbeitsleistung, wobei natürlich in diesem Zusammenhange nur an juristische Schriften gedacht ist. Hier versagt die Statistik fast ganz. Einige Beispiele in § 42 I c.

Wiederum hat die Ministerialbureaukratie eine ganz besondere Note in das heutige juristische Schrifttum hineingetragen. Während vor hundert Jahren fast nur Professoren und (in sehr geringem Maß) Richter oder Anwälte als juristische Schriftsteller auftraten, hat sich in den letzten fünfzig Jahren das Bild zunächst insofern geändert, daß Hand in Hand mit dem Anwachsen der Kommentarliteratur (unten § 42 I c) der Anteil der Praktiker beständig gewachsen ist und stellenweise den Anteil des Professorentums überflügelt hat. Neuestens hat sich nun eine sehr sichtbare dritte Schicht hinzugesellt, nämlich höhere Ministerialbeamte, und zwar vorzugsweise jene „Referenten", die am Entwurf des betreffenden Gesetzes beteiligt waren, und die nun, meist mit überraschender Schnelligkeit, kleine, oft sehr brauchbare Handausgaben zu den eben erst erlassenen neuen Gesetzen herausbringen, bisweilen diese Handausgaben in späteren Auflagen zu dicken Kommentaren steigernd. Es sitzt hinter diesen Arbeiten oft ein erstaunliches Maß von Fleiß, und die Bearbeiter sind naturgemäß fast ausnahmslos geschulte Juristen.

§ 39. Die juristische Ausbildung.

Das **Schrifttum** über die Ausbildung des jungen Juristen ist mannigfaltig, namentlich ist in einer großen Zahl von Aufsätzen oder Schriften immer wieder die „Reform" des juristischen Studiums behandelt. — Hervorzuheben sind: Wolfgang Mittermaier (Prof. in Gießen), Wie studiert man Rechtswissenschaft?, 2. Aufl. 1921. P. Langheineken (Prof. in Halle), Ratschläge für das Rechtsstudium, 2. Aufl. 1919. Arthur Weinmann (Amtsgerichtsrat in Crefeld), Rechtswissenschaft, Bd. 6 von Dünnhaupts Studien- und Berufsführer, 1924 (starke Überschätzung des Repetitorwesens und zu häufige Empfehlung der eigenen Schriften). Viktor Börngen (weiland Oberlandesgerichtspräsident in Jena), Die Ausbildung der Juristen (in der Schriftenreihe des S. 201 erwähnten Vereins „Recht und Wirtschaft"), ausgezeichnet durch den ernsten Willen zur Hebung des Ausbildungswesens. Vgl. ferner die S. 29 genannte Zeitschrift „Der junge Rechtsgelehrte" und die Beilage zur Deutschen Juristen-Zeitung „Der junge Jurist", wo das Ausbildungsproblem immer von neuem angeschnitten wird. Über die Reformbestrebungen unten S. 452. Über Handmaterial für den jungen Praktiker (Referendar usw.) unten S. 458. — Das Schrifttum über die wissenschaftliche „Einführung" in den Rechtsstoff ist bereits S. 26 ff. genannt.

I. **Das Fehlen eines Unterbaues in der Schule.** Der junge Mann, der von der höheren Schule auf die Hochschule kommt, um sich der Rechtswissenschaft zu befleißigen, bringt als einen hoch zu veranschlagenden Wert eben diese bessere Schulbildung mit. Ihm eignen eine höhere Denkschulung und eine geschicktere Sprachbeherrschung. Dazu kommt die größere Reife, die jede Bildung ganz von selbst beschert.

Erfolgreicher Besuch einer höheren Schule ist Voraussetzung für die Zulassung zur Universität, damit zum juristischen Studium und damit zur juristischen Laufbahn (die Landesregierungen können Ausnahmen bewilligen, worüber besondere Vorschriften bestehen). Da das Schulwesen z. B. (1926) gerade in grundlegender Umbildung begriffen ist, liegt noch nicht endgültig fest, was alles zur „höheren", die Universitätsreife verleihenden Schule gehört. Aber schon vor dem jüngsten Umschwung gab es manche Wandlung. Ursprünglich konnte nur der Absolvent eines humanistischen Gymnasiums Jura studieren. Dann traten die Realgymnasien und (nach hartem Kampf) die Oberrealschulen als gleichberechtigt hinzu. Den Absolventen der letzteren beiden ist jedoch Teilnahme an den eigens für Juristen eingerichteten Lateinkursen auf der Universität zu empfehlen (vgl. die Referendarprüfungsvorschriften der einzelnen Länder). Statistik: Von 1039 in Preußen während des Jahres 1925 Geprüften kamen 771 von humanistischen, 200 von Realgymnasien, nur 68 von lateinlosen Oberrealschulen.

Die Mehrzahl der jungen Rechtsstudenten entstammen den Kreisen des Mittelstandes; Akademikerfamilien stellen einen in den letzten Jahrzehnten merklich gesunkenen Bruchteil; Arbeitersöhne bilden eine seltene Ausnahme; nicht so selten aber war der Großvater Arbeiter, der Vater dann Mittelstandsangehöriger, der nunmehr seinerseits dem Sohn die höhere Schulbildung angedeihen läßt.

Aber auf der anderen Seite bringt der junge Jurist gerade nur diese „allgemeine" Bildung mit sich, dagegen **keinerlei Vorbereitung auf das Sonderfach der Rechtskunde.** Das ist ein bedeutender Gegensatz zu den anderen Fakultäten. Der Mathematiker und Botaniker, die Historiker und Theologen, ja selbst der Mediziner treten in den Geisteskreis der Universität mit einem beachtlichen Maß von Vorkenntnissen für das erwählte Fach. Vor allem haben sie schon ein erstes Empfinden für das Fach in sich aufgenommen. Daran kann dann angeknüpft werden, und das erleichtert den Unterricht in den anderen Fakultäten ungemein. Der Jurist hingegen muß ganz von vorn anfangen. Das erklärt es, daß ein gewisses Maß von „schülerhaften" Dingen, von bloßem Lernstoff noch auf den Hochschulen verabreicht werden muß. Und hier sitzt die erste und wichtigste Quelle für die Unzufriedenheit manches jungen Rechtsbeflissenen, dem der höhere Flug durch diese Notwendigkeit des „Anfängerballasts" verkürzt wird.

Noch in anderer Beziehung ist das gänzliche Fehlen juristischen Stoffs im Schulunterricht zu bedauern. Es beruht darauf hauptsächlich die vielbesprochene Entfremdung zwischen Jurist und Volk. Bei dem Schelten über die Juristen (S. 418 II) wird das zu wenig beachtet. Man spricht mit starker Betonung von der „Weltfremdheit des Richters“. Es gibt aber daneben eine ebenso gewichtige „Rechtsfremdheit des Volkes“ (vgl. bereits S. 7).

Zur Änderung dieser Verhältnisse kam einige Zeit vor dem Krieg eine Bewegung unter dem Namen **Bürgerkunde** in Gang. Sie bog jedoch sehr rasch vom Fachlich-juristischen ins Politische, Partei- oder Staatspolitische ein. Die (wenigen) Juristen, die sich damals dieser Frage annahmen, hatten es sich so gedacht, daß entweder in der Schule besondere Stunden über „Bürgerkunde“ abgehalten werden sollten, in denen rechtliche Grundelemente, verwoben mit kulturellen, wirtschaftlichen, ethischen Gesichtspunkten gelehrt würden, oder daß, gleichsam von oben her, die Universitäten (unterstützt von Praktikern) mit volkstümlichen Lehrgängen an breitere Kreise der Bevölkerung heranträten. Von sehr schmalen Einzelerscheinungen abgesehen, ist diese Bewegung bedauerlicherweise ziemlich versandet. Die Wendung nach der politischen Seite (zu eng, aber am deutlichsten in dem Wort formuliert: politische Heranbildung der Wählermassen), hat sie tot gemacht. Nur diese politische Erziehung meint auch die Reichsverfassung mit den Sätzen: „Staatsbürgerkunde und Arbeitsunterricht sind Lehrfächer der Schulen. Jeder Schüler erhält bei Beendigung der Schulpflicht einen Abdruck der Verfassung“ (Art. 148 Abs. 3).

Schrifttum aus der Frühzeit der Bewegung: Max Fleischmann (jetzt Prof. in Halle), Aus der Frühzeit der Bürgerkunde an höheren Schulen, 1913. Vom Verein „Recht und Wirtschaft“ (vgl. S. 201) wurde 1913 ein Bericht unter dem Titel „Staatsbürgerliche Erziehung durch Schulen und Hochschulen“ herausgegeben.

II. Die Ausbildung auf der Universität.

a) Der gesetzliche Rahmen. Es ist keinem, dem es nur darauf ankommt, sich zu seiner privaten Bereicherung Rechtskenntnisse zu erwerben, benommen, seine Schulung so einzurichten, wie es ihm gut dünkt. Wer jedoch als Berufsjurist aufzutreten gedenkt, ist gehalten, einen vom Gesetz umrissenen Lehrgang zu durchlaufen. Den Rahmen dafür zeichnet der zweite Paragraph des Gerichtsverfassungsgesetzes (S. 376 a) mit folgenden Sätzen:

„Die Fähigkeit zum Richteramt wird durch die Ablegung zweier Prüfungen erlangt.

Der ersten Prüfung muß ein dreijähriges Studium der Rechtswissenschaft auf einer Universität vorangehen. Von dem dreijährigen Zeitraum sind mindestens drei Halbjahre dem Studium auf einer deutschen Universität zu widmen.

Zwischen der ersten und zweiten Prüfung muß ein Zeitraum von drei Jahren liegen, welcher im Dienste bei den Gerichten und bei den Rechtsanwälten zu verwenden ist, auch zum Teil bei der Staatsanwaltschaft verwendet werden kann.

In den einzelnen Bundesstaaten kann bestimmt werden, daß der für das Universitätsstudium oder für den Vorbereitungsdienst bezeichnete Zeitraum verlängert wird, oder daß ein Teil des letzteren Zeitraums, jedoch höchstens ein Jahr, im Dienste bei Verwaltungsbehörden zu verwenden ist oder verwendet werden darf."

Danach zerfällt die juristische Ausbildung in zwei scharf geschiedene Hälften: **theoretische Ausbildung** auf den Universitäten, **praktische Ausbildung** bei den Gerichten und anderen Organen der praktischen Rechtspflege. Das drückt dem ganzen Werdegang des jungen Juristen den Stempel auf.

In der Tat ist auch das wieder eine besondere Eigentümlichkeit der juristischen Schulung (wie ganz anders in der Medizin!). Annäherungsversuche von beiden Seiten her sind mehrfach unternommen worden, sie gehören in das Kapitel der „Reformen" (s. im folgenden), irgendeine grundsätzliche Wendung haben sie nicht herbeigeführt.

Für den jungen Universitätsbesucher ergibt sich aus dieser Spaltung eine sehr ernste und weittragende Lehre: die Wissenschaft in den Universitätsjahren voll ausnützen! Eine solche Zeit kommt nie wieder; die „Praxis" trägt stellenweise eine bedenkliche Ablehnung gegen „wissenschaftliches" Recht zur Schau. Wer darum nicht in den Hochschuljahren den Sinn für wissenschaftliches Denken und Fühlen in sich fest verankert, verliert später den Zusammenhang mit der Wissenschaft und macht sein Leben ärmer. Der Vorwurf, daß vieles nur „gelehrter Kram" sei, berücksichtigt nicht, daß in den drei Jahren des Universitätsbesuchs der wissenschaftliche Vorrat für das ganze Leben beschafft werden soll! Es ist daher auch nicht ratsam, das Studium auf die reichsgesetzlich vorgeschriebene Mindestzahl von 6 Semestern zu beschränken. Das kann nur besonders begabten oder besonders tatkräftigen Studierenden empfohlen werden. Die große Mehrzahl wird gut tun, sich auf mindestens 7 Semester einzurichten, freilich nicht in dem Sinne, daß daraufhin die ersten Semester „verbummelt" werden dürften.

b) Der normale Verlauf des Studiums. Innerhalb des dreijährigen (oder längeren) Zeitraums sollte an sich für den Studierenden möglichste Bewegungsfreiheit herrschen. Dies wird auch immer wieder theoretisch ausgesprochen. So heißt es in dem Erlaß des Preußischen Justizministers vom 3. Juli 1912 über die erste juristische Prüfung: „Die Studierenden können den Gang ihrer Studien selbst bestimmen und die Vorlesungen unter verständiger Würdigung ihres inneren Zusammenhangs nach eigenem Ermessen auf die Semester verteilen." Im wirklichen Leben aber sieht es anders aus. Der junge Anfänger steht mangels jeglicher Vorbereitung auf der Schule dem juristischen Stoff und seiner Zerlegung in einzelne Fächer hilflos gegenüber. Deshalb pflegen denn auch die juristischen Fakultäten ihren Jüngern gedruckte „Ratschläge" oder „Anleitungen" zu überreichen, und die Studierenden folgen meistens ohne tieferes Nachdenken diesen Vorschlägen.

Darin liegt eine schwere Gefahr. Die Zahl der „üblicherweise" zu hörenden und in jene Ratschläge eingestellten, auch bei der „Zulassung" zum Examen kontrollierten Vorlesungen ist so groß, daß sie den Zeitraum der 6 oder 8 Semester fast vollständig beherrschen. Für außergewöhnliche Vorlesungen ist daneben nur sehr geringer Raum. So hat das Ganze das Gepräge einer zünftigen Schulordnung, von der nur hier und da etwas abgewichen wird. Daß sich also der Studierende selber sein Studium aufbauen könne, oder daß auch nur ein Dozent in nennenswertem Umfang die alte vorgezeichnete Bahn verlassen und etwa vier- oder sechsstündige Vorlesungen über einen nicht in dem überkommenen Katalog vorgesehenen Stoff vor breiterer Zuhörerschaft halten könnte, ist nahezu ausgeschlossen. Dieser „**eiserne Lehrplan**" legt sich lähmend auf den ganzen Studiengang, erklärt sich aber wiederum hauptsächlich aus dem Fehlen eines Unterbaues in der Schule und muß jedenfalls als eine gegebene Größe hingenommen werden.

Die derzeitig übliche Schichtung des Stoffes beruht auf einer Vierteilung. In der ersten Studienhälfte pflegt man die „Einführung", die geschichtlichen Vorlesungen und das bürgerliche Recht zu hören. Am Schlusse das Staats-, Verwaltungs-, Kirchen- und Völkerrecht. Dazwischen schiebt sich das Handels- und das Strafrecht und die beiden Prozeßrechte. Über das ganze verteilen sich die neuerdings weit mehr als früher in den Vordergrund getretenen wirtschaftswissenschaftlichen Stoffe.

Für kleinere Verschiebungen bleibt natürlich Raum. Z. B. steht nichts im Wege, das Staatsrecht schon im 1. oder 2. Semester zu hören. Manche Fakultäten stellen in ihren Ratschlägen auch mehrere „Pläne" zur Wahl. Aber es ergeben sich dann für den, der vom oben geschilderten „Üblichen" abweicht, in den späteren Semestern leicht sehr störende Stundenkollisionen.

Sehr wertvoll kann ein ein- oder mehrsemestriges Auslandsstudium sein. Nur muß sich der Studierende wiederum klar machen, daß er nach der Heimkehr mit dem Wiederhineinfinden in den deutschen Lehrplan gewisse Schwierigkeiten haben kann, da nur wenige ausländische Kollegs schlechthin als Ersatz der deutschen (im Sinne des Lehrplans) gelten können.

c) Die Methode des Unterrichts beruht noch immer auf den „**Collegia**" als Stamm.

Man nennt sie Vorlesungen. Aber alles „Lesen" im eigentlichen Sinne ist verfehlt. In früheren Jahrhunderten spielte das wirkliche Vorlesen des professoralen Hefts eine große Rolle; es kam auch vor, daß der gelegentlich verhinderte Professor seinen Famulus ins Kolleggebäude sandte und statt seiner eine Stunde vorlesen, richtiger diktieren ließ. Neuerdings ist die Methode des Diktierens, sei es auch nur während eines kleineren Bruchteils der Stunde, mehr und mehr abgekommen. Statt dessen hat die konversatorische Methode, die hie und da zwischen den Vortrag Frage und Antwort einschiebt, Fortschritte gemacht.

Neben den Vorlesungen haben die „**Practica**" mehr und mehr an Boden gewonnen.

Sie bilden ein äußerst hochwertiges Unterrichtsmittel und können nicht genug gepflegt werden. An vielen Universitäten sind sie zu hoher Blüte entfaltet. Ein weiterer Ausbau ist, so lange der mit Vorlesungen übersättigte „eiserne Lehrplan" besteht, kaum möglich. — Vor 50 Jahren kannte man Übungen, in denen praktische Fälle unter aktiver Teilnahme der Hörerschaft durchgesprochen und einzelne Fälle zu schriftlicher häuslicher Bearbeitung gestellt wurden, so gut wie gar nicht. Heute sind sie ein nicht mehr zu entbehrender Bestandteil des juristischen Unterrichts. Es ist sogar für die Zulassung zur Prüfung der Besuch mehrerer solcher Übungen vorgeschrieben (Verschiedenheiten in den einzelnen Ländern).

Eine Verfeinerung der praktischen Übungen bringen die sog. **Seminare.** Doch ist die Grenze zwischen ihnen und den Praktika flüssig.

Im Seminar (meist eigens eingerichtete, mit einer Handbücherei versehene Räume) pflegt ein besonderer Ton auf die Wissenschaftlichkeit gelegt zu werden. Der Kreis der Zugelassenen ist oft beschränkt, damit eine engere Fühlung zwischen dem Lehrer und den Besuchern des Seminars erhalten bleibt. Der bearbeitete Stoff wird nicht so stark in praktische Einzelfälle zerlegt, vielmehr pflegt der Leiter der Zusammenkünfte einzelne größere Probleme zur Untersuchung zu stellen, denen dann in Vorträgen oder größeren schriftlichen Ausarbeitungen zu Leibe gegangen wird. Ein größerer Bruchteil der Dissertationen (s. im folgenden) geht aus diesen Seminaren hervor.

Die letzte Entwicklungsstufe stellen juristische **Institute** dar, die sich über den Seminarbetrieb hinaus zu Forschungsanstalten erheben.

Sie bilden eine ganz neue Erscheinungsform. Erst unmittelbar vor dem Krieg setzten die ersten Anfänge ein. Der Gedanke, den juristischen Fakultäten Institute anzugliedern, in denen Anschauungsmaterial unmittelbar aus dem Leben herausgeschöpft und zur Beobachtung gestellt, in denen Gebiete, die besonders der Aufklärung bedürfen, über das übliche Maß hinaus gepflegt, in denen dem Institutsleiter durch jüngere Hilfskräfte (Assistenten) die notwendige Entlastung verschafft und umgekehrt jüngere begabte Köpfe zu gehobener Ausbildung geführt werden, verdient stärkste Beachtung. Die ersten Ansätze haben sich stark an die Wirtschaftswissenschaft angelehnt. Von gefestigten Erfolgen kann bei der Neuheit der Erscheinung heute noch nicht gesprochen werden. Zurzeit bestehen hierher gehörige, freilich recht verschiedene Einrichtungen in Berlin, Heidelberg, Breslau, Königsberg, Jena, Leipzig, Marburg, München u. a.

d) Außerhalb des Universitätsunterrichts haben sich wohl bei allen Universitäten sog. **Privatrepetitorien,** oft von jüngeren Rechtsanwälten veranstaltet, festgesetzt. Teilweise haben sie nahezu den Charakter von juristischen Privatschulen angenommen.

Der Hauptgrund dieser Einrichtung ist versäumtes Studium. Wer drei Semester den Vorlesungen ferngeblieben ist, aber doch die Prüfung einigermaßen pünktlich ablegen möchte, hat sich selbst den Weg des Universitätsunterrichts verbaut. Es ist ausgeschlossen, an der Universität den ganzen Stoff in den letzten drei Semestern zu erledigen, zumal die Vorlesungen, die für die erste Studienhälfte angesetzt sind, vielfach auf denselben Tagesstunden liegen wie die Vorlesungen für die späteren Semester. Das treibt dann den Säumigen in das Privatrepetitor. Gleichzeitig folgt daraus mit Notwendigkeit, daß in diesen Repetitorien der Stoff nur in sehr verkürzter Form durchgenommen werden kann, daß also dieser Unterricht für sich allein auf der Oberfläche bleiben muß. Insofern sind die Repetitorien für die tiefere Durchbildung des Juristenstandes schädlich; sie erzeugen eine dürftige Examensgerechtigkeit, deren Hohlheit sich notwendig später rächen muß.

Ganz anders ist der Wert der Repetitorien zu beurteilen, wenn sie lediglich als Ergänzung des Universitätsunterrichts, zur Wiederauffrischung des Wissens und Ausfüllung gelegentlicher Lücken, betrieben werden. In dieser Richtung scheint ein wirkliches Bedürfnis vorzuliegen. Die tiefste Wurzel liegt wiederum in dem Fehlen eines vorbereitenden Unterrichts in den Schulen (S. 447), wodurch die Universitätszeit in ungebührlichem Maße mit elementarem Lernstoff belastet wird. Einbeziehung des Repetitionswesens in den Lehrbetrieb der Universitäten durch Anstellung von Assistenten für Repetitionszwecke ist schon vielfach erörtert worden. Neuerdings sind sogar manche Professoren dazu übergegangen, planmäßige Repetitionskurse einzurichten.

e) **Reformbestrebungen.** Ein gewisses Maß von Kritik wird das Unterrichtswesen der Universitäten, also auch der juristischen Fakultäten stets begleiten. Von Zeit zu Zeit aber macht sich ein Anschwellen der Stimmen bemerkbar, und es entsteht dann eine spezifische Reformbewegung.

1. Eine solche hat etwa seit der Jahrhundertwende eingesetzt. Sie dauert heute noch an, wenngleich mit geringerer Wärme als vor dem Krieg. Ihre oberste Triebkraft ist die allgemeine, gegen das ganze jetzige Rechtswesen gerichtete Reformbewegung: man will von der Wurzel anfangen und deshalb schon den ersten juristischen Unterricht anders und besser gestalten. Die letzten Zielpunkte sind aber bei den einzelnen Wortführern im Laufe der Zeit verschieden formuliert worden. Manche wollen mehr „Lebenskunde" in den juristischen Unterricht hineintragen. Andere sprechen von einer nötigen „Realausbildung" des jungen Juristen. Etwas enger begrenzt wird das Feld von denen, die „Soziologie" als besonderen Studiengegenstand verlangen; und ähnlich wird wieder von anderen Seiten der Ruf nach Pflege „wirtschaftlicher" oder „kaufmännischer" oder „psychologischer" Kenntnisse erhoben.

Die Anteilnahme an der Bewegung ist bis zum Kriege überaus lebhaft und allgemein gewesen. Eine große Zahl führender Köpfe hat sich in schriftstellerischer oder mündlicher Betätigung dem Problem der Studienreform, freilich mit recht abweichenden Meinungen, gewidmet. Auf den verschiedensten Tagungen hat man Stellung genommen. In allen juristischen Zeitschriften erschienen immer wieder Aufsätze.

Auch die Tagespresse griff die Frage mehrfach auf. Und schließlich hatte auch die Studentenschaft selbst in Gestalt einer ausführlichen Umfrage über ganz Deutschland hin das Wort ergriffen.

Die ältere Literatur findet man zitiert bei Franz v. Liszt, Reform des juristischen Studiums (1887), S. 11 Anm. 1 und bei H. B. Gerland (Prof. in Jena), Die Reform des juristischen Studiums, 1911, S. 20 Anm. 1. — Besonders hervorgetreten ist der berühmte Bonner Gelehrte Ernst Zitelmann; aus seiner mannigfaltigen schriftstellerischen Tätigkeit zur Studienreform sind hervorzuheben: Die Vorbildung des Juristen (1909), Die Neugestaltung des Rechtsstudiums (1921). Sehr rege betätigt hat sich ferner H. B. Gerland, u. a. in der vorerwähnten Schrift und in einem Gutachten für den 31. Juristentag (s. im folgenden). Im Zusammenhang mit den Bestrebungen des Vereins „Recht und Wirtschaft" (oben S. 201) erschien neben der bereits S. 446 genannten Schrift von Viktor Börngen: Leopold Wenger (jetzt Prof. in Wien), Das juristische Studium an den deutschen Universitäten, 1912. Die große Zahl der noch heute erscheinenden Aufsätze über das (zu verbessernde) Ausbildungswesen veranschaulicht, als eine Art historischer Querschnitt, die Zusammenstellung in Jur. Wochenschrift 1926, S. 97ff.

Die Studienreform hat u. a. den 14. deutschen Anwaltstag, den 2. Preußischen Richtertag, die Hauptversammlung des Hessischen Richtervereins im Jahre 1911, vor allem den 31. Deutschen Juristentag im Jahre 1912 (Gutachten von Prof. Gerland in Jena, von Prof. Ehrlich in Czernowitz, Prof. Hanausek in Graz) beschäftigt. Auch der nach dem Kriege gegründete „Reichsbund deutscher Referendare", ebenso die studentischen „Fachschaften" der Juristen haben wiederholt zur Reform des Ausbildungswesens das Wort ergriffen.

Die studentische Umfrage vom Herbst 1912 ging von der „Freien Studentenschaft Berlin" aus. Sie ließ, von etlichen Professoren unterstützt, 12000 Fragebogen, begleitet von einem frischen Aufruf, hinausgehen. Das Ergebnis war allerdings kläglich; nur 800 Antworten gingen ein. Vgl. in diesem Zusammenhange Edmund Delmonte (der das Unternehmen leitete), Die Reform des Rechtsstudiums, Grundlinien zu einem Programm, 1919.

Zurzeit ruht das Schwergewicht der Bewegung bei den Regierungen. Einen Ruck vorwärts hat namentlich die Preußische Ausbildungsordnung vom 11. August 1923 gebracht. Sie erschien eilig, nicht in allem ausgereift, aber sie hat die ins Stocken geratene Materie in erfreulicher Weise belebt (Einzelheiten aus ihrem Inhalt im folgenden). Die Ausgleichung der in den einzelnen Ländern bestehenden Verschiedenheiten hat das Reichsjustizministerium im Anschluß an eine Ministerbesprechung 1920 in Angriff genommen. Es wurde ein „Ausschuß zur Aufstellung einheitlicher Richtlinien für die Vorbildung zum Richteramt" eingesetzt (dem u. a. der Verfasser dieses Grundrisses angehört). Trotzdem eine Verringerung der länderlichen Unterschiede dringend erwünscht ist, einmal, um auch von dieser Seite her das große Gut der Rechtseinheit zu pflegen, sodann, um die Freizügigkeit der Studentenschaft zu erleichtern, haben sich doch der Bestrebung des Reichsjustizministeriums manche Schwierigkeiten in den Weg gestellt, so daß die Frage gegenwärtig (Ende 1926) noch im Fluß ist.

2. Aus dem Hin und Her der Meinungen sind vor allem folgende methodischen Vorschläge herausgewachsen:

α) Änderung des Fächerwesens.

Weniger Pflicht-, mehr freie Vorlesungen. Zurückschiebung des geschichtlichen Stoffes. Stärkere Betonung des öffentlichen Rechts (die „präponderierende Stellung des Privatrechts" müsse gebrochen werden). Einbeziehung der Wirtschaftswissenschaft. Umgruppierung der Reihenfolge: Das öffentliche Recht an den Anfang, der historische Stoff ans Ende des Studienganges. Dazu immer wieder auftauchende, oft von den betreffenden Berufsverbänden vorgebrachte Forderungen auf Einstellung (oder weiteren Ausbau) neuer Fächer: Arbeitsrecht, Finanz- und Steuerrecht, Bankrecht, Politik, Rechtssoziologie und von wirtschaftswissenschaftlicher Seite her Privatwirtschaftslehre. Über die große Gefahr übermäßiger Stoffanhäufung s. im folgenden.

β) Änderung der Lehrweise.

„Induktive Methode", die vom konkreten Einzelfall, vom „Experiment" ausgeht, statt des bisherigen, von den toten Lehrsätzen (Dogmen) abgeleiteten Unterrichts (Hauptvertreter: Professor Krückmann in Münster). Anpassung an die Methode der Naturwissenschaften oder der Medizin (Hauptvertreter: Richter Bozi in Bielefeld). Aus Studentenkreisen immer wiederkehrende Klagen, daß zu wenig „persönliche Fühlungnahme" zwischen Lehrer und Schüler bestehe, daß der „innere Konnex" fehle. Grund: die Überfüllung. Abhilfe bringen bis zu einem gewissen Grade die Praktika und vor allem die Seminare (S. 451), auch stärkere Eingliederung von Assistenten in den Lehrkörper könnte bessernd wirken.

γ) Änderung in der Besetzung der Lehrstühle.

Mehr Praktiker, mindestens aber gleichzeitige Beschäftigung der Dozenten an den Gerichten oder in der Anwaltstätigkeit. Diese Forderung hat, wie lange Erfahrung lehrt, und wie sich aus der allgemeinen Neigung des Deutschen zur „Theorie" erklären läßt, sehr wenig Aussicht auf Erfolg.

δ) Änderung der Hälftenteilung, d. h. der scharfen Zerlegung des Ausbildungsganges in eine theoretische und eine praktische Hälfte (vgl. S. 417).

Berührung mit β. Schon Rudolf v. Jhering, der kühne Bahnweiser (S. 199), vertrat den Gedanken einer an den Universitäten einzurichtenden „Rechtsklinik". Statt solcher Nebenpraxis haben andere eine schon vor das Studium zu setzende, etwa einjährige Vorpraxis (führend Krückmann in Münster), wieder andere (führend Zitelmann in Bonn) eine zwischen zwei zu bildende Abschnitte des Universitätsunterrichts einzuschiebende Zwischenpraxis vorgeschlagen. Einen kleinen Teilerfolg hat diese vierte Forderung in Gestalt eines Erlasses des Preuß. Justizministers vom 15. Juli 1919 (JustMinBl. S. 372) gefunden, worin den Studierenden empfohlen wird, in den Ferien, und zwar möglichst gleich nach dem Abiturium, dann aber auch später noch, an den kleinen Amtsgerichten gastweise sich umzusehen: „Es ist mein Wunsch, daß die Gerichtsbehörden in der angegebenen Richtung das ihrige zur

Förderung des juristischen Nachwuchses beitragen, und ich darf das Vertrauen hegen, daß sie diese ihre Mitwirkung nicht versagen werden". Doch ist von dieser wertvollen Einrichtung leider nur in vereinzelten Fällen Gebrauch gemacht worden.

3. Leider ist die Aussicht, zu einer wirklich gründlichen Reform zu gelangen, sehr gering. Um sie zu erreichen, müßten die meist sich vordrängenden Einzelheiten zugunsten der wahrhaft großen Gesichtspunkte zurücktreten. Solche beherrschenden Gesichtspunkte sind die folgenden:

α) Entlastung des Universitätsunterrichts durch Abgabe des elementaren Stoffes an die Schulen.

Solange diese Vorforderung nicht erfüllt ist (vgl. S. 446 Ziff. I), ist gar keine Aussicht, aus der Verklemmung, in die der juristische Universitätsunterricht hineingeraten ist, herauszukommen.

β) Abkehr von der Stoffanhäufung, die gerade in letzter Zeit erstaunlich zugenommen hat. Das Examen, das nach rückwärts hin die Lehrweise aufs stärkste beeinflußt, steht in Gefahr, eine Abfragestätte für eingedrilltes massenhaftes Wissen statt eine Probestätte für höhere geistige Reife zu werden.

Unverkennbar hängt diese Erscheinung mit den allgemeinen Zeitverhältnissen zusammen: die Bureaukratisierung des gesamten öffentlichen Verwaltungswesens bringt die Lockung zum „Drill" von selbst mit sich; die Wirtschaftsnot lenkt von höherer akademischer Neigung ab und drängt zum „Brotstudium" und einer äußerlichen Examensgerechtigkeit; der Kommentargeist (vgl. unten S. 516) ist die literarische Parallele zu der Anhäufung von Einzelwissen während des Studiums; die Fächervermehrung ergibt sich von selbst aus der Zersplitterung unseres ganzen Lebensinhalts. Diese Fächervermehrung ist besonders tragisch. Jedes einzelne „neue" Fach hat einen wohl begründeten Anspruch auf Aufnahme und Anerkennung. Aber kein „altes" Fach will sich verkürzen lassen; im Gegenteil sind auch die alten Fächer während der letzten zwei Jahrzehnte vielfach lehrplanmäßig noch weiter aufgebläht worden. Das drückt sich dann mit tragischer Gewalt in den Prüfungen aus und wirkt von hier wieder auf Studiengang und Lehrplan zurück: Kein Fach will weichen, aber fast jedes will sich ausdehnen. Gelingt es nicht, diesen Bann zu brechen, versagt alle sonstige „Reform".

γ) Mit den beiden vorerwähnten Punkten hängt eng zusammen die ganz allgemeine Frage nach einer besseren Abstimmung zwischen Zwang und Freiheit. Solange der „eiserne Lehrplan" (S. 450) aufrechterhalten und durch eine bisweilen geradezu kleinliche Kontrolle bei der Zulassung zur Prüfung dem Studierenden aufgezwungen wird, muß man sich mit dem Vorherrschen eines gewissen Schulgeistes abfinden.

Auch hier Zusammenhang mit der allgemeinen geistigen Physiognomie unserer Zeit: Der Schulgeist herrscht vor. Fach reiht sich an Fach, jedes muß „gehört" werden, jedes wird in nivellierender Art geprüft. Hervorragende Sonderleistungen in einem Fach vermögen Mängel in anderen Fächern nur in geringem Maße auszugleichen.

f) **Prüfungswesen.** Als Abschluß des Universitätsunterrichts kommen zwei Prüfungen in Frage, eine staatliche, das sog. Referendarexamen, und eine auf Grund jahrhundertealter Überlieferung von den Fakultäten abgehaltene, das sog. Doktorexamen.

1. **Referendarprüfung.** Sie steht unter dem Zeichen, daß sie dem Staat einen geeigneten Nachwuchs junger Juristen, insbesondere juristischer Beamter sichern soll. Deshalb wird sie nicht von der Universität, sondern von einer besonderen staatlichen Kommission (Prüfungsamt) abgehalten. Die einzelnen Länder haben ziemlich ausführliche, leider recht verschiedene Prüfungsreglements erlassen.

Den gegenwärtigen Stand (1926) skizziert eine Aufsatzreihe im Januarheft 1926 der Juristischen Wochenschrift. Besondere Beachtung verdient die neue preußische (in Thüringen nachgebildete) „Ausbildungsordnung vom 11. August 1923". Danach Hausarbeit mit 6 Wochen Frist, 4 Klausuren (2 privatrechtliche, 1 strafrechtliche, 1 öffentlichrechtliche), mündliche Prüfung an zwei Tagen. Dabei besonders neu: Arbeits- und Wirtschaftsrecht als Prüfungsfach, stärkere Betonung der Volkswirtschaftslehre. Vortrefflich das kleine, auch für Preußen verwendbare Büchlein von O. Stephan (Justizamtmann und Bibliothekar des Jenaer Oberlandesgerichts), Thüringer Juristische Prüfungsordnung, 7. Aufl. 1923, mit reichem Material in den Anmerkungen und einigen dem jungen Juristen sehr dienlichen Aufsätzen über Vorbereitung zur Prüfung und zum juristischen Lebensberuf.

Im übrigen viele Verschiedenheiten in den Ländern. So vor allem in der Zusammensetzung der Prüfungskommissionen. Bald nur Universitätsprofessoren (so in Sachsen, Württemberg), bald nur Praktiker (so in Braunschweig), bald gemischte Kommissionen (so in Preußen, Thüringen). Auch das Bewertungssystem ist verschieden; in Baden z. B. nach „Punkten" (72 Punkte bestanden, 100 gut, 120 sehr gut).

Die Prüfungsergebnisse werden in den einzelnen Ländern amtlich bekanntgemacht und meist auch in der Fach- und Tagespresse abgedruckt. Die Vorsitzenden der Prüfungskommissionen pflegen gleichzeitig Mahnungen und sonstige allgemeine Lehren beizugeben. — Statistik: In Preußen sind im Jahre 1925 im ganzen 1890 Kandidaten geprüft worden. Davon fielen 574 durch (30 v. H.; 1922 waren es z. B. über 27 v. H. gewesen). Die Durchgefallenen können die Prüfung wiederholen. Von diesen „Repetenten" fällt etwa ein Viertel zum 2. Mal durch. Etwa ein Siebentel bis ein Sechstel der Kandidaten erhält das Prädikat „gut", einige wenige das Prädikat „mit Auszeichnung". — Über die Zulassung von Frauen unten S. 463.

2. **Das Doktorexamen.** Es soll den Prüfling als einen wissenschaftlich besonders geeigneten Jünger des Rechts ausweisen. An dem Doktortitel hängt die Würde einer langen, ehrenvollen

Geschichte, wird er doch immer noch als „doctor iuris utriusque“ verliehen, obwohl eine der beiden Hälften, nämlich das kanonische Recht (vgl. S. 101) ganz zurückgetreten ist. Doch hat die Einrichtung in der letzten Entwicklungsperiode merklich gelitten, was mit dem ganzen nüchternen, stark zu Äußerlichkeiten neigenden Zeitgeist zusammenhängt.

Unmittelbare praktische „Berechtigungen“ gewährt der Doktortitel nicht. Er wirkt nur durch das Gewicht seiner akademischen Würde und sollte schon um deswillen nur an wirklich wissenschaftlich hervortretende Persönlichkeiten verliehen werden. Die gegenwärtige Verflachung äußert sich darin, daß die Anforderungen in der mündlichen Prüfung (Rigorosum) immer mehr dem Referendarexamen angepaßt worden und wie dieses auf ein gleichmäßiges Durchschnittswissen in allen Disziplinen zugeschnitten sind. Einen gewissen Ausgleich dagegen bildet die altem Herkommen nach vorzulegende Doktorschrift (Dissertation). Namentlich in ihr müßte der Nachweis besonderer wissenschaftlicher Begabung, vor allem wissenschaftlicher Neigung erbracht werden. Doch ist auch hierin allmählich viel von der alten Ehrwürdigkeit verlorengegangen. Das hat namentlich auch dem Ansehen der deutschen Wissenschaft im Auslande sehr geschadet. Denn die Dissertationen gelangen im Wege des sog. Schriftenaustausches an viele ausländische Hochschulen, und leider können die deutschen juristischen Dissertationen keineswegs immer den Vergleich mit den entsprechenden ausländischen Doktorschriften aushalten.

Schuld an dieser Entwicklung ist vor allem, daß es sich nach und nach für einige juristische Laufbahnen eingebürgert hat, den Doktortitel gleichsam vorauszusetzen. Die Banken haben damit begonnen. Dann folgte die Industrie, die ebenfalls bei ihren „Syndici“ den Doktortitel immer häufiger für wünschenswert erklärte. Das färbte auch auf die anderen Laufbahnen ab. Der junge Anwalt hat es jedenfalls nicht zu bereuen, wenn er den Doktortitel führt. Selbst die Beamtenlaufbahn ist von dem Wert einer solchen Zierde nicht ganz unberührt geblieben. Gesteigert wurde diese Entwicklung durch die neue Reichsverfassung (Art. 109 Abs. 4), die alle übrigen „Titel“ grundsätzlich abgeschafft, dagegen die „akademischen Grade“ ausdrücklich beibehalten hat. Doch war die Entwicklung schon vor dem Krieg im vollen Zuge. Das zeigen die Zahlen. Das „Verzeichnis der Universitätsschriften“ hat für alle deutschen Universitäten

für Jahrgang	1885/86	nur	36
„ „	1904/05	schon	716
„ „	1911/12	sogar	1343

neu gedruckte juristische Dissertationen aufgeführt. Nach dem Krieg außergewöhnlicher Zudrang, zumal in den Jahren des Währungsverfalls das Doktorexamen so gut wie kostenlos geworden war. Heute starker Rückgang wegen der (mit Wiederaufnahme des Druckzwanges verschärft einsetzenden) Kostenlast, zugleich aber auch, weil die Fakultäten die Anforderungen an Dissertation und mündliche Prüfung erheblich hinaufgesetzt haben. Doch ist mit erneuter Steigerung der Doktorandenziffern zu rechnen. Das ganze Bild erscheint in milderem Licht, wenn man an den benachbarten ärztlichen Beruf denkt. Dort ist der Doktortitel zur regelmäßigen Berufstitulatur geworden. Der Druck der Entwicklung hat einen ähnlichen Zug in die juristische Laufbahn hineingebracht.

Kern des Doktorexamens muß bleiben die Dissertation. Sie unterscheidet sich wesentlich von der (häuslichen) Referendararbeit. Sie entsteht nämlich meist unter persönlicher Anleitung durch den Dozenten, kann mehrmals umgearbeitet werden und unterliegt dem Druckzwang. Eine hübsche Würdigung des Dissertationswesens nebst Richtungslinien für den Studenten in dem S. 446 genannten Buch von Mittermaier S. 174ff. Das mündliche Examen sollte in der Richtung reformiert werden, daß die niederdrückende „Gleichmäßigkeit in allen Fächern", die das Referendarexamen beherrscht, zugunsten tiefer, gelehrter Studien und hervorragender Leistungen in einem (oder mehreren) Einzelfächern preisgegeben würde.

III. Die praktische Ausbildung.

Es gibt eine ganze Reihe von Handbüchern, die, mit Musterbeispielen in Gestalt der üblichen Vordrucke (Formulare) durchsetzt, dem jungen (oder auch älteren) Juristen das Einleben in den praktischen Betrieb erleichtern sollen. Berühmt ist in Preußen seit Jahrzehnten Ebert (zuletzt Vizepräsident des Kammergerichts), Das amtsgerichtliche Dezernat, 12. Aufl. 1926. Vgl. ferner Dr. Walter Lux (Rechtsanwalt in Breslau), Schulung für die juristische Praxis, ein induktives Lehrbuch, 1921. Als Beispiele von Schriften für Sondergebiete: Brand (Landgerichtspräsident) - Schnitzler (Ministerialrat), Die Grundbuchsachen in der gerichtlichen Praxis, 3. Aufl. 1926; oder: Albert Graf (Leiter der Amtsvormundschaft in Heidelberg), Die Sachbearbeitung im Vormundschaftswesen nach dem Reichs-Jugendwohlfahrtsgesetz, 1926. Dazu treten reine Formularbücher, wie z. B. das dicke, auf Veranlassung des Berliner Anwaltvereins herausgegebene „Formularbuch für die freiwillige Gerichtsbarkeit" 14. Aufl. 1926. Leider veraltet, infolge der unablässigen Gesetzesänderungen, manches von diesem Material sehr rasch.

Einen etwas anderen, gewissermaßen höherstehenden Literaturtypus stellen Werke dar, die über das bloße Bild und Beispiel hinaus die ganze Denkweise des in der Praxis stehenden Juristen zu fördern versuchen. In dieser Hinsicht genoß lange Zeit fast kanonisches Ansehen: Adolf Stölzel (weiland Vorsitzender der preußischen Prüfungskommission), Schulung für die zivilistische Praxis, 2 Bände (1. Bd. 8. Aufl. 1909, 2. Bd. 4. Aufl. 1906). Als ein entsprechendes Werk auf strafrechtlichem Gebiet genießt hohes Ansehen: Hermann Lucas (Ministerialdirektor), Anleitung zur strafrechtlichen Praxis, 2 Teile, 3. Aufl. 1908 und 1912. Wesentlich nüchterner, mehr aufs Praktikable gerichtet Artur Weinmann, Gutachten und Urteilsentwurf, 4. Auflage 1925. Gern gebraucht auch folgende Anleitungen: Levin, Richterliche Prozeßleitung und Sitzungspolizei in Theorie und Praxis, 1913; Küttner, Leitfaden für die Unterweisung der Referendare im Abfassen von Urteilen in Zivilsachen, 5. Aufl. 1919; Kroschel, Die Abfassung der Urteile in Strafsachen, 8. Aufl. 1919; usw.

a) Der gesetzliche Rahmen für die praktische Ausbildung des jungen Juristen ist wiederum in dem bereits oben S. 448) wiedergegebenen § 2 GVG. (Abs. 3 und 4) umrissen. Zu den reichsgesetzlichen Bestimmungen treten überall Reglements der Einzelstaaten.

Danach besteht wohl in allen Staaten die **Methode der Stationen**, d. h. der junge Jurist wird bei den einzelnen Dienststellen oder anderen zur Ausbildung geeigneten Plätzen nacheinander für eine im voraus bestimmte Zeit beschäftigt. In Preußen z. B. arbeitet der Referendar (nach einer V. des Justizministers vom 27. März 1924) 3 Monate bei der der Staatsanwaltschaft, 3 Monate beim Amtsgericht in Strafsachen, 2 Monate beim Amtsgericht im Zivilprozeß, 8 Monate beim Landgericht, 8 Monate bei einem größeren Amtsgericht in freiwilliger Gerichtsbarkeit und Vollstreckungswesen einschl. Konkurs, 6 Monate beim Rechtsanwalt (Notar), 6 Monate beim Oberlandesgericht. Es fehlt in diesem Plan die Beschäftigung bei einer Verwaltungsbehörde (dies ein „Reformpunkt", s. im folgenden). In Süddeutschland ist dagegen auch diese Beschäftigungsart für den Referendar vorgeschrieben; z. B. in Baden, wo neben 6 Mon. Strafrechtspraxis und 9 Mon. Zivilrechtspraxis und 6 Mon. Freiwilliger Gerichtsbarkeit und 4 Mon. Anwaltsstation 11 Mon. Verwaltungspraxis (beim Bezirksamt) vorgesehen sind.

Über die Zahl der Referendare s. S. 429 Ziff. 4.

Als Grundsatz für die Beschäftigung während der praktischen Ausbildungszeit ist zu vermerken, daß der Auszubildende zwar schon Beamter, aber ein Beamter ohne Selbständigkeit ist. Er gilt noch als Lernender. Daneben soll er als Gehilfe tätig sein, also zur Entlastung der Behörde beitragen. Im einzelnen tritt hervor: Tätigkeit als Gerichtsschreiber, insbesondere wird er mit der Führung von Protokollen betraut. Einen großen Teil seiner Arbeitszeit nimmt auch das Studium der Akten und der Entwurf von Schreiben ein, zumal der Verkehr der Gerichte mit der Bevölkerung und anderen Dienststellen in bedeutendem Maße auf Schriftlichkeit abgestellt ist. Mündliche Vorträge auf Grund des Aktenstudiums treten dagegen zurück, sie sollten stärker betont werden.

Sobald der junge Jurist eine gewisse Schulung besitzt, kann ihm auch eine gehobenere Tätigkeit zugewiesen werden (vgl. bereits S. 429 Ziff. 4); z. B. bestimmt § 2 des preußischen Ausführungsgesetzes zum GVG. (in der Fassung vom 29. Sept. 1923; preuß. GS. S. 457), daß schon nach 1 Jahr 3 Monaten (früher erst nach 2 Jahren) dem Referendar „richterliche" Geschäfte zur selbständigen Erledigung überwiesen werden können. Ferner kann nach § 25 I der (Reichs-) Rechtsanwaltsordnung ein Referendar, der „mindestens 1 Jahr und 3 Monate (so die Novelle vom 1. Juni 1920, früher waren es 2 Jahre) im Vorbereitungsdienst steht", mit der Vertretung eines Rechtsanwalts betraut werden (ähnlich § 139 StrafprozO.). Dies kann sich auch für den jungen Juristen zu einer Einnahmequelle gestalten und ist gegenwärtig sehr beliebt.

Auch abgesehen von dieser gesetzlichen Festlegung empfiehlt es sich für den jungen Juristen, möglichst bald nach einer selbständigen Tätigkeit zu trachten. Wohlwollende Vorgesetzte werden diesen Wunsch gewiß in geeigneten Grenzen berücksichtigen, z. B. dem Referendar öfter die Vertretung einer armen Partei in Zivilprozessen oder die Verteidigung in Strafsachen oder ähnliche Angelegenheiten zuweisen.

Die Fürsorge für die jungen Juristen ist im übrigen sehr verschieden. Sie hängt stark von Neigung und Kraft des einzelnen Richters oder Rechtsanwalts ab, dem der Auszubildende zugewiesen ist. Es wird immer wieder über eine betrübliche Ausnützung des jungen Juristen als bloße Schreibkraft geklagt. Andererseits verhindert die Überlastung des Richters oder Anwalts, daß er sich in genügender Weise der Belehrung und Einführung des jungen Juristen widmet. Daneben gibt es aber auch Dienststellen, bei denen auf die Ausbildung des jungen Nachwuchses der stärkste Ton gelegt wird. In jedem Falle wird der junge Jurist gut tun, alles daran zu setzen, sich selbständig weiter zu bilden. Insbesondere sollte er dauernd darauf bedacht sein, die Fühlung mit der Wissenschaft nicht zu verlieren.

Welche Gefahren in letzterer Hinsicht drohen, wird sinnfällig veranschaulicht durch die fast vollständige Verdrängung des Lehrbuches durch den Kommentar. Und wie der Kommentar in der Praxis das Lehrbuch schlägt, so wird er selbst vielfach durch bloße Formularbücher geschlagen. Der Geist des „Simile" herrscht ganz bedeutend in der Praxis. Man versteht darunter, daß bei jedem neu auftauchenden Fall möglichst nach einem vorangegangenen ähnlichen Fall gesucht und die bei diesem verwendete Methode dann mit geringer Prüfung auf den neuen Fall übertragen wird. Demgegenüber muß das Bestreben eines Juristen, der auf sich hält, dahin gehen, sich seine geistige Eigenheit in jedem Einzelfall zu wahren. Vgl. unten § 43 I.

Im einzelnen weist auch die Referendarausbildung wesentliche Unterschiede in den Ländern auf. In manchen, z. B. in Baden, wird mit der Beamtenqualität Ernst gemacht: Tag für Tag feste Dienststunden, anderwärts, z. B. in Preußen, nimmt man es nicht so genau. In Sachsen bezieht der Referendar Gehalt, in Preußen nicht. Usw.

b) **Reformbestrebungen.** 1. Die S. 452 f. geschilderten Reformbestrebungen haben nicht bei dem Studiengange auf der Universität haltgemacht, sondern auch den Abschnitt der praktischen Ausbildung einschließlich des anschließenden Assessorexamens ergriffen. Ihr tiefster Gedanke ist hier der, daß auch in der praktischen Ausbildungszeit der Unterrichtsgedanke weitergeführt werden müsse. An die „Ausbildung" auf der Universität will man die „Fortbildung" in der Praxis anschließen. Dabei denkt man an eine Mischung von theoretischer Unterweisung und praktischer Anschauung.

Die theoretische Unterweisung stellt sich in ihrem Kern als eine Fortsetzung der Universitätspraktika dar (vgl. oben S. 450 a. E.). Meist wird an den größeren Gerichten ein Richter eigens dazu bestellt, regelmäßige Zusammenkünfte mit den Referendaren abzuhalten; hierbei bildet dann die Besprechung praktischer Fälle, freilich hier an Hand wirklichen Aktenmaterials, den Kern. Es ist in dieser Hinsicht schon viel Erfreuliches geleistet worden, doch ist die Auswahl der Übungsleiter sehr schwer, nur wenige haben die Eignung zu solchem Unterricht. Daneben sind in manchen Großstädten (z. B. Berlin und München) oder in besonderen Bildungszentralen (z. B. Jena) „Fortbildungskurse" größeren Stiles eingerichtet worden, die nicht ständig tagen, sondern in jedem Jahr ein- oder zweimal oder auch in größeren Abständen eine auserlesene Schar von Juristen vereinigen. Meist sind diese größeren Kurse mit Besichtigungen von industriellen Werken oder anderen Ausbildungsstätten verbunden. Sie hatten sich bereits vor dem Kriege zu einer gewissen Höhe entwickelt. Dann legte die Inflation diese Einrichtung zeitweise lahm. Inzwischen sind sie mit gutem Erfolg wieder aufgenommen worden. — Daß das Interesse an dem Fortbildungsgedanken nicht erlahmt ist, beweist u. a. seine erneute Behandlung auf dem 5. Preußischen Richtertag in Kassel (Oktober 1926).

2. Eine ganz andere Reformfrage betrifft das Verhältnis der Ausbildung der Justizbeamten zur Ausbildung der Verwaltungs- (Regierungs-) Beamten. Gerade hier klafft ein bedeutender Unterschied zwischen den Ländern. Während Süddeutschland dazu neigt, beide Sorten von Beamten eine gemeinsame, also einheitliche Ausbildung mit dem gleichen Examen als Abschluß durchlaufen zu lassen (so auch Hamburg), weist Preußen die entgegengesetzte Tendenz auf: der Referendar, der sich der Verwaltungslaufbahn widmen will, nimmt nur wenige Monate an der Justizausbildung teil, tritt dann als „Regierungsreferendar" zur Verwaltung über und wird nach Vollendung seines dortigen Ausbildungsganges von einer besonderen Prüfungskommission geprüft (darüber auch im folgenden unter c). Eine bedauerliche Entfremdung der Justizbeamten und Verwaltungsbeamten ist die Folge.

Wie stark in Süddeutschland die Neigung zur gemeinsamen Ausbildung ist, zeigt Württemberg. Obwohl der Übertritt der Referendare zur Verwaltung schon nach dem 1. Ausbildungsjahr statthaft ist, hat in den letzten Jahren kein einziger Referendar davon Gebrauch gemacht, vielmehr haben alle Übertretenden zunächst die zweite Prüfung im Justizdienst abgelegt.

In Preußen besteht z. Z. ein numerus clausus für Regierungsreferendare (124 Stellen für das ganze Landesgebiet). Anwärter werden zunächst vom Regierungspräsidenten in einem Kolloquium geprüft. Bestehen sie es, so werden sie die ersten 6 Monate im Justizdienst bei einem Amtsgericht beschäftigt, dann Übergang: mindestens $2^1/_2$ Jahre im Verwaltungsdienst (darunter normalerweise: 10 Mon. beim Landrat, 10 Mon. bei Regierung und Bezirksausschuß, 3 Mon. bei Polizei, 3 Mon. bei Finanzamt). Der Regierungsreferendar erhält einen Unterhaltszuschuß. Auf „Fortbildung" wird auch hier besonderes Gewicht gelegt; es sind eigene „Studienleiter" dafür vorgesehen. — Gegen die getrennte Ausbildung wird immer wieder angegangen. Hauptverteidiger der Trennung Clemens von Delbrück (weiland Staatsminister, Staatssekretär und Vizekanzler des Reiches), Die Ausbildung für den höheren Verwaltungsdienst in Preußen, 1917. Doch hat er später seine Meinung eingeschränkt (Schriften des Vereins für Sozialpolitik Bd. 61, Jahr 1921, S. 373). Vgl. auch W. F. Bruck (Prof. in Münster), Das Ausbildungsproblem des Beamten in Verwaltung und Wirtschaft, 1926.

c) **Abschlußprüfung.** (Große Staatsprüfung, in Bayern Staatskonkurs genannt; volkstümlich: Assessorexamen). Es herrscht auch darin zurzeit noch beträchtlicher Partikularismus. Z. B. ist in Preußen eine schriftliche wissenschaftliche Hausarbeit, eine schriftliche praktische Arbeit an Hand von Akten (sog. Relation) von 3 Wochen, 2 Klausuren und eine mündliche Prüfung vorgesehen. In Bayern dagegen ist die Prüfung nur schriftlich; es findet keine häusliche Bearbeitung statt, sondern es werden nur 18 Klausuren gestellt (16 sind vier-, 2 neunstündig, je eine neunstündige und acht vierstündige, also gerade je die Hälfte werden dem Stoffkreis der Justiz und dem Stoffkreis der Verwaltung entnommen; mündliche Prüfung nur ausnahmsweise bei zweifelhaftem Ergebnis).

Im Jahre 1920 trat in Preußen eine beachtliche Änderung im Punkte der „großen" Arbeit ein. Sie ist seitdem als Rechtsgutachten gedacht, an eine Frist (früher 6 Wochen) nicht mehr gebunden; vielmehr kann der Referendar sie schon nach 1 Jahre Vorbereitungsdienst erbitten, so daß ihm also zwei ganze Jahre Spielraum bleiben. Statt eines Rechtsgutachtens darf er auch eine wissenschaftliche Arbeit wählen. Das ist erfreulich, verschärft aber den Gegensatz zu Süddeutschland, wo überwiegend gar keine Hausarbeiten, sondern nur Klausuren vorgesehen sind.

Statistik aus Preußen: Im Jahre 1925 wurden 1039 Referendare geprüft. 231 fielen durch (reichlich 22 v. H.). Von diesen versuchten es 188 zum zweitenmal; von ihnen fielen 48 zum zweitenmal durch. Von den 808 „Bestandenen" erhielt die große Mehrzahl die Note „ausreichend", nämlich 559; 171 „voll befriedigend", 75 „gut", 3 „mit Auszeichnung". — Für das höhere Verwaltungsexamen liegen z. B. die Zahlen für 1924 vor: Es wurden 79 Regierungsreferendare geprüft; 11 fielen durch (14 v. H.), 37 bestanden „ausreichend", 23 „vollkommen befriedigend", 8 „gut".

Die Noten (Zensuren) haben für die weitere Laufbahn eine gewisse Bedeutung. Die bayerischen „Dreierjuristen" waren vor dem Krieg sprichwörtlich geworden und hatten sogar die Tagespresse in Lauf gebracht. In Preußen spielt umgekehrt der „Prädikatsassessor" seit langem eine gewisse Rolle. Beachtlich ist auch, daß durch das Bestehen der zweiten Prüfung zwar theoretisch die „Fähigkeit zum Richteramt" auf Grund des § 2 GVG. erworben wird, daß aber die Möglichkeit einer Betätigung als Richter, ja schon die bloße „Ernennung" zum Assessor von den landesrechtlichen Ausführungsvorschriften abhängt. Ein „Anspruch" auf die Ernennung oder gar auf eine feste (und besoldete) Richterstelle besteht nicht. Gerade das, im Zusammenhang mit der praktisch bestehenden „Wartezeit" bis zur endgültigen Anstellung als Richter, macht die Justizlaufbahn sehr unsicher. Darüber Näheres im folgenden S. 465 u. S. 480 unter b 1.

IV. **Zulassung der Frauen zur juristischen Laufbahn.** Zum Studium und zu dem akademischen Examen (Doktorexamen) war der weibliche Teil der Bevölkerung bereits vor dem Kriege zugelassen. Doch wurde von dieser Möglichkeit im juristischen Fache nur ganz vereinzelt Gebrauch gemacht. Der Zugang zu den staatlichen Prüfungen und damit zur eigentlichen juristischen Berufstätigkeit war versperrt. Erst die Revolution von 1918 hat mit ihrer großen Gleichheitsparole die Frage in Schwung gebracht. Zur Nationalversammlung wählten bereits Männer und Frauen im Januar 1919 Seite an Seite. Es war klar, daß auch in der neuen Verfassungsurkunde wenigstens grundsätzlich die Gleichberechtigung der Frauen ausgesprochen werden würde. Aber sollte das auch für den so eigenartigen und verantwortungsschweren juristischen Beruf gelten? Gerade in dieser Richtung kam es zu Widersprüchen. Die Reichsverfassung hat sie nicht beachtet, sie hat die bekannten Sätze aufgestellt: „Männer und Frauen haben grundsätzlich dieselben staatsbürgerlichen Rechte und Pflichten", und: „Alle Ausnahmebestimmungen gegen weibliche Beamte werden beseitigt" (Art. 109, 128). Aber, sie hatte auch nicht im besonderen zu der Frage der juristischen Betätigung der Frauen Stellung genommen. So fiel das Schwergewicht an die landesrechtliche Ausführungsgesetzgebung. Es ist nun sehr eindrucksvoll, wie zögernd und schrittweise man hierbei vorgegangen ist, bis erneut das Reich das Wort ergriff und in zwei Gesetzen vom Jahre 1922 endgültig den Frauen das Tor zum juristischen Lebensberuf erschlossen hat.

Es verdient das als eine kleine historische Episode auch in seinen Einzelheiten festgehalten zu werden. Wie die Stimmung in manchen Kreisen war, während zu Weimar die Verfassung beraten wurde, zeigt z. B. ein Gutachten der Hanseatischen Anwaltskammer vom 30. Juni 1919, in dem es u. a. hieß: „Es mag ja sein, daß die Pflichten, die den Frauen jetzt durch die ihnen gewährten politischen Rechte auferlegt sind, zusammen mit der dadurch bedingten Veränderung der Erziehung im Laufe der Zeit dazu führen, daß sie allmählich die Fähigkeiten erwerben, die ihre Zulassung zur Tätigkeit bei der Rechtspflege gestatten", und deutlicher noch: „Ruhige Gelassenheit und besonnene Objektivität sind aber wesentliche Voraussetzungen für eine gedeihliche Wirksamkeit des Richters, nicht nur des Berufsrichters, sondern auch des ehrenamtlich tätigen; auch für die letztere Tätigkeit fehlt es den Frauen an jeglicher Vorbildung". Ähnliche Bedenken mögen auch die Landesregierungen und vor allem die Justizverwaltungen beherrscht haben, als nun auf einmal der große Grundsatz von der restlosen Gleichstellung der Geschlechter proklamiert war. Als Beispiel Preußen.

Schon im Mai 1919 wurde durch einen Ministerialerlaß „weiblichen Personen" der Zutritt zum Referendarexamen gestattet, aber nur, „um ihnen einen Abschluß des Studiums zu gewähren", und mit dem verblüffenden Zusatz: „Ihre Ernennung zu Referendaren erfolgt nicht." Nach $1^3/_4$ Jahren mußte diese Position aufgegeben werden. Eine Verfügung vom 17. Januar 1921 ordnete an, daß jene „weiblichen Personen" auch in den Vorbereitungsdienst als Referendarinnen aufzunehmen seien. Jedoch wurde wieder sogleich eine Einschränkung gemacht. Die gehobene selbständige Tätigkeit, die dem Referendar nach 2 Jahren (jetzt 1 Jahr 3 Mon.) zugewiesen werden darf (S. 459), blieb den weiblichen Referendaren versagt: „Zur selbständigen Wahrnehmung der Dienstgeschäfte eines Richters, Staatsanwalts oder Gerichtsschreibers sowie zur Vertretung eines Rechtsanwalts dürfen Personen weiblichen Geschlechts nicht bestellt werden." Aber gerade damals näherte sich bereits die Entwicklung ihrem Höhepunkt. In den Parlamenten wurde gedrängt, mit der Zurücksetzung der Frauen endgültig zu brechen. Immer noch gab es ernsten Widerstand. Die Vertreterversammlung des Deutschen Anwaltvereins, an dessen Vorstand sich der Reichsjustizminister mit einer Anfrage gewandt hatte, beschloß z. B. noch im Anfang Januar 1922 (mit 45 gegen 22 Stimmen, nach längerer, interessanter Aussprache): „Die Frau eignet sich nicht zur Rechtsanwaltschaft oder zum Richteramt. Ihre Zulassung würde daher zu einer Schädigung der Rechtspflege führen und ist aus diesem Grunde abzulehnen." Aber man ist über solche Widerstände hinweggegangen. Rasch hintereinander wurde im Sommer 1922 den Frauen das Schöffenamt und das eigentliche (berufliche) Richteramt nebst der Anwaltschaft von reichswegen erschlossen; das Schöffenamt mit dem klassischen Beisatz: „Mindestens ein Schöffe muß ein Mann sein" (Ges. über die Heranziehung der Frauen zum Schöffen- und Geschworenenamt, vom 25. April 1922; RGBl. S. 465), die übrigen Ämter mit der Formel: „Die Fähigkeit zum Richteramte kann auch von Frauen erworben werden. Ebenso können Frauen zu Handelsrichtern, Amtsanwälten, Gerichtsschreibern und Gerichtsvollziehern ernannt werden"; die Rechtsanwaltschaft war dabei in der „Fähigkeit zum Richteramt" mit einbegriffen (Ges. über die Zulassung der Frauen zu den Ämtern und Berufen der Rechtspflege, vom 11. Juni 1922, RGBl. I S. 573).

Auf diesem Hintergrund legte am 24. Januar 1920 Marie Munk aus Berlin als erste das Referendarexamen ab, noch ohne damals zum Referendar ernannt werden zu können. Am 7. Januar 1924 war sie sodann die erste, die auch die Große Staatsprüfung bestand. Z. Z. ist sie als „Rechtsanwältin" tätig. Als erster weiblicher Staatsanwalt in Berlin fungierte Anfang August 1922 die Referendarin Dr. Sußmann. Im Laufe des Jahres 1925 haben bereits sechs Frauen das Assessorexamen abgelegt (eine mit Prädikat gut).

Was den weiblichen Nachwuchs von unten her anbelangt, so ist er auch jetzt noch sehr gering. In den Jahren 1922—1924 waren unter je 17000—20000 Studierenden der Rechtswissenschaft nur 400 bis 500 Studentinnen (etwa 2,8 v. H.). Im Wintersemester 1924/25 wurden unter 15825 Studierenden 430 weibliche gezählt (2,7 v. H.). Was die innerliche Vorbereitung des weiblichen Teiles auf den juristischen Beruf anbelangt, so liegt es nahe, ihn vor allem vor allzu

großer seelischer Nachgiebigkeit zu warnen und zur Strenge zu **ermahnen** (vgl. S. 424 Ziff. 5).

V. Zukunftsaussichten in der juristischen Laufbahn.

a) Schwanken der Verhältnisse. Die Eindrücke von den Zukunftsaussichten der juristischen Laufbahn haben in der jüngsten Entwicklungsperiode jähe gewechselt. Das war nicht nur eine psychologische Unsicherheit der Urteilenden, ein Hin und Her zwischen Ängstlichkeit und Hoffnungsfreudigkeit, sondern wurde von gewissen tatsächlichen Wendungen der Dinge getragen.

1. Einen ersten Anhaltspunkt können **statistische Zahlen** bieten. Doch ist an dieser Stelle mehr noch als sonst die Unsicherheit solcher Ziffern zu betonen. Als durchquerender Faktor kommt u. a. auch hier die Verkleinerung des Reichsgebiets durch den Friedensvertrag in Frage. Auf der anderen Seite ist der allgemeine Bedarf an Juristen unzweifelhaft nach dem Kriege gewachsen (vgl. bereits S. 418 Ziff. II). Es wird sich aber zeigen, daß dieser Gesamteindruck noch durch überraschende Wandlungen in Einzelpunkten belebt wird.

Man muß natürlich von der untersten Stufe des Nachwuchses ausgehen, d. h. von den Studierenden der Rechtswissenschaft auf den deutschen Universitäten. Da stellen sich die Zahlen wie folgt:

Vor dem Krieg	1900	gab es	9435	Stud. d. Rechte
	1905	gestiegen auf	11419	"
	1914	wieder gesunken auf	9375	"
Nach dem Krieg	1918	(Rückkehr der Kriegsteilnehmer)	14143	"
	W.-S. 1922/23	weiteres Anwachsen:	17739	"
	S.-S. 1923	Höchstzahl erreicht:	21016	"
	W.-S. 1923/24	Abnahme auf	18213	"
	S.-S. 1924	weitere Abnahme	17247	"
	W.-S. 1924/25	weitere Abnahme	15825	"

Sieht man in jedem dieser Studierenden einen Stellenanwärter, so muß das Wachstum in der Nachkriegszeit erschrecken. Rechnet man die für Preußen aufgestellten Referendar- und Assessorenziffern (S. 429 Ziff. 4) für den Schlußpunkt der vorstehenden Studentenstatistik auf das ganze Reich um, so stehen den 15800 Studenten schätzungsweise nur 7400 Referendarplätze und knapp 4000 Assessorenstellen gegenüber. Nimmt man weiter hinzu, daß schon vor dem Kriege ein Raunen von bedenklicher „Überfüllung" in Gang gekommen war, so kann man es verstehen, daß sich nach dem Kriege das Wort von der **Überfüllung des juristischen Studiums** fast panikartig verbreitete.

Der Höhepunkt dieser Stimmung ist in den Jahren 1923/24 erreicht worden, ganz parallel zu der obigen Tabelle, aber, wie sich zeigen wird, auch parallel zu anderen als solchen äußerlichen Erscheinungen. Schon vorher (1921) hatten die meisten Länderregierungen, so z. B. die Justizverwaltungen von Preußen, Bayern, Baden, Hessen vor dem

Zuzug zum juristischen Studium amtlich gewarnt. Vor allem aber sahen die bereits in der juristischen Laufbahn Stehenden mit Schrecken von unten her den jungen Nachwuchs zum Wettbewerb anrücken. So erhob sich in jenen Jahren immer lauter der Ruf nach dem numerus clausus, d. h. nach der Festlegung einer bestimmten Platzzahl und der Abweisung aller darüber hinausgehenden Anwärter. Übrigens war auch dieser Gedanke schon vor dem Kriege gelegentlich erwogen und vertreten worden.

Der Gedanke ist, wie schon erwähnt (S. 461), bei den Regierungsreferendaren verwirklicht. In Preußen ist 1922 ein Gesetzentwurf ausgearbeitet worden, nachdem in der Justizlaufbahn, und zwar bei den Assessoren der numerus clausus in eingekleideter Form verwirklicht werden sollte (schon 1914 hatte im preußischen Landtag eine ähnliche Diskussion stattgefunden), doch ist der Entwurf liegen geblieben. Besonders lebhaft aber ist in Anwaltskreisen die Sperre gegen den übergroßen Nachwuchs erörtert worden; hier war der numerus clausus zeitweise zum geflügelten Wort geworden. Auf Anwaltstagen, in den Fachzeitschriften, in der Tagespresse ging es lebhaft um. Es bildeten sich zeitweilig eigene Vereinigungen unter diesem Zielpunkt, so z. B. eine „Märkische Vereinigung zur Abwehr der Überfüllung des Anwaltstandes" und ähnlich eine rheinisch-westfälische, eine ostpreußische, eine badische. Daß dabei die statistischen Zahlen über das Wachstum des Anwaltsstandes (S. 429 Ziff. 3) sehr stark gewirkt haben, ist außer Zweifel. Aber in den Jahren von etwa 1921—1924 kam noch etwas ganz anderes hinzu, nämlich der Währungsverfall.

Damit sind wir zu den irregulären Faktoren gekommen, die in unserer rasch sich wandelnden Zeit eine sichere Voraussage so sehr erschweren und immer wieder Überraschungen bringen. Dazu gehört, daß der Anwaltsstand in der Inflationszeit aufs schwerste heruntergedrückt und stellenweise geradezu einer Proletarisierung nahegekommen war. In jüngster Zeit (1925/26) hat sich das nun ganz bedeutend geändert, und im gleichen Maß ist das Rufen nach der Absperrung matter geworden: es ist mehr Raum geworden für den Nachswuchs im Vergleich zu den Jahren 1923/24. Noch überraschender, aber auch noch irregulärer und darum mit großer Vorsicht zu bewerten, ist der Umschwung in der richterlichen Tätigkeit. 1923/24 ein starker Rückgang der Geschäfte. Zu gleicher Zeit Einsetzen der Spartaktik, gegenüber dem Beamtentum sich äußernd in dem sog. Personalabbau: keinerlei neue Stellen mehr, im Gegenteil möglichst viel Einziehung alter Stellen. Folge: die sog. Kommissorien für Assessoren (s. im folgenden Ziff. 2) wurden ganz selten, die große Mehrzahl der Assessoren mußte sich beurlauben lassen, um an anderen Stellen Verdienst zu suchen, und wirkte nun an diesen anderen Stellen wieder überfüllend. Die Lage erschien trostlos. Auf einmal (1926) auch hier ein von niemand vorausgesehener Umschwung: Vollkommene Überlastung der Gerichte, vor allem durch die Riesenmasse der Aufwertungssachen (vgl. S. 441f.). Folge: die Zahl der Assessoren reicht gar nicht, um den Richtermangel zu beheben; es wird sogar auf schon in den Ruhestand getretene Richter wieder zurückgegriffen (z. B. Preuß. Notgesetz vom 23. März 1926). Danach die augenblickliche Lage vorzüglich, der Assessor erhält meist sehr rasch ein Kommissorium; sogar die Referendare sind als Hilfskräfte geradezu gesucht. Doch ist das eine Scheinblüte, ein schwerer Rückschlag dürfte nach 2—3 Jahren unvermeidlich sein.

Es kommt aber noch eine weitere Erscheinung hinzu, die zu der vorhergehend geschilderten Wandlung im Anwalts- und im richterlichen Beruf gerade im umgekehrten Verhältnis steht. Das ist der Bedarf der Industrie an juristischen Mitarbeitern. Er war in der Zeit des Währungsverfalls übergroß; die Industrie, allgemeiner gesprochen die Wirtschaft, nahm einen guten Teil der jungen Kräfte (in großer Zahl sogar bloße Referendare und Doktoren) bei sich auf. Jetzt aber der Umschwung. Die klamme Wirtschaftslage mit der hier nun einsetzenden Spartaktik hat in jüngster Zeit (1925/26) nicht nur dem jungen Juristen den Zugang zu industriellen Stellungen ganz wesentlich verschmälert, sondern hat auch manchen früher Eingestellten durch Kündigung wieder abgedrängt.

Faßt man dieses knappe geschichtlich-statistische Bild zusammen, so kann für den gegenwärtigen Augenblick (Ende 1926) gesagt werden, daß die Gesamtaussicht für den jungen Juristen ernst, aber nicht hoffnungslos ist und jedenfalls besser anmutet als etwa vor drei Jahren. Das bedarf jedoch noch der Ergänzung durch die folgenden Ausführungen und gilt nur mit all den Vorbehalten, die sich bereits aus dem Vorangegangenen ergeben.

2. **Das Assessorenproblem.** In besonderem Grade gipfelt die Frage der juristischen Berufsaussichten in dem jeweiligen Stande des Assessorentums. Assessor zu werden ist allerdings nicht unbedingte Voraussetzung für eine juristische Laufbahn. Ebenso verlassen später viele das staatliche Assessorentum, um in einen freien Beruf, z. B. als Anwalt, einzubiegen. Aber im Assessorentum strömt gewissermaßen Angebot und Nachfrage zusammen. Darum liegt hier das Schwergewicht der Berufsfrage.

Wie man Assessor wird, ist S. 462 c dargestellt. Dort ist auch bereits gesagt, daß ein Anspruch auf Richteranstellung durch die Prüfung als solche nicht erworben wird. So ergibt sich die sog. **Wartezeit.** Sie ist bei den einzelnen verschieden nach Glück und Grad der Tüchtigkeit, im allgemeinen verschieden nach der jeweiligen Geschäftslage (vorstehend Ziff. 1). Im Durchschnitt betrug sie (in Preußen) 1902 etwa $5^1/_2$ Jahre, 1919 dagegen $9^3/_4$ Jahre. Im Jahre 1924 befanden sich unter den rund 2300 preußischen Assessoren 1000, die über 5 Jahre, und 200, die über 10 Jahre „warteten“. Doch verliert das Bild durch zwei Erscheinungen an Härte. Einmal sind unter diesen Wartenden sehr viele beurlaubt (z. B. im Jahre 1924 über 900; darunter etwa 250 zu Anwälten, über 300 zur Kommunalverwaltung), sodann bezieht auch von den im Justizdienst verbliebenen ein beachtlicher Bruchteil ein Entgelt (ganz unentgeltlich waren im Jahre 1924 im preußischen Justizdienst nur knapp 500 beschäftigt).

Bei dieser entgeltlichen Beschäftigung ist nun (nach dem preußischen System) scharf zu unterscheiden zwischen der „ständigen Hilfsrichterschaft“ und dem bloßen gelegentlichen Kommissorium. Wer zum ständigen Hilfsrichter ernannt ist, steht dem fest angestellten

Richter schon sehr nahe; er ist wie dieser unabsetzbar, erhält seine Bezüge durchlaufend, auch wenn er gerade kein bestimmtes Kommissorium hat, hat sogar Ruhegehaltsanwartschaft und führt den Titel „Landrichter" oder „Amtsrichter" oder „Staatsanwalt" (die fest angestellten sind „Räte"). Wie hoch nun aber die Zahl dieser ständigen Hilfsarbeiter ist, das ist in keiner Weise auf längere Zeit hin sicher gestellt. 1924 waren von den rund 1400 im Justizdienst verbliebenen 665 (also $47^1/_2$ v. H.) solche ständigen Hilfsarbeiter. Ganz anders ist die Lage bei dem bloßen „Kommissorium" („Geschäftsauftrag"); hier bleibt der Betreffende „Assessor" ohne gefestigte Anwartschaft, bezieht das Entgelt nur, so lange das Kommissorium dauert, ist also nach dessen Ende auf die bloße Hoffnung angewiesen, möglichst bald ein neues Kommissorium zu bekommen. Augenblicklich, wie schon erwähnt (S. 466), ist die Lage sehr günstig, aber nur vorübergehend.

b) Sucht man nun über die schwankenden Verhältnisse hinweg die Berufsaussichten des Juristen gewissermaßen zu dogmatisieren, so sind es zwei große Gesichtspunkte, die entscheidend ins Gewicht fallen, einmal die Vielseitigkeit der juristischen Berufe mit ihrer ausgleichenden Wirkung, sodann der Wettbewerb, der von anderen Berufsarten her getätigt wird. Dies beides ist näher zu betrachten.

Die Vielseitigkeit der juristischen Berufe hat zunächst einmal den inneren Wert, daß sie den verschiedenen Neigungen gerecht wird. Diese Wahlmöglichkeit ist ein bedeutender Vorteil des juristischen gegenüber den meisten anderen Studienzweigen. Sodann ermöglicht sie, freilich nur bis zu einem gewissen Grade, das Abströmen zu einer Berufsart, wenn die andere überfüllt ist; Beispiele dessen ergeben sich aus den Erörterungen unter a.

In der Hauptsache handelt es sich um vier Grundtypen:

1. Justizbeamter (Richter, Staatsanwalt). Näheres im § 40.
2. Verwaltungsbeamter (Reichs-, Staats- oder Gemeindebeamter; vielfach Unterabteilungen, Finanzbeamter usw). Näheres im § 40 III b.
3. Rechtsanwalt. (Näheres § 41.)
4. Freier Beruf (Kernfigur der sog. Syndikus), hauptsächlich in Industrie und Handel. (Näheres § 41 III.)

Gemeinsam ist allen diesen Berufen, daß keineswegs auf Grund der bloßen Examina eine völlig feste Stellung erworben wird. Insbesondere ist man auch in der Beamtenlaufbahn, wie gezeigt, zunächst nur „Anwärter". Allerdings hat man gegenwärtig eine an Sicherheit grenzende Aussicht, bei beharrlichem Warten in einem späteren Zeitpunkt fest angestellt zu werden. Aber dem gehen die erwähnten, oft drückenden Wartejahre vorauf.

c) Wie ein Gegenstück zu dieser verlockenden Vielseitigkeit seiner Laufbahn erscheint der **Wettbewerb**, der von den verschiedensten Seiten her dem Juristen angedroht wird. Wie schon mehrfach in diesem Abschnitt vom juristischen Lebensberuf begegnen wir hierbei einer allgemeinen Zeiterscheinung. Auf der ganzen Linie unseres Daseins ist der rücksichtsloseste Wettbewerb, verstärkt durch Kastengeist, Gehaltsklassensystem und Verbandswesen, Trumpf geworden. Es ist Pflicht, dies dem jungen Anfänger vor Augen zu führen. Einen ethischen Ausgleich mag er darin sehen, daß der Kampf ein belebendes Element in sich trägt, und daß der Ernst der Lage vor Schlendrian und sonstiger Untüchtigkeit bewahrt.

Schon in die Vorkriegszeit geht zurück der bereits S. 421 erwähnte Gegensatz zwischen Technikern und Juristen. Sein erstes Auswirkungsfeld war die Eisenbahnverwaltung. Noch heute ist er hier lebendig. Die Umwandlung des „staatlichen" Bahnbetriebs in einen „kaufmännischen" Betrieb in Verfolg des sog. Dawes-Planes (dazu das innerdeutsche „Reichsbahngesetz" vom 30. August 1924, RGBl. II S. 272ff.) hat ihm neuen Antrieb gegeben. Wie weit sich das „Kontrollieren" in solchen Dingen versteigen kann, zeigt, daß der Reichsverkehrsminister parlamentarischen Interpellationen ausgesetzt worden ist und nun vor der parlamentarischen Öffentlichkeit hat darlegen müssen, wie es mit der Stellenzahl, der Wartezeit, den Gehaltsklassen und der „Aufrückungsmöglichkeit" für die Techniker im Vergleich mit den Juristen steht. Ein anderer Punkt, wo die Gegensätze aufeinanderstoßen, ist die Stadtverwaltung. Mit der an sich nicht falschen Darlegung, daß die „moderne Stadt" erheblich mehr eigene wirtschaftliche Betriebe unterhält oder fremde überwacht als früher, tritt der Techniker (und neben ihm der Kaufmann) auf den Plan, um den „Juristen" entsprechend zurückzudrängen. Dies hat seinerzeit (1923) bis in die Beratung der neuen preußischen Städteordnung (z. B. noch Entwurf) seine Wellen geschlagen. Auch im Bereich der Finanzverwaltung, wo, wie man zugeben muß, die Juristen als die Eindringenden erscheinen, stoßen sie auf eine Abwehrfront. Hierbei mischt sich überdies jene allgemeine Aufstiegstendenz des mittleren Beamtentums ein, die auch innerhalb der Justizverwaltung selbst stellenweise in Wettbewerb mit dem oberen Richtertum tritt (vgl. S. 429b).

Ein Kapitel für sich bildet der Wettbewerb der Wirtschaftswissenschaftler. Er schien unmittelbar nach dem Krieg die Juristen ganz in den Hintergrund drängen zu wollen. Der blendende Wirtschaftsgeist der Kriegszeit (S. 222) mit seinem hypertrophischen Organisationswesen wirkte nach. Alles rief nach geschulten Nationalökonomen. Deren Studentenziffer wuchs gleichzeitig in phantastischem Maße. Vor dem Kriege hatte es rund 2000 Studenten der Nationalökonomie gegeben, im Jahre 1922 zählte man über 14000, und, wenn auch die Zahl im Jahre 1924 auf rund 11000 sank, so war das doch immer noch das Fünfeinhalbfache der Vorkriegszeit und mit dem viel geringeren Wachstum der juristischen Studenten (S. 465) gar nicht zu vergleichen. In der Bewertung der jungen nationalökonomischen (wirtschaftswissenschaftlichen) Kräfte draußen in der Praxis des Lebens, vornehmlich in Handel und Industrie, ist aber bald ein starker Rückschlag eingetreten. An vielen Stellen wird jetzt beim Wettbewerb, obgleich er selbst auch nicht sonderlich gern gesehen ist, der Jurist bevorzugt. Doch ist auch das ein schwankendes Ergebnis. An der Verbesserung des wirtschaftswissenschaftlichen Ausbildungs- und Prüfungswesens wird mit zähem Ernst gearbeitet. Der Wirtschaftswissenschaftler bleibt deshalb auch in Zukunft der wichtigste Wettbewerber für den Juristen. Beide Teile haben sich übrigens in der Ausbildung und damit in der Wappnung für den Lebenskampf einander genähert. Der Wirtschaftswissenschaftler sucht sich ein Mindestmaß juristischer, der Jurist ein gediegenes Maß wirtschaftswissenschaftlicher Kenntnisse anzueignen, und es spiegelt sich das auch beiderseits in den neuen Prüfungsordnungen wieder.

Will man nun, da nicht selten Studierende am Anfang des Studiums schwanken, ob sie Jurist oder Wirtschaftswissenschaftler werden sollen, den inneren Unterschied der beiden Berufe darstellen, so läßt sich folgendes andeuten: Der Jurist kommt im allgemeinen mehr in eine feste Bahn hinein. Er tritt in das Zeichen des bureaukratischen Systems. Der Beamtengeist herrscht vor. Seine oberste geistige Orientierung, zu der er immer wieder zurückkehrt, ist das Gesetz. Was die äußere Lage anbelangt, so ist die Versorgung des einzelnen besser organisiert. Auch der schwächer Begabte wird hier, wenn ihm nur Gewissenhaftigkeit und Pflichttreue eignet, mit durchgehalten. In finanzieller Beziehung geht der Jurist durchschnittlich einer etwas festeren, dafür aber spärlicheren Besoldung entgegen (vgl. S. 482c und S. 506). Der Nationalökonom genießt im allgemeinen mehr Bewegungsfreiheit. Er tritt zumeist in einen gewerblichen Betrieb. Hier herrscht nicht der Beamtengeist, sondern der Geist des freien Wettbewerbs. Seine oberste geistige Orientierung ist daher nicht ein fest textiertes, auszulegendes Gesetz, sondern die ewig sich wandelnde Wirtschaftspolitik, sei es die Wirtschaftspolitik des ganzen Volkes, eines einzelnen Wirtschaftsstandes, eines Verbandes oder gar nur eines (seines) einzelnen Unternehmens. Darum ist hier die Anstellungsmöglichkeit größer für den, dem Tatkraft eignet. Andererseits sind die Stellungen lockerer (Kündigung, vgl. S. 509 a. E.). — Natürlich sind damit bloß die typischen Gegensätze dargestellt, die in der Praxis des Lebens sich vielfach verwischen.

d) Aus dem Vorangehenden ergeben sich für den jungen Juristen **gewisse Lehren.** Um drei Pole dreht sich seine Zukunft: Kampf, Begabung und Schulung.

1. Der junge Jurist geht einem **Kampf** entgegen. Willensstärke und Tatkraft werden unentbehrlich sein. Die Hoffnung, daß etwaige Schwächen durch „Empfehlung" ausgeglichen werden könnten, trügt. Tüchtigkeit allein entscheidet.

2. Manches im Leben und in der Laufbahn des Juristen ist Begabungssache, z. B. das Organisationstalent und die Kunst der Menschenbehandlung. Die „Eignung" zum Juristen (Näheres bereits S. 422 IV) sollte daher bei der Berufswahl nicht so neben-

sächlich behandelt werden, wie es heute meistens geschieht. In letzter Linie ist auch die rein körperliche Gesundheit mit zu veranschlagen.

3. In der Hauptsache aber wird der Lebenslauf des Juristen durch seine Schulung bestimmt. Dieses Wort ist im höchsten Sinne zu verstehen. Das bloße „Einpauken" (vgl. S. 451 d) als Rettungsmittel muß sich späterhin weitgehend rächen.

Zur Schulung gehört zunächst die Schaffung der äußeren Bedingungen. Nochmals ist daran zu erinnern, daß Bücher wertvolle Waffen sind, daß insbesondere schon der junge Jurist darauf bedacht sein sollte, sich eine kleine Bücherei anzulegen und eine Zeitschrift mitzuhalten. (Über das Bücherwesen im allgemeinen vgl. bereits § 5, S. 23.) Ferner wird auch auf das Schulen in der Redefertigkeit und auf die Sicherheit im Verhandeln Bedacht zu nehmen sein. — Mehr noch als diese äußeren Dinge ist aber die Gestaltung der inneren Fähigkeiten zu pflegen. Dazu gehört echte Anteilnahme an der Wissenschaft, Erziehung zur Selbständigkeit vom ersten Augenblick an und Pflege des Verantwortungsgefühls. Es bleibt also dabei, daß der Studierende es als sein Lebensziel betrachten muß, in erster Linie ein tüchtiger Mensch und erst in zweiter Linie ein gewandter Jurist zu werden.

Der Beruf des Richters (und der anderen beamteten Juristen). § 40.

Aus dem Schrifttum: Hans Reichel (Prof. in Zürich, jetzt Hamburg), Bestellung und Stellung der Richter in der Schweiz und im künftigen Deutschland, 1919. Tief ins Philosophische versenkt (und damit auch dem Stoff des nachfolgenden § 43 nahestehend): Rudolf Stammler (Prof. in Berlin), Der Richter, Bd. 1 der Monographien zur Psychologie der Berufstypen, 1924. Von historischer Grundlage aus in die unmittelbare Gegenwart führend: Erwin Riezler (Prof. in Erlangen, jetzt München), Die Abneigung gegen die Juristen 1925. — Für das allgemeine Beamtenwesen und damit auch den Richter in seiner Stellung als Beamter grundlegend: Arthur Brand (Landgerichtspräsident in Duisburg), Das Beamtenrecht, 2. Aufl., 1926. Vgl. auch Heinrich Triepel (Prof. in Kiel, jetzt in Berlin), Staatsdienst und staatlich gebundener Beruf, 1911. — Fortlaufend bringt Stoff aus der Berufsstellung des Richters die Deutsche Richterzeitung, herausgegeben vom Deutschen Richterbund (über diesen nachfolgend S. 476 c), 18. Jg. läuft im Jahre 1926. Anschaulich auch die Verhandlungen des Deutschen Richtertages in Augsburg 1925 (Berichte in den Fachzeitschriften).

Eine besondere literarische Schicht erwuchs 1918/19 unter dem Zeichen einer Anpassung des Richterberufes an den „neuen Staat". Das meiste war wertloses Eintagsgut. Als historische Dokumente erwähnenswert, wenngleich überholt (und zwar wohl auch, zum Teil, im Sinne der Verfasser): Alexander Niedner (Reichsgerichtsrat, jetzt Senatspräsident), Sozialisierung der Rechtspflege, 1919; Gustav Radbruch (Prof. in Kiel, jetzt Heidelberg), Ihr jungen Juristen! (Hefte zur „Jugendgemeinde"), 1919. — Viel gründlicher ist das Problem solcher Anpassung an die neue republikanische Staatsform durch die 1925 gegründete Zeitschrift „Die Justiz" in Angriff genommen worden. Vgl. dazu auch unten S. 478.

Hilfsbücher für den praktischen Dienstbetrieb sind bereits S. 458 III genannt. Als Bureaubuch in der Praxis sehr gebräuchlich: Terminskalender für preußische Justizbeamte, bearbeitet im Bureau des preuß. Justizministeriums (mit genauem Namensverzeichnis aller Richter, Staatsanwälte, Rechtsanwälte, Notare, mit Ortsverzeichnissen, gebräuchlichen Tabellen usw.).

I. Die Stellung des Richters im Leben des Volkes.

a) Betätigungskreis. Der Richter darf sich nicht außerhalb des Volksganzen stellen oder fühlen. Er muß sich gegenwärtig halten, daß ihm nur ein bestimmter Ausschnitt von der „Arbeit am Volke" zugewiesen ist. Das Maß und die Umgrenzung dessen haben im Laufe der Zeit gewechselt. Eine beliebte Abgrenzung ist unter das Kennwort „Trennung der Gewalten" gestellt. Es handelt sich dabei um die schon früher (S. 292c) erwähnte Dreiteilung in gesetzgebende, ausführende und richterliche Gewalt. Hiernach müßte sich eigentlich die Tätigkeit des Richters im Rechtsspruch erschöpfen. Wer das annimmt, bekommt jedoch einen ganz falschen Eindruck. Der heutige Richter betätigt sich, wenn auch das Rechtsprechen den Gipfelpunkt seiner Lebensleistung darstellt, noch mehrfach in anderer Weise:

1. Beratung. Sie spielt namentlich in der freiwilligen Gerichtsbarkeit (Errichtung von Testamenten, Anleitung von Vormündern usw.) eine Rolle. Allerdings wurde bereits bemerkt (S. 439 Ziff. V), daß diese richterliche Betätigung heute in der Abnahme begriffen ist. Für den Bereich der streitigen Gerichtsbarkeit ist an die Güte-Bewegung zu erinnern, die ebenfalls das reine Rechtsprechen durch freundwilliges Beraten ersetzen will (S. 396b).

2. Registerführung. Darüber vgl. bereits S. 441e.

3. Justizverwaltung im engeren Sinne. Hierher gehört die unvermeidliche Sorge für den „Apparat", z. B. für die Geschäftsgebäude den Beamtenkörper, die Geschäftsverteilung, das Formularwesen usw. (Näheres im § 42 II e.)

b) Trotz solcher Angleichung eines Teiles seiner Tätigkeit an die „Verwaltung" hat jedoch der Richter seine **Sonderstellung** bewahrt. Wichtiges darüber ist schon an der Spitze des Prozeßrechts (S. 376 IV) ausgeführt, namentlich ist dort bereits der Grundsatz von der Unabhängigkeit des Richters dargestellt worden (S. 377b).

Neuerdings aber ist an dieser besonderen Stellung des Richters und ihren angeblichen Folgeerscheinungen sehr ernste, freilich durch Parteileidenschaft getrübte Kritik geübt worden. Sie läßt sich dahin zusammenfassen, daß von der einen Seite her dem Richter **„Klassenjustiz und Republikfeindschaft"** vorgeworfen und deshalb eine irgendwie geartete Kontrolle über den Richterstand gefordert, von der anderen Seite dagegen die Behauptung des Klassengeistes und der Republikfeindlichkeit als unwahr zurückgewiesen und jede Kontrolle als eine gefährliche **„Politisierung der Rechtspflege"** verworfen wird.

1. Der **Vorwurf der Klassenjustiz** geht dahin, daß die Richterschaft ausnahmslos einer bestimmten Klasse entnommen werde, ganz in dem Gedankengang dieser Klasse befangen sei und deshalb, namentlich in Prozessen des Klassengegensatzes, nicht unparteiisch urteilen könne oder wolle. Dieser Vorwurf ist zum politischen Kampfeswort geworden; und das nicht bloß in der Gegenwart, vielmehr kehrt er im Laufe der Jahrhunderte von Zeit zu Zeit immer wieder. Heute freilich ist er durch planmäßig wiederkehrende Betonung in Teilen der Presse und in den politischen Wahlversammlungen wesentlich verbreitert und dadurch gefährlicher geworden.

Er enthält ein Korn Wahrheit. Freilich muß mit Nachdruck abgelehnt werden, daß die heutige Richterschaft bewußt die Interessen der einen Bevölkerungsschicht gegenüber denen der andern Schicht vorzieht. Aber auf der anderen Seite ist nicht zu bezweifeln, daß jeder Mensch im Geist seiner Umgebung steht und selbst bei größter Begabung und Willensstärke nicht ganz aus diesem Gesichtskreis heraus kann. Würden z. B. sämtliche Richter ausschließlich aus puritanisch-religiösen Familien oder umgekehrt aus wilden, zigeunerhaft denkenden Kreisen entnommen, so würden ihnen die Augen für manche Ansichten der übrigen Bevölkerung vollkommen verschlossen sein. Darin liegt etwas Naturgesetzliches. So ist es auch, wenngleich in viel abgeschwächterem Maße, wenn die Richterschaft aus einer bestimmten, „sozial" abgegrenzten Schicht hervorwächst. Doch ist dies heute schon lange nicht mehr so ausgeprägt wie früher, da sehr viele Richter in der ersten oder zweiten Generation mit den unteren Kreisen des Volkes zusammenhängen, überdies finanziell nicht so gestellt sind, um sich gesellschaftlich als besonders überlegen zu fühlen.

Eine grundsätzliche Änderung ließe sich nur dadurch erzielen, daß die Richter planmäßig aus allen Bevölkerungsschichten herausgenommen würden. Das führt zu dem schon sehr viel im Laufe der Menschheitsgeschichte erörterten Thema des **Volksrichtertums** und der **Richterwahl**. Daß heute in erheblichem Ausmaß neben dem Berufsrichter Laienrichter stehen, ist bereits in anderem Zusammenhange ausgeführt worden (S. 381 f). Darüber hinaus alle Richter schlechthin ohne höhere berufliche Schulung kurzerhand aus dem Volke zu entnehmen, ist bei der Verwickelung der juristischen Dinge eine Unmöglichkeit. Das schließt nicht aus, wenigstens die Wahl der Richter aus dem Kreise der genügend „Geschulten" in Volksversammlungen, also durch Abstimmungen vollziehen zu lassen. Diese Forderung taucht auch in den politischen Diskussionen gelegentlich immer wieder auf. Daß das System der öffentlichen Richterwahl (sie werden dabei immer nur für einen bestimmten

Zeitabschnitt gewählt) nicht ohne jeden Vorteil wäre, läßt sich nicht bestreiten. Es würde namentlich das Interesse der Richter steigern und manche gleichgültig veranlagte Natur zu regerer Betätigung veranlassen. Aber man darf sich die Nachteile nicht verhehlen. In der Schweiz, wo man die Richterwahl in sehr verschiedenen Spielarten kennt, wird bei den Wahlen auch der Kandidat für die Richterstelle mitten in das Parteigezänk hereingezogen. Die dadurch hervorgerufene Abhängigkeit von der Volksstimmung muß naturnotwendig den Richter vor schwere Gewissenskonflikte stellen, und es ist keineswegs gesagt, daß alle Naturen stark genug wären, bei der bevorstehenden Neuwahl ihr wirtschaftliches Dasein um ihrer richterlichen Überzeugung willen zu opfern. — Vgl. die S. 471 genannte Schrift von Reichel.

Über die mit „Wahl" und „Beförderung" verbundene „Politisierung" vgl. auch nachfolgend Ziff. 3. Über interne Wahl, d. h. eine von der Richterschaft selbst auszuübende Auswahl des Nachwuchses S. 479.

2. Der Vorwurf der Klassenjustiz hat in neuester Zeit eine Wendung vom Sozialpolitischen ins Staatspolitische genommen. Es wird behauptet, daß der Richterstand (womit die große Mehrzahl der Richter gemeint sein soll) in einer Gefühls- und Gedankenwelt befangen sei, die sich mit der neuen Staatsform der Republik noch nicht abgefunden habe. Vielmehr neige er nicht nur zur Kritik dieser Staatsform, sondern er betätige auch seine Ablehnung in der Rechtsprechung selbst, indem er in politischen Prozessen die wahrhaft republikanisch Gesinnten mit schärferem Maß messe als die Anhänger der beseitigten alten oder einer erträumten künftigen Staatsform. In einem Schlagwort ist das zur **„Republikfeindlichkeit der Richter"** geprägt worden. Vorsichtigere Kritiker pflegen sogleich hinzuzusetzen, daß es sich allerdings nur um einzelne Fälle handle, aber sie behaupten, daß gegen die Verfasser dieser „Fehlurteile" nicht streng genug eingeschritten würde, und sie machen es dem Richterstande im ganzen zum Vorwurf, daß er diese Elemente nicht unzweideutig von sich abschüttle. Diese mit peinlicher Schärfe in der öffentlichen Diskussion vorgetragenen Behauptungen wiegen überaus schwer. Träfen sie zu, so wären die Richter Staatsfeinde, denn die jeweils geltende Verfassungsform stellt den Staat dar. Das aber wäre ein Widerspruch in sich selbst und unerträglich, denn der Richter hat den Staat zu schützen und in einer seiner wichtigsten Funktionen zu vertreten. Aber auch umgekehrt: Treffen diese Behauptungen nicht zu, so haben sie unberechtigterweise böses Mißtrauen gegen die Rechtspflege in breite Volkskreise hineingetragen, und auch das schädigt den Staat aufs schwerste.

Eine ruhige Betrachtung führt zur Ablehnung des Vorwurfs verfassungsfeindlicher Einstellung. Daß unbewußte Fehlgriffe vorgekommen sind, mag zugegeben werden. Aber sie sind so vereinzelt geblieben, daß sie eine Verallgemeinerung nicht zulassen. Immerhin hat die Bewegung jedenfalls das Gute gehabt, daß sie dem Richter seine hohe Verantwortlichkeit besonders deutlich vor Augen führt und dadurch vielleicht eine Mehrung der Fehlgriffe hintangehalten hat.

Sowohl die vereinzelten Fehlgriffe, wie die übertriebene Verallgemeinerung dürften sich aus den zur Zeit noch bestehenden unausgeglichenen Zeitverhältnissen und der das ganze öffentliche Dasein durchsetzenden politischen Parteileidenschaft erklären. Man sieht nicht mit klaren, sondern mit verblendeten Augen. Die suggestive Gewalt der immer wiederholten Schlagworte tritt hinzu. Es darf mit Sicherheit behauptet werden, daß der Richterstand, entsprechend dem geleisteten Eid, Treue zur Verfassung lebendig in sich trägt. Allerdings wird auch hier sogleich wieder ein Keim des Zweifels und der Zwietracht angesetzt. Man will zwischen „äußerer" und „innerer" Verfassungstreue unterscheiden und verlangt vom Richter nicht nur äußeres Einhalten der Verfassungsbestimmungen, sondern innere Hingabe an die jetzige (also die republikanische) Staatsform. Nach beiden Seiten hin gibt es Überspannungen. So wie der Richter pflichtwidrig handeln würde, wenn er nur den formalen Buchstaben des Verfassungsgesetzes handhaben, ihren Geist aber mit Füßen treten (also in diesem Sinne äußerlich bleiben) würde, so ist es umgekehrt eine Überspannung, vom Richter ein seelisches Sicheinsetzen für die gegenwärtige Staatsform in allen ihren Einzelheiten zu verlangen. Proklamation eines solchen Grundsatzes würde in die Zeiteu finsterster Inquisition zurückführen.

Historisch hat den (bisherigen, hoffentlich letzten) Gipfelpunkt der leidenschaftlichen Auseinandersetzungen der Magdeburger Prozeß des damaligen Reichspräsidenten Ebert gebildet. In diesem Prozeß (Ebert hat als Reichspräsident im ganzen 143 Beleidigungsprozesse führen müssen) hatte der Präsident einige Männer wegen Beleidigung verklagt, weil sie sein Verhalten im Vorstadium der Revolution öffentlich als „Landesverrat" bezeichnet hatten. Das Schöffengericht stellte sich in der Tat auf den Standpunkt, daß Landesverrat (objektiv!) gegeben sei. Das entfesselte stürmische Erregung. Aber dieser Prozeß allein war nicht der Grund. Eine Reihe anderer politischer Prozesse waren vorangegangen und hatten wachsende Spannung erzeugt. Die alte Atmosphäre des Klassenjustizvorwurfs verband sich damit. Aus dieser Vereinigung ist ein noch heute (Ende 1926) währender Zustand hervorgegangen, den man als Vertrauenskrisis der Justiz bezeichnet. Eine unglückliche Folgeerscheinung ist die Zweiung innerhalb der Richterschaft selbst, die sich in der Gründung eines eigenen „Republikanischen Richterbundes" (s. im folgenden unter c) ausgedrückt hat. — Über politische Prozesse im allgemeinen vgl. bereits S. 371.

3. Unter **Politisierung der Justiz** versteht man den Grundsatz, daß der Richter als Staatsbeamter sich der im Staate herrschenden politischen Richtung anpassen, und, wenn er dies nicht tue, vom Amte weichen müsse. Der Grundsatz richtet sich einmal an den einzelnen Richter selbst, zum anderen an die Regierung, damit

sie die politische Einstellung der Richter überwache und auch schon bei der Stellenbesetzung auf die politische Gesinnung der Anwärter Rücksicht nähme. Diesen Grundsatz anerkennen, hieße, den Richter mit den sog. politischen Beamten, Ministern an der Spitze, auf eine Stufe stellen. Seine „Sonderstellung" wäre dann allerdings dahin und mit ihr ihr Kernstück, die Unabhängigkeit des Richters. Da diese Unabhängigkeit für ein gedeihliches Leben im Staate unerläßlich, zudem in der Verfassung des Reiches eigens gewährleistet ist (S. 377 b), ist der Grundsatz der Politisierung der Justiz abzulehnen.

Sehr deutlich § 6 der mecklenburg-schwerinischen Verfassung: „Politische Erwägungen sind nur bei Besetzung politisch leitender Ämter zulässig". An der richtigen Grundauffassung geht es vorbei, wenn behauptet wird, daß jeder Mensch, also auch der Richter unwillkürlich („psychologische Tatsache") eine bestimmte Staatsauffassung in sich trage, also ganz von selbst politisiert, sozusagen politisch prädestiniert sei: unpolitische Richter könne es gar nicht geben. Es ist darin das gleiche Korn Wahrheit, wie in der Behauptung von der naturnotwendigen Klassenzugehörigkeit der Richter (S. 473). Unter „Politisierung" ist aber in unserem Zusammenhange der von außen kommende Druck gemeint, der den Richter entgegen seiner etwaigen Überzeugung in bestimmte parteipolitische Bahnen zwingen will, wobei nicht nur an den Druck von oben her, d. h. von seiten der „Vorgesetzten", sondern auch an den von der Seite kommenden Druck der öffentlichen Bloßstellung, namentlich in der Tagespresse, gedacht wird. Solcher Druck ist, soweit er sachliche und damit fruchtbringende Kritik überschreitet, entschieden zu verwerfen. Richtig ist nur so viel, daß ein Richter, der sich unmittelbar gegen die Grundlagen des Staates wendet, wie jeder Staatsfeind zu beseitigen ist. Er wird aber dabei nicht in seiner Stellung als Richter, sondern als gewöhnlicher Staatsuntertan getroffen.

An dem Kern des Problems geht es auch vorbei, wenn behauptet wird, der Richter sei gar nicht „unabhängig". Denn seine Beförderung und damit das Aufrücken in höhere Gehaltsklassen hänge von dem Ermessen seiner Vorgesetzten ab und das könne als Druckmittel gegen unliebsame, politisch nicht willfähige Richter verwendet werden. Die Möglichkeit dessen ist nicht zu bezweifeln, aber sie stellt nicht das System, sondern einen Mißbrauch des Systems dar und widerlegt die Güte des Grundsatzes von der Unabhängigkeit ebensowenig, wie die Möglichkeit der Bestechung eines Richters den Grundsatz der Unparteilichkeit widerlegt. Die Möglichkeit politischer Beeinflussung gelegentlich des Beförderungswesens rechtfertigt also nicht die Politisierung der Justiz, sondern zeigt im Gegenteil ihre Schädlichkeit. — Vgl. über das Beförderungswesen im übrigen unten S. 480.

c) **Verbandsmäßiger Zusammenschluß der Richterschaft.** Gegenüber den vielen Angriffen und dem Zuge der Zeit folgend, haben die Richter es für angezeigt gehalten, sich zu Richtervereinen zusammenzuschließen. Die Bewegung hat bereits eine gewisse Geschichte hinter sich. Der Gedanke stieß zunächst, vor allem in Norddeutschland, auf Widerstand. Man befürchtete in die Bahnen der Gewerkschaften zu geraten und hielt das für unvereinbar mit der hohen staatsbeamtlichen Stellung des Richters. Es ging deshalb anfänglich auch der ernste Wille der jungen, neu gegründeten Vereine dahin, die materiellen Fragen (Gehälter usw.) ganz beiseite zu lassen und sich auf die Erörterung und öffentliche Wahrnehmung ideeller Themata zu beschränken. Das hat sich jedoch in der furchtbaren Zeit des Geldzusammenbruches nicht aufrechterhalten lassen, und auch heute noch bilden die „Wirtschaftsnöte" ein ständiges Kapitel im Wirkungskreise der Richtervereine. Eine ganz neue Wendung ist in den entwicklungsgeschichtlichen Verlauf durch Abzweigung eines besonderen „Republikanischen Richterbundes" hineingekommen. Dadurch ist auch der politische, sogar ins Parteipolitische hinübergreifende Stoff zum Diskussionsgegenstande des richterlichen Verbandswesens geworden.

Die Entwicklung begann in Österreich. In Reichsdeutschland wurde der erste Richterverein 1899 in Hessen gegründet. Nach einiger Zeit folgten die anderen Länder, Bayern z. B. 1906, Sachsen 1907, Preußen 1909. In diesem letzteren Jahre kam es auch zu einer zentralen Zusammenfassung für ganz Deutschland im „Deutschen Richterbund". Er veranstaltet „Deutsche Richtertage" (der 6. war 1925 in Augsburg). § 2 seiner Satzung (Fassung vom 24. 6. 1923) lautet: „Der Bund bezweckt die Förderung der Rechtspflege und der Berufsangelegenheiten der deutschen Richter und Staatsanwälte." Tabelle der Richtervereine in der Dt. Richter-Zeitung 1925 Sp. 351 ff. (Änderungen natürlich zu erwarten). In dieser Zeitschrift auch fortlaufend Berichte über den Bestand des Vereinswesens. Zusammenfassende, historische und dogmatische Darstellung: Richard Schmidt (Professor in Leipzig), Die Richtervereine, 1911. Vgl. auch Karl Kade, Der deutsche Richter, 2. Aufl. 1910.

Der verbandsmäßige Zusammenschluß hat auch gelegentlich bereits den Gedanken eines Richterstreiks nahe gerückt. Es ist jedoch, dies ein Beweis für das tiefe Gefühl des Richterstandes für seine Beamteneigenschaft, noch nie zu einer praktischen Anwendung innerhalb Deutschlands selbst gekommen. Nur gegen von außen kommende rechtswidrige Eingriffe in die Justiz haben in ganz vereinzelten Fällen die deutschen Richter ihre Diensttätigkeit eingestellt. So im April 1920 in Oberschlesien, als die sog. Alliierte Kommission Richter und Staatsanwälte, die pflichtgemäß, aber der Kommission nicht genehm gehandelt hatten, kurzerhand ausgewiesen und rechtmäßig verhaftete Verbrecher befreit hatte. Eine Aussetzung sämtlicher Sitzungen für eine Stunde wurde im Oktober 1922 von den Kölner Richtern als Protest beschlossen und durchgeführt, als die sog. Rheinlandkommission sich dadurch eine Rechtsbeugung zuschulden kommen ließ, daß sie den rechtmäßig verurteilten Sonderbündler Smeets seiner Strafen ledig sprach. —

Der „Republikanische Richterbund" trat 1922 ins Leben. Von den bestehenden Richterbünden wurde er abgelehnt, weil er die Politik in das richterliche Wesen hineintrage, Richter gegen Richter stelle und den falschen Anschein erwecke, als wären nur seine Mitglieder verfassungstreu. Demgegenüber hat sich der Republikanische Bund auf den Standpunkt gestellt, daß seine Gründung nur ein „Akt der Notwehr" gewesen sei, um die weitere Zurücksetzung der offen zur Republik sich bekennenden Richter zu bekämpfen. In jedem Falle ist dieser gespaltene Zustand sehr bedauerlich und dem Ansehen des Richterstandes abträglich. Als Organ dient dem Republikanischen Richterbund die bereits erwähnte (über bloße Vereinstätigkeit hinausgreifende) 1925 gegründete Reformzeitschrift „Die Justiz". — Es gibt auch eine (zweifellos parteitendenziös eingestellte) „Vereinigung sozialdemokratischer Juristen", die Anfang 1926 über 500 Mitglieder zählte.

II. **Amtsführung des Richters.**

a) **Ernennung.** Die Richterschaft ist kein Gewerbe, sondern ein Amt. Jeder einzelne Richter wird eigens für das Amt „ernannt". Die Ernennung ist ein Formalakt, und es bildet ein Stück der Verfassung eines Volkes, wer die Richter zu ernennen hat.

Dabei besteht die Möglichkeit einer gewissen **Auswahl**. Das hängt damit zusammen, daß dank der „Überfüllung" der juristischen Laufbahn das Angebot stärker ist als der Bedarf, so daß die ernennende Stelle in die Lage versetzt wird, aus der Zahl der Anwärter den einen schneller, den anderen langsamer, den dritten überhaupt nicht in die eigentliche Richterlaufbahn hineinzubringen (vgl. bereits S. 465 V). Was die Methode der Auswahl anbelangt, so ist diese zurzeit durchaus beherrscht vom Beamtengeist. Universität und Referendariat werden als Beamtenschule aufgefaßt, und aus dem so geschaffenen Vorrat junger Juristen wird der Nachwuchs geschöpft. An diesem System wird immer wieder Kritik geübt. Insbesondere wird diesem System der Beamtenschule gegenübergestellt das in Frankreich und England, früher auch in Deutschland (und heute noch in Bremen) übliche System, die Richterschaft aus dem (nicht beamteten) Anwaltsstande heraus zu wählen. Man will also, daß jeder Jurist erst in die Anwaltslaufbahn einbiegt, und daß der die Richter ernennende Staat aus den so bereits im praktischen Leben bewährten Juristen seine Männer herholt.

Als **entscheidende Stelle** kommt grundsätzlich in Deutschland die Landesregierung, verkörpert im Justizministerium, in Frage. Doch gilt das nicht ausnahmslos. Besonders eigenartig ist auch in dieser Hinsicht die Lage in Bremen. Hier werden die „Richter" (es gibt nur diese eine Amtsbezeichnung) durch einen besonderen Wahlausschuß gewählt, der aus je drei Vertretern des Senats, der Bürgerschaft und des Richterkollegiums gebildet ist. Obwohl es sich nur um ein ganz kleines „Land" handelt, ist diese Regelung bemerkenswert. Denn sie stellt dem System der Ernennung (durch die Regierung) das System der Wahl (durch Volksvertreter) gegenüber. Es ist schon in anderem Zusammenhang (S. 473 f.) darauf hingewiesen worden, daß eine Verallgemeinerung dieses letzteren Systems nicht empfohlen werden kann. Es mag für die kleinen und übersichtlichen Verhältnisse Bremens passen, nicht aber für größere Bezirke. Überdies ist auch in Bremen das System so eingeengt und stilisiert, daß es als eine wirkliche Volkswahl nicht mehr bezeichnet werden kann. Geht man noch einen Schritt weiter und läßt die beiden anderen Gruppen (Senat und Bürgerschaft) fort, so daß nur das Richterkollegium als Wahlkörper übrig bleibt, so kommt man zu einem ganz anderen System, nämlich dem der **Selbstergänzung**: **Die Ernennung neuer Richter erscheint damit als ein Internum der Richterschaft selbst.** Für dieses System, allerdings in abgeschwächter Form, setzen sich heute breite Teile der Richterschaft ein. Ein gewisser Erfolg liegt nicht außer dem Bereich der Möglichkeit.

Völlige Überlassung der Auswahl an das Richterkollegium hat keine Aussicht auf Erfolg, wäre auch nicht gut. Wohl aber kann eine **Mitwirkung** bei der Ernennung in Frage kommen. Eine solche ist auch bereits in einigen deutschen Ländern seit alters eingebürgert. Am deutlichsten in **Württemberg**, wo schon seit über hundert Jahren das Gericht, bei dem eine Stelle frei ist, auf Grund einer Beratung in einer Vollversammlung der Richter dem Justizminister **Vorschläge** macht, regelmäßig in Gestalt einer Dreimännerliste.

Eine bedeutende Belebung empfing dieser Gedanke in der **Revolutionszeit** im Zusammenhang mit der damals hervortretenden Ideologie des Rätesystems, insbesondere der Idee, neben den Arbeiter- und Angestelltenräten auch **Beamtenräte** einzurichten und diesen außer anderen Befugnissen auch eine „Mitwirkung" bei der Beamtenernennung zuzusprechen. Im Zuge dieser Bewegung ist in **Bayern** durch eine Verfügung vom 8. Januar 1919 (JMBl. S. 9) der „Rat der Justizbeamten" geschaffen worden, in dem höhere, mittlere und untere Justizbeamte vereinigt sind, und der nun bei der Besetzung der Richterstellen mindestens gutachtlich gehört werden soll (vgl. Berichte in Dt. Richter-Ztg. vom 1. Februar 1919 und in Dt. Juristen-Ztg. 1919 Sp. 253). In **Preußen** ist man auch an diesen Gedanken herangetreten; hier ist er jedoch im Stadium parlamentarischer Vorberatungen hängen geblieben. Der preußische Staatsrat hatte z. B. gegen Ende 1921 vorgeschlagen, für die Auswahl der Richter aus der Schar der Assessoren einen „Beirat", bestehend aus den 3 dienstältesten Oberlandesgerichtspräsidenten und aus 3 Rechtsanwälten, zu bilden. Übrigens ging damals (1921) in Preußen auch der Vorschlag um, „hervorragend befähigte und praktisch erfahrene Personen aus allen

Kreisen des Volkes" ohne Universitätsstudium und Referendariat zum Assessorexamen zuzulassen und ihnen damit die Richterlaufbahn zu erschließen. Ein dahingehender Antrag ist sogar im Landtag mit 158 gegen 149 Stimmen angenommen worden, aber nicht weiter gediehen (es wäre eine Änderung des Reichsrechts erforderlich gewesen). In der gleichen Zeit kam es auch im braunschweigischen Landtag zu sehr erregten Auseinandersetzungen (Januar 1922), weil das Ministerium zwei neue Oberlandesgerichtsräte ernannt hatte, ohne, der bisherigen Praxis entsprechend, das Präsidium des Oberlandesgerichts vorher zu „befragen", und weil der Oberlandesgerichtspräsident dagegen in sehr scharfer Form Verwahrung eingelegt hatte.

Heute vertritt der Deutsche Richterbund, im Zusammenhang seiner Bestrebungen, eine „Politisierung der Justiz" von außen her zu verhindern (S. 475 Ziff. 3), die weitgehende These, daß einem von der Richterschaft gewählten Kollegium „entweder die unmittelbare Ernennung der Richter oder ein für die Justizverwaltung bindendes Vorschlagsrecht" zu übertragen sei.

b) **Laufbahn.** Gibt es überhaupt für den Juristen eine „Laufbahn"? Und bei Bejahung: Soll man sie abschaffen?

1. Die erste Frage ist zu bejahen. Es gibt eine „Laufbahn" des Juristen. Sie kennzeichnet sich durch verschiedene Gesichtspunkte.

Schon am Anfang steht, mit dem vorgehend geschilderten Ernennungssystem zusammenhängend, die Bevorzugung der Prädikatsassessoren, d. h. derjenigen, die die Große Staatsprüfung mit „gut" bestanden haben (Statistik S. 462). In Preußen sind z. B. nach einer Berechnung auf das Jahr 1925 die Prädikatsassessoren durchschnittlich $2^1/_2$ Jahre früher angestellt worden als die übrigen. Sodann sind innerhalb der Gesamtheit der Richterschaft mehrere Sorten von Richtern vorgesehen. Schon der Gegensatz zwischen Amtsrichter und Landrichter wird bisweilen noch heute wie ein Qualitätsunterschied empfunden, obwohl der Amtsrichter, zumal er meist als Einzelrichter (S. 379e) fungiert, teilweise eine weit größere Verantwortlichkeit zu tragen hat als der Landrichter. Dazu treten dann die Oberlandesgerichtsräte und Reichsgerichtsräte, ferner bei den größeren Gerichten die Direktoren und die Präsidenten, und es wird ganz allgemein als ein Fortschritt aufgefaßt, wenn man von der einen Stelle in die „nächst höhere" versetzt wird. Gesichert wird die Staffelung durch gewisse Gehaltsunterschiede, die nicht sehr bedeutend sind, aber unter den heutigen gedrückten Wirtschaftsverhältnissen immerhin bemerkenswert ins Gewicht fallen (vgl. im folgenden unter c). Darum gibt es eben doch im Leben des Juristen etwas, das man als „Karriere" bezeichnen kann.

2. Diesen Zuständen gegenüber hat sich schon seit längerem das Reformverlangen geregt. Vereinzelte Stimmen sind für vollkommene Beseitigung aller Grad- und Titelunterschiede und möglichst auch der Abweichungen im Gehalt. Sie wollen einzig den Typus „Richter" gelten lassen, den „Richter sans phrase". Diese äußerste Meinung hat allerdings fast allgemeine Ablehnung

erfahren. Mehr Anklang hat es gefunden, daß man in Einzelfragen den Laufbahngedanken schwächen möchte.

Insbesondere wird viel ein geordnetes System des Vorrückens verlangt; diese Forderung ist übrigens in finanzieller Hinsicht schon in Gestalt der Dienstaltersstufen ziemlich verwirklicht. Weiter wurde schon seit längerem Beseitigung der sog. geheimen Qualifikation verlangt. Dem ist jetzt, in Durchführung eines Satzes der Reichsverfassung (Art. 129 Abs. 3 S. 3: „Dem Beamten ist Einsicht in seine Personalnachweise zu gewähren"), im wesentlichen Rechnung getragen.

Am wichtigsten ist aber natürlich die Frage, wer über die „Beförderung" des einzelnen entscheidet. Es gilt hier ungefähr dasselbe wie bei der Ernennung, und entsprechend wird auch dieselbe Kritik und Antikritik geübt („Politisierung" mittels Beförderung politisch „Genehmer") und mit ähnlichen Reformvorschlägen aufgewartet.

Mit der Beförderung verwandt ist die „Geschäftsverteilung". An einem Landgericht z. B. gibt es sehr verschiedene Dezernate, angenehme und weniger angenehme. Allerdings ist auch die Neigung verschieden. Es kann sich nun der einzelne nicht den Platz aussuchen, der ihm der liebste wäre, sondern eine besondere Kommission (das sog. Präsidium) stellt Jahr für Jahr einen Plan für die Verteilung der Dienstgeschäfte auf.

3. Ihr Ende findet die Laufbahn des Richters mit Erreichung der Altersgrenze. Es ist dies eine wesentliche Neuerung der jüngsten Zeit. Bis zur Revolutionszeit erschien die „Lebenslänglichkeit" des Richteramts mit der „Unabhängigkeit" des Richters eng verschmolzen (vgl. S. 377 b). Ob es auch damals schon staatsrechtlich-theoretisch zulässig gewesen wäre, durch ganz Deutschland hin Altersgrenzen für die Richter einzuführen, mag dahingestellt bleiben. Jedenfalls war diese Einrichtung sämtlichen deutschen Staaten unbekannt (anders im Reichsland Elsaß-Lothringen, wo für Richter 70 Jahre die Altersgrenze bildeten). Es hat nun aber die neue Reichsverfassung eine Wendung gebracht, indem sie ausdrücklich die gesetzliche Einführung von Altersgrenzen auch für den Richterstand gutgeheißen hat (Art. 104 Abs. 1 S. 3). Und davon haben die Länder sehr bald Gebrauch gemacht; leider mit wesentlichen Verschiedenheiten, die aber vielleicht in nächster Zeit durch ein Reichsgesetz oder durch planmäßige Angleichung der Landesgesetze ihr Ende finden werden.

Augenblicklich (Ende 1926) ist z. B. in Preußen die Grenze auf 65 Jahre angesetzt, in Bayern dagegen auf 68 Jahre. Eigentümlicherweise sind aber gerade gegenwärtig in Preußen Erwägungen im Gange, zu der Grenze von 68 Jahren (die anfänglich durch Ges. v. 15. November 1920 festgesetzt war und erst durch die „Personalabbauverordnung" vom 8. Februar 1924 auf 65 Jahre heruntergeschraubt wurde) zurückzukehren, während umgekehrt in Bayern eine gewisse ministerielle Tendenz auf Übergang von der 68-Jahresgrenze zur 65-Jahresgrenze vorhanden ist.

Übrigens tritt bei diesen Begrenzungen erneut die Sonderstellung der Richter hervor. Für die anderen Beamtengruppen ist nämlich (meist) vorgesehen, daß die Regierung sie im einzelnen Falle nach ihrem Ermessen doch über die Altersgrenze hinaus im Dienst behalten darf. Ein solches Ermessen würde bei den Richtern wiederum unvereinbar mit dem Grundsatz der Unabhängigkeit sein. Deshalb ist die Grenze beim Richter zwingend.

Großes Aufsehen hat es seinerzeit (1920/22) erregt, als eine Gruppe von preußischen Richtern im Prozeßwege die Anwendbarkeit der neu eingeführten Altersgrenze auf die bereits im Amt befindlichen Richter anfocht. Der Prozeßweg wurde dadurch erschlossen, daß die Richter den Unterschied zwischen ihrem Gehalt und der „Pension" gegen den preußischen Staat einklagten. Gestützt wurde die Klage darauf, daß die bereits im Amte befindlichen Richter ein „wohlerworbenes Recht auf Lebenslänglichkeit" besäßen und durch Art. 129 Abs. 1 S. 3 wie alle Beamten in ihren „wohlerworbenen Rechten" unverletzlich seien. Das Kammergericht gab ihnen Recht, das Reichsgericht dagegen wies als letzte Instanz ihre Klage ab, erkannte also die Gültigkeit der Altersgrenze auch für die bereits im Amt befindlichen an (zwei Urteile vom 14. März 1922; Sammlung Bd. 104 S. 58ff., 66f.).

Vor Erreichung der Altersgrenze können untaugliche und unwürdige Richter im Wege des Dienststrafverfahrens vom Amte entfernt werden. Um der „Unabhängigkeit" willen ist dieses Dienststrafverfahren bei den Richtern (im Vergleich zu den sonstigen Beamten) mit besonderen Garantien nach Maßgabe der Landesgesetze umgeben. Fälle einer Entfernung vom Amte auf diesem Wege sind sehr selten.

c) **Finanzielle Stellung.** Der wichtigste Punkt in der finanziellen Stellung des Richters ist der, daß ihm ein festes Gehalt zukommt, auf das er einen (selbstverständlich klagbaren) Rechtsanspruch besitzt, und daß er nach Beendigung der Dienstlaufbahn eine feste unentziehbare Pension empfängt.

Es liegt darin ein großer Gegensatz zur Geschichte. Denn lange Zeit hindurch war die Richterschaft oder mindestens ein Teil der Richter ganz oder ausschließlich auf sog. „Sporteln" angewiesen. Auf dem gleichen Punkt beruht auch der Gegensatz der Richterschaft zur Anwaltschaft, welch letztere statt des Gehalts „Gebühren" bezieht. (Näheres unten § 41 II d.)

Die Gehälter der Richter sind (abgesehen vom Reichsgericht) Landesgehälter. Sie fügen sich den in den Ländern gebildeten Gehaltsgruppen ein. Änderungen des Gruppensystems im einzelnen werden wahrscheinlich nicht ausbleiben; namentlich wird zurzeit eine starke Vermehrung der Gruppen erwogen. In Preußen bestehen zurzeit XIII Gruppen und darüber noch sog. Sonderklassen. Die große Mehrzahl der Richter, nämlich die Schicht der Amts- und Landgerichtsräte (Statistik S. 428 a und S. 431 c), bewegt sich nun in den beiden Gruppen X und XI, die wieder in Stufen gegliedert sind. Über die Hälfte steht jeweils in X, ein knappes Drittel in XI, einige wenige haben die sog. Beförderungsstellen der Gruppe XI inne (preußischer Stand vom 1. 8. 1924: 2596 in Gruppe X, 1617 in Gruppe XI, 169 in Beförderungsstellen). In der Gruppe XII stehen die Oberlandesgerichtsräte und Landgerichtsdirektoren, in der Gruppe XIII die Landgerichtspräsidenten. Einige Landgerichtspräsidenten (in Preußen 19 von insgesamt 86, nach Stand von 1924) gehören sogar in die Sondergruppe I, und natürlich fallen in den Sondergruppenbereich auch die Senats- und Chefpräsidenten der Oberlandesgerichte. — Über die finanzielle Stellung der Assessoren vgl. bereits S. 467.

Der Durchschnittsrichter hat gesicherte Aussicht, mit vorrückendem Alter aus der Klasse X in Klasse XI zu gelangen; denn es besteht insoweit das Dienstalterssystem. Das Endgehalt, das er auf diese Weise erlangt, beträgt zurzeit in Preußen 8052 Mark (Stand Ende 1926; bedeutende Steigerung, wie überall, seit Stabilisierung der Mark; am 1. Dez. 1923 wurde sein Endgehalt auf 3780 Mark festgesetzt, am 1. April 1924 erhöht auf 4698 Mark, am 1. Juni 1924 auf 7068 Mark und seit 1. Dezember 1924 8052 Mark). Dies sind die Sätze für den Ledigen; für Frau und Kinder Zuschläge. Darüber hinaus gelangt man nur im Wege des Beförderungssystems, denn Oberlandesgerichtsrat, Direktor oder Präsident kann man nicht durch bloßes zunehmendes Alter werden.

Im ganzen sind danach die Einkünfte des Richters sehr schmal. Das tritt mit elementarer Deutlichkeit in Erscheinung, wenn man die überaus hohen Ausbildungskosten und die lange „Wartezeit" des Assessors mit veranschlagt. Schon vor dem Kriege wurden überraschende Feststellungen gemacht. Besonderes Aufsehen hat es erregt, als im Frühjahr 1913 eine große Tageszeitung die wirtschaftlichen Aussichten eines Maurers und die eines deutschen Richters gegenüberstellte: Bei dem Maurer wurde die Ausbildung mit 0 veranschlagt, da bereits der Lehrling verdient, also Ausbildungskosten nicht in Frage kommen. Daran anschließend wurde berechnet, daß der Maurer bis zu seinem 35. Lebensjahr im ganzen bereits 26115 Mark vereinnahmt hat. Beim Richter wurden die Ausbildungskosten mit 17900 Mark veranschlagt, wobei für den Studenten und Referendar jährlich nur 1800 Mark eingestellt worden sind. Weiter wurde errechnet, daß bis zum 35. Lebensjahre der Jurist erst 18300 Mark eingenommen hat, so daß also in jenem Lebensabschnitt, wo der Maurer bereits über 26000 Mark ins Verdienen gebracht hat, der Jurist gerade erst seine Ausbildungskosten herauswirtschaften konnte. Erst nach dem 45. Lebensjahre holt bei dieser Berechnung der Richter den Maurer ein. Die Berechnung ist damals ziemlich unwidersprochen geblieben. Höchstens ist dagegen ausgeführt worden, daß die Lage des Richters noch zu günstig dargestellt sei und daß er also in Wirklichkeit noch um einiges schlechter dastehe. Heute dürften die Verhältnisse kaum anders liegen. Sie haben sich eher insofern noch verschärft, als früher die Ausbildung bei vielen jungen Juristen auf der Grundlage eines soliden Familienvermögens bestritten werden konnte, während jetzt die Mehrzahl der in Betracht kommenden Familien ihr Vermögen im Strudel der Geldentwertung bis auf kleine Reste verloren hat. Andererseits darf bei allen solchen Berechnungen nicht vergessen werden, welcher Vorteil (gegenüber z. B. dem Handwerker) in der festen Pension gelegen ist.

Die Gelegenheit zu Nebenverdiensten ist überaus gering. Ein Beispiel gibt etwa schriftstellerische Betätigung. Jedes bezahlte Nebenamt, ja schon eine bloße bezahlte „Nebenbeschäftigung" ist (nach näherer Regelung in der Landesgesetzgebung) entweder schlechthin verboten oder an besondere Genehmigung der vorgesetzten Dienststelle gebunden. Das gilt z. B. von dem Posten als Aufsichtsrat bei einer Industriegesellschaft. Auch als Gutachter oder Schiedsrichter ist der staatliche Richter an Genehmigung gebunden. Der Grund ist der, daß die (vom Richter darzustellende) Staatsautorität nicht mit Privatinteressen in Widerspruch geraten soll; die richterliche Unabhängigkeit bildet auch hier wieder den letzten großen Hintergrund. Schiedsrichterliche Betätigung seitens ordentlicher (zum Teil sehr hochgestellter) Richter hat neuerdings in bedenklicher Weise zugenommen. Da es sich dabei meist um außergewöhnlich hochbezahlte Tätigkeit handelt, birgt das einmal die Gefahr einer (psychologisch naheliegenden) Ablenkung von der Haupttätigkeit als staatlicher Richter, sodann auch die Gefahr erheblicher finanzieller Besserstellung einzelner Richter gegenüber der übrigen Kollegenschaft in sich. Sehr eindrucksvoll und warnend das Reichsgerichtsurteil vom 29. Januar 1926 (Samml. Bd. 113 S. 1).

d) **Haftpflicht des Richters.** Für Verletzung seiner Dienstpflicht ist der Richter nach näherer Maßgabe des § 839 BGB. haftbar, wodurch eine starke moralische und finanzielle Belastung auf ihn fallen kann.

§ 839 BGB.: „Verletzt ein Beamter vorsätzlich oder fahrlässig die ihm einem Dritten gegenüber obliegende Amtspflicht, so hat er dem Dritten den daraus entstehenden Schaden zu ersetzen. Fällt dem Beamten nur Fahrlässigkeit zur Last, so kann er nur dann in Anspruch genommen werden, wenn der Verletzte nicht auf andere Weise Ersatz zu erlangen vermag. — Verletzt ein Beamter bei dem Urteil in einer Rechtssache seine Amtspflicht, so ist er für den daraus entstehenden Schaden nur dann verantwortlich, wenn die Pflichtverletzung mit einer im Wege des gerichtlichen Strafverfahrens zu verhängenden öffentlichen Strafe bedroht ist. Auf eine pflichtwidrige Verweigerung oder Verzögerung der Ausübung des Amtes findet diese Vorschrift keine Anwendung. — Die Ersatzpflicht tritt nicht ein, wenn der Verletzte vorsätzlich oder fahrlässig unterlassen hat, den Schaden durch Gebrauch eines Rechtsmittels abzuwenden."

Danach sind zu scheiden die Urteilstätigkeit und die sonstige Tätigkeit des Richters. Bei der Urteilstätigkeit bleibt der Richter fast immer haftfrei. Es kommt nur Vorsatz in Verbindung mit Verstoß gegen das öffentliche Strafgesetz in Frage. Man spricht infolgedessen von einem „Privileg des Spruch- oder Prozeßrichters" und stellt ihm den schärfer haftenden Richter der freiwilligen Gerichtsbarkeit (z. B. den Nachlaßrichter oder den Grundbuchrichter) gegenüber.

Inhaltlich geht die Haftung des § 839 recht weit. Das Reichsgericht vertritt den Standpunkt, daß nicht nur Unkenntnis der Gesetzestexte (in ihrer heutigen fast unabsehbaren Masse), sondern sogar schon Unkenntnis der reichsgerichtlichen Judikatur ein Fehler sei, den der Richter vertreten müsse.

Eine Verschiebung wird bei gewissen Lagen dadurch erzielt, daß der Staat nach außen hin die primäre Haftung übernimmt, aber andererseits sich den Rückgriff auf den Richter vorbehält. Das Hauptbeispiel bietet § 12 der Reichsgrundbuchordnung: „Verletzt ein Grundbuchbeamter vorsätzlich oder fahrlässig die ihm obliegende Amtspflicht, so trifft den Beteiligten gegenüber die im § 839 BGB. bestimmte Verantwortlichkeit an Stelle des Beamten den Staat oder die Körperschaft, in deren Dienst der Beamte steht. Das Recht des Staates oder der Körperschaft, von dem Beamten Ersatz zu verlangen, bleibt unberührt." In Preußen ist übrigens dieser Gedanke durch ein Gesetz vom 1. August 1909 auf alle Staatsbeamte in Ausübung der öffentlichen Gewalt verallgemeinert worden. Gleiches erstrebt die Reichsverfassung für ganz Deutschland (Art. 131).

Dieses Haftungssystem hat wichtige Bedenken gegen sich. Es zeitigt eine übergroße Ängstlichkeit und Genauigkeit. Manche Klagen der Bevölkerung über Schwerfälligkeit der Rechtspflege und über eine scheinbar an Schikane grenzende Peinlichkeit in der Urkundenprüfung erklären sich lediglich aus der Besorgnis des Richters, sich durch eine Unvorsichtigkeit persönlich haftbar zu machen. Vielleicht könnte eine vom Staate einzurichtende Haftpflichtversicherung zugunsten seiner Richterschaft Abhilfe schaffen.

e) **Rückblick.** So geht der deutsche Richter unter bescheidenen finanziellen Verhältnissen und belastet mit einem hohen Maße von Verantwortlichkeit seinem Lebensabend entgegen. Voll würdigen kann er seinen Lebensgang erst beim Rückblick im hohen Alter. Da aber wird der tüchtige Richter doch von sich sagen dürfen: Ich habe ein reiches Leben gehabt.

Zunächst darf der Jurist nicht vergessen, daß ihm eine sehr **vielgestaltige Tätigkeit** zugewiesen ist. Gewiß hat sich in manchen Zweigen der richterlichen Beschäftigung eine gewisse Mechanik eingebürgert, aber das ist doch nur eine Zutat. Wer schärfer zusieht, muß erkennen, daß jeder „Fall" sein eigenes Gepräge hat. Damit ist der Richter wesentlich besser gestellt als Millionen seiner Brüder, deren ganzes Leben sich im Zeichen einer mechanischen Tätigkeit abspielt.

Auch der inhaltliche Gehalt eines jeden Einzelfalles ist einer gewissen Verklärung zugänglich. Der Richter kann und soll wirken wie ein guter Arzt. Als ein Helfer und Heiler hat er an den Einzelfall heranzutreten. Er kann etwas wirken, und darin liegt einer der höchsten Werte des Lebens.

Darüber hinaus steht er sichtbar im Dienste des Allgemeinwohls. Güterverteilung, Verbrechensbekämpfung, Jugenderziehung, Sicherung des Staats und der Gesellschaft sind in entscheidendem Ausmaß seinem Geist und seinem Willen anvertraut. So erweist sich die Richterschaft trotz mancher Härten ihres äußeren Daseins als ein machtvoller Kulturfaktor, und jeder einzelne, der im Richterberuf steht, hat seinen Teil daran.

Als Eigenschaften, die für den Richterberuf besondere Bedeutung haben (über allgemeine Eignung zur juristischen Betätigung vgl. bereits S. 422 IV), sind hervorzuheben: Fester Wille zur Objektivität, strengste Fernhaltung von allem, was nach persönlicher oder politischer Intrigue schmeckt, darum aber auch Mut, die rechtlichen Wahrheiten zu künden, selbst wenn mit Unwillen eines Vorgesetzten oder mit dem Zorn der Masse gerechnet werden muß. Weiter: Psychologische Begabung, denn der Richter muß nachfühlen können, was die verschiedenartigsten Menschen bei ihrem Tun geleitet hat; darum innerliche Wappnung gegen jedes Schablonentum, unablässiges Mühen, sich in die Seelen anderer hineinzudenken. Schließlich: logisches Denken, die Fähigkeit, seine Gedanken immer wieder in feste Ordnung zu bringen, durch den Einzelfall hindurch das Prinzipielle zu erfassen, mit anderen Worten: Disziplin der Gedanken.

III. Andere beamtete Juristen.

a) Der Staatsanwalt.

Gesetzliche Unterlage: Der 10. Titel des Gerichtsverfassungsgesetzes (§ 141 ff.) nebst landesrechtlichen Ausführungsvorschriften. Ferner viele Paragraphen der Strafprozeßordnung. Schrifttum: Die Kommentare zu den eben genannten Gesetzesstellen. Eine Einführung in den praktischen Dienst, für Referendare bestimmt, gibt W. Fuhrmann (Staatsanwaltschaftsrat in Ratibor), Der Staatsanwalt, 1924. Vgl. ferner v. Marck-Kloß, Die Staatsanwaltschaft bei den Land- und Amtsgerichten in Preußen (mehrere Auflagen).

Seit 1925 gibt es eine „Vereinigung der Preußischen Staatsanwälte". Sie ist jedoch bis jetzt nicht sonderlich hervorgetreten.

1. Vorbildung und Befähigungsnachweis sind ebenso wie beim Richter. Auch in der Praxis arbeiten beide oftmals Hand in Hand. Für jeden einzelnen jungen Juristen tut sich deshalb nach abgelegtem zweiten Examen die Wahl auf, ob er Richter oder Staatsanwalt werden will, wobei allerdings die größere oder geringere Überfüllung des einen oder anderen der beiden Berufszweige ein gewisses äußeres Hemmnis mit sich bringen kann.

Die einmal vollzogene Wahl ist nicht endgültig. In Süddeutschland (Bayern) findet ein beständiger Wechsel zwischen Tätigkeit im Richteramt und bei der Staatsanwaltschaft statt. In Preußen freilich ist die Sonderung ziemlich scharf. Die Juristen, die einmal zur Staatsanwaltschaft gegangen sind, verbleiben meistens dort ihr ganzes Leben lang oder doch wenigstens den größten Teil davon. Es hat das auch seinen tieferen Grund. Denn es besteht immerhin ein beträchtlicher Gegensatz zwischen den Lebensaufgaben eines Staatsanwalts und denen eines Richters.

Den Beruf des Staatsanwalts kann man nicht ganz erfassen ohne geschichtliche Betrachtung. Die Einrichtung ist französischer Herkunft. Seit mehreren Jahrhunderten kennt Frankreich einen sog. „procureur du roi", der mit der Wahrnehmung der fiskalischen Angelegenheiten betraut war. Nach und nach sind die Kompetenzen dieses öffentlichen Beamten dahin erweitert worden, daß er ganz allgemein als „Hüter der öffentlichen Ordnung" betrachtet wurde und insbesondere zur ständigen Kontrolle der Gerichte berufen erschien. Napoleon I. hat der Einrichtung einen festeren Rahmen gegeben. Der procureur du roi wurde ausdrücklich als Verwaltungsbehörde anerkannt, und bei der gerade damals nachdrücklich vertretenen „Trennung der Gewalten" (vgl. S. 292) war das recht beachtenswert. Der Procureur nahm am Straf- wie am Zivilprozeß teil und zwar in der Rolle eines überwachenden Beamten. Dadurch wurde er zeitweise zu einer lebendigen Bedrohung der richterlichen Unabhängigkeit, zumal er nicht selten in die politischen Schwankungen hineingerissen wurde.

1849 ist die Einrichtung des Staatsanwalts in Preußen eingedrungen, und zwar unter dem Einfluß der rheinischen Juristen. Es ist bezeichnend für den Wechsel der Volksstimmung, daß im Jahre 1848 die Einrichtung der Staatsanwaltschaft als eine „populäre" Forderung galt.

Die Reichsgesetzgebung vom Jahre 1877/79 (vgl. S. 216f.) behielt das Institut bei, trotzdem schon damals manche Kritik dagegen eingesetzt hatte.

2. Die Aufgaben des Staatsanwalts treten hauptsächlich im Strafprozeß in Erscheinung. Hier tritt der Staatsanwalt als Anklagebehörde auf und zwar besitzt er das sog. „Anklagemonopol", d. h. grundsätzlich kann nur er allein und nicht etwa der Richter oder eine Privatperson die Anklage in Lauf bringen. Verschärfend wirkt das (neuerdings abgeschwächte) sog. „Legalitätsprinzip", worunter man versteht, daß der Staatsanwalt in jedem Falle, wo der äußere Tatbestand eines Strafgesetzes gegeben ist, Anklage erheben muß, also insbesondere nicht (wie das sog. Opportunitätsprinzip es verlangt) in einem einzelnen Fall wegen besonderer Milde des Tatbildes oder z. B. wegen der langen Zeit, die seit der Tat verstrichen ist, von der Erhebung der Anklage absehen darf (vgl. bereits S. 405 b 1). — Im Zivilprozeß tritt der Staatsanwalt nur vereinzelt auf. Seine Tätigkeit ist da vorgesehen, wo ein „öffentliches Interesse" in Frage kommen könnte, vor allem bei den Ehe- und Kindschaftssachen. Doch bleibt auch bei der großen Masse dieser Sachen die Staatsanwaltschaft passiv. — Wie es nicht anders gehen kann, fällt schließlich der Staatsanwaltschaft außer der Prozeßtätigkeit auch ein gewisses Maß von Verwaltungstätigkeit zu. Z. B. ist ein Teil des Gefängniswesens der Staatsanwaltschaft unterstellt.

3. Die funktionelle Stellung des Staatsanwalts unterscheidet sich deutlich von der des Richters. (Näheres darüber

bereits S. 382 h.) Er ist nicht Richter, sondern Verwaltungsbeamter. Daraus folgt seine grundsätzliche Abhängigkeit vom Vorgesetzten, sowohl in formaler, wie in materieller Beziehung. Er muß z. B. Anklage erheben, wenn der Vorgesetzte dies anordnet, auch wenn er selbst den Fall nicht für strafwürdig hält, und er muß auch diejenige (vielleicht eine sehr harte) Strafe beantragen, die der Vorgesetzte für gut befindet, auch wenn er selbst einer anderen (vielleicht milderen) Strafe zuneigt.

Das ist ausdrücklich im GVG. niedergelegt: „Die Beamten der Staatsanwaltschaft haben den dienstlichen Anweisungen ihres Vorgesetzten nachzukommen" (§ 146). In der breiteren Öffentlichkeit ist das nicht genügend bekannt, so daß man bisweilen scharfen (aber eben nicht gerechtfertigten) Tadel über die „Beeinflussung" eines Staatsanwalts durch die vorgesetzte Dienststelle vernimmt. Folgerungen aus solcher Überordnung des Vorgesetzten sind das sog. Devolutionsrecht und das sog. Substitutionsrecht. Kraft des ersteren kann der Vorgesetzte jede einzelne Angelegenheit dem Staatsanwalt abnehmen und selbst erledigen; kraft des letzteren kann er jede Angelegenheit dem zunächst zuständigen Staatsanwalt entziehen und einem anderen Beamten der Staatsanwaltschaft zuleiten (§ 145 GVG.). Zu diesem System stimmt es auch, daß jeder Beamte der Staatsanwaltschaft durch die Landesregierung jederzeit des Amtes enthoben, d. h. in den Ruhestand versetzt werden kann (§ 149 Abs. 2 und Landesgesetze, z. B. preuß. VO. vom 26. Februar 1919). Das Ganze mutet fast wie eine von militärischer Disziplin durchzogene Organisation an. Doch haben in der Praxis unmittelbare Eingriffe der vorgesetzten Dienststelle in die Arbeitsweise des einzelnen Staatsanwalts entschieden Ausnahmecharakter.

Von den Gerichten ist dagegen der Staatsanwalt unabhängig. Im Gegenteil vermag er nach der neuen Gestaltung des Strafprozesses (oben S. 403 α, 405 a) sogar seinerseits stark auf die Gestaltung des Gerichts, ob Einzelrichter, ob Schöffengericht, ob Schöffengericht mit zwei statt eines Richters, einzuwirken, was gleichzeitig auch für den Instanzenzug bestimmend sein kann (§ 25 Ziff. 2 c, § 29 Abs. 2 GVG.).

Bei den Amtsgerichten sind sog. Amtsanwaltschaften eingerichtet. Sie haben in jüngster Zeit viel an ihrer Selbständigkeit eingebüßt. Früher versahen z. B. in kleineren Orten die Bürgermeister oder ähnliche Beamte im Nebenberuf die Amtsanwaltschaft. Jetzt ist das wohl ziemlich überall beseitigt. Die Geschäftsführung ist, auch soweit es sich um die (stark vermehrte) Tätigkeit bei den Amtsgerichten handelt, bei der dem Landgericht angegliederten Staatsanwaltschaft zentralisiert.

4. Das Wesen der Staatsanwaltschaft tritt begreiflicherweise besonders scharf in politischen Prozessen hervor. Freilich ergibt die oft übereilte öffentliche Kritik bei dieser Gelegenheit meist ein verzerrtes Bild. Zuzugeben ist, daß die Umgestaltung der Staatsverfassung nach der Seite der Parteidemokratie die Stellung der Staatsanwaltschaft merklich erschwert, ihre „Abhängigkeit" von den Weisungen der vorgesetzten Dienststelle, letzten Endes des nach Partei-

gesichtspunkten besetzten Justizministeriums, verschärft hat. Dadurch hat die schon früher gelegentlich hervortretende Meinung, daß das ganze Gebilde der Staatsanwaltschaft historisch überreif geworden sei und deshalb fallen gelassen werden könne, eine neue Belebung erfahren.

So wie der Beruf des Staatsanwalts heute eingerichtet ist, erfordert er ein besonderes Taktgefühl, denn der Keim zu Konflikten ist hier besonders groß, und mit bloßer „Schneidigkeit" können diese Konflikte nicht gelöst werden. Auf der anderen Seite verlangt gerade der Beruf des Staatsanwalts, wie sein Zusammenhang mit der Verbrechensbekämpfung erklärlich macht, ein starkes Maß von Entschlußkraft. Rednerische Gewandtheit ist ebenfalls eine wichtige Vorbedingung. — „Beförderung" und finanzielle Stellung sind ähnlich wie beim Richter gestaltet.

b) **Der Verwaltungsbeamte.**

Vgl. das allgemeine Schrifttum zum Verwaltungsrecht S. 309. Reiches laufendes Material im Preußischen Verwaltungsblatt (erscheint seit 1879). Auch das langsam einsetzende Schrifttum der sog. Verwaltungsakademien wird sich allmählich einen Platz erobern. Über Kommunalverwaltung im besonderen vgl. die S. 315 unten genannten Werke. Ferner Nischk (Leiter der Verwaltungsbeamtenschule Aschersleben), Der Kommunalbeamte, 1925.

1. **Grundzüge.** Von dem rein „Juristischen" rückt der Verwaltungsbeamte beträchtlich ab. Handeln geht oft über Urteilen in seiner Amtsführung. Er bewertet nicht Tatbestände nach paragraphierten geistigen Maßstäben, sondern er gestaltet Tatbestände (vgl. S. 312). Daraus kann dann umgekehrt im Wege einer allmählich sich festsetzenden Praxis sogar neues objektives Recht entstehen: Der Gestalter von Tatbeständen wird zum Bildner von Recht (s. S. 107). Freilich ist dies nur ein Gipfelpunkt, der selten, in günstiger Stunde, erreicht wird. Im großen und ganzen lastet auch auf dem Verwaltungsbeamten ein Übermaß kleinster Alltagsarbeit.

Delbrück, der bekannte frühere Staatsminister und Staatssekretär, hat gelegentlich ausgeführt: „Die Allegorie pflegt uns die Justiz mit verbundenen Augen darzustellen, wollte man im Bilde bleiben, müßte man die Verwaltung besonders helläugig darstellen. Sie soll den Grund für ihr Tun und Lassen nicht aus ihrem Innern, sondern aus dem sie umgebenden Leben nehmen und in dieses gestaltend eingreifen." Dem kann man beistimmen, wenn man sich klar macht, daß es sich um eine Ideologie, nicht um ein Werturteil über die beiden Zweige staatlicher (und juristischer) Betätigung handelt. Auch darf man sich die Arbeit des Verwaltungsbeamten nicht so denken, als habe er sich um Gesetzestexte überhaupt nicht zu kümmern. Auch ihm treten auf Schritt und Tritt die „Texte" entgegen, oft sogar sehr veraltete Texte, etwa Wegeregulative oder Wassergesetze, deren Entstehung schon hundert

Jahre zurückliegt. Aber der Spielraum außerhalb der Texte ist doch viel größer und ihre Handhabung wesentlich freier als in der Justiz.

Mit der Politik hängt die Verwaltung ihrem ganzen Wesen nach eng zusammen. Versteht man unter Politik kurzerhand die Staatskunst, dann fällt die Verwaltung, freilich inhaltlich enger begrenzt, mit „Politik" zusammen. Insofern ist die Verwaltung immer „politisiert" gewesen. Heute aber hat die Politisierung der Verwaltung ganz besondere Formen angenommen, die mit der Einführung des parlamentarischen Regimes (S. 305) und dessen Auswachsung zum Parteiabsolutismus (S. 306) zusammenhängen. Während die Justiz in den ihr verliehenen „Garantien" einen gewissen Schutz gegen solche Beeinflussungsmöglichkeit besitzt (S. 475 Ziff. 3), ist ihr die Verwaltung ziemlich schutzlos ausgesetzt. Der radikale Personenwechsel in den obersten Verwaltungsstellen einiger Länder während der ersten fünf Jahre nach der Revolution ist ein eindrucksvolles historisches Beispiel dafür.

Presse, Verbände und parteipolitische Tagungen wachen eifrig über die Besetzung der Ämter und zählen statistisch auf, wieviele Posten von den einzelnen Parteien besetzt sind, Tadel und Forderungen daran anschließend. So wurde z. B. auf dem demokratischen Beamtentag vor einiger Zeit für Preußen konstatiert, daß die 12 Oberpräsidentenstellen, die es in Preußen gibt und die unmittelbar hinter dem Minister folgen, sämtlich seit 1918 neu besetzt seien, und zwar 4 mit Sozialdemokraten, 3 mit Demokraten, 3 mit Zentrumsmännern, 1 mit einem Volksparteiler und 1, der zwischen Demokratie und Volkspartei stehe. Daran schloß sich eine entsprechende Statistik über die parteipolitische Besetzung der 33 Regierungspräsidenten-, der 22 Polizeipräsidenten- und der 426 Landratsstellen. In der Kommunalverwaltung ist dieser Zug eher noch ausgeprägter. Männer, die nicht auf ein bestimmtes Parteiprogramm eingestellt und festgelegt sind, bilden auch auf den Stadtverwaltungsposten die Minderzahl gegenüber den ausgesprochenen Parteigängern. Wäre die bessere Sachkunde mit der Zugehörigkeit zu der jeweils obsiegenden Partei schlechthin verbunden, so könnte für den gegenwärtigen Zeitabschnitt dieses System als ideal bezeichnet werden. Oft aber siegt mit seiner Partei der weniger Sachkundige, so daß man über die dadurch hervorgerufene schlechtere Qualität der Verwaltung im einzelnen höchstens mit dem Gedanken hinwegkommen kann, daß die allgemeinen Richtungslinien bei den Parteimännern besser aufgehoben seien als bei den Nichtparteimännern.

Eine besondere Rolle hat dank dieser durchschnittlichen Abhängigkeit des ersten (obersten) Mannes von der Parteizugehörigkeit und dank des damit zusammenhängenden häufigen Wechsels der Spitze der „zweite Mann" bekommen. Es hat sich nämlich stellenweise eingebürgert, den im Range unmittelbar Folgenden möglichst „unparteiisch", dafür möglichst „sachkundig" zu erhalten, damit bei einem Regierungswechsel mit Sturz des ersten Mannes wenigstens er im Amte verbleiben kann. Auf diese Weise wird die „Tradition" in der technischen Geschäftsführung einigermaßen sichergestellt. Am deutlichsten ist das gelegentlich an der obersten Spitze der Verwaltung, nämlich in den Ministerien, hervorgetreten, indem der sog. Staatssekretär (der „zweite Mann") eine ganze Reihe von wechselnden Ministern (Parteimännern) überdauert hat.

2. Wenn man vom Verwaltungsbeamten spricht, so denkt man zunächst hauptsächlich an den **Staatsbeamten.** In der Tat ist dieser, gipfelnd in der Figur des Staats- oder Reichsministers, das Musterbild und die historische Ausgangsfigur für den Typus des Verwaltungsbeamten.

Dabei sind höhere, mittlere und untere Beamte zu unterscheiden, und bei den höheren wiederum (deren Stellungen für den Studierenden in erster Linie in Frage kommen) gibt es ein buntes Feld von Rangstellen (z. B. in Preußen: Regierungsassessoren, Regierungsräte, Landräte, Oberregierungsräte, Polizeipräsidenten, Oberpräsidialräte, Vortragende Räte, Regierungspräsidenten, Ministerialdirigenten, Ministerialdirektoren, Unterstaatssekretäre, Oberpräsidenten usw.) und von Arbeitsgebieten (z. B.: Polizeigewalt, Mitwirkung bei den Verwaltungsgerichten und bei der Steuerveranlagung, Wohlfahrtspflege in ihrer immer wachsenden Ausweitung, Landesmelioration, Ernährungswesen, Gesundheitspflege, allgemeine Hebung der wirtschaftlichen Verhältnisse, Regelung des „Arbeitsmarktes"; dazu Spezialgebiete wie das der Eisenbahnverwaltung, der Provinzialschulkollegien usw.).

Die Laufbahn des Staatsverwaltungsbeamten ist teils gesetzlich, teils durch traditionelle Verwaltungspraxis reguliert. Über den Ausbildungsgang von der juristischen Seite her vgl. bereits S. 461 Ziff. 2. Über den Wettbewerb mit den „Technikern" in einzelnen Verwaltungszweigen S. 469. Beide, Jurist wie Techniker, sind, wie das der Verwaltung (im Gegensatz zur Justiz) entspricht, an die Weisungen der vorgesetzten Dienststelle gebunden (wie die Staatsanwälte, S. 488 Ziff. 3). Vgl. auch S. 311 oben über das „bureaukratische System", und S. 411 ff. über die Nachprüfbarkeit der Entscheidungen des Verwaltungsbeamten in einem besonderen gerichtlichen Verfahren (Verwaltungsgerichtsbarkeit). — Die finanzielle Stellung ist in der Verwaltung etwas günstiger als in der Justiz (durchschnittlicher Stand in Gruppe XI, nicht Gruppe X).

3. Neben den Staatsbeamten hat sich ein in beständigem Wachsen begriffenes Heer von **Kommunalbeamten** gebildet, gipfelnd in den hervorragenden und machtvollen Stellungen der Großstadtoberbürgermeister. Beim Kommunalbeamten kommt es vielfach zu einem noch stärkeren Abrücken vom juristischen Wesen. Es ist immer nur ein Teil der höheren Kommunalbeamten geschulter Jurist (vgl. S. 469), und auch bei diesem tritt im Lauf der Praxis ein Abstreifen des spezifisch Juristischen ein, sofern der Betreffende nicht gerade die Sonderstellung eines Rechtsberaters der Gemeinde (Syndikus) einnimmt.

Daraus ergibt sich bereits, daß die Auslese beim Kommunalbeamten eine viel kritischere Bedeutung hat als etwa bei der Richterschaft. Das Wahlmoment ist herrschend, wobei sehr unterschiedliche Bräuche bestehen. Z. B. ist es bei der Bewerbung um einen höheren Platz im Kommunaldienst vielfach üblich, daß sich die Bewerber in einer öffentlichen Wählerversammlung vorstellen.

Die Voraussetzungen, die dabei erhoben werden, insbesondere oft schon die Zulassung zu einer engeren Bewerberliste, sind recht verschieden. Bei den juristischen Bewerbern wird meist das (juristische) Assessorexamen vorausgesetzt, bei kleineren Posten genügt auch wohl das Referendar- oder das Doktorexamen. In jedem Fall ist es für den, der Verwaltungsbeamter werden will, dringend geboten, von vornherein auch auf nationalökonomisches Studium Gewicht zu legen. Über die „politischen" Voraussetzungen s. bereits Ziff. 1. Den politischen Parteien gesellen sich bisweilen auch Wirtschaftsparteien hinzu, ebenfalls mit „Mindestforderungen" und Verpflichtungsscheinen an die Bewerber herantretend. Auch das bringt Erstarrung und Abstrich an der „Persönlichkeit" mit sich.

Beachtenswert ist es, daß sich in neuerer Zeit besondere Schulen und Lehrgänge für Kommunalbeamte gebildet haben, die fast vollen Hochschulcharakter besitzen. So beispielsweise die „Akademie für kommunale Verwaltung" in Düsseldorf, die am 30. Oktober 1911 eröffnet wurde. Auch die höheren Handelsschulen treten in einen gewissen Wettbewerb mit den Universitäten im Punkte der Heranbildung von Kommunalbeamten. Vor allem aber ist der allgemeine demokratische Zug unserer Zeit mit zu veranschlagen, der eine Verstärkung der Laienkonkurrenz, z. B. auch ein gewisses Eindringen des weiblichen Elements, mit sich bringt.

4. **Partikularismus und Lokalismus.** Da die Verwaltung auf Behördenstaffelung beruht, muß auch die territoriale Schichtung zwischen Reichsinteressen, Landesinteressen und Ortsinteressen eine wichtige Rolle spielen. Oft genug greift in der Tat die Gegensätzlichkeit dieser Interessen in die Alltagsarbeit des Verwaltungsbeamten ein. Neuerdings treten dabei vor allem Wirtschaftsprobleme hervor. Die Tendenz gewisser Wirtschaftsgebiete nach Organisation und Zentralisation, wie z. B. in der Elektrizitätswirtschaft, im Kraftwagentransportwesen usw., kann sich begreiflicherweise den politischen Grenzen, wie sie zwischen Reich, Ländern und Gemeinden bestehen, nicht immer anpassen. So kommt es in wachsendem Ausmaß zu Machtkämpfen zwischen den politischen Formationen, wer von ihnen die Führung auf dem betreffenden Gebiete als „Verwalter" übernehmen soll. Aber auch außerhalb der spezifischen Wirtschaftsfragen stößt der Verwaltungsbeamte, selbst schon gegliedert in Reichs-, Landes- und Kommunalbeamte, auf die leidigen „Kompetenzstreitigkeiten". Vor der Revolution saß in diesem Hin und Her das Kraftzentrum

entschieden bei den Landesregierungen. Das Reich hielt sich ziemlich zurück. Die Gemeinden erschienen, da ihre Verwaltungsbetätigung unter dem historisch erwachsenen Zeichen der **„Selbstverwaltung"** stand (S. 315), als Inhaber eines nur abgeleiteten und darum minderen Rechts. Heute ist dagegen das Reich sichtlich im Vorrücken begriffen, hat sich z. B. eine durchgegliederte eigene Finanzverwaltung (oben § 28, S. 321 ff.) geschaffen. Auch die Gemeinden, vielfach zu Kommunalverbänden zusammengeschlossen, sind auf manchen Gebieten erstarkt. Im ganzen ist der heutige Zustand unruhig und wechselvoll.

Das Ringen um die Macht ist an sich überaus interessant und für den Tüchtigen lockend. Aber im Alltag nimmt es zumeist das Gesicht sehr nüchterner Akten- und Bureauarbeit an. Die „Kompetenzstreitigkeiten" beanspruchen bisweilen ein gutes Stück von der Arbeitskraft des Verwaltungsbeamten und können seine Schaffensfreude verkürzen. Da drüben auf der anderen Seite, z. B. bei einer Reibung zwischen Staat und Gemeinde, ebenfalls Arbeitskraft für die gleiche Frage geopfert werden muß, so spricht man geradezu von „Doppelverwaltung" und „zweigleisigem System".

5. Alles in allem ergibt sich für den Juristen, daß er auch im Bereich der Verwaltungstätigkeit die Augen beständig offen halten muß, auf daß er den Anschluß an die neuen Entwicklungsgänge nicht versäume.

Besonders wichtige Eigenschaften für diesen Lebensweg sind: Lebendiges Staats- und Organisationsgefühl, welche Regierungsform auch immer herrschen mag. Damit nahe verwandt: soziales Empfinden, und zwar auf der Grundlage inneren Erlebens, nicht in den bloßen Bahnen bureaukratischer Rezepte. Ferner: Gestaltungskraft, denn es kommt nicht bloß auf das „Verwalten" im Sinne gewissenhafter Fortführung von Akten, sondern oft genug auf Gründung neuer und lebenskräftiger Einrichtungen an. Schließlich spielt die Kunst der Menschenbehandlung eine wichtige Rolle, denn wer schaffen will, muß seine Mitmenschen beeinflussen können. Hierbei in der Wahl der Mittel ganz lauter zu bleiben, ist eine heute, bei der starken Parteiherrschaft leider nicht ganz unangebrachte Warnung.

Die „freien" juristischen Berufe, insbesondere die Anwaltschaft. § 41.

Das Schrifttum über den Anwaltsberuf und die Anwaltspraxis ist mannigfaltig. Eine sehr gründliche, weit zurückgreifende historische Darstellung bietet Adolf Weißler (Rechtsanwalt in Halle), Geschichte der Rechtsanwaltschaft, 1905. Einen bemerkenswerten historischen Querschnitt bildet auch die berühmte Programmschrift von Gneist, Freie Advokatur, die erste Forderung aller Justizreform in Preußen, 1867 (Neudruck 1911). Auf einem tief empfundenen kulturellen und zeitgeschichtlichen Hintergrund sucht die Rechtsanwaltschaft darzustellen

Sigbert Feuchtwanger in seinem Werk: Die freien Berufe, Versuch einer allgemeinen Kulturwirtschaftslehre, 1922. Eine Eingliederung in einen weiteren, freilich viel ruhiger gefaßten Rahmen hat auch bereits Heinrich Triepel (Prof. in Kiel, jetzt Berlin), versucht, in seiner Schrift: Staatsdienst und staatlich gebundener Beruf, 1911. Sehr anschaulich, mit starker Betonung der „Soziologie" und mit etwas zu reichlicher Heranziehung der Ehrengerichtsurteile, schildert das Anwaltsdasein Max Rumpf (Prof. in Mannheim), Anwalt und Anwaltstand, 1926. Nach der Seite praktischer Verwertbarkeit schlägt, ebenfalls an die Ehrengerichtsbarkeit deutlich angelehnt, Richard Finger (Rechtsanwalt und Notar in Bremen), Die Kunst des Rechtsanwalts, 3. Aufl., 1926. Übrigens sind die Entscheidungen des anwältlichen Ehrengerichtshofes, bandweise veröffentlicht (bisher 18 Bände), auch für sich allein eine eindrucksvolle Quelle des anwaltlichen Berufslebens.

Neben diesen gewissermaßen berufsständischen Darstellungen sind die Lehrbücher zum Prozeßrecht (oben S. 389) und die Kommentare zu den anwaltlichen Sondergesetzen zu vergleichen, z. B. Adolf und Max Friedländer (Rechtsanwälte), Kommentar zur Rechtsanwaltsordnung, 2. Aufl., 1920, oder z. B. Walter-Joachim-Friedländer, Kommentar zur Gebührenordnung für Rechtsanwälte, 6. Aufl., 1921. Für den internationalen Rechtsverkehr bedeutsam: Europabuch der Rechtsanwälte und Notare, eine Enzyklopädie der Gesetzgebung und Rechtsprechung Europas mit einem Gerichts-, Anwalts- und Notariatsregister, herausgegeben v. Kornel Salaban; deutsche Ausgabe 1926. Für den Alltagsgebrauch bestimmt: Bergschmidt-Wagener, Bureaubuch des Rechtsanwalts und Notars, 1926.

Erwähnung auch in diesem Zusammenhange verdient die vom Deutschen Anwaltsverein (s. im folgenden) herausgegebene, sehr inhalts- und umfangreiche, z. Z. (1926) im 55. Jahrgang stehende „Juristische Wochenschrift".

I. Die Stellung des Rechtsanwalts im Leben des Volkes.

a) **Im allgemeinen.** Überblickt man den geschichtlichen Zug des „Rechtsanwalts" durch die Jahrhunderte, so stößt man auf sehr verschiedene Bilder. Zwar ist der elementare Ausgangspunkt immer der gleiche: Den ungeschulten oder ungewandten Mitbürgern soll in dem Anwalt ein Helfer bei den Rechtsangelegenheiten, insbesondere vor Gericht erstehen. Jedoch die Gestaltung dieses Gedankens hat sehr gewechselt. Bald erscheint dieser Helfer wie ein bloßer Begleiter oder Vertreter im Wort für den, den der Handel angeht, also für die Prozeßpartei. Bald dagegen sehen wir ihn zum staatlichen Beamten erhoben, der von staatswegen der Privatperson zugeteilt wird, und dessen Vertretung sie sich gefallen lassen muß. Heute nimmt der Anwalt eine eigentümliche Mittelstellung ein (vgl. bereits S. 107 und S. 382h). Sie kreist um die äußersten Begriffe „Amt" und „Gewerbe". Die verschiedensten wissenschaftlichen Versuche sind unternommen worden, zwischen diesen beiden Erscheinungen eine vermittelnde Konstruktion zu finden. Gern zieht man sich auf die Formel zurück: Der Rechtsanwalt habe kein Amt, aber eine beamtenähnliche Stellung.

Die Figur der Prozeßhilfe ist uralt. Überall begegnet auf früher Stufe bereits der „Fürsprech". Zunächst haben es wohl die nahen Angehörigen übernommen, für ein verklagtes Mitglied der Sippe im Prozeß aufzutreten. Erst allmählich wird eine besondere Kennerschaft in rechtlichen Dingen vorausgesetzt, und erst auf letzter Stufe erscheint das gerichtliche Auftreten für einen andern als Lebensberuf.

Dabei setzt ziemlich früh eine Teilung der Betätigung ein. Neben die „Prokuratoren", die als „Vorsprecher" unmittelbar vor Gericht erschienen und nur in beschränkter Zahl zugelassen waren, traten die „Advokaten". Diese hielten sich mehr im Hintergrund, sie arbeiteten die Schriftsätze aus, wirkten also im eigenen Hause und waren meist Rechtsgelehrte. Das gab ihnen bald eine höhere gesellschaftliche und eben auch wissenschaftliche Stellung verglichen mit den Prokuratoren. Noch heute ist der Gegensatz grundlegend in Italien (procuratori und avocati), in Frankreich (avoué und avocat), in England (barrister und solicitor). In Deutschland dagegen gibt es heute grundsätzlich nur den einen Typus des „Rechtsanwalts". Vgl. jedoch im folgenden über Reformbestrebungen und über die sog. „Anwaltsfirmen".

Der ethische Wert des Anwaltstandes hat stark gewechselt. In früheren Jahrhunderten war er ziemlich tief. Der blutsaugerische Advokat war eine ständige Figur des volkstümlichen Schrifttums. Wortklauberei, allerlei unsaubere Künste und „Advokatenkunststückchen" wurden ihm nachgesagt. Dieser Zustand dauerte bis ins 18. Jahrhundert hinein. Vereinzelt kam es zu drastischen Reaktionen. In Preußen zwang Friedrich Wilhelm I. die Advokaten, schwarzseidene Mäntel zu tragen, um sie auch äußerlich für jedermann als „Blutegel" kenntlich zu machen. Friedrich der Große schaffte die Advokatur völlig ab. Er verstaatlichte den Beruf, indem er statt der auf eigene Rechnung arbeitenden Anwälte besoldete Beamte (die sog. Assistenzräte) einführte. Allerdings wurde das schon nach wenigen Jahren wieder fallen gelassen. Immerhin blieb in Preußen auf lange Zeit die Ernennung durch den Justizminister und vor allem die Beschränkung auf eine bestimmte Anzahl von Anwälten (Titel „Justizkommissar", erst seit 1849 „Rechtsanwalt") erhalten, so daß eben der Anwalt noch immer eine beamtenmäßige Stellung inne hatte. Allerdings hat sich auch in dieser Zeit — und dies war ein beachtenswerter Vorteil der Verbeamtung — das Ansehen des Standes merklich gehoben. Immerhin machte der Anwalt gegenüber dem Richter auch noch in der ersten Hälfte des 19. Jahrhunderts einen um einiges untergeordneten Eindruck.

Einen grundlegenden Umschwung brachte das Jahr 1879 mit seiner „Justizreorganisation" (S. 216f.) Es wurde jetzt nämlich der **Grundsatz der freien Advokatur** eingeführt, worüber im folgenden S. 505 zu vergleichen ist.

b) **Amtsähnliche Stellung.** Daß der Rechtsanwalt nicht nach Art eines Kaufmanns beliebig in das öffentliche Leben eintreten und ebenso beliebig sich in ihm bewegen kann, drückt sich symbolisch darin aus, daß er bei seiner Zulassung als Anwalt in einer öffentlichen Sitzung des Gerichtes einen Eid zu leisten hat. Damit gilt er als dem öffentlichen Leben, und zwar dem Rechtsleben des Volkes verpflichtet. Sein Beruf ist ein „staatlich gebundener Beruf" geworden (Triepel).

1. Auf Schritt und Tritt begleitet ihn diese beamtenähnliche Eigenschaft. Er erscheint einem bestimmten Gericht zugeteilt. Dort hat er seinen Wohnsitz zu nehmen. Er darf sich nicht längere Zeit davon entfernen, ohne für Vertretung gesorgt zu haben und dem Gerichte Anzeige zu erstatten. Ist er auch im großen und ganzen frei in dem Entschluß, welche Rechtsangelegenheiten er übernehmen will und welche nicht, so gibt es doch auch Fälle, wo er auf Weisung des Gerichts einspringen muß, ganz wie ein Beamter, z. B. um einen Verbrecher, der sonst ohne Verteidigung wäre, zu verteidigen. Auch die Pflicht, an der Ausbildung der Referendare mitzuwirken, kann in diesem Zusammenhange erwähnt werden. Wichtig ist ferner, daß das Gebührenwesen staatlich sehr genau geregelt ist, so daß auch in diesem, heute besonders schwerwiegenden Punkt der junge Anwalt nicht in den Bereich freier Gestaltungsmöglichkeit eintritt, sondern in ein Netz von Vorschriften, das vom Gesetzgeber gegen das öffentliche Interesse der rechtsuchenden Bevölkerung abgestimmt worden ist. Schließlich erhebt sich im Hintergrund eine starke und einflußreiche Ehrengerichtsbarkeit, die zwar an sich auf freies Verbandsleben eingestellt, doch aber vom Staat anbefohlen, überwacht und deshalb unausweichlich ist (Näheres darüber im folgenden).

Das Grundgesetz für die Rechtsanwaltschaft ist die zusammen mit den Reichsjustizgesetzen anno 1879 in Kraft getretene, seitdem in einigen Einzelheiten geänderte Rechtsanwaltsordnung vom 1. Juli 1878. Man muß sich die Bedeutung dieser Erscheinung klar machen: dem Stand der Rechtsanwälte bleibt nicht das Leben zu eigener Lebensführung und bloßem freiwilligem Zusammenschluß überlassen, sondern der Staat hat es im Wege der Gesetzgebung reguliert. Sogar der ins Moralische übergreifende Satz: „Der Rechtsanwalt ist verpflichtet, seine Berufstätigkeit gewissenhaft auszuüben und durch sein Verhalten in Ausübung des Berufs sowie außerhalb desselben sich der Achtung würdig zu zeigen, die sein Beruf erfordert", gehört nicht bloß einem ungeschriebenen Kodex der Standesehre, sondern dem staatlichen Gesetzestext an (§ 28 RAO.) und entspricht durchaus dem Text der für die wirkliche Beamtenschaft erlassenen Dienststrafordnungen (Disziplinargesetze).

2. Eine ganz besonders eigentümliche, wiederum nur aus der beamtenähnlichen, mit dem Gericht versippten Stellung der Rechts-

anwaltschaft erklärbare Erscheinung bildet der sog. **Anwaltszwang.** Diese vielumstrittene Einrichtung besteht darin, daß sich die Parteien in allen größeren Zivilprozessen durch einen Anwalt vertreten lassen müssen. Wenn demnach ein Kläger oder Beklagter ohne den „beamtenähnlichen" Beistand erscheint, wird er überhaupt nicht als „erschienen" betrachtet und hat den Verlust des Prozesses zu gewärtigen (vgl. bereits S. 396 unter a).

Der Staat zwingt also die Bevölkerung, sich der Vermittlung eines Anwalts zu bedienen, und da die Anwaltshilfe nicht unentgeltlich gewährt wird, so bedeutet das auf der einen Seite eine Verteuerung der Rechtspflege für die Bevölkerung und auf der andern eine gewisse finanzielle Sicherung des Anwaltsstandes im ganzen. — Doch ist dieser geldliche Punkt natürlich nicht entscheidend gewesen, sondern der Gedanke, den Streitstoff nicht unvorbereitet an die Gerichte herankommen zu lassen. Übrigens wird die ganze Einrichtung stark angegriffen, vor allem von denen, die eine volle Unentgeltlichkeit der Rechtspflege wünschen. (Über die Armenanwaltschaft sogleich im folgenden.) Bei der Schaffung des Reichsfinanzhofes im Jahre 1918 wurde trotz nachdrücklicher Vorstellungen der Anwaltschaft der Anwaltszwang abgelehnt. Und schon vorher ist die Lage der Rechtsanwälte bei der Einführung der Gewerbe- und Kaufmannsgerichte noch viel kritischer geworden. Hier hat man nämlich nicht nur vom Anwaltszwang abgesehen, sondern die Anwälte (übrigens unter kränkender und nicht gerechtfertigter Nebeneinanderstellung mit den sog. Prozeßagenten; über diese vgl. S. 502) von dem Auftreten vor diesen Gerichten geradezu ausgeschlossen, während in einem anschließenden Satz „Gewerkschaftsbeamte" ausdrücklich als Parteivertreter zugelassen werden (§ 31 GGG.; § 16 KGG.). Bei dem gegenwärtig im Gange befindlichen Um- und Ausbau der Gewerbe und Kaufmannsgerichte in allgemeine Arbeitsgerichte ist die Frage erneut aufgerollt worden; wahrscheinlich wird aber auch hier den Anwälten als solchen der Zutritt versperrt werden (vgl. S. 273 Ziff. 3). — Übrigens besteht auch im Bereich der Freiwilligen Gerichtsbarkeit grundsätzlich kein Anwaltszwang (S. 410). Über die Abgliederung von „besonderen" Anwälten für die Verwaltungs- und Finanzgerichtsbarkeit siehe im folgenden S. 502.

c) **Kein „Gewerbebetrieb".** Die Figur eines Advokaten, der ein Bureau aufmacht und dort gewissermaßen wie ein Kaufmann seinen Rechtsrat verkauft und deshalb unter die Gewerbetreibenden zu zählen wäre, ist zweifellos denkbar. Aber sie entspricht weder der heutigen Anschauungsweise noch der getroffenen gesetzlichen Regelung. Immerhin ist nicht zu verkennen, daß der Anwalt stets von neuem der Lockung ausgesetzt ist, von seiner beamtenähnlichen Stellung abzurücken und sich dem Gewerbetreibenden stärker zu nähern. Der Urgrund dieser Lockung liegt im Wettbewerb, in dem Wettbewerb mit der Kollegenschaft, also den anderen Berufsgenossen. Ein solcher Wettbewerb wäre nur ausgeschlossen, wenn die eingehenden Aufträge vom Staat oder sonst einer übergeordneten Stelle unter die vielen Rechtsanwälte gleichmäßig verteilt würden. Aber dem ist nicht so. Niemand, außer dem Anwalt selbst, sorgt sich darum, daß er, und woher er Aufträge bekommt. Und da von den Aufträgen sein Lebensunterhalt abhängt, ist es eine nicht wegzudeutende Selbstverständlichkeit, daß jeder einzelne Anwalt möglichst viele und möglichst gute Aufträge zu erhalten sucht. Das eben ist der Wettbewerb, und insoweit liegen charakteristische Züge eines „Gewerbebetriebes" vor. Aber der Staat und die schon erwähnte Ehrengerichtsbarkeit sorgen dafür, daß diese Tendenz in strenge Grenzen gebannt bleibt; der Staat u. a., indem er feste Gebührensätze aufstellt, was echten Kaufleuten gegenüber nur in Ausnahmezeiten angewandt wird (Höchstpreise), die Ehrengerichtsbarkeit, indem sie nicht nur von Grund aus die Auffassung der Rechtsanwaltschaft als eines „Gewerbes" verneint, sondern auch im einzelnen selbst sehr geringfügigen Ausartungen nach der Seite des Wettbewerbs entgegentritt. Man kann daher sagen, daß die Rechtsanwaltschaft **keinesfalls ein echtes Gewerbe ist, sondern höchstens gewerbeähnliche Züge aufweist.**

Schon im 1. Bande der Entscheidungen des Ehrengerichtshofes findet sich der bedeutende Satz anerkannt, „daß trotz und gerade wegen der Freigebung der Advokatur jeder Anwalt verpflichtet ist, genau darüber zu wachen, daß er bei der Verwertung seiner Kenntnisse und bei der eingetretenen Konkurrenz alles vermeide, was den Anwaltstand zu einem reinen, lediglich den materiellen Erwerb ins Auge fassenden Gewerbebetriebe zu machen geeignet ist". Ähnlich das Schrifttum: „Die Anwaltschaft ist überhaupt nicht *primär* eine Wirtschaftstätigkeit, sondern Tätigkeit im Dienste des Rechts mit dem *sekundären wirtschaftlichen Erfolge*, daß der Anwalt im allgemeinen davon, besser oder schlechter, auch zu leben vermag" (Rumpf). Dies mag eine über die normale seelische Einstellung des Durchschnittsmenschen hinausgehende Ideologie sein, aber sie ist gut und als Richtungslinie unbedingt festzuhalten. Eine *reiche Kasuistik* orientiert sich an ihr, dem immer wieder an einzelnen Stellen hervortretenden *Werben um Praxis* entgegentretend. Der Vorstand der Berliner Anwaltskammer hat sich z. B. in einer Bekanntmachung des Jahres 1913 gegen Auskunftserteilung durch Rechtsanwälte im „Fragekasten" von Zeitungen gewandt, wenn dabei der Name des Anwalts beigedruckt ist. Derselbe Vorstand hat neuerdings sich sogar gegen die vom Anwalt selbst veranlaßte oder auch nur geduldete Abbildung seiner Porträts in öffentlichen Zeitungen gewandt (außer bei Jubiläen, Eintritt in die Politik oder dgl.). Ferner hat der Berliner Anwaltsverein im Jahre 1914 eine eigene Kommission eingesetzt, die Entgleisungen, z. B. ausgeschmückte Berichte über Prozesse in der Presse, untersuchen sollte. Weiter wird in der Ehrengerichtsbarkeit angegangen gegen Schilder oder Niederlassungsanzeigen, die auch nur im leisesten nach Reklame schmecken, gegen „Unterbieten“ eines anderen Kollegen, gegen bestimmte Formen der Honorarvereinbarungen (darüber noch unten S. 506 a. E.) usw. Besonders bemerkenswert ist auch die Behandlung der Frage nach dem Verkauf der Praxis. Ein „Gewerbetreibender“ braucht nicht das geringste Bedenken zu tragen, sein „Geschäft“, sein „Unternehmen“, seinen „Betrieb“ zu verkaufen und dabei das „Renommee“ seiner Firma und seine guten Beziehungen zur Kundschaft mit in Rechnung zu stellen. Der Anwalt soll das nicht tun. Seine Ehrengerichtsbarkeit verbietet es ihm; er darf nicht das von der Bevölkerung ihm geschenkte, in der „Praxis“ sich offenbarende Vertrauen in Geld umsetzen (ebenso der Standpunkt der ärztlichen Ehrengerichtsbarkeit betr. die ärztliche Praxis). Eine Folgewirkung kann sein, daß der dennoch getätigte Verkauf auch zivilrechtlich ungültig ist (nach § 138 BGB.), wozu in der Tat die gerichtliche Praxis neigt.

Eine eigenartige Rolle spielt die Frage nach der „Gewerbe“-Natur des rechtsanwaltlichen Betriebs im **Steuerrecht.** Hier hat die Judikatur ihren Standpunkt wiederholt gewechselt. Das Reichsgericht hat z. B. in einem Urteil vom Jahre 1903 (Bd. 55 S. 167ff.) ausgeführt, daß „im Sinne des Steuergesetzes“ der der Rechtsanwaltschaft gewährte öffentlichrechtliche Charakter „nicht dahin führen kann, sie aus den Kreisen der Gewerbe auszuschließen“. Dagegen haben das Preußische Oberverwaltungsgericht und neuerdings auch der Reichsfinanzhof (vgl. S. 322) die Rechtsanwaltschaft grundsätzlich aus dem Begriff des „Gewerbes“ im steuerrechtlichen Sinne herausgenommen, letzterer allerdings mit der richtigen und sehr weittragenden Bemerkung, daß sich heute ganz allgemein „die freien Berufe infolge der Entwicklung der Verhältnisse zweifellos den Gewerbebetrieben genähert hätten“ (Urt. RFinH. v. 14. Mai 1924, Bd. 14 S. 19f.). Dazu ist auch der bemerkenswerte Umschlag der Umsatzsteuergesetzgebung im Jahre 1919 zu vergleichen; bis dahin traf die Umsatzsteuer nur die „gewerblichen“, seitdem trifft sie auch die „beruflichen“ Leistungen und damit, wie die anderen „freien Berufe“, auch die Rechtsanwaltschaft.

d) **Politische Bedeutung.** Es ist unverkennbar, daß der Rechtsanwalt eine Mittelstellung zwischen Volk und Richter einnimmt, und darin liegt die Wurzel seiner politischen Bedeutung. Je stärker etwa die Entfremdung zwischen Volk und Richter wird, um so kritischer gestaltet sich die Rolle des Anwalts. Im allgemeinen lehrt die Erfahrung, daß er sich in solcher Lage auf die Seite der Bevölkerung schlägt, doch kann es auch umgekehrt gehen, und namentlich heute hat die Ablehnung des „Juristen“ als solchen (vgl. S. 418 II) vielfach Richter und Anwalt in einer gemeinsamen Abwehrfront zusammengeführt.

Die Beziehungen zwischen Richter und Anwalt sind im Laufe der Jahrhunderte immer wieder Gegenstand von Spannungen gewesen. Heute ist der Richter keinesfalls Vorgesetzter des Anwalts. Sogar die jahrzehntelang bestehende Berechtigung des Gerichts, gegen den Anwalt wegen „Ungebühr" die Maßregeln der sog. Sitzungspolizei in Gestalt von Ordnungsstrafen anzuwenden, ist nach den Revolutionsjahren gefallen: Der § 180 GVG., der ausdrücklich dem Richter eine solche Ordnungsstrafgewalt zusprach, wurde gelegentlich des Erlasses des sog. Entlastungsgesetzes am 11. März 1921 gestrichen (RGBl. S. 230). Doch ist die Frage im Jahre 1925 anläßlich des sog. Tschekaprozesses vor dem Staatsgerichtshof zum Schutze der Republik in Leipzig wieder in Fluß geraten. Hier hatte der Vorsitzende des Gerichtshofes einen widerspenstigen Anwalt zwangsweise aus dem Sitzungssaale abführen lassen. Die Zulässigkeit ist teils auf ein allgemeines „Hausrecht", teils auf eine ausdehnende Anwendung des § 177 GVG. gestützt worden, hat aber überwiegend, zum Teil sehr scharfe Ablehnung gefunden. U. a. legte der Vorstand des Deutschen Anwaltsvereins öffentlich Verwahrung dagegen ein, indem er in einem Beschluß vom 22. März 1925 die Maßregel als „dem Gesetz nicht entsprechend" und als bedauerlich bezeichnete. Wenn übrigens der Anwalt nicht als solcher (d. h. als gerichtlicher Parteivertreter) anwesend ist, z. B. weil der Vorsitzende die betreffende Verhandlung bereits geschlossen hat, unterliegt der Anwalt der allgemeinen Sitzungspolizei.

In der Praxis des Alltags ergeben sich Reibungen namentlich bei der Ausübung des „Fragerechts" durch den Anwalt, bei seinem Verlangen nach Akteneinsicht und bei der oft sehr kritischen Ausdehnung eines Prozesses durch Stellung immer neuer Beweisanträge. Viel besprochen ist auch die Wahrheitspflicht des Anwalts, über die es unter dem scharfen Kennwort von der „Lüge im Prozeß" sogar zu einer wissenschaftlichen Polemik gekommen ist; auch hier wieder strenge Praxis des Ehrengerichtshofes.

Will man der politischen Aufgabe des Anwalts tiefer auf den Grund gehen, so kann man nicht umhin, ihm eine gewisse „Kontrolle der Gerichtsbarkeit" zuzusprechen, nicht im Sinne kritischer Beaufsichtigung, nicht auch im Sinne revolutionärer Einwirkung, sondern nur in dem Geiste, daß der Anwalt ein Helfer der Bedrängten sein und dem Rechte auch dann zum Sieg verhelfen soll, wenn etwa die Gerichte, im Bannkreis ihrer Schulung befangen, ausnahmsweise auf einen Seitenpfad geraten sollten. In diesem Sinne ist der Anwaltsstand besonders stark am Vorrücken des Rechts beteiligt, oder sollte es wenigstens sein. Und das ist der Schlußpunkt seiner politischen Rolle.

Im engeren politischen Sinne kann man sagen, daß der Richter im Durchschnitt konservativer, der Anwalt im Durchschnitt demokratischer empfindet. Es liegt das durchaus in der Natur der Sache. Eine unmittelbare Beteiligung der Anwälte an der Politik hat sich besonders stark in den romanischen Ländern ausgeprägt. Aber auch in Deutschland spielen von Anfang an die Anwälte in den Parlamenten eine bedeutende Rolle (vgl. S. 421). Auch bei den großen Bewegungen im Jahre 1918/19 haben mehrfach Anwälte auf hervorragenden Posten gestanden.

e) **Die Anwaltschaft als geschlossener Stand.**

1. Die Abgeschlossenheit der Rechtsanwaltschaft tritt besonders dadurch in Erscheinung, daß ihre Stellung, wie schon erwähnt (S. 496) in einem eigenen Gesetz geregelt worden ist. Auf der Grundlage dieses Gesetzes ist eine ausgeprägte Standesorganisation in Gestalt der sog. **Anwaltskammern** ins Leben getreten. Diese bezirksweise eingerichteten Kammern haben im wesentlichen eine dreifache Aufgabe, einmal Sicherung des Standesgefühls und der Zusammengehörigkeit unter den Anwälten des Bezirks, sodann Handhabung des ehrengerichtlichen Strafverfahrens, und schließlich berufsständische Vertretung nach außen hin.

Das Disziplinarverfahren ist sorgfältig ausgebaut. Man unterscheidet zwei Instanzen, das Ehrengericht des Bezirks und den Ehrengerichtshof in Leipzig, der unter dem Vorsitz des Reichsgerichtspräsidenten tagt. Die Praxis ist in Standesfragen sehr streng. Beispiele sind schon im vorhergehenden gegeben worden. Aus der reichen Spruchpraxis läßt sich geradezu eine „anwaltliche Tugendlehre" abheben (Rumpf). Oberste Idee: Eine dreifache, gegeneinander abgestufte „Treue", derart, daß in Kollisionsfällen die Treue gegen das Recht der Treue gegen den Klienten und diese wieder der Treue gegen den Kollegen vorgeht. Die Entscheidungen werden seit 1888, in Bände zusammengefaßt, durch den Anwaltsverein herausgegeben.

2. Zu dieser zwangsmäßigen Organisation tritt freier vereinsmäßiger Zusammenschluß, gipfelnd in dem „Deutschen Anwaltverein", der seit 1871 besteht.

Die Entwicklung begann mit kleineren Verbänden, denen zum Teil politische Hemmnisse entgegentraten. Z. B. wurde der Zusammentritt des ersten deutschen Anwaltstages, der 1844 nach Mainz einberufen war, von den Regierungen vereitelt. Das neue Reich brachte dann den gesicherten Boden. Der Deutsche Anwaltverein umfaßt heute den größten Teil aller Rechtsanwälte (über 75 v. H.). Seine satzungsmäßigen Ziele: „Pflege des Gemeinsinns und des wissenschaftlichen Geistes der deutschen Rechtsanwaltschaft; Förderung der Rechtspflege und der Gesetzgebung im Deutschen Reich; Vertretung der Berufsinteressen." Organ die „Juristische Wochenschrift" (seit 1871, vgl. S. 28). Alle zwei Jahre findet ein Deutscher Anwaltstag statt.

Historisch bemerkenswert war in jüngster Zeit der außerordentliche Anwaltstag vom 10. Mai 1925 in Berlin, der unter dem Zeichen der „Rechtsnot" stand, eindrucksvoll gegen die Regierungsdiktatur (Ermächtigungslegislative, Zivilprozeßreform, oben S. 213, 390) protestierte, aber auch gegen eine Verweichlichung der Justiz anging (die bürgerlichen Gerichte sollen nicht zu „Anstalten zur Verteilung der Güter nach willkürlichen Moralerwägungen werden").

f) **Abgliederungen vom Stande der Rechtsanwälte.** Die im vorhergehenden geschilderte gesetzliche und verbandsmäßige Abgeschlossenheit der Rechtsanwaltschaft zusammen mit den darauf beruhenden Privilegien (Anwaltszwang usw.) bringt es mit sich, daß sich immer wieder neben dem geschlossenen Kreis Erscheinungen von Außenseitern bilden, die auf ihre Art und an ihrer Stelle den „Rechtsanwalt" spielen wollen. Hierbei sind zwei Gruppen, eine amtlich-hochstehende und eine gewerbsmäßige, zu unterscheiden.

1. Neue Sorten von Sonderanwälten scheinen dem Zuge der Zeit entsprechen zu wollen. Schon sehr früh hat sich der besondere Stand der **Patentanwälte** gebildet, vom Rechtsanwalt durch die technische Note deutlich geschieden. Preußen hat neuerdings überraschend den besonderen Stand der **Verwaltungsrechtsräte** für die Vertretung vor den Verwaltungsgerichten ins Leben gerufen. Auch der Gedanke an eine besondere **Finanzanwaltschaft** zur Vertretung vor den Finanzgerichten ist bedrohlich nahegerückt.

Die Patentanwaltschaft besteht als neuer Stand schon seit dem Patentanwaltsgesetz vom 21. Mai 1900 (§ 1 definiert: „Personen, welche andere in Angelegenheiten, die zum Geschäftskreise des Patentamts gehören, vor demselben für eigene Rechnung berufsmäßig vertreten"). Neben „technischer Befähigung" ist der „Besitz der erforderlichen Rechtskenntnisse" vorausgesetzt; beides wird durch Hochschulstudium und staatliche Prüfung gewährleistet. — 1925 gab es gegen 300 Patentanwälte. Sie führen gegen das Patentagententum einen ähnlichen Kampf wie die Rechtsanwälte gegen das (nachfolgend 2) Prozeßagententum. — Über das Fach „Patentrecht" oben S. 250.

Über die preußischen „Verwaltungsrechtsräte" bereits S. 412. Eine Reihe von Gegenartikeln, die als Stimmungsbild der Zeit von Wert sind, in Jur. Wochenschrift 1926, S. 2264ff. Bei der Entstehung dieses neuen Juristentypus hat die Zweiung der Ausbildung für Richterschaft und Verwaltungsbeamtentum (S. 461) stark mitgespielt. So wie der Assessor die Doppelmöglichkeit vor sich hat, Richter oder Anwalt zu werden, sollte auch den „Personen, welche die Befähigung zum höheren Verwaltungsdienst erlangt haben" eine entsprechende Doppellaufbahn erschlossen werden. Ob sich aus diesem neuen Anwaltstypus eine abgerundete „Advokatur des öffentlichen Rechts" entwickeln wird, bleibt abzuwarten.

2. **Das Prozeßagententum.** So wie dem akademisch geschulten, durch Prüfungen hindurchgegangenen Berufsrichter der ungeschulte auf sich selbst vertrauende „Volksrichter" gegenübersteht, wird sich immer wieder neben dem geschulten, staatlich anerkannten und privilegierten Rechtsanwalt der ungeschulte oder doch nur auf Selbstschulung fußende Rechtsberater hervortun. Es hat sich dafür, neben anderen Benennungen, die Bezeichnung „Prozeßagent" eingebürgert. Solche Prozeßagenten stehen, im Gegensatz zur Rechtsanwaltschaft, auf dem Boden des reinen Gewerbebetriebes und unterstehen deshalb auch den kontrollierenden Vorschriften der Gewerbeordnung.

Eine gehobenere Stellung können sie dadurch bekommen, daß sie bei einem Gericht von der Justizverwaltung besonders zugelassen werden („Personen, denen das mündliche Verhandeln vor Gericht durch eine seitens der Justizverwaltung getroffene Anordnung gestattet ist").

Gesetzliche Grundlagen: § 35 GewO., wonach der Betrieb zu untersagen ist, „wenn Tatsachen vorliegen, welche die Unzuverlässigkeit des Gewerbetreibenden in bezug auf diesen Gewerbebetrieb dartun"; § 157 ZPO., wonach das Gericht ohne weiteres Prozeßagenten als Parteivertreter zurückweisen darf. Über die besondere „Zulassung" sind landesrechtliche Ausführungsvorschriften ergangen, z. B. in Preußen Allg. Verfg. vom 25. September 1899 (JustMinBl. S. 272). — Eigentümliche Beleuchtung des Verhältnisses in der Kostenfrage. Sind einer Partei, die sich einen Prozeßagenten angenommen hat, dessen Kosten vom unterlegenen Prozeßgegner nach § 91 ZPO. zu erstatten? Praxis verneint, wenn genügend Anwälte am Ort. Darin liegt bewußtermaßen ein „mittelbarer Zwang zur Annahme eines Rechtsanwalts" (vgl. Jur. Wochenschrift 1925 S. 75). — Darf die organisierte Anwaltschaft (z. B. der lokale Anwaltverein) die Prozeßagenten durch Boykott unschädlich machen? Diese Frage ist bis an das Reichsgericht hinaufgegangen und von ihm verneint worden, in interessantem Aufbau auf das ständische Moment (ebenda 1926 S. 562ff.). — Oft auch Streit um die „Benennung" unter dem Zeichen des „Unlauteren Wettbewerbs" („Steueranwalt", „Volksanwalt", „Geschäftsanwalt" usw.).

II. Die Betätigung des Anwalts.

a) **Sein Wirkungskreis** ist vielseitig, gipfelnd einerseits in der Figur des großen Verteidigers, andererseits in der des stillen Beraters der führenden Industrieunternehmungen. Prozeßvertretung ist historisch der Ausgangspunkt und bildet auch heute noch das Kernstück, aber die Anwaltschaft ist in neuerer Zeit über diesen Rahmen hinausgewachsen. Im einzelnen geht der Anwalt etwa in folgenden Betätigungen auf:

1. Mündliche Vertretung der Parteien im Prozeß. — Dabei stehen sich im Zivilprozeß regelmäßig Anwalt und Anwalt gegenüber, während im Strafprozeß nur ein Rechtsanwalt als Verteidiger berufen ist, dem dann allerdings vielfach der Staatsanwalt wie ein Gegner gegenübertritt (vgl. S. 382h).

2. Schriftliche Vorbereitung des Prozesses. Sie spielt eine große Rolle (allerdings in Westdeutschland etwas weniger), denn die Schriftlichkeit des Verfahrens ist in der ZPO. ausdrücklich anerkannt.

3. Beiden geht voran die Beratung, vom Außenstehenden leicht unterschätzt, aber vielleicht gerade der wichtigste Zweig anwaltlicher Betätigung. Insbesondere liegt hier ein ethisches

Schwergewicht der Anwaltschaft, indem sie bei der Beratung erziehlich auf die Bevölkerung einzuwirken vermag.

4. Die Beratung kann sich zur Dauerberatung auswachsen und geht dann in die Stellung des „Syndikus" (S. 508) über. In den romanischen Ländern ist ziemlich verbreitet, in Verbindung mit dem Notariat (unten S. 507f), die ständige Familienberatung und Familienvermögensverwaltung. In Deutschland wird dieser Typus durch die Konzern- und Trustberatung in den Schatten gestellt.

5. Neben den ordentlichen Gerichten kommen die verschiedensten Sondergerichte (Finanzgerichte, Verwaltungsgerichte, Dienststrafgerichte, Staatsgerichtshof, Schiedsgerichte, Internationale Schiedsgerichtshöfe) und gerichtsähnliche Stellen (im Versicherungs- und Fürsorgewesen, in Aufwertungssachen, Mietstreitigkeiten usw.) für eine Betätigung des Anwalts in Frage, soweit ihm diese Plätze nicht besonders verschlossen sind (S. 497).

Die Betätigung eines Anwalts schlägt sich in seiner Praxis nieder. Diese kann sehr unterschiedlich sein, sowohl dem Umfang wie dem Inhalt nach. Gleich dem Arzt hat der junge Anfänger meist zu kämpfen, ehe ihm eine wirkliche Praxis zufällt, während sich der alteingesessene Anwalt einer Mittelstadt oft einer festgefügten und gesicherten Praxis erfreut. Vertrauen der „Klienten" spielt eine große Rolle. Sehr beachtlich ist der Unterschied zwischen Großstadt und Kleinstadt. Das nach dem Kriege von der Deutschen Zentralstelle für Berufsberatung der Akademiker herausgegebene Merkblatt über den Rechtsanwaltsberuf hat sich darüber zutreffend, wenn auch mit besonderer Abstellung auf die körperlichen Schwächen mancher Kriegsteilnehmer, wie folgt geäußert: „In den kleinen Städten, in denen der Anwalt nur an wenigen Tagen der Woche vor Gericht zu plädieren hat, übt er den überwiegenden Teil seiner Tätigkeit in seinem Bureau aus. Nur hin und wieder ist er, insbesondere wenn er zugleich das Amt eines Notars bekleidet, veranlaßt, über Land zu fahren, um am Krankenbette oder Sterbelager Testamente oder Verträge aufzunehmen. Die körperlichen Anstrengungen, denen er bei solcher Berufsausübung ausgesetzt ist, sind verhältnismäßig gering, und Anwälte selbst mit geschwächter Gesundheit sind in der Regel solchen Anstrengungen gewachsen. Anders ist es schon in den mittleren und noch erheblich anders in den großen Städten, in denen mehrere Gerichte bestehen, und der Anwalt, insbesondere der erstinstanzliche Anwalt, der an mehreren Gerichten zu tun hat, veranlaßt ist, an einem und demselben Vormittag von einem zum anderen Gerichte zu fahren und die an diesem stattfindenden Termine wahrzunehmen. Hier ist die körperliche Rüstigkeit von ganz besonderem Werte."

Die Annahme von Nebenbeschäftigungen ist dem Anwalt grundsätzlich freigestellt, wenn er damit nicht gegen die Standesehre verstößt. Spezialisten bilden sich langsam aus, etwa für arbeitsrechtliche Fragen, für Ehescheidungssachen, für Kartellrecht, für Steuerangelegenheiten. (Die Ehrengerichtsbarkeit hält öffentliche Ankündigung als solcher Spezialist für verwerflich.) Eine Erscheinung neueren Datums sind auch die in den Großstädten immer häufiger auftretenden Zusammenschlüsse mehrerer Anwälte, sei es zu bloßer „Bureaugemeinschaft", sei es mit planmäßiger Verteilung der Geschäfte unter die Sozien (sog. Anwaltsfirmen).

Sehr beachtenswert ist der Anteil der Anwaltschaft am juristischen Schrifttum. Naturgemäß bleibt diese Betätigung freilich auf einzelne Köpfe beschränkt. Es ist aber bisweilen staunenswert, was diese Köpfe als Schriftsteller neben ihrer sonstigen lastenreichen Berufsarbeit leisten.

b) **Örtliche Einschränkung.** Jeder Anwalt wird grundsätzlich nur bei einem bestimmten Gericht zugelassen. Die an sich daraus entspringende Folgerung, daß er nur an diesem Gericht sich betätigen darf, ist indessen nicht in vollem Umfang durchgeführt. Bemerkenswert ist namentlich, daß in Strafsachen jeder Rechtsanwalt durch das ganze Reichsgebiet hindurch vor jedem Gericht auftreten darf.

Dagegen ist er in Zivilsachen grundsätzlich auf „sein" Gericht beschränkt. Doch können Ausnahmen durch die Justizverwaltung bewilligt werden. Gegenwärtig bildet gerade die sog. Simultanzulassung einen Streitpunkt; es wird darunter verstanden, daß die am Amtsgericht zugelassenen Anwälte ohne weiteres auch zur Vertretung vor dem zugehörigen Landgericht befugt sein sollen (und umgekehrt).

c) **Der Grundsatz der freien Advokatur.** 1879 wurde in Deutschland der Satz aufgestellt, daß jeder Anwalt werden könne, ohne Rücksicht auf die Zahl der schon vorhandenen Anwälte. (Vgl. bereits S. 495). Es gibt zwar einige im Gesetz vorgesehende Verhinderungsgründe (z. B. „wenn der Antragsteller ein Amt bekleidet oder eine Beschäftigung betreibt, welche nach dem Gesetz oder nach dem Gutachten des Vorsitzenden der Anwaltskammer mit dem Beruf oder der Würde des Rechtsanwalts nicht vereinbar sind"). Aber keinesfalls darf die Zulassung wegen geringen Bedürfnisses abgeschnitten werden.

Doch ist der Grundsatz natürlich nicht so zu verstehen, daß jeder beliebige Mann aus dem Volke plötzlich als Rechtsanwalt sich niederlassen dürfte. Vielmehr ist, wie schon früher erwähnt, die Vorbildung genau die gleiche wie bei der Richterlaufbahn. Also zwei Examina, nach deren Ablegung erst jeder vor der Wahl steht, ob er Richter (Staatsanwalt) oder Anwalt werden will. Die Gleichsetzung mit dem Richter im Punkt der Vorbildung ist sehr segensvoll, sie sichert die Höhe des Anwaltsstandes auch in sozialer Beziehung.

Über die durch den allgemeinen Wettbewerb hervorgerufene Annäherung an einen Gewerbebetrieb bereits S. 497 c. Über die Idee eines numerus clausus S. 466.

d) Über die **finanzielle Stellung** der Anwälte fehlen sichere statistische Unterlagen. Tatsache ist, daß eine gewisse Zahl von Anwälten schon vor dem Kriege nur dürftig ihren Unterhalt finden konnte, so daß sich damals bereits das bittere Wort vom „Anwaltsproletariat" ausbreitete. Durch die vollständige Erschütterung der Geld- und Wirtschaftsverhältnisse in den Jahren 1921 bis 1923 wurde die Stellung der Anwälte ebenso wie die der Ärzte und der Beamten noch wesentlich verschlechtert, so daß man von einem Ruin des ganzen Anwaltsstandes zu sprechen begann. Neuerdings hat sich die Lage der Anwälte wieder gehoben. Einige verfügen sogar über ganz bedeutende Einnahmen.

Über den Wettbewerb der Anwälte untereinander S. 497c. Über die bedeutend angestiegene Zahl der Anwälte S. 429. Über das Verlangen nach Maßregeln gegen die „Überfüllung", insbesondere die Abriegelung eines zu kopfreichen Nachwuchses S. 466. Eine vom Staate ausgehende öffentlichrechtliche Versicherung aller Anwälte, ähnlich der Sozialversicherung der Arbeiter und Angestellten (S. 220, 275), ist in der letzten Zeit (1925/26) viel erwogen worden; doch muß von diesem Gedanken abgeraten werden.

Die Hauptunterlage für die Berechnung der Einnahmen des Anwalts bildet die vom Staate als Gesetz erlassene Gebührenordnung (S. 498). Sie soll möglichst unverändert angewandt werden. Doch ist ihre Überschreitung mittels besonderer Honorarvereinbarung nicht schlechthin ausgeschlossen.

Die **Gebührenordnung** wurde im Zusammenhang mit der Rechtsanwaltsordnung (S. 496) erstmalig am 7. Juli 1879 erlassen. Sie ist seitdem wiederholt geändert worden und geht sehr ins einzelne. Kommentar von Adolf und Max Friedländer, 7. Aufl. 1925. Höhere Gebühren auf Grund des staatlichen Gesetzes an sich statthaft; § 93 läßt es ausdrücklich zu, daß „der Betrag der Vergütung durch Vertrag abweichend von den Vorschriften dieses Gesetzes festgesetzt wird." Die Ehrengerichtspraxis ist jedoch wesentlich strenger als die staatliche Norm. Sie will (in Zivilsachen) solche Sonderhonorare nur zulassen, wenn sie durch die außergewöhnliche Schwierigkeit des Falles oder andere besondere Umstände gerechtfertigt sind.

Einzelfälle. Zurückhaltung empfiehlt sich im Punkte des Erfolgshonorars, das nur gezahlt werden soll (in dieser Höhe), wenn der Prozeß gewonnen wird (das sog. Palmarium; vgl. Pandekten 50, 13, 1 § 12). Ganz zu verwerfen ist das pactum de quota litis, d. h. die Anteilnahme des Anwalts an dem im Siegesfalle errungenen Geldbetrag mit einem bestimmten Prozentsatz. Umstritten ist, ob (herabgesetzte) Pauschalsätze für Massenvertretungen standesunwürdig seien. Bestritten auch, ob mit dem Gesetzestext (Fortsetzung des § 93: „Die Festsetzung durch Bezugnahme auf das Ermessen eines Dritten ist ausgeschlossen") die Überlassung der Höhe des Honorars an ein Schiedsgericht statthaft sei.

Sog. Armensachen mußte der Anwalt früher nach Zuteilung durch das Gericht unentgeltlich führen. Das war seit langem Gegenstand des Unwillens in Anwaltskreisen. Bei Beginn des Währungsverfalls (1919/20) wurde sogar dieserhalb mit einem „Anwaltsstreik" gedroht. Jetzt ist dieser Stein des Anstoßes im wesentlichen beseitigt. Seit einem eigens erlassenen Reichsgesetz vom 6. Februar 1923 (RGBl. I S. 103) werden dem Anwalt, der eine mit dem „Armenrecht" versehene Partei vertritt, aus der Staatskasse die Gebühren erstattet. Die Anwaltschaft hat also in dieser Frage gesiegt.

Über den Verkauf der „Praxis" im ganzen vgl. bereits S. 499.

e) **Zivilrechtliche Stellung.** Die Beziehungen zwischen dem Anwalt und seinem Klienten stellen sich regelmäßig als sog. Werkvertrag dar (selten Dienstvertrag). Daraus folgen die einzelnen Pflichten und Rechte. (Näheres im Grundriß über BGB. II).

Beispiele: Etwaige Ablehnung eines Auftrags hat der Anwalt dem Auftraggeber anzusagen (BGB. § 675 und 663). — Verschwiegenheit! — Haftbarkeit bei Unvorsichtigkeit in der Beratung oder Prozeßführung. Grundsätzlich kommt nach § 676 BGB. eine Schadensersatzpflicht bei bloßer Raterteilung nicht in Frage; aber „unbeschadet der sich aus einem Vertragsverhältnis ergebenden Verantwortlichkeit", was gerade beim Anwalt zutrifft. Praxis im Punkte der Anwaltshaftung sehr streng. Versicherung empfehlenswert.

f) **Das Notariat.** Der Kern der Notariatstätigkeit ist das Beurkundungswesen. Wie die Geschichte lehrt, ist es ein sehr altes Bedürfnis, gewissen „Instrumenten", d. i. Urkunden dadurch erhöhte Glaubwürdigkeit zu verschaffen, daß eine bestimmte, von besonderem Vertrauen getragene Person beim Vollzuge zugezogen wird. Dazu nun sind (neben den Gerichten, S. 440a) die Notare berufen. Unmittelbar anschließend an solches Beurkunden hat sich ein besonderer Beratungszweig entwickelt: die Hilfeleistung beim Abfassen der Urkunden, vor allem die Aufnahme von Schutzklauseln zugunsten der beratenen Partei. Es leuchtet ein, daß diese Kunst in hohem, edlem Sinne betrieben, aber auch zu schlechten Advokatenkniffen ausgenutzt werden kann (Kautelarjurisprudenz, unten S. 512). Auch das zeigt die Verantwortung, die mit dem „Amt" (s. unten) eines Notars verbunden ist.

Große Unterschiede zwischen Norddeutschland und Süddeutschland, namentlich im Punkte der Abgabe von Angelegenheiten der freiwilligen Gerichtsbarkeit (S. 439, 408 ff.) an die Notare, die dadurch natürlich noch mehr an die richterlichen Beamten heranrücken. Vereinzelt solche Abgabe auch im Norden (z. B. Leitung von Erbauseinandersetzungen); in viel größerem Ausmaß jedoch in Süddeutschland. Unterschiede auch in der Verquickung oder Trennung von der Rechtsanwaltschaft; in Baden Notariat verstaatlicht, in Hessen 1925 Beschluß der Anwälte auf Trennung, in Preußen Vereinigung beider Betätigungen zulässig und häufig (z. B. sind hier fast 60 v. H. der Anwälte zugleich Notare).

Lage in Preußen: Bislang kein „freies" Notariat, vielmehr Ernennung in jedem einzelnen Fall durch den Justizminister. Meist auf Lebenszeit; Entsetzung nur auf dem Wege richterlichen Urteils. — Mit der Ernennung wird der Notar **Staatsbeamter**, dem Landgerichtspräsidenten unterstellt. Amtssitz, Dienstsiegel. Beziehung zur Partei (im Gegensatz zum Rechtsanwalt, S. 507e) öffentlichrechtlich zu bewerten. Gebührenordnung. Meist gute Einkünfte, deshalb als Zutat zur Anwaltstätigkeit sehr begehrt. Statistik S. 443 unter VII.

Es besteht seit 1900 ein tatkräftiger Deutscher Notar-Verein, der seit 1901 eine eigene Zeitschrift herausgibt und regelmäßig Tagungen abhält. Der 11. Deutsche Notartag in Heidelberg (1925) stellte z. B. die Forderung nach Überwindung der Länderverschiedenheit mittels einer Reichsnotariatsordnung und die Forderung nach Schaffung von Lehrstühlen für Urkunds- und Notariatsrecht an den Universitäten auf.

Aus dem Schrifttum: Hermann Oberneck, Das Notariatsrecht der deutschen Länder insbesondere Preußens, 6. u. 7. Aufl. 1925. Kommentar zur (preuß.) GebührenO. für Notare von Julius Rausnitz, 6. Aufl. 1925.

III. Der Jurist im freien Erwerbsleben.

a) Allgemeine Kennzeichen. Kein Jurist, der die Prüfungen abgelegt oder auch auf ihre Ablegung verzichtet hat, ist gehalten, in einen der fest umrissenen und im vorhergehenden gekennzeichneten Berufe einzubiegen. Es bleibt ihm unbenommen, seine juristischen Kenntnisse im freien Wirken da zu verwerten, wo es ihm gutdünkt. Aber fast jeder wird doch dabei bestrebt sein, sich eine Erwerbsbasis zu schaffen.

Als solche kann in Frage kommen: Die Schriftstellerei (Journalistik), die einen gewissen Prozentsatz juristisch geschulter Köpfe immer wieder gebrauchen kann. Oder die Politik, bei der es ähnlich bestellt ist, und die sich allmählich mehr und mehr in einen „Beruf" mit Haupt- und Nebeneinnahmen verwandelt. Oder Handel und Industrie. Hier hat sich im Laufe der Zeit ein festeres Gepräge ergeben. Der sog. **Syndikus** ist die Kernfigur (vgl. S. 468 Ziff. 4). Große Bankhäuser, kaufmännische Geschäfte, industrielle Werke, Versicherungsgesellschaften, Kartelle und ähnliche wirtschaftliche Verbände brauchen fortlaufende juristische Beratung, und wenn dann der beratende Jurist gleichzeitig über das nötige Maß an wirtschaftlichen Kenntnissen verfügt, so daß ihn die „Techniker" und Wirtschaftswissenschaftler nicht in den Schatten stellen (S. 469c), so bietet sich für ihn (wenngleich nur in recht beschränkter Zahl) eine Lebensstellung. Auch die neuerdings sich immer mehr entfaltenden wirtschaftlichen Selbstverwaltungskörper stellen (in geringer Zahl) Plätze für Juristen in Aussicht; hier aber kann die Stellung in eine beamtete (S. 489b) übergehen.

Das ethische Hauptziel bei solchem Abschwenken in ungebundenere Lebensbahnen muß bleiben, daß auch dort die akademische Würde gewahrt wird, daß der Jurist sich nicht zu sehr vom kaufmännischen Erwerbsgeist gefangen nehmen läßt, daß er nicht versinkt im politischen Treiben und daß er die juristischen Waffen nicht bloß als Werkzeug für unjuristische Zwecke benützt, sondern um ihrer selbst willen schätzt.

b) Betätigung. Die Betätigung ist in diesen freien Berufen sehr verschieden. Folgende größere Züge treten hervor:

1. Fassung und Festigung der ihm anvertrauten Lebensverhältnisse. Also Schaffung eines (juristischen) Rückgrats für gewisse Wirtschaftsbeziehungen. Herausarbeitung von Leitsätzen, Paragraphierung, kurzum Übertragung des juristischen Gedankenapparates auf die ihm vorgelegten Lebensverhältnisse. 2. Vermeidung von Verwicklungen. Vorbau gegen Prozesse, Abschwächung gegenseitigen Mißverstehens, namentlich Milderung der Gegensätze zwischen Berufsgruppen und Volksschichten, Verhandlung mit den Staatsbehörden, Einflußnahme auf Parlamentarier; mündliches Verhandeln wird hierbei besonders segensreich sein. 3. Kontrolle der Gesetzmäßigkeit, Prüfung, ob geplante Maßregeln erlaubt oder unerlaubt, gefährlich oder ungefährlich sind; gegebenenfalls auch Einflußnahme auf die zukünftige Gesetzgebung.

c) Laufbahn. Eine eigentliche Laufbahn, die irgendwie gewährleistet wäre, gibt es hier nicht. Jeder einzelne ist auf sich selbst angewiesen. Zusammenfassung zu einer geschlossenen Berufsgruppe fehlt. Später wäre vielleicht ein vereinsmäßiger oder gewerkschaftlicher Zusammenschluß denkbar; er ist auch bereits angeregt worden.

Es empfiehlt sich im allgemeinen, erst beide Examina abzulegen („Volljurist"). Dann muß meist klein angefangen werden. Die Hoffnung, bald eine leitende Stellung zu bekommen, bleibt oft ein Traum. Der Weg, der zurückzulegen ist, ähnelt dem eines kaufmännischen Angestellten. Äußere Form: Anstellung auf Dienstvertrag. Daher Kündigungsmöglichkeit und -Gefahr. Doch lehrt die Erfahrung, daß die Stellungen überwiegend dauerhaft sind.

Die finanzielle Stellung weist, namentlich im späteren Leben, große Verschiedenheiten auf. Gegenwärtig besondere Unsicherheit. Wohl immer feste Besoldung; insofern Gegensatz zur Anwaltschaft. In leitenden Stellungen bisweilen recht hoch. Eine Folgeerscheinung: das im letzten Jahrzehnt vor dem Kriege immer bedenklicher auftretende Abwandern gerade besonders tüchtiger Köpfe der höheren Beamtenschaft in die Industrie- und Bankwelt. Bisweilen neben der festen Besoldung „Tantiemen". Das Spezifisch-Juristische verflüchtigt sich dann mehr und mehr, der Jurist geht in den Bankdirektor, Prokuristen, Disponenten oder dergl. über.

§ 42. Die Technik der juristischen Arbeit.

Schrifttum. Ein zusammenfassendes Werk fehlt. Anhaltspunkte in beispielartiger, bildhafter Form bieten einige der S. 458 zu Eingang der Ziff. III erwähnten Schriften, z. B. das Ebertsche „Amtsgerichtliche Dezernat". Überaus eindrucksvoll und lehrreich die scharfen, flugschriftartigen Veröffentlichungen von Richard Deinhardt (Senatspräsident in Jena), namentlich die Schrift „Ausdruck und Gedanke in deutschen Amtsstuben; Gegen die vertrocknete Tintenweis, für lebensfrische Muttersprache und eigene Wesensgestalt", 3. Aufl. 1926. — Reicher, freilich sehr einseitiger und nüchterner Stoff in den Justiz-Ministerialblättern (oder ähnlich benannten Veröffentlichungen) der einzelnen Länder; vgl. dazu im folgenden Text (S. 521) über die „Justizverwaltung".

I. Der Jurist ist bei seiner Arbeit nicht frei. In bedeutendem Umfang muß er mit **gegebenen Größen** rechnen. Überschlägt man deren Druck, indem man etwa die Lebensarbeit des Durchschnittsjuristen daraufhin bewertet, wieviel ihm an Freiheit zwischen den Gesetzestexten, der Regierungsgewalt, dem Aktenwesen und dem sonstigen technischen Apparat verbleibt, so kann man sich eines unheimlichen Gefühles kaum erwehren. Der Druck der gegebenen Größen lastet schicksalsschwer auf dem einzelnen. Doch aber muß er versuchen, mitten zwischen ihnen sein freies Ich zu bewahren. Das eben ist sein Lebenskampf. Um ihn siegreich zu führen, ist als erstes Klarheit über die umgebenden Größen nötig.

a) Die ursprünglichste und gewaltigste ist die **Sprache.** Der Jurist ist berufen, die juristischen Gedanken nicht nur zu denken, sondern vor allem auszusprechen. Gewiß liegt ähnliches auch anderen Berufen ob, aber kaum einem in so hohem Grade wie dem Juristen. Der Arzt kann operieren, ohne ein Wort zu reden, der Kaufmann ordnet stumm den Stapel seiner Waren, der Land- und Fabrikarbeiter kann tagelang seine Berufspflicht auf das gewissenhafteste erfüllen, ohne sich der Sprache zu bedienen — aber der Jurist mündet immer wieder beim gesprochenen Wort. Das Urteil ist der Gipfelpunkt seiner Lebensarbeit; um es zu prägen, bedarf er der Sparche.

Die außerordentliche Gewalt der Sprache für das juristische Wesen kommt namentlich in den sog. Fiktionen zum Ausdruck. So heißt es z. B. im § 1589 II BGB.: „Ein uneheliches Kind und dessen Vater gelten nicht als verwandt". Dieses einzige Wort „gelten" schließt ein (übrigens sehr angreifbare) Welt von rechtlichen Dingen in sich: das Kind entbehrt des väterlichen Namens, der Vater hat keine Erziehungsgewalt, er kann von niemandem die Herausgabe des Kindes klagweise verlangen, stirbt er, so nimmt das Kind an dem Erbrechtsvorgang, der sich nunmehr entwickelt, nicht teil, und umgekehrt ist es ebenso, wenn er das Kind überleben sollte. Es kann eben „mit einem Federstrich", richtiger mit einem einzigen Wort in der Rechtswelt eine ungeheure Wirkung erzielt werden.

Aus dieser großen Bedeutung der Sprache folgt, daß der Jurist sich unablässig in ihr schulen sollte. Durch ungeschickten Sprachgebrauch kann er unsägliches Unheil; durch geschickten manchen Segen stiften. Doch muß auf der anderen Seite vor einer Überschätzung der Sprachgewalt gewarnt werden. Im letzten Ende bleibt doch die menschliche Sprache wie alles Menschliche ein armselig Ding.

In einfacher aber sinnfälliger Weise offenbart sich dies in zwei- oder mehrsprachigen Ländern. Es ist schlechthin unmöglich, alle juristischen Gedanken in der französischen Sprache genau so wiederzugeben wie in der deutschen. Gerade die wichtigsten Regeln leiden darunter am meisten. Jener berühmte Art. 1 des schweizerischen ZGB. (deutscher Text S. 90), in dem jedes Wort Gewicht hat und Gewicht haben soll, klingt nun einmal in dem gleichzeitig veröffentlichten, ebenfalls amtlichen und ebenso bindenden französischen und italienischen Text stückweise ganz anders. Wenn es im deutschen heißt: „Er folgt dabei bewährter Lehre und Überlieferung", so sagen der französische: „Il s'inspire des solutions consacrées par la doctrine et la jurisprudence", und der italienische: „Egli si attiene alla dottrina ed alla giurisprudenza più autorevoli" ganz sicher nicht das gleiche. — In jüngster Zeit hat namentlich auch der dreisprachige Friedensvertrag von Versailles (S. 224) wegen der Unausgeglichenheit (und Unausgleichbarkeit) der drei Texte wiederholt bedeutende Schwierigkeiten bereitet. Wenn z. B. nach dem S. 225 zitierten Art. 248 „der gesamte Besitz ... des deutschen Reiches ... an erster Stelle haftet", so hat das einen anderen Sinn, als wenn im französischen Text von einem „privilège de premier rang sur tous les biens de l'Empire" gesprochen wird. Denn in der französischen Rechtssprache bedeutet „privilège" eine pfandrechtsartige Verstrickung, während das bloße „Haften" der deutschen Rechtssprache durchaus nicht diese pfandrechtliche Note in sich schließt; ebensowenig kann „Besitz" mit „biens" schlechthin gleichgesetzt werden. — Über „Terminologie" s. im folgenden S. 514 Ziff. 2.

Darum versagt die Sprache eben doch an allen Ecken und Enden. Bei weitem das meiste vom Gesprochenen muß erst **ausgelegt** werden, nicht etwa bloß da, wo eine besondere Ungeschicklichkeit gewaltet hat (vgl. S. 110 Ziff. IV). Doch gehört die auslegende Tätigkeit nicht eigentlich zum Technischen, sondern vielmehr zum Geistigen (§ 43) der juristischen Arbeit. Verschlimmert wird die Unsicherheit, wenn der Gebrauch der Sprache ausartet oder absichtlich verfälscht wird. Auch damit hat der Jurist sehr viel zu kämpfen.

Entartungen in der Handhabung der Sprachgewalt kommen immer wieder vor. Bloße Schwülstigkeit (vgl. Die Definition der

Eisenbahn S. 195) mag noch ertragen werden, solange sie nicht das wahre Recht durch bloßes Wortgeklingel verdrängt. Schwerer Mißbrauch wird namentlich leicht mit den dehnbaren Worten getrieben, die wiederum gleichzeitig die Armseligkeit des Sprachvermögens offenbaren. Wie gewissenlos wurde z. B. das Wort „Konterbande" während des Krieges ausgereckt. Am schlimmsten wird der juristische Mißbrauch der Sprache, wenn er planmäßig die Zweideutigkeit ausnützt, um den Richter oder den Gegner zu betrügen. Berüchtigt war in dieser Richtung die Kautelarjurisprudenz des 16. Jahrhunderts (vgl. S. 184). Da liest man z. B. in einem Werk von 1575 folgenden Rat für den, der nach der damals bestehenden Rechtsanschauung gezwungen werden soll, ein Mädchen zu heiraten, weil er Unzucht mit ihr getrieben hat: Er soll so tun, als wäre er durchaus bereit, die Ehe zu schließen, nur möge er beim eigentlichen Eheschluß den scheinbar harmlosen Satz beifügen: Wenn sie jedoch mit einem anderen Beischlaf treiben sollte, dann will ich das Recht haben, mir eine andere zur Frau zu nehmen. Der Pfarrer und die Zeugen, vor denen sich der Eheschluß abspielt, werden das für einen vielleicht etwas derben, aber verständlichen Vorbehalt ansehen. Dahinter steckt aber, daß nunmehr die Ehe doch ungültig ist, weil sie nämlich nach juristischer Regel nicht unter einer Bedingung abgeschlossen werden darf.

Eine Nebensächlichkeit, die aber doch des Aufmerkens wert ist, ist die Pflege einer reinen, edlen Sprache, fester gefaßt: die Sorge für ein gutes Deutsch. Mit Recht ist in den letzten Jahren dem **„Juristendeutsch"** der Kampf angesagt worden. Eine wesentliche Besserung ist schon zu spüren. Doch darf der Eifer nicht erlahmen.

1. Übertreibungen haben der Bewegung zeitweise geschadet. Ein (bescheidenes) Maß von Fremdwörtern ist ungefährlich, sogar wegen des Wortklanges, der oft durch die beste Verdeutschung nicht nachgebildet werden kann, recht wertvoll. Zudem ist eine gesunde Sprache kraftvoll genug, ein gesundes Volk stolz genug, um eine gewisse Dosis von fremden Worten zu verarbeiten. — Bedeutende Verdienste hat sich auch im juristischen Bereich der Allgemeine deutsche Sprachverein erworben. Unter den Einzelvorkämpfern ragt an Erfolg und Unermüdlichkeit hervor der Jenenser Senatspräsident Richard Deinhardt. Vgl. die in der Vorbemerkung S. 510 erwähnte Schrift. Aus dem sonstigen reichhaltigen Schrifttum erwähnenswert: L. Günther, Recht und Sprache, 1898. Ferner folgende vom Allg. Deutsch. Sprachverein mit Preisen ausgezeichnete Arbeiten: Ph. Sommer, Unsere Gesetzessprache, 1913, und: M. Fickel und A. Renner, Unsere Gesetzessprache, 1913. Auch die Ministerien lassen es sich seit einiger Zeit angelegen sein, von Zeit zu Zeit zu guter Sprache zu mahnen, vgl. z. B. Preuß. A. V. vom 13. Juni 1926 über die Sprache in gerichtlichen Entscheidungen (JustMinBl. S. 62).

2. Es hat sich innerhalb der Juristenschaft ein eigenes **Abkürzungswesen** eingebürgert. Ohne das ist nicht auszukommen; man kann beim Schreiben nicht stets die langen Titel der Gesetze und fachwissenschaftlichen Zeitschriften voll wiedergeben. Immerhin ist bei Schriftstücken, die nach außen gehen, z. B. Urteilen, auf das Verständnis der Be-

völkerung Rücksicht zu nehmen, und auch im Innenverkehr und für das eigene Ich muß man sich hüten in eine Modenarretei der Abkürzungen zu verfallen. — Vgl. Vorschläge des Deutschen Juristentags für die Art der Anführung von Rechtsquellen, Entscheidungen und wissenschaftlichen Werken, 1. Ausgabe 1905; ferner das mit dem 1. Okt. 1919 abgeschlossene „Abkürzungsverzeichnis der Juristischen Wochenschrift". Bisweilen werden auch von der Justizverwaltung bestimmte Abkürzungen vorgeschrieben, oder es legen sich gar Gesetze gleich bei ihrem Erscheinen eine Abkürzung für sich selbst zu.

3. Auch die **Kurzschrift** (Stenographie) bürgert sich im Justizdienst wie anderweit mehr und mehr ein. Sie schlechthin zur Voraussetzung für die Zulassung zu den Prüfungen zu machen, ist nicht unbedenklich. Man soll die Menschen nicht mehr zu Maschinen machen, als unbedingt nötig ist.

b) Aus der Sprache hat sich die zweite „gegebene Größe" entwickelt, das **Gesetz.** Seine Bedeutung ist in diesem Buch an den verschiedensten Stellen hervorgetreten (u. a. § 11 und § 21). Die Technik der juristischen Arbeit beeinflussen die Gesetze namentlich in der Weise, daß auf sie „bezuggenommen" werden muß. Dies kann ganz verschieden gehandhabt werden, bald nur belehrend, um den Parteien das (objektive, und daraus folgend ihr subjektives, S. 117 ff.) Recht zu offenbaren, bald zur Selbstbesinnung des Juristen, der dadurch innerlich einen festeren Halt bekommt, bald zur Rechtfertigung nach außen, um den Gedanken richterlicher Willkür zu bannen, bald auch zur Festigung der Praxis, wie namentlich beim Reichsgericht, das die „Kontinuität" der Entwicklung durch ständiges Fühlunghalten mit den Gesetzestexten zu überwachen hat. So begleitet das Gesetz gleich einem Trabanten auf Schritt und Tritt die Arbeit des Juristen. Oft fällt dieser Begleiter mit seiner mahnenden Strenge lästig. Wer aber klug ist, stellt sich gut mit ihm.

1. Man muß vor allem das **System** der Gesetze vollständig beherrschen, um sich in ihnen zurechtzufinden. Das kann nicht stark genug betont werden. Die Überfülle des immerfort sich erweiternden und ändernden Gesetzesstoffes (vgl. S. 74 Ziff. 6, S. 227) macht es zur Unmöglichkeit, alle Einzelheiten auch nur zu lesen, geschweige denn zu behalten und ständig bei sich zu tragen. Allein das Reichsgesetzblatt brachte z. B. in dem einzigen Jahre 1925 über 400 Gesetze, also durchschnittlich an jedem Tage mindestens ein neues Gesetz (allerdings im weiteren Sinne des Wortes; eigentliche Gesetze waren nur 119, dazu 139 Verordnungen und 146 Bekanntmachungen). Und nun denke man sich noch das mindestens ebenso zahlreiche Heer der ergänzenden und ausführenden Landesgesetze hinzu. Und stelle sich des weiteren vor, daß jedes Jahr wieder neue Fluten bringt, ohne daß damit die Gesetze der vorhergehenden Jahre ihre Geltung verlören! Auf der anderen Seite wird an der These: Grundsätzlich muß der Jurist jedes, auch das abliegendste

Gesetz kennen, zähe festgehalten und dem in Gestalt der Haftbarkeit (S. 484, 507) sinnfälliger Ausdruck verliehen (vgl. auch S. 76 Ziff. 8). Hiergegen hilft nur andauernde Schulung im systematischen Gefüge des verwickelten legislativen Apparates, damit man im Bedarfsfall wenigstens weiß, wo man zu suchen hat. — Neuestens plant man, den alten Bestand der Reichsgesetze auf seine noch heute fortbestehende Geltung zu prüfen und das danach als fortgeltend Befundene in einer amtlichen Sammlung von 5 Bänden herauszugeben; man hat errechnet, daß von den insgesamt 10732 reichsrechtlichen Erlassen 7488 „gegenstandslos" geworden seien, was immerhin einen Fortbestand von über 3000 Nummern bedeutet. Zu den Jahrgängen 1867 bis 1916 des Reichsgesetzblattes ist ein Stichwortverzeichnis erschienen, das selbst wieder 1674 Seiten stark ist! — Über Gesetzsammlungen im allgemeinen s. S. 30 Über Gesetzgebungstechnik S. 74 ff., namentlich Ziff. 4 „Darstellungsweise".

2. Zum zweiten muß der Jurist die **Terminologie** der Gesetze genau beherrschen. Es werden sehr viele Worte in einem ganz bestimmten („terminologischen") Sinne gebraucht. Wer diesen Sinn nicht kennt, wer die termini technici miteinander verwechselt, ist hilflos und der Gefahr ausgesetzt, schwere Fehler zu machen. Das Wort „Auftrag" hat z. B. im Bürgerlichen Gesetzbuch eine ganz bestimmte Bedeutung, die keineswegs mit den „Aufträgen", die sich Geschäftsleute untereinander erteilen, zusammenfällt. Auch in der Zivilprozeßordnung wird vom „Auftrag" gesprochen, u. a. immer dann, wenn von dem Verhältnis zwischen dem Gerichtsvollzieher und dem Gläubiger (der sich seiner bedient) gesprochen wird. Und nun ist diese Sprechweise des Gesetzes seinerzeit in einer berühmten Plenarentscheidung des Reichsgerichts ausdrücklich zur Unterlage genommen worden, um in dem leidenschaftlichen Gelehrtenstreit über die „Rechtsstellung des Gerichtsvollziehers" sich für die Mandatstheorie (Auftragstheorie) statt für die Amtstheorie zu entscheiden: „Es kann nicht angenommen werden", sagte das Reichsgericht, „daß der Gesetzgeber den ein bestimmtes zivilrechtliches Verhältnis bezeichnenden Ausdruck ‚Auftrag', ‚beauftragen' und nur diesen gebraucht haben würde, wenn er nicht hätte zum Ausdruck bringen wollen, daß das Rechtsverhältnis zwischen dem Gerichtsvollzieher und dem Gläubiger nach diesen Grundsätzen zu beurteilen sei" (Amtl. Samml. Bd. 16 S. 400). Solche Macht übt die Terminologie aus; und es hat in diesem Streitfalle hinter der „Konstruktion" die bedeutende praktische Folge gestanden, daß der Gerichtsvollzieher seinem „Auftraggeber" nicht als „Beamter", sondern viel strenger nach den zivilrechtlichen Regeln des „Auftrags" haftet. Freilich, später hat das Reichsgericht selbst seine Meinung fallen gelassen (oben S. 108)! — Über die sog. Legaldefinitionen s. bereits S. 75 Ziff. 4. — Besondere Verwickelungen treten ein, wenn derselbe Ausdruck in verschiedenen Gesetzen in verschiedenem Sinne gebraucht wird. Solche Gegensätzlichkeiten sind nicht selten zwischen Zivilgesetzen und Strafgesetzen oder auch zwischen Zivilgesetzen und Steuergesetzen. Da heißt es dann besonders aufmerken.

3. Zum dritten ist auch dem **kleinsten Wörtchen**, selbst wenn es im gewöhnlichen Sprachsinn des Laien gebraucht wird, Beachtung zu schenken. Vgl. z. B. die Reichsgerichtsentscheidung Bd. 74 S. 383, wo die Klage eines Bureaudiätars gegen den Reichsfiskus auf Rentenerhöhung von

dem einzigen Wörtchen „nur" in einem Gesetzestexte abhängig war; vier Druckseiten sind diesem einen Worte von dem höchsten deutschen Gerichtshof gewidmet worden. Als originelles Beispiel gesetzgeberischer Genauigkeit vgl. auch die V. v. 28. Juli 1923 (RGBl. I S. 759), die u. a. in einem früheren Gesetzestext ein Komma wegzustreichen befiehlt!

4. Besonders erschwert wird die Fühlung mit den heutigen Gesetzen dadurch, daß sie planmäßig ernüchtert werden. Es wird auf jeden gefühlsmäßigen Akzent, auf jede begründende Formel, auf jede auch nur entfernt an ein Lehrbuch erinnernde Tönung verzichtet. Das beeinflußt die Technik der juristischen Arbeit auch nach der Richtung, daß der Jurist in die „Materialien" (S. 76 Ziff. 7) hineinsteigen und umgekehrt dann nach außen den Interpreten des Gesetzes auch nach der gefühlsmäßigen Seite hin spielen muß.

Das ständige Fühlunghalten mit dem Gesetz nimmt dem Juristen allerdings ein großes Maß von Verantwortung ab. Auf der anderen Seite belastet es die Technik der Arbeit schwer und trägt vor allem zur Verzögerung der Arbeit bei. Eine weitere Folge geht dahin, daß der Jurist sich seinen vollen Anteil an der Gesetzgebung, also ein maßgebendes Mitwirken bei der Schaffung der Gesetze sichern muß (vgl. S. 421 über Juristen in den Parlamenten).

c) Als dritte gegebene Größe tritt neben den Gesetzesstoff die **literarische Masse** (vgl. über das Schrifttum § 5). Sie ist fast noch bedrückender wie die Masse der Gesetze. Schon mehrfach (S. 110, 227, 460) ist auf die öde Anhäufung literarischen Materials, zumal in den Kommentaren, hingewiesen worden. Der Praktiker kommt hierbei leicht in eine betrübliche Mechanik der Arbeit hinein. Er gewöhnt sich an „seinen" Kommentar, verläßt sich auf ihn, verliert immer mehr die Fähigkeit eigenen Durchdenkens der Probleme und wird zum Knecht eines toten und nicht einmal immer guten Buches. Was beim Gesetzesstoff als bindende Notwendigkeit erklärt werden kann, das „Fühlunghalten", ist bei dem literarischen Stoff und vor allem bei den Präjudizien (über deren Sammlung S. 29 a. E.) unzweifelhaft heute übertrieben, vor allem wegen der Einseitigkeit, Hast und Geistlosigkeit, mit der nicht selten das „Zitieren" erfolgt.

Um einen Begriff von der Masse literarischen Schaffens auf juristischem Gebiet zu bekommen, nehme man folgende Beispiele: Die Bibliographie von Maas (Jurisprudentia Germaniae) zählte für das eine Jahr 1906 im ganzen 2355 juristische Schriftsteller auf, die über die Gebiete der Allgemeinen Rechtslehre, des Privat- und Handelsrechts, der Gerichtsverfassung und des Prozesses, des Strafrechts und Kirchenrechts, des Staats- und Verwaltungsrechts geschrieben haben; darunter sind eine ganze Reihe, die mehreres veröffentlicht haben. Allein für das Gebiet des Bürgerlichen Gesetzbuches sind für dieses eine Jahr 661 neue Veröffentlichungen gebucht (allerdings nicht bloß selbständige Bücher, sondern auch Zeitschriftenaufsätze, dagegen nicht etwa die unzählbaren Artikel in den Tageszeitungen oder in populären Werken; einige Veröffentlichungen sind wegen der systematischen Anordnung und ihres Einpassens in mehrere Stellen des Systems doppelt gezählt). Der große Staudingersche Kommentar zum BGB. umfaßte in der letzten, vor dem Kriege fertig gestellten Auflage bereits an 7500 Seiten Lexikonformats, die augenblicklich (1926) laufende 9. Auflage wird die 10 000 weit überschreiten.

Dem **Kommentarkult**, der sehr fest sitzt, ist nur mit inneren Gründen beizukommen. Ein tüchtiger Durchschnittsjurist muß sich gegenwärtig halten, daß der Verfasser eines großen Kommentarwerks unmögich alle von ihm entschiedenen Fragen („Kontroversen") restlos durchdacht haben kann; dazu würde ein Menschenleben nicht langen, geschweige einige Jahre, die zum Niederschreiben des Kommentars verwendet worden sind. Darum ist der Jurist, der einen konkreten Fall entscheiden soll, wenn er nur einige Zeit auf dessen Durchdenkung verwendet, dem Kommentator überlegen. Schon sein Stolz sollte ihn deshalb abhalten, sich einfach unter den Druck der Kommentare zu beugen. — Die neueste Erscheinung, die ein noch tieferes Sinken bedrohlich naherückt, sind die Karthotheken, die aus dem amerikanisch-kaufmännischen Bureauwesen stammend sich sogar im Bereiche der Wissenschaften, nicht zuletzt der Rechtswissenschaft, breit zu machen beginnen.

Nicht viel anders steht es mit den **Präjudizien**. Sie quellen ebenfalls zu tausenden hervor und verführen zu Geistlosigkeit und Mechanik (vgl. bereits S. 109 und als einen Ausschnitt aus der Geschichte S. 187). Fast gar nicht bekannt ist, daß beim Reichsgericht ein (nicht öffentliches) „Präjudizienbuch" besteht, in dem in etwa 50 Bänden über 45 000 Präjudizien in abgekürzter Form enthalten sind! A. David (Reichsgerichtsrat), Das Präjudiz, 1925.

d) Als eine vierte gegebene Größe, besonders unfaßbar und doch ihm ewig nah, treten dem Juristen seine **Mitmenschen** entgegen. Dies ist hier nicht in dem allgemeinen Sinne gemeint, daß alles Recht für die Menschheit da ist und danach eingerichtet werden muß (§ 6), sondern nur insoweit, als der Druck seiner menschlichen Umwelt unmittelbar die Arbeitsweise und Arbeitstechnik des einzelnen Juristen beeinflußt. Auch hier wieder handelt es sich darum, daß er mit dem Dasein der anderen rechnen, daß er „Fühlung halten" muß, und wiederum ist der Gesamtdruck, der dabei herauskommt, bedeutend.

Es sind im wesentlichen drei Kräfte, die in diesem Sinne auf das Gebaren des Juristen einwirken: die Regierungsgewalt, die Kollegenschaft und die rechtsuchende Bevölkerung. Nicht alle Juristen haben gleichzeitig mit jeder der drei Kräfte zu tun, der „freie" Jurist (S. 508) steht ziemlich abseits von der Regierungsgewalt, aber irgendwo — und zwar in starkem Maße — stößt doch ein jeder mit seiner Mitmenschenwelt zusammen.

Die Regierungsgewalt kann an die oberste juristische Tätigkeit, das Finden der Urteile, dank der richterlichen Unabhängigkeit (S. 377 b) und der sog. Trennung der Gewalten (S. 292), grundsätzlich nicht heran. Doch aber umgibt sie tagtäglich das Schaffen des beamteten Juristen und, wenn auch schwächer, das des Anwalts. Das hängt damit zusammen, daß für die Durchführung der juristischen Arbeitsleistung ein erheblicher Apparat erforderlich ist (sogleich unter Ziff. II); und auf die Handhabung dieses Apparats nimmt die Regierung ununterbrochenen Einfluß.

Das Hauptgebiet des Regierungswirkens ist die sog. Justizverwaltung. Doch ist der Jurist nicht bloß ihr Objekt, sondern er nimmt auch als Subjekt an ihr teil. Ein Landgerichtspräsident hat beispielsweise mit Verwaltungsgeschäften viel mehr zu tun als mit dem Vorsitz einer Kammer und dem Fällen von Urteilen. Vgl. bereits S. 472. Einzelheiten sogleich S. 521 e.

Die Kollegenschaft ist gleichfalls ein wichtiger Faktor. Bei den Gerichten ist aufs genaueste festgelegt, was durch Kollegien und was durch den Einzelrichter zu bearbeiten ist (S. 379 e). Aber oft genug spielt auch in den freien Berufen das Kollegentum eine entscheidende Rolle (sei es auch nur nach der negativen Seite des den anderen einengenden Wettbewerbs, S. 498). So tragen denn Tausende von Urteilen, Hunderte von Erlassen, Dutzende von Entschließungen juristischen Gehalts den Namen mehrerer Juristen. Das bedeutet naturgemäß, daß der einzelne seine Arbeit nach den Kollegen einrichten muß; vor allem gerade in technischer Beziehung ist wechselseitige Anpassung unerläßlich.

So in der Zeiteinteilung, in der Beschleunigung von „Umläufen" und vielen anderen Kleinigkeiten. Verschärft ist die Abhängigkeit, weil aufs geistige übergreifend, beim bureaukratischen System (S. 311; vgl. S. 488 über die stärkere Abhängigkeit des Staatsanwalts). Auch an den Instanzenzug ist zu erinnern, da er dem Juristen seine Einfügung in die Gesamtjuristenschaft greifbar nahebringt und ihn z. B. schon rein äußerlich zwingt, seine Sprüche so einzurichten, daß sie der nachprüfenden Oberinstanz verständlich sind. — Beachtenswert auch in diesem Zusammenhang die Mitwirkung der Laien (S. 381 f).

Die rechtsuchende Bevölkerung ist der beachtlichste der drei Faktoren. Mit ihm, dem „Publikum", wie es in der volkstümlichen Sprache genannt wird, ist wegen seiner Vielgestaltigkeit und seiner Unkenntnis der juristischen Dinge (vgl. S. 448 oben) am schwierigsten auszukommen. Doch aber ist gerade in ihm das oberste Ziel aller juristischen Arbeitsleistung verkörpert; denn um der Bevölkerung willen ist die Rechtspflege da, nicht als ein bloßer Tummelplatz für die Juristen. Hierbei ist an die vermittelnde Rolle des Anwalts zu erinnern.

Am grellsten tritt die Abhängigkeit des Juristen von der Willkür der Bevölkerung bei den Schiedsgerichten in Erscheinung: Hier wird der an sich berufene Jurist, nämlich der staatlich eingesetzte Richter, durch einen Willkürakt der Parteien kurzerhand ausgeschaltet (S. 387). Nächstdem ist an die sog. Verhandlungsmaxime zu erinnern (S. 393), die die „Herrschaft" der Parteien über das gerichtliche Verfahren deutlich hervortreten läßt und dem Richter die Arbeit sehr erschwert.

Was von der ordentlichen Gerichtsbarkeit gilt, gilt ähnlich auch auf den anderen Feldern juristischer Tätigkeit. Anwalt, Notar und Syndikus müssen ihre ganze Lebensarbeit dem Parteibegehren eher noch mehr anpassen wie der Richter. — Der moderne Zug zur „Politisierung" aller Verhältnisse (vgl. S. 475 Ziff. 3) und zu gesteigerter Selbstverwaltung (S. 313ff.) zwingt den Juristen noch stärker als früher zum Rechnen mit dieser „gegebenen Größe" des Menschlichen, Allzumenschlichen.

II. **Der technische Apparat.** Zu den eben geschilderten, gewissermaßen urwüchsigen und von außen andringenden Elementen treten technische Hilfsmittel des Innendienstes. Sie haben fast alle das eine gemeinsame Ziel, die Massenhaftigkeit der Erscheinungen zu bewältigen. Das geht nicht ohne Ausgleichung, ohne „Nivellierung". Die lebendige Materie muß sich das Einzwängen in Vordrucke, Listen, Zählkarten und Aktendeckel gefallen lassen. Der Formenzwang beherrscht das Feld.

a) **Wert des Formenzwanges.** Daß Formenwesen übertrieben werden kann, daß es, zum „Formalismus" ausgeartet, den Geist erdrückt, das ist in aller Munde. Aber man darf auch nicht in die umgekehrte Meinung verfallen, daß Formenwesen schlechthin unwertig sei. Für das juristische Wirken hat es nach drei Seiten hin eine hohe Bedeutung. Einmal gewährt es eine stoffliche Sicherheit. Der Stoff, der sich in vorbestimmter Form offenbart, ist klar, sicher —, man kann sich auf ihn verlassen. Das mächtigste Beispiel ist der Eid, als der formale Rahmen für die Zeugenaussage. Gewiß kann das Eideswesen übertrieben starr gestaltet sein, gewiß kann auch eine zwanglose, uneidliche Aussage sehr wert- und eindrucksvoll sein. Aber es liegt eben doch letzten Endes ein gewaltiger Gedanke und eine unentbehrliche Zutat der Rechtspflege darin, daß an gewissen Stellen nur der Stoff gilt, der die formale Prägung über sich hat ergehen lassen. Damit hängt das zweite, die psychologische Sicherheit zusammen. Es hat etwas überaus Beruhigendes an sich, wenn man an bestimmten Formen ablesen kann, daß etwas „in Ordnung" ist, daß es dank dieser Formen „von Rechts wegen" besteht, daß es, durch diese Formen geschützt, von niemandem angezweifelt werden darf. Freilich kann Ruhe in Trägheit, Formwesen in eine Ausrede der Faulen und Bequemen übergehen; aber auf der anderen Seite gibt es kein Fortarbeiten, überhaupt kein gedeihliches Wirken, wenn die Unsicherheit der früheren Maßregeln die Ruhe für künftige Maßregeln untergräbt. Dazu gesellt sich als Drittes die politische Sicherheit. Formen binden und schieben Riegel vor die Willkür. Dem Richter, dem Anwalt, dem Notar wird in Gestalt der Formen, die sie wahren müssen, ihre Verantwortlichkeit vor Augen gerückt. Und umgekehrt werden sie durch den Formenschutz gegen willkürliche Beeinflussung von außen her, z. B. durch die Regierungsgewalt, sichergestellt. Es ist leichter, auf der Bahn des Rechtes zu bleiben, und leichter, sich nicht von ihr abdrängen zu lassen, wenn die Bahn in formaler Weise deutlich vorgezeichnet ist.

b) **Die Vordrucke.** Die nüchternste und alltäglichste Erscheinung des Formenwesens sind die sog. Formulare (Vordrucke). Das ganze öffentliche und private Leben ist überschwemmt von ihnen. Der Volksmund bemächtigt sich ihrer gern als Gegenstand des Spottes, und doch weiß jeder, daß wir sie als Kampfmittel gegen die Massenhaftigkeit der Lebensvorgänge gar nicht entbehren können. Im Rechtsleben spielen sie eine doppelte Rolle. Einmal können sie, eben um ihres Massencharakters willen, geradezu rechtsbildend wirken. Davon ist früher gesprochen worden (S. 96). Sodann erleichtern sie die Alltagsarbeit, sind technisches Hilfsmittel, „Apparat".

In unendlicher Reihe durchziehen die Formeln und Vordrucke die gesamte Rechtsgeschichte, von ihren ältesten ägyptischen und römischen Zeiten durch das italienische und deutsche Mittelalter hindurch bis zur formularübersäten Jetztzeit. Ihr Wert besteht in einem Dreifachen. Einmal bringen sie eine schätzenswerte Festigkeit in das juristische Alltagsleben hinein, denn gerade in ihnen schlägt sich ein gut Stück erprobter Praxis in Gestalt von festen Schlagworten nieder. Zum zweiten sind sie ein wertvoller Schutz gegen Vergeßlichkeit, denn der Vordruck mit seinen vielen Spalten, Rubriken oder bloßen Kennworten sichert den, der ihn benutzt, gegen das Übersehen einzelner, vielleicht fernliegender und doch sehr wichtiger Punkte. Zum dritten ermöglichen sie eine Beschleunigung des Verfahrens, denn es wäre auf manchen Gebieten gar nicht durchzukommen, wenn alles in jedem einzelnen Fall von neuem entworfen und geschrieben werden müßte. Doch gehen, wie sich schon aus dem Abschnitt a ergibt, mit diesen drei Vorzügen drei Gefahren Hand in Hand, die Festigkeit kann zur unerträglichen Starrheit werden (Volksmund: „Schema F", Amtsmund „Simile", vgl. S. 460), die möglichste Vollständigkeit der Vordrucke verleitet zu überspannter Genauigkeit und Kleinlichkeit, die lockende Beschleunigung (Vereinfachung) kann leicht zu geistiger Armut führen.

Der junge Jurist muß sich so schnell wie möglich in den gebräuchlichsten Vordrucken heimisch machen. Ihre Benutzung (Ausfüllung) wird ihm durch eine mannigfaltige, besondere Kategorie der Literatur in belehrender Weise näher gebracht. Vgl. die S. 458 in Ziff. III genannten Schriften. Die vorgesetzte Dienststelle pflegt weitgehende Handhabung der Formulare zur Pflicht zu machen. Vgl. z. B. § 33 der preuß. Kanzleiverordnung vom 18. März 1925: „Bei der Herstellung (des Schreibwerks) sind Vordrucke und Stempel nach Maßgabe der hierüber geltenden Bestimmungen im weitesten Umfange zu benutzen."

c) Allein schon die Masse der ausgefüllten Formulare wäre unerträglich, wenn nicht Ordnung hineinkäme. Viele andere Schriftstücke treten hinzu, die Notizen der Beamten, die Eingaben der Parteien, Urkunden für Beweiszwecke und all der reiche sonstige Schriftwechsel, der um seines Sondercharakters willen ohne Hilfe von Vordrucken vollzogen werden muß. Diese im ganzen unzählbare Masse bedruckten und beschriebenen Papieres wird beherrscht durch das **Aktenwesen.**

Es hat ebenfalls eine jahrhundertealte Geschichte. Seine Hauptausbildung geht ins Mittelalter zurück. Schon der Name ist historisch (acta, Mehrzahl von id, quod actum est), und aus alter Zeit stammt der berühmte sprichwörtliche Satz: quod non est in actis, non est in mundo, der den Gipfelpunkt der Hochbewertung des Aktenmaterials darstellt. Übertreibungen gerade dieses Grundsatzes sind viel vorgekommen im Lauf der Geschichte. Da sieht dann der zünftige Jurist, über die Akten gebeugt, die lebendige Welt nicht mehr, die sich draußen vor der Amtsstube bewegt, und er verschanzt sich, zur Rede gestellt, mit bureaukratischer Überlegenheit und mit einem Scheine des Rechts ausgestattet, hinter eben diese Worte: Davon steht nichts in den Akten, deshalb habe ich es nicht zu beachten. Ein Beispiel aus unseren Tagen, ausgehend von einem Satze der Strafprozeßordnung („Die Einstellung des Verfahrens ist auszusprechen, wenn bei einer nur auf Antrag zu verfolgenden strafbaren Handlung sich ergibt, daß der erforderliche Antrag nicht vorliegt", § 260 Abs. 2): Es hatte vor einiger Zeit ein Kraftdroschkenführer in Berlin einen Polizeibeamten beleidigt; der erforderliche Antrag war gestellt worden; dann aber wurden bei einem Tumult die Akten vernichtet. Obwohl das Aktenmaterial später rekonstruiert, der Strafantrag an Hand eines Konzepts in Abschrift wieder hergestellt wurde, erklärte das Schöffengericht: Der Antrag „liegt nicht vor", dazu gehört das Original, quod non est in actis, non est in mundo, also Freispruch des Beleidigers — zweifellos eine bureaukratische Überspannung eines an sich gesunden Gedankens.

Der Wert der Akten liegt hauptsächlich im Festhalten des verhandelten Stoffes. Es kann im späteren Verlauf immer wieder auf sie „zurückgegriffen" werden. Das sichert dem Inhaber eines geordneten Aktenapparats eine bedeutende Überlegenheit. Ein Beispiel, das die Betroffenen immer wieder überrascht, ist die amtliche Sammlung und Festhaltung der Vorstrafen in zentralisierten Registern (darüber bereits S. 406). Die Macht des Akteninhabers wächst durch Geheimhaltung. Vielfach ist deshalb, zum Schutz der Bevölkerung, die Offenlegung der Akten vorgeschrieben; trotzdem ist Streit um die „Akteneinsicht", namentlich im Verhältnis zwischen Richter und Anwalt, nicht selten (S. 500).

Sehr viele Verordnungen der Ministerien regeln den Aktenapparat bis ins einzelne („Bildung" des Aktenzeichens, Papiersorten, innere Einrichtung, Aufbewahrung, „Legen auf Frist" im Gegensatz zum Weglegen, Vernichtung nach Ablauf bestimmter Zeiträume usw.). Wiederum kann der junge Jurist nicht früh genug daran gehen, sich diese Dinge fest und sicher einzuprägen. Wer die Aktentechnik gut beherrscht, sitzt fest im Sattel. — Selbst auf den Universitäten wird dem gelegentlich bereits vorgearbeitet, indem Aktenstücke (echte oder nachgebildete) als Unterrichtsmaterial verwendet werden. So besteht z. B. in Breslau seit 1926 eine als „Archiv für angewandtes Recht" ausgebildete Urkundensammlung bei der dortigen Juristischen Fakultät.

d) Eine gewisse Rolle als technisches Hilfsmittel spielt auch **die Statistik.** Von ihrem allgemeinen Wert ist schon in anderem Zusammenhange gesprochen worden (S. 425 f.). Hier tritt sie uns als Anschauungsmittel und insoweit als belebende Kraft bei der juristischen Alltagsarbeit entgegen.

Namentlich das System der Zählkarten ist stark entwickelt und anscheinend noch in der Zunahme begriffen. Über Konkurse und Geschäftsaufsichten (oben S. 398 VI), über die anhängigen Zivilprozeßsachen, über die Bestrafung jugendlicher Personen, über die Aburteilungen von Reichswehrangehörigen, und vieles andere wird mittels solcher Zählkarten an die vorgesetzten Dienststellen berichtet. Diesen steht dann ein Überblick über das Rechtsleben in ihrem Bezirke zu, es können Maßregeln gegen das Überhandnehmen bestimmter Unsitten ergriffen, Warnungen bei einem drohenden Stocken des Geschäftsganges erlassen werden u. dgl. mehr.

Im übrigen ist es in der juristischen Welt recht knapp mit Anschauungsmitteln bestellt. Versuche, die mathematischen Gliederungen dem juristischen Wesen dienstbar zu machen, hat mehrfach der Hallenser Professor Langheineken unternommen. Mit der Möglichkeit, graphische Darstellungen der Rechtswissenschaft und der Praxis dienstbar zu machen, hat sich Peter Klein (weiland Professor in Königsberg) befaßt. Daß Vortreffliches auf Einzelgebieten geleistet werden kann, zeigt der kriminalistische Atlas von Karl Finkelnburg, Direktor des Moabiter Zellengefängnisses, „Die Bestraften in Deutschland" (1912), mit seinem überraschenden Tabellenwerk. Doch werden das immer nur Einzelheiten bleiben.

e) Zusammengefaßt und von oben her geleitet wird dieser ganze technische Apparat durch die sog. **Justizverwaltung.** Neben der Justiz geht sie als unentbehrliche Begleiterscheinung einher, von ihr im Wesen grundlegend getrennt (S. 292), weil sie eben „Verwaltung" bleibt und nicht zur eigentlichen „Rechtsprechung" wird, aber im täglichen Leben doch mit der judiziellen Tätigkeit des Richters bunt durcheinandergewürfelt (S. 472 Ziff. 3). Unübersehbar ist das Material, dessen sie sich in täglicher Kleinarbeit anzunehmen hat, unausgesetzt werden Änderungen nötig, sowohl in den generellen Anordnungen wie in der Behandlung des Einzelfalles. Bestände hier keine Ordnung und keine Arbeitsenergie, auch die eigentliche „Rechtspflege" würde rasch genug unmöglich werden.

1. Man kann die Justizverwaltung in 4 Untergebiete gliedern, deren wichtigste Aufgaben in Stichworten beigesetzt sind: a) Bureauverwaltung: Aufstellung und Durchführung der sog. Geschäftsordnungen, insbesondere Aktenwesen (S. 520), Kanzleiwesen (s. im folgenden), Registerführung (vgl. S. 441 e), Zustellungswesen (S. 392), Postverkehr, Handhabung von Dienstsiegeln und Stempeln, Anfertigung von Geschäftsübersichten. — b) Bauverwaltung: Grundstückserwerb und -pflege; damit verwandt das Mieten von Geschäftsräumen, das Verwalten etwaiger Dienstwohnungen, die Aufsicht über Wirtschaftsländereien, die etwa mit einer Gefangenenanstalt verbunden sind. — c) Kassenverwaltung: Beachtung des Etats (Haupteinnahmeposten: Gerichtskosten, Geldstrafen. Ausgaben viel bedeutender: Besoldung, Dienstgebäude, Gefängnisse usw.), laufende Kassenführung; Hinterlegungen. — d) Vollstreckungswesen (vgl. S. 398 e): Aufsicht über die Gerichtsvollzieher. Namentlich aber Strafvollzug: Transport, Aufnahme, Bekleidung, Verpflegung, Beschäftigung der Gefangenen; Zuwendung von Seelsorge, Krankenpflege, Unterricht an die Gefangenen usw.

2. Eine eigene Literatur ist für das Gebiet der Justizverwaltung entstanden. Auch sie ist ein Spiegel der Mühsal, die sich hier birgt. Früher war das grundlegende, für Preußen bestimmte, aber auch außerhalb Preußens viel beachtete Werk: H. Müller (Geh. Rechnungsrat im Justizministerium), Die Preußische Justizverwaltung, 6. Aufl., 1909/10. Heute ist es in manchen Teilen veraltet, in anderen immer noch wertvoll. An seine Stelle tritt: E. Friedrichs (Oberlandesgerichtsrat in Naumburg), Die Justizverwaltungsgeschäfte in Preußen, insonderheit bei den Amtsgerichten, 1921. Ein Alphabetarium, das fortlaufend den vielfältigen Stoff des Preußischen Justizministerialblattes und der Gesetzsammlung in kurzen Notizen zusammenzuhalten sucht: Friedrich Klee (Amtsrat im preuß. Justizministerium), Wegweiser durch die neueren Justizverwaltungsbestimmungen, in amtlichem Auftrag und unter Benutzung amtlichen Materials, 1925, mit laufenden Nachträgen.

3. Ein Kapitel für sich bilden die Kanzleiverordnungen. Vgl. z. B. die Preußische Kanzleiverordnung vom 18. März 1925 (JustMinBl. S. 106 ff.). Aus ihr § 22 die Aufgaben betreffend: „Der Kanzlei liegt die Besorgung des Schreibwerks, insbesondere die Fertigung von Abschriften und Reinschriften mit den dazugehörigen Nebenverrichtungen (wie Lesen, Heften, Siegeln) ob." Als ein Beispiel von vielen dafür, in welche minutiösen Einzelheiten gerade hier die Justizverwaltung sich versenken muß, mag § 35 dienen: „Es dürfen nur solche Farbbänder und Farbkissen (bei den Schreibmaschinen) verwendet werden, die durch eine im Justiz-Ministerialblatt abgedruckte Verfügung zur Verwendung bei den Justizbehörden ausdrücklich zugelassen sind"; und dazu ein besonderes „Merkblatt über die Aufbewahrung und Behandlung von Schreibmaschinenfarbbändern".

4. An der Bureaureform wird z. B. viel gearbeitet. Auch hier ist Angleichung (Nivellierung) und Mechanisierung Trumpf. Als Musterbild wird hingestellt die eben beschlossene (Ende 1926) „Gemeinsame Geschäftsordnung der Reichsministerien", die nach der ministeriellen Ankündigung „den Lauf und die geschäftliche Behandlung der Eingänge, die sachliche Bearbeitung der Eingänge, den Dienstverkehr nach außen, die Hausordnung, Dienstreisen, Büchereien usw." zum Gegenstande hat und vorbildlich zu regeln versucht.

Der Geist der juristischen Arbeit. § 43.

Schrifttum zu dem, was in diesem letzten Paragraphen folgt, zu benennen, ist überaus schwer. Sowohl von der rechtsphilosophischen Seite (vgl. S. 14) wie von der rechtssoziologischen Seite (S. 17, 18) und vor allem auch von der Seite der sog. Freirechtsbewegung her (S. 199f.) drängt eine unübersehbare Fülle von „Literatur" heran. Sie in größerem Umfang hier zu zitieren, könnte nur Verwirrung stiften. Darum sollen, dem schon mehrfach im vorangehenden befolgten Grundsatz entsprechend, lediglich Beispiele, aber wohl abgewogene Beispiele von typischem Gepräge, aufgezählt werden. Dem ernsthaft Strebenden wird es an ihrer Hand leicht werden, sich weiter zu finden, Vollwertiges von Geringerwertigem zu unterscheiden und der in ihm selber ruhenden Richtungslinie auf die Spur zu kommen.

Vom Boden der reinen Rechtsphilosophie geht aus: Julius Binder (Prof. in Göttingen), Rechtsbegriff und Rechtsidee, Bemerkungen zur Rechtsphilosophie Rudolf Stammlers, 1915. Die Persönlichkeit eines gesetzgeberisch besonders, rechtsphilosophisch weniger begabten Mannes (der u. a. der Vater jenes Art. 1 des schweizerischen Zivilgesetzbuches ist, S. 90) spricht uns an aus dem Werke: Eugen Huber (weiland Professor in Bern), Recht und Rechtsverwirklichung, Probleme der Gesetzgebung und Rechtsphilosophie, 1921. Gesundes Reformbestreben, immer wieder nach der Praxis orientiert, dafür philosophisch auf letzte Tiefe verzichtend, bei Max Rumpf (Prof. in Mannheim), Gesetz und Richter, 1906. Fast wie ein Gegenstück die Schrift eines klassischen Dogmatikers: Paul Oertmann (Prof. in Göttingen), Gesetzeszwang und Richterfreiheit, 1909. Besonnen vermittelnd, im Stil einer akademischen Feierrede: Philipp Heck (Prof. in Tübingen), Das Problem der Rechtsgewinnung, 1912. Die Natur eines starken Praktikers der altpreußischen Justiz tritt uns entgegen in F. Vierhaus (weil. Oberlandesgerichtspräsident in Breslau), Über die Methode der Rechtsprechung, 1911. Eine Praktikerschrift in ganz anderem, mehr auf den Alltag abgestimmten Stil: Otto (Oberlandesgerichtsrat), Die Gewißheit des Richterspruchs, 1915. Flugschrift eines Rechtsethikers: Richard Deinhardt (Senatspräsident in Jena), Volkstümliches Recht, ein Mahnruf zu volkstümlichem Rechtswillen und zu deutscher Rechtsgestaltung, 1922. Feste, klare, um ein bestimmtes Einzelproblem kreisende Dogmatik in dem Artikel „Auslegung" von Alfred Manigk (Prof. in Breslau) in dem neuen (S. 28 genannten) Handwörterbuch der Rechtswissenschaft.

Was über den Geist der juristischen Arbeit auszusagen ist, ist an den Schluß dieses Buches gestellt. Mit gutem Grund. Hier ist der Gipfel der Gedankenreihen, die das ganze Buch durchziehen. Hier ist der Höhepunkt des „praktischen Rechtsbetriebs“, dem insbesondere der letzte Teil gewidmet ist.

Was wir lernen vom Recht, das sollen wir später betätigen. Aus Wissen soll Arbeit werden. Aber keine tote Arbeit, sondern eine lebendige. Und dazu gehört der Geist.

Darum, was etwa in diesem Buche niedergelegt ist über den menschlichen Charakter allen Rechtes und über den Gegensatz zwischen dem objektiven Recht und dem subjektiven, was an geschichtlichen Bildern gezeichnet wurde von den dämmerumwobenen Tagen unserer Vorfahren durch die gelehrten und praktischen Schulen, die blühenden und leiderfüllten Jahrhunderte hindurch, was über den Auseinanderfall in die einzelnen Fächer, die Strafrechtspflege und das bürgerliche Recht, das Völkerrecht und das Recht der Verwaltung, ausgesagt worden ist, und was sich an Andeutungen findet über die Lebenslaufbahn und den technischen Apparat des Juristen —, das alles soll doch nur dem einen und obersten Ziele dienen: die Arbeit des Juristen mit Geist, und wie wir hinzusetzen wollen, mit einem edlen und reichen Geist zu erfüllen.

I. Der Einzelfall.

a) Bei weitem das meiste der juristischen Geistesarbeit wird an eine unendliche Reihe von Einzelfällen angesetzt. Gewiß ist der Jurist auch berufen, an der Gewinnung allgemeingültiger, über dem Einzelfall stehender Regeln mitzuarbeiten, von der höchsten Gesetzgebung des Reiches herab bis zum schlichten Entwurf von Statuten eines Vereins oder einer Genossenschaft. Aber das tritt zurück, wenn man das Gesamtgefüge der Juristenarbeit, ihr „Alltägliches“, das Immerwiederkehrende bewertet. Hier herrscht durchaus der Einzelfall, und jeder solche Einzelfall verlangt nach Entscheidung. Darum bildet eben der Richter (S. 376 ff.) die Kernfigur der juristischen Welt.

Aber was vom Richter gilt, gilt entsprechend von allen anderen Juristen. Auch beim Verwaltungsjuristen, dem Bürgermeister einer Gemeinde, dem Präsidenten eines Regierungskollegiums, und nicht anders beim Syndikus einer Bank oder einen großen Handelsgesellschaft, und am meisten vielleicht beim Rechtsanwalt und Notar schiebt sich immer wieder durch alles allgemeinere Denken mit elementarer Gewalt der Einzelfall.

Dies wird verdunkelt durch die Abstraktion der Gesetze. Sie reden nicht vom Einzelmenschen und seinem Fleisch und Blut und seiner Habe und seinen Pflichten, sondern reden immer nur von Willenserklärung und Rechtsgeschäft, vom Gläubiger und Schuldner, vom Reichsrat und der Mitgliederversammlung. Sie müssen es auch; denn dies ist gerade der Zweck und die Stärke des objektiven Rechts (S. 117, § 14 Ziff. I), was freilich auch übertrieben werden kann (S. 233). Leicht trübt sich dadurch der Blick, zumal beim Anfänger, der zunächst überwiegend mit dem Stoff der Gesetze gespeist wird und auf eine Nebenpraxis oder Zwischenpraxis (vgl. S. 454 unter δ) verzichten muß. Aber auch bei dem fertigen Juristen, der längst im Leben draußen steht, begegnet man immer wieder der Neigung, die elementare Rolle des „Einzelfalles" zu vergessen.

b) **Diese Erkenntnis** vom Gewicht des Einzelfalles belastet sogleich **den Juristen mit einer ernsten Pflicht.** Er hat alles daran zu setzen, daß **jedem Fall seine Eigenart** gewahrt werde. Dagegen **wird viel** gesündigt. Gewiß ist es leichter, nach Schablonen, nach Schemata zu arbeiten und dem Formular das meiste zu überlassen (vgl. S. 519b). Aber der Jurist, der mehr als nötig solchen toten Gewalten opfert, betrügt sich selbst um das beste seiner Arbeit: Gerade die Vielgestaltigkeit der „Fälle" macht ihn reich und läßt ihn manche Bürde seines Berufes leichter tragen (S. 485). Mehr noch: nicht nur sich selber schwächt er auf seiner Lebensbahn, sondern, was wichtiger, er vergeht sich an dem Vertrauen, das ihm entgegengebracht wird.

Denn was soll der Jurist mit dem einzelnen Fall? Er soll nicht eine beliebige Schale juristischer Gedanken über ihn ausschütten, sondern er soll dem Fall „sein" Recht geben. Die Parteien treten an ihn heran, jede mit ihren eigenen Sorgen und Hoffnungen, jede will ihr Recht haben. Die Verantwortung, die auf solche Weise dem Richter zufällt, steigert sich da, wo nicht freier Entschluß die Parteien zu ihm treibt, sondern die staatlich gesetzte Notwendigkeit. Wo sollen sie, wenn es sich um den Normalfall eines Zivilprozesses handelt, ihr Recht sich holen? Sie müssen zum Richter. Und wenn er gesprochen hat, so heißt es: res judicata jus facit inter partes (S. 386c). Darum eben hat jeder Richter (jedoch in ähnlicher Weise auch jeder andere Jurist) die heilige Pflicht, jedem das Seine, allen Fällen „ihr" Recht zuzukehren.

c) Sogleich aber setzt ein bedeutender Zwiespalt ein. Wie tritt der Jurist an den einzelnen Fall heran? Nicht als ein Kaufmann, um ihm Gewinn zu entnehmen, nicht als Statistiker, um ihn in seine Rubriken zu stellen, nicht als der Arzt, der die Heilkräfte der Natur lebendig werden läßt, sondern — **um dem Fall sein „Recht" zu geben.** Und dabei nun wird er sogleich wieder von den Bahnen des Konkreten zum Allgemeingültigen geführt. Es ist nicht so, daß er nur die Eigenart des Einzelfalles mit seinem

Geist erfassen dürfte. Er muß vielmehr den vorgebrachten Fall an einer anderen Größe messen, „unter das Gesetz" muß er ihn bringen, wie man wohl mit runden Worten zu sagen pflegt. Im folgenden wird sich zeigen, daß diese Worte zu eng sind, daß die Gesetze nicht zureichen, um alle Fälle zu decken. Aber es bleibt doch ein lebendiges Bild, man braucht es nur zu verallgemeinern, um wiederum auf bekannte Größen zu stoßen: das subjektive Recht gilt es auf dem Untergrunde des objektiven aufzubauen oder wie wir es ausgedrückt hatten, als wir vom objektiven Rechte ausgingen: das objektive Recht ist in das subjektive umzusetzen (S. 117 Kap. 3; vgl. auch S. 424).

Diese Umsetzung ist ein geistiger Vorgang. Hier gerade zeigt es sich in aller Deutlichkeit, daß die Jurisprudenz zu den Geisteswissenschaften gehört, daß ihr Arbeitsgerät in erster Linie im denkenden Hirn besteht (S. 7 oben). Denn das einfachste Bild der juristischen Tätigkeit läßt sich in der dreigliedrigen Formel wiedergeben:

1. Es liegt ein Fall A vor.
2. Für Fälle der Art A gilt der Rechtssatz B.
3. Folglich ist auch dieser Fall A nach B zu behandeln.

Nun ist der Fall untergebracht. Nun hat er seine rechtliche Heimat gefunden, nun ist die Arbeit des Juristen vollzogen. Scheinbar erstickt damit die eben gepriesene Eigenart des Falles. Er ist zur Art, zur Sorte geworden, er verschwindet unter der Schablone, der Methode. Indessen, das ist ein Trugschluß. Mitten in der Aufstellung der „Arten", der rechtlichen „Typen", mitten im Gefüge der Gesetzesregeln und des sonstigen objektiven Rechts bleibt immer ein bedeutender **Spielraum für die besonderen Umstände** des einzelnen Falles.

Am sinnfälligsten zeigt sich das bei dem sog. Strafrahmen des Kriminalrechts (S. 341): Wenn in der obigen Formel A den konkreten einzelnen Diebstahl bezeichnet, den der Schlosser Rösner in der Nacht vom 23. zum 24. September in dem Gartenhaus der Witwe Schubert begangen hat, und B den Paragraphen des Strafgesetzbuches, der vom Diebstahl handelt, so ist doch mit der Schlußfolgerung, daß B auf A zu übertragen ist, noch nicht die volle Entscheidung gewonnen. Jetzt eben wird die Eigenart des Falls lebendig, jetzt eben gilt es dem bestimmten Einzelmenschen „sein" Recht, der bestimmten Tat „ihre" rechtliche Bewertung zu geben, und gerade da setzt jene hohe Forderung ein: nicht zum Schablonenjuristen zu werden, sondern alles in den Prozeß der geistigen Verarbeitung einzubeziehen, was diesen Fall in seiner Sonderheit kennzeichnet, die erbliche Belastung nicht minder als die besondere Dreistigkeit, den quälenden Hunger des Diebes nicht minder als die verlockende Liederlichkeit des Bestohlenen.

Und wie im Strafrecht, so überall. In Hülle und Fülle bietet sich die Gelegenheit, der Sondernatur des Falles zu dienen. Und die Gelegenheit zu nützen, ist Pflicht, nicht Gegenstand der Laune.

d) So also offenbart sich, daß die geistige Arbeit des Juristen in **zwei große Gebiete** auseinanderfällt: Durchdringen des einzelnen Falles auf seine Wesensart und Eingliedern in den Rahmen des allgemeingültigen Rechts. Etwas enger gefaßt lautet das Gegensatzpaar: Tatsachenfeststellung und Rechtsanwendung, und unter diesen Namen ist es der Juristensprache geläufig. Freilich ist damit bereits eine gewisse Zuspitzung auf das Prozeßwesen erfolgt (oben S. 367 I a), aber der Prozeß ist das sinnfälligste und deshalb brauchbarste Beispiel.

II. **Die Tatsachenfeststellung.**

a) **Aufgabe und Wert** der Tatsachenfeststellung sind lange verkannt und gering geschätzt worden. Nur der sollte als guter „Jurist" passieren, der auf dem anderen Gebiet, dem der Rechtsanwendung (III) sich hervortat.

Die Begabung ist verschieden. Es kann jemand ein glänzender Tatsachenermittler sein, dagegen ein sehr bescheidener Rechtsanwender. Ist er darum ein schlechter Jurist? Man neigt dazu. Das ausgehende 19. Jahrhundert mit seiner Neigung zu philologischer Begriffsgeschicklichkeit (S. 195), auch noch der „dialektisch-literarische" Zug unserer Tage mögen dieses einseitige Urteil verschuldet haben. Aber es ist festzustellen, daß auch umgekehrt alle Kunst der Rechtsanwendung nichts nützt, wenn der Künstler auf dem Gebiet der Tatsachenerfassung versagt.

In den einzelnen juristischen Fächern und Lebensberufen kann das Gewicht der beiden Betätigungen verschieden sein. Für den „Wirtschaftsjuristen" (S. 508) wird die Tatsachenfeststellung, der klare Blick für die „Unterlagen" seiner Entschließungen noch wichtiger sein als für den Richter. Unter den Richtern wieder hat der Strafrichter im Durchschnitt mehr mit der Tatsachenfeststellung zu tun als sein zivilistischer Kollege, während umgekehrt der Zivilrichter im Punkte der Rechtsanwendung schwerer belastet wird als der Kriminalist.

b) Widmet man sich eingehender dem Gebiet der Tatsachenfeststellung, so eröffnen sich reiche Ausblicke. Freilich tauchen auch schwierige Probleme auf. Zunächst einmal ist es schwer, **das richtige Maß** für diese eine Hälfte der juristischen Tätigkeit zu gewinnen. Es gibt ein Zuviel an Aufklärung und ein Zuwenig. Allerdings muß es oberster Leitsatz bleiben, möglichst zur restlosen Klarheit durchzudringen. Und dabei darf nicht allein mit den Mitteln des Verstandes operiert werden. Will der Richter wirklich das Bild des Einzelfalles voll in sich lebendig machen, so muß er auch das ganze Reich der Empfindungen durchwandeln. Tat und Täter,

Wollen und Reden der Vertragschließenden müssen menschlich erfaßt, nicht bloß mit der Schärfe des Logikers und der Genauigkeit des Philologen bewertet werden. Aber auch dann noch, selbst wenn aller Reichtum des Menschengeistes in die Arbeit des Juristen hineingelegt wird, werden immer wieder die Grenzen menschlichen Erkennens offenbar werden. Immer wieder kommt ein Punkt, wo sich weiteres nicht enthüllen läßt, wo der Jurist von einem „Non liquet" zu sprechen pflegt. Hier muß zu der Welt des Verstandes und der Empfindungen die Entschlußkraft treten (vgl. S. 35). Über etwaige Verdunkelungs- und Verschleppungsbestrebungen beteiligter Personen hinweg muß der Richter, nur seinem Gewissen verantwortlich (vgl. jedoch unter c), den Schlußstrich unter die Verhandlung setzen. Dann hat die erste Hälfte seiner Tätigkeit mit einer Schwäche abgeschlossen, aber diese Schwäche ist in der allgemeinen menschlichen Unvollkommenheit begründet.

Bilder von fast grotesker Anschaulichkeit haben uns die politischen Prozesse der letzten Jahre vor Augen geführt (vgl. auch S. 371). Wochenlanges „Ermitteln", immer neue Schwärme von Zeugen, immer neue Anzweifelungen ihrer Glaubwürdigkeit, immer neue Gegenzeugen, immer neue Stöße von Akten und anderen Schriftstücken haben oft genug nicht der Erhellung, sondern der Verdunkelung des Tatbestandes gedient. Packt hier das Gericht nicht schließlich tatkräftig ein, indem es der sog. Beweiserhebung ein Ende bereitet, gerät das Verfahren in den Sumpf.

Gegen Willkür des Richters schützen alte feste Dogmen. Vornehmlich im Strafrecht, das überhaupt in diesen Dingen als Paradigma dienen kann. In dubio pro reo („im Zweifel für den Beklagten"), sagt ein ehrwürdiges Sprichwort; bei „non liquet" ist der Angeklagte freizusprechen, heißt es in anderer Prägung. Hier also ist der richterlichen Entschlußkraft die weitere Bahn fest vorgezeichnet: wird keine volle Klarheit bei der Aufhellung des Tatbildes gewonnen, so hat der Richter nicht etwa die Wahl zwischen Freispruch und Aburteilung, vielmehr muß er auf ersteren erkennen. Doch führt das bereits ins Gebiet der Rechtsanwendung hinüber.

Im Zivilprozeß ist eine sehr fein verästelte, fast überspitze Regelung für den Fall des Non liquet getroffen worden, nämlich die Lehre von der sog. **Beweislastverteilung,** die mit dem „Dispositionsprinzip" (S. 393a) in gewissem Zusammenhange steht. Der gedankliche Ausgangspunkt ist dabei der, daß jeder von beiden, Kläger und Beklagter, den Prozeß gewinnen möchte. Durch ein verwickeltes System ist der gesamte Beweisstoff in einzelne Themata zerlegt, und diese Themata sind auf die Parteien verteilt. Wird nun der Beweis für ein bestimmtes Thema nicht „erbracht", so fällt das Risiko auf die damit belastete Partei, d. h. sie verliert den Prozeß. (Näheres im Grundriß über Zivilprozeßrecht.) Mit dem sogleich im folgenden behandelten Beweisverfahren ist diese Verteilung der Beweislast nicht zu verwechseln.

c) Während im „freien Erwerbsleben" der Jurist ganz auf sich selber gestellt ist (S. 509c) und beispielsweise vor dem Abschluß eines großen Geschäfts es ganz auf eigene Verantwortung zu nehmen hat, wie weit er die „Unterlagen" vorher klären und in welchen Bahnen er sich die Klärung holen will, wäre im Bereich der Gerichtsbarkeit das Maß der Verantwortung zu groß für den einzelnen. Darum ist auf Jahrhunderte altem Untergrund ein ganzer, sorgfältig ausgebauter Apparat für die Tatsachenermittelung geschaffen worden, den man als **Beweisverfahren** zu bezeichnen pflegt (vgl. S. 386b). Breiteste Teile des richterlichen Lebensberufs spielen sich im Rahmen dieses Verfahrens ab, und der Anwalt als Mittler zwischen Richter und Partei nimmt ebenso starken Anteil daran. Die Einzelheiten dieses Apparats (Unterschiede bei den mehreren Prozeßarten; S. 395, 406) gehören nicht in unseren Zusammenhang. Nur einige besonders wichtige Grundzüge sind anzudeuten.

Oberste Pflicht aller Beteiligten: Mitwirken an der **Ermittelung der Wahrheit.** Um ihr möglichst nahe zu kommen, ist grundsätzlich auf rasche Beweiserhebung (Frische des Eindrucks) und auf zusammenhängende Beweiserhebung (kein Zerreißen in Teilstücke; Nachteile bei „ersuchten" Richtern, S. 395) Bedacht zu nehmen. — Eine starke Abschwächung erfährt die Wahrheitspflicht für die „Partei". Namentlich im Strafprozeß gibt es keine juristische (Gegensatz zur Moral; vgl. S. 43 Ziff. IV) Pflicht für den Angeklagten, sich selbst zu bezichtigen; das berührt sich nahe mit der Abschaffung der Folter. Im Zivilprozeß ist die Frage schwierig. Keinesfalls hat der Anwalt ein Recht zur „Lüge im Prozeß" (vgl. S. 500). Aber auch von der Partei selbst wird gelten müssen, was das Reichsgericht (Bd. 95, S. 313; Urt. v. 8. 5. 1919) ausgeführt hat: „Wenngleich in der maßgebenden Verfahrensordnung (§ 138, I ZPO.) eine Wahrheitspflicht nicht ausdrücklich aufgestellt ist, wird doch in aller Regel anzunehmen sein, daß die Mißbilligung der bewußten Unwahrheit, der Lüge, ebenso wie sie aus dem Prozeßzwecke, der auf die Pflege des Rechtes gerichtet ist, folgt, auch dem Anstandsgefühl aller billig und gerecht Denkenden entspricht". In jedem Fall fällt volle Wahrheitspflicht auch auf die Partei, wenn sie mit dem Eid über ihre Aussage belastet wird. Übrigens bilden diese Gedanken eine lebendige Ergänzung zu dem, was über die Parteien und das Publikum als „gegebene Größe" gesagt worden ist (S. 517).

Mit dem einfachen Gegensatz von Lüge und Wahrheit werden jedoch die Erscheinungen des Lebens keineswegs voll gedeckt. Eine unendliche Reihe von Zwischenstufen spielt hinein. Daraus hat sich in jüngerer Zeit ein ganz eigener Wissenszweig entwickelt, die **Psychologie der Aussage** (vgl. bereits S. 386). In dem altüberkommenen Lehrgebäude und Beweisapparat hat sie noch keine feste Stätte gefunden. Und doch ist sie überaus wichtig für den Juristen aller Berufszweige. — Von abgeschlossenen Ergebnissen dieser jungen Forschung kann heute noch nicht die Rede sein. Andrerseits ist das Interesse dafür, übrigens in allen Kulturstaaten, ständig im Wachsen. Der beste Ausgangspunkt für das Eindringen in dieses Geistesgebiet ist die Beobachtung von Sinnestäuschungen. Mit ihnen nahe verwandt ist die Oberflächlichkeit beim Gebrauch von Worten, namentlich Wortbegriffen. Unterschiede der Menschen treten hinzu; die einen sind mehr „Hörer", die anderen mehr „Seher", die einen haben angeborene Beobachtungsgabe und scharfes Gedächtnis, die anderen nicht. Geschlechtsmomente (Neigung zur Phantasie in den Entwicklungsjahren) und Altersunterschiede (die Kinderaussagen bilden ein besonderes Kapitel) spielen ebenfalls eine Rolle. Dazu tritt der Heimwehaffekt, die „Begutachtungssucht" nebst vielem anderem, und vor allem auch der ungeheuere Druck der „Situation", in der eine (später zu bekundende) Wahrnehmung seinerzeit gemacht worden ist. All das erinnert übrigens wieder daran, wie wichtig die Pflege des „Einzelfalles" ist. — Das **Schrifttum** ist in den letzten beiden Jahrzehnten angeschwollen. Es ist auch in die Breite gegangen. „Sexualethik", „Psychoanalyse" sind fast zu Modewörtern geworden. Die Literatur, vor allem aus ärztlichen Kreisen, mit tatsächlich vorgekommenen Fällen durchsetzt, schlägt den Leser in Bann. Es steigen Zweifel in ihm auf, ob überhaupt noch ein Mensch Richter über andere Menschen sein, eine zerrüttete Ehe scheiden, einen Trinker bestrafen darf. Aus solchem Banne gilt es, sich dann wieder zu lösen. Schilderungen, Forschungen dieser Art sollen der Justiz dienen und sie befruchten, nicht aber sie lähmen oder ganz negieren. Aus der Frühzeit dieses neuen Erkenntnisfeldes vgl. z. B. L. William Stern, Beiträge zur Psychologie der Aussage, 1903ff.; Hans Groß, Kriminalpsychologie, 1905. Dem jungen Juristen sind als Schulungsmittel zu empfehlen: Hans Reichel, Über forensische Psychologie, 1910, und Otto Lipmann, Grundriß der Psychologie für Juristen, 3. Aufl., 1925.

Mit der psychologischen Bewertung der Aussagen berührt sich die hohe Kunst der **Auslegung**. Es ist schon anderwärts ausgeführt, daß es zwei dicht nebeneinanderliegende Auslegungsgebiete gibt, das der Parteiwillenserklärungen und das der Gesetze (S. 110 a. E.; vgl. auch S. 197 Ziff. 6). Nur das erstere gehört in den laufenden Zusammenhang, in den Bereich der Tatsachenfeststellung, das andere fällt in die Rechtsanwendung. Üblicherweise wird die neu erwachsene Lehre von der Auslegung bei der Rechtsanwendung vorgetragen. Die dort gewonnenen Erkenntnisse können entsprechend auch bei der Auslegung der Parteierklärungen verwertet werden. Vgl. unten S. 541 Ziff. 1.

III. **Die Rechtsanwendung.**

Wenn die Tatsachen geklärt, das Bild des Falles in möglichster Reinheit gewonnen ist, dann soll der Fall „unter das Recht gebracht werden".

a) Worunter? So fragen wir noch einmal. Wo ist das „Recht", das angewandt werden soll?

Hier steht **das Gesetz durchaus im Vordergrund.** Ihm sind die Juristen, zumal der Richter, untertan (S. 378d, S. 82 Ziff. 4). Im Ernst will auch an diesem Glaubens- und Verfassungssatz niemand rütteln, auch nicht die neue Denkweise, die zu Beginn des 20. Jahrhunderts emporgestiegen ist (S. 204). Einzelne Gesetze können wohl einmal verfallen, zertrümmert werden oder in Vergessenheit geraten (vgl. S. 89 über das Unterliegen von Gesetzen gegenüber einem entgegengesetzten Gewohnheitsrecht, und unten S. 540 über die Wirkung revolutionärer Ereignisse), aber die Idee des Gesetzes wird immer unerschüttert bleiben.

Doch ebenso verfehlt wie der Sturz des Gesetzes im ganzen ist die umgekehrte Vorstellung von der Lückenlosigkeit der Gesetze. Sie hat im 19. Jahrhundert die Geister stark beherrscht und wurde fast wie ein unfehlbares Dogma hochgehalten.

Ihr Hauptmittel war die **„Konstruktion"**. Mit ihrer Hilfe glaubte man alle Lücken überspringen zu können. Fand man keine sofort passende Gesetzesstelle, so „konstruierte" man den Tatbestand (oder auch nur einen herausgegriffenen Tatbestandsteil) in der Art, daß doch eine Gesetzesstelle da war. Auf diese Weise konnten freilich niemals Lücken auftreten, das Gesetz deckte alles, der Richter hatte nichts weiter zu tun als das Gesetz „anzuwenden".

Zwei Beispiele mögen zur Erläuterung dienen. Das eine, dem heutigen bürgerlichen (Handels-) Recht entnommen, findet sich bereits in ausführlicher Darstellung S. 195ff. Das andere stammt aus der noch älteren Welt des gemeinen Rechts: Nach den Texten war die Luft ein allen gemeinsames Gut, res omnium communis. Wie wenn der Nachbar in meinen Luftraum hinüber einen Erker baut? Ohne Zweifel eine schwere Beeinträchtigung, möglicherweise wenigstens. Aber: die Luft gehört ja allen, er kann beliebig hineinbauen. — Man wollte nicht zugeben, daß eine ungeregelte Lage gegeben sei, man wollte durchaus die Lage an die textlich anerkannten Rechtsfiguren ketten, man half mit einer Konstruktion, einem Gedankengefüge: Der Gestörte hat schon vorher seinerseits das Luftquantum über seinem Grund und Boden „okkupiert"; „wer ein Haus baut", heißt es in einer Schrift der sechziger Jahre, „okkupiert damit den bisher freien Luftraum, an dessen Stelle das Haus tritt", und „zugleich okkupiert er von dem Luftraum über demselben einen so großen Anteil, als er zur Benutzung dieses Grundstücks nötig hat". Nun war man wieder mit einem überlieferten Rechtsinstitut in Einklang, denn das war „quellenmäßig", daß man von den herrenlosen Gemeingütern sich etwas durch occupatio sichern könne. —

Die Konstruktion ist von hohem Wert. Sie sichert den Überblick über die Zusammenhänge. Sie vereinfacht das Denken; wenn beispielsweise an der Hand des BGB. (§ 433) festgestellt wird, daß die Abnahmepflicht des Käufers eine „schuldnerische", nicht eine „Gläubiger"-Verpflichtung sei, so wird mit dieser einen gedanklichen Einordnung erreicht, daß nun die ganze Lehre von den schuldnerischen Pflichten, vor allem die Lehre vom Schuldnerverzuge zur Anwendung gebracht werden kann. Aber das Konstruieren ist sehr übertrieben worden, ist gehandhabt worden, als wenn es Selbstzweck hätte, und ist vor allem benützt worden, um gewaltsam aus den Texten Dinge herauszulesen, die niemals darin gestanden haben. — Vorzüglich führt in das Wesen der Konstruktion ein die Studie von Max Rümelin (Prof. in Tübingen), Zur

Lehre von der juristischen Konstruktion, im Archiv für Rechts- und Wirtschaftsphilosophie, Bd. 16 (1922/23), S. 343ff. Bedeutend auch, zumal in ihrem großen Zusammenhang, die Skizze dieser Dinge bei Max Weber (weiland Prof. in München) in seinem Werk über „Wirtschaft und Gesellschaft", S. 395f. (Grundriß der Sozialökonomik, III. Abt., 1922).

Gegen das gewaltsame Dehnen der Gesetzestragweite mittels rein rationaler „Konstruktionen" wandte sich die neue Betrachtungsweise, die mit dem 20. Jahrhundert aufkam (S. 199 Ziff. 2), und es ist so das ganze Gebiet der „Rechtsanwendung" von neuem aufgerollt, in Zweifel gestürzt und schließlich in neue Bahnen geleitet worden.

Von diesen Dingen mußte bereits im enzyklopädischen Teil gesprochen werden. Denn auch dort ging es an wichtiger Stelle um die „Tragweite" der Gesetze. Was dabei ausgeführt worden ist (S. 82 Ziff. 4, S. 90 Ziff. I und vor allem S. 111 Ziff. 2), möge hier, d. h. für das Folgende, zur Ergänzung dienen.

b) Die **Erschütterung des Glaubens an die Gesetze,** an ihre „Richtigkeit" und ihre allumfassende Tragweite, ist nicht das Ergebnis des Vorstoßes einzelner Stürmer und Dränger, sie ist vielmehr aus tiefsten Wurzeln entsprungen. Zu dem großen Umschwung unserer Verkehrs- und sonstigen äußeren Lebensverhältnisse (S. 198) ist ein bedeutender Umschwung auch auf geistigem Gebiet getreten. Ganz allgemein hat die Dogmengläubigkeit im Zuge der letzten Jahrzehnte bedeutend nachgelassen. Die Naturwissenschaftler, ein Darwin, ein Haeckel, rissen vieles ein, woran zuvor die ganze Welt geglaubt hatte. Die Dichter verklärten das und ließen, von Ibsen und Nietzsche geleitet, die Zweifelsucht in geadeltem Lichte erscheinen. Die Wirtschaftsmänner hoben sich immer stärker über die alten Wirtschaftsgesetze der Väter und wandten sich einem Reiche „unbegrenzter Möglichkeiten" zu. Und all das sollte an der Rechtswelt spurlos vorübergegangen sein?

Eine besondere Färbung bekam diese zunehmende Zweifelsucht und Grenzüberhebung im politischen Bereich. Der demokratische Gedanke wuchs über die alte „Gläubigkeit" des Patriarchalstaats und der absoluten Monarchie hinaus. Die Gesetze verloren an Glanz und Schimmer, seit sie in das Gezänk der parlamentarischen Beratung gezogen wurden; und die täglichen Presseberichte über das Streiten um winzige Teilstückchen eines Gesetzestextes und über die häufige Verlegenheit beim Aufsuchen einer lösenden Formel lassen auch in dem schlichten Geist des Durchschnittsmenschen den Glauben an die Unerschütterlichkeit der Gesetze ins Wanken geraten.

Dazu kommt ein Fehlgriff innerhalb der juristischen Sphäre selbst. Das ist das erschreckende **Übermaß der Gesetze** (S. 513 Ziff. 1). Auch hier jener Geist der „unbegrenzten Möglichkeiten". Auch hier aber zugleich ein Verlorengehen des Respekts. Eine Bibel, an die man glaubt, wird nur einmal für Jahrtausende geschrieben. Ein Gesetzgebungsapparat, der unablässig sprudelt und neues gebiert, kann nicht einen gleichen Glauben erwarten.

Die Einzelerkenntnisse, die auf dem so bereiteten Boden gewonnen wurden, sind durchaus nicht in ihrem vollen Wesen neu. Man hat das benutzen wollen, um sie herabzusetzen. Aber es gibt überhaupt nichts vollkommen Neues im Reich der Geisteswelt. Selbst der bahnbrechendste Kopf knüpft immer wieder an das an, was andere vor ihm gedacht haben (S. 23, § 5 Ziff. I). Darum darf es nicht wundernehmen, daß man auch früher schon Fortbildungsmittel neben die unmittelbare Textgläubigkeit gestellt, daß man „Gewohnheitsrecht" neben den Gesetzen anerkannt, daß man in mäßigen Grenzen „Lücken" im Gesetze zugegeben hat. Nur das Maß der fortbildenden Energie, nur der Umfang der offen gebliebenen Gebiete, nur die **Grenzen** der gesetzgetragenen und der außergesetzlichen Rechtsanwendung sind der Gegenstand des Streits gewesen, als die historisch-philologische Schule des 19. Jahrhunderts der neuen Schule einer „freieren" Rechtsfindung, einer stärkeren Berücksichtigung der „Interessen" im Vergleich zu den „Begriffen" weichen mußte. Und es muß sogleich hinzugesetzt werden: immer werden diese Grenzen flüssig bleiben. Aber es ist vielleicht gerade ein Hauptverdienst der neuen Richtung, daß sie auf diese Flüssigkeit hingewiesen und das starre, selbstgerechte System einer anscheinend über Grenzziehung ganz erhabenen Rechtsanwendung überwunden hat.

Ehe zum folgenden weitergeschritten wird, muß auch an dieser Stelle an ein Problem erinnert werden, das schon im enzyklopädischen Teil behandelt worden ist, nämlich an den „**Willen des Gesetzgebers**". Damit ist nicht so sehr der klare, eindeutig im Text zum Ausdruck gebrachte Wille gemeint, sondern der geheimnisvolle, erst zu ermittelnde, aus den „Materialien" herauszuholende Wille des Gesetzgebers. Auch hier hat sich das 19. Jahrhundert in Illusionen gewiegt und sich dadurch von Verantwortung entlastet. Wo der Text dunkel wurde, spähte man nach dem „Willen des Gesetzgebers" aus, und man rastete nicht, bis man ihn gefunden zu haben glaubte. Dann konnte man wiederum des beruhigenden Glaubens sein, daß alles im Gesetze enthalten, eine (verantwortungsschwere) Weiterentwicklung nicht nötig sei. Vgl. im enzyklopädischen Teil S. 113 Ziff. 3.

Ein Beispiel möge zur Erläuterung dienen. Das Bürgerliche Gesetzbuch nimmt im § 118 zu den im Scherz abgegebenen Willenserklärungen der Privatpersonen untereinander Stellung. Es bietet etwa A dem B einen Kunstgegenstand zu einem Preis weit unter dem Wert an; er hat das nur als Scherz gemeint. Ist er nun daran gebunden? Das Gesetz sagt Nein: „Eine nicht ernstlich gemeinte Willenserklärung, die in der Erwartung abgegeben wird, der Mangel der Ernstlichkeit werde nicht verkannt werden, ist nichtig". Aber bisher haben wir gar nicht an den B gedacht. Wie, wenn er das Angebot für ernst hielt, mehr noch: wenn er es nach Lage der Sache für ernst halten konnte und sich nun darauf verlassen hat? Damit spitzt sich die Frage darauf zu, ob es nach § 118 darauf ankommt, daß die Nichternstlichkeit (Scherzhaftigkeit) erkennbar war oder nicht. Niemand wird leugnen, daß ein gewisses Gefühl dafür spricht, den A von seinem Angebot nur dann loszusprechen wenn man die Scherzhaftigkeit merken konnte. Was sagt das Gesetz, d. h. der Text? Gar nichts. Er schweigt.

An dieser Stelle könnte abgebrochen werden; man könnte sagen: wir stehen vor einer ungeregelten Lage, wir sind am Ende der „Tragweite des Gesetzes". Doch nun beginnt das Spähen nach dem Gesetzgeberwillen. Man schlägt die „Materialien" (S. 76 Ziff. 7) nach und findet nun (Protokolle I S. 99), daß es auf die Fahrlässigkeit des Scherzenden nicht ankommen, daß also die Erkennbarkeit seines Scherzens gleichgültig und seine Erklärung immer unverbindlich, d. h. nichtig sein solle. Was will nun eine solche Äußerung der Protokolle besagen? Zwingt sie den Richter zur Befolgung? Mitnichten. Sie kann eine Stütze bei der Auslegung sein, aber ist nicht die Auslegung selbst. Diese liegt vielmehr dem Richter ob und ist in sein eigenes verantwortliches Ermessen gestellt (nachfolgend S. 542 Ziff. 2). — Zur Vervollständigung des Eindrucks ist übrigens für den Fall des § 118 noch eine Ergänzung zu machen. Nach einem weiteren Paragraphen (122) muß der A dem B, falls diesem aus dem Vertrauen auf das Angebot ein Schaden, etwa durch Weiterverkauf, erwachsen ist, den Schaden ersetzen; aber die Hauptfrage bleibt doch die, ob B den A auf seine Erklärung festnageln, also den Kunstgegenstand behalten bzw. von ihm fordern darf.

c) Wer dem Verhältnis der Rechtsanwendung zur Gesetzestragweite auf die Spur kommen will, der muß als erstes sich klar zu machen versuchen, wieviel vom Gesetz ausdrücklich offen gelassen worden ist, in welchem Umfang also **klare Lücken** klaffen. Dabei ist der Blick nicht nur auf solche Lagen zu lenken, deren Regelung der Gesetzgeber vergessen oder an die er sich etwa nicht herangewagt hat. Sondern es zählt hierher auch alles das, was der Gesetzgeber angeschnitten, aber in der weiteren Durchführung, im Ausbau dem Richter, also dem Rechtanwendenden überlassen hat.

1. Vergessen ist beispielsweise eine Stellungnahme des Gesetzgebers zu der wichtigen Frage, inwieweit die Vereinsgerichtsbarkeit einer Nachprüfung durch die ordentlichen Gerichte unterworfen ist, ob also ein Mensch, der von seinem Vereine ausgestoßen wurde, sich bei dem Amts- oder Landgericht darüber beschweren kann. Erst die „Praxis"

(S. 103) hat hier das Material für die Unterordnung des Einzelfalles unter das „objektive Recht" geschaffen, das Gesetz schweigt. — Nicht herangewagt hat sich die Gesetzgebung z. B. an die Kartelle, und auch die Nichtregelung breiter Flächen des Internationalen Privatrechts im Einführungsgesetz zum BGB. (vgl. S. 84 a. E.) beruht in der Hauptsache auf der Taktik, dieses heikle Gebiet (vgl. S. 248 Ziff. XI) durch ausgesprochene Regelung politisch nicht zu sehr zu exponieren. — Bewußt offen gelassen haben z. B. die Gesetzgeber die Frage, inwieweit der Richter befugt sei, die Verfassungsmäßigkeit von Gesetzen, die im übrigen vorschriftsmäßig ausgefertigt und verkündet worden sind, nachzuprüfen (vgl. bereits S. 82 a. E.). Dieses Beispiel ist besonders eindrucksvoll. Es hatten sich im Verfassungsausschuß der Nationalversammlung die Abgeordneten Kahl und Sinzheimer gegen, die Abgeordneten Preuß und Düringer für das Prüfungsrecht ausgesprochen. Alle vier Männer waren Autoritäten. Man wagte keine klare Entscheidung, sondern ließ die Frage absichtlich unentschieden. So hat sie sich zu einer bedeutenden Streitfrage ausgewachsen. Um ihr zu begegnen, ist zurzeit (Ende 1926) geplant, einen eigenen Gerichtshof zur Nachprüfung der Verfassungsmäßigkeit von Gesetzen ins Leben zu rufen!

2. Beispiele für die zweite Lückenart lassen sich in großer Zahl beibringen. Hier muß ein einziges, viel besprochenes genügen. Man nehme eine Körperverletzung (vgl. den Fall a auf S. 122). Wieviel hierzu sagt das Gesetz? § 823 BGB.: „Wer vorsätzlich oder fahrlässig ... den Körper .... eines anderen widerrechtlich verletzt, ist dem anderen zum Ersatze des daraus entstehenden Schadens verpflichtet." Drei Voraussetzungen sind aufgezählt: 1. Willensrichtung (Vorsatz oder Fahrlässigkeit), 2. Verletzung eines bestimmten Rechtsguts (Körper), 3. Widerrechtlichkeit (z. B. im Gegensatz zu der Körperverletzung, die der Arzt bei der Operation vornimmt). Aber das genügt nicht. Geht der geschlagene Knecht zur Stadt, um den Zahnarzt zu konsultieren, und wird er unterwegs totgeschlagen, so hat man das deutliche Gefühl: dafür haftet der Dienstherr nicht mehr. Trotzdem ist nicht aus der Welt zu schaffen, daß er auch den Todesfall hervorgerufen, „veranlaßt", „verursacht" hat; denn hätte er nicht den Schlag nach der Wange geführt, wäre die Zahnverletzung unterblieben und der Knecht wäre nicht nach der Stadt gegangen und nicht in die Hände der Mörder gefallen. Hier knüpft ein Problem von größter Tragweite und alltäglicher Häufigkeit an, nämlich die Frage des **Kausalzusammenhanges** (vgl. S. 342 Ziff. 2; Näheres in den Grundrissen über Recht der Schuldverhältnisse und über Strafrecht). Jeder Praktiker wird den Anfänger leicht belehren können, welche bedeutende Rolle dieses Problem spielt, jeder Theoretiker wird ihm die vielen Theorien nennen können, die man zur Lösung der Frage aufgestellt hat. Das Gesetz aber schweigt gänzlich. Gerade deshalb haben erst Praxis und Wissenschaft eingreifen und von sich aus die Lösung schaffen müssen.

3. Schließlich ein weiteres Beispiel, das allerdings schon zur Gruppe d hinüberführt. Im Gesetz wird der treulos verlassenen Braut ein sog. Deflorationsanspruch eingeräumt: „Hat eine unbescholtene Verlobte ihrem Verlobten die Beiwohnung gestattet, so kann sie auch wegen des Schadens, der nicht Vermögensschaden ist, eine billige Entschädigung in Geld verlangen". Damit ist die rechtliche Regulierung des Schadens

angeschnitten. Aber das, was für die Beteiligten mindestens ebenso wichtig ist, nämlich, wieviel nun wirklich im gegebenen Falle bezahlt werden soll, das ist vom Gesetze offen gelassen, und wie die Ansichten dabei schwanken können, das zeigt der Lauf eines einzigen Falles der Praxis: Beantragt waren in erster Instanz 15000 Mark, verurteilt wurde nur auf 1000; in zweiter Instanz ermäßigte dann die Klägerin ihr Verlangen auf 7500 Mark und schließlich ist auch auf diese Summe erkannt worden. Wie weit ab vom eigentlichen Gesetz liegt das Finden der endlichen Summe! Das Gesetz spricht einzig von „billiger" Entschädigung. Die ganze Geistesarbeit aber, um im konkreten Fall das Urteil zu erzeugen, dem Einzelfall „sein Recht" werden zu lassen, ist bei dem urteilfindenden Juristen gelegen. Und dieses Stück Geistesarbeit ist nicht etwa bloße Tatsachenfeststellung, sondern Rechtsanwendung, genau so wie die tausendfache Füllung der Strafrahmen in der Kriminaljustiz (S. 341).

Es wirkt ungemein beruhigend, wenn man sich diesen weiten Umfang der Lücken gegenwärtig hält. Denn man erkennt daran, wie weitgespannt das Vertrauen zum Richter, wie vieles ohnedies seinem Ermessen, seiner „Rechtsanwendung" überlassen ist. Was sonst noch kommt (vgl. das Folgende) an Abrücken von der Gesetzesstrenge und Textgläubigkeit, erscheint demgegenüber viel geringer, als wenn man es allein für sich bewertet.

Dem Lückenproblem glaubt eine rechtsphilosophische Konstruktion (vertreten von Felix Somlo) dadurch ausbiegen zu können, daß sie behauptet, es sei, wenn in bestimmten Fragen das Gesetz schweige, doch mindestens immer ein Rechtssatz da, der den Richter anweise, die „Lücke" zu füllen, sei es auch nur ein gewohnheitsrechtlich entwickelter Satz, und habe auch dieser Satz nur die ganz allgemeine Fassung: Richter, gib Du für diesen Tatbestand irgend eine Rechtsfolge. So sei also der Richter nie ohne einen ihn anweisenden Rechtssatz, er sei immer nur „Anwender" von Recht, und das Rechtssystem selbst seie doch lückenlos (Grünhuts Zeitschrift Bd. 38, 1911, S. 55ff.). Mit solcher Dialektik gibt es im „praktischen Rechtsbetrieb" kein Weiterkommen.

d) Ganz nahe verwandt mit den Lücken sind **die dehnbaren Begriffe.** Auch ihre Zahl ist unbegrenzt. Auch sie offenbaren das Versagen des Gesetzestextes. Denn der Text begleitet hier den urteilenden Juristen höchstens eine kleine Strecke Weges, um ihn dann sich selbst zu überlassen.

Der Zug der Zeit ist diesem „beweglichen Faktor" günstig. U. a. ist das BGB. reich an solchen dehnbaren Bestimmungen (vgl. S. 245). Eine von ihnen mag etwas näher beleuchtet werden. Sie wird wiederum zeigen, wie weit der Richterspruch abseits vom Text gerückt ist, wie wenig im Richterspruch, dem Gipfel der Rechtsanwendung, vom Gesetzestexte lebt. § 1333 lautet: „Eine Ehe kann von dem Ehegatten angefochten werden, der sich bei der Eheschließung in der Person des anderen Ehegatten oder über solche persönliche Eigenschaften des anderen Ehegatten geirrt hat, die ihn bei Kenntnis der Sachlage und bei verständiger Würdigung des Wesens der Ehe von der Eingehung der Ehe abgehalten haben würden". Und nun gehen davon die Einzelfälle des Lebens aus, gar verschieden untereinander, aber alle nach „Rechtsanwendung" verlangend: Der eine will los, weil sein Gatte sich hinterher als vorbestraftes Individuum entpuppt hat, oder auch schon, weil es mit dem erwarteten Vermögen nicht gestimmt hat, der andere stößt sich an der Unfruchtbarkeit seines Weibes, der nächste geht darüber hinaus und glaubt bereits in der fehlenden Jungfräulichkeit einen Grund zur Eheanfechtung zu besitzen, während im folgenden Fall vielleicht der weibliche Teil den Angriff umkehrt und vom Manne gelöst sein will, über dessen unkeusches Leben vor der Ehe erst jetzt ihm die Daten zugetragen worden sind. Hier wird über Schicksale entschieden! Eine gewaltige Macht, doch auch eine schwere Verantwortung ist dem Richter zugewiesen. Denn das Gesetz hat sich weit zurückgezogen. Der Richter muß ein „Recht" anwenden, das lose mit dem Texte verknüpft, in der Hauptsache außerhalb des Textes zu gestalten ist.

Ein Beispiel aus dem Strafrecht (schon S. 340 gestreift) möge angereiht werden. Im Text des Strafgesetzbuchs (§ 205) ist der Zweikampf mit „tödlichen Waffen" unter Strafe gestellt. Wird davon auch die studentische Bestimmungsmensur betroffen? Daß der sog. Schläger in geschliffenem Zustande geeignet ist, einen Menschen zu töten, wenn er z. B. mit voller Wucht und ohne Abwehr gegen die Schlagadern des Halses geführt wird, ist gewiß. Aber bei jenen studentisch-sportlichen Kämpfen sind sehr weitgehende Schutzvorkehrungen getroffen. Ist auch in solchem Zusammenhang der Schläger eine „tödliche" Waffe, so daß die Mensur bestraft werden muß? Die Frage spitzt sich darauf zu (und die „Dehnbarkeit" der Begriffe kommt dabei deutlich hervor), ob das Wort „tödlich" in einem abstrakten Sinne oder im Hinblick auf die Art der Verwendung im Einzelfall aufzufassen ist. Das Reichsgericht hat sich in einem lange zurückliegenden Urteil (vom 6. März 1883, Entschd. i. Straff. Bd. 8 Nr. 28, das aber soeben, 1926, in einer neuen Plenarentscheidung seine Bestätigung erfahren hat, Bd. 60 S. 257) im ersteren Sinne ausgesprochen: die Beschaffenheit der Waffe an sich sei für die Frage, ob sie „tödlich" sei, maßgebend. Dagegen haben sich die Unterinstanzen wiederholt und mit gutem Grunde aufgelehnt, z. B. das Schöffengericht des Amtsgerichts Heidelberg in einem Urteil vom 31. Juli 1925, mit folgender Begründung: „Gibt man nun aber dem Ausdruck ‚tödliche Waffen' diejenige Auslegung, die allein einen befriedigenden Sinn gibt, wonach es also darauf ankommt, ob die Waffe nach der Art ihrer Verwendung geeignet ist, tödliche Verletzungen herbeizuführen, so kann es nach den eidlichen Darlegungen des Sachverständigen Dr. H. keinem Zweifel unterliegen, daß dieses Merkmal zu verneinen ist. Danach werden bei Ausfechtung der Mensur, wovon sich der zugezogene Paukarzt jedesmal gewissenhaft überzeugt, durch Schutz der Augen, des Halses, der Arme, der Brust und der Genitalien alle Vorkehrungen getroffen, um jede ernsteren Verletzungen auszuschließen usw.". Wiederum hängt, wenn nicht das Schicksal, so doch ein wichtiges Stück im Leben der Betroffenen von der Dehnbarkeit des einzigen Wortes „tödlich" ab. Von den Unterinstanzen freigesprochen, werden sie durch das Urteil des Reichsgerichts (das man entschieden als ein Fehlurteil bezeichnen muß, wenn man den nicht nur straffrei bleibenden, sondern von den staatlichen Stellen erlaubten und beförderten Vorsport daneben hält) bestraft und damit in die Klasse der „Vorbestraften" versetzt. Man wird schwerlich behaupten können, daß das Gesetz selbst die Entscheidung in sich trage. Freilich wird nun wahrscheinlich bei der nahe bevorstehenden Vollendung eines neuen Strafgesetzbuchs der Gesetzgeber die Frage an sich ziehen und durch eine ausdrückliche Bestimmung die Dehnbarkeit des Ausdrucks „tödliche Waffen" einschränken.

e) Das letzte Beispiel führt uns bereits einen Schritt weiter, hinein in das Bereich der bestrittenen Fälle, auf das unübersehbare Feld der **Kontroversen.** Sie sind eine Geburt der Unklarheit der Gesetze. Und ihre unerschöpfliche Zahl sollte allein schon zeigen, wie schwach es mit dem Menschenwerk der Gesetze bestellt ist. Gewiß bleibt eine philologisch-mystische Erklärung möglich, um doch für den „Gehalt" der Gesetze ein Mehr zu retten, und diese Erklärungsformel ist in der ausgehenden Schule des 19. Jahrhunderts viel verwandt worden. Man kann nämlich sagen: die wahre Entscheidung schlummert schon im Gesetze, die Menschen sind nur nicht fähig, sie aus ihm herauszuheben.

Aber dies ist eine unerträgliche Vorstellung, wenn man beobachtet, wie oft genug bei diesen Kontroversen hüben und drüben die angesehensten Köpfe stehen. Sollten sie wirklich so unfähig sein, die eine Partei zum mindesten, während sie im übrigen Hervorragendes bei der Rechtsanwendung leisten? Es wird wohl richtiger sein, die Schwäche beim Gesetzgeber zu suchen, der seine menschlichen Unvollkommenheiten dem neuen Erkenntnisdrang gegenüber (S. 532b) eben nicht länger zu verhüllen vermocht hat.

Auf Schritt und Tritt begegnen dem Leser der juristischen Schriftwerke die Merkzeichen dieser bestrittenen Lagen, das „a. A." oder „a. M.", „anderer Ansicht", „anderer Meinung". Durch die Vorliebe zu den Kommentaren und die übertriebene Beachtung der Präjudizien (S. 515c), überhaupt durch den wenig eigengeistigen Sammeleifer wird den „Kontroversen" ein besonders aufnahmefähiger Nährboden bereitet. —

Ein Beispiel. Bei den sog. gegenseitigen Verträgen, zu denen u. a. der Kauf gehört, sollen grundsätzlich die Leistungen unmittelbar gegeneinander ausgetauscht werden, damit keiner auf die Leistung des anderen zu warten braucht und Gefahr läuft, um seine Befriedigung zu kommen, während er inzwischen schon dem anderen gegeben hat, was er schuldig war. Aber im Leben wird doch sehr häufig davon abgewichen. Man verabredet „Vorleistung" des einen Teils. Hier setzt nun eine gesetzliche Bestimmung ein, § 321 BGB.: „Wer aus einem gegenseitigen Vertrage vorzuleisten verpflichtet ist, kann, wenn nach dem Abschlusse des Vertrags in den Vermögensverhältnissen des anderen Teiles eine wesentliche Verschlechterung eintritt, . . . die ihm obliegende Leistung verweigern, bis die Gegenleistung bewirkt oder Sicherheit für sie geleistet wird". Er hat also ein Leistungsverweigerungsrecht. Bis dahin ist alles klar. Aber nun läßt ihn der Gegner immer länger warten. Wie lange? Kann er nun nicht, um Klarheit zu bekommen und ein Ende zu machen, seinerseits einen Prozeß anfangen und den säumigen Gegner verklagen oder vielleicht auch ohne Prozeß den ganzen Vertrag als gelöst erklären? Hat er also neben jenem mehr negativen Verweigerungsrecht auch ein „Klagerecht" oder ein „Rücktrittsrecht?" Eine beliebte Kontroverse. Ja, sagen die einen, nein, die anderen; und wieder andere wollen wohl das Rücktrittsrecht bewilligen, nicht aber ein Klagerecht. — Im Ernst kann nicht behauptet werden, daß der nackte Text des Gesetzesparagraphen die Entscheidung, sei es für die eine, sei es für die andere Meinung, in sich schlösse. Es liegt eben eine der vielen unklaren Gesetzeslagen vor. — Vgl. auch den gemeinrechtlichen Fall des Erkerüberbaus, S. 531.

Die große Zahl der Kontroversen und die ausgesprochene Ohnmacht ihnen gegenüber, hat vor allem für die Bevölkerung eine sehr unliebsame Folge. Es beruht nämlich darauf **die große Unsicherheit mancher Prozeßführung**: die Kontroverse ist da, sie ist in den Schriften zu lesen, wie wird nun das Gericht entscheiden? Drei Instanzen müssen möglicherweise durchlaufen werden, Jahre vergehen in Unsicherheit, die Nervenkraft der Streitenden leidet schwer, immer bedenklicher schwillt die Kostenlast. Um dem abzuhelfen sind bemerkenswerte Vorschläge gemacht worden, vor allem der eines „Rechtshofes", der auf Anrufen jedermanns gehalten ist, eine aufgetauchte Kontroverse vorab und bindend für alle später auftauchenden Fälle zu entscheiden. Namentlich hat sich der frühere Erste Staatsanwalt und jetzige Reichsgerichtsrat Zeiler unablässig um diesen Gedanken bemüht. Im Jahre 1920 stellte ferner der Staatsminister Drews einen Entwurf über „Spruchgerichte" zur öffentlichen Aussprache, dessen Hauptsatz lautete: „Sind von Gerichten oder Verwaltungsgerichten rechtskräftige Entscheidungen gefällt, die auf verschiedenartiger Auslegung einer Gesetzesbestimmung beruhen, so kann die Oberste Justizbehörde oder eine Oberste Verwaltungsbehörde des Reiches oder eines Landes ... bei dem zuständigen Spruchgericht den Antrag stellen, eine verbindliche Auslegung der streitigen Gesetzesbestimmung zu treffen"; D. J. Z. 1920, Sp. 176 ff., 259 ff. Vgl. auch J. W. Hedemann, Kontroversenbekämpfung, in Leipz. Zeitschr. 1921, S. 1 ff. Alle diese Anregungen haben bisher keinen Erfolg gehabt. Ohnmächtig geblieben sind die Mittel der Plenarentscheidung (§ 138 GVG.) und des neuerdings eingeführten Sprungregresses (S. 391 Ziff. 4, 431 c 1).

f) Der wahrhaft kritische Punkt wird aber erst dann erreicht, wenn der Gesetzestext in aller Deutlichkeit nach einer bestimmten Richtung zu liegen scheint, deren Verfolgung jedoch bei einem neu auftretenden Fall oder bei einer ganzen Gruppe von Fällen zu **unerfreulichen, ja unerträglichen Ergebnissen** führt. Hier ist dann die psychologische Lage bei dem, der das „Recht" anwenden, also einen dieser Fälle entscheiden soll, folgende: das Gesetz mit seinem Text drängt ihn nach der einen Richtung, aber sein inneres Gefühl bäumt sich dagegen auf und drängt ihn nach der anderen. Darf er dem inneren Drange folgen? Ein gewaltiges Problem. Hier ist der wahrhaft kritische Punkt erreicht. Das „Naturrecht" (oben § 8, S. 47 ff.) leuchtet aus dem enzyklopädischen Teil unserer Untersuchungen in den praktischen hinüber!

Eine wesentliche Milderung liegt darin, daß zumeist eine volle Deutlichkeit eben doch nicht dem Gesetzestexte zuzusprechen ist. Dann setzt wieder die „Unklarheit" ein, von der soeben (e) gesprochen wurde, und man wird dem Rechtsanwender die Befugnis nicht absprechen dürfen, die angeblich „klare" Stellungnahme des Gesetzes auf das genaueste zu überprüfen.

Wo freilich am Text in keiner Weise gedanklich gerüttelt werden kann, wie etwa bei bestimmten Ziffern, die in ihn eingestellt sind, da muß es bei dem großen Grundsatz der **Gesetzestreue** bleiben, und der Ring unseres Gedankenganges beginnt sich zu schließen (vgl. S. 530 unter a).

Auch dieser Grundsatz leidet seine **Ausnahmen**. Bekannt ist die Zertrümmerung der Staatsgesetze durch revolutionäre Ereignisse. Aber es ist höchst fraglich, ob es sich dabei noch um „Rechtsanwendung" handelt. Immerhin ist an den klassischen Satz des Reichsgerichts zu erinnern, daß sich an den Rechtsbruch sofort die neue Rechtssatzung anreiht (vgl. S. 53), ein Satz, der es nahelegt, auch den revolutionären Akt schon als Akt von Rechtsanwendung (nämlich von Anwendung des eben in diesem Augenblick entstehenden neuen Rechts) zu „konstruieren".

Als ein rechtsgeschichtlich eindrucksvolles Ereignis ist auch anzumerken der Protest des Richtervereins beim Reichsgericht vom 8. Januar 1924, der gegen die geplante Aufwertungsgesetzgebung anging und die Nichtbeachtung eines solchen Gesetzes androhte oder doch mit den eingekleideten Worten als möglich hinstellte, es könnte dazu kommen, „daß jemand, der sich im Rechtsstreit auf die neue gesetzliche Vorschrift beriefe, damit von den Gerichten mit der Begründung abgewiesen würde, seine Berufung auf die Vorschrift verstoße gegen Treu und Glauben"; — ein Pronuntiamento von bedeutendster Stelle aus, das allerdings sofort aus den eigenen Reihen Widerspruch erfahren hat. Vgl. Deutsche Richter-Zeitung 1924, S. 7, S. 41. — Bemerkenswert auch das Vorkommen von Schiedsklauseln mit Befreiung der Schiedsrichter von der Gesetzestreue (Befugnis, „unter Abweichung von einer gesetzlichen Vorschrift nach der Billigkeit zu entscheiden") in manchen Schiedsverträgen; über Schiedsverträge oben S. 387.

g) Die Grenzen zwischen den mehreren Gruppen, die im vorgehenden gebildet worden sind, sind fließend. Wo die „Lücke" aufhört und die „dehnbare" Regel anfängt, wo die Dehnbarkeit in Unklarheit übergeht, und wo die Klarheit gerade noch so bezweifelbar ist, daß von dem scheinbaren Gesetzeswillen abgebogen werden darf, das alles kann keine Macht der Welt mit zwingender Logik festlegen. Aber im ganzen genommen ist das **Feld der Beweglichkeit** überaus groß. Des sollte sich freuen, wer Richter ist, und sollte die Namengebung als weniger wichtig betrachten, ob seine einzelne Entscheidung bereits „in dem Text des Gesetzes geschlummert" und nur von ihm hervorgeholt worden ist oder ob er sie selbst in „freier Rechtsfindung" geschaffen hat. Etwas Schöpfer, etwas Fortbildner aber ist jeder Jurist; jeder hat Stunden seines Lebens gehabt, wo ihn die Texte verließen und wo er ein Recht angewendet hat, von dem in den Texten nichts zu finden war.

Auch an dieser letzten Stelle möge ein Beispiel aus der Praxis Platz greifen. Ein Postsekretär, also ein Beamter, behauptete, infolge fehlerhafter Beschaffenheit seines Arbeitsplatzes an Gelenkrheumatismus erkrankt zu sein und verlangte vom Deutschen Reich Schadensersatz. Im Beamtenrecht war darüber nichts zu finden. Also eine Lücke? Wohl aber kennt das bürgerliche Recht ausdrücklich eine Haftung des Dienstherrn für möglichste Gefahrlosigkeit der Arbeitsstätte (§ 618 BGB.), und das wollen manche sich auch auf das beamtliche Arbeitsverhältnis erstrecken lassen. Also Dehnung einer Regel über das zunächst gegebene Anwendungsfeld hinaus? (Vgl. im folgenden über „Analogie"). Oder ist etwa das Schweigen des Beamtengesetzes so „klar", daß ihm umgekehrt ein Nichthaften des Staates entnommen werden muß? Hören wir das Reichsgericht (Urt. v. 28. Oktober 1919, Bd. 97 S. 44): Der Staat haftet. „Jedoch nicht in dem Sinne, als ob es sich um entsprechende, analoge Anwendung des privatrechtlichen § 618 auf das öffentlichrechtliche Beamtenverhältnis handle. Der Richter schöpft vielmehr aus Natur und Inhalt des Beamtenverhältnisses eine öffentlichrechtliche Rechtsregel, die auf einem allgemeinen Rechtsgedanken fußt, der, wie er für das Privatrecht in § 618 ausgeprägt ist, so in Ausfüllung einer Lücke des positiven öffentlichen Rechts auch das öffentlichrechtliche Beamtenverhältnis beherrschen muß. Es wird also nicht der § 618 angewendet, sondern § 618 ist nur ein auf anderem Rechtsgebiete gefundener Beleg für das Vorhandensein und die Notwendigkeit des allgemeinen Rechtsgedankens, den der Richter selbstschöpferisch in das öffentliche Recht einführt." Weit ab von bloßer „Anwendung" führt dieses Bild in die Schöpfung von Recht hinein.

h) Damit sind wir zu der Frage zurückgekehrt, von der wir unseren Ausgang nahmen. Woher holt der Richter das „Recht", wenn die Gesetze es ihm nicht zur Hand liefern? Der Beantwortung dieser Frage ist außerordentlich viele Mühe, und schon seit Jahrhunderten, gewidmet worden. Ganze Systeme, ganze Lehren hat man aufgestellt. Nie wird der Streit darüber ganz zur Ruhe kommen. Es sind dabei zwei Hauptrichtungen zu unterscheiden. Die eine betont mehr das formale Moment, die andere mehr das stoffliche.

1. Die erste hält sich an die Bahnen, auf denen der Rechtsanwender dahinschreitet; und zwar, wie gleich hinzugesetzt werden mag, verknüpft sie doch immer wieder diese Bahnen mit dem Gesetz. Hierher gehört die weitgespannte Lehre von der **Auslegung**

(vgl. S. 110 IV, S. 511) und die benachbarte Lehre von der **Analogie** (S. 114 Ziff. 4).

Beide knüpfen an den Text des Gesetzes an. Das „Gesetz" wird ausgelegt, ein Gedanke des „Gesetzes" wird analog auf eine andere, nicht unmittelbar im Gesetz geregelte Lage übertragen. Und mit diesen beiden Formeln sucht man das ganze Feld, das sich außerhalb des Gesetzes breitet, das Feld jener dehnbaren Regeln, jener unklaren Lagen usw., zu überspannen.

Aber es sind nur Formeln, Benennungen, mit denen man allenfalls das fertige Ergebnis der Denkoperation bezeichnen kann. Denn es gibt eine ausdehnende und eine einengende Auslegung, man kann Ja sagen im Wege der „Analogie," aber auch Nein im Wege des „Argumentum e contrario" (vgl. das Beispiel auf S. 115). **Ob** man das eine oder das andere tut, **ob** man „Ähnlichkeit" zweier Tatbestände annimmt, **ob** man im Anschluß an den gern zitierten Spruch „ubi eadem legis ratio, eadem legis dispositio" die eadem ratio als gegeben ansieht, **ob** man eine Dehnung des Gesetzestextes auf neue Fälle ablehnt, weil man die Aufzählung im Text für „erschöpfend" hält, das ist die erste und die wahrhaft entscheidende Frage. Das „Auslegen" bezeichnet nur ein Tun, aber, was man tut, darauf kommt es an. Denn bei dem Einzelfall (S. 524) müssen wir münden, und er verlangt eine sachliche Entscheidung.

2. **Darum verdient die sachliche Einstellung des Geistes den Vorzug.** Keineswegs werden damit alle Brücken zum Gesetzestexte abgebrochen. Vielmehr liefert das Gesetz dem Rechtsanwender, auch da, wo das Feld der Beweglichkeit sich breitet, viele, reichhaltige Waffen. Denn die einzelnen Gedanken eines Gesetzeswerkes hängen vielverschlungen miteinander zusammen. Bietet die eine Stelle nichts (Lücke) oder deutet sie nur an (Dehnbarkeit) oder läßt sie Zweifeln die Tür (Unklarheit), so können andere Stellen reiche Geisteslichter auf die offene Stelle werfen. Das ist dann die Gelegenheit zur „Auslegung", zur „analogen" Verwertung, nur muß man sich klar darüber sein, daß es allein auf das Stoffliche ankommt, was in den anderen Stellen niedergelegt ist.

Dazu tritt indessen der reiche und unübersehbare Stoff, den das Leben sonst dem Juristen zuführt. Oft weisen ihn die „dehnbaren" Stellen des Gesetzes eigens da hinaus: „Verkehrssitte" soll entscheiden, oder was der „Billigkeit" entspricht. In anderem Zusammenhang wurde das bereits dargestellt (S. 104f.). Immer aber wieder kommt ein Punkt, wo aller schon geschriebene, aller schon greifbare Gehalt verloren geht. Dann steht der Richter auf sich selbst, wie es in aller Klarheit das schweizerische Zivilgesetzbuch herausgerückt hat (S. 90), und wie schon ein altes lateinisches Sprichwort besagt: Pectus facit iurisconsultum! Und hier ist noch einmal von der Treue zu reden. Gewiß soll der Richter gesetzestreu seines Amtes walten (S. 540). Aber das genügt nicht, da ihn das Gesetz nur Stücke seines Weges begleitet. Dann muß er anderen Gewalten seine Treue widmen. An den Brauch des Volkes, an die Praxis der Kollegen mag er seine Anlehnung suchen. Doch das wichtigste wird sein, daß er sich selber die Treue hält.

IV. **Die höheren Werte.** Auf beiden Gebieten, der Tatsachenfeststellung wie der Rechtsanwendung, hat sich gezeigt, daß der Jurist immer wieder an die Grenzen seiner Kraft gelangt. Bald sind es die natürlichen Verhältnisse, wie etwa das Fehlen aller Zeugen, die ihm die restlose Aufhellung eines Falles unmöglich machen, bald sind es die staatlich gesetzten Schranken, vor allem der Text der Gesetze, die ihn binden. Sogar jene Treue gegen sich selbst ist, richtig verstanden, eine Grenze seiner Kraft, vielleicht die härteste aller Grenzen.

Und mit dem Juristen ist auch der „Einzelfall" in die gleichen Grenzen eingespannt. Mag sein, daß das, was in dem Fall lebt, nach einer anderen Entscheidung ruft, die Grenzen müssen doch gewahrt werden. So kommt es dann, daß doch der eine oder andere Einzelfall unter dem großen Ganzen leiden muß. Summum jus summa injuria, sagt das Sprichwort.

Daraus aber entnehmen wir zum Schluß, daß doch die Beschäftigung mit dem Einzelfall, so hoch sie gehalten werden muß, für sich allein nicht die letzte Befriedigung darbringen kann. Wie der Arzt, wie der Schulmann, wie jeder, der im Geiste arbeitet, wird auch der Jurist eine letzte Orientierung über dem Einzelfall suchen müssen.

Mit den Zeitaltern wechselt die Neigung der Menschen. Bald haben sie die letzten Werte bei der Gottheit gesucht, die mit vielen anderen Gaben dem Menschen auch das Recht geschenkt hat. Bald haben sie sich in den reichen Schatz der Natur versenkt und schon aus den gegebenen natürlichen Verhältnissen die obersten Leitsätze des Rechts abgeleitet. Dem heutigen Zeitgeist scheint es am meisten zu entsprechen, wenn der Jurist die ersten Richtungslinien seines juristischen Tuns in möglichster Annäherung an das Volksleben zu finden sucht. Von da aus ist ihm der Aufstieg zu noch höheren Werten unbenommen.

Darum sei der Jurist ein Diener seines Volkes (S. 472). Darum bekümmere er sich um die Einrichtungen, die neben seinem zünftigen Gärtlein unmittelbar aus den Wünschen und Nöten des

Volkes emporgestiegen sind (S. 381 f, S. 387 VII). Darum erfülle er sich trotz aller drückenden Verhältnisse der Gegenwart mit Stolz auf die Großtaten seiner heimischen Rechtsordnung, auf die deutsche Sozialversicherung z. B. und das deutsche Grundbuchwesen, oder etwa auf das reiche Genossenschaftsleben seiner Heimat und die weithin gerühmte deutsche Kommunalverwaltung. Darum rücke er aber auch den Schwächen des gegenwärtigen Rechtssystems herzhaft zu Leibe und freue sich der freiheitsfreudigen Juristenschule, in die er eben jetzt hineingewachsen ist.

Nie wird es ihm gelingen, sein Volk in allen Einzelheiten zufrieden zu stellen. Aber wenn er die höchste Regel befolgt, die dieses Buch durchzieht, zuerst ein brauchbarer Mensch und erst zu zweit ein tüchtiger Jurist zu sein, dann hat er seinem Volk das Beste gegeben, was in ihm war, dann ist er sich selber treu geblieben.

I. Rechtssprichwörter.

II. Personenregister.

III. Sachregister.

Die Zahlen verweisen auf die Seiten, römische Ziffern und Buchstaben auf die Einteilung der betreffenden Seite. Ist eine Zahl fettgedruckt, so verweist sie auf die wichtigste der mehreren Stellen.